2010年钻井基础理论研究与前沿技术开发新进展学术研讨会论文集

苏义脑 主编

石油工业出版社

内 容 提 要

本书为2010年钻井基础理论研究与前沿技术开发的新进展学术研讨会的论文集，主要内容包括：高压射流研究、欠平衡钻井研究、高效破岩钻井技术研究、井下测控技术研究、井壁稳定研究、钻井液研究、防漏堵漏技术研究、固井技术研究等，反映了我国钻井领域最近几年的最新研究成果及研究方向。

本书适合从事油气钻井技术研究和应用的技术人员、管理人员和高校相关专业师生参考。

图书在版编目（CIP）数据

2010年钻井基础理论研究与前沿技术开发新进展学术研讨会论文集／苏义脑主编．—北京：石油工业出版社，2012.3

ISBN 978-7-5021-8941-9

Ⅰ．2…

Ⅱ．苏…

Ⅲ．油气钻井－文集

Ⅳ．TE2-53

中国版本图书馆CIP数据核字（2012）第021920号

出版发行：石油工业出版社

（北京安定门外安华里2区1号　100011）

网　址：www.petropub.com.cn

编辑部：（010）64523562　发行部：（010）64523620

经　销：全国新华书店

印　刷：北京中石油彩色印刷有限责任公司

2012年3月第1版　2012年3月第1次印刷

787×1092毫米　开本：1/16　印张：38.75

字数：915千字　印数：1-1500册

定价：150.00元

（如出现印装质量问题，我社发行部负责调换）

《2010年钻井基础理论研究与前沿技术开发新进展学术研讨会论文集》

编　委　会

学术研讨会主办单位：

油气钻井技术国家工程实验室

中国石油天然气集团公司钻井工程重点实验室

中国石油学会工程专业委员会钻井工作部钻井基础理论学组

2010年钻井基础理论研究与前沿技术开发新进展学术研讨会

开　幕　词

（代前言）

尊敬的各位领导，各位专家，各位代表：

大家好！

在这秋色宜人的名城成都，在享誉全国的著名石油高等学府—西南石油大学，经过半年多来的酝酿和筹备，由油气钻井技术国家工程实验室、中国石油天然气集团公司钻井工程重点实验室、中国石油学会工程专业委员会钻井工作部钻井基础理论学组联合主办的“钻井基础理论研究与前沿技术开发新进展学术研讨会”今天召开了。我谨代表此次会议的三个主办单位和组织，向与会的各位领导、各位专家和代表，表示热烈的欢迎和衷心的问候！

参加本次会议的有来自中石油、中石化、中海油等三大集团公司，石油高等院校的领导和专家共计110人，包括油气钻井技术国家工程实验室理事会理事及其所在单位代表、钻井基础理论学组的代表、钻井工程重点实验室的代表和研究人员、特邀专家和入选论文的作者。

此次会议得到了有关领导部门、依托单位和著名专家的大力支持。中国石油天然气集团公司科技发展部、中国石油集团钻井工程技术研究院、西南石油大学有关领导同志也在百忙之中莅临会议并将作重要讲话。让我们再次以热烈的掌声向他们表示感谢！

本次会议是第5届“钻井基础理论研究与前沿技术开发新进展学术研讨会”，也是CNPC钻井工程重点实验室自2000年成立以来的第5次全国性学术大会，是钻井基础理论学组自1991年成立以来的第9次学术会议；同时也是集团公司对所属重点实验室进行整顿、钻井工程重点实验室重新挂牌后召开的第一次学术会议，更是油气钻井技术国家工程实验室批准挂牌、理事会成立后召开的第一次学术大会。

油气钻井技术国家工程实验室是我国油气钻井高新技术研究与开发的国家队，肩负着重要的历史使命。其定位是：瞄准世界钻井技术发展趋势，开展钻井重大技术发展方向的基础理论和方法研究；针对国内和海外勘探开发钻井中的重大技术、装备瓶颈问题展开攻关；立足自主创新和突出原创性，开展钻井工程前沿技术、高新技术和储备技术的开发，为我国钻井技术中长期发展、提升自主创新能力提供强有力支撑。其建设总目标是：建成“国内第一，国际先进”的钻井技术实验室，建立具有中国特色并具有国际竞争力的“产学研”一体化研发中心、产业化基地和钻井高技术创新人才基地。油气钻井技术国家工程实验室的建立，充分体现了国家对钻井技术发展的高度重视，也标志着我国的钻井技术发展进入了一个新阶段。

中国石油天然气集团公司钻井工程重点实验室自2000年12月22日成立以来，已走过了十年由初建到提升的发展历程。特别是2008年集团公司决定对重点实验室进行整顿和扩建，投入大量资金更新实验装备，给实验室的发展注入了强大活力。现在，钻井工程重点实验室已由原来的主体实验室和4个研究室扩展为主体实验室和8个研究室，几乎覆盖了全部的石油高等院校。我们正面临着一个新的战略发展机遇期。

众所周知，钻井工程是石油工业不可或缺的重要组成部分，以钻井为代表的工程技术和勘探、开发共同构成支撑石油工业上游业务的三大支柱。当今世界钻井技术总的发展趋势是向更深、更快、更经济、更清洁、更安全和更聪明（“六更”）的方向发展。高投入、高产出、高风险和高技术（“四高”）则是当代油气钻井工程的特征。特别是20世纪80年代中期以来，钻井的“高技术”特征，即信息化、智能化、集成化特点愈加明显。目前钻井工程和技术正在经历“三个转变（扩展)”，即钻井的功能由构建一条传统意义上的油气通道向提高勘探成功率和开发采收率及油气产量转变（扩展）；钻井技术也由单一解决工程自身问题向解决“增储上产”问题转变（扩展）；我国的钻井科研逐步从学习和跟踪国外为主向自主创新转变（扩展)。从这个意义上说，加强钻井基础理论研究和前沿技术、储备技术的开发，对满足当前勘探、开发的需求和为我国石油工业的可持续发展提供强有力的支撑，就显得尤为重要。而这些也正是油气钻井技术国家工程实验室和中国石油天然气集团公司钻井工程重点实验室的使命和职责。

我们这次会议是在一个新的形势和时机下召开的，有两点值得我们高度关注：其一是胡锦涛总书记在今年6月的两院院士大会的报告中，就当前要重点推动的科技发展工作提出8点意见，把“大力发展能源资源开发利用科学技术”列在首位；其二是目前正处于国家“十一五”即将结束、“十二五”即将开始的时机，认真交流五年来我们在钻井基础研究和前沿技术开发方面的新进展，总结经验，讨论和谋划未来五年在这一领域的研究方向和工作，为制定“十二五”规划提出意见和建议，将是本次会议的重要内容。

本次会议还专门安排参观自贡盐业技术博物馆。大家知道，我国古代的钻井技术在世界上居于领先地位，曾被一些学者誉为中国的“第五大发明”。在那里，我们可以看到自先秦直至晚清我国钻井技术的伟大成就，可以说现代钻井技术几乎全部都能从中找到它的基因和雏形。这是中国人的骄傲，更是中国钻井人的骄傲，但尤其是我们当代钻井科技人的压力和动力。我国现在已经成为世界钻井大国，但还不是钻井强国，要使中国的钻井技术重新跃居世界前列，需要我们大家的努力奋斗。

加强基础研究、突出技术创新、瞄准前沿进展、做好战略储备，是一项必须常抓不懈、孜孜以求的工作。在座的各位都是从事钻井基础理论研究、前沿技术开发和科研管理工作的精英，发展我国钻井基础研究与前沿技术的重任，责无旁贷地落在各位代表的肩上。让我们会聚一堂，交流成果与心得，共商发展，谋求创新，加大原创，为推动我国钻井基础理论和前沿技术的发展而出谋划策。

本次会议得到了西南石油大学领导与员工的大力支持。在此，我代表会议的三个主办单位向他们表示由衷的谢意！

预祝本次会议取得圆满成功！

谢谢大家！

苏义脑

2010-10-24，成都

目　录

利用射流改进井底流场的研究

杨永印　裴建忠[2]　孙伟良[3]　路飞飞1

（1. 中国石油大学（华东）石油工程学院；2. 胜利石油管理局黄河钻井总公司；3. 胜利石油管理局钻井工程技术公司）

摘　要：本文研究了喷嘴入口结构参数对旋转射流特性的影响及其在淹没条件下的破岩效果。旋转射流具有离心流动特点，射流中心压力较低，诱发空化现象降低压持效应，可以提高破岩效率。旋转射流具有强大的冲击力，其速度场具有较强的切向速度分量，对改善井底流场，清洗岩屑和冷却钻头可以起到积极的作用。

关键词：喷嘴　旋转射流　压持效应　数值模拟　破岩

高压水射流破岩辅助钻井技术是提高深井、硬地层钻速的有效途径之一，同时高压水射流可用来单独破岩，钻出具有特殊结构和用途的井眼。理论和实验研究表明，旋转射流的强扩展能力可以增加冲击面积。目前旋转射流已经成功应用于辽河、胜利、江苏等油田的径向水平井的水力钻进。旋转射流具有离心流动特点，射流中心压力较低，从而诱发空化现象增强破岩能力。此外旋转射流的速度场具有较强的切向速度分量，对改善井底流场、清洗岩屑和冷却钻头可以起到积极的作用。旋转射流的扩展角大于锥形喷嘴射流，能够增加井底的清洗面积和清洗效果，单独钻进可钻出相对大直径的孔眼。切入式旋转射流喷嘴具有特殊的旋流引入结构，研究其影响程度，对实际应用十分必要。

1　切向导入式旋转射流数值模拟

1.1　喷嘴内及射流流场计算模型的建立

应用 FLUENT 软件模拟旋转射流的流场，因为射流流体的速度在各个方向上的分量都不为零，故射流流场和喷嘴采用三维建模。喷嘴模型参考 PDC 钻头喷嘴尺寸建立，出口直径 16mm，切向入口形状不变，数量改变时通过调节其轴向长度来保证切向入口导流面积

创新项目：中央高校基本科研业务费专项资金资助。

作者简介：杨永印（1962—　），男，博士，教授，现任中国石油大学（华东）高压水射流研究中心常务副主任，水射流技术专业委员会秘书长，主要从事油气井工程流体学与工程、高压水射流理论与技术及工程应用等教学与研究工作。

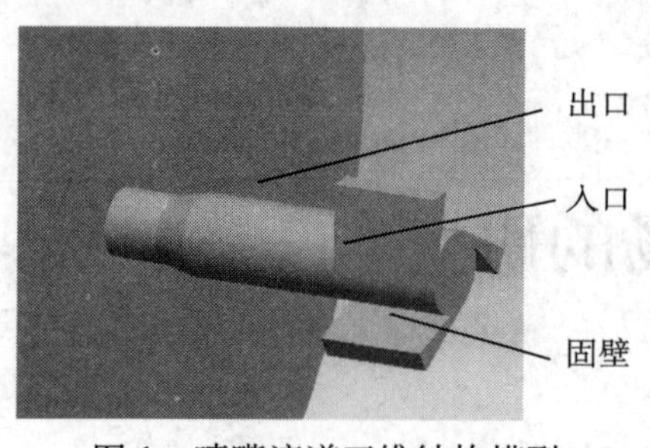

图 1　喷嘴流道三维结构模型

相同。为了接近井底尺寸，模型采用长度 100mm、直径 200mm 的圆柱体。应用 PRO/e 建立模型如图 1 所示。

1.2　求解模型

采用标准 $k—\varepsilon$ 模型求解紊流场，控制方程包括连续性方程、动量方程以及 k，ε 方程。

连续性方程：
$$\frac{\partial u}{\partial x}+\frac{\partial v}{\partial y}=0 \tag{1}$$

动量方程：
$$\frac{\partial}{\partial x_j}\left(\rho u_i u_j\right)=-\frac{\partial p}{\partial x_i}+\frac{\partial\left(\eta\partial u_i/\partial x_j-\rho\overline{u_i^{'}u_j^{'}}\right)}{\partial x_j}\quad i，j=1，2，3 \tag{2}$$

式中，v 为紊流时均速度；ρ 为流体密度；p 为流体压力；η 为流体的动力黏度；$-\rho\overline{u_i^{'}u_j^{'}}$ 项为雷诺应力或紊流应力。

雷诺应力项需要补充下面的 $k—\varepsilon$ 两方程模型来封闭以上的动量方程。

根据 Boussinesq 假设：

$$-\rho\overline{u_i^{'}u_j^{'}}=-\frac{2}{3}\rho k\delta_{i,j}+\eta_{\mathrm{t}}\left(\frac{\partial u_i}{\partial x_j}+\frac{\partial u_j}{\partial x_i}\right)-\frac{2}{3}\eta_t\delta_{i,j}\mathrm{div}\vec{V} \tag{3}$$

式中，k 为紊流动能；η_{t} 为紊流黏性系数。

湍流动能方程 k 和耗散方程 ε 分别为：

$$\frac{\partial}{\partial t}(\rho k)+\frac{\partial}{\partial x_i}(\rho k u_i)=\frac{\partial}{\partial x_j}\left[\left(\mu+\frac{\mu_i}{\sigma_k}\right)\frac{\partial k}{\partial x_j}\right]+G_{\mathrm{k}}+G_{\mathrm{b}}-\rho\varepsilon-Y_{\mathrm{M}}+S_k \tag{4}$$

$$\frac{\partial}{\partial t}(\rho\varepsilon)+\frac{\partial}{\partial x_i}(\rho\varepsilon u_i)=\frac{\partial}{\partial x_j}\left[\left(\mu+\frac{\mu}{\sigma_\varepsilon}\right)\frac{\partial\varepsilon}{\partial x_j}\right]+C_{1\varepsilon}\frac{\varepsilon}{k}\left(G_{\mathrm{k}}+C_{3\varepsilon}G_{\mathrm{b}}\right)-C_{2\varepsilon}\rho\frac{\varepsilon^2}{k}+S_\varepsilon \tag{5}$$

式中，G_{k} 是由层流速度梯度而产生的湍流动能；G_{b} 是由浮力产生的端流动能；Y_{M} 是在可压缩湍流中，过度的扩散产生的波动；C_1，C_2，C_3 是常量；σ_{k} 和 σ_ε 是 k 方程和 ε 方程的湍流 Prandtl 数。

湍流速度：$\mu_{\mathrm{t}}=\rho C_{\mu}\dfrac{k^2}{\varepsilon}$，其中 C_{μ} 是常量。

模型常量：$C_{1\varepsilon}$=1.44；$C_{2\varepsilon}$=1.92；C_{μ}=0.99；σ_k=1.0；σ_ε=1.3

1.3　淹没条件下旋转射流的仿真模拟

边界条件为喷嘴入口和上返环空出口设为模型的压力入口和出口，压力降为 7MPa；壁面条件为无穿透，无滑移。

1.3.1 喷嘴内外流场特性分析

为对比分析旋转射流的流场特性，分别模拟了相同条件下2、3、4个切向导入口的旋转射流和无切向入口的直射流流场。入口条件对喷嘴上游产生旋流的影响，见图2。

图2 不同切向导入口条件下旋流产生对应的速度分布比较

由图2可知，流体进入各切向入口后形成旋转流动，入口数量越多，旋流越均匀。图3说明，切向导入口的数量对射流扩散角及流速分布影响不大，射流扩散角范围14°～17°。此外，旋转射流扩散角明显大于直射流（约8°），井底漫流区域以及漫流层厚度也大于直射流。

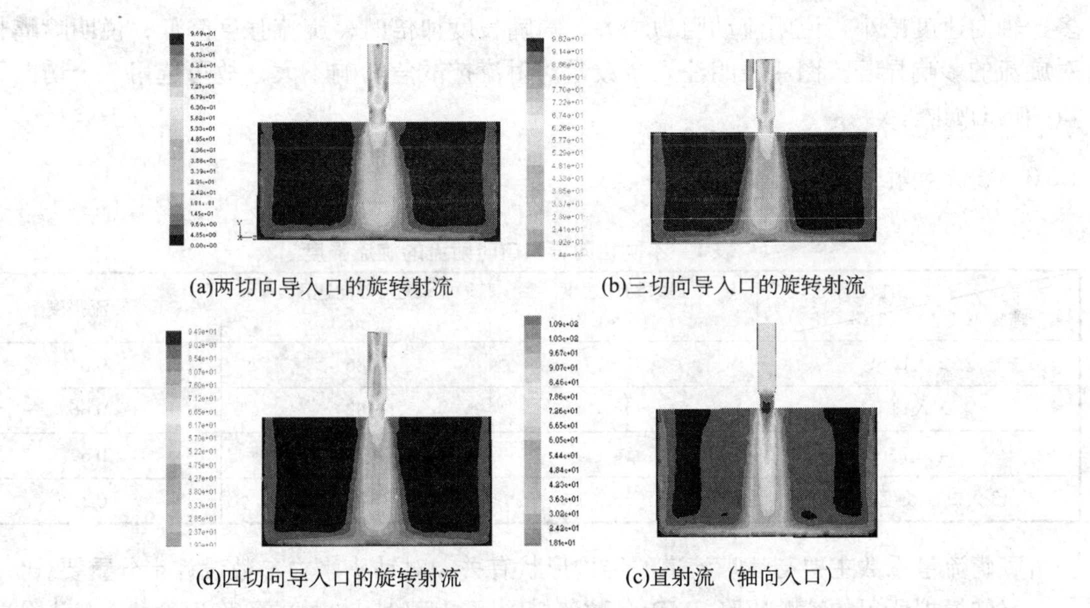

图3 旋转射流与直射流的速度等值线图比较

1.3.2 入口条件对射流旋流强度的影响

旋流强度是表征射流旋转程度的无量纲。以喷嘴出口处的射流速度分布为标准，计算射流的旋流强度，从而考查入口条件对旋流的影响。通过对3个入口条件下的模拟结果，得到喷嘴出口处的切向速度和轴向速度分布曲线，见图4。

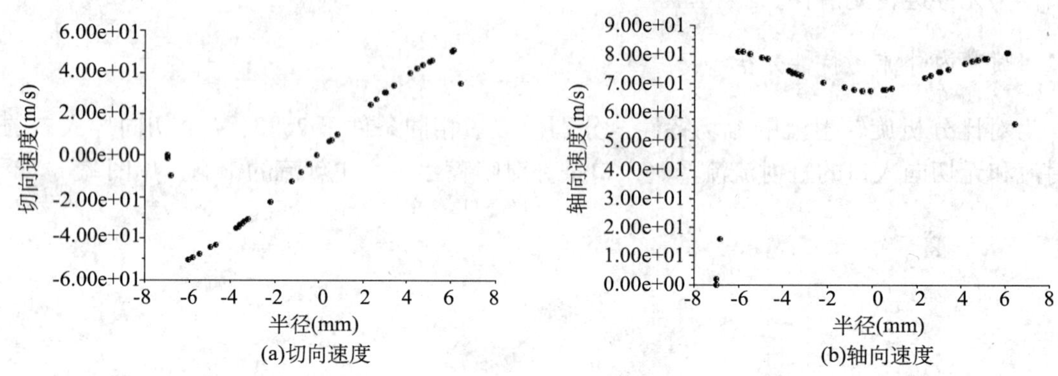

(a)切向速度　　(b)轴向速度

图4　三导向注入口喷嘴出口处的切向速度和轴向速度分布

根据模拟结果采用喷嘴出口的速度分量，将最大切向速度和轴向速度带入公式 $S'=\frac{\overline{W}_{max}}{\overline{U}_{max}}$，得到不同注入口条件下的射流旋流强度，得出射流旋流强度，见表1。由表1可知，短喷嘴均为强旋流，切向导入口数量越多，旋流强度具有增大的趋势，增加幅度低于5%。这是由于切向速度变化不大，而轴向速度变小，故旋流强度相对增大。导入口数量增多，轴向速度减小，说明流动阻力增大。喷嘴长度加倍时，旋流强度降低，说明喷嘴长度对旋流的影响显著。图4表明注入口数量对射流扩散角影响不大，故可选用3个切向导入口结构的喷嘴。

1.3.3　旋流对喷嘴流量系数的影响

表1　不同切向导入口时射流的旋流强度

速度特征 / 喷嘴形式	最大切向速度(m/s)	最大轴向速度(m/s)	旋流强度
2入口	55	86	0.64
3入口	54	82	0.66
4入口	54	78	0.69
3入口，长度加倍	25	80	0.31

喷嘴流量系数主要与喷嘴流道的结构形状有关，对钻头水力参数设计十分重要。

已知模拟所用的喷嘴压降7MPa，数值模拟可得喷嘴出口处的平均速度 v_a，代入公式：

$$\begin{cases} Q_a = CQ_t \\ \Delta p = \frac{1}{2}\rho v_t^2 \\ (Q_a, Q_t) = \pi D^2 (v_a, v_t) \end{cases} \tag{6}$$

式中，v_a，v_t 为数值模拟喷嘴出口射流平均速度和理论平均速度，m/s；Δp 为喷嘴压降，Pa；C 为喷嘴流量系数。

由表2可以看出，切向导入口越多，喷嘴流量系数越小，直射流喷嘴流量系数大于旋转射流喷嘴，因此，旋转射流喷嘴要想在相同喷嘴压降下得到与直射流喷嘴相同的流量，可适当增加喷嘴的直径。

表2　不同切向导入口的旋转射流和直射流的流量系数

喷嘴形式	平均速度（m/s）	流量系数
2切向导入口	80	0.68
3切向导入口	74	0.63
4切向导入口	71	0.60
直射流喷嘴	112	0.95

2　射流破岩实验比较

射流破岩实验是确定射流破岩能力的最直接手段。通过单位时间内射流的破岩直径、深度及体积说明及比较得到射流破岩能力，以及喷嘴几何参数的影响。

2.1　非淹没条件下射流形态对比

非淹没条件下，旋转射流的扩散角明显大于直射流，具有更大的冲击面积。由于旋流存在，射流中心出现一个低压区，在淹没条件下很容易产生流体空化，这也是旋转射流切割或钻孔门限压力比较低的重要原因。

2.2　相同排量下的冲岩试验

岩样的配料水泥：砂为1：3，抗压强度42MPa，其力学性质相当于中硬砂。实验排量160L/min，冲蚀时间4min，喷距28mm（4倍喷嘴出口直径）。由于旋转射流喷嘴流量系数小于直喷嘴，旋转射流的喷嘴压降约为9.5MPa，高于直射流的喷嘴压降7.2MPa左右，这与前面数值模拟得出的规律一致。实验效果见图5和表3。

图5　相同排量下，旋转射流和普通直射流实验效果对比图

表3中破碎直径为主体坑的直径；破碎体积采用充填法测得，包括了破碎坑边缘冲蚀掉的部分。表3说明，相同排量和实验喷距下，旋转射流冲击面积大于直射流的3倍，破碎体积为直射流的5倍。三个数据指标都表明旋转射流的破岩效果远远好于直射流。旋转射流喷嘴的压降高于直射流，说明喷嘴产生旋流导致的阻力较大，与数值模拟结论一致。

表3　相同排量下旋转射流与直射流破岩效果对比

射流类型	破碎直径（mm）	破碎深度（mm）	破碎体积（mL）
旋转射流	47.6	21	25
直射流	15	13	5

2.3 相同压力下的冲击实验

采用与上相同配料的岩样，旋转射流和直射流喷嘴压降同为7MPa，喷距28mm，冲蚀时间5min。实验效果见图6，其中粉笔标志的区域为直射流的冲击目标，无明显冲蚀痕迹；图中的破碎坑为其后旋转射流产生。

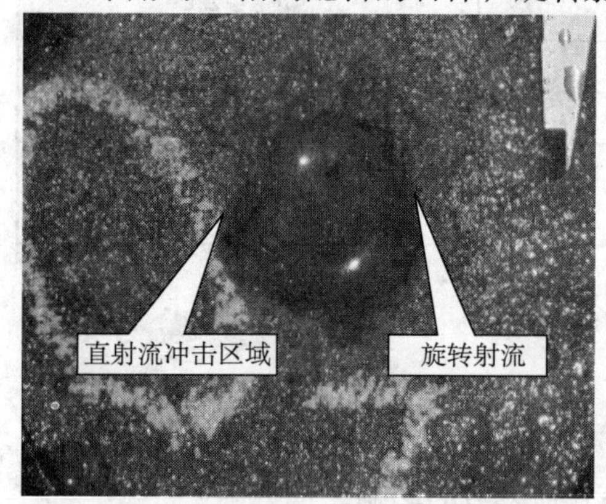

图6 相同压力下旋转射流和普通直射流冲击效果

图6和表4说明，旋转射流破岩的门限压力低于直射流，这与叶轮导向式旋转射流的破岩特点相同。在喷嘴压降为7.2MPa时，直射流可以使岩样破碎（图6），而压降为7MPa时无破碎坑出现。这说明直射流破碎该岩样的门限压力用喷嘴压降表示时大于7MPa而低于7.2MPa；旋转射流破碎该岩样时的门限压力低于7MPa。

表4 相同压力下旋转射流与直射流破岩效果对比

射流类型	破碎直径 (mm)	破碎深度 (mm)	破碎体积 (mL)
旋转射流	53	17	15
直射流	—	≈ 0	≈ 0

3 结论

（1）通过数值模拟，得出了切向入口数量等结构参数对射流强度和喷嘴流量系数的影响。旋转射流扩展角远大于非旋射流。切向入口数量对射流的旋流强度影响不大，喷嘴长度对射流的旋流强度影响显著，实际应用中应尽量缩短喷嘴长度。

（2）相同排量及相同喷嘴压降下的破岩实验得出，旋转射流的冲击面积远大于非旋射流，破岩效果明显优于非旋射流，其破岩的门限压力比非旋射流低。实验条件下，破岩直径和体积比非旋射流分别提高2倍和4倍。

（3）旋转射流井底冲击力大同时具有较大的冲击面积，携岩能力强，并具有切向速度分量，能清洗其他射流清洗不足的地方，对改善井底流场、清洗岩屑和冷却钻头可以起到积极的作用。

（4）旋转射流喷嘴的流量系数较低，相当于非旋射流喷嘴的60% ~ 70%；实际应用中可相应增大喷嘴直径来达到必需的喷嘴流量。

参 考 文 献

沈忠厚．水射流理论与技术［M］．东营：石油大学出版社，1998．

杨永印，沈忠厚，王瑞和．低压脉冲射流井底欠平衡钻井提高钻速机理分析 [J]，石油钻探技术，2002，30（5）：15−16．

Yang Yongyin, et al. Experiments on negtive pulse jetting assisted drilling [C]. Proc. of PRICWJT, Qingdao, 2006.

杨永印，沈忠厚．旋转磨料射流破岩钻孔试验研究 [J]．石油钻探技术，1999，27（4）：4−7．

杨永印，王瑞和，周卫东，等．旋转射流破岩钻孔机理研究 [J]．中国安全科学学报，1999，9（专刊）：

杨永印，杨海滨，沈忠厚，等．磨料浆体旋转射流破岩钻孔特性实验研究 [J]．中国石油大学学报，2005，29（3）：45−48．

杨永印，王瑞和，沈忠厚，等．聚丙烯酰胺浆体旋转射流速度分布的实验研究 [J]．石油大学学报（自然科学版），2001，25（6）：38−41．

杨永印，杨海滨，王瑞和，等．超短半径辐射分支水平井钻井技术在韦5井的应用 [J]．石油钻采工艺，2006，28（2）：11−14．

韩占忠，王敬，兰小平．FLUENT流体工程仿真计算实例与应用介绍 [M]．北京：北京理工大学出版社，2004：1−20．

Yang Yongyin. Rock drilling with abrasive suspension swirling jet and effects of additive polyacrylamide [C]. Proc. of 2005 American Waterjet Conf. Houston, Texas, 2005.

吴宗泽．机械设计实用手册 [M]．北京：化学工业出版社，1999．

王文玑．喷嘴加工的几个问题 [J]．高压水射流，1984，19（3）．

基于破碎能耗的钻速方程及其应用

李 玮 闫 铁

（东北石油大学石油工程学院）

摘 要：岩石破碎能耗的大小是衡量钻井效果的重要指标，也是优选钻头类型和制定钻进措施的重要依据。本文应用分形岩石力学方法，通过钻井破碎岩屑分形特征分析，在此基础上建立了钻井中钻头破碎岩石的分形钻速方程，并应用该模型分析了大庆徐深火山岩地层的岩石破碎能耗。应用分形钻速方程及单位进尺成本函数进行钻进参数优选，并给出了破碎比功及破碎岩屑最大尺寸的最优成本方程。研究结果表明，分形钻速方程是一个将钻井参数、岩石破碎程度与钻井能耗联系起来的钻速方程，可以根据该方程进行钻进成本分析，进一步确定岩石破碎产物对钻进成本的影响。

关键词：分形 钻速方程 破碎比功 火山岩 进尺成本

钻井工程的优化设计对提高生产率和经济效益具有重要的意义，是实现钻井工程科学化的必要环节。钻井参数优选是钻井工程最优化技术的主要内容之一，是在喷射钻井和平衡钻井的基础上发展起来的一门工程技术，是最优化数学理论和钻井工程科学实验相结合的产物。

大量研究表明，钻井岩屑粒度分布具有分形特征。本文以松辽盆地北部的徐家围子断陷火山岩地层为研究对象，以旋转钻井中破碎岩石的能耗分析为目标，应用分形岩石力学理论，从钻井过程中钻头破碎岩屑的粒度分布、能量耗散等角度，建立旋转钻井中钻头破碎岩石所需能量的分形描述模型，分析了岩石破碎比功、分形参数对进尺成本的影响，进一步给出了松辽盆地火山岩地层两口井破岩比功随深度的变化剖面。

1 松辽盆地火成岩地层岩石的力学性质

大庆徐家围子油田位于松辽盆地北部的徐家围子断陷，是大庆主要深井钻探区。徐家围子地层的分层情况及抗钻特性如表1所示。徐家围子火成岩储层，深度分布在3500～4500m，温度130～170℃。储层岩性致密，岩性类型多，地应力高。从整个徐家围子地区来看，在纵向上看主要发育在营城组和火石岭组。以营城组顶部分布最广，火石岭组集中

资助项目：“十二五”国家重大专项资助，项目号2010ZX05021−002。

作者简介：李玮（1979—），男，汉族，吉林省榆树市人，博士，讲师，主要从事油气井工程力学及岩石力学方面的教学和研究工作。

分布于杏山—四站以北地区。其岩石可钻性、硬度如图1所示。图1中硬度分布在704～4648.1MPa，平均硬度为2460.27MPa，可钻性级值分布在5.21～9.88，平均可钻性级值为7.41。总体上该段地层属硬到极硬地层，地层抗钻能力高，可钻性差。

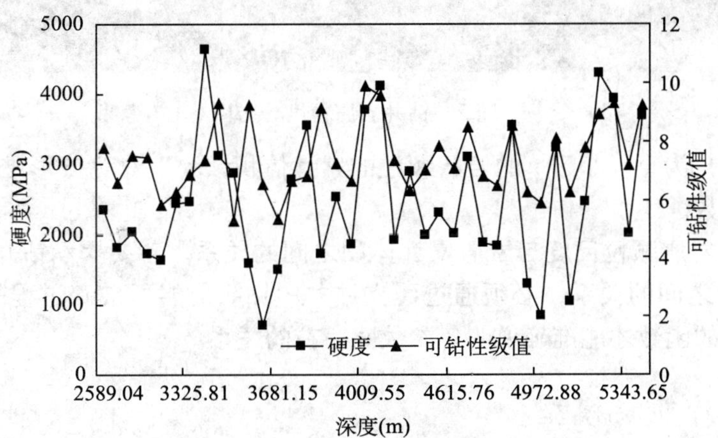

图1　硬度、可钻性随深度分布图

表1　徐家围子地层特征

井深（m）	地层	岩性描述	平均可钻性级值	平均硬度（MPa）
2728.00～2880.00	泉一段	泥岩、砂岩等	7.05	2064.87
2880.00～2968.00	登四段	泥岩、砂岩等	7.34	2037.6
2968.00～3254.00	登三段	泥岩、砂岩等	6.58	1927.47
3254.00～3550.00	登二段	泥岩、砂岩等	7.58	2942.78
3550.00～4078.00	营城组	凝灰岩、火山角砾岩、凝灰岩等	7.37	2299.41
4078.00～4206.00	沙河子组	泥岩等	8.92	3772.07
4206.00～4430.00	火石岭组	安山岩、玄武安山岩、玄武岩	7.12	2467.01

2　实钻条件下岩石破碎能耗的计算模型

2.1　钻井岩屑粒度分布的分形模型

由于松辽盆地火山岩地层岩石硬度大，可钻性级值高，该深度钻进主要以牙轮钻头为主。牙轮钻头轮齿对岩石的破碎形式主要是冲击、压碎和剪切作用，破岩产物多以片状岩屑为主。图2中的破碎的碎屑虽然大小不一，形状各异，但是多为片状多棱角岩屑，符合三牙轮钻头破岩特性。

大量研究成果表明，岩石的破碎产物具有分形特征。即满足如下尺寸与体积关系：

$$V(r) = C_1 r^{3-D} \tag{1}$$

图2 钻井岩屑粒度分布图

式中，$V(r)$ 为直径小于 r 的岩屑颗粒的累计体积，m^3；D 为分形维数；C_1 为描述岩屑尺寸属性的常数。

上式说明了岩屑颗粒尺度与岩屑累计体积之间的关系。若要揭示钻井能耗、钻井参数和破碎产物三者之间的关系，必须通过建立钻井中钻头对岩石破碎过程的理论分析模型，也只有这种明确的函数才能准确说明各参数间存在的关系。

2.2 岩石破碎能耗模型

钻头破碎岩石的过程也就是钻头在动力的作用下对岩石做功的过程。岩石体积功密度是破碎单位体积岩石所消耗的能量，它是岩石抗破碎能力大小的表现。实钻过程的能量分析主要包括能量的来源和耗散两部分。在钻进形成井眼的过程中，破碎岩石的能量来源主要包括钻头上的钻压及旋转所产生的扭矩和钻头水眼喷射的高压水射流两部分。这两部分能量共同作用于井底工作面上的岩石，使井底岩石产生破碎、摩擦生热、声发射等的能量消耗。

破碎岩石的过程也就是破岩能量对工作面上岩石的做功过程。岩石在破岩能量的作用下，产生局部应力集中，开始损伤逐渐形成微裂纹，并融会贯通最后形成宏观断裂，也就产生了不同尺寸的岩屑，所以岩石破碎过程就是一个能量耗散过程。对于破碎单位体积岩石所需要的能量，根据文献中破碎能耗的推导思路，根据能量守恒原理，由式（1）在考虑实际钻井条件下的水力净化系数 C_H、压差影响系数 C_P，可得由岩石破碎能耗表示的分形钻速方程：

$$v_R = C_H C_P \frac{E_c + E_s}{aV_{max}} \tag{2}$$

$$E_c = C_2 W n D_h$$

$$E_s = C_3 (p_s Q - K_c Q^{2.8})$$

$$V_{max} = C_1 r_{max}^{3-D}$$

$$C_P = e^{-\beta \Delta p};$$

$$\Delta p = (0.1\rho_m - \rho_p) H + K_\alpha Q_{1.8}$$

式中，v_R 为当前钻井条件下的实际钻速，m/s；E_c 为钻具旋转破岩输出的功率，W；E_s 为钻井液射流所具有的功率，W；W 为钻压，N；n 为钻速，r/min；p_s 为额定泵压，MPa；Q 为泵的排量，L/min；K_c 为循环系统的压耗系数；K_α 环空压耗系数；Δp 为井底压差，

MPa；ρ_m 为钻井液的密度，g/cm³；ρ_p 为地层压力的当量密度，g/cm³；H 为井深，m。

该模型的最大特点是通过分形岩石理论将钻井参数、岩石破碎程度与钻井能耗联系起来，只需通过确定钻井过程中岩石破碎的分形维数就可以得到钻头在一定条件下所需破碎岩石的能量。应用该模型可以确定钻井过程中破碎岩石所需的能量。因此该模型的建立为石油钻井过程中岩石破碎过程的分析提供了一种新的理论与方法。

3 进尺成本与钻井能耗关系分析

钻进参数优选是分析和处理各种试验数据及现场钻进数据的基本方法，是提高钻井速度、降低成本的基础。

3.1 成本函数分析

优化钻进参数就是要创立符合钻井客观规律的数学模型，并用最优化数学理论，分析处理各种试验数据和钻井资料，由此选定能使钻速更快、成本更低的最优钻进参数。钻头总进尺及其工作时间，可由分形钻速方程和钻头牙齿磨损方程确定。可用单位进尺成本 C 作为优选钻进参数目标函数，即：

$$C=\frac{C_b+C_r\left(t_t+t_{cn}+t_d\right)}{H} \tag{3}$$

式中，C 为单位进尺成本，元/h；C_b 为钻头成本，元；C_r 为钻机作业费，元/h；t_t 为起下钻时间，h；t_{cn} 为接单根时间，h；t_d 为钻头工作时间，h。

由式（2）和式（3）可得含有（W，n，h_f，a，V_{max}）的目标函数表达式：

$$C=\frac{C_r\left[\dfrac{t_e A_f\left(Q_1 n+Q_2 n^3\right)}{D_2-D_1 W}+h_f+\dfrac{C}{2}h_f^2\right]}{C_H C_P\left(E_c+E_s\right)\left[\dfrac{C_1-C_2}{C_2^2}\ln\left(1+C_2 h_f\right)\right]}V_{max}a \tag{4}$$

式中，C_2 为牙齿磨损系数，与牙齿特性及岩层性质有关；h 为牙齿磨损量，以牙齿的相对磨损高度表示；Q_1，Q_2 为钻头类型决定的系数；D_1，D_2 为钻压影响系数，其值与牙轮钻头尺寸有关；A_f 为地层研磨性系数；h_f 为牙齿最终磨损量。

优选钻进参数时应取钻进成本最低的各有关参数，即要寻求目标函数式（4）为极小值时的最优参数配合。对破碎体积，把式（1）代入到式（4）中求导 $\dfrac{\partial C}{\partial r_{max}}=0$，对上面公式中的 r^{3-D} 求偏导数得：

$$r_{max}=\sqrt[\frac{1}{2-D}]{C_a C_r a\left(D-3\right)\left[\frac{t_e A_f\left(Q_1 n+Q_2 n^3\right)}{D_2-D_1 W}+h_f+\frac{C_1}{2}h_f^2\right]} \tag{5}$$

由上式可知，破碎岩屑的最大尺寸是一个受多个钻进参数影响的变量，它与钻压、钻速和牙齿最终磨损量之间存在函数关系。在 $W-n-h_f$ 三维空间中组成一个曲面，称为最优岩屑最大尺寸曲面。从理论上讲，每一组 $W-n-h_f$ 的数值，都可在最优岩屑最大尺寸曲面上找到一个对应点，代入式（5），都可以解得一个最优岩屑最大尺寸。

3.2 分形参数对成本的影响分析

从成本公式来看，其影响因素主要有钻压转速等钻进参数，水力净化系数、压差影响系数等水力参数及岩屑的粒度分布特征等分形参数。下面分析分形参数对钻进成本的影响规律，从图3看出，图中曲线整体形态呈指数递增趋势。在分形维数固定的情况下，单位进尺成本随岩屑最大尺寸的增大而减小；在岩屑最大尺寸不变的情况下，单位进尺成本随分形维数的增大而增大。对于单位体积的岩石，其岩屑最大尺寸越大，岩屑个数就会越少，岩石的破碎程度也越低，钻头磨损及输出的破碎比功也就越小，成本自然降低；岩屑的分形维数越大，岩石的破碎程度越高，钻头输出破碎比功也就越大，成本自会升高。

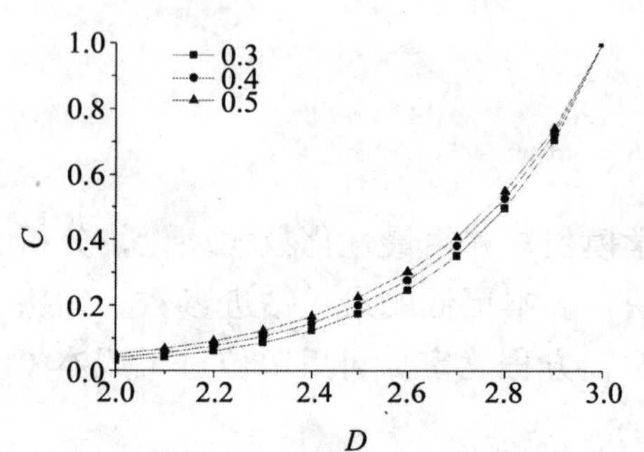

图3 成本随分形维数变化的单因素曲线

4 现场实例分析

以徐深31井和徐深43井为例，应用破碎能耗模型分析该井所在地层岩石随深度变化的抗钻能力。徐深31井位于松辽盆地东南断陷区徐家围子断陷兴城东断阶，实际井深4430m，其中在2600 ~ 3281.87m的泉二段至登二段使用空气、雾化钻井，平均钻井速度达4.93m/h，是常规钻井速度的5倍。徐深43井位于松辽盆地东南断陷区徐家围子断陷徐东斜坡带，实际井深3963m。其中在2870 ~ 3635m的泉一段至营城组使用空气、雾化钻井顺利地完成气体钻井试验，机械钻速提高3.5倍，累计进尺765m。

如图4和图5所示，在过平衡钻进井段上，地层岩石的破碎能耗随深度的变化呈现逐

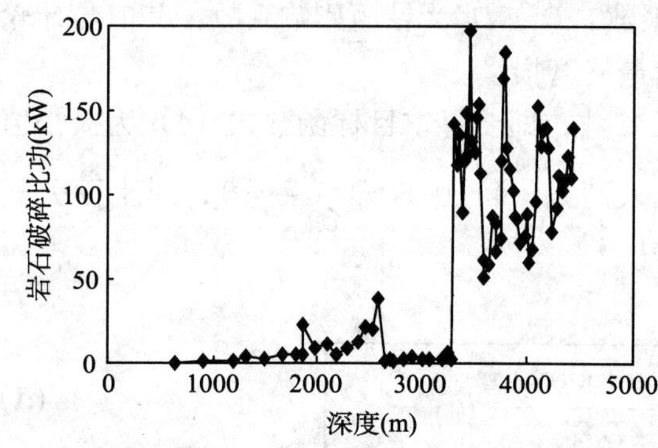

图4 徐深31井破碎能耗随深度变化图

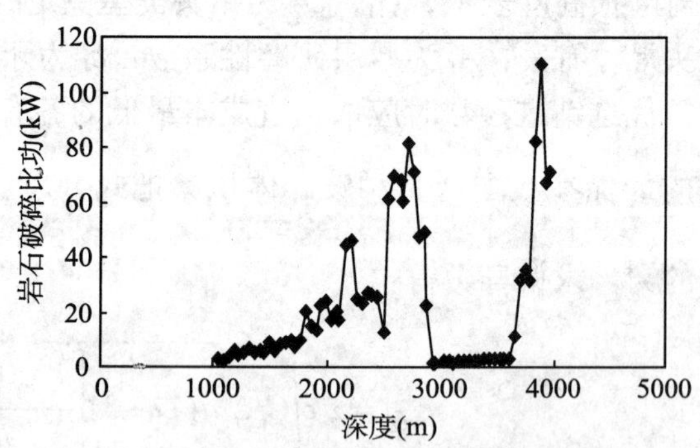

图5 徐深43井破碎能耗随深度变化图

渐上升的趋势。这符合地层的压实程度随深度的分布规律，也与钻时分布曲线形态接近。但是在欠平衡钻进井段，地层岩石破碎能耗陡然下降，其破碎能耗值与浅部地层岩破碎能耗值接近。当使用过平衡钻进时，岩石破碎能耗跳跃式增大，与欠平衡井段的低破碎能耗形成明显的区别。这说明：过平衡钻进的压井工艺能大幅度限制实际钻速。对比两种钻井条件下的岩石破碎能耗可知：深部地层岩石的较高硬度和可钻性级值能够降低钻速，但是不会大幅度降低钻速，真正大幅降低钻速的原因是井底的压力环境。

5 结论

(1) 建立了钻井的岩石破碎能耗模型，该模型将钻井参数、岩石破碎程度与钻井能耗联系起来，这与以往钻井上只用钻井参数分析钻头破碎岩石的模型有着本质区别。应用岩石破碎能耗模型可以确定钻井过程中破碎岩石所需的最低能量，还可以根据所需岩石的破碎能量优选钻进参数，为丰富工程理论提供了一种新的理论与方法。

(2) 大庆火山岩地层现场实钻应用情况表明，深部地层火山岩的高硬度和高可钻性级值能够降低钻速，但是不会大幅度降低钻速，真正大幅降低钻速的原因是井底的压力环境。即过平衡钻进的压井工艺能大幅度限制实际钻速。

(3) 应用分形钻速方程及单位进尺成本函数进行钻进参数优选，并给出了破碎比功及破碎岩屑最大尺寸的最优成本方程，进一步进行单因素分析，分析结果表明：钻头输出的破碎比功及破碎岩屑最大尺寸对进尺成本影响明显。

参 考 文 献

闫铁．优选参数钻井理论与实践［M］．哈尔滨：哈尔滨工业大学出版社，1994：2−5.

赵军英，姜玲．优化钻井设计和控制钻井投资［J］．新疆石油科技，2006，16（4）：6−9.

唐志军，邵长明．钻井工程设计优化与应用［J］．石油地质与工程，2007，21（3）：75−78.

张辉，高德利．钻头选型通用方法研究［J］．石油大学学报（自然科学版），2005，29（6）：45−49.

李士斌，闫铁，李玮．地层岩石可钻性的分形表示方法［J］．石油学报，2006，27（1）：124−127.

李士斌，李玮．岩石可钻性的分形法的可行性分析［J］．大庆石油学院学报，2006，30（3）：24−27.

王培义，王克雄，翟应虎．分形理论及地层岩石抗钻特性参数的分形表示方法［J］．钻采工艺，2006，29（2）：30−32.

Moyuru Ochiai，Riko Ozao，YoshitakeYamazaki，et al. Self−similarity law of particle size distribution and energy law in size reduction of solids［J］．Physica A，1992，191：295−300.

Turcotte DL. Fractals and fragmentation［J］．Geophysics. Res，1986，91（B2）：1921−

1926.

李玮，闫铁，毕雪亮，等.实钻条件下破碎能耗的分形评价方法［J］.中国石油大学学报（自然科学版），2010，(6)：76-79.

闫铁，李玮，毕雪亮，等.旋转钻井中岩石破碎能耗的分形分析［J］.岩石力学与工程学报，2008，27（增2）：3649-3654.

井筒复杂多相流模拟实验架研究

孟英峰　李永杰　彭彦理　陈一健

（油气藏地质及开发工程国家重点实验室·西南石油大学）

摘　要：建立一套完善的井筒复杂多相流模拟实验架，实验架的各项功能与技术性能指标的确定是关键问题。利用模拟实验架可以对不同方式、不同作业过程的钻井井筒内的流动规律进行实验研究，从而对井筒内复杂多相流流动的理论模型予以验证和修正，建立精确的井筒压力预测模型。再通过对钻井过程中的立压、套压、液面、气液流量等进行实时监测，可以形成一套现场可用的精确控制的全过程欠平衡钻井的压力控制技术，以达到提高全过程欠平衡钻井的操控安全性和储层保护的效果。

关键词：井筒　多相流　模拟　实验

1　建设井筒多相流模拟实验架的意义

欠平衡钻井技术是一项较新的钻井技术，它相对于常规的钻井液钻井，有着更利于发现和保护油气藏、提高机械钻速、减少井下复杂事故、缩短建井周期、降低钻井成本等诸多优势。但是，由于其欠平衡的特性，一旦有地层流体产出，必将进入井筒循环系统，形成钻井液或注入气液体与地层产出的油、气、水、岩屑的多相流动，在深井和超深井的循环流动中，井深的变化造成循环系统压力的巨大变化，形成循环系统流态的多种变化，这种复杂多相流的流动规律，对于确定井底的欠平衡压差、控制地层油气水的产出量、确定井筒流体的携岩能力、降低石油钻井的井控风险等方面，有着极其重要的意义。

井筒循环系统是一个复杂的多相流体流动的非稳定压力系统，它受注入流体的气液比、储层流体的种类、流体性质、进入量、地面回压等多因素控制。一个设计合理的欠平衡钻井循环系统将有效约束储层流体过多地进入系统和控制合适的井底压力及井口回压，提供良好的井眼净化条件和井底动力钻具能量，构成一个可以精确控制的循环压力系统。欠平衡钻井中的环空复杂多相流动是影响欠平衡钻井安全性、高效性的重要因素。由于欠平衡钻井技术的新颖性，在欠平衡钻井的不同作业过程中（钻进、接单根、起下钻、停止循环、关井等），井筒流体复杂多相流的流动规律、流态与相态特征，不同井深、温度、压力和产出物条件下的环空流态变化，泡沫与空气钻井条件下岩屑的迟到时间，岩屑的运移规律，不同储层产出流体与井筒循环系统的耦合关联等方面都还没有精确的计算模型可用，这对

作者简介：孟英峰（1954—　），男，教授、博士生导师，西南石油大学石油工程学院院长，长期从事欠平衡钻井技术的基础理论与工程应用研究。

想达到精确控压的钻井技术是极其不利的。

国内外对井筒流体的流动规律研究基本都是利用流体力学多相流的基本理论和方法，建立欠平衡钻井环空流速场、压力场、温度场的理论预测模型，并利用实验手段和生产实例进行修正完善，经适当地简化使计算模型工程化、程序化，方便现场应用。然而，预测模型的准确性和误差范围，必须通过实验手段进行验证和修正，才可以提高预测精度。采用现场试验研究有很多的局限性，因此，建立井筒复杂多相流模拟实验架，进行模拟流动实验是验证和修正预测模型的关键。西南石油大学欠平衡钻井技术研究室依托国家“863”计划项目“全过程欠平衡钻井技术”子课题，初步完成了井筒复杂多相流模拟实验架的建设，具备了模拟实验的基本条件，完成了部分实验。

2 国内外主要流动模拟实验架发展状况

鉴于多相流流动的复杂性和对钻井工程的重要性，国际上的相关研究单位对模拟实验架的建设都非常重视。美国的Tulsa大学、美国斯伦贝谢公司的剑桥研究中心、挪威的国家水力学实验室，都有世界顶级的流动模拟实验架。

2.1 国外发展情况

2.1.1 TUFFP试验装置

1997年，由美国能源部和BDM公司牵头，由大石油公司和技术服务公司参与，Tulsa大学负责的长达5年的ACTF计划启动。该项目总体目标是建立一个岩屑运移装置——ACTF，功能与井筒模拟器相当，用其研究非牛顿流体性质和岩屑运移规律。该项目启动之前Tulsa大学已有在低压常温下研究流体性质和岩屑运移规律的密闭循环实验设备。该LPAT密闭循环装置是世界上最大的密闭循环系统之一，这个循环系统包含了钻井液循环系统的所有设备，包括带搅拌机的泥浆罐、振动筛、流动管线、泵及压缩机。其中实验管段长30.5m，井眼内径0.205m，钻杆外径0.115m，钻杆转速0～140r/min，液体流量0～2.65m^3/min，气体流量0～35m^3/min，实验管段倾斜角度在0°～90°变化。ACTF实验架要求在常压和特定温度和压力下进行气、液、固三相流动实验。实验管段还可以在不同的倾斜角度和钻杆旋转速度下实验，因此可以很好地模拟水平井、大斜度井的岩屑运移情况。ACTF实验架主要由实验架的起升系统、岩屑注入和清除系统、气体和液体注入系统、温度提升系统、实验监测系统、钻柱旋转系统等组成。

2.1.2 SINTEF试验装置

SINTEF试验环道是位于挪威SINTEF多相流实验室的一个大型试验装置，室外管道总长达1000m，其中的一条管道水平管长400m，后面的竖直管高52m，内径189mm。其中的50m水平管可以起伏一定的角度，后面的70m水平管可以下倾2°（此时的竖直管高54m）。它的一台功率700kW的气体压缩机压力可达9MPa。一般情况下，用于测量的实际和虚拟的仪器约有100台。液体流量采用涡轮流量计测量，气体采用涡街流量计测量。持液率用 γ 密度仪测量，用于流型识别和确定液塞速度（采用互相关技术），它的响应时间为50ms，但记录频率一般只有10Hz，并且需要经常校正。还有若干压力变送器、差压变送器、温度变送器等。液相介质为柴油、润滑油或石脑油，气相为氮气，并且气相和液相都可以循环使用。在2MPa的中等压力下，液相折算速度为0.15 ~ 3.7m/s，气相折算速度为0.5 ~ 14m/s。在低于6MPa的压力下会有剧烈的地形液塞现象发生。试验参数采用计算机采集。建立了大型的数据库系统，在工作站上运行。

2.1.3 SCR试验装置

实验装置垂直长度约为12m，9.5m实验管路可以进行可视化实验。管路系统安装在15m的工作台上，其可以在枢轴上转动。此装置可以测试管路从水平到垂直的任何角度。用于实验部分的有5个透明塑料管，内径200mm，测试装置在顶部，空气供给系统由两台相同的空压机组成，总气量为40000m³/d，排气压力700kPa。液体由一单作用泵构成，排量是5800m³/d，额定压力600kPa。

2.2 国内发展情况

1995年，中国石油大学针对空气在垂直环空钻井液中流型分布规律和岩屑运移规律研究时设计的一套多相流实验装置。实验管为有机玻璃环空管，内管直径0.05m，外管直径为0.12m，管段长约10m。水泵将水箱里的钻井泵入环空内，液体涡轮流量计测量钻井液的流量，空气压缩机给储气罐供气，储气罐内的气体通过节流阀及陶瓷破气滤网进入环空，与钻井液混合成气液两相流。但此循环系统只能在较小工况下实验。

2000年，西南石油大学建设了空气雾化钻井实验架，井筒高15m，外筒内径0.07m，内筒外径0.03m，空压机排量6m³ /min，压力0.8MPa，功率40kW，气罐容积2m³。实验架由气源系统、岩屑输送系统、流体注入系统、井筒系统、测量系统组成。实验架的规模和压力不足以模拟深井和超深井的井筒流动规律。

3 井筒复杂多相流流动模拟实验架的研制

按照模拟深井和超深井的各种工况下井筒复杂多相流的流动规律的要求，采用相似理论，确定本实验架的基本结构单元和运行参数。

3.1 实验模拟条件

（1）介质：模拟空气钻井、空气雾化钻井、泡沫钻井、充气钻井液钻井、钻井液钻井等循环介质，所以实验架必须具备空气气源、模拟液体的注入泵、模拟岩屑的固体模拟添加装置等。

（2）环空常用流速：在常用钻具、井眼组合中，从携岩等钻井工艺要求上，实验架需要模拟常用井下环空中空气钻井的气流上返流速通常为15 ~ 20m/s，充气钻井液钻井的钻井液上返速度通常设计为2～4m/s，机械钻速在空气钻井中通常设计为15m/h，为此，空气的气量、液体的流量、固体的模拟加入量必须分别控制和计量。

（3）环空气体介质物性：环空中气体介质为空气，模拟钻井液为水或者真实钻井液，泡沫基液根据实际工程需要模拟。分别计量后计算或取样测取物性。如热导率 λ、比热容 C_{p0}、密度 ρ、黏度 γ、导温系数 a、泡沫质量数、半衰期等。考虑地层换热对物性的影响，实验架需要具备调温功能。

（4）考虑模拟井径扩大和缩小的工况，在实验架模拟井筒上需要有可以更换的模拟井段。模拟钻杆转速为0～140r/min。

3.2 实验架主要功能单元和技术参数的确定

实验架可以在低压可视（0.8MPa）和高压（12MPa）两种压力、任意管道倾斜角下模拟深井和超深井的任意井斜角下井筒多相流体的流动情况；可用于模拟不同作业过程的复杂多相流流态、相态特征，不同井深、温度、压力和产出物条件下环空流态变化、环空的流动压力分布、环空温度分布等情况。根据实验规模确定实验管段长度36m，其中高压实验管包括一根模拟钻柱的环空管和一根模拟空井筒的圆管，采用无缝钢管制成。低压实验管也包括一根模拟钻柱的环空管和一根模拟空井筒的圆管，采用透明有机玻璃管制成，便于直接观察管内流体的流动状态。其中模拟环空管外径160mm，内径140mm，模拟钻柱管外径65mm，内径59mm，模拟空井圆筒的流道外径160mm，内径140mm。可用于全尺寸的模拟井眼直径6in，钻杆3.5in时的钻井工况。进行低压实验时，注入空气由3台空气压缩机组成，可以组合搭配，覆盖更大的流量范围，在0.8MPa额定压力下，总计可以达到1500m³/h空气排量；进行高压试验时，1台活塞式三级增压机可以达到最高排气压力15MPa，满足模拟超深井注气控压的实验管线要求。在实验管路上每间隔2m安装有不同的数据监测记录仪器，具备系统压力、温度、流量测量、高速图像观察记录等功能。

3.3 实验架组成

根据实验目的要求，目前模拟实验架主要包括以下六个部分。

（1）实验架起升系统，用于支撑实验管路、测试仪器系统等，并能保持要求的实验井段的井斜角度，如图1所示，以模拟直井—斜井—水平井的各种工况。

（2）实验供气系统，包括空压机、储气罐、过滤器等，用于模拟井下一定压力范围内、一定流速范围的气体流动情况。

（3）实验流体加热系统：包括电加热与控制系统，用于模拟井下一定温度范围的变化情况。

（4）液体供给系统，包括注入流体和模拟地层出水的供给，地层出油的供给装置，用于模拟不同储层的不同气液比、不同产出油的变化情况。

（5）岩屑模拟系统，包括岩屑模拟装置及其计量装置。用于模拟不同钻速的钻进过程中井下产生的岩屑情况。

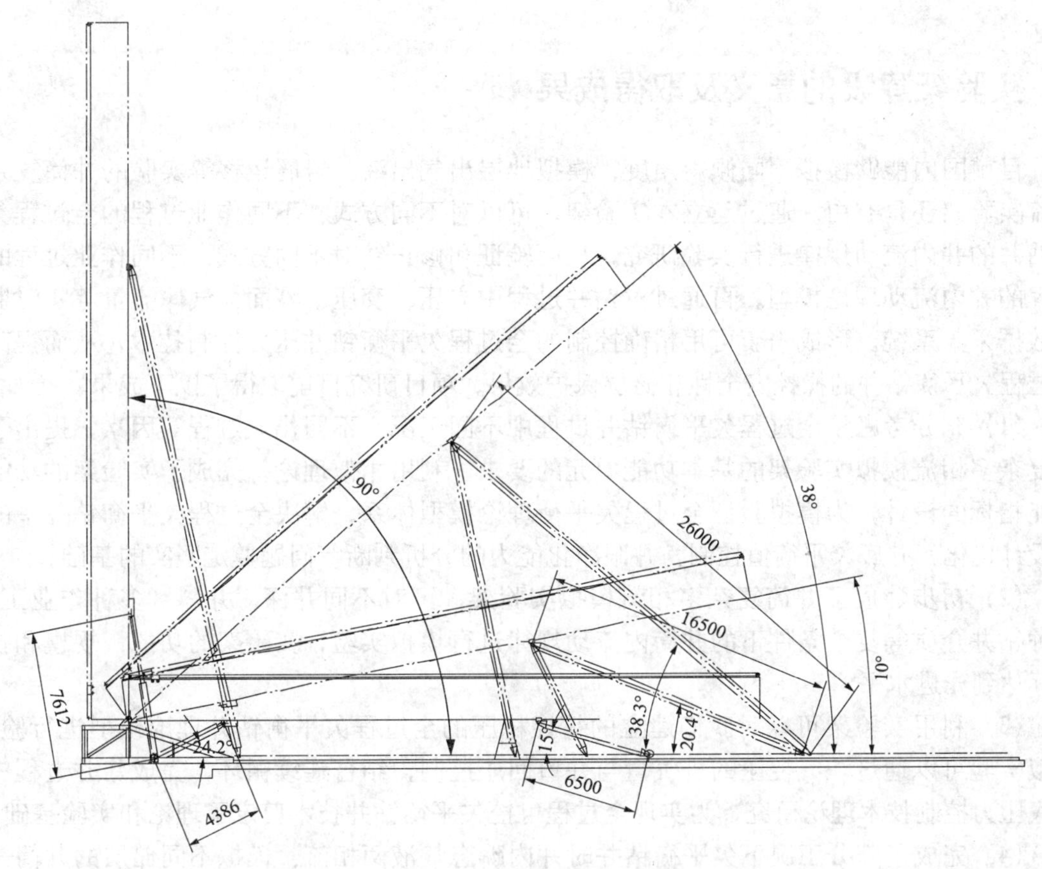

图1 实验架起升过程及支杆变化示意图

（6）实验管及测试系统，实验管高压和低压两套系统，每套系统包括一根无模拟钻杆的空井筒和一根模拟钻杆的实验管段及其附加管线，其流程可模拟正、反循环，模拟钻进、停钻、起钻、接单根、空井筒、关井等工况。可用于模拟垂直井、各种角度的造斜井段、水平井段的井筒流动。实验架架体和现场设备如图2和图3所示。

图2 实验架架体

图3 实验架现场设备

4 实验架建设的意义及取得成果

目前国内能够模拟不同倾斜角度、模拟地层出气出液、岩屑运移等实验的井筒复杂多相流实验架还是空白。通过建立本实验架，可以对不同方式、不同作业过程的全过程欠平衡钻井的井内流动规律进行实验研究，从而验证和修正针对不同方式、不同作业过程的全过程的井内流动理论模型。再通过对钻井过程中立压、套压、液面、气体流量等实时监测的数据采集系统，形成一套可用精确控制的全过程欠平衡钻井压力控制技术，从而提高了全过程欠平衡钻井的操控安全性和储层保护效果。项目研究目前取得了以下成果：

(1) 充分考虑了全过程欠平衡钻井过程中不同工况、不同作业过程等因素，提出了井筒复杂多相流模拟实验架的基本功能单元的要求，利用相似理论，完成了实验架的功能与性能指标的设计，为模拟验证全过程欠平衡理论模型体系，解决全过程欠平衡钻井中的钻井设计优化、井底欠平衡值控制、井眼净化能力的分析判断等问题奠定坚实的基础。

(2) 初步建成了井筒复杂多相流模拟实验架，可对不同井深、井斜、多种作业工况、多种钻井介质等复杂条件下的井筒内流动规律进行模拟实验，实验架的功能、规模和技术指标达到先进水平。

(3) 利用实验架可以对我们建立的精控稳压的全过程欠平衡钻井理论模型进行验证，模拟实验可以通过注气控压的进气量与井口回压控制，结合连续循环，完成建井过程中的井底压力控制技术理论研究，为实现全过程可控欠平衡钻井技术奠定了理论和实验基础。

(4) 完成了部分工况下欠平衡钻井时井内瞬态气液两相流、模拟不同储层的井筒—地层耦合流动、欠平衡钻井停止循环条件下的气相浮力驱动等多相流实验研究，验证了建立的理论模型。

(5) 井筒复杂多相流模拟实验架同时具备根据研究需要进行功能扩展的能力，是一个完全开放型的基础研究平台，为今后继续开展模拟不同储层性质、不同储层产出流体与井筒耦合流动问题等研究创造了非常好的实验研究条件。

井下控制系统的工程设计实践与思考

宋延淳　邓　乐

（中国石油集团钻井工程技术研究院）

摘　要：井下测量与控制系统的设计、开发和产品化，是井下控制工程学研究的主要目的。本文结合随钻测量电子系统的设计与实践，对井下测量与控制系统工程设计中，一些与行业特殊性有关的设计模式及特点展开讨论，并着重从系统的总体设计、嵌入式系统开发等几个方面阐述个人的观点和思考。

关键词：井下控制工程　系统设计　随钻测量　开发管理

在井下控制工程学研究领域，设计开发大型智能化井下测量控制系统产品，服务于复杂油气田钻探开发，是该领域研究的最终目标。井下测量与控制系统（以下简称“井下系统”），是物理学、控制学原理，与多学科技术结合而形成的高端技术，涉及计算机、电子、信息、材料、制造等诸多技术领域。由于井下复杂的工作环境和严苛的应用条件，致使井下系统的设计开发面临诸多困难和挑战。同时，多学科、多领域技术的交叉和融合，决定了井下系统产品的设计和开发是一项复杂而艰巨的系统工程。

井下系统产品的设计开发主要包括测量方法、机械、电子以及应用等多项研究内容。随着各领域技术的飞速发展，现代电子系统设计各部分研究之间的联系越来越密切，井下系统设计的各个阶段、环节也都相互渗透，密不可分。如果没有对系统测量机理、系统总体构成、相关研究内容等，具有深刻的理解和把握，就不可能很好地制定各个设计环节的具体目标。与民用、航天、医疗等电子系统的开发一样，井下系统的设计开发既有共性也有个性，共性技术可以跟踪借鉴，如复杂的嵌入式系统的设计和开发，而个性技术的特殊性正是需要我们努力去攻克的。

随钻电磁波电阻率和随钻中子孔隙度系统是两种典型的井下系统，隶属于地质导向钻井大系统，是其重要的测量子系统。两种随钻系统装置通过机械和电器连接挂接在地质导向钻井大系统上，测量获得的地层电阻率及孔隙度参数用于钻井导向决策及实时地层评价。本文将以两种随钻测量系统为主要实践案例，结合以往的设计经验，对井下控制系统设计实践中体会较为深刻的几个问题展开讨论。

作者简介：宋延淳（1964—　），女。1984年毕业于江汉石油学院测井专业，获工学学士学位；1991年毕业于清华大学辐射技术应用专业，获工学硕士学位；2006年毕业于西安交通大学生物医学工程专业，获工学博士学位。现为中国石油集团钻井工程技术研究院高级工程师。

1　井下系统总体设计

作为机械电子类工程项目，井下系统的设计开发遵循工程设计普遍原则。系统设计研究主要包括仪器和方法两个方面的内容，仪器系统设计包含机械、电子两大部分，电子部分由硬件系统和软件系统设计组成。井下系统设计开发过程及步骤为：(1) 确定任务和目标；(2) 系统总体概要设计；(3) 总体设计细化；(4) 硬件、软件详细设计；(5) 单元模块独立调试；(6) 系统联调；(7) 现场试验调试；(8) 系统说明书、维护手册文件编写等。

对于井下电子系统的设计开发，系统总体设计是工程设计的第一步，也是非常重要的一步。因为总体思路和设计方案如果出现偏差，将会严重影响和波及后续的设计工作。在以往的设计实践中，不乏这方面的教训。因此，总体方案的反复论证和严格把关非常必要。通常在进行总体方案和系统设计之前，首先需进行全方位的系统分析，即全面分析系统功能，明确设计的任务和设计目标，这样在进行系统概要设计时，就能比较清楚地勾画系统的框架和结构。系统总体设计应采用模块化思想，而模块的划分需要先对系统进行分解。从图 1 中可以看出，尽管随钻中子孔隙度测量系统是一个相对独立的电子系统，但是如果把系统分解之后，又可以划分为多个独立的测量和控制子系统、子模块。认真分析主系统与子系统，以及各子系统之间的相互联系。在明确了系统信号的流向及工作状态的迁移之后，就可以进一步地考虑主系统和子系统之间的连接及实现方式，从而自上至下逐级展开设计。

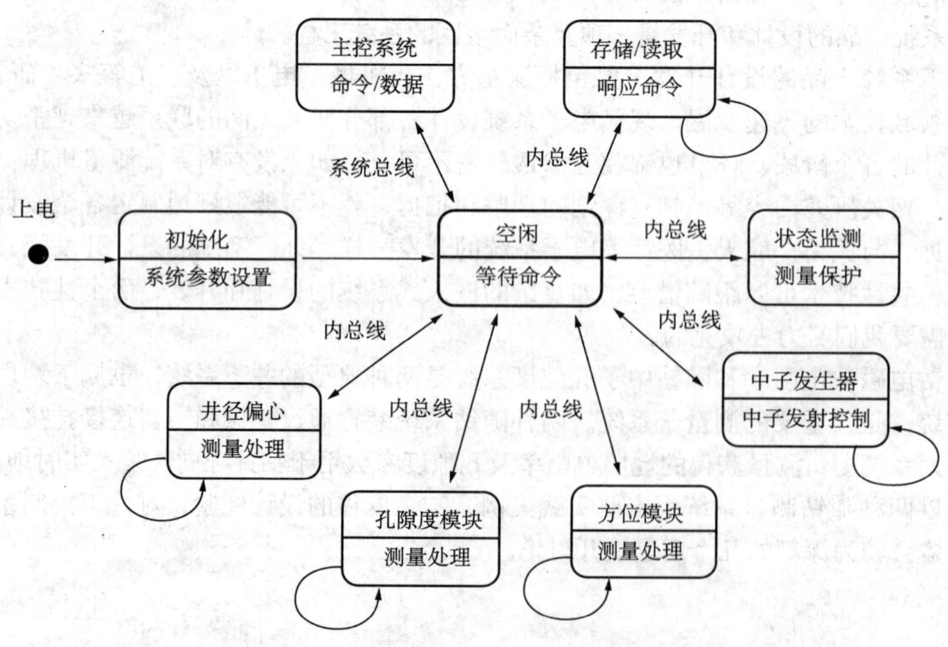

图 1　简化的随钻中子系统工作状态转移图

2 井下嵌入式系统开发特点

嵌入式系统是指嵌入在电子产品中的计算机系统，在计算机、电子及通信和信息技术等领域，嵌入式系统是目前最热门最具发展前途的应用技术之一，它渗透到人们生活的各个方面，如数码产品、汽车、家电、医疗、航天航空设备等。以地质导向钻井大系统为主导的各个井下测量与控制子系统，也都毫不例外地属于嵌入式系统最重要的应用领域。对于井下测量和控制系统的软硬件设计来说，我们面临的最主要的工作就是嵌入式系统的设计和开发。

与其他领域嵌入式系统开发不同的是，井下电子系统开发受井下使用条件的制约，往往难以选择最新及最高端的电子技术新产品，比如高温嵌入式处理器芯片的选择就会受到很多限制。对于随钻测量系统来说，为了完成系统功能，须通过多处理器协同工作的方式来组成系统。在随钻中子测量系统中，我们选用了中规模的嵌入式芯片作为主处理器，同时采用了多个嵌入式微控制器作为其控制子系统。在多处理器系统的设计中，建立系统各模块内部的软、硬件体系和结构，系统任务执行方式、模块之间的信息传递和交互等是需要认真分析和设计的。图2为随钻中子系统部分模块的并发执行交互示意图。

对于较复杂的井下控制系统，还需选择合适的嵌入式操作系统作为开发平台，以针对不同处理器来设计高效的实时多任务内核。然而对于这种基于标准内核框架的实时操作系统的开发，相关的应用程序接口、软件文档、代码管理等都是需要特别重视的问题。基于团队开发的嵌入式系统软件，更需要引入一套嵌入式系统业内广泛采用的开发标准，使各个设计环节都执行严格的设计规范和流程。

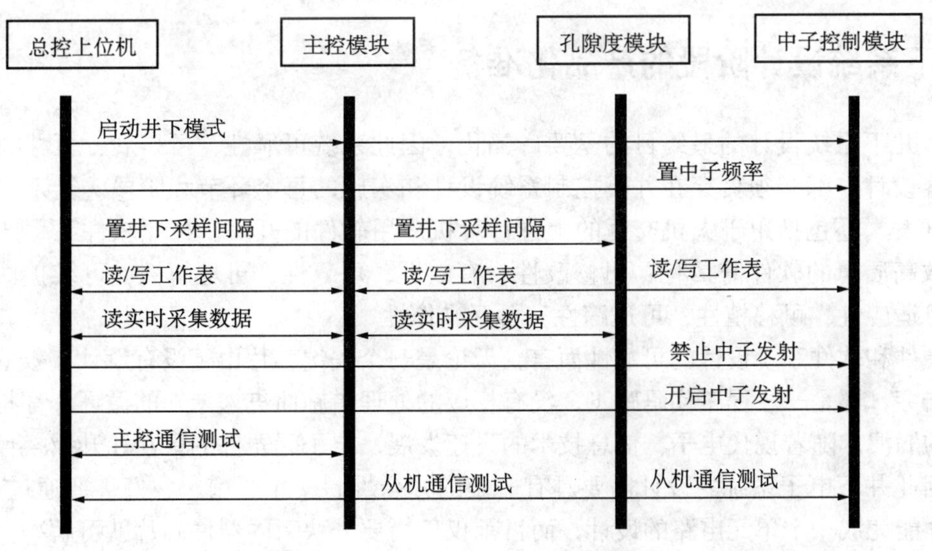

图2 随钻中子系统部分模块的并发执行交互示意图

3 电子系统设计与方法研究间的互动

井下控制系统设计需要通过理论计算来确定系统仪器的结构和参数，指导系统设计。反过来，电子系统设计同样为理论和方法研究提出新的课题。对于井下系统设计来说，对理论方法和电子系统设计的全面掌握，也是现代各领域技术发展对系统设计者提出的要求。方法研究如果不了解电子技术的发展状况，则不可能提出一种非常有效的测量和控制处理方法。而电子设计人员如果不了解系统工作原理及相应的处理算法，则很难在基于软硬协同设计的现代电子系统设计中，开发出高效的程序代码。

方法理论研究需要了解电子技术发展的情况，电子系统设计者也必须对仪器的原理方法具有一定的理解和认识。就拿随钻电磁波电阻率测量来说，如果不了解现代电子技术和信号处理技术的特点，就有可能沿用传统过时的设计和处理方法，如基于近场理论的感应电阻率测量。由于受当时（20世纪60—70年代）电子技术水平的限制，为了保证测量信号与电阻率响应的线性关系，简化电路设计，感应电阻率仪器通常舍弃测量的矢量信号的虚部，即“90°”信号，而只保留他们认为“有用的”实部信号，因为实信号与电导率为线性关系。但实际上，在实部信号中包含的地层电导率信息份额很少，而大部分地层信息份额包含在虚部信号里，却被当作无用信号去除，因此导致了很低的测量的灵敏度。但是在现代电子信息技术水平下，将矢量信号通过高速AD全波采集、用FPGA技术进行实时数字解调，获得所需的幅度和相位参数，必将具有高效、高精度及高灵敏度的特点。

在井下电子系统设计中，为了抑制电子系统中复杂的噪声和干扰，有时需要研究各种高效的数字滤波算法。为了获得准确的测量参数，也需要进行复杂的处理和计算，这都是电子系统设计为测量方法研究所提出的学术课题。

4 井下系统设计阶段的产品化准备

由于井下系统设计的最终目的是要产品化，因此系统可靠性、可扩展、可移植性以及电磁兼容设计，都必须贯穿在井下控制系统设计和实施的每个环节和阶段。复杂井下系统的设计开发，还包括用于人机交互的上位计算机应用软件的开发。按照软件工程产品的目标，高效高质量的软件需具有：可修改性、有效性、可靠性、可理解性、可维护性、可重用性、可适应性、可移植性、可追踪性和可互操作性。

就硬件和软件系统设计的可靠性而言，无论是一个关键芯片由于没有设计有效的保护电路而被击穿，还是一段程序代码跑飞，没有相应的处理措施而进入未知的循环，都将导致整个系统的崩溃。随着现代电子、信息技术的飞速发展，电子元器件的更新和升级换代也非常迅速，因此井下电子系统的设计需要具有一定的冗余性。一年之前，我们需要通过10块器件芯片才能完成一个单元电路的设计，而目前仅仅需要一块新的器件芯片就可解决。在系统开发的过程当中，一种新的更高性能的处理器芯片推向市场了，那么我们能够很快地将原来的工作转移过来吗？这就需要我们的设计从开始就要考虑系统的可移植性问题。

另外，还有设计的前瞻性需要重视。我们必须密切注意和跟踪电子技术的最新进展，不能停留在过去我们熟悉的电路或者别人设计的经典电路之上。照搬一个经典的电路，或许能减轻我们的一些工作，但是也许不久我们会发现，这种芯片已经停产，很难购买，即使买到，也是高价的拆机件。这时所有的工作都已铺开，相关设计只能不得已而返工。

5 井下系统开发管理

就目前井下系统的规模和复杂程度来说，系统的设计开发都需要依靠一个团队的力量来支撑。如何明确每个开发成员的任务和分工，如何使设计任务之间的界面和衔接更为清晰，这就需要组织、协调、沟通和管理，它是系统设计有序进行的保障。

基于团队的系统设计开发，需要引入一套较为完善的标准。系统设计的组织需要具有一定的设计层次并形成梯队。对于系统级的较高层次设计，如嵌入式系统设计，由于涉及软件和硬件的协同设计，对设计人员具有较高的要求。设计者不仅要熟悉硬件原理，精通各种硬件接口，而且需掌握嵌入式操作系统原理及应用软件的开发。嵌入式软件开发也需有较底层软件的知识，具有操作系统级、驱动程序级的知识或经验。且软件设计的时效性也要求设计者需具有软件设计专业水平。因此这种技术上的高门槛，决定了这方面人才的稀缺，合理地发挥不同设计层次的力量和作用，以及开展梯队间的协作非常重要。

技术文档的建立和管理，是井下系统开发管理中非常重要的内容。因为系统设计开发阶段的技术资料对随后的系统的产品化是非常重要的储备。如果没有开发过程中的资料积累，那么后期的技术资料整理和编写将是非常复杂和冗繁的过程。此外，在刚入职设计人员的专业化训练方面，应培养其对设计开发笔记和工作记录的重视，形成良好工作习惯。而良好习惯的形成必将促进个人技术的成长，当设计者从中获益之后，阶段性的技术总结和资料整理将会变成自觉的行为。

6 结论

在井下测量与控制系统的设计开发过程中，系统总体设计是整个设计顺利展开的基础。基于嵌入式系统的设计是井下系统设计的灵魂，是整个设计的核心。井下系统设计是工程技术与学术研究结合以及密切联系的纽带。以产品化为目标，注重开发管理是井下系统研制成功的关键。

参 考 文 献

苏义脑，等．井下控制工程学研究进展．北京：石油工业出版社，2001.

Raj Kamal. 嵌入式系统——体系结构、编程与设计．北京：清华大学出版社，2005.

齐治昌，等．软件工程．北京：高等教育出版社，1997.

OFDM技术在钻杆声波信道中的应用研究

尚海燕　周　静　谢海明

（西安石油大学井下测控研究所）

摘　要：为利用声波在钻杆中传输钻井信息，提出应用正交频分多载频（OFDM）组合技术传输声波信息。由于钻杆结构的周期性，其声波传输的频率特性是分段不连续的子区间的集合，且子区间内存在起伏，因此在分段子信道内应用OFDM，子信道间利用频分技术传输钻井信息。仿真表明，在声波钻杆子信道上应用OFDM能有效地抑制带内起伏和码间干扰，单个子信道时，在一定信噪比和误码率要求下，传输速率可达每秒几十比特。

关键词：声波　钻杆信道　OFDM　不连续子信道

智能钻井是现在石油工程技术的关键技术之一，无论地质导向钻井还是旋转导向钻井，钻井过程中，地面与井下之间的信息传递是非常重要的组成部分。随钻数据传输包括上行通道和下行通道，上行通道是由井下向地面发送信息的通道，可将井下近钻头传感器随钻测得的地质和工程参数传送到地面供钻井工程师实时了解井下钻进情况。下行通道是由地面向井下发送信息的通道，下行通道发送钻井工程师调控井眼轨迹变化的指令等，随钻信息通道是提高钻井效率和提高经济效益的重要组成。目前，无线随钻通信信道主要有三种实现方法。一种是利用钻井液脉冲发生器的随钻信息传递的方法，它也是目前唯一有商业化设备的随钻信息通道，其数据传输速率很低，一般为2～3Bit/s。第二种方法是利用电磁辐射穿透岩石地层来传输数据，自20世纪40年代开始俄罗斯有研究、陆续应用的报道。电磁波信息传递存在的主要问题是电磁辐射与地层电阻率息息相关，电磁信号穿过某些岩性地层后衰减很大，导致长距离传输信息时很不稳定。第三种方法是利用声波信号通过钻杆来实现双向通信，由于钻杆的周期性结构和钻具组合的多样性导致能在钻杆中长距离传播的声波振动频率具有很强的选频性和变化性，因此在声波在钻杆中通信的理论研究完善之前，利用声波传输信息非常不可靠，稳定性很差。但自1972年由Barnes和Kirkword等研究建立了钻杆频域特性模型，1989年由Drumheller等对其补充完善，1998年Niels等建立钻杆时域特性模型，研究表明声波可以通过钻杆实现信息的长距离传输。2003年美国在

基金项目：本文章得到了中石油“十一五”重点专项“井下控制工程基础理论与旋转导向中的声波传输技术研究”（2008C−2102）及西安石油大学博士基金项目的支持。

作者简介：尚海燕（1969—　），副教授，2008年毕业于西安电子科技大学信号与信息处理专业，获博士学位。现在西安石油大学任教，从事钻井随钻传输工作。

周静（1964—　），教授，1988年毕业于西安电子科技大学电路与系统专业，获硕士学位。目前在西安石油大学任教，从事旋转导向智能钻井系统的研究。

采油环境中实现了声波遥传系统的商业应用。2007年美国能源部重点实验室和Halliburton公司联合支持的利用声波传递钻井信息的试验样机在随钻环境中达到了30Bit/s的传输速率，在没有中继的情况下，最深试验井深2600m。由于利用声波传递信息具有非常明显的传输速率优势，对其深入的研究有重要的理论意义和经济价值。钻杆声波信道的频域特性是分段互不重叠区间的集合，各个区间的间隔也不是均匀的，在每个区间内存在衰落，这与传统的具有一段完整频域特性的信道有着很大的不同。Memarzadeh于2007年提出在声波钻杆信道上利用正交频分多载频调制（OFDM）方法，并附油田实验数据分析，结果令人振奋。本文探索利用声波钻杆信道来传递钻井信息。在声波钻杆信道的频率子通带内，是完整连续的频段，并且具有衰落特性，为了有效利用有限的频率资源，在每个子区间均采用基带结构完全相同OFDM技术，而在整个频带上，每个子通带是完全不重合的频分信道，通过结合OFDM技术与频分技术来提高通道的传输速率和信道容量。

1 钻杆传输频谱结构与OFDM的结构

钻杆信道是不连续信道，通带与阻带是相间的，并且不是均匀分隔的，声波信号能否远距离传输决定于声波信号的频率，只有声波振动频率位于通带内的信号才能远距离传输。声波信道通带范围决定于钻杆信道的组成结构。因此，要想实现利用钻杆进行声波通信，必须根据钻柱整体的组成结构，分析其通带频率，然后确定声波传输信号的频率与传输方法。假设有300根相同的钻杆连接成一个钻杆信道，钻杆的参数如表1所示，其第300节钻杆频谱结构如图1所示。

表1 钻杆参数

类型	内径（mm）	外径（mm）	横截面积（m^2）	长度（m）
直段钢体	151.52	178	0.0274	9
接箍	151.52	203	0.0573	0.13

钻杆声波信道的通带与阻带间隔分段，在每个子通带内信道的幅度有衰落，各子通带宽度并不是完全相同的，更由于钻杆信道的周期性结构，声波信号传输必然是多径传输，不可避免地存在码间干扰，第四代通信技术OFDM对克服由多径带来的信道衰落和码间干扰非常有效。分段子信道OFDM的信号处理流程图如图2所示。

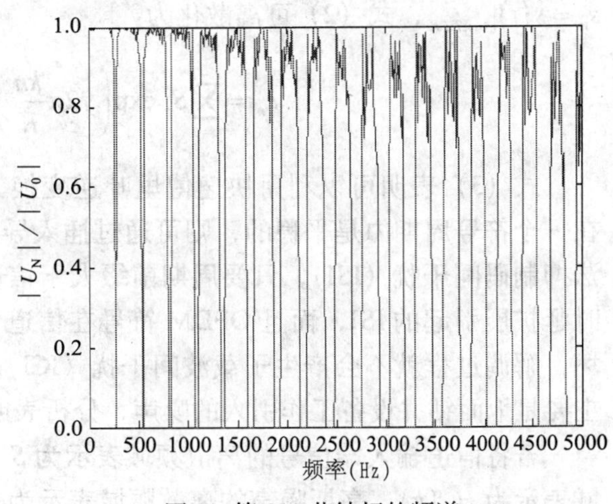

图1 第300节钻杆的频谱

假设第m个子通带内待传输信号是二进制数据流$x_m(k)$，在钻井环境下，通常采用4QAM或QPSK方式，将二进制数据编码成复数数据流S_k，$k=0$，…，$K-1$，S_k

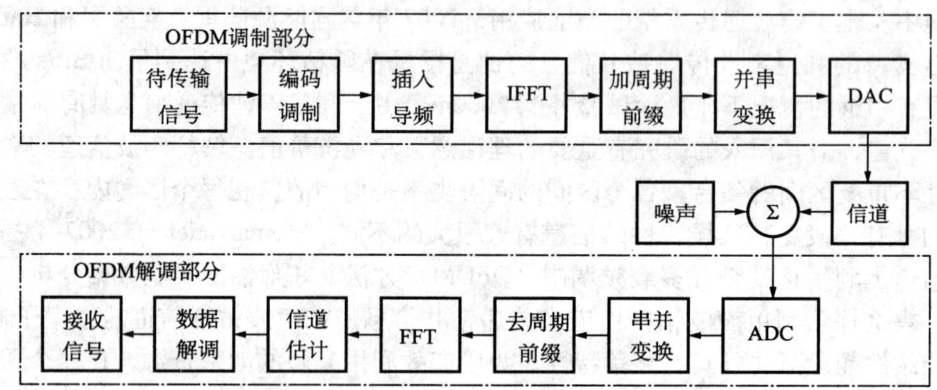

图 2　信号 OFDM 处理流程图

就是分配给第 m 个子通带的数据符号。若第 m 个子通带的第 0 个子载波的载波频率为 f_m，子通带内子载波的个数为 K，OFDM 符号宽度为 T，OFDM 要求子通带内的子频波间完全正交，相邻子载波的频率间隔 Δf 等于符号周期 T 的倒数，即 $\Delta f=1/T$，时域上相当于一个 OFDM 符号周期内需包含整数个子载波的周期，则从 $t=t_{m0}$ 开始的 OFDM 符号可以表示为：

$$s(t)=Re\left\{\sum_{k=0}^{K-1}S_k rect\left(t-t_{m0}-\frac{T}{2}\right)\exp\left[j2\pi\left(f_m+\frac{k}{T}\right)(t-t_{m0})\right]\right\} \tag{1}$$

采用复等效基带信号表示为：

$$s(t)=\sum_{k=0}^{K-1}S_k rect\left(t-t_{m0}-\frac{T}{2}\right)\exp\left[j2\pi\frac{k}{T}(t-t_{m0})\right] \tag{2}$$

式中，在 $|t|\leqslant T/2$ 时，$rect$（t）$=1$，其他 t 时取零。

正是由于各子载波之间的正交性，使得在每个子载波频率的最大值处，所有其他子载波频率值恰好为零，以保证解调过程可以分开各子载波信号，子载波频率可以相互重叠，得到更高的频谱利用率。

为不失一般性，令 $t_{m0}=0$，对一个矩形周期内的信号进行时域采样，令 $t=nT/K$，则利用 $s_n=s(t)\big|_{t=nT/K}$，式（2）可离散化为：

$$s_n=\sum_{k=0}^{K-1}S_k\exp\left(j2\pi\frac{kn}{K}\right),\ n=0,\ \cdots,\ K-1 \tag{3}$$

式（3）表明可以利用快速傅里叶逆变换（IFFT）实现 OFDM。只要钻杆的各子通带在一个符号周期内是平稳的，则可通过插入导频方法进行信道估计，通过加入周期前缀方法抑制码间干扰（ISI）。只要周期前缀大于信道最大时延扩展，不仅可以消除由多径带来时延扩展引起的 ISI，而且 OFDM 符号在信道传输过程中，子载波间的正交性不会受到破坏，解调过程就不会产生子载波间干扰（ICI）。分段窄带信道中影响数据传输质量的噪声主要是地面钻井设备工作引入的噪声，分析表明可将其看做高斯噪声。

若将信道输入端信号的离散频域表示为 S（k），相当于式（3）中的 S_k，信道的离散频域表示为 H（k），高斯噪声的离散频域表示为 W（k），信道输出端的离散频域表示 Y（k），则有：

$$Y(k) = H(k)S(k) + W(k) \tag{4}$$

当选择某些频点为导频信号时，插入导频表示为 $S_p(l)$，接收信号中导频表示为 $Y_p(l)$，则只考虑导频传输有：

$$Y_p(l) = H_p(l)S_p(l) + W_p(l) \tag{5}$$

式中，$H_p(l)$ 是 $H(k)$ 在导频点上值；l (=0，⋯，$P-1$，K) 为每个 OFDM 符号中子载频个数；P 为插入导频个数。

根据最小二乘估计算法，可以得到导频点的信道频率响应最小平方估计值：

$$\hat{H}_p(l) = \left[S_p(l)\right]^{-1} Y_p(l) \tag{6}$$

应用线性内插计算信道所有频点的估计值，根据线性系统的时域卷积定理可以去除信道对传输信号的影响，以获得更好的传输性能。

OFDM 解调过程与其调制过程相对应，处理流程如图 2 所示。当相同规格的钻杆组成信道时，由仿真可得最窄子通带的宽度大于 100Hz，设 $x_m(n)$ 待传输信号为 100Bit，采用 4QAM 调制，则 S_k 的长度为 50 个复数，每个字符周期为 50 点，采用插入导频方法估计信道，每隔两个点插入一个复数导频。应用 128 点 IFFT 得到时域信号。将基频信号调制到某一子通带的载频上。采用数字调频方式实现，对时间信号乘以指数因子来实现频谱的搬移。另外，钻井井场各种地面设备声波噪声主要集中在 400Hz 以下，因此不能使用 400Hz 以下频带传输声波信息。

为对抗 ISI，需要加入周期前缀处理，通常周期前缀的长度占每个符号周期长度的 10% 左右，周期前缀是将时域信号的后面部分信号复制到信号的最前面，插入周期前缀后的时域信号经数模转换器送入钻杆信道。只有频率位于钻杆信道分段不连续的子通带内的声波信号才能进行远距离传输。仿真中假设在某一子通带内，传输过程中有 6 条多径，多径信号的幅度衰减服从参数为 0.3 的瑞利分布，相位变化服从 0° ~ 360° 均匀分布，最大多径时延小于周期前缀的长度，且各多径在 0 到周期前缀长度之间服从均匀分布变化。高斯白噪声加在接收端，均值为 0，方差为 1。通过调节信号大小调整信噪比在 0 ~ 40dB 变化。具体仿真框图在图 2 的基础上增加了基频信号的调制与解调。仿真中每次只处理一帧数据，并且省略了发送与接收过程中的数模与模数转换器。

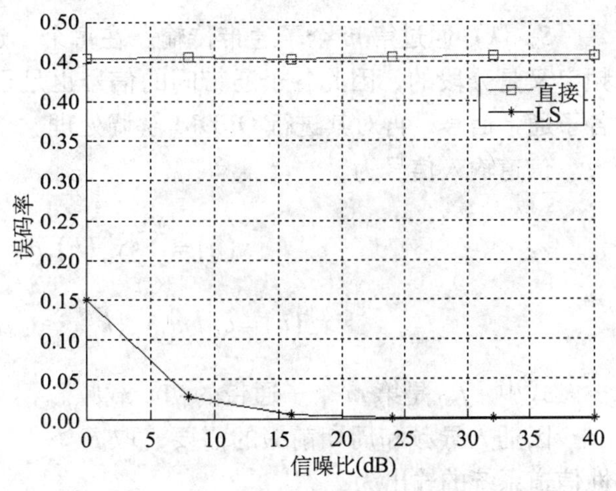

图 3 误码率随信噪比的变化

仿真信息传输的误码率随信噪比变化如图 3 所示。图中的直接曲线表示未经信道估计，根据接收数据直接估计输出序列得到的误码率。LS 表示应用最小二乘方法进行信道估计，然后除去信道的影响估计输出序列得到的误码率。一个符号周期内1.28s内传输100Bit，加上约0.13s的周期前缀，则传输速率约为70Bit/s，共传输100个相同的符号，取平均值得到误码率结果。

若不经信道估计，直接用输出估计传输信息，误码率很大，不能使用。经过最小二乘法进行信道估计后，误码率得到显著改善。当数据传输速率加大时，误码率随之增大。钻杆子通带宽度有限，且子通带内存在平坦衰落和频率选择性衰落，应用OFDM可以有效地克服信道衰落和码间干扰。仿真表明当参数选择合适时，可以有效地传输数据。

2 OFDM在钻杆信道中声波信号处理方法与分析

对于钻杆子通带，由于其各子通带的宽度是变化的，因此取最窄通带的宽度为基准，在各子通带内应用OFDM时，除子通带的初始载频不同外，OFDM其他结构都是一致的，则信号传输在子通带内是OFDM，在子通带间则是频率分集处理。将多个子通带组合起来以提高数据传输速率。

假设有M个子通带参与数据传输，首先要对输入信号$S(k)$进行分组，分成M个子信道输入信号，每组子信道的数据长度为L，有：

$$S_m(k)=S(kL-m),\ k=0,1,\cdots,L-1,\ m=0,1,\cdots,M-1 \tag{7}$$

第m个输入信号$S_m(k)$是信号$S(k)$经过m个延时，再经过下M采样，即先延时m点，然后再每隔M点抽取一点而得，处理流程如图4所示。

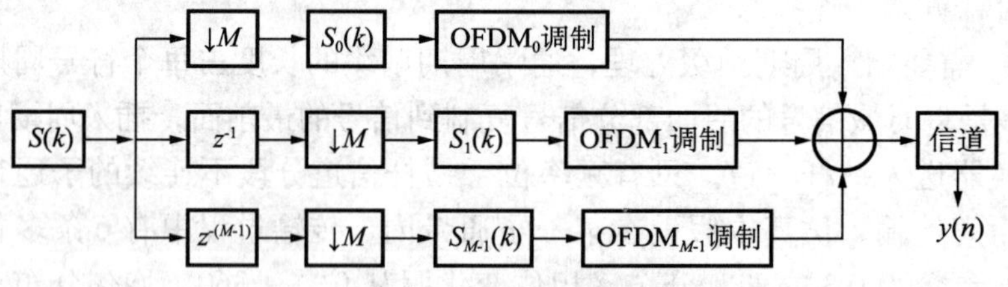

图4 输入信号分解处理流程

$S_m(k)$通过第m个子通带传输。在每个子通带内部子载波信号是正交的，各子通带的频率又是分段的，因此各子通带间的信号也是正交的。在信道的输出端可用滤波器组取出各子通带信号，再对其进行OFDM解调处理。

信道输入信号为：

$$x(n)=\sum_{m=0}^{M-1}x_m(n),n=0,1,\cdots,\ K-1 \tag{8}$$

$$x_m(n)=ofdm\left[S_m\left(k-2\pi f_{m0}/\Delta f\right)\right]=s_m(n)\mathrm{e}^{j2\pi f_{m0}/\Delta fn}$$

式中，f_{m0}是第m个子通带的初始载频。

因插入导频和周期前缀的需要，取$K>L$。令各信道单位脉冲响应为$h_m(n)$，则由线性信道系统的输出为：

$$y(n)=\sum_{m=0}^{M-1} x_m(n)\cdot h_m(n) \tag{9}$$

在信道输出端，将 $y(n)$ 通过滤波器组和OFDM解调处理，分别得到各子通带输出 $\hat{S}_m(k)$，再经过插值合成得到输出序列。处理流程如图5所示。

滤波器组除中心频率不同外，其余结构均相同，滤波器 m 的中心频率为 $f_{m0}+\Delta F/2$，ΔF 取为最窄子通带的宽度，传真中 ΔF 取100Hz。OFDM的解调表示为：$\hat{S}_m(k)=ofdm^{-1}\left[y_m(n)\right]$，对长度为 L 的 $\hat{S}_m(k)$ 进行插值，每两个点之间补 $M-1$ 个零，再分别对插值后序列延时 m 个单元，然后将全部 M 个序列加和。求和后序列总长为 ML 点，与原信道的输入复序列长度相同。再经4QAM解调就得到二进制输出序列。

信道的最大传输数据的能力取决于信道的容量，对于钻杆信道，信道的容量与可用钻杆信道的频带宽度和信噪比有关。由于声波换能器的输出功率受限，输入信号的最大功率受到限制，输入信号的功率分配与信道的增益相结合必能得到较优的传输结果。显然，利用多个子通带进行信息传输时，钻杆信道的有效频带宽度增大，传输速率和信道容量必然有所改善。只是使用多个子通带传输信息时，对声波换能器的频带宽度要求较高，因此要想充分利用钻杆信道，对换能器的设计与实现有特别的要求。

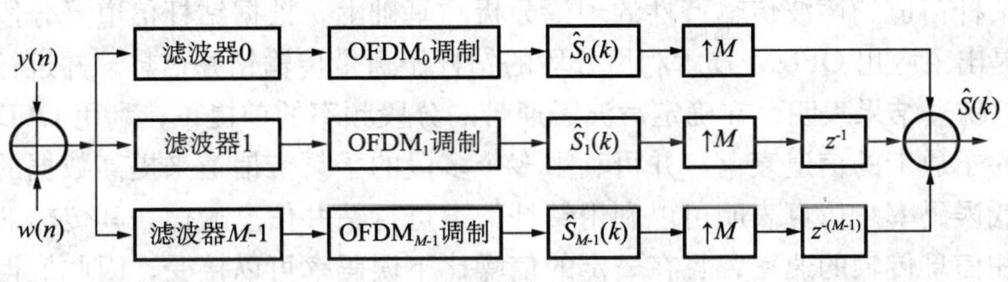

图5　输出信号合成处理流程图

3　仿真结果

图6是应用两个子通道进行信息传输的仿真结果。第一个子信道的载频为 f_{00}=900Hz，第二个子信道的载频为 f_{10}=1400Hz，每个子频带的宽度均为100Hz。输出端两个滤波器的中心频率分别是950Hz和1450Hz。输出信号是输入信号的6个多径累加，其多普勒、初相等分布和参数设置与单通道仿真相同。每个子通带传输100Bit二进制数据，则两个子通带在一个符号周期内传输200Bit二进制数，传输速率提高一倍。图6中，“星”线是单通带传输得到的误码率；“正方形”线是利用两个子通带，传输速率保持不变，即每个子通带有效的传输数据减少为一半时的误码率，数据传输速率降低换来误码率下降；“三角”线仍是两个子通带，传输速率提高一倍时的误码率，有效可应用的频带增加，信道容量增大，误码率没有明显变化。因此利用多个子通带传输数据能得到更高的传输速率或更低的误码率。

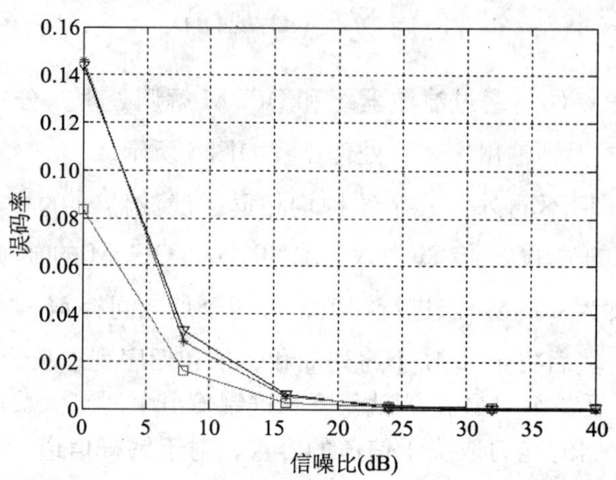

图6 对比采用单信道与多信道在不同传输速率下的误码率

4 小结

本文在钻杆信道的声波传输特性的理论分析的基础上，根据钻杆信道是分段不连续的频率信道，提出了应用 OFDM 技术利用分段的钻杆子通带传输钻井信息，并进行了计算机的仿真分析。仿真结果表明，在确定声波子通带的分段频率的前提下，利用 OFDM 技术克服多径带来的子通带的信道衰落，并可利用多个多段的子频带信道来提高数据的传输速率或进一步降低误码率。仿真表明可以利用钻杆信道进行钻井信息通信，其传输的速率远大于现有的钻井信息传输的速率，且在一定的信噪比下误码率可以接受，因此值得深入研究与实践探索。

参考文献

Moriarty KA. Method and system for wellbore communication ［P］. U.S. Patent 7552761, May 3, 2006

Rodney PF. Low frequency electromagnetic telemetry system employing high cardinality phase shift keying ［P］. U.S. Patent 6750783，July 5, 2002.

Barnes TG，Kirkwood BR. Passbands for acoustic transmission in an idealized drill string ［J］. J. Acoust. Soc. Am.，1972，51（5）：1606–1608.

Drumheller DS. Acoustic properties of drill strings ［J］. J. Acoust. Soc. Am.，1989，85（3）：1048–1064.

Drumheller D S. Wave impedances of drill strings and other periodic media ［J］. J. Acoust. Soc. Am.，2002，112 (6)：2527–2539.

Lous Niels JC.，Sjoerd WR.，Adan Ivo J B F. Sound transmission through a periodic cascade with application to drill pipes ［J］. J. Acoust. Soc. Am.，1998，103 (5)：2302–2311.

法国石油研究院．钻井数据手册［M］．第6版．北京：地质出版社，1995.

龚纯，周国敬．OFDM 技术在高速水声通信中的研究与应用［J］．舰船电子工程，2008，(6)：184－186.

Sinanovic S., Johnson D., Shah V., Gardner W., Data communication along the drill string using acoustic waves［C], ICCASSP, 2004.

钻柱中声波传输特性理论与实验研究

江正清　蔡文军　安庆宝　谢　慧

（胜利石油管理局钻井工艺研究院）

摘　要：声波传输是一种具有极大潜力的井下信息无线传输技术。本文在分析钻柱结构及钻柱中声波类型的基础上，建立了钻柱中声波传输理论模型，分析了钻柱中声波传输机理和特性；在理论研究的基础上，进行了声波传输特性实验研究，对不同频率的声波在不同长度、不同规格的钻柱中的传播特性进行了室内实验，并与理论计算结果进行了对比分析。

关键词：钻柱　声波传输　通带　阻带　梳状滤波

井下信息传输技术是实现石油工程领域中快速优质钻井目标的一项关键技术，信息传输也是制约随钻测量技术发展和应用的“瓶颈”。无线传输方式目前主要有三种，钻井液压力脉冲方式、声波方式和电磁波方式。目前钻井工程上应用的无线随钻测量信息传输技术主要有钻井液脉冲传输技术和电磁波传输技术，但这两种信息传输技术都具有局限性，其中钻井液脉冲技术传输速度低，且必须依赖钻井液介质；由于衰减严重，电磁波传输技术同样具有传输速度低和对地层适应性差等特点。声波传输技术利用钻柱管壁作为传输介质、以声波为信号载体，利用声波在钻柱中的传播进行井下随钻数据的无线传输。该技术不受钻井介质、地层等外界条件的限制，且可以实现高速数据传输，不仅可以满足一般常规钻井随钻信息传输的需要，更重要的是可以满足钻井新技术、新工艺的需求和随钻测量信息高速传输的需要，是一种具有极大潜力的无线信息传输技术。目前该技术在国外正在进行现场推广应用，处于半商业化状态。与国外的研究相比，国内在钻井随钻测量数据声波传输方面的研究才刚刚起步。

1　钻柱中声波传输特性理论研究

1.1　理想钻柱模型频率方程

理想钻柱的模型如图1所示，是由钻杆与接头组成的周期性结构。一个周期内包括钻

基金项目：胜利石油管理局产业化项目“直井无线随钻测量系统研制”，胜利石油管理局博士后项目“钻柱中声波传输特性研究”。

作者简介：江正清（1981—　），男，2006年毕业于中国石油大学（华东）机械电子工程专业，硕士，工程师，现从事石油机械与石油仪器的设计研究及技术服务工作。

杆与接头两种结构，其特征参数都是常数。设 l_1、a_1、ρ_1、c_1 和 l_2、a_2、ρ_2、c_2 分别为钻杆和接箍的长度、截面积、密度和声速。

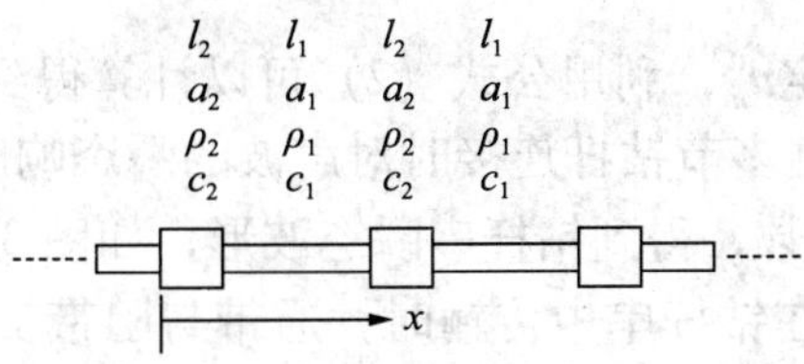

图 1　理想钻柱模型

经推导得到钻柱模型的频率方程为：

$$\cos kl = \cos\left(\frac{\omega l_1}{c_1}\right)\cos\left(\frac{\omega l_2}{c_2}\right) - \frac{1}{2}\left(\frac{z_1}{z_2}+\frac{z_2}{z_1}\right)\sin\left(\frac{\omega l_1}{c_1}\right)\sin\left(\frac{\omega l_2}{c_2}\right) \tag{1}$$

其中 $z_i=\rho_i a_i c_i$，i=1，2；$l=l_1+l_2$

由于钻柱为非均质的周期性杆结构，$z_1 \neq z_2$，式（1）的解不会是常数，而与频率有关，即发生色散。由式（1）可知，当 $|\cos kl| \geqslant 1$ 时，得到的波数 k 为实数，由于实波数对应的解没有衰减，其对应的频率就构成通带；当 $|\cos kd| \geqslant 1$ 时，得到的波数 k 为复数，而复波数对应的解则按指数速率衰减，复波数对应的频率则构成阻带。

式（1）代入标准钻杆参数 l_1=9.65m，a_1=34.04cm^2，l_2=0.52m，a_2=160.23cm^2，$\rho_1=\rho_2$=7800kg/m^3，$c_1=c_2$=5100m/s，得到钻杆的 f–coskd 的关系曲线，如图 2 所示。

令 $|\cos kl| \geqslant 1$，取 $|\cos kl|$=1，其他情况下 coskl 仍取原值，$|\cos kl|$=1 对应的频率构成阻带，$|\cos kl| < 1$ 对应的频率构成通带。从图 2 中可以看到，通带和阻带交替出现的梳状滤波器结构特性，而且有周期性变化规律，周期约为 500Hz。

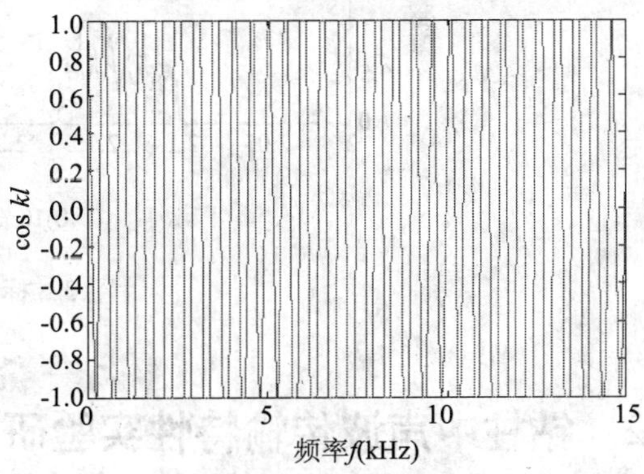

图 2　钻柱的 f–coskl 曲线

1.2　钻杆串瞬态波形分析

通过钻柱声波色散方程可以得到声波通带和阻带出现的频段，但是，这种方法只能显示钻柱中声波传输的梳状滤波器的特性，而不能显示组成钻柱串的接头对声波的反射作用，为了得到声波信号通过多根钻杆后的时延特性，即钻杆对声波的瞬态响应，下面的瞬态波形分析方法来研究。

以差分方程为基础，经公式推导得到钻柱的瞬态响应方程为：

$$u_n^{j+1} = \frac{2\left(\Delta r_{n+1/2} \times u_{n+1}^{j} + \Delta r_{n-1/2} \times u_{n-1}^{j}\right)}{\Delta r_{n+1/2} + \Delta r_{n-1/2}} - u_n^{j-1} \tag{2}$$

其中，$\Delta r_{n+1/2}=\rho_{n+1/2}a_{n+1/2}\Delta x_{n+1/2}$；$\rho_{n+1/2}$、$c_{n+1/2}$、$a_{n+1/2}$ 为每个 Δt 时间内的密度、声速、横截面积，均为常数；u_n^{j+1} 为偏移量；n 为多节钻杆的网格点标记，n=0，1，…，N；j 表示经过时间 $j\Delta t$。

根据初始条件，可以确定 u_n^0，利用公式（2）可以计算得到 u_n^2，在此基础上，重复计算并考虑边界条件，则可以得到多节钻杆连接时对声波的瞬态响应序列。

式（2）代入标准钻杆参数，得到钻杆串瞬态波形，如图 3 所示。

由图 3 可以看出，声波在钻杆串中传输时，通带与阻带交替出现，这种信道结构出现的原因在于周期性结构的色散特性。

每一个通带内所呈现出的尖峰，原因在于接箍反射导致时延扩展引起频率选择性衰落。

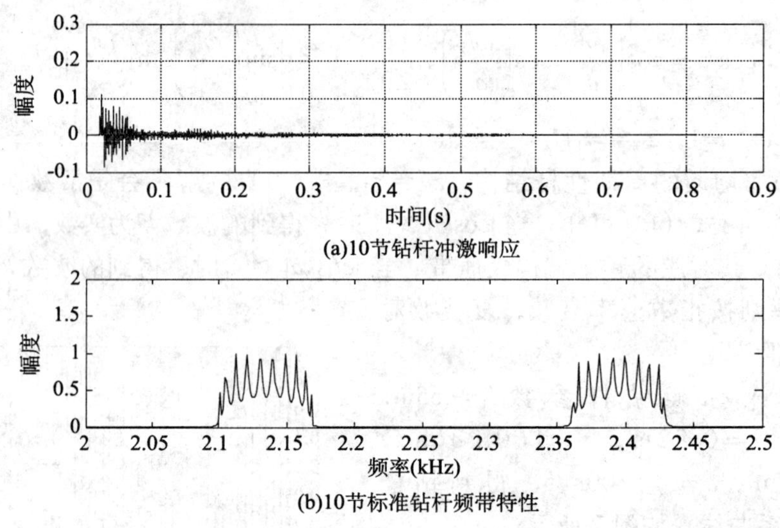

(a)10节钻杆冲激响应

(b)10节标准钻杆频带特性

图 3　标准钻杆串瞬态波形

2　钻柱中声波传输特性实验研究

为了验证理论模型是否准确，并且测试和分析声波在钻柱中传输的频带特性，进行了两次室内实验。

2.1　全尺寸钻柱声波传输简单激励实验

2.1.1　实验系统

实验系统连接示意图如图 4 和图 5 所示，主要由 5 根钻杆、两个加速度传感器、数据采集系统、示波器、电脑组成。首先人工敲击钻柱的一端产生声信号，声信号通过传输媒质（钻柱）传至接收端加速度传感器，加速度信号通过信号调节器传至数据采集子模块进行分析处理，同时在示波器上显示。

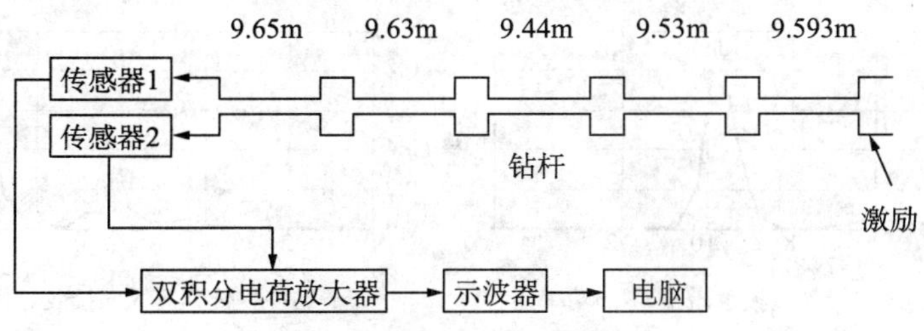

图4　实验系统连接示意图

图5　传感器安装位置与方式

2.1.2　实验结果

通过实验数据的采集与处理得到5节钻杆、传感器纵向接收、扳手激励的数据波形，如图6和图7所示。

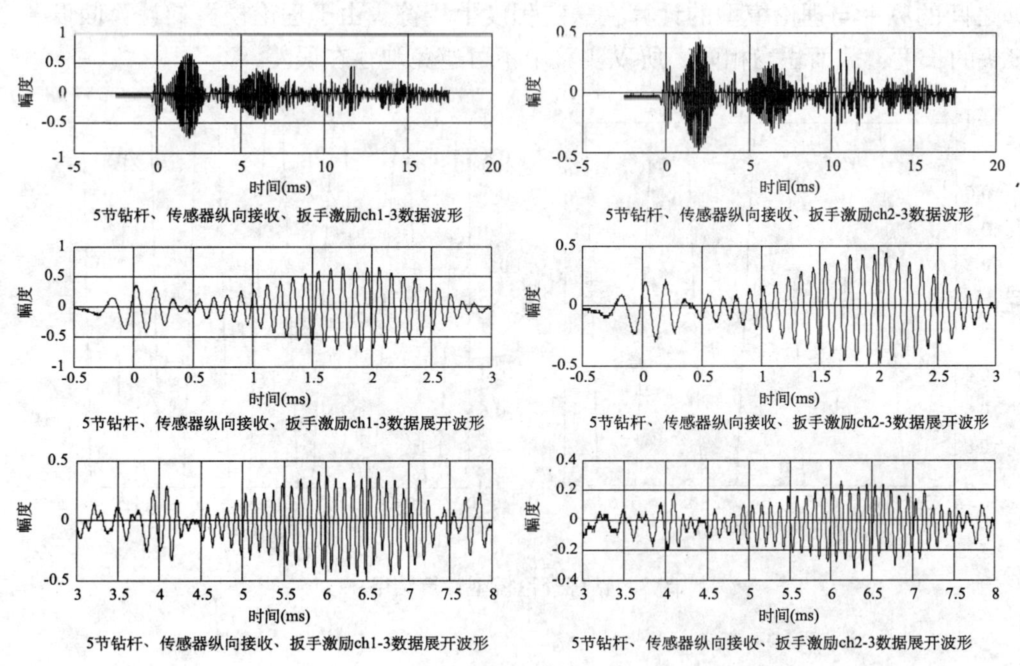

图6　传感器1、传感器2接收信号的时域展开波形

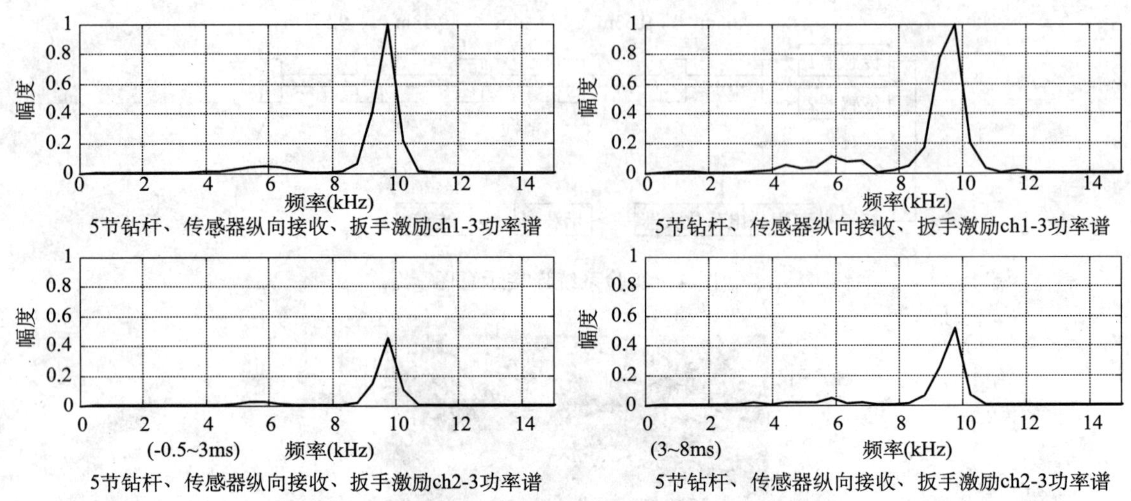

图7　传感器1、传感器2接收信号的时域功率谱

由图6和图7可以看出，−0.5 ~ 3ms时间段内的信号频带主要集中在频率为8.8 ~ 10.3kHz和5.4 ~ 6.3kHz，3 ~ 8ms时间段内8.8 ~ 10.3kHz和6.3 ~ 6.8kHz之间有较明显的信号；两个通道的时域波形的幅度不同，这是由于传感器的位置不同产生的。

2.1.3　与理论模型计算结果的比较

与理论模型频率方程计算结果（图8）相比，在实验中得到的8.8 ~ 10.3kHz、5.4 ~ 6.8kHz之间的频率与理论模型的计算在一定程度上相符。由于理论模型的计算假设各个钻杆和接头的长度、截面积均相同，所以实验中不可避免地存在误差。

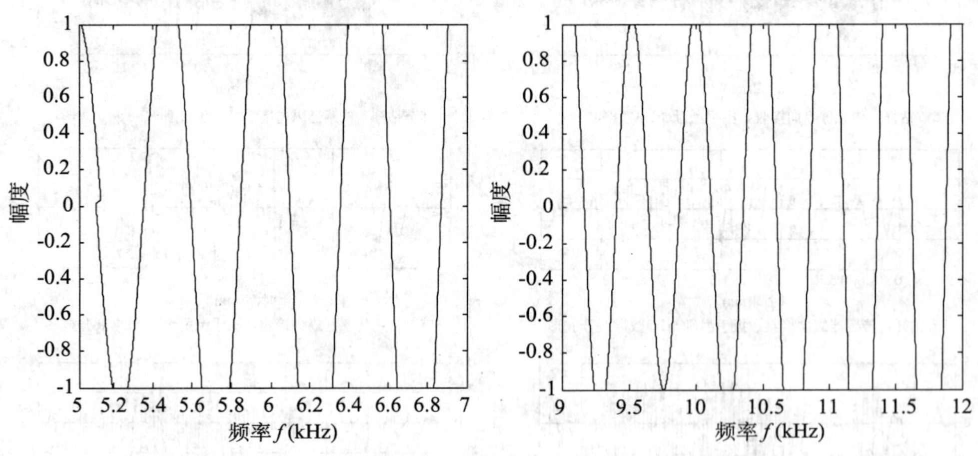

图8　钻杆理论模型计算结果

2.2 多接头短钻杆声波传输定频激励实验

2.2.1 实验系统

声波在钻柱中传播时，很大一部分能量消耗在接箍处声波的散射和反射中，为更进一步分析多接头钻杆中声波传播的频率特性，确定适用于钻柱中传播的声波频率以及传播损失，受实验场地的限制，实验中采用每节长为 1.5m 的短钻杆（图 9）。

图 9 实验用短钻杆

实验过程中，分别对 10 节、20 节、30 节连接好的钻杆进行了不同工况下的实验。受篇幅限制，本文仅对 30 节实验用短钻杆空气状态激振器激励的实验结果进行分析。连接好后如图 10 所示，共 6 个支架，在第 22 节、第 29 节安装有接收传感器。激振器激励时，测试的频率点有：500 ~ 1000Hz，50Hz 递增；1000 ~ 7000Hz，100Hz 递增。

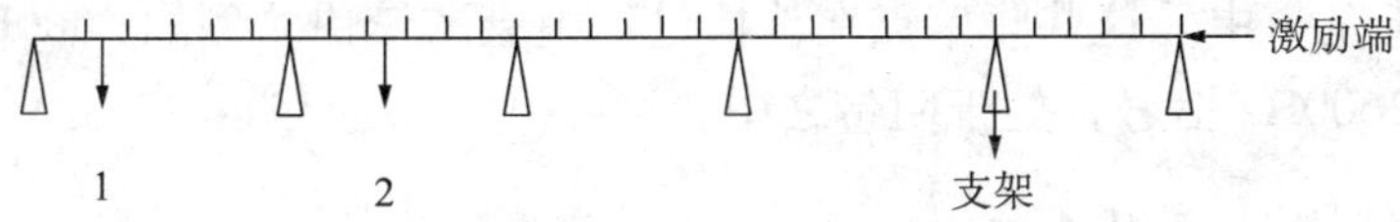

图 10 30 节实验钻杆测试状态示意图

2.2.2 实验结果

用 Matlab 软件对采集的各传感器数据进行功率谱分析，然后截取整个功率谱中的一部分，其中功率谱图的幅度为采集信号经过计算后的实际幅度（图 11 和图 12）。

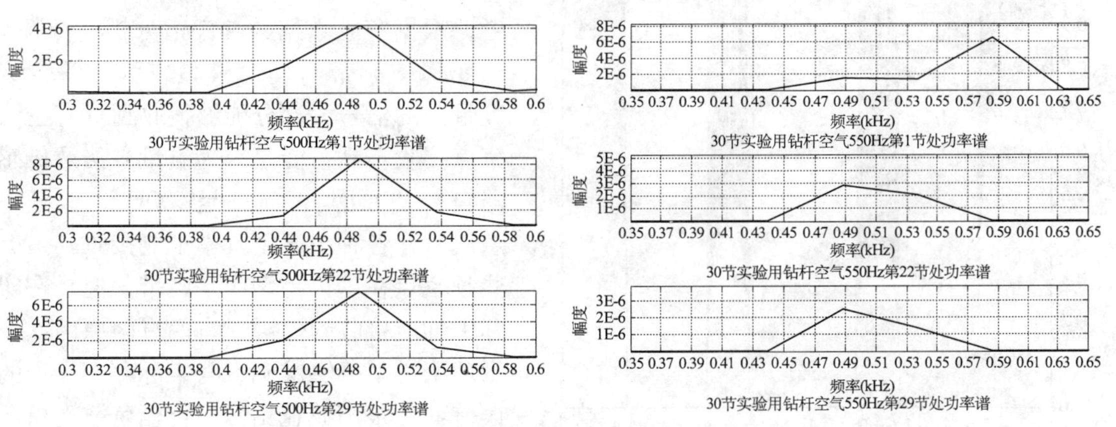

图 11 30 节实验用钻杆空气 500Hz、550Hz 各传感器功率谱

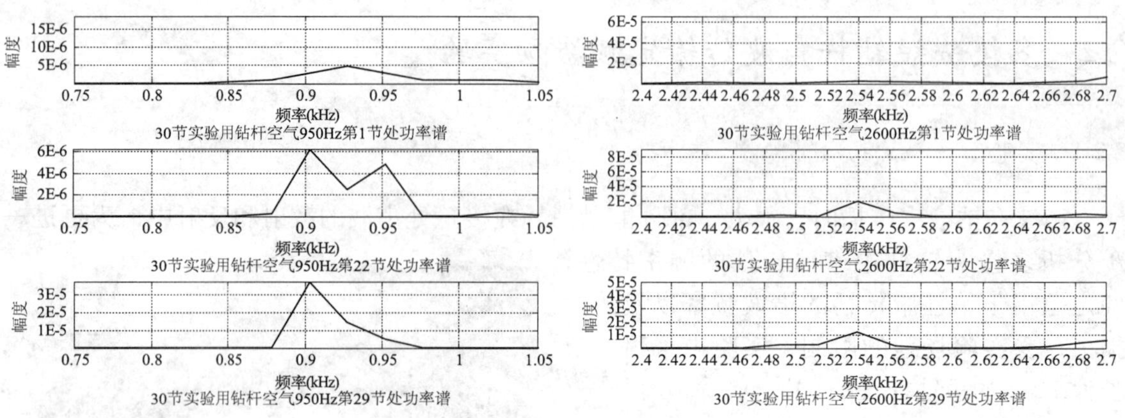

图 12　30 节实验用钻杆空气 950Hz、2600Hz 各传感器功率谱

通过对各种工况的功率谱分析，各频率点可以分为以下三种情况。

(1) 信号处于通带中。这些频率点在钻杆中衰减较小，而且受其他频率的干扰较小，例如 500Hz、550Hz 频率信号，各传感器可以较好地接收到该频率点的信号。

(2) 传感器可以接收到信号，但是受其他频率的干扰比较大。这是由于色散引起的，这些频率点在实际应用中不可用。这种现象在实验中比较常见。例如 950Hz 频率信号，各传感器可以接收到 950Hz 频率点的信号，同时也存在 900Hz 频率的信号。

(3) 信号处于阻带中。这些频率点在传播过程中衰减较快。例如 2600Hz 频率信号，各传感器接收不到 2600Hz 信号，处于阻带之中。

2.2.3　与理论模型计算结果的比较

以差分方程为理论基础，对理想钻杆进行瞬态分析，得到声波信号通过多根钻杆后的时延特性，经过理论计算得到 30 节短钻杆的频带特性如图 13 所示。

由于理论模型对钻杆的边界条件等进行了理想化假设，没有考虑实际工程中外部条件对声波传输的影响，同时目前的理论模型无法模拟色散现象，所以与实际的钻杆中的声波传输有一定的不同，理论模型只是用做参考。根据实验数据的功率谱分析，低频 0 ～ 800Hz 频带与理论模型较为相符，该频带内的信号大部分能够接收到（有些频率点接收不到可能是因为测量方法及传感器自身的原因），尤其是 500Hz，该频率点信号在各种工况下基本都能接收到。有些频率点在理论模型中是阻带，但是在实际中却能接收到信号，有两方面原因：一是理论模型不够准确，与实际存在一定的误差；二是声波在钻杆中传输色散现象严重，接收到的信号波形可能是其他频率点色散产生的，例如 30 节钻杆空气状态

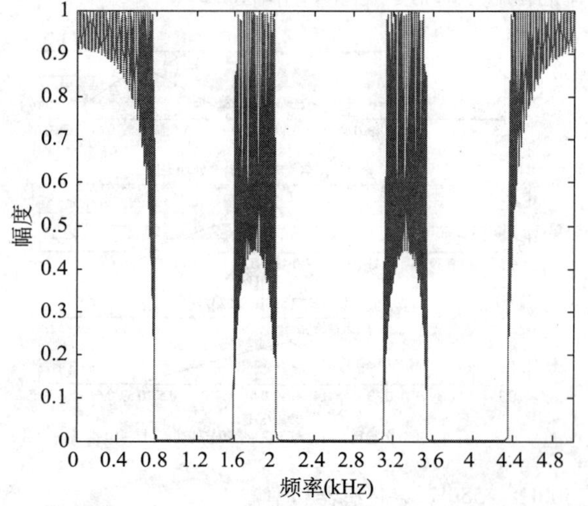

图 13　30 节实验用短钻杆理论频带特性

1200Hz 激励时的情况。

3 结论

（1）理想钻柱的周期性结构使得它在信号传输中呈现通带和阻带交替的梳状滤波器结构特性，频带分布具有一定的周期性，在一个周期内通带先变窄再变宽，而阻带则是先变宽再变窄，在一个周期内频带具有一定的对称性。

（2）通过全尺寸钻柱声波传输简单激励实验，验证了声波在钻柱中传输时表现出的梳状滤波器特性；实验中得到的低频段的频率与理论计算的结果相吻合，实验中得到的 488Hz、976Hz 以及 1kHz 左右的信号均存在；在实验中得到的频率在 5.5 ~ 6.7kHz 的信号也与理论模型的计算在一定程度上相符，但存在一定的误差；在高频段，实验中接收信号的频率为 9 ~ 10.3kHz，部分工况下出现 10.7 ~ 11kHz 频率段的信号。

（3）通过全尺寸接头钻杆短节声波传输特性实验，验证了声波在钻杆中传输存在色散现象，某一频率点的信号能激起其他频率上的信号，这些由色散产生的频率点实际上不能采用。通过对各种工况的功率谱分析，各频率点可以分为三种情况：信号处于通带中；传感器可以接收到信号，但是受其他频率的干扰比较大；信号处于阻带中。这些频率点在传输过程中衰减较快；得到了一些可用的信号频率，如 500Hz、550Hz、850Hz、1000Hz、1400Hz、2000Hz、4100Hz、4800Hz、4900Hz 等，为声波发射器的研制提供了数据基础。

参 考 文 献

沈忠厚．现代钻井技术发展趋势［J］．石油勘探与开发，2005，32（1）：89–91.

杜勇，胡建斌，李艳萍，等．声波传输测试技术在油田的应用［J］．测控技术，2005，24（11）：76–78.

Louis Soulier.Method and system for the transmission of information by electromagnetic wave［P］.U.S.6628206，2003.

李成，丁天怀．不连续边界因素对周期管结构声传输特性的影响［J］．振动与冲击，2005，25（3）：172–175.

杜功焕，朱哲民，龚秀芬．声学基础［M］．南京：南京大学出版社，2001.

连续波随钻测量信号井下传输特性分析

边海龙　苏义脑　李　林

（中国石油集团钻井工程技术研究院）

摘　要：井下连续波脉冲信息编码和传输系统由于其信号传输速率高、实现简便，从而受到了业内的广泛关注。但是传统的连续波传输特性分析认为连续波在井下传输过程中产生的反射、叠加严重影响着信号的传输距离和效率；同时，源信号的频率与信号传输距离呈线性反比关系，信号频率越高，传输距离越短；当信号频率增加到一定程度时，地面就无法对其进行有效检测和分析。但是经过深入分析和工程实验，结果显示上述的结论并不完全正确，连续波信号的反射、叠加的影响同样可以带来有益的一面，而且信号频率和传输距离的关系也决不仅仅是简单的线性反比关系。针对上述连续波传输应用中的热点问题，文中深入研究了连续波信号产生的机理，建立了以井下钻具组合为通道的信号传输波导模型，推导了连续波井下反射、叠加特性，以"传输效率"为基础分析了井下信号的传输特性，并分析了利用信号反射、叠加实现信号增强的可行性，最后实验验证了文中所述分析算法的准确性和有效性。

关键词：随钻测量　连续波　反射　叠加　信号分析

随钻测量、随钻测井和地质导向已成为水平井、大位移井及定向井施工中不可缺少的技术，但井下信息的有效提取和信号传输速率问题一直制约着新技术的发展。

连续波数据传输技术使用汽笛作为信号发生的主要部件，形成声波脉冲信号的连续传输。这一技术是对原有的正/负钻井液液压脉冲式井下信息传输系统在信号产生机理、载波通信和编码方式等方面的有效改善，并能够实现井下信息高速地上传。

但是随着井下信号产生机理和传输速率的变化，连续脉冲声波信号在井下传输过程中产生的反射、叠加等现象也随之加剧，信号特征趋于非平稳，传统方法无法对其进行有效分析。从20世纪80年代末到现在国内外很多研究机构和公司都在致力于连续波信号传输的研究，这些研究的相关文献都集中讨论了这些现象带来的不利影响。例如，他们的分析认为，连续波信号在井下的反射、叠加是导致信号传输距离有限的主要原因；同时，连续波信号频率与传输距离呈线性反比关系；当井下连续波源信号频率增加到25Hz以上时，由于信号的反射、衰减的影响，信号已经无法实现随钻测量的应用。但是经过深入分析和工程实验可以发现，现实情况与上述研究结果并不完全相同。

本文深入分析了连续声波脉冲随钻测量信号在井下信道中的传输特性；以信号"传输效率"为依据，推导了利用该信号在井下的反射、叠加特性实现信号增强的可行性；给出

作者简介：边海龙，男，中国石油集团钻井技术研究院在站博士后。研究方向为现代测试理论、小波分析、智能钻井技术。

了算法的实现过程；分析了算法的适用范围；最后利用数值仿真验证了算法的有效性。

1 连续波信号传输模型

1.1 发生器及传输通道模型

典型的连续波信号发生器及传输通道模型如图 1 所示。通常将连续波脉冲发生器称为汽笛。汽笛旋转时在其前后方将产生过压和失压，将这一由于汽笛的不断开闭而形成的压力差定义为 Δp。当汽笛置于理想化无限长的管道中时，随着汽笛在钻井液压力下的旋转，产生向信号源的前后两个方向传播的声波信号，其大小均为 $1/2\Delta p$，符号相反。本文中，定义“传输效率”为某一方向传输的声压与源声压 Δp 之比。易知，对于无限同径的管道，传输效率为 0.5。

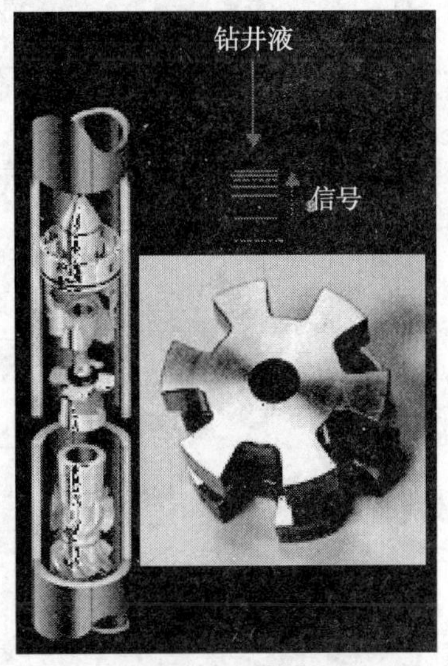

图 1　连续波发生器模型结构图

1.2 连续波信号井下传输通路反射特性分析

通常分析理论认为，声波信号在钻具通道内向下传输遇到钻头时会发生反射，而且由于钻头水眼面积要远小于钻头本身的截面积，因此，将钻头视为理想的固体声波反射面。从汽笛处产生的声波信号的一部分到达钻头处并发生反射，可假设向下传播信号为 $-1/2\Delta p$。由经典的声波反射理论可知，在理想情况的固体反射面处，反射后的信号幅值不变，符号相同。因此，$-1/2\Delta p$ 的声波信号在固体表面的钻头处反射后向上传播，经过信号源（汽笛）与原有的向上传播的 $+1/2\Delta p$ 信号叠加，从而形成了信号的析构，使得地面测得的信号幅度大大减小，在完全理想化的情况下，地面测得信号为 0。这一过程可以用图 2 来表示。这也是本文开始讨论的连续波反射、衰减形成不利影响的主要原因。

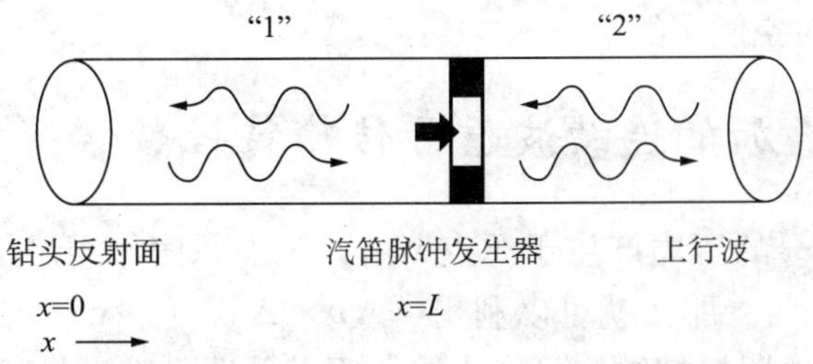

图 2　汽笛脉冲信号传输通道中反射与叠加示意图

公式（1）给出了相应的数学描述方程。

$$P_{\text{upgoing}} = \frac{1}{2}\left[p\left(\tau + L/c\right) - p\left(\tau - L/c\right)\right] \tag{1}$$

式中，$P_{upgoing}$为上行连续波强度；τ 为信号传输延时因子；L为脉冲发生器距钻头反射面距离；c为声速。

然而，在实际工程应用中，通过地面检测设备，测量得到的由井下传输上来的信号与上述分析结果并不完全相同。许多情况下，所获信号很强，完全可以满足随钻测量和地质参数检测的需求。因此，对井下连续波信号的传播特性还需要进行更为深入的分析。

2 连续波传输特性和可增强性分析

2.1 连续波信号井下传输通路波导模型

经过一定的推导分析，可以得出连续波在井下传输的波导模型（图3）。

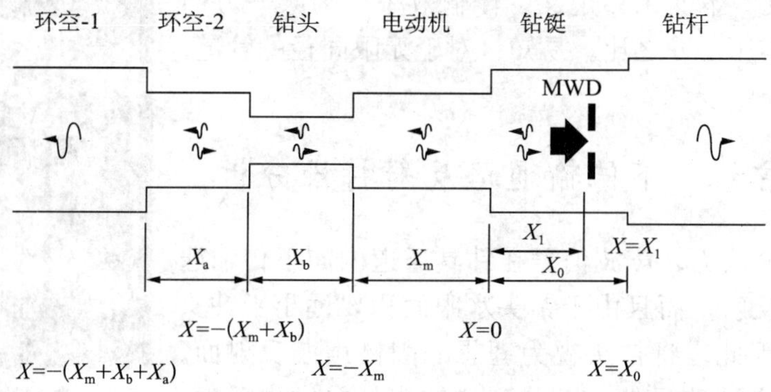

图3 连续波信号井下传输波导模型

模型中信号源点“x=0”取在汽笛电动机和MWD钻铤之间的交界面处。限于篇幅，图3及文中其他地方引用到的相关符号在本文附录中给出。

由拉格朗日波动方程可得公式（2）：

$$\rho_{\mathrm{mud}}u_{tt}^{c}-B_{\mathrm{mud}}u_{xx}^{c}=0 \tag{2}$$

式中，u_{tt}^{c}为拉格朗日位移变量u^c（x，t）对时间t的偏导数；c为声速；u_{xx}^{c}为示拉格朗日位移变量u^c（x，t）对空间x的偏导数。

2.2 基于反射、叠加的连续波信号传输特性数学模型

由图3可知，源信号的压力产生于源点x=x_s，如果源信号满足信号能量集中在空间的某一单独点上的物理特性，那么就可以利用“$\Delta p\times\Delta\delta$（$x$−$x_s$）”表示这一信号。参照现代的井下工具及信号发生器机械结构可知，这一假设条件不难满足，则公式（2）可以写为公式（3）的形式：

$$\rho_{\mathrm{mud}}u_{tt}^{c}-B_{\mathrm{mud}}u_{xx}^{c}=\Delta p\times\delta\left(x-x_{\mathrm{s}}\right) \tag{3}$$

式中，δ（x−x_s）为Dirac脉冲函数。

由于 u（x，t）及其时域微分在信号源点处是连续的，即不存在断裂现象，可得公式（4）：

$$-B_{\mathrm{mud}}\times u_x^c\left(x_{\mathrm{s}}+\varepsilon,t\right)+B_{\mathrm{mud}}\times u_x^c\left(x_{\mathrm{s}}-\varepsilon,t\right)=\Delta p \tag{4}$$

定义压力 p 为：

$$p=-Bu_x \tag{5}$$

将公式（5）带入公式（4）可得：

$$\Delta p=-p_x^c\left(x_{\mathrm{s}}+\varepsilon,t\right)+p_x^c\left(x_{\mathrm{s}}-\varepsilon,t\right) \tag{6}$$

由傅里叶变换理论可知，暂态信号可以通过傅里叶积分的方法进行表示，则 Δp 和 u^c（x，t）可以分别表示为：

$$\Delta p=\Delta p'\,\mathrm{e}^{j\omega t} \tag{7}$$

$$u^c(x,t)=U^c(x)\,\mathrm{e}^{j\omega t} \tag{8}$$

将公式（7）、公式（8）带入公式（2）可得：

$$u_{xx}^c(x)+\left(\omega^2/c_{\mathrm{mud}}^2\right)U^c=\left(\Delta p'/B_{\mathrm{mud}}\right)\delta\left(x-x_{\mathrm{s}}\right) \tag{9}$$

在本文后续的讨论中，为描述上的简便，将 $\Delta p'$简写为 Δp。

基于上述的数学推导，对图 3 连续波井下传输波导模型中，信号从左到右传输，对于各个短节中的传输特性建立相应的方程，可得如下的方程组：

$$\begin{cases}U_{xx}^p(x)+(\omega^2/c_{\mathrm{mud}}^2)U^p=0\\ U_{xx}^{\mathrm{mm}}(x)+(\omega^2/c_{\mathrm{mm}}^2)U^{mm}-0\\ U_{xx}^{\mathrm{a2}}(x)+(\omega^2/c_{\mathrm{mud}}^2)U^{\mathrm{a2}}=0\\ U_{xx}^c(x)+(\omega^2/c_{\mathrm{mud}}^2)U^c=-(\Delta p/B_{\mathrm{mud}})\delta(x-x_{\mathrm{s}})\\ U_{xx}^{\mathrm{b}}(x)+(\omega^2/c_{\mathrm{mud}}^2)U^{\mathrm{b}}=0\\ U_{xx}^{\mathrm{a1}}(x)+(\omega^2/c_{\mathrm{mud}}^2)U^{\mathrm{a1}}=0\end{cases} \tag{10}$$

对上述方程组进行变换，可得方程组（11）：

$$U^p\left(x\right)=C_1\exp\left(-i\omega x/c_{\mathrm{mud}}\right)$$

$$U^c\left(x\right)=\begin{cases}C_2\cos\left(\omega x/c_{\mathrm{mud}}\right)+C_3\sin\left(\omega x/c_{\mathrm{mud}}\right) & x<x_{\mathrm{s}}\\ C_2\cos\left(\omega x/c_{\mathrm{mud}}\right)+C_3\sin\left(\omega x/c_{\mathrm{mud}}\right)-\left[c_{\mathrm{mud}}\Delta p/\left(\omega B_{\mathrm{mud}}\right)\right]\sin\left[\omega\left(x-x_{\mathrm{s}}\right)/c_{\mathrm{mud}}\right] & x>x_{\mathrm{s}}\end{cases}$$

$$U^{\mathrm{m}}\left(x\right)=C_4\cos\left(\omega x/c_{\mathrm{mm}}\right)+C_5\sin\left(\omega x/c_{\mathrm{mm}}\right)$$

$$U^{\mathrm{b}}\left(x\right)=C_6\cos\left(\omega x/c_{\mathrm{mud}}\right)+C_7\sin\left(\omega x/c_{\mathrm{mud}}\right)$$

$$U^{\mathrm{a2}}\left(x\right)=C_8\cos\left(\omega x/c_{\mathrm{mud}}\right)+C_9\sin\left(\omega x/c_{\mathrm{mud}}\right)$$

$$U^{\mathrm{a1}}\left(x\right)=C_{10}\exp\left(i\omega x/c_{\mathrm{mud}}\right) \tag{11}$$

公式中 c_{mm}、B_{mm}、ρ_{mm} 三者之间的关系为：$c_{\mathrm{mm}}=\sqrt{(B_{\mathrm{mm}}/\rho_{\mathrm{mm}})}$，这三个参数连同参数 c_{mud} 都可以根据具体的工程应用进行确定。Δp 在工程中通过安置在钻柱上的压力传感器测得。

同时信号通过各短节连接处时，都存在阻抗匹配的问题。现在给出匹配所需的代数方程，如方程组（12）所示。限于篇幅，这里只给出在钻铤和钻杆连接处的匹配方程。

$$
\begin{aligned}
&\left[1-j\tan\left(\omega x_{\mathrm{c}}/c_{\mathrm{mud}}\right)\right]C_1-\left(A_{\mathrm{c}}/A_{\mathrm{n}}\right)C_2-\left[A_{\mathrm{c}}/A_{\mathrm{n}}\tan\left(\omega x_{\mathrm{c}}/c_{\mathrm{mud}}\right)\right]C_3\\
&=-\left\{A_{\mathrm{c}}c_{\mathrm{mud}}\Delta p\sin\left[\omega\left(x_{\mathrm{c}}-x_{\mathrm{s}}\right)/c_{\mathrm{mud}}\right]\right\}/\left[A_{\mathrm{p}}\omega B_{\mathrm{mud}}\cos(\omega x_{\mathrm{c}}/c_{\mathrm{mud}})\right]\\
&\left[-\tan\left(\omega x_{\mathrm{c}}/c_{\mathrm{mud}}\right)-j\right]C_1+\tan(\omega x_{\mathrm{c}}/c_{\mathrm{mud}})/C_2-C_3\\
&=-\left\{c_{\mathrm{mud}}\Delta p\cos\left[\omega\left(x_{\mathrm{c}}-x_{\mathrm{s}}\right)/c_{\mathrm{mud}}\right]\right\}/\left\{\omega B_{\mathrm{mud}}\cos\left(\omega x_{\mathrm{c}}/c_{\mathrm{mud}}\right)\right\}
\end{aligned}
\tag{12}
$$

对方程组（12）进行变换求解，可以求出系数变量 C_i（i=1 ~ 10）的解，带入方程组（11），最终可得拉格朗日位移和钻柱中的流体声压为：

$$u^p\left(x,t\right)=Re\,U^p(x)\mathrm{e}^{j\omega t} \tag{13}$$

$$p^p\left(x,t\right)=-B_{\mathrm{mud}}\times Re\left[\mathrm{d}U^p\left(x\right)/\mathrm{d}x\right]\mathrm{e}^{j\omega t}=Re\left[\left(i\omega B_{\mathrm{mud}}/c_{\mathrm{mud}}\right)\times C_1\mathrm{e}^{j\omega\left(t-x/c_{\mathrm{mud}}\right)}\right] \tag{14}$$

相应的传输效率为：

$$Transmission\quad efficiency_1=\left|p/\Delta p\right|=\left[\omega B_{\mathrm{mud}}/\left(\left|\Delta p\right|c_{\mathrm{mud}}\right)\right]\left|C_1\right| \tag{15}$$

这样，根据公式（15）获得的连续波信号在井下工具通路中的传输效率为依据，在工程应用中，对公式中反映的影响传输效率的各个因子进行有效的选取和调节，实现井下连续波信号由于反射、叠加形成的信号增强性能进行衡量。

3　信号分析实现方法和实验验证

基于如图 4 所示的井下钻具组合，结合文中分析算法进行模拟，并给出实验结果。

其中水为钻井液。在实验过程中，MWD 钻井液汽笛的位置 X_{s} 逐英尺地增加，从 X_{s}=1ft 开始，即紧挨电动机；直到 X_{s}=22ft，即紧贴于钻柱下方；同时，传输频率的变化范围为 1 ~ 50Hz，增加的间隔为 1Hz。

有代表性的数值计算结果在表 1 中给出，曲面示意图在图 5 中给出。图 5 中横轴表示信号频率，纵轴表示汽笛距电动机距离，垂直轴表示信号传输效率。

表 1　实验测得的钻柱中的传输效率（不同信号源位置）

信号频率（Hz）	钻柱中的传输效率（不同信号源位置）				
	1ft	5ft	10ft	15ft	20
1	0.9501	0.9408	0.9521	0.9335	0.9465
12	0.6472	0.6171	0.4758	0.4858	0.4975

续表

信号频率（Hz）	钻柱中的传输效率（不同信号源位置）				
	1ft	5ft	10ft	15ft	20
20	0.3741	0.2923	0.1832	0.1655	0.3012
30	0.0758	0.1564	0.1454	0.1536	0.4789
40	0.3512	0.4729	0.5654	0.9594	0.9522
50	0.6649	0.7153	0.7205	0.9401	0.9036

正如本文开篇所述，传统的MWD信号传输理论认为，随着井下随钻测量脉冲信号频率的增加，信号的衰减是呈线性递增的，即信号频率越高，衰减越大；当信号频率增到25Hz以后，信号便衰减殆尽。

然而，观察表1中的数据和图5中的曲线，可以看到，在汽笛与钻井电动机距离固定的情况下，随着信号频率的变化，信号的传输效率会出现多个波峰和波谷，即地面接收到的信号强度会随着信号频率的变化而变化，且这一变化非线性，幅度大。

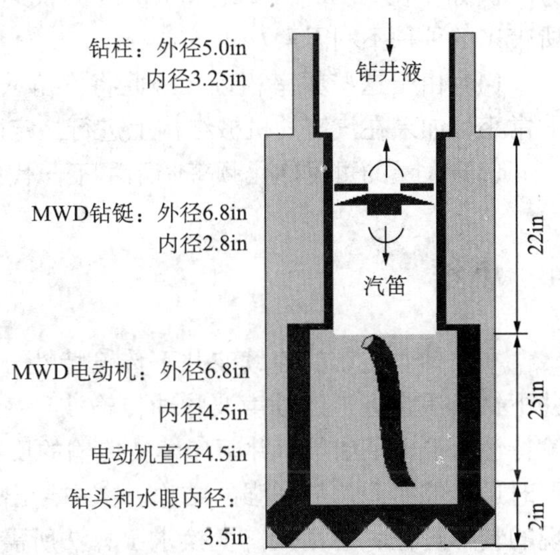

图4　连续波井下信号增强算法实验工具图

同时由表1和图5中可以看出，在信号频率较低的情况下（例如1Hz），传输效率接近于1，而且汽笛的位置对其影响甚微；随着信号频率的增加（例如12Hz），地面测得信号随着汽笛远离电动机会发生迅速的衰减；然而，当信号频率进一步增加，例如达到30～50Hz的时候，地面检测到的信号发生了明显的变化，即信号的强度随着汽笛远离钻井电动机反而得到了有效的增强。

这便为在工程中应用文中所述的算法提供了基本的思路：虽然井底钻具组合、汽笛在MWD钻铤中的位置以及钻井液中连续波的传播速度等因子的可选范围非常小。但是工程应用中，改变汽笛发出信号的频率，对其在一定范围内进行扫频，那么便可以有效地找到具体工程应用中所需的能够实现井下信号传输增强的信号频率因子。

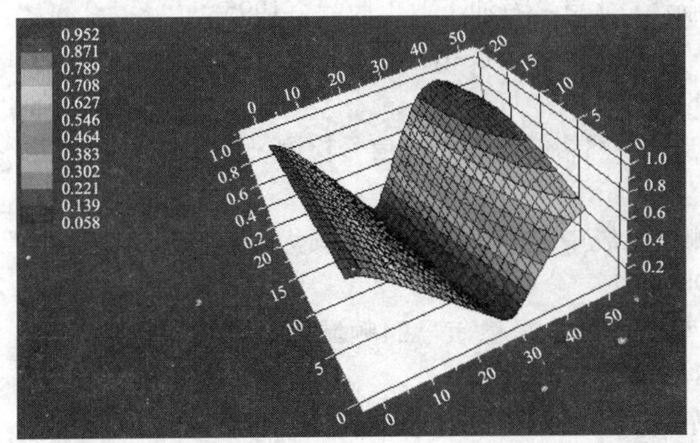

图5　连续波传输效率随信号源位置与信号频率变化曲面图

同时，这又给井下信号传输的编码调制方式带来了新的思路，利用这些传输效率最大点对应的频率，对信号进行键控频移编码，实现信号的高效传输，会给地面信号分析和检测带来极其有益的帮助。

总结文中的推导和实验过程可以得出以下结论：

（1）传统连续波井下信号传输特性分析方法有所不足。由于忽略了信号反射、叠加带来的有益影响，使得过去的连续波随钻测量信号频率只局限于25Hz以下。

（2）由于信号的反射、叠加引起的信号增强并不依赖于信号源的机电特性，因此可以实现信号强度的增加而不影响到信号源功率、腐蚀性等其他机械、电气问题。

（3）观察图5可以看出，能够实现信号“高效率”传输的频率点不止一个，所以就为实现数据高速传输提供了多种方案，如果在优化的频率点上使用频移键控，具有更好的优势（例如，在30Hz、40Hz、50Hz之间快速切换）；同时克服了使用相移键控的编码调制所带来的种种不利因素。

（4）由于这些频率相近，因此将汽笛从一种旋转状态切换为另一种状态所需要的功率非常小，如果在汽笛的机械结构上进行一定的优化，这一优势会更为明显。

（5）大量的可用优化频率暗示了下一代使用多重汽笛的MWD工具的可实现性。

4 小结

本文针对传统的连续波井下传输特性分析方法的不足，以“传输效率”为参数，根据井下钻具组合通道连续声波脉冲传输波导特性，建立了信号传输模型，深入分析了信号传输特性，得出了如果对井下连续波传输的反射、叠加合理利用，不仅能够克服其不利影响，同时还能够实现信号增强的结论。文中给出了算法的研究背景和应用环境；推导了算法实现的具体过程；应用矩阵变换求出算法所需的关键参数；应用实验验证了算法在工程中的可实现性、有益性和有效性；最后在理论分析和实验数据的基础上，说明了本文所述算法对井下信息高速高效传输的更为广泛的推动作用和应用前景。

参考文献

苏义脑，徐鸣雨．钻井基础理论研究与前沿技术开发新进展［M］北京：石油工业出版社，2005

格里斯TA.，定向钻井［M］．苏义脑译．北京：石油工业出版社，1995.

王志明，訾志军，李相方，贺麦红，许朝辉．连续波钻井液脉冲发生器结构设计探讨［J］．石油机械，2007，35（12）：56−58.

边海龙，陈光禚，杜天军．基于小波神经网络的时变谐波信号检测［J］．中国电机工程学报，2008，28（7）：104−109.

边海龙，陈光禚，李林，苏义脑．测试系统中非平稳信号的时频优化小波包检测算法［J］．仪器仪表学报，2009，30（3）：498−502.

边海龙，陈光禚．基于短时傅里叶变换检测非平稳信号的频域内插优化抗混叠算法［J］．仪器仪表学报，2008，29（2）：284−288.

李林．随钻测量数据的井下短距离无线传输技术研究［J］．石油钻探技术，2007，35（1）：45−48.

Thomas S，Thuwaini AI，Petrick M，et al. Breakthrough drilling performance in horizontal deep gas well with application of geo−steering technique in saudi arabia［R］.SPE/IADC 96362，2005.

蔡文军，王平，祝远征，等．机械式无线随钻测斜仪设计方案及关键技术［J］．石油学报，2006，27（2）：103−106.

Klotz C，Kaniappan A，Thorsen A K，et al. A new mud pulse telemetry systems reduce risks when drilling complex extended reach well［R］. SPE 15203，2008.

Klotz C，Bond P，Wasserman I. A new mud pulse telemetry systems for enhanced MWD/LWD applications［R］. SPE 112683，2008.

Patton B J.，Gravley W，. Godbey J K，et al. Development and successful testing of a continuous wave，logging while drilling telemetry system［R］. SPE 6157，1977.

Lippert W K R. Acustica［M］. Vol 4. McGraw−Hill，New York，1954：313.

Morse P M，Ingard K U. Theoretical acoustics［M］. McGraw−Hill，New York，1968.

附录　文中相关符号说明

A_p—钻柱内部截面积；

A_c—MWD钻铤内部截面积；

A_m—汽笛电动机内部截面积；

A_b—钻头短节截面积；

A_{a2}—围绕钻铤的环空截面积；

A_{a1}—围绕钻柱的环空截面积；

B_{mud}—钻井液体积模量；

c_{mud}—钻井液中声波传播速度；

c_{mm}—汽笛电动机中的声波传播速度；

f—汽笛旋转频率；

p—连续波压力；

Δp—汽笛两侧连续波压力值；

t—时间；

u—拉格朗日流体元素位移参数；

X—轴坐标，“x=0”处汽笛电动机和钻铤交界面；

X_s—位于钻铤中汽笛连续波信号源距原点距离；

X_c—钻铤长度；

X_m—汽笛电动机长度；

X_b—钻头长度；

X_a—从井底到钻铤之间的环空长度；

ω—汽笛旋转角频率；

ρ_{mud}—钻井液浓度；

ρ_{mm}—电动机中的钻井液浓度。

B_{mm}—汽笛电动机中的体积模量（对质量、橡胶和钻井液等参数取均值）；

应力波井筒数据传输技术综述

罗 维[1] 杨 洪[2] 邢鹏云[2] 陈若铭[1] 宋朝晖[1] 周 强[1]

（1. 西部钻探克拉玛依钻井工艺研究院；2. 新疆油田公司）

摘 要：长期以来，油气勘探与钻井业对随钻数据传输技术进行了不懈的研究，产生了钻井液脉冲、电磁波、声波等无线数据传输技术及各类有线数据传输技术，各种传输技术都有自己的局限性，本文阐述了在钻井过程中使用应力波通过钻柱实时传输井下数据的关键技术，并介绍了应力波在钻柱传输特性、信号发送与接收、数字通信及强噪声背景下微弱信号的混沌振子检测等方面的研究成果以及克拉玛依钻井工艺研究院研究的应力波MWD。

关键词：应力波 井筒 数据传输 随钻 检测

随着油气勘探开发的不断发展，钻井技术对信息技术的应用要求日益强烈，井筒信息化、可视化成为人们希望了解井下实际工作情况、提高勘探开发成功率、降低投资风险的重要指标，随钻井筒数据传输技术是达到这一目标的关键技术，井下信号传输方式分为有线传输和无线传输。有线传输可以获得很高的传输速率，由于使用成本高，现场易用性和通用性较差等问题，再加上石油钻井现场是一个移动工作场所，因此无线传输技术得到了普及和推广。常见的无线传输手段包括钻井液脉冲传输、电磁波和声波传输。基于钻井液脉冲的MWD已经获得非常成功的商业化应用，但数据传输速率较低（小于10bit/s），而且对钻井液有要求，不能使用于欠平衡钻井和空气等可压缩钻井流体，基于电磁波的EMWD也已经商品化，但由于受地层特性及自身性能的影响，难以大面积推广；基于声波的无线传输技术目前尚无成熟的商品化产品和应用，是一种被看好的技术，有望获得更高的传输速率（是钻井液脉冲的10～100倍），且不受地层特性和钻井流体性质影响的一种高效传输方式。

1 应力波井筒数据传输技术现状

应力波井筒数据传输是在钻井作业过程中，利用钻具变形产生的应力波动作为载波来将井下信息传输至地面的无线传输技术，也可以将地面的信号传输到井下，从而实现双向通信。有些文献也将应力波传输技术称为声波传输技术，由于声波不仅可以通过钢制钻柱传播，也可以通过钻井流体传输，还可以通过地层传输，本文只考虑通过钢制钻柱作为信

作者简介：罗维，高级工程师，1987年毕业于新疆石油学校钻井工程专业，现就职于西部钻探克拉玛依钻井工艺研究院科研中心，主要从事井下工具及钻井技术研究与应用。

道的传输方式，故在此使用应力波传输的概念可能更具针对性。应力波（stress waves）是指具有惯性和可变形性的固体，在受到随时间变化的外载荷作用时，质点之间发生相对运动（变形）而产生的相互作用（应力）。地震波，固体中的声波、超声波，以及冲击波等都是应力波的常见例子。因此可以通过地层或钻具的变形应力波动来传输信号，通过应力波信号传输数据不受钻井流体及地层特性影响，可广泛应用于各种钻井方式。现场试验中的应力波功率密度谱见图 1。

早在 1948 年美国太阳石油公司（Sun Oil Company）开始研究应力波传输方式，日本国家石油公司 1996 年利用磁致伸缩换能器的连续钢钻杆传输实验，传输了 1914m，传输速率 10Bit/s。哈里伯顿公司（Halliburton）2000 年研制了非随钻系统等。

2007 年 XACT 井下遥测公司宣布成功地为 Equitable 资源公司的空气水平井钻井提供随钻声波遥测服务。该系统以 20 Bit/s 以上的速度从井底向地面传输数据，是目前最快的商用无线上传系统。其遥测深度为 7600ft 的空气钻的水平井，使用的是 3 节点分布式声波 MWD 系统。这是业界第一个用于 MWD 的声波传送系统，标志着 MWD 行业的重大进步。

国内哈尔滨工业大学曾开展了油管声波传输研究；西北工业大学研究了基于双旋转振子的声波油管传输方法；清华大学开展了基于声波导原理的声波传输原理研究；中国石油大学（华东）与胜利油田联合开展了近钻头短传研究，并进行了部分试验；中国石油西部钻探克拉玛依钻井工艺研究院自 2004 年以来，已开展应力波数据传输技术的大量基础理论和模拟实验研究，2009 年 9 月进行的现场静态测试传输深度达到 1200m，目前正致力于基于应力波传输的随钻测量系统（CS−MWD）的研究开发，系统经过了内试验验证，目前已进入现场试验阶段。

2　钻柱应力波传输特性研究进展

钻柱作为信号传输系统的传输介质（信道），其对信号的频率、相位及振幅等参量的影响直接决定传输系统的结构和性能，由于钻柱接头较粗而本体较细形成周期结构。理论研究表明，钻具的这种结构特征使得它在传输信号时具有梳状滤波器特性。

（1）梳状滤波器特性（对频率的影响）。

使用钻柱传输信号，必须首先研究应力波传输特性，这里主要研究测试频率特性及能量衰减特性，钻柱应力波频率方程：

$$\cos kd=\cos\left(\frac{\omega d_1}{c_1}\right)\cos\left(\frac{\omega d_2}{c_2}\right)-\frac{1}{2}\left(\frac{z_1}{z_2}+\frac{z_2}{z_1}\right)\sin\left(\frac{\omega d_1}{c_1}\right)\sin\left(\frac{\omega d_2}{c_2}\right)$$

钻柱对应力波的传输产生通带、阻带交替变化的梳状滤波器特性，在通带频率上信号能够有效传输，而在阻带频率上，信号衰减严重，信号不能有效传输。

（2）信号衰减（对振幅的影响）。

根据国外研究的资料显示，应力波衰减系数的大致范围是每 1000ft 衰减 10 ~ 30dB（资料没有给出具体试验条件图 2 ~图 5）（表 1）。

$$J=J_0e^{-\delta L}$$

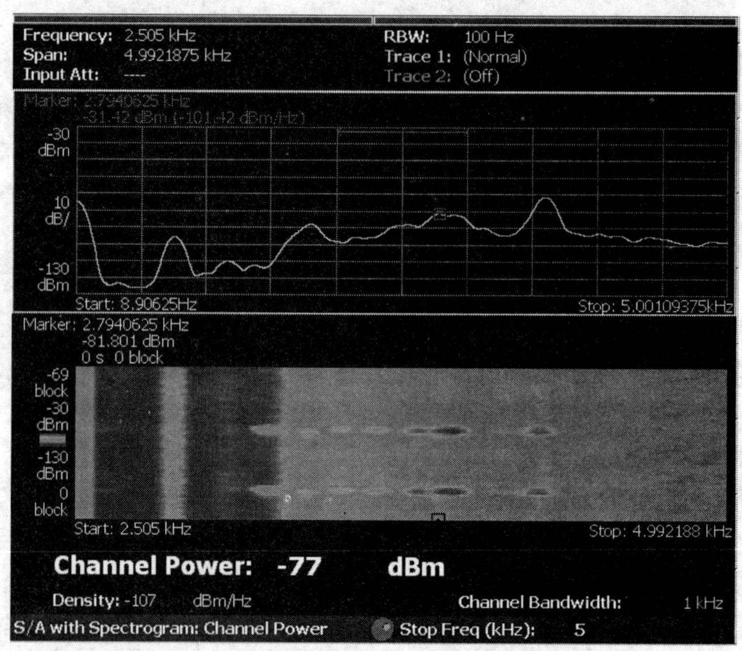

图1 莫119井现场试验中的应力波功率密度谱

式中，J为波源强度；J_0为接收强度；e=2.3；L为传输井深；δ 为衰减系数，由试验测定。

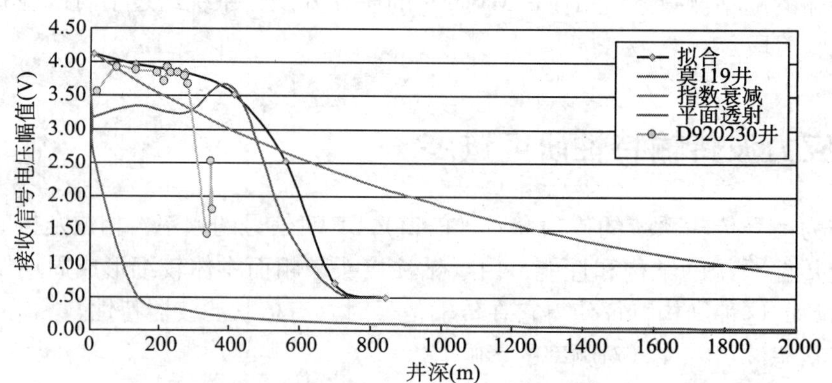

图2 现场试验与理论计算传输距离信号衰减曲线对比

另外衰减系数与频率的关系为：

$$\alpha = \frac{2}{3}\frac{\omega^2}{c^3\rho_0}\left[\left(\eta + \frac{3}{4}\eta'\right) + \frac{3}{4}(r-1)\frac{k}{C\rho}\right]$$

式中，η 为黏滞系数；η' 为体黏滞系数。

表1 应力波频率与传输井深的关系

应力波频率（Hz）	≤ 800	≥ 1500	≥ 2000	≥ 3000
传输井深（m）	≥ 2500	≤ 2000	≤ 1500	≤ 800

由于衰减系数与频率的平方成正比，因此频率选择不应过高。

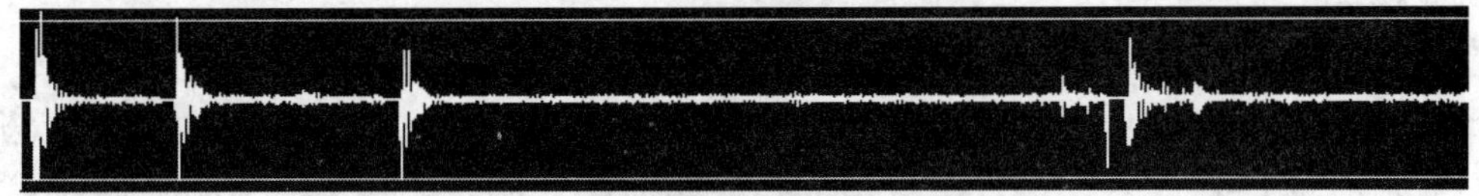

图 3　D920230 井井下 78m 传出的扫频信号

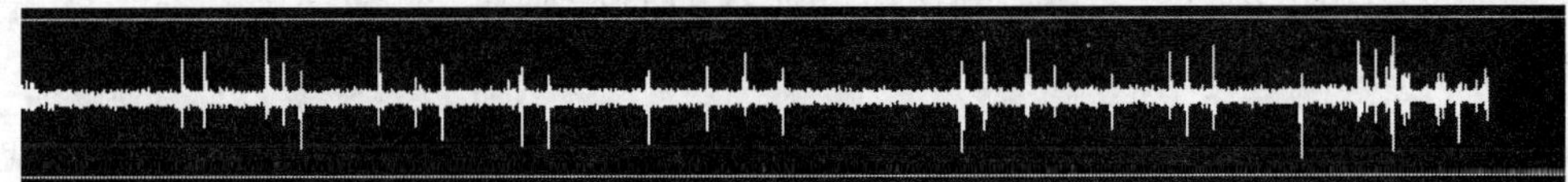

图 4　莫 119 井井下 600m 在静态条件下接收的信号（无干扰）

图 5　莫 119 井井下 1200m 传输的信号

可见信号已淹没在噪声中，经过处理提取出了有用信号。

3　强背景噪声环境的微弱信号检测技术

通过对现代微弱信号检测技术的研究，研发一套能够在钻井过程中产生的强背景噪声环境检测出微弱应力波信号的软件系统，主要研究一种基于混沌相变等理论的检测方法(图 6)。

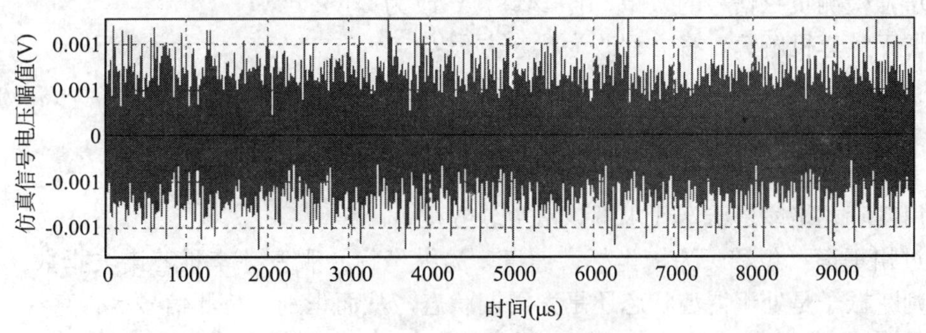

图 6　强噪声背景与微弱信号对比

微弱信号定义：人们对微弱信号还没有一致的定义，而且微弱信号的概念也是变化发展的，目前人们通常将信噪比小于 −10dB 的信号称为微弱信号，人类对微弱信号的检测是一个不断发展的过程，在这个过程中产生了很多检测方法。

(1) 时频变换 FFT 及相关检测等技术（传统检测），时频变换是将时间域的波动变换为一定频率范围的谱线，从而将该时域内的所有频率的波动逐一分离出来，从而得到所需频率，相关检测是将接收信号与已知信号进行对比求得相关系数，根据相关系数大小判断有无待测信号。

（2）非线性检测：混沌振子检测及随机共振检测；

未来可能的检测技术有以下两种。

（1）孤立波检测技术：孤立波是由非线性场所激发的、能量不弥散的、形态上稳定的准粒子。具有粒子特性，又有波动性，在一切可以出现波动的介质里都可存在。量子效应不明显，服从牛顿运动方程。已应用于越洋光缆和洲际光缆。有利特点：①慢衰减；②另一频率的固定波可以给信号波补充能量。

（2）非正弦慢衰减波动理论，又名电磁导弹理论，其发出的电磁波既不向四周扩散，也不是指向性传播，而是如同子弹实体一样的波性，在理论上具有零衰减特性。

非线性科学是20世纪人类继相对论、量子力学之后的第三大物理理论突破，它包含混沌、分形和孤立子三个组成部分。20世纪90年代以来，国内外一些学者研究了一种新的检测技术，即利用非线性科学中的混沌理论检测强噪声背景下的微弱有效信号，并已取得了一系列重要进展。目前混沌振子杜芬（Duffing）方程检测得到了广泛的研究。

混沌振子检测的数学模型及检测原理如下。

设有一受力状态如图6所示的一维非线性振子，该振子的运动微分方程杜芬方程：

$$\ddot{x}+k\dot{x}+\alpha x+\beta x^{3}=0$$

此时，振子处于复杂的非线性振动状态，调节方程的系数，使方程混沌运动状态到大周期状态的临界点附近，这时将含有噪声的待测信号施加在振子上，振子的运动状态将转变为大周期状态，如果待测信号只有噪声而无与周期外力相同频率的有用信号，振子将不会由混沌状态转变为大周期状态，此时的运动微分方程变为：

$$\ddot{x}+k\dot{x}+\alpha x+\beta x^{3}=\gamma\cos(\omega t)+\mu A\cos(\omega t)+Z_{\mathrm{s}}$$

为增强检测正弦信号的效果，将 $\alpha x+\beta x^3$ 改为 $\alpha x^3+\beta x^5$。

为便于计算机解算，将方程改为状态方程：

$$\begin{cases}\dot{x}=y\\ \dot{y}=\left[-ky+x^{3}-x^{5}+\gamma\sin(\omega t)\right]+\mu A\cos(\omega t)+Z_{\mathrm{s}}\end{cases}$$

使用四阶龙格库塔法迭代求解该常微分方程。

通过相平面（位移 x 为横坐标，速度 y 为纵坐标）观察、李雅普诺夫指数、周期计算等方法判断振子是处于混沌状态还是大周期状态，从而识别出待测信号是否存在。

克劳德·山农给出了信道容量 C、带宽 B 和信噪比 S/N 之间的关系：

$$C=B\log_{2}\left(1+\frac{S}{N}\right)$$

噪声功率谱密度：根据量子力学原理，任何噪声功率谱密度由下式计算，单位为W/Hz。

$$N_{0}=hf\left[\frac{1}{\mathrm{e}^{hf/(k_{\mathrm{b}}T)}-1}+1\right]$$

式中，h 为普朗克常数，h=6.6260693×10^{-34}J · s；k_b 为波尔兹曼常数，k_b=1.3806505×10^{-23}J/K；f 为频率，Hz；T 为热力学温度，K。

噪声功率等于噪声密度乘以噪声带宽：

$$N=k_bTB$$

信号功率：

$$S=\frac{1}{2}A^2$$

通过混沌检测，使得能够检测的信噪比远远超过传统检测的 −10dB，达到 −40dB 以下，即噪声功率大于信号功率 10000 倍以上，系统依然能够有效检测微弱信号。

4 应力波信号发射

应力波信号的发射由换能器产生，由于应力波是一种声波，因此产生声波的一切方式都可以成为研究应力波换能器的参考，尤其是水声换能器的研究成果，研究认为应力波发生器的能量如果达到 800 ～ 1000J 则可以从深井传输到地面而不需要中继，这是容易理解的，如 2×10^4t TNT 当量的原子弹 =8×10^{13}J 能量，5 级地震 =2×10^{12}J 能量，7 级地震 =2×10^{15}J 能量，8 级地震 =6.3×10^{15}J 能量，8.9 级地震 =1.4×10^{18}J 能量，它们能够绕地球传输很多圈。

人们对现代水声学的研究始于 1826 年，瑞士物理学家科拉东和法国数学家斯图谟在日内瓦湖进行的声速测量。1911 年有人用炸药筒作为声源，成功检测到了海底的回声，1912 年美国科学家费森登设计并制造了一种动圈式换能器，这就是第一台声纳原型机。

随着技术发展和不同应用对声源性能的特殊要求，产生水下声源的方式也有很大变化和进步。根据目前公开报道的文献，可以总结出以下七种，即炸药爆炸声源、电声换能器声源、参量阵声源、流体动力声源、电磁式声源、激光声源和等离子体声源。

水下声源的应用比较广泛，例如深海地质探测、海洋石油勘探、水下目标探测等。某些声源还被应用在军事上，如水下扫雷，等离子声源可能会被应用在未来舰船的鱼雷防御系统中。

目前人们主要使用压电陶瓷等电声换能器产生声音信号，同样应力波系统也通常采用大功率压电换能器，发射换能器用于在钻柱中产生应力波，有很多方式，机械式、射流式、电磁式及压电式等，接收换能器有加速度传感器、压电陶瓷及应变片等（表 2，表 3）。

表 2　人类目前产生应力波的主要方法及特点

名称	发生原理	声源级	带宽	应用范围
炸药爆炸	瞬间引爆炸药，使其内能转化成声能	可达 240dB 以上	几十赫兹到几十千赫兹	目标探测，干扰源
电声转换	压电陶瓷等电信号转换成声信号	单个可达 210dB	几千赫兹到几百千赫兹	水下目标探测、定位，水下通信
参量阵	发射器发出两个频率相近的大振幅高频波，利用非线性作用产生的差频波	一般在 100 ～ 220dB	几千赫兹到十几千赫兹	地质勘探，目标探测，水下通信

续表

名称		发生原理	声源级	带宽	应用范围
流体动力	气流	高压气体瞬间释放，激发周围介质震动	165 ~ 205dB	几十赫兹到几千赫兹	地质勘探，清灰除尘，探雷
	液流	利用高速射流与障碍物的相互作用激发周围介质震动形成声波	200 ~ 230dB	几赫兹到几百千赫兹	石油解堵增注
激光		高能激光作用于水面形成迅速膨胀的等离子体腔体，进而激发周围介质形成声波	可达 220dB 以上	几赫兹到几百千赫兹	水下声波探测和成像
电磁		储能电容通过线圈放电，使振膜感应的磁场与线圈磁场相互作用产生斥力，形成声波	220 ~ 240dB	几百赫兹到几百千赫兹	医疗上体外碎石，地质勘探
等离子		高功率脉冲储能电容在液体中瞬间放电，从而将电能直接变成爆炸式机械能，形成声波	可达 260dB 以上	几百赫兹到几百千赫兹	水处理，成形，碎石，清砂除垢，探测，勘探，水下防御

表 3　常用材料的基本应力波相关参数

材料	钢	铜	铝	玻璃	橡胶
密度 ρ_0（10^3kg/m^3）	7.8	8.9	2.7	2.5	0.93
弹性模量 E（GPa）	210	120	70	70	2.0×10^{-3}
纵波波速 C_0（km/s）	5.19	3.67	5.09	5.30	0.046
波阻抗 ρ_0C_0 [MPa/m·s]	40.5	32.7	13.7	13.3	42.8×10^{-3}

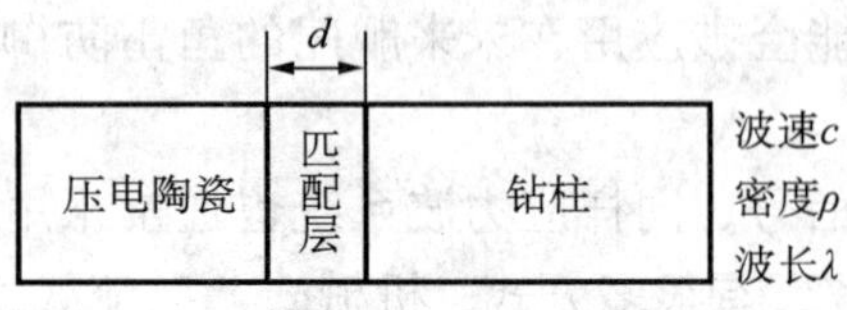

图 7　换能器匹配

换能器有环状、片状及柱状等形式，根据不同的应用环境考虑选用或加工。

应力波阻抗匹配：应力波由压电陶瓷经过匹配层进入钻柱的能量损失越小，匹配效率越高（图 7）。进入钻柱的波强 I_3 与入射波强 I_1 之比称为透射系数 T，则有：

$$T=\left(\frac{p_3}{p_1}\right)^2\cdot\left(\frac{\rho_1c_1}{\rho_3c_3}\right)^2$$

全透射时 T=1，　则　$\rho_2c_2=\sqrt{\rho_1c_1\cdot\rho_3c_3}$

匹配层厚度：$d=n\dfrac{\lambda_2}{2}$　n=1，2，3…n 取整数时，会出现全透射情况，如果 d 不能达到 1/2 波长时，应尽可能小。

5 信号调制

在通信技术中，数字通信的抗干扰性及可靠性远优于模拟通信，数字通信的调制方式有很多，主要研究了具有双频、中速特点的二进制数字调频，具有低脉冲数、低速度、低功耗特点的压缩脉冲位置调制，以及具有抗干扰、超宽带、高速度、低功耗特点的窄脉冲位置调制。

（1）2FSK（二进制数字调频）通信。

二进制数字调频，先将所需传输的数据转换为二进制序列，分别使用频率 f_1、f_2 代表二进制的 1 和 0，用二进制数据流控制所发出的频率，接收方收到信号后，根据频率解码，即可得到所传数据（图 8 ～图 10）。

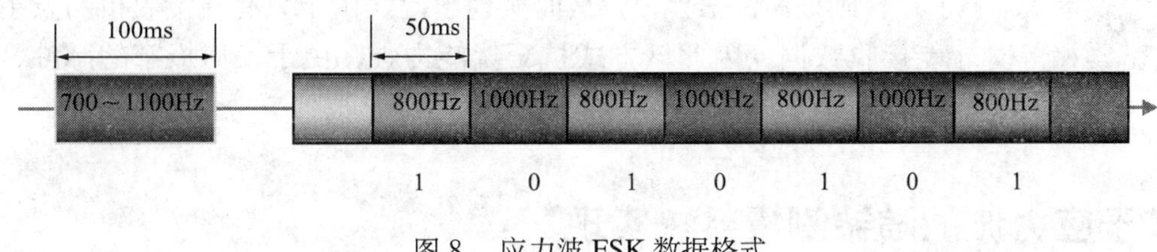

图 8　应力波 FSK 数据格式

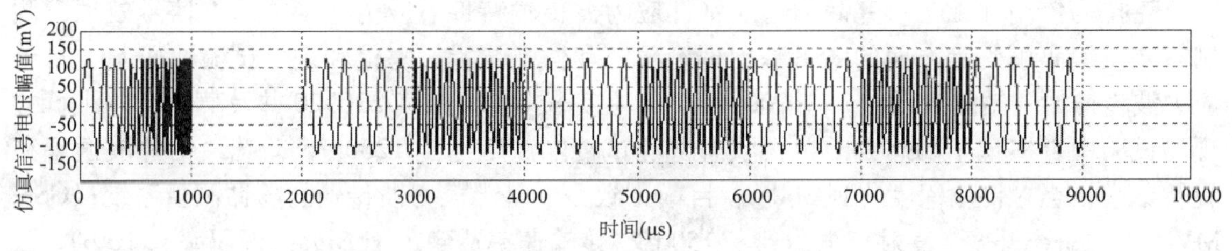

图 9　应力波 FSK 发送的信号

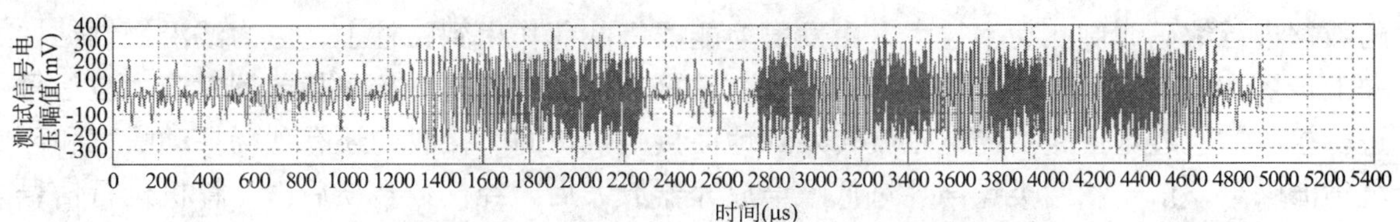

图 10　应力波 FSK 接收到的二进制数字调频信号

使用方式实现了静态跨越螺杆的数据传输，但该方式抗干扰性能不强。

（2）脉冲压缩时间位置调制技术。

扩频通信技术是一种有效的抗干扰技术，在军用水声通信系统中得到充分应用，线性调频脉冲是现代雷达技术使用的一种调制技术，因此将其应用到应力波井筒数据传输上收到了良好的信号，压缩脉冲时间位置调制，先将所需传输的数据转换为二进制序列，由低位到高位，每 4 位一组，按对应时间位置 dT，一个时间位置表示 4 位二进制数据，在时间位置处发出脉冲，接收方收到信号后，根据时间位置解码，得出所传数据，这种方式发送的脉冲数量少，但每个脉冲代表4位二进制数，携带的数据量大，节约电能，但占用时间多，数据传输速度相对较慢。

（3）TH-PPM（脉冲位置跳时调制）通信。

跳时时间位置调制使用伪随机序列控制时间位置，跳时－脉冲位置调制的信号波形如下：

$$S^{(k)}=\sum_{j=-\infty}^{\infty}p\left[t-jT_f-C_j^{(k)}t_{\mathrm{c}}-\zeta d_{(j/N_s)}^{(k)}\right]$$

伪随机跳时序列为：C_j={1，3，2，5，4，6，8，7，9，0}，传输数据时，先将所需传输的数据转换为二进制序列，如果二进制码为1，则脉冲位置在C_j控制的基础上左移一个ζ单位，如果二进制码为0，则脉冲位置不移动，接收到的数据与模板相乘，若积大于零则该脉冲表示1，小于零，则该脉冲表示0，从而实现解码。由于只有在接收机与发射机的伪随机密码相等时才能接收数据，因此该方式抗干扰能力强，由于使用极窄的脉冲，脉冲幅值高，但功率却很低，具有明显的节能效果。

6 基于应力波的随钻测量系统实现

克拉玛依钻井工艺研究院通过对钻柱应力波传输特性、应力波换能器、信号处理、调制解调及编码解码等方面的大量基础理论研究和仿真试验、室内和现场试验，研制了基于应力波传输的随钻测量系统。在2009年9月在克拉玛依油田D230920井及莫119井进行的现场试验中，实现了静态（节单根状态）测试传输深度达到1200m，动态（钻井液循环和旋转钻进状态）传输深度达到300m。目前正致力于基于应力波传输的随钻测量系统（CS-MWD）的研究开发，发射声强达到了150dB，传输速率达到了16Bit/s（误码率＜10%），工作温度范围达到：−40～+125℃；抗振20g（20～200Hz，全轴）。

该系统的井下发射机对来自三轴磁场、三轴加速度等传感器的信号进行采集，对得到的数据进行编码调制、功率放大，由发射换能器将载荷作用到钻柱上，应力波沿钢制钻柱向上传播；安装在钻台以上的旋转钻柱（方钻杆）上的三元阵列接收换能器对应力波信号进行接收，通过宽带路由经电磁波转发到地面接收机，同时接收的还有现场振动噪声和环境声波噪声，信号和两类噪声经过低噪声放大器放大后，经模数转换后由计算机进行信号处理及数据分析，结果送终端设备。目前已进入现场试验阶段。

CS-MWD的通信系统构成如图11所示。

井下应力波信号发射有磁致伸缩激励、压电陶瓷激励、机械激励、爆炸激励、激光激励、温度激励等多种方式，其中压电陶瓷激励易于实现且激励效率高，所以CS-MWD系统采用压电陶瓷激励方式。井下发射换能器由专门设计的钻铤构成，两个半环激励振子对扣成环，包裹在钻台凹槽内，由保护筒密封防护。CS-MWD系统井下仪器总成如图12所示。

井下仪器串由下部电池筒、中部测斜传感器组件、上部应力波电子仓组成，通过导电环将电能传递到发射换能器，从而激发钻柱应力波，串接方式如图13所示。

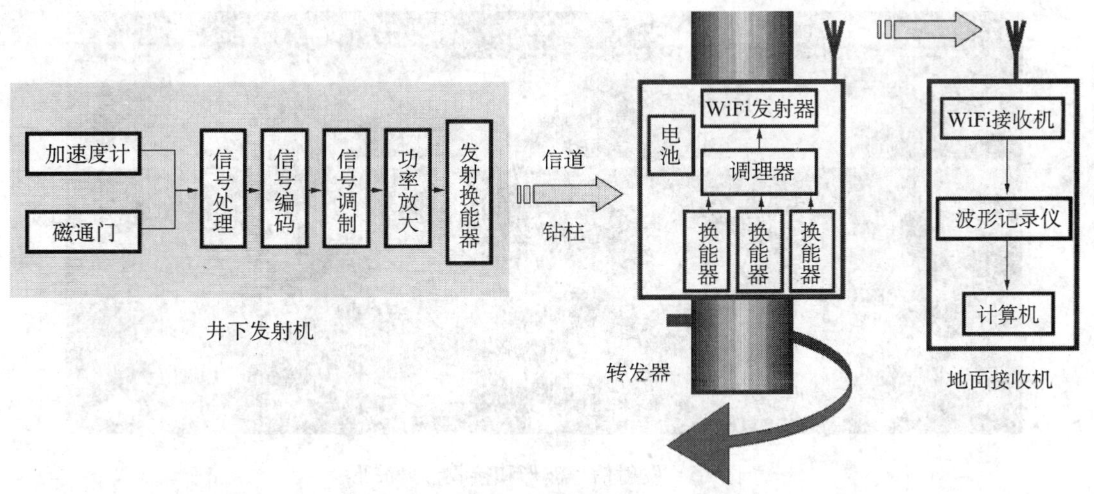

图 11 CS-MWD 通信系统示意图

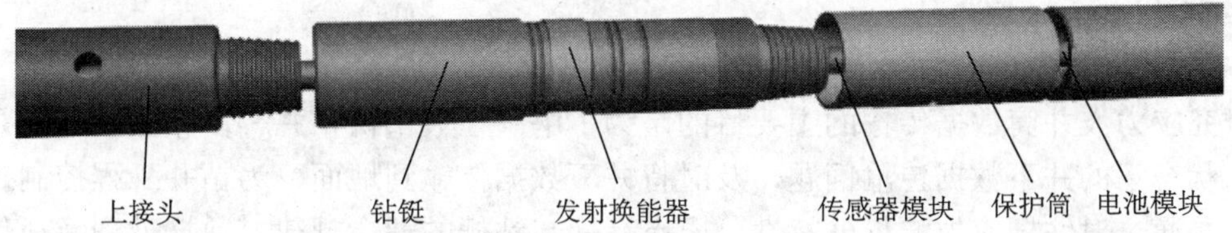

图 12 CS-MWD 系统井下仪器总成示意图

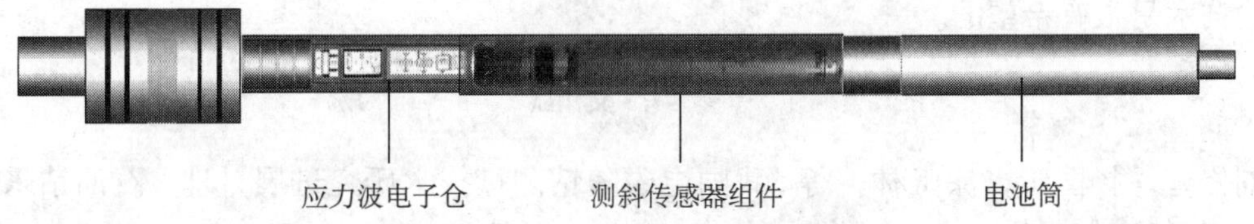

图 13 CS-MWD 系统井下仪器串联意图

地面接收软件主要完成信号滤波、信号识别和数据解码等任务，软件界面如图 14 和图 15 所示。

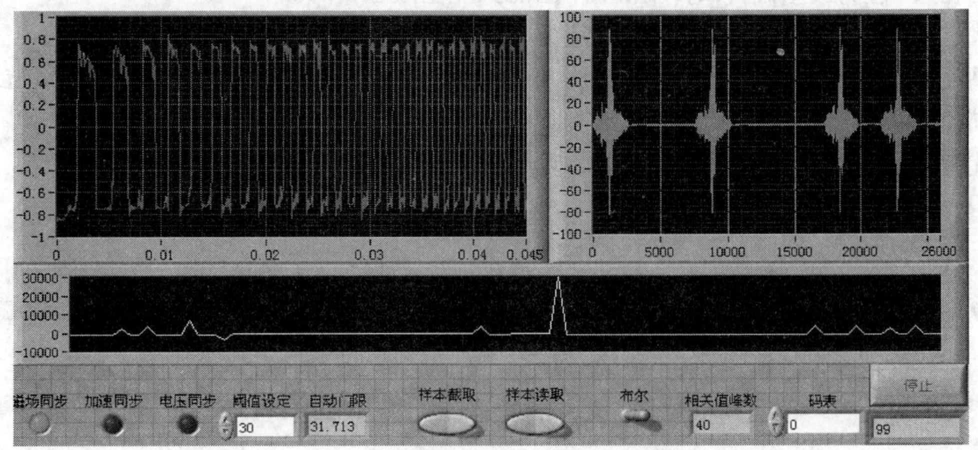

图 14 应力波压缩脉冲线性调频信号及相关波形

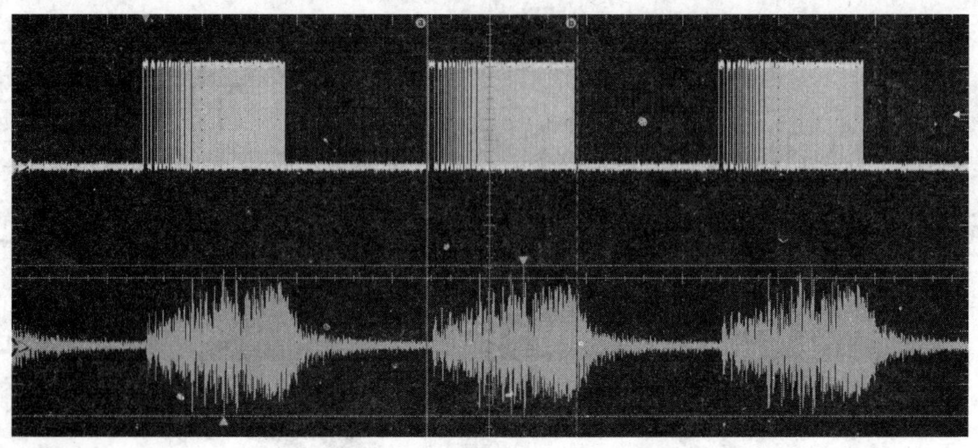

图 15　发射信号波形和接收信号波形

7　结论

研究应力波井筒数据传输的主要目的是为了解决在欠平衡钻井等多相流（特别是气体钻井）状态下的井下数据传输问题，及时将井下数据传输到地面，为钻井工程控制提供必要数据。通过对钻杆应力波传输特性、压电元件与钻杆的耦合规律、数据处理及通信等技术的研究分析，从理论分析、仿真实验及室内实验和现场试验等方面证明了应力波井筒数据传输技术是很有希望的。

参 考 文 献

刘修善，杨国春，涂玉林，等 . 我国电磁随钻测量技术研究进展［J］. 石油钻采工艺，2008，30（5）：2–5.

李志刚，管志川，王以法 . 随钻声波遥测及其关键问题分析［J］. 石油矿场机械，2008，37（9）：6–9.

王礼立 . 应力波基础［M］. 北京：国防工业出版社，2005：1–9.

代志平 . 超生波在钻柱中的传输特性研究［D］. 硕士学位论文，2007：25–38.

葛光涛 . 油井参数遥测系统接收分系统设计［D］. 哈尔滨工程大学硕士学位论文，2005：43–96.

沈宝利 . 油井参数遥测系统［D］. 硕士学位论文，2003：17–25.

流－固－热耦合分析欠平衡井井壁稳定及井径扩大

李士斌　吴　晗　朱云伟

（东北石油大学）

摘　要：运用有限元软件，依据数学理论模型建立井壁模型，对模型施加边界条件，模拟井壁应力。考虑到井内外温差及地层流体向井内流动，采用流－固－热三场耦合理论。本文分析了温度差、地层流体、井内液柱压力及地应力等对井壁应力的影响，并对井壁坍塌扩径问题进行研究。

关键词：欠平衡　井壁稳定　耦合　流固热　数值模拟

欠平衡钻井的井壁稳定性问题一直没有得到有效的解决，成为欠平衡钻井的主要障碍。而研究井壁稳定首先要研究井壁岩石的应力状态，用传统方法建立的模型计算复杂，选用有限元进行数值模拟计算简便且精度也比较高。欠平衡钻井中钻井液液柱压力低于地层孔隙压力，导致地层流体不断地进入井筒，改变井壁岩石所受的应力状态，孔隙压力的改变将影响岩石的骨架应力，地层温度的改变也将影响岩石骨架应力，岩石骨架应力的变化又反过来影响地层孔隙压力的变化。综合分析，井壁岩石应力状态的改变是应力－渗流－温度三场耦合作用的结果。为了更好地研究井壁岩石的应力状态，从温度影响、渗流影响、地应力等影响多方面考虑，以更全面地了解欠平衡钻井的井壁稳定问题。由于地层的复杂性，不可避免会发生井壁坍塌，本文针对欠平衡钻井做了井壁破坏的研究，分析了不同钻井液密度井壁破坏程度及井壁破坏随时间的变化。

1　有限元分析数学模型

针对欠平衡钻井中井底岩石所处的实际状态，本文在文献［1］理论模型的基础之上，做如下的假设。

（1）将岩体视为饱和多孔介质，仅考虑固液两相作用，不考虑相变。

（2）固体、流体的密度及黏度为常数。

（3）固体基质为小变形。

（4）渗流服从达西定律。

（5）假设材料比热容及热导率不随温度和压力而变化，热的传播方式以热传导和对流

作者简介：李士斌（1965年—　），男，2006年获大庆石油学院油气井工程专业博士学位，现为东北石油大学教授，主要从事油气井工程领域的研究工作。

为主。

①由于地层及井筒温度差产生的热应变。

固体由无应力状态的温度T_∞上升到T会发生热膨胀。在线性假设下，热应变表示为$\varepsilon_T=\beta_T(T-T_\infty)$，其中$\beta_T$为热膨胀张量。假设岩土各向同性，可用线热膨胀系数$\beta_T$表示为：

$$\varepsilon_T=\beta_T(T-T_\infty)I \tag{1}$$

式中，I是一维矢量，对于一维、二维、三维问题分别为1，$(1,1,0)^T$，$(1,1,1,0,0,0)^T$。

②由于地层流体向井内流动产生的应变。

孔隙中流体压力增强会引起应变。对于各向同性的固体介质，应变沿三个轴向相等而不会引起切应变。其体应变为$-(p-p_0)/K_m$，而单向应变为$-(p-p_0)/(3K_m)$，故有：

$$\varepsilon_p=-\frac{1}{3K_m}(p-p_0)I \tag{2}$$

③地应力场导致的应变：

$$\varepsilon_F=\frac{1}{2G}\sigma'-\frac{\gamma}{2G(1+\gamma)}(\sigma')I \tag{3}$$

最终得应力场本构方程为：

$$\sigma=2G\varepsilon+\lambda(\varepsilon)I-\alpha pI-3\beta_{Tb}K_b(T-T_\infty)I \tag{4}$$

结合渗流微分方程（5）和能量方程（6），

$$\alpha\frac{\partial\varepsilon_1}{\partial t}+\left(\frac{\alpha-\phi}{K_m}+c_1\phi\right)\frac{\partial p}{\partial t}+\left[3(1-\alpha)\beta_{Tb}-(1-\phi)\beta_{Tm}-\phi\beta_1\right]\frac{\partial T}{\partial t}=\nabla\cdot\left[\frac{K}{\mu_1(T)}(\nabla p+\rho_1 g\nabla z)\right] \tag{5}$$

$$\left[\rho_0 c_v\left(\frac{a-\phi}{K_m}-\phi_0 c_\varphi\right)T\right]\frac{\partial p}{\partial t}-\left[\rho_0 c_v\phi+\left(\phi\beta_\varphi+3(1-\phi)\beta_{Tm}-3\frac{K_b}{K_m}\beta_{Tm}\right)T\right]+\left[\rho_0 c_v\left(\frac{K_b}{K_m}T\right.\right.$$
$$\left.\left.+(1-\phi)3\beta_{Tm}K_m T_\infty\right)+\phi\rho_1 c_p T+(1-\phi\rho_s c_p T)\right]\frac{\partial\varepsilon_v}{\partial t}-\nabla\cdot\left[\rho_1 c_{1p}T\frac{k}{\mu}(\nabla p+\rho_1 g\nabla z)\right]+\nabla\cdot(k_l\nabla T)=q_{h1}$$
$$\tag{6}$$

最终得到适合欠平衡钻井的有限元离散方程：

$$\begin{bmatrix} K & L & T_U \\ L^T & S & T_P \\ 0 & T_L & T_S \end{bmatrix}\frac{d}{dt}\begin{bmatrix} u \\ p \\ T \end{bmatrix}+\begin{bmatrix} 0 & 0 & 0 \\ 0 & H & R \\ 0 & 0 & T_R \end{bmatrix}\begin{bmatrix} u \\ p \\ T \end{bmatrix}=\begin{bmatrix} \frac{\partial f}{\partial t} \\ f \\ T_G \end{bmatrix}$$

$$K=\int B^{T}D_{T}B\mathrm{d}V$$

$$L=\int\left(B^{T}mN-B^{T}D_{T}\frac{m}{3K_{S}}N\right)\mathrm{d}V$$

$$T_{U}=\int B^{T}D_{T}m\frac{\alpha_{S}}{3}N\mathrm{d}V$$

$$H=\int N^{T}\left[-\phi\alpha_{L}-(1-\phi)\alpha_{S}+\frac{1}{(3K_{S})^{2}}m^{T}D_{T}m\right]N\mathrm{d}V$$

$$T_{G}={}_{\Gamma}\int_{T}N^{T}q_{T}\mathrm{d}\Gamma$$

$$T_{P}=\int N^{T}\left[-\phi\alpha_{L}-(1-\phi)\alpha_{S}+\frac{1}{(3K_{S})^{2}}\frac{\beta}{3}m^{T}D_{T}m\right]N\mathrm{d}V$$

$$\mathrm{d}f=\int N^{T}\mathrm{d}b\mathrm{d}V+{}_{\Gamma}\int_{u}N^{T}\mathrm{d}t\mathrm{d}\Gamma$$

$$T_{L}=\int N^{T}\left[(1-\phi)\frac{(\rho_{S}C)_{S}}{K_{S}}+\phi\frac{(\rho_{L}C)_{L}}{K_{L}}\right]NTN\mathrm{d}V$$

$$T_{R}=\int(\nabla N)^{T}\lambda\nabla N\mathrm{d}V-\int(\nabla N)^{T}(\rho_{L}C)_{L}VN\mathrm{d}V$$

$$T_{S}=\int N^{T}\left[(1-\phi)(\rho_{S}C)_{S}+\phi\rho_{S}C-(1-\phi)(\rho_{S}C)_{S}NT-\phi(\rho_{L}C\alpha)_{L}NT\right]N\mathrm{d}V$$

$$f={}_{\Gamma}\int_{l}N^{T}q\mathrm{d}\Gamma+\int\frac{1}{3K_{S}}m^{T}D_{T}+\int(\nabla N)^{T}\frac{k}{\mu}\nabla\rho_{L}g\mathrm{d}V$$

式中，下标 s 和 l 分别对应于固体和流体的量；ϕ 为多孔材料的孔隙度；ρ 为密度；k 为渗透率张量；μ_1 为流体的黏度；$\nabla z=(0,0,1)$；ρ_0 和 ϕ_0 分别为参考压力 p_0 和参考温度 T_0 状态下的流体密度和孔隙度；c_1 和 c_ϕ 分别为流体的压缩系数和固体的孔隙压缩系数；和 β_ϕ 分别为流体的热膨胀系数和固体的孔隙热膨胀系数；K_m、K_b 分别表示固体基质和整体的体积模量；β_{Tm}、β_{Tb} 分别表示固体基质和整体的线热膨胀系数；G、λ 均为拉梅常数；α 为 Biot 因数；K_S 为岩石骨架体积模量；$(\rho_L c_p)_1$ 为地层流体的比热容；$(\rho_S c_p)_S$ 为岩石骨架的比热容；k_1 为地层流体的热传导率；k_s 为岩石骨架的热传导率。

2 三场耦合分析井壁应力

根据上面有限元公式建立分析模型，因为在很小的一段竖直井段上，垂向应力变化非常小，所以简化为平面模型。采用平面四节点四边形单元 Plane42，为平面应变问题。

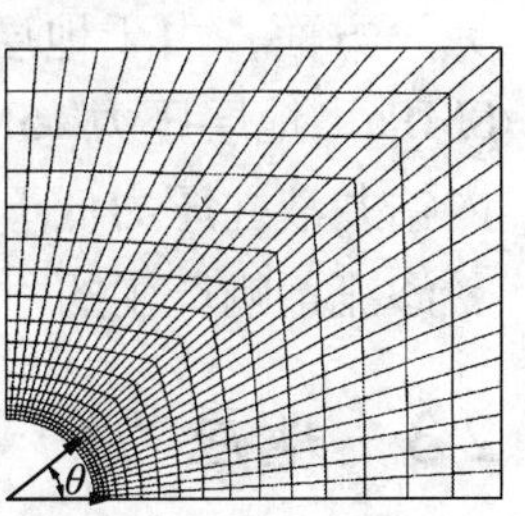

图 1 模型网格划分

由于井眼及所受的应力状态为对称的，所以建立 1//4 井眼模型，并对所要研究的井壁附近做了网格的细化（图 1）。模型用的参数：最大水平地应力24MPa，最小水平地应力18MPa，地层孔隙压力15MPa，弹性模量9.7GPa，泊松比0.25。模型中其他参数：

$k=2\times10^{-14}\mathrm{m}^2$，$\mu=0.035\mathrm{Pa\cdot s}$，$k_f=26\mathrm{W/(m\cdot℃)}$，$k_s=46\mathrm{W/(m\cdot℃)}$，$\rho_f=850\mathrm{kg/m^3}$，$c=1.5\mathrm{MPa}$，$\phi=35°$，$\rho_s=2785\mathrm{kg/m^3}$，$(\rho_1 c_p)_1=1350\mathrm{J/(kg\cdot℃)}$，$(\rho_S c_p)_S=1000\mathrm{J/(kg\cdot℃)}$，$K_f=5\times10^9\mathrm{Pa}$，$K_b=2\times10^9\mathrm{Pa}$，$K_m=2\times10^9\mathrm{Pa}$。井眼直径0.3111m。因为井眼10倍井距外的地应力不受所钻井眼的影响，因此取模型为长1.5m、宽1.5m。

2.1 温度场对应力分布的影响

由于钻井液与地层温度差异，产生了温度应力。图2模拟了当井内液柱压力为8MPa，地层温度为180℃，钻井液温度分别取30℃、80℃、160℃时，温度场对井壁（r=0.31110m处，即钻井液与地层接触处）应力场的影响。图3为钻井液温度为180℃、地层温度为80℃时井壁受到的应力。

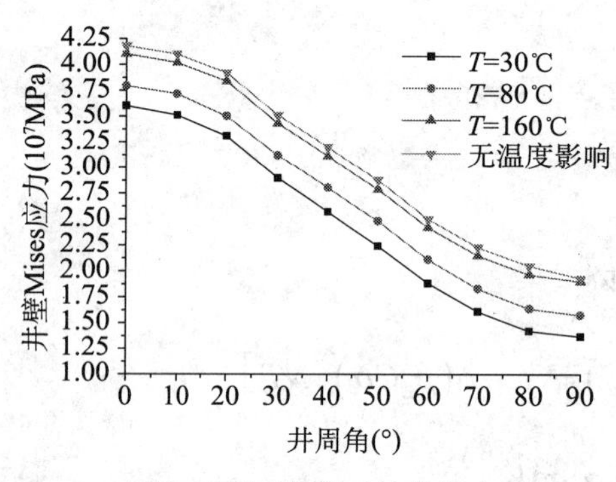

图2 不同温度下的井壁应力

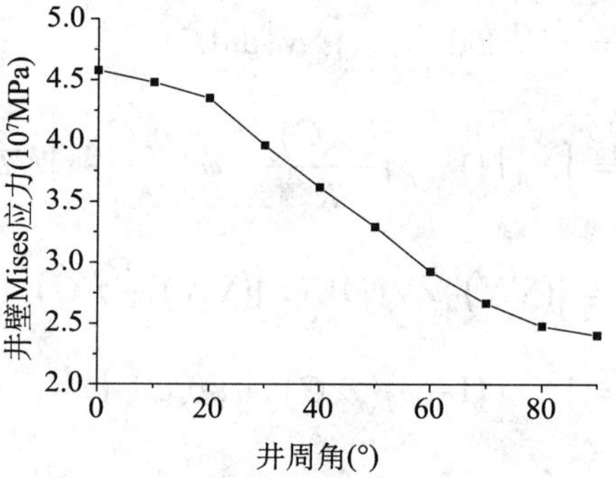

图3 井内温度大于地层时的井壁应力

由图2可以看出钻井液温度低于地层温度时，会影响井壁应力变小，也就是会使井壁更趋于稳定。因此实际钻井中为了使井壁更稳定，应控制钻井液的温度，使其低于地层温度值。将图3与图2中无温度影响时的曲线作比较，当钻井液温度高于地层温度时，会使井壁应力变大，更易于破坏。同时由图2也可以看出，钻井液与地层温差越大，对井壁的受力影响越大。

2.2 渗流的影响

欠平衡钻井一方面由于井内液柱压力小，不能在井壁上形成泥饼，对井壁稳定不利；另一方面，由于地层流体向井内渗流，也产生了附加的应力。图4模拟了钻井液柱压力为8MPa，地层压力15MPa，渗透率为0.2D时在井壁产生的附加渗流应力。由图可以看出当井内钻井液柱压力低于地层压力时，会使井壁受力增大，更易坍塌。图中为随着时间增加井壁受渗流影响产生的附加径向应力，开始的一段时间附加应力增加比较快，最后趋于平缓。

2.3 地应力的影响

施加y方向（井周角为90°）地应力为18MPa，x方向（井周角为0°）的地应力分别为30MPa、19MPa，得到图5中的1、2两条线；y方向地应力29MPa，x方向地应力30MPa，得到线3。可见地层应力不均匀对井壁稳定的影响很大。当第一、第三主应力相差较大时，井壁上垂直于最大主应力方向应力比平行于最大主应力方向的应力大很多，当应力差变小时，井壁应力趋于均匀。同时看出垂直于最大主应力方向应力大，达到坍塌压力，此区域将坍塌。

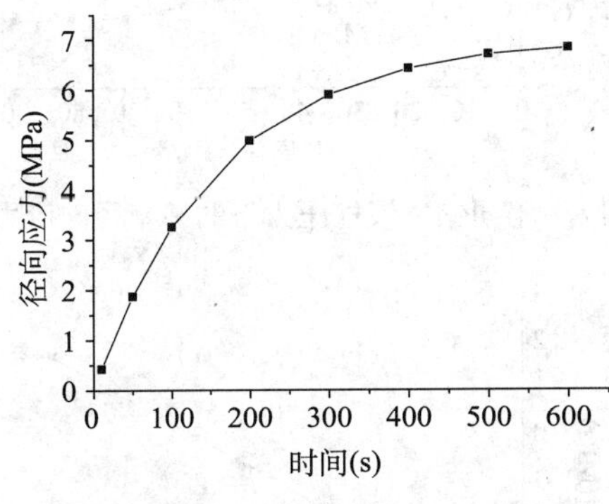

图4　渗流产生的井壁应力随时间变化

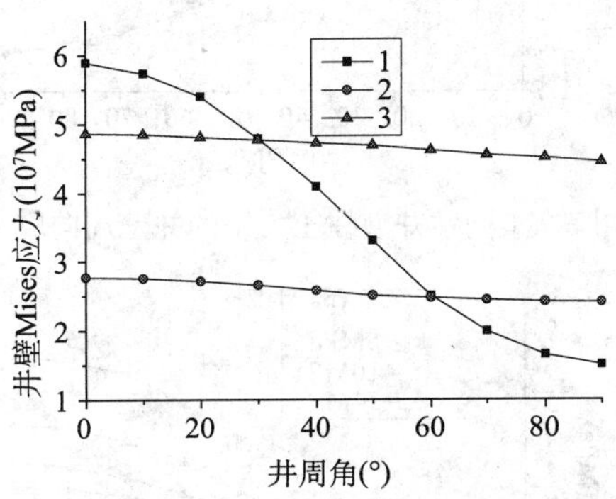

图5　不同地应力情况下的井壁应力

2.4　钻井液密度影响

由图6可以看出随着钻井液液柱压力降低，井壁应力变大，井壁破坏范围变大。并且由于垂直于最大主应力方向应力大，破坏区较大，因此最终形成椭圆形井眼。

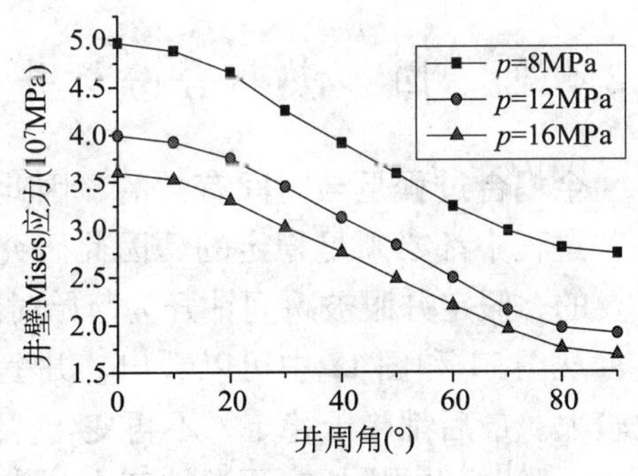

图6　不同钻井液液柱压力下井壁应力

3　井壁破坏研究

经过有限元模拟计算后，可以在有限元应力图中找出井壁附近点的各种应力值，取第一、第三主应力代入井眼破坏判断准则——Mohr-Coulomb准则判断是否破坏，这样就可以得出井壁坍塌情况，进而研究井径扩大的严重程度。

3.1　传统模型分析的井壁破坏

根据Mohr-Coulomb准则，令$f=c\cos\varphi+\dfrac{\sigma_1+\sigma_3}{2}\sin\varphi-\dfrac{\sigma_1-\sigma_3}{2}$，则当$f<0$时，岩石破坏，值越小破坏越严重，反之，当$f>0$时，岩石不破坏，值越大井壁越稳定。

从图7中可以看出井壁周向应力在$\theta=0°$方向上最大，$\theta=90°$方向上最小并且随着钻井液液柱压力的降低，井壁周向应力不断增大。图8为井壁径向应力，径向应力随井周角变化不大。从图9中可以看出，井壁周向应力最大处f值最小，最易破坏，图10显示随着液柱压力的降低井壁上$\theta=0°$处的f值越来越小说明井壁坍塌区越来越大。

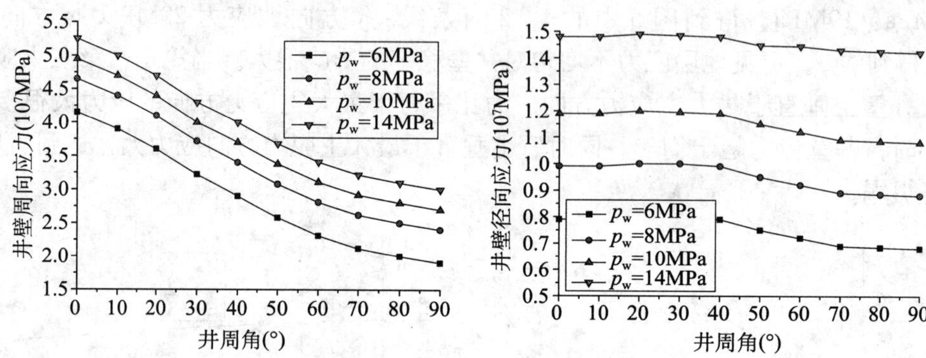

图7　不同钻井液柱压力下的井壁周向应力　图8　不同钻井液柱压力下的井壁径向应力

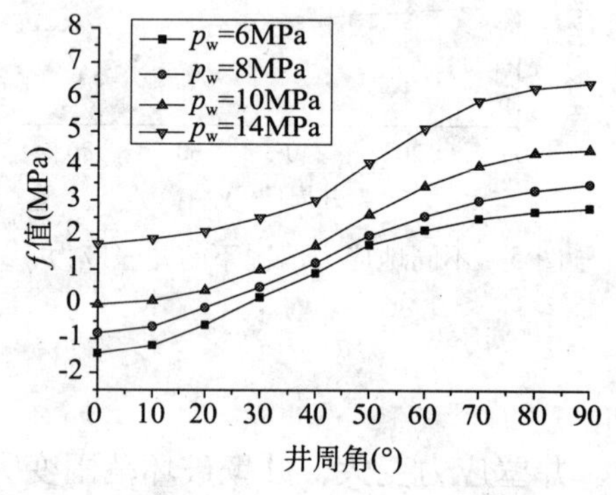

图9　不同钻井液柱下的f值随井周角变化

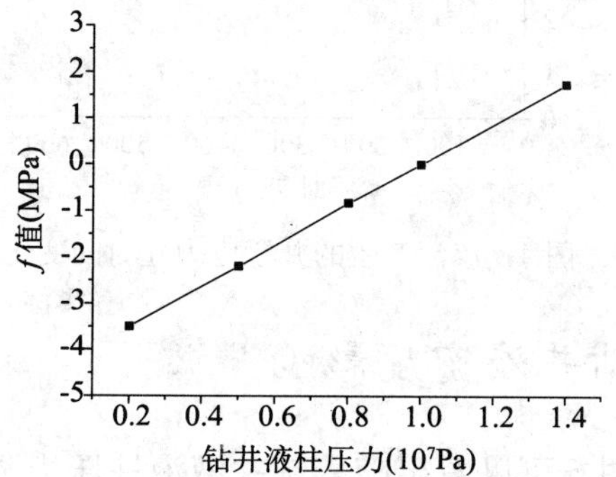

图10　不同钻井液柱下的f值

3.2　流－固－热耦合分析井壁破坏

全耦合过程是与时间有关的，因此井壁岩石应力随时间变化。井眼的稳定要求在整个钻井过程中都必须是稳定的，因此研究井眼被钻开至一段时间内井壁处的应力应变状态是必要的，假定井眼被瞬间钻开为起始时间。

从图11和图12中可以看出，井壁周向应力随时间的变化较小，径向应力随时间的变化较大。最后都趋于稳定，不再变化。从图13可以看出井壁上 $\theta=0°$ 处的f值在初始时刻最小，随时间的增加在逐渐地变大，由此可以看出，井眼在钻开的瞬间最不稳定。从图14

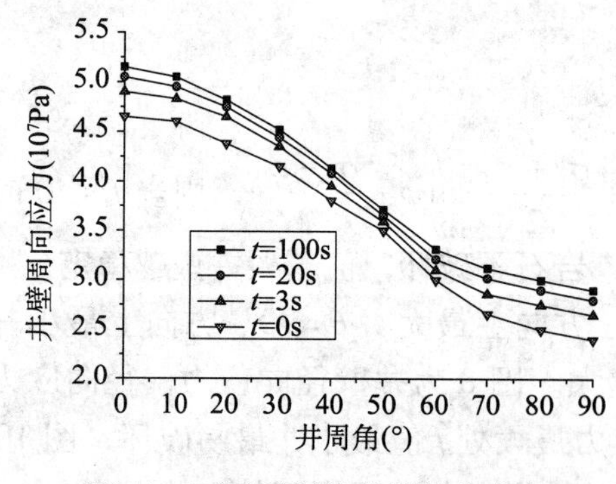

图11　不同时刻的井壁周向应力

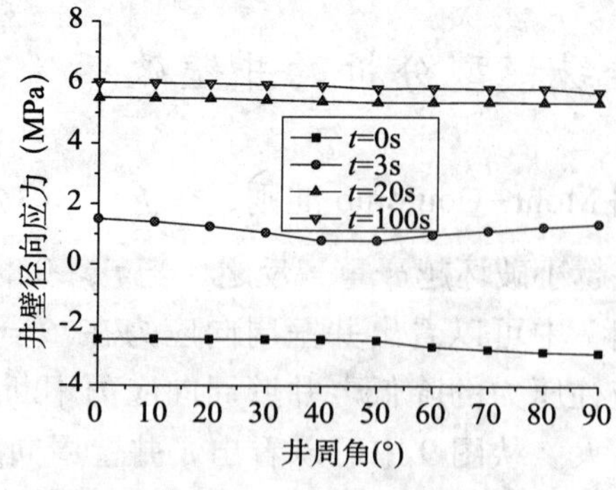

图12　不同时刻的井壁径向应力

可以看出考虑流－固－热耦合条件的井壁f值更小，也就是用耦合的方法反映的井壁不稳定范围更大。

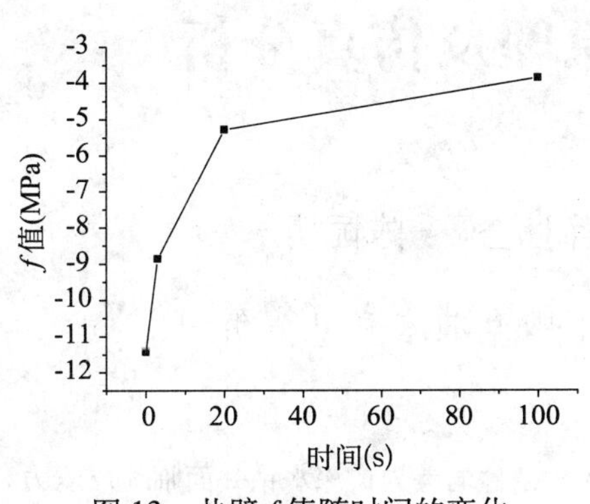

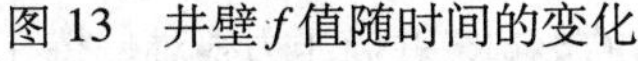

图13　井壁f值随时间的变化

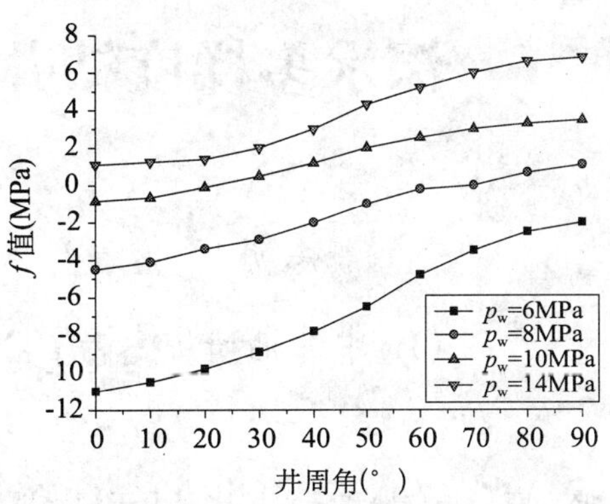

图14　不同钻井液柱压力下的f值

4　结论

（1）地层温差越大，对井壁应力影响越明显。钻井液温度低于地层温度时，对井壁产生的附加温度应力为负，会使井壁受力变小。钻井液温度高于地层温度时，产生的温度附加应力为正，使井壁应力变大。由此得出钻井施工时应冷却钻井液，这样能够增强井壁稳定性。

（2）由于地层流体向井内渗流，井壁产生了附加的渗流应力，随时间增加渗流应力变大，最后趋于稳定。地应力的不均匀也会减弱井壁稳定性，水平地应力差越大的地层井壁越易不稳定。

（3）井壁坍塌与时间有关，刚开始钻进时井壁最不稳定，随时间的变化井壁逐渐趋于稳定。通过流－固－热三场全耦合分析，得出利用传统的井壁稳定性分析得到的井壁坍塌范围过小，在允许的坍塌范围内使用的钻井液液柱压力不能为欠平衡钻井中井壁提供足够的支撑，致使井壁坍塌掉块，造成井径扩大。

参考文献

孔祥言，李道伦，徐献芝，等．热－流－固耦合渗流的数学模型研究［J］．水动力学研究与进展，2005，20（2）：269－274．

蔡美峰．岩石力学与工程［M］．北京：科学出版社，2006：51－109．

吉小明．饱和多孔岩体中温度场渗流场应力场耦合分析［J］．广东工业大学学报，2006，23（3）：46－53．

深水多梯度钻井原理及仿真分析

殷志明[1]　盛磊祥[1]　蒋世全[1]　陈国明[2]

(1. 中海油研究总院；2. 中国石油大学（华东))

摘　要：与陆地和浅水相比，由于深水地质沉积条件的差异，深水钻井面临地层压力和破裂压力窗口窄的问题，加之较长的井身结构对井底ECD的影响，井筒压力很难保持在允许的压力窗口之间，采用多梯度钻井技术能够很好地解决这个问题。本文介绍了多梯度钻井技术的原理以及采用低密度空心球随钻分离注入的实现方法。开发了多梯度钻井的仿真程序，分析海底下入空心球注入对压力变化影响效果。结果表明，采用空心球随钻分离注入技术能够实现对井筒压力的优化分配，简化井身结构。随着深水油气田的开发，深水多梯度钻井具有良好的应用前景。

关键词：深水钻井　窄压力窗口　多梯度钻井　空心玻璃球

随着陆上和浅海油气资源的持续开发，勘探开发转向海洋尤其转向深海已成必然趋势。但与陆地和浅海钻井相比，深水海域特殊的自然环境和复杂的油气储藏条件产生了常规钻井装备和工艺难以克服的技术难题：锚泊钻机本身必须承受笨重的锚泊系统的重量，给钻机固定增加了难度；隔水管除了承受自身重量外，还需要承受诸如海流及恶劣的海洋环境载荷；在海底泥线处的高压和低温环境对钻井液性能影响而产生特殊的难题；海底的不稳定性、浅层水流动、天然气水合物控制对钻井的可能风险；对于传统工艺，尤其难以控制井筒钻井液当量密度在允许的作业压力窗口之间。针对井筒压力控制难度较大的问题，国外20世纪90年代提出和发展的双梯度钻井技术。目前已实施五个联合工业项目，并取得了阶段性成果，提出了多套技术方案，包括海底泵举升钻井液、隔水管气举、隔水管稀释，以及注空心玻璃球（hollow glass spheres，简称空心球）等，以实现井筒压力的优化控制。本文基于双梯度钻井技术，提出了多梯度钻井技术，该技术比双梯度钻井能更好地匹配地层压力，使井底压力在较长的距离内介于地层压力和破裂压力之间，因此能够简化深水复杂井身结构，有效控制井筒环空压力，实现安全钻进，同时提高钻进效率。

基金项目：国家科技重大专项课题“深水油气田开发钻完井工程配套技术”（课题编号2008ZX05026-001）；国家高技术研究发展计划（863 计划）“深水表层钻井关键技术及装备研究”（课题编号2007AA09A103）。

作者简介：殷志明（1980—　），男，汉族，博士，主要从事深水钻完井技术研究。

1 多梯度钻井模型

1.1 多梯度钻井方法

多梯度钻井（multi−gradient drilling，MGD），又称变梯度钻井，是将轻质介质在海底以下环空中某一深度或多个深度位置注入，降低环空钻井液密度，在环空产生多个压力梯度。图1为常规单梯度钻井、双梯度钻井和多梯度钻井示意图。采用常规的钻井方法，井筒压力曲线是从平台延伸的直线；采用双梯度钻井，井筒压力曲线是从海底延伸的直线；采用多梯度钻井，井筒压力是以注入点为节点的多条曲线。多梯度钻井能比双梯度钻井更好地匹配海底地层的压力间隙，使井底压力在较长的距离内介于地层压力和破裂压力之间，维持钻进，减少下套管的层数。

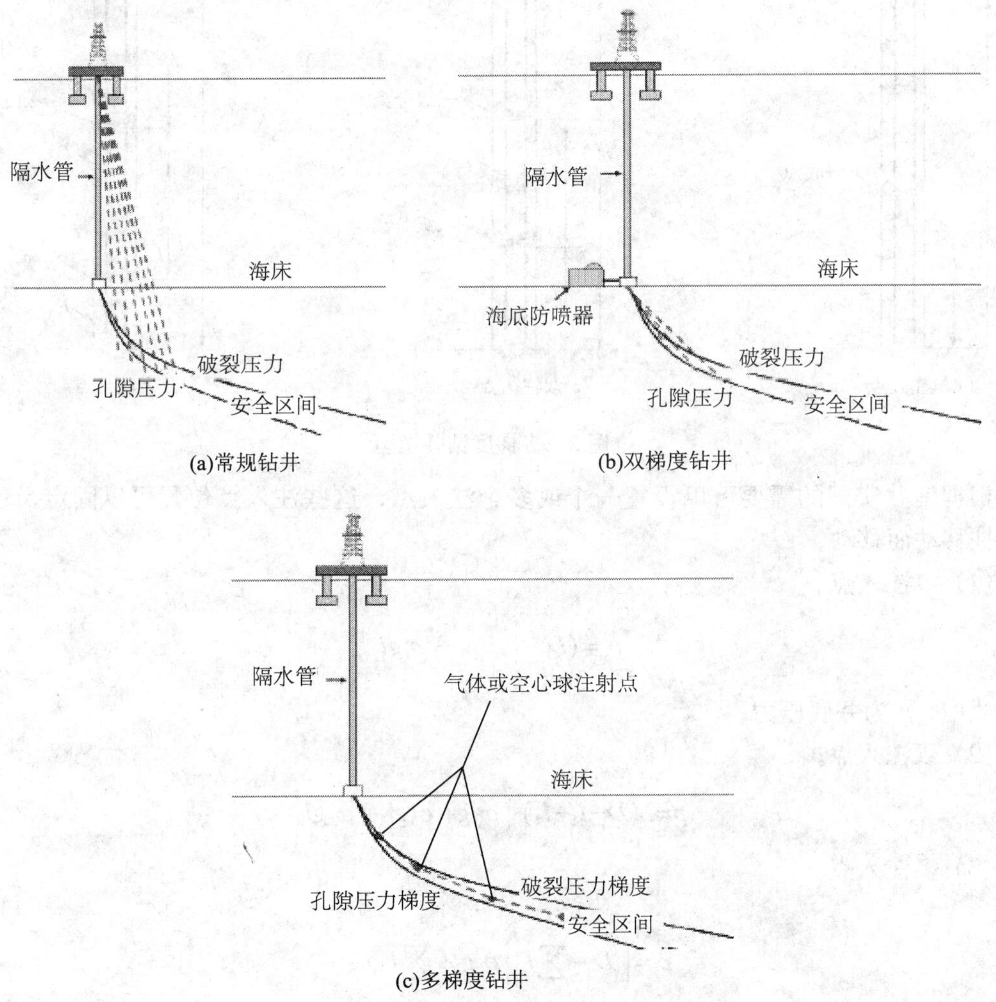

图1 常规钻井、双梯度钻井、多梯度钻井比较

1.2 多梯度井筒压力模型

图2为多梯度井筒压力计算模型示意图，H表示水深，$h(t)$表示海底到井底的距离，则钻井的总深度D为：

$$D = H+h(t) \tag{1}$$

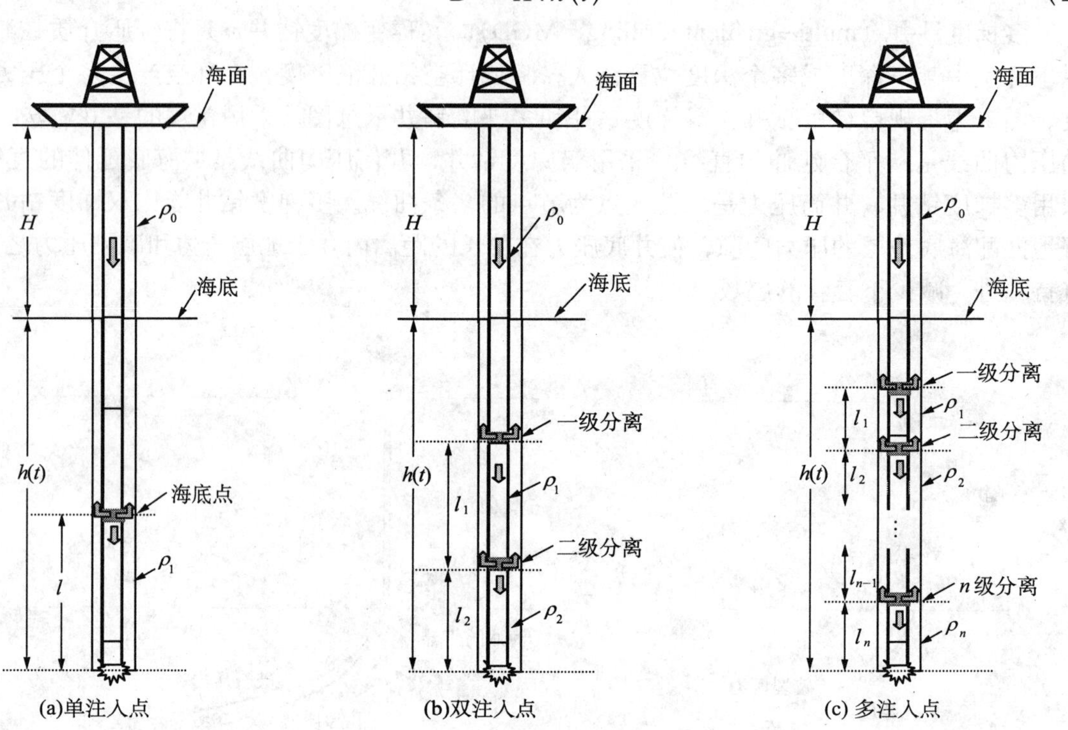

图2 多梯度钻井模型

根据钻井实际的需要可以设置一个或多个注入点，这些注入点位置可以固定，也可以随钻柱移动而移动。

(1) 单注入点。

$$p=(D-l)\rho_0 g+\rho_1 g l \tag{2}$$

式中，p为井底压力。

(2) 双注入点。

$$p=(D-l_1-l_2)\rho_0 g+\rho_1 g l_1+\rho_2 g l_2 \tag{3}$$

(3) 多注入点。

$$p=\left(D-\sum_{i=1}^{n} l_i\right)\rho_0 g+\sum_{i=1}^{n} l_i \rho_i g \tag{4}$$

1.3 多梯度钻井实现方法

将空心球等轻质介质注入到海底下井筒环空，实现多梯度钻井，其实现方法如图3所示。通过对上述方法的分析，采用随钻分离是最为经济和适宜的。空心球先经钻杆泵送到海底，然后经随钻分离注入短节从钻井液中分离出来，注入井筒环空，分离后不含空心球的钻井液通过钻头后进入井筒环空。采用该方法，空心球的注入点位置随钻进不断变化，井筒环空将产生一条变化的压力梯度曲线，MGD系统的优点主要表现为：(1) 因为没有钻井液的稀释，可以达到较高的空心球浓度，50%~60%；(2) 钻井液返回海面后不必分离空心球，可重新循环；(3) 如果不考虑环空内岩屑的质量，隔水管内钻井液密度和钻杆内钻井液密度相等，不会产生U形管效应；(4) 设备所占空间少，系统操作和控制相对简单。

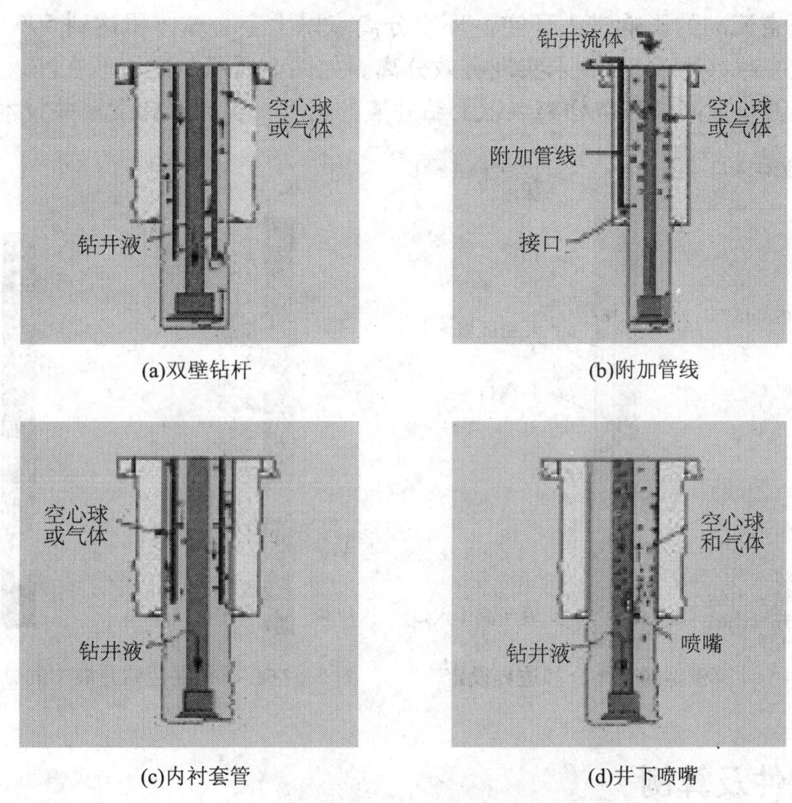

(a)双壁钻杆　(b)附加管线

(c)内衬套管　(d)井下喷嘴

图3　多梯度钻井的几种实现方法

2 海底下空心球注入仿真分析

井下多相流分离的顺利实施是多梯度钻井技术实现的关键。采用FLUENT混合物模型建立空心球注入模型，网格划分及边界条件如图4所示。假设混合了空心球的钻井液是不可压缩流体，由于正常钻进时钻井液的流量基本恒定，可假定钻井液的流动是正常流动。混合流体的运动控制方程如下。

（1）连续性方程：

$$\frac{\partial u}{\partial x}+\frac{\partial v}{\partial y}=0 \tag{5}$$

（2）运动方程：

$$\begin{aligned}\frac{\partial uu}{\partial x}+\frac{\partial uv}{\partial y}&=-\frac{1}{\rho}\frac{\partial p}{\partial x}+v\left(\frac{\partial^2 u}{\partial x^2}+\frac{\partial^2 u}{\partial y^2}\right)\\ \frac{\partial vu}{\partial x}+\frac{\partial vv}{\partial y}&=-\frac{1}{\rho}\frac{\partial p}{\partial y}+v\left(\frac{\partial^2 v}{\partial x^2}+\frac{\partial^2 v}{\partial y^2}\right)\end{aligned} \tag{6}$$

考虑两相间的滑移，同时对混合流体的控制方程和相间滑移速度方程进行迭代计算。泵入的空心球与钻井液混流体中空心球的含量为40%，经过分离后，大部分空心球由于密度的差异和环空流动的影响进入环空，环空分离点以上空心球体积达到50%，分离点以下仅有少量的空心球（小于2%）未实现有效分离。如图5所示，空心球在注入点以上环空内分布均匀，能够有效降低环空分离点以上钻井液的密度，实现双梯度钻井技术。

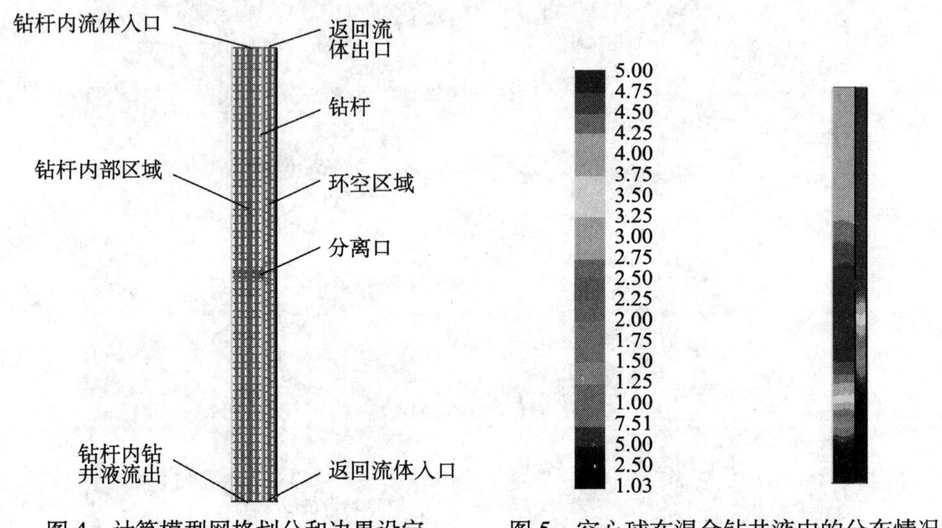

图4　计算模型网格划分和边界设定　　图5　空心球在混合钻井液中的分布情况

3　仿真软件及算例

采用MATLAB软件编写了多梯度钻井仿真模拟程序，软件可用于模拟钻井不同深度点注入、不同数量注入点环空压力变化情况，具有进行井身结构设计、摩阻扭矩计算、水力学分析等功能。

算例：某深水井水深为2280m，设计井身为6080m，转盘面海拔高度为25m。地层孔隙压力和破裂压力当量密度曲线如图6所示，取抽汲压力当量密度值为S_b=0.05g/cm³，井涌条件允许值S_k=0.07g/cm³，地层破裂压力安全增值S_f=0.03g/cm³，压差允Δp_a=21.4MPa，Δp_n=15.7MPa，根据系统设计和优化结果（图6）和海上钻井井口装置和完井要求，确定选用标准类型的井身结构。

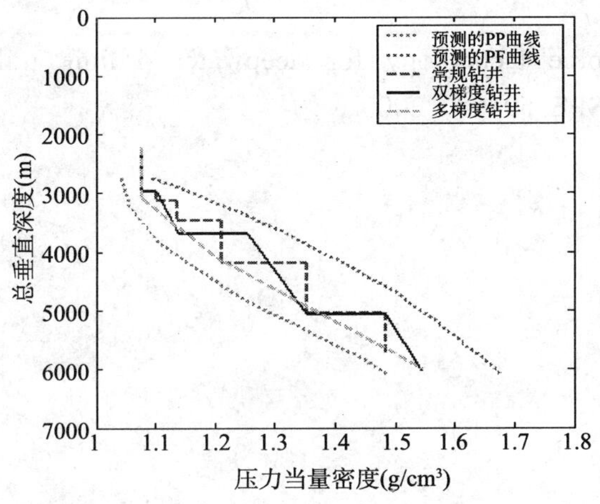

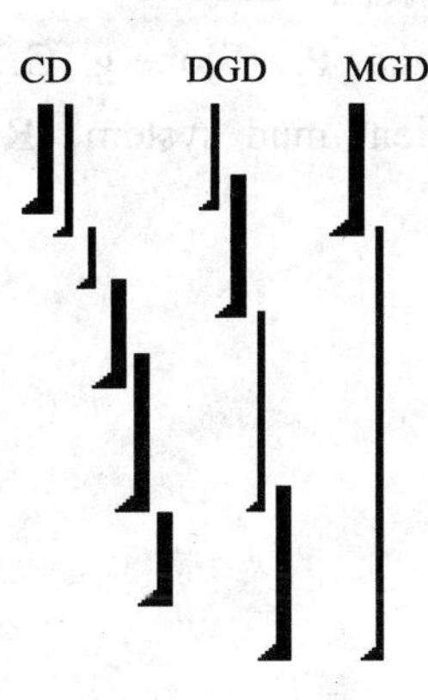

图6 常规钻井和双梯度钻井套管下入深度的对比

4 结论

与常规钻井和双梯度钻井相比，采用空心玻璃球随钻分离及注入方式实现多梯度钻井能更好地匹配地层孔隙压力和破裂压力窗口，有效控制井筒环空压力在地层压力窗口中变化，使井底压力在较长的距离内介于地层压力和破裂压力之间，实现“移动的海底”概念，能够简化深水井复杂井身结构，有效地减少深水钻井存在的问题，实现安全钻进。

参考文献

Charlez PA.，Simondin A.A collection of innovative answers to solve the main problematics encountered when drilling deep water prospects [R] .OTC15234，2003.

Dean Gaddy E. Industry group studies dual-gradient drilling [J] . Oil & Gas Journal，1999，97（33）：32.

Bourgoyne AT. Overview of dual-density drilling [A] //DOE/MMS Deepwater Dual-Density Drilling Workshop [C] . Houston，Texas，2002.

Maurer William C.，McDonald William J.，Williams Thomas E.，Cohen John H. Development and testing of underbalanced drilling products [R] . Maurer Technology Inc.，2001.

毛雷尔 WC.，小梅德利 GH.，麦克唐纳 WJ. 多梯度钻井方法和系统 [P] . 中国专利：CN1446286，2003-10-1.

Maurer William C.，Medley George H.，McDonald William J. Multi-gradient drilling method and system [P] .US 006530437，2003-3-11.

王福军．计算流体动力学分析——CFD 软件原理与应用 [M] ．北京：清华大学出版社，2002.

韩占忠，王敬，兰小平．FLUENT 流体工程仿真计算实例与应用 [M] ．北京：北京理工大学出版社．2000.

Fontana P.，Sjoberg G.，Reeled pipe technology for deepwater drilling utilizing a dual gradient mud system［R］．IADC/SPE 59160，2000.

深水固井水泥浆实验模拟技术

屈建省　王友华　高永会　席方柱

（中国石油海洋工程有限公司）

摘　要：深水固井的实验中温度与压力的模拟方法与陆地有所不同。本文介绍了深水固井的实验方法、深水固井温度预测的研究进展、稠化实验装置及静胶凝试验装置。形成了深水固井实验模拟方法，可用于深水固井水泥浆研究。

关键词：深水　固井　低温　实验方法

深水固井有以下几种挑战：低温、低破裂压力，破裂压力与孔隙压力密度窗口窄，浅层水流或气流。深水固井水泥浆应当满足以下几个要求：(1) 低密度；(2) 强度发展快；(3) 过渡时间短；(4) 固井后水泥环完整性好。

水泥浆试验需要确定井底静止温度（BHST）和井底循环温度（BHCT），海水的温度随着水深的增加有一温度降低的过程，因此BHCT和BHST的计算和确定与陆上不同，应采取一种新的实验模拟方法进行深水固井水泥浆性能测试。在深水低温条件下，温度的变化对水泥浆的稠化时间、强度发展及流变性能影响很大，在进行水泥浆实验时需要对温度进行准确的模拟。

1　温度对水泥浆性能的影响

深水固井水泥实验包括稠化时间、抗压强度、流变性等。由于海水相反的温度梯度导致测试方法的特殊，以下几点是深水表层固井应当考虑的。

1.1　温度对稠化时间的影响

稠化时间表征水泥浆的可泵时间，应当满足现场注水泥的需要，使得水泥浆能够顶替至预定层位。温度对稠化时间有着重要的影响，同一配方的水泥浆在不同的温度下稠化时间相差非常大，会影响对深水固井的安全施工及后续工作（图1）。

因此室内实验应当尽可能模拟水泥浆在井下顶替期间所经过的时间、所承受的压力和

作者简介：屈建省（1959—　），男，1989年毕业于石油大学（北京）研究生部油气田开发工程专业，获硕士学位，教授级高级工程师，主要从事固井工程方面的研究工作。

联系方式：(010) 67886095，qujscpoe@ cnpc.com.cn

温度条件，以保证水泥浆的安全施工。实验的温度控制程序是建立在计算或实测基础上的。

1.2 温度对抗压强度的影响

温度对抗压强度的影响也很大，不同的实验温度下，抗压强度的发展有很大的差别（图2）。BHST是决定抗压强度发展的主要因素。

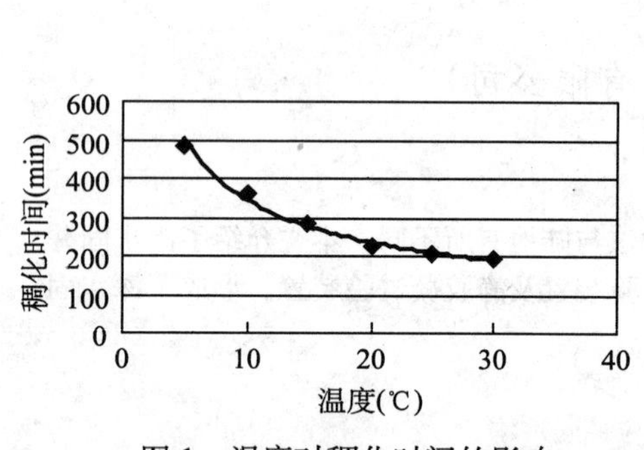

图1 温度对稠化时间的影响

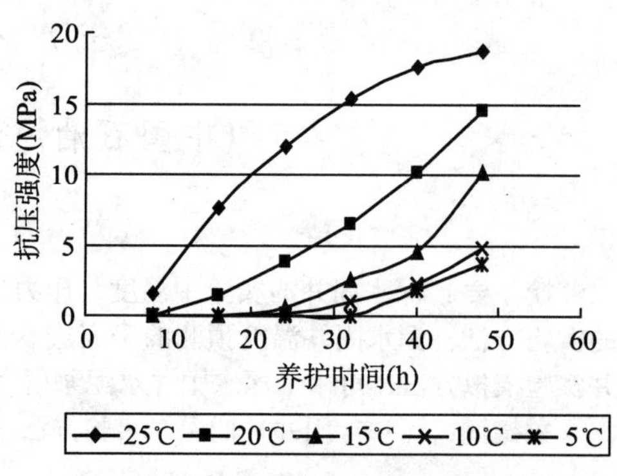

图2 温度对水泥抗压强度发展的影响

因此在进行水泥浆强度实验时，养护过程应当尽可能反映顶替后的实际温度和压力情况，可采用非破坏性声波实验、破坏性实验等方法。

1.3 温度对流变性能的影响

温度对水泥浆的流变性影响如表1所示。可以看出，在温度由20℃降至5℃时，水泥浆的黏度及稠度系数上升明显，影响到水泥浆的顶替过程，应当根据现场温度合理设计水泥浆配方，改善流变性能。

表1 温度对水泥浆流变性能的影响

温度（℃）	转速 ϕ (r/min)					P_v (Pa·s)	T_y (Pa)
	300	200	100	6	3		
40	119	76	43	2.5	2	0.114	0.947
20	134	95	51	4.5	3	0.133	1.67
10	151	107	53	12	7	0.145	3.58
5	162	113	55	17	10	151.9	4.97

根据以上分析，可以看出深水固井实验模拟过程影响水泥浆的研究和设计，需要对其进行研究，确定水泥浆模拟实验方法，其核心为实验温度的模拟。

2 深水实验温度的计算模型

API在油田统计数据的基础上，提供了BHCT、井深和温度梯度之间的数值关系和计算方法，虽能成功应用于大多数区域，却不适用于深水领域。深水实验温度受到海水温度分布、水泥浆顶替速度、水泥浆入口温度、地质温度、套管/钻杆参数、井眼参数、流体性能参数等影响，下面介绍其计算模型。

2.1 海水温度分布

随着水深的增加，海底温度逐渐降低。深水温度场如图3所示。

在深水环境下，水温并不随水深增加呈线性变化。一般的，水温随深度的分布从海平面至泥线分为三个层：混合层、热敏层、恒温层。但是海水温度可以通过仪器测量获得数据，再通过数学归纳出模拟方程式。

$$T_s = a_1 + a_2/[1+\exp(d_s + a_0)/a_3] \tag{1}$$

式中，a_0=130.1，a_1=39.4，a_2=37.1，a_3=402.7；T_s 为海水温度，℃；d_s 为海水深度，m。

对于不同的海域，更准确的温度可以根据现场测试数据进行数学归纳得出方程式。

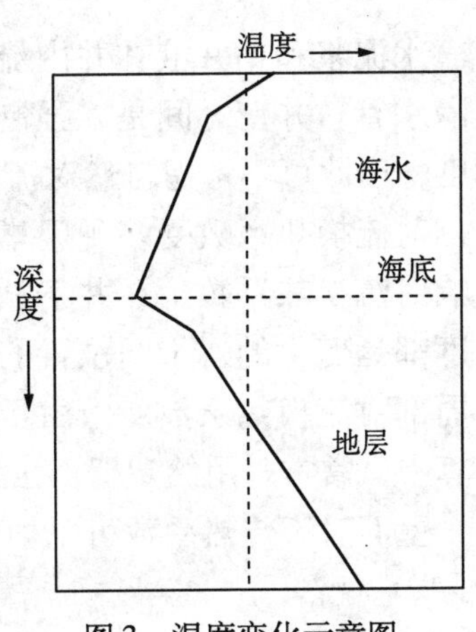

图3　温度变化示意图

2.2 井底循环温度

在井下可以根据传热原理对井底循环温度进行计算，下面介绍井筒的温度模型。当流体在井筒中流动时，传热模型如图4所示。

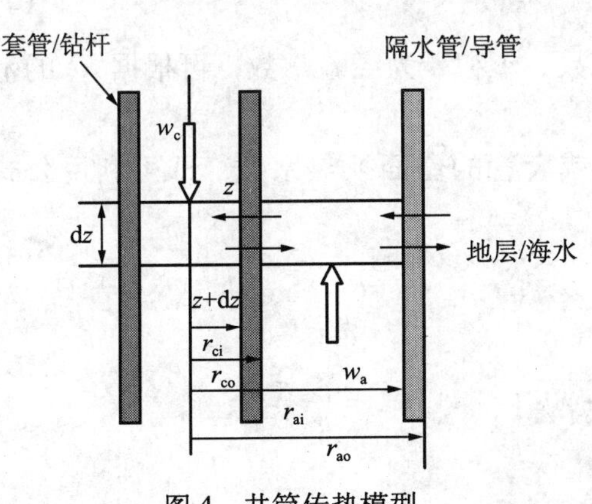

图4　井筒传热模型

根据热力学理论，建立起温度的数值模型。

对于套管或钻杆，有以下方程：

$$Q_c - \rho_c w_c C_{pc}\frac{\partial T_c}{\partial z} - 2\pi r_{ci} K_{ci}(T_c - T_a) = \rho_c C_{pc} \pi r_{ci}^2 \frac{\partial T_c}{\partial t} \tag{2}$$

式中，Q_c 是环境对流体所做的功，J/（m·s）；ρ_c 是流体的密度，kg/m³；w_c 是流体流量，m³/s；C_{pc} 是流体比热容，J/（kg·℃）；r_{ai} 为套管或钻杆内径，m；T_c 为套管或钻杆内水泥浆温度，℃；K_{ci} 为钻柱到环空的总传热系数，W/（m²·℃）。

对于环空：

$$\rho_a w_a C_{pa}\frac{\partial T_a}{\partial z} + 2\pi r_{ao} K_s(T_s - T_a) + 2\pi r_{ci} K_{ci}(T_c - T_a) + Q_a = \rho_a C_{pa}\pi(r_{ai}^2 - r_{co}^2)\frac{\partial T_a}{\partial t} \tag{3}$$

式中，Q_a 是环境对流体所做的功，J/（m·s）；ρ_a 是环空流体的密度，kg/m³；w_a 是流体流量，m^3/s；C_{pa}是流体比热容，J/（kg·℃）；r_{ai}为隔水管内径，m；T_a为环空水泥浆温度，℃；K_s为环空到地层或海水的总传热系数，W/（m^2·℃）。

给定边界条件后，可以采用数值方法进行方程求解。

2.3 传热系数的计算

水泥浆和钻井液在井内流动时，管柱内钻井液与管柱壁之间、环空钻井液与钻柱外壁及隔水管、井壁之间是以强制对流换热的方式进行热交换的。假设忽略液体内的径向温度梯度，因此可不考虑自然对流换热的影响。

对流换热系数受多种因素的影响，如管壁温度、液体的温度、热导率及比热容等都会影响对流换热系数。在井下循环温度的计算问题中，沿液体流动方向上的液体温度与壁面温度都是变化的，不同位置的对流换热系数值也不同，这种随位置而异的对流换热系数称为局部对流换热系数。但由于局部对流换热系数的复杂性和计算的不便，因此一般的工程计算中，常常采用给定壁面上的平均对流换热系数。

壁面对流传热系数可以根据Nu数、流体传导系数及管道直径计算：

$$h=\lambda Nu/D \tag{4}$$

式中，h为壁面对流传热系数，W/（m^2·℃）；λ为热导率，W/（m·℃）；Nu为努塞尔特数；D为管柱当量直径，m。

当海水在隔水管或钻杆周围流动时，会形成一个复杂的强制对流边界层影响热交换，如果流体在整个表面上处于层流状态，努塞尔特数Nu分布将会在正面达到一个最高点，并且简单地沿着表面延迟，这时的努塞尔特数可以根据下式进行计算。

$$Nu = A \cdot Re^n \cdot Pr^{1/3} \tag{5}$$

式中，Re为流体流动的雷诺数；Pr为普兰特数；A和n为经验常数，可根据Re的范围从工具书查得。

根据对流传热系数公式计算出隔水管和钻杆或套管的壁面换热系数，即可利用公式[13]（3）和公式（4）计算模型中的K_{ci}和K_s。

$$K_{ci} = \left(\frac{1}{h_{ci}} + \frac{r_{ci} \ln \frac{r_{ci}}{r_{co}}}{\lambda_c} + \frac{r_{ci}}{r_{co} h_{co}} \right)^{-1} \tag{6}$$

式中，h_{ci}、h_{co}为套管或钻杆内、外壁对流换热系数，W/（m^2·℃）；λ_c为套管壁热导率，W/（m·℃）；r_{co}为套管外径，m。

$$K_s = \left(\frac{1}{h_{ao}} + \frac{r_{ao} \ln \frac{r_{ao}}{r_{ai}}}{\lambda_r} + \frac{r_{ao}}{r_{ai} h_{ai}} \right)^{-1} \tag{7}$$

式中，h_{ai}、h_{ao}为隔水管内、外壁对流换热系数，W/（m^2·℃）；λ_c为隔水管壁热导率，W/（m·℃）；r_{co}为套管外径，m。

在给定物性数据、流动速率、井眼尺寸的情况下可以计算出总传热系数K_s和K_{ci}。

2.4 实验温度确定

中国石油大学（华东）、哈里伯顿公司、斯伦贝谢公司等都开发了数学软件，采用三种方法对表层套管固井温度进行了计算。采用文献中实例条件，如表2所示。

表2 计算实例基本状况

水深（m）	1167
隔水管	无
海水流速（m/s）	0
泥线温度（℃）	3.3
海面温度（℃）	24.5
套管尺寸（mm）	508
井眼尺寸（mm）	660.4
钻杆尺寸（mm）	127
井深（m）	1930
BHST（℃）	35

钻井液及水泥浆的性能如表3所示。

表3 流体的性质

流体	流量（m^3/min）	密度（g/cm^3）	进口温度（℃）
63.6m^3钻井液	1.590	1.02	23.9
31.8m^3领浆	1.113	1.38	35
6.4m^3尾浆	1.113	1.90	35
139.6m^3钻井液	1.590	1.20	23.9

由于API方法没有考虑特定的建井的几个重要的参数，如在深水钻井时，井口的温度最低只有3℃左右，远低于API关联式中的25℃。因此采用API标准方法计算的井底循环温度明显要高于几个模拟软件的计算结果。

注水泥时钻柱温度场随深度变化曲线如图5所示。

顶替结束后，泥线及套管鞋深度点水泥的温度变化如图6所示。

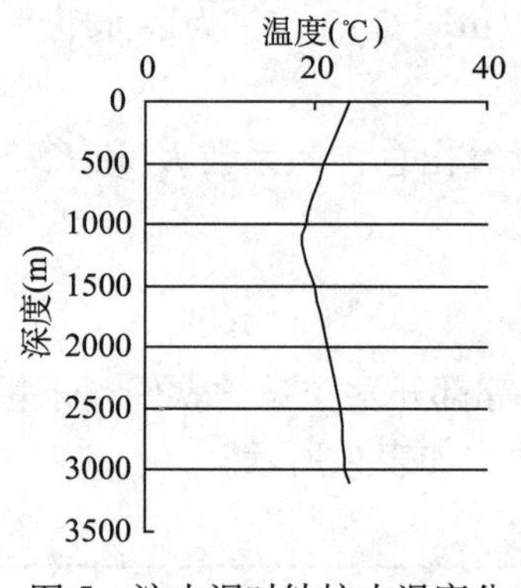

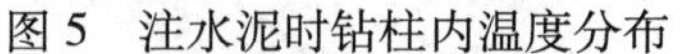

图5 注水泥时钻柱内温度分布

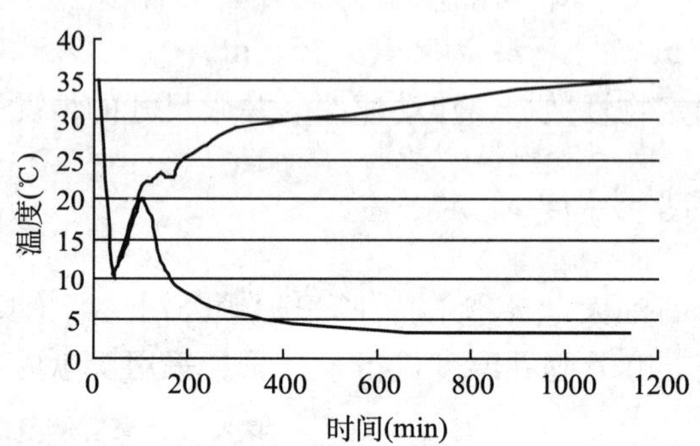

图6 注水泥及候凝过程中套管鞋和泥线的温度变化

3 深水实验装置

根据模拟计算结果，深水稠化时间实验的循环温度一般在25℃以下，有时最低温度还低于10℃，目前的常规稠化装置不能模拟该温度变化，需要开展实验装置的研究。

通过在高温高压稠化仪上外接控温装置，釜体温度能够降低或升高，模拟深水温度场变化，通过压力控制器模拟固井的压力变化，模拟深水固井水泥浆的稠化实验。从而可以准确地测试水泥浆稠化时间，保证施工的有效性和安全性。

对UCA进行了低温改造，设计了外接温控装置，其工作温度为4~35℃，改造后的UCA能够研究低温下水泥浆的静胶凝强度发展及抗压强度发展。

图7和图8显示了实验设备温控状况。图7为稠化实验装置模拟实验，测得的是釜体温度，可以看出釜体内温度可以根据温控程序由常温降至4℃。图8为UCA模拟实验，可以看出UCA可以通过温控程序进行温度的升降，模拟水泥的候凝过程。

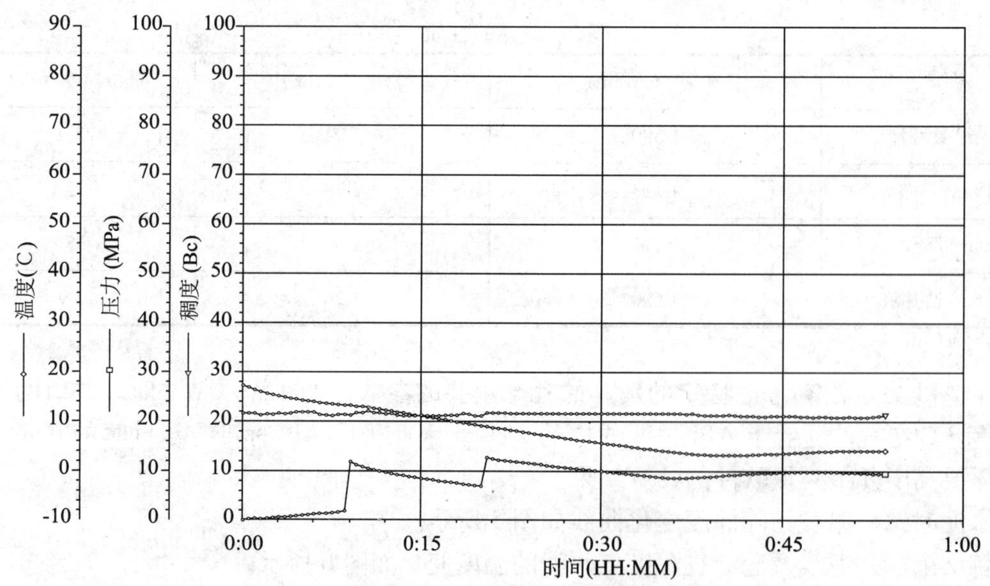

图7 稠化装置实验温度模拟

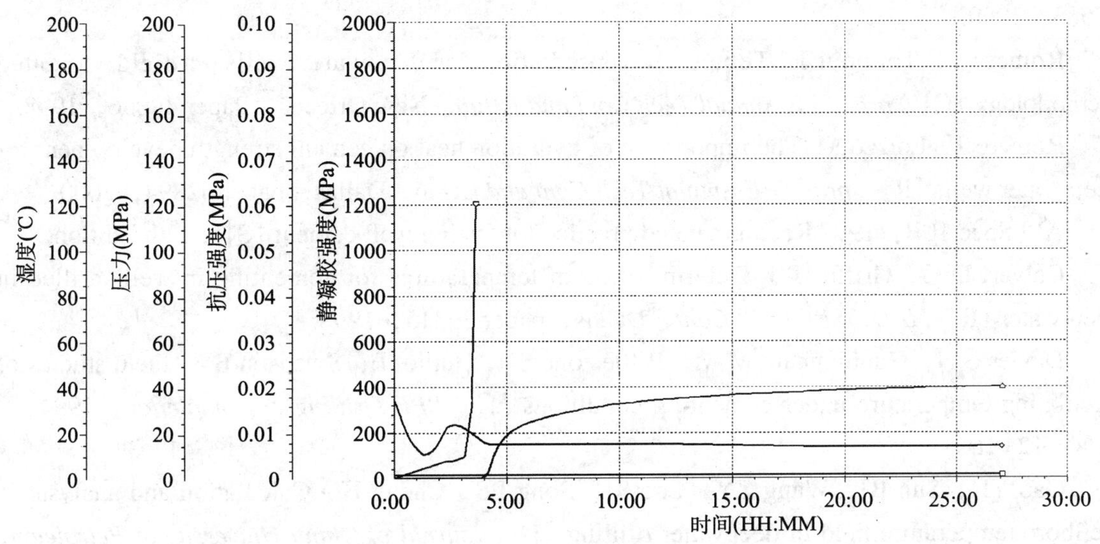

图8　深水低温UCA实验温度模拟

4　结论

（1）温度的变化对水泥浆的性能影响巨大，因此需要准确地描述深水固井时的井底温度。

（2）深水固井水泥浆实验方法应当最大可能模拟现场的注水泥过程，应当采用基于实际操作参数和流体物性的数值模拟器进行计算或者现场实测数据确定注水泥时的井底循环温度。

（3）建立了深水固井稠化实验装置和静胶凝测试装置，实验装置可以模拟深水注水泥温度和压力变化过程，用于深水水泥浆的测试。

参 考 文 献

Alberty M W，Hafle M E，Mingle J C，Byrd T M. Mechanisms of shallow waterflows and drilling practices for intervention［C］. *proc Offshore Tech Conf*，Houston，paper 8301，1997.

Simmons E，Rau W. Predicting deepwater fracture pressure：a proposal［C］. *proc SPE Annual Tech Conf and Exhib*，Houston，Paper 18025，1988.

Griffith J，Faul R. Cementing the conductor casing annulus in an over pressured water formation［C］. *proc Offshore Tech Conf*，Houston，Paper 8304，1997.

Pelletier J H，Ostermeier R M，Winker C D. Shallow water flow sands in the deepwater Gulf of Mexico：some recent shell experience［R］. *proc Int Forum on Shallow Water Flows*，Leaque City，1999.

Biezen E，Ravi K. Designing effective zonal isolation for high−pressure/high−temperature and low temperature wells［R］. *proc SPE/IADC Middle East Drill Tech Conf*，Abu Dhabi，paper

57583，1999.

Romero J，Touboul E. Temperature prediction for deepwater wells：a field validated methodology［C］. *proc SPE Annual Tech Conf and Exhib*，New Orleans，Paper 49056，1998.

Romero J，Loizzo M. The importance of hydration heat on cement strength development for deep water wells［R］. *proc SPE Annual Tech Conf and Exhib*，Dallas，paper 62894，2000.

API Spec 10B：1997 Recommended practice for testing well cement［S］. 22th Edition.

Calvert D G，Griffin T J. Determination of temperatures for cementing in wells drilled in deep water［R］. *IADC/SPE Drill Conf*，Dallas，paper 39315，1998.

Davies S N，Gunningham M M，Bittlestone SH，Guillot F，Swanson BW. Field studies of circulating temperature under cementing conditions［J］. *SPE Drilling & Completion*，1994，9（1）：12–16.

Gao YH，Sun BJ，Wang ZY，Cao SJ，Song LS，Cheng HQ Calculation and analysis of wellbore temperature field in deepwater drilling［J］. *Journal of China University of Petroleum*，2008，32（2）：58–62.

He SM. Study of fluid temperature prediction and distribution in a wellbore［D］. *Southwest Petroleum Institute*，1998.

姚玉英.化工原理（上）［M］.天津：天津科学技术出版社，1992：228.

吉林油田套管钻井技术研究与应用

阳文发[1] 王 力[1] 张嵇南[1]

(吉林油田公司钻井工艺研究院)

摘 要：套管钻井技术就是将钻井和下套管合并为一个作业过程，不再需要常规的起下钻作业。吉林油田针对套管钻井的特点，立足于工艺及工具设备国产化原则，进行了套管钻井技术的研究。现已完成了适用于转盘驱动方式的套管钻井配套系统研制，解决了国内现有装备条件下实施套管钻井的技术难题，并在吉林油田进行了29口井的现场试验，取得了良好的应用效果。试验表明：所研究的套管钻井系统能满足现场施工要求，能够达到缩短建井周期、降低钻井成本的目的，它是一项降低资源占用、减少能耗和排放的绿色钻井技术。

关键词：吉林油田 套管钻井 配套工艺技术 配套设备 现场试验

套管钻井是指在钻进过程中，直接用套管取代传统的钻杆向井下传递扭矩和钻压，边钻进边下套管，完钻后做钻柱用的套管留在井内用来完井。套管钻井技术把钻井和下套管合并成一个作业过程，不再需要常规的起下钻作业。与钻杆钻井比较，套管钻井有比较明显的优势。套管钻井技术可以简化钻井设备，减少井场占地面积，需要比常规钻井较少的钻井液及水泥浆，同时由于将钻井和下套管作业合并为一个过程，使得建井周期大幅度缩短，降低了地面设备投入和后期作业费用，减少了钻井过程对地层的污染，保护了油气层，提高了单井产能。

1 国外套管钻井技术

具有良好发展和应用前景的套管钻井技术已经引起了国内外石油企业的高度重视，并已在加拿大、美国、墨西哥、北海等国家和地区得到广泛的应用。目前国外套管钻井系统主要有Tesco公司的可更换钻头套管钻井系统和Weatherford公司的可钻式钻头套管钻井系统。

1.1 Tesco公司套管钻井系统

Tesco公司套管钻井系统以常用的油田生产套管作为钻杆同时进行钻井和下套管作业。

作者简介：阳文发（1984— ），男，2007年毕业于长江大学石油工程专业，现从事钻井工艺研究工作，助理工程师。

套管把水力能和机械能传递给悬挂在套管底部接箍上的利用钢丝绳可回收的下部钻具。组合钻具上部的钻井锁把钻具与套管进行机械连接（轴向和扭矩）和液压密封。同时在套管柱处安装了一个嵌入和取出的机械装置。在钻井锁下部钻具组合的最下部是导向钻头，有时也可能包括其他常规钻柱组件，如管下扩眼器、井下涡轮钻具、取心工具或导向系统等。

1.2 Weatherford公司套管钻井系统

Weatherford公司套管钻井系统与Tesco公司套管钻井系统原理及设备基本相同，但Weatherford公司套管钻井系统更侧重表层（或技套）的施工，立足于一只钻头打完全部进尺，而不在套管内起下工具串。其所用PDC钻头为特制，胎体由易钻材料制成，通过一个特殊装置（丢手）与套管连接。套管内可预先放置易钻固井浮箍（简易承托环），钻至预定井深后，利用特殊装置将下部钻头胀裂落入井底，然后进行固井作业。下次开钻时可将钻头本体方便地钻碎，由钻井液携带到地面排除。

2 吉林油田套管钻井技术研究

我国低渗透油藏的开发普遍受到成本的制约，急需降低钻井成本的新技术，所以国内油田对低成本套管钻井技术的需求非常迫切。近年来，吉林油田公司联合中国石油集团钻井工程技术研究院、大庆钻探工程公司、渤海钻探工程有限公司、中国石油天然气集团石油管工程技术研究院等4家单位一直在进行适用于转盘驱动方式套管钻井技术的研究，已经取得了丰硕的成果。

2.1 关键技术难点分析

2.1.1 套管螺纹承扭技术

传统的套管长圆螺纹在套管钻井过程中，将会出现胀扣等事故而导致连接和密封失效等问题，为满足套管钻井对套管螺纹抗承扭能力的需要，需对套管螺纹等进行研究与改进。

2.1.2 套管柱驱动技术

国外使用专用钻机进行套管钻井施工，采用了液压夹持、顶部驱动的方式，工作部件在转盘上工作。而我们目前是在机械夹持转盘驱动方式下，实现对套管柱的夹持和驱动，并且工作部件是在井内工作的，这对工具性能的要求尤为苛刻。如何解决在转盘驱动前提下，在井内狭小空间对套管柱进行有效的夹持和驱动是关键和难点。

2.1.3 可钻式钻鞋设计与制造技术

要保证钻鞋能顺利钻完预定设计进尺，又要有相对较快的机械钻速，同时又能在下次开钻后能被顺利地钻掉，因此钻头结构的设计、材料的选择及加工制造，需要有新的突破。

2.1.4 更换钻头技术

在保证可起下工具串在经受钻进时的扭矩和钻压及冲击、振动等恶劣条件的前提下，在需要的时候，要能够起得出、下得去、挂得牢、封得严，还要钻得快，而且所有这些机构必须在套管内工作，直径相对较小，这无论是在机械设计还是加工制造方面都是一个新的挑战。

2.1.5 套管柱优化技术

套管钻井必须要保证钻进时的井下安全，完井后寿命符合油藏要求。因此必须在施工前通过地面试验工作，寻找套管疲劳机理和破坏规律，对套管柱进行科学的优化。而疲劳机理和破坏规律的寻找是一个公认的难题。

2.1.6 套管钻井配套工艺技术

套管钻井有别于常规钻井，一些常用的钻井工艺技术已经不能满足套管钻井的需求，为此需开展套管钻井配套工艺技术的研究。

2.2 解决思路和方法

2.2.1 套管螺纹承扭技术

与天钢、宝钢公司合作，研制、开发了螺纹端面对顶改制接箍以及具有止推端面的BGC梯形螺纹（图1），提高了套管螺纹承扭强度，满足高扭矩套管钻井的施工要求；同时针对低扭矩浅井钻井，开发了不同规格的承扭环，以实现低成本和快捷钻井。承扭环放在套管接箍内，两端面与套管本体端面相接触，当外加扭矩增加时，承扭环受压，从而增加了螺纹的抗扭性（图2和图3）。

图1 特制BGC梯形扣螺纹套管

图2 螺纹端面对顶套管

图3 承扭环

2.2.2 套管柱驱动技术

开发了适用于钻进时扭矩较大的中深井的两种规格的套管夹持器（图4和图5）。该夹持器安装在方钻杆与套管柱上端之间，保证钻进时最上一根套管的螺纹不参加扭矩的传递；同时针对扭矩较小的浅井钻井，研制了承扭保护器（图6），上部与方钻杆连接，下部通过短套管与套管串连接，现场施工可根据实际情况随时更换短套管。该设备加工简单、使用方便、工作可靠、安全高效。

图4　外卡式套管夹持器

图5　内卡式套管夹持器

图6　承扭保护器

2.2.3 可钻式钻鞋设计与制造技术

研发了一体式可钻心套管钻头，主要由钻头筒体、外刀翼、铸铁心、单向阀组成。外刀翼焊在钻头筒体上，其内装有铸铁心，铸铁心内设有可钻喷嘴，下次开钻时，芯部及喷嘴均可被钻除（图7）；同时研发了膨胀式PDC钻头（图8），其分齿式布置切削齿以及使

图7　钻鞋

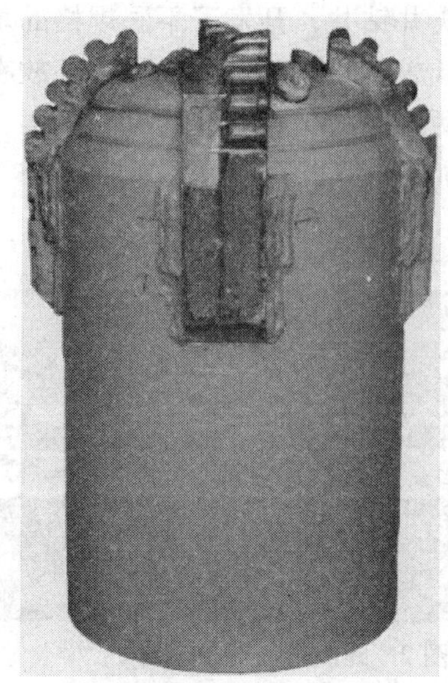

图8　膨胀式PDC钻头

用较强的井底水马力，使钻头具有较高的钻进速度和钻深能力。固井前通过水力作用由芯部将硬质切削齿胀开。固井后钻头被钻通径上无硬质材料，而铝心则很容易被钻通。结合现场的实际情况，吉林油田还研发了可捞式表层套管钻井技术，主要设备为可捞式钻头装置和打捞工具（图9和图10），属国内外首创。该技术通过可捞钻头装置，在完钻后，下入打捞工具，捞取表层套管内的井下钻具，即可进行固井候凝。

图9　可捞式钻头装置

图10　打捞工具

2.2.4　更换钻头技术

研发了“可更换钻头套管钻井”工具系统，主要包括井下锁定工具串、扩眼器、起下工具、坐底套管等。在进行套管钻进时，井下锁定工具串锁定在坐底套管上，实现钻头与套管柱之间的锁定，完成钻井扭矩及钻压的传递。在需要时，通过连接在钢丝绳上的打捞工具在套管内进行井下锁定工具串的起下，并由井口泵入短节及钢丝绳防喷器来保证起下过程中钻井液的正常循环。

2.2.5　套管柱优化技术

通过对套管柱在不同井下工况条件下的力学性能分析，建立了套管钻井管柱力学模型，形成了套管钻井管柱优化设计及安全可靠性的评价方法，并开发了套管钻井管柱力学分析软件。该软件可以进行套管钻井中管柱屈曲和弯曲行为分析，进行摩阻和扭矩计算，进行管柱剩余强度分析和疲劳强度、疲劳寿命预测以及进行作业参数优化设计等工作。

2.2.6　套管钻井配套工艺技术

（1）低摩阻钻井液体系的研究。为了满足套管钻井要求，结合地层岩性特点，主要从防钻头泥包及提高钻井液携屑能力入手，兼顾提高钻井液的抑制性和润滑性能。通过室内实验，优选出低固相—抑制性聚合物钻井液体系。

(2) 钻头优选。“利用测井资料计算地层岩石物理特性技术”及数据库分析优选结果，同时综合考虑钻井条件及方式、地质情况、各段地层岩性的不同、钻井参数及邻井实钻资料，从而优选出各井段经济效益和使用效果综合指标最好的钻头。

(3) 提高固井质量技术研究。因套管钻井的特殊性，在固井前应做好施工设计，充分考虑在施工时出现的意外情况，针对地层特性，认真筛选了低温早强水泥浆体系，并研发了NCD−2速凝早强防窜水泥浆体系；同时优选了钻头的喷嘴组合（当量面积应大于22mm）和研制了特殊结构的固井胶塞及胶塞座，确保了固井质量。

(4) 扭矩监测技术研究。利用经验公式及Landmark钻井分析软件对套管钻井的扭矩进行了理论计算，后经现场扭矩实测结果证明，计算的扭矩值与实测值基本吻合，具有较高的准确性。

(5) 套后油水层识别技术研究。通过完井和套管井测井对比实验完成了套管钻井油水层识别的方法，主要包括：利用套后伽马可以划分砂层；利用补偿中子可以判断储层孔隙度的变化；利用C/O测井可以识别油水层。同时还研发了可裸眼测井的套管钻井技术。

3 套管钻井现场试验情况

3.1 单行程套管钻井试验

3.1.1 表层套管钻井

在吉林油田成功完成了4口ϕ273mm表层套管钻井现场试验。其中在吉林油田民46−×井和长××井2口井，采用了自主创新的可捞式结构，钻井速度达到了常规井水平，完钻后捞取一次成功，丰富了套管钻井方式（表1）。

表1 吉林油田ϕ273mm表层套管钻井数据

井号	累计进尺（m）	纯钻进时间（h）	机械钻速（m/h）	备注
民46−×井	50.7	1.08	46.94	可捞式结构
长××井	73.4	2.06	35.63	可捞式结构

3.1.2 过油层套管钻井

在吉林油田成功完成了1口过油层ϕ177.8mm套管钻井现场试验。该井是国内陆上第一口套管钻井，采用了与常规钻井相同的井身结构，试验中验证了全套工艺和工具的可靠性，完井后满足投产要求；完成了18口井深500m左右的过油层套管钻井的现场试验。试验井采用的井身结构与常规井完全相同，分别采用ϕ139.7mm×7.72mm的BGC梯形螺纹和长圆螺纹套管作为钻具，直接钻井完井。试验井的钻井速度、建井周期等指标高于该地区常规钻井平均水平（表2）。同时在新民采油厂的民九队完成的井深1158.30m的民12−××井的套管钻井现场试验，该井是目前国内套管钻井最深井。其固井质量优质，建井周期较常规井缩短了近20h（表3）。

表2　500m左右的套管钻井与扶余地区同时期同区块常规井钻井时效对比

项目	设计井深（m）	机械钻速（m/h）	钻井周期（h）	完井周期（h）	建井周期（h）
套管钻井	494.8	53.76	24.53	30.33	37.36
常规井	500	49.07	27.86	40.95	53.53

表3　套管钻井与新民地区同时期同区块常规井钻井时效对比

项目	井深（m）	机械钻返（m/h）	钻井周期（h）	完井周期（h）	建井周期（h）	备注
套管钻井	1158.30	26.38	108.65	110.65	125.65	该井套管钻井长度932.72m，机械钻速25.05m/h
常规井	1160.75	31.54	99.38	130.50	145.50	

3.2　多行程套管钻井试验

在吉林油田的前40−××井、让42−×井、东26−××.×井、东31−××井、西23−××.×井、东22−×××井等6口井上进行了ϕ273mm和ϕ139.7mm两种规格套管的多行程套管钻井现场试验。现场试验结果验证了多行程套管钻井工具系统（图11），在转盘驱动常规钻机条件下，能够实现套管钻进过程中不起套管，随时起下、更换钻头。

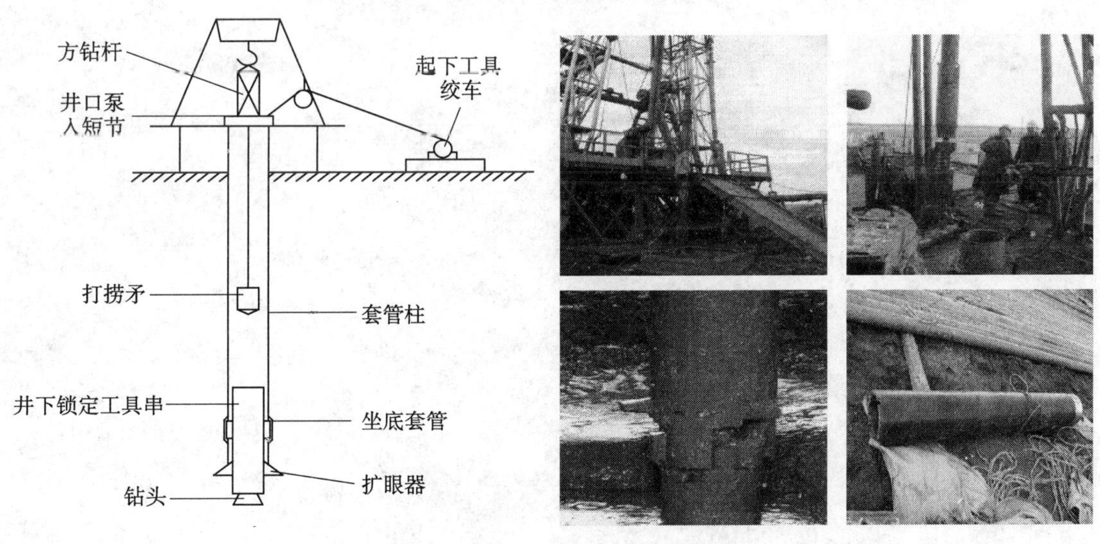

图11　多行程套管钻井工具系统

4　结论及认识

（1）吉林油田完成了适于转盘驱动方式的单/多行程套管钻井配套系统研制，成功地进行了现场试验，解决了国内现有装备条件下如何实施单/多行程套管钻井的技术难题。

（2）研究了和转盘驱动配套的套管夹持器、可钻式钻鞋、可捞式钻头装置、完井连接器、坐底套管等工具设备以及配套的低摩阻钻井液体系、钻头及钻井参数优选、套管钻井固井工艺、套管扭矩检测等工艺技术，成功地解决了全井套管钻井的一系列关键问题。

（3）首创了国内套管钻井实现主力油层裸眼测井工艺技术，同时建立了套后油水层测井的识别方法。

（4）建立了套管钻井管柱力学模型，进行了套管与地层岩石间磨损的试验研究和套管钻井完钻后套管柱剩余强度分析，形成了套管钻井完钻后套管柱疲劳寿命预测技术。

（5）现场试验表明：套管钻井系统能满足油田开发对钻井所提出的要求，能够达到缩短建井周期、提高效益的目的，并在保护储层、提高产量方面呈现良好势头，具有推广应用的价值。

参 考 文 献

李克向．钻井手册（甲方）[M]．北京：石油工业出版社，1990.

王力，张稽南，步云鹏，等．套管钻井技术研究与试验 [A] // 中国石油天然气集团公司钻井承包商协会论文编写组.2004年中国石油天然气集团公司钻井承包商协会论文集 [C]．北京：石油工业出版社，2004：331－335.

深水钻井水力参数设计推荐方法

孙腾飞　高德利[1]　张　辉[1]　唐海雄[2]

（1. 中国石油大学（北京）；2. 中海油深圳分公司）

摘　要：随着石油开采技术的日益提高和地面油气资源的减少，石油工作者们已经开始向深水进军，但是我国深水钻井的经验不足，大量依靠国外的技术和经验。本文通过以LW21-1-1超深水井为计算实例，介绍了深水水力参数设计的一些思路和推荐做法。对于深水钻井的水力参数设计而言，应该着重考虑钻井液的最小排量和临界排量两个关键值的求取，因为这关系到井眼安全与井眼清洁的问题。在深水水力参数设计时，还应考虑海水低温的影响。

关键词：深水　ECD　水力参数　推荐方法

目前，世界上许多国家都已经将深水油气勘探作为新的油气增长点。但在我国，深水钻井才刚刚起步，对深水钻井的经验还相当缺乏。深水钻井具有以下困难：(1) 海底淤泥强度低、欠压实，这些不稳定地层可能引起非均匀载荷；(2) 地层孔隙压力梯度与地层破裂压力梯度之差较小（窄钻井液密度窗口）；(3) 当量循环密度（ECD）控制及长的大直径隔水管段携岩困难，难以达到携岩要求，无法将井底岩屑全部带出，造成岩屑在隔水管段沉积并下滑，诱发安全事故。因此，对于以上深水钻井容易出现的问题，本文从水力参数设计方面提出了适用于深水钻井的一些水力参数设计的计算方法和流程。美国墨西哥湾的深水钻井平台事故更是为我们的深水钻井敲响了警钟，随着对海上油气资源依赖日益增大，而中国油企在科研、技术、设备等方面相对落后，更易引发安全事故。

1　深水钻井水力参数设计步骤

图1为本文总结的深水钻井水力参数设计的推荐步骤。

从图1可知，深水钻井与陆地钻井主要的区别就在于临界排量的确定方面，因为海水和地层温度对钻井液的密度有很大的影响，因此对于深水钻井来说一定要考虑海水和地层温度的影响。以下通过LW21-1-1超深水井来说明钻井液最小排量和临界排量的计算方法。

基金资助：本文研究获国家科技重大专项子课题“深水钻井工程设计关键技术研究（2008ZX05026-001-01）”的资助。

作者简介：孙腾飞（1986—　），男，汉族，山东东营人，在读博士，主要从事油气井工程研究。

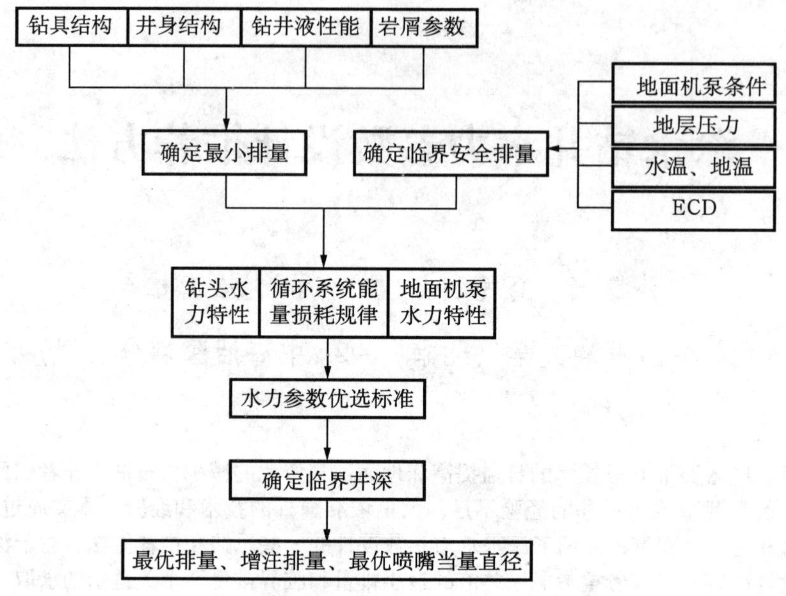

图 1　深水钻井水力参数优化步骤

2　深水钻井水力参数设计实例分析

LW21−1−1 井位于香港东南 330km，属超深水井，水深 2461m，补心海拔 31m，设计井深 3606m，是亚洲第一超深水井，海底温度约 2.4℃。本井的井眼和套管尺寸确定如下：36in 导管；26in 钻头 +20in 套管下入深度 3050m；17.5in 井眼 +13$^3/_8$in 套管下入深度 3460m+12.25in 井眼。本文计算时，以 LW21−1−1 井 12.25in 领眼计算为例，12.25in 领眼段钻进基本参数见表 1。

表 1　12.25in 领眼段钻进基本参数

井段（in）	机械钻速（m/h）	塑性黏度（mPa · s）	动切力（lbf/100ft^2）	钻屑直径（in）	钻屑密度（g/cm^3）	钻井液密度（lb/gal）
12.25 领眼	30	30	11	0.197	2.65	8.8

2.1　LW21−1−1 井各井段最小排量计算

对于深水钻井本文拟采用岩屑举升效率和环空岩屑浓度模型双约束条件来确定钻井液的最小环空返速和最小排量。

（1）环空岩屑举升效率计算模型：

$$K_s = \frac{v_c - v_s}{v_c} \geqslant 0.5$$

式中，K_s 为举升效率，无量纲；v_s 为岩屑沉降速度，m/s；v_c 为钻井液环空返速，m/s。

（2）环空浓度 C_a 的计算公式：

$$C_a = \frac{ROP}{3600(v_c - v_s)\left(1 - \frac{d_o^2}{d^2}\right)} \leqslant 5\%$$

式中，ROP 为钻速，m/h；d_o 为钻杆外径，cm；d 为井眼内径，cm。

取环空岩屑举升效率模型和最大环空岩屑浓度模型求出的环空返速中的较大值作为钻井液最低环空返速的大小。根据最小环空返速可以求出最小排量：

$$Q_{min} = \frac{\pi}{40}\left(d^2 - d_o^2\right) v_c$$

式中，Q_{min} 为钻井液最低排量，L/s。

根据上述模型和上述参数，可得到钻 12.25in 领眼时，各井段满足携岩要求的最小排量和环空返速，如表 2 所示。

表 2　12.25in 领眼最小排量

井段（in）	钻井液密度（lb/gal）	隔水管段最小排量（L/s）	20in 套管段最小排量（L/s）	12.25in 领眼裸眼段最小排量（L/s）
12.25 领眼	8.8	87.42	82.47	30.06

2.2　深水钻井当量循环密度的计算

钻井液的当量循环密度（ECD）可以定义为钻井液的当量静态密度（ESD）与钻井液流动造成的环空压耗当量密度之和。深水钻井因为窗口窄，所以需考虑环空固相浓度的影响，ECD 表达式如下：

$$ECD = ESD(1 - C_a) + \rho_s C_a + \frac{\Delta p}{0.00981H}$$

式中，Δp 为井深 H 处的环空压耗，MPa。

2.2.1　钻井液当量静态密度计算模型

由于在深水钻井中，不同的海水深度和温度梯度会对钻井液的密度产生很大的影响，因此在计算 ECD 时需要考虑温度和深度对钻井液的影响。

$$ESD = \frac{\rho_0}{1 + C_T \Delta T - C_P \Delta p}$$

式中，$\Delta T = T - T_0$，℃；$\Delta p = p - p_0$，MPa；ρ_0 为钻井液在地面的密度，g/cm³；C_T 为热膨胀系数；C_P 为弹性压缩系数。

根据有关资料，LW21−1−1 井的海水温度分布曲线如图 2 所示。从泥面到井底的地层部分，地温梯度为 0.053℃/m。以下计算以 12.25in 领眼为例。

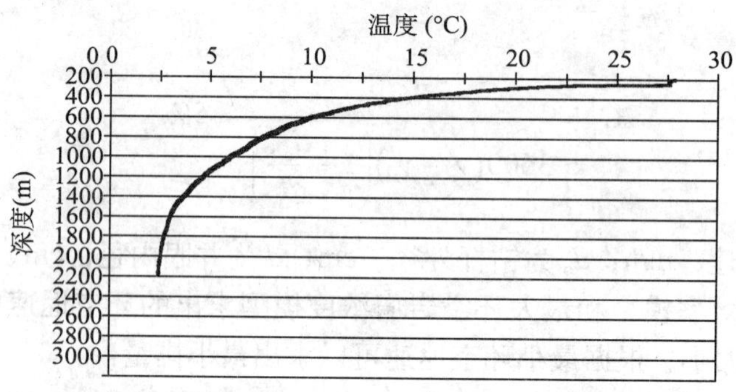

图 2　LW21−1−1 井的海水温度分布曲线

根据上述温度变化关系和钻井液当量静态密度计算模型，可得到 LW21−1−1 井 *ESD* 预测曲线，如图 3 所示。

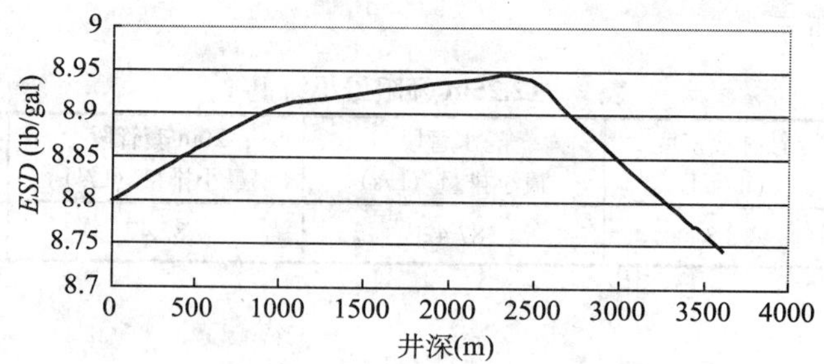

图 3　LW21−1−1 井 *ESD* 分布曲线（地面钻井液密度 8.8lb/gal）

从图 3 可知，*ESD* 与水温、地温密切相关，对于 LW21−1−1 井，随水深增加，*ESD* 逐渐增加，在泥线附近 *ESD* 取得最大值。

2.2.2　环空压耗的计算模型

当流态为层流时，环空井段的压耗 Δp 为[4]：

$$\Delta p = \frac{4lk}{(d-d_o)}\left[\frac{4(2n+1)v_c}{n(d-d_o)}\right]^n$$

式中，Δp 为环空压耗，kgf/cm²；l 为钻杆长度，m；n 为钻井液流性指数，无量纲；k 为钻井液稠度系数，dyn · s^n/cm²；d_o 为钻柱的外径，cm；d 为井眼内径，cm；v_c 为钻井液环空返速，m/s。

当流态为紊流时，环空井段的压耗 Δp 为[4]：

$$\Delta p = \frac{2.04 f \rho v_c^2 l}{d-d_o}$$

式中，Δp 为环空压耗，kgf/cm²；l 为钻杆长度，m；ρ 为钻井液密度，g/cm³；f 为摩阻系数，无量纲。

在这里摩阻系数 f 采用 Dodge 和 Metiner 推导出的半经验公式来计算：

$$\frac{1}{\sqrt{f}}=\frac{4}{n^{0.75}}\lg\left[Ref^{(1-0.5n)}\right]-\frac{0.395}{n^{1.2}}$$

2.3 LW21−1−1 井 12.25in 领眼临界排量计算

根据前述的 *ECD* 计算模型和最小排量计算结果，可得到 LW21−1−1 井 12.25in 领眼的 *ECD* 预测结果，*ECD* 预测结果如图 4 所示。

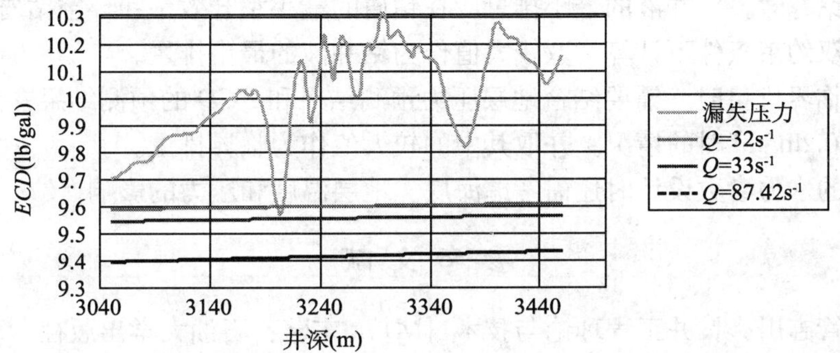

图 4　LW21−1−1 井 *ECD* 计算结果（12.25in 领眼，钻井液密度 8.8lb/gal）

从图 4 可知，钻 12.25in 领眼时，随着排量的降低，环空 *ECD* 逐渐增加；当排量小于 33L/s 时，环空 *ECD* 的增加会导致地层漏失，造成安全事故。当应用最小排量（87.42L/s）钻进时，井眼清洁程度好，安全事故率低。

根据 LW21−1−1 井地层漏失压力预测结果，可得到 12.25in 领眼的钻井液密度安全裕量（= 漏失压力当量密度 − *ECD*），如图 5 所示。

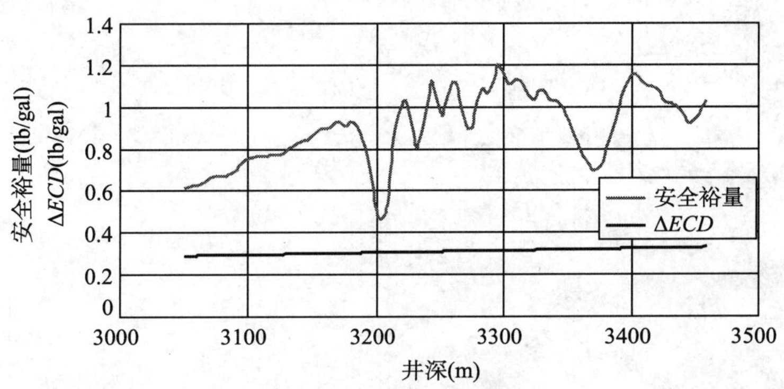

图 5　LW21−1−1 井钻井液密度安全裕量分析（12.25in 领眼，钻井液密度 8.8lb/gal，Q=87.42L/s）

从图 5 可知，12.25in 领眼的最小钻井液密度安全裕量为 0.46lb/gal。按照常规设计标准（钻井液密度安全裕量为 0.2lb/gal），进一步计算可知，当排量为 40L/s 时，12.25in 领眼的最小钻井液密度安全裕量能够达到 0.2lb/gal。

2.4 LW21−1−1井12.25in领眼结果分析

根据以上计算结果，分析得出12.25in领眼的最小排量不能低于33L/s，否则会导致地层漏失，造成安全事故。当考虑到安全裕量（0.2lb/gal）和井眼安全时，12.25in领眼的排量不能低于40L/s，因此取12.25in领眼的临界排量为40L/s。

3 结论

（1）深水钻井时，钻井液的最小排量应在钻屑的最小举升效率和环空钻屑的最小浓度模型双约束条件下计算，取较大值作为钻井液的最小排量。

（2）计算临界排量时，需要结合地层压力预测结果和*ECD*的预测结果并考虑钻井液密度安全裕量为0.2lb/gal时的情况。并取其中的较大值作为临界排量。

（3）深水的水力参数设计时还需考虑海底、地层温度和压力的影响。

参 考 文 献

陈亭根，管志川．钻井工程理论与技术［M］．东营：石油大学出版社，2000.

汪志明．油气井流体力学与工程［M］．北京：石油工业出版社，2008.

管志川．温度和压力对深水钻井油基钻井液液柱压力的影响［J］．石油大学学报，2003，27（4）：48−52.

刘希圣．环空水力学及携岩理论基础［M］．东营：石油大学出版社，1983.

Dodge D W，Metsner A B. Turbulent flow of non−newtonian system［J］. AICHE，1959，5（2）.

深水井测试的主要风险及安全控制技术研究

何玉发[1]　姜　伟[2]　蒋世全[1]　唐海雄[3]

（1. 中海油研究总院；2. 中国海洋石油总公司；
3. 中海石油（中国）有限公司深圳分公司）

摘　要：深水油气井测试具有高难度、高投入、高风险的特点，容易出现重大安全问题。防止事故发生的关键之一，就是必须对深水测试进行安全评估与控制，提高测试工艺技术水平。本文结合南海深水井测试实践，对深水井测试的主要潜在风险进行了分析，提出了具体的防范措施。

关键词：深水　油气井测试　风险　安全控制

随着世界各国对能源的战略需求，人们将油气勘探的目光从近海转向浩瀚的深水海域。我国南海深水海域面积辽阔，蕴含丰富的油气资源和天然气水合物资源，被称作“第二个波斯湾”，目前我国已在南海取得 LW3−1、LH34−2、LH29−1 三个中国海域深水天然气田重大发现。中国海洋石油总公司规划 2020 年以前在深水投资约 2000 亿元，建成第一个“深海大庆”。深水油气井测试作为深水油气资源勘探和开发的必需手段，也是深水油气勘探开发的关键环节之一，不仅为评价构造和圈闭提供可靠的数据资源成果，而且为高效开采油气藏提供了直接的依据。深水钻井工作难度大，测试工作亦不例外，是深水油气勘探开发工程的最大难题之一，同时存在高投入、高风险的特点，容易出现重大安全问题。防止事故发生的关键之一，就是必须对深水测试进行安全评估与控制，提高测试工艺技术水平。目前我国深水测试技术处于发展的初期，很多技术还不够成熟，在测试作业过程中容易出现各类风险或事故。为了满足我国在南海及海外深水发展的战略需求，开展深水测试安全评估与控制技术研究，为我国海洋油气资源的安全开采提供科学可靠的保证。

1　深水测试技术的特点和挑战

深水油气井测试，必须使用浮式钻井平台进行作业，图 1 为使用半潜式钻井平台进行

基金项目：中国海洋石油研究中心博士后课题“深水油气井测试管柱力学行为及配套技术研究”部分研究成果，国家科技重大专项“深水油气田开发钻完井工程配套技术”课题（编号 2008ZX05026−001）资助。

作者简介：何玉发（1980—　），工程师，2008 年 6 月毕业于西南石油大学机械设计与理论专业，获博士学位，2008 年 7 月至 2010 年 7 月在中国石油大学（北京）与中国海洋石油研究中心联合培养博士后科研工作站工作，现在中海油研究总院任深水钻完井工程师，从事深水钻完井、测试技术及油气井管柱力学方面的研究工作。

图1　使用半潜式钻井平台进行深水井测试作业示意图

深水井测试作业示意图。相对浅海或陆上井测试作业而言，在深海进行油气井测试作业，安全事故造成的损失会更大，除了人员伤亡和直接经济损失外，对环境造成的污染和对资源的毁灭性破坏所造成的后果更严重。

综合分析国外公司深水井测试的实践经验，在深水海域进行油气井测试作业将面临以下挑战。

（1）深水油气井测试，必须使用浮式钻井平台进行作业。处于深海环境，受风、浪、流等环境载荷影响的浮式钻井平台，将发生升沉和漂浮等复杂运动，加上海水段隔水管的约束作用，使得深水井测试管柱特别是泥线以上测试管柱力学行为异常复杂，给深水井测试管串设计及深水井测试管柱安全性控制带来很大困难，而且随着水深增加这一问题更加突出。

（2）对于深水高产气井，天然气水合物生成的潜在威胁是另一个需要克服的重大挑战，这不仅仅是经济的问题，更是一个安全的问题。深海海底泥面低温环境（南海海底泥线附近的温度可能小于3℃）及井下关井后压力迅速减小将是导致水合物生成的主要原因，水化物的形成不仅会造成测试失败而且会大大增加井控风险，甚至带来灾难性事故，抑制水合物生成是深水天然气测试所面临的一个重要问题。

（3）水深和由此而来的低温对测试设备提出了更高的要求，深水水下设备要足以应对水深带来的恶劣的作业条件，为整个测试提供更加安全的测试环境。另外深水平台地面空间小、地层压力窗口窄、高产高压，这些都给深水井测试井控和深水井测试地面安全控制带来挑战，如何解决这些难题需要寻求新的方法和技术。

（4）由于使用浮式钻井平台进行测试，在深水井测试作业时，平台动力定位系统故障、水下暗流和恶劣天气等因素可能会导致不可预见性的突发性平台偏移井位的情况出现，此时需要将泥线以上测试管柱与井下测试管柱进行分离，防止恶性事故的发生。因此，快速实现水下测试管柱的应急解脱以及危险解除之后的回接问题是深水井测试的另一大挑战。

我国南海深水海域有其特殊的区域环境特点（油田离岸距离远，夏季台风频繁，冬季季风不断，存在沙坡、沙脊和内波流等特征）以及复杂油气藏特性，给深水井测试带来更多的挑战。

2　深水油气井测试的潜在风险和防范

2.1　测试管柱及工具的失效及防范

在深水井测试过程中，测试管柱为地层流体以安全和受控的方式采出地面提供了一种途径。测试管柱是由以下三个主要部件组成的：井下测试工具、测试油管、水下设备。为了确保测试管柱操作安全，在建立深水井测试工具合理选型及管柱优化设计方法的基础上进行严谨周到的管柱设计，设计时必须进行详细管柱力学分析。在对深水井测试管柱的力学性能进行分析计算的基础上，根据分析计算结果以优质安全为目标进行管柱优化设计，这是保证深水井测试作业的顺利进行和成功实施的重要手段。深水井测试管柱作为从储层到地面的通道，其完整性对确保测试作业的成功与否发挥着至关重要的作用。深水井测试管柱设计在实现测试功能和满足最恶劣环境需要的同时，还必须考虑到使用的方便性、连接类型的适用性以及各种管材类型的经济性因素等。根据这个原则，确定深水井测试管柱优化设计的流程如图2所示。

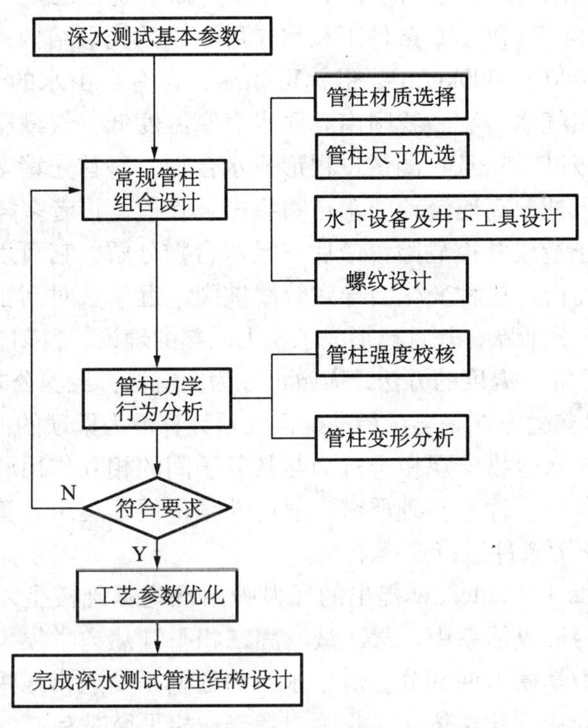

图2　深水井测试管柱优化设计流程

2.2　地面流程失效与防范

地面流程是整个测试过程中的一个重要部分，地面测试工艺主要是利用地面测试设备，实现安全控制，测取各项数据。典型的深水地面流程包括：流动头、安全阀、紧急关断阀、除砂器、油嘴组流管汇、蒸汽锅炉及加热器、三相分离器、计量罐、输送泵、临时输液罐、燃烧臂及连接管线等。深水地面测试流程流动距离短（从井口到燃烧壁仅几十米）、流动压力大、流动时间短（一般流动一天左右）、流动相态变化复杂。测试过程中易发生地面冰堵等突发性事故，对测试施工和人身安全造成极大危害。因此深水井测试地面设备需配置较多的应急关停装置，任何一处都可进行地面关井；对于可能的地层出砂情况，地面配备除砂器；井口采用大排量化学注入泵对井下/地面进行甲醇注入，防止生成水合物。深水井测试所有压力容器设备根据证书有效期取第三方证书（DNV，ABS或者Lioyd）。在完成地面设备选型之后，需要对地面流程进行工艺数值模拟，以校核计算地面流程中的温度、压力、设备处理能力等，进一步对设备及管线进行优化。

2.3 天然气水合物的形成预测与防止

由于水深的增加，相对于浅水测试作业，在深水测试作业期间形成天然气水合物的风险极大增加。特别是在气井测试过程中，由于工作制度改变和地面温度低等原因，在井口气嘴和地面节流阀处容易形成水合物而造成堵塞，严重影响正常测试。

天然气水合物是由于天然气中的小分子气体（如甲烷、乙烷）在较低的温度（0 ~ 10℃）和较高压力（10MPa 以上）条件下和水作用生成的笼形结构的冰状晶体，类似冰屑或密实的雪，密度在 880 ~ 900kg/m^3，俗称可燃冰。含有自由水的天然气一旦遭遇低温、高压环境极易形成天然气水合物。我国南海深水海底温度低、气藏压力高测试过程中形成天然气水合物的风险极高。一旦在测试过程形成水合物，将首先堵塞井眼、管线，其次在管道弯头、三通和变径处，高速流动的水合物将击破管道，再者多样性的水合物的存在会在管线中形成圈闭高压造成井控危险，最后一旦水合物分解，它可以释放出 180 倍自身体积的气体，在狭窄空间内，这种变化会导致管线破裂。近年来对高压条件下天然气水合物生成预测方法的研究十分活跃，并且已形成了较为成熟的理论。目前，有很多可供选择的确定天然气水合物生成压力 - 温度的方法，大致可分为图解法、经验公式法、平衡常数法和统计热力学法四类。统计热力学法是当前最准确但也是计算最为繁琐的方法。统计热力学方法根据系统理论，将气体水合物宏观相态行为与其分子间的相互作用联系起来，引入函数来描述气体水合物生成条件，理论基础严密，通用性强，便于运用计算机在较宽的范围内对水合物生成的温度、压力条件进行连续求解。

基于 Vander Waals 和 Platteeuw 提出的经典吸附理论基础模型，可以得到水合物相平衡条件 [4]。在水合物形成体系中，气、液、固三相平衡热力学模型包括描述水合物相和与其共存的富水相热力学模型两部分。对于水合物的相平衡通常采用水作为参考组分，引进水在空水相（β 相）中的化学位 μ_β 作为参考态，相平衡时有：

$$\frac{\Delta\mu_0}{RT_0}-\int_{T_0}^{T}\frac{\Delta H_0+\Delta C_p\left(T-T_0\right)}{RT^2}\mathrm{d}T+\int_{p_0}^{p}\frac{\Delta V}{RT}\mathrm{d}p=\ln\left(f_\mathrm{w}/f_\mathrm{w}^0\right)-\sum_{i=1}^{2}v_i\ln\left(1-\sum_{j=1}^{N_\mathrm{c}}\theta_{ij}\right)$$

式中，$\Delta\mu_0$ 为标准状态下空水合物晶格和纯水中水的化学差位；T_0 和 p_0 分别为标准状态下的温度和压力；T_0=273.15K，p_0=0；ΔH_0、ΔV、ΔC_p 分别是空水合物晶格和纯水的比焓差、比容差和比热容差；$\ln\left(f_\mathrm{w}/f_\mathrm{w}^0\right)=\ln x_\mathrm{w}$，若加入水合物抑制剂，$\ln\left(f_\mathrm{w}/f_\mathrm{w}^0\right)=\ln\left(y_\mathrm{w}x_\mathrm{w}\right)$；$x_\mathrm{w}$、$y_\mathrm{w}$ 分别为富水相中水的摩尔分数和活度系数。

通过求解以上模型得到相平衡温度与压力后，即可判断在给定的压力、温度以及气液相条件时是否有固相水合物产生。对于油气井测试而言，测试期间主要采用加热和注化学剂的方法防止水合物生成。采用加热法可以提高节流前天然气的流动温度。在节流压降不变的条件下，提高节流前天然气的温度也等于提高了节流后天然气的温度。如果节流后天然气温度提高到高于水合物生成温度，预防节流后水合物生成的目的就可达到。

某些化学添加剂可以改变水合物形成的相平衡条件，降低水合物的相平衡温度；在一定压力下，天然气水合物相平衡的温度随着化学添加剂注入浓度的增加而降低。国内外学者对测试过程中天然气水合物抑制剂做过大量的研究，讨论了多种常用或者能够使用的天然气水合物抑制剂，甲醇和乙二醇是最常用于测试防止水合物形成的化学剂。从国内外的研究及南海深水井测试作业实践来看，甲醇被公认为是最有效的一种深水井测试天然气水合物抑制剂，其具有下面的优势：

(1) 低黏度：易于注入和在系统中配给。

(2) 好的接触效率：高的溶解度和挥发性使其易于与井筒中的水和流体接触。

(3) 容易处理：容易在井场与采出气一块燃烧。

但由于甲醇有毒（涉及人员接触和环境排放）和高度可燃，其安全性应特别注意。在深水井测试过程中使用甲醇的程序，应在包括HAZOP研究在内的作业程序、测试公司程序以及承包商安全程序中予以明确。

下面以南海某井为例对南海深水井测试天然气水合物预防进行分析。该井海床附近温度为3℃，开井后天然气随着压力及海床附近的温度降低，气体中将会有水逐步分离出来，如果没有必要的措施，在DST测试期间必定会形成大量水合物。图3模拟了在井口压力为20.7MPa情况下不同的天然气产量时天然气水合物的生成预测。

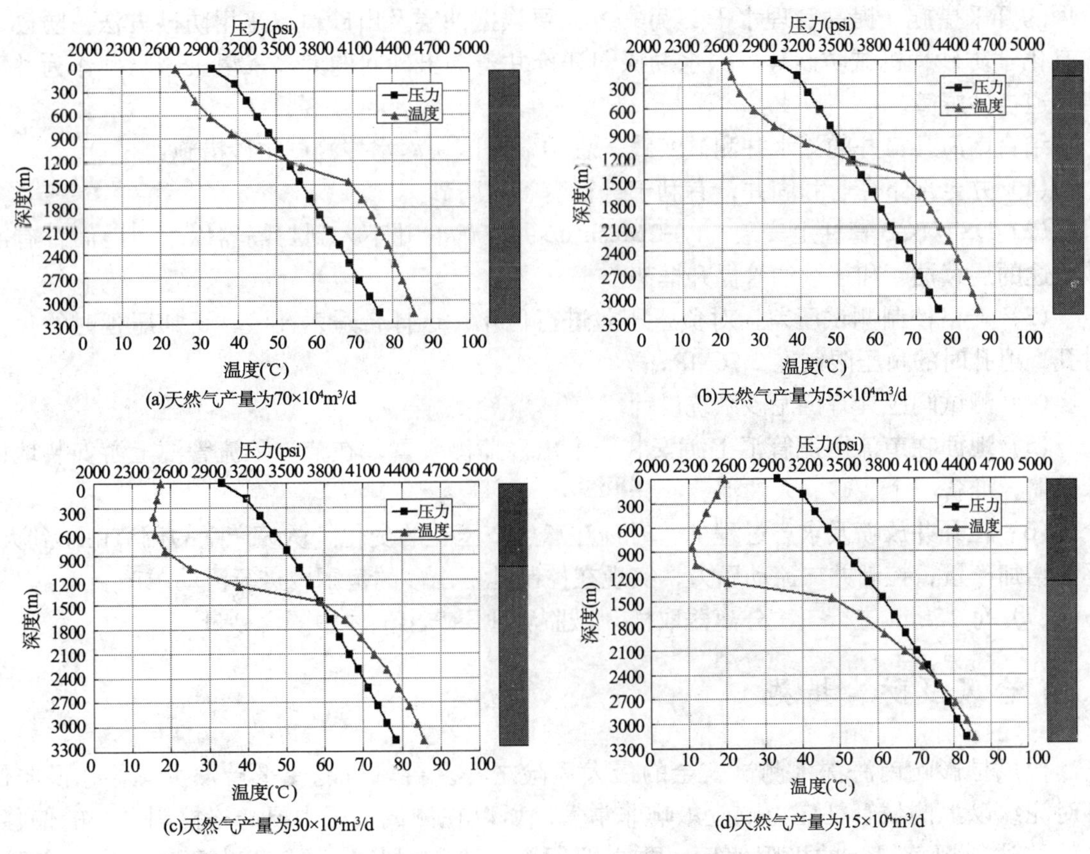

(a)天然气产量为$70\times10^4m^3/d$

(b)天然气产量为$55\times10^4m^3/d$

(c)天然气产量为$30\times10^4m^3/d$

(d)天然气产量为$15\times10^4m^3/d$

图3 井口压力为20.7MPa情况下不同天然气产量时天然气水合物生成预测结果

从图中可以看出，如果没有必要的措施，在DST测试期间一定会形成大量水合物；产量对水合物形成影响很大，产量低时容易形成水合物。在海底泥面附近深度，由于海底低温环境的影响，管柱内天然气温度变化很大。井口压力在20.7MPa情况下，产量为$70\times10^4m^3/d$时管柱内不会生成水合物，产量为$55\times10^4m^3/d$、$30\times10^4m^3/d$、$15\times10^4m^3/d$时管柱内均会生成水合物。

该井采用注入甲醇方式来防止水合物生成，可以计算出其不同甲醇注入浓度、天然气产量的水合物相平衡曲线图，根据水合物相平衡曲线，设置了3个水合物抑制剂注入点：泥面以下600m处、泥面附近、井口及油嘴管汇。此外，油嘴管汇下游通过换热器进行加热、采用一次开关井工作制度、钻井期间避免使用水基钻井液等措施以防止水合物生成。

2.4 出砂风险与控制

深水油气藏通常属浅埋储藏，且大段重的上覆岩石介质被轻的海水取代，引起压实程度降低，大多导致储层疏松而容易出砂[7]。严重出砂可能造成油嘴阻流管汇堵塞，造成针阀及数采系统损坏，掩埋测试管柱。

为了防止油井出砂，一方面要针对油层及油井的条件正确选择固井、完井方法，指定合理的开采措施，提高管理水平；另一方面要根据油层及出砂情况采用防砂方法，防砂方法有化学防砂、机械防砂等。深水勘探期评价井若欲出砂问题大多采用机械防砂作为井下第一道挡砂屏障。

结合南海几口井的深水井测试实践，总结荔湾区块深水井测试防砂措施：

（1）井全部下套管和固井，有利于进行套管内防砂。

（2）DST/TCP管柱上安装Qty−2Meshrite井下筛管并下入到封隔器以下，地面备有冲砂用途的连续油管和连续油管提升框架。

（3）严格控制测试压差，对负压压差进行优化、选择合适射孔液，正加压延时的负压射孔，射孔时的负压限制在2.76MPa。

（4）测试阀应具有抗泥砂系统设计。

（5）地面在节流阻流管汇上游安装一个出砂监测装置，在节流阻流管汇上游安装地面除砂器，准备一个装砂的大油池。

（6）在开井放喷及求产过程中，时刻注意生产压差的变化。诱喷产量的调节由小到大，逐渐增加产量；控制井口流动压力，实现在控制地层出砂的范围内进行流动求产。

（7）每15min进行一次分离器取样，以监测地层产出流体中的含砂量。

2.5 台风及防台措施

台风是影响南海深水测试安全的最大风险之一。台风可能使平台发生偏移，横向位移对泥线以上测试管柱应力响应影响非常大。所以在测试过程中要严格控制平台的偏移，当偏移达到规范规定的极限值后，要立即解脱水下测试树，以免发生管柱断脱等危险。根据水深及水下测试树等设备要求，综合考虑水下测试树的响应时间、BOP解脱响应时间及平台漂移分析，可以计算得出深水浮式平台测试作业安全操作窗口。当平台偏移到一定极限值之后，要做关闭井下阀门、解脱水下测试树等操作。安全操作窗口用不同的颜色表示。绿色区域表示正常作业区域，在这个区域内，动力定位系统工作正常，平台上可以进行正常的测试作业。蓝绿色区域表示预警作业区域，在这个区域内，要停止作业，已经接近水下测试树的解脱极限，应该关闭水下测试树处阀门，加强监测平台偏移范围，随时准备解脱泥线以上测试管柱。黄色区域表示警示作业区域，在这个区域内，要立即采取措施从水下测试树处解脱测试管柱。红色区域表示紧急作业区域，在这个区域内，DP系统完全失去定位能力，应立即从BOP上断开LMRP，防止井口装置、防喷器组及隔水管受到损伤。

3 结束语

深水油气井测试是一个高风险的作业过程，要满足安全、高效、先进、适用的技术要求，尤其是安全性显得十分重要。深水海洋平台的空间有限、设备和人员密集、自然条件恶劣、远离陆基保障，任何的安全事故都将带来重大损失。在测试阶段，地下油气通过测试管柱被释放出来，一旦因管柱泄漏等发生失控，将会导致灾难性事故，甚至造成船毁人亡的惨剧。防止事故发生的关键之一，就是必须对深水测试进行安全评估与控制，提高测试工艺技术水平。在保障作业安全的前提下，确保测试资料的录取。

致　谢

在研究过程中得到了中海油研究总院周建良总师，以及中海石油（中国）有限公司深圳分公司唐海雄总师、罗俊丰经理、刘正礼经理、王跃曾总监、吕音总监、陈彬工程师等领导和同事在现场调研方面提供的大力支持和帮助，在此一并表示诚挚的感谢！

参 考 文 献

顾永强．深海：世界各国能源争夺新阵地［EB/OL］，2009-01-07：http：//www.lrn.cn/zjtg /societyDiscussion/200901/t20090107_316635.html.

王震，陈船英，赵林．全球深水油气资源勘探开发现状及面临的挑战［J］．中外能源，2010，15（1）：46-48.

深水下的财富——中国油气资源的新疆域［J］．高科技与产业化，2008，(12)．

李长俊，杨宇．天然气水合物形成条件预测及防止技术（续）［J］．管道技术与设备，2002，(02)：8-10.

金泽亮，王荣仁，陈金先，等．气井测试水合物的防治研究与应用［J］．油气井测试，2007，4（16）：54-56.

Chen Shing ming，William Gong Xiaowei，Geoff Antle，Husky Energy. DST design for deepwater wells with potential gas hydrate problems［C］. The 2008 Offshore Technology Conference，Houston，Texas，OTC 19162，2008.

王约曾，唐海雄，陈奉友．深水高产气井测试实践与工艺分析［J］．石油天然气学报，2009，31（5）：148−151.

杨少坤，代一丁，吕音，等．南海深水天然气测试关键技术［J］．中国海上油气，2009，21（4）：237−241.

二氧化碳在非常规油气藏开发中的应用

王瑞和　倪红坚　沈忠厚

（中国石油大学（华东）石油工程学院）

摘　要：能源安全和二氧化碳等温室气体减排是目前全球面临的两大危机。将二氧化碳用于非常规油气资源的开发是一种温室气体积极的减排途径，同时可显著缓解全球能源安全问题。在系统研究非常规油气资源分布规律，总结二氧化碳高效开发油气资源的理论与技术研究进展的基础上，对二氧化碳在非常规油气藏开发中的应用前景进行了深入分析，指出二氧化碳开发非常规油气藏与地下埋存一体化技术是未来的发展趋势。

关键词：二氧化碳　超临界　非常规　油气藏　钻完井

目前对油气资源需求量的增长以及CO_2等温室气体排放量的加剧给国民经济的发展及生态环境的保护带来了巨大的风险。为应对能源危机，低渗透、稠油油藏、页岩气等非常规油气资源的开发提上了日程；为遏制全球变暖趋势，CO_2等温室气体的减排工作得到了越来越多的重视。但目前在非常规油气资源开发及CO_2减排方面还面临着很多困难，如非常规油气藏的产能低、储层保护困难、采收率低等，传统CO_2埋存减排方式耗资巨大，推广困难。研究发现，CO_2具有混相压力低、膨胀系数大等特殊物性，能有效提高非常规油气资源的开发效率，因而将CO_2埋存与非常规油气藏开发有机结合起来，对于CO_2积极减排及非常规油气藏的高效开发均具有重要的意义。本文基于这种理念，在系统分析CO_2应用现状的基础上，对CO_2在非常规油气藏开发中的应用前景进行了分析。

1　非常规油气藏的分布现状

非常规油气资源是指不能采用常规方法和技术进行开发的油气资源，这类资源一般具有比较特殊的储集埋存条件，开发难度较大，开发费用较高，开发需要的技术较先进。非常规油气资源主要包括低渗透油藏、致密砂岩气、页岩气、煤层气、重油、油页岩以及天然气水合物等，其在世界范围内分布广泛，资源量非常巨大。目前随着常规油气资源的枯竭以及经济发展对能源的需求，非常规油气资源将会成为一种重要的接替能源，扮演越来

基金项目：国家自然科学基金项目“超临界二氧化碳射流破岩机理研究”（编号50974130）、国家自然科学重点基金项目“超临界二氧化碳在非常规油气藏中应用的基础研究”（编号51034007）。

作者简介：王瑞和（1957—　），男，山东莒县人，教授，博士生导师，主要从事石油天然气工程流体力学、岩石力学、破岩钻井新技术新方法等方面的教学科研工作。

越重要的角色。

1.1 世界范围内非常规油气藏的分布情况

非常规油气资源在世界范围内分布广泛，储量巨大。2007年据伍德麦肯齐咨询公司预测，全球非常规油气资源为36000×10^8bbl油当量，其中重油5640×10^8bbl，油页岩28000×10^8bbl，非常规天然气2360×10^8bbl（不包括天然气水合物）。

全球重油资源主要分布在西半球。据统美81.6%）分布在西半球。其中全球约90%的超重油分布在委内瑞拉的奥里诺科重油带，约81%的可采天然沥青分布在加拿大的阿尔伯塔省；世界上油砂油的可采资源量约为6510×10^8bbl，占世界石油资源量的32%，主要分布在北美洲、俄罗斯、拉丁美洲和加勒比海等国家和地区。

据美国能源部能源信息署的最新统计，世界页岩油资源量可达4110×10^8t，比传统石油资源总量（2710×10^8t）多50%以上，主要分布在美国、中国、俄罗斯、加拿大、扎伊尔、巴西、爱沙尼亚、澳大利亚等国家。其中页岩油储量最大的国家是美国，其可采储量约为3000×10^8t。

在非常规天然气资源方面，全球煤层气资源量为256.3×$10^{12}m^3$，约为常规天然气资源量的50%。煤层气资源主要分布在俄罗斯、加拿大、中国、美国和澳大利亚，这五个国家的煤层气资源量占到了全球总量的90%；全球页岩气资源量为456.24×$10^{12}m^3$，主要分布在北美、中亚、中国、拉美、中东、北非和前苏联。其中，美国页岩气资源量达（14.2~19.8）×$10^{12}m^3$，技术可采资源量达到3.6×$10^{12}m^3$；全球致密砂岩气的技术可采储量为（10.5~24）×$10^{12}m^3$。世界致密砂岩气资源主要分布在北美、欧洲和亚太地区。

1.2 我国非常规油气藏的分布情况

我国非常规油气资源储量非常丰富，重油、油砂、油页岩及非常规天然气等资源在我国均有较广泛的分布，资源潜力巨大。

据预测我国陆上重油和沥青资源量为198×10^8t，约占我国陆上石油总资源量的20%以上。我国重油沥青资源主要分布于松辽盆地、二连盆地、渤海湾盆地（辽河地区、冀东地区、大港地区、渤海海域、济阳地区）、塔中地区、准噶尔盆地西北缘等，其中渤海湾盆地重油资源量最丰富，可达40×10^8t以上；我国油砂地质储量约为40×10^8bbl，可采储量为20×10^8bbl，主要分布在西部地区，占全国的55.1%。

我国油页岩潜在资源量约为6699×10^8t，目前已查明储量约为500×10^8t，主要分布在吉林的松辽盆地、桦甸盆地、罗子沟盆地，新疆博格达盆地，内蒙古鄂尔多斯盆地，辽宁抚顺盆地，山东黄县盆地等。其中吉林省油页岩资源量最丰富，目前已查明210.15×10^8t，约占全国资源量的42%。

在非常规天然气资源方面，我国煤层气资源量为36.8×$10^{12}m^3$，主要分布在鄂尔多斯盆地、沁水盆地、六盘水盆地等。其中鄂尔多斯盆地地质储量最大，达9.9×$10^{12}m^3$，占全国的27%，沁水盆地资源量为4×$10^{12}m^3$，占全国的11%；我国页岩气资源地质储量达100×$10^{12}m^3$，约为常规天然气资源量的2倍，其中，四川盆地、吐哈盆地的页岩十分发育，勘探潜力巨大；我国致密砂岩气资源量也相当丰富，仅深盆气资源量就超过 $100\times10^{12}m^3$，预计可采储量超过（11.54~13.81）$\times10^{12}m^3$，主要分布在四川、鄂尔多斯、吐哈、松辽、准噶尔南部、塔西南、楚雄和东海等地。

2 二氧化碳开发非常规油气藏技术应用现状

CO_2 气体具有混相压力低、膨胀系数大等特殊物性，目前已广泛应用于非常规油气资源的开发。目前比较成熟的技术有 CO_2 驱提高采收率技术、CO_2 压裂技术等，超临界二氧化碳（SC-CO_2）保护油气层钻完井技术正在兴起。

2.1 二氧化碳驱油提高采收率技术

作为一种气驱提高采收率技术，CO_2 相比于其他气体（N_2、烟道气、天然气、空气等)，具有膨胀系数大，且最小混相压力最小的特点，因而相比于其他气体有较大优势。

2.1.1 二氧化碳驱油提高采收率机理

CO_2 驱提高采收率机理比较复杂，总起来讲主要包括如下几点，第一，CO_2 溶于原油可以使原油体积膨胀，黏度降低，提高原油流动性；第二，CO_2 溶于水后可降低油水界面张力，改善油水流度比；第三，CO_2 溶于水后形成酸性溶液可与碳酸盐成分发生反应，改善地层渗透性。

2.1.2 二氧化碳驱提高采收率技术应用现状

国外自20世纪30年代提出 CO_2 驱提高采收率技术以来，到现在经历了室内实验、矿场试验、理论研究和生产应用、技术成熟阶段。由于 CO_2 驱具有诸多优点，除了在常规油气藏广泛应用外，正在逐步应用于非常规油气藏用以改善非常规油气藏的开发效果。

斯普拉帕雷油田是一个典型的低渗透油田，从1995年起着手进行注 CO_2 开发可行性研究，1997年底完成室内研究，随即进行现场试验，第一年采油速度达6%。俄罗斯学者于2000年通过室内试验评价了乌拉尔—伏尔加油田泥盆纪地层注 CO_2 驱油效果，四组实验结果表明注 CO_2 可以提高驱油效果。2008年统计世界低渗透油田EOR项目，油气藏储层渗透率小于50mD的项目有99个，其中气驱项目有82个，91%为 CO_2-EOR 项目。中国目前也在大庆油田、长庆油田、胜利油田及中原油田的部分区块进行了先导性试验，对国内开展 CO_2 驱开发低渗透油田有积极的指导意义。

对于稠油油藏的开采，除了热采技术外，采用 CO_2 吞吐或驱替也是一种较好的方法。Welker 和 Dunlop 对 CO_2 在原油中的溶解性及对原油膨胀和原油黏度的影响进行了研究；Bakshi 等人对阿拉斯加西 Sak 稠油油藏用 CO_2 开采的可行性进行了研究，认为适合用 CO_2 开采；阿肯色州 Ritchie 油田进行了三口井的 CO_2 吞吐先导性试验，使产油量从 $10m^3/d$ 增加到 $21m^3/d$；土耳其 Bati Raman 油田是一个稠油油田，采用 CO_2 吞吐开采技术使每口井平均产量由3.5t/d达到了14t/d，部分井在短期内产量高达28 ~ 42t/d。国内也在辽河的茨榆坨油田、胜利的东辛油田等油田开展了CO_2吞吐提高稠油采收率的现场试验，均取得了较好的成果。2006年，辽河油田提出了蒸汽—CO_2—助剂吞吐开采稠油技术，取得了良好增产效果。2008年，中国石油大学（华东）和胜利油田提出了一项采用高效油溶性复合降黏剂和CO_2辅助水平井蒸汽吞吐提高稠油/超稠油采收率技术，取得了良好的效果。

2.2 二氧化碳压裂技术

CO_2压裂技术是20世纪80年代在北美兴起的一种新型压裂技术。根据泡沫质量的不同，可以分为纯CO_2压裂、CO_2泡沫压裂、CO_2增能压裂。

2.2.1 二氧化碳压裂技术特点

相比于传统水力压裂技术，CO_2压裂技术具有以下特点：

（1）降低了进入油气层的液体量，同时由于CO_2的增能助排特性，增加压裂液的返排能力和返排率，从而降低了液体对油气层的伤害；

（2）压裂时混合液具有较高的黏度，提高了携砂能力，有利于提高施工时的排量和砂比；

（3）CO_2溶解形成酸性液，当pH值为3.5左右时，可有效抑制黏土的膨胀，同时在此pH值下不足以溶解铁矿物成分而形成沉淀；

（4）由CO_2溶解性衍生出的其他特性有很多，如CO_2压裂液的界面张力低，可以降低毛细管力，减少地层对压裂液的吸渗。

2.2.2 二氧化碳压裂增渗技术应用现状

从20世纪80年代起，北美就开始采用以液态CO_2为基础的压裂液系统进行储层改造。1981年，在西部加拿大沉积盆地（WCSB）使用水合乙醇/CO_2乳化液进行压裂，取得了成功。到2008年时，该类压裂液已在WCSB完成了3000多次压裂处理。1993年，美国首次在Big Sandy气田实施了液态CO_2加砂压裂作业。

中国目前在CO_2压裂方面的技术也正在逐渐成熟。2002年，大庆油田在敖古拉区块进行了三口井的CO_2泡沫压裂实验，其产油强度为水基压裂井产油强度的2.4倍；2003年，长庆油田苏里格气田与BJ服务公司合作，在苏里格进行了两口井的CO_2泡沫压裂实验，取得较好的效果；2003年，中原油田引进美国SS公司生产的2台CO_2增压泵，以及CO_2罐车，并通过技术服务的方式引进斯伦贝谢公司的施工技术，进行了五口气井的CO_2压裂现场试验，取得良好的效果，并通过此次实验掌握了CO_2压裂关键技术；2006年，中石化胜利油田井下作业公司与BJ公司合作，在鄂尔多斯盆地大牛地气田进行了一口井的CO_2泡沫压裂作业，使该井恢复产气。

2.3 超临界二氧化碳保护油气层钻完井技术

现代钻井过程中，尤其是在钻进低渗透致密油气层，对油气层的保护越来越重要。欠平衡钻井技术是实现钻井油气层保护的一个重要手段。但在欠平衡连续油管钻井中常用的空气及氮气钻井液由于密度低，无法有效驱动井下动力钻具，使这一技术的发展受到了制约，所以国外最近开始研究超临界二氧化碳钻井前沿技术。

2.3.1 超临界二氧化碳钻完井机理

CO_2 流体被泵入连续管后，随着井深的增加，压力和温度达到临界点，CO_2 流体相变为超临界二氧化碳，其与液体类似的较高密度特性一方面能为连续管井底动力钻具提供足够的推动力，另一方面也有利于射流破岩；同时超临界二氧化碳具有较强的清洁功能，能够有效清洗钻头，并通过流经喷嘴产生的焦耳－汤姆逊效应有效冷却钻头；再者，超临界二氧化碳侵入储层后，能够改善储层的渗透率，增加储层原油的流动性，有利于保护储层。

2.3.2 超临界二氧化碳保护油气层钻完井技术研究进展

超临界二氧化碳作为钻井液被引入石油钻井至今只有十余年的发展历史，在这段时间内主要进行了理论探索和室内实验研究，在国外只有美国对超临界二氧化碳钻井进行了相关研究。

1998 年 J. J. Kollé 和 M. H. Marvin 合作完成了“Coiled Tubing Drilling Using Supercritical Carbon Dioxide”项目研究。2000 年 J.J.Kollé 和 M.H.Marvin 进行了超临界二氧化碳射流破岩室内实验，研究结果表明，在曼柯斯页岩中超临界二氧化碳射流的钻进速度是水射流的 3.3 倍，破岩所需比能（比能为破岩所需水力、机械能量与破碎剥落的岩石体积比）仅为水力钻井时的 20%。同年又进行了超临界二氧化碳喷射辅助钻井现场实验，成功地对井深 4400m、井底压力不足 5MPa 的枯竭气井进行了侧钻，证明了超临界二氧化碳用于欠平衡钻井的可行性。

美国 Tempress 公司申请了一项超临界二氧化碳连续油管钻井专利，并于 2000 年对坚硬的页岩进行了破岩室内实验，结果表明超临界二氧化碳射流破岩的门限压力较低，相比于水射流，能获得更好的破岩钻井效果。

中国石油大学（华东）是国内最早进行超临界二氧化碳流体相关研究的单位，分别从物理化学性质、CO_2 水合物特性、清岩携岩特性等方面对超临界二氧化碳进行了研究，并于 2006 年研制了超临界二氧化碳钻井液循环模拟实验装置，并进行了一系列实验，得到了第一手宝贵资料。

3 二氧化碳开发非常规油气藏技术展望

从以上论述可以看出，由于 CO_2 所具备的特殊的物理化学性质，在油气田的钻井、完井和开发领域有着广阔的应用前景；而在诸多 CO_2 减排的方法中，地下永久封存是处置 CO_2 最有效最现实的方法。因此将 CO_2 这种给环境带来巨大威胁的温室气体的减排与油气田高效勘探开发有机结合是未来二氧化碳开发非常规油气藏的趋势。

（1）CO_2 开采页岩气 / 煤层气与地下埋存一体化技术。通过向页岩层或煤层注入 CO_2，利用 CO_2 与 CH_4 在地层中吸附能力的差别置换 CH_4，同时增加页岩层 / 煤层的渗透率，提高页岩层/煤层的采气率；同时页岩本身既是烃源岩又是储层，甚至盖层，页岩结构致密，渗透率极低，且页岩体对CO_2的吸附能力远大于对CH_4的吸附，具备良好的封存条件，有利于实现CO_2的地下埋存，达到减排增产的目的。

（2）CO_2驱提高老油田采收率与地下埋存一体化技术。地层压力衰竭的老油田、老区块是埋存CO_2的理想场所。在老油田进行CO_2驱可有效动用剩余储量，提高油田的采收率，同时在CO_2驱的过程中，可以将部分CO_2埋存到油层中，在油田废弃后，可实现该部分CO_2的永久埋存。

（3）超临界二氧化碳保护油气层钻完井技术。目前，经国内外实验研究证实，采用超临界二氧化碳作为钻井液和完井液具有诸多优势，尤其是在储层保护方面优势更为明显。但是现在的研究水平距实现超临界二氧化碳钻井现场大规模应用还有很长的路要走，因此应加强该方面的基础理论和关键技术研究，促进超临界二氧化碳保护油气层的钻完井技术的发展和应用。

4 结论与认识

（1）非常规油气资源在全球分布广泛，储量巨大。我国非常规油气资源也非常丰富，是重要的接替资源，对于保证我国的能源安全具有重要的意义，但要成功开发非常规油气资源尚需研究开发相应的配套技术。

（2）目前CO_2已被成功应用于提高油气藏采收率，如二氧化碳驱、二氧化碳压裂等，超临界二氧化碳保护油气层钻完井技术也进行了先导性研究，被证明是一种非常有前景的技术。因此应用CO_2开发非常规油气藏将会是一种比较有前景的技术。

（3）当前中国已经成为世界第二大CO_2排放国，减排形式非常严峻。单纯进行CO_2捕集埋存需要国家投入巨大的资金，因此发展CO_2埋存与油气田高效开发一体化技术，无论是对于节能减排还是提高油气采收率都具有重要的意义。

参 考 文 献

娄承．非常规油气资源开发前景［J］．阿拉伯油气，2007，15（10）

杨辉，顾文文，李文．世界重油资源开发利用现状和前景［J］．中外能源，2006，11（6）：10-16.

雷群，王红岩，赵群，等．国内外非常规油气资源勘探开发现状及建议［J］．天然气企业，2008，28（12）：7-10.

Dyni J R. Geology and resources of some world oil shale deposits［J］. Oil Shale，2003，20（3）.

汪凯明．我国非常规油气资源勘探开发前景［J］．当代石油石化，2009，17（4）：24-27.

张杰，金之钧，张金川．中国非常规油气资源潜力及分布［J］．当代石油石化，2004，12（10）：17-20.

钟文新．世界石油资源状况分析［R］．石油科技论坛，2008.

扈英彬，王艳梅，崔德荣，等．我国油页岩资源潜力及其利用的可行性［J］．吉林地质，2008，27（2）．

郭平，彭鹏商．不同种类气体注入对原油物性的影响研究［J］．西南石油学院学报，2000，22（3）：57−60.

沈平平，江怀友，陈永武，等．CO_2注入技术提高采收率研究［J］．特种油气藏，2007，14（3）：1−4.

张威，王晶．注气法在开采难采储量中的作用［J］．国外油田工程．2000，（8）：6−8.

江怀友，李治平，钟太贤，等．世界低渗透油气田开发技术现状与展望［J］．特种油气藏，2009，16（4）：13−17.

李振泉，李相远，袁明琦，等．商13−22单元CO_2驱室内实验研究［J］．有期采收率技术，2000，7（3）：9−11.

Bakshi A K.，Ogbe D O，Kamath V A，et al. Feasibility study of CO_2 stimulation in the West Sak Field Alaska［R］. SPE 24038.

Chung F T H，Joens R A，Burchfield T E. Recovery of viscous oil under high pressure by CO_2 Displacement：A Laboratory Study［R］. SPE 17588.

Kayhan Issever，Necdet Pamlr A，All Tlrek. Performance of a heavy−oil field under CO_2 Injection，Bati Raman，Turkey［R］. SPE 20883.

Karaoguz Osman K，Topguder Nazan N，Lane Robert H. Improved sweep in bati raman heavy−oil CO_2 flood：bullhead flowing gel treatments plug natural fractures［R］. SPE 89400.

Secaeddin Sahin，Ulker Kalfa，Demet Celebioglu. Bati Raman filed immiscible CO_2 application−status quo and future plans［R］. SPE 106575.

刘伟，陈祖华．苏北复杂断块小型油藏CO_2驱油先导性试验研究［J］．石油天然气学报，2008，30（2）．

张小波．蒸汽－二氧化碳－助剂吞吐开采技术研究［J］．石油学报，2006，27（2）：80−84.

Gupta D V S. Field application of unconventional foam technology：extension of liquid CO_2 technology［R］. SPE 84119.

雷群，李宪文，慕立俊，等．低压低渗砂岩气藏CO_2压裂工艺研究与试验［J］．天然气工业，2005，25（4）：113−115.

Gupta D V S，Hlidek B T，Hill E S W，Dinsa H S. Fracturing fluid for low−permeability gas reservoirs：emulsion of carbon dioxide with aqueous methanol base fluid：chemistry and applications［R］. SPE 106304.

李全，权咏梅，黄显辉．二氧化碳泡沫压裂效果评价［J］．油气井测试，2003，12（60）：21−23.

雷群，管保山．BJ公司压裂技术思路分析［J］．天然气工业，2004，24（10）：68−70.

曾雨辰．中原油田二氧化碳压裂改造初探［J］．天然气勘探与开发，2005，28（2）：27−31.

刘明军 . CO_2 泡沫压裂在大牛地低渗透气田先导性试验［J］. 内蒙古石油化工，2008，(17)：108−110.

王在明 . 超临界二氧化碳连续管钻井液特性研究［D］. 中国石油大学（华东）博士学位论文，2008.

Kollé J J，Marvin M. Jet−assisted coiled tubing drilling with supercritical carbon dioxide［A］. In：proceedings of ETCE/OMAE 2000 Joint Conference［C］. New Orleans，ASME，New York，February 2000.

Kollé J J，Marvin M H. Jet−assisted drilling with supercritical carbon dioxide［M］. Tempress Technologies Inc.，2000.

Stalkup F I. Displacement behavior of the condensing/vaporizing gas drive process［R］. SPE 16715，1987.

Novosad Z，Costain T. New interpretation of recovery mechanisms in enriched gas drives［J］. Canadian Pet Tech. J.，1988，27（2）.

粒子冲击钻井钻头设计及喷嘴数值模拟

徐依吉 赵 健 刘 芬 任建华

（中国石油大学（华东）石油工程学院）

摘　要：粒子冲击钻井钻头是随着粒子冲击钻井技术的提出而发展起来的一类新型钻井破岩工具。主要在硬地层钻井中具有很好的破岩性能，具体表现在：改变了常规 PDC 钻头的结构，依靠粒子射流和切削齿破岩，钻进速度快，钻速高。本文分析了粒子冲击钻井破岩机理，设计 PID 钻头结构，并且应用 Mixture 软件模拟了几种喷嘴结构，得到了这些喷嘴内粒子的速度分布、粒子的运动轨迹和混合流体的密度分布规律，得出了优选喷嘴的方法和最优的喷嘴布置方式。

关键词：粒子冲击钻井　破岩　钻头设计　喷嘴　模拟

粒子冲击钻井（particle impact drilling，PID）破岩是以高速球形硬质钢粒子冲击破岩为主，以高速水力破岩和机械牙齿破岩为辅的一种新的钻井破岩方法（图 1）。可用于钻探某些特殊岩层段，特别是因抗压强度极高而造成钻速下降的硬地层，美国粒子冲击钻井技术公司经过室内与现场试验，证实粒子冲击钻井大大提高了能量的利用率，其钻速达到常规钻井速度的 3 ~ 4 倍，在硬夹层钻进一口中深井可节省约 1/3 钻井时间和大约 100 万元钻井费用。

1　钻头和破岩机理

1.1　粒子射流对岩石破碎的影响

钻井过程中粒子射流从钻头的喷嘴喷出冲击岩石表面，粒子冲击频率高，多次冲击后岩石损伤累积，裂纹充分发展并相互贯通形成大的岩块，可以产生体积破碎。利用高频、高速硬质粒子的冲击能提高机械钻速，明显缩短钻井时间，降低成本。

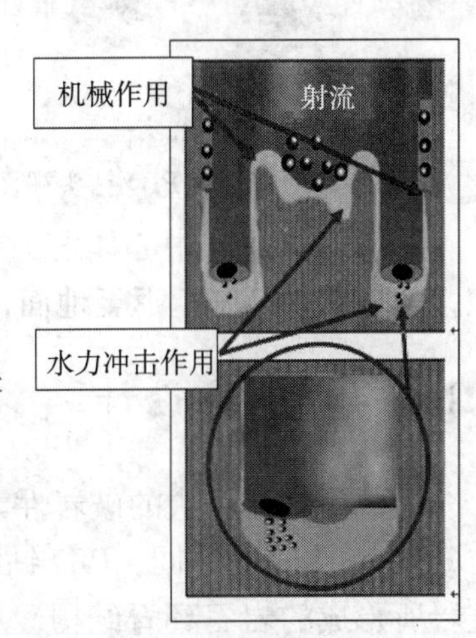

图 1　粒子冲击破岩示意图

作者简介：徐依吉（1953—　），男，山东临淄人，中国石油大学（华东）石油工程学院教授，博士生导师，主要从事油气井流体力学与高压水射流技术研究。

1.2 机械破岩

根据粒子冲击钻井特点，钻头选用PDC切削齿和硬质合金球形齿作为切削元件，以压碎、研磨的方式破碎高研磨性的坚硬地层，如燧石、石英岩、玄武岩、花岗岩等。因此适用于钻坚硬和极坚硬、耐磨性强的岩石。

2 粒子冲击钻井钻头设计

为满足钻井的需求，粒子冲击钻井使用的PID钻头是经过特殊设计的（图2）。PID钻头结构包括：钻头体、两个侧翼、中心体、喷嘴和排泄槽等。

钻头中心体上的硬质合金齿呈锥形布置，在低钻压和低扭矩的作用下以挤压膨胀的方式破碎井底形成的岩石环脊。岩石环脊释放了原有的应力，使得沿切削齿作用方向的岩石的“压持效应”消失，岩石环脊的内外压力接近，岩石的强度降低，容易破碎。这种破岩方式可以产生体积破碎，在不增加钻压和扭矩的条件下，提高了钻井机械的钻井深度。所形成的井底模式如图3所示。

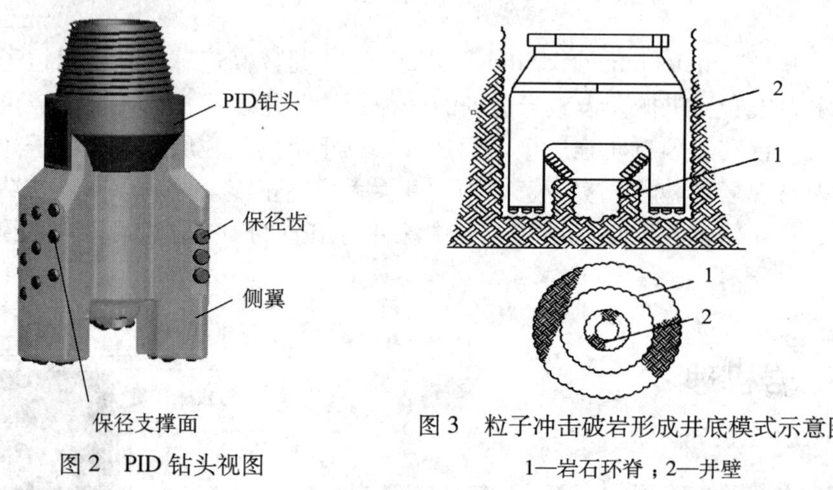

图2 PID钻头视图

图3 粒子冲击破岩形成井底模式示意图
1—岩石环脊；2—井壁

钻头两侧翼与中心体之间有两个大排屑槽，破碎的岩石和粒子直接从大排屑槽进入环空，随着钻井液一起返至地面，如图4所示。

2.1 冠部轮廓设计

冠部形状对钻头的破岩性能具有较大影响，PID钻头按照硬地层的钻进特点进行设计，与PDC钻头轮廓不同，PID钻头轮廓的设计要满足切削齿布置，同时要实现钻头切削地层破岩所形成的岩石环脊结构，从而保证钻进时的稳定性。根据钻头侧翼与中心体结构进行轮廓设计（图5）。

钻头的两个侧翼围绕中心体，以一定角度呈圆弧状分布，侧翼底部采用平面形状，加工简单、布齿方便、耐磨损、耐冲击；中心体采用凸面圆锥状。平面形状和凸面形状相配合，在井底形成岩石环脊，满足粒子冲击钻井破岩要求，同时增加钻头钻进时的稳定性。

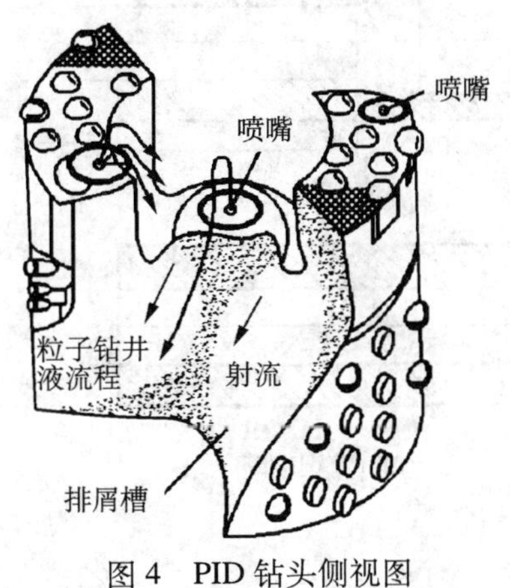

图4　PID 钻头侧视图

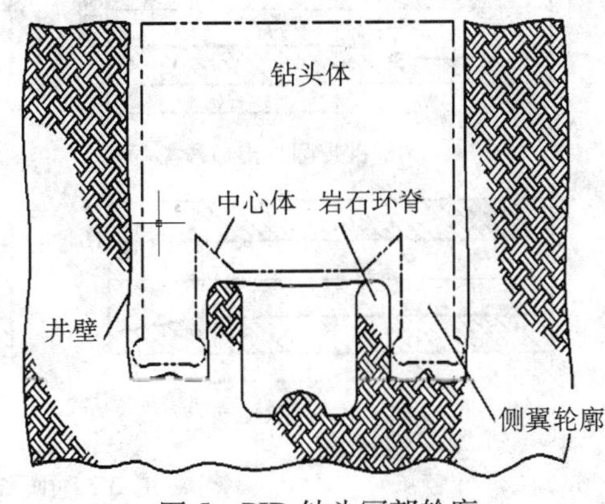

图5　PID 钻头冠部轮廓

2.2　布齿设计

钻头布齿设计主要包括切削齿选择、切削齿数量及布置方式、工作角等内容。PID 钻头布齿设计应达到最优的井底覆盖面积，保证切削齿的充分清洗和冷却，提高切削结构的工作效率，减少粒子对切削齿的冲击磨损。

2.3　排屑槽

PID 钻头采用大排屑槽，有利于钻井液携带粒子、岩屑等进入环空，减少对钻头和喷嘴的磨损和冲蚀。

2.4　稳定性设计

在钻头保径设计方面，在 PID 钻头的侧翼面上布置有 PDC 复合片，作为保径支撑面，可以增加钻头与井壁的接触面积，提高钻头的稳定性；并且在侧翼的一端使用保径齿，有利于提高钻头保持井径的能力，形成规整的井筒。此外 PID 钻头本身具有防斜的作用，有利于钻头的稳定性。

3　钻头喷嘴数值模拟

PID 钻头的水力结构关系到钻头的工作性能好坏和寿命的长短。喷嘴的布置决定了粒子破碎岩石的效果和钻头的寿命。在钻头旋转钻进过程中，将粒子射流喷嘴安装在切削齿的前面，实现首先粒子冲击，然后切削齿破岩的效果。

喷嘴按内孔横截面的形式，选择四种结构：圆锥带圆柱出口段型喷嘴、双圆弧喷嘴、扩散型喷嘴和直筒型喷嘴，如图 6 所示。圆锥带圆柱出口段型喷嘴几何参数主要有：喷嘴的收缩角 α 、出口直径 d、圆柱段长度 L。

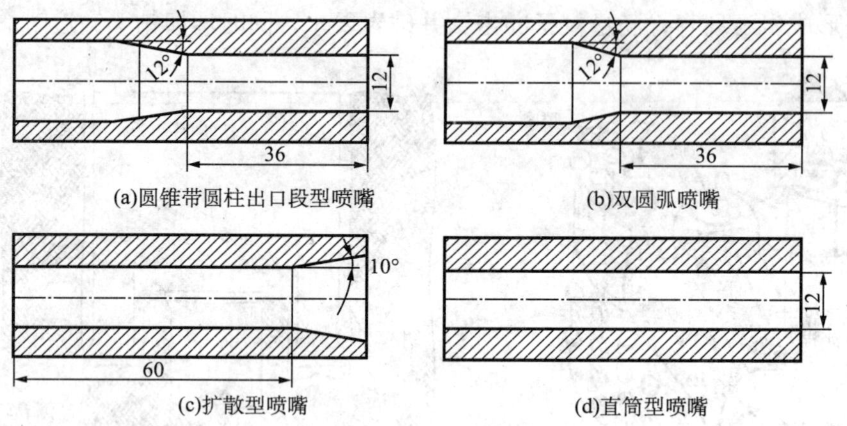

图6　喷嘴结构图

根据国外粒子冲击钻井现场应用数据，钻井液流量35L/s，粒子的流量1.03L/s，粒子在钻柱内从井口到井底经过充足时间加速后，粒子的速度与射流的速度接近。钻头压降7.5～17MPa，设计的钻头喷嘴出口段的流量系数C=0.9，钻井液密度为1.2g/m^3，钻头压力降公式：

$$\Delta p_{\mathrm{b}}=\frac{0.05\rho_{\mathrm{d}}Q^2}{C^2A_0^2} \tag{1}$$

式中，Δp_{b}为钻头压降，MPa；C为喷嘴流量系数，无量纲量，与喷嘴的阻力系数有关，总小于1；Q为钻井液流量，L/s；ρ_{d}为钻井液密度，g/cm^3；A_0为喷嘴出口截面积，cm^3，$A_0=\frac{1}{4}\pi d_{\mathrm{ne}}^2$；$d_{\mathrm{ne}}$为喷嘴当量直径，为1.72～2.11cm。

喷嘴当量直径计算公式：

$$d_{\mathrm{ne}}=\sqrt{\sum_{i=1}^{z}d_i^2} \tag{2}$$

式中，d_{ne}为喷嘴当量直径，cm；d_i为喷嘴直径（i = 1，2，…，z），cm；z为喷嘴个数（z=3）。模拟液固两相通过喷嘴喷出到达岩石表面的流场，分析粒子和液固两相混合物的速度、流线、密度等的变化规律，选择最优结构。

仿真参数设置：喷嘴出口直径为12mm，喷距为20mm，入口边界为速度入口，两相流入口速度为100m/s，钢粒直径1mm，粒子体积分数0.02，水的体积分数为0.98，出口边界为自由出流，壁面条件为无滑动壁面条件。两相流材料特性设置：水的密度为1000kg/m^3，黏度为8×10^4kg/（m^3·s），粒子颗粒为刚粒，密度为7800kg/m^3，黏度为1×10^{-5}kg/（m^3·s），在淹没条件下，应用Mixture模型，模拟结果如下：

从图7可以看出，粒子射流最大速度出现在射流轴线上，粒子钻井液速度分布存在等速核，轴向距离再增加，混合物的速度降低。粒子射流内部的速度分布比较均匀，边界处流体发生扩散，到达壁面时形成漫流。从图8可以看出，在喷嘴收缩段处由于压力梯度的作用，粒子速度增加存在等速核，之后粒子速度分布接近液相。从图9可以看出，粒子在收缩段处比较集中，速度增加，对喷嘴收缩段冲击磨损大。从喷嘴喷出后，粒子主要集中在射流轴线附近，接触岩石表面后粒子反弹。根据粒子冲击破岩模拟结果，在模拟条件下可以实现粒子破岩。

由喷嘴内混合物的密度分布图（图 10 ~ 图 12）可以看出，圆锥带圆柱出口段型喷嘴和双圆弧喷嘴在收缩段处密度较大，说明粒子在此处受到阻力作用产生聚集，能量损失大，同时会对喷嘴内壁造成较大的冲击磨损；扩散型喷嘴和直筒型喷嘴内流体密度分布均匀，粒子对喷嘴内壁的磨损小，喷嘴寿命长，但是对粒子的加速效果不明显，粒子从喷嘴喷出后速度大大降低，无法实现粒子高效破岩的目的。在喷嘴设计过程中，既要考虑喷嘴对粒子的加速作用，又要增加喷嘴本身的耐磨性（图 13）。

根据模拟结果可以看出，双圆弧喷嘴的磨损较严重，流体携带的粒子对喷嘴过流面的冲击作用是造成喷嘴磨损的主要因素。喷嘴的磨损主要表现在两个方面：粒子对喷嘴入口端面的磨损；粒子对喷嘴内壁的磨损。为了保证粒子冲击破岩并减小粒子前进的阻力，需要选择合理的喷嘴类型、选择耐磨性较好的喷嘴材质、特殊的机械加工工艺。

喷嘴布置方式如图 14 所示，侧翼喷嘴与钻头中心线呈 10° 和 14° 布置，并能使粒子射流沿着凹槽底部不断地冲击井底岩石；中心喷嘴布置在钻头中心凸起的一侧，与钻头中心线呈 20° 角度，可以达到粒子射流破岩的最佳效果。侧喷嘴和中心喷嘴各项参数如表 1 所示。

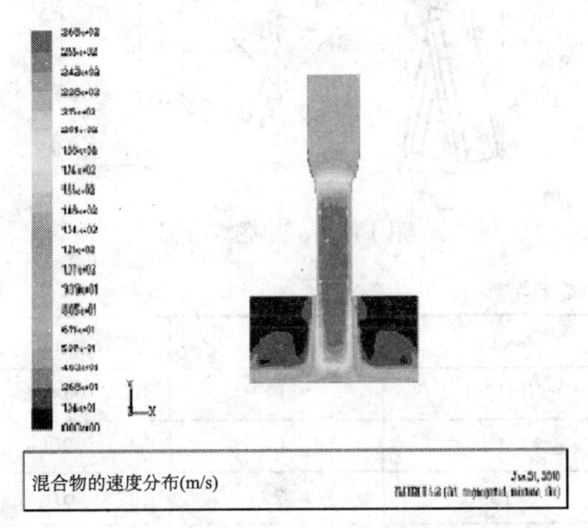

图 7　双圆弧喷嘴混合物速度分布

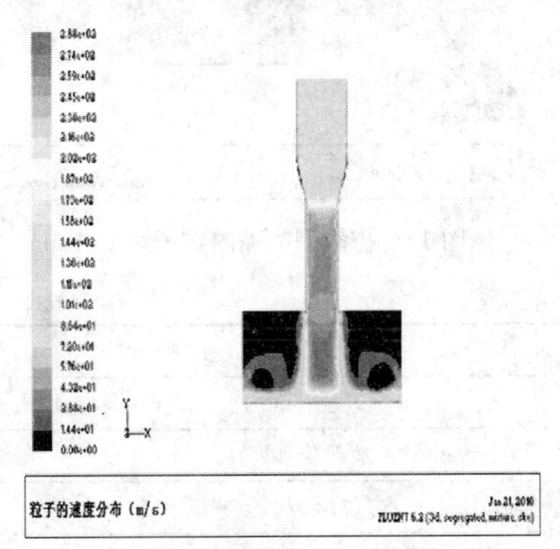

图 8　双圆弧喷嘴的粒子速度分布

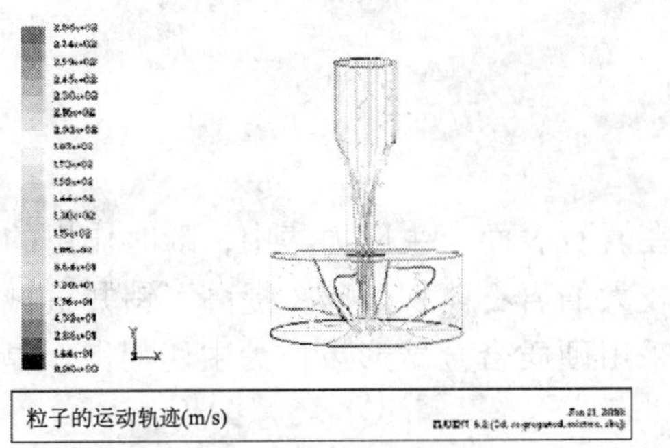

图 9　双圆弧喷嘴的粒子运动轨迹

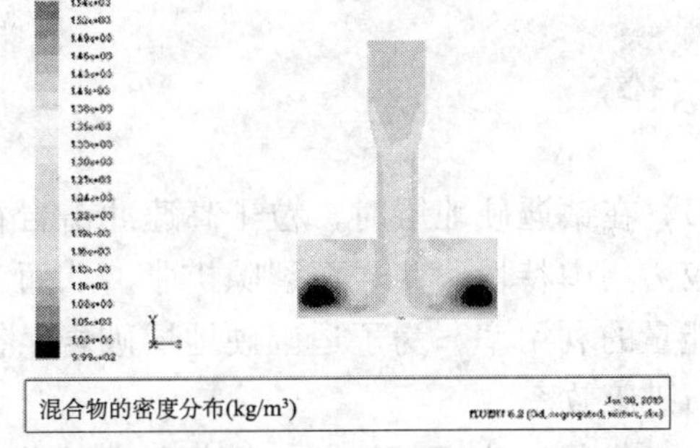

图 10　圆锥带圆柱出口段型喷嘴内混合物密度分布

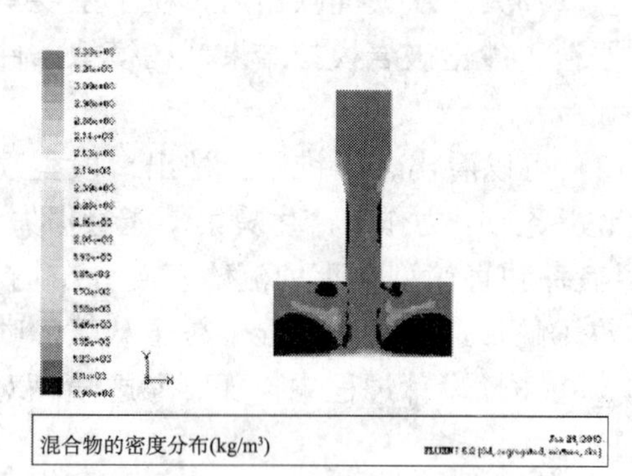

图11 双圆弧喷嘴内混合物密度分布

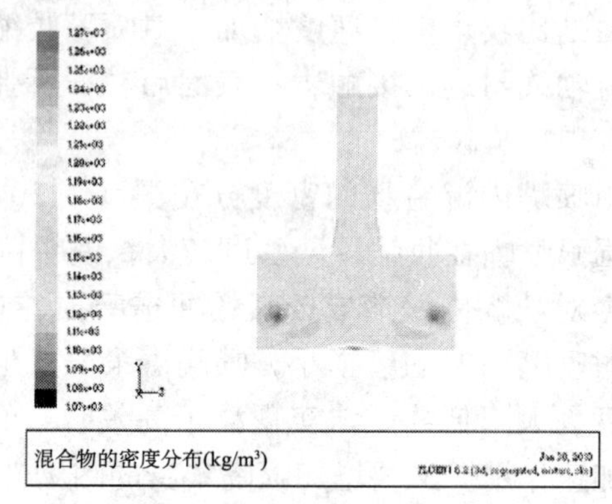

图12 扩散型喷嘴内混合物密度分布

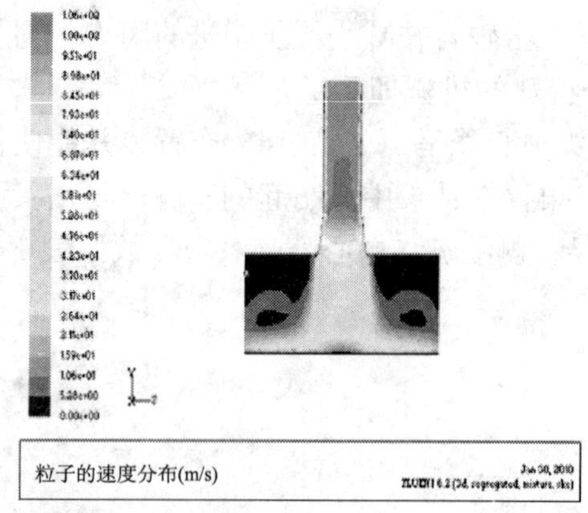

图13 扩散型喷嘴内粒子速度分布

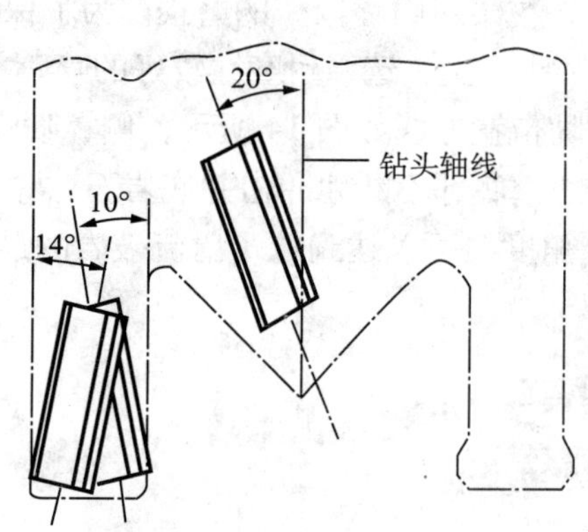

图14 钻头喷嘴布置

表1 喷嘴参数

序号	1	2	3
直径（mm）	12	12	14
喷射角（°）	10	14	20
方位角 θ（°）	153	-27	101
距钻头中心距离（mm）	63	83	33

4 结论

(1) 在钻遇硬地层时，粒子高速冲击岩石并在岩石表面产生应力集中，瞬时作用的载荷和应力集中特性，使岩石裂隙扩张，从而产生较大的岩石体积破碎，提高了钻井机械效率和能量的利用率。为了适应硬地层破岩，钻头采用硬质合金球形齿作为主切削齿，提高了岩石破碎效率。

(2) 优化钻头冠部形状，选择切削齿类型及尺寸，采用大排泄槽，有利于岩屑上返，保径齿与保径支撑面对井壁的修正、支撑保护作用，实现最终的井眼，增加钻头旋转时的稳定性。

(3) 应用Mixture软件模拟了几种喷嘴结构内的粒子射流，得到了喷嘴内粒子的运动轨迹和混合流体的密度分布，在喷嘴设计过程中，既要考虑喷嘴对粒子的加速作用，又要增加喷嘴本身的耐磨性，喷嘴布置方式为侧翼喷嘴与钻头中心线呈10°和14°，中心喷嘴布置在钻头中心凸起的一侧，与钻头中心线呈20°角度。

参考文献

徐依吉，赵红香，孙伟良，等．钢粒冲击岩石破岩效果数值分析［J］．中国石油大学（自然科学版），2009，33（5）：68–69.

Tibbitt Gordon A.，Galloway Greg G. Particle drilling alters standard rock–cutting approach［J］. World Oil，June 2008.

Curlett Harry B.，David Paul Sharp，Marvin Allen Gregory. Formation cutting method and system［P］. US6581700B2，Jun，2003–01–24.

张永利．岩石在粒子射流作用下的破坏机理［J］．辽宁工程技术大学学报，2006，25（6）：836-838

Tibbitts Gordon A.，Padgett Paul O，Curlett Harry B，Harder Nathan J. Drillbit［P］. US2006/0027398A1，2006–02–09.

Tibbitts Gordon A，Murray UT. Impact excavation system and method with improved nozzle［P］. US2006/0011386 A1，2006–01–19.

李华，孙友宏．球齿钻头布齿的优化方法探讨［J］．探矿工程，2001，(2)：39–41.

陈庭根，管志川．钻井工程理论与技术［M］．东营：石油大学出版社，2000：143–147.

伍开松，古剑飞，况雨春，等．粒子冲击钻井技术述评［J］．西南石油大学学报（自然科学版），2004，30（2）：142–146.

沈忠厚．水射流理论与技术［M］．东营：石油大学出版社，2000：293–307.

杨新乐，张永利，陈伟雄．固液两相射流喷嘴外冲击流场的数值模拟［J］．煤矿机械，2008：29（8）：52–53.

激光钻井破岩技术及其发展

杨增辉　易先中　曹良波　刘浩鸿

（长江大学机械工程学院）

摘　要：激光钻井破岩技术是正在飞速发展的新型钻完井技术。文中详细介绍了激光钻井破岩技术的工作原理和激光钻井破岩用激光器（特别是光纤激光器），评述了国内外激光钻井破岩技术的研究现状与进展，分析了激光钻井破岩技术相比较传统钻井技术存在的优点，指出了进一步深入探索激光钻井的原理、解决激光钻井破岩技术在复杂地层应用问题、激光钻井破岩技术的经济性评价、进一步深入探索激光钻井破岩用激光器等问题将是未来的主要研究方向。

关键词：激光钻井破岩技术　激光钻井破岩用激光器　光纤激光

自 20 世纪初以来，旋转钻井一直是国内外油气勘探开发广泛应用的钻井方式，并在较长一段时间内仍将是石油天然气钻井的主力军；但随着钻井难度越来越大，特别是面临的地域条件更复杂、钻井深度加大之后，钻井成本总体上呈上升趋势。因此，要想改善目前的钻井难题，需要开发一种更加有效的替代方法。研究表明，激光钻井破岩技术在成本、速度和安全等方面都大大优于传统钻井工艺，具有广阔的发展前景。

1　激光钻井破岩技术

1.1　激光简介

能够通过放射物的受激发射而放大的光称为激光。激光波长（λ）取决于激发激光介质，从 0.1μm 到 10^3μm，跨越紫外线、可见光、红外线、低于毫米范围内的光谱。激光的主要特性为：高亮度性、高方向性、高单色性和高相干性。激光技术所依据的理论，最早来自于爱因斯坦。

1960 年，美国西奥多·梅曼（Theodore Maiman）在加州 Hughes 实验室建造了第一台可以工作的激光器（固态红宝石激光器），他通过把红宝石棒放置在铝制圆柱体里的螺旋形闪光光源中间，成功地使红宝石棒发射出激光束，实现了人类历史上的第一束激光（图 1）。经过 50 年的发展历程，激光已经在很多领域得到了应用，从日常超市的条形码扫描仪

作者简介：杨增辉（1984—　），硕士研究生，研究方向为流体机械优化设计及 CAD 技术。

和CD光碟到眼睛治疗，激光无处不在。因为激光具有巨大的工业价值，在机械加工行业中很快得到大力推广和应用。金属加工方面的应用包括表面淬火、冶金、切割和钻孔等。

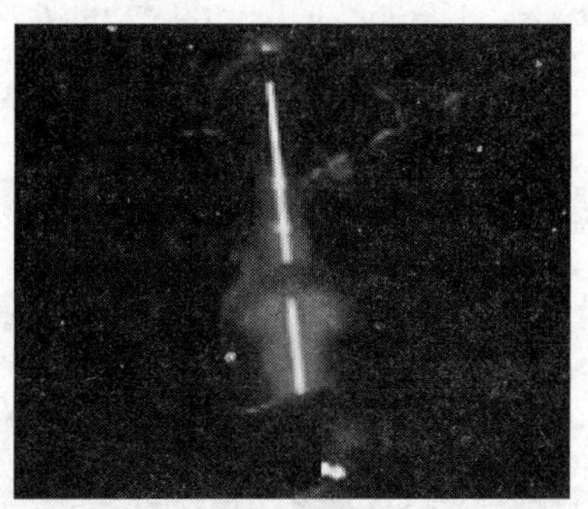

图1 人类历史上第一束激光

激光钻孔的主要方法（图2）包括单脉冲钻孔、穿孔和冲击钻孔。激光冲击钻优于其他老的钻孔技术和其他激光钻孔技术，是迄今为止速度最快的钻孔技术。在激光冲击钻中，移除材料是气化和熔化喷射两种现象的综合，其中后者的作用机理是最重要的。目前，我们在石油钻采领域研究的激光钻井破岩的方式就是激光冲击钻。

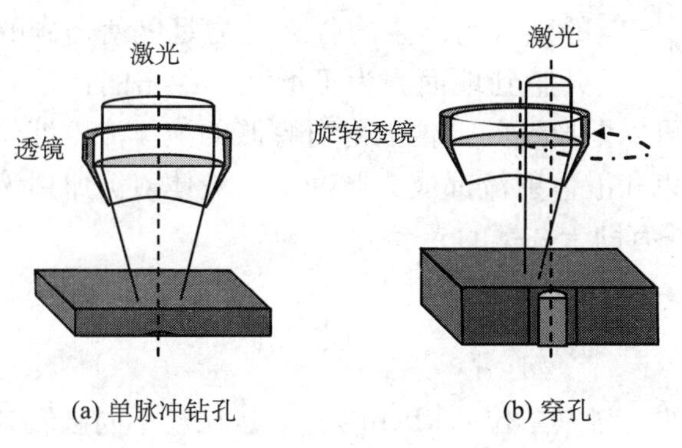

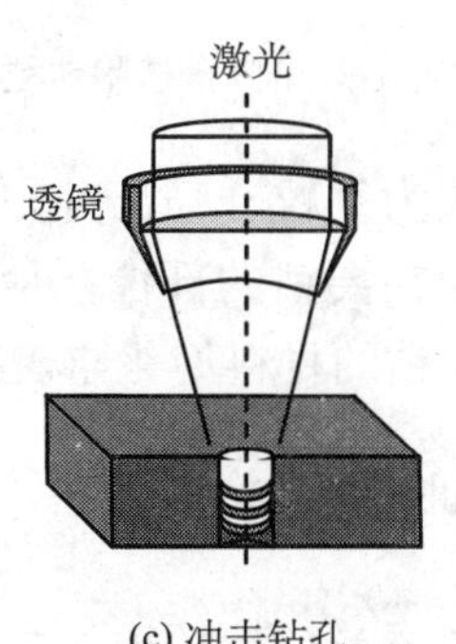

(a) 单脉冲钻孔　(b) 穿孔　(c) 冲击钻孔

图2 激光钻孔方法

1.2 激光钻井破岩技术工作原理

岩石的破碎和运移是油气井钻井、完井过程中的重要问题之一。激光钻井过程大致可分为三个阶段（图3）：熔融、喷射、固化。起初，通过吸收激光的能量熔融岩石，并在目标表面形成一个薄层；一段时间后，熔化的表面达到气化的温度，熔池便通过反冲力喷出（有少部分气化现象）；在喷射过程中，一部分熔化的材料可能固化在井壁上，即所谓的重射激光。此外，激光能量还能通过黑体辐射、等离子屏蔽等方式被岩石吸收。

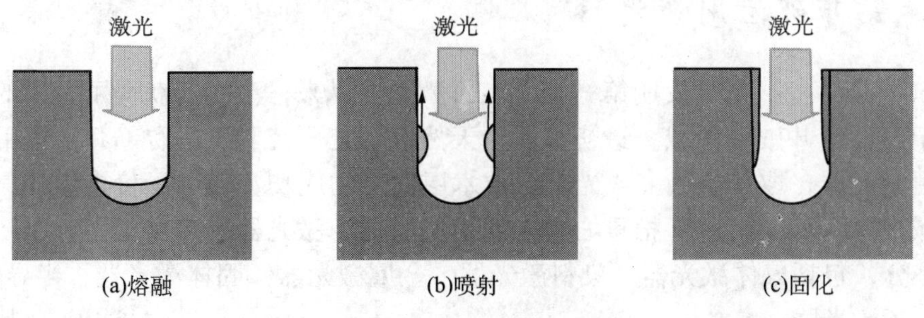

(a)熔融　(b)喷射　(c)固化

图3 激光钻井基本过程

在激光钻井中，反冲力是激光钻井中喷射机理所产生的推力，对熔池施加一个压力并且把熔化的液体喷出来，是很重要的岩石运移机理。可以采用气体动力学数学模型预测蒸

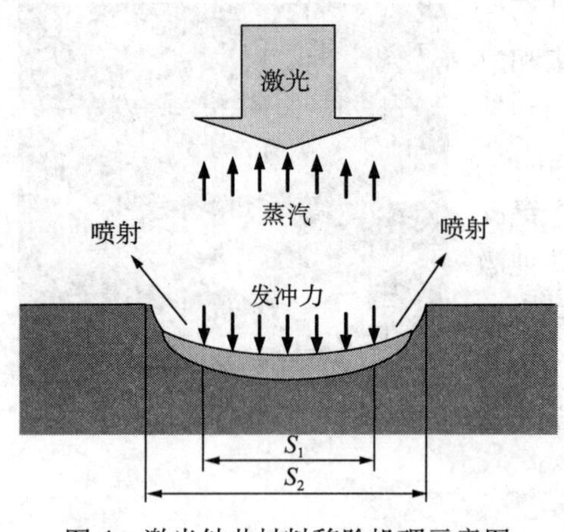

图 4　激光钻井材料移除机理示意图

汽对熔化岩石的反冲力大小，高反冲力会引起蒸汽温度的显著变化。

激光钻井材料移除机理见图 4。具体来说，激光照射在岩石的表面上，冲击范围是面积为 S_1 的环形区域，该区域会迅速吸收激光的能量，导致岩石熔化。与此同时，伴随着对激光能量的进一步吸收以及激光的散射和反射，会进一步影响 S_1 区域周围的岩石，促使其熔融或蒸发，最终会产生面积为 S_2 的环形井眼（$S_1<S_2$）。强大的热冲击使岩石被击成细粒，由于环形区域内熔化岩石的蒸气而产生的强大压力足以使击碎的岩石细粒升腾到地面。为了增强热冲击的作用，易于使要钻的岩石成为细粒并喷出井口，还可以向要钻的部位喷射可膨胀的液体流。液体射流和激光交替作用在要钻的部位，使激光束和液体射流都成为脉冲式。液体射流所用液体的特性要易于使要钻的材料熔化与震碎，并有助于井壁的光滑。

1.3　比能

表示移除单位体积岩石所需要的能量（单位：kJ/cm³），它是比较不同破岩方式效率的标准量之一。可表示为：

$$比能=\frac{输入能量强度\times作用时间}{穿透岩石的深度}=\frac{输入的能量(\text{kJ})}{移除岩石的体积\left(\text{cm}^3\right)}$$

研究表明：比能值受岩石中石英含量、表面粗糙程度、颜色、颗粒胶结程度、岩性、激光参数等多种因素影响。石英含量越高、颗粒胶结越致密，岩石比能值就越大。不同种类的岩石有不同的一系列激光参数（激光速功率、能量、频率、脉冲宽度、作用时间等），使得比能值亦有所不同。

1.4　激光钻井破岩用激光器

从 1960 年西奥多 · 梅曼发明第一台红宝石激光器以来，激光器获得了大力的发展，也尝试应用于石油钻井破岩领域。最初，美国天然气工艺研究院（简称 GTI）使用了兆瓦级高功率军用激光器，取得了很多激光破岩技术层面上的成功，但由于价格十分昂贵，无法在商业领域推广，从而使 GTI 把重心转向商用激光器。激光器有多种类型，以产生激光的工作物质来分，包括气体激光器、染料激光器、金属激光器、固体激光器、半导体激光器，以及自由电子激光器。

现代的高功率激光器，可把电化学能或热能转换成光能，光能经聚焦后形成很强的激光束，可粉碎、熔化、蒸发岩石。然而，根据工作波长、脉冲长度、功率等参数的差异，只有一部分激光器可以用于天然气钻井和完井（表 1）。

表 1　激光钻井用激光器

激光器类型	符号	发明时间	特　点
二氧化碳激光器	CO_2	1964 年	工作波长 10.6μm，可工作于连续波或重复脉冲方式，脉冲周期为 1 ~ 30μs。它是一种能量转换效率较高和输出最强的气体激光器，目前准连续输出已有 400kW，微秒级脉冲的能量则达到 10kJ，经适当聚焦，可以产生 1013W/m² 的功率密度。这些特性使二氧化碳激光器在众多领域得到广泛应用
一氧化碳激光器	CO	1964 年	工作波长 5 ~ 6μm，可工作于连续波或重复脉冲方式，平均功率为 200kW。脉冲工作方式下时，脉冲周期为 1 ~ 1000μs
掺钕钇或铝石榴石激光器	Nd；YAG	1964 年	工作波长 1.06μm，用于工业的能量较小，只有 4kW，但趋势表明得到 10kW 或更高功率的激光是可行的
氟化氘 / 氟化氢激光器	DF/HF	1969 年	工作波长 2.6 ~ 4.2μm，美国陆军使用过的红外化学激光器（MIRACL）就是这种激光器，它首先被用来进行油藏的岩层试验
自由电子激光器	FEL	1976 年	工作波长 1.61μm，属于红外线范围，输出功率高达 14.2kW；由于它能调节激光辐射波长，故能使激光的反射、散射、吸收、黑体辐射及等离子屏蔽最优化
化学氧碘激光器	COIL	1977 年	工作波长 1.315μm，具有波长与振幅的准确控制性，可以解决井控、侧钻和定向钻井等问题。由于 COIL 精度高、范围大，具有很高的输出功率，并能在光纤中耦合，故适用于钻很深的油气井，且成本较低
氟化氪激光器	KrF	1977 年	工作波长 0.248μm，最大功率为 10kW。脉冲工作方式下时，脉冲周期为 0.1μs
掺镱光纤激光器	HPFL	1994 年	工作波长 1. 07μm，能够通过很长的光纤将足够的能量传输到远程的目标，具有超高的电光转换效率（30%）、良好的光束质量、车载机动性及设备的稳定性和免维护性等特点

钻井破岩时，激光选型至关重要，关系到切削的质量和效率。激光属性包括放电类型（连续或脉冲）、波长、峰值功率、平均功率、密度、重复率和确定激光、岩石交互作用的脉冲带宽类型，这些都影响传递给岩石的能量。

光纤激光技术因其先进性而成为射孔和井下应用的首选。其尺寸小（只有 0.5m²），不需要维护，容易通过光缆传到井下，效率高。作为油气工业应用，光纤激光代表最有希望可用于遥控的候选激光（可以在地下 1 ~ 2km 处操控瞄准岩石）。光纤激光对岩石射孔效率的提高证实了它是传统射孔技术的一种非常有前途的替代技术。特别是高功率光纤激光（图 5）在最近一两年内得到了迅速的发展，随着价格的不断下降、功率的不断提高（现已经达到 5×10^4W，预计最近几年内有望达到 50×10^4W），其应用领域正在不断扩大。

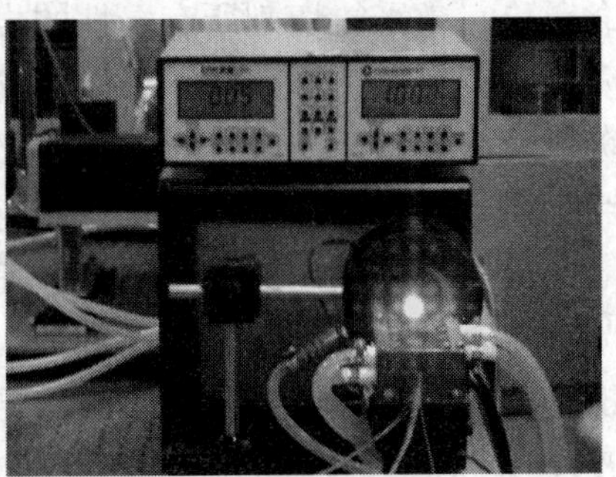

图 5　光纤激光器

2　激光钻井破岩技术研究现状

激光钻井破岩技术是正在研究开发的新技术，并已经成功应用于金属或其他材料钻小孔。目前，国内外正在大力开展研究激光钻井破岩技术，并扩展其在石油钻采领域的应用范围，包括油气勘探生产作业中用激光破岩（包括垂直、水平钻井），水泥固井的套管开窗，以及完井等。

2.1 国外研究状况

早在20世纪60年代和70年代，国外就开展过激光钻井破岩技术的研究。那时人们对激光钻井的研究大多基于"将岩石矿物完全熔化，直接打出预想大小井眼"的假设上，预计所需能量相当大，加之当时激光技术水平有限，激光功率只有数千瓦，波长较长难以聚焦，成本较高。正是这一结论，在此后25年的时间里妨碍了激光技术在石油钻井领域的研究与应用。直到20世纪90年代初，一次美国政府对美国工业界授权转化冷战军事技术的会议，才打开了激光钻井技术研究的大门。

在大量激光技术研究成果的基础之上，美国于20世纪90年代便开展了对激光钻井技术的探索，并取得了很多实质性的进展。

2.1.1 美国天然气研究院的研究

1997—1999年，美国天然气研究院（GRI）（GTI的前身）提出了一项两年计划，投资60万美元，联合美国空军、陆军和科罗拉多矿业学院、麻省理工学院、雷克伍德公司和菲利浦石油公司一起探索把美国在20世纪80年代和90年代用于"星球大战"的激光技术用于石油工业的气井钻井、完井的可行性，效益以及对环境的影响，提高了美国工业的竞争能力。

GRI主要是对激光钻井破岩技术进行定性分析，采用了砂岩、页岩、石灰岩、花岗岩、盐岩和混凝土等岩石样品，经两种激光辐射［包括美国军事中红外高级化学（MIRACL）激光和美国空军的化学氧化碘（COIL）激光］进行试验。经过两年的研究，得出以下结论：(1) 激光能切割所有岩性的岩石，完全可以与现存机械方法达到效果相同的水平（能量水平），且相比之下具有更高的效率；(2) 比能、波长、排气压力、井眼尺寸等参数对于切削岩石都是十分重要的；(3) 激光破碎岩石所需能量的理论估算值一直以来都被广泛采用，但是对熔化和蒸发岩石需要能量的估算值比试验值要高很多。

紧随其后，美国石油工业学院的研究人员联合了美国能源部、大学及工业部门，就激光钻井应用于石油开采业的商业可行性进行了评估。结论是：激光钻井技术钻井速度快、效益高、环保（因激光钻井不需要传统机械旋转钻井中常使用的、对周围环境有害的钻井液），是可代替传统的旋转钻井的技术，从而使石油钻井发生重大的技术突破。

2.1.2 美国能源部研究

2000年后，美国能源部（DOE）联合美国天然气工艺研究院、哈里伯顿公司和委内瑞拉油气井公司等科研机构研究在现场条件下脉冲激光与岩石之间的相互作用。2000—2007年，DOE实施了大量试验，定量分析激光钻井破岩技术，主要分为下列两个阶段。

第一阶段2000—2002年，工作计划由DOE扩展GRI激光钻井基础工作。在非空气环境下，仔细论证界定激光参数，验证脉冲激光切削金属时更有效。主要工作包括：(1) 量化GRI前期研究结果；(2) 测试变更脉冲参数的影响；(3) 测试水下激光岩石干涉作用。得出了激光功率和作用时间对岩石比能的影响。

第二阶段2003—2007年，研究包括开发一个模拟井眼封闭应力和孔隙压力的压力容器。开始时用水作为钻井液进行试验，然后发展为使用一种或多种普通钻井液，进行多光束的辐射实验（图6）。主要工作包括：(1) 继续水下激光测试，近似理解为激光作用于饱和岩石；(2) 完成附加水下比能测试，在开发设计的容器中模拟井下钻孔环境，注入压力环境，至少样品受单轴压力作用；(3) 完成建模、工程设计研究，开发和优化设计井下钻孔机械装置。结果证实岩石可以在散裂机理下控制切削，大尺寸孔不需要移动钻具组合就可以加工；提高岩石散裂应该尽量避免熔融。

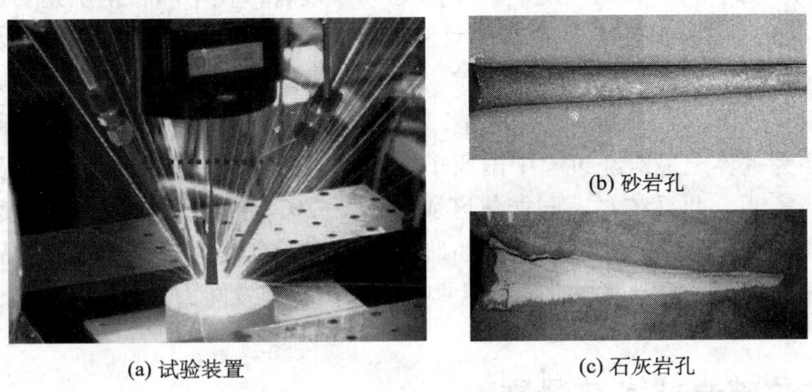

(a) 试验装置　(b) 砂岩孔　(c) 石灰岩孔

图6　部分试验装置及岩石孔

2.1.3　国外其他研究进展

除美国以外，俄罗斯、日本、加拿大和印度等国也对激光钻井破岩技术进行了一定的相关研究。1998—1999年俄罗斯Lebedev物理研究所参与了美国GRI开展的的激光钻井破岩可行性方面的合作研究，随后独立开展了激光破岩的岩石临界能量和岩石激光可钻性等方面的基础研究。日本政府也加大了对高功率等级激光元器件的研发力度，正拟建造50kW可移动氧碘激光器。2000年以来，加拿大自然科学及工程研究委员会和能源部联合支持Dalhousie大学开展激光破岩的岩石传热学和热力学方面的研究。同样，印度也对美国20世纪90年代后期开展的激光钻井破岩技术的研究做了分析。

据报道，2009年EXPEC远景研究中心与哈里伯顿公司联合开发了一种新型激光射孔技术，且引起了业内关注。阿拉伯－美国石油公司（Saudi Aramco）是第一家对该方法进行现场试验的公司，与常规射孔技术相比，该方法对地层的伤害更小。现行的射孔方法是爆炸法，会造成岩石的压实，增加油气进入井筒的难度。一块室内实验样品（图7）表明了现场激光射孔形成的裂缝，由于没有压实产生，激光法避免了对地层的伤害。高能激光束对准地层，使岩石发生汽化，并形成具有渗透性表面的穿孔。实验结果表明，激光射孔产生的热应力能够使井筒周围的岩石产生破碎，从而增加穿孔周围的渗透性，使油气进入井筒更加容易。EXPEC远景研究中心称，激光射孔的迅速推广应用可以极大地提高油井

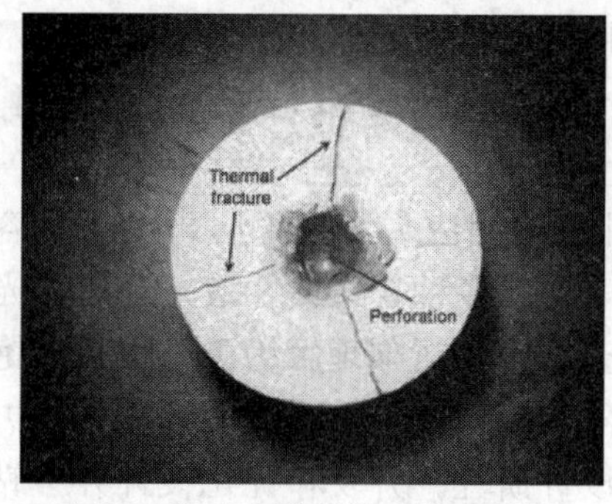

图7　实验室激光射孔岩石样品

的产量。阿拉伯－美国石油公司采油技术部技术首席Nabeel S. Habib介绍说：“激光对套管和岩样射孔的室内实验的成功使我们距离将该技术应用于现场更进了一步，同时，也为未来的研究与在石油工程中的应用（包括激光钻井）打下了一定的基础”。

2.2　国内研究状况

尽管中国对激光钻井技术尚未进行系统的研究，但对高功率激光的研究已经取得了巨大进展，1987年6月，1012W的高功率脉冲激光系统——“神光－I”装置，在中国科学院光学精密机械研究所研制成功；如今，“神光－Ⅲ”总体设计和关键技术研究已经取得一系列高水平的成果。

据中国科学院消息，经过中国科学院物理所王树铎研究开发小组人员的努力，首次实现了对大面积准分子激光能量的直接测量，其有效测量直径达100mm，在热释电型激光探测器的尺寸上为世界之最。经过与中国原子能科学研究院的有关专家合作以及在国家实验室进行的试验表明，此系统在不同能量区域（10～20J和100～200mJ）均达到了预期的技术指标。该项研究成果表明，该项目的研究开发除了有实力对已开发的产品市场不断开拓外，对国家正在发展的应用需求项目也具备了承担和开发能力。

3　激光钻井破岩技术前景展望

钻井是地质勘探和矿床开发的一个重要环节。钻好的井对石油、天然气来说是沟通油、气层至地面形成油气生产的唯一通道，也是人们对油、气藏进行观察和施加影响的唯一通道。激光应用于钻井最可能的途径是采用多点激光来钻得期望的井眼尺寸。

3.1　激光钻井优点

相比较传统的旋转钻井方式，激光钻井具有以下优点：

（1）因光子以直线路径行进，激光器所钻的井眼不会偏斜，无论多深的井激光器始终能以单一直径钻到设计深度；

（2）常规旋转钻井是由钻压、钻井液循环（清除岩屑）流量、转速、水力功率、钻头类型，以及井眼大小决定的，而和常规旋转钻井不同，用激光器达到的机械钻也许只决定于井眼大小和供给的功率；

（3）激光破岩的速度与传统的转盘—牙轮钻头或者转盘—金刚石钻头相比，根据地层岩性的不同，平均提高10～100倍；

（4）激光光束可在透明的洗井介质中工作，空气和惰性气体（如氮气和二氧化碳等）是携带岩石碎屑和冷却井下激光元件的良好循环介质，激光钻井的排屑方法类似于现行的高压气体钻井工艺；

（5）激光与周围岩石相互作用，可在井眼岩石表面形成光滑的玻璃状凝固体，能减少技术套管的层数，节省经济费用；

（6）常规技术和激光器技术的结合能显著地增加钻头寿命和减少频繁起下钻柱更换钻头的时间，提高井控、射孔、侧钻能力，提高钻井效率；

（7）激光钻井不需要大量钻井液的循环，对井场环境的污染大大减小，有利于环保。

3.2 前景展望

尽管激光钻井破岩技术的提出距今已有40年的历史，而且具有诸多潜在优点，激光钻井破岩技术所具有的诱惑力正在加速改变人们的传统理念；但目前为止，用于天然气井的钻井仍基本上处于室内试验阶段，预计到2020年才能投入商业化应用。

因此，激光钻井仍然是一个探索性课题，要研究的问题很多，今后的主要研究方向有以下几点。

（1）进一步深入探索激光钻井的原理。钻井是一个复杂的物理与化学过程，旋转钻井就是靠动力带动钻头旋转，在旋转的过程中对井底岩石进行破碎，同时循环钻井液以清洁井底；那么，用激光钻井时，为了提高激光能量的利用率，应及时清理堆积在井底的岩屑，如何在不影响钻进速度的条件下清洗岩屑，仍是目前需要进一步探索的技术问题。

（2）解决激光钻井破岩技术在复杂地层应用问题。目前的研究基本上还是处在试验阶段，但在现场钻进过程中会遇到油、气、水和各种不同类型的岩石及其他物质，激光与这些物质会发生什么作用，这些作用对钻进过程有什么影响，其中的不利影响如何解决，复杂的地层环境将对激光钻井技术的应用提出严峻的挑战。

（3）激光钻井破岩技术的经济性评价。传统钻井应该有八大系统和设备，采用激光钻井，所用的设备当然与传统的设备不同；在各种复杂环境下，激光钻与传统的钻井方式相比，究竟选择何种方法更经济实惠。

（4）进一步深入探索激光钻井破岩用激光器。钻井用激光器功率在不断地增大，大功率激光器为实现钻进在结构上有什么特殊要求、不同地质条件下实现激光钻井的激光器功率究竟要多大等难题，还需要进一步的研究。

4 结论

当传统的钻井方法不能进行有效钻进时，可以考虑采用激光来钻井。激光钻井经过多年的研究，已经取得了许多研究成果，尽管现在还处于室内实验阶段，还有大量的工作要做，但激光钻井破岩技术一旦研究成功及工业化应用，必将对石油钻井产生革命性的变革，从根本上减少石油钻井成本、降低石油开采的风险。

参考文献

中国钻井网．前景广阔的激光钻井技术［J］．复杂油气藏，2009，（04）：55.

徐金泽，任慧磊，张自力，等．钻井工艺的飞跃——从传统钻井到激光钻井［J］．科技创新导报，2009，（18）：78.

Silfvast W T. Laser fundamentals ［M］. Cambridge，1996.

周敦忠．光学［M］．兰州：兰州大学出版社，1988.

Einstein Albert. Zur Quantentheorie der Strahlung. Physikalische Zeitschrift ［J］. Jahrgang，1917，8（5）：121.

陈敬全．梅曼和世界上第一台激光器［J］．科学技术与辩证法，1992，9（2）：14–17.

Anisimov S. Vaporization of metal absorbing laser radiation ［J］. Soviet Physics JETP，1968，27：182–183.

Knight C J. Theoretical modeling of rapid surface vaporization with back pressure ［J］. AIAA Journal，1979，17（5）：519–523.

甘云雁，陈利．新型钻井技术——激光钻井的研究进展［J］．科技导报，2005，23（3）：37–40.

Salehi Iraj A，Gahan Brian C，Samih Batarseh. Laser drilling with the power of Light ［R］. USA：Gas Technology Institute，DE–FC26–00NT40917，September 2000–February 2007.

Graves R M，O'Brien DG. Star wars laser technology applied to drilling and completing gas wells ［R］. SPE Annual Technical Conference and Exhibition，New Orleans，Louisiana，SPE 49259，27–30 September 1998.

Maurer WC. Novel drilling techniques ［M］. Pergamon Press，1968.

Moavenzadeh F，McGarry FJ，Williamson R B. Use of laser and surface active agents for excavation in hard rocks ［R］. The 43rd Annual Fall Meeting of the Society of Petroleum Engineers，Houston，TX，SPE 2240，Sept. 29–Oct. 2，1968.

Carstens Jeffrey P，Brown Clyde O. Rock cutting by laser ［R］. The 46th Annual Fall Meeting of the Society of Petroleum Engineers，New Orleans，LA，SPE 3529 Oct. 3–6，1971.

Carstens Jeffrey P，Brown Clyde O. Rock cutting by laser ［C］. The 46th Annual Fall Meeting of the Society of Petroleum Engineers of AIME，New Orleans，SPE 3529，Oct. 3–6，1971.

Stout D W. Laser drilling method and system of fossilfuel recovery ［P］. US4113036，1978.

Winfield W Salisbury，Walter J Stiles. Earth boring apparatus employing high powered laser ［P］. PS4066138，1978.

Winfied W Salisbury，Walter J Stiles. Method and apparatus for perforation oil gas well ［P］. US4199034，1978.

Kar N J. Ultrahard laser coatings on rock bit cutters for wear and erosion resistance ［J］. IADC/SPE Drilling Conference，Houston，Texas，SPE 19910，February 27–March 2，1990.

Radenko Drakulic，Ivo Stelner，Ian Grant. The application of particle image velocimetry（PIV）and laser doppler velocimetry（LDV）in the study of drilling bit nozzles ［J］. IADC/SPE Drilling Conference，Dallas，Texas，SPE 27474，15–18 February 1994.

Graves Ramona M，O' Brien Darien G. Targeted literature review：determining the benefits of star wars laser technology for drilling and completing natural gas wells. GRI–98/0163，July，1998.

Graves R M，O’ Brien D G. Star wars laser technology for gas drilling and completions in the 21st century [R] . SPE Annual Technical Conference and Exhibition，Houston，Texas，SPE 56625，3–6 October 1999.

张恒 . 利用高能激光改进气井的钻井和完井 [J] . 国外油田工程，2009，25（11）：37–39.

Gahan B C，Parker Richard A，Samih Batarseh，et al. Laser drilling：determination of energy required to remove rock [R] . SPE Annual Technical Conference and Exhibition，New Orleans，Louisiana，SPE 71466，30 September–3 October 2001.

Bjorndalen N，Belhaj H A，Agha K R，et al. Numerical investigation of laser drilling [R] . The SPE Eastern Regional/AAPG Eastern Section Joint Meeting，Pittsburgh，Pennsylvania，USA，SPE 84844，6–10 September 2003.

Parker Richard A.，Gahan Brian C，Graves Ramona M，et al. Laser drilling：effects of beam application methods on improving rock removal [R] . The SPE Annual Technical Conference and Exhibition，Denver，Colorado，USA，SPE 84353，5–8 October 2003.

Batarseh S，Gahan B C，Graves R M，et al. Well perforation using high–power lasers [R] . The SPE Annual Technical Conference and Exhibition，Denver，Colorado，USA，SPE 84418，5–8 October 2003.

马卫国，杨增辉，易先中，等 . 国内外激光钻井破岩技术研究与发展 [J] . 石油矿场机械，2008，37（11）：11–17.

Pankaj Sinha，Aabhaas Gour. Laser drilling research an application：an update [C] . SPE/IADC Indian Drilling Technology Conference and Exhibition，Mumbai，India，IADC 102017，16–18 October 2006.

http：//www.spe.org/jpt/2009/10/new–laser–perforation–method–making–gains–in–the–middle–east [EB/OL] .

杨智光，肖志兴，杨海波，等 . 浅析五项钻井技术的新进展及发展前景 [A] // 易发新 . 第七届石油钻井院所长会议论文集 [C] . 北京：石油工业出版社，2008.

Hallada M R，Walter R F，Seiffert S L. High power laser rock cutting and drilling in mining operations：initial feasibility tests [J] . Proceedings of SPIE in High–Power Laser Ablation III，2000，4065：614–620.

杨金华 . 国外钻井技术研发新动向 [J] . 石油知识，2009，（2）：29–31.

新疆浅层超稠油SAGD双水平井钻完井关键技术研究与应用

杨明合[1]　张文波[2]　夏宏南[1]　王朝飞[2]

（1. 中国石油集团公司钻井工程重点实验室长江大学研究室；
2. 新疆油田公司勘探开发研究院）

摘　要：新疆风城油田浅层超稠油资源丰富，SAGD钻井技术已经成为开发这类油藏的一项前沿技术。浅层超稠油SAGD双水平井钻完井关键技术主要表现为：采用MGT磁导向钻井技术，完成对浅层SAGD双水平井轨迹精细控制；针对风城超稠油SAGD水平井垂深浅、井眼曲率高特点，应用管柱受迫弯曲理论，导出了管柱单元体在井眼中的摩阻计算模型；首次提出了浅层超稠油SAGD水平井与采油直井联合开采的钻井技术方案，并给出了SAGD水平井与直井采用砾石充填完井方式，最终形成了一套完整的两井联合完井工艺流程。

关键词：新疆　浅层超稠油　SAGD　双水平井　钻完井技术

新疆风城油田浅层超稠油资源丰富，探明储量2.18×10^8t以上。目的层齐古组为一套辫状河流相沉积，油层厚度在0～50m，顶部埋深220～250m。超稠油黏度大、地层能量低，采用直井、常规水平井其采收率不理想。为了提高超稠油开发技术水平，针对风城油田侏罗系齐古组J_3q^2层，开辟4个先导试验区。其中重32试验区设计4对SAGD双水平井，重37试验区设计8对SAGD双水平井。

1　浅层SAGD双水平井钻完井关键技术

1.1　井眼轨迹优化设计与精细控制技术

1.1.1　SAGD双水平井轨迹控制技术难点

风城油田SAGD双水平井轨迹控制主要特点为：（1）SAGD双水平垂深浅（<250m），造斜段造斜率大，部分井眼最大造斜率达到15°/30m；（2）水平段轨迹距靶心垂向误差不

作者简介：杨明合（1976—　），男，博士，讲师。1999毕业于江汉石油学院机械设计与制造专业，获学士学位；2008年获中国石油大学（北京）油气井工程博士学位。现主要从事油汽井钻井工艺等方面的教学和研究工作。

超过 ±1.0m，平面轨迹距靶心误差不超过 ±2.0m；（3）水平段长度较大，一般在 400 ~ 500m；（4）两口井纵向、横向间距均有严格要求，两井水平垂直间距为 5m；（5）进入水平段后期，垂深浅，钻压难以直接施加至钻头，存在上下井磁干扰问题。

1.1.2 磁导向钻井技术基本原理

磁导向系统工具（Magnetic Guidance System Tool）由一个 MGT 磁场发射源和一个磁场接收传感器组成，图 1 给出了 MGT 磁性导向工具的测量原理。当其开始工作时，位于第一个井中的 MGT 磁场源产生一个已知强度和方位的磁场，在第二口井中通过一个经过特殊改装过的 MWD 传感器来检测这个电磁场强度和方位，进而确定 MGT 磁场源和 MWD 接收传感器之间的距离和方位。

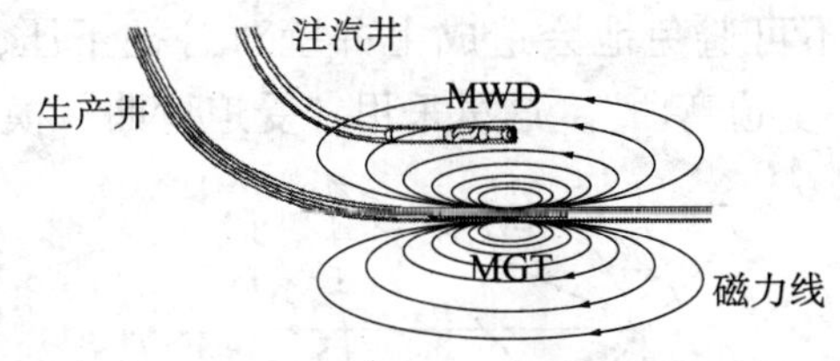

图 1　MGT 磁性导向工具的测量原理

1.1.3 磁导向钻井轨迹精细控制技术

风城油田浅层 SAGD 双水平井两井水平段垂直距离仅 5m 左右，采用 MGT 轨迹控制系统，在完成上或下水平井施工后，不考虑完成井的轨迹绝对误差，根据已完成井的轨迹，对待钻井的轨迹实行闭环控制，以有效地减小轨迹误差。

一般的，SAGD 双水平井磁导向钻井施工程序如下：

（1）使用 MWD 进行轨迹测量和控制技术，钻位于下方的生产井。

（2）生产井完钻后，原钻机移动至注汽井进行钻进作业。

（3）由于注汽井只需要钻技术套管附件等，采用小修钻机即可完成。

（4）采用小尺寸钻杆在生产井水平段中送入 MGT 磁场发射装置，每隔一定距离（20 ~ 40m）设置靶点一个（记为靶点 1#、2#、3#、…）。

（5）注汽井水平段采用磁导向轨迹控制技术钻进。下入钻具带 MGT 探测器（电缆连接），首先以生产井的 1# 靶点为目标点，从生产井通过改装的 MWD 传感器获取 MGT 磁场数据，引导注汽井的钻进。

（6）注汽井钻进时，随着向 1# 靶点逐渐靠近，磁导向信号逐渐增强。当信号饱和时注汽井停止钻进。再以 2# 靶点为目标点，引导注汽井眼的钻进，完成轨迹的精细控制。

（7）重复上述过程，直至完成注汽井水平段的钻进。

轨迹需要调整时，利用 MWD 的工具面参数，通过滑动钻进的方式，实时地纠正，实现注汽井跟随生产井钻进。可见，传统的水平井地质靶窗要求在注汽井的水平段钻进就显得不重要了，只要控制两井井眼轨迹的相对误差在一定范围内即可。

1.2 浅层超稠油 SAGD 水平井大直径套管下入摩阻分析

1.2.1 浅层大直径套管下入难点分析

在新疆风城超稠油开发中，为满足后期超稠油热采井筒下入双管的需要，需在

ϕ311.2mm井眼内下入ϕ244.5mm套管，且要进入水平段30m左右。浅层SAGD水平井垂深浅、井眼曲率高，ϕ244.5mm套管刚性大，弯曲变形后会产生较大的摩阻，造成大尺寸套管下入和完井作业的困难。

1.2.2 大直径套管摩阻受迫弯曲数学模型

套管柱弯曲比较厉害的井段，由于管柱本身刚性作用，管柱企图维持原来的直线状态，不可避免地会造成上井壁对管柱下压、下井壁对管柱上顶的现状，管柱的这种弯曲称为“受迫弯曲”。这里采用“受迫弯曲”模型与实际情况更相符合。

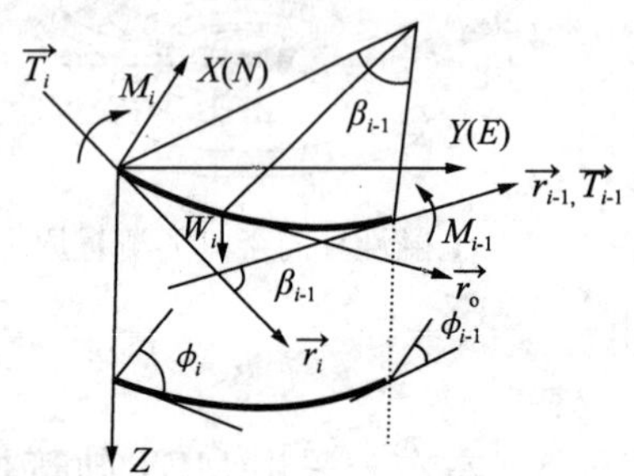

图2 三维井眼内套管柱摩阻受力计算模

为建立管柱摩阻计算模型，需根据实际情况进行假设：井壁为刚性，不考虑弹性变形影响；管柱计算单元体线密度、截面相等，不考虑截面突变的影响；不考虑扶正器的长度和重量；扶正器与井壁之间为铰链支撑；在计算单元体内井眼曲率认为是常数。图2为管柱单元体三维受力示意图，根据单元体在井眼中的受力和变形，用力的平衡及变形条件可以导出摩阻计算模型。

$$T'_i = T'_{i-1} \pm \mu |N_i| - W_i L_i \cos\overline{\alpha}_{i-1} + \left[M_{Ri} - M_{R(i+1)} \right] / R_i \tag{1}$$

其中：

$$N_i = \sqrt{N^2_{Pi} + N^2_{Ri}}\text{；}\quad N_{Ri} = N'_{Ri} + N''_{Ri}\text{；}\quad N_{Pi} = N'_{Pi} + N''_{Pi}\text{；}$$

$$N'_{Ri} = \frac{1}{\cos(\beta_i/2)} \left[T'_i \sin\frac{\beta_i}{2} + \frac{1}{2} W_{RY(i+1)} L_{i+1} - W_{RX(i+1)} R_{i+1} \left(1 - \cos\frac{\beta_i}{2} \right) + \frac{M_{R(i+1)} - M_{Ri}}{L_{i+1}} \right]\text{；}$$

$$N''_{Ri} = \frac{1}{\cos(\beta_{i-1}/2)} \left[T''_i \sin\frac{\beta_{i-1}}{2} + \frac{1}{2} W_{RYi} L_i + W_{RXi} R_i \left(1 - \cos\frac{\beta_{i-1}}{2} \right) + \frac{M_{R(i-1)} - M_{Ri}}{L_i} \right]\text{；}$$

$$N'_{Pi} = W_{PY(i+1)} L_{i+1} / 2 + \left[M_{P(i+1)} - M_{Pi} \right] / L_{i+1}\text{；}$$

$$N''_{Pi} = W_{PYi} L_i / 2 + \left[M_{P(i-1)} - M_{Pi} \right] / L_i\text{；}$$

$$W_{RXi} = W_i \cos\overline{\alpha}_{i-1}\text{；}\quad W_{RYi} = W_i \left(m_2 \sin\overline{\alpha}_{i-1} \cos\overline{\phi}_{i-1} - m_1 \sin\overline{\alpha}_{i-1} \sin\overline{\phi}_{i-1} \right)\text{；}$$

$$W_{PYi} = -W_i m_3\text{；}$$

$$m_1 = \left(\sin\alpha_i \sin\phi_i \cos\alpha_{i-1} - \sin\alpha_{i-1} \sin\phi_{i-1} \cos\alpha_i \right) / \sin\beta_{i-1}\text{；}$$

$$m_2 = \left(\sin\alpha_{i-1} \cos\phi_{i-1} \cos\alpha_i - \sin\alpha_i \cos\phi_i \cos\alpha_{i-1} \right) / \sin\beta_{i-1}\text{；}$$

$$m_3=\left(\sin\alpha_i\cos\phi_i\sin\alpha_{i-1}\sin\phi_{i-1}-\sin\alpha_i\sin\phi_i\sin\alpha_{i-1}\cos\phi_{i-1}\right)/\sin\beta_{i-1}$$

式中，T为轴向拉力，N；N为套管扶正器对井壁的正压力，N；M为套管单元两端的内弯矩，N/m；W为套管在钻井液中的浮重，N/m；L为每跨套管柱的长度，m；μ为摩擦系数，无量纲；α为井斜角，rad；β_{i-1}为第i跨套管所在井段全角变化，rad；$\overline{\alpha}_{i-1}$和$\overline{\phi}_{i-1}$分别为第i跨套管所在井段平均井斜角和平均井斜方位角，rad；符号“±”表示在下放管柱时取“－”、上提时取“＋”；“'”表示扶正器上端或套管下端；“''”表示扶正器下端或套管上端；下角标R、P分别表示R平面和P平面，X、Y分别表示X和Y方向。

1.3 SAGD双水平井与直井联合钻完井技术

1.3.1 SAGD双水平井与直井联合作业方案的提出

采用SAGD技术开采的浅层超稠油，储层普遍存在地层能量低、蒸汽吞吐效果有限和油汽比相对较低等限制，且易于出砂。为提高超稠油开发技术水平，依据仿真坑道泄油原理，提出浅层超稠油“SAGD水平井”与“采油直井”联合开采的钻井方案，即在SAGD生产水平井末端钻一口直井，水平井和直井形成有效连通，利用SAGD上水平井注汽、下水平井渗流产油，原油流入直井，在直井抽油。其原理示意图如图3所示。

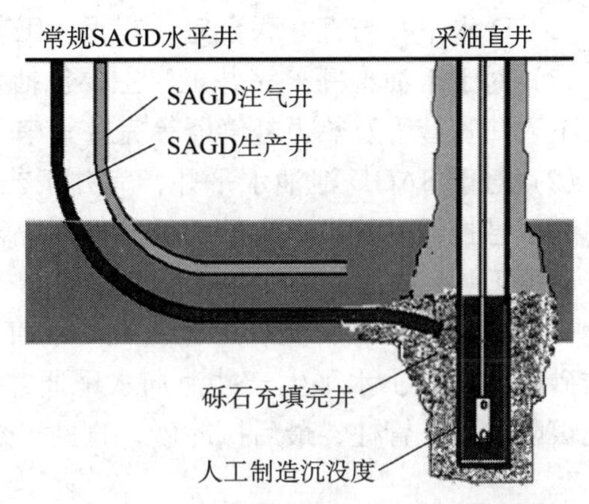

图3 “SAGD水平井与直井联合”采油原理示意图

直井抽油工艺成熟、易维护，有利于提高开发效率。与其他稠油开发方式相比，优势明显：(1)直井采油可提供所需要的沉没度，在油层以下口袋内抽油；(2)可以集中采油，便于管理；(3)便于注汽腔压力控制；(4)采油井为直井，便于完井作业与后期维护；(5)减少水平井眼尺寸，降低钻井难度；(6)采油水平井尾端可以通过钻井循环或扩孔造成空洞，有利于井眼连通泄油；(7)砾石充填的应用可以提高防砂的效果和延长有效期。

1.3.2 SAGD双水平井与直井联合钻井技术难点

(1)水平井和采油直井连通风险高。长水平距离的水平井与直井实现完全连通，对轨迹需要更精确的控制，存在连通不成功风险。

(2)扩孔和套管锻铣施工难度大。施工中需要对采油直井下部与水平生产井末端对应井段套管段进行锻铣，扩孔段井眼直径设计达到1000mm，扩孔段中部井眼直径达到2000mm，施工风险较大。

(3)砂桥和沉砂清理的问题。锻铣套管过程中形成的铁屑容易形成砂桥，对钻井的后期作业影响很大。而扩眼导致井眼直径急剧放大，钻井液循环携带岩屑能力大幅下降，可能引发各种钻井事故，必须有效清理沉砂。

1.3.4 SAGD双水平井与直井连通技术

SAGD水平井与直井连通中套管的锻铣和扩眼造穴是保证连通的重要环节。在采油直井中对特定井段套管段进行锻铣，然后对该井段进行造穴扩孔，为了保证连通的成功率，扩孔段井眼直径设计为2000mm，采用特制的大直径套管锻铣和扩眼工具。

SAGD联通井组施工主要分为6个步骤进行：(1) 直井钻至设计井深固井，同时注汽水平井完成造斜，中完固井搬迁至采油水平井完成造斜，中完固井等待连通直井施工；(2) 连通直井完成套管锻铣施工；(3) 连通直井完成锻铣井段扩孔施工；(4) 用磁导向轨迹控制技术进行两井连通，水平井先下入筛管完井，然后直井下入筛管完井；(5) 完成水平注汽水平井水平段施工；(6) 对连通直井进行砾石充填施工。

1.3.5 SAGD水平井与直井联合完井技术

SAGD水平井与直井联合完井流程，工艺主要包括下列三部分：

(1) 对于采油直井，完井工序主要包括将扩孔以下部分清洗干净，以便下套管和筛管，然后下入筛管套管及热力补偿器等完井管串，最后下入充填工具；

(2) 对于SAGD泄油水平井，完井工艺包括通井、刮管、洗井，对悬挂器部位进行刮管以利于悬挂器坐挂，下入筛管及悬挂封隔器等完井管串，坐封尾管悬挂器及顶部封隔器，下入充填工具；

(3) 两井联合砾石充填工艺为在采油直井中下入防砂完井管柱，然后在采油直井中下入防砂服务管柱、水平生产井泄油水平通井，在泄油水平井中下入防砂服务管柱，起出循环充填防砂服务管柱，最后探冲砂，直井下泵完井。

2 案例分析

新疆风城油田某SAGD水平井与采油直井联合井组施工，采油直井井身结构一开为 ϕ604.4mm 钻头 × ϕ508.0mm 表套 ×30m，二开为 ϕ444.5mm 钻头 × ϕ339.7mm 表套 ×450m。SAGD水平井井身结构为一开 ϕ444.5mm mm钻头 × ϕ339.7表套 ×40m，二开 ϕ311.2mm 钻头 × ϕ244.5mm 表套 × 靶点A，三开 ϕ215.9mm 钻头 × ϕ177.8mm 表套 × 完钻井深。

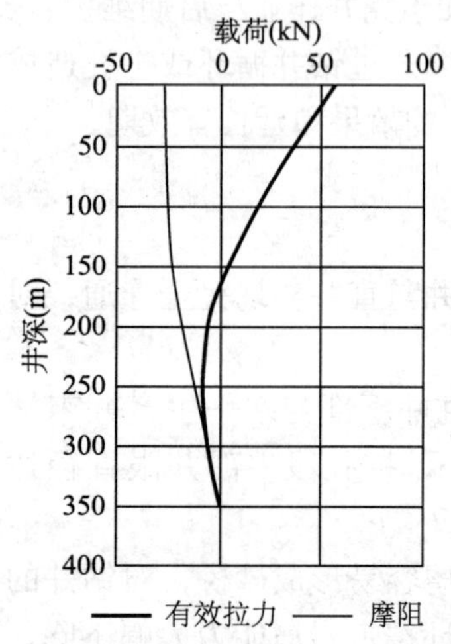

图4 ϕ244.5mm 套管摩阻与钩载变化

图4给出了 ϕ244.5mm 套管入井过程中摩阻计算结果。ϕ244.5mm 套管下入井深为300m左右处，摩阻与套管有效拉力达到一致，最大摩阻为28kN左右，依靠井口加压装置提供20～30kN压力，顺利下入指定位置，无失稳，工况良好。必须指出，ϕ244.5mm 套管入井过程中弯曲载荷较大，最大弯曲载荷达到

170MPa（而 ϕ 177.8mm 筛管为 110MPa），应该引起足够重视。

表 1 给出该井组实钻技术指标。该井组 SAGD 水平井水平段后期钻进过程中利用磁导向技术，实现 SAGD 生产水平井与采油直井的顺利连通。水平井与直井连通后，为了保持扩孔连通井段井壁的稳定性以及起到防砂的作用，对直井进行砾石填充，充填砂粒直径为 0.6 ~ 1.2mm，整个井组施工顺利。

表 1　SAGD 水平井与采油直井井组实钻技术指标

类型	垂深（m）	水平段长（m）	平均造斜率（°/30m）	最大造斜率（°/30m）	锻铣长度（m）	扩孔长度（m）
生产井	256.12	497.5	10.23	15.68	13.4	11.1
注汽井	250.63	490	10.67	14.59		
采油直井	406	—	—	—		

3　结论

（1）SAGD 双水平井垂深浅、造斜段造斜率大、水平段长（400 ~ 500m）；两口井纵向、横向相对距离精度要求高，轨迹控制难度大；采用磁导向钻井技术对 SAGD 双水平井轨迹实行闭环控制，精度高，能够满足工程施工要求。

（2）ϕ 244.5mm 套管刚性大，弯曲变形后会产生较大的摩阻，大尺寸套管下入十分困难。依据摩阻计算模型，在 ϕ 244.5mm 套管下入过程中，加压装置提供 20 ~ 30kN 的压力可以顺利下入指定位置，工况良好。

（3）针对新疆风城油田超稠油油藏地质和开采特征，首次提出了超浅层超稠油开采 SAGD 水平井与直井联合开采的钻井技术方案，形成了一套完整的适合 SAGD 水平井与直井联合作业的砾石充填完井工艺流程。

参 考 文 献

新疆油田公司勘探开发研究院 . 超稠油蒸汽辅助重力泄油双水平井钻井技术研究［R］. 克拉玛依，2010.

杨明合，夏宏南，屈胜元，等 . 磁导向技术在 SAGD 双水平井轨迹精细控制中的应用［J］. 钻采工艺，2010，33（3）：12 － 15.

Prat C K. A magnetostatic well tracking technique for drilling of horizontal parallel wells［R］. SPE 28319，1994.

Knoll R. Drilling engineering challenges in commercial SAGD well design in Alberta［R］. SPE 62862，2000.

Tracy L. Grills P.Eng. Magnetic ranging technologies for drilling steam assisted gravity drainage well pairs and unique well geometries—A comparison of technologies［R］. SPE 79005，2002.

Kuckes A F. New electromagnetic surveying/ranging method for drilling parallel horizontal twin wells [R] . SPE27466，2006.

石晓兵，喻著成，陈平，等 . 侧钻水平井、分支井井眼轨迹设计与控制理论 [M] . 北京：石油工业出版社，2009.

廖华林，丁岗 . 大位移井套管柱摩阻模型建立及应用 [J] . 石油大学学报（自然科学版），2002，26（1）：29 － 31.

Johan sick C A，Friesen D B，Dowson R. Torque and drag in directional wells prediction and measurement [J] . SPE 11380，1983.

三维井眼轨道设计模型及其拟解析解

鲁 港[1] 余 雷[2] 夏泊洢[2] 佟长海[2]

(1. 中国石油辽河油田公司勘探开发研究院；
2. 中国石油长城钻探工程有限公司工程技术研究院)

摘 要：三维井眼轨道设计问题需要求解多元非线性方程组，由于未知数多、方程非线性强，一般难以求出解析解，通常使用数值迭代方法求数值解。对三维S形轨道设计问题依据已知设计参数进行了分类，求出了第Ⅰ类初值问题的解析解和第Ⅱ～Ⅳ类初值问题的拟解析解。提出了轨道设计问题的特征多项式的新概念，并证明了轨道设计问题是否有解取决于特征多项式是否有实数根，解的个数不多于实数根的个数或个数的2倍。所提出的基于特征多项式实数根的拟解析解算法对于求解轨道设计问题具有计算速度快、计算可靠性高、易于计算机实现等优点，具有比数值迭代方法更好的计算性能。

关键词：井眼轨道 三维 钻井设计 多项式方程 拟解析解

在二维井身剖面设计中，S形轨道是最常使用的一种井眼轨道类型。S形轨道由5个井段组成，依次为直井段、第一增斜段、稳斜调整段、第二增（降）斜段和目标井段。由于井眼轨道在一个二维铅垂平面上，轨道设计问题归结为一个二元非线性方程组，已知可以求出解析解。

当地质或工艺要求井眼轨道为三维轨道时，可以在第二增（降）斜段进行方位调整，这时，井眼轨道是空间中的三维曲线，所满足的设计方程组为多元非线性方程组。到目前为止，还没能求出三维设计方程组的解析解，甚至还无法确定是否存在解析解；为了求解该设计方程组，普遍使用以迭代法为特征的数值方法。唐雪平等对三维轨道设计问题的解析解进行了初步研究，取得了一些有意义的研究成果。

解析解的优点是明显的，但是很多复杂的物理问题抽象为数学问题后是无法求出解析解的。我们的研究发现，对于三维S形井眼轨道设计问题方程组，除了在特定的已知设计参数条件下可以求出解析解之外，其他情况下不存在解析解；但是可以将方程组的解用某个多项式的实数根和已知设计参数的解析式来表示，这样的表示方法称为拟解析解。

作者简介：鲁港（1963— ），高级工程师，1985年毕业于复旦大学数学系，获理学学士学位，现工作于辽河油田勘探开发研究院，主要从事石油钻探领域数学模型及算法的理论研究和计算机软件开发。

1　数学模型

井眼轨道由 5 个井段组成，为连续光滑的分段空间曲线，每段曲线类型依次为线段、圆弧、线段、圆弧、线段。井段的曲线类型为线段时，不仅可以表示直井段、稳斜稳方位井段和水平井段，当其长度设定为 0 时，井眼轨道还包括了包含两个圆弧井段的四、三、二段制轨道的诸多特例。因此，上述井眼轨道模型包括了实际钻井设计工作中常用的众多轨道模型。

约定：(1) 井段依次标记为井段 1，2，…，5；(2) 井段端点依次标记为端点 0，1，…，5；(3) 井段或端点的参数标以相应的下标；(4) 公式中具有长度量纲的参数单位为 m，角度的单位为 rad，井眼曲率的单位为 rad/m。

假设端点不 i (i=0，1，…，5) 处的井斜角为 α_i，方位角为 ϕ_i，则井眼轨道在端点 i 处的井眼方向 (l_i，m_i，n_i) 由下式计算：

$$l_i = \sin\alpha_i \cos\phi_i \tag{1}$$

$$m_i = \sin\alpha_i \sin\phi_i \tag{2}$$

$$n_i = \cos\alpha_i \tag{3}$$

并且满足：

$$l_i^2 + m_i^2 + n_i^2 = 1 \tag{4}$$

井眼轨道所满足的方程组如下：

$$l_0\Delta L_1 + (l_0 + l_2)\lambda_2 + l_2\Delta L_3 + (l_2 + l_5)\lambda_4 + l_5\Delta L_5 = \Delta X \tag{5}$$

$$m_0\Delta L_1 + (m_0 + m_2)\lambda_2 + m_2\Delta L_3 + (m_2 + m_5)\lambda_4 + m_5\Delta L_5 = \Delta Y \tag{6}$$

$$n_0\Delta L_1 + (n_0 + n_2)\lambda_2 + n_2\Delta L_3 + (n_2 + n_5)\lambda_4 + n_5\Delta L_5 = \Delta Z \tag{7}$$

$$\lambda_2 K_2 = \tan\frac{\varepsilon_2}{2} \tag{8}$$

$$\lambda_4 K_4 = \tan\frac{\varepsilon_4}{2} \tag{9}$$

$$\cos\varepsilon_2 = l_0 l_2 + m_0 m_2 + n_0 n_2 \tag{10}$$

$$\cos\varepsilon_4 = l_2 l_5 + m_2 m_5 + n_2 n_5 \tag{11}$$

式中，ΔX、ΔY、ΔZ 为目标点位移；K_2、K_4 和 ε_2、ε_4 分别为圆弧井段的井眼曲率和弯曲角；λ_2、λ_4 为临时变量；ΔL_1、ΔL_2、ΔL_5 为相应井段的长度。

记 $D = \sqrt{(\Delta X)^2 + (\Delta Y)^2 + (\Delta Z)^2}$，定义无量纲变量如下：

$$s = \frac{\Delta L_1}{D}，\ u = \frac{\lambda_2}{D}，\ v = \frac{\Delta L_3}{D}，\ w = \frac{\lambda_4}{D}，\ t = \frac{\Delta L_5}{D}，\ k_i = K_i D$$

$$\Delta x = \frac{\Delta X}{D}，\ \Delta y = \frac{\Delta Y}{D}，\ \Delta z = \frac{\Delta Z}{D}，\ \xi_i = l_i \Delta x + m_i \Delta y + n_i \Delta z$$

则式（5）～式（9）可改写成下面的形式：

$$l_0 p + l_2 q + l_5 r = \Delta x \tag{12}$$

$$m_0 p + m_2 q + m_5 r = \Delta y \tag{13}$$

$$n_0 p + n_2 q + n_5 r = \Delta z \tag{14}$$

$$\cos\varepsilon_2 = \frac{1 - k_2^2 u^2}{1 + k_2^2 u^2} \tag{15}$$

$$\cos\varepsilon_4 = \frac{1 - k_4^2 w^2}{1 + k_4^2 w^2} \tag{16}$$

$$p=s+u \tag{17}$$

$$q=u+v+w \tag{18}$$

$$r=w+t \tag{19}$$

方程（10）～方程（16）构成了以无量纲参数表示的三维S形井眼轨道设计的数学模型，该方程组为多元非线性方程组，共有7个独立方程，如果有解，在理论上可以求出7个未知数。待定变量包括：u、v、w、s、t、k_2、k_4、ε_2、ε_4、α_2、ϕ_2、α_5、ϕ_5，共13个。所以，还需要补充6个已知条件才能求解。根据钻井设计问题的特点，将实际设计工作中常用的已知设计条件分成8类初值问题。

第Ⅰ类初值问题：已知设计参数为 α_5、ϕ_5、v、s、t、k_2（或 k_4）。

第Ⅱ类初值问题：已知设计参数为 α_5、ϕ_5、k_2、k_4 以及 v、s、t 中的任意两个。

第Ⅲ类初值问题：已知设计参数为 α_5、k_2、k_4、v、s、t。

第Ⅳ类初值问题：已知设计参数为 ϕ_5、k_2、k_4、v、s、t。

第Ⅴ类初值问题：已知设计参数为 α_2、ϕ_2、v、s、t、k_2（或 k_4）。

第Ⅵ类初值问题：已知设计参数为 α_2、ϕ_2、k_2、k_4 以及 v、s、t 中的任意两个。

第Ⅶ类初值问题：已知设计参数为 α_2、k_2、k_4、v、s、t。

第Ⅷ类初值问题：已知设计参数为 ϕ_2、k_2、k_4、v、s、t。

研究发现，这8类初值问题都可以求出解析解或拟解析解。第Ⅴ～Ⅷ类初值问题是将 α_5、ϕ_5 与 α_2、ϕ_2 互换，求解方法与第Ⅰ～Ⅳ类初值问题的相类似。

下文中推导拟解析解的方法借鉴了数学机械化的思想。

2　第Ⅰ类初值问题的解析解

对于第Ⅰ类初值问题，不妨假定 k_4 为已知设计参数。对于已知 k_2 的情况，数学推导过程是相似的，限于篇幅，不再赘述。

由于 α_2 和 ϕ_2 是未知数，与这两个未知数直接相关的参数为 l_2、m_2、n_2 和 q。从式（10）和式（11）观察到，l_2 等参数是以乘积的形式出现的，这启发我们对式（12）～式（14）进行平方。

式（12）～式（14）的左右两端分别平方，然后再相加，得：

$$p^2+q^2+r^2+2pq\cos\varepsilon_2+2qr\cos\varepsilon_4+2pr\cos\theta=1 \tag{20}$$

$$\cos\theta=l_0l_5+m_0m_5+n_0n_5 \tag{21}$$

将式（12）～式（14）改写成下面的形式：

$$l_0p+l_2q=\Delta x-l_5r \tag{22}$$

$$m_0p+m_2q=\Delta y-m_5r \tag{23}$$

$$n_0p+n_2q=\Delta z-n_5r \tag{24}$$

式（22）～式（24）左右两端分别平方，然后再相加，得：

$$p^2+q^2+2pq\cos\varepsilon_2=1+r^2-2\xi_5r \tag{25}$$

类似地可得：

$$q^2+r^2+2qr\cos\varepsilon_4=1+p^2-2\xi_0p \tag{26}$$

将式（25）和式（26）分别代入式（20），化简之后得：

$$\xi_5=r+q\cos\varepsilon_4+p\cos\theta \tag{27}$$

$$\xi_0=p+q\cos\varepsilon_2+r\cos\theta \tag{28}$$

将式（25）和式（26）同时代入式（20），化简之后得：

$$2\xi_0p+2\xi_5r+2apr=1+(p+r)^2-q^2 \tag{29}$$

式中，$\alpha=1-\cos\theta$。

将式（17）～式（19）代入式（29）的右端，整理之后得：

$$2(\xi_0-\eta)p+2(\xi_5-\eta)r+2apr=1-\eta^2 \tag{30}$$

式中，$\eta=s+t-v$。

由式（30）可以得到两个重要的关系式：

$$p=\frac{1-\eta^2-2(\xi_5-\eta)r}{2(\xi_0-\eta+ar)} \tag{31}$$

$$r=\frac{1-\eta^2-2(\xi_0-\eta)p}{2(\xi_5-\eta+ap)} \tag{32}$$

由式（16）得：

$$k_4^2 w^2 = \frac{1-\cos\varepsilon_4}{1+\cos\varepsilon_4} \tag{33}$$

由式（28）得：

$$\cos\varepsilon_4 = \frac{\xi_5 - r - p\cos\theta}{q} \tag{34}$$

将式（34）代入式（33），进一步整理，得：

$$k_4^2 w^2(\xi_5 - \eta) - 2r + \xi_5 + \eta + (ak_4^2 w^2 - b)p = 0 \tag{35}$$

式中，b=1+cos θ 。

将式（31）代入式（35），进一步整理，得：

$$F_1(w) = A_4 w^2 + 2B_4 w + C_4 = 0 \tag{36}$$

式中，A_4、B_4、C_4 都是参数 η 的多项式函数。

方程（36）是未知数 w 的一元二次代数方程，当 $D_4 = B_4^2 - A_4C_4 \geqslant 0$ 时，有两个实数根：

$$w' = \frac{-B_4 + \sqrt{D_4}}{A_4}, \quad w'' = \frac{-B_4 - \sqrt{D_4}}{A_4}$$

当 $D_4 = 0$ 时，这两个实数根相等。当 $D_4 < 0$ 时，没有实数根，从而可知井眼轨道设计问题无解。

在解析解的构造过程中，关键之处为求多项式方程（36）的实数根，称这个多项式为轨道设计初值问题的特征多项式。

需要注意的是，并不是特征多项式的所有实数根都对应于轨道设计问题的有物理意义的解，需要检验相关参数是否满足非负等约束条件，例如无量纲井段长度 u 和 w 应大于 0。

算例1 L41−P1 井是一口水平井，靶体A点位移为 ΔX=−88.2m、ΔY=292.1m、ΔZ=1637.5m，靶体轴线的井斜角和方位角分别为 α_5 = 90° 和 ϕ_5 = 117.42° 。其他设计数据为：ΔL_1 = 1350m，ΔL_3 = 56m，ΔL_5 = 10m，K_4 = 7° /30m。

根据已知条件求得特征多项式函数如下：

$$F_1(w) = 2.70616w_2 - 0.12871w - 0.00217$$

有两个实数根：w_1 = 0.0608，w_2 = −0.01322 < 0（舍），求出的井眼轨道设计结果见表1。

表1　井眼轨道设计关键点数据

井深（m）	井斜角（°）	方位角（°）	北坐标（m）	东坐标（m）	垂深（m）
0.00	0.00		0.00	0.00	0.00
1350.00	0.00		0.00	0.00	1350.00
1554.65	47.75	100.82	−15.11	79.02	1531.77
1610.65	47.75	100.82	−22.89	119.74	1569.42
1802.72	90.00	117.42	−83.59	283.22	1637.50
1812.72	90.00	117.42	−88.20	292.10	1637.50

3 第Ⅱ类初值问题的拟解析解

在第Ⅱ类初值问题中，已知设计参数为 v、s、t 中的任意两个以及 k_2、k_4、α_5、ϕ_5，未知数为 u、w 等。不失一般性，假定 s 和 t 为已知设计参数，而 v 为未知数。

经过比较复杂的公式推导，可以得到下面的方程：

$$\frac{(\xi_0-\eta)D_1(\eta)}{D(\eta)}+\frac{(\xi_5-\eta)D_2(\eta)}{D(\eta)}+\frac{aD_1(\eta)D_2(\eta)}{D(\eta)^2}+\frac{\eta^2-1}{2}=0 \tag{37}$$

$$D(\eta)=A_1(\eta)A_2(\eta)-B_1(\eta)B_2(\eta)$$
$$D_1(\eta)=A_2(\eta)C_1(\eta)-B_1(\eta)C_2(\eta)$$
$$D_2(\eta)=A_1(\eta)C_2(\eta)-B_2(\eta)C_1(\eta)$$

式中，$A_1(\eta)$、$A_2(\eta)$、$B_1(\eta)$、$B_2(\eta)$、$C_1(\eta)$、$C_2(\eta)$ 都是参数 η 的多项式函数，这些多项式的所有系数可以用 a、b、s、t、ξ_0、ξ_5 显式地写出来。

记式（37）左端项为 $f_2(\eta)$，可知 $f_2(\eta)$ 是关于参数 η 的一个有理函数，假设其有理函数表示式为 $F_2(\eta)/G_2(\eta)$，可以从理论上证明：$F_2(\eta)$ 为参数 η 的10次多项式函数。

只要能够求出方程 $F_2(\eta)=0$ 的实数根，则轨道设计方程组的所有未知数都可以逐次回代求出。

使用实根分离算法可以求出特征多项式 $f_2(\eta)$ 的全部实数根。

算例2 靶点数据见算例1。其他设计数据为：ΔL_1=1350m，ΔL_5=10m，$K_2=K_4=$ 7°/30m。

根据已知条件求得特征多项式函数如下：

$F_2(\eta)=0.17-2.22\eta+12.49\eta^2-40.93\eta^3+86.64\eta^4-124.01\eta^5+121.73\eta^6-80.98\eta^7+34.97\eta^8-8.86\eta^9+\eta^{10}$

特征多项式共有10个实数根：η_1=0.36，η_2=0.68，η_3=0.69，η_4=0.78，η_5=0.85，η_6=0.94，η_7=0.95，η_8=1.14，η_9=1.19，η_{10}=1.27。

根 η_4 为满足设计条件的解（这时参数 u、v、w 都是正数），其他根 η_i 为增根（参数 u、v、w 有正有负），应舍弃。由 η_4 计算出井眼轨道的所有其他参数，计算结果见表2。

表2 井眼轨道设计关键点数据

井深（m）	井斜角（°）	方位角（°）	北坐标（m）	东坐标（m）	垂深（m）
0.00	0.00	—	0.00	0.00	0.00
1350.00	0.00	—	0.00	0.00	1350.00
1554.63	47.75	100.82	−15.11	79.01	1531.75
1610.64	47.75	100.82	−22.89	119.73	1569.41
1802.72	90.00	117.42	−83.59	283.22	1637.50
1812.72	90.00	117.42	−88.20	292.10	1637.50

4 第Ⅲ类初值问题的拟解析解

在第Ⅲ类初值问题中，已知设计参数为 v、s、t、k_2、k_4、α_5，未知数为 ϕ_5、u、w 等。经过比较复杂的公式推导，可以得到下面的方程：

$$\frac{D_1^2 + D_m^2 + (n_5^2 - 1)D^2}{D^2} = 0 \tag{38}$$

$$D = l_0 \Delta y - m_0 \Delta x$$

$$D_1 = \Delta y \cos\theta - m_0 \xi_5 + n_5(m_0 \Delta z - n_0 \Delta y)$$

$$D_m = l_0 \xi_5 - \Delta x \cos\theta + n_5(n_0 \Delta x - l_0 \Delta z)$$

式中，ξ_5、$\cos\theta$、u 都可以用参数 w 的有理函数来表示。

记式（38）的左端项为 f_3（w），可知 f_3（w）也是关于参数 w 的一个有理函数，假设其有理函数表示式为 F_3（w）/G_3（w），理论上可以证明：多项式 F_3（w）的次数至多为 18。所以，只要能够求出方程 F_3（w）=0 的正实数根，则轨道设计方程组的所有未知数都可以逐次回代求出。

在某些特定的设计条件下，多项式 F_3（w）的次数可以减少到 9 次或 5 次。

算例 3 H141−2 井是一定向井，靶点位移为 ΔX=−257.15m、ΔY=−154.51m、ΔZ=1299m。设计数据为：ΔL_1=400m，ΔL_3=200m，ΔL_5=100m，K_2=2°/25m，K_4=3°/25m，入靶井斜角 $\alpha_5 = 30°$。

根据已知条件求得特征多项式函数如下：

$$F_3(w) = 0.3944 - 1.8850w - 1.7421w^2 - 42.6640w^3 - 109.1709w^4 - 154.7532w^5$$

特征多项式有唯一的实数根（w=0.1275），从而可以求出其所对应的两个方位角 ϕ_5，说明该设计问题有两个解，参见表 3 和表 4。这一算例表明，拟解析解方法完全能够解决设计方程组的多解性问题，这有助于改进绕障井的轨道设计。

表 3 井眼轨道设计关键点数据（解 1）

井深（m）	井斜角（°）	方位角（°）	北坐标（m）	东坐标（m）	垂深（m）
0.00	0.00	—	0.00	0.00	0.00
400.00	0.00	—	0.00	0.00	400.00
753.64	28.29	237.70	−45.71	−72.31	739.44
953.64	28.29	237.70	−96.37	−152.43	915.55
1280.20	30.00	150.72	−213.54	−178.96	1212.40
1380.20	30.00	150.72	−257.15	−154.51	1299.00

表 4 井眼轨道设计关键点数据（解 2）

井深（m）	井斜角（°）	方位角（°）	北坐标（m）	东坐标（m）	垂深（m）
0.00	0.00	—	0.00	0.00	0.00
400.00	0.00	—	0.00	0.00	400.00
753.64	28.29	184.30	−85.31	−6.42	739.44
953.64	28.29	184.30	−179.83	−13.52	915.55
1280.20	30.00	271.28	−258.26	−104.52	1212.40
1380.20	30.00	271.28	−257.15	−154.51	1299.00

5 第Ⅳ类初值问题的拟解析解

在第Ⅳ类初值问题中，已知设计参数为 v、s、t、k_2、k_4、ϕ_5，未知数为 α_5、u、w 等。经过比较复杂的公式推导，可以得到下面的方程：

$$\frac{\left[(\Delta z)^2+b_5^2\right]\cos^2\theta+\left(n_0^2+a_5^2\right)\xi_5^2-2\left(n_0\Delta z+a_5b_5\right)\xi_5\cos\theta-D^2}{D^2}=0 \tag{39}$$

式中，ξ_5、$\cos\theta$ 都可以用参数 w 的有理函数来表示。

$$D=a_5\Delta z-b_5n_0$$

$$a_5=l_0\cos\phi_5+m_0\sin\phi_5$$

$$b_5=\Delta x\cos\phi_5+\Delta y\sin\phi_5$$

记式（39）的左端项为 f_4（w），可知 f_4（w）也是关于参数 w 的一个有理函数，假设其有理函数表示式为 F_4（w）/G_4（w）。理论上可以证明：多项式 F_4（w）的次数至多为 18。所以，只要能够求出方程 F_4（w）= 0 的正实数根，则轨道设计方程组的所有未知数都可以逐次回代求出。

在某些特定的设计条件下，多项式 F_4（w）的次数可以减少到 9 次或 5 次。

算例 4 靶点数据见算例 3。其他设计数据为：ΔL_1=400m，ΔL_3=200m，ΔL_5=100m，K_2=2°/25m，K_4=3°/25m，入靶方位角 ϕ_5=271.28°。

根据已知条件求得特征多项式函数如下：

$$F_4(\tilde{w})=0.071-0.18\tilde{w}-0.24\tilde{w}^2-0.66\tilde{w}^3-0.61\tilde{w}^4+2.226\tilde{w}^5+8.46\tilde{w}^6+22.92\tilde{w}^7+43.66\tilde{w}^8+69.33\tilde{w}^9+93.33\tilde{w}^{10}+106.28\tilde{w}^{11}+105.42\tilde{w}^{12}+88.19\tilde{w}^{13}+62.78\tilde{w}^{14}+36.70\tilde{w}^{15}+16.77\tilde{w}^{16}+5.66\tilde{w}^{17}+\tilde{w}^{18}$$

式中，$\tilde{w}$=2.7w。

特征多项式 F_4（w）有两个正实数根：w_3=0.10，w_4=0.13。对 w_3 和 w_4 进行检验，发现

这两个实数根都是真解，求得的井斜角 α_5 分别是3.753°和29.995°，据此得到的轨迹设计结果见表5和表6。

表5　井眼轨道设计关键点数据（解1，对应于 w_3）

井深（m）	井斜角（°）	方位角（°）	北坐标（m）	东坐标（m）	垂深（m）
0.00	0.00	—	0.00	0.00	0.00
400.00	0.00	—	0.00	0.00	400.00
808.12	32.65	208.41	−99.54	−53.84	786.39
1008.12	32.65	208.41	−194.45	−105.17	954.78
1267.27	3.75	271.28	−257.30	−147.97	1199.21
1367.27	3.75	271.28	−257.15	−154.51	1299.00

表6　井眼轨道设计关键点数据（解2，对应于 w_4）

井深（m）	井斜角（°）	方位角（°）	北坐标（m）	东坐标（m）	垂深（m）
0.00	0.00	—	0.00	0.00	0.00
400.00	0.00	—	0.00	0.00	400.00
753.66	28.29	184.31	−85.32	−6.42	739.46
953.66	28.29	184.31	−179.84	−13.54	915.57
1280.19	30.00	271.28	−258.27	−104.53	1212.39
1380.19	30.00	271.28	−257.15	−154.51	1299.00

6　结束语

井眼轨道设计问题的求解本质上是求解多元非线性方程组，无论是理论研究的需要，还是钻井设计实际工作的要求，都需要解决解的存在性、有解的必要条件、多解性、解的数值计算等问题，而不仅仅是求解算法的问题。

目前的钻井设计都是使用计算机软件来完成的，以往的数值算法都是在给定设计条件之后使用数值迭代算法进行求解，而不考虑在给定的设计条件下设计问题是否有解，这样，可能经过很长计算时间之后迭代算法也不收敛，但是无法弄清楚是原设计问题本身无解还是迭代算法收敛性差造成迭代算法不收敛。

在钻井设计实践中另一个常遇到的问题是：以往的数值迭代算法不收敛之后，需要反复调整已知设计参数重复执行迭代算法，直到迭代过程收敛。这样的工作流程使设计工作步骤繁琐，效率低下。

而且，数值迭代算法在给定已知设计参数之后最多能够收敛到一个解，如果设计问题本身有多个解，数值迭代算法是无法求出全部解的，这种性质使得它在绕障井等设计问题中的应用受到一定的限制。

本文提出的拟解析解方法较好地解决了以往数值迭代方法的这些缺陷。通过求解特征多项式的实数根，根据实数根的个数可以判断设计问题解的个数的上限，并且设计问题的解可以用特征多项式的实数根和已知设计参数的解析公式来计算，不仅避开了迭代算法的收敛性问题，而且在设计问题多解的情况下，可以同时求出全部解，这种特性是迭代算法所不具备的。

参考文献

鲁港．常规二维定向井剖面计算的新方法 [J]．河南石油，1995，9（4）：8−13.

鲁港，王立波，王冠军，等．二维圆弧形井眼轨道设计问题的通解 [J]．探矿工程(岩土钻掘工程)，2009，36（1）：9−13.

鲁港，余雷，李新强．二维S形剖面设计问题的解析解 [J]．石油地质与工程，2010，24（5）：66−70.

刘修善，石在虹．给定井眼方向的修正轨道设计方法 [J]．石油学报，2002，23（2）：72−76.

黄根炉，赵金海，赵金洲，等．限定目标点井眼方向待钻轨道设计新方法 [J]．石油钻采工艺，2006，28（1）：19−22.

唐雪平，苏义脑，陈祖锡．三维井眼轨道设计模型及其精确解 [J]．石油学报，2003，24（4）：90−93.

唐雪平，苏义脑，陈祖锡．三维井眼轨道设计模型及应用 [J]．数学的实践与认识，2004，34（3）：62−72.

鲁港．限定井眼方向待钻轨道设计的代数法 [J]．西南石油大学学报，2009，31（5）：158−162.

方敏，鲁港，王立波．三维圆弧形井眼轨道设计模型的完全解 [J]．同济大学学报(自然科学版)，2009，37（3）：317−321.

鲁港，王刚，孙忠国，等．定向井钻井中空间圆弧轨道计算的两个问题 [J]．石油地质与工程，2006，20（6）：53−55.

鲁港，巩小明，曹传文，等．限定入靶井斜的双圆弧形纠偏轨道设计问题的全解 [J]．石油天然气学报，2009，31（1）：75−79.

刘乃震，鲁港，佟长海．限定入靶方位的双圆弧形纠偏轨道设计问题的全解 [J]．石油地质与工程，2010，24（1）：94−97.

吴文俊．吴文俊论数学机械化 [M]．济南：山东教育出版社，1996.

吴文俊．王者之路——机器证明及其应用 [M]．长沙：湖南科技出版社，1999.

石赫．机械化数学引论 [M]．长沙：湖南教育出版社，1998.

杨路，张景中，侯晓容．非线性代数方程组与定理机器证明 [M]．上海：上海科技教育出版社，1996.

王东明．消去法及其应用 [M]．北京：科学出版社，2002.

陆征一，何碧，罗勇．多项式系统的实根分离算法及其应用 [M]．北京：科学出版社，2004.

控压钻井技术适用性研究

韦海涛[1,2,3] 周英操[2,3] 杨 慧[4]

(1. 中国石油勘探开发研究院研究生部；2. 中国石油集团钻井工程技术研究院；
3. 油气钻井技术国家工程实验室；4. 中国石油大学（北京))

摘 要：控压钻井技术是近年来最为先进的钻井技术之一，但由于其类型众多且工作原理、适用范围不尽相同，目前还没有一个统一的标准来衡量控压钻井技术的适用性。对控压钻井技术做系统的分类研究，找出它们各自的优点和缺点及适用范围并进行对比，提出一套控压钻井技术适应性评价方法，对它的发展及推广有着至关重要的意义。

关键词：控压钻井 筛选 评价

设备、软件、过程控制等技术的进步以及解决复杂钻井问题思路的改变，在过去几年里各种类型的控压钻井技术一直持续发展，尽管控压钻井的概念于 2003 年第一次提出，但它的不同形式已经在工业上应用了相当长的时间，甚至可追溯到 19 世纪。但直到过去的十年间，为了解决窄密度窗口和地层压力预测等钻井难题才开始进行有意识的控压钻井作业。

所谓控压钻井，是指一种改进的钻井程序，可以精确地控制整个井眼的环空压力剖面。其目的在于确定井底压力窗口，从而控制环空液压剖面。

对一口井而言最大的问题在于其是否适合控压钻井作业，或者说适合哪一种控压钻井方式。尽管技术和装备都有了很大的提高，钻井行业上还是缺少一个控压钻井技术及其应用的筛选评价模型，用来考虑给定井的工程和经济方面的可行性问题。国外如 Texas A&M 大学已着手开始建立控压钻井实验室，并联合各大钻井服务公司试图解决这一难题。在国内控压钻井技术处于初步研究的情况下，本文探讨了一种新的控压钻井方法适应性评价模型，该模型利用所有现存工程信息对给定井是否适合控压钻井作出评价。

1 各类控压钻井技术适用性研究

1.1 动态环空压力控制系统

动态环空压力控制（DAPC）系统是由 Atbalance 公司研发的一种自动调节回压、动态

基金项目：国家科技重大专项（2008ZX05021-003）。

作者简介：韦海涛（1986— ），男，湖北省天门市人，2008 年毕业于长江大学石油工程专业，现为中国石油勘探开发研究院研究生部在读硕士研究生，主要从事欠平衡钻井、定向井、控压钻井技术研究。

控制常规钻进过程中的井底压力稳定性，以及控制由于泵排量变化、钻杆转动或起下钻引起的压力波动的系统。

DAPC系统主要由自动节流管汇、旋转控制装置、回压泵、流量计、井下压力随钻测量及精确的水力学计算模块等部分组成。旋转控制装置用来封闭环空及允许环空承压，通过水力学计算模块计算所需要的井口回压，调节节流阀组提供相应的井口回压，保持井底压力恒定。在停泵进行起下钻或者接单根时，DAPC系统则通过增加地面回压来保持井底压力恒定。目前这项技术在北美地区已经大量采用，可以确保在窄密度窗口安全快速钻进，有效地解决钻井过程中遇到的复杂问题，减少钻井非生产时间，提高“边际”油藏的开发效益。

1.2 Halliburton控压钻井系统

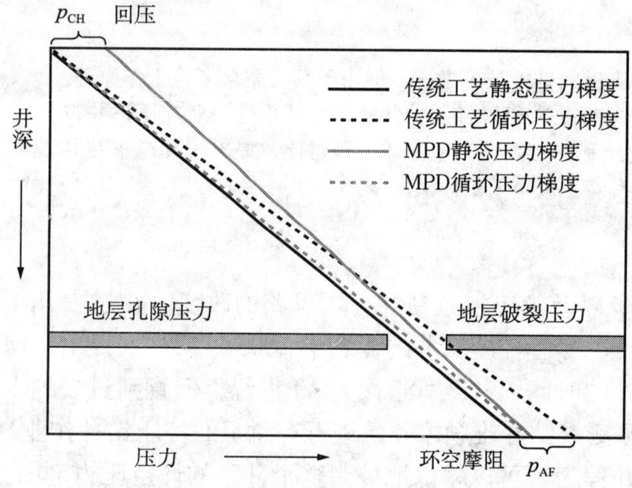

图1 Halliburton MPD钻井工艺原理示意图

Halliburton控压钻井系统原理、参数指标与DAPC系统大致相同，另外在回压泵上加了一个入口流量计，在节流管汇中加入一个钻井液直流通道，并改变了安全溢流管线，但在微流量监测方面优于DAPC系统。TZ62−11H井位于塔中一号坡折带，是我国陆上实施控压钻井的第一口井，引入该技术后有效地解决了本地区裂缝、孔洞发育出现“喷漏同层、喷漏同存”的钻井复杂问题，显示了良好的应用前景。其原理如图1所示。

1.3 微流量控制钻井技术

微流量控制钻井（MFC）系统是Weatherford公司开发的一种先进的、自动的闭环系统。钻井作业时需要连续不断地注入钻井液，以平衡地层中的油、气、水压力和岩石侧应力，防止井喷、井塌、卡钻以及井漏等事故的发生，不同井段和工况下钻井液参数有不同的期望值。系统控制软件通过传感器将采集到的钻井液流量、压力、温度等采样值通过A/D转换送入到中央数据采集与控制系统中，并与期望值进行比较，当两者存在偏差时，系统进一步判断钻井液是否有漏失。如有漏失，系统可确定破裂压力，改变流量减少井口回压；如无漏失，则确定孔隙压力，改变流量增加井口回压，待达到期望的钻井液流量值时，则继续注入钻井液。这种监测与比较将一直进行下去，完成钻井时钻井液的可控循环，实时调节孔隙压力和破裂压力，以满足钻井工艺要求。其工作原理如图2所示。

1.4 充气控压钻井技术

与常规控压钻井相比，充气控压钻井则是在钻达储层后，利用调节注气量改变井底压

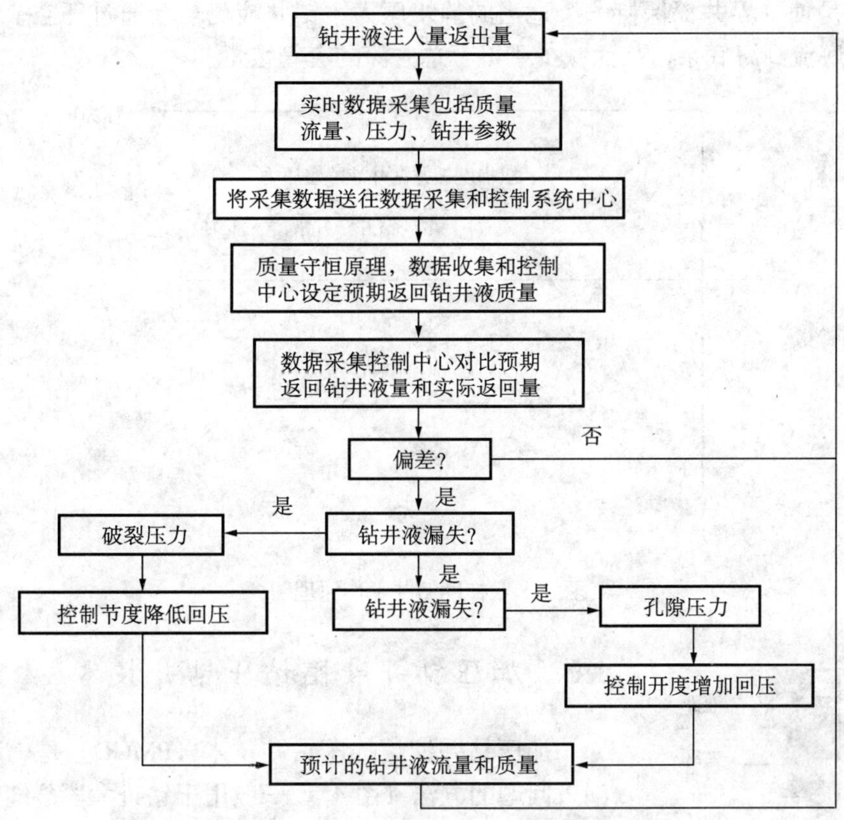

图2 微流量控制钻井系统工作原理

力，使井底处于不同的欠压差，根据产气量和井底压力的关系来实测储层压力。得到储层压力后，调节钻井液密度，设计合理注气量。循环时注气，利用注气减轻液柱压力抵消循环动压（ECD），从而实现动循环动压近似到等于静循环动压，使井底压力变化窗口缩窄为“一条线”，以适应“漏喷一条线”的特窄窗口。

充气控压钻井中压力影响因素包括：环空两相流模型选择、井筒压降模型、井底流体侵入过程等。其中环空两相流模型的选择对计算与控制井底压力起到至关重要的作用。

1.5 双梯度钻井技术

双梯度钻井技术（DGD）是国外近年来提出的一种深水钻井技术新概念，其基本原理是在同一井筒内控制两种密度的流体，作业时井眼上部井段打入低密度钻井液，下部井段打入高密度钻井液，通过双钻井液密度体系，使井底压力维持在地层孔隙压力和破裂压力之间（图3）。可采用水下泵系统或灌注海水等方法降低隔水管中钻井液的密度。

双梯度钻井能够有效钻入海底上部承压能力低的地层，其作业目的并不是将井底压力降低至欠平衡状态，而是为了防止因环空钻井液柱密度过大而导致上部地层漏失。作业时，钻井液按常规方法打入钻柱内，返出时，钻井液并不是通过海洋隔水管环空返出，而是通过一根寄生管线将钻井液和钻屑从海底返出到地面。随后钻井液管线之上的环空被注满海水，其目的是使临界井深保持一个适当的静水压力。钻井液仍然会通过环空，但是流程较短，仅从井底流到海底泵，从而减少了下至总井深的套管数量。

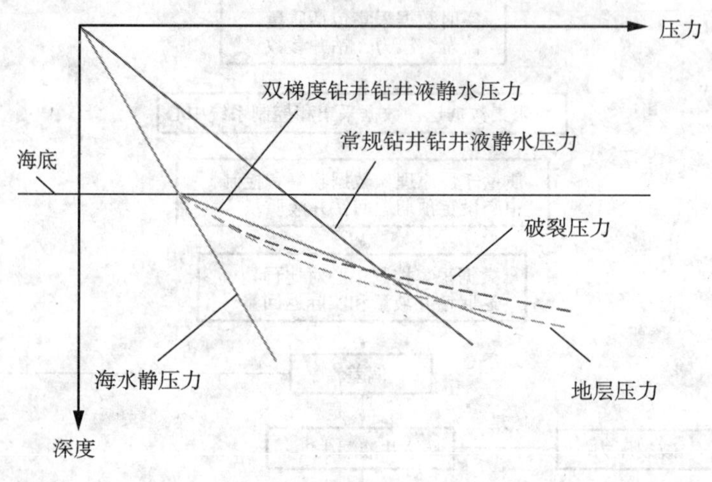

图3　双梯度钻井工作原理图

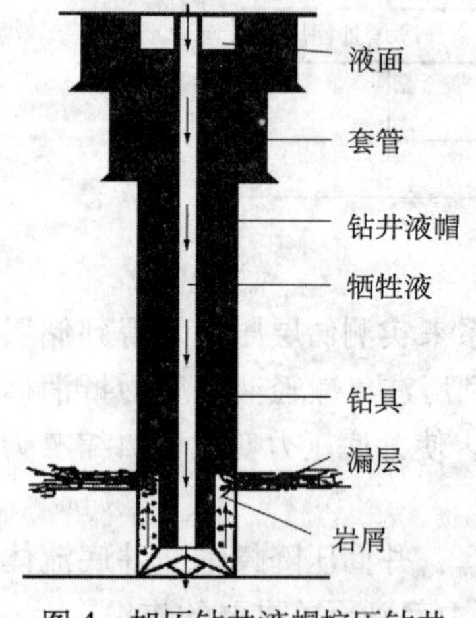

图4　加压钻井液帽控压钻井工作原理示意图

1.6　加压钻井液帽控压钻井技术

加压钻井液帽控压钻井技术（PMCD）是一种处理严重漏失问题的方法（图4）。一般用于钻进大段裂缝性地层，尤其在采出流体呈酸性时。当钻遇漏失时应用常规井控技术经常会影响钻进，而采用该技术则能够钻穿严重漏失层而不耽搁正常钻井，有利于提高机械钻速。其工作原理为：作业期间，用旋转控制头封闭环空，将加重的高黏钻井液向下泵入环空，将一段“牺牲流体”（指注入井筒但不返出的低成本流体，一般为淡水或盐水）注入钻柱并返出向上携带钻屑，使钻屑沉入钻头之上的孔洞或裂缝，即钻井液和钻屑“单向进入”其他易发生复杂情况的地层。环空“钻井液帽”可起到环空隔离的作用，避免油气返出地面造成高压。

1.7　连续循环系统

连续循环系统（CCS）是一个可以实现不用停止钻井液在井内的循环来完成钻杆的上、卸扣等连接工作的系统，该系统以钻台为基础，适用于任何带有顶驱钻井装置的井架。该系统由五部分组成：连续循环连接器、钻井液分流及输送装置、顶驱连接工具、控制系统和液压动力系统。采用顶驱钻机时，通过接箍、顶驱连接工具和钻井液分流管汇配合实现连续循环，接单根时，接箍体上下两个闸板密封钻杆周围，接头位于全封闸板和下部闸板之间，钻井流体在循环压力作用下进入接箍体内，平衡钻柱内外压力。卸扣时上提钻杆，关闭全封闸板，上部卸压后将外螺纹连接部分提出接箍体，此时钻井流体通过接箍下部不间断循环进入钻柱中。连接在顶驱上的新的单根进入接箍体上部，闸板密封钻杆周围，循环系统注入钻井液恢复上部压力，当上下两部分压力平衡时，打开全封闸板，新的单根下放，通过钻杆内不间断循环接单根。接箍体内压力释放，密封打开，移开接箍，钻井再次开始，整个过程循环不间断。

2 控压钻井技术适应性评价

要判断一口井是否适合采取控压钻井方式，必须先弄清楚：为什么这口井要求使用控压钻井？对于一项工程来说利用现有的资料可能不能完全得到问题的答案，但是，尽可能分析现有资料，得到问题的答案将有助于判断是否采取控压钻井。

2.1 控压钻井技术适应性评价方法

控压钻井技术评价过程：确定工程的目的；通过水力学分析获得必需的数据；确定合适的控压钻井方式；设计能达到目的的所有办法并进行比较；寻找要求的设备。

当决策采用控压钻井作业前，至少要认真考虑以下三个方面：

(1) 首先明确钻井中可能出现的问题，这些问题的影响，以及如果采取常规钻井方式可能造成的时间和经济上的损失；

(2) 其次考虑各种不同控压钻井方式在解决该井中的钻井难题能达到的效果；

(3) 最后考虑控压钻井专有设备、培训、钻井工程设计、控压钻井专家等带来的附加费用。

2.2 评价步骤

弄清楚上述三个方面问题后，进行以下具体分析。

(1) 确定作业目的：包括作业目标及作业者。

(2) 资料分析：获得邻井数据、地质数据、设备和设计资料；预计可能出现的问题；分析不同控压钻井应用形式及其选择。

(3) 评价分析：常规及控压钻井水力学分析、确定重要的参数。

2.3 决策分析

控压钻井技术筛选系统可以用来评价一口待钻井是否适合采取控压钻井，主要由两部分组成，即控压钻井筛选方法、控压钻井筛选与评价软件。同时这两部分需要世界范围内控压钻井所钻井的数据库资料作为支撑。

在这套筛选系统中，为了判断一口井是否适合控压钻井，在弄清上述提到的相关具体问题后，其核心逻辑是：排除掉所有不可能的，剩下的就成为可实施方案。现在假设一口井并不要求使用控压钻井。从常规钻井方式开始，我们对每一种可能性进行尝试，在得到最终的结果之前，一旦某一步骤失败，试着改变设计参数。当所有的尝试都失败后，如果控压钻井能解决问题并最终达到工程的目的，我们就采取控压钻井模式。即对于一口井可能有三种结果：(1) 控压钻井不是必需的；(2) 控压钻井是无效的；(3) 控压钻井是合适的。

任何一口井都处于这三种情况之中，首先进行常规水力学分析，再进行控压钻井水力学计算，具体过程如下。

(1) 常规水力学分析。

①如果静态和动态压力范围都在安全窗口内，并且所有的工程目的都能达到，控压钻井就不是必需的。

②如果设计中任何一步不符合要求，试着改变设计参数，重复这个过程直到所有的要求都满足后回到之前路径，或者常规钻井参数无法继续改变。

③如果常规钻井参数无法再继续改变，我们就认为这口井可能适合采取控压钻井，此时结束常规钻井部分的流程。

(2) 控压钻井水力学分析。

①首先确认是否有合适的控压钻井方式，如果有则进行控压钻井水力学计算。

②测试是否能达到所有的工程目的，满足要求则认为控压钻井是合适的，并进行相关的控压钻井参数评价。

③如果不满足要求则改变参数，直到水力学计算完全满足要求，或者当所有的参数都无法继续改变则证明控压钻井是无效的。

④在上一步中，如果没有合适的控压钻井方式，则控压钻井是不适合的。

⑤在重复水力学分析和参数修改过程后还是不能满足要求，则同样表明控压钻井是不合适的。

控压钻井技术筛选软件是在上述方法的基础上发展起来的，主要包括两部分：控压钻井方式选择和控压钻井水力学计算。

(1) 控压钻井方式选择模块。控压钻井方式选择部分能帮助决策者确定能解决待钻井难题的最合适的控压钻井方式。决策者可提供与钻井难题有关的信息，还可同时选择多个钻井难题或工程目的。该模块自动评价所给的信息并给出合适的控压钻井方式。当得到合适的控压钻井方式后，必须进行控压钻井水力学计算以保证满足工程上的要求。通过对各种不同控压钻井方式分析研究，可得到该选择模块的基本原则。主要控压钻井方式的优点和缺点见表1。

表1 主要控压钻井方式的优点和缺点

控压钻井方式	优点	缺点
DAPC	自动化、反应迅速、控制精度高	必须配备高精度节流控制系统及回压控制系统，成本高
Halliburton MPD	自动化、反应迅速、控制精度高	必须配备高精度节流控制系统及回压控制系统，成本高
MFC	自动化、反应迅速、控制精度高	必须配备高精度节流控制系统及回压控制系统，成本高
充气控压钻井	原理简单、操作简便	两相流模型精确度有待提高

续表

控压钻井方式	优点	缺点
PMCD	克服大裂缝漏失问题，提高钻速	牺牲液携岩能力不够稳定
DGD	节省成本，适用于海上	水深有限制，陆地油田不适用
CCS	可实现不间断循环，杜绝激动压力	必须配备顶驱

（2）控压钻井水力学计算。需要在水力学计算模块输入以下数据：①井眼/套管设计；②定向数据；③底部钻具组合和钻柱组合；④钻井液信息，即流变性、密度、循环排量；⑤井眼稳定和破裂压力信息；⑥其他与钻井相关的信息、钻机性能及水深等。输入这些数据后，软件自动分析常规钻井方法是否适用，如果适用则不需使用控压钻井，如不适用则进一步分析是否存在合适的控压钻井方式，如不存在则表明控压钻井是无效的，如存在则确定合适的控压钻井参数来满足工程目的。

3 结论与认识

（1）控压钻井是现在最为先进的钻井方式，它包括了多种类型，弄清这些方式的不同原理和应用范围能有助于更好地解决钻井过程中过去不能解决的问题。

（2）尽管钻井设备、工艺、高处理能力的计算机、先进的水力学计算软件等控压钻井配套技术得到不同程度的发展，但钻井工程还是缺乏一套供非控压钻井专家使用的综合性控压钻井评价系统，本文提出的评价方法为控压钻井适应性研究提供了一种新的思路。

参 考 文 献

Hannegand. Case studies−offshore managed pressure drilling [R]. SPE 101855, 2006.

Chustz Mark J. Managed pressure drilling success continues on auger TLP [R]. IADC/SPE 112662，2008.

周英操，杨雄文，方世良，等．窄窗口钻井难点分析与技术对策 [J]．石油机械，2010，(4)：1−7.

Helio Santos.Optimizing and automating pressurized mud cap drilling with the microflux control method [R]. SPE 116492，2008.

王延民，孟英峰，李皋，等．充气控压钻井过程压力影响因素分析 [J]．石油钻采工艺，2009，31 (1)：31−34.

向雪琳，朱丽华，单素华，等．国外控制压力钻井工艺技术 [J]．钻采工艺，2009，32 (1)：27−30.

周泊奇，柳贡慧，李军．泥浆帽理想井底压力模型研究初探 [J]．钻采工艺，2008，31 (6)：4−7.

杨刚，陈平，郭昭学，等．连续循环钻井系统的发展与应用［J］．钻采工艺，2008，31（2）：46−47，54.

Sagar Nauduri. MPD candidate identification：to MPD or not to MPD［R］. SPE/IADC 130330，2010.

Nauduri S. Managed pressure drilling candidate selection model［D］. PhD thesis，presented at Texas A&M University，College Station，TX. 15−May，2009.

控压钻井多级分层智能控制策略设计与实现

杨雄文 周英操 方世良 刘 伟 王 凯

（中国石油集团钻井工程技术研究院）

摘 要：自动控制系统是控压钻井的核心技术，是控压钻井作业成功的关键。本文在控压钻井自动控制系统中首次引入了分层递阶逻辑控制的概念，将控制系统分为反馈控制、预测和监测控制及多目标优化控制3个层次，建立了多级分层智能控制的概念设计，并论证了多级分层控制策略可靠性和工作特点；同时在参数预测与监测控制中引入先进的模型预测控制算法（MPC），结合实时数据测量、流动模型和控制回路的系统分析，研究出了一种持续对井眼流动模型和钻井力学模型进行数据更新的方法，并给出了控压钻井井底压力实时模型预测控制的方法和流程，为加快控压钻井自动控制系统的研制建立打下坚实基础。

关键词：控压钻井 分层控制 模型预测控制 多目标优化 压力控制

精细控压钻井（MPD）是近年来发展起来的一种先进钻井技术，通过动态压力控制或自动节流控制系统，精确控制整个井眼环空压力剖面，获得需要的井底压力，从而有效避免井涌、井漏、井塌、卡钻等井下复杂情况。MPD的应用形式有多种，但均是通过创建一个封闭的加压钻井液循环体系分别采取不同的措施控制压力。MPD提供了前所未有的压力控制能力，同时它也使施工操作变得相对复杂；由于MPD必须要求几种工具（泵、节流阀、平板阀等）协同操作，许多常规钻井工作流程就变得不可行。因此，如何保证控压钻井各部件和装置协同操作的有效性就变得至关重要。

国外[1]针对控压钻井的协同操作已经成功地研制出了较成熟系统，并且取得了良好的应用效果，国内在“十一五”期间也陆续开展了控压钻井的相关研究工作，取得了一定的研究进展。本文在控压钻井自动控制系统中首次引入了分层递阶逻辑控制的概念，提出了一种控压钻井多级分层控制策略和方法，将MPD相关操作集成起来，自动化工具执行低阶的自动连锁操作，允许人工进行更高等级的过程控制和操作决定，大大降低控压钻井操作的难度和复杂性，优化钻井作业和降低成本。

作者简介：杨雄文（1979— ），男，2008年获中国石油大学油气井工程专业博士学位，现为中国石油集团钻井工程技术研究院工程师，主要从事控压钻井工艺、水力学模拟和压力控制相关方面的研究。

1 多级分层智能控制系统总体设计

1.1 MPD控制系统的特殊性

控压钻井技术是一项综合控制技术，必须具备一整套压力、流量、温度测量、采集装置，地面节流管汇，计算机控制系统和回压泵系统等设备[4]，通过高速网络将泵、节流阀和水力学模型等连接成一个系统，通过控制井口回压、流体密度、水力摩阻等参数，使整个井眼环空压力剖面保持在地层孔隙压力和破裂压力之间[2, 3]，达到精确控制井眼环空压力剖面的目的。

在钻井过程中，井筒压力由于受钻井工况的改变、施工操作扰动、钻进实时参数变化以及地层压力变化等因素的影响，井眼环空压力经常发生变化，并且影响变量（钻井轨迹、钻压、转速、钻井模式）之间相互关联，相互作用，是一个典型的复杂巨系统范畴。并且由于控压钻井涉及多种工具（泵、节流阀、平板阀、自控系统等）协同响应和多种工况的切换作业，同时也属于一个典型的多目标、多任务控制系统，因此，在控制规律的确定、控制方案的优化和控制算法的选取方面，如何降低控压钻井这种整体多约束、多目标和多任务操作的复杂性，同时又保证人工干预和智能优化的可靠性是我们急需解决的问题。

1.2 总体概念设计

多级分层智能控制策略为解决这种整体复杂性提供了一种有效控制方法。与常规的自动控制相比，多级分层智能控制能根据控制目标、制约因素和控制层级的不同，选择不同的控制策略进行优化控制。在控制底层采用反馈控制，确保普通任务执行可靠，同时也可以根据控制需要引入人工干预和优化控制，有效提高管理任务的执行效率、降低整体控制的复杂性。根据控压钻井操作的施工特点，引入分层智能控制策略，将MPD控制系统分为三级智能控制层，即反馈控制层、预测与监测控制层及多目标优化控制层，具体多级分层控制总体结构如图1所示，反馈控制是指泵、节流阀、平板阀等最基本的闭环控制回路，预测与监控是对反馈控制的协同响应，通过模拟计算和预测计算，输出一个预测控制参数指导反馈控制操作，优化决策控制级别最高，根据设定目标（经济目标、安全目标）不同进行优化决策和控制，最大限度地满足优化目标。

2 多级分层控制系统的结构组成

2.1 反馈控制层（I级）

反馈控制属于MPD控制系统执行层，即常规动作执行单元，不需要进行任务的规划和协调，只需按照给定的指令执行规定的操作，或者根据下达的目标参数实现常规的闭环控制。在MPD控制系统中，执行层主要由节流压力控制回路、循环流量控制回路、回压泵流量控制回路和井口、井底压力控制回路等控制单元组成，采用常规的PID过程控制来实现，保证足够的控制精度。节流压力控制回路是MPD控制系统最基本的循环回路，MPD控制系统的核心就是在不同钻井工况下保证决策层设定的优化目标值，该控制回路的性能会受节流阀流量特性及阀执行器响应速度的强烈影响。循环流量控制回路主要是根据正确的RPM确保从大泵中得到所需要的流量。回压泵流量控制回路，可以实现一个附加的控制循环，用于补偿井口因流量减少造成的压力不足的损失。具体控制流程见图1中控制器1#、2#和3#。

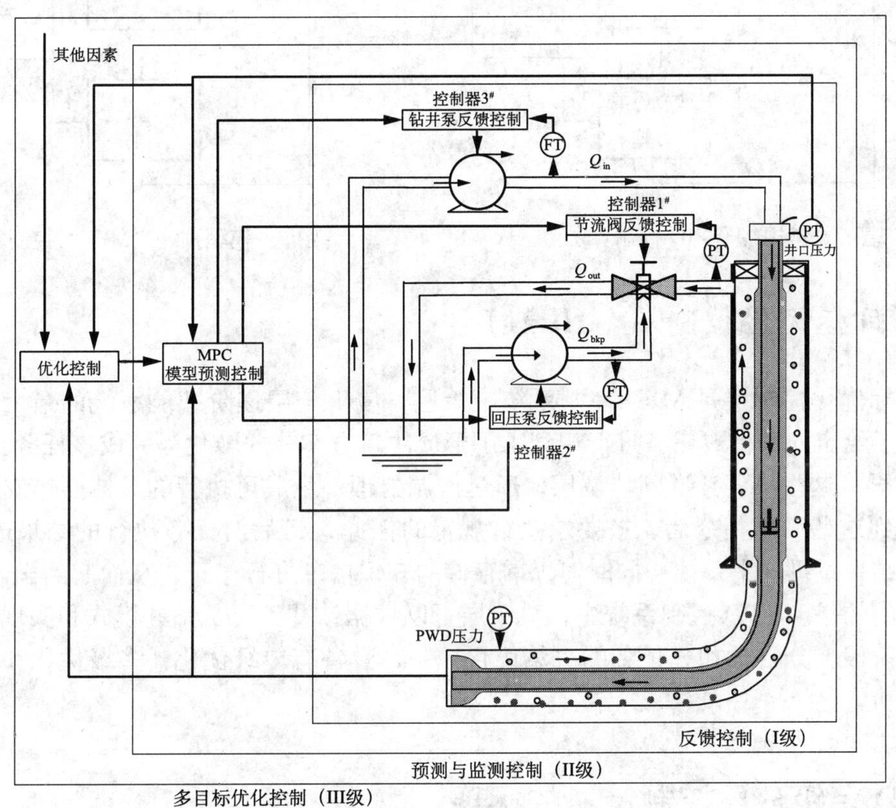

图1 控压钻井多级分层控制总体设计

2.2 预测与监测控制层（II级）

预测与监测控制层作为MPD控制系统中间层，属于协调层，它接受从决策层传来的命令，经过实时信息处理，产生一系列可供过程级执行的具体任务或操作指令，同时监督过程的执行情况，并随时反馈到决策层，为上层决策提供方案执行效果的重要信息。

MPD控制系统的预测和监测控制层采用了先进的模型预测控制（MPC）算法，该方法具有事前预测功能，与水力学模型相结合能提前预知井口回压调节值的大小，能够做到“事前预测”，这样能够有效克服控制响应时间滞后的问题，具有良好的自适应性，能全程监控井底压力、井口压力和入口流量、出口流量、回压泵流量，以及其他钻井参数和施工工艺过程，根据相应情况进行的有预见性的环空压力补偿或调节，保证未来一个或多个循环周内各个时刻环空压力剖面均在安全范围内。图2和图3为常规线形PID控制算法和模型预测（MFC）控制算法的控制原理。

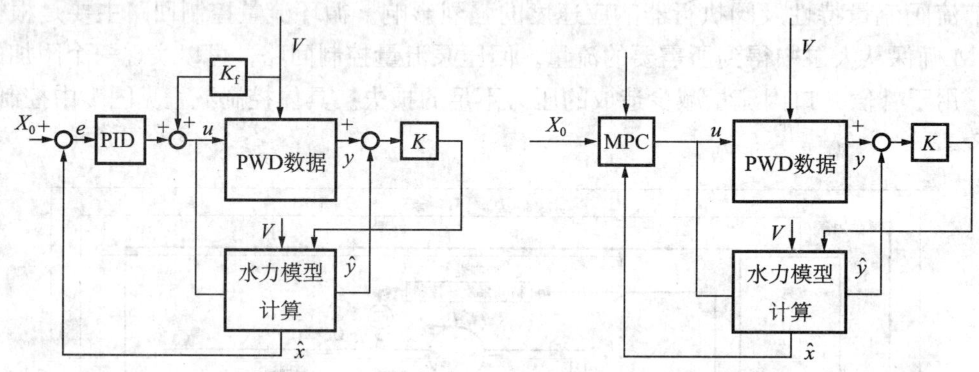

图2　常规线形PID控制算法　　图3　模型预测（MFC）控制算法

2.3　多目标优化控制层（III级）

多目标优化控制层是MPD控制系统决策层，属于分层递阶智能系统的最上层。它的作用是对于给定的目标或任务进行规划求解形成决策方案，并转化为完成该任务（或动作）的组合；再将这些子任务送到协调层，通过协调处理，生成可执行的具体操作或命令；执行层接收到这些操作指令后，按要求执行规定的任务；最后对任务执行的结果进行评价，并将评估结果逐级向上反馈，同时对以前存储的知识信息进行修正，从而起到学习的作用，改进决策的效果。MPD控制系统中，决策层可以根据钻井工况、钻井模式和实现目标的不同进行分阶段、分目标和分任务的决策优化控制，具备有单级优化、多级优化和分阶段目标优化的功能。

3　MPD多级分层控制策略的实现

3.1　物理模型

如前所述，控制井底压力时要考虑井筒内诸多因素的影响，例如，井内钻井液密度、黏度、入口流量、溢流和漏失流量及其物性、井口回压、流道尺寸和井身轨迹，其相应的数学表达式为：

$$BHP=f\left(Q_{\mathrm{L}},\ Q_{\mathrm{G}},\ \rho_{\mathrm{L}},\ \mu_{\mathrm{L}},\ p_{\mathrm{c}},\ \Delta Q_{\mathrm{KL}},\ H_{\mathrm{KL}},\ T_{\mathrm{KL}},\ OD,\ ID,\ L,\ \alpha\cdots\right) \tag{1}$$

式中，ΔQ_{KL}为地层流体进入井筒量或者漏失量；H_{KL}为溢流和漏失深度；OD为钻柱外径；ID为套管内径或裸眼井径；L为井深；α为井斜角。

所有影响因素中，现场最直接、最容易实时控制的参数是井口回压，其次是排量、密度等。而井口回压和节流阀开启度、流量是直接关联的，即：

$$Q = KA_{\mathrm{T}} \Delta p^{\mathrm{m}} \tag{2}$$

式中，K为常数；A_{T}为节流阀开度；Δp为节流阀两端压差；m为指数，$0.5 < m < 1$。所以，节流阀开启度的变化将直接影响井底压力，因此节流阀开启度可以作为主要控制参数。

3.2 模型预测控制

由于井内的不确定性因素太多，特别是在溢流情况下，井口并不能反映井底压力的真实变化，如果按照常规井口恒压控制将会导致井筒压力精确控制的失败，甚至造成事故，因此有必要根据实际情况，实时在线监测和比较准确地确定溢流量或漏失量，并预测未来一段时间井口和井内情况，并优化其控制量，使井底压力保持在安全窗口内。

模型预测控制（MPC）算法能有效准确预测控制下一个时刻的压力变化，提前采取控压措施以保证井底压力在当前时刻和未来时刻都在给定范围。根据公式（1），假定井筒系统中不确定可变参数为钻井液漏失量和溢流量，那么相应的井筒压力分布就要发生相应的变化，并假定可以通过节流阀的调节达到控制的目的。

根据模型预测控制原理，井筒压力参数关系可表示为：

$$\begin{cases} \boldsymbol{x} = f_{\mathrm{R}}\left[\boldsymbol{x}(t), u(t), \Delta Q_{\mathrm{KL}}\right] \\ y(t) = g_{\mathrm{R}}\left[\boldsymbol{x}(t)\right] + e_{\mathrm{y}} \end{cases} \tag{3}$$

式中：$f_{\mathrm{R}}[\bullet]$，$g_{\mathrm{R}}[\bullet]$为井筒压力系统；$\boldsymbol{x}(t)$为t时刻的状态矢量，如井口压力；$u(t)$为t时刻的节流阀开启度；$y(t)$为t时刻的井底压力；e_{y}为井底压力误差。

将已建立的井筒连续模型转化为下列离散模型：

$$\begin{cases} \tilde{\boldsymbol{x}} = f_{\mathrm{M}}\left[\tilde{\boldsymbol{x}}(k-1), \tilde{u}(k), \tilde{u}(k-1), \Delta\tilde{\boldsymbol{Q}}_{\mathrm{KL}}\right] \\ \tilde{y}(k) = g_{\mathrm{M}}\left[\tilde{\boldsymbol{x}}(k)\right] \end{cases} \tag{4}$$

式中，$\tilde{\boldsymbol{x}}$为k时刻状态矢量；$\tilde{u}(k)$为k时刻的节流阀开启度；$\Delta\tilde{\boldsymbol{Q}}_{\mathrm{KL}}$为地层漏失或溢流矢量；$\tilde{y}(k)$为$k$时刻井底压力计算值。

由于实测立管压力、井口压力由于噪声和模型失配等的影响，从而引起预测计算的压力和实测压力存在一定的偏差，在模型预测控制中，需要通过一个预估器，对未来优化时域中的误差进行预测，并作为前馈量引入到参考预设轨迹加以补偿，即：

$$e(k+i) = y_{\mathrm{p}}(k) - y_{\mathrm{M}}(k) \tag{5}$$

式中，$e(k+i)$为未来的误差；$y_{\mathrm{M}}(k)$为当前时刻模型输出值（立管压力、井口压力或井底压力）；$y_{\mathrm{p}}(k)$为当前时刻实测值（立管压力、井口压力或井底压力）。

对于未来$n+i$时刻误差的预测$e(k+i)$，采取多项式误差拟合法进行估计，主要由k时刻的误差和一个修正误差组成：

$$\begin{aligned} e(k+i) &= e(k)+\sum_{i=1}^{l_2} e_l(n) i^l \\ &= y_p(k)-y_M(k)+\sum_{i=1}^{l_2}\beta_l(n) i^l \quad (i=1,2,3,\cdots,\ L) \end{aligned} \tag{6}$$

式中，e（k）为k时刻的误差；β_l（n）为拟合多项式的系数；l_2为拟合多项式展开阶数。为了避免压力波动，此时井底压力参考曲线由下式给出：

$$r(k+i|k)=y_{ref}-e^{-\frac{iT_S}{T_{ref}}}\varepsilon(k) \tag{7}$$

式中，i =（1，2，…，H_p）；T_s为采样时间；T_{ref}为参考曲线指数时间；r（k + i | k）是指在根据k时刻数据评价（k + i）时刻参考曲线。

通常情况下采用非线性模型来预测井底压力，超出模型预测范围时采用事前输入的曲线$\hat{u}(k+i|k)$来预测井底压力：

$$\hat{\hat{x}}(k+i|k)=f_P\left[\hat{\hat{x}}(k+i-1),\hat{u}(k+i|k),\hat{u}(k+i-1|k),\hat{u}(k+i-2),\cdots,\hat{u}(k|k)\right] \tag{8}$$

$$\hat{y}(k+i|k)=g_P\left[\hat{\hat{x}}(k+i|k)\right] \tag{9}$$

在预测模型控制的滚动优化算法中，最优的未来控制作用输入曲线$\hat{u}(k+i|k)$通过迭代、最优化和约束等一系列步骤来得到：

$$\min J_p=\sum_{i=1}^{m}\left[y_r(k+i)-\tilde{y}_M(k+i)\right]^2 \tag{10}$$

$$\tilde{y}_M(k+i)=y_M(k+i)+e(k+i) \tag{11}$$

式中，（k + i）是第（k + i）拟合时间点；m是拟合点的个数；$\tilde{y}_M(k+i)$是过程的预测值；y_M（k + i）是（k + i）时刻的模型预测输出；e（k + i）为预测误差；y_r（k + i）为第（k + i）时刻的参考轨迹。

通过求解上述方程的极小值，得到其实时控制的最优参数。节流阀最佳开启度是指保持井底压力在参考压力状态，y_{ref}是由最优化算法通过公式求极小值得到的。初始的节流阀开启度已知，然后根据算法明确给出一组新的节流阀开启度曲线，即利用公式（10）计算。分析测定的结果，然后选出一组新节流阀开启度曲线。重复该过程，直到求出参考井底压力一致的最佳节流阀开启度。

3.3　井底压力实时控制流程

图4为井底压力模型预测控制基本原理图。在MPD过程中，全程监控井底压力、井口压力和入口流量、出口流量、回压泵流量，以及其他钻井参数和施工工艺过程，达到一个循环周内最优的井筒压力实时优化控制的目的，根据相应情况进行的有预见性的环空压力补偿或调节，保证未来一个或多个循环周内各个时刻环空压力剖面均在安全范围内。

图5和图6是井筒压力实时模型预测优化控制流程。如图5所示，应用离散化时间设置，为k时刻的时间序列，图示垂线为当前时间，图中给出了当前时间之前的实际井底压力曲线、模拟计算曲线，模拟所得参数通过实际数据进行反馈校正。图中显示了当前时刻

模拟曲线与控制点不重合。根据这个差值设置参考曲线。促使预测曲线与参考曲线的差值最小，求得最优的节流阀开启度预测曲线。

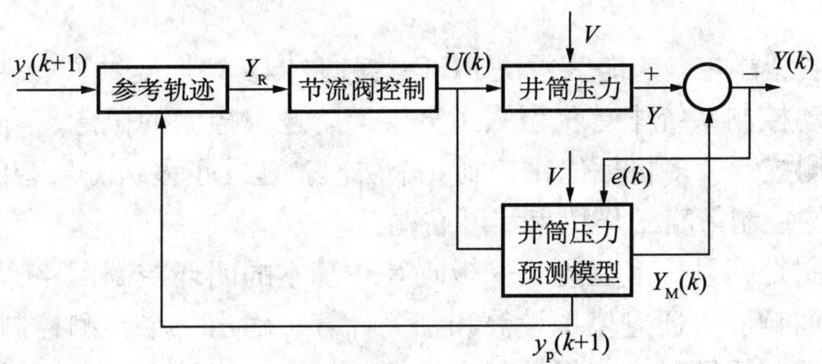

图4　井底压力模型预测控制基本原理图

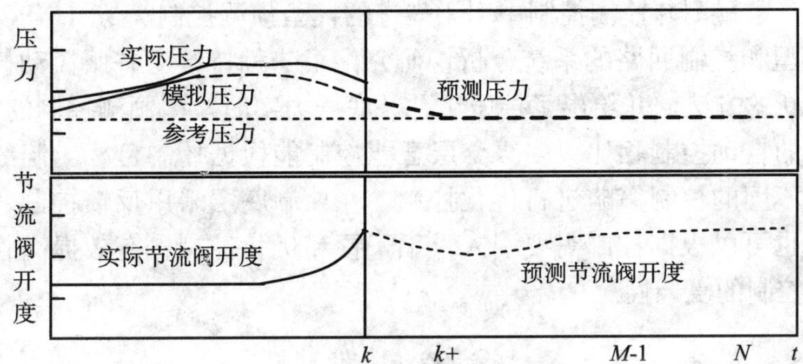

图5　压力模型预测控制原理

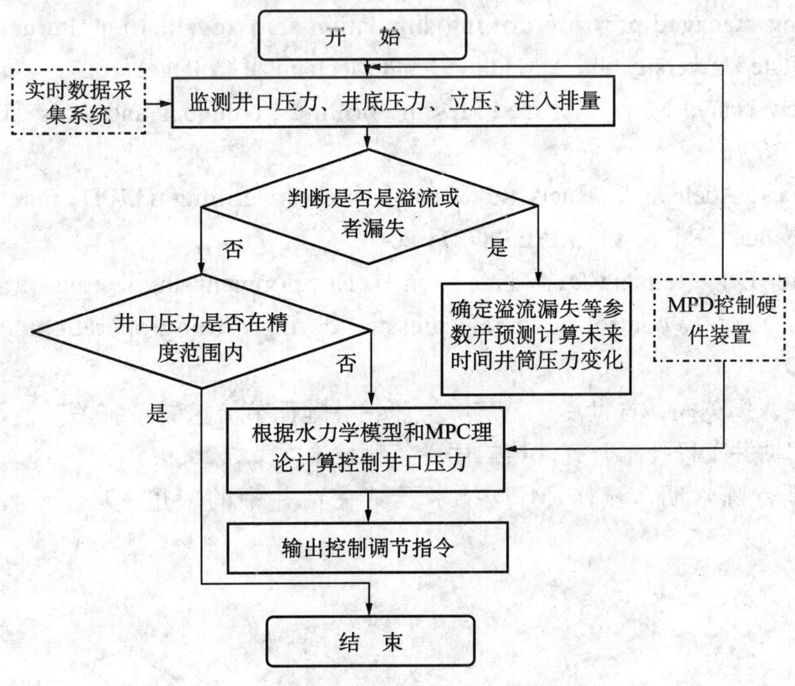

图6　井筒压力实时模型预测优化控制流程

4 结论与建议

（1）多级分层智能控制策略为解决MPD这种整体复杂性提供了一种有效控制方法，本文在控压钻井自动控制系统中首次引入了分层递阶逻辑控制的概念，将控制系统分为反馈控制、预测与监测控制、多目标优化控制3个层次，建立了多级分层智能控制的概念设计，并论证了多级分层控制策略工作特点和可靠性。

（2）反馈控制是指泵、节流阀、平板阀等最基本的闭环控制回路，预测与监控控制是对反馈控制的协同响应，通过模拟计算和预测计算，输出一个预测控制参数指导反馈控制操作，优化决策控制级别最高，根据设定目标（经济目标、安全目标）不同进行优化决策和控制，最大限度地满足优化目标。

（3）同时在参数预测与监测控制中引入先进的模型预测控制算法（MPC），结合实时数据测量、流动模型和控制回路的系统分析，研究出了一种持续对井眼流动模型和钻井力学模型进行数据更新的方法，并给出了控压钻井井底压力实时模型预测控制的方法和流程。

（4）与常规的自动控制相比，多级分层智能控制能根据控制目标、制约因素和控制层级的不同，选择不同的控制策略进行优化控制。在控制底层采用反馈控制，确保普通任务执行可靠，同时也可以根据控制需要引入人工干预和优化控制，有效提高管理任务的执行效率，降低整体控制的复杂性。

参考文献

Asis Kumar Das. Simulation study evaluating alternative initial responses to formation fluid influx during managed pressure drilling simulation study evaluating alternative initial [D]. Louisiana State University and Agricultural and Mechanical College, 2007.

Matthew Daniel Mart. Managed pressure drilling techniques and tools [D]. Texas A&M University, 2006.

Saponja J, Adeleye A, Hucik Bu. Managed pressure drilling (MPD) field trials demonstrate technology value [R]. IADC/SPE 98787, 2006.

van Riet E J, Reitsma D, Vandecraen B. Development and testing of a fully automated system to accurately control downhole pressure during drilling operations [R]. SPE/IADC 85310, 2003.

杨雄文，周英操，方世良，赵庆．控压钻井地面节流控制系统关键技术探讨［A］．中国石油集团钻井工程技术研究院第二届青年科技论文集，2009.

严新新，陈永明，燕修．MPD技术及其在钻井中的应用［J］．天然气勘探与开发，2007，(2)：62-66.

控压钻井技术研究

伊　明　陈若铭　杨　刚

（中国石油西部钻探克拉玛依钻井工艺研究院）

摘　要：控压钻井技术因其可有效降低窄密度窗口钻井喷、涌同层等钻井工程复杂情况、提高钻井时效，已成为近年国内钻井新技术研发热点。控压钻井工艺有多种形式，包括井底恒定压力控压钻井、连续循环钻井和双梯度压力钻井。本文重点介绍了我院自主研发的基于井底恒压的控压钻井系统，并介绍了利用该系统实现压力控制衔接的工艺方法。最后，给出室内实验数据。

关键词：控压钻井　窄密度窗口　自动反馈　信号采集　压力控制

随着我国石油勘探与开发向深部复杂地层的不断发展，窄密度窗口安全钻井的问题越来越突出，常出现诸如井涌、井漏、有害气体泄漏、起下钻时间过长等钻井复杂问题。窄密度窗口安全钻井问题已经是造成深井、高温高压井等钻井周期长、事故频繁、井下复杂的主要原因，成为影响和制约石油勘探开发进程的技术瓶颈。

针对窄密度窗口的安全钻井问题，目前国外常用的方法是控压钻井（managed pressure drilling，MPD）技术。控压钻井的概念由美国Weatherford公司在2004年举行的SPE/IADC钻井会议上首次提出，该技术与欠平衡钻井（UBD）和空气钻井（Air Drilling）技术被IADC划分为钻井过程中的控制压力钻井的三大体系。控压钻井技术的关键是将钻井循环流体系统作为一个压力容器进行控制，完成相关钻井作业，可解决钻井中的复杂压力控制问题，通过降低非生产时间和减少钻井风险来优化钻井工艺。

控压钻井主要是通过对井口套管压力、流体密度、水力摩阻等的综合控制，精确控制整个井眼环空压力剖面，使整个井筒的压力维持在地层孔隙压力和破裂压力之间，有效控制地层流体侵入井眼，减少井涌、井漏、卡钻等多种钻井复杂情况，非常适宜孔隙压力和破裂压力窗口较窄的地层作业。

MPD主要有4种应用方式：恒定井底压力MPD（CBHP MPD）、钻井液帽钻井（MCD）和双梯度钻井（DG MPD）、健康安全环境技术（HSE MPD），目前已成功应用一百余口井。国内西南石油大学及中石油钻井院等进行了相关的攻关研究，塔里木油田等进行了国外先进的控压钻井技术的引进与应用，目前国内整体水平尚处于起步阶段。

作者简介：伊明（1972—　），男，2007年中国石油大学（北京）油气井工程专业硕士研究生毕业，高级工程师，西部钻探钻井工程技术研究院所长，主要从事欠平衡钻井、控压钻井技术研究及推广工作。

1 控压钻井概念及压力控制原理

1.1 控压钻井的定义

国际钻井承包商协会欠平衡作业与控制压力委员会定义：MPD是用于精确控制整个井眼压力剖面的实用钻井程序，其目的在于保持井底压力在设定的范围以内。目前，国内部分学者从广义角度称为管理压力钻井，认为MPD包括过平衡、近平衡、欠平衡钻井等一系列钻井工艺技术，现场把MPD称作是控制压力钻井技术，但不管MPD中文名称如何，其主要技术特点和核心的技术目标是一致的，即：(1) 将工具与工艺相结合，通过预先控制环空压力剖面，可以减少窄安全密度窗口钻井相关的风险和投资；(2) 可以对回压、流体密度、流体流变性、环空液面、循环摩擦力和井眼几何尺寸进行综合分析并加以控制；(3) 可以快速应对、处理观察到的压力变化，能够动态控制环空压力，更经济地完成其他技术不可能完成的钻井作业；(4) 可用于避免地层流体侵入、操作（包括用适当的工艺）发生的任何流动都是安全的。

1.2 控压钻井与欠平衡钻井

控压钻井起源于欠平衡钻井，二者有类似之处，许多欠平衡设备同样适用于控压钻井作业，且控压钻井发展初期主要依靠欠平衡钻井理论和设备，但是这两种工艺在压力控制目标、实现目标的装备配套等方面均有一定区别。更重要的是这两种工艺在井底压力控制目标、施工目的、设备配置与地质工程效果等方面存在差别。

(1) 对井底压力控制的区别：控压钻井属于过平衡钻井，通过精确控制钻进、起下钻作业过程中的环空压力剖面，保持井底压力大于或等于地层的孔隙压力。而欠平衡钻井过程中井底压力小于地层的孔隙压力，允许地层流体进入井筒，有效控制循环至地面处理实施“边喷边钻”，而控压钻井过程中地层没有流体产出。

(2) 施工目的不一样：欠平衡钻井主要解决储层伤害问题，提高机械钻速。控压钻井主要是为了解决窄安全密度窗口带来的井漏、井塌、卡钻、井涌等井下复杂问题，因为作业时采用闭式压力控制系统，更适合于控制井涌、井漏，通过动态压力控制或自动节流控制，可以快速控制地层流体侵入井内，安全性高。

(3) 装备配套的区别：大多数情况下，欠平衡设备可用于控压钻井，而为控压钻井所设计的分离设备的处理能力较小，但其他配套设备更为复杂。欠平衡钻井中所采用的辅助流动管线、储备罐及地质取样设备在控压钻井中不需要。控压钻井的目标是对井筒压力进行精确控制，以保持钻井作业各个状态井底压力的恒定。实现控压钻井目标，除欠平衡钻井所需的旋转防喷器之外，还需要一些关键装备的配套才能实现：井底压力随钻测量系统(pressure measure while drilling，PWD)，地面自动节流控制系统，柱塞泵压力补偿系统，地面数据采集以及数据处理、软件支持与信号指令系统等。

(4) 地质工程效果方面的区别：欠平衡钻井能够获得地层地质特征参数与综合地质分

析；而控压钻井是将地层流体压制在地层中，因此对产层的识别以及岩石物性不能直接进行评估，但可通过随钻测井（LWD）仪进行储层评估[7, 8]。

1.3 压力控制原理

钻井过程中，井筒中任一点的环空压力由井筒液柱压力、环空循环压耗（钻井液循环时的环空流动阻力）、井口回压、循环过程中产生的压力波动（如激动压力、抽汲压力、侵入井内地层流体引起的压力波动）组成[9, 10]，即：

$$BHP = p_m + AFP + p_c + p_{af} \tag{1}$$

式中，BHP 为井底压力；p_m 为环空液柱压力；AFP 为环空循环压耗；p_c 为井口回压；p_{af} 为环空循环压力波动，MPa。

常规钻井过程中，调节钻井液密度是关键的控制手段，但这种方法时效性较差；通过调节循环排量的方式也能实现对井底压力的控制，但是由于系统缺乏有效的封闭性，在起下钻和接单根时（钻井液循环停止），缺乏实现连续压力控制的有效手段。但对于复杂地层而言，仅通过调整钻井液密度并不能满足要求，如图 1（a）所示的窄安全密度窗口情况下，降低钻井液密度满足动态循环不压漏地层时，当井内静止时地层流体就会流向井筒（$BHP_{静态} < p_p$）；而提高钻井也密度满足静态 $BHP > p_p$ 时，循环条件下又会造成井漏（$BHP_{动态} > p_F$），按照常规钻井的压力控制方式，复杂情况无法避免。

控压钻井过程中，如图 1（b）所示，可以使用较低的钻井液密度，保持循环状态下的动态 BHP 在安全密度窗口内，当循环停止时，在井口精确施加一定量的回压 p_c，以维持静态 BHP 在安全密度窗口内，保证钻井安全，理想的情况是静止时施加的井口回压等于环空循环压耗值。

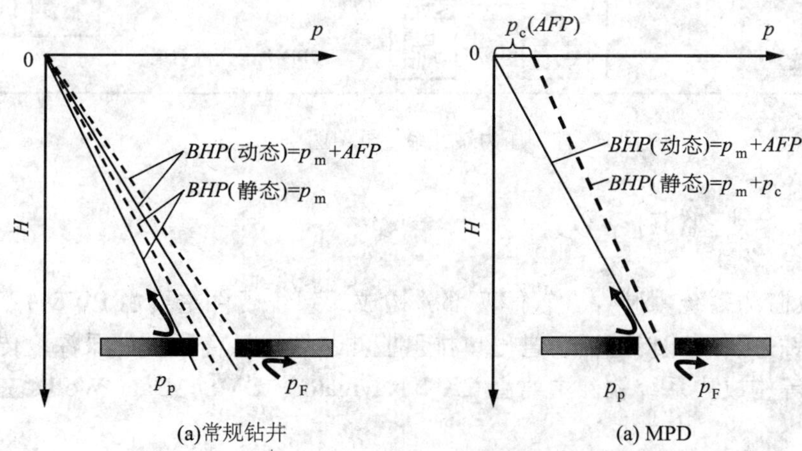

图 1 井筒压力剖面控制示意图

控压钻井采用的钻井液密度低于孔隙压力当量密度，但这并非欠平衡钻井，因为总的钻井液当量密度仍高于地层孔隙压力。在这种情况下，对发生意外侵入的流体可以使用 MPD 地面装置使侵入流体得到控制。

2 控压钻井系统的组成

我院开发的控制压力钻井系统是基于井底恒压钻井技术的一种。系统开发的目标是：围绕井筒压力控制，以实现钻进、起下钻、接单根过程中的压力平稳衔接。该系统主要由钻井参数监测系统、决策分析系统、电控系统、指令执行系统（即自动节流控制管汇）、回压补偿五部分构成。系统构架见图2。

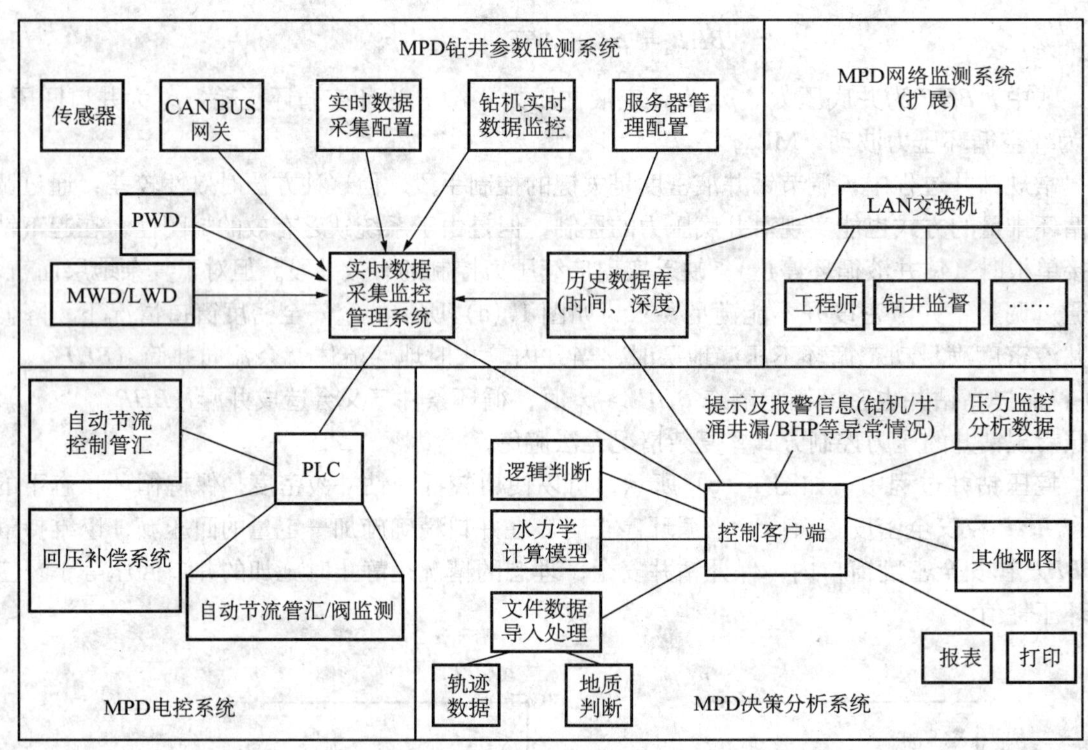

图2 控制压力钻井系统框架图

2.1 MPD钻井参数监测系统

MPD钻井参数监测系统由硬件、软件两部分构成。系统硬件主要由PWD井下仪器、地面压力传感器、钻井泵泵冲传感器、进出口排量监测装置、滚筒圈数记录深度传感器以及大钩载荷传感器等构成。系统软件主要由CAN Navigator、DMS、Data Works三个软件构成。

MPD钻井参数监测系统主要功能是对井下PWD随钻环空压力、立管压力、钻井泵冲数、井深、大钩载荷等参数进行实时采集、监测。同时，MPD钻井参数监测系统通过WITS连接方式，为控压钻井提供公共数据处理中心。将采集到的钻井参数作为整个系统的公共数据，提供给其他分系统，以实现各分系统间的数据交互，为控压钻井决策提供数据支持。采集原理见图3。

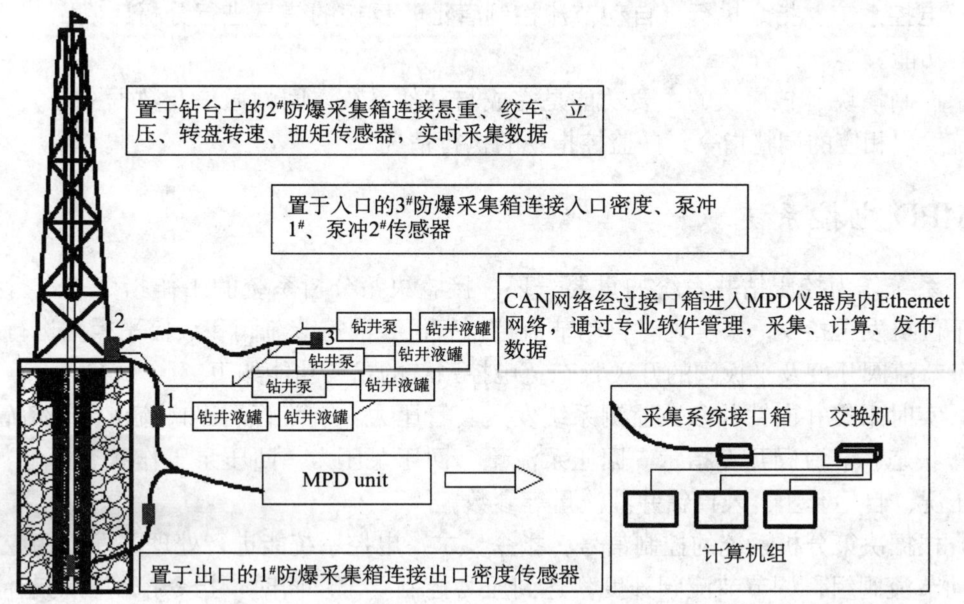

图 3　MPD 钻井参数监测系统构成

2.2　MPD 决策分析系统

MPD 决策分析系统（图 4）包括以下四大模块。

（1）非实时数据输入模块：用于钻前（或者依据实际情况更新）输入决策分析系统计算相关的一些原始数据，例如井身结构、下部钻具组合、井眼轨迹、钻井液性能数据等。

（2）水力学计算模型：根据输入的非实时基础数据以及 MPD 钻井参数监测系统得到的相关钻井参数，进行实时两相流模拟计算，得到压力控制的目标（目标套压）。

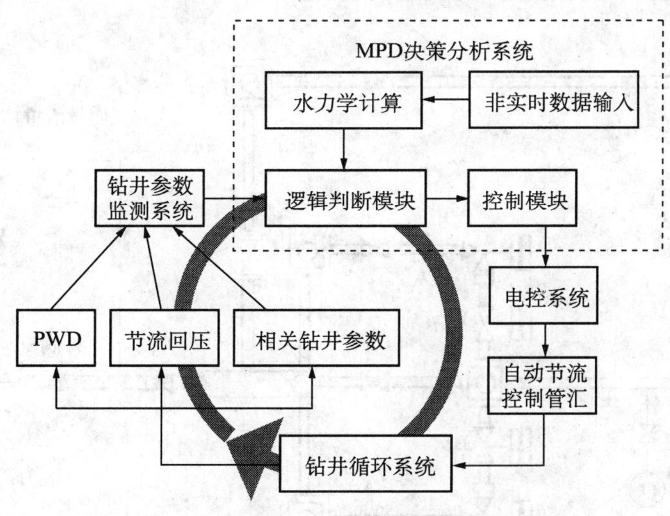

图 4　MPD 决策分析系统框架图

（3）逻辑判断模块：决策分析系统的逻辑判断模块能够根据井下 PWD、钻井参数监测系统以及电控系统、指令执行（自动节流控制管汇）反馈的信息进行分析、判断，具有实时决策的功能。

(4) 控制模块：该模块的主要功能是完成与其他系统之间的通信及数据交互，负责向电控系统发出相应的调整指令，并监控指令的执行情况。

2.3 MPD 电控系统

电控系统作为控压钻井系统的重要一环，接收决策分析系统的工作指令并进行处理。同时向下位机发送指令，来实现对自动节流控制管汇各液控节流阀和液控平板阀进行控制，并监控各节流阀开度及平板阀的开关状态。电控系统的主要功能如下：

(1) 实时采集并向钻井参数监测系统发送套管压力、节流管汇出口流量、节流管汇闸板阀工作状态、节流阀开度指示、回压泵流量、回压泵压力、回压泵工作状态等参数。同时接收工况、目标套压、入口钻井液流量等参数。

(2) 根据决策分析系统的控制信号、指令要求，电控系统能进行处理并发出相应指令，控制自动节流阀组，调节节流阀开度，达到压力控制要求。同时，指令控制自动节流管汇各节流阀的控制模式、各平板阀的开关次序，完成钻进、接单根、起下钻工艺流程的转换。

2.4 MPD 指令执行系统（自动节流控制管汇）

自动节流管汇系统主要由带液压执行机构的三只节流阀、三只平板阀、液压控制柜、液控阀与液压控制柜连接管线、压力采集单元、阀位显示单元与质量流量计等构成。连接形式见图5。在 MPD 指令执行系统中，液压控制柜主要功能是接收来自电控系统的电信号，在液压控制柜内设计有执行电路与电磁阀，电磁阀主要功能是接收来自电控系统的工作指令，将控制信号转换为推动液动平板阀液缸动作的液压信号，以实现将电信号变量转换为节流阀开度变量，达到节流压力调整的目标。

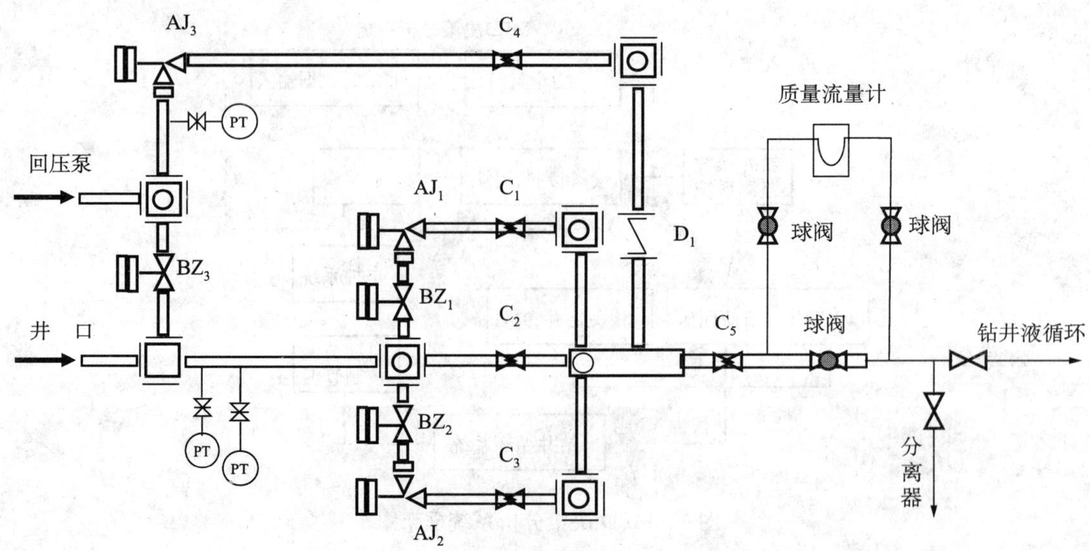

图5 自动节流控制管汇系统结构

在MPD指令执行系统中，流量计主要功能是采集经过自动节流管汇出口液体量的变化，为控压钻井过程中井漏、溢流的判断提供参考。

3 控压钻井几个关键工艺的实现方法

基于恒定井底压力控压钻井有几个关键环节，这几个环节包括：(1) 钻进过程中因工程参数（主要是流量）变化导致的循环压耗的改变，目标套压的调整；(2) 单根钻进完成后，钻井液由循环转为停止，压力补偿控制调整；(3) 接单根完成后，钻井液由停止转为循环，压力补偿控制调整。

为实现以上关键环节，设计了如下压力控制工艺。

3.1 钻进工况下的压力控制方法

钻进工况下，MPD决策分析系统依据采集的排量、套压、井下PWD数据，实时比对实际井筒压力与目标压力。依据其差值，相应给出节流阀控制信号，以实现对井筒压力控制的目标。钻进工况下压力控制流程见图6。

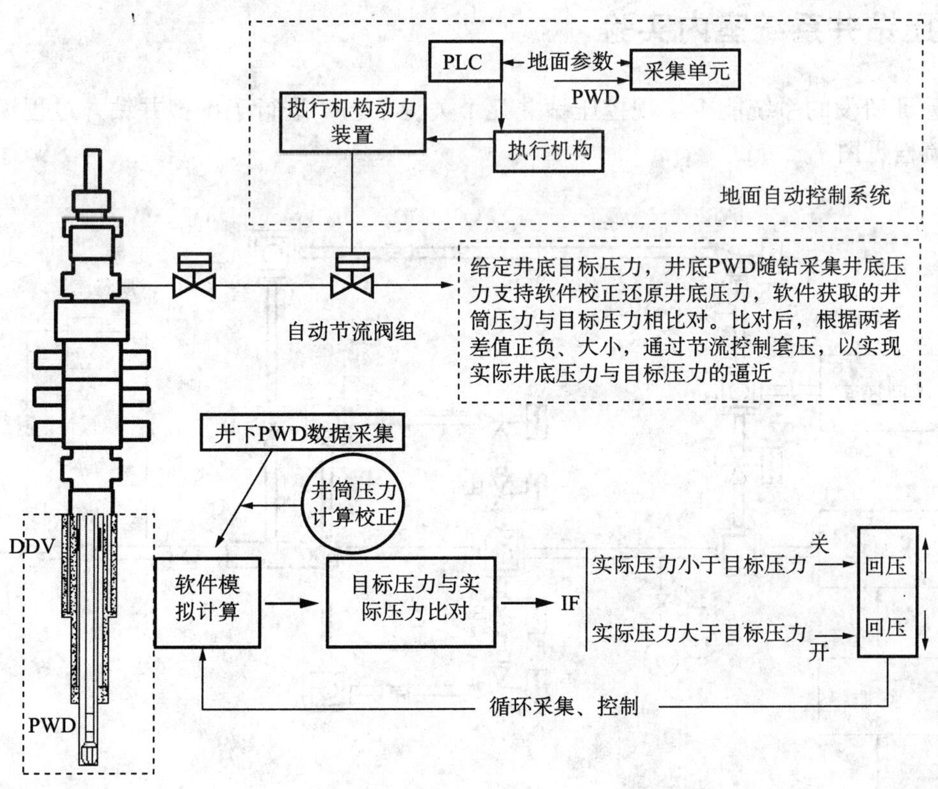

图6 钻进工况下的压力控制流程

3.2 停泵接单根井筒压力控制方法

控压钻井停泵接单根井筒压力控制采用回压泵配合的方式完成。停泵之前将回压泵打开，停泵过程中（钻井泵排量逐渐降低至零）通过 AJ_1 与 AJ_3 节流阀联调进行压力控制，钻井泵完全停止后，通过回压泵在井口增加部分回压以补偿环空循环压耗，从而实现停泵过程中的井筒压力平稳过渡。

停止循环接单根过程中，井口套压由 AJ_3 控制。接单根完成后，逐渐打开钻井泵，通过 AJ_1 与 AJ_3 节流阀联调进行压力控制，直至钻井泵排量恢复至正常钻进排量，可关闭回压泵，转入 AJ_1 单独控制压力，继续钻进。

具体控制流程为：(1) 按照控压钻井排量循环，准备停泵；(2) 启动回压泵，打开节流阀 AJ_3 循环，自动控制阀前压力，此时隔离阀 BZ_3 保持关闭；(3) AJ_1 与 AJ_3 节流阀联调，待节流阀 AJ_3 和节流阀 AJ_1 压力匹配后，打开隔离阀 BZ_3，由节流阀 AJ_3 自动调整井口压力，进行接单根操作；(4) 接单根完成后，开始循环，逐渐增加钻井泵排量至钻进排量，并逐渐打开节流阀 AJ_1 相应调整井口压力；(5) 待节流阀 AJ_3 和节流阀 AJ_1 压力匹配后，关闭隔离阀 BZ_3，回压泵停止循环，通过节流阀 AJ_1 单独控制压力进行钻进。

4 控压钻井系统室内实验

为验证研发的系统能否实现控压钻井几个关键工艺，进行了虚拟井钻井过程模拟，实验连接流程见图 7。

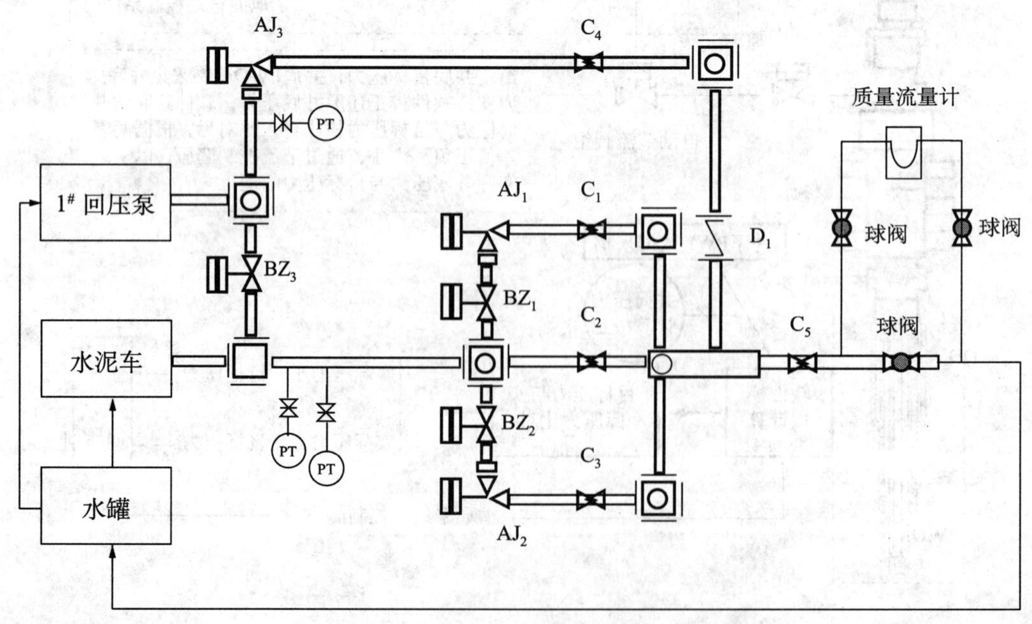

图 7 室内实验连接流程图

实验条件：(1) 钻进工况，Q_{AJ_1}/Q_{AJ_2} 为 9L/s；(2) 停泵接单根工况，Q_{AJ_1}/Q_{AJ_2} 为 5L/s，

Q_{AJ_3} 为 4L/s。

钻进工况及接单根工况模拟压力控制曲线如图 8 ~图 10 所示。

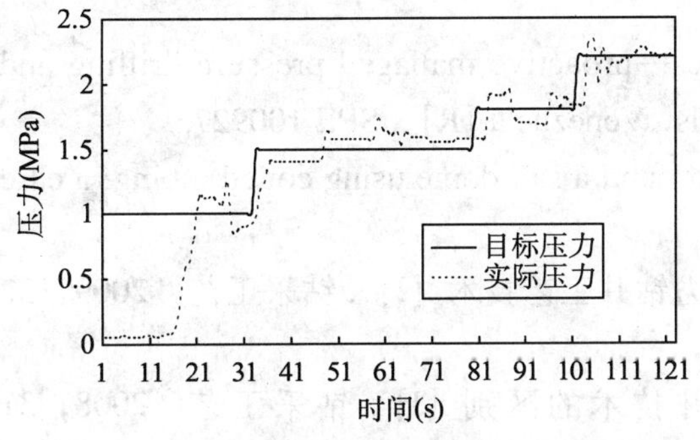

图 8　钻进模拟实际回压与目标压力对比图

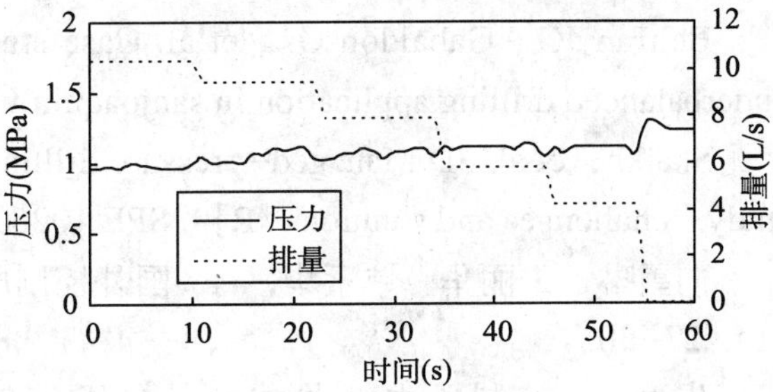

图 9　接单根压力控制模拟——停泵

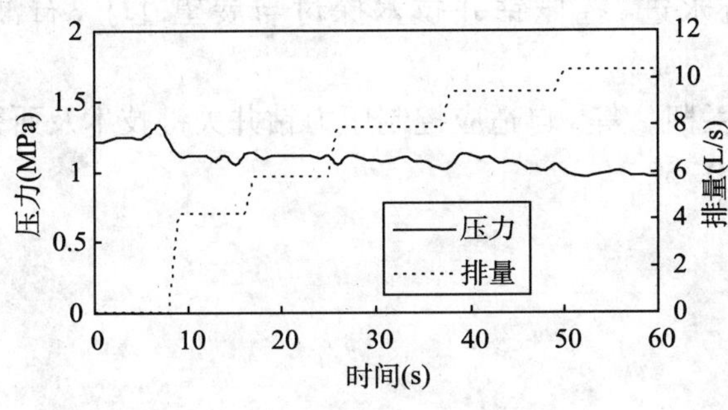

图 10　接单根压力控制模拟——开泵

5　结论及建议

(1) 介绍了我院开发的基于恒定井底压力的控制系统，经过系统测试与室内实验，初步确定系统可满足钻井工况压力控制要求。

(2) 开发了一种通过回压泵介入停泵接单根井筒压力控制的方法，这种方法相比单阀单流量控制工艺，避免了其可能存在的流道全闭而带来的压力激动问题。

(3) 实验表明，开发的控压钻井系统存在调整滞后问题。建议继续进行系统优化，以进一步提高压力控制的响应时间及精度。

(4) 通过对系统室内实验数据分析，评价该系统已具备上现场试验的基本条件，建议进行现场试验综合评价。

参 考 文 献

Hannegan Don M., Glen Wanzer. Well control considerations – offshore applications of underbalanced drilling technology [R] . SPE79854

Ramalho, John, Davidson. Well–control a SPEcts of underbalanced drilling operations. [R] . SPE106367

Cuauro A, Ali M I, Jadid M B, et al. An approach for production enhancement opportunities in a Brownfield redevelopment plan［R］. SPE 101491, 2006.

Hannegan Don M. Managed pressure drilling in marine environments—case studies［R］. SPE92600.

Beltran JC., Gabaldon O. , et al. Case studies—proactive managed pressure drilling and underbalanced drilling application in sanjoaquin wells, Venezuela［R］. SPE 100927.

Shaikh, et al. 3D Managed-pressure drilling around a salt dome using coiled tubing: a case study—challenges and solutions［R］. SPE 102608.

向雪琳，朱丽华，单素华，等．国外控制压力钻井工艺技术［J］．钻采工艺，2009，32（1）:27-30.

朱丽华．控制压力钻井技术与欠平衡钻井技术的区别［J］．钻采工艺，2008，31（5）:136.

周英操，崔猛，查永进．控压钻井技术探讨与展望［J］．石油钻探技术，2008，36（4）:1-4.

李伟廷，侯树刚，兰凯，等．自适应控制压力钻井关键技术及研究现状［J］．天然气工业，2009，29（11）：50-52.

气体钻井技术应用与发展

徐　欣[1,2]　宋生印[1]　杨　龙[1]　赵文轸[2]

（1. 中国石油集团石油管工程技术研究院；2. 西安交通大学材料学院）

摘　要：空气钻井技术是一种应用最为广泛的欠平衡钻井技术，近年来在我国也得到了迅速的发展应用，并取得了良好的效果。文中简单叙述了空气钻井的国内外应用现状，具体说明了空气钻井的优点和缺点，介绍了气体钻井的工艺设备、技术难点以及关键问题。空气钻井主要应用于中低压地层，可以大幅度提高钻井速度，缩短建井周期，降低钻井成本，保护环境。

关键词：空气钻井　地层　冲蚀

欠平衡钻井技术是在勘探开发难度日益增加，国际石油市场竞争激烈的条件下应运而生的，是20世纪90年代初国际上再次兴起的钻井新技术。该技术的应用解决了很多复杂和困难的油气开发问题，提高了产量，降低了成本，成为继水平井技术之后的第二个钻井技术发展热点。我国21世纪的油气资源勘探与开发，面临着复杂储层物性和复杂地质条件油气资源的开发，面临着低压、低渗、低产能油气资源开发，面临着开发中后期老油气田的改造挖潜，面临着稠油、致密气层和煤层甲烷等非常规油气资源的开发，面临着世界石油市场竞争的挑战等诸多问题。因此，欠平衡钻井技术是我国21世纪油气资源开发中必不可少的主干技术之一。

欠平衡钻井技术是指在钻井过程中井筒液柱压力低于地层压力，允许底层流体进入井筒，减少钻井液滤液和有害固相微粒进入地层，保护油气藏的钻井技术。相对于常规钻井，其优势主要表现在保护和发现储层、提高油气产量和采收率、提高钻井速度、减少或避免井漏等方面。因此在国际石油钻井市场上发展迅速。特别是在最近几年，已经在全球范围内得到广泛应用。

实践表明，欠平衡钻井技术适用于下列储层：硬岩层，欠压/衰竭地层，高渗（≥1000mD）且胶结良好的晶间砂岩和碳酸盐岩、高渗弱胶结砂岩、裂缝开度大于100μm的大裂缝地层，含有对水基钻井液滤液过敏的成分，同时这类成分含量较高的地层，可能与滤液极不相容的地层，接近束缚水饱和度或残余油气饱和度的脱水地层。不适合于进行欠平衡井作业的情况为：(1) 探井；(2) 井壁不稳定；(3) 底层孔隙压力不清；(4) 流体中含H_2S；(5) 地层压力高、裂缝性、产量大、风险大的井；(6) 同一裸井眼压

作者简介：徐欣（1972—　），男，2006年9月毕业于西安交通大学，获博士学位；中国石油集团石油管工程技术研究院及西安交通大学博士后，工程师，目前主要研究方向为高强钻柱材料及抗H_2S应力腐蚀钻柱材料的开发、应力及损伤机理研究。

力系数差别太大的井。

气体钻井技术就是采用以气体为主要循环流体的欠平衡钻井技术，具有钻速高、成本低、环保性好等优势，在国内外应用得越来越广泛。经过不断探索，我国气体钻井技术也已经有了长足进步，并在多项高难度钻采项目中展现其技术优势。2000年12月，四川石油管理局在伊朗南部TABNAK山脉采用空气泡沫钻井，成功地把TABNAK的钻井周期从伊朗人合约限定的420天缩短到百天以内，使这单被认为要亏损3000万美元合同不仅如期履行，而且还实现了赢利。2005年4月，气体钻井提高钻井速度被列为集团公司重大科技工程现场试验项目在七北101井开钻，并创造了多项全国和地区的钻采纪录。

截至2006年5月，四川石油管理局钻采队在川渝地区有针对性地开展了各种类型气体钻井77井次，其中空气/泡沫40井次，氮气钻井19井次，天然气15井次，尾气钻井3井次，充分体现出气体钻井显著提高钻井速度、发现和保护油气层并可有效治理井漏等技术优势。吐哈石油勘探开发指挥部自2003年以来，进行了玉门青西地区窿14井空气/雾化/泡沫钻井、吐哈红台地区红台2−15井纯氮气全过程欠平衡钻井、吐哈三塘湖地区马14井充空气钻井等多口井的现场应用，取得了良好的应用效果，体现了该技术良好的应用前景，促进了该技术的进一步推广应用。

1　气体钻井方式

根据气体钻井所选用的循环流体介质的种类，气体钻井有如下几种方式。

1.1　纯气体钻井

目前普遍应用的有两种，一是纯空气钻井，二是纯惰性气体钻井。纯气体钻井井底压力当量密度可降低到0～0.05g/cm^3；环空返速要求最低为15m/s。

1.1.1　纯空气钻井

主要应用在提高非储层段的机械钻速和对付非储层段井漏上，钻遇油气层时井下着火和爆炸的可能性极大。要求钻进的井段没有水层或地层出水较小，工艺相对较为简单。

1.1.2　纯惰性气体钻井

包括氮气钻井、天然气钻井、柴油机尾气钻井等，应用在油气层段的钻进，目的是为了避免储层伤害，可及时、无遗漏地发现和评价油气层，提高单井油气产量和采收率。

由于气体密度低，常用于钻漏失层、敏感性强的低压油气层、溶洞性低压层和低压生产层等。使用气体钻井时，需要在井场配备专用钻井设备，还需有井口防喷器、旋转头、密封钻杆、岩屑排除管汇及测量仪表等。纯气体钻井的优点是：可大幅度降低压差，大大提高机械钻速，延长钻头使用寿命；减少对敏感地层的伤害，保护低压油气层；可安全钻穿易漏层。主要缺陷为容易引起井下着火与爆炸，造成井下钻具报废。因此，根据实际工况选择气体类型尤其重要。

1.1.3 雾化钻井

可进行空气/雾化钻井（存在井下爆炸的危险，在非油气层段应用）和惰性气体/雾化钻井。同时通过注入管线向井内注入气体和发泡胶液，利用高速气流将注入的液体雾化，目的是在地层出水较小时提高流体的携岩能力，满足井底携砂要求，其注入的气量和压力都比纯气体钻井要大。适于钻开出液量低于24m³/h的低压油气层。要注意的是如果在超深井应用，容易引起钻具的腐蚀。

1.2 泡沫钻井

有稳定泡沫和硬胶泡沫两种，泡沫钻井一般都采用空气作为气基。通过注入管线同时向井内注入较小排量的空气和较大排量的发泡胶液，形成细小稳定的泡沫，气液比一般在100~200：1，连续相为液相。主要用于保护油气层不受伤害、低压油气层及枯竭层、永冻地区（−20 ~ −80℃）及地热井钻井。其优点是需要气体排量小（只需纯气体钻井一半左右）、密度低、滤失量小、可防止井下爆炸、对油气层伤害小、提高机械钻速、携岩能力强（为常规钻井液的10倍）；缺点是泡沫回收难度大、回收率低、发泡材料昂贵，成本较高。

1.3 充气钻井液钻井

将空气或惰性气体和钻井液同时注入井内来降低流体液柱压力，以钻井液为连续相的钻井循环流体。密度可根据充气量来调节，其液柱井底压力当量密度为0.70~0.80g/cm³较为合适。环空速度须达到0.8~8.0m/s，地面正常工作压力为3.5~8.0MPa。在钻进过程要注意气液的分离和钻具防腐等问题。

1.4 气体钻井方式之间的转换

对气体钻井危害最大的就是钻遇井下高含水地层，当井下出水时，会出现钻头破碎的岩屑中的泥岩水化后抱团，黏附在井壁和钻具上，形成泥饼环，堵塞环空通道；环空中的循环气体需要将地层出水雾化并带出地面而做功，导致注入压力升高，流量不变的情况下，压力升高则流速减慢，不利于携岩等。但是，如果井下没有出水，钻具和井壁之间的摩擦阻力将会随着钻井井段的增长、井斜的增大而增大，因此需要根据井下的情况而转换成更有利于安全钻井的气体钻井方式。通过现场试验，总结了几条气体钻井方式的转换原则：

（1）如果地层出水小于1.0m³/h，扭矩小于20000N · m，增大气体排量能满足携岩要求时，采用纯气体钻井；如果增大气体排量不能满足携岩要求时，转为雾化钻井。

（2）如果地层出水大于1.0m³/h而小于5.0m³/h，则转为雾化钻井。

（3）如果采用雾化钻井，扭矩仍然大于20000N · m，则转为泡沫钻井。

（4）如果地层出水大于5.0m³/h，则转为泡沫钻井。

（5）如果采用泡沫钻井，扭矩仍然大于20000N · m，则转为常规钻井。

2 气体钻井工艺设备

空气钻井是用空气作循环介质进行的钻井，其工艺流程如图1所示。空气经空气压缩机、增压机、注气管线、立管注入到井下，把井下钻屑带到地面，通过排岩管线入地面回收池。空气钻井的主要设备有空气压缩机、增压机、管汇系统、旋转防喷器、井下钻具止回阀、排岩管线以及与管汇系统和工艺相适应的阀门、仪表等。

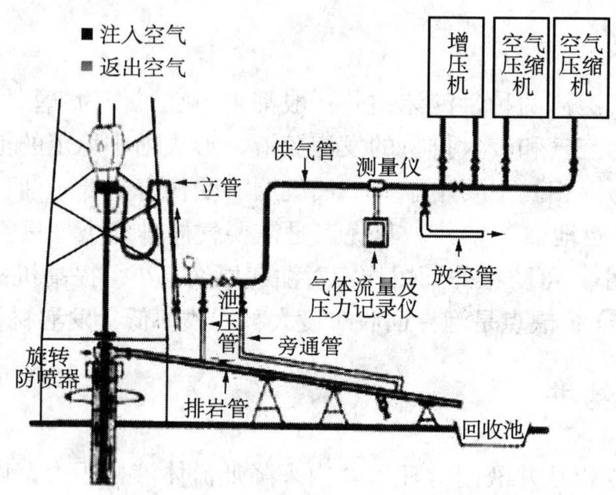

图1 空气钻井工艺流程示意图

2.1 空气压缩机

空气压缩机是提供空气钻井所需空气的主要设备。目前有多种空气压缩机，如旋转叶片式、直瓣式、往复活塞式和旋转螺杆式，其中螺杆式空气压缩机是油田钻井作业应用最多的一种。空气压缩机有多种压力级别，其输出的最大工作压力一般为1.75 ~ 2.45MPa。在正常情况下，这种工作压力能够满足空气钻井的需要，但在井较深时，或预计井内有出水时，所要求输送的空气压力可能超过空气压缩机额定的压力值，这时就要使用增压机。单台空气压缩机的输出气量一般为25.5 ~ 42.5m^3/min，不能满足空气钻井所需要的空气量。空气钻井作业时，根据不同的井眼尺寸、井下出水等情况，配备多台空气压缩机，以机组形式并联使用提供压缩空气，满足空气钻井需要的空气量。

2.2 增压机

增压机一般为往复活塞式增压机，它是将来自空气压缩机的空气增到更高的压力，以满足空气钻井的压力要求。油田上使用的增压机有单级、双级或多级增压机。单级增压机常用于较低压力作业，其输出压力一般为5.2 ~ 10.5 MPa。一般说来，单级增压机能满足空气钻井作业所需的压力要求，但对于空气钻井服务公司，拥有的大多数增压机为双级或多级增压机，能持续输送较高压力，以满足钻井变工况作业条件的需要。一般情况下，一台增压机能处理两台或多台空气压缩机提供的空气。空气钻井时，应根据所需的空气量配备与空气压缩机相对应的增压机数量，且并联使用，满足空气钻井作业需要。

2.3 空气输送管线及阀门

在空气钻井作业中，需要将压缩机系统的压缩空气输送到钻机的立管，因此就需要连接较大直径（ϕ76 ~ 101.6mm）的钢管或软管来输送。这些连接管线的额定压力值应与增压机的最大压力相匹配或更高。在这些连接管线中应安装相应的单流阀、安全阀和球阀，以保护压缩机和方便泄压，满足空气钻井作业工艺要求。在空气输入的主管线上要连接一根旁通管线，方便在接单根或需要泄压时使用。旁通管线可以直接导流到排岩管线。另外，在旁通管线与钻井立管之间安装一条泄压管线，用以在接单根前放掉立管和钻具内的压缩空气，这样，压缩机就可以在接单根期间保持运转而不需要停机。旁通管线和泄压管线一般用直径51mm的管线。

2.4 井口防喷器

无论是空气钻井还是其他气体型流体钻井（雾化、泡沫或充气），井口返出的流体均有一定的压力，为了确保钻井的安全、顺利，井口除装有常规防喷器组外，还必须安装旋转防喷器。

2.5 钻具止回阀

空气钻井作业中，钻具组合中要安装两个或多个钻具止回阀（单流阀）。一个接在钻头之上，以防止钻屑回流堵塞钻头水眼，另一个安装在井口附近的钻具上，以避免接单根时钻具内的大量空气喷出钻具。安装在钻头之上的止回阀通常为箭形止回阀，安装在井口钻具附近的止回阀一般为活瓣式止回阀。另外，在空气钻井中，为了防止在井下着火的情况下继续注入空气，可在钻铤和钻杆之间安装一个特殊的防火浮阀。该防火浮阀是一种改进的箭形止回阀，阀瓣由一个锌环保持打开。当循环时，在阀上方钻具内的空气压力作用下而打开，循环停止时而关闭。在井下着火时，阀体中的锌环被熔化，使阀套关闭阀体内的流动孔，从而防止空气的继续注入。

2.6 排岩管线

空气钻井作业时，井内返出的流体（空气、钻屑）须通过排岩管线进入地面回收池。排岩管线的直径大小应适当，若太大不能有效携带钻屑，若太小，管线上的压力降会过大，这样会增加压缩机系统的输出压力。一般说来，排岩管线大小与所钻井眼的环空横截面积差不多大，现场使用的排岩线大多数为ϕ178mm或ϕ244mm套管。为了便于采集岩样，在排岩管线上一般安装有岩屑取样器。取样器实际上是一个带有球阀的异径短管（ϕ76mm × ϕ25.4mm），并用使用过的大钳牙齿焊接在异径管内，这样可使返出的岩屑

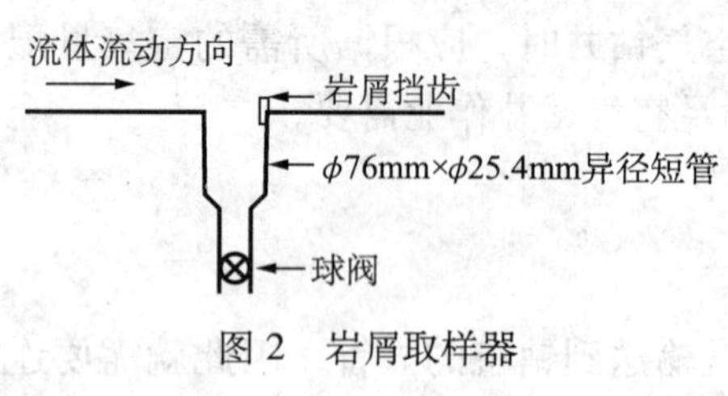

图2 岩屑取样器

在取样器处转向沉积，如图2所示。取样器位于排岩管线底部某一方便点，如需采集岩样，打开阀门即可。

从排岩管线排出的钻屑通常是干的粉尘，为了不影响环境和人员的身体健康，需要对粉尘采取有效的方法进行控制。一般在排岩管线的末端安上水管线，用水淋湿的方法消除粉尘的影响。

2.7 检测仪表

空气钻井中，除了常规钻井所用的仪表外，在空气输入管线上还安装压力表和气体流量计，用来测定输入空气的压力和流量。

2.8 雾化泵和化学药剂注入泵

对于空气钻井不需要使用雾化泵和化学药剂注入泵，但在空气钻井的成套设备配置中都有雾化泵和化学药剂注入泵。因为在空气钻井时，常常井下会出水，当出水量达到一定值后，空气钻井不能满足钻井需要时，利用雾化泵和化学药剂注入泵，及时将空气钻井转化成雾化钻井或泡沫钻井。

3 气体钻井技术存在的问题及技术难点

虽然利用空气作为循环介质的钻井技术具有克服井漏、提高机械钻速、延长钻头使用寿命等许多优点，但空气钻井也是有条件的，同时又存在井壁失稳、井下作火、地层水进入井筒引起卡钻等井下复杂事故隐患。

3.1 井下钻具腐蚀

气体钻井由于含氧量高，当其遇到地层水时，钻具腐蚀情况较为严重。要清除空气中的氧是不可能的（除非使用氮气，但成本太高）。另外，由于空气钻井气柱压力低，地层流体易进入井眼。因此必须根据井下情况采取合理措施，扬长避短，既要发挥空气钻井的优势，又要尽可能地减轻腐蚀，保护钻具，提高经济效益。结合以往经验，空气钻井应采取以下措施进行钻具防腐：干地层使用纯空气钻井；低压水层使用干泡沫钻井；高压水层使用泡沫钻井。由腐蚀机理可知，空气（氧气和二氧化碳）对钻具产生腐蚀，必须有水存在。在干燥环境中，空气不会产生腐蚀，但在潮湿环境中，即使氧的含量相当低（少于1mg/L），也能引起严重的腐蚀。所以地层不出水时，可以进行干空气钻井，当地层出水后，可以增加空气排量进行雾化钻井。当地层出水量较大、含盐量较高时，干泡沫钻井无法作业，必须采用泡沫钻井。这样既可降低空气排量和环空返速，减少钻具冲蚀，又可用泡沫将空气包裹起来，减少空气与钻具接触机会。

同时，通过调节pH值，提高缓蚀剂和泡沫的协同效益，减轻钻具腐蚀。钻杆与介质（包括空气、泡沫）接触的表面需进行防锈处理，如电镀锌保护层等。停钻后应用清水及时冲洗所有泡沫通道、钻具及设备。配制高pH值的发泡剂，且其中添加有各种保护剂。

3.2 井斜控制

气体钻井井斜控制难度非常大，井斜控制技术在国外尚未有较深入的研究，我国在气体钻井控制井斜方法上，主要是采用轻压吊打等牺牲机械钻速的方法。我们分析，造成井斜的原因主要有：(1) 气体钻井工具造斜规律不清楚，空气锤、空气螺杆等工具的造斜规律尚未有较系统的研究；(2) 在井斜存在的情况下，钻具靠在下井壁上，造成下井壁的空气流动速度减慢，下井壁的钻屑无法及时被带走，将钻头垫向上井壁，造成井斜越来越大；(3) 高流速气体冲刷井壁，井径扩大严重，稳定器不起作用。

3.3 气体钻井循环系统冲蚀

由于气体钻井的岩屑返速高，对钻具、循环系统有较强的冲蚀作用，需要研究降低冲蚀的措施及新材料。目前国内外针对气体钻井钻具材料在服役过程中的冲蚀失效研究尚为空白，在实际应用中对于冲蚀磨损的控制、预防、钻具系统寿命延长以及服役安全性评价等也缺乏系统规范与指导理论。

与目前主要采用的钻井液钻井相比，由于气体钻井的岩屑载体为气体或气/液两相载体，岩屑返速高，检测表明携带岩屑的气流出井速度可达到100m/s以上。因此对钻具及循环系统有强烈的冲蚀磨损作用，尤其在系统的结构变化处，如钻杆接头、管线变径处及弯折处等，其冲蚀磨损作用更为严重。同时由于并存应力腐蚀作用，这两种损伤机制可产生协同作用，导致钻具材料的失效更为复杂。

3.4 井壁失稳

空气钻井在井筒中形成的压力比常规钻井液钻井小得多。低的井筒压力可能引起井眼机械失稳，尤其是在松软地层钻井更是如此。另外，当空气钻井有较多的地层水进入井筒时，产出的水在被空气举升过程中经过裸眼井段的水敏性岩层，可能会造成井壁的水化失稳。由于井眼失稳，从井壁上垮塌的岩屑可能会很大，不能被空气有效地举升到地面来，那么，这些留在井下未被带出的岩屑就会聚集在井下，最终造成卡钻，给空气钻井带来严重麻烦。

3.5 地层水入井

利用空气钻渗透性地层、裂缝性地层或含水层时，地层水会流入井眼。当地层水进入井眼时，干燥的钻屑就会吸水，若进入井眼的地层水较多，钻屑很容易黏糊成块，并附着在井壁和钻具上形成泥环，造成卡钻、钻具泥包、循环管路被堵等，甚至导致井下着火。

3.6 井下着火

井下着火是空气钻井的一大缺点。天然气或油等烃类物质与空气混合后，当混合量达到燃烧范围并有火源的情况下，就会引起井下着火。在大气中，天然气的含量达到5%～15%时就会燃烧爆炸。空气钻井作业时，若有地层水进入井眼，使钻屑形成泥环，井内流动受阻，井下压力迅速上升，泥环以下的气体温度升高，这时，即使天然气等烃类物质进入井眼的流速很低，也可能会迅速形成可燃的混合物。一旦混合物达到燃烧范围，压缩本身会引起燃烧。另外，钻柱与井壁的摩擦、钻头在钻硬地层时会产生火花把井下混合气体点燃。井下着火很少会到达井口，因此难以监测。井下着火常常会熔化掉着火点附近的钻具，造成井眼报废，给钻井带来巨大损失。

另外，空气钻井时钻柱与井壁之间摩擦阻力较大，在钻定向井、水平井时，常规的井下动力钻具及MWD工具的使用也受到限制。

4 结束语

目前空气钻井主要应用于中低压地层，由于我国大部分油田都处于开发后期，地层压力大都存在不同程度的下降，这就为空气钻井提供了用武之地。近年来随着大量低渗透油气藏投入开发，如何保护此类油气藏成为人们关注的焦点。空气钻井对于保护低渗透油气藏来说具有比传统钻井方式明显的优势。同时空气钻井还具有大幅度节约钻头、降低钻井成本、环境污染小等其他特点。充分认识空气钻井的优缺点，合理选择应用，利用空气钻井如此多的技术和经济上的优势，它必将在我国有着越来越广泛的应用前景。

参 考 文 献

李亚强，钟树德．欠平衡钻井技术综述［J］．石油钻采工艺，2000，22（4）：22-26.

李静，赵小祥．欠平衡钻井技术及其应用与发展［J］．石油钻探技术，2002，30（6）：24-25.

赵海洋，郭宗诚，周永章，等．欠平衡钻井液技术研究现状［J］．石油钻探技术，2002，30（6）：34-36.

万里平，孟英峰，梁发书，等．空气钻井中钻具腐蚀影响因素分析［J］．天然气工业，2004，24（4）：41-44.

任双双，刘刚，沈飞．空气钻井的应用发展［J］．断块油气田，2006，13（6）：62-64.

郭建华，李黔，王锦，等．气体钻井岩屑运移机理研究［J］．2006，26（6）：66-67.

空气钻井条件下钻柱振动特性研究

徐鸿志[1] 王瑞和[2] 宋有胜[1] 王宇宾[1]

(1. 中国石油海洋工程有限公司工程技术研究院；2. 中国石油大学（华东))

摘　要:建立了钻柱振动有限元模型,对空气钻井钻柱振动特性进行了数值模拟。研究表明，扭转和纵向振动固有频率数值较大，共振区域窄，横向振动固有频率很小，且各阶频率间隔小，共振区域宽；钻柱扭转、纵向和横向振动特性受钻柱长度影响很大。空气钻井中钻柱纵向和横向振动固有频率，与常规钻井中钻柱振动固有频率相比要高很多。谐响应分析表明，钻井液的存在使钻柱低频共振响应显著加强，而高频共振减弱；钻井液对钻柱安全有积极的影响。

关键词：空气钻井　钻柱　振动　固有频率　转速

目前，空气钻井在四川油气田已经得到了大量使用，在提高钻速、降低钻井成本以及环保等方面起到了很大的作用。然而，在实际钻进中发现空气钻井存在一个问题：钻具使用寿命短、钻具失效严重、钻具成本高。据不完全统计，2007年1—11月川东北地区共发生钻具失效事故47次。其中，钻杆断裂19次，钻铤断裂18次，钻具脱扣4次，加重钻杆断裂2次，钻具附件（旁通阀、回压阀、取心筒、震击器）失效4次，钻具事故累计损失钻井时间271.88天（2口井侧钻未完），报废进尺5081.35m。

根据S. F. Wolf等人的研究，正常钻进时底部钻柱的拉压应力一般较小，不会引起钻柱的损坏，而由于钻柱发生振动并与井壁碰撞，往往在钻柱内产生很高的交变应力。可以推断钻柱断裂主要是由钻柱振动引起的交变应力所造成的，属于应力疲劳损坏。空气钻井与常规钻井液钻井不同的地方主要在于所采用的钻井液流体不同，因此对钻柱振动特性有了较大的影响。

本文就是针对空气钻井条件下的钻柱振动问题进行研究。根据钻柱的振动理论，对钻柱进行动力学分析，探讨钻柱的振动特性，分析钻柱和钻铤长度、钻井液阻尼等对钻柱振动的影响。

作者简介：徐鸿志（1982—　），助理工程师，2009年毕业于中国海洋大学（华东），获得油气井工程硕士学位。现在中国石油海洋工程有限公司工程技术研究院钻采所从事钻井液与完井液研究。

1 模型及计算单元简介

1.1 有限元模型

（1）钻柱振动模型。针对钻井情况，考虑到实际钻柱运动的复杂性，为便于对钻柱进行数值分析，进行必要的简化。假设：①钻柱简化为均质弹性梁；②把钻柱看做一端固支、另一端滑动并承受钻压的梁，且钻柱轴线与井眼轴线重合；③井筒为钻柱的横向运动约束边界；④相对于很长的钻杆部分，井底钻具处理为集中质量点，或具有转动惯量的质量点。模型见图1。

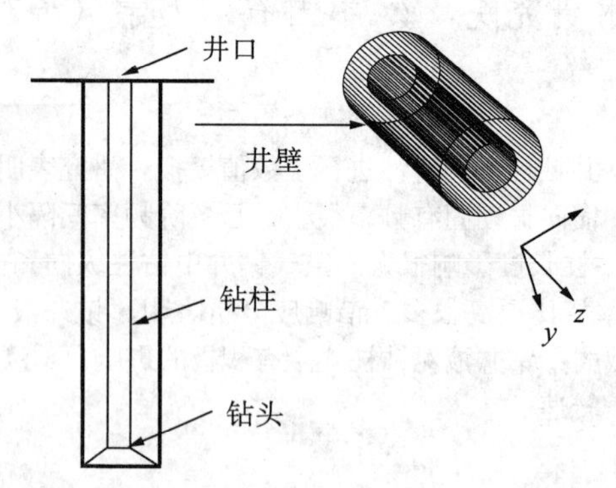

图1 空气钻井钻柱振动三维计算模型（模型1）

（2）底部钻具组合谐响应分析模型，用于分析底部钻具受到周期性扰动（如由于屈曲发生的周期性震击等）时，钻柱产生的横向位移响应。将钻柱简化为一端铰支，另一端滑动并承受钻压的梁，见图2。

1.2 计算单元简介

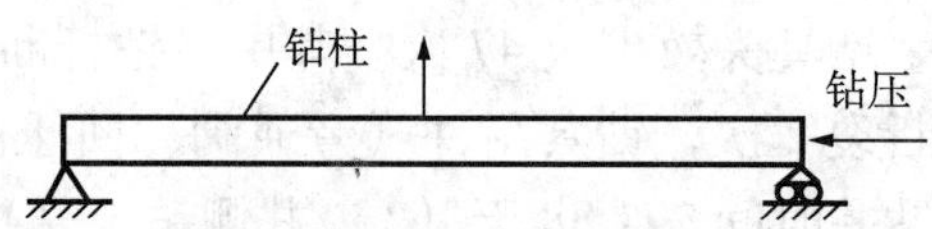

图2 底部钻具组合动力响应模型（模型2）

利用ANSYS软件中APDL语言建立有限元实体模型，选取MASS21单元模拟钻头，PIPE59单元模拟钻铤、钻杆和转换接头。PIPE59单元是一种线单元，具有承受拉力、张力、扭转及液体动力效应的能力，考虑液体动力效应和浮力效应，分析在井筒中有钻井液时的钻柱真实受力情况。单元的刚度矩阵及质量矩阵分别与梁单元的刚度矩阵及质量矩阵类似，只需要对某些元素进行修正，乘以系数M_a/M_t。如果管柱与周围的液体有相对运动就会产生液体动力效应，PIPE59单元用Morison方程［式（1）］考虑这一效应。一般形式Morison方程应用广泛，在一些计算中具有重要的作用，用来计算单元上的分布载荷，以考虑流体的动力效应。

$$\{F/L\}_{\mathrm{d}}=C_{\mathrm{D}}\rho_{\mathrm{W}}\frac{D_{\mathrm{o}}}{2}\left|\{\boldsymbol{U}_{\mathrm{n}}\}\right|\{\boldsymbol{U}_{\mathrm{n}}\}\{\boldsymbol{U}_{\mathrm{t}}\}+C_{\mathrm{M}}\rho_{\mathrm{W}}\frac{\pi}{4}D_{\mathrm{o}}^{2}\{\boldsymbol{V}_{\mathrm{n}}\}+C_{\mathrm{T}}\rho_{\mathrm{W}}\frac{D_{\mathrm{o}}}{2}\left|\{\boldsymbol{U}_{\mathrm{t}}\}\right| \quad (1)$$

式中，$\{F/L\}_{\mathrm{d}}$为由于液体动力效应引起的单位长度上的载荷；C_{D}为法向阻力系数；ρ_{W}为外部液体的密度；D_{o}为管柱实际外径；$\{\boldsymbol{U}_{\mathrm{n}}\}$为法向相对速度矢量；$C_{\mathrm{M}}$为惯性系数；$\{\boldsymbol{V}_{\mathrm{n}}\}$为法向加速度矢量；$C_{\mathrm{T}}$为切向阻力系数；$\{\boldsymbol{U}_{\mathrm{t}}\}$为切向上相对速度矢量。

2 计算条件

普光A井在二开井段649.6～3036m时采用了空气钻井，在井深2348m、2602m和2827m时发生了三次断钻具事故，而在0～649m和3036～4300m直井段内，采用常规钻井方式钻进，没有发生钻具事故。采用的部分计算参数见表1。模型2考虑普光A井钻至2827m时钻具组合：ϕ314mm HJT537GK×0.3m＋630（双母扣接头）＋ϕ228.6mm双向减震器×3.76m＋631×730×0.48m（回压阀）＋ϕ228.6mm钻铤×6根×52.29m＋731×630×0.47m（回压阀）＋ϕ203.2mm钻铤×6根×52.59m＋ϕ203.2mm滑动消震器×2.12m＋127mm加重钻杆×109.92m。本文对钻柱和钻铤长度、钻井液密度对钻柱扭转、纵向和横向振动特性以及底部钻具组合动力响应的影响进行了分析。

表1 部分计算参数

参数名称	钻柱密度（g/cm³）	钻杆外径（mm）	壁厚（mm）	弹性模量（Pa）	泊松比
数值	7850	127.00	9.195	2.06×10^{11}	0.3

3 计算结果及分析

3.1 钻柱扭转振动特性分析

扭转振动是由于地层对钻头和井壁对钻柱旋转阻力的不均匀引起的。当转盘转速达到某一临界值时，钻柱可能出现扭转共振现象。钻柱的扭转振动使得钻柱处于扭转摆动的状态，钻柱内产生交变的剪切应力，造成钻具和钻头的卡钻，使钻头和钻具完全处于停止旋转状态。钻柱扭转共振时，交变的剪切应力会达到较大的数值，较大的交变剪切应力会在短时间内导致钻柱疲劳断裂。

根据空气钻井的实际情况，采用计算模型1，利用ANSYS软件计算，主要考察钻柱和钻铤长度，以及钻井液密度对钻柱扭转振动的影响。

3.1.1 钻柱和钻铤长度对扭转振动影响

计算结果见图3和图4。可以看出，随着钻柱长度的增加，整体钻柱的扭转振动固有频率逐渐减小；随着钻铤长度的增加，钻柱扭转振动的固有频率略有下降，但影响很小。图3和图4中，分别出现了扭转振动固有频率在1Hz和1.2Hz的情况，转换成临界转速为60r/min和72r/min，与实际空气钻井过程中采用的转盘转速60～70r/min非常接近，钻柱就容易发生共振。因此，应该根据不同的钻柱长度和钻铤长度，调整转盘转速，避免产生钻柱扭转共振。

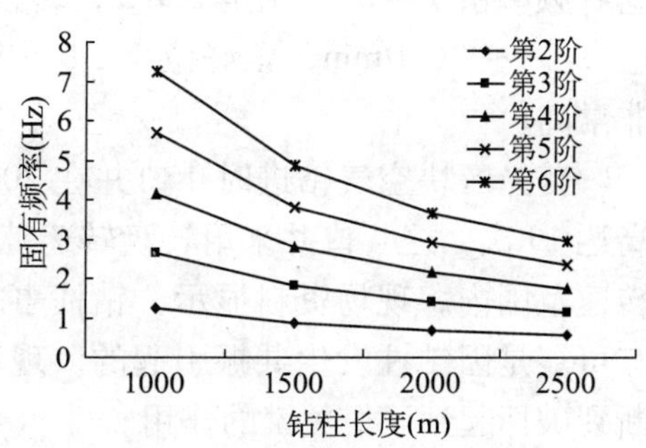

图3 钻柱长度对扭转振动特性的影响

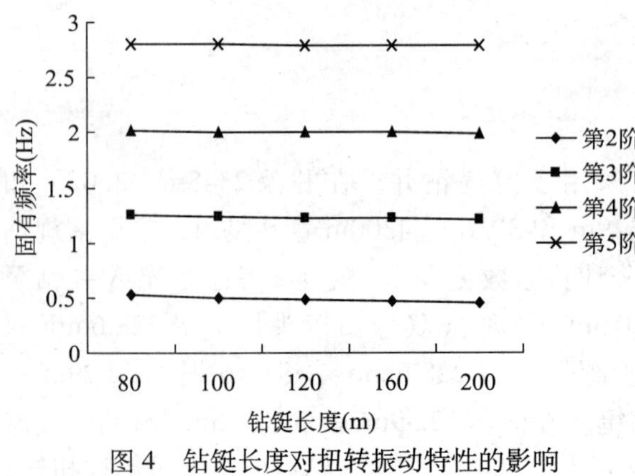

图4 钻铤长度对扭转振动特性的影响

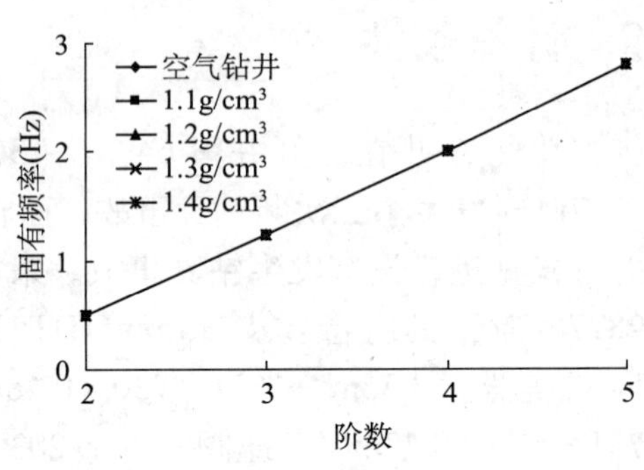

图5 钻井液密度对扭转振动特性的影响

3.1.2 钻井液密度对扭转振动影响

考虑空气钻井和不同钻井液密度情况下的钻柱扭转振动，结果见图5。可以看出，随钻井液密度变化，钻柱扭转振动的固有频率基本保持不变。在空气钻井中，钻柱扭转振动固有频率与常规钻井液钻井中钻柱扭转振动固有频率基本相同，应该从其他角度考虑，来避开扭转共振的临界转速。

3.2 钻柱纵向振动特性分析

纵向振动指的是钻柱沿其纵向的伸缩运动，在钻井作业中以两种形式出现；钻头接触井底时的垂直振动和钻头在井底弹跳。当钻头振动的频率为钻柱固有频率的整数倍时，钻柱将处于共振状态，出现剧烈跳钻。采用计算模型1，利用ANSYS软件计算，考察钻柱和钻铤长度，以及钻井液密度对钻柱纵向振动的影响。

3.2.1 钻柱和钻铤长度对纵向振动影响

计算结果见图6和图7。可以看出，钻柱长度的变化对钻柱纵向振动的影响变化较大，钻铤长度的影响稍小。根据图6的计算数据，钻柱长度由2000m增加至3500m时，第2阶固有频率由1.4Hz变化至0.9Hz，转换成转盘转速为84～54 r/min，空气钻井常用转盘转速在60～70 r/min，正好位于54～84 r/min的转速范围之内，钻柱产生纵向共振的概率非常高。

普光区块空气钻进时4口井在2000～3500 m井深内发生了钻柱断裂事故，事故次数高达19次，这4口井采用转盘转速范围在60～70 r/min，正好位于54～84 r/min的临界转速范围内。现场资料显示，钻柱事故发生时，钻柱有明显的振动加剧现象，分析认为极有可能是因钻柱发生共振引起的。现场数据和计算结果的吻合说明钻柱共振确实对钻柱的断裂破坏起到了很关键的作用。

实际钻井时，应该根据井深的变化，计算出对应的固有频率和临界转速，合理选择转盘转速，以避开钻柱共振的临界转速，避免或降低钻柱发生共振的概率，增加钻柱的安全性。

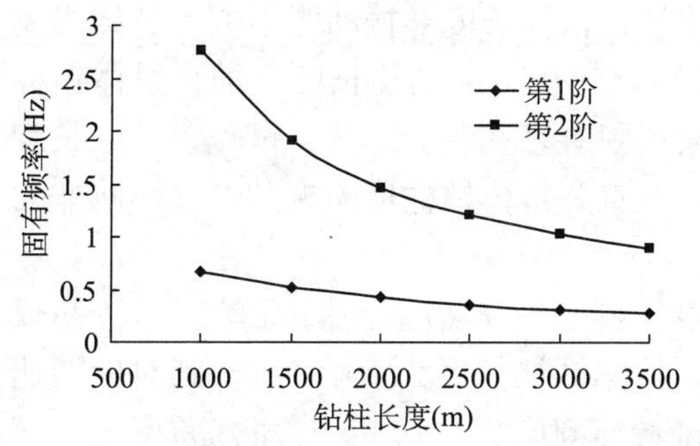

图 6　钻柱长度对钻柱纵向振动特性的影响

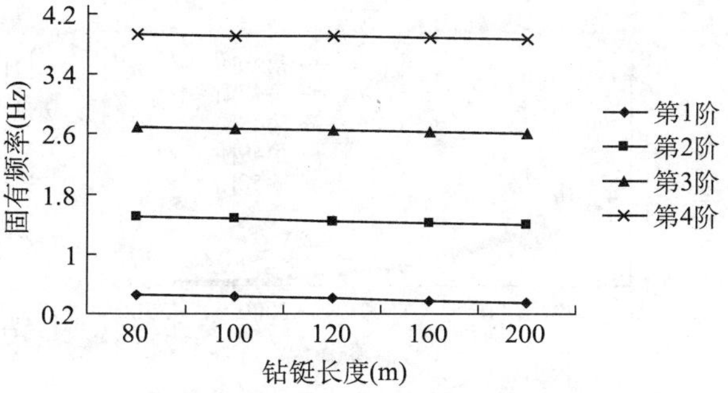

图 7　钻铤长度对钻柱纵向振动特性的影响

3.2.2　钻井液密度对纵向振动影响

考虑空气钻井和不同钻井液密度情况下的钻柱纵向振动，结果见图 8。可以看出，有钻井液时，钻柱纵向振动的固有频率比无钻井液时的频率要低很多。结合数据分析发现，钻井液密度为 1.1g/cm³ 时，第 1 ~ 3 阶固有频率比无钻井液时降低了 18% 左右，且钻井液密度越高，钻柱的固有频率越低。

钻井液的存在，使得钻柱在进行轴向运动的时候，受到钻井液的黏滞作用。根据钻井液的流变特性，其密度越高，黏度越大，对钻柱轴向运动的阻碍作用越明显，使得钻柱振动的纵向固有频率降低。可见，常规钻井液的存在，会对钻柱纵向振动的固有频率产生很大的影响，使得固有频率大大降低，从而改变钻柱纵向振动的临界转速，这种影响必须引起足够的重视。

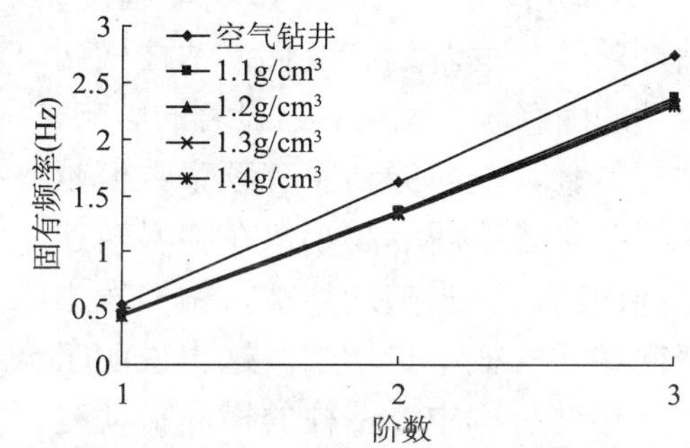

图 8　钻井液密度对钻柱纵向振动特性的影响

3.3　钻柱横向振动特性分析

横向振动是指垂直于钻柱轴线方向上的振动，直接关系到钻柱的疲劳寿命，常常是引发钻柱断裂事故的主要原因。从以往对钻柱失效的统计结果来看，横向振动对钻柱的危害远比纵向振动和扭转振动大得多。该种振动形式是钻柱振动中最为复杂的一种。

横向共振可以导致共振段钻柱由自转变化为以一定的速度按反时针方向绕井眼轴线旋转的公转（即反转运动），产生很高的弯曲应力，加速钻柱的疲劳破坏，加速钻杆接头和套管的磨损。由于钻柱有可能是单根横向振动，也有可能多根同时发生横向振动，因此就大大地增加了钻柱发生横向共振的概率。避开横向共振频率，是减小横向共振的关键。

根据空气钻井的实际情况，采用计算模型 1，利用 ANSYS 软件计算，主要考查钻柱和钻铤长度，以及钻井液密度对钻柱横向振动的影响。

3.3.1　钻柱和钻铤长度对横向振动影响

由于整体钻柱的低阶横向振动固有频率很低，取固有频率阶数为 46 ~ 50 时的固有频

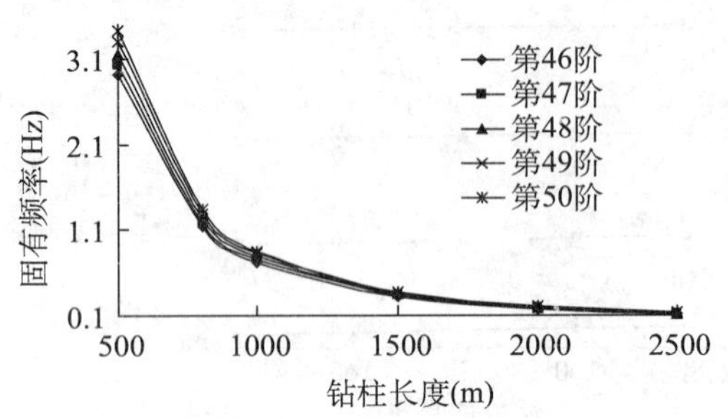

图 9　钻柱长度对钻柱横向振动特性的影响

率值比较，钻柱长度对振动的影响计算结果见图 9。可以看出，随钻柱长度增加，整体钻柱横向振动固有频率明显降低。可见，钻柱长度的变化对直井整体钻柱横向振动特性影响非常明显。

根据模型计算结果，把固有频率转换成转速，整体钻柱长度为 500m 时，其对应转速在转盘转速 60 ~ 70 r/min 的固有频率是由第 27 阶到第 29 阶，有 3 阶；钻柱长度为 800m 时，有 5 阶；钻柱长度为 1000m 时，有 7 阶；钻柱长度为 1500m 时，有 13 阶；钻柱长度为 2000m 时，共有 16 阶之多，钻柱长度为 2500m 时，共有 20 阶之多。

整体钻柱横向振动的低阶固有频率数值很小，各阶固有频率数值间隔很小，共振区域很宽，可选择的安全钻速范围很窄。在同等工况条件下，钻柱的横向振动特性受钻柱长度变化的影响程度，要远远大于钻柱的扭转振动和纵向振动受影响的程度。钻柱整体长度若稍有变化，钻柱横向振动的固有频率就会受到显著的影响，钻柱越长，横向振动固有频率数值越小，各阶频率间隔越小，在临界转速范围内的阶数也随之增加，钻柱发生横向共振的概率也增加。这也说明了实际钻井过程中，钻柱的横向振动是很难完全避免的，钻柱与井壁的碰撞也必然会发生。

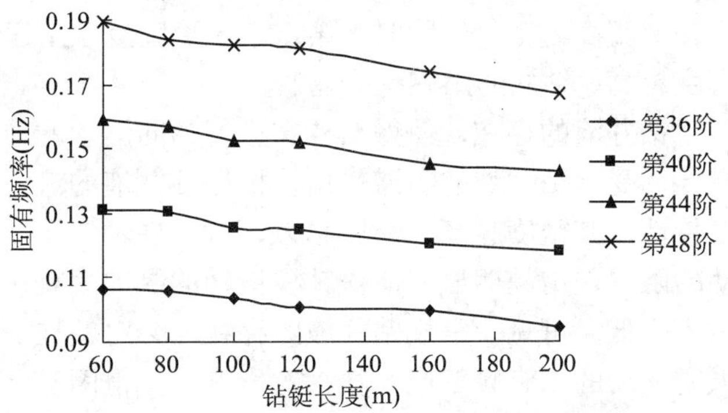

图 10　钻铤长度对钻柱横向振动特性的影响

钻铤长度对钻柱横向振动影响结果见图 10。可以看出，随钻铤长度增加，钻柱横向振动固有频率明显降低。数据对比可以发现，钻铤长度由 60m 增加至 200m 时，钻柱横向振动各阶固有频率降低了 10% 左右。钻铤长度对钻柱横向振动固有频率的影响程度需要引起足够的重视，采用不同的钻铤长度可以改变整体钻柱的横向振动固有频率，从而可以调整钻柱振动的临界转速。

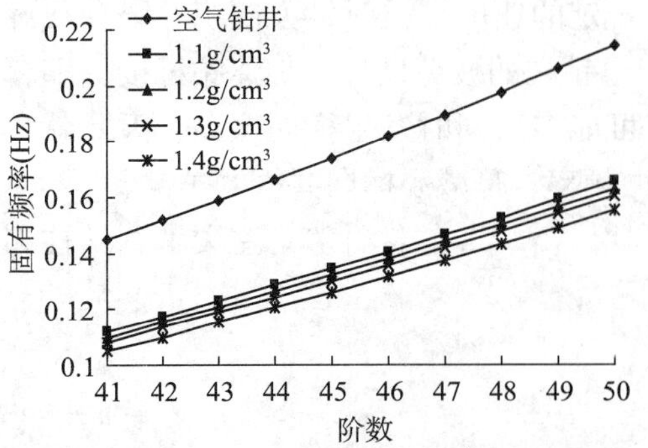

图 11　钻井液密度对钻柱横向振动特性的影响

3.3.2　钻井液密度对横向振动影响

考虑空气钻井和不同钻井液密度情况下的钻柱横向振动，结果见图 11。可以看出，有钻井液时，钻柱横向振动的固有频率比无钻井液时的频率要低很多；钻井液密度为 1.1g/cm³ 时，各阶固有频率比无钻井液时降低了 28.57% 左右。且钻井液密度越高，钻柱的固有频率越低。可见，钻井液的性能对钻柱横向振动固有频率的影响较大，钻井液密度不同，对钻柱固有频率的影响程度不同。另外，钻井液的阻尼作用，会对钻柱产生一个液动压力，阻碍钻柱横向振动，使得钻柱的横向振动程度和幅度都降低，避免钻柱与井壁的碰撞摩擦和钻柱横向共振。

空气钻井过程中，所用的气体钻井液对钻柱横向振动的阻碍作用和吸振作用都非常小，使得振幅不断叠加，一旦钻柱发生横向共振，钻柱内产生的横向弯曲应力会迅速增大，超过钻柱的疲劳强度，导致钻柱断裂。

3.4　底部钻具谐响应分析

利用模型2，选取普光A井井深2827m时钻具组合进行计算，分析底部钻具受到周期性扰动（如由于屈曲发生的周期性震击等）时，钻柱产生的横向位移响应。计算频率范围为0～10Hz，将有钻井液和空气钻井时各个振幅除以最大振幅，而将响应振幅进行无量纲处理，谐响应分析图见图12。

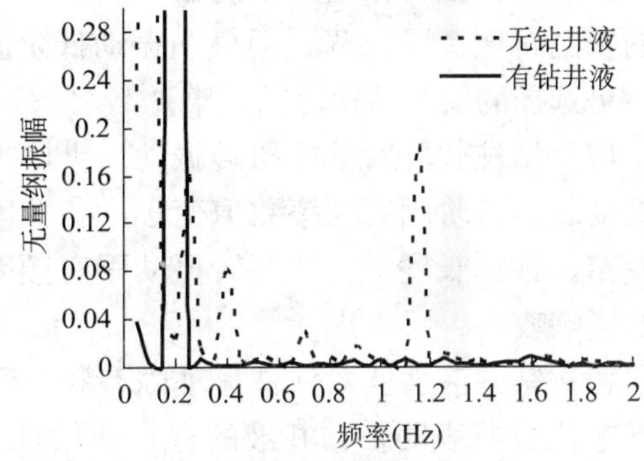

图12　普光A井底部钻具谐响应分析

由图12可以看出，普光A井底部钻具组合在0.2Hz和1.1Hz的频率下，产生了很大的位移响应，即在转速为12r/min和66r/min时，钻柱很容易产生较大的横向共振，使钻柱内部产生很大的交变应力。而使用常规钻井液时钻柱只在频率为0.14Hz时产生很大位移响应，对应的转速为8.4r/min，远远小于常用转速，不会对钻柱产生实质性危害。普光A井在空气钻井时采用了65r/min的转速，外部激励频率与使钻柱产生最大位移响应的固有频率非常接近，极易发生钻柱的横向共振，在钻进过程中，出现了3次钻柱断裂事故，理论计算与现场结果吻合。与常规钻井液相比，空气钻井对钻柱横向振动的阻碍和吸振作用都非常小，使振幅不断叠加，一旦钻柱发生横向共振，钻柱内产生的横向弯曲应力会迅速增大，超过钻柱的疲劳强度，导致钻柱断裂。

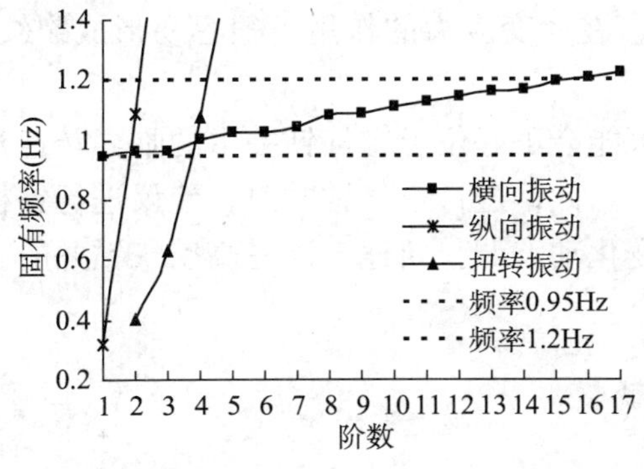

图13　普光A井井深2827m时固有频率耦合分析图

3.5　振动频率耦合分析

空气钻井中，钻柱在井下运动时，并不只是存在一个方向上的振动，很多时候是一种或几种振动情况同时存在，因此考虑将振动进行耦合分析显得更加重要。针对普光A井2827m时的实际情况，将三种振动形势耦合在一起进行考虑，将振动频率进行综合分析，结果见图13。

由图13可以看出，此钻井工况下钻柱有1阶纵向振动、1阶扭转振动和14阶横向振动（频率在0.95～1.2Hz时）。如果采用转盘转速在57～72 r/min时，钻柱极易发生扭转、纵向和横向的耦合共振，钻柱在三个方向上共振产生的高额剪切应力、拉压应力和弯曲应力会交织在一起，产生数值很高的复合交变应力，此应力会远远高出钻柱的疲劳强度，很容易在短时间内导致钻柱疲劳破坏。

空气钻井钻进时，钻柱三个方向振动的固有频率有时候会有重叠的区域，很容易发生一个方向的共振或者多个方向上的耦合共振，共振产生的高频交变应力，会导致钻柱在短时间内发生疲劳破坏。实际钻进时，需要根据不同的钻柱长度和钻柱组合，计算三种振动的各阶临界转速，综合考虑，选择能够避开三种振动临界转速的转盘转速，才能避免或减少钻柱共振的概率，保证空气钻井时钻柱的安全，降低由钻柱断裂事故引起的一系列复杂问题。

4 结论和建议

（1）钻柱扭转振动和纵向振动固有频率数值较大，各阶固有频率之间间隔较大，可选择的安全转速范围较宽；但横向振动低阶固有频率数值很小，且各阶固有频率之间间隔很小，可选择的安全转速范围较窄。

（2）钻柱长度对钻柱扭转振动、纵向振动和横向振动固有频率的影响都特别明显，随钻柱变长，各阶固有频率数值变小，各界固有频率之间的间隔变小，可选择的安全转速范围变窄。钻铤长度对钻柱扭转振动固有频率的影响很小，但对纵向振动和横向振动固有频率的影响较大。

（3）钻井液性能对钻柱振动固有频率和动力安全性有很大的影响。通过对底部钻具进行谐响应分析表明，钻井液的存在使钻柱低频共振响应显著加强，而高频共振反而减弱，钻井液会使钻柱的固有振动频率发生较大改变，对钻柱的动态安全性有积极意义。

（4）通过对钻柱扭转、纵向和横向振动固有频率的耦合分析表明，转盘可以选择工作的安全转速窗口很窄，经常会避开这个共振区，又落入了另外一个共振区域。空气钻井时，需要针对不同钻具组合和长度，计算出各向振动固有频率，动态选择安全的转速。

空气钻井采用的环空流体与常规钻井液不同，对钻柱的振动特性影响很大。气体的阻尼减振作用较小，无法有效降低振动振幅，振动会越来越严重，产生的横向弯曲应力也会越变越大。钻柱因磨损和腐蚀而产生的表面缺陷，在交变应力的作用下很容易形成裂纹，最终造成钻柱疲劳破坏。

空气钻井时若采用常规钻井液的安全转速，可能会正好位于空气钻井中的临界转速范围内，容易使钻柱发生共振，导致钻具失效破坏。因此，进行空气钻井时，建议进行钻柱动力学分析，合理选择转盘转速，并根据井深的变化动态调整转速，以提高空气钻井的安全性。

参 考 文 献

Wolf S F, Zacksenhouse M, Arian A.Field measurements of downhole drillstring vibrations [R] . SPE14330, 1985.

Allen M B.BHA lateral vibrations: case studies and evaluation of important parameters [R] . SPE16110, 1987.

Close D A，Owens S C，MacPherson J D.Measurement of BHA vibration using MWD［R］. IADC/SPE17273，1988.

气体钻井井斜影响因素分析

闫　铁　孙士慧　毕雪亮　李克松

（东北石油大学提高油气采收率教育部重点实验室）

摘　要：井斜控制已成为气体钻井的一项瓶颈技术。由于气体钻井没有钻井液的润滑作用且存在负压差，使得气体钻井比起常规钻井液钻井井斜更为严重，并且井斜原因也不同于常规钻井。本文在充分调研现有研究结果的基础上，分别从岩石应力分布、破岩机理、井径扩大、地层出水等方面对气体钻井井斜的影响规律进行了理论分析。结果表明，除了常规钻井液钻井影响井斜的因素外，气体钻井条件下井底岩石的应力状态改变、体积破坏时井底岩石与钻头接触平面的不均衡性和井径扩大是气体钻井易于井斜的主要原因。

关键词：气体钻井　井斜　影响　应力状态

气体钻井技术在解决低压漏失、提高钻速等方面的优势，使其在国际石油钻井市场上发展迅速，并取得了显著的应用效果。但由于气体钻井容易造成地层出水、井壁失稳、井斜严重、井控困难等井下复杂事故，从而制约气体钻井的发展。其中井斜控制已成为气体钻井的一项瓶颈技术。

对于常规钻井液钻井来说，影响井斜的因素主要包括两类，地质因素和钻具因素。一般地质因素主要包括，地层各向异性、地层倾角、岩性的软硬交错、层状结构以及断层等。钻具因素主要是钻具倾斜、弯曲引起钻头倾斜，在井底形成不对称切削并使钻头受到侧向力作用，使钻头进行侧向切削，导致井斜。对于气体钻井来说，地层因素影响井斜的状况并没有改变，但影响程度要根据情况不同有所改变。但对于钻具结构的影响，由于没有钻井液的作用，底部钻具组合（BHA）的工作状态和环境都发生了变化，致使它的受力和变形都发生了变化。同时，气体钻井井底负压差的存在，使地层岩石的强度显著降低，地层岩石破碎效率和机械钻速都明显提高，但同时使井斜加快的条件也形成了。因此有必要深入研究气体钻井条件下的影响井斜的这些特殊因素，以便有效控制气体钻井的井斜。对于气体钻井井斜控制问题，国内外学者从井底压差、地层倾角、钻具力学特性等方面开展了相关研究，得出了一些有价值的结论。本文在借鉴前人的研究成果的基础上，结合大庆油田气体钻井的井斜实际，从岩石应力分布、破岩机理、井径扩大、地层出水等方面对气体钻井井斜的影响进行分析，为气体钻井防斜措施制定提供依据。

作者简介：闫铁（1957—　），男，黑龙江肇州人，1982年毕业于大庆石油学院钻井工程专业，1989年获大庆石油学院油气田开发工程专业硕士学位，2001年获哈尔滨工业大学工程力学专业博士学位，教授，博士生导师，主要从事石油钻井工艺技术与理论方面的教学和科研工作。

联系方式：（0459）6503923，yant@dqpi.edu.cn。

1　气体钻井井斜变化规律统计分析

收集大庆油田所钻10口气体钻井的实钻资料，从10口井的井斜角分布统计看，6口井井斜满足井身质量要求，4口井（古深2井、达深9井、徐深31井、徐深271井）井斜严重超标，其井斜情况如图1和图2所示。

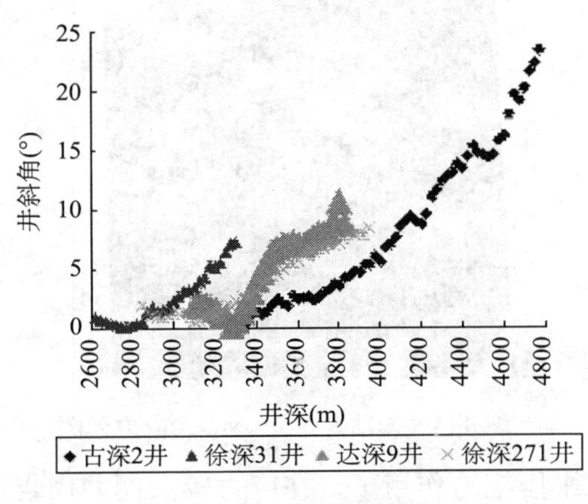

图1　井斜增长趋势图

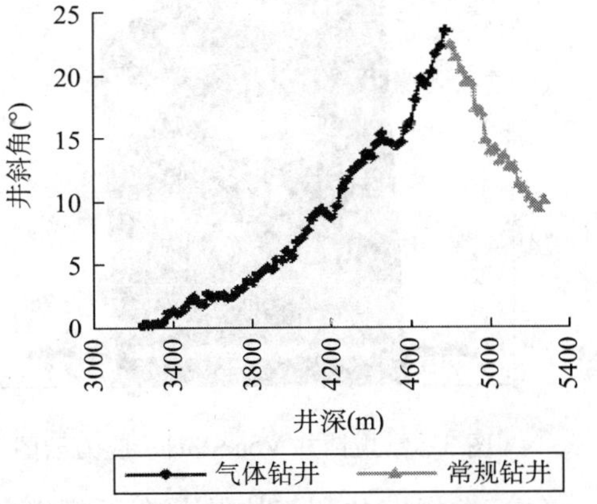

图2　气体钻井与常规钻井井斜对比图

由图1可知，古深2井使用的美国录码C80空气锤（光钻铤组合）钻进的745m井段井斜增长了5.4°，下部牙轮钻头配合满眼钻具组合钻进的776m井段井斜又增长了近17°，徐深31井满眼钻具组合钻进的579m井段井斜增长了6.7°，徐深271井满眼钻具组合钻进的793m井段井斜增长了7.6°，其原因是满眼钻具组合在井斜发生后，无降斜作用，加之气体钻井机械钻速快（机械钻速是常规钻井的4～5倍），井斜增加很快；达深9井采取光钻铤组合配合小钻压（钻压不超20kN），每米钻时10min，钻进700m井段井斜增长了近9°，这是因为气体钻井的特殊原因，钻头仍按地层倾向方向前进，因此造成井斜增长过快。

综上所述，由于气体钻井机械钻速高，一旦形成井斜，井斜增长速度很快，因此气体钻井井斜特点可总结为：产生的井斜较大且增长速度很快，井斜不易控制。

2　气体钻井与常规钻井井斜机理对比分析

对于油气钻井，常规钻井井斜的研究较多，一般是对地层各向异性等进行分析，结论也比较简单。对于气体钻井，较小的循环介质密度使BHA的受力和变形发生了变化，且井底负压差的存在使其井眼状态、岩石受力状态发生了明显改变，因此气体钻井条件下的井斜原因必然不同于常规钻井，下面对气体钻井井斜原因进行研究。

2.1　井周井底应力变化对气体钻井井斜的影响

与常规钻井相比，气体钻井井周井底岩石应力的变化导致待钻地层各向异性的变化，钻头沿岩石容易破碎的方向前进钻头稳定性差，钻进时易井斜，且方位不确定。

2.1.1 井周应力变化对气体钻井井斜的影响

地层岩石力学参数相同条件下，常规钻井和气体钻井井周岩石受力变形情况如图3和图4所示。

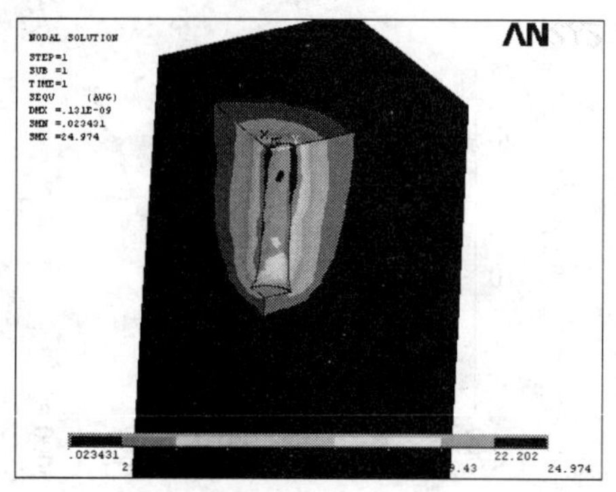

图3 常规钻井 Von-Mises 应力云图

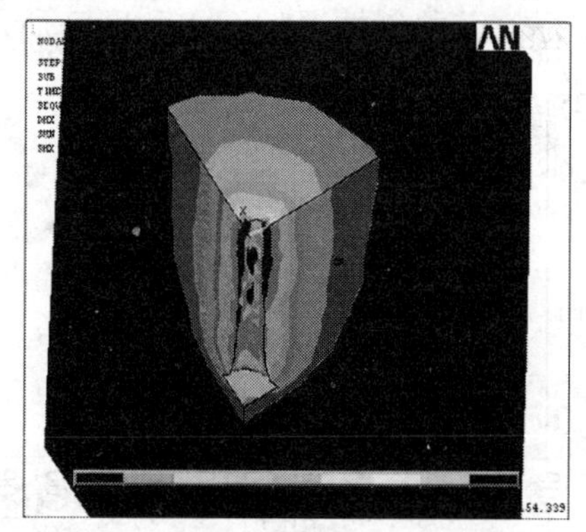

图4 气体钻井 Von-Mises 应力云图

（1）常规钻井和气体钻井在不相等的双向水平压应力作用下，在应力较大侧井周岩石受拉程度大，钻头在此方向（钻头各向同性）优先破岩，井眼轨迹有向最大水平主应力方向漂移的趋势。

（2）在同样的地层条件下，常规钻井应力分布比较有规律，应力集中区域主要分布在最大主应力和最小主应力作用的中间方向；而气体钻井中，沿着井周方向呈不规则分布，且应力集中区域大。在最大主应力和最小主应力作用的中间方向有两个大的区域是最大拉应力集中区。在钻头作用下，应力集中区的岩石更容易爆破，机械钻速高，因此在破岩过程中更容易产生井斜。

（3）常规钻井计算所得的最大主应力和最小主应力差值（24.974MPa/0.023431MPa）比气体钻井状态（154.339MPa/0.151437MPa）小，气体钻井各向异性指数更大，则在相同的钻具组合和钻压的条件下，气体钻井条件下的地层造斜力远大于钻井液钻井条件下的地层造斜力，所以气体钻井较容易发生井斜。

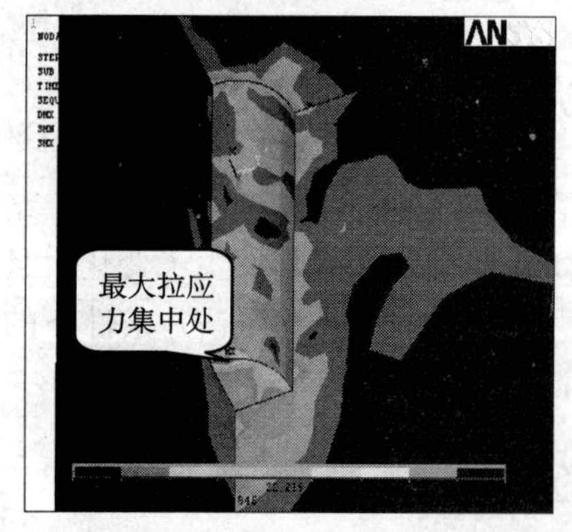

图5 气体钻井井底岩石 Von-Mises 应力云图

通过井周应力场分析可知，气体钻井井周应力分布的不均匀性，放大了地层各向异性，气体钻井更易井斜。

2.1.2 井底应力场对气体钻井井斜的影响

在气体钻井情况下，井底受到拉应力作用，沿着最小主应力方向应力分布比较有规律，钻头作用于此区域破岩不易发生偏转。沿着最大主应力方向的井壁处承受的拉应力最大，如图5所示。从井底受力状态来看，岩石应力大小差值为

49MPa，拉应力的存在使井底所受到的压持力减少，岩石更容易在剪切及冲击力作用下破坏，此方向机械钻速更高，井眼轨迹沿此方向漂移。

因此，气体钻井的负压差的存在使井底岩石应力差异大，地层各向异性指数大，井眼轨迹向最大主应力方向倾斜的趋势增加，导致井斜。

2.2 破岩机理对气体钻井井斜的影响

常规钻井中，牙轮钻头的破岩机理是一种压入、剪切和滑移破碎理论，破碎过程为：表面微破碎阶段—弹性变形阶段—塑性变形阶段—微裂纹发生和发展阶段—脆性破碎阶段。

气体钻井井内几乎无重量的气柱改变了井底应力状态，如图 6 和图 7 所示。随着井内上覆岩层压力的逐步卸除，井底岩石是逐步卸载破坏的过程。在卸载效应的作用下，井底岩石摆脱了上覆岩层压力，使井底岩石上覆岩层压力产生的内能得到释放。因此，气体钻井的破岩机理是依靠井底岩石脱离压持作用，将积聚的上覆岩层压力产生的内能进行释放的岩石爆破理论，即内能释放岩爆破理论。破岩过程为：原始岩石内能积聚—径向岩石受力变化产生内能膨胀—径向岩石膨胀微裂纹产生—钻头敲击裂纹扩展及延伸阶段—牙齿吃入岩石裂纹脆性炸裂—牙齿旋转镶入破碎坑剪切破碎。

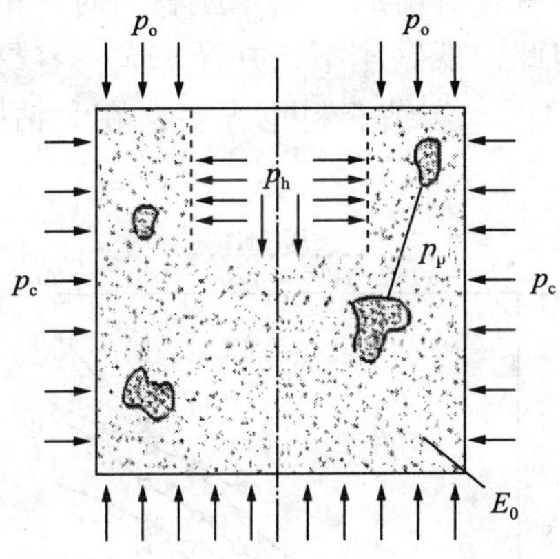

图 6 常规钻井井眼岩石受力状态图

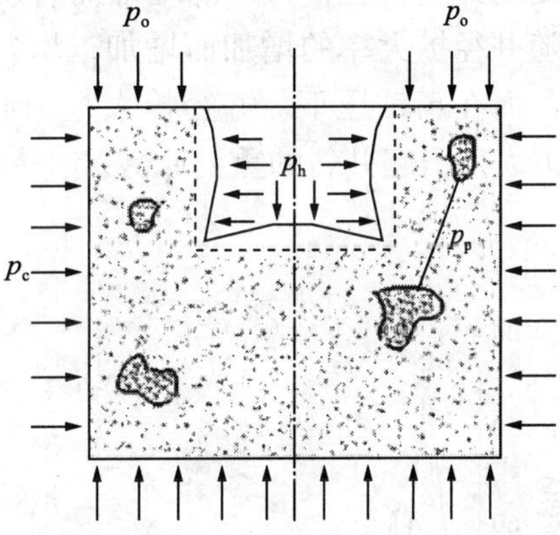

图 7 气体钻井井眼岩石受力状态图

此外，气体钻井钻进时，当钻遇具有一定倾角的地层，钻头接触井底不同岩性、不同硬度的岩石产生炸裂破碎的体积不同，岩石硬度较低的脆性岩石优先炸裂破碎，且炸裂破碎的体积较大，产生的破碎坑更大，钻头在一定倾斜面上钻进，受到钻压和不同破碎坑的影响，将会镶入破碎坑中，产生一个横向的分力，将向着较大的破碎坑滑移，从而导致井斜不断增加，如图 8 所示。

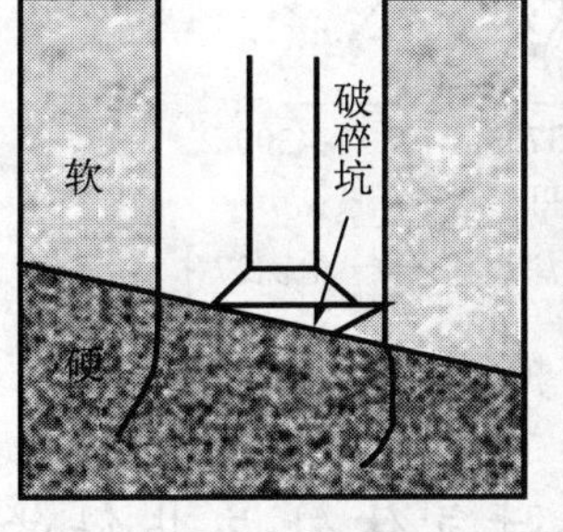

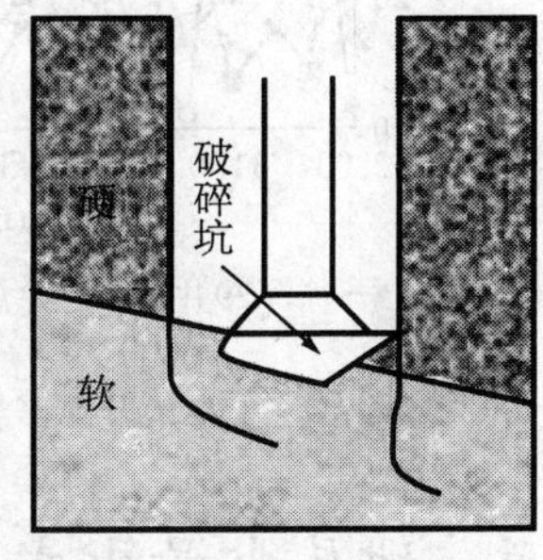

图 8 气体钻井破碎不同岩性岩石产生破碎坑示意图

2.3 井径扩大对气体钻井井斜的影响

气体钻井井底岩石应力状态知，气体钻井井底角落存在应力集中，根据岩石的破坏准则，应力集中区的岩石很容易达到岩石的抗压强度，致使岩石压缩破坏，破坏区随井筒内内压力的减小不断增大并逐渐向井壁外侧扩展，造成井径扩大。气体钻井井眼环空的气固流动状态给固体岩石颗粒冲击井壁提供了条件，高速气流携带的岩屑与井壁碰撞的频率高，作用在井壁上的剪切力就越大，因而井壁岩石更易破碎，井径扩大严重，且气体钻井井内气柱压力不足以平衡地层压力，造成井壁失稳，为井径扩大提供了条件。因此，气体钻井井径扩大更为严重。大庆油田为气体钻井井径扩大情况，如图9所示。

与常规钻井相比，井径扩大的直接影响就是相同的底部钻具组合，气体钻井中的钻铤与井壁的间隙要大，并且由于没有钻井液浮力作用，BHA与井壁切点位置会更低，同时钻铤的线重会增加，使得气体钻井钻头侧向力增大，造成井斜。同时，井眼扩大，造成气体举升能力下降，粗岩屑颗粒将堆积形成岩屑垫层，同样影响BHA力学特性，形成增斜力，影响井斜。

不同井径情况下的钻头侧向力对比如图10所示，由图10可以看出：当钻压较小时，钻头侧向力随井径扩大率的增加而有所降低，降斜作用有所增加；当钻压较大时，钻头侧向力随井径扩大率的增加而增加，增斜作用加强。因此，低钻压下，井径扩大不容易引起井斜，而在高钻压下，井径扩大是引起井斜的重要原因。实钻资料也表明：在大钻压下，井径扩大是引起井斜的重要原因。

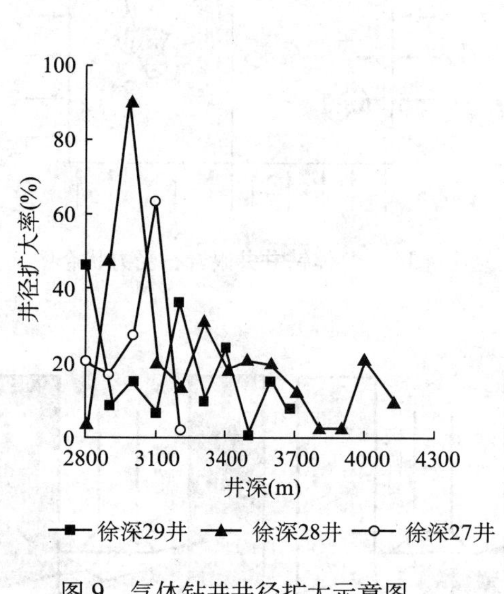

图9 气体钻井井径扩大示意图

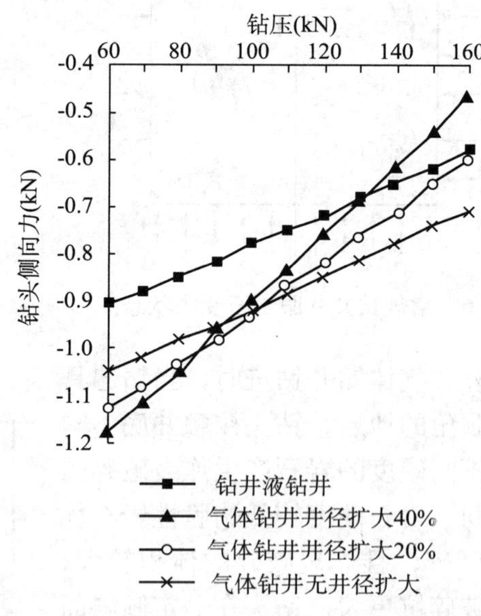

图10 不同井径扩大率下钻头侧向力对比

2.4 地层少量出水对气体钻井井斜的影响

气体钻井当钻头在少量出水地层中钻进时，地层出水会导致岩屑变湿黏结成团，部分离开钻头的岩屑团会因为重力和钻铤旋转、压实作用，在近钻头附近黏附在下井壁，从而形成垫层，这种垫层形成另外的增斜力，造成井斜增大。而在常规钻井中，由于钻井液的黏滞作用，使得岩屑能够及时被带走，在下井壁形成垫层的机会就较小；另一部分岩屑团可能会黏附于钻柱上，起到增加下部钻具组合外径的作用。垫层和岩屑团的形成会使BHA与井壁切点位置会更低，作用在钻头上的降斜力会逐渐减小，并在一定时候过渡为稳斜、增斜侧向力，井斜扩大，如图11所示。

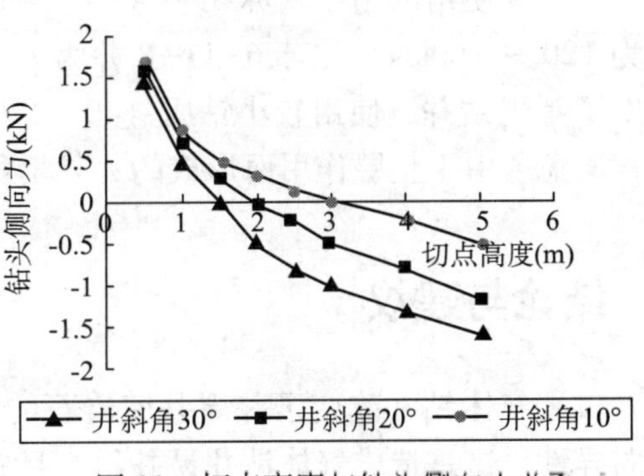

图11 切点高度与钻头侧向力关系

以长庆油田3口气体钻井井斜为例，苏38−19井、苏39−14−4井和苏6−11−8井井斜变化曲线图如图12所示。由图可知，三口井的井斜具有如下特征：

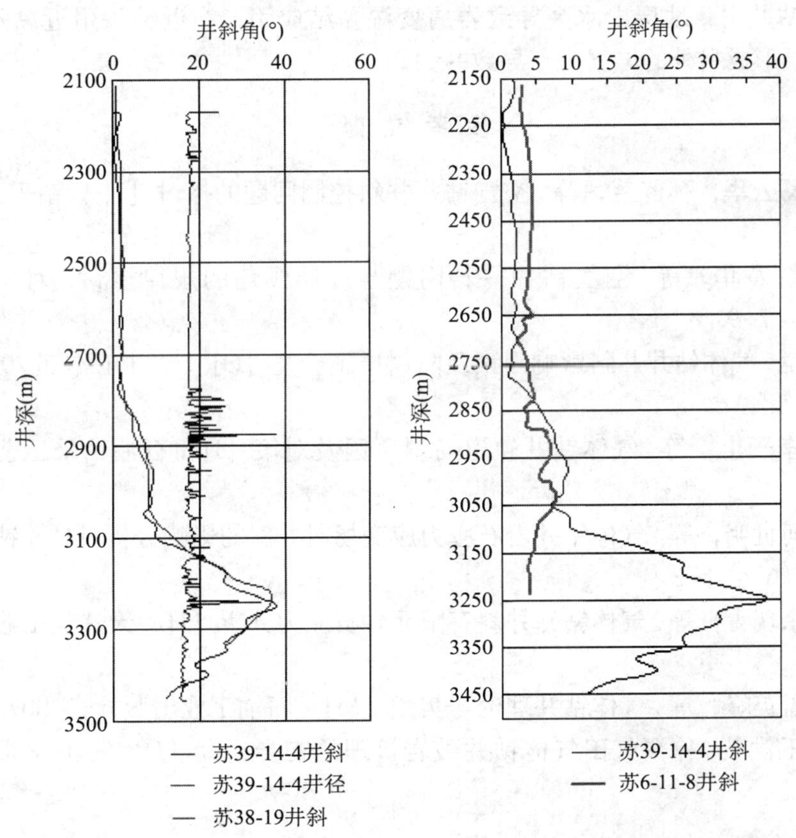

图12 苏38−19井、苏39−14−4井和苏6−11−8井井斜变化曲线图

（1）在2775m左右进入石千峰后井斜开始快速增长（地层有出水），而且在3080m左右井斜的急增趋势更明显；

（2）苏38−19井和苏39−14−4井比苏6−11−8井井斜增长快，其原因为：一方面是因为前两口井使用的钻压（苏 39－14－4 井的钻压使用范围为 100 ～ 120kN，苏 38－19 井的钻压为 120 ～ 160kN）比苏 6－11－8 井大；另一方面是因为苏 6－11－8 井在进入石千峰组后采用了常规钻井，使用较小钻压（40 ～ 70kN），在钻井液的黏滞作用下可以带出潮湿的岩屑，避免了由于垫层作用而形成的另外增斜力。

3 结论与建议

（1）气体钻井改变了井周井底岩石的应力状态，使得地层应力差值变大，放大了地层各向异性，这是造成气体钻井易井斜，且井斜后难控制的主要原因。

（2）气体钻井破岩方式为体积破坏，不同岩性、不同硬度的岩石产生的爆裂破碎体积的差异，钻头向着较大的破碎坑滑移，产生横向分力，这是导致井斜不断增加的一个原因。

（3）与常规钻井相比，气体钻井井壁更不稳定，更易出现井眼扩大，井斜更为严重。高钻压下，井径扩大将降低钻具降斜力，增大增斜力，也易于使气体钻井井斜产生。

（4）气体钻井中，地层出水会导致岩屑变湿黏结成团，在近钻头附近黏附在下井壁，形成垫层，垫层形成另外的增斜力，导致井斜。

参 考 文 献

项德贵，葛云华，孙梦慈，等．空气钻井井斜控制问题的探讨［J］．钻采工艺，2005，28（5）：1－3.

林铁军，练章华，等．空气钻井井斜问题与地层倾角的规律探讨［J］．钻采工艺，2007，30（3）：7－9.

邓虎，余锐．气体钻井井斜影响因素及防斜措施研究［C］．钻井工作部 2008 年学术研讨会，2008.

李敬元，李子丰，等．气体钻井轨道易斜原因及对策［J］．石油钻采工艺，2008，30（1）：33－34.

高如军，何世明，等．气体钻井岩石应力应变场对井斜的影响分析［J］．钻井液与完井液，2008，25（6）：1－3.

朱化蜀，余瑞青，等．气体钻井井斜有限元岩石应力分析［J］．天然气工业，2009，29（5）：72－74.

赵业荣，孟英峰，等．气体钻井理论与实践［M］．石油工业出版社，2007.

刘永贵，王洪英．徐深气田气体钻井破岩机理的初步研究［J］．石油学报，2008，29（5）：774－775.

克拉美丽气田欠平衡钻井地层适应性评价

夏宏南　文　涛

（中国石油天然气集团公司钻井工程重点实验室长江大学研究室，
长江大学石油工程学院）

摘　要：新疆克拉美丽气田石炭系为主探目的层，裂缝发育，钻井施工中漏失情况严重，且钻进速度低，为解决此难题，拟采取欠平衡钻井方式施工。由于欠平衡钻井对地层要求较高，因此本文对石炭系地层进行欠平衡钻井的适应性评价，首先利用测井资料建立地层孔隙压力及坍塌压力剖面，结合该层段井径测井曲线分析其井壁稳定性，从而确定其是否适合采用欠平衡。将该评价方法应用到此后该区块的钻井施工中，可为实施欠平衡钻井提供可靠的依据。

关键词：欠平衡　井壁稳定性　孔隙压力　坍塌压力　井径测井

欠平衡钻井是在井筒流体有效压力低于地层压力时，允许地层流体进入井筒，有控制地将其循环至地面装置的一种钻井技术。由于欠平衡钻井在钻进时处于负压差状态，受到诸多条件限制，对地层的要求也比其他钻井方式苛刻，不适宜进行欠平衡钻井的地层因素会给实际施工造成困难；同时，负压差状态下井内液（气）柱压力对井壁的支撑作用很弱，也会因井壁岩石强度不足以平衡所受应力而使井壁发生垮塌，出现卡钻等复杂情况。这就要求研究欠平衡钻井的地层适应性问题。

克拉美丽气田位于准噶尔盆地陆梁隆起东南部的滴南凸起西端，主探层位为石炭系，岩性为火山碎屑岩、熔岩等，裂缝发育。根据该气田气藏特点，为了最大限度地提高产能以及提高钻井速度、缩短钻井周期，希望在该地区采用欠平衡钻井技术进行勘探开发，以解决石炭系存在的漏失情况严重，以及钻井速度低的问题。克拉美丽气田当前主要开发的是滴西14井区和滴西18井区，因此，我们结合两个井区已钻井资料对其进行欠平衡钻井的适应性评价。

1　欠平衡对地层的要求

欠平衡钻井井段要求地层比较稳定、裸眼井段不宜太长、地层压力系统单一、油气层段集中。适合欠平衡钻进的地层有火成岩地层、不易破碎的石灰岩地层、致密孔隙性碳酸

作者简介：夏宏南（1962—　），教授，1982年8月毕业于原江汉石油学院钻井工程专业获学士学位，1998年6月毕业于石油大学（北京）油气井工程获博士学位，现任长江大学石油工程学院副院长、博士生导师，主要从事钻井工艺、防漏堵漏领域的教学与研究工作。

盐岩地层、胶结较好的砂岩地层、微裂缝地层（裂缝开度大于 100 μm）等。不适合欠平衡钻井的地层如下：

（1）井壁不稳定、岩石强度低、坍塌压力较高的破碎性地层。这种地层因井筒内支撑力不足而发生坍塌掉块，堵塞井眼，引起卡钻。产生井壁失稳的因素很多，如泥页岩水化、地层孔隙压力过高、地层应力异常等，但最终结果都可以归结为井壁岩石强度不足以维持井壁稳定所需应力而导致井壁失稳。

（2）异常高压地层或有多套压力系统且压力变化较大的地层不适合进行欠平衡钻井。因在设计钻井欠压值时，以地层各个压力系统中的最低值作为地层压力，这样可保证每个层段都处于欠平衡状态，否则会出现有的井段欠平衡、有的井段过平衡现象。如果存在高压井段，则高压井段处的欠压值远大于设计的欠压值，当欠压值超出井口防喷器限制时，会有井喷的危险，因此要求压力系统应尽可能正常单一。

（3）储层为气层或大量出水则不适合使用空气欠平衡。天然气与空气混合可能发生井下燃爆，使用氮气可解决这一问题。当井下大量出水时，如果不能及时将地层水循环出井，则出现钻头破碎的细小岩屑遇水后抱团，黏附在井壁和钻具上，形成泥饼环，堵塞环空通道；另外，环空中的循环气体需要将地层出水雾化并带出地面而做功，导致注入压力升高。流量不变的情况下，压力升高则流速减慢，易造成卡钻、井内堵塞等钻井事故。

（4）含 H_2S 的地层。H_2S 为腐蚀性气体，会因腐蚀钻具而威胁安全钻进。

其中前两点是欠平衡钻井首要考虑因素，无论使用什么方式欠平衡都要考虑这两个方面的制约作用。因此，本文主要从井壁稳定性方面来考虑克拉美丽气田石炭系地层的欠平衡钻井适应性。

2 欠平衡钻井井壁稳定性评价

确定地层是否适合欠平衡钻井方式，首先要考虑到地层两个压力，即地层孔隙压力和坍塌压力，地层孔隙压力是一切欠平衡压力计算的基础压力，准确掌握了地层孔隙压力才能有效地确定井身结构、钻井液密度及所采用的井口装置和钻井施工措施。地层坍塌压力是限制欠平衡钻井的因素之一，也是井壁稳定的主要研究对象。地层稳定则坍塌压力低，钻井液密度窗口宽，则不容易出现欠平衡钻井井壁失稳的情况，否则就不能进行欠平衡钻井。

2.1 地层孔隙压力

地层孔隙压力预测的理论基础是 Terzaghi 提出的饱和多孔介质的有效应力定理。即地层孔隙压力等于上覆岩层压力与垂直有效应力之差。上覆岩层压力主要取决于上覆岩层体密度随井深的变化情况，密度测井和声波测井能直观地反映地层的压实规律。利用密度测井资料确定上覆岩层压力梯度是最可靠的方法，可通过下式积分求出：

$$p_0 = \int_0^H \rho(z) g \mathrm{d}z \tag{1}$$

式中，p_0 为深度 H 处的上覆岩层压力，kPa；$\rho(z)$ 为地层密度，g/cm³；g 为重力加速度，9.813m/s²。

声波速度与垂直有效应力具有如下的函数关系：

$$v_p = a + kp_e - be^{-dp_e} \tag{2}$$

式中，v_p 为岩石纵波速度，m/s；a、k、b 为与地层有关的经验系数，无量纲；p_e 为垂直有效应力（骨架应力），MPa。

其中，利用测井声波时差和岩屑录井分层数据可以求得泥岩地层声波速度，利用上覆岩层压力和实测的地层孔隙压力得到垂直有效应力的点值，再利用声波速度和垂直有效应力的散点图进行非线性回归建立经验模型，求得垂直有效应力后，再根据下式计算地层孔隙压力的值：

$$p_p = p_0 - p_e \tag{3}$$

式中，p_p 为地层孔隙压力；p_f 为上覆岩层压力；p_e 为垂直有效应力。

2.2 地层坍塌压力

2.2.1 岩石力学参数的确定

计算地层坍塌压力时需要知道泊松比 μ、有效应力系数 α、内摩擦角 ϕ、剪切模量 G、杨氏模量 E、岩石抗压强度 S_c、抗张强度 S_t、初始剪切强度 C_0 等岩石力学参数，通过测井资料可以获得这些参数。

$$\mu = 0.5 \times \left(\Delta t_s^{\ 2} - 2\Delta t_c^{\ 2}\right) / \left(\Delta t_s^{\ 2} - \Delta t_c^{\ 2}\right) \tag{4}$$

$$\phi = \frac{\pi}{12}\left[2\left(1 - \frac{\mu}{1-\mu}\right) + 1\right] \tag{5}$$

$$G = \rho_b / \left(\Delta t_s\right)^2 \times 304.8^2 \tag{6}$$

$$E = G \cdot \frac{3\left(\Delta t_s\right)^2 - 4\left(t_p\right)^2}{\left(\Delta t_s\right)^2 - \left(t_p\right)^2} \tag{7}$$

$$\alpha = 1 - \frac{\rho_b\left(3v_p^{\ 2} - v_s^{\ 2}\right)}{\rho_{ma}\left(3v_{map}^{\ \ 2} - v_{mas}^{\ \ 2}\right)} \tag{8}$$

$$S_c = E\ \left[0.008V_{sh} + 0.0045\ \left(1 - V_{sh}\right)\right] \tag{9}$$

$$S_t = \frac{S_c}{12} \tag{10}$$

$$C_0 = 5.44 \times 10^{-15} v_p^{\ 4} \rho_b^{\ 2}\left(1 - 2\mu\right) \times \left(\frac{1+\mu}{1-\mu}\right) \times \left(1 + 0.78V_{sh}\right) \tag{11}$$

式中，Δt_s、Δt_c 分别为岩石的横、纵波时差，μ s/ft；ρ_b 为地层体积密度，g/cm³；ρ_{ma} 岩石骨架密度，g/cm³；v_{map}、v_{mas} 分别为岩石骨架的纵横波速度，m/s，分别取值为 5959m/s 和 3000m/s；v_{sh} 为黏土含量，无量纲。

2.2.2 地应力大小计算

选用黄氏模型，求取地层最大及最小水平主应力[4]。

$$\sigma_{\mathrm{H}}=\frac{\mu}{1-\mu}\left(p_0-\alpha p_{\mathrm{p}}\right)+\beta_1\left(p_0-\alpha p_{\mathrm{p}}\right)+\alpha p_{\mathrm{p}} \tag{12}$$

$$\sigma_{\mathrm{h}}=\frac{\mu}{1-\mu}\left(p_0-\alpha p_{\mathrm{p}}\right)+\beta_2\left(p_0-\alpha p_{\mathrm{p}}\right)+\alpha p_{\mathrm{p}} \tag{13}$$

式中，β_1、β_2分别为最大、最小水平应力方向的构造应力系数。

2.2.3 地层坍塌压力

井筒中钻井液柱压力越小，压性周向应力越大，径向应力由压性逐渐向张性过渡，由此两应力构成的莫尔圆与岩层切变破裂包络线相切时，岩层发生剪切破坏，所以在最小水平地应力方向最易发生坍塌，这时的井筒中钻井液柱压力为剪切破裂压力极限值 p_{c}，由库仑破裂准则有[4]：

$$p_{\mathrm{c}}=\frac{3\sigma_{\mathrm{h}}-\sigma_{\mathrm{H}}-2C_0K+p_{\mathrm{p}}\left(K^2-1\right)}{K^2+1} \tag{14}$$

式中，K 为系数，$K=\tan\left(\frac{\pi}{4}+\frac{\phi}{2}\right)$。

坍塌压力当量密度为：

$$\rho=\frac{100p_{\mathrm{c}}}{DEP} \tag{15}$$

式中，DEP 为相应的井深。

3 克拉美丽气田欠平衡钻井适应性评价

克拉美丽气田石炭系岩石可钻性差，裂缝发育。鉴于欠平衡钻井在提高机械钻速和及时发现、保护油气层方面的优势，希望采用欠平衡方式钻石炭系地层。因此，我们需要对石炭系地层进行欠平衡钻井适应性分析。

该气田从构造位置上分为三个区块，目前主要开发的是滴西 14 井区和滴西 18 井区，因此，我们主要针对这两个井区石炭系欠平衡钻井的井壁稳定性进行研究，为欠平衡钻井的实施打下基础。

井壁稳定性分析：首先选出两个井区最优代表性的滴西 14 井和滴西 18 井，结合克拉美丽气田滴西 14 井和滴西 18 井的测井资料，包括井径、声波、密度测井曲线，通过我们所建立的孔隙压力以及坍塌压力计算模型对两口井的压力剖面进行计算，图 1 为两口井的孔隙压力及坍塌压力剖面图。

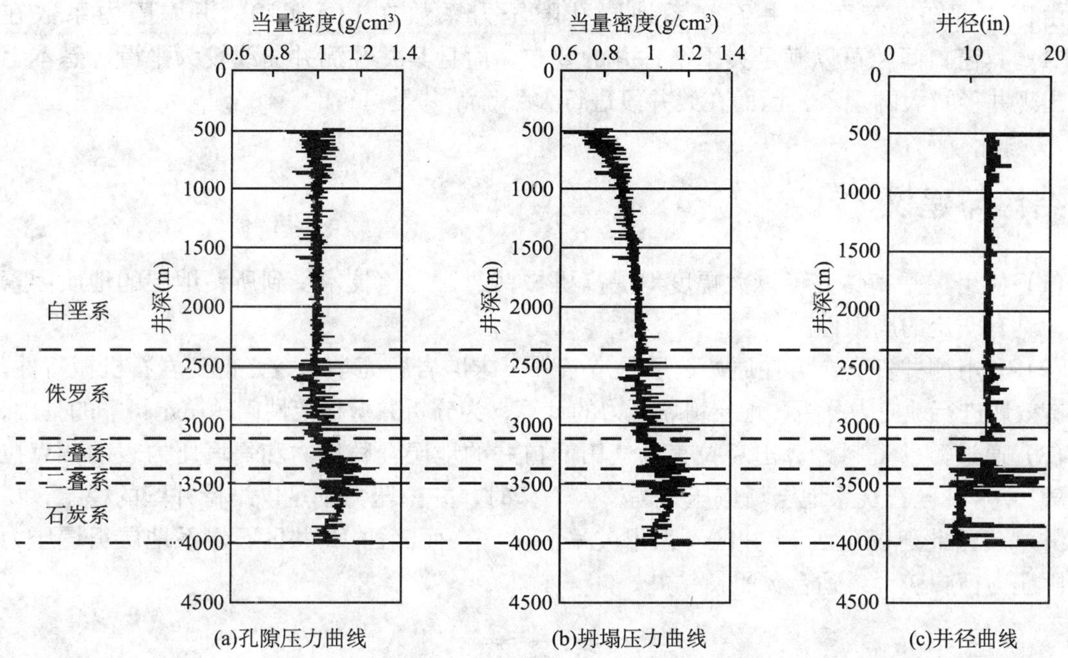

图1 滴西14井地层孔隙压力与坍塌压力剖面

由图1可知，滴西14井石炭系地层孔隙压力系数在1.15~1.3，明显要比二叠系及以上的压力系数要高，属于高压层段。而其坍塌压力系数也比较高，某些层段甚至高过地层孔隙压力。从井径曲线上也可以看到，石炭系井径扩大较为严重，反映了井壁的不稳定。因此，在此进行欠平衡钻井会很容易导致井壁的坍塌，以至于影响到钻井安全。

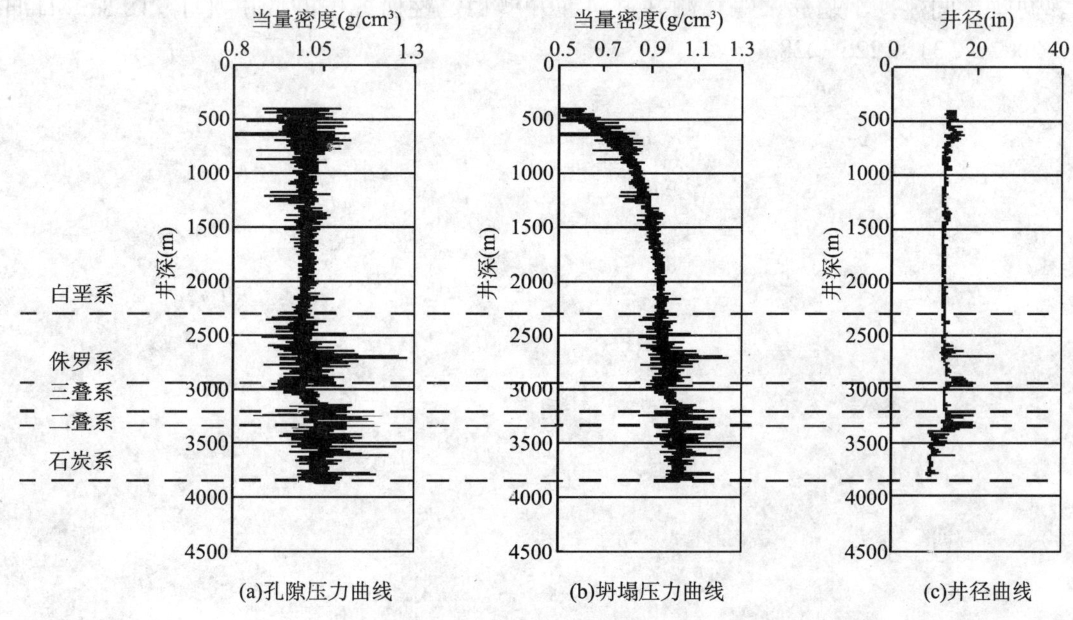

图2 滴西18井地层孔隙压力与坍塌压力剖面

由图2可知，滴西18井石炭系地层孔隙压力系数在1.05~1.20，坍塌压力系数在1.0~1.1，其窗口间隙可以满足欠平衡钻井的要求，而且其井径测井曲线较为平滑，基本上没有出现井径扩大的现象，因而在此井段进行欠平衡钻井是可行的。

4 结论与建议

(1) 使用欠平衡钻井可以大幅度地提高机械钻速，但该技术受到所钻地层的地质因素影响，具有一定的局限性。

(2) 利用测井资料，可在原始地层状态条件下求准岩石力学参数，得到岩石机械特性，从而有效地进行地应力分析、地层坍塌压力的计算，为分析井壁稳定性问题奠定可靠的基础。

(3) 通过测井资料计算出克拉美丽气田两口井的地层孔隙压力和坍塌压力表明，克拉美丽气田14井区石炭系地层坍塌压力高，欠平衡时，井内压力不足以维持井壁的稳定，易导致井塌。因此建议滴西14井区不采用欠平衡钻井。而滴西18井区石炭系地层坍塌压力与孔隙压力窗口较大，适合欠平衡钻井。

参 考 文 献

翟芳芳，夏宏泉，范翔宇，等．龙岗构造欠平衡钻井地层适应性测井分析 [J]．测井技术，2008，32 (4)：367−371.

杨虎，王利国．欠平衡钻井基础理论与实践 [M]．北京：石油工业出版社，2009.

张蓉，徐群洲，帕尔哈提，等．对提高地层压力预测精度的探讨 [J]．石油天然气学报，2010，(2)：274−276.

郭同政，闫萍，李超炜，等．测井资料在井壁稳定性研究中的应用 [J]．内蒙古石油化工，2007，(3)：226−228.

新疆油田井下安全阀技术分析

李晓军　宁世品　程召江　张胜鹏

（西部钻探克拉玛依钻井工艺研究院）

摘　要：介绍了井下安全阀的工作原理，并对国外典型井下安全阀系统的特点进行分析，结合我院研制的井下安全阀的结构特征，提出了关于井下安全阀未来发展趋势的几点建议。

关键词：井下安全阀　结构特征　发展趋势

井下安全阀是一种安放于井筒内、连接于油管上某一位置的安全装置，在井口装置失控时能防止井喷和污染环境，保证油井生产安全。井下安全阀的种类很多，目前广泛应用的是地面控制的油管回收式井下安全阀（SCSSV）。国内应用的井下安全控制系统主要依赖引进，因此结合新疆油田油气开发实际，西部钻探克拉玛依钻井工艺研究院开始研制了地面控制的井下安全阀系统。

1　国外典型井下安全阀系统的特点分析

国外大型油田服务公司都自主研发了各种井下安全阀，其中哈里伯顿、贝克休斯和威德福3家公司是比较典型的代表。

哈里伯顿井下安全阀主要采用了两种技术：(1) 金属—金属挡板密封；(2) 在充分应用弹簧力和柱塞面积的同时，隔离液流管两端，以减少杂质的影响。该公司特有功能设计是等高线阀板设计，借助其在球阀技术上的经验，将球阀上的球形密封应用到阀板外形上，设计出了等高线阀板。等高线阀板保留了球阀闭合时球形金属—金属密封的可靠性，同时结合了阀板的操作便利性。球形密封的接合面在组装时经过打磨，承压面积更大，并且在关闭时更易保持居中。球形密封的宽度增加还使得上下阀板表面等高，从而可以减小外径或增大内径。阀板采用双铰链和常规扭簧设计，提高了阀板可靠性。该公司的侧孔自平衡装置采用1个弹簧推动的硬质合金球，合金球经过抛光，并与位于阀座上的球形密封接合面相对应，液流管启动时，推动合金球沿径向外行，打开阀板周围的平衡通道。阀座和弹簧罩之间增大了平衡面积，并能够防止杂质运行进入金属—金属密封面内。平衡后，液流管下行打开阀板，并使液流管停在金属座上，从而隔绝密封机构的流动通道。

作者简介：李晓军，高级工程师，1991年7月华东石油学院机械系矿机专业本科毕业，2002年9月西南石油学院油气井工程专业硕士毕业，现任西部钻探克拉玛依钻井工艺研究院科研中心主任。

贝克休斯石油工具公司拥有井下安全阀全套系列，包括钢丝可取式安全阀和油管可取式安全阀。该公司首先推出了FV系列安全阀。随着安全阀设计的优化，又相继推出了多种系列。该公司井下安全阀有两类阀板：楔形阀板和弧形阀板。楔形阀板利用杠杆作用与流管接触的第1点远离折页处；弧形阀板允许阀板与阀座衔接前侧面与流管接触，因此阀座不会受到应力损害。两种阀板都采用了3点接触原理，减小了开、关时折页销上的应力(接触点离折页越远，弯曲或剪切折页的力就越低)。折页选用特殊的高强度合金制成，独特的折页设计完全消除了其他阀内常见的折页销弯曲故障。两种阀板的主要特点是：安装有耐损耗折页销和扭矩弹簧；3点接触使折页和折页销上的载荷最小；猛力关闭时，是流管而非阀座吸收了冲击力；双折页设计消除了弯曲。自平衡阀板使开启程序更加简单。关闭圆盘导翼阀，控制线压力上升至标准开启压力，平衡装置使阀板上下压力平衡打开安全阀，不会干扰常规阀门操作。自平衡阀板主要特点包括：压降发生在远离入口处，可以避免阀腐蚀；液流未经过阀座，压降不会对金属－金属阀座带来伤害；将产出液和固体保持在流管内，柱塞由防腐材料制成；满足二级防砂装置的要求；阀开启、关闭时，平衡孔均受到保护。

威德福公司井下安全阀的特征是采用两种阀板—阀座设计。标准设计采用平面阀板—阀座界面，周围使用备用软密封，特别注意阀板铰链的几何设计，以确保即使在含杂质环境下也能高效密封；外径较小时（如用于小井眼中）可采用完全金属—金属密封的等高阀板—阀座界面，独特的界面几何结构确保了弹出闭合过程中和高压差下的高密封性和稳定性。其自平衡系统采用经现场验证的金属—金属、过阀板平衡技术。该系统提供了一个平衡流道，防止流体直接从金属—金属密封界面流过。

2 井下安全阀的工作原理分析

目前井下安全阀有很多种类型，其中以地面控制油管回收式最具代表性，如图1所示。其工作原理为：将井下安全阀连接到油管某一深度，同时连接一条小直径不锈钢控制管线，从阀体连接到地面并与自动控制系统连接起来，组成一套井下安全阀系统。油气井正常生产时，地面控制系统通过泵给安全阀提供液压油并使其自动保持在设定的打开压力下，液压力推动活塞及中心管移动，同时压缩弹簧，中心管顶开阀板，井下安全阀处于打开状态。一旦出现紧急情况，地面控制系统可泄掉控制管线内的压力。这时，中心管和活塞在弹簧力的作用下回到原位，阀板在扭簧的作用下关闭，封住油管的生产空间，井下安全阀处于关闭状态。

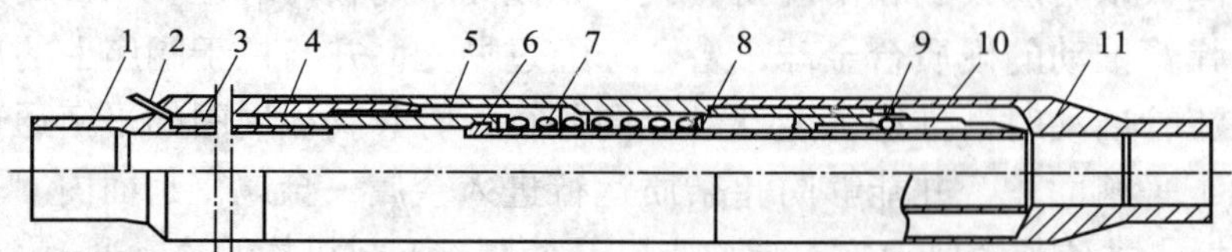

图1　井下安全阀结构原理

1—上接头；2—液控管线；3—液腔；4—活塞；5—中间接头；6—中心管；7—弹簧；8—弹簧挡块；9—扭簧；10—阀板；11—下接头

3 新疆井下安全阀的技术特点

新疆油田部分区块井下状况复杂，工作环境恶劣，带有高压气体，因此对井下安全阀的设计提出了更高的要求，其阀板密封能力要求高，开关动作灵活，并且要有较长的使用寿命。

目前西部钻探克拉玛依钻井工艺研究院已经研制出一种新型的井下安全阀系统，该系统拥有以下结构特征：

（1）小柱塞驱动弹簧开启阀板的结构设计，主要原理是通过在井下安全阀的本体部分设计小柱塞，缩小柱塞直径尺寸，降低了柱塞密封漏失的可能性，从而解决了以往大柱塞易漏失的密封难题。

（2）阀板设计采用双层密封的方法，由于井下安全阀径向尺寸有限，阀板设计困难，在设计中，将阀板采用铰支结构固定于阀板套上，阀板与阀板座采用锥面密封，阀板座密封锥面附近增加了聚四氟乙烯密封圈，低压时阀板实现软密封，高压时阀板硬密封的双层密封方法，有效解决了阀板的密封设计难题。

（3）自平衡装置的结构设计，其作为井下安全阀开启作业的一个手段，不需要增加其他的作业环节，这种自平衡装置在需要进行开启作业时，液压驱动中心管，由中心管端面先接触到自平衡装置的触针，触针启动后，推动其上面的板簧，实现了管内与管外的沟通，此结构可以防止阀板开启时，液体直接从金属与金属密封的界面流过时对金属密封面的冲蚀，提高了井下安全阀的使用寿命。

（4）关键的工作部件（如阀板、阀座、液缸、活塞等）选用了镍合金钢材料，耐腐蚀性、耐磨性大大增强，并在活动部件增加了特殊材质的涂层技术，在恶劣井况下能防止化学剂侵蚀和垢物沉积，确保了系统的可靠性。

4 井下安全阀未来发展的趋势和建议

结合新疆井下安全阀技术的特点来看，必须发展性能可靠、结构简单、智能化的井下安全阀系统，才能适应油田开发的需要。

（1）由于井下安全阀复位机构均采用弹簧复位，随着下深的增加，其关闭压力主要取决于静水压力，也由此制约了目前常用井下安全阀的下入深度。应进一步加强深井超深井井下安全阀的研制力度，提高井下安全阀系统的智能化进程。

（2）随着高产高压气井及海洋石油开采作业的增多，井下安全阀的发展趋势应适应更高的压力和温度条件。

（3）鉴于对井下安全阀故障发生的原因分析，改进井下安全阀内部运动部件的密封，对提高耐蚀、防砂和防腐能力，延长井下安全阀的寿命十分必要。

（4）国内对井下安全阀的研究处于起步阶段，相关技术尚未成熟，国内各大油田使用的大部分仍是国外产品，国内各研究机构应当借鉴国外公司的先进技术、经验，加紧研制，并进行市场开拓和推广。

参 考 文 献

谢梅波，岳江河．各类井下安全阀系统的特点及安装设计概述［J］．中国海上油气(工程)，1995，(4)：31-42.

张梦婷，张勇，等．国外井下安全阀的技术现状［J］．石油机械，2008，36（7）:81-84.

李常友，孙宝全，等.SC35-120A型井下安全阀的研制［J］．石油机械，2005，33（1）:43-44.

蔡涛，魏忠华，等．井下安全阀的技术分析［J］．石油机械，2003，32（6）:93-94.

同轴旋转双射流结构与特性实验研究

熊建华[1] 李根生[1,2] 马东军[2] 宋 剑[2] 廖华林[1] 牛继磊[1]

(1. 中国石油大学（华东）石油工程学院；2. 中国石油大学（北京）油气资源与探测国家重点实验室)

摘 要：提出利用锥形喷嘴内孔和螺旋加旋外流道形成同轴旋转双射流。根据流体动力学理论建立了双射流流动基本方程和喷嘴结构设计模型，得出了双射流旋流强度的计算公式，开展了双射流流动结构的PIV测试和双射流冲击岩石实验研究。结果表明，双射流流场涡动特征明显，漫流层速度呈多峰值分布；双射流的破岩效率高于当量喷嘴直径直射流，并存在最佳破岩喷距。

关键词：双射流 喷嘴结构 喷嘴设计 射流破岩 PIV测试

近30年来，水射流技术迅速发展，广泛用于煤炭、船舶、石油、化工、建筑、交通、航天、军事等几十个行业，具有许多其他技术无法比拟的优点，应用前景十分广阔。随着应用范围的不断扩大，许多新型射流应运而生，并取得了很好的应用效果。

旋转射流具有较强的空化能力，扩散速度和能量耗散速度都比普通轴对称射流快，其有效喷距较短，且射流中心能够形成低于环境压力的区域。笔者根据轴对称射流和旋转射流的结构及破岩钻孔特性，提出了双射流的概念。新型双射流喷嘴利用螺旋加旋流道对部分高压流体加旋产生旋转射流，而另一部分高压流体则经过锥形喷嘴与旋转射流形成同轴双射流。新型双射流结合直射流能量传递距离长与旋转射流能量传递面积大的优点，而且通过两种射流的强剪切形成较强的空化作用，结合旋转射流的剪切破坏形式，双射流可以高效破碎岩石。

初步研究表明它能综合旋转射流和轴对称射流的优点，利用射流冲击、空蚀破坏、扩孔等作用，强化水射流的冲击破碎效果和扩孔能力，是一种新型高效射流。

1 双射流基本方程

双射流喷嘴结构如图1所示。由于双射流的两股射流彼此限制，双射流吸附段流动比单孔射流复杂得多，建立简化方程十分困难。故只研究运动相对简单的混合段，建立简化

基金项目：国家973计划（2010CB226700）和国家油气重大专项（2008ZX05036）资助。

作者简介：熊建华（1968— ），男，四川泸州人，博士，高工，主要从事石油开发方面的理论与应用研究工作。

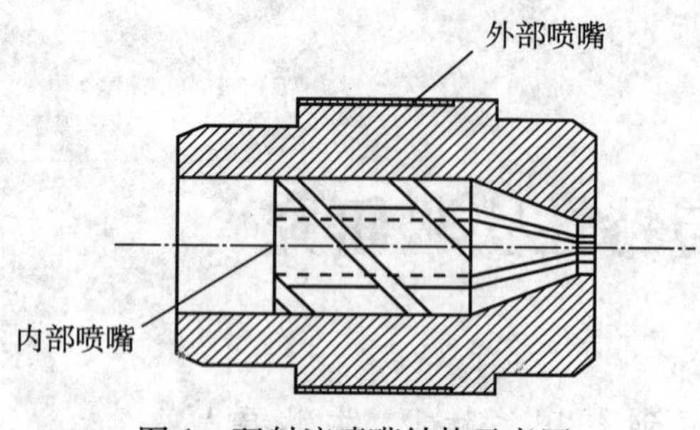

图1　双射流喷嘴结构示意图

基本方程组。

对不可压缩轴对称射流，宜采用圆柱坐标形式的雷诺方程。不可压紊流可以忽略紊流法向应力 $\sigma_x=-\rho\overline{u'u'},\sigma_r=-\rho\overline{v'v'},\sigma_\theta=-\rho\overline{w'w'}$ 及其导数，引用边界层近似处理，即 $u>>v,\frac{\partial}{\partial r}>>\frac{\partial}{\partial x}$，得到简化雷诺方程组：

$$u\frac{\partial u}{\partial x}+v\frac{\partial u}{\partial r}=-\frac{1}{\rho}\frac{\partial p}{\partial x}+\frac{1}{\rho r}\frac{\partial}{\partial r}\left(-r\rho\overline{u'v'}\right) \tag{1}$$

$$\rho\frac{w^2}{r}=\frac{\partial p}{\partial r} \tag{2}$$

$$u\frac{\partial w}{\partial r}+v\frac{\partial w}{\partial r}+\frac{vw}{r}=-\frac{1}{\rho}\frac{\partial}{\partial r}\left(-\rho\overline{w'v'}\right)+\frac{2}{\rho}\frac{-\rho\overline{w'v'}}{r} \tag{3}$$

$$\frac{\partial ru}{\partial x}+\frac{\partial rv}{\partial r}=0 \tag{4}$$

设轴向和径向脉动速度为同一数量级，根据普朗特混合长度理论：

$$-\rho\overline{u'v'}=\rho l_m^2\left(\frac{\partial u}{\partial r}\right)^2,\qquad -\rho\overline{w'v'}=\rho l_m^2\left(\frac{\partial u}{\partial r}\right)^2 \tag{5}$$

若不考虑温度影响，则式（5）与简化雷诺方程共同构成双射流基本段流体运动简化方程。

2　双射流几何结构

根据双射流原理和旋转射流、双射流的研究结论，把双射流几何结构划分为混合段与基本段，如图2所示。其各段基本特性如下。

（1）混合段：流动主要表现为环形射流与中心射流的吸附混合。在喷嘴出口前缘形成尾流区域，并产生旋涡。尾流区域内的压力低于环境流体压力，空化数变小。旋涡和低压区域有利于增强射流的空化作用。

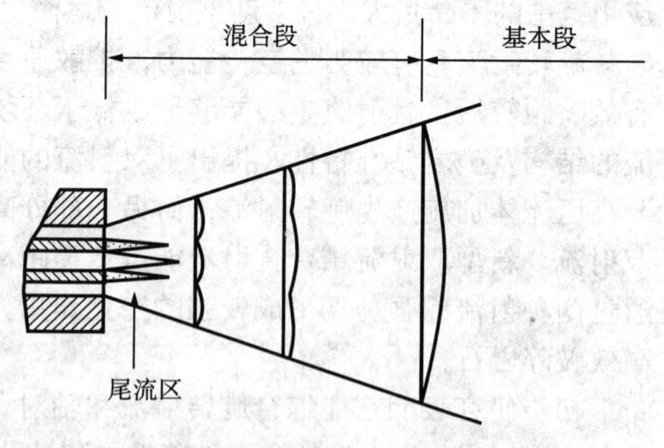

图2　双射流几何结构简图

（2）基本段：射流经过吸附混合以后，形成基本稳定的运动形态。

3　双射流喷嘴结构设计

3.1　双射流喷嘴的设计原则

根据旋转射流的动力学特点以及空化原理，同时针对实际地层岩石钻孔中的扩孔和速度要求，初步确立了双射流喷嘴的设计原则。

(1) 通过增强射流的剪切作用增强射流的空化作用；

(2) 通过形成射流中心低压区域增强射流的空化作用，在一定程度上克服围压的影响；

(3) 引入旋转射流，实现双射流的扩孔作用，增大钻孔直径；

(4) 引入轴对称射流，延长射流的有效喷射距离；

(5) 合理设计中心体尺寸，增强尾流空化作用。

采用锥形喷嘴轴对称射流和环形旋转射流的组合方式设计喷嘴。喷嘴的整体结构如图 1 所示。

外部喷嘴和内部喷嘴选择工程中常用的锥形喷嘴，与内部喷嘴形成双流道结构。锥形喷嘴各段尺寸参考 Leach 和 Walker 的研究成果。

3.2 旋转强度的计算

环形旋转射流是双射流的一个重要组成部分，其速度、压力分布特性和射流结构对于提高双射流性能极为重要。旋转射流的旋转程度有强弱之分，通常用旋度 S 表征。

旋流强度的计算公式为：

$$S=\frac{\frac{2\pi}{3n}\left(R_3^3-R_0^3\right)-\frac{t}{2}\left(R_3^2-R_0^2\right)}{R_0\left[\frac{\pi}{n}\left(R_0^2-R_3^2\right)-t\left(R_0-R_3\right)\right]}\tan\alpha_2 \tag{6}$$

式中，n 为叶片数；R_3 为叶片外径，mm；R_0 为叶片内径，mm；t 为叶片厚 mm；α_2 为叶片出口角。

3.3 导流叶片设计

导水叶片形状直接影响双射流喷嘴性能，所以应该按液体的运动规律来设计。

为了采用导叶实现射流的旋度要求，原则上可用下述方案来设计导叶翼型。

(1) 将导叶设计成简单螺旋流面，叶片的升角取常数。此时：

$$u = const,\ wr \neq const \tag{7}$$

按上述液流规律设计的导叶具有易于加工的优点，但液体在流入导叶之前是有势的，而在流过导叶之后将产生附加旋涡，增加水力损失。

(2) 将导叶设计成空间曲面形，即：

$$u = const,\ wr = const \tag{8}$$

理想情况下此时的流体流动为势流旋转流动。水力机械实验表明，按上述液流规律设计的导叶水力性能较好。根据液体流动规律，可以推导叶片空间曲面方程。

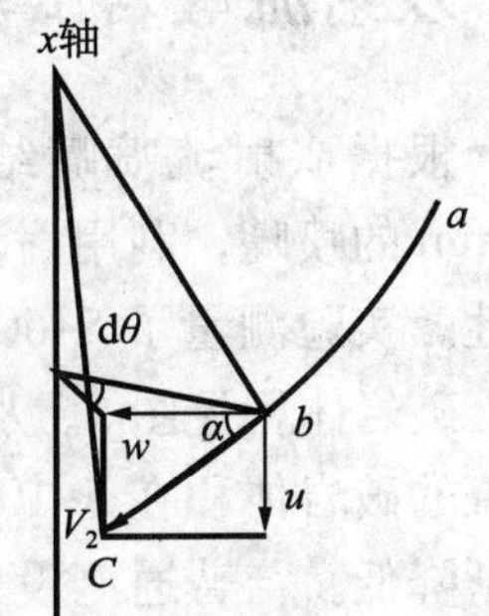

图 3 流体运动几何关系图

从图 3 的几何关系可知：

$$\frac{\mathrm{d}x}{r\mathrm{d}\theta}=\tan\alpha=\frac{u}{w}\ 即\ \frac{\mathrm{d}x}{r\mathrm{d}\theta}=cr\ \ (c\ 为常数) \tag{9}$$

积分，得空间曲面方程：

$$x = cr^2\theta + c_2 \tag{10}$$

式中，θ 为流体微元旋转角度；c_2 为积分常数。

叶片的其他参数，如长度、厚度、数量等，根据旋转射流和轴对称射流喷嘴的设计经验，同时考虑材料的强度来确定。

4 双射流结构 PIV 测试

应用 PIV 技术对双射流流场结构进行了测试，得到双射流的径向速度分布（图 4），双射流流动涡动特征明显，在图上显示为速度曲线有多个峰值。随着喷距的增加，射流速度逐渐衰减，且呈现单股射流特征。在平板附近的径向速度分布（9.5D），射流速度约为出口速度的 0.45，径向速度分布呈现波浪状，极不规则，表明该区域的流动呈现强烈的非稳态流动。该种流动的特征，对于充分利用射流能量破碎岩石是极为有利的，因为波动的射流压力可以在瞬间改变靶件、岩石的局部应力状态，产生疲劳破坏。

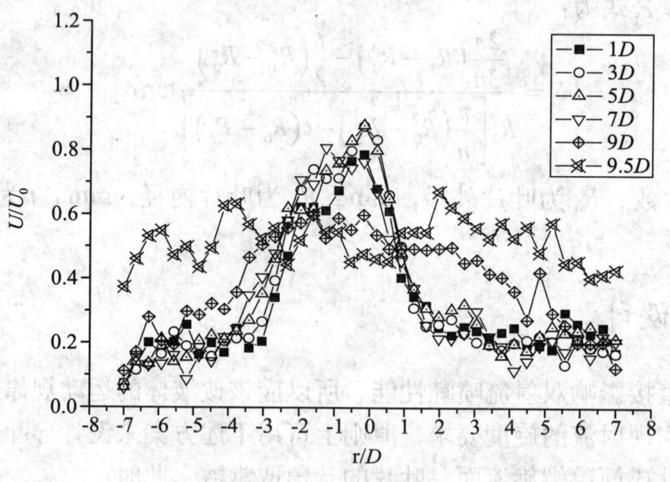

图 4 双射流冲击流场无量纲速度径向分布

5 双射流破岩试验

根据双射流喷嘴结构设计原则设计并加工当量喷嘴直径为 3.0mm，内喷嘴直径为 1.0mm 的喷嘴，利用射流冲蚀岩样实验，研究了双射流在不同喷距和压力下的破岩能力和特性。实验测量了 5~50mm，每隔 5mm 取值共 10 种喷距在不同压力下的射流破岩实验数据，破岩体积见图 5。从图 5 中可以看出，双射流的破岩体积与喷距基本呈二次曲线关系。射流的破岩体积在 5~10mm 喷距范围内增大，在 15mm 达到最大，然后随着喷距的增大而逐渐降低。与普通淹没射流类似，根据图 5 曲线也可以确定一个双射流的最佳喷距范围为 10~20mm，在该喷距范围内，射流的破岩体积较理想。实验数据还与当量喷嘴直径的直射流相同压力下的破岩体积进行了对比，发现双射流的破岩体积大于单股直射流的破岩体积。

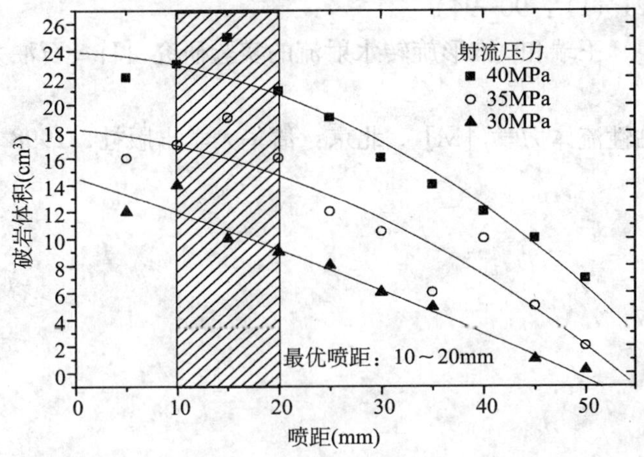

图 5　双射流破岩体积与喷距和压力的关系

实验研究了双射流喷嘴在 40MPa、35MPa、30MPa、25MPa 和 20MPa 压力条件下破碎岩石的体积、深度和孔径，发现双射流的破碎体积、深度随着压力的增加而增加。在 30~40MPa 压力范围内，射流破碎岩石的体积和破碎深度随着压力的增加而线性增长。20MPa 和 25MPa 压力条件下的破碎体积和深度都较小，且差距仅 $1cm^3$ 左右。25MPa 和 30MPa 射流间的差距达到 $5\sim10cm^3$，据此可以估计双射流破碎实验岩样的门限压力介于 25~30MPa。

6　结论

(1) 根据旋转射流和锥形喷嘴射流的特点，提出双射流的基本思想，建立了双射流基本段流体运动简化方程。

(2) 提出双射流喷嘴的整体结构设计原则，推导了叶片的空间特征曲线方程，给出了双射流旋度表达式。

(4) 双射流 PIV 测试结果表明，双射流流场涡动特征明显，漫流层速度呈多峰值分布。

(5) 双射流破岩实验表明，双射流破岩体积在相同压力下大于同当量喷嘴直径直射流的破岩体积，并存在最佳破岩喷距，本实验条件下最佳破岩喷距为 10~20mm。

参 考 文 献

沈忠厚．水射流理论与技术［M］．东营：石油大学出版社，1998.

平浚．射流理论基础及应用［M］．北京：宇航出版社，1995.

李根生，宋剑．双射流流动特性数值模拟和 PIV 实验研究［J］．自然科学进展，2004，14（12）：1464−1468.

李根生，宋剑，胡永堂，牛继磊，黄中伟．双射流破岩钻孔参数实验研究［J］．中国石油大学学报，2006，30（1）：68−71.

宋剑，李根生，牛继磊，黄中伟．双射流流动结构实验研究［J］．水动力学研究与进展（A辑），2006，21（1）：90–94.

何育荣，沈忠厚，王瑞和．锥形旋转水射流的实验研究［J］．石油大学学报（自然科学版），1994，18（1）．

章梓雄，等．粘性流体力学［M］．北京：清华大学出版社，1998.

围压条件下井底磨料射流破岩的试验研究

倪红坚　杜玉昆　张树朋　王瑞和

（中国石油大学石油工程学院）

摘　要：提高深部复杂地层机械钻速，迫切需要发展新型高效破岩钻井技术。井底磨料射流钻井技术是一种极具发展潜力的新型破岩钻井技术。研制了试验装置用以模拟井底工况，开展了围压条件下磨料射流破岩的试验研究。研究结果表明，磨料粒子的硬度越高，存在棱角，则磨料射流对岩石的切削和冲蚀能力越强；随着磨料粒子直径和浓度的增大，磨料射流破岩效率呈先增大后减小的趋势，存在最优磨料粒径和浓度；磨料射流的破岩效率随着围压的增大而下降，随着射流压力的增大逐渐增强，存在破岩的最优喷距。研究结果为井底磨料流钻井工具的研制和相关工艺技术的开发提供了理论依据。

关键词：围压　磨料　脉冲射流　破岩　机械钻速

随着勘探开发向深部发展，地层可钻性变差，机械破岩效率逐渐降低，使得建井周期延长，井下复杂情况和事故发生概率增大。因此，迫切需要发展高效破岩钻井方法，提高深部坚硬地层的钻探效率。井底磨料射流钻井方法通过环空吸入的方式实现磨料粒子在井底的循环利用，提高破岩钻井效率。本文在前期常压破岩实验研究的基础上，研制了围压破岩实验架，模拟实际工况，探索围压对于井底磨料射流破岩性能的影响规律，研究结果兼具理论和实际应用价值。

1　井底磨料射流钻井方案

本次研究设计了一套新型的井底磨料射流钻井工具（图 1），可以在井底直接形成磨料射流，以石油钻探破碎地层生成的岩屑及地面投入的微小钢珠等作为磨料粒子，利用磨料射流冲击研磨地层，有效提高钻井速度。依据该钻井方案设计的井底磨料脉冲射流试验工具见图 2。根据前期试验优选了工具尺寸为：上喷嘴直径 5mm，下喷嘴直径 9mm，水力振荡腔腔长 35mm，腔径 50mm。

基金项目：国家重点基础研究发展计划（973 计划）课题“深井复杂地层破岩机理与高效破岩方法”（编号 2010CB226703）的研究成果。

作者简介：倪红坚（1972—　），男，湖南株洲人，教授，主要从事破岩钻井理论与技术、井下过程控制理论与技术方面的研究工作。

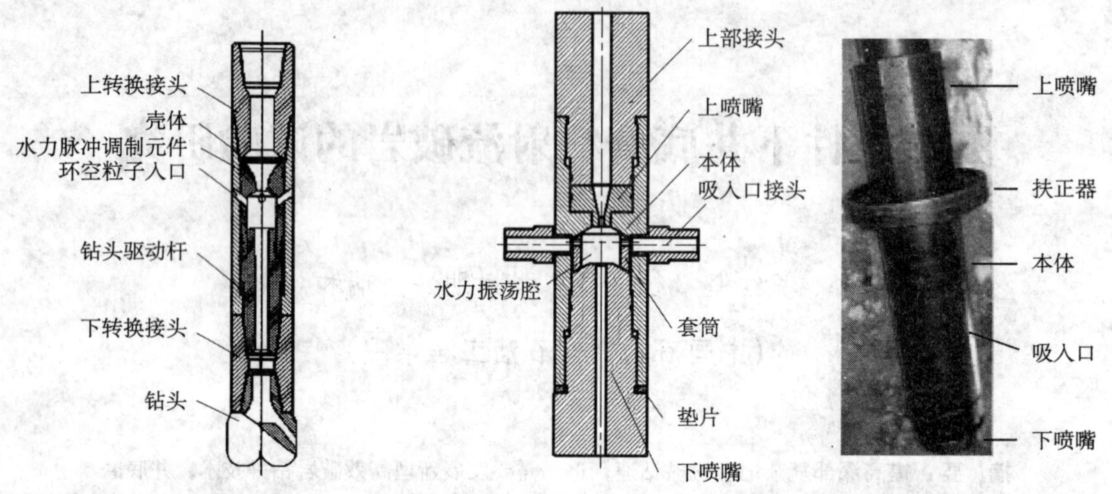

图1　井底磨料射流钻井工具原理图　　　图2　井底磨料射流试验工具

2　围压破岩试验装置

所设计的试验装置如图3所示，其原理是调整出水口阀门开度，通过节流控制模拟内部围压。其中，模拟井筒内径为160 mm，长度1550 mm。为了模拟井下工况，维持稳定的离子浓度，形成井底稳定循环，设计了带有筛网的扶正器，用以阻挡沿工具和模拟井筒之间的环形空间向出口运移的磨料粒子，将磨料粒子限制在试验工具环空吸入口附近。试验岩石密度为2231.9 kg/m³，抗压强度为30 MPa，试验钢珠金相组织为均匀的回火马氏体，硬度为56 ~ 60 HRC。

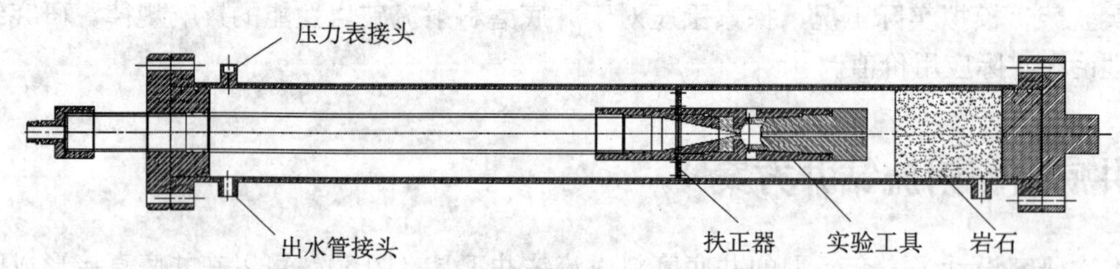

图3　围压破岩试验装置

3　试验结果分析

3.1　粒子类型

试验对比了不同类型磨料粒子对磨料射流破岩性能的影响规律（表1）。可以看出，磨料粒子的硬度越高，且存在磨削地层的棱角，对岩样的切削和冲蚀能力越强。破岩能力排序（由大到小）依次是：金刚砂、钢砂、钢珠和岩屑，这提示我们，在现场应用中保证工具强度和寿命的前提下，可以适当提高磨料粒子的硬度来确保磨料脉冲射流钻井的提速效果。但是，磨料粒子的棱角在冲击磨削地层、提高射流破岩效果的同时，对射流试验工具的表面磨蚀也相对严重（图 4），碰撞壁处明显地布满了颗粒冲蚀留下的点状坑，下喷嘴入口处棱被磨圆。

表 1　磨料粒子类型与破岩效果的关系

磨料粒子类型	破岩体积（cm^3）	破岩深度（mm）
岩　屑	5.5	20
钢　珠	13.5	54
钢　砂	13.7	60
金刚砂	15	75

注：泵压 15MPa，围压 0.5MPa，喷距 15mm，钢珠直径 1.7mm，环空磨料粒子浓度 5%。

图 4　碰撞壁及下喷嘴实验前后对比

因此，需要优选磨料粒子介质，采用高耐磨材料制造工具，确保钻井工具有效的寿命。考虑到钢珠硬度较高，同时不存在切削棱角，对工具造成的损伤作用较小，在实际钻井工况下循环利用的除了自井 口加入的磨料粒子外还有钻探地层形成的岩屑，故主要采用钢珠和岩屑开展了围压条件下磨料粒子射流破岩试验研究。

如图 5 所示，研究选取了粒径系列为 1.0mm、1.4mm、1.7mm、2.0mm、3.0mm、4.0mm 的钢珠进行了破岩对比试验，从图中可以看出，直径为 1.7mm 的钢珠破岩效果最好，这是因为在一定的冲击速度下，某一临界磨料粒子直径以下随着直径的增大，磨料粒子的动能增大，冲击岩样的打击力越大；超过此临界磨料粒子直径后，随着直径的进一步增大，射流中磨料粒子加速的能量消耗越大，磨料粒子射流的冲蚀性能逐渐降低，因此后续试验采用的钢珠直径为 1.7mm。

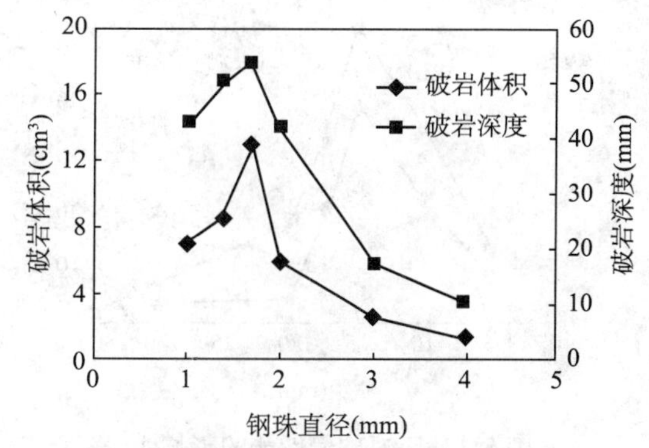

图 5　钢珠直径对破岩性能的影响曲线

（泵压 15MPa，围压 0.5MPa，喷距 15mm，环空钢珠浓度 5%）

3.2 围压大小

图6给出了射流泵压为15MPa条件下钢珠、岩屑以及这两种磨料粒子按1∶1的比例混合后破碎岩石时围压与破碎效果的关系，图7是各种围压下岩石宏观破碎效果图。测量结果表明，随着围压的增加，破碎直径与破碎深度均逐渐减小，而且在低围压阶段，随着围压的升高破岩效率的降低较为迅速，当围压达到一定的值后，随着围压的继续升高破碎效率的降低较为缓慢。

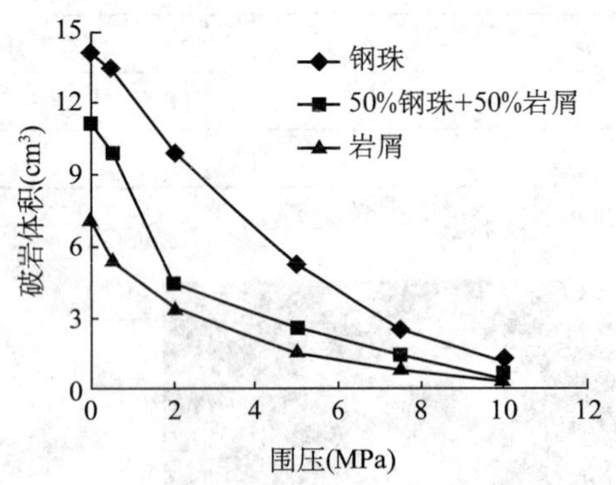

图6 围压对破岩体积的影响曲线

（泵压15MPa，喷距15mm，钢珠直径1.7mm，环空磨料粒子浓度5%）

图7 围压试验岩石宏观破碎效果

（左下方顺时针围压依次增大）

试验结果证明，围压的存在导致了射流的能量衰减加剧，也验证了岩石力学的相关理论，即在围压作用下，岩石强度随围压的增加而增加，压力对强度的影响并不是在所有压力范围内都是一样的，在开始增大围压时，岩石的强度增加比较明显，再继续增加围压时，相应地岩石强度增加幅度逐渐减小，并且当压力增加到一定值时，有些岩石（例如石灰岩）的强度便趋于常量。

3.3 射流喷距

图8给出了射流泵压为15MPa破碎岩石时喷距与破碎效果的关系。从图中可以看出，随着喷距的增加，破岩深度和破岩体积都不同程度地呈现出先增加后减小的趋势，表明射流破碎岩石存在最优喷距。喷距较小时，磨料粒子射流还未充分发展，冲击面较小，射流冲击岩样后的返回流与冲击射流的相互干扰作用较强，造成射流的能量消耗较大；随着喷距的

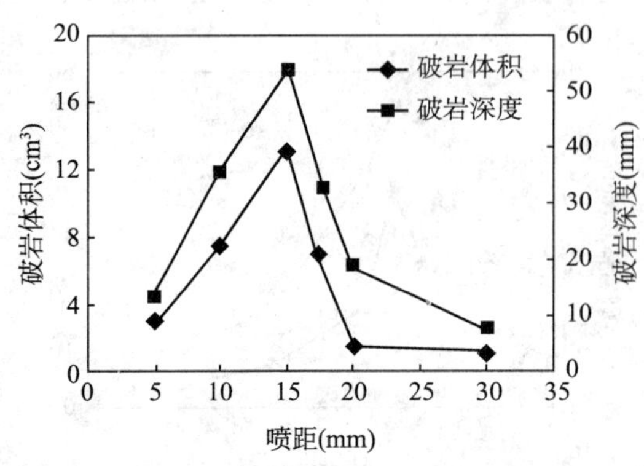

图8 喷距对破岩性能的影响曲线

（泵压15MPa，围压0.5MPa，钢珠直径1.7mm，环空钢珠浓度5%）

增大，射流得到充分发展，冲击面变大，破岩体积增大；但是当喷距增大到一定值时，射流能量衰减急剧增大，冲击力减弱，破岩体积和破岩深度相应变小，但是冲击面较大、破岩直径增大。在本试验条件下，破岩的最优喷距为 15 mm，即无量纲喷距为 1.67。

3.4 射流压力

图 9 给出了射流泵压与破碎效果的关系。从图中可以看出，随着射流泵压的升高，破岩深度及破岩体积均逐渐增加，而且基本呈线性关系。随着泵压的升高，参与破岩的射流流量增大，射流的流速和水功率相对增加，因此破岩能力相对增大，另外，随着射流压力的升高，射流的卷吸能力增加，参与破岩的磨料粒子射流能量增加，射流的冲击、剪切及拉伸作用加强，破岩能力相对增强。

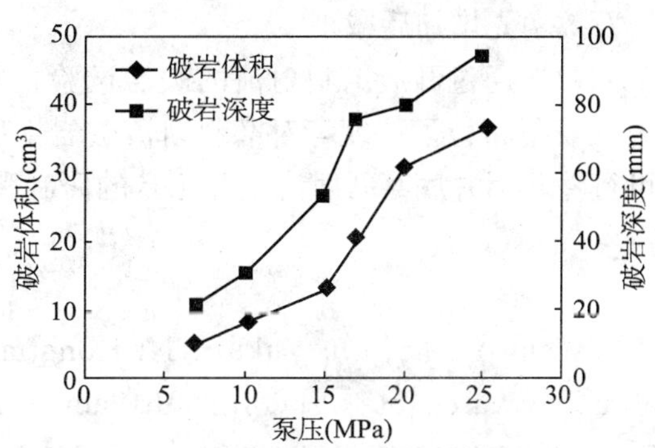

图 9 射流压力对破岩性能的影响曲线

（围压 0.5MPa，喷距 15mm，钢珠直径 1.7mm，环空钢珠浓度 5%）

3.5 磨料粒子浓度

图 10 给出了磨料粒子浓度与破岩效果的关系。从图中可以看出，在各种浓度下，钢珠的破岩效果均优于岩屑，将岩屑与钢珠按 1 ∶ 1 的比例相混合，破岩能力较岩屑提高了近一倍。

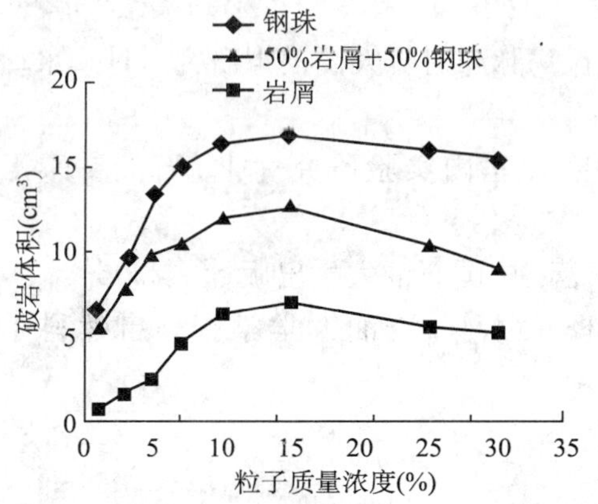

图 10 磨料粒子浓度对破岩体积的影响曲线

（泵压 15 MPa，围压 0.5 MPa，喷距 15 mm，钢珠直径 1.7 mm）

研究发现，射流破岩深度和破岩体积均随着磨料粒子浓度的增大先增大，且在较低浓度下增大趋势尤为明显，当质量浓度高于特定值后破岩效果开始减弱。究其原因，主要是因为在较低浓度下，将单位体积的含磨料粒子流体引入混合腔的能耗较小，磨料粒子易于和水射流混合，能够进入水射流的中心部分，再由喷嘴喷出冲击岩石，而随着磨料粒子浓度的增大，引入磨料粒子的能耗增大，而且磨料粒子之间的碰撞概率增大，磨料粒子难以和水射流均匀混合，随着浓度的继续增加，磨料粒子射流的破岩效果反而逐渐减弱。

4 结论

（1）发展新型磨料射流，进行破岩机理及相关技术研究是高压水射流钻井技术发展的一个重要方向，井底磨料射流钻井技术为提高深部地层的钻探效率、解决深部地层钻井速度低下的问题提供了一个有效途径。

（2）模拟钻井工况，采用钢珠和岩屑等磨料介质，开展了围压条件下磨料射流的破岩试验研究。研究结果表明，随着围压的增加，磨料射流破岩效率呈线性下降趋势。在围压条件下，磨料射流破岩性能随着射流压力的增加而增强，随着喷距的增加，磨料射流破碎岩石效率先增加后减小。

（3）通过开展磨料射流的破岩试验，发现了磨料类型、磨料粒子直径、围压、射流压力、喷距和粒子浓度等对磨料射流破岩性能的影响规律，验证了井底磨料射流钻井的技术可行性，为井底磨料射流钻井工具的研制和相关工艺技术的开发提供了理论依据。

参 考 文 献

Wang Ruihe, Du Yukun, Ni Hongjian. Study on performance optimization of pulsed abrasive water jet［A］. In: 9th Pacific Rim International Conference on Water Jetting Technology（PRIC–WJT2009）［C］. Koriyama, Japan, 2009.

Particle Drilling Technologies Inc. Particle–impact drilling blasts away hard rock［J］. Oil & Gas Journal, 2007,（12）.

Tibbitts Gordon A., Galloway Greg G. Particle drilling alters standard rock–cutting approach［J］. World Oil, June 2008 issue

步玉环，王瑞和，周卫东. 围压对旋转射流破岩钻孔效率的影响［J］. 石油大学学报（自然科学版），2002，26（5）：43–45.

艾池，沈忠厚. 围压下射流动压力分布规律的实验研究［J］. 石油钻探技术，1995，23（增刊）.

杜玉昆，王瑞和，倪红坚. 环空流体吸入式自激振荡脉冲射流大涡模拟研究［J］. 水动力学研究与进展（A辑），2009，24（4）：455–462.

倪红坚，杜玉昆，王瑞和. 井底岩屑磨料脉冲射流室内实验研究［J］. 石油钻采工艺，2008，30（5）：25–28.

陈庭根，管志川. 钻井工程理论与技术［M］. 东营：中国石油大学出版社，2006.

王瑞和，白玉湖. 井底受限射流流场的数值模拟［J］. 石油大学学报（自然科学版），2003，27（5）：36–38.

核磁共振技术在随钻测井中的应用

毛为民

（中国石油集团钻井工程技术研究院）

摘　要：核磁共振测井在石油测井工业中具有其独特的优点，而随着随钻测井的发展，将核磁共振技术应用于随钻技术已成为一个趋势。本文简要叙述随钻核磁共振测井的优势和技术难点，借鉴于已经商业化的成型系统，从两个大的方向分析克服这些核心难点的技术手段。

关键词：核磁共振　随钻测井　弛豫时间

1946年，美国哈佛大学的珀塞尔和斯坦福大学的布洛赫宣布，他们发现了核磁共振（nuclear magnetic resonance，NMR）现象，两人也因此获得了1952年诺贝尔奖，在此之后的十余年研究表明核磁共振与渗透率有密切关系时，立即引起了石油工业界的强烈兴趣。但是由于技术上的诸多限制，直到20世纪90年代初，才由NUMAR公司（现为哈里伯顿的子公司）首次推出了脉冲NMR仪器，真正实现了将NMR技术应用于石油测井工业中。

1　核磁共振测井的特点

核磁共振测井的核心原理可分为两部分，首先是利用NMR仪中的永磁体，使储层流体中的氢原子核发生磁化，进而在井外地层产生梯度磁场，建立磁共振条件，磁化过程所需时间取决于地层和流体的特性，磁化强度是以指数形式增大到平衡值，描述此指数方式的时间常数为T_1，即为纵向弛豫时间；其核心原理的第二个方面就是利用一个天线系统，向地层发射特定能量、特定时间间隔的电磁波脉冲，产生自旋回波信号，观测得到的回波串同样是按照指数规律衰减的信号，衰减常数用T_2表示，通常称为横向弛豫时间，如图1所示。

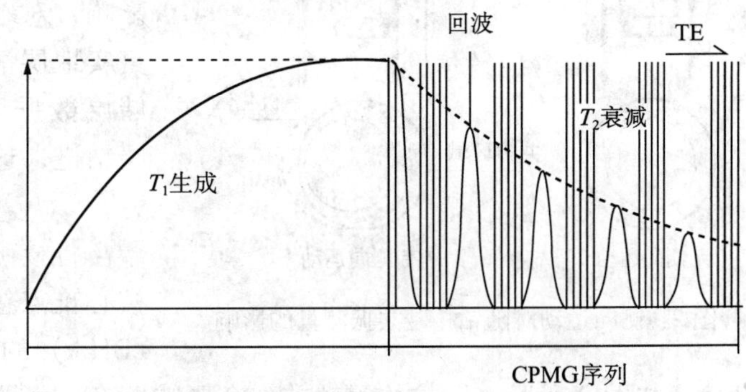

图1　纵向弛豫时间（T_1）与横向弛豫时间（T_2）

在永磁体将周围地层物质磁化的过程中，由于氢原子核共振频率

作者简介：毛为民，中国石油集团钻井工程技术研究院助理工程师。

与永久磁场强度之间存在线性关系，因此通过调节发射和接收能量的频率就可以对NMR仪器周围不同半径的环柱体区域进行探测，也就是可以将对周围地层进行圆环状薄片式切片测量。正是基于这个原理，选择不同的射频场频率和带宽，就可以观测储层地层中特定的柱壳状区域，观测完毕后，改变频率又可对另一薄片进行探测，这样就可以通过增加探测次数提高信噪比。同时在梯度磁场的条件下，可以观测岩石孔隙中流体的扩散性质，进而提供对稠油、水以及气的有效识别，NMR测量是唯一一种不使流体流动就可以区分不同流体的技术。

核磁共振测井仪器不仅对待测地层距离井眼的径向距离有选择性，还对原子核所处的外部环境具有选择性。由于固体与流体中氢核的磁共振弛豫性质存在着明显的差异，而NMR测井信号直接来自于地层孔隙中的流体，提供的观测结果几乎不再受到地层矿物的影响，因此得到的孔隙度中也不包含岩石骨架的贡献，即不需要进行岩性校正。

NMR仪器的另一个重要特点就是不仅可以测量得到总孔隙度的数值，还可以利用储层岩石孔隙空间中束缚流体与自由状态流体的核磁共振响应的不同，使用简单的方法即可从所获数据中提取到孔径的信息，孔径越小，孔隙水的核磁共振特性与自由水之间的差异也就越大。利用这种方法，就可以对一些重要的岩石物理特性如渗透率、毛细管束缚水体积等进行估算。

2　随钻核磁共振测井的技术难点与解决办法

经过多年的发展，电缆核磁共振测井在地层评估方面已经取得了很好的效果，而随着水平井、多分支井等技术的发展，随钻NMR仪器的需求亦越来越迫切。从20世纪90年代后期开始，国际上就已经开始开发并现场测试随钻核磁共振仪器。

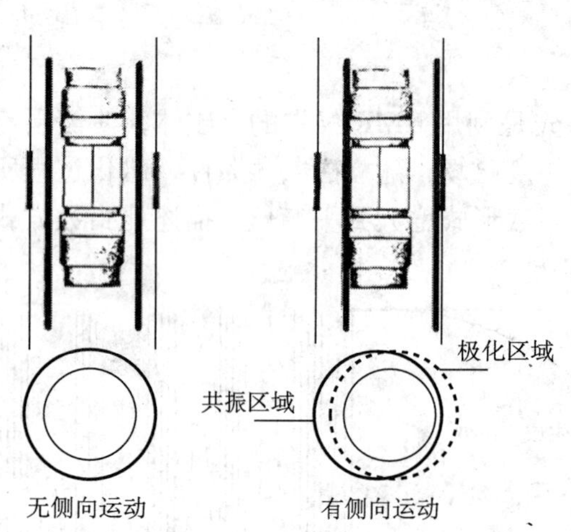

图2　侧向运动对随钻核磁共振测量的影响

在成本高、时效强的钻井作业环境中，随钻实时测量尤显重要，将核磁共振技术移植应用于随钻测量上，可以减少钻井液侵入效应的影响，对地层有更优的识别，测井曲线更接近真实地层情况，同时能够根据实时地质数据和储层数据调整井眼轨迹，引导钻头沿着目的层钻进，这些都是传统电缆测井所不具备的优势。

将核磁共振测井技术运用于随钻测量上的核心难点在于井下钻具的震动和底部钻具组合（BHA）的侧向运动影响了核磁共振测量的精确度。如图2所示，钻具的震动首先会影响固有磁场梯度的分布变化，永磁体随着钻具的震动，在井下形成的大梯度磁场也会随之发生改变；同时，井下电磁测量装置所测的地层薄壳大约只有1mm厚度的磁场区域，而底部钻具组合的侧向滑动所带来的扰动却远远大于这个限制，侧向运动使得极化区域与测量区域并不一致，因此测得的信号也不能正确反映地层流体的信息。针对这些困扰，可以采用一些相应的技术手段来保证随钻核磁共振测量的准确性。

2.1 优化磁场结构

钻具的震动，会影响永磁体在地层中形成的梯度磁场分布，高梯度的静态磁场产生很薄的测量壳层，即使很小的仪器运动也会使共振区偏离测量区域，因此可采用低梯度的磁场设计，在相同的射频频率和带宽的情况下，增加了测量壳体的厚度，降低了仪器对侧向运动的敏感性。

在磁场结构的选择上，可以使用反向偶极磁体设计形成的轴对称磁场（两个管状的永久性磁铁以相同磁极相对的方式放置，天线置于两个磁铁之间的凹进处），如图3所示该磁场梯度小，共振环状区域的宽度大，可以保证在轻微扩大或者倾斜的井眼中 以及仪器偏心的情况下得到可靠的地层测量值，同时这种轴对称磁场对方位测量仪的影响非常小。

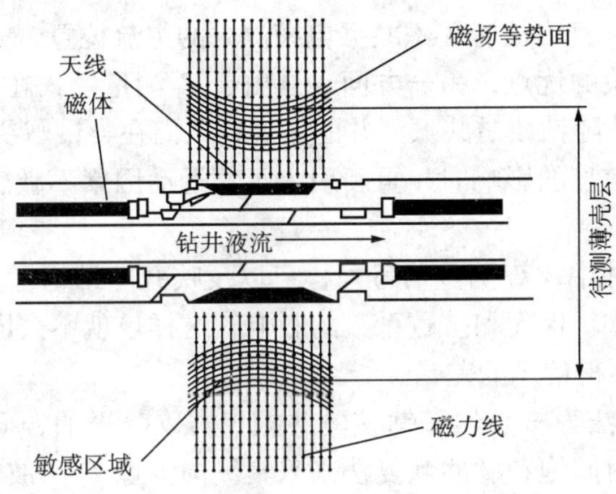

图3　利用反向偶极磁体形成的小梯度磁场

2.2 优化测量方法

针对随钻核磁共振测量中存在的核心问题，可采用两种不同的思路来优化测量方法，第一种是仍然沿用电缆测井所采用的T_2 CPMG采集技术，但要对测量方法和测量结构进行优化，第二种是采用对运动不敏感的T_1测量技术。

2.2.1 改进的T_2 CPMG测量技术

T_1与T_2测量都是反映一个指数变化的过程，T_2测量采集的是一个等待时间之后单次CPMG序列内的完整衰减过程，每次可以测量多个回波，比较而言T_2测量具有更快的测井速度和更高的采样率，因此可以得到很好的纵向分辨率和保证高质量的采集数据。

对于优化T_2测量技术，下面以斯伦贝谢公司的proVISION为例来说明。对比电缆测井，proVISION随钻核磁共振测井仪的回波时间间隔要长，因此对于弛豫时间短的孔隙流体的灵敏度有所降低，斯伦贝谢公司的工程师通过在成对的 T_2 CPMG 测量周期里加入“爆发”序列进行补偿。

长等待时间测量：由两个相位交替的回波对组成，等待时间为 8.12s，采集回波数为 600 个，回波间隔 1.2ms，测量时间为 17.68s。

爆发测量：由 20 个回波组成，等待时间为 0.08s，回波间隔 1.2ms。

可以看出“爆发”测量的重复率比长等待时间的测量提高了 10 倍，通过相应的数据处理，就可以获得较高质量的短弛豫信号的数据。

同时，由于侧向运动缩短了 T_2 的衰减率，因此可能会使得到的束缚流体体积数值偏大，从而计算得到的自由流体体积就会偏小，因此为了评估侧向运动的影响，可以加装快速采样加速计和磁力计系统来测量钻柱的侧向运动幅度、钻柱的运动速度以及钻头的瞬时转数，并且每隔 20s 处理一次，这样能够实时掌握钻井动态。同时，这些运动数据，还可以传达给司钻，防止出现过度侧向移动及震动等不利情况，延长 BHA 寿命，提高钻井效率。

2.2.2 基于饱和恢复法的数据采集和测量

T_2 测量技术之所以一直占据着核磁共振电缆测井的主流位置，一方面是 T_2 测量技术具有信噪比高、测井速度快的优点，另一方面也是由于 T_1 测量模式在当时的技术条件下有难以克服的硬件限制。随着随钻核磁共振测井的发展，人们在尝试解决钻具的震动和 BHA 侧向运动对测量地层流体信息的影响时，重新引入了对运动因素不敏感的 T_1 回波测量方法来解决这个核心问题。

在随钻核磁共振测井中，T_1 测量信号同样可以反映孔隙结构、流体性质以及流体含量等信息，并且不受内部磁场梯度和扩散系数的影响，这样也就不会因为钻具的震动和 BHA 的侧向运动而造成测量所得信息的差错。

目前运用 T_1 测量方法为核心的随钻核磁共振仪器以哈里伯顿研发的 MRI−LWD 最为完善。它是采用多等待时间饱和脉冲恢复法来采集纵向弛豫 T_1 回波信号，其基本原理是以一个饱和脉冲围绕仪器预置一个大环状区域，在一个可变的等待时间段后，用一个读出脉冲序列来确定预置体积内的一个小环状区域的磁场强度的自旋回波，只要读值落在预置的大环形区域内，结果就不会受到来自仪器震动的影响。

采用 T_1 测井模式时，不可避免地要牵扯到纵向分辨率低、测井速度慢等缺点，但由于随钻测井的最大钻井机械钻速并不高，与 T_1 模式的测井速度基本相符，同时随钻测井又多用于水平井等情况，鉴于地层在水平层段的变化缓慢，对纵向分辨率的要求较低，因此在传统核磁共振电缆测井中制约 T_1 测井技术发展的硬件限制就不再那么明显，对于整个随钻过程，解决钻具震动和 BHA 侧向移动这个核心问题才是最重要的，因此采用 T_1 测井方法的随钻核磁共振技术逐渐成为一个很有前途的发展方向。

3 结论

随钻核磁共振测井在其短短 10 年的发展时间里已经获得了很多的技术成果并且已经投入了商业应用，核磁共振技术的独有优势，再配合以其他的测井方法，可以帮助作业公司进行更为科学的钻井和完井决策，优化井眼轨迹并提高油气产能。目前世界上的几个大的油田服务公司都已经展开了相应方向的研究，这对于国内的随钻核磁共振的研究既是机遇也是挑战，迅速在这个新领域内占据一席之地，对于整个随钻事业都将起到带动作用。

参考文献

肖立志．核磁共振测井原理与应用［M］．北京：石油工业出版社，2007

Drack ED., Prammer MG., Advances in LWD nuclear magnetic resonance［C］. 30 September-3 October 2001.

卢文东，肖立志，季红鹏，等．随钻核磁共振测井仪的关键技术简介［J］．测井技术，2007，(2)：107-111.

Ralf Heidler，贺希太，田素月，等．一种新的随钻核磁共振测井仪的设计与实现［J］．国外油田工程，2004，(3)：22-26.

卢文东，肖立志．一个新的NMR测井发展方向——T_1在随钻核磁共振测井技术中的应用［J］．地球物理学进展，2005，20（4）：1047-1051.

Alvarado R John. 随钻核磁共振测井［J］．国外测井技术，2004，19（4）.

随钻声波信息传输系统及其研究进展

高文凯

（中国石油集团钻井工程技术研究院）

摘　要：近年来，先进的测量仪器与控制工具不断投入应用，正推动钻井工程走向新的发展。当前随钻信息传输领域商业化应用最广泛的是钻井液脉冲传输方式，但由于其信息传输速率过低，并且依赖于钻井液介质，已无法满足当代钻井工程的需要。以钻柱为传输通道的随钻声波传输方式被认为极具潜力，国外已陆续对其展开技术攻关，而我国在该领域尚处于探索阶段。

关键词：钻井　随钻　声波　信息传输

钻井技术从 20 世纪至今已经历了经验钻井、科学化钻井阶段，目前正朝着自动化智能钻井的方向发展，最突出的技术特征之一是信息技术和控制技术开始应用于油气钻井工程，相继出现的随钻测量（MWD）仪器，以及随钻测井（LWD）、随钻压力监测（PWD）、随钻地震（SWD）和自动垂直钻井（VDS）等先进的测量仪器与控制工具不断投入使用，正推动钻井工艺技术走向新的发展。实时、快速、准确地获取地质和工程参数，以及时正确地指导钻井施工作业，已成为提高探井发现率、开发采收率、单井产量和降低吨油成本的重要途径。

地面与井下的信息传输是实现地质导向钻井和井眼轨迹自动控制的关键技术，它担负着对井下工况和参数的检测以及对井下执行机构实施决策、干预等控制功能的双向通信任务。随着井下控制工程的日益发展，所测的井下信息量越来越大，传输的数据越来越多，实时、快速、有效地进行地面与井下长距离信息传输越来越重要。目前，在随钻过程中实现地面与井下信息传输的方式主要有钻井液压力脉冲、电磁波、声波和有线传输（包括硬连接法及电磁感应法传输方式）四种方式。

1　随钻声波传输系统概述

随钻声波信息传输是将声波信号作为井下测量信息的载波信号，以钻柱作为信号传输介质的传输方式，实现井下测量信息与地面控制指令的双向传输。

这种信息传输方式的最大优势在于其载波频率较高，可用频带范围较宽，因此与钻井液脉冲传输与电磁波传输方式相比，能够获得更高的双向信息传输速率。其次，由于声波

作者简介：高文凯，中国石油集团钻井工程技术研究院工程师。

信号沿钻柱传输，对钻井循环介质没有要求，因此该种系统能够满足气体钻井及欠平衡钻井等作业对信息传输的要求。另外，钻柱的结构和物理特性是相对固定的，因此该种信息传输方式的信道相对比较单一（与电磁波传输方式相比），受地层等外界因素的影响较小。

随钻声波信息传输系统的研发存在大量的理论与技术难题：(1) 钻柱声波传输信道特性，是优选通信频率以获得最佳通信质量的基础，也是整个随钻声波传输系统的开发基础；(2) 随钻声波传输系统的噪声处理及码间干扰问题，是提高信道传输能力的核心；(3) 井下声波换能器系统的设计开发，井下信息编码、压缩技术，是提高系统性能的关键；(4) 地面信号接收系统的设计及有效信号处理方法，是实现声波信号传输系统的技术基础；(5) 井下大功率电源与声波信号中继器系统的合理设计是深井信号传输的保证。

2 国外研究进展

早在 1940 年，就有人提出采用声波沿钻柱传输的方式传输井下信息，当时只是认为声波信号能够在钻柱这样的金属管中很好地传输。

2.1 理论研究进展

20 世纪声子晶体物理学得到了巨大发展，特别是 1953 年 Brillouin 从数学上解释了波动在周期性结构介质中传播时，将在频域中呈现通带与阻带交替出现的谱特性结构，是开展声波沿钻柱传输特性研究的主要理论依据。1972 年，Thomas G.Barnes 和 Bill R.Kirkwood 对理想化的钻杆进行了理论上的研究，指出声波沿理想钻柱传播时，将在一半的频带内没有衰减，而另一半的频带内完全衰减，对通频带和阻频带的边缘进行了预测。1987 年开始，由美国 Sandia 国家实验室能源部资助，Drumheller 等人对钻杆中纵波传输问题进行了细致的研究，并完成了大量实验，评价了采用声波作为载波沿钻柱传递信息的潜力。

2.2 系统开发进展

1948 年，美国太阳石油公司（Sun Oil Company）开展了一系列的室内和现场试验研究后，认为声波在钻柱系统中传输时，衰减率达到每 1000ft 为 12dB。1968 年开展的重复实验认为新钻杆中声波传输 1000ft 衰减 12dB，严重磨损的旧钻杆达每 1000ft 衰减 30dB，钻柱状况不同将导致系统的巨大差异。1975 年进行的 $4^1/_2$in 钻杆实验，认为实际钻柱中声波衰减是非常低的，每 1000ft 信号表减不到 4dB。后来哈里伯顿（Halliburton）公司研究显示每 1000ft 信号衰减为 4 ～ 7dB。

1994 年，日本国家石油公司开始进行用于 MWD 系统的声波换能器装置的研究，利用磁致伸缩材料替换以往换能器使用的压电陶瓷材料，进行了声波传输系统研发。1995 年 11 月进行了样机试验，系统可在井下 2868m 工作，并在井下 1914m 成功进行数据传输，定向井中能够实现 700m 的数据传输，传输速率为 10Bit/s。

20 世纪 90 年代后，哈里伯顿公司油气服务集团（Energy Services Group）开始进行非随钻用声波无线传输系统的研究。2000年，哈里伯顿推出了用于非随钻应用的声波遥测系统（acoustic telemetry system，ATS），该系统采用井下电池供电，直接传输深度可达1828.8m，采用声波中继器可进行3657.6m的井下信息传输，系统结构如图1所示。ATS基本达到了商业化应用要求，主要应用于油气井测试工程中的声波传输。之后，哈里伯顿公司开始开展随钻用无线声波传输系统的研究，其研究主要涉及提高信号信噪比及地面信号处理方面。

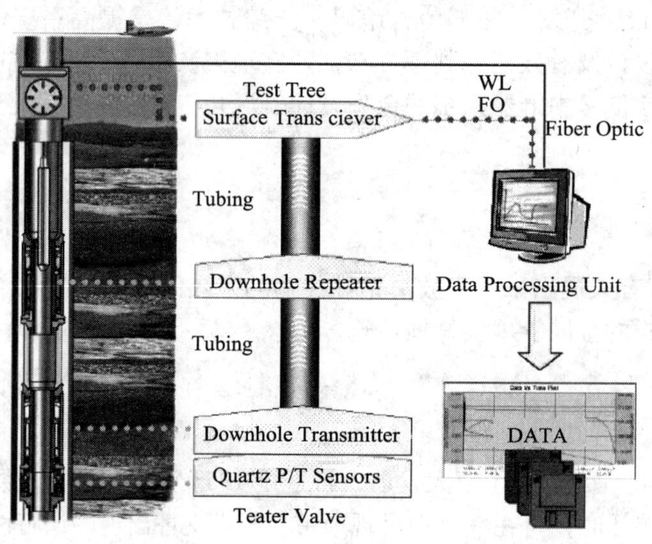

图1　ATS系统结构及声波转发器安装示意图

2007年，Extreme Engineering有限公司宣布其拥有了随钻声波无线传输系统XACT，并公布现场测试结果。系统主要由四部分构成：安装于井下钻具组合的声波信号发射系统（acoustic telemetry tool，ATT）与反射波消除系统（acoustic isolator tool，AIT），安装于方钻杆上的声波接收系统（extreme acoustic receiver，EAR），以及仪器房内的信号监控、处理系统（remote decoding and display unit，DDU），见图2。

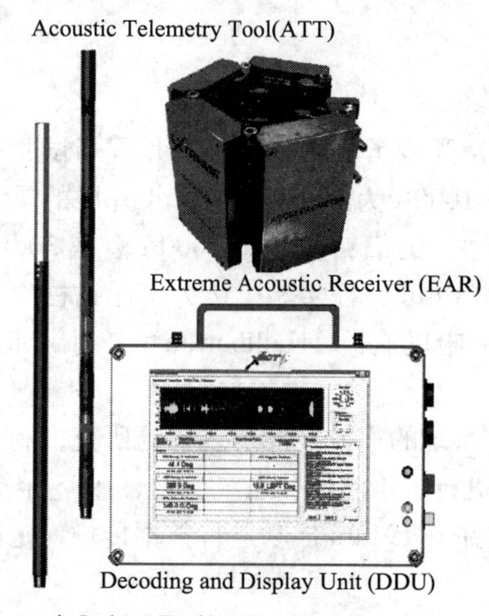

图2　XACT系统组成图

XACT系统在陆地直井中实现了2500m（外径165mm工具）及1200m（外径121工具）井深的信息传输，在定向井中传输深度为1500m（外径165mm工具）及900m（外径121mm工具）。

21世纪以来，随钻声波传输技术逐渐成为各大石油公司研究热点，BakerHushes、DBI、IntelliServ、Weatherford/Lamb等公司陆续开展了相关研究，并申请了多项专利。

3 国内研究进展

近几年来，国内清华大学与西部钻探等单位陆续开展了随钻声波传输相关理论与试验方面的研究，石油大学、西安石油大学及胜利油田开展了声波短传系统的研究与开发，都取得了很好的进展。

中国石油集团钻井工程技术研究院井下控制工程研究所专门从事钻井井下随钻测量与控制系统的研究与开发，在随钻声波信息传输系统领域开展了一系列理论与实验研究，并取得了多项新认识与进展。

（1）推导、建立了声波沿钻柱传输时的频散方程及波动方程，编制计算机仿真程序，针对常用钻柱系统进行了数值仿真计算。采用数值模拟技术，全面分析了钻柱的结构参数差异对声波沿钻柱传输过程频散特性及传输特性的影响，讨论了不同激励方式所引起信号传输的差异，认为：信号沿钻柱传输时，不同频率分量所对应相位及能量传播速度均发生变化，接收信号波形将产生畸变；钻柱长度差异将造成频带的极大消减（图 3）；钻柱长度的增加，不会改变系统频带特性；优选了声波载波信号调制方式。

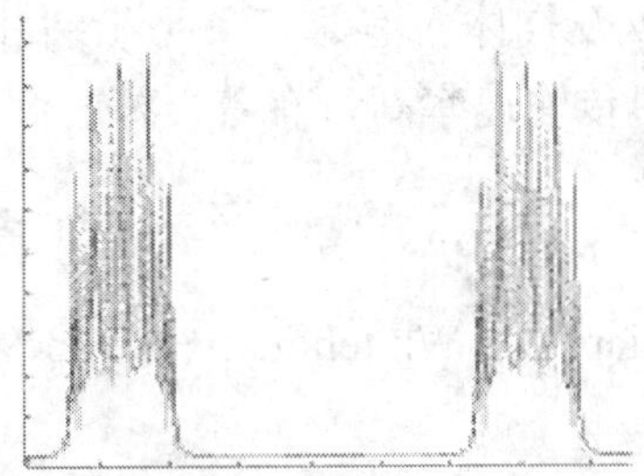

图 3　不同长度钻柱接收信号对比图

（2）采用 $3^1/_2$in 与 5in 钻杆较系统地开展了声波传输实验研究，获取了不同钻柱类型、支撑方式、激励位置、信号接收位置、信号激励方式及钻柱曲率等情况下的声波传输信道特性（图 4 ~ 图 7）。

图 4　实验现场照片

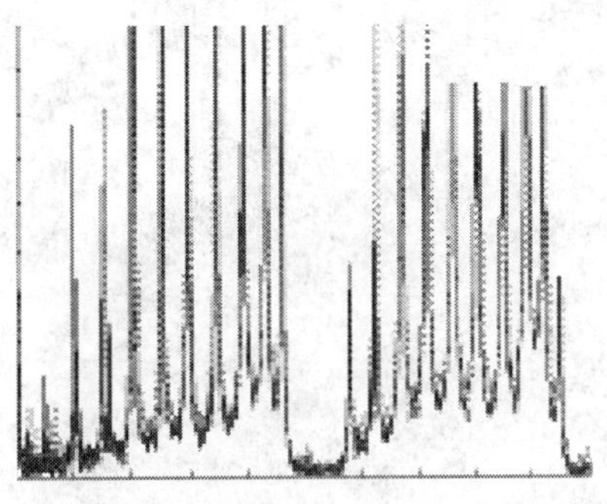

图 5　不同钻柱曲率接收信号频带对比

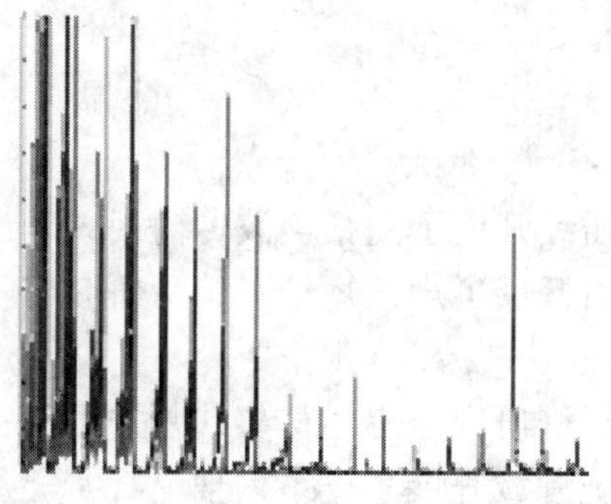

图 6　不同钻柱类型引起信号频带差异

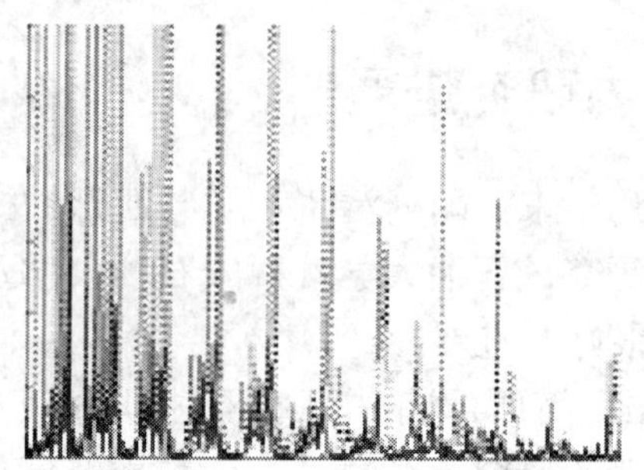

图 7　不同接收位置引起信号频带差异

（3）目前正在构建声波随钻传输系统的室内实验台架，开展提高信号传输效率和信号接收、识别、处理方法的研究。

4　结论与认识

随钻声波传输是实现井下与地面信息传输的一项极具潜力的技术，能够有效解决充气钻井液钻井，以及气体、泡沫等欠平衡钻井作业过程中井下信息上传的难题，不依赖地层特性影响，信息传输速率高，有着良好的商业和市场前景。

参 考 文 献

Squire William D., Whitehouse HJ. A new approach to drill−string acoustic telemetry ［R］. SPE8340, 1979.

Barnes Thomas G., Kirkwood Bill R. Passbands for acoustic transmission in an idealized drill string ［J］. J.Acoust.Soc.Amer.，1972，（5）

Drumheller DS. Propagation of sound waves in drill strings ［J］. J.Acoust.Soc.Am., 1995, 97（4）.

地质导向钻井轨道设计方法

唐雪平　苏义脑　王家进

（中国石油集团钻井工程技术研究院）

摘　要：在复杂地质和油藏条件下进行地质导向钻井，对井眼轨道设计提出了更高的要求。本文提出了地质导向轨道设计方法，利用两种典型的三维井眼轨道设计模型和优化技术，很好地解决了多约束条件下地质导向轨道设计难题。这种设计方法计算简单、精确、快速，具有普遍适用性，为井眼轨道设计和控制提供了理论依据。

关键词：地质导向钻井　井眼轨道设计　设计方法　优化设计

地质导向钻井系统是集油藏、地质、钻井、测井于一体的综合性应用系统。自问世以来，得到了快速发展，并取得了显著的经济效益。我国打破国外技术垄断，成功研制出了CGDS－1近钻头地质导向系统，产生了深远的影响，具有重大的现实意义。近钻头地质导向技术具有随钻辨识钻头处油气层、导向功能强的特点，是一项直接服务于地质勘探的随钻技术，提高探井钻遇率，适合于复杂地层、薄油层钻进的开发井，提高产量和采收率。

在复杂油气藏、薄油层及非均质储层进行地质导向钻井，要综合应用地震、地质、测井等资料和方法来进行油藏描述，建立精细的水平井地质模型，考虑油藏类型、油藏边底水活跃程度、油水界面、夹层分布和储层物性变化情况。同时对地质模型和井眼轨道进行精度分析，确定误差范围；并对地质导向钻井进行综合评价与风险评估，确定项目的可行性。在技术和经济可行的情况下，优化井眼轨道设计，并建立对应的测井响应曲线。在实施阶段，根据实钻轨迹和测井资料响应情况实时决策，及时修改地质模型和调整井眼轨道，提高井眼在储层中的有效钻遇长度。因此，设计目标不再是简单的一个水平段，而是由多个目标段、控制点组成；在前导模拟和导向钻井过程中，都要求快速、精确地设计并优化井眼轨道。因此，地质导向钻井对井眼轨道设计提出了更高的要求。

地质导向井眼轨道设计属于三维多目标水平井设计，需要限定着陆点位置、井斜角和方位角才能确保沿设计目标段钻进，这是最难的一种三维轨道设计。国内外不少作者进行了这方面的研究工作，设计模型缺乏普遍适用性，求解方法有解非线性方程组、近似求解和迭代法等。因此，难以适应地质导向的要求，且不能根据不同设计要求做到灵活求解和得到精确解，设计计算繁琐，不便于应用。

作者简介：唐雪平（1964—　），高级工程师，1984年7月毕业于西南石油学院钻井工程专业，1998年7月获中国石油勘探开发研究院油气田工程专业硕士学位，现在中国石油集团钻井工程研究院井下控制工程研究所工作，从事井下控制工程系统与应用方面的研究。

文献［8］采用空间斜平面法，建立了通用的三维井眼轨道设计模型，求得了精确解，并解决了斜平面轨道控制参数的计算问题，能很好地解决地质导向井眼轨道设计问题。下面采用该模型，探讨地质导向三维轨道设计问题，为轨道设计和控制提供理论依据。

1 设计模型

在进行三维井眼轨道设计时，设计起始点的位置、井眼方向和目标点的位置都已确定。根据不同的设计目的和要求，对目标点的井眼方向可分为限定和不限定两种类型。前者要求轨道按矢量方向进入目标点，多用于水平井设计；后者要求轨道达到目标点即可，其设计目标为空间点，多用于定向井 或控制点设计。因此，其模型分别称为矢量目标设计模型和点目标设计模型。下面介绍这两种设计模型。

1.1 矢量目标设计模型

三维井眼轨道矢量目标设计模型，如图1所示。图1中空间直角坐标系 $O-XYZ$ 的原点设在井口，X 轴指向正北，Y 轴指向正东，Z 轴向下。S 为设计起始点，s 为始点切线向量，T 为目标点，t 为目标点切线向量。S、T 两点的坐标位置及井斜、方位为已知条件。

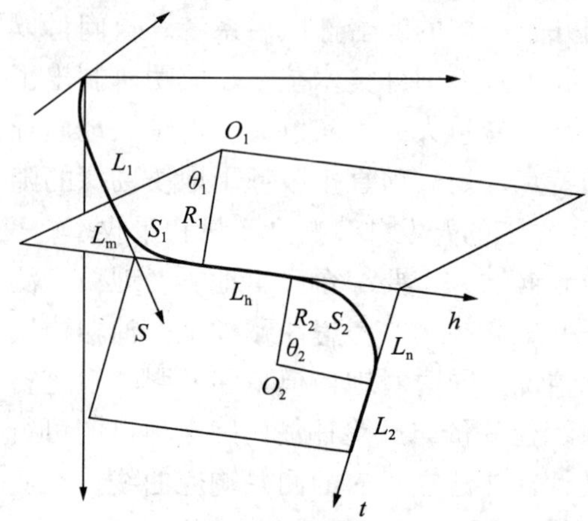

图1 三维井眼轨道矢量目标设计模型

设计轨道由图1中的直线段 L_1、圆弧段 S_1、直线段 L_h、圆弧段 S_2、直线段 L_2 五段组成。设计时，根据实际需要可令 L_1、L_h、L_2 为0及 $K_1 = K_2$，由此可组成不同设计轨道形式。设计变量为直线段长度 L_1、L_h、L_2 和圆弧段的井眼曲率 K_1、K_2。

图1中，$L_1 = SA$，$L_h = BC$，$L_2 = DT$，$L_m = AM = BM$，$L_n = CN = DN$。设 $L = AD$，T_s、T_t 分别为 AD 在矢量 $\boldsymbol{s}$、$\boldsymbol{t}$ 上的投影长度，θ 为矢量 $\boldsymbol{s}$、$\boldsymbol{t}$ 间的夹角。

（1）给定设计参数 L_1、L_h、L_2、K_2 时，可用下式求得：

$$L_m = f_1(R_2, L_1, L_h, L_2) = \frac{-b+\sqrt{b^2-4ac}}{2a} \tag{1}$$

式中：

$$a = 4\left[R_2^2 \sin^2\theta - (T_s + L_h)^2\right]$$

$$b = 8R_2^2 (T_t \cos\theta - T_s) + 4(L^2 - L_h^2)(T_s + L_h)$$

$$c = 8R_2^2 L_h (T_t + L_h) + 4R_2^2\left[L^2 - L_h^2 - (T_t + L_h)^2\right] - (L^2 - L_h^2)^2$$

$$L_n = f_2(R_2, L_1, L_h, L_2) = \frac{-b-\sqrt{b^2-4ac}}{2a} \tag{2}$$

式中：

$$a=\left(4R_2^2-L^2+L_\text{h}^2\right)\left(1-\cos\theta\right)-2\left(T_s+L_\text{h}\right)\left(T_t+L_\text{h}\right)$$

$$b=4R_2^2\left[T_s-T_t+L_\text{h}\left(1-\cos\theta\right)\right]$$

$$c=R_2^2\left[\left(L^2-L_\text{h}^2\right)\left(1+\cos\theta\right)-2\left(T_s+L_\text{h}\right)\left(T_t-L_\text{h}\right)\right]$$

（2）给定设计参数 L_1、L_h、L_2、K_1 时，可用下式求得：

$$L_\text{n}=f_1\left(R_1,L_1,L_\text{h},L_2\right)=\frac{-b+\sqrt{b^2-4ac}}{2a} \tag{3}$$

将式（1）a、b、c 中的 R_2 用 R_1 替换，T_s 和 T_t 互换即可得到计算公式（3）。

$$L_\text{m}=f_2\left(R_1,L_1,L_\text{h},L_2\right)=\frac{-b-\sqrt{b^2-4ac}}{2a} \tag{4}$$

将式（2）a、b、c 中的 R_1 用 R_2 替换，T_s 和 T_t 互换即可得到计算公式（4）。

式（1）~式（4）有解的判别式为 $\Delta=b^2-4ac\geqslant 0$。

(3) 其他计算公式。

下面给出其他主要计算公式，便于灵活求解和进行设计计算。

$$R_1=L_\text{m}\sqrt{\frac{\left(L^2-L_\text{h}^2\right)\left(1-\cos\theta\right)+2\left(T_s+L_\text{h}\right)\left(T_t+L_\text{h}\right)}{4L_\text{m}^2\left(1-\cos\theta\right)+4L_\text{m}\left[T_t-T_s+L_\text{h}\left(1-\cos\theta\right)\right]+\left(L^2-L_\text{h}^2\right)\left(1+\cos\theta\right)-2\left(T_s-L_\text{h}\right)\left(T_t+L_\text{h}\right)}} \tag{5}$$

$$R_2=L_\text{n}\sqrt{\frac{\left(L^2-L_\text{h}^2\right)\left(1-\cos\theta\right)+2\left(T_s+L_\text{h}\right)\left(T_t+L_\text{h}\right)}{4L_\text{n}^2\left(1-\cos\theta\right)+4L_\text{n}\left[T_s-T_t+L_\text{h}\left(1-\cos\theta\right)\right]+\left(L^2-L_\text{h}^2\right)\left(1+\cos\theta\right)-2\left(T_t-L_\text{h}\right)\left(T_s+L_\text{h}\right)}} \tag{6}$$

或

$$R_1=\frac{1}{2}\sqrt{\frac{\left(L^2-L_\text{h}^2\right)^2+4L_\text{n}^2\left(T_t+L_\text{h}\right)^2-4L_\text{n}\left(L^2-L_\text{h}^2\right)\left(T_t+L_\text{h}\right)}{L_\text{n}^2\sin^2\theta+2L_\text{n}\left(T_s\cos\theta-T_t\right)+2L_\text{h}\left(T_s+L_\text{h}\right)+L^2-L_\text{h}^2-\left(T_s+L_\text{h}\right)^2}} \tag{7}$$

$$R_2=\frac{1}{2}\sqrt{\frac{\left(L^2-L_\text{h}^2\right)^2+4L_\text{m}^2\left(T_s+L_\text{h}\right)^2-4L_\text{m}\left(L^2-L_\text{h}^2\right)\left(T_s+L_\text{h}\right)}{L_\text{m}^2\sin^2\theta+2L_\text{m}\left(T_t\cos\theta-T_s\right)+2L_\text{h}\left(T_t+L_\text{h}\right)+L^2-L_\text{h}^2-\left(T_t+L_\text{h}\right)^2}} \tag{8}$$

$$\cos\theta_1=\frac{T_s-L_\text{m}-L_\text{n}\cos\theta}{L_\text{m}+L_\text{h}+L_\text{n}} \tag{9}$$

$$\cos\theta_2=\frac{T_t-L_\text{n}-L_\text{m}\cos\theta}{L_\text{m}+L_\text{h}+L_\text{n}} \tag{10}$$

$$L_\text{m}=R_1\tan\frac{\theta_1}{2} \tag{11}$$

$$L_{\mathrm{n}} = R_2 \tan\frac{\theta_2}{2} \tag{12}$$

$$L_{\mathrm{h}} = \sqrt{L^2 + L_{\mathrm{m}}^2 + L_{\mathrm{n}}^2 + 2\left(L_{\mathrm{m}} L_{\mathrm{n}} \cos\theta - L_{\mathrm{m}} T_s - L_{\mathrm{n}} T_t\right)} - L_{\mathrm{m}} - L_{\mathrm{n}} \tag{13}$$

该设计模型既可用于钻前轨道设计，又能用于待钻轨道调整设计。可根据实际需求，组合成不同段制的三维设计轨道。

1.2 点目标设计模型

三维井眼轨道点目标设计模型，如图2所示。设计轨道由图2中的直线段 L_1、圆弧段 S、直线段 L_2 三段组成。设计时，根据实际需要可令 L_1、L_2 为0，由此可组成不同设计轨道形式。设计变量为直线段长度 L_1、L_2 和圆弧段的井眼曲率 K。

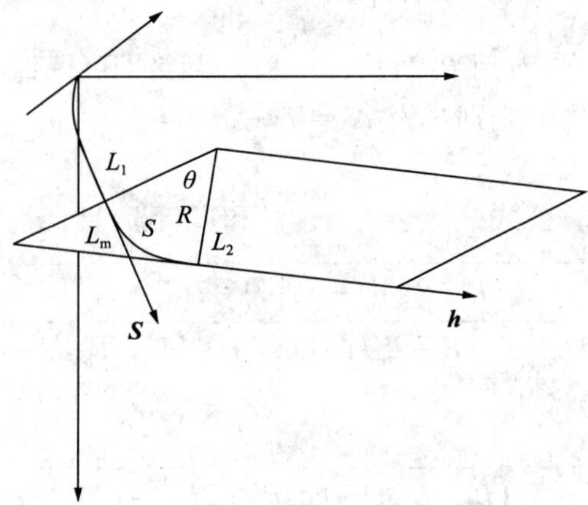

图2　三维井眼轨道点目标设计模型

图2中，$L_1 = SA$，$L_2 = BT$，$L_{\mathrm{m}} = AM = BM$。主要计算公式如下：

$$\cos\theta = \frac{T_s - L_1 - L_{\mathrm{m}}}{L_{\mathrm{m}} + L_2} \tag{14}$$

$$L_{\mathrm{m}} = \frac{L^2 + L_1^2 - L_2^2 - 2L_1 T_s}{2\left(T_s + L_2 - L_1\right)} \tag{15}$$

$$L_{\mathrm{m}} = R \tan\frac{\theta}{2} \tag{16}$$

$$R = \frac{L^2 + L_1^2 - L_2^2 - 2L_1 T_s}{2\sqrt{L^2 - T_s^2}} \tag{17}$$

$$L_1 = T_s - \sqrt{T_s^2 + L_2^2 - L^2 + 2R\left(L^2 - T_s^2\right)^{1/2}} \tag{18}$$

$$L_2 = \sqrt{L^2 + L_1^2 - 2L_1 T_s - 2R\left(L^2 - T_s^2\right)^{1/2}} \tag{19}$$

式中，T_s为S、T两点间的距离L在矢量$\boldsymbol{s}$上的投影长度。当$L = T_s$时，即目标点在矢量$\boldsymbol{s}$上，不需要进行三维轨道设计。

由设计变量L_1、L_2、K其中任意两个可解析求得另一变量，从而唯一确定三维空间设计轨道。其有解的判断式为根式大于0。下面探讨使用三维设计模型的设计方法。

2 设计方法

在复杂地质结构和油藏条件下，目标层通常有起伏、倾角、走向和厚度的变化，甚至发生断层等情况，因而其设计目标变得更为复杂。地质导向目标通常是三维的，且由多个目标组成，同一目标不是由简单的水平段组成，而是由多个折线段和一系列控制点来描述，如图3所示。

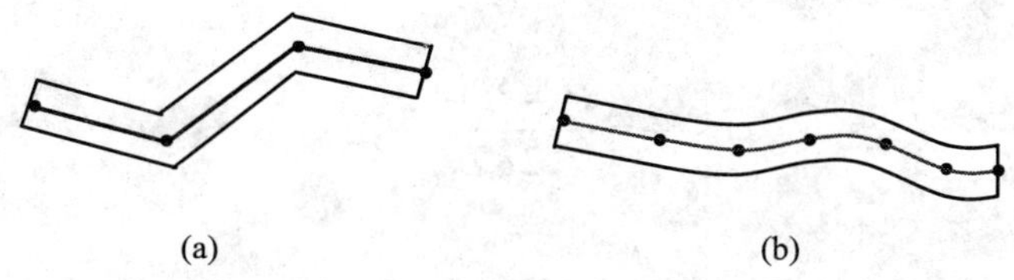

图3 三维地质导向目标

2.1 目标段轨道设计

对于目标段由多个折线段组成的三维地质导向设计目标，如图3（a）所示。在设计目标段时，两直线段间用圆弧段过渡，给定工具造斜能力，便可确定目标段井眼轨道，即由两直线夹角θ和曲率半径R，用公式（18）确定轨道节点参数。

当目标中控制点相距较近，设计轨道必须穿越所有控制点时，可应用点目标模型设计，如图3（b）所示。控制点间用圆弧段/直线段、圆弧段+直线段、直线段+圆弧段来连接，其设计难度大，设计轨道并不唯一。设计原则应确保设计井眼曲率小于允许的工具造斜能力，并根据摩阻、施工难易程度等综合考虑，优化目标段的轨道设计。

2.1.1 两个目标点的轨道设计

当目标段只有两个点时，直接用直线来连接目标点。如普通的水平井，由水平段的始点和终点相连的直线段构成。

2.1.2 三个目标点的轨道设计

当目标段只有三个点时，且不在一直线上时，可采用图4的三种设计方法。

方法1 如图4（a）所示，不过中间点B，用圆弧段来连接两折线段，给定圆弧段曲率，即可确定目标段轨道。

方法2 如图4（b）所示，前两点直线连接，再用圆弧段和直线段设计到第三点，可用点目标模型设计。

方法3　如图4（c）所示，不在一直线上的三点可以确定一空间斜平面，根据三点定圆确定目标段曲率。设 $L_1 = AB$，$L_2 = BC$，$L_3 = AC$，则可求得：

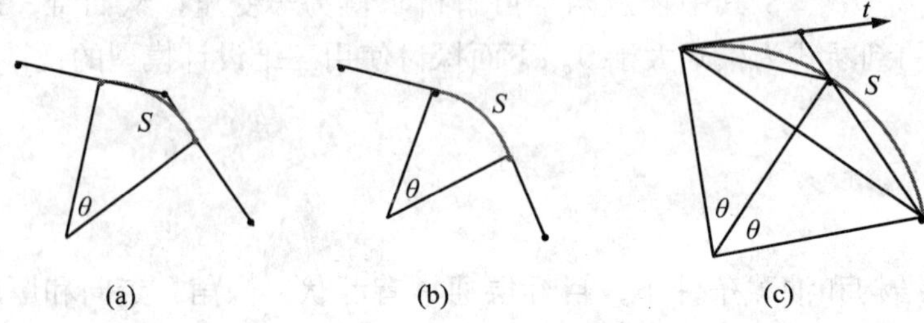

图4　三目标点的轨道设计

$$\cos\frac{\theta_1}{2}=\frac{L_2^2+L_3^2-L_1^2}{2L_2L_3} \tag{20}$$

$$\cos\frac{\theta_2}{2}=\frac{L_1^2+L_3^2-L_1^2}{2L_1L_3} \tag{21}$$

$$R=\frac{L_1}{2\sin\frac{\theta_1}{2}}=\frac{L_2}{2\sin\frac{\theta_2}{2}} \tag{22}$$

$$BM=\frac{L_1\sin\frac{\theta_1}{2}}{\sin(\theta_1+\frac{\theta_2}{2})} \tag{23}$$

从而可求得 A 点的切线矢量，计算出圆弧段轨道参数。

2.1.3　四个目标点以上的轨道设计

对四个目标点以上的轨道设计，可采用图5的几种典型设计轨道形式或直接应用点目标设计模型来穿越全部设计目标点。

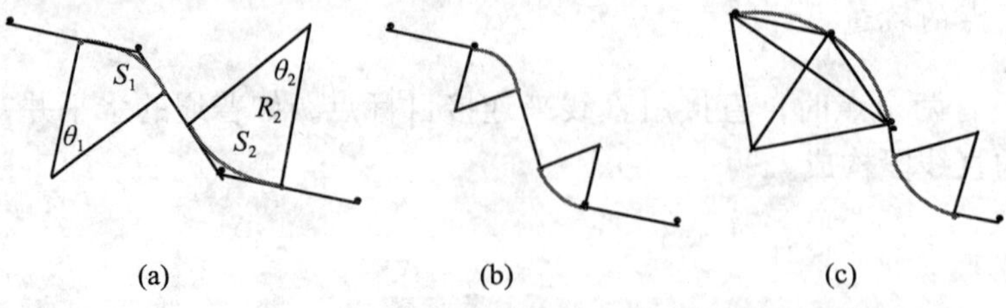

图5　四个目标点以上的轨道设计

2.2　目标间的轨道设计

目标间的轨道设计，可应用矢量目标模型来设计。视其空间位置和距离，采用相等曲率半径的两个圆弧段或两圆弧段间加一稳斜段来设计。

2.3 着陆前的轨道设计

对地质导向水平井，着陆点的位置和方向都有严格的要求，应用三维矢量目标设计模型易于设计或优化出着陆前的井眼轨道。

在5个设计参数L_1、K_1、L_h、K_2、L_2中，任意给定4个参数，可求得另一参数，从而确定设计轨道。在设计时，可根据需要，采用单目标或多目标约束优化方法来优化井眼轨道。以设计轨道路径最短的单目标约束优化数学模型如下：

$$S_{min} = L_1 + R_1\theta_1 + L_h + R_2\theta_2 + L_2 \tag{24}$$

$$\begin{aligned} L_{1min} \leqslant L_1 \leqslant L_{1max} \\ R_{1min} \leqslant R_1 \leqslant R_{1max} \\ \alpha_{min} \leqslant \alpha_h \leqslant \alpha_{max} \\ 0 \leqslant L_h \leqslant L_{hmax} \\ R_{2min} \leqslant R_2 \leqslant R_{2max} \\ 0 \leqslant L_2 \leqslant L_{2max} \end{aligned}$$

目标函数可选择摩阻、施工作业时间和成本最小等，约束条件应根据具体要求进行增减和修改。由于三维矢量目标设计模型能精确求解轨道设计参数，计算简单、快速，因此，很容易进行轨道优化设计，从而顺利解决复杂地质结构和油藏条件下地质导向轨道设计难题。

3 结论

（1）复杂地质和油藏条件下对地质导向钻井轨道设计提出了更高的要求，快速合理地设计并优化地质导向轨道是成功进行地质导向钻井的前提。

（2）提出的井眼轨道设计方法较好地解决了复杂地质结构和油藏条件下地质导向轨道设计难题，为井眼轨道设计和控制提供了理论依据。

（3）两种典型三维井眼轨道设计模型具有代表性和普遍适用性，在定向井、水平井和多目标地质导向钻井轨道设计方面有着广泛的应用。

参 考 文 献

Anh-Ngoc Kuhn de Chizelle，Omar Alam S.，McCann. Dominic P. Real-time interactive graphical tools for improving geosteering decision making [R]．SPE 38126，1997.

Lesso W G Jr，Kashikar S V. The principles and procedures of geosteering [R]．SPE 35051，1996.

Lott Simon J，Dalton Christopher L，Bonnie Jos H M.，Roberts Martin J.，Cooke Graham P. Use of networked geosteering software for optimum high-angle/horizontal wellbore placement:

two U.K. North Sea case histories［R］. SPE 65542，2000.

Eric Cayeux，Roxar，Jean－Michel Genevois，Stephan Crepin，Sylvain Thibeau. Well planning quality improved using cooperation between drilling and geosciences［R］. SPE 71331，2001.

Tribe I R.，Burns L，Howell P D，Dickson R. Presise well placement using rotary steerable systems and LWD measurements［R］. SPE 71396，2001

Al－Mudhhi M A.，Ma S M.，Al－Hajari A，Lewis K.，Berberian G.，Saudi Aramco，Butt P.，Richter P. Geosteering with advanced LWD technologies－placement of maximum－reservoir－contact wells in a thinly layered carbonate reservoir［R］. IPTC 10077，2005.

苏义脑．地质导向钻井技术概况及其在我国的研究进展［J］．石油勘探与开发，2005，32（1）：92－95.

唐雪平，苏义脑，陈祖锡．三维井眼轨道设计模型及应用［J］．数学的实践与认识，2004，34（3）：62－72.

韩志勇．定向钻井设计与计算［M］．东营：中国石油大学出版社，2007.

基于DDS技术的随钻电磁波电阻率信号发射模块设计

张程光　贾衡天

（中国石油集团钻井工程技术研究院）

摘　要：随钻电磁波电阻率测量技术是应用于钻井地质导向和实时地层评价的一项重要技术，而天线发射系统则是该技术的关键组成部分之一。结合该技术的特点和要求，本设计采用先进的直接数字频率合成技术（DDS），将其运用于天线发射系统的关键电路模块设计之中。电路试验表明，所设计的电路模块稳定、可靠，输出信号精度满足系统总体设计要求。

关键词：LWD　电磁波电阻率测井　电磁波信号发射　直接数字频率合成技术（DDS）　D类功率放大器

与常规的电缆测井不同，随钻测井（logging while drilling，LWD）是一项在钻井过程中实时对井底的各种参数进行测量的技术。它能够更为客观、真实和及时地反映地层的实际地质特征，并能满足石油天然气工业对水平井或大角度斜井等复杂钻井工程技术的特殊需求。

作为随钻测井技术之一的电磁波电阻率测井，以地层电阻率为测量对象，采用电磁波工作方式，适用于各种类型的钻井液钻井，在国外得到了比较广泛的发展和应用。自20世纪80年代起，各大服务公司陆续推出自己的随钻电磁波电阻率测量仪器，如Sperry-Sun的EWR-Phase 4，Halliburton 的EWR-M5，Schlumberger的CDR、ARC和Periscope等。而在我国，随钻电磁波电阻率测井仪器的自主研究尚处于起步阶段，对于该领域技术的认识和掌握还存在许多不足或有待深入之处。

在电磁波电阻率测量系统的组成中，发射电路模块承担着提供高精度功率级信号的任务，它的输出精度及稳定度直接决定着整套测井系统的测量效果，是系统极为重要的组成部分。Halliburton公司早期仪器在发射电路中采用了正弦波形数据只读存储器、数模转换器（DAC）等分立器件，电路复杂庞大，功耗高。而结合现代电子技术的新成就，我们采用了集成相位寄存器、累加器、波形函数生成表、DAC等功能的DDS新技术，它具有集成度高、可靠、使用灵活等特点。该技术的使用为随钻电磁波电阻率测井仪器的开发研制提供了新的途径与手段。

本文在对电磁波测量原理和仪器组成简要介绍的基础上，着重从硬件和软件两个方面

作者简介：张程光，中国石油集团钻井工程技术研究院助理工程师。

论述了以DDS为核心的电磁波信号发射电路模块设计。经测试，模块驱动实际天线，总体效果良好。

1 随钻电磁波电阻率测量原理及基本组成

随钻电磁波电阻率测量的理论依据是电磁波的传播效应。由于不同地层的地质参数有差异，对于中高频电磁场的响应也各不相同。测井仪器通过发射天线发射电磁波，其幅度在地层随传播距离的增加而衰减，传播距离相同时，衰减量与地层电阻率有关；同时，由于电磁波在不同电阻率地层中传播速度不同，因此传播距离相同而地层电阻率不同时，相位变化量也不同。通过接收天线测量电磁波的相位（差）和幅度（衰减），便可以推导出地层电阻率。

常见的随钻电磁波电阻率测井仪器几乎均采用多发（T）多收（R）天线线圈系设计以及多频率组合工作体制（例如，EWR−Phase 4−4T2R，1/2MHz；EWR−M5−6T3R，0.25/0.5/2MHz；ARC−5T2R，0.4/2MHz；Periscope−6T3R，0.1/0.4/2MHz）。其中，收发天线系提供多种探测深度的电阻率信息，能比较详细地描述径向不同深度的地层剖面；而多工作频率提高了探测深度，减小或消除了介电影响，改进了电阻率测量的精度。在本研究系统中，采用四发双收的天线对称结构，0.5/2MHz系统工作频率。

整个测井仪系统的工作原理框图如图1所示，其工作过程是：在主控制器DSP控制下，由信号发射电路（包括DDS模块和功率放大模块）向安装在钻杆内的发射天线供以一定功率的交变激励电流，产生电磁波向地层传播，这些电磁波的一部分在穿越地层后被相距一定距离的两个接收线圈所获得，之后经接收电路中的前置放大、混频滤波产生低频差频输出信号，再送入后续电路采样、处理、存储。

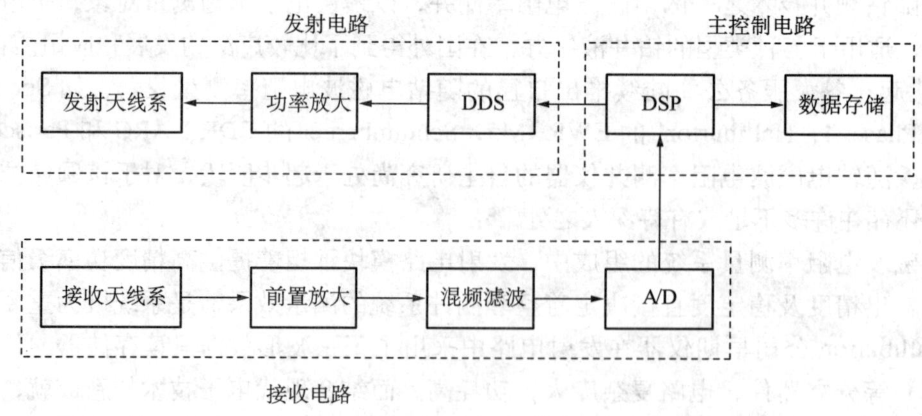

图1 系统工作原理图

下面将着重介绍系统发射模块功能的设计实现。

2 电磁波发射模块

2.1 发射信号的产生

2.1.1 DDS 基本原理

能够产生频率信号的方法很多，直接数字频率合成器（direct digital synthesis，DDS）是其中较为先进的一种。以下是DDS芯片的内部电路结构原理图，它主要包括：相位累加器（phase accumulator）、角度振幅转换器（phase−to−amplitude converter）以及D/A转换器（D/A converter）三部分。

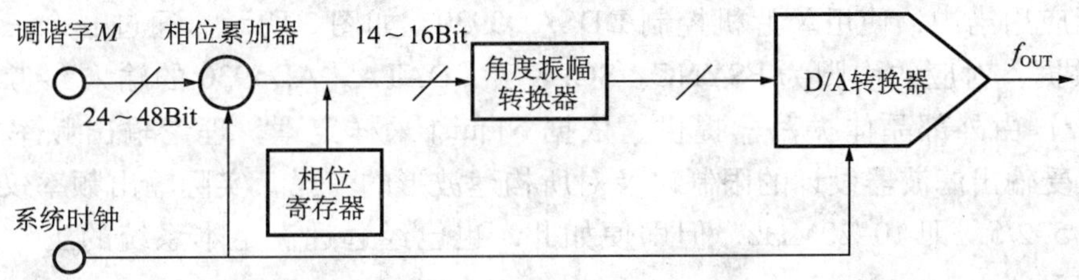

图2 DDS的组成结构

如图2所示，DDS主要依据两个参数产生指定的频率信号：系统时钟（System Clock）频率和二进制数字调谐字（Tuning Word）。其中，写入频率寄存器中的二进制数字调谐字给相位累加器提供C位输入值M（C通常为24~48），而累加器的输出通常被截断至P位（P常见为14~16），以便减小后续转换模块的大小和复杂程度。在角度振幅转换器中，通过内置正弦（或余弦）表，将P位频率字映射到单位圆的一圈上，并完成二进制字到D位振幅值的转换。随后的D位D/A转换器将数字振幅值转换为模拟信号，输出正弦波形，其频率表达式可由下式决定：

$$f_{OUT}=\frac{M\times f_{SC}}{2^{C}} \tag{1}$$

式中，f_{OUT}为DDS输出频率；f_{SC}为参考时钟频率（即系统时钟频率）；M为二进制数字调谐字；C为相位累加器长度。

2.1.2 硬件电路实现

本套电磁波电阻率测井仪器的发射系统当中，采用AD5930作为DDS芯片。AD5930是一款内置可编程扫频和输出触发脉冲功能的波形发生器，最大系统参考时钟频率50MHz，宽电源供电电压2.3~5.5V，低功耗小于40mW，并能够使芯片未用部分进入待机省电状态，正弦/三角/方波输出可选，波形相位可控，工作温度−40~＋125℃。

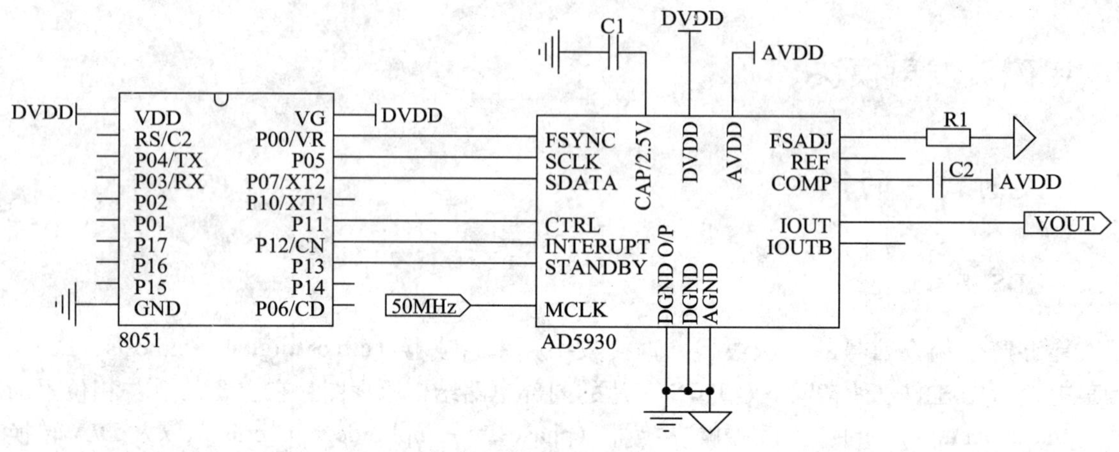

图 3　DDS 信号发生电路

在实际应用当中，使用单片机控制 DDSAD5930，如图 3 所示，通过一个三线式串行接口写入数据，对应的引脚为 FSYNC、SCLK 和 SDATA。AD5930 的输入参考时钟频率选为 50MHz，由外部晶体振荡器提供。依据 Niquist 采样定理，理论输出频率能够达到 25MHz，但受输出滤波器设计的限制以及对所构建波形的考虑，实际输出频率仅能达到参考频率的 1/5~2/5，即 10~20MHz，但即便如此，也已经远远满足本系统的工作频率要求（2MHz/500kHz）。

由于 DDS 芯片所直接产生的信号幅度很小（约为 0.5V 左右），因此若要驱动发射电路后续的 TTL 电平电路，还须在 AD5930 后紧跟一运放电路，增大输出信号幅值。

2.1.3　软件程序设计

如前所述，为了获得更宽范围的探测深度，测量系统采用 2MHz/500kHz 双频工作体制。而在仪器实际运行过程当中，各频率的工作次序、切换时刻以及持续工作时长等问题，则由单片机软件程序进行控制。

完整的 DDS 实验控制程序流程如下：在一个工作周期中，单片机首先向 DDSAD5930 写入 2MHz 频率控制字，并启动 DDS 输出。经过预定时间后，产生定时中断，复位 DDS（此时，芯片仅耗电流 20μA，DDS 输出中间电平 $U_{MIDSCALE}=0.325V$）。改变控制字寄存器内容，写入 500kHz 频率控制字，使能 DDS 输出。同样，达到预定时间后，停止 DDS，接着进入下一周期。

值得一提的是，AD5930 的串行通信接口支持 SPI 总线标准，在执行写入数据命令时，能够以最高 40 MHz 的总线时钟速率工作。同时，由于写入频率方案经过预编程，无需连续的命令周期，因此相连接的控制器资源得以释放。

2.2　发射信号功率放大

在随钻测井中，向地层发出的电磁波信号不仅要求频率准确可控，还必须具有一定的功率。中高频率（几百千赫以上）功率放大器具有多种形式，其关键技术指标是输出功率和效率。经比较，在这里采用D类功率放大器，其理论效率为100%，实际工作效率可达90%以上。

发射信号功率放大实验电路及其与天线的连接基本结构如图4所示。由DDS信号发生器产生的正弦波输入高速比较器U_1转换为方波信号，经同向驱动器和反向驱动器后分别加在由NMOSFET Q_1和Q_2组成的推挽功率放大器输入级。比较器U_1输出低电平期间，电流流经上半通路，变压器次级产生顺时针激励电流，流过发射天线线圈；相反地，比较器输出高电平期间，天线线圈上流过逆时针激励电流。次级电感、线圈电感以及电容保证产生激励电流为正弦波。

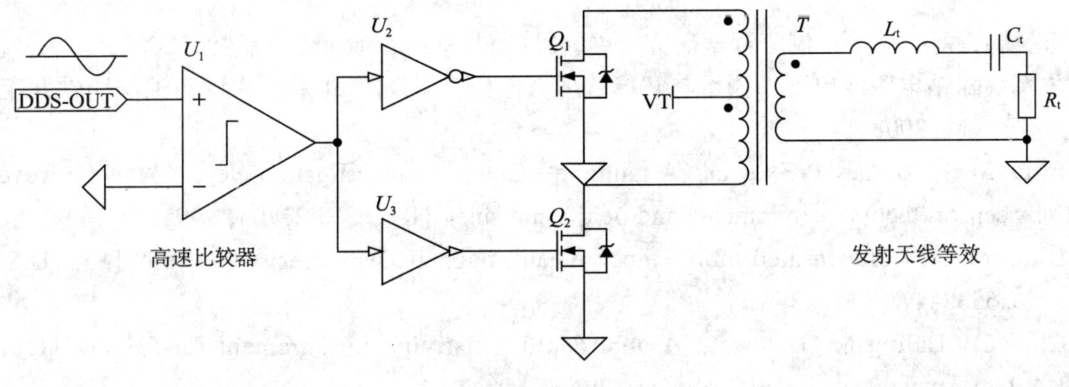

图4　功率放大器

3　试验分析及结论

在完成硬件设计及软件编写的基础上，对随钻电磁波电阻率测井仪器的发射电路系统进行了实验室环境下的测试。试验结果如下：

(1) DDS的输出信号频率准确（U_{pp} = 0.38V，2.000001MHz，误差可基本忽略不计）。根据频域［图5 (a)］分析，二次、三次谐波幅度衰减量均达到了28dB以上。

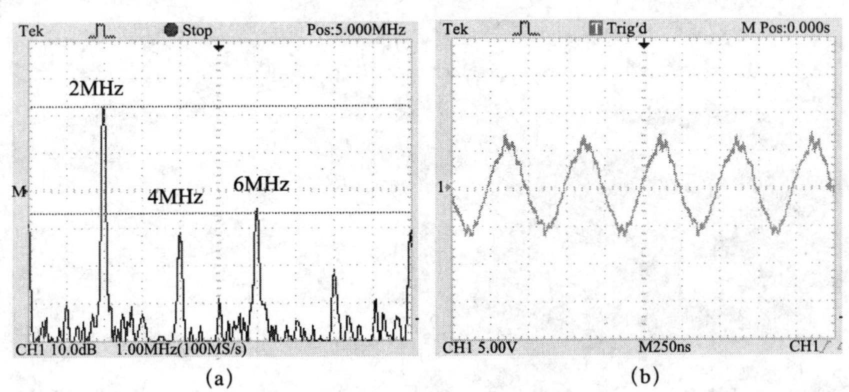

图5　发射信号波形

(2) 天线两端的信号U_{pp} = 13.8V，最大发射功率约为4.3W，其时域波形如图5 (b)

所示。从图中看出，与标准的正弦波相比，该信号出现了尖峰，这是因为对于天线来说，其中含有少量的电容和电阻成分，并非纯电感。

500kHz 频率下的工作情况及波形与 2MHz 时类似，因此不再列出。

由上述试验数据，可以得到以下结论：

（1）DDS 作为随钻电磁波电阻率测量系统信号源，输出频率稳定易控，精度较高；

（2）D 类放大器在电路中带载能力强、效率高，适合本发射系统的工作要求。且天线上获得的信号波形较好，为后续的接收采集处理奠定了良好的基础。

参 考 文 献

苏义脑，等. 井下控制工程学研究进展［M］. 北京：石油工业出版社，2001.

朱军. 随钻电磁波电阻率测量与解释处理方法研究［D］. 北京：中国石油集团钻井工程技术研究院，2008.

Bittar M S，Rodney P F，et al. A multiple–depth–of–investigation electromagnetic wave resistivity sensor: theory，experiment，and field test results［R］. SPE22705，1991.

Bittar M S. Compensated multi–mode electromagnetic wave resistivity tool［P］. U.S. Patent No. 6538447，2003–3–25.

Clark B，Lüling M G.，et al. A dual depth resistivity measurement for FEWD［C］. SPWLA 29th Annual Logging Symposium，June 5–8，1988.

Bonner S D，Tabanou J R，et al. New 2–MHz multiarray borehole–compensated resistivity tool developed for MWD in slim holes［R］. SPE30547，1995.

Chou L，Li Q M，et al. Steering toward enhanced production［R］. Oilfield Review (Schlumberger)，Autumn，2005：54–63.

Coope Dan，Shen Liang C，Huang Frank S C. The theory of 2MHz resistivity tool and its application to measurement–while–drilling［J］. The Log Analyst，1984，25（3）：3040–3042.

Eva Murphy，Colm Slattery. All about direct digital synthesis. Analog Device Application Note.

电磁波电阻率测量系统设计

贾衡天　邓　乐　张程光

（中国石油集团钻井工程技术研究院）

摘　要：本文介绍了一种电磁波电阻率测量系统的电路设计。阐述该系统的基本构成，分析系统设计需要考虑的各种影响因素，根据这些因素详细阐明了解决方案。设计电磁波电阻率测量系统样机，通过发射和接收500kHz和2MHz的电磁波，对不同地层的电阻率进行测量。从而对地层能够进行径向上多深度测量，能够即时地、真实地获取电阻率数据，为钻井地质导向提供重要地质测量仪器。

关键词：电磁波　电阻率　电磁波电阻率测量系统　地质导向

随钻电磁波测井相对于传统的线缆测井优点众多，传统的线缆测井需要停止钻机很长时间，用于放置线缆测井设备等，这将会浪费大量的人力和物力，对油田和钻井队将是巨大损失。而且井眼环境会被钻井液侵蚀，因此将严重地干扰测量数据的准确性，随钻电磁波测井可以在钻井液侵蚀地层之前进行测量，保证测量数据的准确性。本电磁波电阻率测量系统由500～2000kHz电磁波发射和接收装置组成，因此其克服了随钻电流电阻率测量的缺点，可以在导电和不导电的钻井液中进行测量，扩展了测量的领域。

电磁波在不同的地层介质传播时，对其吸收和反射程度不同，本系统如图1所示。利用由电磁波发射系统发射电磁波，通过随钻电磁波接收系统接收电磁波，测量不同距离发射天线线圈电磁波的幅度比和相位差，来判断不同地层电阻率。系统包括：隔离电源系统、电磁波信号发射系统、电磁波信号接收处理系统、调谐天线线圈系统等。

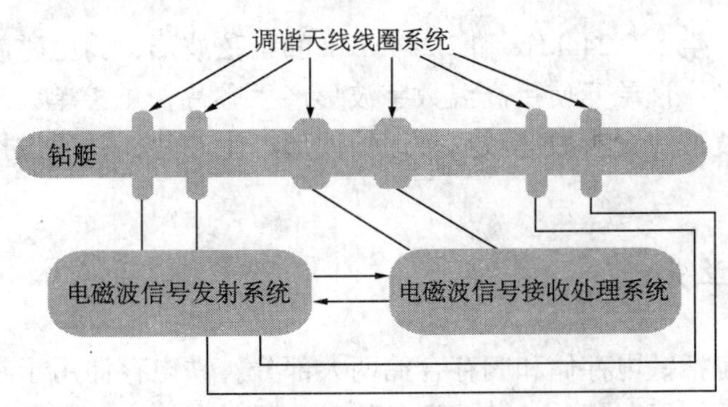

图1　电磁波电阻率测量系统

作者简介：贾衡天（1981—　），男，2001年毕业于华东船舶工业学院，获应用电子专业学士学位。2009年毕业于天津理工大学，获硕士学位。现于中国石油集团钻井工程技术研究院工作。

1 发射接收线圈系统

随钻电磁波电阻率测量系统中的电磁波是由天线线圈发射和接收的，天线线圈的材料、天线线圈间的距离和天线线圈安装时相对于钻艇表面的距离都对电磁波的发射和接收效果影响明显。其影响地层测量深度、测量信号的动态范围和精度。通过大量试验发现，发射接收线圈距离大虽然可以加大地层探测的深度，但由于距离太远接收到的信号衰减得太多，增大电磁波信号测量误差，使测量精度下降。综合以上因素，通过实验数据的比较，采用对称的四组发射线圈，中间为两组接收线圈的方式，近发射接收线圈距为50cm，远发射线圈距120cm，接收线圈距为20cm。

2 电磁波信号发射系统

根据相关技术文件的要求，电磁波信号发射系统如图2所示。选择的所有元器件需要正常工作在125℃条件下，其由主控单元、波形产生单元、电磁波发射驱动单元、数据存储单元和天线调谐单元构成。主控单元需要控制整个电路的工作流程，其接收MWD主控电路通过485总线下传的8位数据和地址命令，电磁波发射装置的主控单元接收到相应的命令后开始控制其对应的单元工作。

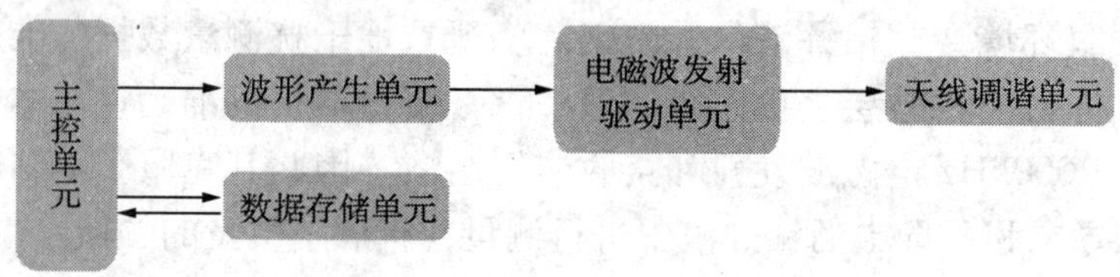

图2 电磁波信号发射系统

2.1 波形产生单元

波形产生单元产生500.244kHz和2.244MHz的正弦波形，为电磁波发射驱动单元提供精确频率的信号波形。该单元使用高温数字波形产生芯片，主控单元通过SPI总线将产生波形需要的命令和波形配置参数等数据传递给波形产生芯片，并通过控制该芯片的管脚来控制其工作时序。

2.2 数据存储单元

数据存储单元包括铁电存储和闪存存储两大部分。铁电存储用于在主控单元接收到掉电停止工作命令之前，保存相关的井深记录信息。同时存储当前数据记录的地址信息和主控单元的当前状态信息，保存的这些信息将会在系统重新上电的时候使系统恢复到掉电前的状态。闪存存储芯片用来记录所测量的数据，需要记录大量的数据信息，所以高温铁电芯片的容量不适合完成这样的工作，因此选择具有大容量、低功耗的优点闪存存储芯片。主控单元将从电磁波信号接收处理系统测量的参数保存到该闪存芯片中，用于以后分析。

2.3 电磁波发射驱动单元

电磁波发射驱动单元，用于产生测量所需要的电磁波功率信号。该信号是用来测量地层电阻率的重要媒介，由于测量仪器的体积和高温工作环境的要求，电磁波发射驱动电路不能采用一般功率放大电路所采用的甲类或甲乙类功率放大电路，由于这两种功率放大电路中的放大元器件始终工作在导通或线性放大状态，这导致整个电路的发热量大，导致工作点不稳，并且系统的工作效率低，在井下高温工作环境中散热也是一个几乎不能解决的难题。因此，采用了D类功率放大电路对信号进行功率放大。

窗口比较单元利用两个高温比较器构成窗口比较器，将输入的正弦波信号转换为带有一定死区时间的方波信号。由于产生功率信号的场效应管芯片属于电压驱动元件，其栅源极间有一定的电容量，将其充满才能达到芯片的开启工作电压，所以需要在场效应管芯片前加装驱动芯片，为场效应管芯片栅源级间电容提供一定的充电电流，保证场效应管芯片迅速开启，提高工作效率。场效应管和变压器初级相连接，由于变压器初级的电感线圈在场效应管关闭的瞬间会产生电压尖峰，所以需要选择耐压值在供电电压4～5倍的场效应管，以避免场效应管的损坏。在场效应管与电感线圈之间安装吸收电压尖峰的泄放电路，避免尖峰电压这样的高频成分影响后级电路。该D类功率放大电路的效率很高，发热量小，适合于井下高温环境工作。

2.4 天线调谐单元

天线调谐单元负责将从电磁波发射驱动单元发出的带死区的方波，调谐滤波成正弦电磁波，并从发射天线线圈发射出去。该调谐电路采用LC串联调谐电路，利用数字电桥通过调节电容和电感量的配比抵消容抗和感抗的作用，产生电压幅值最大的电磁波发射波形。由于整个系统采用四发双收线圈设计，天线调谐单元安装了继电器，选择不同的发射天线线圈进行电磁波的发射，其选择顺序由主控单元控制。

3 电磁波信号接收处理系统

电磁波信号接收处理系统用于接收从地层反射回来的电磁波信号，并对该信号进行处理和测量。该系统由接收天线线圈调谐放大单元、信号混频单元、信号滤波鉴相单元、信号电压采集单元和电磁波接收装置控制单元构成。其原理图如图3所示。

3.1 天线线圈调谐放大单元

天线线圈调谐放大单元负责接收从地层反射回来的电磁波信号，由于接收到信号比较微弱需要进行不同层次的放大处理，LC调谐系统对接收到的500.244kHz和2.244MHz信号进行调谐放大，经变压器系统耦合给放大电路。由于接收信号微弱，所以需要将信号进行无失真的放大，以还原出接收信号的真实情况。选用低噪声低失真运算放大芯片作为信号的前级放大。通过前级放大电路的信号还未达到信号处理的需求，所以需要对信号再进行一次放大，以达到信号处理的要求。

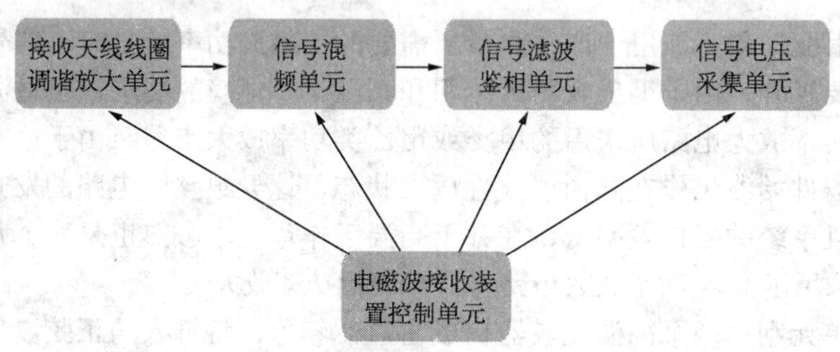

图3　电磁波信号接收处理系统

3.2　信号混频单元

信号混频单元用于将放大后高频电磁波信号与本振信号进行混频处理，将高频信号混频出低频信号，有利于后级电压幅值和相位差采集单元测量。信号混频单元由多通道高速模拟开关芯片构成，将500244Hz或2000244Hz信号和500000Hz或2000000Hz本振信号进行混频，产生的多种频率成分信号中包括244Hz信号，该信号为信号电压相位采集电路所测量的信号。500kHz与2MHz本振信号由CPLD器件产生。利用VHDL语言对CPLD器件编程将4MHz输入信号分频成500kHz和2MHz信号，用于进行混频处理。

3.3　信号滤波鉴相单元

信号滤波鉴相单元对信号混频单元输出的各种不同频率的信号进行滤波，得到所需要的244Hz低频信号，并通过鉴相电路产生相位差信号。由于从混频单元输出的混频信号中，包括频率和信号、频率差信号，应该通过滤波单元将244Hz频率差信号滤出。鉴相电路由过零比较电路构成，产生244Hz的方波，并使用电磁波信号接收处理系统的控制芯片边沿捕捉计数模块，对边沿的捕捉时刻进行计数，通过计算得到相位差。

3.4　信号电压采集单元

信号电压采集单元对滤波后的信号进行测量得到电压幅值信息。其由电磁波接收装置控制单元的主控单片机和精密整流电路构成，滤波后得到244Hz正弦波信号经过精密整流电路成为平稳的电压信号，由主控单片机控制的模数转换芯片进行电压幅值的采集和计算。

3.5　电磁波接收装置控制单元

电磁波接收装置控制单元用于控制电磁波接收的工作顺序，并且通过串行数据接口与电磁波发射单元的主控单片机进行命令和数据的通信，用于协调电磁波发射单元和电磁波接收单元工作流程，并将采集到的电磁波信号幅值和相位差数据发送给电磁波发射单元的主控单片机进行保存或转发。

4 结束语

电磁波电阻率测量系统实现了电磁波信号的发射，并且对反映地层电阻率的电磁波信号进行接收、采集、处理、记录和传输。采用高精度模数转换器实现电压幅值采集，采用边沿捕捉计数模块对相位差进行测量，测量精度满足系统要求。天线线圈系统采用对称的四发双收设计，使电阻率测量具有井眼补偿功能，并且在钻艇径向上可以获得多个深度的电阻率测量值，可以为地层评价和钻井地质导向提供重要的数据。

参 考 文 献

苏义脑 . 井下控制工程学研究进展［M］. 北京：石油工业出版社，2001.

盛利民，邓乐，窦修荣 . 实现近钻头测量的关键［C］. 井下控制工程技术学术研讨会，2001.

苏义脑，窦修荣 . 随钻测量、随钻测井与录井工具［J］. 石油钻采工艺，2005，27（1）：74−78.

黄忠富 . 随钻电阻率测井仪器的实现［D］. 华中科技大学学位论文，2002.

黄智伟 . 系统设计与实现［M］. 北京：电子工业出版社，2005.

郑钧 . 电磁场与波［M］. 上海：上海交通大学出版社，1984.

史晓峰 . 随钻电磁波测井的电阻率测量方法研究［D］. 北京航空航天大学博士论文，2001.

电磁随钻测量系统（EM-MWD）地面信号接收的研究

弓志谦　李　林　彭烈新　禹德洲

（中国石油集团钻井工程技术研究院）

摘　要：EM-MWD系统是目前气体钻井测量的一种先进技术。本文介绍了EM-MWD系统地面信号的获取、信号接收系统的构成、硬件电路的设计及地面系统在现场实验的结果，为EM-MWD系统的研究提供了广泛的基础数据。

关键词：电磁　随钻测量　信号接收　前置放大　自动增益控制　EM-MWD

近年，随钻测量及其相关技术发展迅速，应用领域不断扩大，随着测量参数的不断增多，大力发展无线随钻测量技术是当前石油工程技术发展的一个主要方向。作为无线随钻测量技术的一种——电磁随钻测量（EM-MWD）是20世纪80年代进入工业化应用的一项新技术，具有信号传输速率高、测量时间短、成本低等特点。EM-MWD系统基本不受钻井液介质影响，它不仅适用于常规钻井液中的随钻测量，还适合于在气体、泡沫等钻井中使用。从而解决了目前国内外普遍采用的钻井液脉冲MWD系统无法解决的技术难题。随着电磁技术和信号处理技术的不断完善，EM-MWD系统的测量深度及可靠性也得到很大提高。EM-MWD技术有着良好的市场需求和应用前景，必将对随钻测量技术的发展起到极大的推动作用。

对于电磁随钻测量技术的研究，国外机构自20世纪90年代以来，已经有多种产品在全球推广。相比较而言，国内机构对此项研究起步较晚，前期的工作主要还是以理论研究和功能性试验为主，已有一些研究机构纷纷推出了自己的试验性样品。本文着重阐述了EM-MWD系统研究中地面信号的接收问题。

1　地面信号接收系统的设计思路

1.1　EM-MWD 系统

电磁随钻测量系统如图1所示。其工作过程为：井下仪器串将传感器测得的数据加载

作者简介：弓志谦，中国石油集团钻井工程技术研究院工程师。

到载波信号上，数据随载波信号由井下发射器以电磁波的形式向四周扩散，井下发射器的两极，一路以钻柱为传输导体，另一路以地层为传输介质将井下信号传送至地面，通过地面测量仪器拾取该信号，将其通过放大、滤波等处理，最终解调为井下工作面的信息。

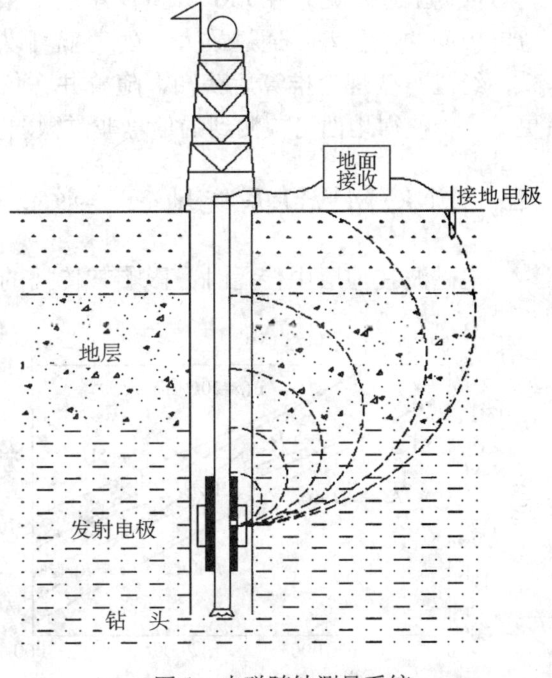

图1　电磁随钻测量系统

1.2　EM−MWD系统中信号提取的原理

电磁随钻测量系统钻柱激励方式如图2所示，信号电压 U_T 的两极分别接在钻柱和绝缘层外的金属环套上，从而使钻柱通过地层与金属环套形成了闭合的电流环路。

在地层电特性均匀的情况下，钻柱上激发的轴向电流所建立的电位场，是以井口为中心的同心圆，电位梯度（电场）沿射径取向，愈接近井口梯度愈大。因此，通常在井口附近布置接地电极，通过钻柱与接地电极之间的电位差来检测电位信息。

假设钻柱在井口为终端开路，得到井口钻柱电位上的电位：

$$U(h) \approx 2Z_0(h)I_1 \exp[-\int_{l_1}^{h} \gamma(z)\mathrm{d}z] \tag{1}$$

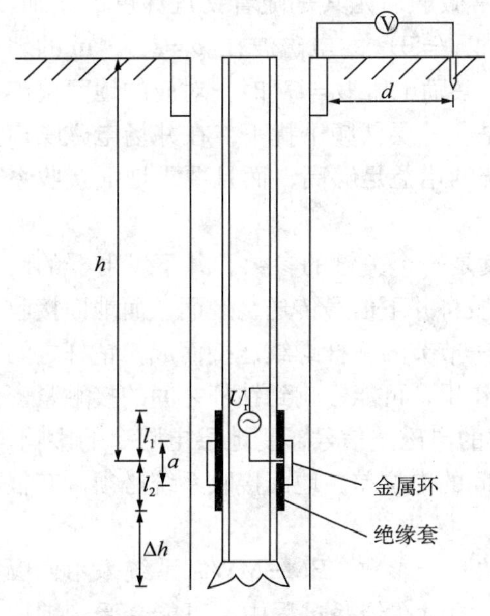

图2　钻柱激励方式

式中，$\gamma(z)$是传播系数；Z_0（h）是特性阻抗。

$$\gamma(z) \approx [(R_1 + jwL_1)G_1]^{1/2}$$

$$Z_0(h) \approx [(R_1 + jwL_1)/G_1]^{1/2}$$

式中，h 为发射极至地面的深度（图2）；a 为发射极金属环套的长度（图2）；I_1 为上部钻柱的输入电流；l_1 为钻柱绝缘端长度（图2）。

在距离井口 d 的位置，埋入接地电极，测量其与井口套管间的电位差。把文献［2］中所列等效传输线模型的相关公式带入式（1），当 $d \leqslant h$ 时，井口钻柱与接地电极之间的地面检测电压为：

$$U_{\mathrm{rec}}(h,d) \approx 2I_1 Z_0(h)\frac{\ln(a/b)}{\ln(\pi h/4b)}\exp[-\int_{l_1}^{h}\gamma(z)\mathrm{d}z] \tag{2}$$

式中，b 为钻柱的外半径；d 为接地电极与钻柱间的距离。

依据上述理论，在EM-MWD系统随钻过程中，用合适的地面接收系统检出钻柱与接地电极间的电位差，通过放大、处理就可以获得井下仪器发出的数据信息。查找相关的文献，经过一些理论推算后获知，随着井下仪器钻进深度的增加，电磁波在地层中的衰减会更厉害，使得地面可检测到的信号非常微弱。

1.3 EM-MWD系统地面接收信号的关键技术

电磁波在地层中传播时，影响其传播的主要因素有地层电阻率、电磁波发射频率、井下仪器发射功率等。地层电阻率越大越利于电磁波的传输，从而增加了电磁波在地层中的传输深度。由于高频信号在地层中衰减比较厉害，故采用20Hz以下的低频信号传输，以增大电磁波在地层中的传输深度。当然了，信号频率也不能太低，因为频率过低，会降低井下数据的传输速率。井下仪器的发射功率大，能提高电磁波信号在地层中的传输深度。由文献[3]可知，地面检测电压与激励源工作频率的关系，见图3。

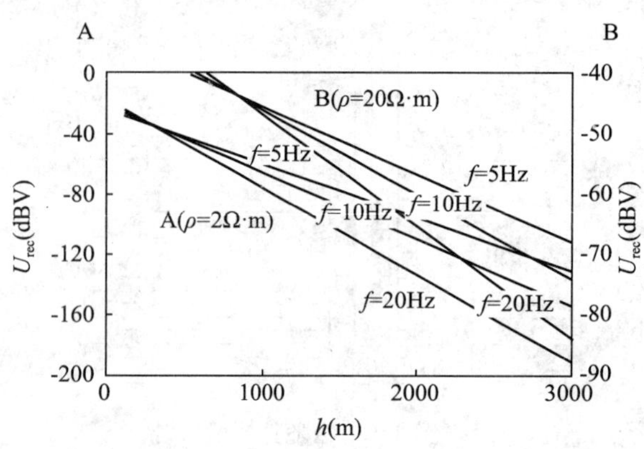

图3 地面检测电压与激励源工作频率的关系

由图3可知，信号频率越高，在地层中衰减得越厉害，在地面检测也就越困难；地层电阻率越高，越利于电磁波在其中传播，在地面检测也就越容易。

在距离井口适当的位置埋入接地电极，通过测量钻柱与接地电极之间的电位差，可以获知井下仪器发出的数据信息。这个电位差信号非常微弱，尤其是随着钻进深度的增加，这个信号近乎淹没在井场的各种噪声中。参照图3，以f=5Hz的电磁波在$\rho=2\Omega\cdot m$的地层中发射为例，可以估算出地下2000m深处，当井下激励电压U_0=1V时，对应的地面检测电压U_{rec}=0.178μV。这是一个极难检测的值，尤其是在地层低频干扰下，在井场电磁噪声环境中，检出这么小的信号，不仅要求地面接收系统的增益足够高，而且要求地面接收系统具有高灵敏度和高抗干扰性。

对整个地面接收系统来说，接收传感器的灵敏度是一个关键的参数。井下发射器的两极，一路以钻柱为传输导体，另一路以地层为传输介质将井下信号传送至地面，而地面接收系统的作用是在地面检测二者之间的电位差。钻柱由一节节的钻杆螺纹连接而成，钻杆之间存在接头电阻，随钻过程中，由于振动或钻杆受力等作用，可能影响到钻杆之间的接触紧密度，进而影响到整个钻柱的传输特性。在地层中扩散的电磁波信号，受地层电阻率的影响，其衰减程度变化较大。因此，要在地面检测到二者之间的电位差，地面接收系统必须具有很高的灵敏度。

同样地，抗干扰性也是地面接收系统需要关注的一个参数。EM-MWD系统采用低频电磁波传播，井下仪器受振动影响容易产生电噪声，同时在传播过程中，可能会受到地层低频噪声的干扰和井场电力系统漏电的干扰等，这些噪声的干扰势必增加地面检测信号的难度。因此，地面接收系统必须具备很强的抗干扰性，才能在地面的两极之间检出小信号，客观解析出井下仪器发出的数据信息。

2 地面信号接收系统的硬件电路设计

在前面的分析中已经指出，随着钻进深度的增大，EM-MWD系统传至地面的信号会变得极其微弱，并且，这个微弱的信号中可能混杂着诸多的噪声。如果在这种混杂着诸多噪声的信号中检出有用信号，那么地面接收系统必须具备高增益、高灵敏度和高抗干扰性等特性。

2.1 地面接收系统硬件电路的设计

地面接收系统由地面接收机、PC机和司钻显示器组成。地面接收机主要用来检出小信号，将其放大、滤波，变换成PC机处理的数字信号；PC机主要用来解调接收机放大后的数据，将其分类显示在各自界面，PC机内有数据解调和界面显示软件；司钻显示器主要用来显示井下数据信息，为井台操作人员提供参考。

地面接收机的硬件电路主要采用了多级放大，其原理框图见图4。

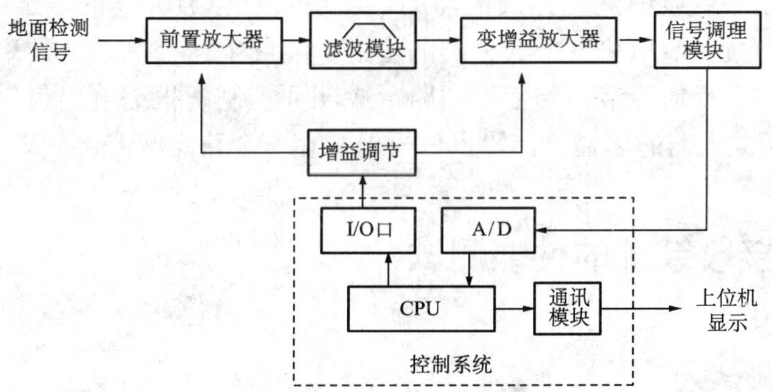

图4　硬件电路原理框图

地面接收机的硬件电路主要由前置放大器、变增益放大器、滤波模块、信号调理模块和控制系统组成。前置放大器和变增益放大器的主要用途是将提取到的小信号放大；滤波模块的任务是除去噪声频率，选择目的信号；信号调理模块主要用来调理信号，变换为待解调的可用信号；控制系统则为整个接收机运行的中枢，放大器增益的自动切换、信号滤波形式的选择，以及数字信号的通信都在控制系统的支配下完成。

2.2 地面接收系统硬件电路组成部分的功能

前置放大器的输入阻抗高，能提高信噪比，有利于提取地面电压信号。搭建前置放大器的芯片必须具备如下特点：内部的噪声小，不易受外来噪声影响；输入阻抗大，便于拾取小信号；有一定宽的增益频带；有必要的增益；具有良好的增益线性，失真小；输出阻抗要小。通过该前置放大器，可以有效地抑制干扰，将检测信号放大到易于处理。

变增益放大器由几个增益可程控调节的放大器级联而成，具有足够的放大倍数，是放大信号的重要部分。

信号的滤波是个非常重要的环节。电磁波信号自井下仪器发出，在地层中传播，直至地表，每一个环节都可能混入噪声。事实上，在地面电极间测到的电压信号，是淹没在噪声中的信号，传输过程中混入的噪声会使有用信号值漂动，影响其准确性，这时就需要采用滤波器滤除混入的噪声。只有干净滤除混入的噪声成分，仅保留信号频率成分，才可能精确地处理拾取到的井下电磁波信号。本硬件电路的滤波模块由带通、低通、高通滤波器随机构成，针对不同的信号，滤波器的组合可能不同，具体的执行过程由信号滤波后的效果决定。总之，滤波模块的主要功能就是在保证信号不失真的情况下最大限度滤掉其中的噪声，为后续的信号放大和信号解调奠定基础。

2.3 自动增益控制电路的实现

地面信号是由井下电磁波信号扩散至地面检测而得的，其大小会随着地层特征和钻进深度的变化而变化，并且其幅度的变化跨度可能会很大。为了可靠地接收该信号，接收机的增益必须随时自动切换，才能及时、有效地检测到信号。对此，本接收机设计了专门的自动增益控制电路（AGC）来控制放大器的增益。前置放大器和变增益放大器的增益都是程控可变的，控制系统随时在检测放大器的输出信号，当放大器的输出超出设定范围时，控制系统会通过增益调节电路变换放大器的增益。实际上，控制系统的采样电路已经成为信号放大通路的一个反馈环节，与信号通路形成闭环控制，根据输出信号幅值实时调整前置放大器和变增益放大器的增益，使输出信号保持在一个稳定状态。

3 地面信号接收系统的性能测试

3.1 实验室测试

为了测试接收机的信号放大能力，将衰减后的小信号作为源信号，接到接收机的输入端，源信号的理论计算值约500nV，通过接收机放大后，用示波器观察到的输入信号和输出信号波形见图5。

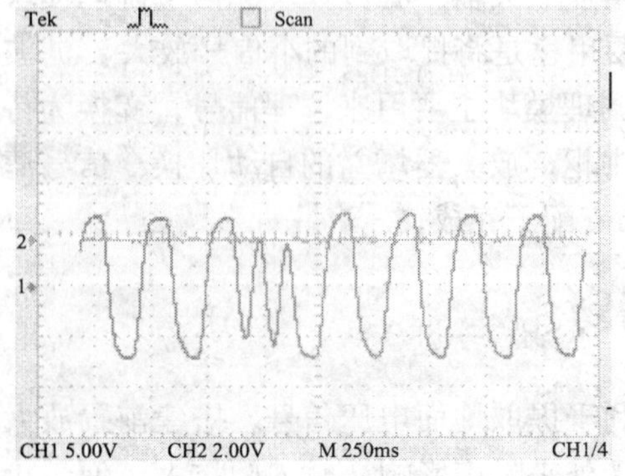

图5 实验信号波形

图5中，深色波形为接收机的源信号波形，浅色波形为接收机的输出波形。可以看出，500nV的小信号已经被接收机放大为15V，为检验输出信号是否为接受机的输入信号，分别从信号频率和增益计算进行了核对，结果表明：接收机输出的信号确系源信号的放大后波形，接收机对该小信号至少放大了10^7倍。也就是说，该地

面接收机有足够高的增益，能够处理500nV级的小信号。

为了测试接收机的灵敏度和抗干扰性，参照井场EM–MWD系统的工作过程，在地下埋入一支10m长的金属杆和一个金属小短节，分别模拟钻柱和与之绝缘的发射短节。将发射仪器的两极分别接在金属杆和金属短节上，与地层形成一个闭合环路，然后，在金属杆的另一端周围地层嵌入一个10cm左右的接地电极，用接收机来检测金属杆与接地电极之间的电压信号。图6为模拟地层波收发实验所检测到的地面波形。

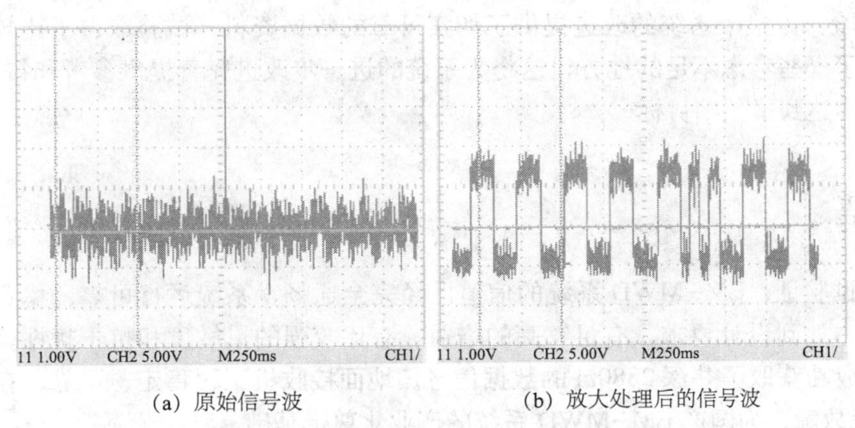

(a) 原始信号波　　(b) 放大处理后的信号波

图6　模拟地层衰减后检测到的电磁波

图6（a）为检测到的原始信号波，所能看到的几乎是一个杂乱无章的噪声组合，没有一点源信号的轮廓。图6（b）则是经过接收机放大处理后的信号波，经验证，该信号波是经过地面接收机放大的源信号。能将地层中检测到的噪声波放大为这么有规则的信号波，说明地面接收机具有比较高的灵敏度和抗干扰性，可以用于EM–MWD系统的地面信号接收。

3.2　现场测试

地面接收机在实验室通过全面测试后，进行了多次现场测试，希望在不同的地质环境中能较为全面地测试主机性能，为全系统的改进积累资料。只有不断地在实践中改进和完善，才能使整个系统更可靠、稳定地运行，也才能更高效地发挥其功能。

2009年6月5日，EM–MWD–1样机在川庆钻探公司的“同福**井”进行了现场测试。该井设计井深1348m，钻井液电阻率ρ=0.5Ω·m，EM–MWD系统试验时，该井已下套管400多米，井下仪器在三开后划眼入井，至井底后随钻。井下仪器主要以电池模式供电。井下仪器在出套管后到井底的过程中，地面接收机全程记录了整个井下工作面信息，数据解调完全正确。

2009年6月26日，EM–MWD–1样机再次在川庆钻探公司的“秋**井”进行了现场测试。该井所在地层的地层电阻率为2.8~120Ω·m，使用的钻井液电阻率ρ<1Ω·m，EM–MWD系统在三开后下井，井下仪器用电池供电。井下仪器未出套管时，地面收到的信号断断续续，解调信息时对时错。井下仪器一出套管，地面信号立刻出现阶跃式增强，然后，其强度随着深度的增加而逐渐减弱。自井下仪器出套管后，直到井深2300m，地面

接收系统解码的井下工作面信息都完全正确，超过2300m，解码信息错误增多。

2010年5月24日，经过改进的新样机再次到川庆钻探公司的“龙**井”进行了现场测试。实验时，该井已下套管2870m，钻井设计从2871m起到完井深度采用气体钻井施工。EM-MWD系统进行随钻测量，井下仪器采用电池供电。自井下仪器出套管后，地面接收机陆续收到井下系统发出的信号，一直随钻到2880m，解调各项工作面参数准确无误。2880m加单根钻杆后，地面信号逐渐消失，地面接收机没有正确解调出数据。

现场试验，为整个系统的改进提供了切实可靠的数据资料。试验取得了比较满意的结果，也发现了一些考虑不足的地方，这将为系统的进一步改进完善提供参考和帮助。总之，现场实验基本达到了预期目标。

4 结束语

通过测试验证，EM-MWD系统的信道已经完全通畅，系统运行可靠、稳定。地面接收系统已基本达到设计要求，有足够高的增益、有比较强的灵敏度和抗干扰性。在气体钻井过程中，成功获取了井深2880m的数据信息。地面接收机工程稳定、可靠，在井场单次运行102h无故障，为国产EM-MWD系统的产业化奠定基础。

参 考 文 献

刘修善，侯绪田，涂玉林，等．电磁随钻测量技术现状及发展趋势［J］．石油钻探技术，2006，34（5）：4-9.

熊皓．电磁波传播与空间环境［M］．北京：电子工业出版社，2004.

熊皓，胡斌杰．随钻测量电磁传输信道研究［J］．地球物理学报，1997，40（3）：431-441.

李林．电磁随钻测量技术现状及关键技术分析［J］．石油机械，2004，32（5）：53-55.

远坂俊昭．测量电子电路设计［M］．北京：科学出版社，2006.

气体钻井井下发电机涡轮驱动器的设计与实验

王　磊　李　林　张连成　曹　冲

（中国石油集团钻井工程技术研究院）

摘　要：在气体钻井中由于为井下仪器供电的电池容量有限，本文提出了一种可驱动井下发电机运转的气体涡轮驱动器，利用气体钻井的高压、高速气流冲击涡轮高速旋转，以驱动发电机转子轴输出大功率电力为井下仪器供电。在涡轮二维设计理论基础上通过改进算法，建立了气体涡轮驱动器的三维模型，经过模拟实验修正设计得出最佳涡轮结构。

关键词：气体钻井　井下发电机　驱动涡轮　随钻测量

气体钻井技术因具有钻速快、对储层伤害小等优点而得到推广应用。但其随钻测量仪器一直是用电池作为供电电源，由于电池的容量和输出功率有限，这就限制了随钻测量仪器在井下的工作时间。本文以井下发电机为被驱动件，设计一种气体涡轮驱动器，利用气体钻井的井下气流冲击涡轮高速运转驱动井下发电机输出大功率电力，以满足随钻测量仪器的用电需求。

由于井筒的空间狭小，因此设计出高效、稳定的涡轮驱动器对于随钻仪器有着重要的意义，文中分析了 4.75in 钻铤的气体钻井井下工作环境及驱动发电机转子轴所需扭矩后，在井下气体流量范围内设计气体涡轮驱动器的输出转速，以控制井下发电机的安全输出。并通过实验中验证此发电机的实际带载能力得出适于井下发电机的最佳结构。

1　气体涡轮驱动器的设计

用于气体钻井的发电机驱动涡轮为轴流式涡轮，气体沿轴向经导向定子加速流出，并进入下部的涡轮驱动器，一方面随其旋转做圆周运动，另一方面沿其叶片方向流出，因此涡轮驱动器的输出主要取决于叶片的设计。

1.1　涡轮驱动器的设计分析

涡轮驱动器的最大输出力矩为：

作者简介：王磊，中国石油集团钻井工程技术研究院工程师。

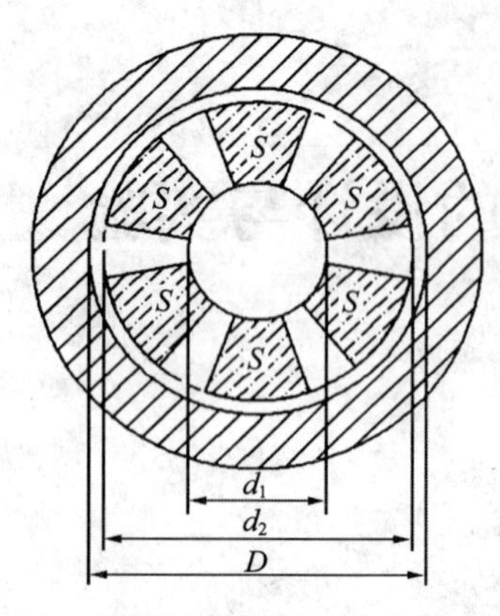

图1　钻铤及涡轮转子叶片截面图

$$M_{i\max} = k\rho R\frac{Q_i^2}{A}(\cot\alpha_1 + \cot\beta_2) \tag{1}$$

式中，k 为涡轮驱动器的工作效率，$k = \dfrac{d_2^2 - d_1^2}{D^2 - d_1^2}$；$D$ 为钻铤内径；d_2 和 d_1 分别为叶片外径和内径，如图1所示；

ρ 为流体密度；R 为计算半径，$R = \dfrac{1}{4}(d_1 + d_2)$；

Q_i 为做有用功的流体量，$Q_i = Q\dfrac{nS}{\dfrac{\pi}{4}(D^2 - d_1^2)}$；$Q$ 为泵排量；n 为叶片数量；S 为叶片轴向所占面积；A 为过流面积，$A = \dfrac{\pi}{4}(d_2^2 - d_1^2)$；$\alpha_1$ 为导向定子出口角度；β_2 为涡轮驱动器出口角度。

由于涡轮驱动器设计的原理具有通用性，本文所设计涡轮针对使用于4.75in钻铤发电机。对应4.75in钻铤的气体钻井，井口气体排量50 ~ 90m³/min（标准状况下），井口气体压力为1.6 ~ 2.0MPa，此时井下3000m涡轮发电机处气体压力为1.8 ~ 2.3MPa，涡轮处气体流速为17 ~ 29m/s。

二维涡轮驱动器设计经典理论要求沿涡轮叶片径向方向的连续点分别作速度三角形，得到不同的叶片入口角与出口角，这种设计方法可以使流体充分对叶片做功，但算法过于繁琐，且叶片加工复杂，限制其在石油勘探领域的广泛应用。因此本文在叶片平均直径[图1，（d_1+d_2）/2)] 处作速度三角形，得到相应的叶片入口角与出口角，并使两个角度在叶片径向方向始终不变，确定设计思路后，根据发电机的输入要求设计涡轮叶片倾角。

根据公式（1），满足发电机工作正常转速（1000 ~ 2000r/min）前提下，由于气体密度过低，计算涡轮驱动器输出扭矩最大为（1.1N · m），无法达到驱动发电机转子轴的最小扭矩（3N · m）。为了驱动发电机转子轴的正常工作，需要提高涡轮的输出功率，因此设计高转速驱动涡轮（5000 ~ 10000r/min），此涡轮输出轴通过1 ：5行星轮减速机构减速后（图2），实现了降低转速并提高扭矩的设计目的，最终驱动发电机转子轴的正常工作。根据上述要求，本文涡轮驱动器叶片设计值为：入口角 =74.9°，出口角 =30.9°。

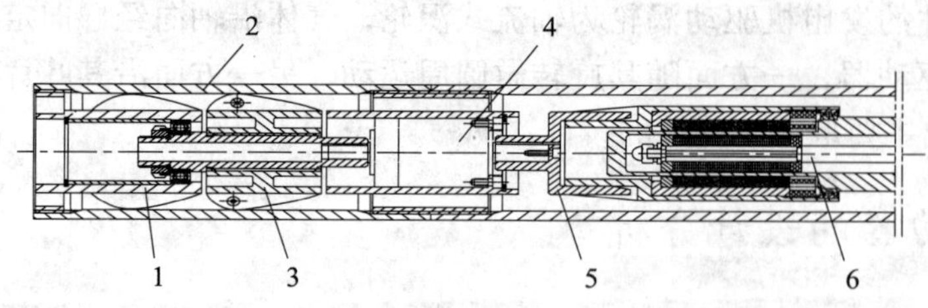

图2　大功率驱动涡轮组件

1—导向定子；2—涡轮驱动器护罩；3—涡轮驱动器；4—减速机；5—传动拨叉；6—发电机转子轴

根据涡轮的理论特性曲线，当涡轮驱动器尺寸和流体性质一定以及效率 η_p 保持不变的情况下，涡轮驱动器理论扭矩M、输出功率P_p、压力降Δp、效率η_p、转速n、与流量Q_i的关系：

$$n' = n\frac{Q_i'}{Q_i} \tag{2}$$

$$\Delta p' = \Delta p(\frac{Q_i'}{Q_i})^2 \tag{3}$$

$$M' = M(\frac{Q_i'}{Q_i})^2 \tag{4}$$

$$P_p' = P_p(\frac{Q_i'}{Q_i})^3 \tag{5}$$

由式（2）～式（5）可以看出，流量的增大使涡轮驱动器的输出扭矩M和功率P_p相应增加，但同样带来了压降Δp的变化，Δp的过大会影响井下工具的正常工作，因此驱动涡轮设计要在满足输出功率的前提下降低压降。

1.2 涡轮驱动器的实体建模

涡轮驱动器为轴流式，其叶片的截面形状沿径向不变。其内缘和外缘都是圆柱面，为了真实、准确地生成三维涡轮驱动器叶片，首先用实体造型软件创建涡轮实体模型。用叶片内缘半径生成实心圆柱体，以外缘半径为外圆柱面的半径，并在此圆柱面上运用布尔运算绘制叶片截面形状，绘制完毕后向实心圆柱体上投影，生成单个叶片形状，后运用镜像工具生成多组叶片。通过上述工作，得到真实、准确的涡轮驱动器实体模型（图3）。

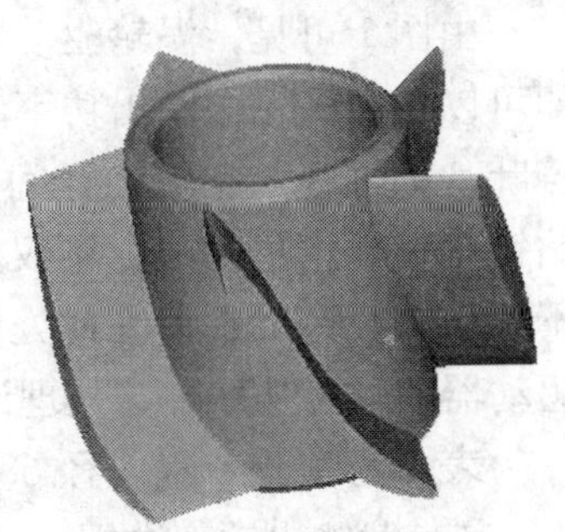

图3　气体涡轮驱动器建模

2 实验研究方法

用于分析的实验装置需要模仿气体钻井现场实际情况，因此需要高速、高压气源，本实验选择标准状况下排量为23～28m^3/min，工作压力为2.2～2.6MPa的某型号空气压缩机三台。

2.1 实验装置的设计

实验装置原理图见图4，入口高压气流由三台空气压缩机提供，气体流经涡轮驱动器的压力降由放置发电机处的压力表1和压力表2得到；监测流量计和压力表3的数值乘积是否满足克拉伯龙方程以验证实验条件的稳定性；调节压力控制阀，并变换大功率负载，以采集实验数据点，这里数据点通过交流电压表的电压指示读取。

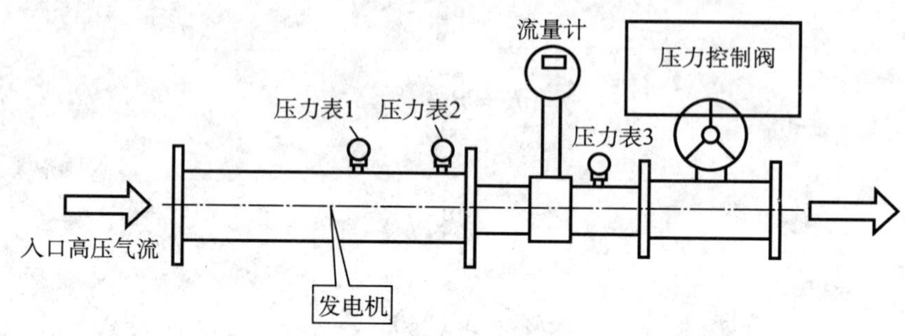

图4　气体涡轮驱动器实验装置

2.2　影响涡轮驱动器输出因素的实验分析

将装有涡轮驱动器的发电机置于图4所示位置固定后，实验装置入口处接通空气压缩机。

（1）调节压力控制阀，流量计流量180m³/h时，停止调节，此时压力表压力值为2.0MPa，开始测试。

①变换涡轮驱动器的外径尺寸

由图1可见，涡轮驱动器的叶片外径与钻铤内径尺寸接近有利于更多的流体对其做功，即可以提高涡轮的输出功率。但是，由于受叶片加工、系统装配精度以及井下振动的影响，若叶片的外径与钻铤内径间隙（$D - d_2$）过小，涡轮驱动器在高速旋转时不可避免地刮磨钻铤内壁，产生划痕，不仅影响了输出扭矩，而且划痕在井下高速气流的长时间冲刷下会不断扩大，造成钻铤在此处疲劳断裂，酿成井下事故；如果放大此间隙值，又会影响涡轮驱动器的输出功率，这是理论无法计算的，因此通过实验来优化合适的取值。

表1为实验装置内径68mm、发电机负载为10Ω的情况下，改变涡轮驱动器叶片外径d_2，其带载输出功率数据。

表1　涡轮驱动器叶片不同外径尺寸时输出功率

涡轮驱动器外径（mm）	理论输出功率（W）	实际输出功率（W）	效率	备注
68	246	—	—	
67	225	142	0.63	涡轮与内壁刮磨严重、震动强烈
66.5	215	161	0.75	涡轮与内壁偶尔刮磨
66	205	176	0.86	运转良好，未见刮痕
65.5	196	165	0.86	运转良好，功率损失
65	187	161	0.87	运转良好，功率损失较大

由表1可以看出，当叶片外径与钻铤内壁的比值为0.97 ~ 0.98时比较合适，保证了在井下钻铤安全的前提下又不会浪费过多转子输出功率。

②改变叶片数量

如图1所示，从轴向看，每个涡轮驱动器叶片所占面积S确定后，轴向流体对定型的叶片做功也确定，若要提高输出功率，应增加叶片数量。根据流体动力学理论，流体在两个面积相同的分支管道内流量相同的条件是管道表面粗糙度（摩擦压力损失）一致，因为流体经过叶片与空隙的摩擦压力损失不同，所以仅用叶片轴向面积与钻铤内壁面积的比值来确定对涡轮驱动器做功的流体量是不合理的，而如何确定做功的流体量没有明确的模型算法，实验仅改变叶片数量以测定其输出功（图5），可以看出，在气体流量稳定的情况下，叶片增加可以提高涡轮的输出功率，但与叶片的数量不成线性关系，且输出功率提高并不明显。

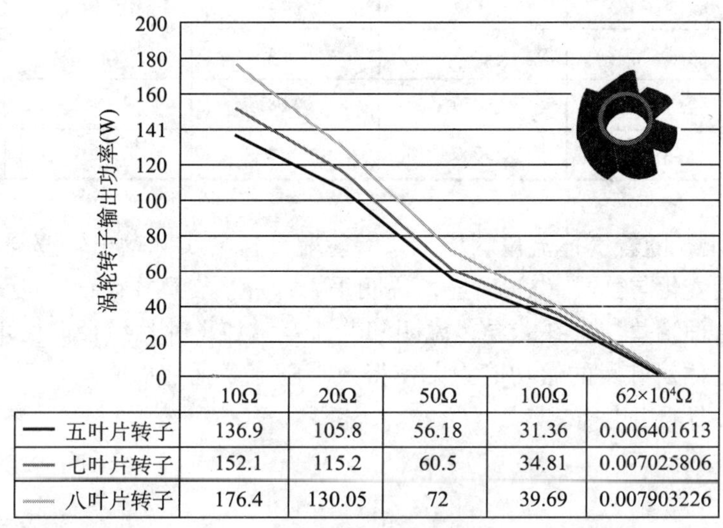

	10Ω	20Ω	50Ω	100Ω	62×10⁴Ω
五叶片转子	136.9	105.8	56.18	31.36	0.006401613
七叶片转子	152.1	115.2	60.5	34.81	0.007025806
八叶片转子	176.4	130.05	72	39.69	0.007903226

图5　涡轮驱动器功率输出

（2）保证压力表3的数值在1.5～2.5MPa范围内，调节压力控制阀，在140～200m³/h每隔20m³/h截取一个测试点。

当流经涡轮驱动器的气体流量发生改变时，气体压力也随之变化，结合公式（3）～公式（5）可知，流量与压力虽然成反比关系，但是流量的改变是影响涡轮驱动器输出功率的决定因素。所以设计之初要详细分析发电机工作时的气体流量，保证发电机在井下的正常运转。涡轮驱动器在不同气体排量下的实际输出参数值见表2。

表2　负载为10Ω涡轮驱动器工作参数

高压气体流量（m³/h）	涡轮驱动器叶片数（叶）	实际转速（r/min）	理论输出扭矩（N·m）	实际功率（W）	压差（MPa）
140	5	4875	0.87	68	0.010
	7	5062	1.04	78	0.013
	8	5625	11.19	90	0.022

续表

高压气体流量 (m^3/h)	涡轮驱动器叶片数 (叶)	实际转速 (r/min)	理论输出扭矩 (N · m)	实际功率 (W)	压差 (MPa)
160	5	6000	1.12	102	0.014
	7	6375	1.33	116	0.020
	8	6750	1.53	130	0.033
180	5	6938	1.41	137	0.018
	7	7312	1.69	152	0.030
	8	7875	1.93	176	0.041
200	5	7875	1.74	176	0.025
	7	8250	2.08	194	0.042
	8	9000	2.38	230	0.063

由表（2）得出，随着气体流量的增加，涡轮驱动器的实际输出转速与公式（2）理论基本吻合；压降的变化与公式（3）对应，说明采用叶片平均直径设计驱动涡轮方法的可行性，而输出功率与理论算法存在差异，说明随着流量增加，叶片沿径向使用相同的入口角与出口角影响了流体对叶片的做功能力，使得效率随流量增加而降低，但 200W 的输出功率足以满足井下仪器的用电需求。

3　结论

（1）采用平均直径法设计叶片的气体涡轮驱动器所提供的扭矩可以驱动现有的随钻测量井下发电机，由实验数据可看出，在满足气体钻井现场排量范围的前提下，针对 4.75in 仪器钻铤的气体涡轮发电机输出功率在 68 ~ 230W，可供随钻仪器长期使用。

（2）涡轮驱动器叶片外径与钻铤内径比值在 0.97 ~ 0.98，以防止井下振动时涡轮旋转刮伤钻铤内壁，本文涡轮采用数控铣床整体加工，保证了几何尺寸精度及叶片的均布，如涡轮用其他方式加工，或装配误差较大，则根据实际测试适当缩小比值。

（3）叶片的增加可以提高涡轮驱动器的输出功率，但这样也会提高流体的轴向平均速度，进而增大流体压降Δp，影响井下钻头的正常钻进与气体的携屑能力，所以，在满足功率的前提下尽量减少叶片数量，如若进一步提高功率，可采用改变叶片倾角的办法。

参 考 文 献

朱红钧，林元华，等．气体钻井偏心环空气固两相流模拟研究［J］．石油钻采工艺，2010，32（1）：22．

李林，张连成，魏志刚，等．随钻测量中井下大功率发电技术的研究与实验［J］．石油钻探技术，2008，36（5）：24−27．

万邦烈，李继志，等．石油工程流体机械［M］．北京：石油工业出版社，1999：213-222．

Lyons William C，Guo Boyun，Seidel Frank A. Air and gas drilling manual［M］.2006：10-13．

沈跃，苏义脑，李林，李根生．井下随钻测量涡轮发电机的设计与工作特性分析［J］．石油学报，2008，29（6）：907-912．

张慢来，冯进，龙东平，等．多级涡轮内流场的CFD模拟［J］．石油矿场机械，2005，34（3）：17-19．

Lyons.William C. Standard handbook of petroleum & natural gas engineering［M］.2003：120-127．

非恒定摩阻对连续脉冲信号频率响应的影响分析

纪国栋[1]　王　翔[2]

(1. 中国石油集团钻井工程技术研究院；2. 中国石油大学（华东))

摘　要：钻井液连续脉冲信号沿钻柱传输的能量损失大部分来自于钻井液内部以及与管壁之间的摩擦。本文引入复频率概念，应用拉普拉斯变换，对压力波在井筒内的传输过程进行了频域分析，建立了连续脉冲信号传输的频域方程，对脉冲压力的频率响应函数进行无量纲化，得到了无量纲脉冲压力函数，编写了计算程序，根据计算结果分析总结了连续脉冲信号频率响应规律。

关键词：连续脉冲　复频率　频域分析　压力波　频率响应

地面与井下的信息传输是井眼轨迹监测与控制的重要环节，目前，大多数MWD系统都采用钻井液脉冲的传输方式。钻井液脉冲信号传输过程中，传输介质钻井液的流动属于非恒定管道流动，各运动要素与时间有关，因此其摩擦阻力的处理比恒定流复杂。由于对非恒定管流摩阻损失的机理和计算方法的研究还很不充分，所以在以往的很多非恒定流问题中，用恒定流摩阻项来代替非恒定流摩阻项的做法会产生较大误差。Zielke等人认为，非恒定层流摩阻由恒定摩阻项与非恒定摩阻项组成。对于恒定项，已经有了明确的计算方法，故而对非恒定层流摩阻损失问题的研究，重点放在非恒定项，从而使问题得到了很大程度的简化。

中国石油大学王翔等人从管流的瞬态摩擦损失推导入手，对非恒定层流摩阻的非恒定项进行了深入研究，给出了适合计算钻井液连续脉冲传输频率相关摩阻的模型。连续脉冲信号传输过程中，脉冲压力随频率变化而发生增大或衰减、相位随频率发生变化，这种脉冲压力和相位与频率相关联的变化关系称为连续脉冲信号的频率响应。本文在钻井液连续脉冲频率相关摩阻模型的基础上，应用拉普拉斯变换，建立了连续脉冲信号频率响应函数，并对其进行无量纲化，编写了计算程序，根据计算结果分析总结了非恒定摩阻对连续脉冲信号频率响应的影响规律。

1　连续脉冲信号频率响应函数

水力通信通道是指由井口经过输送钻井液的钻杆柱至井底的整个管路。通信的手段是

作者简介：纪国栋（1986—　），男，山东单县人，在职硕士研究生，主要从事高压水射流、高效破岩方面的研究，Email：dong7654321@126.com

水力波导管，它断续或连续地传送压力脉动信号。以节流阀作为压力脉冲发生器的理想模型，它在时间 τ 内堵截了水流断面（以阀门开度变小过程为例）。随着通道中水流阻力的增大，液流的初始速度 v_0 下降至 v，在钻井液中形成正脉冲，脉冲的长度 τ 等于阀门关闭的时间。

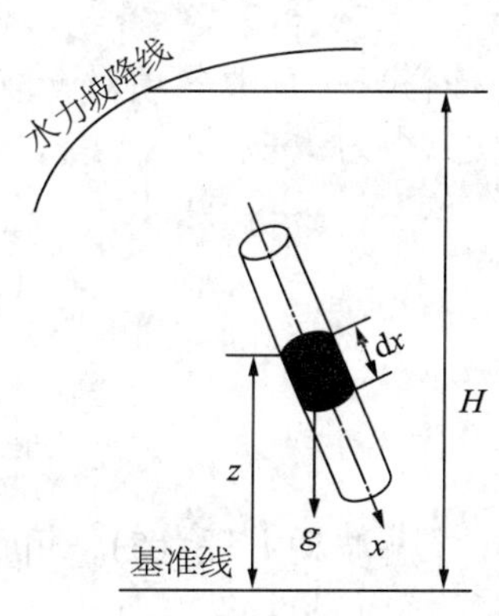

图1 脉冲信号传输过程中钻井液微元分析

对钻井液微元进行受力分析（图1），以瞬变流理论分析管路中水动力学的时变过程，可以得到钻井液的运动近似方程：

$$\begin{cases}-\dfrac{\partial p}{\partial x}=\rho(\dfrac{\partial v}{\partial t}+2\varsigma v)\\ -\dfrac{\partial p}{\partial t}=K\dfrac{\partial v}{\partial x}\end{cases}\tag{1}$$

式中，v 为钻井液平均流速，m/s；p 为钻井液流体断面 A 上的平均压力，Pa；ρ 为钻井液流体相对密度；ς 为管路单位长度水力损失系数；K 为钻井液液体体积弹性模量，Pa。

具有恒定管径和轴向层流流动的流体传输管道，可用电传输线理论来描述，分别用 R、L、C 和 G 代表每单位长度流体介质的流阻、流感、流容和流导。

令 $p(x,t)$ 和 $Q(x,t)$ 分别为管上任一点的瞬时流体压力和体积流量，并且有等价参数 L_a，R_a，C_a，G_a：

$$L_a=\frac{\rho}{A}；\quad R_a=2\varsigma\frac{\rho}{A}；$$

$$C_a=\frac{A}{\rho\cdot C^2}；\quad G_a=0\tag{2}$$

根据基尔霍夫定则，可以得到线性化的水力波导管方程组：

$$\begin{cases}-\dfrac{\partial p(x,t)}{\partial x}=L_a\cdot\dfrac{\partial Q(x,t)}{\partial t}+R_a\cdot Q(x,t)\\ -\dfrac{\partial Q(x,t)}{\partial x}=C_a\cdot\dfrac{\partial p(x,t)}{\partial t}\end{cases}\tag{3}$$

由于钻探泵位于管路的接收端，这里空气室和分流管吸收削弱了压力的直射波，因此，假设在水力通信管路中不存在压力反射波。

引入复频率 $s=\mathrm{i}\omega$ 来描述管流非恒定流动过程的重复频率，给出其振荡幅度的增长速率或衰减速率。对式（3）进行拉普拉斯变换，初始值为零，有

$$\begin{cases}-\dfrac{\partial p(x,s)}{\partial x}=(R_a+L_a s)Q(x,s)=Z(s)Q(x,s)\\ -\dfrac{\partial Q(x,s)}{\partial x}=C_a sp(x,s)=Y(s)p(x,s)\end{cases}\tag{4}$$

式中，$Z(s)=(R_a+L_a s)$ 为串联阻抗；$Y(s)=C_a s$ 为并联导纳。

对式（4）中各项对 x 取偏导，设传播常数 $\gamma(s)=\sqrt{Z(s)Y(s)}$ ，可以得到脉冲压力波波动方程为：

$$\begin{cases}\dfrac{\partial^2 p(x,s)}{\partial x^2}=[\gamma(s)]^2 p(x,s)\\ \dfrac{\partial^2 Q(x,s)}{\partial x^2}=[\gamma(s)]^2 Q(x,s)\end{cases} \tag{5}$$

求解波动方程（5），可得到：

$$\begin{cases}p(x,s)=C_1\mathrm{e}^{-\gamma(s)x}+C_2\mathrm{e}^{\gamma(s)x}\\ Q(x,s)=[C_1\mathrm{e}^{-\gamma(s)x}-C_2\mathrm{e}^{\gamma(s)x}]\cdot[Z_\mathrm{c}(s)]^{-1}\end{cases} \tag{6}$$

式中，$Z_\mathrm{c}(s)=\sqrt{Z(s)/Y(s)}$ 为特征阻抗。

引入系统边界条件：在信号输入端 x=0，$p(x,\ s)=p_1(s)$，$Q(x,\ s)=Q_1(s)$；在信号接收端即管道终端 $x=l$，$p(x,\ s)=p_2(s)$，$Q(x,\ s)=Q_2(s)$，求出积分常数，进而得出管线上任意点钻井液流体的压力与体积流量：

$$p(x,s)=p_1(s)\mathrm{ch}\gamma(s)x-Z_\mathrm{c}(s)Q_1(s)\mathrm{sh}\gamma(s)x \tag{7}$$

$$Q(x,s)=Q_1(s)\mathrm{ch}\gamma(s)x-\frac{1}{Z_\mathrm{c}(s)}P_1(s)\mathrm{sh}\gamma(s)x \tag{8}$$

将瞬变流系统特征阻抗与压力波传播常数代入式（7），可以得到压力波传输频域方程，即压力脉冲信号频率响应函数为：

$$\begin{aligned}p(x,s)=p_1(s)\mathrm{ch}\sqrt{\rho_0 s^2\left\{1-\frac{\varepsilon-1}{\varepsilon}[\frac{2}{\Omega_1(if)}-1]\right\}\Big/p_0[1-\frac{2}{\Omega_1(im)}]}\,x-\\ \sqrt{\frac{\rho_0 p_0}{A^2}[1-\frac{2}{\Omega_1(im)}]^{-1}\left\{1-\frac{\varepsilon-1}{\varepsilon}[\frac{2}{\Omega_1(if)}-1]\right\}^{-1}}\,Q_1(s)\mathrm{sh}\\ \sqrt{\rho_0 s^2\left\{1-\frac{\varepsilon-1}{\varepsilon}[\frac{2}{\Omega_1(if)}-1]\right\}\Big/p_0[1-\frac{2}{\Omega_1(im)}]}\,x\end{aligned} \tag{9}$$

式中，ε 为钻井液流体比热比；σ 为普朗特数，一般取5.42；$f=R\sqrt{\dfrac{\sigma_0 s}{\nu}}$；$\Omega_1(if)=if\dfrac{J_0(if)}{J_1(if)}$ 为第一类Bessel函数的递推商函数；$p_1(s)=L[P_1(t)]$；$Q_1(s)=L[Q_1(t)]=L[A(t)\ v]$；$p_1(t)=-p\mathrm{e}^{\mathrm{i}\omega t}$为压力波变化函数；$A(t)=A'(t)\ \mathrm{e}^{\mathrm{i}\omega t}$为阀门面积变化函数。

2 连续脉冲信号频率响应函数的处理

不考虑非恒定摩阻的影响，根据钻柱管道基本动态方程推导出的连续脉冲信号传输过程中脉冲压力的频率响应函数如式（9）所示，对该函数进行如下处理。

令 $\sqrt{\rho_0 s^2\left\{1-\dfrac{\varepsilon-1}{\varepsilon}[\dfrac{2}{\Omega_1(if)}-1]\right\}\Big/ p_0[1-\dfrac{2}{\Omega_1(im)}]}=x+yi$，$z=l\ (x+yi)$，则频率响应函数可变形为：

$$p(l,s)=(pi)\times\frac{1}{2}\left[(\mathrm{e}^{lx}+\mathrm{e}^{-lx})\cos ly+i(\mathrm{e}^{lx}-\mathrm{e}^{-lx})\sin ly\right]-$$

$$(u+vi)\times\frac{1}{2}\left[(\mathrm{e}^{lx}-\mathrm{e}^{-lx})\cos ly+i(\mathrm{e}^{lx}+\mathrm{e}^{-lx})\sin ly\right]\times Q \tag{10}$$

式中，l 为脉冲信号的传输距离，m。

令 $\Omega_1(if)=c+di$，$\Omega_1(ifm)=g+hi$，$\varepsilon'=\dfrac{\varepsilon-1}{\varepsilon}$，则

$$x+yi=s\sqrt{\frac{\rho_0}{p_0}}\sqrt{\frac{1}{(cg-2c-hd)^2+(dg-2d+ch)^2}}\sqrt{A+Bi}$$

式中：

$$A=[g(c+\varepsilon'c-2\varepsilon')-h(d+\varepsilon'd)]\times(cg-2c-hd)-[g(d+\varepsilon'd)+h(c+\varepsilon'c-2\varepsilon')]\times(dg-2d+ch)$$

$$B=(cg-2c-hd)\times[g(d+\varepsilon'd)+h(c+\varepsilon'c-2\varepsilon')]-(dg-2d+ch)\times[g(c+\varepsilon'c-2\varepsilon')-h(d+\varepsilon'd)]$$

取 $R=\sqrt{\dfrac{\rho_0}{p_0}}\sqrt{\dfrac{1}{(cg-2c-hd)^2+(dg-2d+ch)^2}}[(A^2+B^2)^{\frac{1}{4}}]$，则

$$x+yi=[i\omega(\cos\frac{1}{2}\beta+i\sin\frac{1}{2}\beta)]R=R[-\omega\sin\frac{1}{2}\beta+i\omega\cos\frac{1}{2}\beta] \tag{11}$$

式中，$\beta=\arctan\dfrac{B}{A}$。

令 $\sqrt{\dfrac{\rho_0 p_0}{A^2}[1-\dfrac{2}{\Omega_1(im)}]^{-1}\left\{1-\dfrac{\varepsilon-1}{\varepsilon}[\dfrac{2}{\Omega_1(if)}-1]\right\}^{-1}}=u+vi$，则：

$$u+vi=\sqrt{\frac{\rho_0 p_0}{A^2}}\sqrt{\frac{(g+hi)(c+di)}{[(g-2)+hi][(c+\varepsilon'c-2\varepsilon')+(d+\varepsilon'd)i]}} \tag{12}$$

取 $a_1=g-2$，$a_2=c+\varepsilon'c-2\varepsilon'$，$a_3=d+\varepsilon'd$，将 a_1、a_2、a_3 代入式（12），得

$$u+vi=\sqrt{\frac{\rho_0 p_0}{A^2}}\sqrt{\frac{(gc-hd)+(gd+hc)i}{(a_1a_2-ha_3)+(a_1a_3+ha_2)i}} \tag{13}$$

取 $a_4=gc-hd$，$a_5=gd+hc$，$a_6=a_1a_2-ha_3$，$a_7=a_1a_3+ha_2$，则：

$$u+vi=\sqrt{\frac{\rho_0 p_0}{A^2}}\sqrt{\frac{1}{a_6^2+a_7^2}}(C^2+D^2)^{\frac{1}{4}}(\cos\frac{\theta}{2}+\mathrm{i}\sin\frac{\theta}{2}) \tag{14}$$

式中，$\theta=\arctan\frac{D}{C}$；$C=a_4a_6+a_5a_7$；$D=a_5a_6-a_4a_7$。

令 $T=\sqrt{\frac{\rho_0 p_0}{A^2}}\sqrt{\frac{1}{a_6^2+a_7^2}}(C^2+D^2)^{\frac{1}{4}}$，则 $u=T\cos\frac{\theta}{2}$　　$v=T\sin\frac{\theta}{2}$

引入复频率 $s=\mathrm{i}(\omega+1)$，对流量函数 $Q(t)=V_0A'(t)\mathrm{e}^{\mathrm{i}\omega t}$ 进行拉普拉斯变换，可以得到：

$$Q(s)=L[Q(t)]=\int_0^\infty V_0A'(t)\mathrm{e}^{\mathrm{i}\omega t}\mathrm{e}^{-st}\mathrm{d}t=-V_0A'(t)i \tag{15}$$

取 $x_1=\frac{1}{2}(\mathrm{e}^{lx}+\mathrm{e}^{-lx})\cos ly$　　$x_2=\frac{1}{2}(\mathrm{e}^{lx}-\mathrm{e}^{-lx})\sin ly$

$x_3=\frac{1}{2}(\mathrm{e}^{lx}-\mathrm{e}^{-lx})\cos ly$　　$x_4=\frac{1}{2}(\mathrm{e}^{lx}+\mathrm{e}^{-lx})\sin ly$

代入式（10）可将连续脉冲信号频率响应函数化简为：

$$\begin{aligned}p(l,s)&=(p\mathrm{i})\times(x_1+x_2\mathrm{i})-(u+v\mathrm{i})\times(x_3+x_4\mathrm{i})\times Q(s)\\&=(-px_2-VA'ux_4-VA'vx_3)+(px_1-VA'vx_4+VA'ux_3)\mathrm{i}\end{aligned} \tag{16}$$

通过以上处理过程可知，引入变量 x、y、u、v 确定之后，对 p（l，s）取模即可求出任一点处的脉冲压力值。

考虑到非恒定摩阻的影响，文献［5］给出的非恒定摩阻模型及求解方法，连续脉冲信号传输过程中脉冲压力的实际频率响应函数为：

$$p_1(x,s)=p(x,s)-p_{\mathrm{fu}}=p(x,s)-\rho glh_{\mathrm{fu}} \tag{17}$$

将其进行无量纲化，可得到无量纲脉冲压力函数为：

$$p_1(x,s)=\frac{p(x,s)-\rho glh_{\mathrm{fu}}}{p} \tag{18}$$

3　编写计算程序

根据上述频率响应函数的处理过程及文献［5］中给出的第一类 Bessel 函数递推商函数的处理方法和频率相关摩阻的计算方法，利用 Visual Basic 语言开发了连续脉冲信号频率响应计算系统，系统界面如图 2 所示。该系统可以计算不同参数条件下的无量纲次脉冲压力，并可绘制不同参数条件下无量纲次脉冲压力的频率响应曲线。

4 算例分析

算例基础数据如表1所示，利用连续脉冲信号频率响应计算系统分别计算绘制出该参数条件下的无量纲脉冲压力与频率关系曲线，即脉冲信号频率响应曲线，如图3、图4所示。

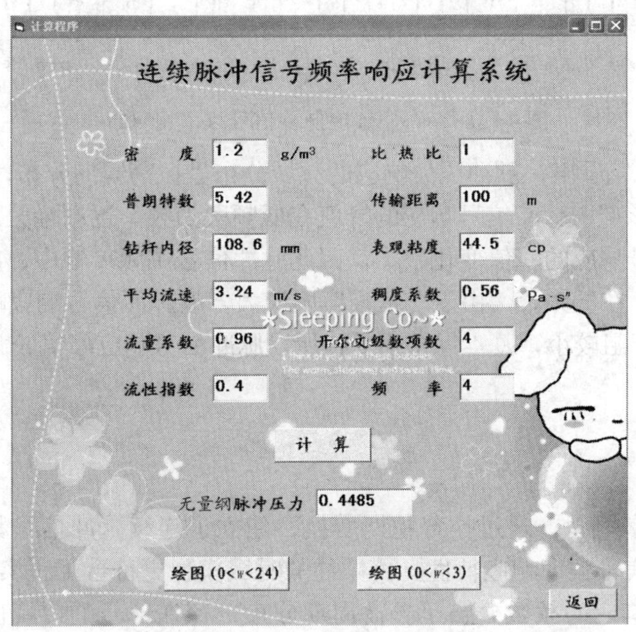

图2 连续脉冲信号频率响应计算系统界面

表1 算例基础数据

钻井液密度	表观黏度	稠度系数	流性指数	平均流速	流量系数
$1.2g/cm^3$	44.5mPa·s	$0.56Pa\cdot s^n$	0.4	3.24m/s	0.96
钻杆内径	普朗特数	比热比	开尔文级数项数	传输距离	阀门开度
108.6mm	5.42	1	4	100m	0.05～0.9

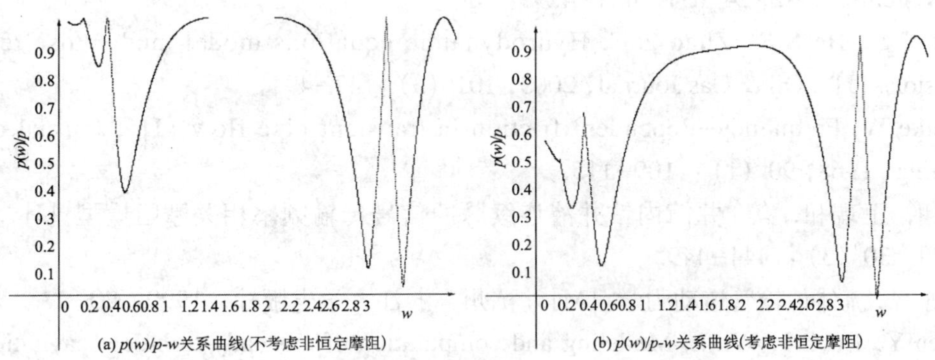

图3 $0<w<3$时脉冲信号频率响应曲线

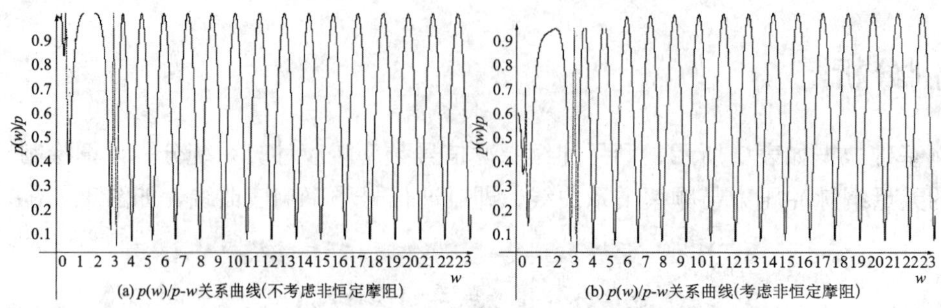

图 4　$0 < w < 24$ 时脉冲信号频率响应曲线

由图 3、图 4 可以看出，脉冲压力响应的频域分布呈振荡周期分布，存在信号响应峰值，考虑非恒定摩阻的影响，脉冲信号响应的峰值在低频段随频率逐渐增大，当频率到达稳定传输频域后，脉冲信号响应的峰值变化很小，因此脉冲信号调频传输中，应优先选择稳定传输频域内的峰值频率。在低频段，由于非恒定摩阻较大，故脉冲信号响应峰值较小；在稳定传输频域内，非恒定摩阻较小，基本保持不变，所以脉冲信号响应峰值较大，并趋于稳定。

5　结论

（1）引入复频率概念，通过拉普拉斯变换，建立了连续脉冲信号频率响应函数，有效地描述了连续脉冲信号频率响应特性，比以往的时域模型更符合工程实际。

（2）脉冲压力响应的频域分布呈振荡周期分布，存在信号响应峰值，在低频段，由于非恒定摩阻较大，故脉冲信号响应峰值较小；当频率到达稳定传输频域后，脉冲信号响应的峰值变化很小，因此脉冲信号调频传输中，应优先选择稳定传输频域内的峰值频率。

参考文献

刘修善，苏义脑．钻井液脉冲信号的传输特性分析［J］．石油钻采工艺，2000，22（4）：8–10.

Caprio U D. The effects of friction forces on transient stability［J］. Electrical Power and Energy Systems, 2002, 24（5）：421–429.

Liu X S，He S S，Zhao Z C. Hydrodynamic equations model mud–pulse telemetry transmissions［J］. Oil & Gas Journal, 2003, 101（3）：47–49.

Zielke W. Frequency–dependent friction in transient pipe flow［J］. Journal of Basic Engineering, 1968, 90（1）：109–115.

王翔，王瑞和，等．井筒内钻井液连续脉冲信号传输频率相关摩阻模型［J］．石油学报，2009，30（3）：444–449.

蔡亦钢．流体传输管道动力学［M］．杭州：浙江大学出版社，1990：20–27.

Chen Y，Lu C J，Wu L. Modeling and computation of unsteady turbulent cavitation flows［J］. Journal of Hydrodynamics, 2007, 18（5）：559–566.

基于ANSYS的松耦合变压器传输效率的研究

谢海明　李永振
（西安石油大学井下测控研究所）

摘　要：在旋转导向智能钻井系统中应用松耦合能量传输技术是一种新的尝试，松耦合变压器是这项技术中的核心器件。文章利用有限元软件ANSYS，对松耦合变压器进行三维建模仿真；研究影响松耦合变压器的关键参数，使松耦合变压器应用于旋转导向智能钻井系统中。

关键词：导向钻井　ANSYS　松耦合电能传输　三维仿真

旋转导向智能钻井系统中电动机—泵动力可控偏心器，利用电动机—泵执行机构产生推动翼肋伸缩的液压力，当采用电动机—泵动力时，电动机—泵的能量来源于井下涡轮发电机。由于可控偏心器的机械结构决定了电动机—泵执行机构要安装在不旋转套上，而涡轮发电机要安装在旋转的钻柱内，两个相对旋转部件之间的能量传输是必须要解决的问题。接触式滑环能量传输方式是解决问题的方法之一，接触式滑环存在安装不方便、增加摩阻、旋转时易磨损、易受到井下钻井液的影响等缺陷，因此需要研究新的非接触式能量传输方式，即松耦合电能传输技术。而作为松耦合电能传输技术的核心部分松耦合变压器，对它的研究则显得尤为重要。

1　松耦合电能传输系统介绍

松耦合电能传输系统是根据麦克斯韦电磁场原理，通过松耦合变压器进行能量的传递。图1是该系统的组成框图。

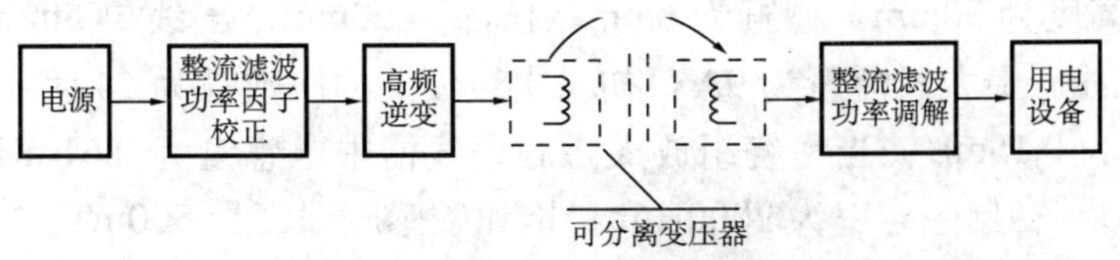

图1　松耦合电能传输系统

基金项目：本文得到了“十一五”国家863重点项目“旋转导向钻井系统工程化技术研究”（2007AA090801）、国家自然科学基金“旋转导向钻井系统导向稳定性和随钻信息传输速率研究”（50644015）、国家科技重大专项课题“多支导流适度出砂技术”项目子课题“电机泵动力旋转导向钻井工具及配套技术研究”（编号2008ZX05024-003-05）的支持。

作者简介：谢海明（1982—　），男，西安石油大学电子工程学院助教，从事旋转导向钻井技术研究。
李永振（1984—　），男，西安石油大学测试计量技术及仪器专业在读硕士研究生。

以松耦合变压器为分界点，能量传输框图由两大部分组成，变压器原边是不稳定交流电网输入，整流滤波成直流电，并经过功率因数校正，通过高频逆变给变压器原边绕组提供高频交流电流。通过原边绕组与副边绕组的电磁感应耦合将电能经过整流滤波和功率调节后提供给用电设备。

松耦合电能传输系统的雏形是将变压器磁心的原副边磁心分开，当在原边加一个高频交流电时，原边的磁心中产生一个交变的磁场，这个交变的磁场通过空气传到副边磁心中，这时副边线圈将有交变的磁场穿过，所以将会产生感生电动势。

然而由于气隙的磁阻很大，感生磁动势将大部分降落到气隙中，这使得磁心中的磁场强度 H 很小，相应磁感应强度 B 也非常小。这导致了松耦合电能传输系统的传输能力和传输效率非常低，这也是实现无线能量传输首要攻克的难题。由于松耦合电能传输系统磁心之间存在气隙，所以传统的变压器理论也将不在适用，而是属于一个新兴领域，

从该系统可以看出，整个系统的总的传输功率由以下四部分组成：(1) 从不稳定交流到直流的变换效率；(2) 从直流到高频逆变的逆变效率；(3) 从次级输出端到负载的变换效率；(4) 感应耦合环节的功率传输效率。前三项与通态压降和高频开关损耗有关，采用软开关技术和功率因数校正技术可以解决这些问题。关于第四项，松耦合变压器属于松耦合结构，要增大感应耦合能力，必须提高系统的工作频率，选择合适的电磁结构和参数。

对于井下恶劣的环境以及空间等各方面因素的限制，使我们对井下松耦合变压器的研究存在较大困难，而ANSYS的实体建模能力可以快速精确地模拟三维松耦合变压器，ANSYS三维仿真无论是建模、网格划分还是后处理，都有它自己独特的优点，尤其是在后处理中，可以观察出各个方向的电磁力、磁感应强度、磁动势等。

2 松耦合变压器的ANSYS三维仿真分析

2.1 实体建模

松耦合变压器材料为锰锌铁氧体，结构为上下罐状磁环，采用的铁氧体是TDK公司生产的牌号为PC40，按照机械安装尺寸设计，该磁心内圆直径为$\phi 115_{0}^{+0.087}$ mm，外圆直径为$\phi 160_{-0.143}^{-0.043}$ mm，高度为30mm，槽宽为6mm，槽深为20mm，出线口5mm。变压器的绕组选用1.8mm漆包线，最大载流量为9A；初、次级线圈的匝数都为24匝；不加铁氧体磁心的空线圈电感量为0.15mH，当将绕组放入磁心绕线槽中电感量为0.61mH。磁心的最高的使用温度是150℃，初始磁导率为2000H/m，饱和磁感应强度为500mT。

按照磁环实际尺寸可建立三维模型。应用ANSYS10.0的Emag模块对变压器进行三维场路耦合瞬态仿真分析，变压器物理模型如图2所示。

根据图2所示变压器物理模型的尺寸进行实体建模，通过命令流或GUI方法对模型进行自上而下的建模，三维场路耦合有限元模型如图3所示。

2.2 三维瞬态场路耦合分析结果

如果加载的电压为 15V、频率是 10kHz，磁环中间气隙为 1mm，负载 100Ω，在一个正弦周期内用 16 个载荷步，则每个载荷步的时间间隔为 6.25×10^{-6}s。每个载荷步又分为 5 个子步来实现。在本文中施加 20 个载荷步后进行求解。

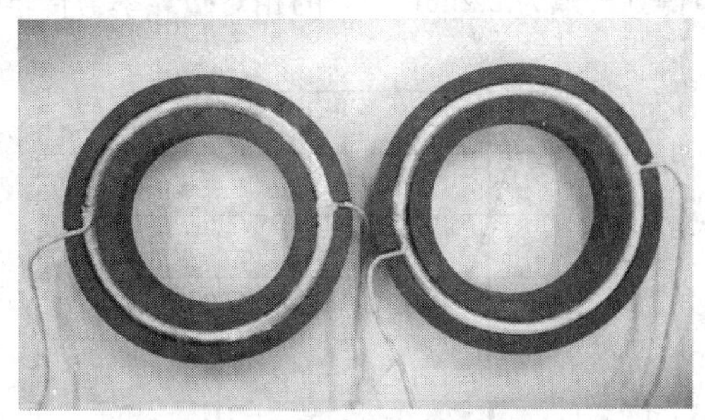

图 2 变压器实物图

3−D 矢量分析得不到通量线（磁力线），但可利用磁通密度矢量显示来观察通量路径。使用 Post1 通用后台处理器观察最后载荷步结果磁感应强度 ***B*** 矢量图，如图 4 所示。

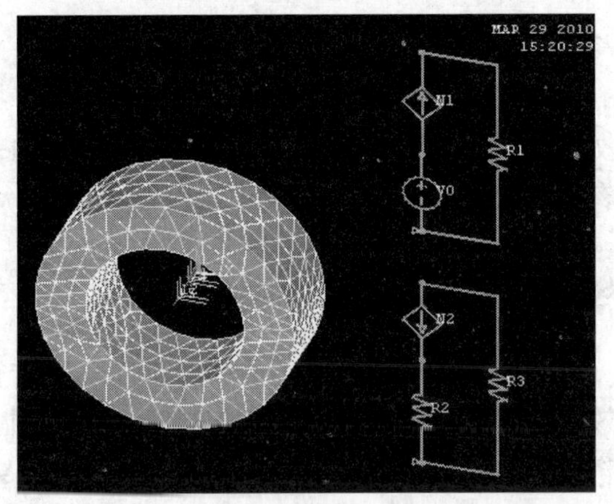

图 3 场路耦合有限元模型

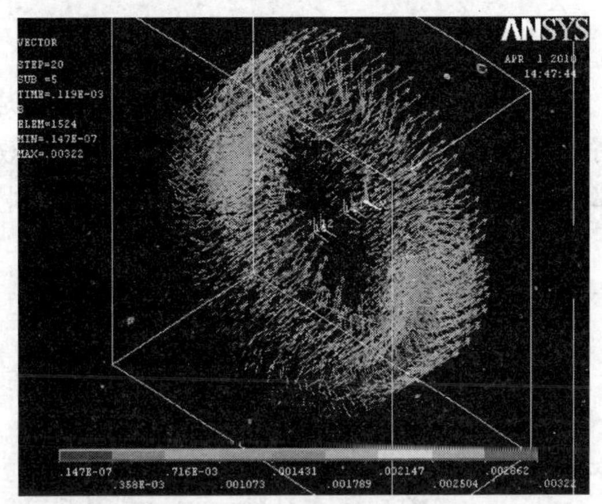

图 4 磁感应强度矢量图

3 影响松耦合变压器传输效率的因素分析

3.1 气隙对耦合系数影响

衡量变压器好坏的主要参数就是耦合系数，耦合系数反映系统功率传输能力，它由变压器结构本身决定。理想变压器的耦合系数为 1，即为全耦合，而松耦合变压器的耦合系数随着气隙的加大而减小。下面通过 ANSYS 仿真，并采用宏命令计算出初级次级之间的自感和互感，最后求出耦合系数，改变变压器的气隙观察耦合系数的变化，如图 5 所示。

由上可得，耦合系数随着气隙的增大而不断地减小，而耦合系数的减小使得变压器传输效率也随之降低。

3.2 磁心相对磁导率对传输效率的影响

松耦合变压器是能量传输器件。激磁电流提供能量传输条件，不参加能量传输。因此激磁存储能量越小越好，即希望用高磁导率材料的磁心。下面通过ANSYS软件三维仿真，得到气隙为0.2mm磁心的相对磁导率与传输效率的变化规律，如图6所示。

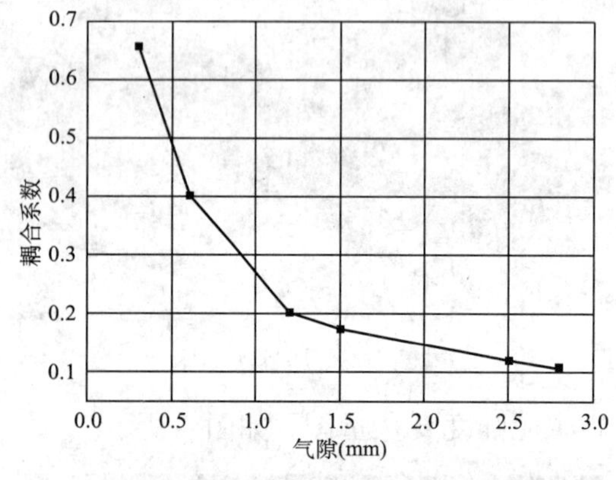

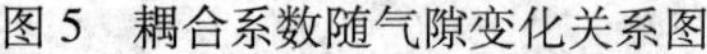

图5 耦合系数随气隙变化关系图

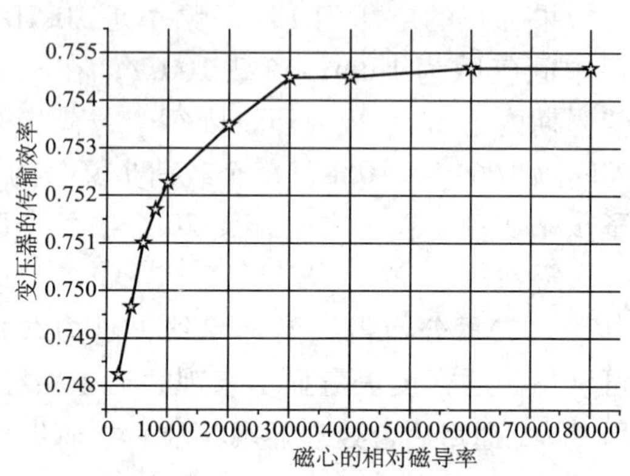

图6 传输效率和磁心相对磁导率的关系曲线

从图6可以看出，随着相对磁导率的提高传输效率也在不断地提高，但是传输效率提高幅度不是很大，当达到一定值时，传输效率处于停滞增大状态。虽然磁心材料对传输效率影响很小，但是为了减少铁损，磁心材料应该选择较高电阻率的高频磁导磁材料。

3.3 频率对传输效率的影响

因为锰锌铁氧体工作在高频范围，通常在1MHz以下，在仿真过程中，低频段的传输效率非常低下，所以曲线从3kHz开始绘制。将气隙固定在1mm，电压源设置输出30V，负载为100Ω，通过改变电压源的输出频率，测试不同频率对松耦合变压器传输效率的影响。按照三维仿真所得参数，绘制传输效率随频率的变化曲线，并与实验数据进行对比，如图7所示。

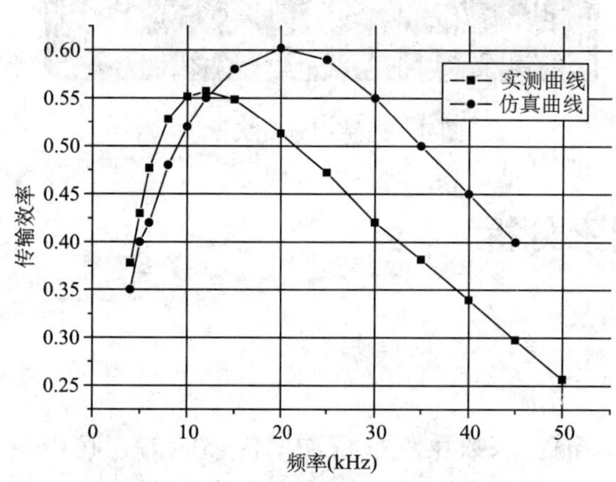

图7 传输效率随频率的变化曲线

我们可以看到在气隙为1mm时，松耦合变压器在10kHz时，变压器实际传输效率达到最大，为55%左右；而在20kHz时，仿真效率达到最大，为60%左右。由于我们的软件存在不稳定性以及ANSYS仿真与实际环境存在很大的不同，所以对比结果存在一定的误差；但是从总体趋势来看，仿真数据与实验数据是一致的，ANSYS仿真研究对我们松耦合电能传输的研究提供了一定的帮助，促进了我们以后对松耦合变压器的研究。

3.4 补偿电路对松耦合变压器传输效率的影响

一般工业负载大多数是感性负载，电流滞后于电压，因此利用电容电流领先于电压的特点，在负载的电源侧连接电容器，使感性负载的无功电流被电容的容性无功电流所抵消，这就是所谓的补偿。

松耦合电能传输系统中存在着较大的漏电感，这严重限制了其传输的有用功率，为了减少系统的无功功率，一般采用补偿容抗来平衡电路中的感抗。我们将松耦合变压器看成是电感，因为理想的感性电路电流的相位滞后电压的相位 90°，那么电压与电流的相位差即为 90°，则功率因数 $\cos\phi=\cos 90°=0$，功率因数非常低下，又由于容性阻抗的电压相位滞后电流相位 90°，因此，对感性电路进行容性补偿，可以提高功率因数，改善电路的功率传输能力。因此在理想条件下，当系统工作在谐振状态下时，功率因数 $\cos\phi=\cos 90°=0$，系统的有用功最大，无用功为零。

电容补偿按照其拓扑结构可分为初级串联、次级串联补偿，如图 8（a）所示；初级串联补偿、次级并联补偿如图 8（b）所示；初级并联补偿、次级串联补偿如图 8（c）所示；初级并联补偿、次级并联补偿如图 8（d）所示；松耦合变压器采用串串补偿的方式进行电容补偿。

对于串联补偿，补偿电容的选择根据公式 $C=\dfrac{1}{w^2L}$，得出我们所需的补偿电容值。松耦合变压器的相关参数如表 1 所示。

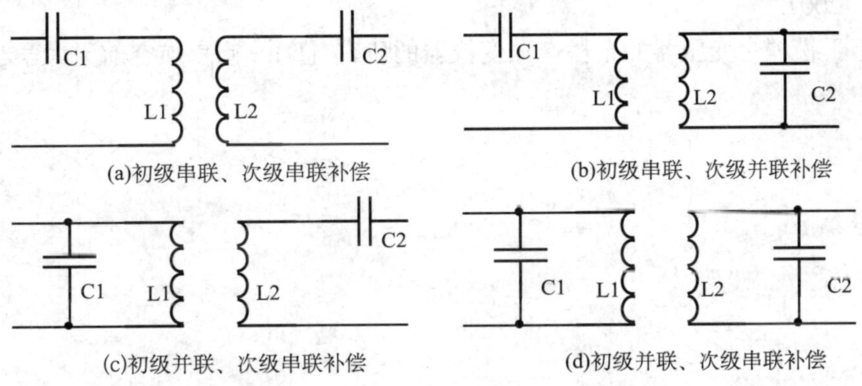

图 8　电容补偿

表 1　松耦合变压器相关参数

初次级线圈匝数（匝）	线圈线径（mm）	单只磁环的电感量（μH）	1mm 气隙下的初次级电感量（mH）
24	1.8	480	1.91

初次级均采用串联补偿时，根据计算，系统工作频率在 10kHz、1mm 的工作气隙下（初次级电感量为 1.91mH 时），初次级补偿电容为 0.133μF。固定系统的工作频率为 10kHz，气隙为 1mm，负载为 100Ω，给初次线圈均串联 0.133μF 的补偿电容，测得相关数据，计算得出系统的传输效率达到了 79.8%，较未加补偿时的 55%，传输效率得到了大幅度提高。

4 结论

利用 ANSYS 对松耦合变压器进行建模仿真，可以方便地改变变压器的关键参数，利用场路耦合求出耦合系数和初级次级的电流电压，然后求出变压器的效率。通过改变松耦合变压器的主要参数，得到了影响松耦合变压器效率的关键参数，以及这些关键参数对松耦合变压器效率的影响规律，进而推动了松耦合变压器在井下领域的研究发展。

参考文献

毛赛君．非接触感应电能传输系统关键技术研究［D］．南京航空航天大学学位论文，2006.

张峰．松耦合全桥谐振变换器的研究［D］．南京航空航天大学学位论文，2007.

阎照文．ANSYS10.0 工程电磁分析技术与实例详解［M］．北京：中国水利水电出版社，2008.

孙明礼，胡仁喜，崔海蓉．ANSYS 电磁学有限元分析实例指导教程［M］．北京：机械工业出版社，2007.

刘建．基于松耦合变压器的全桥谐振变换器的研究［D］．南京航空航天大学学位论文，2008.

MGT导向技术在SAGD双水平中的应用及研制

陈若铭　陈　勇　罗　维

（中国石油集团西部钻探工程公司克拉玛依钻井工艺研究院）

摘　要：SAGD双水平井的施工对井眼轨道的精确测量和层间位置的准确计算提出了很高的要求，磁导向技术就是解决这一需求的核心。它是利用测量的磁场信号来确定正钻井相对于参考井距离和方位的一种导向技术。本文主要阐述了用于SAGD双水平井钻井作业的MGT导向技术应用理论、操作参数、技术特点等，分析了MGT技术在风城油田的现场应用情况，最后针对克拉玛依钻井工艺研究院正在研制的磁导向技术进行了简单的介绍。

关键词：SAGD　双水平井　磁导向　MGT

蒸汽辅助重力泄油技术（SAGD采油技术）可将采收率提高至60%左右，比常规水平井蒸汽吞吐开采采收率高出约30%。SAGD双水平井实施方法如下：就是在靠近油藏底部位置钻一对水平段平行的水平井，上部水平井注蒸汽，注入的蒸汽向上超覆在地层中形成蒸汽腔并不断向上面及侧面扩展，与原油发生热交换，加热的原油和蒸汽冷凝水靠重力作用泄流到下部的生产水平井中，再用举升的办法进行生产。该技术的实施关键在于如何精确地控制两口水平井的水平段，既要获得固定的空间距离，又要整体控制在储层砂体内延伸。这就对井眼轨道的精确测量和层间位置的准确计算提出了很高的要求，磁定位导向技术就是解决这一需求的核心。

磁定位指的是利用测量的磁场信号来确定正钻井相对于参考井距离和方位的一种导向技术。它是通过在参考井中布置一个人工磁场源，人为地控制该磁场源产生的磁场的几何分布、频率范围以及强度。该项技术已在石油钻井中得到了广泛的应用，包括用于引导救援井的前进方向、蒸汽辅助重力泄油中双水平井的平行作业、水平井与直井的对穿作业。

当前国外主要形成了MGT、RMRS、SW、MAGTRaC、PWT等几种磁导向技术，而如今在SAGD双水平井作业中应用最普遍、最成功的当属MGT导向技术。

1　MGT导向技术

1.1　发展情况

20世纪80年代，阿尔伯达石油技术研究所（AOSTRA）进行了蒸汽辅助重力泄油

作者简介：陈若铭，高级工程师，中国石油集团西部钻探工程公司克拉玛依钻井工艺研究院院长。

（SAGD）的试验。研究人员在阿尔伯达的一个地下试验基地钻成了世界上的第一对 SAGD 双水平井，但是这对双水平井是从地下的矿井井筒开始钻的，从地表开始钻双水平井的技术在那个年代还不成熟。直到 1993 年，从地表开始钻双水平井的技术才发展起来，在 1993 年 6 月，Amoco Canada 公司利用 MGT 技术在阿尔伯达北部的 Wolf lake 油田从地表开始钻成了世界上第一对 SAGD 双水平井。根据相关文献，此后，陆续有 150 多对这样的 SAGD 双水平井在加拿大阿尔伯达省、萨克斯其万省，美国怀俄明州、加利福尼亚州，委内瑞拉被钻成功。如今，世界各大稠油油田越来越多地利用这一磁导向技术开始钻 SAGD 双水平井。

1.2 误差分析

对于 SAGD 采油技术，两口平行水平井水平段的间距控制得特别严格。如果两口井靠得太近，蒸汽就会在注气井和生产井之间形成短路效应；如果两口井离得太远，蒸汽就不能充分地加热沥青质，从而不能形成有效的重力泄油。对于一般的 SAGD 钻井方案，双水平井水平段的间距通常要求控制在 4 ～ 10m，而利用常规的井眼测量技术，如 MWD、EMS、陀螺仪等均不能满足测量精度的要求。表 1 提供了几种测斜仪器与 MGT 的测量误差对比分析结果，由此可知钻 SAGD 双水平井为什么需要磁导向技术。

表 1　几种测斜仪器与 MGT 的测量误差比较[2]

仪器类型	井斜误差(°)	方位误差(°)	井深 687m 的累计误差（m）		井深 1487m 的累计误差（m）	
			垂深	侧向	垂深	侧向
MWD	0.25	2.5	2.5	8.4	5.2	29.7
EMS	0.20	1.0	2.1	3.6	4.2	11.0
NS gyro	0.20	0.5	2.1	3.2	4.2	10.1
MGT	—		0.4	0.4	0.4	0.4
设计要求			1.0	2.0	1.0	2.0

MGT 系统误差分为两部分，即径向误差和弧长误差，见图 1 和图 2。径向误差是两井实际距离误差，通常较小。另一误差就是正钻井相对于参考井的弧长误差，或者称为角度误差，此误差在位置测量过程中显得不是那么重要。对于两井间距少于 10m 时，绝对的测量距离误差少于 2cm，而弧长误差达到了 20cm。

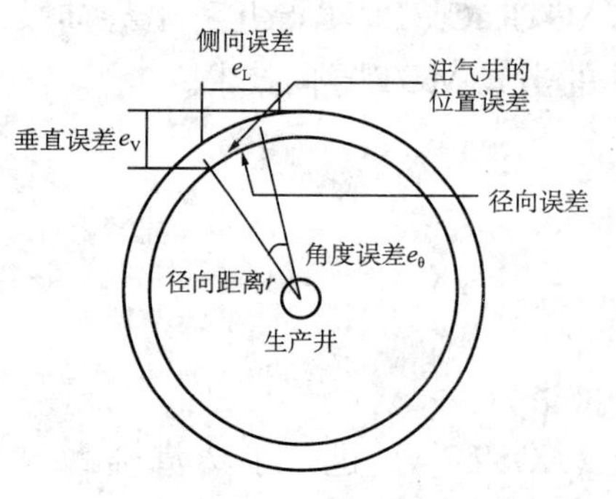

图 1　MGT 测量误差分析示意图

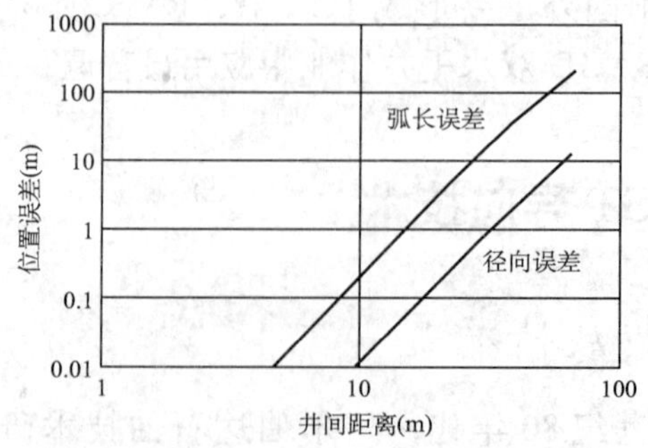

图 2　MGT 径向误差和弧长误差比较

因为磁场强度与测量距离 r 的立方是成反比关系，限制了 MGT 系统的最远测量距离。增加磁场发射源的磁场强度，利用同样的探测仪器将会探测到更远的距离。

1.3 MGT 的技术缺陷

MGT 系统在 SAGD 双水平井的钻井作业中已得到了成功的商业化应用。它已被证明为一种稳定、可靠、有效的测量技术。但该技术主要存在以下缺陷：（1）定向时，需要将磁场发射源下入参考井中；（2）探管距离钻头大约有 17m。

由于该探测系统进行测量时，并不需要完全的无磁环境，非磁钻铤与钻头的间距减少会使探管更靠近钻头，同时结合 ABI 传感器，将会很大地提高 MGT 的导向能力。

2 MGT 应用的案例分析

2009 年 8 月由克拉玛依钻井工艺研究院承担了风城油田重 37 井区 SAGD 先导试验水平井组 FHW208 的施工，采用了哈里伯顿的 MGT 磁定位导向实现 SAGD 成对水平井井眼轨迹的精确控制，完成了两井眼水平段的平行钻进作业。

FHW208 井组是风城油田重 37 井区的 SAGD 双水平井组，生产井（P 井）采用 MWD 技术控制井眼轨迹施工，注气井（I 井）采用 MGT 导向技术进行轨迹控制钻进。设计要求轨迹距靶心垂向误差不超过 ±1.0m，平面上水平段轨迹靶心误差不超过 ±2.0m，两井间距为 5m。该井组的主要施工工艺如下：

（1）利用 MWD 技术进行下部生产井眼（P 井）的轨迹测量和控制。

（2）P 井完钻后，水平段下入 ϕ177.8mm 完井管串，并将原钻机移至上部注气井（I 井）井口位置，进行钻进作业。

（3）利用小修钻机将 ϕ73mm 的油管串下入P 井，为下入 MGT 磁场发射源做准备。采用泵压车的水力打压将磁场发射源泵入水平段的油管内，通过电缆线为磁场发射源供电，每隔 10m 设置一个靶点（记为靶点 1#、2#、3#…）。

（4）利用泵压将磁场发射源下入到 P 井的 1# 靶点，开始 I 井水平段的钻进作业，钻完一单根，利用 I 井中的探测系统进行磁场和加速度的测量，根据磁场定位软件计算出磁场源与探测器之间的距离和方位，引导注气井的钻井。

（5）再次利用泵压将磁场发射源下入到 2# 靶点，引导注气井眼水平段的钻进，完成位置测量和轨迹的控制。

（6）重复上述过程，直至完成注气井水平段的钻进。

图 3 ~ 图 5 分别为该井组垂直剖面图、水平投影图及两井中心距图，由此可见，采用 MGT 磁导向轨迹控制技术，注气井和生产井的井眼轨迹走向基本一致，两井水平段井眼垂向距离最大为 5.9m，误差为 0.9m；垂向最小距离为 4.8m，误差为 0.2m，垂向间距平均为 5.12m，误差为 0.12m，水平投影图上 I、P 井轨迹基本吻合，该井组完全达到了施工设计的要求，满足设计精度。

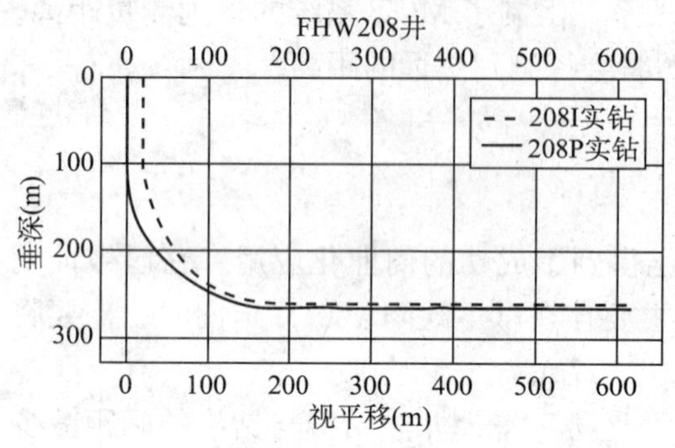

图3　FHW208井组垂直剖面对比图

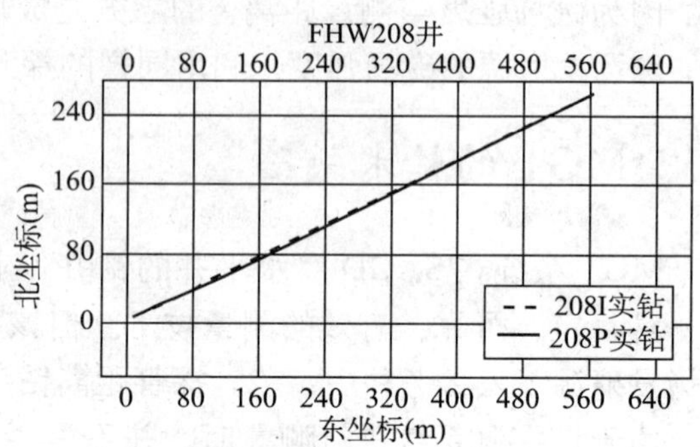

图4　FHW208井组水平投影图

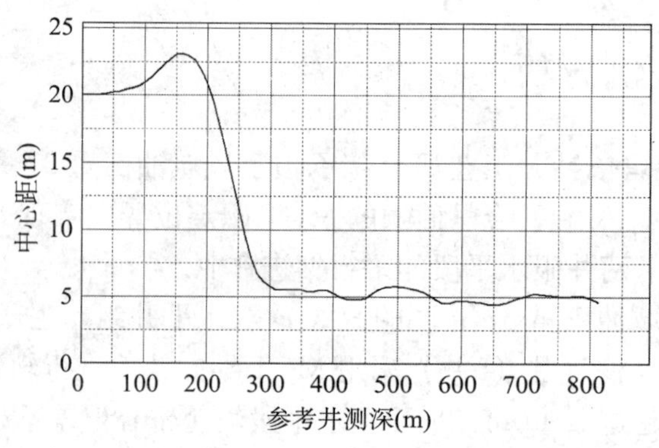

图5　两井中心距图

3　磁导向技术研究

SAGD双水平钻井技术是一项钻井新工艺，涉及许多新的钻井工艺和设备，起关键作用的磁场测量定位装置，在国内仍然是一片空白。该核心技术及设备都被国外的几个大公司所垄断，使用成本非常高。

所以，开展“成对水平井磁定位系统的研制”，并形成自主知识产权的技术和产品，对于解决国内稠油资源开发对SAGD水平井的迫切要求，提高新疆油田超稠油油藏开发效率和动用程度都具有非常重要的意义。

该项技术的主要研究内容包括：(1) 精确磁场源发生器研制；(2) 三轴磁场探测仪研制；(3) 三维空间磁场定位模型建立及软件设计；(4) 信号传输系统研究。

磁定位模型的正确建立是系统研制成功与否的关键，根据磁场源发射器的几何形状、载流强度、线圈尺寸建立了空间磁场分布关系模型，由该关系模型反演推导磁场源与探测器之间的距离和方位，即建立磁定位的解析模型。根据建立的解析模型，编制三维空间磁场信号的采集和分析软件，如图6所示。根据测得的磁场强度计算出场源相对于磁场探测器的距离及其方位。

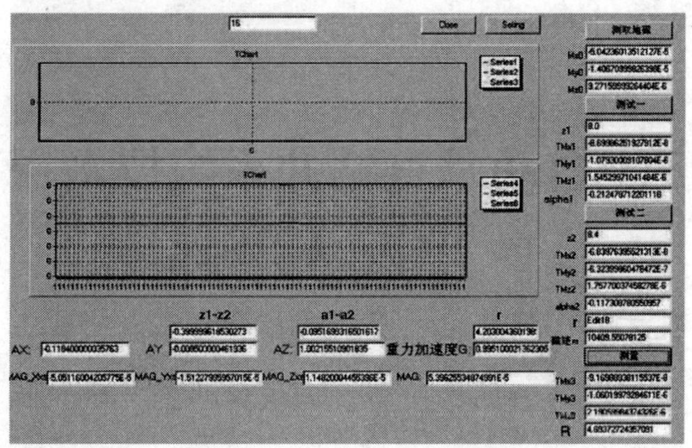

图6　磁场信号采集与分析软件

信号传输系统研究的主要工作就是：通过磁场探测器检测磁场源发生器产生的磁场信号，由模数（A/D）转换器转换为数字信号进行编码处理，然后由传输系统传到地面进行数据分析。系统采集软件对输入的信号进行滤波降噪、检测识别、解码并进行显示和存储等处理工作。

目前，我院已完成磁场源发生器和磁场探管的样机试制，初步进行了系统距离和精度的室内测试，测试效果较好。

4　结论

（1）SAGD双水平井的施工对井眼轨道的精确测量和层间位置的准确计算提出了很高的要求。利用常规的井眼测量技术，如MWD、EMS、陀螺仪等均不能满足测量精度的要求。

（2）通过实践证明，MGT导向技术能实现SAGD双水平井轨迹的闭环控制，精度很高，能够满足工程施工的要求。

（3）磁导向是利用测量的磁场信号来确定正钻井相对于参考井距离和方位的一种导向技术，是在传统井眼轨迹测量、控制技术基础上的延伸与发展，具有广阔的应用前景。

参考文献

万仁溥，罗英俊．采油技术手册：第八分册［M］．北京：石油工业出版社，1999.

Kuckes A F. New electromagnetic surveying/ranging method for drilling parallel horizontal twin wells［R］. SPE27466，1994.

Tracy L. Grills P. Eng Magnetic Ranging technologies for drilling steam assisted gravity drainage well pairs and unique well geometries–a comparison of technologies［R］. SPE79005，2002.

ϕ 311 自动垂直钻井系统技术探讨

艾才云　穆总结　宋朝晖　徐秀杰　胡国强

（中国石油西部钻探克拉玛依钻井工艺研究院）

摘　要：在钻井过程中，有效实现高陡地层的防斜打快是一个普遍存在的技术性难题。传统的防斜纠斜方法，大多以牺牲钻压、降低机械钻速为代价，防纠斜效果不明显，因此具有较多弊端。ϕ 311 垂直钻井系统是克拉玛依钻井工艺研究院历时多年研制成功的井下工具，是机电液一体化的井下智能自动垂直钻井系统。该系统已在新疆油田成功应用两井次。试验结果表明，该系统各项指标均达到设计要求，满足了高陡易斜难钻地层防斜打快的技术要求。本文主要对该垂直钻井系统的结构、工作原理、配套技术及现场应用等情况进行论述。

关键词：垂直钻井　井下闭环控制　主动防斜纠斜　机电液一体化

在油气田勘探开发过程中，保持井眼轨迹垂直一直是困扰钻井工作者的一个技术难题。由于受下部钻具组合特性和地层力的影响，钻头总有偏离井眼轨迹的趋势，特别是在高陡地层，由于受山体扩张和山体重力所造成的挤压作用，使得构造带地层变形剧烈，倾角增大，并存在着各向异性的高地应力，从而使得保持井眼轨迹垂直成为技术瓶颈。理论分析及现场应用结果表明，无论是在一维井眼还是在二维井眼，保持上部井眼垂直，可为后续各项工作提供技术保证。

自动垂直钻井系统是一种集井下机电液一体化的井下智能钻井系统，具有极高技术含量的井下工具，是防纠斜方法的革命性突破。理论分析和现场应用证明，垂直钻井系统在保证解放钻压，提高机械钻速的同时，可保证良好的井身质量，减少后续钻井作业中的钻具磨损及套管磨损，降低作业风险成本和易于电测作业，以及保证后续下套管作业的顺利进行，同时，也为投产提供了技术保证。

1　垂直钻井技术现状简述

1.1　国内垂直钻井技术现状

为了保证井眼垂直，特别是在高陡易斜地层实现防斜打快技术，业内人士进行了大量的理论分析及现场实践，相继提出了以力学分析为基础的优化钻具组合的方法，即以静力

作者简介：艾才云（1958—　），男，教授级高级工程师，1982 年毕业于西南石油学院机械专业，现任克拉玛依钻井工艺研究院副院长，主要负责科研项目的管理及科研攻关与新产品（工艺）的产业化推广工作。

学防斜打快技术为基础的钟摆钻具组合（如单稳定器钟摆钻具组合、双稳定器钟摆钻具组合和塔式钟摆钻具组合等）和传统的满眼钻具组合等。这些方法在一定程度上缓解了保持井眼垂直问题，为油田发展作出了一定贡献。然而，这些方法均属于调整井下钻具组合来满足被动防纠斜，即以牺牲钻压、降低机械钻速为代价，且防纠斜效果不明显，在特定地层，甚至无法满足防纠斜要求。

近年来，为了解放钻压，国内学者在静力学防斜打快的基础上又发展了动力学防斜打快理论，并应用于实践。动力学防斜打快理论的基本类型主要包括在螺旋屈曲状态下工作的光钻铤钻具组合、带偏心或偏轴或偏重单元的钻具组合，以及带弯曲结构的井下动力钻具组合。这些动力学钻具组合，在一定程度上解放了钻压，提高了机械钻速，取得了一定效果，但由于现场条件、运用方式等差异，仍存在弊端。因此，都无法经济、高效地解决在大倾角、陡构造、断层、地应力异常等地层的防斜打快问题。

随着自然基础科学技术的不断发展，人们意识到实现井下机电液一体化和智能化是钻井工具发展的方向。自动垂直钻井系统就是这一发展方向的典型代表。由于自动垂直钻井系统可保证良好的井眼垂直质量、大大解放钻压并提高机械钻速和减少钻井辅助时间等，因此，成为业内人士所关注的焦点。

1.2 自动垂直钻井技术

自动垂直钻井系统按作用原理主要分为静止推靠式和旋转推靠式两大类。静止推靠式的典型代表主要有 Baker−Hughes 的 Verti−Trak 和 Smart drilling 的 ZBE2/3/4/5000 系列等。其作用原理是在井下工作过程中，转盘带动芯轴转动，外筒不转动，通过井下机电液一体化，驱动柱塞沿井眼高边伸出，从而给井下工具一个降斜力，保证井眼的自动垂直。旋转推靠式的典型代表主要有 Schlumberger 的 Power−V 垂直钻井系统。该系统在井下工作过程中，通过钻井液分别作用于三个柱塞块 PAD，使得三个 PAD 依次作用于井眼高边方向，从而使得井眼轨迹沿纠斜方向钻进。

目前，国外公司的垂直钻井系统已经处于成熟应用阶段，这些工具的应用，极大地提高了大倾角、陡构造等地层的机械钻速，实现了防斜打快。然而，国外公司对于该技术实行技术封锁，即只提供技术服务，不出售产品。且技术服务费用昂贵，使得高陡易斜地层钻井费用大幅度增加。因此，如何有效实施高陡地层的防斜打快一直是制约国内钻井技术发展的瓶颈之一。

为了打破国外公司对该项技术的垄断，同时在大倾角、地应力异常等易斜地层实现真正意义上的防斜打快，国内多家科研单位已经开展对于垂直钻井系统的科研攻关。ϕ311 自动垂直钻井系统是克拉玛依钻井工艺研究院历时多年研制的、具有自主知识产权的垂直钻井工具，目前，该系统已在新疆油田 T82066 井及 T82065 井进行了现场试验，并获得成功。

2 ϕ311 垂直钻井系统结构及工作原理

垂直钻井系统的研发涉及钻井工程、机械工程、电子工程及控制工程学等多种学科，是集机械设计与精密加工、信息技术和控制论等现代科技的综合应用，因此，φ311自动垂直钻井系统的研发具有多学科交叉渗透的特点。φ311自动垂直钻井系统共分为八个子系统，即测试系统、机械系统、电源系统、井斜随钻测量系统、井下闭环控制系统、液压系统、井斜检测系统、数据存储及分析系统等。通过理论分析、室内试验及现场试验证明，八个子系统的有效配合，可实现井下防斜纠斜闭环控制，实现了真正意义上的防斜打快技术。

2.1 结构组成

φ311垂直钻井系统主要由中心管、本体、井下发电机、测控模块、柱塞及液压油泵等组成，如图1所示。

2.2 性能参数

工具外径φ304mm；工具内径φ68mm；工具长度（含井斜监测系统）6800mm；上、下接头扣型630；最大工作外径：φ325mm；侧向力19～20.1kN；抗拉1720kN；抗扭12000N·m；耐温125℃；耐压105MPa。

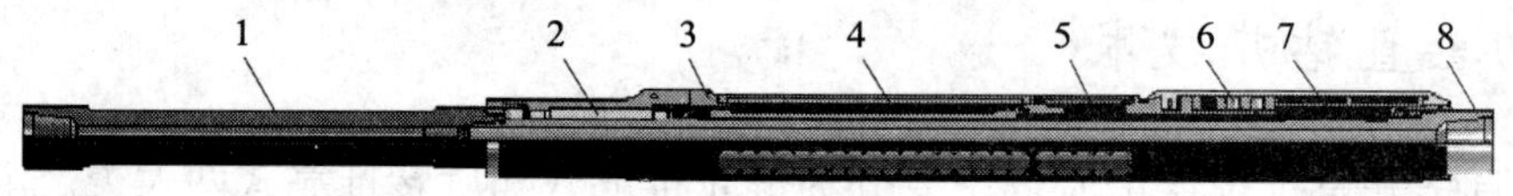

图1 垂直钻井系统结构图

1—柔性短节；2—发电机；3—本体；4—测控模块；5—电磁阀；6—柱塞；7—油泵；8—中心管

2.3 φ311垂直钻井系统的工作原理

φ311垂直钻井系统属于静止推靠式旋转导向钻井系统。该系统的工作原理是：在外筒上均匀分布有3个120°的液压柱塞，在钻进过程中，系统的测斜模块便将实时监测到的井斜参数传递给控制模块，控制模块根据设计要求将纠斜指令发至液压执行机构，从而驱动柱塞向井眼高边方向伸出，使工具沿纠斜方向钻进，从而达到纠斜防斜的目的。具体实施过程：本体不转动，钻杆带动中心管转动，产生相对运动。中心管转动并驱动发电机和液压泵工作，电流经整流后向测斜系统和控制系统供电，控制系统根据测斜系统提供的井斜和方位使高边工具面的电磁阀打开。由液压泵提供的高压油经电磁阀驱动柱塞伸出，从而产生一个指向井斜低边的侧向力，在该侧向力的作用下达到降斜的目的。

3 φ311垂直钻井系统现场应用

3.1 φ311垂直钻井系统现场应用前提条件

动力设备、刹车系统、游动系统、井控系统运转正常；指重表显示准确，转盘在运转范围内正常运转；钻井泵工作正常，泵效良好；空气包压力不得低于泵工作压力的1/3；固控设备达到四级净化要求；安装扭矩仪并运作正常，且立管上预留压力传感器接口。同时，应能保证井壁稳定，井眼无缩径、垮塌，井底无落物等。

应用过程中，应优选钻压、转速、钻井液排量，密切监测立压、扭矩变化情况，如扭矩波动、出现憋跳，或岩屑返出异常，应分析原因，及时采取对策，或调整钻井参数，或循环划眼，或短提等，同时，应加强监测频率，并根据地层三压力剖面，优选钻井液参数，切实维护好钻井液性能。

3.2 φ311 垂直钻井系统在 T 82066 井的应用

3.2.1 现场应用概述

φ311垂直钻井系统于2009年9月18—20日在新疆油田T82066井进行了第一次试验，并获得成功。采用钻具组合为：φ311.2mm钻头＋630×631保护接头＋φ311垂直钻井工具＋φ203.2mm无磁钻铤＋φ309mm钻具稳定器＋φ203.2钻铤（1根）＋φ309mm钻具稳定器＋φ203.2mm钻铤（3柱）＋φ177.8mm钻铤（3柱）＋φ177.8mm随钻震击器＋φ177.8mm钻铤（2根）＋φ127mm钻杆。

该试验层位地层倾角较大，地层造斜能力强，其中白碱滩组T_3b地层倾角为12°，克下组T_2K_1地层倾角达到15°。井队在未使用垂直钻井系统时，为了控制井斜，使用刚性满眼钻具组合，采用轻压吊打（20～30kN）方式进行钻进作业，平均机械钻速只有1.5m/h，井斜达到3.7°。在使用φ311垂直钻井系统后，钻压为80～150kN，平均机械钻速提高到了原来的2.61倍，达到了3.91m/h，随钻监测显示最小井斜为2.7°，累计进尺138.7m，入井55h，纯钻时间35.45h。现场试验表明，该垂直钻井系统具有良好的防斜打快、解放钻压、提高机械钻速等工作性能。

3.2.2 现场试验结果分析

φ311垂直钻井系统具有数据井下存储地面回放的特点。通过对数据存储及分析系统中的实测数据进行分析，证明了该系统在井下良好的工作性能。现场试验数据分析如图3所示。

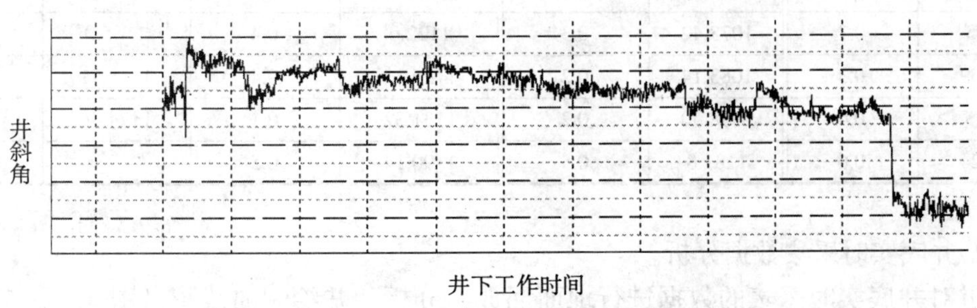

图2　φ311垂直钻井系统现场数据分析图

如图2所示，工具入井开始工作时，井斜角有上升的趋势，这是因为垂直钻井系统的测点与钻头的距离（滞后距）为4m。工具刚开始工作时，系统测得的数据为原始井眼轨迹。当测点通过滞后距，测得的井斜数据逐渐减小，从而验证了 ϕ311 垂直钻井系统的自动纠斜功能。

3.3　ϕ311 垂直钻井系统在 T 82065 井的应用

3.3.1　现场应用概述

ϕ311 垂直钻井系统于 2009 年 11 月 24—30 日在新疆油田 T82065 井进行现场试验，并获得圆满成功。该试验层位为克上组 T_2k_2 的 1007m 至石炭系组 C 的 1194.64m，累计进尺 187.64m，入井 144h，纯钻进时间 83h。

该试验层位地层倾角较大、断层多，其中，克上组 T_2k_2 地层倾角为 5°，石炭系 C 地层倾角达到 24°，地层极易造斜，特别是在各地层组交界面断层处，地层造斜程度更为明显。井队在未使用垂直钻井系统时，使用刚性满眼钻具组合，采用吊打方式进行钻进作业，井斜达到 1.47°。在使用 ϕ311 垂直钻井系统后，钻压为 80 ~ 180kN，平均机械钻速提高到 2.3m/h，井斜控制在 1° 以内，采用 MWD 进行随钻监测测得最小井斜为 0°。

3.3.2　现场试验结果分析

（1）MWD 随钻监测井斜数据。

采用 MWD 随钻监测井斜数据如表 1 所示。由表 1 可得出，该垂直钻井系统工作正常，达到纠斜防斜的目的，效果良好。

表 1　T82065 井 MWD 随钻监测井斜数据

测深（m）	井斜（°）	测深（m）	井斜（°）	测深（m）	井斜（°）	测深（m）	井斜（°）
1008.0	0.8	1050.0	0.4	1092.43	0.2	1136.3	0.4
1011.89	0.9	1055.5	0.4	1098.0	0.3	1140.80	0.1
1016.90	1.1	1060.0	0.2	1103.00	0.3	1145.38	0.1
1021.46	1.0	1064.51	0.3	1107.6	0.3	1151.0	0
1027.0	1.0	1069.34	0.3	1112.0	0.2	1155.4	0.1
1031.0	0.6	1074.64	0.3	1117.0	0.3	1161.42	0.1
1036.5	0.7	1078.42	0.3	1122.0	0.4	1165.0	0.6
1040.09	0.3	1083.14	0.2	1126.23	0.4	1168.71	0.5
1045.5	0.4	1088.50	0.2	1131.32	0.1	1174.44	0.4
1179.24	0.6	1181.8	0.5	1190.14	0.5		

（2）井底实时采集数据分析。

通过对井底实时采集的数据进行地面回放、分析，并绘制曲线图（图 3、图 4）。如图 3、图 4 所示，在系统工作中，井斜角有突然上升及下降的波动，这是由于系统井下工作时，因穿越断层形成钻柱剧烈憋跳所致。

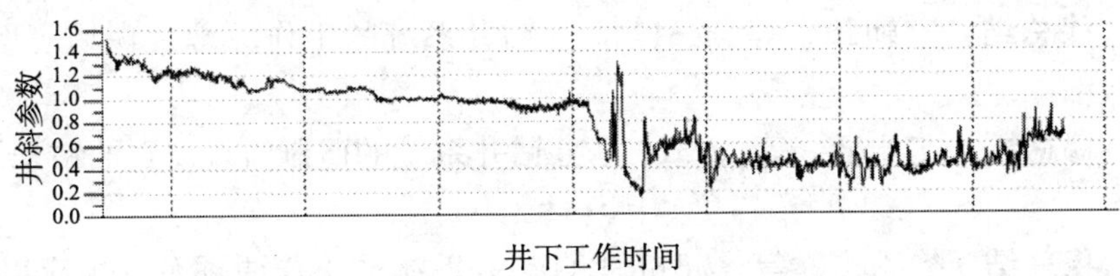

图3　ϕ311垂直钻井系统现场数据分析图

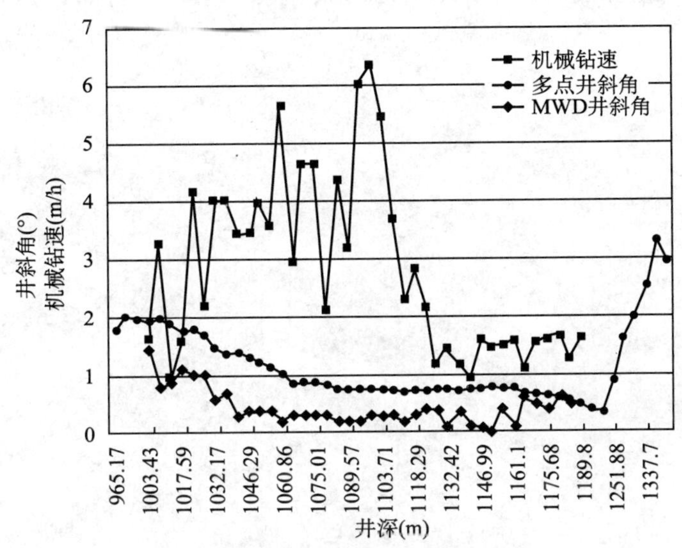

图4　ϕ311垂直钻井系统现场数据分析对比图

以上现场数据均表明，ϕ311垂直钻井系统结构设计合理，电源控制模块、执行机构、液压伺服机构、整体密封性能等均达到了设计要求，实现了机电液一体化的井下闭环效果，达到了自动防斜纠斜的井下智能闭环控制，达到了预期目标。

4　结论和认识

（1）垂直钻井工具是一种集机电液一体化的井下闭环系统的钻井工具，是防斜方法的革命性突破，是钻井领域的前沿技术。

（2）由克拉玛依钻井工艺研究院研制的ϕ311垂直钻井系统，经现场应用表明，可实现井下闭环防斜纠斜控制。该系统的研制成功不仅可以实现真正意义上的防斜打快，而且显著提高了大倾角、地应力异常等易斜地层的钻井工艺水平，同时为国内开展旋转导向钻井技术的开发奠定了良好的基础，大大加快了国内石油钻井高科技向世界水平进军的步伐。

（3）应加大对ϕ311垂直钻井系统的现场试验力度，以便进一步对整体结构、电源控制模块、执行机构、液压伺服机构、整体密封性能等进行优化设计，从而使得垂直钻井系统更加完善和成熟。

参 考 文 献

艾才云，穆总结，宋朝晖，等 . ϕ 311 垂直钻井系统的工作原理及现场应用 [J] . 钻采工艺，2010.

陈若铭，穆总结，艾才云，等 . ϕ 311 垂直钻井系统的研制 [J] . 石油钻采工艺，2010，(1)：31–33.

艾才云，穆总结，徐秀杰，等 . ϕ 311 垂直钻井系统的工作原理及现场应用 [R] . 中国石油西部钻探工程技术处，2010.

高德利 . 易斜地层防斜打快钻井理论与技术探讨 [J] . 石油钻探技术，2005，(5)：16–19.

带轨迹测量功能的PWD系统研制

周　强[1]　赵宝忠[2]　徐新纽[2]　罗　维[1]　唐　亮[1]　孙　鹏[1]

(1. 西部钻探克拉玛依钻井工艺研究院；2. 新疆油田公司)

摘　要：钻井液脉冲随钻井底压力监测系统是指在钻井过程中，将真实的井底压力这一关键钻井参数，进行动态采集并利用水力脉冲方式实时传输，经地面接收还原成井底压力数值的一套钻井实时监测系统，业界简称PWD系统。MWD无线随钻测量仪是对定向井、水平井井眼轨迹实时监测并指导完成井眼轨迹控制的测量仪器。本文叙述一种可以动态采集井底压力、温度、井斜、方位、工具面数据，并实时传输至地面的系统（PWD+MWD），以实现对井底压力、井眼轨迹精确控制的目的。

关键词：井底压力　温度　井斜角　方位角　工具面　采集　实时传输　脉冲　解码

目前随着勘探开发钻井技术的完善及地质工程的需要，越来越多的区块开始采用欠平衡钻井技术与水平井、定向井钻井技术相结合进行勘探与开发，并且MPD技术也逐渐开始在定向井、水平井当中应用，而MWD仪器只能监测井眼轨迹，PWD只能监测井底压力和温度，将我院现有PWD系统与成熟的MWD测斜组件相结合集成为一体，形成监测环空井底压力、温度、井斜角、方位、工具面的随钻测量传输系统，使得现场只使用一套仪器同时监测井底压力、温度、井斜角、方位角等井眼轨迹数据，将使欠平衡与水平井钻井技术控制更加精确。

1　带轨迹测量功能的PWD系统的关键技术

井底压力是钻井介质作用于环空井底所产生的压力，是关系整个钻井过程安全的一项重要参数，井底压力的设计需要考虑地层坍塌压力、地层孔隙压力、地层破裂压力以及地面处理设备的能力和井控设备的控制能力。在欠平衡钻进过程中，环空多相流状态下，尤其是在钻遇储层性质（包括原始孔隙压力，含油、气、水情况，油水界面，裂缝分布等）变化，地层流体进入环空后，压力关系比较复杂。多数模型不考虑钻屑的影响，也基本建立在假设钻井过程中钻井泵的排量、钻井液的密度流变性能不变，理论体系与数学模型相结合，运用公式近似地求出井底压力值，而这个在设计、施工中非常重要，尤其是窄密度窗口。应用井底压力实时采集传输技术能够准确采集真实的井底压力并实时采集传输的系

作者简介：周强，西部钻探克拉玛依钻井工艺研究院科研中心工程师。

统，从而对井底压力进行准确科学的控制非常有必要，目前PWD仪器已能实现此功能。

数据的上传受整个井筒的影响，包括钻井泵的稳定性、钻井液的不稳定流动、钻具与井壁及套管间的摩擦碰撞、钻头破碎地层所产生的震动以及泵排量和仪器对压降的要求等因素均对传输有不同程度的干扰，因此选择既能避免干扰，又能准确地将数据上传至地面的传输方式，是系统研制的关键技术。

压力和温度传感器的种类和形状很多，在井下工作也有各种限定条件。在精度和量程符合要求的情况下，首先要考虑井下狭小的空间、体积和形状，其次是井下高温，再次是井下高压条件，最后是传感器的抗震性及经济性。综合考虑以上因素，确定了井底压力传感器，选用了硅应变式压力－温度一体化传感器。

MWD中探管是井下轨迹参数测量系统的心脏，它主要由两套传感器（三轴磁通门和三轴加速度计）、其他传感器及电子线路组成。探管的功能是测量井眼的各种参数，电子线路把各种参数变成电信号，由脉冲发生器发送至地面解码。

脉冲控制器是井底数据传输系统研制的关键环节。它由系统供电单元、数据输入单元、DSP数据处理单元、数模转换单元等诸多复杂结构所组成。其作用就是读取存储在存储器内的压力、温度、井斜角、方位角和工具面参数数字数据，进行编码，转换为5V方波脉冲信号，交由脉冲发生器向地面发送。在设计、制造中不但要考虑数据传输的准确性与稳定性，还要考虑整套系统的节电性能。

本系统将井底采集到的数据至地面的传输选用钻井液正脉冲传送的方式，经地面采集、解码、处理后，与基于CAN−BUS总线的地面数据传输相结合，形成完整的钻井数据采集传输系统。

2 带轨迹测量功能的PWD仪器组成

仪器主要由井下测量传输系统和地面接收解码系统两部分组成。

井下测量传输系统主要包括：井底压力、温度采集模块、轨迹采集模块、电源管理模块、脉冲控制模块、脉冲发生器、电池。功能：完成对井底压力及钻具姿态的描述及传输功能，包括测量点的井底压力、温度、井斜角、方位角、工具面等（图1）。

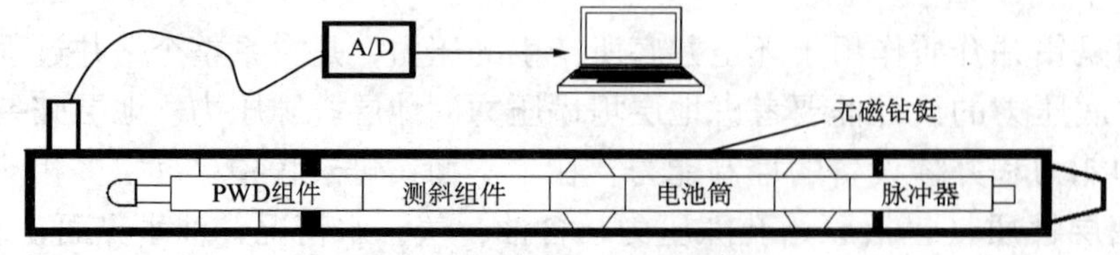

图1 带轨迹测量功能PWD系统连接示意图

井下部分采用无磁材料作为外筒（图2），轨迹测量探管处于外筒中部位置，从而保证了轨迹参数测量的精度。

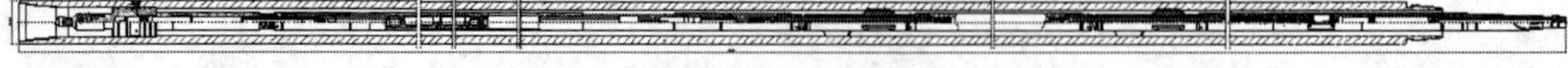

图2 带轨迹测量功能PWD系统井下部分结构示意图

地面接收解码系统主要包括：压力传感器、CAN—BUS 总线、接收解码软件。功能：完成对钻井液压力信号的采集、处理、辨识、存储及显示功能（图 3）。

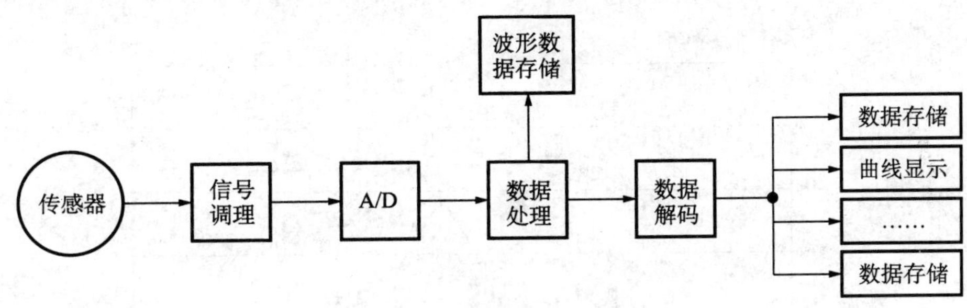

图 3　地面接收流程示意图

3　带轨迹测量功能的 PWD 仪器工作原理

井下测量系统（图 4）工作原理：(1) 井下压力温度一体传感器采集到的井底压力、温度数据与测斜组件所采集到的井斜、方位、工具面参数经 PIC 系统处理，数据由其数据总线读入到 DSP 系统暂时存储；(2) 将数据以时间位置调制后控制脉冲发生器电磁阀的形式转发；(3) 电源统一由锂电池供电。

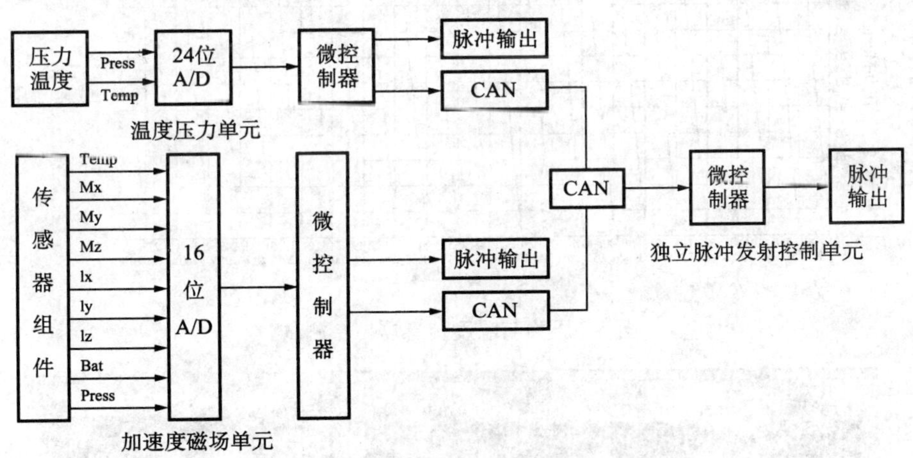

图 4　井下测量系统电路连接示意图

地面接收解码系统通过压力传感器获得压力脉冲信号，将该信号进行调理后，经模数转换器转换，将原始波形以数字量的方式保存，同时，对数据进行自动解码，解码后的数据用数字方式、曲线方式进行显示，并存储，仪器从井下取出后，可使用 USB 将施工期间存储的数据读至计算机中。

4　室内测试

带轨迹测量功能的 PWD 系统样机经过了芯轴的承压和密封性能测试，井下压力、温度传感器与采集电路板压力与温度拟合测试，密封圈高温高压老化试验，测斜组件与测斜电路板三轴无磁转台模拟测试以及系统解码软件测试等（图5～图7），测试结果达到设计要求。

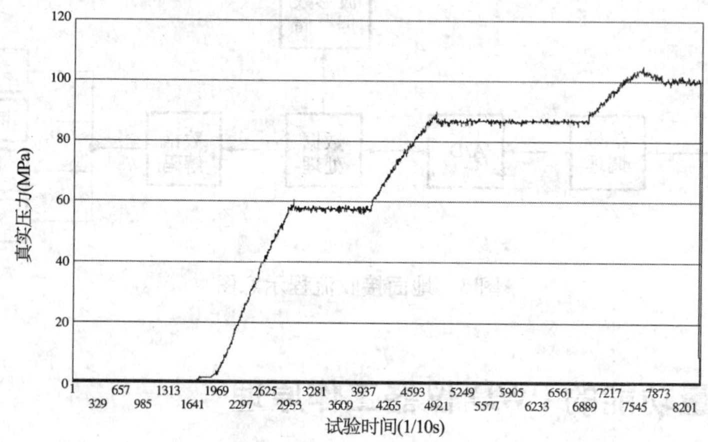

图5　芯轴的承压性能测试

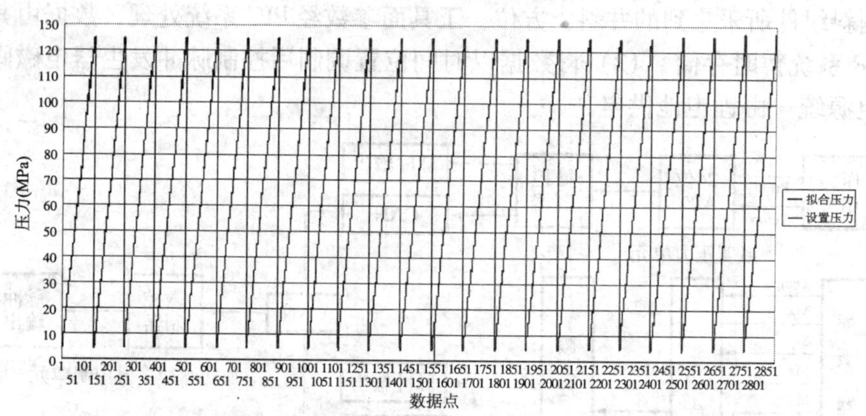

图6　压力与温度传感器拟合测试

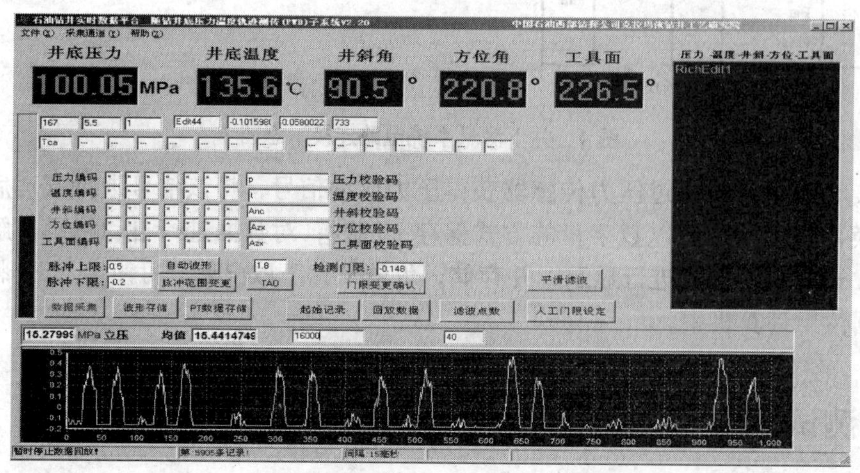

图7　解码软件功能示意图

5 带轨迹测量功能的 PWD 系统指标及功能

系统性能和技术指标如表 1 和表 2 所示。

表 1 系统性能指标

下井仪器总长（mm）	5600
下井仪器直径（mm）	172
最高工作温度（℃）	150
最高承受压力（MPa）	105
抗冲击（N）	5000
耐振动（g）	20
钻井液含砂量（%）	＜1
排量（L/s）	10 ～ 55

表 2 系统技术指标

项 目	测量范围	分辨率
井底压力	0 ～ 105MPa	0.2%
井底温度	0 ～ 150℃	0.2%
井斜角	0° ～ 180°	±0.1°
方位角	0° ～ 360°	±1.0°
工具面角	0° ～ 360°	±1.0°

使用带轨迹测量功能的 PWD 系统可以实现：(1) 实时监测当量循环密度，优化钻井液性能和水力参数；(2) 实时监测井眼轨迹，利用井眼轨迹的监测预测使轨迹控制贯穿钻井作业的全过程；(3) 及时发现井漏、溢流；(4) 及时发现井壁坍塌；(5) 监测岩屑堆积，避免井眼净化问题；(6) 实时井底压力 / 温度数据用于诊断、修正以及优化钻井参数，避免钻井事故，控制风险，减少不确定因素。

6 认识

实时井底压力、温度、井斜角、方位角及工具面采集传输系统（PWD+MWD）的研制实现了钻井液欠平衡水平井井下工程数据实时监测与传输，形成了随钻井底测量技术，解决了钻井液欠平衡水平井钻井过程中井底压力和井眼轨迹实时测量传输、调整和控制的问题，为实现水平井全过程欠平衡钻进状态的保持提供了重要手段。

参 考 文 献

周强.井底压力采集技术修正欠平衡钻井软件设计偏差［J］.钻采工艺，2009，(5)：7-8.

周强，罗维，唐亮，等.一种井底压力实时采集传输系统的研制［J］.钻采工艺，2009，(4)：28-30.

开展油套管适用性评价，确保油气井管柱安全

宋生印

（中国石油集团石油管工程技术研究院）

摘　要：钻完井生产实践中，经常遇到这样的难题：尽管所选用的油套管产品满足标准规定的指标要求，并且管柱强度设计也符合相关标准，但仍然会出现大量的失效，有时会造成巨大经济损失。究其原因，主要是没有对油井管柱进行适用性评价，所选择的管材、设计的管柱与使用条件不适应。本文在论述适用性评价的内容和基本要求的基础上，提出了系统开展适用性评价的程序和方法，并通过两个典型实例提出了开展适用性评价的意义和建议。

关键词：油套管　适用性　管柱　安全

油套管适用性是指油套管柱在正常使用条件下，满足预定使用要求的能力。油套管适用性评价，针对特定工况条件选择合适的材料理化性能，通过特定的系统试验进行产品使用性能的评价，确定产品对于特定工况的适用性。

钻完井生产实践中，往往遇到这样的情况：尽管所用的管材产品满足标准规定的指标要求，并且管柱强度设计也符合相关标准，但仍然会出现大量的油套管失效，有时会造成巨大经济损失。分析其原因，主要是没有对油井管柱进行适用性评价，所选择的管材、设计的管柱与使用条件不适应。也就是没有对症下药。

从自然因素来说，随着油气勘探向纵深发展，油管和套管及其管柱使用环境、工况越来越苛刻；从产品、技术因素来说，特殊材料和特殊螺纹接头的管材产品越来越多，并且性能差异很大。这些因素都要求对选用的管材进行适用性评价。只有通过全面系统的适用性评价才能选好用好油井管，才能确保管柱全寿命服役期内安全可靠。

（1）开展管柱的适用性评价，是管柱设计的进一步完善。

有些影响因素在管柱设计中未考虑，如接头在各种机械载荷作用下的内部应力分布、高压高产气井管柱横向振动、各种腐蚀介质等对管材及接头性能的影响，适用性评价主要针对目前管柱设计方法中无法量化的因素对油井管柱进行验证性评价。

（2）适用性评价，是预防失效不可或缺的重要举措。

适用性评价可检验选用的管柱在使用环境及工况条件下的性能表现，是否出现异常，对操作中可能出现的问题进行预演及预防，增加使用安全可靠性，避免或降低事故损失和处理时间。

作者简介：宋生印，中国石油大学（北京）石油天然气工程学院，博士研究生，研究方向为钻井、油井管工程，E-mail：songsy@tgrc.org.cn

1　适用性评价内容及方法

1.1　适用性评价任务和内容

适用性评价的核心任务：(1) 确保管柱服役期安全可靠，避免油井管柱早期失效；(2) 确保设计、选用的管柱材料的经济性，既要避免高端低用，如耐蚀合金用于普通工况，又要避免设计寿命远远高于油气井服役年限。

适用性评价对象：针对油管、套管的薄弱环节即油管、套管接头在各种工况条件下性能进行评价。

适用性评价内容：根据ISO13679的相关要求，通过实物实验，评价油管、套管接头抗黏扣性能、密封性能及连接强度、抗腐蚀特性、管柱寿命、管柱的经济性等，并在此基础上协助油田用户制定订货补充技术条件，并指导用户应用。

应开展适用性评价油气井类型：(1) 探井、复杂结构井等井下工况不明确的管柱结构；(2) 高温、高压、高含腐蚀介质等复杂工况下的管柱结构；(3) 开采井在井身结构或作业压力发生改变时；(4) 稠油热采井管柱结构；(5) 超深超高压高温高产井的管柱结构；(6) 更换套管产品类型的管柱结构；(7) 经济、井身结构优化后的油气井管柱结构；(8) 其他涉及新产品、钻完井新技术新工艺应用的油气井管柱。

1.2　适用性评价程序

适用性评价程序如图1所示。

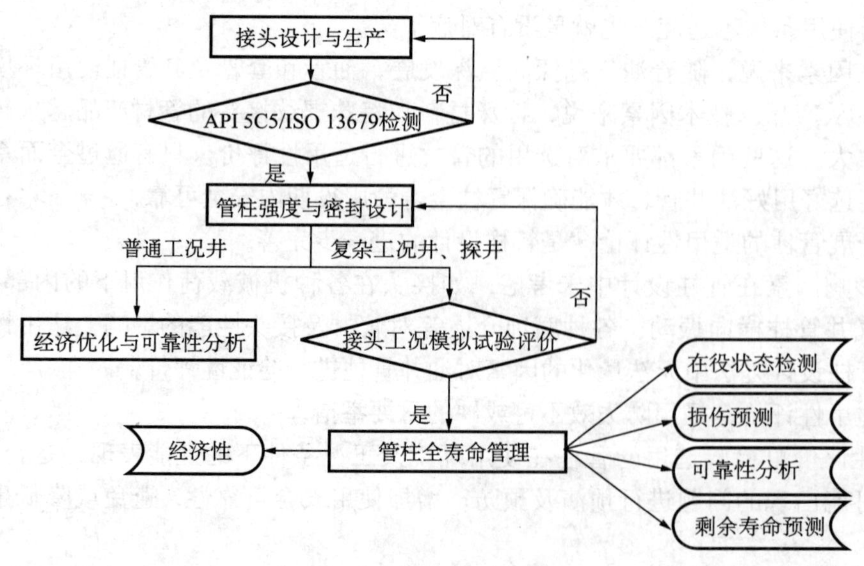

图1　适用性评价程序框图

1.2.1 全过程适用性评价基本要求

（1）目标油气井（区块）工况和管柱受力（动力、静力）状态。

既要确定油井管服役期间的各种机械、力学载荷（轴向力、内压、外压、弯曲、扭矩、摩擦、磨损、振动、碰撞等），又要确定环境行为（腐蚀、温度、介质等）。

（2）开展失效分析。

分析以往失效类型，即结构失效和密封失效，包括以下类型。

变形：弯曲、压扁、凹陷、失稳等。

破裂：管体爆裂、接箍纵裂、管体断裂、错断．应力腐蚀开裂、疲劳或腐蚀疲劳断裂。

表面损伤：腐蚀、磨损、螺纹粘结。

螺纹连接失效：泄漏、滑脱、黏扣、跳扣、断裂。

（3）管柱对目标油气井（区块）温度、内压 / 外压、弯曲及拉伸 / 压缩等作用的适用性。

（4）管柱对目标油气井钻完井工艺技术等的适用性。

（5）管柱对目标油气井腐蚀环境的适用性。

（6）拟选用油管套管产品的质量稳定性。

（7）对目标油气井区块用油管套管选用及使用技术条件。

（8）现场应用。

（9）后评估。

1.2.2 适用性评价方法

适用性评价方法主要有有限元分析方法、全尺寸实物实验评价方法、现场应用评价方法。本文重点介绍全尺寸实物评价方法。

模拟实际工况开展全尺寸实物实验评价的目的或任务是：（1）评价材料对环境适用性；（2）评价接头对工况与环境的适用性；（3）评价管柱结构对工况与环境的适用性。

材料的选择与评价内容包括：化学成分、力学性能、金相组织、材料与环境作用等方面。

接头的选择与评价内容包括接头拉伸 / 压缩效率、接头内压密封效率、接头与环境作用（腐蚀、磨损等）。

管柱设计与验证评价：首先对管柱服役的工况进行全面分析，包括屈曲与弯曲行为、摩阻和扭矩计算、钻完井技术对管柱的影响分析、管柱振动分析、损伤预测及剩余强度评价、环境变化对管柱的影响分析、采油采气作业对管柱的影响分析、管柱与地层长期作用分析、管柱与环境介质的作用分析。然后开展管柱结构（管体与接头的强度与密封性能）设计、管柱损伤预测，分析管柱强度、密封性能与地层作用的时效性。

可靠的管柱设计，除进行强度设计外，还应进行密封与防腐全寿命设计，更重要的是要进行设计验证与适用性评价：（1）强度设计对管体和接头都要进行校核；（2）对于天然气井和高温、高压油气井，必须要进行密封设计和评价，不仅要确保每根油管、套管螺纹接头的密封性，而且要保证整个管柱包括附件的密封性；（3）预测到有腐蚀介质的井要进行防腐设计，包括管材的选择、腐蚀评价和必要的工艺选择；（4）评价管柱的损伤、应力、变形、开采工艺与地层、环境之间的长期作用。

1.3 应用实例

1.3.1 实例1

（1）背景。

苏里格气田低渗(渗透率0.15～4mD)、低压(气藏平均压力系数0.85～0.97MPa/100m)。

苏里格气田主流井身结构为表套加油套，表套采用国产J55短圆螺纹，已满足经济、可靠性要求，但油层套管采用进口特殊螺纹，管柱成本仍然居高不下，其成本为API螺纹套管的1.5～2.5倍。

在确保套管安全可靠性的基础上，采用API螺纹套管尤其API圆螺纹套管代替进口特殊螺纹套管，具有显著的经济效益。

（2）工况。

开发井深3550m，使用寿命5～8年；Cl^-、CO_2分压均较低，无腐蚀异常产物；井内最大内压30MPa，稳定地层全掏空有效外压41.8MPa，酸化压裂压力60～90MPa。

（3）套管柱优化设计思路。

考虑有效外载分布，外压是自上而下、拉伸载荷是自下而上增大；依据ϕ139.70mm×7.72/9.17mm J55/N80（钢级LC，长圆螺纹）套管API名义值，初选上述规格套管设计复合套管柱。

CATTS101特殊螺纹脂具有耐高温、抗老化、密封性好的特点。

初步确定采用上述规格API长圆螺纹套管+CATTS101特殊螺纹脂进行套管柱优化。具体设计方案表1所示。

表1 油层套管设计方案

工况方案编号	内压（MPa）		外挤（MPa）		复合套管柱
	井口压力	最大有效压力	掏空情况	最大有效压力	
A	30	31.7	1/3	18.57	（N80）×7.72mm×（0～900m）+（J55）×7.72mm×（900～3250m）+（N80）×9.17mm×（3250～3550m）
			2/3	30.18	
B	41.8	48.8	全	41.8	（N80）×9.17mm×（0～3550m）

（4）评价项目包括：上、卸扣试验；焙干（170℃）后气密封试验；室温下弯曲条件（10°/30m）的气密封试验；TGRC1试验（拉伸+内压（35MPa）+弯曲试验）；水压爆破试验及拉伸至失效试验。

（5）试验结果：在最小和最佳扭矩上扣时，无黏扣现象发生；抗拉伸性能均高于API名义值；J55套管接头密封压力可达35MPa，密封效率高于80%；ϕ139.70mm×9.17mm N80 LC套管水压爆破试验压力大于90MPa。

API长圆螺纹油层套管柱结构设计方案与采用特殊扣的成本比较见表2。

表 2　成本比较

套管螺纹扣型＋螺纹脂	方案	成本 （万元）	与进口特殊螺纹相比成本节约 （万元）
API 长圆螺纹 +CATTS101	A	65.8856	65.71
	B	80.6475	80.47
进口特殊螺纹 +SHELL TYPE3	A	131.7712	—
	B	161.295	—

经济效益显著，优化后单井套管柱成本与进口特殊螺纹比较节约了 50%。在油田现场推广应用 160 多口井，至今运行良好。

1.3.2　实例 2

（1）背景。

塔里木油田迪那区块，高温（140 ～ 165℃）、高压（94 ～ 120MPa）、井深（5500 ～ 6000m）气井；DN2−8 井油管泄漏失效，直接经济损失 2600 万元；推进该高温高压气田勘探开发完井管柱国产化。

（2）试验项目包括：上卸扣试验；高温（180℃）焙干；包络线复合载荷试验；热循环试验；工况载荷模拟试验；过扭矩试验以及极限失效载荷试验。

各载荷点如图 2 所示。计算所得的各载荷点实际载荷如表 3 所示。

（3）接头性能试验方案。

2009 年 8 月 19—20 日，塔里木油田、管研院、宝山钢铁股份有限公司和西安石油大学在管研院讨论确定试验方案。超级 13Cr 材料可满足现有油气井工况要求，主要是接头结构的影响。首先按 ISO 13679 进行接头质量检验，然后进行工况的适用性评价，同时还要评价油管材料在酸化、开井、关井下的耐腐蚀性。

（4）下井试验评价。

现场上扣统计表明：下井油管总扭矩 90% 在最佳至最大扭矩之间，100% 大于最小扭矩；台肩扭矩 93% 在 491 ～ 2000N · m 范围，6% 在 2000 ～ 2800N · m 范围，与试验值和实测螺纹参数分布比较得出的结论相一致，确保了安全使用。

经过一年的联合攻关、质量监督、适用性评价以及严格监控质量、监督下井，下井试用，目前运行情况良好。

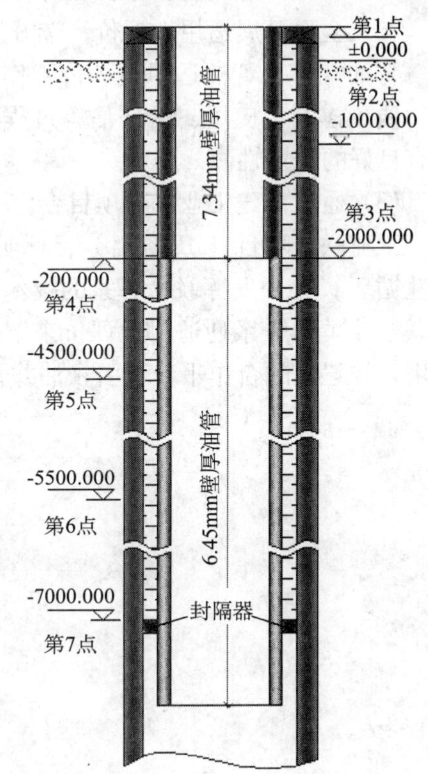

图 2　载荷点位置示意图

表3　工况模拟试验载荷点载荷值

编号	井深位置(m)	酸化			开井			关井		
		内压(MPa)	温度(℃)	轴向载荷(kN)	内压(MPa)	温度(℃)	轴向载荷(kN)	内压(MPa)	温度(℃)	轴向载荷(kN)
1	0	90	0	1149	100	80	789	120	20	1039
2	1000	84		999	89		639	109		889
3	2000	78		849	78		489	98		739
4	2000	78		849	78		489	98		759
5	4500	63		535	54		174	72		425
6	5500	58		400	47		40	60		290
7	7000	47	80	200	32	160	-160	42	160	90

2　建议

（1）加强失效分析工作，掌握失效原因与机理。

失效分析工作为查明失效原因、预防事故再次发生提供技术支持；通过大量失效分析，积累大量数据，为油管和套管评价与选用技术奠定基础。

（2）全面开展适用性评价，选好用好油管、套管。

将油井管及管柱适用性评价工作纳入正常的管理体系，并通过规范运作，从设计、评价、质量控制、应用、后评估等过程全面入手，降低工程风险，确保油井管安全可靠，并具有良好的经济性。

（3）通过搭建工业联合项目合作平台有针对性地解决油田技术难题。

工业联合项目（JIP项目）目标明确，针对性强，可实现问题—研究成果—产品的快速良性循环；充分发挥联合各家的技术、产品优势；锁定具体的技术领域和适用的产品，通过联合攻关和一系列适用性评价来解决复杂技术问题；制定标准，有针对性地规范生产和使用；构建大的合作平台，引领油井管技术发展。

仿射坐标系在钻柱动力学中的应用

冯光通　唐　波

（胜利石油管理局钻井工艺研究院）

摘　要：三维井眼钻柱的转动钻柱分析是钻柱动力学理论研究的难点，首先要处理三维弯曲井眼中钻柱的初始弯曲，而且在分析过程中要考虑弯曲井眼方位、井斜对钻柱接触力的影响。本文引入仿射坐标系，建立三维弯曲井眼中转动钻柱力学模型，分析弯曲井眼中转动钻柱变形、接触力及摩阻扭矩，为钻柱动力学理论研究提供一种新的方法。

关键词：钻柱动力学　仿射坐标　三维井眼

1　仿射坐标系

为便于描述三维弯曲井眼及建立力学方程，引入空间仿射坐标。在空间任取一点 O 以及不共面的 3 个矢量 $\boldsymbol{e}_1$、$\boldsymbol{e}_2$ 及 $\boldsymbol{e}_3$，以点 O 为起点作这 3 个矢量，它们所定的 3 个轴分别为 x，y，z 轴，点 O 称为坐标原点，构成了一个仿射坐标系 [1]（图 1），记为［O：$\boldsymbol{e}_1$，$\boldsymbol{e}_2$，$\boldsymbol{e}_3$］。空间中任一矢量 $\boldsymbol{P}$ 可唯一写成：

$$\boldsymbol{P}=x\boldsymbol{e}_1+y\boldsymbol{e}_2+z\boldsymbol{e}_3 \tag{1}$$

数组（x，y，z）称为矢量 P 的仿射坐标。

空中任一点 P 的仿射坐标就是矢量 $\boldsymbol{OP}$ 的坐标，若点 P 的仿射坐标为（x，y，z），即有：

$$\boldsymbol{OP}=x\boldsymbol{e}_1+y\boldsymbol{e}_2+z\boldsymbol{e}_3 \tag{2}$$

仿射坐标系与直角坐标系区别在于：仿射坐标系的三个坐标轴不相互垂直，如果设 $\boldsymbol{e}_1$、$\boldsymbol{e}_2$ 及 $\boldsymbol{e}_3$ 之间的夹角分别为 θ_1、θ_2、θ_3, 则有如下关系：

$$\begin{cases}\boldsymbol{e}_1\cdot\boldsymbol{e}_2=\cos\theta_1\\ \boldsymbol{e}_2\cdot\boldsymbol{e}_3=\cos\theta_2\\ \boldsymbol{e}_3\cdot\boldsymbol{e}_1=\cos\theta_3\end{cases} \tag{3}$$

对于心线为三维空间曲线，现分析一种较为简单曲线形式，即在井斜角及方位角都随

作者简介：冯光通（1974—　），1999 年石油大学（北京）油气井工程专业硕士毕业，博士研究生，现在胜利石油管理局钻井工艺研究院从事钻井工艺技术研究与现场推广工作。

着位移匀速增加，曲线在 XOZ、XOY 平面内的投影半径分别为 ρ_1、ρ_2 的圆弧。

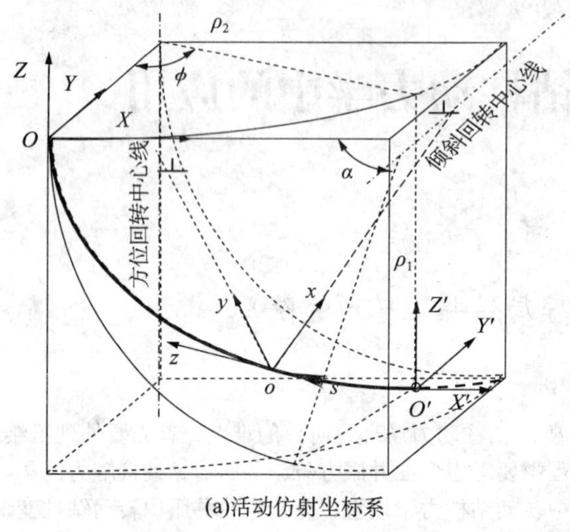

(a)活动仿射坐标系

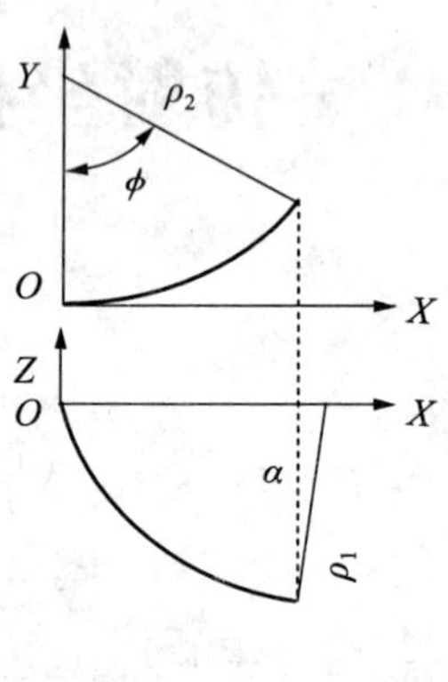

(b)在固定坐标系中的投影

图 1　活动仿射坐标系

为便于空间曲线描述及力学方程的建立，建立如下仿射坐标系。

取固定坐标系 $OXYZ$：原点 O 在分析井段起始点，X 指向正东，单位向量为 $\boldsymbol{e}_X$；Y 轴指向正北，单位向量为 $\boldsymbol{e}_Y$；Z 轴铅垂向上，单位向量为 $\boldsymbol{e}_Z$。为了便于从底部开始进行力学分析，可以将固定坐标系平移到底部建立坐标系 $O'X'Y'Z'$。

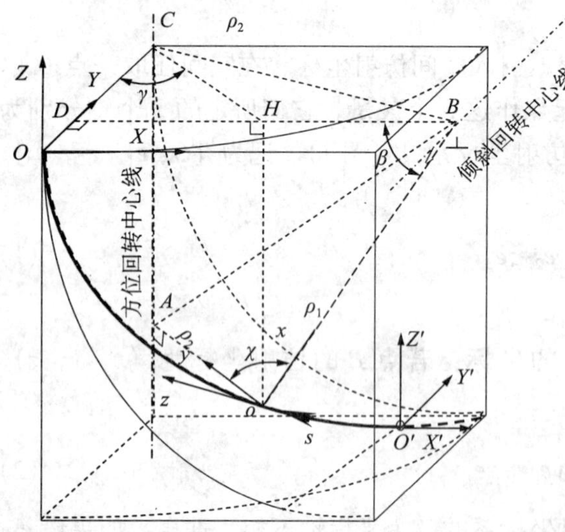

图 2　坐标轴夹角 χ 占井眼倾斜角 β 的关系

取活动仿射坐标 $oxyz$，o 位于井眼轴线 s 点处，x 指向并垂直于井斜回转中心线，单位向量 $\boldsymbol{e}_x$；y 指向并垂直于方位回转中心线，单位向量 e_y；z 轴则为曲线切向线，其方位由右手螺旋准则确定，单位向量 $\boldsymbol{e}_z$；注意：z 的方向可能与 s 方向的曲线的切向方向相反，但总可以通过参数转换成一致的，本文只讨论一致的情况。

与直角坐标系的区别在于：此处所采用的活动仿射坐标系的 x 轴与 y 轴并不始终相互垂直，它们之间的夹角 χ 随着原点位于井眼中心线曲线的位置变化而变化。下面仅以中心曲线弯曲方向指向 $OXYZ$ 坐标轴正向为例分析夹角 χ 与井眼倾斜角 β 之间的关系，其他方向同理可分析。

如图 2 所示，根据曲线的空间几何结构有：

$$\sin\gamma = \frac{\rho_1}{\rho_2}\left(1-\cos\beta\right) \tag{4}$$

$$\cos\chi = \frac{\rho_1}{\rho_2}\cos\beta\left(\cos\beta - 1\right) = -\cos\beta\sin\gamma = \left(\frac{\rho_2}{\rho_1}\sin\gamma - 1\right)\sin\gamma \tag{5}$$

如设倾斜率和方位角率分别为 ξ、η，单位 rad/m，并已知中心曲线端点，倾斜角（与 Z 轴负向的夹角）为 α，相位角（与 x 轴正向的夹角）为 Φ（此处只讨论当 α、Φ 为正且小于 $\pi/2$ 的情况，其余同理可解），则其回转半径：

$$\begin{cases} \rho_1 = \dfrac{1}{\xi} \\ \rho_2 = \dfrac{1}{\eta} \end{cases} \tag{6}$$

且井在 OXZ 平面内的半径为 ρ_1，在 OXY 平面内的半径为 ρ_2，但 ρ_2 不是独立的，它与 α、Φ 及 ρ_1 是相关的。

实际该曲线可以看成是两个相互垂直空间两扇柱面的相贯线，分别写出：

$$\begin{cases} x = \rho_2\sin\gamma \\ y = \rho_2 - \rho_2\cos\gamma \end{cases} \tag{7}$$

其中 $\pi/2 - \gamma$ 为井眼轴线上点的方位角。

$$\begin{cases} x = \rho_1 - \rho_1\cos\beta \\ z = -\rho_1\sin\beta \end{cases} \tag{8}$$

式中，β 为井眼轴线上点的倾斜角。

当两个柱面相交时，则式（7）与式（8）中的 x 坐标应相等，消去参数 γ，则井眼坐标成为关于井斜角 β 的参数方程：

$$\begin{cases} x = \rho_1 - \rho_1\cos\beta \\ y = \rho_2 - \sqrt{\rho_2^2 - \rho_1^2\left(1-\cos\beta\right)^2} \\ z = -\rho_1\sin\beta \end{cases} \tag{9}$$

曲线长度可表示为：

$$s\left(\beta\right) = \int_0^\beta \sqrt{x'^2\left(t\right) + y'^2\left(t\right) + z'^2\left(t\right)}\mathrm{d}t \tag{10}$$

将式（8）代入式（7）可得到坐标系 $OXYZ$ 下倾角为 β 时的 s 弧长：

$$s = \rho_1\int_0^\beta \sqrt{\left[\frac{\rho_1^2\left(1-\cos t\right)^2\sin^2 t}{\rho_2^2 - \rho_1^2\left(1-\cos t\right)^2} + 1\right]}\mathrm{d}t \tag{11}$$

在 $O'X'Y'Z'$ 坐标系下，则当倾斜角为 β 时的 s 弧长：

$$s=s(\beta)=\rho_1\int_\beta^\alpha\sqrt{\left[\frac{\rho_1^2(1-\cos t)^2\sin^2 t}{\rho_2^2-\rho_1^2(1-\cos t)^2}+1\right]}\mathrm{d}t \tag{12}$$

在 $O'X'Y'Z'$ 坐标系下，若已知 s 点处的倾斜角可记为：

$$\beta(s)=s^{-1}(\beta) \tag{13}$$

根据相交的性质，可以得如下关系：

$$\gamma(s)=\arcsin\left\{\frac{\rho_1}{\rho_2}\left[1-\cos(\beta(s))\right]\right\} \tag{14}$$

与直角坐标系的区别在于：此处所采用的活动仿射坐标系的 x 轴与 y 轴并不始终相互垂直，它们之间的夹角 χ 随着原点位于井眼中心线曲线的位置变化而变化。下面仅以环空中心曲线弯曲方向指向 $OXYZ$ 坐标轴正向为例分析夹角 χ 与井眼倾斜角 β 之间的关系，其他方向同理可分析。

2 力学方程

在三维分析时，取任一点处钻柱的截面，其受力分布如图 3 所示。从图中可以看出与斜直井及二维弯曲井眼的力学分析截面不同的是：在任意一个平面上，三维弯曲井眼的 x、y 不一定垂直，但它们与 z 轴始终垂直。

与斜直井及二维弯曲井类似 [3]，同样可以在此截面上建立在活动仿射坐标系建立钻柱的弯矩方程 [2]，如此处理的优点在于可以使弯矩方程中初始弯曲为常数，便于求解方程。

$$\begin{cases}\dfrac{EI}{\rho_{oxz}(s)}+\dfrac{EI}{\rho_1}=M_y^{\mathrm{F}}+M_y^{\mathrm{Q}}+M_y^0\\ \dfrac{EI_z}{\rho_{oyz}(s)}+\dfrac{EI_z}{\rho_2}=M_x^{\mathrm{F}}+M_x^{\mathrm{Q}}+M_x^0\end{cases} \tag{15}$$

式中，ρ_i（s）（i=1，2）为由 M_y^0、M_x^0 产生的曲率半径，m。

设 x 与 y 轴的夹角为 χ（s），则有：

$$\begin{cases}x=r\cos\theta-r\sin\theta\cot\chi\\ y=r\sin\theta\csc\chi\end{cases} \tag{16}$$

现引入变量 ϑ 及 ψ，使其满足：

$$\begin{cases}\vartheta=\cos\theta-\sin\theta\cot\chi\\ \psi=\sin\theta\csc\chi\end{cases} \tag{17}$$

则式（16）可写成：

$$\begin{cases} x = r\vartheta \\ y = r\psi \end{cases} \tag{18}$$

为统一方便，所有外力均与坐标系一致，则式（15）中的各项可写为如下形式：

$$\begin{cases} M_x^{\mathrm{F}} = Pr(\psi - \psi_0) + \int_{y_0}^{y}\int_0^s G_z(s)\mathrm{d}s\mathrm{d}y \\ M_y^{\mathrm{F}} = Pr(\vartheta - \vartheta_0) + \int_{x_0}^{x}\int_0^s G_z(s)\mathrm{d}s\mathrm{d}x \\ M_x^{\mathrm{N}} = Q_{yo}s + \int_0^s\int_0^s \left[G_y(s) - N(s)\psi - \mu N(s)\vartheta\right]\mathrm{d}s\mathrm{d}s \\ M_y^{\mathrm{N}} = Q_{xo}s + \int_0^s\int_0^s \left[G_x(s) - N(s)\vartheta + \mu N(s)\psi\right]\mathrm{d}s\mathrm{d}s \end{cases} \tag{19}$$

$$\begin{cases} \dfrac{EI_z}{\rho_1} = M_y^0 \\ \dfrac{EI_z}{\rho_2} = M_x^0 \end{cases} \tag{20}$$

且以将 x、y 表示成与ϑ、Ψ与 s 的关系，则方程（19）可以写成：

$$\begin{cases} EIr\dfrac{\mathrm{d}^2\vartheta}{\mathrm{d}s^2} + EI_z\xi = Pr(\vartheta - \vartheta_0) + r\int_{\vartheta_0}^{\vartheta}\int_0^s G_z(s)\mathrm{d}s\mathrm{d}(\vartheta) + Q_{x0}s \\ \qquad + \int_0^s\int_0^s G_x(s)\mathrm{d}s\mathrm{d}s - \int_0^s\int_0^s N(s)(\vartheta - \mu\psi)\mathrm{d}s\mathrm{d}s + M_y^0 \\ EIr\dfrac{\mathrm{d}^2\psi}{\mathrm{d}s^2} + EI_z\eta = Pr(\psi - \psi_0) + r\int_{\psi_0}^{\psi}\int_0^s G_z(s)\mathrm{d}s\mathrm{d}(\psi) + Q_{y0}s \\ \qquad + \int_0^s\int_0^s G_y(s)\mathrm{d}s\mathrm{d}s - \int_0^s\int_0^s N(s)(\psi + \mu\vartheta)\mathrm{d}s\mathrm{d}s + M_x^0 \end{cases} \tag{21}$$

当钻柱转动时，摩擦系数为滚动摩擦系数$\mu_{\mathrm{r}} = \dfrac{2\delta}{d}$，$\delta$ 为比例常数，称为滚动摩擦常数，d 为转动直径。式（21）实际上是 θ 关于 s 的微分方程组，此式中含有接触力函数 N（s），而这个接触力函数是未知的，因此要直接解出此方程组是很难的，如式（21）同时对 s 求两阶导数，并进行消元，则：

$$\begin{aligned} & EIr\frac{\mathrm{d}^4\vartheta}{\mathrm{d}s^4}(\psi + \mu\vartheta) - EIr\frac{\mathrm{d}^4\psi}{\mathrm{d}s^4}(\vartheta - \mu\psi) \\ & = Pr\left[\frac{\mathrm{d}^2\vartheta}{\mathrm{d}s^2}(\psi + \mu\vartheta) - \frac{\mathrm{d}^2\psi}{\mathrm{d}s^2}(\vartheta - \mu\psi)\right] + r\int_0^s G_z(s)\mathrm{d}s\left[\frac{\mathrm{d}^2\vartheta}{\mathrm{d}s^2}(\psi + \mu\vartheta) - \frac{\mathrm{d}^2\psi}{\mathrm{d}s^2}(\vartheta - \mu\psi)\right] \\ & \quad + r\frac{\mathrm{d}\vartheta}{\mathrm{d}s}\left[G_z(s)(\psi + \mu\vartheta) - \frac{\mathrm{d}\psi}{\mathrm{d}s}(\vartheta - \mu\psi)\right] + G_x(s)(\psi + \mu\vartheta) - G_y(s)(\vartheta - \mu\psi) \end{aligned} \tag{22}$$

$$
\begin{aligned}
&N(s)\left((\vartheta-\mu\psi)^2+(\psi+\mu\vartheta)^2\right)=-EIr\left[\frac{\mathrm{d}^4\vartheta}{\mathrm{d}s^4}(\vartheta-\mu\psi)+\frac{\mathrm{d}^4\psi}{\mathrm{d}s^4}(\psi+\mu\vartheta)\right]\\
&+Pr\left[(\vartheta-\mu\psi)\frac{\mathrm{d}^2\vartheta}{\mathrm{d}s^2}+(\psi+\mu\vartheta)\frac{\mathrm{d}^2\psi}{\mathrm{d}s^2}\right]+r\int_0^s G_z(s)\mathrm{d}s\left[(\vartheta-\mu\psi)\frac{\mathrm{d}^2\vartheta}{\mathrm{d}s^2}+(\psi+\mu\vartheta)\frac{\mathrm{d}^2\psi}{\mathrm{d}s^2}\right]\\
&+rG_z(s)\left[(\vartheta-\mu\psi)\frac{\mathrm{d}\vartheta}{\mathrm{d}s}+(\psi+\mu\vartheta)\frac{\mathrm{d}\psi}{\mathrm{d}s}\right]+G_x(s)(\vartheta-\mu\psi)+G_y(s)(\psi+\mu\vartheta)
\end{aligned}
\tag{23}
$$

其中：

$$
\begin{cases}
\dfrac{\mathrm{d}\vartheta}{\mathrm{d}s}=\vartheta_1^{1(1)}\dfrac{\mathrm{d}\theta}{\mathrm{d}s}+\vartheta_0^{0(1)}\\
\dfrac{\mathrm{d}\psi}{\mathrm{d}s}=\psi_1^{1(1)}\dfrac{\mathrm{d}\theta}{\mathrm{d}s}+\psi_0^{0(1)}
\end{cases}
\tag{24}
$$

其系数见附录式（i−a）～式（i−d）；

$$
\begin{cases}
\dfrac{\mathrm{d}^2\vartheta}{\mathrm{d}s^2}=\vartheta_2^{1(2)}\dfrac{\mathrm{d}^2\theta}{\mathrm{d}s^2}+\vartheta_1^{2(2)}\left(\dfrac{\mathrm{d}\theta}{\mathrm{d}s}\right)^2+\vartheta_1^{1(2)}\dfrac{\mathrm{d}\theta}{\mathrm{d}s}+\vartheta_0^{0(2)}\\
\dfrac{\mathrm{d}^2\psi}{\mathrm{d}s^2}=\psi_2^{1(2)}\dfrac{\mathrm{d}^2\theta}{\mathrm{d}s^2}+\psi_1^{2(2)}\left(\dfrac{\mathrm{d}\theta}{\mathrm{d}s}\right)^2+\psi_1^{1(2)}\dfrac{\mathrm{d}\theta}{\mathrm{d}s}+\psi_0^{0(2)}
\end{cases}
\tag{25}
$$

其系数见附录式（ii−a）～式（ii−h）；

$$
\begin{cases}
\dfrac{\mathrm{d}^3\vartheta}{\mathrm{d}s^3}=\vartheta_3^{1(3)}\dfrac{\mathrm{d}^3\theta}{\mathrm{d}s^3}+\vartheta_{12}^{11(3)}\dfrac{\mathrm{d}\theta}{\mathrm{d}s}\dfrac{\mathrm{d}^2\theta}{\mathrm{d}s^2}+\vartheta_1^{3(3)}\left(\dfrac{\mathrm{d}\theta}{\mathrm{d}s}\right)^3+\vartheta_2^{1(3)}\dfrac{\mathrm{d}^2\theta}{\mathrm{d}s^2}\\
\qquad+\vartheta_1^{2(3)}\left(\dfrac{\mathrm{d}\theta}{\mathrm{d}s}\right)^2+\vartheta_1^{1(3)}\dfrac{\mathrm{d}\theta}{\mathrm{d}s}+\vartheta_0^{0(3)}\\
\dfrac{\mathrm{d}^3\psi}{\mathrm{d}s^3}=\psi_3^{1(3)}\dfrac{\mathrm{d}^3\theta}{\mathrm{d}s^3}+\psi_{12}^{11(3)}\dfrac{\mathrm{d}\theta}{\mathrm{d}s}\dfrac{\mathrm{d}^2\theta}{\mathrm{d}s^2}+\psi_1^{3(3)}\left(\dfrac{\mathrm{d}\theta}{\mathrm{d}s}\right)^3+\psi_2^{1(3)}\dfrac{\mathrm{d}^2\theta}{\mathrm{d}s^2}\\
\qquad+\psi_1^{2(3)}\left(\dfrac{\mathrm{d}\theta}{\mathrm{d}s}\right)^2+\psi_1^{1(3)}\dfrac{\mathrm{d}\theta}{\mathrm{d}s}+\psi_0^{0(3)}
\end{cases}
\tag{26}
$$

其系数见附录式（iii−a）～式（iii−n）；

其系数见附录式（iv−a）～式（iv−x）。

如果将式（24）～式（27）代入方程（22），得到关于夹角 χ 与距离井底 s 的关系，这很不利于分析，因此要将这个关系转化成夹角 χ 与转角 θ 的关系，可以写出夹角 χ 与井斜角 β 变化的关系，也可以写出夹角 χ 与方位角 ϕ 的关系，此处分析夹角 χ 与井斜角 β 的关系。

x 与 y 所成的角 χ 与倾斜角及相位角的关系有：

$$
\begin{cases}
\dfrac{\mathrm{d}^4\vartheta}{\mathrm{d}s^4}=\vartheta_4^{1(4)}\dfrac{\mathrm{d}^4\theta}{\mathrm{d}s^4}+\vartheta_{13}^{11(4)}\dfrac{\mathrm{d}\theta}{\mathrm{d}s}\dfrac{\mathrm{d}^3\theta}{\mathrm{d}s^3}+\vartheta_{12}^{21(4)}\left(\dfrac{\mathrm{d}\theta}{\mathrm{d}s}\right)^2\dfrac{\mathrm{d}^2\theta}{\mathrm{d}s^2}+\vartheta_2^{2(4)}\left(\dfrac{\mathrm{d}^2\theta}{\mathrm{d}s^2}\right)^2 \\
\quad+\vartheta_1^{4(4)}\left(\dfrac{\mathrm{d}\theta}{\mathrm{d}s}\right)^4+\vartheta_3^{1(4)}\dfrac{\mathrm{d}^3\theta}{\mathrm{d}s^3}+\vartheta_{12}^{11(4)}\dfrac{\mathrm{d}\theta}{\mathrm{d}s}\dfrac{\mathrm{d}^2\theta}{\mathrm{d}s^2}+\vartheta_1^{3(4)}\left(\dfrac{\mathrm{d}\theta}{\mathrm{d}s}\right)^3 \\
\quad+\vartheta_2^{1(4)}\dfrac{\mathrm{d}^2\theta}{\mathrm{d}s^2}+\vartheta_1^{2(4)}\left(\dfrac{\mathrm{d}\theta}{\mathrm{d}s}\right)^2+\vartheta_1^{1(4)}\dfrac{\mathrm{d}\theta}{\mathrm{d}s}+\vartheta_0^{0(4)} \\
\dfrac{\mathrm{d}^4\psi}{\mathrm{d}s^4}=\psi_4^{1(4)}\dfrac{\mathrm{d}^4\theta}{\mathrm{d}s^4}+\psi_{13}^{11(4)}\dfrac{\mathrm{d}\theta}{\mathrm{d}s}\dfrac{\mathrm{d}^3\theta}{\mathrm{d}s^3}+\psi_{12}^{21(4)}\left(\dfrac{\mathrm{d}\theta}{\mathrm{d}s}\right)^2\dfrac{\mathrm{d}^2\theta}{\mathrm{d}s^2}+\psi_2^{2(4)}\left(\dfrac{\mathrm{d}^2\theta}{\mathrm{d}s^2}\right)^2 \\
\quad+\psi_1^{4(4)}\left(\dfrac{\mathrm{d}\theta}{\mathrm{d}s}\right)^4+\psi_3^{1(4)}\dfrac{\mathrm{d}^3\theta}{\mathrm{d}s^3}+\psi_{12}^{11(4)}\dfrac{\mathrm{d}\theta}{\mathrm{d}s}\dfrac{\mathrm{d}^2\theta}{\mathrm{d}s^2}+\psi_1^{3(4)}\left(\dfrac{\mathrm{d}\theta}{\mathrm{d}s}\right)^3 \\
\quad+\psi_2^{1(4)}\dfrac{\mathrm{d}^2\theta}{\mathrm{d}s^2}+\psi_1^{2(4)}\left(\dfrac{\mathrm{d}\theta}{\mathrm{d}s}\right)^2+\psi_1^{1(4)}\dfrac{\mathrm{d}\theta}{\mathrm{d}s}+\psi_0^{0(4)}
\end{cases}
\tag{27}
$$

$$\cos\chi=-\cos\beta\sin\gamma \tag{28}$$

同时对井斜角 β 求导后化简则有：

$$\frac{\mathrm{d}\chi}{\mathrm{d}\beta}=-\csc\chi\sin\beta\sin\gamma+\frac{\eta}{\xi}\csc\chi\cos\beta\cos\gamma \tag{29}$$

$$
\begin{aligned}
\frac{\mathrm{d}^2\chi}{\mathrm{d}\beta^2}=&-\cot\chi\left(\frac{\mathrm{d}\chi}{\mathrm{d}\beta}\right)^2-\csc\chi\cos\beta\sin\gamma-2\frac{\eta}{\xi}\csc\chi\sin\beta\cos\gamma \\
&-\left(\frac{\eta}{\xi}\right)^2\csc\chi\cos\beta\sin\gamma
\end{aligned}
\tag{30}
$$

$$
\begin{aligned}
\frac{\mathrm{d}^3\chi}{\mathrm{d}\beta^3}=&\left(\frac{\mathrm{d}\chi}{\mathrm{d}\beta}\right)^3-3\cot\chi\frac{\mathrm{d}\chi}{\mathrm{d}\beta}\frac{\mathrm{d}^2\chi}{\mathrm{d}\beta^2}+\csc\chi\sin\beta\sin\gamma-3\frac{\eta}{\xi}\csc\chi\cos\beta\cos\gamma \\
&+3\left(\frac{\eta}{\xi}\right)^2\csc\chi\sin\beta\sin\gamma-\left(\frac{\eta}{\xi}\right)^3\csc\chi\cos\beta\cos\gamma
\end{aligned}
\tag{31}
$$

$$
\begin{aligned}
\frac{\mathrm{d}^4\chi}{\mathrm{d}\beta^4}=&\cot\chi\left(\frac{\mathrm{d}\chi}{\mathrm{d}\beta}\right)^4+6\left(\frac{\mathrm{d}\chi}{\mathrm{d}\beta}\right)^2\frac{\mathrm{d}^2\chi}{\mathrm{d}\beta^2}-3\cot\chi\left(\frac{\mathrm{d}^2\chi}{\mathrm{d}\beta^2}\right)^2-4\cot\chi\frac{\mathrm{d}\chi}{\mathrm{d}\beta}\frac{\mathrm{d}^3\chi}{\mathrm{d}\beta^3} \\
&+\csc\chi\cos\beta\sin\gamma+4\frac{\eta}{\xi}\csc\chi\sin\beta\cos\gamma+6\left(\frac{\eta}{\xi}\right)^2\csc\chi\cos\beta\sin\gamma \\
&+4\left(\frac{\eta}{\xi}\right)^3\csc\chi\sin\beta\cos\gamma+\left(\frac{\eta}{\xi}\right)^4\csc\chi\cos\beta\sin\gamma
\end{aligned}
\tag{32}
$$

又由相位角 γ 与倾斜角 β 之间的关系满足：

$$\sin\gamma=\frac{\rho_1}{\rho_2}(1-\cos\beta)=\frac{\eta}{\xi}(1-\cos\beta) \tag{33}$$

将式（28）～式（32）代入式（24）～式（27）并代入式（22），则可以得出关于梁的转角 θ 与离井底距离 s 的微分方程，井斜角 β 与离井底距离 s 是相关的，并有如下关系：

$$\begin{cases}\dfrac{d\theta}{ds}=-\xi\dfrac{d\theta}{d\beta}, & \dfrac{d\chi}{ds}=-\xi\dfrac{d\chi}{d\beta}\\ \dfrac{d^2\theta}{ds^2}=\xi^2\dfrac{d^2\theta}{d\beta^2}, & \dfrac{d^2\chi}{ds^2}=\xi^2\dfrac{d^2\chi}{d\beta^2}\\ \dfrac{d^3\theta}{ds^3}=-\xi^3\dfrac{d^3\theta}{d\beta^3}, & \dfrac{d^3\chi}{ds^3}=-\xi^3\dfrac{d^3\chi}{d\beta^3}\\ \dfrac{d^4\theta}{ds^4}=\xi^4\dfrac{d^4\theta}{d\beta^4}, & \dfrac{d^4\chi}{ds^4}=\xi^4\dfrac{d^4\chi}{d\beta^4}\end{cases} \tag{34}$$

可以得到梁的转角 θ 与倾斜角 β 的微分关系。

对方程组可以分别求出转角及接触的方程：

$$\begin{aligned}EIr\frac{d^4\vartheta}{d^4s}(\psi+\mu\vartheta)-EIr\frac{d^4\psi}{d^4s}(\vartheta-\mu\psi)&=Pr\left[\frac{d^2\psi}{d^2s}(\vartheta-\mu\psi)-\frac{d^2\vartheta}{d^2s}(\psi+\mu\vartheta)\right]\\&+G_z(s)r\left[(\vartheta-\mu\psi)\frac{d\vartheta}{ds}-(\psi+\mu\vartheta)\frac{d\psi}{ds}\right]+G_x(s)\ (\psi+\mu\vartheta)-G_y(s)(\vartheta-\mu\psi)\end{aligned} \tag{35}$$

$$\begin{aligned}N(s)\left[(\vartheta-\mu\psi)^2+(\psi+\mu\vartheta)^2\right]&=-EIr\frac{d^4\vartheta}{d^4s}(\vartheta-\mu\psi)-EIr\frac{d^4\psi}{d^4s}(\psi+\mu\vartheta)\\&+Pr\left[\frac{d^2\vartheta}{d^2s}(\vartheta-\mu\psi)+\frac{d^2\psi}{d^2s}(\psi+\mu\vartheta)\right]+G_z(s)r\left[\frac{d\psi}{ds}(\vartheta-\mu\psi)+(\psi+\mu\vartheta)\frac{d\vartheta}{ds}\right]\\&+G_x(s)(\vartheta-\mu\psi)\ +G_y(s)(\psi+\mu\vartheta)\end{aligned} \tag{36}$$

其中：

$$\begin{cases}G_x(s)=-w\sin(\beta)\\G_y(s)=0\\G_z(s)=-w\cos(\beta)\end{cases} \tag{37}$$

3 边界条件

取钻柱的初始状态位于井眼底部，则有：

$$\begin{cases}\theta|_{s=0}=\theta_0\\ \beta|_{s=0}=\alpha\end{cases} \tag{38}$$

式中，θ_0 取所研究的初始状态的转角。

将钻柱底部视为铰支，则有：

$$\begin{cases}\left.\dfrac{\mathrm{d}x}{\mathrm{d}s}\right|_{s=0}=0\\\left.\dfrac{\mathrm{d}y}{\mathrm{d}s}\right|_{s=0}=0\end{cases}\tag{39}$$

即是：

$$\begin{cases}\dfrac{\mathrm{d}\vartheta}{\mathrm{d}s}=\vartheta_1^{1(1)}\dfrac{\mathrm{d}\theta}{\mathrm{d}s}+\vartheta_0^{0(1)}=0\\\dfrac{\mathrm{d}\psi}{\mathrm{d}s}=\psi_1^{1(1)}\dfrac{\mathrm{d}\theta}{\mathrm{d}s}+\psi_0^{0(1)}=0\end{cases}\tag{40}$$

根据各阶导数的性质，并转换为关于倾角的初始条件为：

$$\begin{cases}\left.\left(\dfrac{\mathrm{d}\theta}{\mathrm{d}\beta}\right)^2\right|_{s=0}=\left.\left(\dfrac{Pr-M_y^{\mathrm{m}}\vartheta-M_x^{\mathrm{m}}\psi}{EIr}\right)\right|_{s=0}\\\left.\dfrac{\mathrm{d}^2\theta}{\mathrm{d}^2\beta}\right|_{s=0}=\left.\left(\dfrac{M_x^{\mathrm{m}}\vartheta-M_y^{\mathrm{m}}\psi}{EIr}\right)\right|_{s=0}\\\left.\dfrac{\mathrm{d}^3\theta}{\mathrm{d}\beta^3}\right|_{s=0}=\left[\left(\dfrac{\mathrm{d}\theta}{\mathrm{d}\beta}\right)^3-\dfrac{Pr}{EIr}\dfrac{\mathrm{d}\theta}{\mathrm{d}\beta}-\dfrac{Q_{x0}}{EIr}\psi+\dfrac{Q_{y0}}{EIr}\vartheta\right]_{s=0}\end{cases}\tag{41}$$

4 弯矩扭矩计算

求出方程（15）即可得到 s 点的弯矩：

$$\begin{cases}M_x(s)=EIr\dfrac{\mathrm{d}^2\psi}{\mathrm{d}^2s}+EI_z\eta\\M_y(s)=EIr\dfrac{\mathrm{d}^2\vartheta}{\mathrm{d}^2s}+EI_z\xi\end{cases}\tag{42}$$

转动钻柱所受到的摩擦扭矩为：

$$T_r(s)=\mu\int_0^s N(s)r_{\mathrm{b}}\mathrm{d}s=\int_0^s N(s)\delta\mathrm{d}s\tag{43}$$

式中，r_{b} 为钻柱的半径，m。

由弯曲产生的最大弯曲应力：

$$\begin{cases}\max\sigma_x(s)=\dfrac{M_x(s)}{I}r_{\mathrm{b}}\\\max\sigma_y(s)=\dfrac{M_y(s)}{I}r_{\mathrm{b}}\end{cases}\tag{44}$$

其中弯曲应力为正表示压应力，为负表示拉应力。

对于三维弯曲井转动钻柱力学模型，最终得到的是一个十分复杂的四阶常微分方程，要实现解析将十分困难。当已知梁的初始条件时，对于下部转动钻柱实质上是个初值问题。龙格库塔法是处理高阶微分方程边值问题的有效工具，其求解的基本思想是：将高阶常微分方程转化成一阶常微分方程组，再利用迭代计算求出方程的解。

图 3 为三种井眼的计算流程，对于三维弯曲井眼中钻柱转动的计算要比斜直井及二维弯曲井眼中钻柱转动中的计算复杂得多。其根本原因在于斜直井及二维弯曲井眼中钻柱的计算不存在坐标轴 x 与 y 不垂直的情况，而在三维计算中却存在此种情况，因此需要进行坐标转换，特别是对于微分方程的坐标转换使计算显得较为复杂。

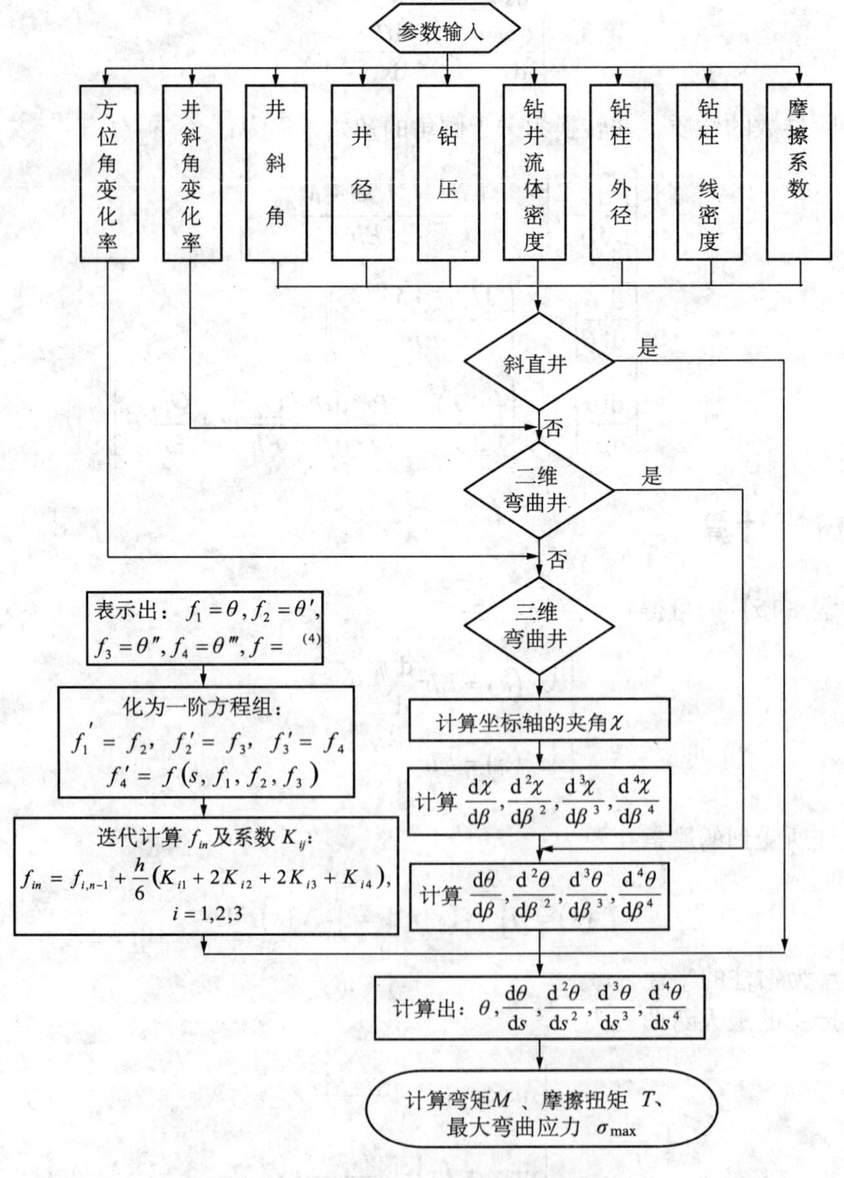

图 3　转动钻柱变形及摩阻扭矩计算流程

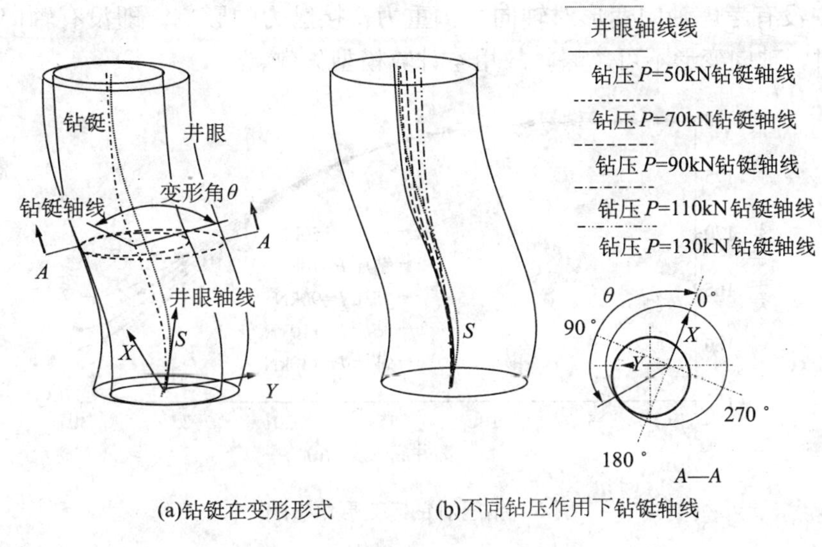

(a)钻铤在变形形式　　(b)不同钻压作用下钻铤轴线

图 4　不同钻压作用下钻铤轴线

5　算例

由于已知该力学模型钻压、倾斜角、倾斜角变化率、方位角变化率、环形空间间隙、滚动摩擦常数及流体密度等变量，因此可以分析钻柱转动瞬态变形、弯矩、扭矩、接触力等摩阻。例如工况为：钻铤外径 158.8mm（$6^1/_4$in）；钻铤内径 71.4mm；井眼外直径 215.9mm（8.5in）；井底井眼倾斜角 10°；钻井流体密度 0.003g/cm³（气体钻井）；弹性模量 2.1×10^{11}Pa，滚动摩擦常数 2.5cm，滑动摩擦系数 0.4；井斜角变化率 2° /30m；方位角变化率 1° /30m，改变钻压，可得到如下分析结果。

旋转钻铤变形形式及钻铤轴线比较，其钻铤各截面上变形角 θ 与距井底长度 s 关系曲线如图 4 所示。从图 4 中可以看出，钻铤在转动过程中，由于钻压、重力、切向摩擦力（即滑动摩擦和滚动摩擦阻力）的作用，钻铤偏离井眼低侧，采用变形角 θ（截面上井眼中心和钻铤中心连线与 x 轴正向夹角）来描述钻铤受到切向摩擦阻力引起的变形（图 4）。通过变形量（图 5）分析，当离井底位置 s 较小时，钻铤变形转角与钻铤自转方向相反。但是钻铤通常并不会出现连续反向旋转，这是由于随着钻铤偏离原平衡位置（井低侧）角度的增加，其重力的作用会使钻铤回到原平衡位置。这种现象正如章扬烈在钻铤的运动学和动力学试验研究中表明的一样：钻铤反转运动的轨迹一般来说不是圆形，其运动改变不具有一定的规律性。钻铤偏离原平衡位置后要回到原平衡位置，而这个回到原平衡位置的过程存在着两种形式：(1) 不存在振动和冲击时，钻铤转动稳定，钻铤转动角度会逐步减小回到井眼低侧；(2) 当存在振动和冲击时，钻铤会出现跳动和冲击井壁的现象。

按照转动钻柱力学模型进行分析，当钻铤再次回到平衡位置后，钻铤会迅速向转动相同方向发生变形转动，而实际上钻铤却不会发生此种现象，钻铤变形应与自转方向相反，于一个节距内发生类似的变形，并可能产生第二个节矩，但第二个节距应比第一个节距长，且变形量要小于第一个节矩内的变形量。之所以本模型不能模拟第二节距的计算结果，是由于在分析中没有考虑轴向变形对轴向力、重力、接触力的影响，即没有轴向摩擦力，当变形量过大时，轴向变形不可忽略，故用本计算模型失效。

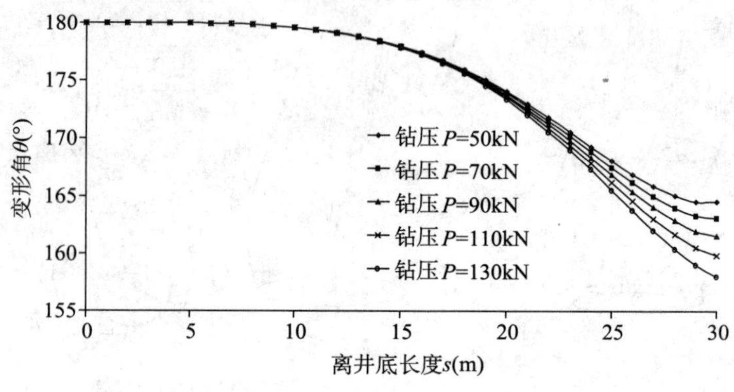

图5　钻压对钻铤变形角影响

6　结论与认识

通过本文对受压转动钻柱瞬态平衡的力学分析可得如下结论：

（1）斜直井、二维弯曲井及三维弯曲井中受压转动钻柱的力学模型和力学方程，为下部钻柱力学理论研究提供了新方法；

（2）力学模型中考虑了钻压、倾斜角、倾斜角变化率、方位角变化率、环形空间间隙、滚动摩擦常数及钻井液流体类型等因素，较为全面反映了转动钻柱的力学条件；

（3）将仿射坐标系引用到三维弯曲井钻柱力学分析中，为建立力学方程提供了方便的手段；

（4）采用龙格库塔法求解转动钻柱力学方程，为定量研究钻柱摩擦扭矩影响提供有效的数值求解方法；

（5）本方法没有轴向摩擦力，当变形量过大时，轴向变形不可忽略，该分析方法失效，由于轴向摩擦力与诸多因素相关，建立理论模型并求解仍有待进一步研究。

参 考 文 献

廖华奎，王宝富．解析几何教程［M］．北京：科学出版社，2000：145−151.

刘鸿文．材料力学（上）［M］．北京：高等教育出版社，1979：170−181.

赵金海，唐波．气体钻井钻具组合瞬态动力学特性初探［J］．石油钻探技术，2008，36（6）：14−19.

颜庆津．数值计算方法［M］．北京：北京航天航空大学出版社，2000：257.

唐波．气体钻井钻柱摩阻研究及其应用［D］．西南石油大学博士学位论文，2005：142.

章扬烈．钻柱运动学与动力学［M］．北京：石油工业出版社，2001：87−90.

附　　录

$$\vartheta_1^{1(1)} = -\sin\theta - \cos\theta\cot\chi \tag{i-a}$$

$$\vartheta_0^{0(1)} = \sin\theta\csc^2\chi\frac{\mathrm{d}\chi}{\mathrm{d}s} \tag{i-b}$$

$$\psi_1^{1(1)} = \cos\theta\csc\chi \tag{i-c}$$

$$\psi_0^{0(1)} = -\sin\theta\csc\chi\cot\chi\frac{\mathrm{d}\chi}{\mathrm{d}s} \tag{i-d}$$

$$\vartheta_2^{1(2)} = -\sin\theta - \cos\theta\cot\chi \tag{ii-a}$$

$$\vartheta_1^{2(2)} = \sin\theta\cot\chi - \cos\theta \tag{ii-b}$$

$$\vartheta_1^{1(2)} = 2\cos\theta\csc^2\chi\frac{\mathrm{d}\chi}{\mathrm{d}s} \tag{ii-c}$$

$$\vartheta_0^{0(2)} = -2\sin\theta\csc^2\chi\cot\chi\left(\frac{\mathrm{d}\chi}{\mathrm{d}s}\right)^2 + \sin\theta\csc^2\chi\frac{\mathrm{d}^2\chi}{\mathrm{d}s^2} \tag{ii-d}$$

$$\psi_2^{1(2)} = \cos\theta\csc\chi \tag{ii-e}$$

$$\psi_1^{2(2)} = -\sin\theta\csc\chi \tag{ii-f}$$

$$\psi_1^{1(2)} = -2\cos\theta\csc\chi\cot\chi\frac{\mathrm{d}\chi}{\mathrm{d}s} \tag{ii-g}$$

$$\psi_0^{0(2)} = \left(\sin\theta\csc\chi\cot^2\chi + \sin\theta\csc^3\chi\right)\left(\frac{\mathrm{d}\chi}{\mathrm{d}s}\right)^2 - \sin\theta\csc\chi\cot\chi\frac{\mathrm{d}^2\chi}{\mathrm{d}s^2} \tag{ii-h}$$

$$\vartheta_3^{1(3)} = -\sin\theta - \cos\theta\cot\chi \tag{iii-a}$$

$$\vartheta_{12}^{11(3)} = -3\cos\theta + 3\sin\theta\cot\chi \tag{iii-b}$$

$$\vartheta_1^{3(3)} = \sin\theta + \cos\theta\cot\chi \tag{iii-c}$$

$$\vartheta_2^{1(3)} = 3\cos\theta\csc^2\chi\frac{d\chi}{ds} \tag{iii-d}$$

$$\vartheta_1^{2(3)} = -3\sin\theta\csc^2\chi\frac{d\chi}{ds} \tag{iii-e}$$

$$\vartheta_1^{1(3)} = -6\cos\theta\csc^2\chi\cot\chi\left(\frac{d\chi}{ds}\right)^2 + 3\cos\theta\csc^2\chi\frac{d^2\chi}{ds^2} \tag{iii-f}$$

$$\begin{aligned}\vartheta_0^{0(3)} = &+\sin\theta\csc^2\chi\left(4\cot^2\chi + 2\csc^2\chi\right)\left(\frac{d\chi}{ds}\right)^3 \\ &-6\sin\theta\csc^2\chi\cot\chi\frac{d\chi}{ds}\frac{d^2\chi}{ds^2} + \sin\theta\csc^2\chi\frac{d^3\chi}{ds^3}\end{aligned} \tag{iii-g}$$

$$\psi_3^{1(3)} = \cos\theta\csc\chi \tag{iii-h}$$

$$\psi_{12}^{11(3)} = -3\sin\theta\csc\chi \tag{iii-i}$$

$$\psi_1^{3(3)} = -\cos\theta\csc\chi \tag{iii-j}$$

$$\psi_2^{1(3)} = -3\cos\theta\csc\chi\cot\chi\frac{d\chi}{ds} \tag{iii-k}$$

$$\psi_1^{2(3)} = 3\sin\theta\csc\chi\cot\chi\frac{d\chi}{ds} \tag{iii-l}$$

$$\psi_1^{1(3)} = 3\cos\theta\csc\chi\left(\cot^2\chi + \csc^2\chi\right)\left(\frac{d\chi}{ds}\right)^2 - 3\cos\theta\csc\chi\cot\chi\frac{d^2\chi}{ds^2} \tag{iii-m}$$

$$\begin{aligned}\psi_0^{0(3)} = &-\sin\theta\csc\chi\cot\chi\left(\cot^2\chi + 5\csc^2\chi\right)\left(\frac{d\chi}{ds}\right)^3 \\ &+3\sin\theta\csc\chi\left(\cot^2\chi + \csc^2\chi\right)\frac{d\chi}{ds}\frac{d^2\chi}{ds^2} - \sin\theta\csc\chi\cot\chi\frac{d^3\chi}{ds^3}\end{aligned} \tag{iii-n}$$

$$\vartheta_4^{1(4)} = -\sin\theta - \cos\theta\cot\chi \tag{iv-a}$$

$$\vartheta_{13}^{11(4)} = -4\cos\theta + 4\sin\theta\cot\chi \tag{iv-b}$$

$$\vartheta_{12}^{21(4)} = 6\sin\theta + 6\cos\theta\cot\chi \tag{iv-c}$$

$$\vartheta_2^{2(4)} = -3\cos\theta + 3\sin\theta\cot\chi \tag{iv-d}$$

$$\vartheta_1^{4(4)}=\left(\cos\theta-\sin\theta\cot\chi\right) \tag{iv-e}$$

$$\vartheta_3^{1(4)}=4\cos\theta\csc^2\chi\frac{\mathrm{d}\chi}{\mathrm{d}s} \tag{iv-f}$$

$$\vartheta_{12}^{11(4)}=-12\sin\theta\csc^2\chi\frac{\mathrm{d}\chi}{\mathrm{d}s} \tag{iv-g}$$

$$\vartheta_1^{3(4)}=-4\cos\theta\csc^2\chi\frac{\mathrm{d}\chi}{\mathrm{d}s} \tag{iv-h}$$

$$\vartheta_2^{1(4)}=-12\cos\theta\csc^2\chi\cot\chi\left(\frac{\mathrm{d}\chi}{\mathrm{d}s}\right)^2+6\cos\theta\csc^2\chi\frac{\mathrm{d}^2\chi}{\mathrm{d}s^2} \tag{iv-i}$$

$$\vartheta_1^{2(4)}=12\sin\theta\csc^2\chi\cot\chi\left(\frac{\mathrm{d}\chi}{\mathrm{d}s}\right)^2-6\sin\theta\csc^2\chi\frac{\mathrm{d}^2\chi}{\mathrm{d}s^2} \tag{iv-j}$$

$$\begin{aligned}\vartheta_1^{1(4)}=&2\cos\theta\csc^2\chi\left(9\cot^2\chi+4\right)\left(\frac{\mathrm{d}\chi}{\mathrm{d}s}\right)^3-24\cos\theta\csc^2\chi\cot\chi\frac{\mathrm{d}\chi}{\mathrm{d}s}\frac{\mathrm{d}^2\chi}{\mathrm{d}s^2}\\&+4\cos\theta\csc^2\chi\frac{\mathrm{d}^3\chi}{\mathrm{d}s^3}\end{aligned} \tag{iv-k}$$

$$\begin{aligned}\vartheta_0^{0(4)}=&6\sin\theta\csc^2\chi\left(5\cot^2\chi+2\right)\left(\frac{\mathrm{d}\chi}{\mathrm{d}s}\right)^2\frac{\mathrm{d}^2\chi}{\mathrm{d}s^2}-6\sin\theta\csc^2\chi\cot\chi\left(\frac{\mathrm{d}^2\chi}{\mathrm{d}s^2}\right)^2\\&-8\sin\theta\csc^2\chi\cot\chi\frac{\mathrm{d}\chi}{\mathrm{d}s}\frac{\mathrm{d}^3\chi}{\mathrm{d}s^3}-2\sin\theta\csc^2\chi\cot\chi\left(11\cot^2\chi+7\right)\left(\frac{\mathrm{d}\chi}{\mathrm{d}s}\right)^4\\&+\sin\theta\csc^2\chi\frac{\mathrm{d}^4\chi}{\mathrm{d}s^4}\end{aligned} \tag{iv-l}$$

$$\psi_4^{1(4)}=\cos\theta\csc\chi \tag{iv-n}$$

$$\psi_{12}^{21(4)}=-6\cos\theta\csc\chi \tag{iv-o}$$

$$\psi_2^{2(4)}=-3\sin\theta\csc\chi \tag{iv-p}$$

$$\psi_1^{4(4)}=\sin\theta\csc\chi \tag{iv-q}$$

$$\psi_3^{1(4)}=-\cos\theta\csc\chi\cot\chi\frac{\mathrm{d}\chi}{\mathrm{d}s} \tag{iv-r}$$

$$\psi_{12}^{11(4)}=12\sin\theta\csc\chi\cot\chi\frac{\mathrm{d}\chi}{\mathrm{d}s} \tag{iv-s}$$

$$\psi_1^{3(4)}=\cos\theta\csc\chi\cot\chi\frac{\mathrm{d}\chi}{\mathrm{d}s} \tag{iv-t}$$

$$\psi_2^{1(4)}=6\cos\theta\csc\chi\left(2\cot^2\chi+1\right)\left(\frac{\mathrm{d}\chi}{\mathrm{d}s}\right)^2-6\cos\theta\csc\chi\cot\chi\frac{\mathrm{d}^2\chi}{\mathrm{d}s^2} \tag{iv-u}$$

$$\psi_1^{2(4)}=-6\sin\theta\csc\chi\left(2\cot^2\chi+1\right)\left(\frac{\mathrm{d}\chi}{\mathrm{d}s}\right)^2+6\sin\theta\csc\chi\cot\chi\frac{\mathrm{d}^2\chi}{\mathrm{d}s^2} \tag{iv-v}$$

$$\begin{aligned}\psi_1^{1(4)}=&-4\cos\theta\csc\chi\cot\chi\frac{\mathrm{d}^3\chi}{\mathrm{d}s^3}-4\cos\theta\csc\chi\cot\chi\left(6\cot^2\chi+5\right)\left(\frac{\mathrm{d}\chi}{\mathrm{d}s}\right)^3\\&+12\cos\theta\csc\chi\left(2\cot^2\chi+1\right)\frac{\mathrm{d}\chi}{\mathrm{d}s}\frac{\mathrm{d}^2\chi}{\mathrm{d}s^2}\end{aligned} \tag{iv-w}$$

$$\begin{aligned}\psi_0^{0(4)}=&-\sin\theta\csc\chi\cot\chi\frac{\mathrm{d}^4\chi}{\mathrm{d}s^4}+3\sin\theta\csc\chi\left(2\csc^2\chi-1\right)\frac{\mathrm{d}\chi}{\mathrm{d}s}\frac{\mathrm{d}^3\chi}{\mathrm{d}s^3}\\&-6\sin\theta\csc\chi\cot\chi\left(6\cot^2\chi+5\right)\left(\frac{\mathrm{d}\chi}{\mathrm{d}s}\right)^2\frac{\mathrm{d}^2\chi}{\mathrm{d}s^2}\\&+3\sin\theta\csc\chi\left(2\cot^2\chi+1\right)\left(\frac{\mathrm{d}^2\chi}{\mathrm{d}s^2}\right)^2\\&+\sin\theta\csc\chi\left(24\csc^2\chi\cot^2\chi+4\csc^2\chi+1\right)\left(\frac{\mathrm{d}\chi}{\mathrm{d}s}\right)^4\end{aligned} \tag{iv-x}$$

内外压强对油井管柱等效轴向力及稳定性的影响

李子丰

（燕山大学石油工程研究所）

摘　要：油井生产过程中，油井管柱一直受到内外流体压强的作用。在有些情况下，内外流体压强的变化影响用于管柱稳定性分析的等效轴向力和稳定性。讨论了传统理论的力学模型及虚构拉力的错误，建立了真实反映油井管柱状态的力学模型。内外流体压强及其变化对悬挂管柱的稳定性没有影响。内外流体压强的变化对两端受约束的管柱的等效轴向力和稳定性有影响；根据轴向应变为常数，建立了用于管柱稳定性分析的等效轴向力的计算公式；管内流体压强增加，轴向拉力降低；管内流体压强降低，轴向拉力增加；管外流体压强增加，轴向拉力增加；管外流体压强降低，轴向拉力降低；管内压强增加和/或管外压强降低，可能使管柱的等效轴向力变为负值，甚至小于管柱的失稳临界负荷。

关键词：套管　油管　外压　内压　稳定性　失稳　虚构拉力　等效轴向力

所有油井管柱（包含钻杆、套管、油管、抽油杆等）都在内压强和外压强的作用下工作。内压强和外压强对管柱受力有影响，有时也影响管柱的稳定性。在此方面，A. Lubinski 用能量原理定义了一个虚构力，国内学者将其介绍给国内读者，并用于判断井下管柱是否稳定。然而，其力学模型是否正确，虚构力是否虚构，计算公式是否正确，现场应用是否有效，都是疑问。

1　传统理论及存在问题

1.1　传统理论

美国结构稳定研究委员会（Structural Stability Research Council）认为，油井管柱内外压强可以引起管柱轴向力的增减，从而对管柱的稳定性产生影响。在外压强作用下，管壁产生轴向拉力；在内压强作用下，管壁产生轴向压力。一些学者将这种影响定义为稳定拉力或虚构拉力：

作者简介：李子丰（1962—　），男，河北迁安人，燕山大学石油工程研究所教授，博士生导师，从事油气井杆管柱力学研究。

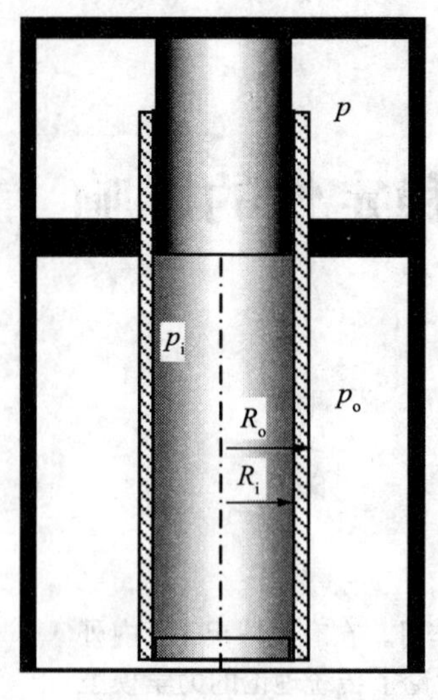

图1 传统力学模型

$$F_s = p_o A_o - p_i A_i \tag{1}$$

式中，F_s 为稳定拉力或虚构拉力；p_o 为外压强；A_o 为管子外圆面积；p_i 为内压强；A_i 为管子内圆面积。

式（1）来源于图1所示力学模型[7]。在一压力容器内，有上下两个腔室；上腔室内的压强为 p；下腔室内的压强为 p_o；有一根管子，内半径为 R_i，外半径为 R_o；在上下两端有外径比 R_i 稍小的导向圆柱；管子下端触下腔室底部，上端伸入上腔室内，在压强 p 的作用下，可以沿着导向圆柱滑动，但保持密封。采用的数学方法为能量法。

设管柱某截面有真实轴向拉力 F_z，则管子稳定计算的有效轴向拉力为：

$$F_b = F_z + F_s = F_z + p_o A_o - p_i A_i \tag{2}$$

式中，F_b 为有效轴向拉力。

根据 F_b 的数值，来判断管柱是否屈曲。一般认为，$F_b > 0$ 时，管柱处于稳定状态；$F_b < 0$ 时，管柱处于失稳状态。

1.2 存在问题

图1的两端导向的力学模型与井下管柱的情况不符。实际的油井中，一是管柱悬挂［图2（a)]，二是管柱两端固定［图2（b），图2（c)]。在图2（a）所示的自由悬挂（F_z=0）的管柱上，无论加多大的内压，只要材料不屈服，管柱就只会伸长和变粗，而不会屈曲，而根据式（2）判断则会屈曲；此例判断式（1）和式（2）都是错误的。同样，无论外压强如何变化，管柱也不会屈曲。为此，管柱的内外压强本身及其变化不会造成悬挂管柱的屈曲。

2 真实模型及内外压强对等效轴向力的影响

对于两端固定的管柱，内外压强也不会直接使管柱屈曲；内外压强的变化，导致等效轴向拉力的变化，才可能使管柱屈曲。

在真实模型图2中，一是管柱悬挂［图2（a)]，二是管柱两端固定［图2（b)，图2（c)]。在图2（a）中，管柱悬挂，内压强为 p_i，外压强为 p_o，在管柱下端受真实轴向拉力 F_z 的作用，则用于管柱稳定性分析的等效轴向力 F_a=F_z。在图2（b）中，管子悬挂，内压强为 p_{i1}，外压强为 p_{o1}，在管柱下端受真实轴向拉力 F_{z1} 的作用；加上负荷后，在底端固定（相当于用水泥封固或卡瓦固定）；则用于管柱稳定性分析的等效轴向力 F_{a1}=F_{z1}。如果将图2（b）中内压强变为 p_{i2}，外压强为 p_{o2}，在管柱下端仍然受真实轴向拉力 F_{z1} 的作用，如图2（c）所示，那么用于管柱稳定性分析的等效轴向力 F_{a2} 如何计算？

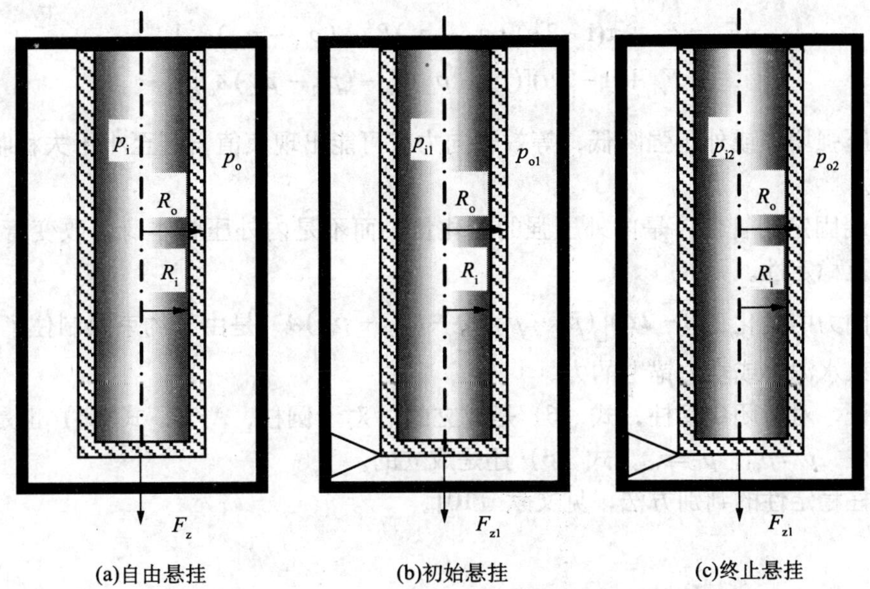

(a)自由悬挂　(b)初始悬挂　(c)终止悬挂

图2　真实的力学模型

在图2（a）中，轴向应力、径向应力和切向应力为：

$$\begin{cases} \sigma_z = \dfrac{F_z + p_i A_i - p_o A_o}{A} = \dfrac{F_z + p_i \pi R_i^2 - p_o \pi R_o^2}{\pi\left(R_o^2 - R_i^2\right)} \\ \sigma_r = \dfrac{p_i R_i^2 - p_o R_o^2}{R_o^2 - R_i^2} - \dfrac{\left(p_i - p_o\right) R_i^2 R_o^2}{\left(R_o^2 - R_i^2\right) r^2} \\ \sigma_\theta = \dfrac{p_i R_i^2 - p_o R_o^2}{R_o^2 - R_i^2} + \dfrac{\left(p_i - p_o\right) R_i^2 R_o^2}{\left(R_o^2 - R_i^2\right) r^2} \end{cases} \tag{3}$$

式中，σ_z为轴向应力；σ_r为径向应力，；σ_θ为切向应力；r为半径。

轴向应变为：

$$\varepsilon_z = \frac{1}{E}\left[\sigma_z - \mu\left(\sigma_r + \sigma_\theta\right)\right] = \frac{1}{E}\left[\frac{F_z + p_i \pi R_i^2 - p_o \pi R_o^2}{\pi\left(R_o^2 - R_i^2\right)} - 2\mu \frac{p_i R_i^2 - p_o R_o^2}{R_o^2 - R_i^2}\right] \tag{4}$$

式中，E为弹性模量；μ为泊松比。

在图2（b）和图2（c）中，在内外压强变化前后，轴向应变相等。

$$\frac{F_{z1} + p_{i1} \pi R_i^2 - p_{o1} \pi R_o^2}{\pi(R_o^2 - R_i^2)} - 2\mu \frac{p_{i1} R_i^2 - p_{o1} R_o^2}{R_o^2 - R_i^2} = \frac{F_{a2} + p_{i2} \pi R_i^2 - p_{o2} \pi R_o^2}{\pi(R_o^2 - R_i^2)} - 2\mu \frac{p_{i2} R_i^2 - p_{o2} R_o^2}{R_o^2 - R_i^2} \tag{5}$$

得出

$$F_{a2}=F_{z1}+\pi(1-2\mu)[(p_{i1}-p_{i2})R_i^2-(p_{o1}-p_{o2})R_o^2]$$
$$=F_{z1}+(1-2\mu)[(p_{i1}-p_{i2})A_i-(p_{o1}-p_{o2})A_o] \tag{6}$$

如果内压强增加或外压强降低，等效轴向力有可能出现负值，甚至小于失稳临界载荷，使管柱失稳。

对于两端固定的管柱，是内外压强的变化量，而不是内外压强本身，改变管柱的等效轴向力，以及稳定性。

等效轴向力的变化量$(1-2\mu)\left[(p_{i1}-p_{i2})A_i-(p_{o1}-p_{o2})A_o\right]$是由于约束限制住了轴向伸长而施加在约束水泥环或水力锚上的力。

可以验证，对于闭口管柱，式（6）是成立的；对于圆柱，A_i=0，式（6）也是成立的；对于开口管柱，$p_{i1}=p_{o1}$，$p_{i2}=p_{o2}$，式（6）还是成立的。

油井管柱稳定性的判别方法，见文献［10］。

3 结论

（1）传统的油井管柱稳定拉力或虚构拉力的计算公式是错误的。

（2）内外压强对悬挂油井管柱的稳定性没有影响。

（3）内外压强本身对两端固定的油井管柱的稳定性没有影响；两端固定后，内外压强的变化对油井管柱的稳定性有影响。封固后管柱的等效轴向力与封固时管柱的轴向力、材料泊松比、内压变化量、外压变化量、内管截面积和外管截面积有关。

（4）对于两端固定的油井管柱，内压增加降低管柱的稳定性，外压增加提高管柱的稳定性。

参 考 文 献

Lubinski A . Influence of tension and compression on straight and buckling of tubular goods in oil wells [A] . Developments in petroleum engineering, Vo l. 1, Stability of tubulars, collected work of Authur Lubinski [C], 1987.

李子丰，马兴瑞，黄文虎 . 油气井杆管柱的静力稳定性［J］. 工程力学，1997，14（1）：17–25.

Li Zifeng, Li Jingyuan. Fundamental equations for dynamic analysis of rod and pipe string in oil–gas wells and application in static buckling analysis [J] . Journal of Canadian Petroleum Technology, 2002, 41 (5) : 44–53.

张宁生，袁克勇 . 常用流体压力对油井管柱的作用［J］. 石油钻采工艺，1982，4（5）：73–84.

吴疆 . 未固水泥套管段柱状弯曲及失稳分析［J］. 石油钻采工艺，1987，9（3）：7–17.

郝俊芳，龚伟安 . 套管强度设计与计算［M］. 北京：石油工业出版社，1987.

龚伟安 . 液压下的管柱弯曲问题［J］. 石油钻采工艺，1988，10（3）：11–22.

崔孝秉，张宏，宋治．套管柱稳定性问题研究［J］．石油学报，1998，19（1）：114−118.

署恒木，罗文莉，何云．内外液压作用下套管柱屈曲载荷的级数解［J］．石油矿场机械，2002，31（2）：19−22.

李子丰．油气井杆管柱力学及应用［M］．北京：石油工业出版社，2008.

泥页岩井壁稳定耦合理论研究现状分析及建议

王 倩[1, 2, 3] 周英操[2, 3] 刘玉石[2, 3] 陈朝伟[2, 3]

（1. 中国石油勘探开发研究院研究生部；2. 中国石油集团钻井工程技术研究院；
3. 石油钻井技术国家工程实验室）

摘　要：本文对近年来国内外泥页岩井壁稳定耦合理论进行了分析研究，对其主要的理论研究方法进行了详细的分析。通过分析研究认为，在泥页岩钻井液体系中钻井液对泥页岩的化学作用影响可以通过计算含水量的方式定量引入井壁稳定性力学分析中，也可以通过热动力学引出泥页岩水传输机理和模型。然而，由于问题的复杂性，已有的研究成果存在一定缺陷，需要进一步深化机理和应用研究。

关键词：泥页岩　井壁稳定　耦合

钻井地层大约75%以上是由泥页岩构成的，约有90%的井眼垮塌问题都与泥页岩不稳定性有关，所以泥页岩井壁稳定问题是井壁稳定研究的一项主要内容。泥页岩地层有其特殊性质，其水敏性强，容易与钻井液发生反应导致井壁岩石应力和力学性能发生改变，所以这不仅仅是岩石力学方面的问题，还包括了钻井液化学性质的影响，研究方法比一般的井壁稳定力学方法复杂。

国内外很多研究者早已认识到了这一点，认为单单从力学角度来分析泥页岩井壁稳定问题是不合理的，开始从力学和化学耦合的角度来研究。首先从实验方面开始研究泥页岩吸水以后力学性质的变化，在实验研究的基础上，尝试着将泥页岩井壁稳定的化学影响定量化，于是力学与化学耦合的泥页岩稳定性研究开始进入定量化数学描述的阶段。本文在总结这些主要的研究方法和思路，对其进行详细分析和讨论的基础上，指出了有益的结论和建议，有助于下步深入研究泥页岩井壁稳定耦合理论。

1　泥页岩井壁稳定问题研究主要方法

1.1　热弹性比拟法

Texas大学的C.H.Yew和M.E.Chenevert等人将泥页岩水化膨胀应力比拟为膨胀温变应

作者简介：王倩（1983—　），女，陕西延安人，现为中国石油勘探开发研究院钻井工程博士研究生，从事钻井岩石力学方面研究工作。

力，将水向页岩中的运动比拟成热扩散。于是根据热弹性力学理论，对泥页岩水化产生的力学效应建立了定量化模型。

由热扩散模型模拟吸附水扩散，得到吸水扩散方程为：

$$\frac{1}{r}\frac{\partial}{\partial r}\left(r\frac{\partial w}{\partial r}\right)=\frac{1}{c_{\mathrm{f}}}\frac{\partial w}{\partial t} \tag{1}$$

式中，w为含水量；c_{f}为吸附常数，由一维水吸附实验测得。

泥页岩吸水膨胀类似于受热膨胀，岩石的应力应变关系为：

$$\begin{aligned}\varepsilon_{\mathrm{rr}}&=\frac{1}{E}\left[\sigma_{\mathrm{rr}}-\nu\left(\sigma_{\theta\theta}+\sigma_{zz}\right)\right]+\varepsilon_{\mathrm{h}}\\ \varepsilon_{\theta\theta}&=\frac{1}{E}\left[\sigma_{\theta\theta}-\nu\left(\sigma_{\mathrm{rr}}+\sigma_{zz}\right)\right]+\varepsilon_{\mathrm{h}}\\ \varepsilon_{zz}&=\frac{1}{E}\left[\sigma_{zz}-\nu\left(\sigma_{\mathrm{rr}}+\sigma_{\theta\theta}\right)\right]+\varepsilon_{\mathrm{v}}=0\end{aligned} \tag{2}$$

其中，水平方向上的应变为ε_{h}，垂直方向上产生的应变为ε_{v}，$\varepsilon_{\mathrm{h}}=m\varepsilon_{\mathrm{v}}$，$0<m<1$，$E$、$v$为含水量的函数，由多组一定含水量的泥页岩样强度实验确定，ε_{v}也与泥页岩含水量w有一定关系，通过吸水实验确定。

井眼周围岩石的平衡状态方程为：

$$\frac{\mathrm{d}\sigma_{\mathrm{rr}}}{\mathrm{d}r}+\frac{\sigma_{\mathrm{rr}}-\sigma_{\theta\theta}}{r}=0 \tag{3}$$

几何方程为：

$$\begin{aligned}\varepsilon_{\mathrm{rr}}&=\frac{\mathrm{d}u}{\mathrm{d}r}\\ \varepsilon_{\theta\theta}&=\frac{u}{r}\end{aligned} \tag{4}$$

由上述方程和通过岩心实验得到的实验参数便可求得力学与化学耦合后的位移，进而得出应变及应力。

黄樽荣、邓金根也采用此方法研究泥岩水化问题，不同之处是认为泊松比也与含水量有关，弹性模量与含水量为指数关系而非线性关系，而且给出了页岩的内聚强度C和摩擦角ϕ同含水量w的线性关系。

1.2 水分子自由能热动力法

F.K.Mody 和 A.H.Hale 基于钻井液与泥页岩间水分子自由能差的热动力学理论，从微观的角度进行了孔隙压力的推导计算，并利用半透膜渗透压的概念，将给定化学势差条件下的渗流等效于某一压力差下的渗流，得到化学势产生的等效孔隙压力：

$$\frac{RT}{V}\ln(A_{\mathrm{wdf}}/A_{\mathrm{ws}})=\pm\Delta p=p-p_0 \tag{5}$$

式中，Δp为泥页岩和钻井液水活度引起的孔隙压力差；p_0为远场孔隙压力；p为近井壁压力。

Mody 和 Hale 于 1993 年又将半透膜等效孔隙压力理论应用到页岩与水基钻井液的作用上。他们认为页岩与水基钻井液表面应该有半透膜，但可能不是理想半透膜。从而引入反射系数 I_m 来描述非理想半透膜（理想半透膜 $I_m = 1$），从而等效孔隙压力计算式修改为：

$$I_m \frac{RT}{V} \ln\left(\frac{a_{页岩水}}{a_{钻井液}}\right) = p - p_0 \tag{6}$$

受化学势控制的井壁有效应力为：

$$\begin{aligned} \sigma_r &= p_m - p \\ \sigma_\theta &= \sigma_h + \sigma_H - 2(\sigma_h - \sigma_H)\cos 2\theta + \varphi\Delta p - p \\ \sigma_z &= \sigma_v - 2\nu(\sigma_h - \sigma_H)\cos 2\theta + \varphi\Delta p - p \end{aligned} \tag{7}$$

式中，p_m 为井内钻井液柱压力；σ_h、σ_H、σ_v 分别为最小和最大水平主应力以及垂直原地应力；φ 为多孔弹性常数。

1.3 非平衡热动力法

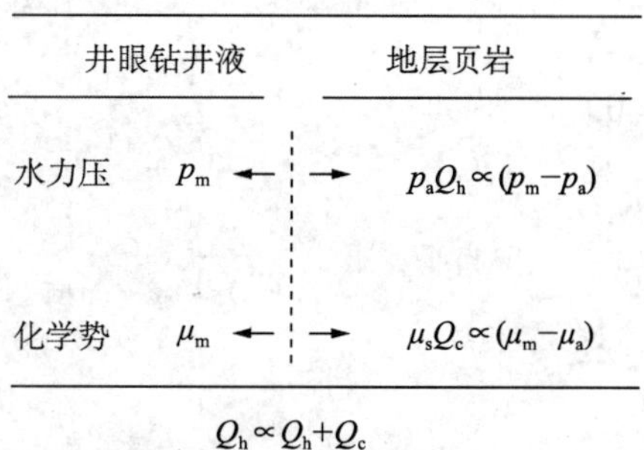

图 1 泥页岩孔隙流体与钻井液流动机理

Van.E.Oort 在 1994 年首次从非平衡态热动力学角度提出泥页岩中物质传输与能量传输唯象模型构架，提出在页岩中传输的物质与能量有自由水、化学离子、热量与电流，而这些传输的驱动力有压力势、化学势、电势和热势的概念，最主要的两种机理是钻井液柱压力和泥页岩孔隙压力之间的水力压差 Δp，钻井液和孔隙流体之间的化学势差 $\Delta\mu$。

2000 年，Lomba 基于唯象模型等进行了更深入的研究。将页岩渗透膜抽象为两个相隔较近的带负电的平行板，流体和离子在板间运移。然后经过一系列复杂的推导，得到了唯象系数和反射系数的理论表达式，建立了泥页岩井壁稳定模型。

$$\frac{\partial C_s}{\partial t} + \frac{\partial}{\partial x}\left\{-D_{eff}\frac{\partial^2 C_s}{\partial x^2}\right\} = 0 \tag{8}$$

$$\frac{\partial p}{\partial t} - \frac{K_I}{c}\frac{\partial^2 p}{\partial x^2} - \frac{nRTK_{II}}{c}\frac{\partial^2 C_s}{\partial x^2} = 0 \tag{9}$$

式中，p 为孔隙压力；C_s 为溶质物质的量浓度；D_{eff} 为溶质扩散系数；K_I，K_{II} 为耦合系数，是唯象系数的函数。

根据上述方程求解结果得出井壁附加应力：

$$
\begin{aligned}
\sigma_{\mathrm{r}} &= \frac{\alpha(1-2v)}{1-v}\frac{1}{r^2}\int_{r_{\mathrm{w}}}^{r} p^{\mathrm{f}}(r,t)r\mathrm{d}r \\
\sigma_{\theta} &= -\frac{\alpha(1-2v)}{1-v}\left[\frac{1}{r^2}\int_{r_{\mathrm{w}}}^{r} p^{\mathrm{f}}(r,t)r\mathrm{d}r - p^{\mathrm{f}}(r,t)\right] \\
\sigma_{\mathrm{z}} &= \frac{\alpha(1-2v)}{1-v} p^{\mathrm{f}}(r,t)
\end{aligned}
\tag{10}
$$

式中，$p^{\mathrm{f}}(r,t)=p(r,t)-p_0$。

M.E.Chenevert，也用此方法对泥页岩井壁稳定性进行分析，所不同的是他考虑了温度作用的影响。国内学者也进行了类似研究。

1.4 总水势法

C.P.Tan 等人在对页岩稳定性的研究中认为，总水势（孔隙压力与渗透压之和）差是导致水流动的根本原因，根据水和岩石组分的连续性方程推导出膨胀性介质中的水流方程：

$$
\left[\frac{\delta \Phi}{\delta t}\right]_{x,y,z} = C_{\mathrm{c}}\left[\nabla\left(K\cdot\nabla\Phi\right)-\nabla\left(\frac{\theta_{\mathrm{w}}}{\theta_{\mathrm{s}}}F_{\mathrm{s}}\right)\right]_t \tag{11}
$$

式中，K 为岩石水力传导系数，$K=k/\mu$；k 为渗透率；μ 为流体黏度；$C_{\mathrm{c}}=\delta\Phi/\delta\theta_{\mathrm{w}}=1/\left(M_{\mathrm{v}}+n/K_{\mathrm{w}}\right)$；$M_{\mathrm{v}}=1/\left(K_{\mathrm{f}}+4/3G_{\mathrm{r}}\right)$为岩石体积变化系数；$K_{\mathrm{f}}$ 为岩石体积模量；G_{r} 为岩石剪切模量；n 为岩石孔隙度；K_{w} 为水的体积模量；F_{s} 为固相在三个方向的流量。

溶质流动考虑的过程有对流、弥散、扩散和吸附（离子交换），方程如下：

$$
\frac{\delta qC}{\delta t}=\left\{-\nabla\left(Cq-\theta_{\mathrm{w}}D_{\mathrm{s}}v\nabla C-\theta_{\mathrm{w}}D\nabla C\right)-f+\theta_{\mathrm{w}}\gamma_{\mathrm{w}}S_{\mathrm{t}}-PC+R_{\mathrm{t}}C_{\mathrm{R}}\right\}(1-R) \tag{12}
$$

式中，C 为岩石中流体溶质浓度；q 为水流量；D_{s} 为弥散系数；v 为溶剂移动速度；D 为分子扩散系数；f 为由于吸附溶质失水的速度；S_{t} 为与一个单位质量的水产生化学反应增加的溶质质量速度；P 为单位体积岩石水流出速率；R_{t} 为单位体积岩石水流入速率；C_{R} 为流入岩石流体的浓度；α 为反射系数。

体积变化通常随岩石水势对数线性变化，即：

$$
\Delta\varepsilon_{oi}=Q_i\Delta\lg\Phi \tag{13}
$$

式中，ε_{oi} 由于岩石水势变化引起的 i 方向上的应变，Q_i 为给定应力下 i 方向体积变化参数，Φ为岩石总水势。

体积变化参数 Q_i 由膨胀应变和水势对数曲线的斜率确定，即：

$$
Q_i=\mathrm{d}(\varepsilon_{oi})/\mathrm{d}(\lg\Phi) \tag{14}
$$

如果岩石材料被限制膨胀，将会导致产生水化应力，由下式给出：

$$\Delta\sigma_{oi}=[\boldsymbol{D}]\Delta\varepsilon_{oi} \tag{15}$$

式中，σ_{oi}为i方向水化应力；[$\boldsymbol{D}$] 为刚度矩阵。

求解方程（11）~方程（13）和方程（15），解得孔隙压力、化学势和水化应力。

2 泥页岩井壁稳定研究方法分析

国内外研究者在泥页岩井壁稳定问题的研究中做了大量的工作，取得了一定成效。本文对于上述四种研究方法进行进一步分析。

（1）热弹性比拟法根据热弹性力学理论，建立泥页岩水化产生的力学效应定量化模型。根据该模型，只要确定出任意时刻近井壁的含水量分布以及岩石弹性常数随含水量的关系，便可求得井壁周围的水化膨胀应力分布。而这种方法把所有水化变化都归因于总水含量，按照含水量确定岩石膨胀应变，总体上说没有涉及泥页岩钻井液化学作用的本质，严格的说，其研究程度不能算为真正意义上的力学化学耦合。由于考虑水化作用的应力计算中做了均匀水平地应力假设，而实际地应力是非均匀的，还要对非均匀地应力做补充修正。

（2）水分子自由能热动力法否定了压差对水在页岩中运动的影响，认为在渗透率为$10^{-9}\sim10^{-12}$D范围内几乎不存在压差渗透，同时也否定了离子扩散和离子交换对页岩水化的影响。此方法认为化学平衡是瞬间的，没有考虑时间效应。此种研究方法是早期的不成熟的力学化学耦合方法。

（3）非平衡热动力法是比较全面的井壁稳定力学化学耦合的研究方法，但是也存在一些缺陷。

①在应用唯象定律建立的多场耦合模型中，上述方程中的系数K_{I}、K_{II}是唯象系数$\boldsymbol{L}_{ij}$（三阶矩阵）的函数，但由于泥页岩孔隙的高度复杂性及板间距离的非单一分布，给出的理论表达式包括晶层间距离，带电表面的速度剖面，阳离子阴离子化合价和离子流量等需要通过求解Navier−Stokes方程、Nernst−Planck方程和Poisson−Boltzmann方程确定参数，且其表达式非常复杂，数学上很难准确计算唯象系数。

②模型中假定溶液为理想低浓度溶液，扩散驱动力为浓度梯度，溶质扩散系数为常数，然而对于非理想溶液来说，扩散系数与浓度分布不均匀性有关，不再是常数，必须对溶质扩散系数进行修正。

③在耦合模型中，流固耦合采用了多孔弹性模型，用比拟法将热弹性比拟成多孔弹性，采用解决热应力问题的弹性方法来解决多孔介质孔隙压力引起的应力问题，尽管此模型包含了特定形态下孔隙压力的扩散情况，但并不存在流体孔隙压力与岩石变形的联合作用，所以这种耦合不全面。

④在耦合模型中，固体力学部分都是用线弹性理论进行分析的，由于线弹性模型过于保守，基于线弹性模型确定的安全钻井液密度往往偏高，因此应该采用更接近岩石力学性质的模型研究井壁失稳问题，可以采用弹塑性模型和流体化学作用耦合，这样更加符合实际井眼力学状态。

⑤以前的泥页岩井壁稳定耦合模型只是对应于常规过平衡钻井的情况，有必要对欠平

衡钻井、控压钻井等钻井方式下的泥页岩井壁稳定耦合问题进行研究。

(4) 总水势法也是考虑在各种驱动力下流体的流动导致孔隙压力的变化和溶质浓度的变化，从而改变了总水势。当孔隙流体总水势增加，水将被吸入到黏土层间。如果黏土可以自由移动，水吸入导致黏土层间距变大膨胀，如果膨胀被限制，将会产生水化应力。水化应力会导致有效钻井液支撑减小，使井壁变得不稳定。除此之外，水吸入将导致材料强度减小。此种方法与非平衡热动力法的区别在于，得出井壁岩石孔隙压力和溶质浓度的变化结果之后，前者是通过实验和增量理论确定总水势与体积应变的增量关系，从而计算膨胀应力的大小，而后者是用多孔弹性理论计算井壁岩石附加应力。

以上分析表明，热弹性比拟法没有从本质上抓住水化耦合的本质，所以井壁稳定耦合的深入研究不适合采用此理论方法。水分子自由能热动力法是初步的井壁稳定力学化学耦合方法，很有局限性，其最终发展成为用非平衡热动力法解决问题。总体上来说，非平衡热动力法从理论上来看是一种比较全面先进的研究方法，可以以此为基础进行进一步深入的研究。首先改进流化耦合模型，使模型参数意义明确且容易确定，对溶质扩散方程进行修正，并基于弹塑性理论进行全面的流固化耦合研究，研究各种工况下的泥页岩井壁稳定机理和模型。同时，可以借鉴总水势方法的思想，可以用新的实验方法来模拟检测孔隙压力的变化对岩石应变的影响，用于检测流固耦合模型的可靠性。

3 结论与建议

泥页岩井壁稳定耦合研究已经取得一定成效，已经出现了一些理论模型。但是由于问题的复杂性，还存在有一些未解决的问题。

首先，对泥页岩井壁稳定机理的研究还没有完全透彻，如对泥页岩水渗透运移传输机理、孔隙大小和分布、水化离子尺寸、黏土比表面积、阳离子交换容量、钻井液类型和性质等对泥页岩钻井液体系相互作用的影响还需要进一步深化。

其次，国内外对井壁稳定耦合模型应用时，由于涉及的附加参数比较复杂，甚至有些参数很难得出，使模型的适用性大大减小。但是如果竭力将模型简化，又不能精确地模拟耦合过程，使模型精确度大打折扣。因此，考虑现有模型的一些缺陷，对模型进行改进，实现其参数可测量化和易确定化，增加模型的实用性，仍然是一项复杂艰巨且具有重大研究意义的课题。

再次，泥页岩井壁稳定耦合理论研究的目的在于现场应用，但是现阶段的研究还只是停留在泥页岩井壁稳定模拟分析，并没有形成理论成果应用于现场分析，在今后的研究中应注重与现场实际结合，形成独特的具有泥页岩井壁稳定分析能力的软件。

参考文献

Chenevert M E. Shale alteration by water adsorption[R] . SPE2401，1970：1141−1148.

《钻井液与完井液》编辑部 . 国外钻井液技术 . 钻井液与完井液，1987.

路保平，林永学，等 . 水化对泥页岩力学性质影响的实验研究 [J] . 地质力学学报，

1999，3（1）：65–70.

Yew C H，Chenevert M E. Well–bore stress distribution produced by moisture adsorption[R]．SPE 19536.

黄荣樽，陈勉．泥页岩井壁稳定力学与化学的耦合研究 [J]．钻井液与完井液，1995，（3）：15–21，25.

邓金根，郭东旭，周建良，等．泥页岩井壁应力的力学－化学耦合计算模式及数值求解方法 [J]．岩石力学与工程学报，2003，（22）：2250–2253.

Hale. A H.，Mody. F K. Experimental investigation of the influence of chemical potential on wellbore stability[R]．SPE23885.

Mody F K，Hale A H. Borehole stability model to couple the mechanics and chemistry of drilling–fluid/shale interactions[R]．SPE25728.

Van Oort E，Hale A H，Mody F K Critical parameters in modelling the chemical aspects of borehole stability in shales and in designing improved water based shale drilling fluids[R]．SPE 28309.

Lomba Rosana F T，Chenevert M E，Sharma Mukul M. The ion–selective membrane behavior of native shale[J]．Journal of Petroleum Science and Engineering，2000，25：9–23.

Lomba Rosana F T，Chenevert M E，Sharma Mukul M. The role of osmotic effects in fluid flowthrough shale[J]．Journal of Petroleum Science and Engineering，2000，25：25–35.

Chen M Yu，Chenevert M E. Chemical and thermal effects on wellbore stability of shale formations[R]．SPE71366.

Zhang Jianguo，Chenevert ME. Maintaining the stability of deviated and horizontal wells：effects of mechanical，chemical，and thermal phenomena on well designs[R]．SPE100202.

张乐文，邱道宏，程远方．井壁稳定的力化耦合模型研究 [J]．山东大学学报（工学版），2009，（3）：111–114.

王炳印，邓金根，宋念友．力学温度和化学耦合作用下泥页岩地层井壁失稳研究 [J]．钻采工艺，2006，（6）：1–4.

Tan Chee P，Richards Brian G. Managing physical–chemical wellbore instability in shale with the chemical potential mechanism[R]．SPE 36971.

Tan Chee P，Richards Brian G. Effects of swelling and hydration stress in shale on wellbore stability[R]．SPE 38057.

各向异性地层中井孔周围应力场的研究

崔　杰[1]　焦永树[2]

(1. 胜利油田钻井工艺研究院；2. 河北工业大学机械工程学院)

摘　要：由于问题的复杂性，在以往研究井壁稳定性的文献中，大多将地层介质简化为各向同性的。本文基于各向异性弹性理论，利用复变函数方法，建立了各向异性地层中倾斜井孔周围应力场的计算模型，得到了能够反映地层各向异性性质、地层倾向和走向、井斜角和方位角、井孔液柱压力、原始地应力方位和原始地应力比等多种因素影响的井孔周围应力场的解析表达式，以应力等值线云图表示的计算结果在一定程度上可以预测井壁开裂或坍塌的位置、范围、深度乃至坍塌后井孔的形状，为各向异性地层中井壁的稳定性分析和井孔轨道的优化设计提供了更切合工程实际的理论依据。

关键词：钻井工程　井壁稳定性　复变函数法　各向异性地层　井周应力场　解析解

井壁失稳是长期困扰石油工程界的一个重大技术难题。它不仅直接影响钻井进程的安全性，而且还会对后续的固井作业和开发生产造成严重影响。尤其是随着大位移井应用的日益广泛，井壁的稳定性问题就变得愈发突出。多年来，国内外学者在井壁稳定性研究方面做了许多卓有成效的工作，例如，早在1979年，W.B.Bradley就建立了一个非均匀水平原始地应力场中竖井和斜井井壁断裂失稳的计算模型，发现井斜角对于井壁的开裂失效具有重要影响；1990年，B.S.Aadnoy提出了一种利用漏失压裂数据反演水平地应力的方法；2005年，E.Karstad等分析了原场应力、井斜角和方位角对井壁稳定性的影响，认为在竖向和水平三向地应力等值时，井壁的稳定性最好，钻井液窗口最大。近年来，我国学者在井壁稳定性研究方面也开展了许多有益的工作。1997年，高德利等[4]从岩石力学、地球物理测井、工程录井、环空水力学和钻井液化学等方面分析定向井井孔稳定性问题，建立了地层孔隙压力、地层坍塌压力和地层破裂压力剖面，以实现对钻井液性能、井身结构及其他工程参数的优化设计；1999年，金衍等[5]通过分析大位移井井周的应力分布规律，编制了Windows环境下的井壁稳定性分析软件，形成一个方便工程问题分析的集成环境；2004年，李军等在用有限元方法分析井周应力场时，用竖井模型代替斜井模型，而把井斜角和方位角的影响反映在模型的面载荷上，巧妙地解决了倾斜井孔周围单元难以细化的问题。2008年，练章华等利用有限元中单元的生死技术，对钻进过程中井壁的稳定性进行

基金项目：国家863项目（2006AA06A109）。

作者简介：崔杰（1973—　），男，山东博兴人，高级工程师，博士，从事钻井地质模型研究和图形软件开发。

焦永树（1958—　），男，河北冀州人，教授，博士，从事钻井工程中的力学问题研究。

了动态分析。2009年，殷有泉等针对应变软化地层得到了井壁围岩中应力和位移的分布规律，给出了井壁压力与位移的平衡路径曲线，建立了力学稳定性意义下的井壁坍塌压力公式。

在过去研究井壁稳定性的文献中，大多数将地层介质视为各向同性的。而实际上，地层介质往往具有各向异性性质。各向同性假设显然不能准确描述各向异性地层介质中井孔的稳定性问题。国外已有学者注意到这一问题。1987年，B.S.Aadnoy利用S.G.Lekhnitskii提出的各向异性弹性体模型，计算了横观各向同性介质中井孔周围的应力场。1994年，S.H.Ong在B.S.Aadnoy的模型中又加入了非线性和多孔介质效应。1999年，D.Gupta和M.Zaman开发了各向异性地层中预测井壁开裂和坍塌压力的计算程序，数值分析结果表明，倾斜井孔中导致井壁开裂和坍塌的液柱压力与井孔的倾斜程度、地层介质的各向异性程度、介质层面的倾斜程度以及原始地应力状态等因素密切相关。

本文利用一般各向异性弹性理论，考虑地层介质的各向异性性质和井孔的倾斜与方位变化，得到了各向异性地层介质中倾斜井孔周围应力场的解析表达式，以应力等值线云图形式表示的结果在一定程度上可以预测井壁开裂或坍塌的方位、范围、深度乃至坍塌后井孔的形状，为井孔的稳定性分析和井孔轨道的优化设计提供了更符合工程实际的理论依据。

1 基本假定与基本方程

在下面的研究中，采用了下列基本假定：

（1）认为地层介质是由均匀、连续、一般各向异性的线弹性介质组成的，介质的各向异性性质需要用21个弹性常数来描述。在描述地层介质性质的弹性常数不足的情况下，本模型可以退化为正交各向异性或横观各向同性等相对简单的物理模型。

（2）考虑到井孔通常较长，在计算井孔周围的应力分布时采用广义平面应变假设，即各应变分量与井轴坐标z无关，且轴向应变为零。

在不计体力的情况下，井孔直角坐标系中井孔周围的应力分量应满足下列平衡方程：

$$[\boldsymbol{\sigma}]\{\Delta\}=\{0\} \tag{1}$$

式中，$[\boldsymbol{\sigma}]$为应力矢量σ_{ij} (i, j=x, y, z)；$\{\Delta\}$为线性微分算子$\left\{\frac{\partial}{\partial x}\quad \frac{\partial}{\partial y}\quad \frac{\partial}{\partial z}\right\}^{\mathrm{T}}$。

根据广义胡克定律，在一般各向异性介质中，井孔直角坐标系下的应力矢量$\{\boldsymbol{\sigma}\}$与应变矢量$\{\boldsymbol{\varepsilon}\}$之间的本构关系由柔度系数矩阵$[A]$联系起来，可写成

$$\{\boldsymbol{\varepsilon}\}=[\boldsymbol{A}]\{\boldsymbol{\sigma}\} \tag{2}$$

式中，应变矢量$\{\boldsymbol{\varepsilon}\}=\left\{\varepsilon_x\ \ \varepsilon_y\ \ \varepsilon_z\ \ \gamma_{yz}\ \ \gamma_{zx}\ \ \gamma_{xy}\right\}^{\mathrm{T}}$，应力矢量$\{\boldsymbol{\sigma}\}=\left\{\sigma_x\ \ \sigma_y\ \ \sigma_z\ \ \tau_{yz}\ \ \tau_{zx}\ \ \tau_{xy}\right\}^{\mathrm{T}}$，反映地层各向异性性质的柔度系数矩阵$[\boldsymbol{A}]$ $=a_{ij}$ (i, j=1~6)。在广义平面应变条件下，应变分量与z无关。这时，应变协调方程简化为如下形式：

$$\frac{\partial^2\varepsilon_x}{\partial y^2}+\frac{\partial^2\varepsilon_y}{\partial x^2}=\frac{\partial^2\gamma_{xy}}{\partial x\partial y},\quad \frac{\partial\gamma_{xz}}{\partial y}-\frac{\partial\gamma_{yz}}{\partial x}=0 \tag{3}$$

由方程（1）～方程（3）可以求得该广义平面应变问题的一般解为：

$$\begin{aligned}
\sigma_x &= 2Re\left[\mu_1^2\phi_1'(z_1)+\mu_2^2\phi_2'(z_2)+\lambda_3\mu_3^2\phi_3'(z_3)\right] \\
\sigma_y &= 2Re\left[\phi_1'(z_1)+\phi_2'(z_2)+\lambda_3\phi_3'(z_3)\right] \\
\tau_{yz} &= -2Re\left[\lambda_1\phi_1'(z_1)+\lambda_2\phi_2'(z_2)+\phi_3'(z_3)\right] \\
\tau_{xz} &= 2Re\left[\lambda_1\mu_1\phi_1'(z_1)+\lambda_2\mu_2\phi_2'(z_2)+\mu_3\phi_3'(z_3)\right] \\
\tau_{xy} &= -2Re\left[\mu_1\phi_1'(z_1)+\mu_2\phi_2'(z_2)+\lambda_3\mu_3\phi_3'(z_3)\right]
\end{aligned} \tag{4}$$

σ_z不是独立分量，可由平面应变条件确定。上式中，$z_k=x+\mu_k y$（k=1，2，3），x和y是待求应力点的坐标，μ_k是与应变协调方程对应的特征方程的特征根，其值由柔度矩阵系数所确定；λ_k（k=1，2，3）是与特征根有关的系数，ϕ_k（k=1，2，3）是任意解析函数。现在的问题归结为在一定的边界条件下，确定解析函数ϕ_k，从而求得式（4）所示的应力分量。

2　边界条件及解析函数边界值确定

利用式（4）所示的应力分量，井壁的应力边界条件可写为：

$$\begin{cases}
2Re[\mu_1\phi_1(z_1)+\mu_2\phi_2(z_2)+\lambda_3\mu_3\phi_3(z_3)]_s = -\int_0^s p_x \mathrm{d}s \\
2Re[\phi_1(z_1)+\phi_2(z_2)+\lambda_3\phi_3(z_3)]_s = \int_0^s p_y \mathrm{d}s \\
2Re[\lambda_1\phi_1(z_1)+\lambda_2\phi_2(z_2)+\phi_3(z_3)]_s = -\int_0^s p_z \mathrm{d}s
\end{cases} \tag{5}$$

这里的p_x、p_y和p_z为作用在井壁内表面上的面载荷沿x、y、z方向的分量，由两部分组成，一部分由井孔内液柱压力$\boldsymbol{p}_\mathrm{w}$提供，其分量为：

$$p_{x1}=\boldsymbol{p}_\mathrm{w}\cos\theta,\quad \boldsymbol{p}_{\mathrm{y}1}=\boldsymbol{p}_\mathrm{w}\sin\theta,\quad p_{z1}=0 \tag{6}$$

另一部分是为实现在远场应力$\sigma_{ij}^0(i,j=x,y,z)$作用下井壁的无面力状态，而在井壁“虚拟”施加的面载荷。通过分析井壁单元体的平衡（图1），这部分面力为：

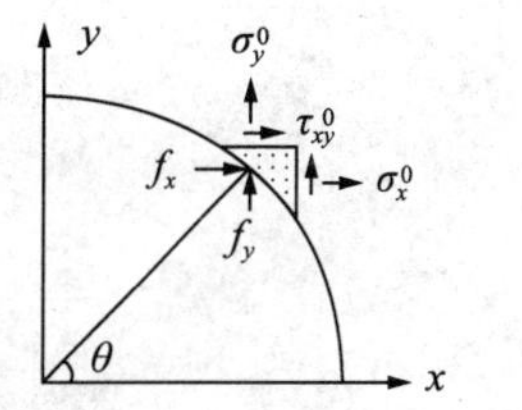

图1　井壁处的应力单元体

$$\begin{cases}
\overline{f}_x=-f_x=\sigma_x^0\cos\theta+\tau_{xy}^0\sin\theta \\
\overline{f}_y=-f_y=\tau_{xy}^0\cos\theta+\sigma_y^0\sin\theta \\
\overline{f}_z=-f_z=\tau_{xz}^0\cos\theta+\tau_{yz}^0\sin\theta
\end{cases} \tag{7}$$

综合以上两种情况，需要在井壁施加的面力为：

$$\begin{cases} p_x = (\boldsymbol{p}_{\mathrm{w}} + \sigma_x^0)\cos\theta + \tau_{yx}^0 \sin\theta \\ p_y = \tau_{xy}^0 \cos\theta + (\boldsymbol{p}_{\mathrm{w}} + \sigma_y^0)\sin\theta \\ p_z = \tau_{xz}^0 \cos\theta + \tau_{yz}^0 \sin\theta \end{cases} \tag{8}$$

将式（8）代入式（5）进行积分，并注意到在井壁上 ds=adθ （a 为井孔半径），有

$$\begin{cases} 2Re\left[\mu_1\phi_1(z_1) + \mu_2\phi_2(z_2) + \lambda_3\mu_3\phi_3(z_3)\right]_s = \\ \qquad -a(\boldsymbol{p}_{\mathrm{w}} + \sigma_x^0)\sin\theta + a\tau_{xy}^0\cos\theta \\ 2Re\left[\phi_1(z_1) + \phi_2(z_2) + \lambda_3\phi_3(z_3)\right]_s = \\ \qquad a\tau_{xy}^0\sin\theta - a(\boldsymbol{p}_{\mathrm{w}} + \sigma_y^0)\cos\theta \\ 2Re\left[\lambda_1\phi_1(z_1) + \lambda_2\phi_2(z_2) + \phi_3(z_3)\right]_s = \\ \qquad -a\tau_{xz}^0\sin\theta + a\tau_{yz}^0\cos\theta \end{cases} \tag{9}$$

在井孔内壁上，将解析函数展成傅立叶级数

$$\begin{cases} 2Re\left[\mu_1\phi_1(z_1) + \mu_2\phi_2(z_2) + \lambda_3\mu_3\phi_3(z_3)\right]_s \\ \qquad = \sum\limits_{m=1}^{\infty}(a_m \mathrm{e}^{m\theta i} + \overline{a}_m \mathrm{e}^{-m\theta i}) \\ 2Re\left[\phi_1(z_1) + \phi_2(z_2) + \lambda_3\phi_3(z_3)\right]_s = \\ \qquad \sum\limits_{m=1}^{\infty}(b_m \mathrm{e}^{m\theta i} + \overline{b}_m \mathrm{e}^{-m\theta i}) \\ 2Re\left[\lambda_1\phi_1(z_1) + \lambda_2\phi_2(z_2) + \phi_3(z_3)\right]_s = \\ \qquad \sum\limits_{m=1}^{\infty}(c_m \mathrm{e}^{m\theta i} + \overline{c}_m \mathrm{e}^{-m\theta i}) \end{cases} \tag{10}$$

与式（9）各式对照，可得：

$$\begin{cases} \overline{a}_1 = \dfrac{a}{2}\left[\tau_{xy}^0 - i(\boldsymbol{p}_{\mathrm{w}} + \sigma_x^0)\right] \\ \overline{b}_1 = \dfrac{a}{2}\left[-(\boldsymbol{p}_{\mathrm{w}} + \sigma_y^0) + i\tau_{xy}^0\right] \\ \overline{c}_1 = \dfrac{a}{2}\left[\tau_{yz}^0 - i\tau_{xz}^0\right] \\ \overline{a}_m = \overline{b}_m = \overline{c}_m = 0 \quad (m \geqslant 2) \end{cases} \tag{11}$$

3 保角映射及解析函数形式的确定

为了确定解析函数的具体形式，做如下保角变换。设：

$$z_k = \frac{a(1-i\mu_k)}{2}\eta_k + \frac{a(1+i\mu_k)}{2}\frac{1}{\eta_k} \quad (k=1,2,3)$$

则有：

$$\eta_k = \frac{z_k + \sqrt{z_k^2 - a^2(1+\mu_k^2)}}{a(1-i\mu_k)} \quad (k=1,2,3)$$

在井孔边界上

$$z_k = a(\cos\theta + \mu_k \sin\theta), \quad \eta_k = \mathrm{e}^{i\theta} \quad (k=1,2,3)$$

在研究仅由井壁面力引起的井周应力时，考虑到随着离井孔越远，应力越小，可设：

$$\phi_k(z_k) = \sum_{m=1}^{\infty} A_{km}\eta_k^{-m} \quad (k=1,2,3) \tag{12}$$

将式（12）代入到边界条件式（10），可解出

$$\varphi_1(z_1) = \frac{1}{\Delta}$$
$$\sum_{m=1}^{\infty}[(\lambda_2\lambda_3-1)\overline{a}_m + (\mu_2-\mu_3\lambda_2\lambda_3)\overline{b}_m + \lambda_3(\mu_3-\mu_2)\overline{c}_m]\eta_1^{-m}$$
$$\varphi_2(z_2) = \frac{1}{\Delta}$$
$$\sum_{m=1}^{\infty}[(1-\lambda_1\lambda_3)\overline{a}_m + (\mu_3\lambda_1\lambda_3-\mu_1)\overline{b}_m + \lambda_3(\mu_1-\mu_3)\overline{c}_m]\eta_2^{-m}$$
$$\varphi_3(z_3) = \frac{1}{\Delta}$$
$$\sum_{m=1}^{\infty}[(\lambda_1-\lambda_2)\overline{a}_m + (\mu_1\lambda_2-\mu_2\lambda_1)\overline{b}_m + (\mu_2-\mu_1)\overline{c}_m]\eta_3^{-m} \tag{13}$$

上式中，$\Delta = \mu_2 - \mu_1 + \lambda_2\lambda_3(\mu_1-\mu_3) + \lambda_1\lambda_3(\mu_3-\mu_2)$

将解析函数（13）分别对复变量 z_k（k=1，2，3）求一阶导数，考虑到 $\overline{a}_m$，$\overline{b}_m$，$\overline{c}_m$在 $m \geqslant 2$ 时均为零，有：

$$\begin{cases} \phi_1' = \dfrac{\Delta_1}{\Delta}\left[(\lambda_2\lambda_3-1)\overline{a}_1 + (\mu_2-\mu_3\lambda_2\lambda_3)\overline{b}_1 + \lambda_3(\mu_3-\mu_2)\overline{c}_1\right] \\ \phi_2' = \dfrac{\Delta_2}{\Delta}\left[(1-\lambda_1\lambda_3)\overline{a}_1 + (\mu_3\lambda_1\lambda_3-\mu_1)\overline{b}_1 + \lambda_3(\mu_1-\mu_3)\overline{c}_1\right] \\ \phi_3' = \dfrac{\Delta_3}{\Delta}\left[(\lambda_1-\lambda_2)\overline{a}_1 + (\mu_1\lambda_2-\mu_2\lambda_1)\overline{b}_1 + (\mu_2-\mu_1)\overline{c}_1\right] \end{cases} \tag{14}$$

上式中，$\Delta_k = \dfrac{a(i\mu_k-1)}{z_k\sqrt{z_k^2-a^2(1+\mu_k^2)} + \left[z_k^2 - a^2(1+\mu_k^2)\right]} \quad (k=1,2,3)$

将上式代入到式（4）即可求得井孔周围各应力分量。

4　坐标系统及其转换关系

为了处理各向异性介质地层、原始地应力和倾斜井孔中各物理量的变换问题，本文建立了大地总体坐标系、地应力主坐标系、井孔直角坐标系和地层介质坐标系。

4.1　大地总体坐标系 x_i^{G} 和地应力主坐标系 x_i^{S}

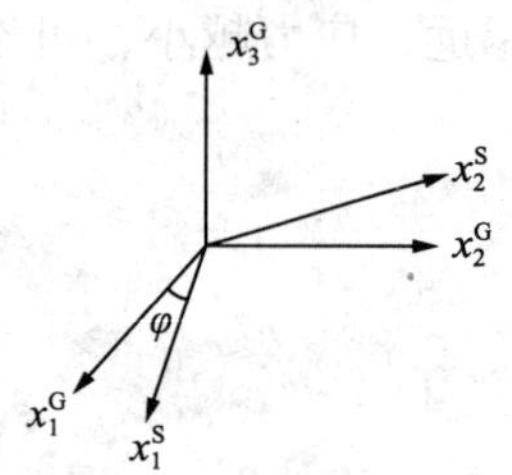

图2　总体坐标系与地应力主坐标系

为了研究的方便起见，建立大地总体坐标系 $x_i^{\mathrm{G}}(i=1,2,3)$，分别指向正北、正西和铅垂向上的方向。在地应力主坐标系中，用 x_3^{S} 表示铅垂方向主应力 σ_{V} 的方向，另两个水平主应力的方向分别用 x_1^{S} 和 x_2^{S} 表示，其中绝对值最大的水平主应力 σ_{H} 的方向 x_1^{S} 与正北方向的夹角用 φ 表示，以由北向西旋转形成的角度为正（图2）。这样，从地应力主坐标系到大地总体坐标系的转换关系为：

$$\begin{Bmatrix} x_1^{\mathrm{G}} \\ x_2^{\mathrm{G}} \\ x_3^{\mathrm{G}} \end{Bmatrix} \begin{bmatrix} \cos\varphi & -\sin\varphi & 0 \\ \sin\varphi & \cos\varphi & 0 \\ 0 & 0 & 1 \end{bmatrix} = \begin{Bmatrix} x_1^{\mathrm{S}} \\ x_2^{\mathrm{S}} \\ x_3^{\mathrm{S}} \end{Bmatrix} \tag{15}$$

4.2　井孔直角坐标系 x_i^{H}

设井斜角为 α，方位角为 β（以由北向西旋转形成的角度为正）。建立井孔直角坐标系 $x_i^{\mathrm{H}}(i=1,2,3)$，其中 x_3^{H} 轴与井孔轴线一致，x_1^{H} 和 x_2^{H} 轴位于与井孔轴线垂直的平面内（图3）。经过分析，从地应力主坐标系到井孔坐标系的转换关系为：

$$\begin{Bmatrix} x_1^{\mathrm{H}} \\ x_2^{\mathrm{H}} \\ x_3^{\mathrm{H}} \end{Bmatrix} = \begin{bmatrix} \cos\alpha\cos(\beta-\varphi) & \cos\alpha\sin(\beta-\varphi) & -\sin\alpha \\ -\sin(\beta-\varphi) & \cos(\beta-\varphi) & 0 \\ \sin\alpha\cos(\beta-\varphi) & \sin\alpha\sin(\beta-\varphi) & \cos\alpha \end{bmatrix} \begin{Bmatrix} x_1^{\mathrm{S}} \\ x_2^{\mathrm{S}} \\ x_3^{\mathrm{S}} \end{Bmatrix} \tag{16}$$

4.3　地层介质坐标系 x_i^{M}

虽然本计算模型可以处理一般各向异性地层介质问题，但限于目前对地层介质的认识水平，我们仍将地层简化为横观各向同性的。为此，建立地层介质坐标系 $x_i^{\mathrm{M}}(i=1,2,3)$。层间法向 x_3^{M} 与铅垂轴的夹角（层倾角）用 ψ 表示，x_3^{M} 在水平面上的投影与正北方向的夹角（方位角）用 θ 表示（图4）。这样，可得到从地层介质坐标系到大地总体坐标系的转换关系：

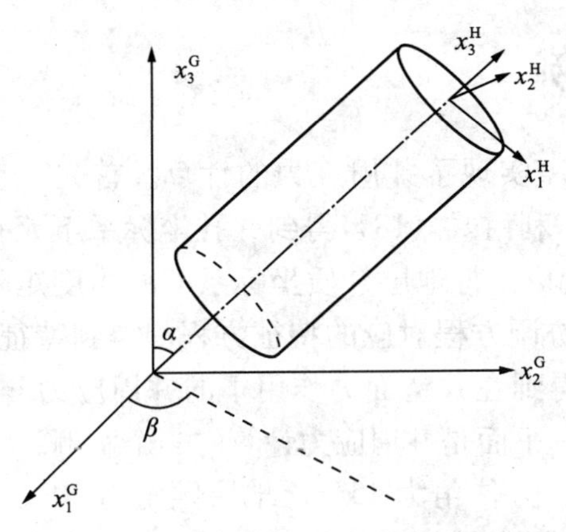

图3　大地总体坐标系与井孔坐标系

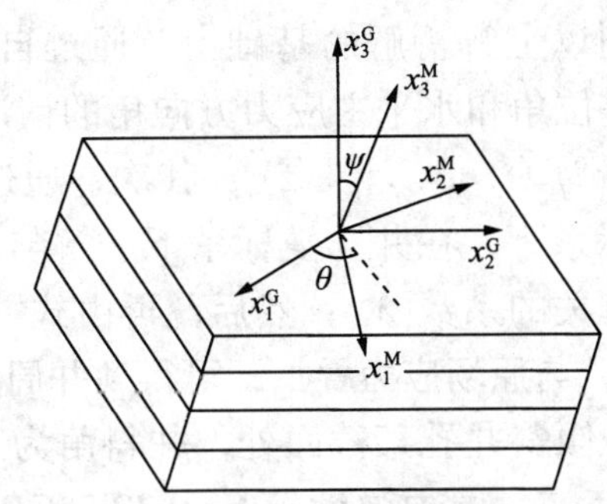

图4　大地总体坐标系与地层介质坐标系

$$\begin{Bmatrix} x_1^G \\ x_2^G \\ x_3^G \end{Bmatrix} = \begin{bmatrix} \cos\theta\cos\psi & -\sin\theta & \cos\theta\sin\psi \\ \sin\theta\cos\psi & \cos\theta & \sin\theta\sin\psi \\ -\sin\psi & 0 & \cos\psi \end{bmatrix} \begin{Bmatrix} x_1^M \\ x_2^M \\ x_3^M \end{Bmatrix} \tag{17}$$

4.4　应力与柔度矩阵的转换

由于所有计算都是在井孔坐标系下进行的，首先需要将原场主地应力 σ_H、σ_h 和 σ_V 通过如下关系转换到井孔坐标系下：

$$[\boldsymbol{\sigma}^0] = [\boldsymbol{C}][\boldsymbol{\sigma}][\boldsymbol{C}]^T \tag{18}$$

式中，$[\boldsymbol{C}]$ 为式（16）所示的转换矩阵，由此得到井孔坐标系下无孔时的原场应力 σ^0_{ij}（i，j=x，y，z）。

类似地，利用上述坐标转换关系，可以将地层介质坐标系下的柔度矩阵也转换到井孔坐标系下。限于篇幅，本文不再赘述。

4.5　井孔周围应力的组成

井孔周围的应力可以看做是下列两种应力之和：

（1）钻井前原已存在，已转换到井孔坐标系下无井孔时的原场应力 σ^0_{ij}（i，j=x，y，z），由式（18）确定。

（2）作用在井壁上的边界面力（包括液柱压力和为了实现原场应力而在井壁“虚拟”施加的面力）所引起的应力 σ^h_{ij}（i，j=x，y，z），由式（4）确定。

把这两种应力叠加起来，就得到井孔周围的应力分布表达式。

5　各向异性地层中井周应力计算实例

在得到以上解析解的基础上，通过自编程序实现了井周应力的计算。首先，在已知井斜角、方位角和水平主应力方向角的情况下，利用式（18）得到井孔坐标系下无孔时的原场应力 σ^0_{ij}（i，j=x，y，z）；其次，通过式（17）将地层介质坐标系下的柔度矩阵转换到井孔坐标系下，在井孔坐标系下求解与应变协调方程对应的特征方程，得到特征根 μ_k 以及与其有关的系数 λ_k；然后，再由式（4）得到在井壁面力作用下的井周应力 σ^h_{ij}（i，j=x，y，z），与原场应力叠加即可得到井周应力。下面是井周应力计算的一个实例。

考虑一倾斜井孔某截面处，井斜角为 30°，方位角为 45°，地层倾角为 20°，地层走向角为 55°，层内弹性模量为 32.75GPa，层间弹性模量为 16.375GPa，层内泊松比为 0.14，层间泊松比为 0.21，剪切弹性模量为 8GPa。上覆层压力为 70MPa，最大水平地应力为 50MPa，其方位角为 30°，最小水平地应力为 40MPa，井内钻井液柱压力为 45MPa，井孔直径为 0.24m，其井孔周围 0.2m 范围内的四个应力云图如图 5 所示。

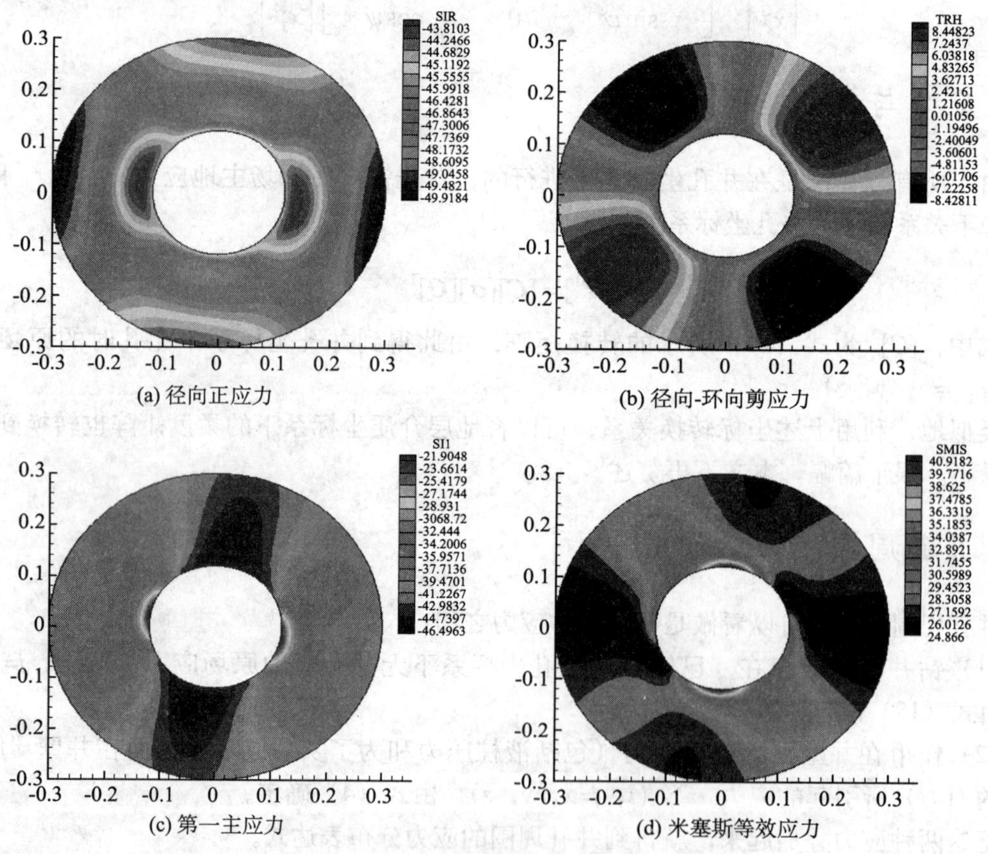

(a) 径向正应力　　(b) 径向-环向剪应力

(c) 第一主应力　　(d) 米塞斯等效应力

图 5　井孔周围应力云图

由径向正应力云图可以看出，井孔内壁上的径向正应力为 −45MPa，这恰是由钻井液液柱压力在内壁上产生的径向面力值；从径向－环向剪应力云图可以看出，在井孔内壁上剪应力为零，这也正好满足内壁边界上的剪应力条件。径向—轴向剪应力的边界条件同样满足，限于篇幅，这里没有给出其应力云图。从第一主应力云图可以看出，第一主应力在内壁上达到最大值，且在井孔周围呈某种对称形式分布。由于当第一主应力超过某一极限值时会引起井壁开裂，所以利用这一云图可在一定程度上预测井壁开裂的方位、范围和深度。从米塞斯等效应力云图可以看出，米塞斯等效应力同样在内壁上达到最大值，且在井孔周围呈某种反对称形式分布。由于当米塞斯等效应力超过某一极限值时会引起井壁坍塌，所以利用这一云图可在一定程度上预测井壁坍塌的方位、范围和深度，乃至井壁坍塌以后的形状。

6 结论

（1）本文基于一般各向异性弹性理论，采用复变函数方法，在广义平面应变条件下，建立了各向异性地层介质中倾斜井孔周围应力场的计算模型，得到了井孔周围应力场的解析表达式。

（2）利用该解析表达式，可以对处于各向异性地层中井壁的稳定性进行评估。该计算模型能够反映井斜角、方位角、原场地应力方位、原场地应力比、钻井液液柱压力、地层各向异性性质以及地层倾角和走向等多种因素对井孔周围应力场的影响，所得结果在一定程度上可以预测井壁开裂或坍塌的方位、范围和深度。再加上井壁开裂和坍塌条件，便可对井壁的稳定性作出评估。限于篇幅，作者将另文研究以上诸因素对井壁稳定性的影响。

（3）利用该计算模型，可以对各向异性地层中的井孔轨道进行优化设计。在预知地层构造应力和地层介质性质的前提下，可以利用本解析解对设定的井孔轨道周围的应力场进行计算，以选择稳定性最好的轨道钻进。

参 考 文 献

Bradley W B. Failure of inclined boreholes［J］. Journal of Energy Resources Technology Trans, ASME, 1979, 101: 232-239.

Aadnoy B C. Inversion technique to determine the in-situ stress field from fracturing data［J］. Journal of Petroleum Science and Engineering,1990,(4)2:127-141.

Karstad E,Aadnoy B S. Optimization of borehole stability using 3D stress optimization［C］. the Annual Technical Conference and Exhibition in Dallas, Texas,U.S.A.SPE 97149，2005.

高德利，陈勉，王家祥. 谈谈定向井井壁稳定问题［J］. 石油钻采工艺,1997,19(1): 1-4.

金衍，陈勉，柳贡慧，陈治喜. 大位移井的井壁稳定力学分析［J］. 地质力学学报，1999,5(1):4-11.

李军，陈勉，金衍，张广清. 大位移井井壁稳定三维弹塑性有限元分析［J］. 岩石力学与工程学报,2004,23(14):2385-2389.

练章华，刘昕，房皓，杨斌，肖洲. 钻进过程中井壁稳定性动态分析［J］. 西南石油大

学学报 (自然科学版),2008,30(3):163-166.

殷有泉，陈朝伟 . 用稳定性理论和方法研究井壁坍塌问题 [J] . 北京大学学报 (自然科学版),2009,45(4):559-564.

Aadnoy B S. Continuum mechanics analysis of the stability of boreholes in anisotropic rock formations [D] . Norway:Norwegian Institute of Technology,University of Trondheim,1987.

Lekhnitskii S G. Theory of elasticity of an anisotropic body [M] . Moscow:Mir Publishers, 1981.

Ong S H. Borehole stability [D] . Norman OK:University of Oklahoma,1994.

Gupta D,Zaman M. Stability of boreholes in a geologic medium including the effects of anisotropy [J] . Applied Mathematics and Mechanics,1999, 20(8):837-866.

裂缝地层随钻段塞防漏技术研究

李家学[1] 黄进军[1] 高峰[2] 冯宗伟[1] 张东明[1]

(1. 西南石油大学油气藏地质及开发国家重点实验室；
2. 塔里木油田公司油建公司)

摘 要：全井浆加入刚性颗粒的随钻防漏技术对控制裂缝地层的漏失有很好的效果，但是由于振动筛使用和井浆性能调控要求的限制，随钻防漏颗粒粒径不能太大，其加量也不能太多。随钻段塞防漏就是通过单独配制高浓度防漏浆，在出现漏失趋势时向井内打入一定体积的高浓度、颗粒较大的段塞进行封堵防漏。它可以弥补全井浆加入刚性颗粒随钻防漏技术的一些缺陷，且能够封堵较大开度裂缝的漏失。随钻段塞防漏技术的现场试验证实了该技术对控制裂缝地层漏失的作用。随钻段塞防漏技术的成功实施完善和丰富了随钻防漏技术。

关键词：随钻段塞 随钻防漏 刚性颗粒 裂缝地层

在裂缝地层钻井中，由于钻井液柱压力的波动，很容易超过地层的承压能力，使得地层裂缝开启和扩大，且很容易达到致漏程度而引起钻井液漏失。裂缝扩张达到开度随着钻井液柱的压力变化而变化，因此，此种类型下钻井液漏失速率会随着钻井液柱压力增大而增大，且会持续很长时间。对此种漏失，若不及时处理，则会引发一系列的事故；若一出现漏失，就停钻堵漏，则会花费较多的时间、人力、物力等，造成钻井成本的升高。因此迫切需要一种钻井液技术手段在不停钻条件下实现裂缝的封堵，阻止漏失。

对此类问题，国内外进行了不少研究，且提出了一系列的可行技术，M.S.Aston，M.W.Alberty 等人提出了在钻井液中加入颗粒状物质，在随钻条件下对井壁裂缝封堵，提高井壁的承压能力技术。杨振杰等人提出了加入不同粒径的微细活化颗粒的高强度井壁封固剂随钻堵漏技术，并在一系列井上进行了实验，取得较好的效果。吕开河等人对由预交联凝胶颗粒、聚合物和填充加固剂组成的自适应随钻堵漏剂进行了研究和现场试验。西南石油大学罗平亚、黄进军等人针对裂缝漏失特点，提出了在井浆中添加刚性颗粒的随钻防漏堵漏技术，并进行了一系列的实验，取得较好的效果。加入刚性颗粒的随钻防漏技术就是通过在钻井液中加入粒径合适的细、微小刚性颗粒，使之在裂缝的端口部架桥、填充，形成牢固的封堵层，提高地层的承压能力，从而能够承受钻井液柱压力的波动，实现在不停钻条件下随钻防漏。

但是在随钻防漏施工过程中，须将随钻防漏用的刚性颗粒加入到全部循环井浆中去，

作者简介：李家学（1979— ），男（汉族），四川资阳市人，西南石油大学 2008 级在读博士研究生，从事油气井工作液研究。

这种面对漏失量较大、漏失点较多的情况是非常合适的，但是有的地层出现的漏失点不是很多的情况，全井浆加入随钻的刚性颗粒势必造成刚性颗粒的浪费和循环井浆中的固相含量过高，提高了钻井液性能调控难度。因此，面对此类问题，笔者通过研究，提出了通过打段塞的方式进行防漏的随钻段塞防漏工艺，并进行了现场试验，证实了随钻段塞防漏施工工艺的可行性。

1 随钻段塞防漏原理

随钻防漏技术就是在钻井液中引入一定浓度，粒径合适的高强度的刚性颗粒，形成随钻防漏浆，在地层裂缝扩张到致漏程度时，刚性颗粒随着钻井液漏失进入裂缝中，并在裂缝喉道处架桥，填充，形成牢固填塞层，实现在很短时间内、很少漏失量封堵天然致漏裂缝，并制止其进一步扩大，同时还能防止裂缝由于诱导扩到致漏程度而引起的漏失，消除诱导作用，达到在随钻条件下防漏的目的。

随钻段塞防漏技术就是在随钻防漏基础上改进而来的。它通过选择一个单独的钻井液罐，装满性能与循环井浆相一致的钻井液，按照事先研究得出的比例加入刚性颗粒，配制成随钻防漏浆，在钻进时，分析可能出现漏失的时间，向井内注入一定体积一段段塞防漏浆，在作用之后，随循环井浆通过环空返出来，通过使用振动筛将井浆中未起作用的防漏大颗粒筛除。

随钻段塞防漏技术的实施可以弥补全井浆加随钻防漏颗粒的防漏技术一些缺陷，使随钻防漏技术更加完善。在控制裂缝地层漏失时，采用在井浆中加入少量的随钻颗粒的随钻防漏技术由于需要将全部循环井浆中加入随钻防漏颗粒，此未起作用的颗粒即存在钻井液之中，增大了钻井液的固相含量，还有由于振动筛的使用，使用的颗粒不能太大，因此，对裂缝开度较大的漏失效果不是很理想。使用随钻段塞防漏可以加入比较大一些的颗粒，在振动筛筛除后又不影响井浆性能，而段塞使用的颗粒浓度也远远高于全井浆防漏，这样对封堵开度较大的裂缝更有利，同时它还可以和全井浆防漏一起使用，即在出现漏失时除在使用循环井浆中加入较小防漏颗粒防漏外，还可以配制高浓度段塞防漏浆，并向井内打入一定体积的高浓度段塞进行防漏，两者结合极大地增强了随钻防漏的效果。

2 随钻段塞防漏施工工艺

2.1 施工准备工作

（1）调整钻井液至设计要求：泥饼黏滞系数对试验的正常实施，特别是防止卡钻非常关键，钻井液中应加入减阻添加剂。

（2）筛布准备：除常规细筛布外，现场备用足量的 80 目筛布。并将 1 台振动筛筛布换成 80 目，保留 1 台为 100 目（或 120 目）。

（3）段塞防漏基浆准备：用一个钻井液罐，体积在 $20m^3$ 以上，其中装满钻井液，并保持和循环井浆性能一致，并保持其上水良好。

(4) 随钻段塞防漏浆的配制：在防漏钻井液罐中按照比例分别加入刚性封堵剂GFD−C、GFD−D，搅拌钻井液，并按比例将GFD−A、GFD−B存放罐上，此比例要高于全井浆防漏的加量。

2.2 随钻段塞防漏浆打入条件

(1) 在钻进中，与邻井漏失资料对比，分析可能的漏层位置，在可能出现漏失的情况下向井内打入随钻段塞防漏浆防漏。

(2) 记录钻进过程中钻时的变化，在相同地层出现钻时加快的情况向井内打入随钻段塞防漏。

(3) 监测循环钻井液总量，如出现钻井液量减少时立即向井内打入随钻段塞防漏浆防漏。

2.3 随钻段塞防漏浆入井工艺

(1) 在最短的时间内向已配制的随钻堵漏浆中加入GFD−A、GFD−B，搅拌，形成高浓度随钻防漏浆。

(2) 采用正常排量往井内泵入随钻堵漏浆段塞，泵入体积依据实际情况确定。

(3) 根据排量和井内容积计算出随钻堵漏材料出钻头时间，在随钻段塞堵漏浆出钻头后地面连续计量液面，观察漏失情况。

(4) 随钻防漏浆出钻头后，出现的漏失明显减轻，或停漏，则防漏浆将起作用；如随钻段塞防漏浆作用时间过后，漏失不缓解或漏速加快，则提高防漏浆段塞的浓度，重复注入段塞。

(5) 堵漏浆从井内返出后，全部通过80 ~ 120目筛布。

(6) 补充胶液、润滑剂等，加强钻井液各项性能的维护。

3 随钻段塞防漏技术现场试验

塔里木油田某井四开井段为该地区主要漏失层位，分析漏失原因多为开度小于1mm的裂缝引起漏失，因此在四开上部井段采用随钻段塞防漏技术进行防漏试验。

3.1 随钻段塞防漏实施情况

在钻进过程中，充分分析邻井资料和本井钻时快慢，并及时观察循环井浆的液面变化，在必要的时候泵入随钻防漏浆段塞。

此试验井段共泵入随钻防漏堵漏浆段塞11次，共计88.2m^3，堵漏材料浓度10.5%~14.8%，使用随钻堵漏材料13.25t，见表1。

表 1　DN2-24 井随钻段塞防漏实施情况

段塞序号	井深 (m)	段塞体积 (m^3)	浓度（%）
1	4780	6	13
2	4823	8	13
3	4848	8	13
4	4869	12	13
5	4923	8	11
6	4960	8	11
7	4972	8	13
8	4989	8	13
9	4999	10.2	14.8
10	5044	6	10.5
11	5051	6	11

3.2　随钻防漏段井浆性能

在实施随钻段塞防漏技术过程中，监测钻井液性能，及时添加胶液、润滑剂等，表 2 显示了实施过程中的钻井液性能，从表 2 可以看出，随钻段塞防漏不会引起钻井液性能的大变化。

表 2　随钻过程中钻井液性能

井深（m）	漏斗黏度（s）	动切力（MPa）	静切力（Pa）	HTHP（mL）
4755	47	6.5	3/16	9
4776	46	5	2/17	8
4814	48	5	2/15	8
4854	49	5	2/16	8
4882	48	5	2/14.5	8
4904	48	5	1.5/12	8
4949	48	5	2/13	8
4983	48	5	2/13	8
5025	48	5.5	2/12.5	8
5027	52	8	2/14	7.8
5033	48	7	2/12	8

3.3 随钻段塞防漏试验效果

表3对比了试验井四开井段实施实施段塞防漏的井段漏失量和未实施防漏井段的漏失量；表4对比了试验井与相邻井相同层位的漏失量，从中可以看出：随钻段塞防漏技术可大幅度地减少钻井液漏失量，可以较大限度地减少井漏次数，从而减少停钻堵漏次数，节约时间和成本。

表3 试验井防漏井段与未防井段漏失量比

统计井深（m）	井段长（m）	漏失量（m^3）	堵漏次数	备注
4660 ~ 5052	392	59.6	0	防漏井段
5052 ~ 5140	88	1304.5	10	未防井段

表4 试验井防漏井段与邻井相同井段漏失量对比

井号	井段层位	井深（m）	井段长（m）	漏失量（m^3）	停钻堵漏次数
邻井1	吉组低段、苏组、库群、白垩系部分	4771 ~ 5194	423	524	3
邻井2	吉组底段、苏组、库群	4757 ~ 5081	324	1127.3	10
试验井	吉组底段、苏组、库群	4685 ~ 5071	386	109.6	0

4 结论

（1）随钻段塞防漏技术能较大限度地减少地层漏失量和出现较大漏失的次数，减少停钻堵漏次数。

（2）随钻段塞堵漏的现场试验证实了该技术对控制裂缝发育地层漏失起较好的作用。

参 考 文 献

鄢捷年．钻井液工艺学［M］．东营：石油大学出版社，2000：348−360.

Song Jae H，Rojas Juan C.Preventing mud losses by wellbore strengthening［R］SPE101593，2006.

Alberty Mark W，Aston Micheal S.A physical model for stress cage［R］SPE90493，2004.

杨振杰，张全明，段明祥，等．QPL−Y 高强度井壁封固剂在随钻防漏堵漏工艺中的应用［J］．石油钻采工艺，1997，19（4）：36−41.

吕开河，邱正松，宋元森．保护油层自适应随钻堵漏钻井液技术研究［J］．应用基础与工程科学学报，2009，17（5）：683−688.

李家学，黄进军，罗平亚，等．随钻防漏堵漏技术研究［J］．钻井液与完井液，2008，25（3）：25–28.

黄进军，罗平亚，李家学，等．提高地层承压能力技术［J］．钻井液与完井液，2009，26（3）：60–70.

裂缝性漏失桥塞堵漏技术实验研究

王 贵[1] 蒲晓林[1] 陈光斌[1] 唐继平[2] 尹 达[2] 梁红军[2]

(1. 西南石油大学石油工程学院；2. 塔里木油田公司)

摘 要：利用新研制的裂缝堵漏实验装置，开展了裂缝桥塞堵漏的实验研究，对比了常规堵漏实验装置所得研究结果。分析了裂缝性漏失的桥塞堵漏规律。结果表明，新研制的裂缝堵漏实验装置比常规堵漏实验装置具有更好的模拟裂缝堵漏效果的能力，桥堵成功的标志应为“封喉”和“封腰”状态，桥接堵漏材料对裂缝的封堵应满足 D_{90} 规则。

关键词：裂缝性 漏失 桥塞 堵漏 钻井

裂缝性漏失是钻井工程中遇到的最普遍的漏失类型，同时也是非常复杂、难解决的漏失类型。裂缝性漏失造成钻井液的大量损失和延长油气井的建井周期，增加油气井的钻井成本，严重影响石油天然气资源的勘探开发进程。

桥塞堵漏钻井液技术具有成本低和施工工艺简便的优点，已经成为钻井工程防漏堵漏技术的首选，是目前国内外应用最广泛的钻井液堵漏技术。裂缝性漏失的桥塞堵漏钻井液技术是通过桥接堵漏材料在裂缝内架桥、堆积和填充，在裂缝中形成一段封堵隔墙，变缝为孔，增大钻井液在裂缝中的流动阻力，从而减少钻井液的漏失。然而，桥塞堵漏钻井液的堵漏成功率并不理想，其主要原因是桥塞堵漏钻井液技术的应用依赖于工程技术人员的现场经验，具有一定程度的盲目性。因此，开展对付裂缝性漏失的桥塞堵漏钻井液的理论与实验研究，对提高对裂缝性漏失防漏堵漏的认识层次，选取科学合理的钻井液堵漏技术手段，提高钻井工程安全性和钻井成功率，为深部油气资源勘探开发提供强有力的技术保障，都有着积极的现实意义。

为了提高裂缝性漏失的堵漏成功率，合理选取桥接堵漏材料的种类、浓度与粒度级配是技术关键。经典的桥塞堵漏材料的设计准则为“三分之一”规则：桥接堵漏材料的平均粒径为孔喉直径的 1/3 ～ 1/2 时可有效地堵住孔隙型漏失通道。如果桥塞粒子不是球形粒子，则采用当量球形粒子概念计算出其当量直径，再按照桥塞原理确定桥塞粒子尺寸大小。然而，该设计准则是建立在漏失通道为孔隙的基础之上的，对裂缝性漏失的适用性并未得到可靠的实验证实，因此，裂缝性漏失的堵漏钻井液配方设计，不能盲目地直接应用孔隙性漏失的桥塞堵漏钻井液的设计方法。

科学合理的桥塞堵漏钻井液评价方法是研究桥塞堵漏钻井液封堵裂缝规律的基础。目

作者简介：王贵（1982— ），男，在读博士研究生，主要从事油气井工作液力学方面的研究。

前普遍使用的室内静态堵漏评价试验装置的位置及结构不合理，桥接堵漏材料常常仅在裂缝入口外部堆积，表现出暂时的堵漏成功，然而，当恢复循环钻进后，由于钻井液的冲刷及钻具对井壁的碰撞作用，井漏又重新发生。因此，常规的短裂缝模块堵漏试验装置不能模拟桥接堵漏材料在具有相当深度的裂缝中的封堵情况。

本文针对裂缝性漏失的基本特征，利用研制出的具有相当裂缝深度的模拟裂缝堵漏实验装置，开展裂缝性漏失的桥塞堵漏钻井液室内实验研究，探讨桥接堵漏材料在裂缝内的封堵规律，为对付裂缝性漏失的桥塞堵漏钻井液配方的设计提供有力的依据。

1 实验研究部分

为了分析评价出堵漏材料的封堵裂缝效果，优选裂缝性漏失的桥塞堵漏材料的类型、浓度与粒度级配，西南石油大学CNPC钻井液重点研究室研制了模拟裂缝的堵漏实验装置，该装置模拟的裂缝具有较长的深度（长度），试验完成后可以打开裂缝模块，观察堵漏材料在裂缝内的不同封堵位置形态，探索桥接堵漏材料封堵裂缝的机理和规律。

图1 模拟裂缝堵漏装置实物图

该装置结构由主体装置、裂缝模块和压力源三部分组成，如图1所示。裂缝模块是该实验装置的核心部分，裂缝模块及尺寸如图2、图3与表1所示。该实验装置具有以下主要特点。

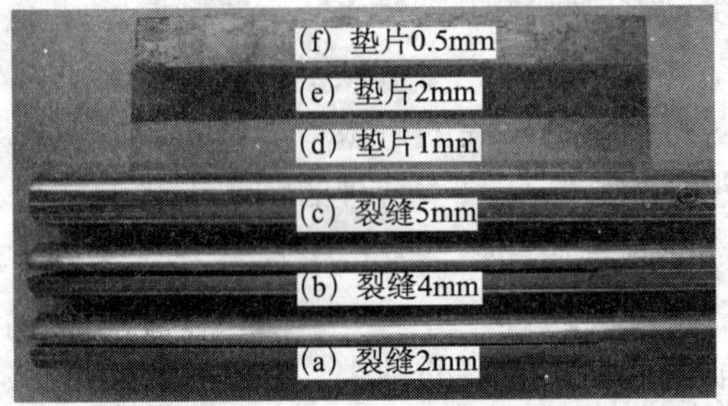

图2 不同尺寸的裂缝模块

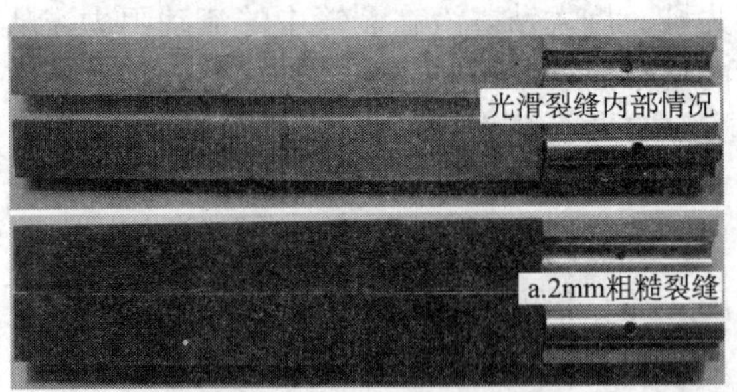

图3 光滑壁面与粗糙壁面裂缝

（1）密封效果好、操作简单、使用方便。

（2）裂缝模块可拆卸，裂缝板为锥形裂缝。

（3）能模拟多种不同开口尺寸的裂缝漏失通道，并且裂缝模块具有较长的深度，能够更加真实地模拟裂缝性漏失的桥塞堵漏过程。

（4）试验完毕后，可取出模拟裂缝观察堵漏材料在漏失通道中的分布状况和封堵效果。

（5）裂缝按表面粗糙情况分为两种：一种裂缝壁面为光滑表面，称为光滑裂缝；另一种裂缝板壁面粘贴砂纸，裂缝壁面变得粗糙，称为粗糙裂缝。

表1 模拟裂缝系列尺寸

裂缝板号	入口宽度 (mm)	出口宽度 (mm)
1	2	1
2	4	3
3	5	4
4	8	5

为了对比新研制的评价装置与常规堵漏评价装置对堵漏材料的评价能力，本文采用实验室常用的API模拟裂缝堵漏评价仪——DL型堵漏试验装置，该装置与新研制堵漏装置相比裂缝模块深度浅，裂缝呈短楔形。装置外观及裂缝模块如图4所示。

图4 DL型堵漏实验装置实物图

2 实验结果与分析

实验用的桥接堵漏材料主要包括刚性颗粒（碳酸钙）、核桃壳、橡胶颗粒、纤维材料等。开展了单一堵漏材料和多种堵漏材料复配的堵漏钻井液评价实验。大量实验数据表明：任何一种单级粒径桥接堵漏材料对裂缝的封堵能力都有限，甚至根本不能实现对裂缝的承压堵漏。

本文主要考查单一堵漏材料的多级粒径复配和多种堵漏材料的多级复配在不同裂缝模块中的堵漏效果。为便于表述，将实验用桥接堵漏材料粒度分级，如表2所示。以裂缝入口宽度为2mm的裂缝板模块为例，仅列举出几组典型堵漏材料的复配及其对裂缝的封堵效果数据，如表3所示。

表2 颗粒材料的等级与尺寸

等级	H	A	B	C	D	E	F	G
目数	6 ~ 10	10 ~ 20	20 ~ 40	40 ~ 60	60 ~ 80	80 ~ 100	150	300
mm	3.2 ~ 2.0	2.0 ~ 0.9	0.9 ~ 0.45	0.45 ~ 0.3	0.3 ~ 0.2	0.2 ~ 0.15	0.106	0.054

表 3　不同配方的堵漏材料对不同裂缝模块的堵漏效果

序号	堵漏材料配方	短楔形裂缝堵漏效果	长楔形裂缝堵漏效果	
			光滑壁面	粗糙壁面
1	基浆＋刚性颗粒（1%A+1%B+1%C+1%D+1%E+1%F+1%G）	失败	封堵裂缝尾部（26~30cm）	缝内封堵（12~18cm）
2	基浆＋刚性颗粒（2%A+1%B+1%C+1%D+1%E+1%F+1%G）	成功（封门）	封堵裂缝尾部（21~30cm）	封门
3	基浆＋核桃壳（1%A+1%B+1%C+1%D）	成功（封门）	封堵裂缝尾部（28~30cm）	封门
4	基浆＋核桃壳（1.5%A+1%B+1%C+1%D）	成功（封门）	封门	封门
5	基浆＋刚性颗粒（1%A）＋核桃壳（B、C、D 各 1%）	失败	裂缝尾部（27~30cm）	缝内封堵（13~15cm）
6	基浆＋刚性颗粒（B、C、D、E、F、G 各 0.75%）＋核桃壳（1%A）	失败	裂缝尾部（28~30cm）	缝内封堵（13.5~17cm）
7	基浆＋刚性颗粒（1.0%A+0.5%B+0.5%C+0.5%D+0.5%E+0.5%F）＋核桃壳（1.0%A+0.5%B+0.5%C+0.5%D）	成功（封门）	封门	封门
注：基浆为 6% 膨润土 +6%Na_2CO_3+0.3%PAC-HV；短裂缝实验压力为 3.5MPa，长楔形裂缝实验压力为 4.5MPa				

由表 3 可见，同一配方在不同的裂缝堵漏实验装置的评价结果是不同的。在短楔形裂缝模块实验装置堵漏成功的堵漏材料配方（2#、3#、4# 和 7# 配方），对光滑长楔形裂缝模块的封堵情况是封门或封堵裂缝尾部，而在粗糙裂缝模块上的封堵均为封门；而在短楔形裂缝模块实验装置堵漏失败的堵漏材料配方（如 1#、5# 和 6# 堵配方），在光滑壁面裂缝和粗糙壁面裂缝中的封堵情况明显不同。

图 5 为堵漏材料在不同裂缝模块中的堵漏试验情况。图中 5（a）为短楔形裂缝成功封堵情形，由图可见，堵漏材料并没有进入裂缝，而是在裂缝入口外部堆积，因此，堵漏材料无法在裂缝中架桥、堆积和填充，该情形实际是堵漏材料对裂缝的“封门”；图 5（b）为堵漏材料对光滑长楔形裂缝的封堵情况，可见堵漏材料是在裂缝的尾部对裂缝进行封堵的；图 5（c）为堵漏材料对粗糙裂缝的封堵情况，堵漏材料可以在裂缝中间部位形成封堵隔层。

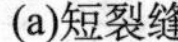
(a)短裂缝

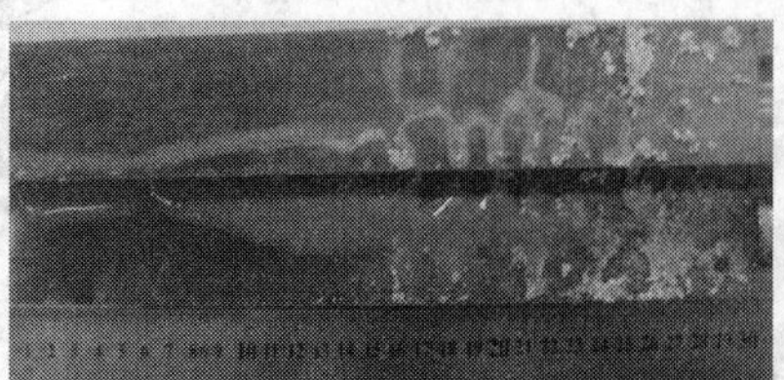
(b)光滑长楔形裂缝

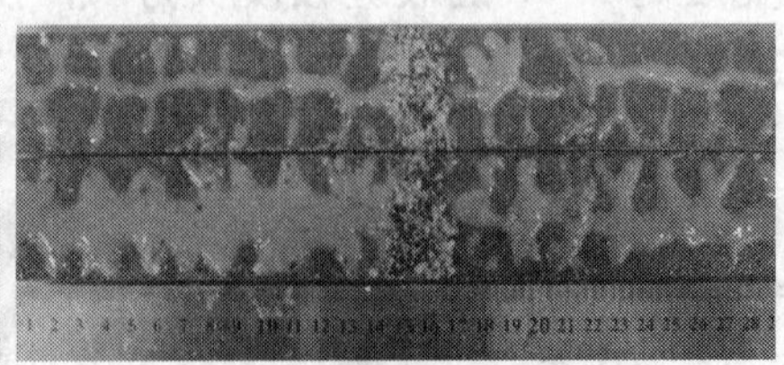
(c)粗糙长楔形裂缝

图 5　堵漏材料在不同裂缝模块中的堵漏情况

3 桥塞堵漏规律分析

3.1 封堵状态与堵漏效果的关系

依据大量的实验研究，结合实际现场堵漏分析，提出了裂缝型漏失堵漏评价的新观念：桥接堵漏材料封堵裂缝存在四种状态：封门状态、封喉状态、封腰状态、封尾状态(图6)。

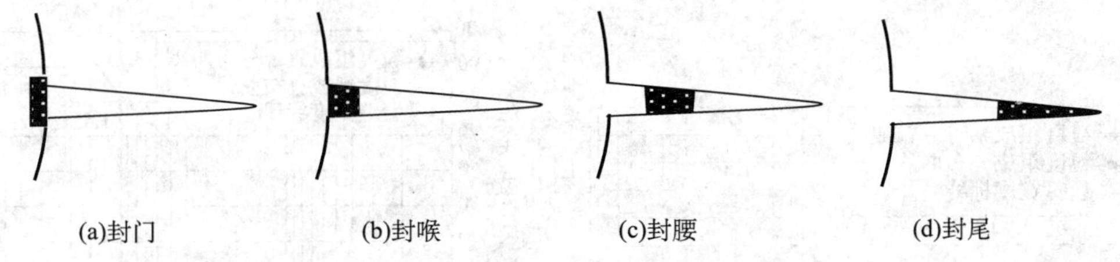

图6 裂缝封堵的几种状态

封门状态实际上是堵漏材料的粒度超过了裂缝开口尺寸，被阻挡在裂缝开口外，但被压差作用紧紧压迫在开口处，形成了外隔墙，因有强度，所以具有承压力，在实际的井筒裂缝堵漏中提高的是井筒承压力，具有堵漏成功表象，但经不起钻井液的循环冲刷和钻具的碰撞，当循环冲刷力和碰撞力大于压差时，封堵隔墙极易被破坏，导致漏失重新发生，显然，这不是所需要的最佳成功堵漏状态；封尾状态是堵漏材料粒度太小，以至于大多堆集于裂缝的尾部最狭小流道处，形成尾部堵塞，同样表现出具有很高的承压力，仍然是一种堵漏成功的表象，而且仅仅是室内堵漏成功的表象，因为实际井下裂缝尾部将是离开井筒很远之处，堵在尾部意味着将漏掉大量的钻井液，实际上是堵不住裂缝；封喉和封腰状态是单个堵漏材料和集群堵漏材料的浓度、粒度与裂缝内部尺寸相匹配，形成了内隔墙，因有抗压强度，所以具有承压力，这种裂缝内部封堵状态才是所需要的真正桥塞堵漏理想状态，提高的是地层承压力。

3.2 堵漏材料粒度分布对堵漏效果的影响

现有关于桥接堵漏材料的设计准则都是针对孔隙性漏失通道的，而对裂缝性漏失的桥塞堵漏材料的浓度、级配的设计规则是否能采用孔隙性漏失设计准则，一直是桥接堵漏材料设计的难题，探讨裂缝性漏失的桥接堵漏材料设计准则具有重要的工程意义。

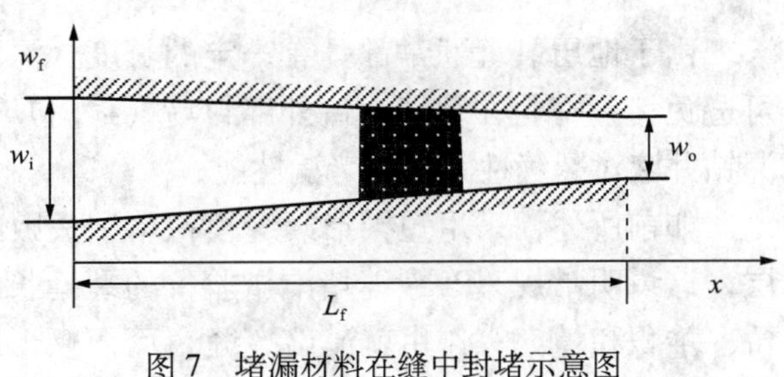

图7 堵漏材料在缝中封堵示意图

假设桥接堵漏材料在裂缝中的某一位置处架桥、堆积和填充，如图7所示，根据裂缝模块的几何尺寸数据，可计算出堵漏材料在缝中封堵位置处的裂缝宽度。

沿裂缝长度方向裂缝宽度不断变化，可用下式表示：

$$w_f(x) = w_i - \frac{(w_i - w_o)}{L_f} x \tag{1}$$

式中，w_f（x）为封堵位置 x 处裂缝宽度，mm；L_f 为距裂缝入口的距离，cm；w_i、w_o 分别为裂缝入口、出口端宽度，mm。

利用 5[#]、6[#] 堵漏材料配方数据，在半对数坐标系下作出各配方堵漏材料颗粒粒度组成分布曲线及粒度组成累计分布曲线，并标记封堵位置处的裂缝宽度，如图 8 和图 9 所示。

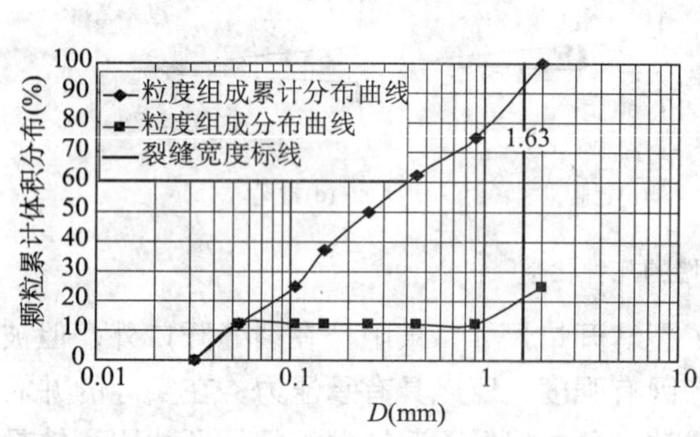

图 8　5[#] 配方堵漏材料粒度分布曲线

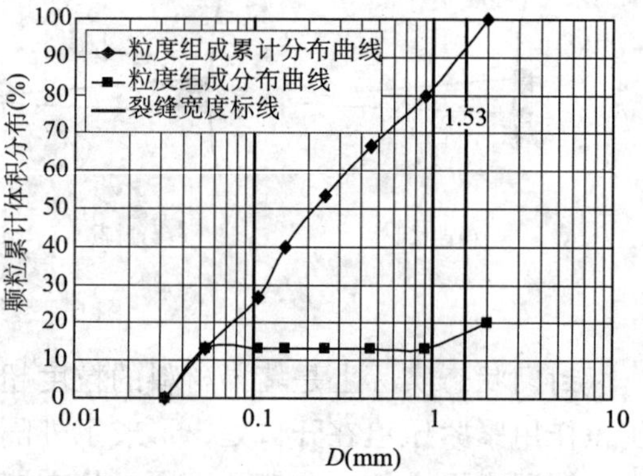

图 9　6[#] 配方堵漏材料粒度分布曲线

从图 8 和图 9 可见，堵漏材料粒度组成累计分布曲线与 90% 线相交，其交点的横坐标值与封堵位置处的裂缝宽度值相近。其余大量的堵漏实验结果与上述情况相似，因此，初步推断，桥塞堵漏材料配方对裂缝的封堵应满足 D_{90} 规则，即堵漏材料中应有 90% 的颗粒材料小于封堵位置处的裂缝宽度值，这为裂缝漏失堵漏材料配方的设计提出了科学依据。

3.3　能裂缝形态对堵漏效果的影响

本文研制的新型模拟裂缝堵漏试验装置，与 API 堵漏试验仪相比，主要区别在于增加了裂缝模块的长度，可改变裂缝壁面的粗糙度。结合前述试验数据与现象，分析裂缝长度和裂缝壁面粗糙度对堵漏效果评价的影响。

3.3.1　裂缝长度

由于地层裂缝通常都具有一定的长度（深度），将裂缝堵漏试验装置的裂缝模块加长，可避免堵漏材料在裂缝入口外部封堵（封门）造成堵漏成功的假象，更真实地模拟桥接堵漏钻井液对裂缝性漏失的堵漏性能。

如前所述，采用短楔形裂缝模拟堵漏失败时，同一配方在长楔形裂缝中能形成堵塞隔层，这说明常规 API 裂缝堵漏试验仪的裂缝长度不够，堵漏材料还来不及完成在裂缝中架桥、堆积和填充等作用就流出裂缝；而短楔形裂缝模拟堵漏成功时，同一配方在长楔形裂缝堵漏试验仪上表现为“封门”，这说明采用常规 API 裂缝堵漏试验仪对堵漏材料粒度的要求偏大，堵漏材料粒度的选择不合理，将会导致堵漏材料在裂缝入口外封堵，表现为堵漏成功的假象，当循环钻井液或钻柱与井壁碰撞时，堆积在井壁裂缝入口外部的封堵层就会被破坏，出现重复漏失现象。

3.3.2 裂缝壁面粗糙度

堵漏材料对光滑壁面裂缝的堵漏效果很差，而采用同样的堵漏材料配方，对粗糙的裂缝壁面进行堵漏试验，却能取得良好的封堵效果，这说明桥接堵漏材料在裂缝内的架桥与否，一方面与堵漏材料的性质、堵漏材料配方等有关，另一方面与裂缝壁面粗糙程度密切相关。

不同岩性的地层裂缝壁面粗糙度是不一样的，通常砂岩、泥页岩地层中裂缝壁面粗糙，而碳酸盐岩尤其是白云岩地层中的裂缝壁面比较光滑。实验时采取在裂缝板上粘贴不同目数的砂纸，以模拟不同粗糙度的裂缝壁面，而用未贴砂纸的钢质裂缝板模拟碳酸盐岩地层裂缝。

大量的实验结果表明，堵漏材料往往都在光滑壁面裂缝入口外部封堵或裂缝尾部封堵，这是由于裂缝壁面光滑，桥接堵漏材料在裂缝内很难有效滞留，或形成堵塞层后在压差的作用下发生了较大距离的滑动，导致堵漏效果不明显，该认识弥补了以往认为碳酸盐岩等地层堵漏失败的原因是堵漏材料配方不合理或裂缝扩展延伸等不完善的认识。

4 结论

（1）不同的裂缝堵漏评价装置对桥接材料的堵漏性能评价效果不同。常规裂缝堵漏评价装置不能真实模拟堵漏材料在裂缝中的封堵情况；新研制的裂缝堵漏评价试验装置具有更好的模拟裂缝堵漏效果的能力。

（2）实验室裂缝堵漏状态分为封门、封喉、封腰、封尾四种状态，成功的裂缝堵漏应该是封喉和封腰状态。

（3）桥接堵漏材料对光滑壁面裂缝的堵漏效果不理想，而对粗糙壁面裂缝的效果明显。

（4）裂缝性漏失的桥接堵漏材料的浓度、尺寸和级配近似符合 D_{90} 规则。

参 考 文 献

徐同台，刘玉杰，申威，等．钻井工程防漏堵漏技术［M］．北京：石油工业出版社，1997.

蒋希文，钻井事故与复杂问题［M］．北京：石油工业出版社，2002.

郭红峰，卜震山，秦长青．桥塞堵漏工艺及堵剂研究［J］．石油钻探技术，2000，28（5）：39–40.

徐同台，赵忠举．21世纪初国外钻井液和完井液技术［M］．北京：石油工业出版社，2004.

Yan Jienian，Feng Wenqiang. Design of drill–in fluids optimizing selection of bridging particles［D］. SPE 104131.

Pilehvari Ali A，et al. Effect of material type and size distribution on performance of loss/ seepage control mataerial ·［R］. SPE73791.

Smith P S. Drilling fluid design to prevent formation damage in high permeability quartz arenite sandstones［R］. SPE36430.

赵正文，固相颗粒在储层孔隙中桥堵规律模拟研究［D］. 西南石油学院博士学位论文，1997.

黄进军，罗平亚，李家学，等. 提高地层承压能力技术［J］. 钻井液与完井液，2009，26(2):69−71.

王德玉，蒲晓林，施太和，等. DL-1 型堵漏试验装置及评价方法［J］. 石油钻采工艺，1996，18(5):44−48.

刘金华，王治法，常连玉，等. 复合堵漏剂 DL-1 封堵裂缝的室内研究［J］. 钻井液与完井液，2008，25(1).

低孔低渗煤层气储层伤害评价方法探讨

赖晓晴　屈沅治　张晓波　石永丽

（中国石油集团钻井工程技术研究院）

摘　要：本文从煤层气储层特性和煤层气产出方式入手，根据煤储层伤害评价的实质，提出了煤层气储层伤害的研究方法，在此基础上探讨了将核磁共振技术测定煤层气储层在不同介质下的渗透率变化，以及模拟煤储层受钻井液污染后煤层甲烷解吸量的变化进行煤层气储层伤害评价方法的研究，该方法为低孔低渗煤层气储层的伤害技术研究奠定良好的基础。

关键词：低孔　低渗　煤层气

煤层气不同于常规油气储层的特点表现在以下几个方面：

（1）煤层气是吸附气，吸附于构成煤储层的有机质之上，必须解吸成游离气后才能通过渗流通道产出；常规油气是游离气，直接通过渗流通道进入井筒。

（2）构成煤层气储层的煤岩是含有无机矿物的有机岩石，即有许多结构相似、缩合程度不同的芳环形成的有机岩，具有化学活性，且不同煤阶具有不同的化学活性。常规油气储层的砂岩或碳酸盐岩，它们是无机岩，两者差异较大。

（3）煤储层非均质性极强。

其次，我国煤层气储层特点具有高含气量、低渗透率、低储层压力和低含气饱和度的“三低一高”特征，渗透率大多小于1mD，不同于美国成功开发的圣胡安盆地、黑勇士盆地和粉河盆地，煤储层渗透充大于1mD，所开发的煤阶和渗透率对比见表1。

表1　美国和中国开发煤层气的煤阶和渗透率对比

国家	盆地	含气饱和度（%）	渗透率（mD）	开发的煤阶
美国	圣胡安	0.75 ~ 1.2	8.5 ~ 34	气、肥煤
	黑勇士	1.0 ~ 1.9	7 ~ 14	气、肥煤
	粉河	0.3 ~ 0.4	30 ~ 500	褐煤、长焰煤
中国	沁水南部盆地	2.1 ~ 4.2	0.01 ~ 5.7	无烟煤

煤层气的这种产出方式和我国煤层气储层特性决定着开采过程中，该储层受外来流体污染后的评价方法，既不能沿用常规油气的储层伤害评价方法，也不能照搬照抄国外的方

作者简介：赖晓晴（1965—　），女，博士，目前在中国石油集团钻井工程技术研究院钻井液所，主要从事煤层气储层伤害与钻井液保护技术研究。

法，应根据我国煤层气储层特点开展相关研究。

1 研究思路

打开储层后，钻井液是第一个进入储层的流体，它的侵入打破储层原有的稳定状态，其中的各种组分、液柱压力和固相颗粒会在重力、固相表面范德华力、流体动力和井壁过滤等各种作用下，与储层发生一系列物理、化学变化，这些变化会导致储层开采过程中的复杂和事故，甚至导致钻井的失败。

常规油气储集岩是由亲水性且性能稳定的二氧化硅、长石等无机矿物组成，钻井液进入主要引起其中黏土矿物等胶结物的水化、膨胀等，导致储层渗透率降低。而煤储层是多孔介质，以煤大分子结构为基本骨架，表面活性官能团具有化学活性，煤层气吸附于煤大分子之上，钻井液侵入除了使其中混有的无机矿物发生水化膨胀，引起渗透率降低外，更重要的是与煤大分子发生化学反应，引起孔隙减小和渗透率下降，导致煤层气储层伤害。

常规油气储层伤害的评价方法以达西定律为研究基础，通过对一小段岩心柱进行钻井液污染前后渗透率变化的研究。但是，达西定律是建立在三个假设前提条件下：第一，流体与岩石之间不发生任何物理－化学反应；第二，渗流介质中只存在一种流体，即岩石要100%的饱和某种流体；第三，流动必须是在层流范围之内。由于煤岩是有机岩石，它不满足达西定律三个假设中的第一条，说明煤层气储层伤害的评价方法不能延用常规油气储层伤害的评价方法，特别针对低孔低渗储层，应根据煤层气储层特征建立新的评价方法。

引起储层渗透率降低的实质主要是构成储层的岩体体积膨胀，使渗流通道减小；或外来颗粒堵塞渗流通道，引起渗透率下降。因而通过测定煤岩体的变化是研究储层渗透率降低的重要方法之一，煤层气吸附于煤储层孔隙中，外来流体侵入引起孔隙减少，必将引起甲烷解吸量的降低。本文采用测定不同煤颗粒在不同介质浸泡下煤粒几何平均径变化的方法，进行煤储层伤害的研究，再在此基础上结合，核磁共振技术进行煤储层渗透率测试和煤层气吸附/解吸实验，共同形成煤层气储层伤害评价方法。

2 实验部分

2.1 实验材料与仪器

（1）实验材料。

氢氧化钠（分析纯）、盐酸（分析纯）、精密pH试纸。

（2）实验仪器。

用上海雷磁pH计测量溶液pH值。实验条件：常温。

用日本HORIBA公司LA−950型激光反射粒度分布分析仪进行煤颗粒的平均几何径测定。实验条件：测量范围10nm～3mm，湿法测量。实验方法：将不同目数的煤颗粒40g分别缓缓倒入100mL不同介质中，用磁力搅拌器先快速将煤粒全部淹没，再调整到合适的转速搅拌30min以上。

用RecCore−04型核磁共振岩样分析仪。回波时间设定为0.6ms、等待时间设定为3000ms、回波个数设定为2048、扫描次数取128次，信噪比控制在30：1以上。

模拟井下煤储层条件的煤层气吸附/解吸评价装置。本模拟装置采用美国Terra Tek公司IS−100等温吸附/解吸仪和自制钻井液注入装置相结合的实验技术。实验装置见图1。

实验条件：在30℃的恒温油中，进行煤样的吸附和解吸附实验。

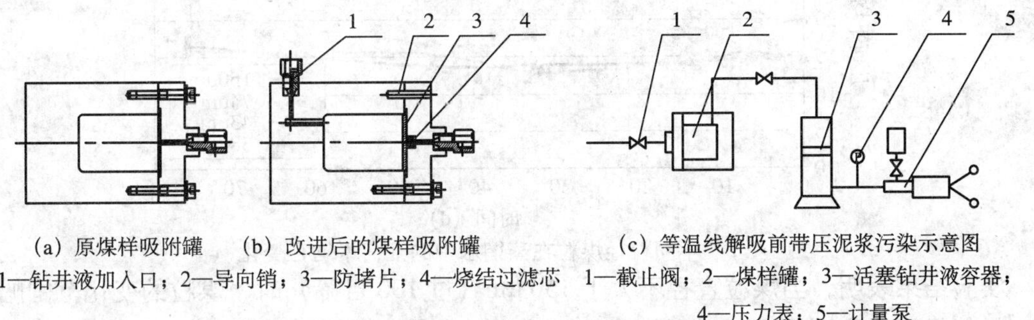

（a）原煤样吸附罐　（b）改进后的煤样吸附罐　（c）等温线解吸前带压泥浆污染示意图

1—钻井液加入口；2—导向销；3—防堵片；4—烧结过滤芯　1—截止阀；2—煤样罐；3—活塞钻井液容器；4—压力表；5—计量泵

图1　煤层气吸附/解吸罐改进和钻井液注入装置结构示意图

2.2　实验方法

测定煤岩体膨胀的实验方法：选择一定粒径段的煤粒，先直接用激光粒度仪进行煤粒几何平均径的测定，再将煤粒放入不同介质的溶液中浸泡，测不同时间煤粒的几何平均径大小，确定煤岩体的膨胀程度。

测定煤岩渗透率的实验方法：首先取煤样真空烘干，抽真空饱和盐水，进行核磁共振T_2弛豫时间谱的测量；待测试完成以后，模拟井下状态用污染物处理煤样，然后再饱和盐水，再进行核磁共振T_2弛豫时间谱的测量；并将两个核磁共振T_2弛豫时间谱进行对比，以判断煤样受污染状态。

煤的高压吸附/解吸测定甲烷解吸量损害的实验方法：按照《煤的高压等温吸附试验方法》（GB/T 19560—2008）进行煤对甲烷的吸附/解吸实验。一定压力下吸附一定量甲烷后的吸附/解吸罐放在钻井液注入装置中，损失一定量的压力，注入一定量体积的钻井液后，使钻井液在吸附/解吸罐中污染含有甲烷的模拟煤储层一定时间，再测定不同压力下甲烷的解吸量，研究钻井流体污染含甲烷的模拟煤储层后对甲烷解吸量影响。

3　结果与讨论

3.1　煤粒平均几何径变化对煤层气储层伤害的研究

（1）不同粒径在蒸馏水中的变化研究。

选择150μm（过100目筛）、74μm（过200目筛）、43μm（过320目筛）、38.5μm

（过400目筛）四种不同直径大小煤粒在蒸馏水中，以时间为函数选择实验用煤粒的粒径，实验结果见图2。

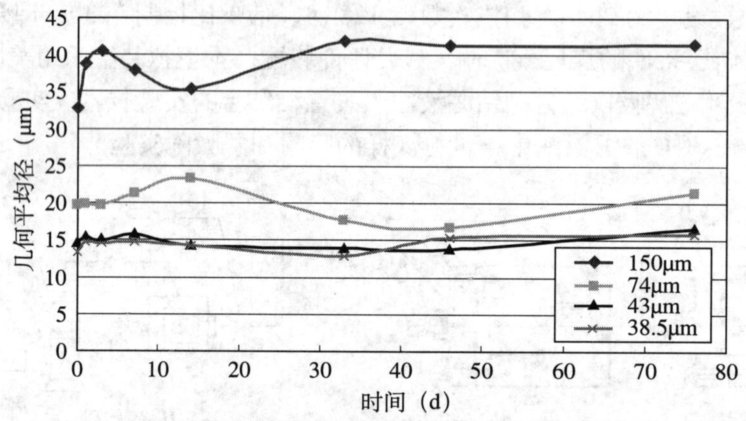

图2　不同粒径煤粒在蒸馏水中的几何平均径变化

实验结果表明，当煤粒直径不大于150 μm（过100目筛）时，煤粒的变化范围幅度较大，煤粒经过吸水到第5天时平均几何径达到最大值，随着时间增加，膨胀变大的煤粒会发生崩裂而使煤粒的几何平均径变小。到第15天时煤粒的几何平均径达到最小值，其后开始新一轮。随浸泡时间增加，煤粒几何平均径变大，这个变大的过程与煤粒中煤基质和黏土矿物有关。煤粒中的黏土矿物水化膨胀，甚至出现崩裂；崩裂后新断面会使黏土矿物再次发生水化膨胀，但由于煤基质是主体，煤基质属于大分子聚合物，吸附水后会发生溶胀而使煤岩体积变大。当煤粒粒径不大于74 μm（过200目筛）时，煤粒的平均几何径变化也经过吸水膨胀、再分散、再膨胀变大的过程。但是当煤粒直径不大于43 μ m（过325目筛）、不大于38.5 μ m（过400目筛）时，由于煤粒粒径太小，虽然粒径也经过平均几何径变大→缩小→变大的过程。但由于变化幅度不明显，因而实验样品应选择能反映煤岩颗粒变化的尺寸进行实验。

本文选择煤粒的大小分别是不大于74 μm（过200目筛）、150 ~ 100 μm（100 ~ 150目）、180 ~ 150 μ m（80 ~ 100目）。

（2）不大于74 μ m煤粒粒度对pH值的影响

选择在pH值大于7.5和小于7.5的介质中，进行煤粒几何平均径变化的研究，研究结果如图3所示。

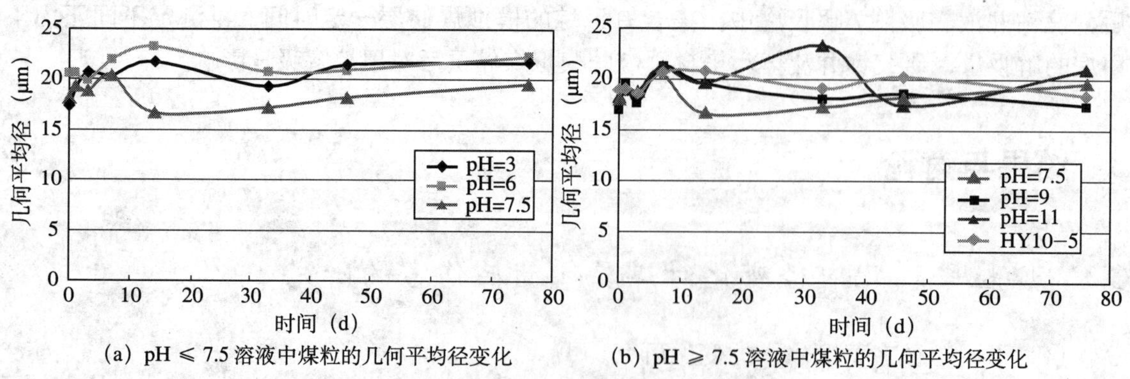

（a）pH ≤ 7.5溶液中煤粒的几何平均径变化　（b）pH ≥ 7.5溶液中煤粒的几何平均径变化

图3　不同pH值介质下煤粒几何平均径变化

研究结果表明，pH ≤ 7.5时煤粒虽然也发生几何平均径变大→缩小→变大的过程，但是不同介质中，煤粒的几何平均径变化不同。pH值小于6和3时，随着浸泡时间的增加，煤粒径也越变越大。对于pH ≥ 7.5的碱性溶液，黏土矿物在这种介质的溶液中更易水化膨胀，pH值为9的溶液和HY10−5（煤层水，pH=9.13，矿化度1510mg/L）煤层水中煤粒的粒径变化相似，矿化度的影响不明显。pH值为11时浸泡第32天几何平均径达到最大值，随着浸泡时间的增加，煤粒发生崩裂，几何平均径变小后又随着浸泡时间的增加而膨胀变大。pH=7.5是使煤粒几何平均径变化最小的介质，说明该介质对煤层气储层伤害也应较小。

（3）不同粒径的煤粒在pH值为7.5和9的溶液中几何平均径研究。

选择不同粒径煤粒的几何平均径变化，是为了研究一定pH值范围内不同粒径的影响是否一致。

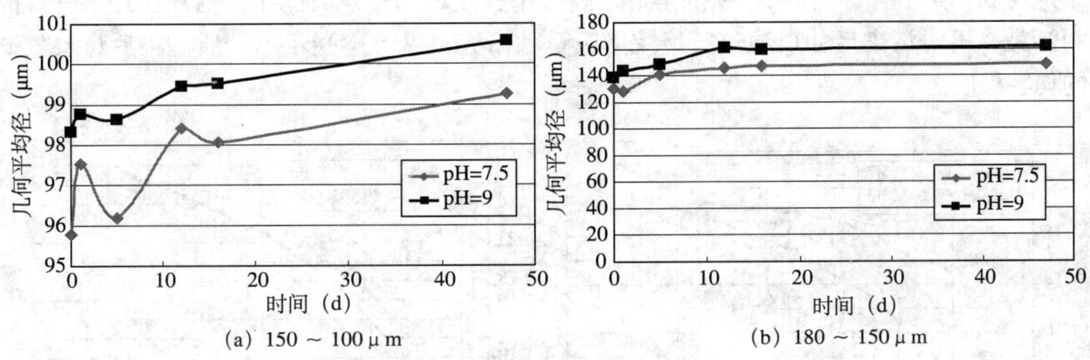

图4　不同粒径煤粒在pH值为7.5和9溶液几何平均径变化

图4表明，两种粒径范围的煤粒增大，虽然粒径仍经过粒径增大、变小、再增大、再变小、后再次增大的过程，整个增大和减小的过程都呈上升状态，这种现象只能进一步说明，用大煤粒实验黏土矿物的影响不可忽略。同时说明该方法能较好地开展煤层气伤害的研究。该图同时表明，pH值为7.5时煤层气储层伤害最小。

3.2　核磁共振技术对煤储层伤害评价方法研究

为了进一步研究煤储层在不同介质溶液中孔隙度和渗透率的变化，取同一块煤中的煤块，按照实验方法进行污染前的核磁分析，放入密闭容器中用pH值为6、7.5、9三种介质的溶液，于4MPa下浸泡（污染）60h，再进行核磁共振分析。计算出煤样的孔隙度和渗透率受污染程度。

表2　不同pH值核磁共振数据分析

介质	孔隙度（%）			渗透率（mD）			可动流体百分数（%）		
	处理前	处理后	下降率	处理前	处理后	下降率	处理前	处理后	下降率
pH=6	6.09	5.67	6.90	0.63	0.54	14.29	6.46	5.87	9.13
pH=6	5.15	4.06	21.17	0.69	0.50	27.54	9.04	5.28	41.59
pH=7.5	7.03	5.86	16.64	0.67	0.66	1.49	5.85	4.26	27.18
pH=7.5	7.34	5.65	23.02	1.11	1.05	5.41	7.80	6.32	18.97
pH=9	10.03	8.97	10.57	1.40	1.20	14.29	8.82	6.53	25.96
pH=9	7.07	5.64	20.23	1.39	1.14	17.99	11.24	8.76	22.06

核磁共振的数据分析（表2）表明，受污染前后pH值为9时，孔隙度下降10.57%，而渗透率下降14.29mD，可动流体百分数则下降25.96%；pH值为7.5时孔隙度下降16.64%，渗透率仅下降1.49mD，可动流体百分数则下降27.18%；pH值为6时，最大的渗透率下降了21.17%，渗透率下降率为27.54%，可动流体百分数则下降41.59%。说明pH值在7.5～9对煤储层渗透率的影响相对较小，造成孔隙度下降和可动流体百分数下降的原因是煤储层的微孔受到伤害，微孔隙的伤害导致可动流体百分数下降。

同时也说明对于煤样pH值为7.5～9也是适合煤储层钻井的钻井液性质，这与用煤粒几何平均径变化进行煤储层伤害研究所得结果一致。

3.3 受污染煤层气储层对煤层气解吸影响的研究

选用pH值分别为6、7.5、9的溶液，将吸附一定量和一定时间甲烷后煤粒进行一定时间的污染，再对污染后的煤粒进行甲烷解吸量的研究，以考察受不同介质污染后煤层气储层的伤害程度。

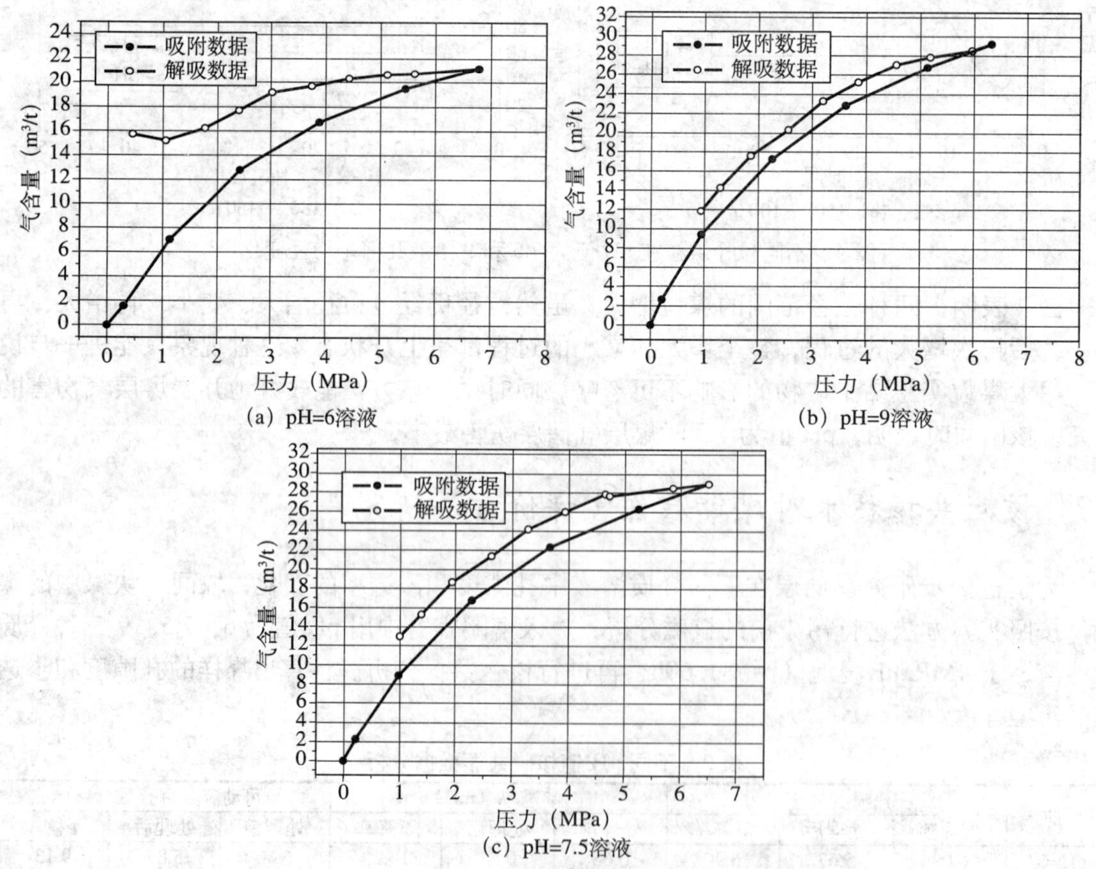

图5 不同介质溶液污染前后吸附/解吸附量对比

图5表明，吸附甲烷后的煤粒受到不同pH值溶液污染后，甲烷解吸的滞后量不同，滞后越多，根据“墨水瓶”理论，孔隙受污染后对孔隙结构的影响越大。pH值为9时，解

吸与吸附拟合线重合性最佳，pH值为7.5时，解吸与吸附拟合线的滞后现象略高于pH值为9时，说明对煤层气仍具有良好的解吸作用，当pH值为6时解吸拟合线滞后现象更为严重，说明对煤层气的解吸有一定的影响，说明pH值为7.5 ~ 9，对煤层气的解吸影响较小。

4 结论

（1）不同介质浸泡下煤粒的几何平均径变化的研究方法，能较好地开展煤层气储层受伤害程度的研究，它是一种简单、快捷，适合在更多不同介质条件下进行煤层气储层伤害的研究方法。

（2）核磁共振技术进行煤储层渗透率的研究结果与煤粒几何平均径法进行煤层气储层伤害的研究方法所得实验结果相一致，即pH值为7.5的介质对煤储层渗透率的伤害最小。

（3）煤的高压吸附/解吸测定甲烷解吸量伤害评价方法，能较好地进行钻井液对煤层气储层中甲烷解吸量影响的研究。pH值为7.5 ~ 9时，对煤层气解吸的影响较小，这也与核磁共振技术进行煤储层孔隙度的研究结果相一致。当pH值为9时，对煤层气储层的孔隙度影响最小。

参考文献

Walter B，Ayers Jr. Coalbed gas systems，resources，and production and a review of contrasting cases from the San Juan and Powder River basins[J]. AAPG Bulletin，2002，86（11）：1853–1890.

陈振宏，贾承造，宋岩，等.高煤阶与低煤阶煤层气藏物性差异及成因[J].石油学报，2008，29（2）：179–184.

Gayer R，Harris I.Coalbed methane and coal geology[M]. London：The Geological Society，1996.

自由水络合剂作用机理及低自由水钻井液体系研究

张 岩[1,3] 向兴金[2,3] 鄢捷年[1] 吴 彬[3]

（1. 中国石油大学（北京）石油天然气工程学院；2. 长江大学石油工程学院；3. 荆州市汉科新技术研究所）

摘 要：室内从研究钻井液自由水的流动状态出发，构建了低自由水钻井液体系，该体系采用特殊的自由水络合剂有效络合钻井液中自由水，降低自由水含量，从而提高钻井液中自由水进入地层的毛细管阻力，减少滤液侵入地层的量和深度。同时络合自由水形成特殊的分子胶束，能形成致密的低渗透封堵膜，有效封堵不同渗透性和微裂缝的泥页岩地层。现场应用结果表明，该体系能有效提高地层承压能力，降低钻井液密度，缩短钻井周期。

关键词：井壁稳定 自由水 络合 分子胶束 机理 应用

井壁稳定问题一直是钻井系统工程中遇到的一个十分复杂的世界性难题，多年来钻井工作者在压力控制、抑制性、封堵性等方面做了大量工作，却甚少关注钻井液中自由水的流动状态。事实上作为水基钻井液的分散介质，水在钻井液中以三种形态存在，即化学结合水、吸附水、自由水。化学结合水（结晶水）是黏土矿物晶体构造的组成部分；吸附水是由固相颗粒分子间力吸附的水化膜以及聚合物分子所吸附的水。而自由水则是钻井液中可以自由移动的水，占据了体系中绝大部分。由于大量自由水的存在，一方面由于地层岩石毛细管的自吸水作用，导致钻井液液相的大量侵入；另一方面是在压差的作用下很容易进入地层，从而造成地层强度下降，层理剥落坍塌，导致井壁失稳。因此如何减少钻井液自由水的含量是解决井壁失稳问题的主要方法之一。

室内研究从研究钻井液自由水的流动状态出发，研制了自由水络合剂，并构建了低自由水钻井液体系。

1 自由水络合剂作用机理

钻井过程中，由于压差的作用以及孔喉和裂缝的存在，钻井液中的固相与液相进入地层，其中滤液的进入极易造成地层水化或剥落坍塌。因此如何减少钻井液固相及液相的侵

作者简介：张岩（1973— ），女，1993年毕业于江汉石油学院应用化学专业，2001年获江汉石油学院油田化学专业硕士学位，现为荆州市汉科新技术研究所总工程师，中国石油大学（北京）石油天然气工程学院2008级在读博士研究生。

入及压力传递是解决井壁稳定的关键。室内研究以减少钻井液中自由水的含量，提高钻井液中自由水进入地层的毛细管阻力为目的，研制了自由水络合剂HXY。

络合剂HXY是一种适度交联的聚电解质聚合物，当这种电解质溶于介电常数很高的溶剂（如水）中时，就会发生离解生成阴离子和阳离子。阳离子在水中为可移动离子，阴离子与链相连，不能向水中扩散，所以主链网络骨架均为带负电的阴离子，阴离子间的排斥作用使网络结构发生扩张，而具备一定的活动性的阳离子由于受网络骨架相反电荷的吸引、束缚，使得阳离子只能存在于网络中，不能向外部溶剂扩散，导致阳离子在网络内外的浓度差增大，由此而产生的渗透压使水分子进一步渗入。随着水进一步渗透，部分正负离子对离解，阳离子脱离络合剂分子链向溶剂扩散，导致络合剂分子链带了多余负电荷，由于静电斥力，络合剂分子链得到扩张，这样，水就更容易进入络合剂中。另外，络合剂本身的交联网状结构及氢键结合，使得弹性收缩力也增加，限制了络合剂分子网络不能无限制地扩大，最终达到络合平衡。这两种相反作用使得络合剂能维持一定的束缚水的能力，提高钻井液中自由水进入地层的毛细管阻力。图1给出了自由水络合剂束缚钻井液中自由水示意图。

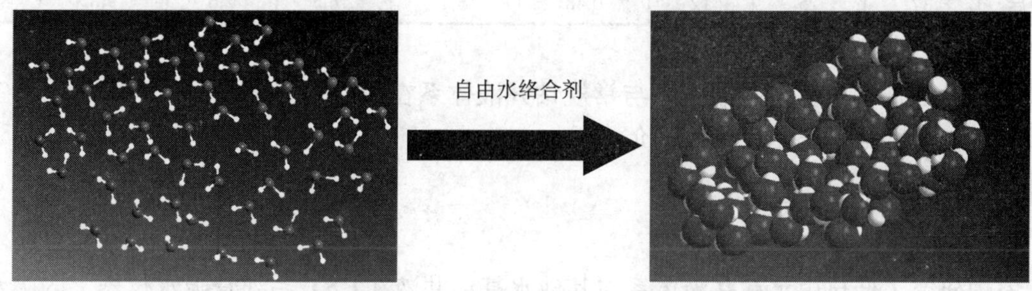

图1　自由水络合剂束缚钻井液中自由水示意图

室内为了验证自由水络合剂的络合能力，室内研究给出了1.0%自由水络合剂（HXY）海水溶液以及0.7%80A51海水溶液在常温常压及常温高压条件下的滤失量的结果，以评价其络合水的能力（图2）。

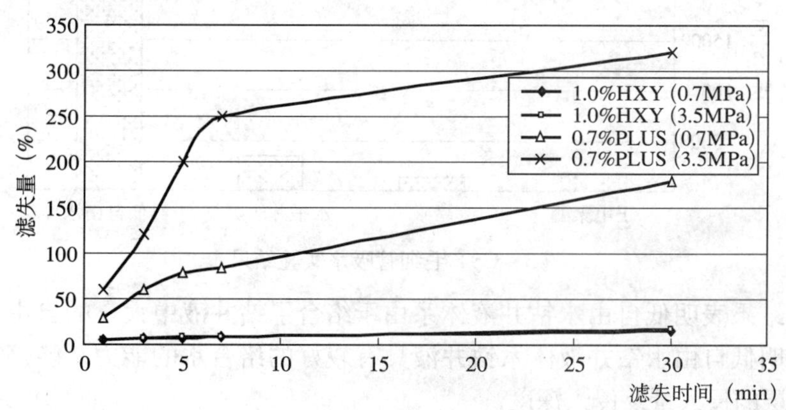

图2　络合剂络合水能力评价

从以上数据可以看出自由水络合剂HXY能有效络合自由水，压力在0.7MPa和3.5MPa水溶液的滤失量几乎一致，且较低；而常规的聚合物80A51水溶液则滤失量极高，表明自由水络合剂 HXY 具有很好的络合自由水能力，自由水滤失需要很大的阻力。

2 低自由水钻井液体系配方及评价

室内研究研制了自由水络合剂 HXY 之后，构建了相应的低自由水钻井液体系，其基本配方为：

2% 海水土浆 + 0.15%Na_2CO_3 + 0.3%NaOH + 0.3%LV−PAC + 1.0% 自由水络合剂 HXY + 2% 降滤失剂 HFL + 0.2%XC + 3%KCl + 3%JLX−C + 重晶石加重至 1.20g/cm^3。低自由水钻井液体系常规性能见表 1。

表 1 低自由水钻井液体系常规性能

参数	*AV* (mPa·s)	*PV* (mPa·s)	*YP* (Pa)	*YP*/*PV*	ϕ6/ϕ3	*Gel* (Pa/Pa)	FL_{API} (mL)	FL_{HTHP} (mL)	pH 值
滚前	49.5	33	16.5	0.50	7/5				
滚后	37	25	12	0.48	6/4	2/6.5	2.6	9.8	8.5

注：老化条件为 120℃ ×16h。

为了验证低自由水钻井液体系与常规钻井液体系在束缚钻井液自由水上的区别，室内对其络合自由水能力进行了对比评价。

2.1 CST 毛细管吸水实验

室内研究了低自由水钻井液体系与其他水基钻井液在 CST 毛细管吸水仪器上的吸水实验来考查钻井液络合自由水的能力。实验结果见图 3。

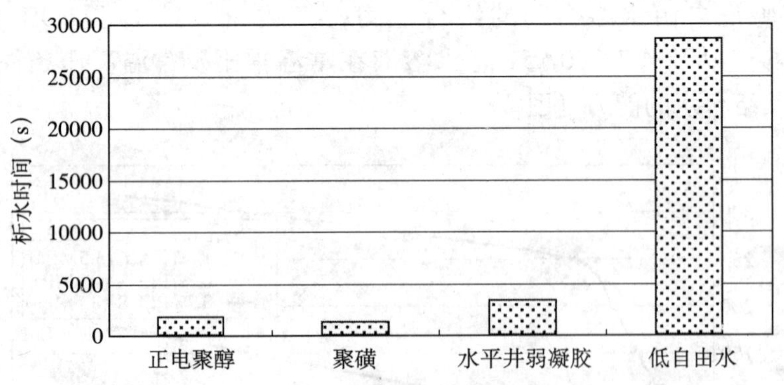

图 3 CST 毛细管吸水实验结果

以上实验结果表明低自由水钻井液体系由于络合了钻井液中大量的自由水，从而扩散速率很慢，说明低自由水钻井液体系钻井液具有较好的络合水的能力，能够有效减少钻井液中液相向地层的侵入量及侵入深度。

2.2 岩心自吸水实验

室内研究采用将人造岩心称重后用滤纸包好，在不同钻井液体系中放置 16h，测定岩心自吸水后的质量的方法来考查岩心在不同的钻井液体系当中的自吸水情况。实验结果见图 4。

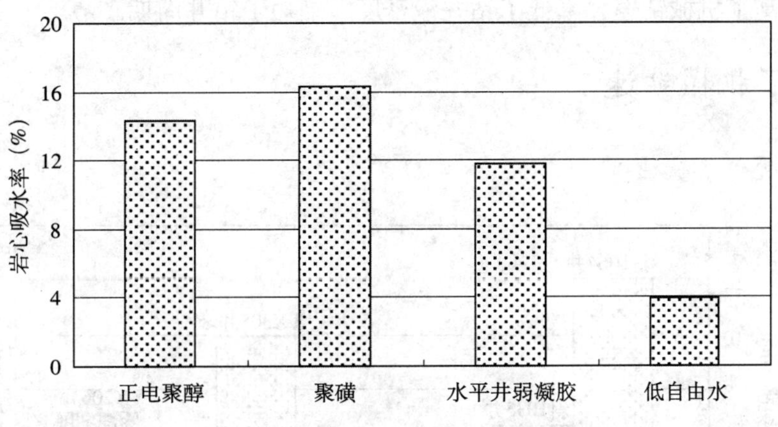

图 4　岩心自吸水实验结果

以上数据表明低自由水钻井液由于络合了大量的自由水从而被岩心吸收的水量较少，说明低自由水钻井液体系具有较好的络合水能力，能够减少钻井液中液相向地层的侵入量和侵入深度。

2.3　自由水含量测定

室内研究了低自由水钻井液体系与其他水基钻井液体系当中的自由水含量（图 5）。

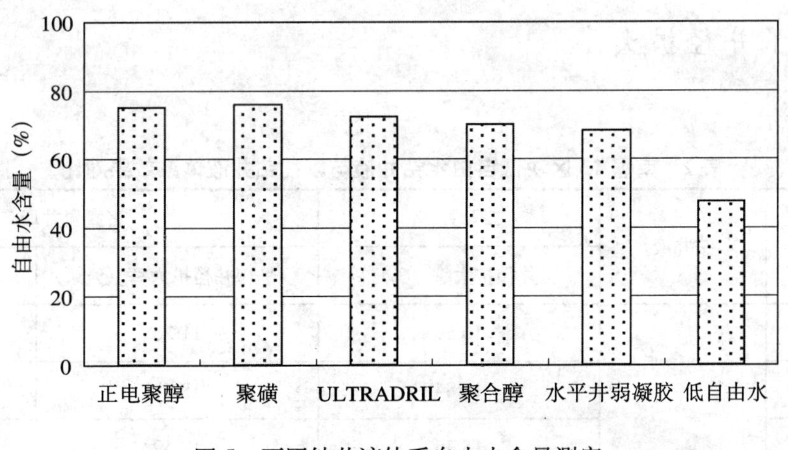

图 5　不同钻井液体系自由水含量测定

以上实验结果表明低自由水钻井液体系由于络合了大量的自由水，从而自由水含量测定值要远低于常规钻井液体系。

3　现场应用

低自由水钻井液体系目前已经在中海油上海分公司的 LS36−2−1 井、TWT−A7S 井低孔低渗油藏以及冀东南堡油田玄武岩层理发育地层10余口井进行了成功应用。现场应用结果表明，该体系具有很好的流变特性、润滑性、抑制性及封堵能力，不仅解决了井壁稳定问题，而且提高了机械钻速、降低了钻井液密度、缩短了钻井周期。

3.1 提高了机械钻速

如图6所示。

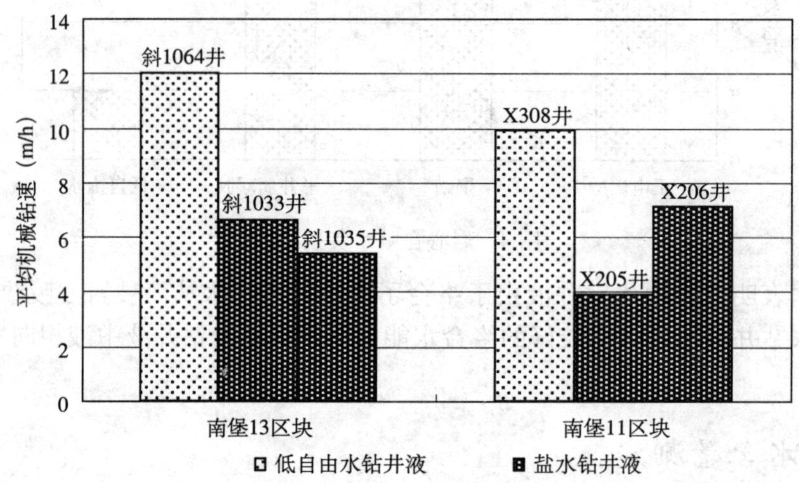

图6　低自由水钻井液与盐水钻井液体系在南堡地区玄武岩机械钻速对比

3.2 降低了井径扩大率

如表2所示。

表2　南堡13区块低自由水钻井液与以往钻井液体系效果对比

井号	钻井液	二开井段	玄武岩井段	
		井径扩大率（%）	平均井径扩大率（%）	是否遇阻卡
NP13−X1052	盐　　水	10.59	11.26	是
NP13−X1035		11.84	18.88	是
NP13−X1178		15.36	17.49	否
NP13−X1064	低自由水	8.34	8.81	否

3.3 降低了钻井液密度

如表3所示。

表3　低自由水钻井液与以往钻井液体系钻进密度对比

井名	钻井液体系	完井钻井液密度 (g/cm³)	井名	钻井液体系	完井钻井液密度 (g/cm³)
TWT−A7S	低自由水	1.13	NP11−B3−X308	低自由水	1.21
TWT−A2	聚 合 醇	1.15	NP11−L12−X209	盐　水	1.26
TWT−A3	聚 合 醇	1.15	NP11−C1−X206	盐　水	1.26
TWT−A4	聚 合 醇	1.15	NP11−C9−X205	盐　水	1.26
TWT−A5	聚 合 醇	1.18			
TWT−A7	聚 合 醇	1.18			

3.4　缩短了钻井周期

低自由水钻井液体系在现场应用过程中表现出良好的井壁稳定性，起下钻效率得到了很大改善，尤其是TWT−A7S井，该区块其余相邻五口井每趟起钻均采用倒划眼方式进行，而该井在钻井过程中每趟起钻则采用直接起钻方式，未采用倒划眼方式。良好的井壁稳定性大大缩短了钻井周期。图7给出了冀东油田钻井周期对比情况。

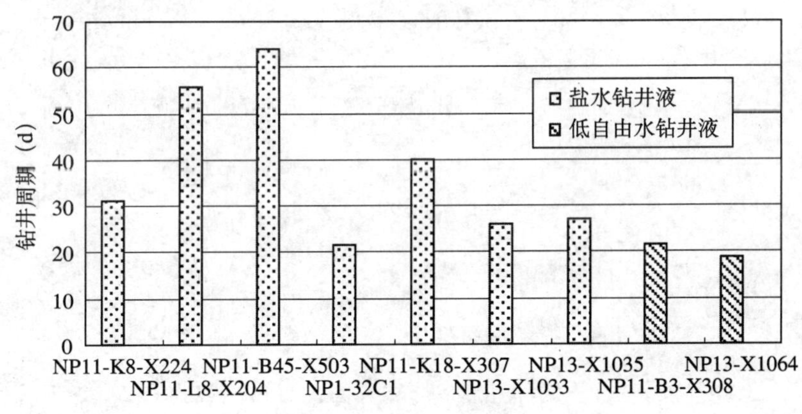

图7　冀东油田南堡区块钻井周期对比

4　结论

（1）室内研究从研究钻井液自由水的流动状态出发，研制了自由水络合剂，能有效限制自由水的流动。

（2）低自由水钻井液体系能有效降低钻井液中自由水的含量，提高钻井液中自由水进入地层的毛细管阻力，减少滤液侵入地层的量和深度。

（3）现场应用结果表明，低自由水钻井液体系具有很好的流变特性、润滑性、抑制性及封堵能力，不仅解决了井壁稳定问题、而且能有效提高机械钻速、降低钻井液密度、缩短钻井周期。

（4）低自由水钻井液体系改变了传统的钻井液体系的抑制、封堵方式，从改变钻井液体系中自由水的状态入手，降低钻井液中自由水含量，从而减少滤液侵入地层的量和深度，同时其分子胶束能有效封堵地层，为稳定井壁和储层保护提出一个新的理念。

参考文献

马世昌，杨玉良，汪世国，等．用强抑制性钻井液体系钻巨厚泥岩地层［J］．钻井液与完井液，2003，28（1）：56–58．

王信，李家库，黄达全，等．超低渗透成膜封堵钻井液在冀东油田的应用［J］．钻井液与完井液，2007，24（5）：26–29．

李健鹰．泥浆胶体化学［M］．北京：石油工业出版社，1988．

Cipolla. C.L. Fracture treatmet design and execution in low porosity chalk reservoirs[R]. SPE 86485，2004.

Taheri A. WAG performance in a low porosity and low permeability reservoir，Sirri–A Field，Iran[R]. SPE 100212，2006.

超细粒子对钻井液基本性能影响的研究

曹晓春　李艳钰　刘宪红　石家强

（东北石油大学石油工程学院油气井工程系）

摘　要：超细粒子对钻井液基本性能有影响，聚合物—膨润土插层复合超细粒子和聚合物乳液明显降低钻井液基浆的切力，前者甚至可以将切力降低为零。无机超细颗粒明显增加钻井液基浆的切力，特别是片状氧化锌可以显著提高钻井液的终切。

关键词：超细粒子　钻井液　性能

钻井液的稳定性以及钻遇井壁的稳定性一直是钻井液技术研究解决的一对难题，钻井液的组成，即配浆用土及处理剂是影响钻井液稳定性及钻遇井壁稳定性的主要因素。一般认为，钻井液是胶体悬浮体分散体系，其中的固相颗粒物处于胶体悬浮体体系范围，粒径较小，有特殊的表面效应和体积效应，对钻井液及井壁的稳定性影响很大。

膨润土是钻井液中最基本的超细粒子，在水中有一定的带电、吸附和水化分散的性能，可以提供钻井液的黏切等基本性能。它的粒径大小和带电性质决定了钻井液的基本性能。例如，分散钻井液体系中，黏土粒子的粒径较小，使得钻井速度较慢，其中亚微米粒子对钻速的影响要比微米级粒子大12倍。负电体系的钻井液中黏土粒子带负电性，易引起地层井壁的不稳定；而正电体系的钻井液中带正电性的黏土粒子能中和地层黏土或岩石表面的负电荷，絮凝能力和抑制泥页岩分散的能力强，可以实现钻井液的低固相，保持井壁的稳定性。

1　聚合物—膨润土插层

中科院化学研究所与工程塑料国家重点实验室率先研究聚合物—黏土复合材料，自1995年起在国家自然科学基金委的资助下开展了一系列的研究，优化并提高了复合材料的性能，使材料具有优异的结构和性能，非传统的有机/无机杂化材料可比拟。

近年来聚合物—黏土复合材料在钻井液中的应用研究显著增多，不仅聚合物种类增多，而且在钻井液中的作用也不同。例如，非离子型的聚（苯乙烯—b—丙烯酰胺）插层会使钻井液基浆的黏切有一定的增加，阴离子型的P（AM/AMPS）、P（AM/AA）和P（AMPS/

作者简介：曹晓春（1967—　），1989年毕业于西南石油学院应用化学专业，现为东北石油大学石油工程学院油气井工程系副教授，主要从事油田化学的教学和科研工作。

AM/AA）插层可以降低钻井液的滤失量，以及阳离子型的二烯丙基二烷基季铵盐的插层环化聚合等。

本文用两种聚合物对钙基膨润土进行了插层研究，并研究其对钻井液基本性能的影响，结果见表1。所采用的黏土为钙膨润土，聚合物均为相对分子质量较低的两性离子高分子。

表1 聚合物—黏土复合材料对钙土浆性能的影响

试 样	AV (mPa·s)	PV (mPa·s)	YP (Pa)	G_1/G_{10} (Pa/Pa)	FL_{API} (mL)	H (mm)	n
基浆（钙土）	13	4	9	5.5/7.5	42.5	2	0.24
复合材料Ⅰ	4	4	0	0/3	21	1.5	1
复合材料Ⅱ	4	4	0	0/2	21.5	2	1

实验结果表明，两种聚合物所得聚合物—黏土纳米复合材料均可以将钙土配制的基浆的滤失量降低50%左右，所得滤饼的厚度虽然改变都不太大，但滤饼均较为致密且有弹性。切力、表观黏度、塑性黏度、动切力等流变参数均有所下降，其中动切力降为零，流性指数提高到1，即钻井液变成了牛顿流体。复合材料对钠土基浆的基本性能的影响见表2。

表2 聚合物—黏土复合材料对钠土浆性能的影响

试 样	AV (mPa·s)	PV (mPa·s)	YP (Pa)	G_1/G_{10} (Pa/Pa)	FL_{API} (mL)	H (mm)	n
基浆（钠土）	14	5	9	19/28	14	2	0.28
复合材料Ⅱ	14	8	6	12.5/27.5	11.3	1.4	0.49

实验结果表明，聚合物—黏土纳米复合材料Ⅱ对钠土基浆的滤失量及滤饼厚度有所降低，滤饼较为致密且有弹性。表观黏度不变，塑性黏度有所增大，动切力有所降低，初终切均减小，其中初切降低较多，流性指数增加至合适范围（0.4 ~ 0.7）。

2 共聚乳液

纳米乳液在钻井液中的应用也已见报道，对钻井液的切力有所降低。本文研究了乙烯基单体的共聚乳液及其对钻井液性能的影响。在一定温度下，向乳化剂和助乳化剂的水溶液中分别滴加部分单体和引发剂，一定时间后，再缓慢加入剩余单体和引发剂，反应2h后即可得聚合物乳状液。

用光学显微镜观测放大40倍的微乳液样品（图1），根据相应软件的综合分析可知，分级效率为10%、50%、90%时的颗粒直径分别为：D_{10}=1.79μm，D_{50}=5.42μm，D_{90}=11.53μm。即所得乳液的悬浮液珠大小处于微米级别。

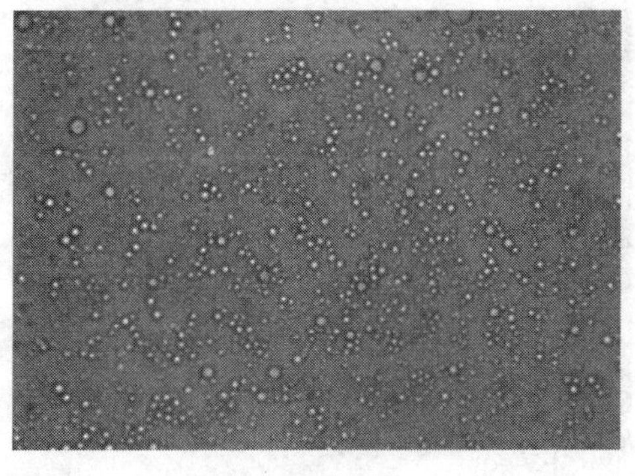
(a) 放大40倍

(b) 放大100倍

图1　共聚乳液的微观图片

将研制所得的聚合物乳液加入基浆中，研究其对钻井液基本性能的影响。实验结果（表3）表明，共聚乳液对基浆的滤失性能及滤饼厚度的影响较小，都只是略有降低；但是对基浆的流变性能影响较大，明显增加塑性黏度降低，显著降低静切力和动切力，但表观黏度变化不大。

表3　微乳液对基浆性能的影响

试　样	AV (mPa·s)	PV (mPa·s)	YP (Pa)	G_1/G_{10} (Pa/Pa)	FL_{API} (mL)	H (mm)
基　浆	14.5	3.3	11.2	5.0/5.5	21.8	2.7
基浆+1%乳液	15.3	7.6	7.7	2.9/2.9	18.2	2.5

3　无机超细颗粒

典型的用于钻井液的无机超细粒子是以铝镁氧化物为主的正电胶（MMH），它可以降低钻井液体系的负电性，抑制钻屑的分散，并稳定井壁；控制其加量，还可能调控钻井液的流变性，例如增加钻井液的触变性，使钻井液有较高的动塑比。

实验室内对各种颗粒状超细粒子的研究结果表明，它们对钻井液基本性能的影响微乎基微。本文研究了片状和针状氧化锌及其对钻井液性能的影响。目前，颗粒状氧化锌的研究最为活跃，其工业化生产也最早实现。另外，氧化锌纳米片、棒、花、梳等特殊形貌的实验室产品均有报道。

将无水醋酸锌与甘油按一定的质量体积比煅烧，30min后冷却，经洗涤、离心、烘干后得产物的前驱体；将其再煅烧1h后冷却，研磨即可得片状氧化锌，如图2(a)所示。通过颗粒图像分析软件测得D_{10}、D_{50}、D_{90}分别为9.1μm、23.29μm和44.97μm。

在室温下，将碳酸氢铵溶解于表面活性剂水溶液中，在搅拌条件下慢慢加入氯化锌，用乙醇抽滤洗涤所得白色沉淀物，烘干3～4h，得到前驱体；将其高温煅烧1 h后冷却，研磨即得线状氧化锌，如图2（b）所示。通过颗粒图像分析软件测得D_{10}、D_{50}、D_{90}分别为8μm、16.01μm和48.26μm。

(a) 片状氧化锌

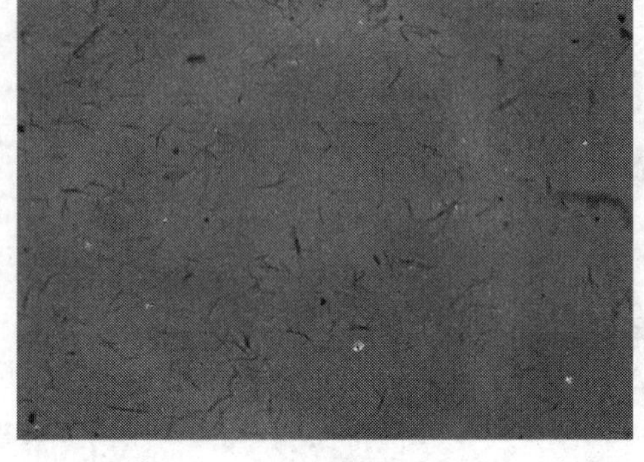

(b) 针状氧化锌

图2　氧化锌的显微图片（×40）

将所得氧化锌加入钻井液基浆中，评价其对钻井液基浆性能的影响。实验结果表明，氧化锌对钻井液的滤失性能和除切力外的其他流变性能的影响都不大。如图3所示，氧化锌对切力的影响较大，切力随着加量的增加而增加。其中，初切的增加较为缓慢，且片状和针状的影响差不多。片状氧化锌对终切的影响较大，随着加量的增加而上升较快，针状氧化锌对终切的影响相对较小一些。

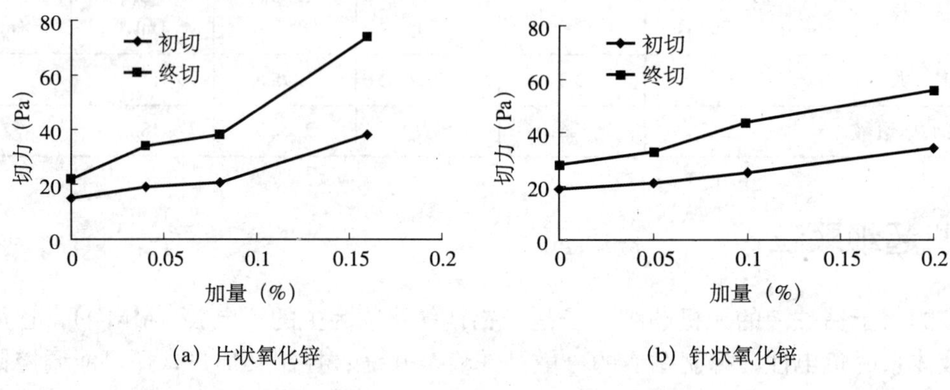

(a) 片状氧化锌　　(b) 针状氧化锌

图3　不同形状氧化锌对基浆切力的影响

4　结论

本文所研究的超细粒子对钻井液的基本性能有很大影响，主要特征是对钻井液的流变性能特别是切力影响很大，但对钻井液的滤失性能和滤饼厚度影响很小。其中，两性离子聚合物—黏土插层复合材料显著降低钻井液基浆的切力，可以将切力降为零，钻井液变成牛顿流体；共聚乳液也是降低切力，降幅达50%。无机超细粒子有增加切力的作用，对片状及针状氧化锌的研究结果表明，片状氧化锌显著增加钻井液基浆的终切。因此，针对所需钻井液性能的不同，应选择不同类型的超细粒子，才能更好地解决实际问题。

参考文献

钱红梅，郝成伟．黏土/有机纳米复合材料的研究进展［J］．皖西学院学报，2002，18（2）：100−103

屈沅治，孙金声，苏义脑，王奎才．聚（苯乙烯−b−丙烯酰胺）/蒙脱土纳米复合材料的合成及其降滤失性能研究［J］．钻井液与完井液，2007，24（4）

张永明．聚合物/无机物纳米复合降滤失剂的研究［D］．北京交通大学博士论文，2010

高党鸽．二烯丙基二烷基季铵盐的合成及其在蒙脱土中的插层环化聚合与性能［D］．陕西科技大学博士论文，2010

崔迎春，郭保雨，苏长明．NM钻井液体系现场应用研究［J］．钻井液与完井液，2006，（3）；40−43.

周明宇，张锷，高红．纳米ZnO梳妆结构的生长机制与表征［J］．哈尔滨师范大学自然科学学报，2007，23（1）

张旭东，刑英杰，奚中和，等．类单晶氧化锌纳米棒的制备与表征［J］．真空科学与技术学报，2004，24（1），16−18.

黄运华，张跃，贺建，等．氧化锌纳米带的低温无催化热蒸发制备及其表征［J］．物理化学学报，2005，21（30）：239−243.

宗伟，曹晓春．钻井液用超细颗粒性能研究［J］．长江大学学报（自然科学版），2009，6（4）：184−185.

智能完井技术研究初探

余金陵[1,2]　魏新芳[2]

(1. 西南石油大学；2. 胜利油田钻井工艺研究院)

摘　要:智能完井技术综合材料、信息、控制技术实现资源利用和油气井产能效益的最大化，成为现代完井技术的根基和发展方向。本文介绍了胜利油田智能完井技术前期研究进展，指出研究发展智能完井技术将提升完井工程整体技术水平，同时解决实际需要。

关键词：智能完井　分段完井　数据采集　数据处理　均衡供液

智能完井是一种能够采集、传输和分析井下生产和油藏状态参数，且依据分析结果对井下产层供液进行调控的完井系统。其重要作用有：(1) 根据各个层段生产指数的变化，判断和确定节流生产段，关闭或抑制产水层段；(2) 实时监测油井井筒内的诸多临界参数，更科学、更简化地管理非均质油藏；(3) 减少作业次数，直接降低了操作费和风险，提高了安全性。

该技术综合运用传感技术、信息技术和控制技术来提高油井产能，降低作业风险和费用，实现资源利用和油田开发效益的最大化，用可以实现的技术手段阐释了完井工程技术的终极目标，因而成为石油完井技术领域的焦点，也代表了完井技术的发展方向。

研究智能完井技术的目的在于把握完井工程技术的最高点，提升完井工程技术的整体水平，保持和加强我国完井工程技术的国际竞争力；同时，智能完井技术精髓部分解决完井工程现场所需，如水平井防水控水、延长油井生产寿命等，形成简单可行、成本合理的特色新技术。

1　国内外技术现状

鉴于智能完井技术的重要性，国外公司竞相投入人力、物力研究攻关。

贝克休斯公司研制出了被称为石油行业的第一套高级智能完井系统——InCharge 智能完井系统，该系统实现了完全电气化，可以进行远程实时遥控生产作业和注入管理。

斯伦贝谢公司研制应用了液压钢丝可回收流量控制器。

哈里伯顿公司有全电控、平衡活塞液压、油藏平衡液压三种智能井控制系统。

作者简介：余金陵，男，高工，就职于胜利油田钻井工艺研究院完井所，西南石油大学在读博士生。主要从事钻完井工具技术及施工工艺的研究开发。

油井动态公司推出的智能井系统，包括地面控制系统、控制系统和井下设备。

自从1997年8月Saga Petroleum公司首次安装以来智能完井系统已推广应用千余井次。目前智能完井尚需借助人工界面发布指令实现对生产井的控制，虽然各种类型的电子类和电动—液压与光学—液压完井系统已经获得成功应用，但是目前液压动力智能完井系统仍占主导地位。

2 智能完井技术研究初探

完整的智能完井技术由四大技术组成：分段完井技术、数据采集传输技术、数据解释处理技术和井下工具控制技术。分段完井技术就是将产层用管外封隔器隔离成段的完井技术，是智能完井的基础和重要组成部分。数据采集传输技术就是利用传感器采集产液参数并通过有线或无线方式传输到井口的技术。数据处理技术就是把传输上来的数据，分析出各段点产液状况的技术。井下工具控制技术是指依据数据处理的结果对某段点进行节流控制，控制指令一般与数据传输共用电缆或光纤，井下可控阀接到指令后对所控段进行节流控制。

胜利油田借助国家重大专项项目“低渗透油气藏完井关键技术研究”和中石化前瞻项目“水平井智能化完井井下数据采集存储技术”的研究攻关，智能完井的关键技术研究取得可喜进展。

2.1 分段完井技术研究

分段完井的技术核心是管外封隔器技术及配套施工工艺。

2.1.1 管外封隔器技术研究

筛管分段完井的关键工具是管外封隔器，要实现筛管分段的有效和长效，首先是要研制封隔压力高、寿命长的管外封隔器。

（1）高强压缩式管外封隔器。

在国外，压缩式封隔器用于管外隔离是普遍现象，如裸眼分段压裂。但在国内，现有的压缩式封隔器存在膨胀率小、胶筒强度不高等问题，所以封隔井眼的效果不理想，特别是不规则井径的情况。由此，在常规压缩式封隔器基础上开发出一种高强压缩式管外封隔器（图1），改进了封隔器胶筒结构，整体性能接近国外同类封隔器的先进水平（表1）。

表1 139.7mm型号压缩式管外封隔器试验情况

类型	最大膨胀外径（mm）	有效压缩膨胀外径（mm）	有效压缩膨胀外径下最大封隔压力（MPa）
国外完井分段用压缩式封隔器	350	275	55
高强压缩式管外封隔器	360	275	48
国内常规压缩式封隔器	290	230	30

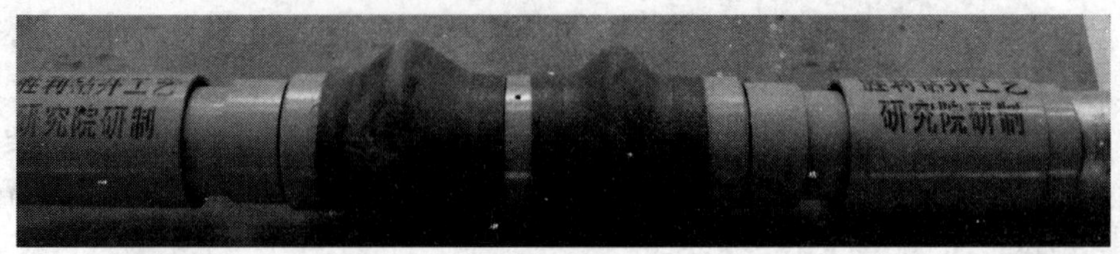

图1　金属笼式压缩管外封隔器

（2）遇油遇水自膨胀管外封隔器。

开展了遇油遇水橡胶材料研究。拉伸测试表明，遇油遇水膨胀橡胶拉伸强度中值7.6MPa，扯断伸长率中值488%，邵氏硬度45～55度，耐温100℃，部分指标达到了现场应用要求。

试制了遇油遇水膨胀橡胶封隔器，进行了地面承压试验：将外径为ϕ110mm（中心管尺寸为ϕ88.9mm）的遇油遇水封隔器置于ϕ139.7mm套管内膨胀后试压，测试封隔能力(表2)。

表2　遇油遇水自膨胀封隔器封隔能力试验

型号	封隔器中心管尺寸(mm)	封隔器胶筒外径(mm)	外部套管尺寸(mm)	外部套管内径(mm)	封隔器胶筒长度(m)	承受最大压力(MPa)
封隔器1#	88.9	110	139.7	124.3	2	18.5
封隔器2#						21

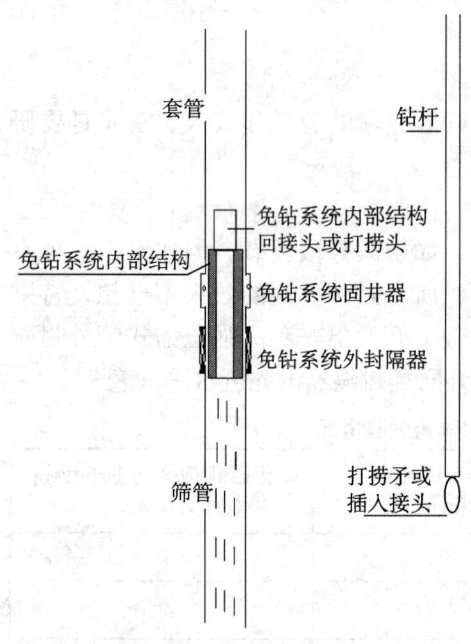

图2　免钻塞筛管顶部结构原理示意图

2.1.2　筛管分段完井工艺技术

水平井筛管分段完井施工工艺先后分为两大部分：（1）筛管顶部注水泥；（2）酸洗解堵，胀封管外封隔器实现分段。分段工艺的新进展如下。

（1）筛管顶部注水泥免钻塞工艺。

常规筛管完井的顶部是分级箍+管外封隔器+盲板的组合，固井时管外封隔器起兜水泥浆的作用。首先打压胀封管外封隔器，继续憋压打开分级箍，使上部套管段与井眼连通，循环后注水泥，候凝后钻塞。

攻关形成了免钻塞的筛管顶部注水泥工艺，如图2所示，免钻装置分为外部结构和内部结构，外部结构是完井管柱的一部分，由固井器和封隔器两部分组成；内部结构是可钻材料，把免钻装置组装好后与套管、筛管串接下井，按常规程序固井，碰压后打捞出内部结构。

技术参数：139.7mm 规格免钻装置施工后最小内径不小于 121mm，177.8mm 规格免钻装置施工后最小内径不小于 156mm，强度等同于 P110 级套管。

（2）酸洗解堵胀封一体化的施工工艺。

内管工具在实现高效酸洗解堵同时能继续胀封管外封隔器，一趟钻施工缩短了建井时间，节约了建井成本。

2.1.3 均衡供液的筛管分段完井技术

针对部分水平井筛管分段完井作业后存在分段寿命短、分段效果差的问题，如 X68−P1 井，开井 5 个月后，其含水已由初期的 12% 上升到目前的 65%，分析认为管外封隔器由于受地层温度、压力、腐蚀等因素影响，已经失效，造成层间水淹。

为此，发展了控流筛管分段完井技术。水平井均衡供液筛管分段完井技术是从地质、钻井、生产全方位研究分析筛管完井的产液情况，判断水进过程，在系统理论基础上将产层封隔成段，再通过控流筛管、盲管比例来调节产层供液，使水平井底水液面均匀推进，从而延缓和控制底水锥进，延长油井寿命。

以 Y12−P21 井和 X68−P4 井两口井为例，存在底水且周边区域井存在含水率高、单井产油量低的现状，极开展数值模拟和试验研究，对两口井完井方式进行优选，水平井均衡供液筛管分段完井技术，顶部固井封隔异常地层；油层段完井管柱下入 ϕ 139.7mm 变密度精密滤砂管。目前，两口井产油量均达到 20t/d，是同区邻井产量的 3 倍，而含水率是邻井的 1/3，较好地实现了控水增产的目的（表 3）。

表 3 均衡供液筛管分段完井技术现场应用情况

井号	日产液（m^3）	含水（%）	日产油（t）
X68−P1	48.2	90.4	4.62
X68−P2	33	61.2	12.84
X68−P3	9.3	82.9	1.59
X68−P4	25	27.2	18.2
Y12−P18	151	98.4	2.41
Y12−P19	59	78.3	12.84
Y12−P20	49	88.5	5.68
Y12−P21	28	26	21.0

2.2 数据采集技术研究

2.2.1 筛管分段完井井下数据采集仪器安装方法

技术方案如图 3 所示，外管柱是筛管、管外封隔器的组合，管外封隔器使水平产层有效分段；内管柱是工作管柱，内管柱上串接机械式内管封隔器，内管封隔器的位置与管外封隔器位置对应，内管每段打孔、每段安置数据采集仪器。这样井眼各段的产液经筛管对应流入内管段，数据传感器采集到产液数据。

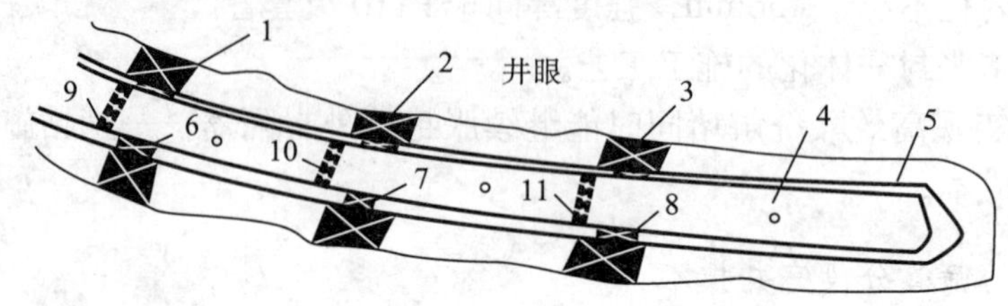

图3 能实现井下数据采集存储的筛管分段完井技术

1，2，3—管外封隔器；4—分段打孔内管；5—筛管；6，7，8—内管封隔器；9，10，11—井下数据采集存储仪

2.2.2 数据传感采集仪器

合理选择传感器就是要根据实际的需要和可能，做到有的放矢，物尽其用。一是要了解被测量的特点，如被测量的状态、性质，测量的范围、幅值和频带，测量的速度、时间，精度要求，过载幅度和频度等。二是要了解使用条件，主要包括环境条件和基础条件两部分。

比较常用传感器的应用情况和性能，结合本项目应用环境及经济性因素，鉴于电子传感器具有精度高、尺寸小、耐温耐压能力强、施工作业相对简单、成本低等诸多优点，遂将电子传感器作为项目技术的选择，光纤光栅（FBG）传感器作为项目技术的延伸研究。

选择改进的电子传感仪器整体为不锈钢全密封结构，主要由探测段、电路电池段和保护帽等若干段组成，如图4所示。

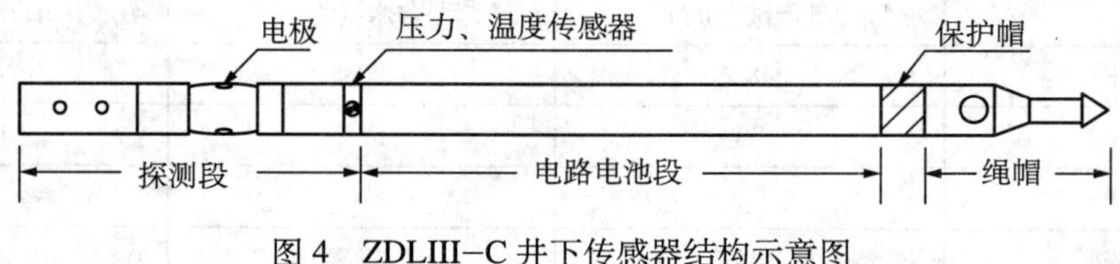

图4 ZDLIII−C井下传感器结构示意图

2.3 数据处理技术研究。

采用产液压力变化准确判断出水层位的理论技术研究。

2.3.1 依据产液压力参数分析水进情况的思路

运用工程流体力学知识，在水平井筒中，从连续性方程和动量守恒方程出发，基于油藏渗流和井筒流动的耦合，得出水平井筒油水两相变质量分层流动的基本模型和压降计算模型，结合油田实际井的具体生产数据，研究水平井分段完井后不同产水段的井下压力分布特征。

水平圆管油水两相变质量压降由三部分组成，即 $\Delta p = \Delta p_{\mathrm{wall}} + \Delta p_{\mathrm{mir}} + \Delta p_{\mathrm{acc}}$，分别是摩擦损失压降 Δp_{wall}、壁面入流的动量损失压降 Δp_{mir} 和由于流速的增加引起的加速度压降 Δp_{acc}。

$$\frac{\mathrm{d}p}{\mathrm{d}x}=-\frac{1}{A_\mathrm{o}+A_\mathrm{w}}(\tau_\mathrm{wo}s_\mathrm{o}+\tau_\mathrm{ww}s_\mathrm{w}+\rho_\mathrm{o}u_\mathrm{o}q_\mathrm{o}+\rho_\mathrm{w}u_\mathrm{w}q_\mathrm{w}+\rho_\mathrm{o}A_\mathrm{o}u_\mathrm{o}\frac{\mathrm{d}u_\mathrm{o}}{\mathrm{d}x}+\rho_\mathrm{w}A_\mathrm{w}u_\mathrm{w}\frac{\mathrm{d}u_\mathrm{w}}{\mathrm{d}x})$$

式中，ρ_o、ρ_w 为油水两相的密度，kg/m³；A_o、A_w 为水平井筒横截面上油相、水相的截面积（$A_\mathrm{o}+A_\mathrm{w}=A$，$A$ 就是水平井筒的横截面积），m²；u_o、u_w 为水平圆管横截面上油、水两相的流速，m/s；q_o、q_w 为单位水平井筒长度壁面流入的油、水体积流量，m³/s；p 为水平井筒内压力，Pa；S_o、S_w 为过流断面上油相和水相边界的长度，m；S_i 为油水两相在横截面上分界线的长度，m；τ_wo 为油相与管壁的剪切应力，Pa；τ_ww 为水相与管壁的剪切应力，Pa；τ_i 为油水两相分界面的剪切应力，Pa。

在水相大于油相速度时上两式均取上方符号，在水相小于油相时取下方符号。

2.3.2 产液压力数据经过处理判断水进情况

预设进行筛管分段的完井方法如图 5 所示。

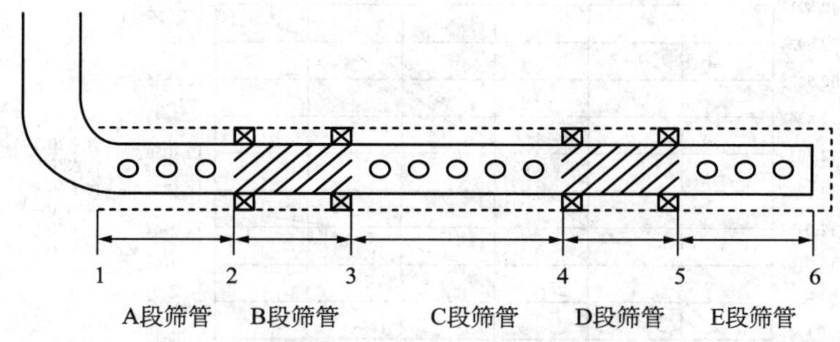

图 5 带 ECP 的筛管配合特殊堵水完井管柱示意图

不同的油藏特征，水平井可能先从 A 段出水，也可能水平井段的出水层位是随机的，今后在生产过程中的出水层位可能是 A 段，也可能是 C 段，还有可能是 E 段。日产液量、日产油量和含水率这三个关键参数又是 A 段、C 段、E 段产出流体的综合反应，在井口无法分辨出产水层位，在图 5 的 1、2、4 位置预先下入 3 个压力传感器，通过数据处理得出水进段点。

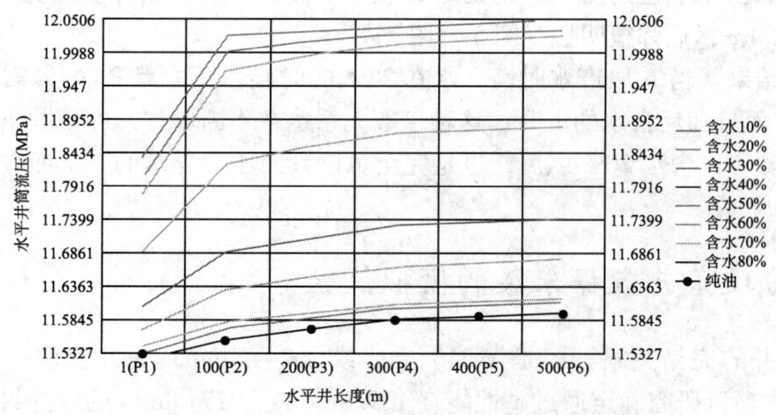

图 6 A 段出水，井底流压沿井筒分布曲线

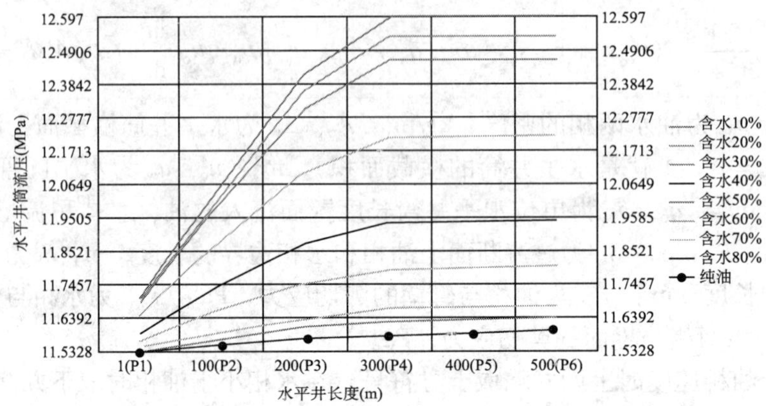

图7　C段出水，井底流压沿井筒分布曲线

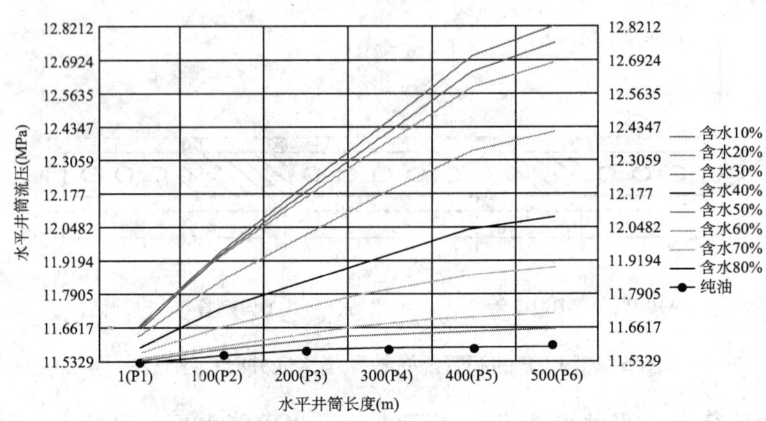

图8　E段出水，井底流压沿井筒分布曲线

理论计算表明，压力测试点P4含水40%以前，不同段出水压力异常的差异不明显，但是仍然可以分辨。含水40%以后，差异极为明显，容易判断出水层位，这正是高含水期我们急需要判断出水层位的时机。不论是A段、C段或者E段出水，压力测试点P4异常在含水率超过50%以后都很明显（图5～图7）。

根据计算结果，当A段产水时，含水在20%的时候，压力点P1的异常值是测量精度的23倍左右，而且随后含水的上升，这种倍数关系也在不断增加，即使井下压力温度计的数据发生部分漂移，含水20%以后，也是完全可以判断压力异常的，从而准确判断具体出水层段。

2.4　筛管分段完井数据采集的模拟试验

国内水平井的完钻井眼一般是ϕ215.9mm或ϕ244.4mm，完井管柱是ϕ139.7mm或ϕ177.8mm，本项目研究确定通过高性能ϕ139.7mm或ϕ177.8mm的管外封隔器措施将井眼分段，在完井管柱内置数据测量工作管柱（ϕ88.9mm或ϕ73mm型号的，用内管封隔器对应产层分段封隔器)，通过内置管柱上的测量仪测量不同井段的油藏和生产数据。

表4　地面模拟试验装置尺寸

名称	外径（mm）	壁厚（mm）	内径（mm）
244.4mm 套管（模拟井壁）	244.4	11.99	220.5
139.7mm 套管	139.7	9.17	121.4
88.9mm 油管	88.9	5.16	78.59

设计开发了地面模拟试验装置，如图9所示，该装置尺寸见表4，以 ϕ244.4mm 套管模拟水平井眼（ϕ244.4mm 套管每段外连泵入)，ϕ139.7mm 套管串接管外封隔器将 ϕ244.4mm 模拟井眼分段（ϕ139.7mm 套管每段打适量孔)，ϕ88.9mm 内置工作管柱封隔段与 ϕ139.7mm 封隔段对应（ϕ88.9mm 套管每段打适量孔)，通过 ϕ88.9mm 内置工作管柱上串接的传感器采集不同模拟井段的数据。

采集的数据经过处理得出各段水进情况，然后对比实际进水量（由泵压和流量控制)，基本吻合，验证了分段完井方式下通过产液参数采集处理分析判断水进情况方案的可行性。

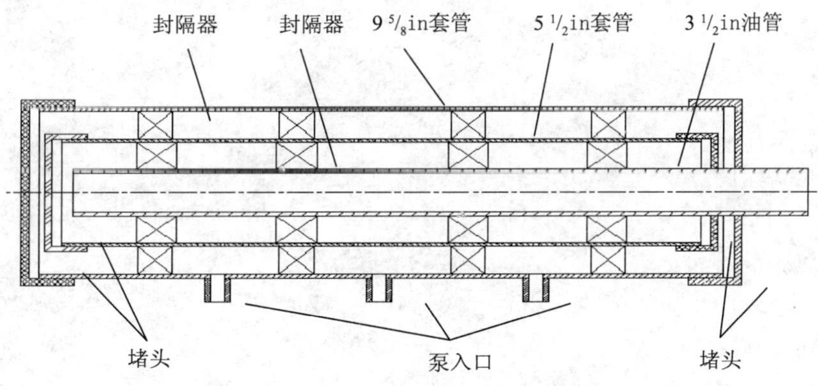

图9　模拟装置内部结构示意图

3　结论

(1) 智能完井是完井技术的制高点和基础，智能完井技术的研究攻关将整体提升完井技术水平，把智能完井技术的部分或方法应用于常规完井设计将形成诸多实用完井新技术。

(2) 胜利油田通过智能完井技术的前期研究，形成了筛管分段完井技术、均衡供液的筛管完井技术以及产液参数处理技术，是智能完井的核心和基础技术，现场应用50余口井控水效果明显。

参考文献

侯培培，段永刚，严小勇，等．智能完井技术［J］．天然气勘探与开发，2008，31（1）：40–43.

肖述琴，陈军斌，屈展．智能完井综合系统［J］．西安石油大学学报（自然科学版），2004，19（2）：37–40.

地层封隔完井工艺及工具

齐月魁　单桂栋　聂上振　王晓梅　佘丹兵

（大港油田公司石油工程研究院）

摘　要：目前水平井地层封隔完井工艺及工具不完善，完井过程中所使用的常规盲板钻塞时间长，影响了整个作业周期。本文介绍了一种水平井筛管完井工艺，通过应用一种可快速钻除的盲板以及其他配套工具来实现水平井迅速完井，解决了常规完井钻塞缓慢、施工周期长的问题。本文对快速钻塞工艺管柱、水泥充填树脂盲板、压胀裸眼封隔器、反循环酸洗与胀封管柱的工作原理、结构、技术参数进行了阐述，给出了现场施工工艺及应用效果。本工艺的成功应用，对缩短完井周期、节约作业成本有重要作用。

关键词：水平井筛管完井　快速钻塞　盲板　压胀裸眼封隔器　反循环酸洗与胀封管柱

目前，大港油田共投产水平井159口，采用的完井工艺主要有5种：射孔完井工艺、裸眼悬挂筛管完井工艺、筛管顶部注水泥完井工艺、不留塞顶部注水泥完井工艺，还有应用于底水油藏的分段完井工艺。其中，筛管顶部注水泥完井工艺作为主要完井工艺，共应用97口井，该种完井工艺通过在造斜段及筛管顶部固井，提高封固效果，特别适用于上部有水层的井，避免了上层水下窜，造斜段如有油层，可以在水平段枯竭后射孔求产。该种完井工艺适用于大多数水平井完井，完井工艺比较成熟。

然而，在施工过程中，发现该工艺还存在以下问题：

（1）采用金属盲板，钻塞时间长，钻塞不彻底，常留有金属环；

（2）分级箍内外关闭套均采用金属材料，钻塞时间长；

（3）分级箍关闭不严造成管内留塞；

（4）管外封隔器坐封失效，水泥浆沉入筛管；

（5）酸洗结束起管柱时，出现拔活塞的现象。

针对以上问题，我们进行了攻关，有效地解决了上述问题的发生，在本文中，我们将介绍一种能够快速钻塞的水平井筛管完井技术，通过使用一种特殊设计的盲板及相应配套工具，达到快速完井的目的。

作者简介：齐月魁（1967—　），1993年毕业于江汉石油学院石油工程专业，现主要从事石油钻井完井工艺技术方面的研究工作，油田公司高级专家，高级工程师。

1 完井管柱设计

1.1 完井管柱结构

本文介绍的工艺、工具主要应用于水平井地层完井施工中，其管柱结构自下而上设计为：φ139.7mm多功能洗井阀＋ φ139.7mm短套管＋φ139.7mm精密复合滤砂管串＋ φ139.7mm 短套管＋φ200mm裸眼封隔器（两端加扶正器）＋φ139.7mm套管串＋φ200mm裸眼封隔器（两端加扶正器）＋φ139.7mm 短套管＋φ139.7mm精密复合滤砂管串＋φ139.7mm 短套管＋φ200mm裸眼封隔器（两端加扶正器）＋φ139.7mm套管串＋φ200mm裸眼封隔器（两端加扶正器）＋φ139.7mm短套管＋φ139.7mm精密复合滤砂管串＋φ139.7mm短套管＋盲板＋ φ139.7mm短套管＋φ190mm裸眼封隔器2套（两端加扶正器）＋ φ139.7mm套管（1根）＋ φ139.7mm分级箍（两端加扶正器）＋φ139.7mm套管串（至井口）（图1）。

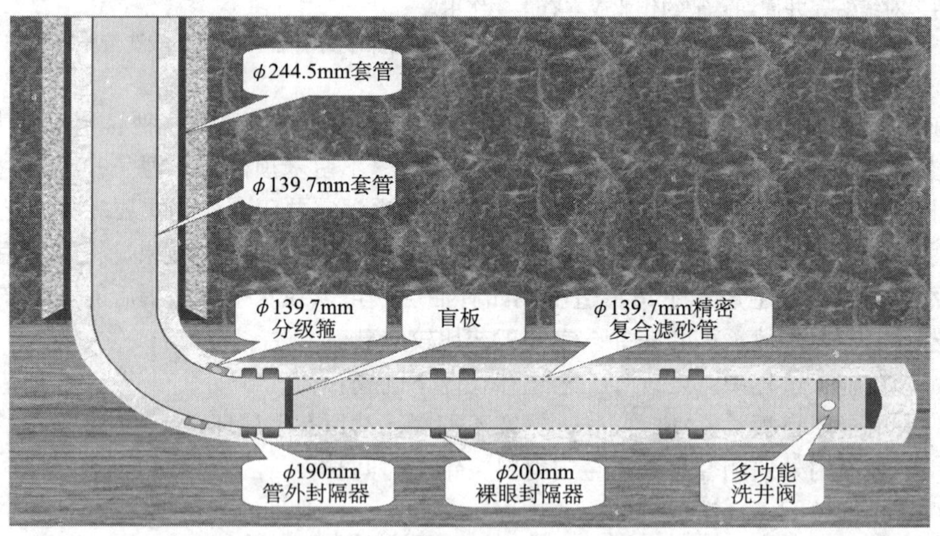

图1 上部注水泥＋下部筛管完井管柱

1.2 酸洗管柱结构

酸洗管柱组合由下至上设计为：φ73mm密封插管＋ φ73mm油管＋ φ114mm打压球座＋φ73mm油管＋φ116mm扶正器＋φ114mm胀封工具＋φ114mm定压阀＋φ73mm油管）＋φ116mm扶正器＋φ114mm胀封工具＋φ73mm油管＋φ116mm扶正器＋φ114mm胀封工具＋φ114mm定压阀＋φ73mm油管＋φ116mm扶正器＋φ114mm胀封工具＋φ73mm油管＋φ126mm洗井封隔器＋ φ73mm油管＋ φ73mm挡球短节＋ φ73mm油管＋φ73mm泄油器＋φ73mm油管串至井口（图2）。

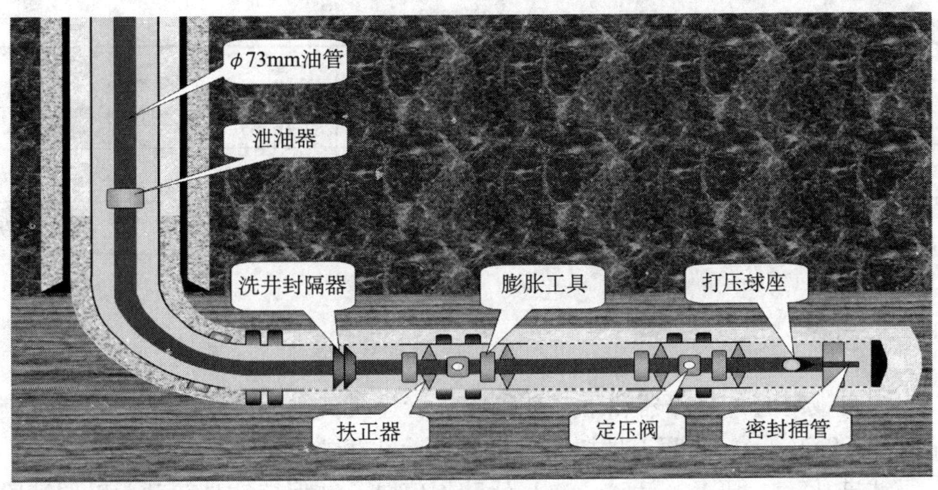

图2　洗井、酸洗管柱示意图

2　相关配套工具

2.1　新型盲板

盲板主要应用于水平井上部固井下部筛管完井固井作业中。盲板安装在管外封隔器以下，筛管上部。目的是给管外封隔器和分级箍建立密封压力。

其具有以下优点：

(1) 密封压差大，可钻性好；

(2) 应用范围广，可用于水平井和大位移井中；

2.1.1　结构

由短套管及非金属部分组成（图3），可钻部分采用非金属材料，易钻不留环。节约钻塞时间，安全可靠。

图3　新型盲板

2.1.2　技术参数

如表1所示。

表1　盲板技术参数

井眼尺寸(mm)	套管尺寸(mm)	盲板长度(mm)	工具外径(mm)	工具内径(mm)	最大外径(mm)	承压(MPa)	连接螺纹
215.9	139.7	1500	139.7	121	156	30	$5^1/_2$LCSG
244.5	177.8	1500	177.8	159	196	30	7LCSG

2.1.3　施工工艺

（1）水泥盲板与管外封隔器和下部套管或筛管连接，水泥盲板上下扣必须用锁扣脂连接。上扣扭矩6.8kN · m。水泥充填树脂盲板的推荐钻塞参数见表2。

（2）每钻进0.5m，要上下活动一次，活动不停泵，并保持钻具转动，以便清除钻头周围的橡胶和金属屑。

表2　水泥充填树脂盲板的推荐钻塞参数

钻头直径(mm)	钻压(kN)	转速(r/min)	排量(L/s)
118	10 ~ 20	60 ~ 70	16 ~ 18
152	10 ~ 20	60 ~ 70	16 ~ 18

2.2　分级注水泥器

用于水平井、直井进行注水泥作业或筛管顶部注水泥，以适应高低压、复杂井、长封固段井要求。

2.2.1　结构特点

由工作筒、开启套、关闭套组成（图4）。可钻部分采用非金属材料，易钻不留环。节约钻塞时间2 ~ 4h，安全可靠。

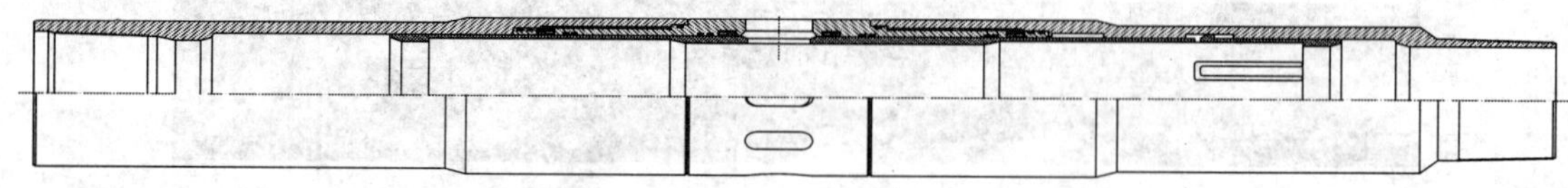

图4　分级注水泥器

2.2.2　技术参数

如表3所示。

表 3　分级注水泥器技术参数

套管尺寸（mm）	177.8	139.7
工具最大外径（mm）	210	190
工具总长度（mm）	2050	1930
钻除后内径（mm）	154	124
打开座内径（mm）	114	92
关闭座内径（mm）	130	102
重力塞外径（mm）	120	98
重力塞长度（mm）	320	290
关闭塞头直径（mm）	140	108
关闭塞长度（mm）	220	198
下胶塞头直径（mm）	100	85
下胶塞头长度（mm）	350	310
泵送塞头直径（mm）	100	85
泵送塞密封直径（mm）	120	98
碰压座内径（mm）	80	65
打开泵压（MPa）	14、16、18 可调	
关闭泵压（MPa）	＞5+ 附加压力 + 压差	
抗内压强度（MPa）	63	65
抗挤强度（MPa）	60	62
最大抗拉负荷（MN）	3.3	2.1

2.3　压胀裸眼封隔器

目前完成的水平井，在水平段加装一组或两组裸眼封隔器，便于以后冲砂或酸洗作业，常用的封隔器为 ϕ177.8mm、ϕ139.7mm。裸眼封隔器已形成系列。

2.3.1　结构

压缩式套管外封隔器主要由膨胀胶筒、中心管（一段套管）阀接头、接箍、短节组成，可直接与套管串连接（图 5）。

图 5　压胀裸眼封隔器

2.3.2 技术参数

见表4。

表4 压胀裸眼封隔器技术参数

公称直径(in)	最大外径(mm)	内径(mm)	总长度(mm)	密封长度(mm)	胀封外径(mm)	耐温(℃)	压差(MPa)	连接螺纹API套管长圆扣
$5^1/_2$	203	121.4	2820	600	305	120	35	$5^1/_2$
7	203	160	2860	600	305	120	35	7

2.4 反循环酸洗与胀封管柱配套工具

在水平井筛管完井施工中，酸洗作业是一项重要的施工环节。洗井作业的成功与否直接关系到水平井的生产效果。近几年所有筛管完成的水平井，全部实施酸洗作业，取得了良好的效果。酸洗管柱配套工具主要有水力胀封封隔器、洗井封隔器、洗井管柱定压阀、洗井冲洗头和内管柱密封座。

精细筛管（精细筛管包括金属棉筛管、金属毡筛管、金属网筛管、金属网复合筛管、TBS筛管等）完井的水平井必须应用于反循环酸洗。反循环酸洗适用于任何筛管完井的水平井。

2.4.1 打压封隔器

（1）功能。

打压封隔器（图6）压差在3MPa时就可密封内管柱与完井管柱之间的环空；压差20MPa，完全胀封管外封隔器。

图6 打压封隔器

（2）结构参数见表5。

表5 打压封隔器结构参数

套管尺寸(mm)	工具长度(mm)	工具外径(mm)	工具内径(mm)	胶筒外径(mm)	胶筒长度(mm)	胶筒耐温(℃)	最大胀封外径(mm)	连接螺纹
139.7	780	116	60	114	200	160	140	$2^7/_8$TBG
177.8	780	150	60	148	200	160	180	$2^7/_8$TBG

2.4.2　胀封定位显示装置

（1）功能。

连接在两个打压封隔器之间并与定压阀连接（图7和图8）。当胀封内管柱下到预定位置后，地面开泵3MPa，憋压，使卡块张开，上提管柱到定位接头以上的位置后，再次下放管柱，利用位移和悬重的变化量来判断打压封隔器是否封隔住管外封隔器。该定位机构的优点在于结构简单，判断可靠。

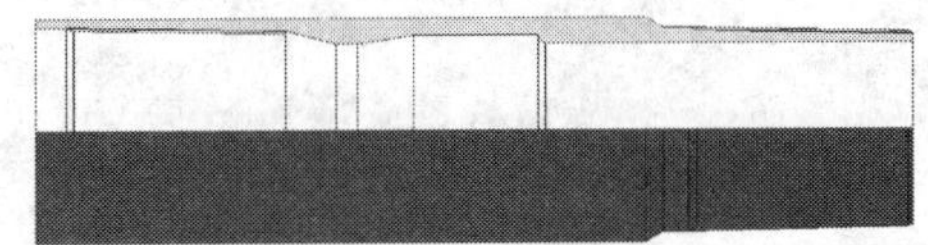

图7　定位短节

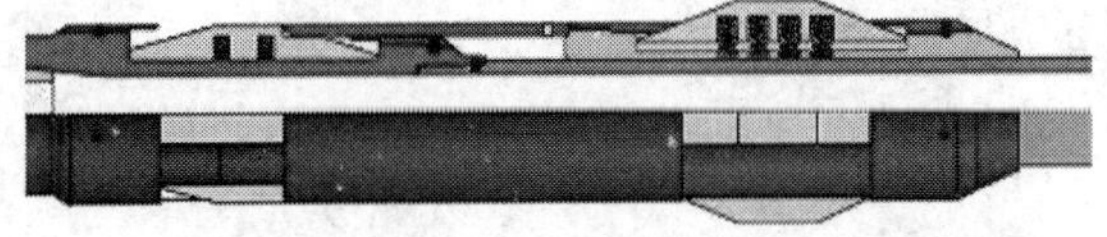

图8　定位显示装置

（2）结构参数见表6和表7。

表6　定位短节结构参数

套管尺寸（mm）	工具长度（mm）	工具外径（mm）	工具内径（mm）	连接螺纹
139.7	650	156	124	$5^1/_2$LCSG
177.8	700	196	160	7LCSG

表7　定位显示装置结构参数

套管尺寸（mm）	工具长度（mm）	工具外径（mm）	工具内径（mm）	连接螺纹
139.7	800	116	60	$2^7/_8$LCSG
177.8	800	152	60	$2^7/_8$LCSG

2.4.3　定压阀

（1）功能。

连接在两个打压封隔器之间，定压阀（图9）压差在6MPa时打开，此时两个打压封隔在3MPa时启封，就可密封内管柱与完井管柱之间的环空。

图9　定压阀

（2）结构参数见表8。

表8　定压阀结构参数

套管尺寸（mm）	工具长度（mm）	工具外径（mm）	工具内径（mm）	打开压差（MPa）	连接螺纹
139.7	500	114	60	6	$2^7/_8$UPTBG
177.8	780	150	60	6	$2^7/_8$UPTBG

2.4.4　洗井管柱扶正器

（1）功能。

洗井管柱扶正器（图10）连接在两个打压封隔之间，起到扶正和保护胶筒的作用。

图10　洗井管柱扶正器

（2）结构参数见表9。

表9　洗井管柱扶正器结构参数

套管尺寸（mm）	工具长度（mm）	工具外径（mm）	工具内径（mm）	连接螺纹
139.7	360	116	60	$2^7/_8$UPTBG
177.8	360	152	60	$2^7/_8$UPTBG

2.4.5　反洗球座

（1）功能。

反洗球座（图11）与最下面打压封隔器连接。反洗液体可以从球座处进入，正打压10～16MPa胀封管外封隔器。正打压20MPa，打掉球座，起钻与环空建立连通。

图11　反洗球座

（2）结构参数见表 10。

表 10　反洗球座结构参数

公称直径 (in)	外径 (mm)	内径 (mm)	长度 (mm)	剪断剪销泵压 (MPa)	连接螺纹
$2^7/_8$	90	60	460	20	$2^7/_8$UPTBG

2.4.6　密封插入管

（1）功能。

与反洗球座连接，插入到洗井阀内。反洗液体可以从密封插入管（图 12）进入。

图 12　密封插入管

（2）结构参数见表 11。

表 11　密封插入管结构参数

公称直径 (in)	外径 (mm)	内径 (mm)	长度 (mm)	连接螺纹 API
$2^7/_8$	71	60	1350	$2^7/_8$UPTBG

2.4.7　洗井阀

（1）功能。

与筛管连接，密封插入管插入到洗井阀（图 13）内。反洗液体通过筛管进入到密封插入管内。洗井阀起到控制液体短路的目的，将筛管和地层全部清洗干净。

图 13　洗井阀

（2）结构参数见表12。

表12 洗井阀结构参数

公称直径（in）	外径（mm）	内径（mm）	长度（mm）	密封压力（MPa）	连接螺纹API
$5^1/_2$	156	71	350	60	$5^1/_2$LCSG
7	196	71	380	60	7LCSG

2.4.8 反洗井封隔器

（1）功能。

与送入的内管柱连接，安放在外管柱最上一根筛管以下10～20m位置，起到改变反洗液体流向作用。洗井液体通过反洗井封隔器（图14）进入到筛管与裸眼的环空，通过插入管进入内管柱返到地面。洗井封隔器皮碗内开有流道，起到泄流作用，起钻不拔活塞。

图14 反洗井封隔器

（2）结构参数见表13。

表13 反洗井封隔器结构参数

套管尺寸（mm）	工具长度（mm）	工具外径（mm）	工具内径（mm）	连接螺纹
139.7	750	126	60	$2^7/_8$UPTBG
177.8	750	162	60	$2^7/_8$UPTBG

3 现场应用工艺与效果

3.1 工艺过程

（1）通井。

（2）下完井管柱（管柱结构见图1）。

（3）胀封封隔器，打开分级箍。

（4）固井，关闭分级箍。

（5）候凝，换防喷器、钻塞。

（6）钻塞通井。

（7）刮削、洗井、通井。

（8）下入替浆，酸洗，洗井一次管柱（管柱组合见图2）。

（9）替浆、酸洗、洗井。

（10）胀封封隔器，打掉球座。

（11）起出管柱。

（12）下入投产管柱。

3.2 应用效果

2008年在室内和现场模拟试验的基础上，进行了现场试验，对比检验了该技术的实施效果（表14）。到目前为止，水平井完井工具应用24口井，其中分级箍应用3口井、管外封隔器应用6口井、盲板应用23口井、胀封工具应用4口井、洗井封隔器应用23井，定位显示应用2口井，成功率达到100%。

表14 本文设计的水平井完井配套工具应用情况

井号	完井方式	完井工具							
		分级箍（只）	盲板（只）	压胀封隔器（只）	滚轮扶正器（只）	洗井封隔器（只）	胀封工具（套）	洗井阀（只）	插入管（只）
西8–13–8H	139.7mm精密复合滤砂管		1	2	8	1	1	1	1
西34–16H	177.8mm精密复合滤砂管		1	1	9	1	1	1	1
西34–13–6H	139.7mm精密复合滤砂管	1	1		5	1		1	1
西58–2–3H	139.7mm精密复合滤砂管		1		8	1	1	1	1
西40–6–10H	177.8mm分级控砂筛管		1		8	3	1	1	1
西40 6 11H	177.8mm分级控砂筛管		1		5	3		1	1
西48–8–3H	139.7mm分级控砂筛管		1		5	3		1	1
羊3H2	139.7mm精密复合滤砂管		1	1	5	1		1	1
羊3H4	139.7mm精密复合滤砂管		1		5	1		1	1
羊3H5	139.7mm精密复合滤砂管		1	1	5	1		1	1
孔1033H1	139.7mm精密复合滤砂管		1		5	1		1	1
孔1033H2	139.7mm精密复合滤砂管		1		5	1		1	1
孔1057H1	139.7mm精密复合滤砂管		1		5	1		1	1
孔1057H2	139.7mm精密复合滤砂管		1		5	1		1	1
孔1074H	139.7mm精密复合滤砂管		1	1	5	1		1	1
孔1079H	139.7mm精密复合滤砂管	1	1		5	1		1	1
孔85–18H2	139.7mm精密复合滤砂管				8	3		1	1
孔58–2H	139.7mm精密复合滤砂管		1		5	1		1	1
孔H2	139.7mm精密复合滤砂管		1		8	3		1	1
房37–38H	139.7mm精密复合滤砂管		1		5	1		1	1
港516–6H	139.7mm精密复合滤砂管	1	1		5	1		1	1
港3–38H	139.7mm分级控砂筛管		1		5	1		1	1
板64–26KH	139.7mm精密复合滤砂管		1		5	1		1	1
港71–1H	139.7mm精密复合滤砂管		1		5			1	

表 15　本文设计的分级箍、盲板与常规产品的钻塞时间对比

井号	井段 (m)	钻压 (kN)	时间 (min)	工具类型
西 4–13–6H	1367 ~ 1397.25	10 ~ 20	35	本文设计
孔 1074H	1506.5 ~ 1536	10 ~ 20	23	本文设计
西 34–16H	1412 ~ 1430	10 ~ 20	260	常规产品
羊 3H2	1434 ~ 1478	10 ~ 20	185	常规产品
西 8–13–8H	1350 ~ 1430	10 ~ 20	420	常规产品
羊 3H5	1317 ~ 1338	10 ~ 20	385	常规产品
孔 1079H	1440.04 ~ 1463.82	10 ~ 20	170	常规产品
房 37–38H	1872.05 ~ 1891.90	5 ~ 10	180	常规产品
西 8–23–3H	1304.21 ~ 1326.64	5 ~ 10	180	常规产品
孔 1057H2	1571.92 ~ 1609.52	5 ~ 10	300	常规产品

由表 15 可以看出，采用常规分级箍、金属盲板，钻塞时间通常在 4 ~ 6h，本文介绍的压差分级箍和盲板，钻塞只需要 23 ~ 35min，与常规同类工具相比速度提高了 10 倍以上，有效缩短钻塞周期，从而大大减少完井施工作业时间。

4　结论

（1）本文介绍的分级箍采用液压打开，液压关闭设计。钻除部分材料采用非金属材料，后期钻塞速度快。

（2）本文介绍的盲板具有钻塞快、不留环、刮削快的特点。

（3）本文介绍的洗井阀、插入管、胀封工具、定压阀、管外封隔器等工具形成一整套酸洗胀封工艺。

（4）本文介绍的水平井快速钻塞完井技术工艺可实现水平井快速钻塞完井，对缩短完井施工周期、节约作业费用有重大作用。

参 考 文 献

Nelson Erik B.，现代固井技术［M］. 刘大为，田锡君，廖润康译 . 沈阳：辽宁科学技术出版社，1994.

万仁溥 . 现代完井工程［M］. 北京：石油工业出版社，1996.

查金才，齐海鹰 . 国外大位移钻井技术的最新进展［J］. 世界石油工业，1998，(3)：34–37.

张绍槐，等 .21 世纪中国钻井技术发展与创新［J］. 石油学报，2001，(6)：22–26.

吉林油田抗 CO_2 腐蚀固井技术

王顺利　何　军　张嵇南　常春梅

（吉林油田公司钻井工艺研究院）

摘　要：吉林油田含 CO_2 井固井面临的最大技术难题是 CO_2 酸性气体对水泥石的腐蚀，固井质量难以保证，为提高长期固井质量，开展了二氧化碳气体对固井水泥石侵蚀机理研究分析，研究优选防腐固井材料，形成该地区固井配套工艺技术。通过室内针对性研究和实验，对比国内其他防 CO_2 腐蚀材料及水泥浆体系，结合自身特点优选出防 CO_2 腐蚀固井材料和水泥浆体系，提高水泥石抗腐蚀性能，保证固井质量，解决含 CO_2 井寿命短的难题，为该地区天然气的勘探与开发工作服务。

关键词：水泥环　CO_2　腐蚀　缓蚀指数　渗透率　碳化深度

油气井套管外水泥环是保护套管、实现层间封隔的主要屏障。CO_2 作为伴生气在油气井的地层流体中大量存在。CO_2 在湿环境下具有酸性，与碱性水泥环发生酸碱反应（碳化作用），使水泥环的强度降低，渗透率提高，最终使水泥环失去对套管的保护，失去层间封隔的功能。

目前国内外关于防 CO_2 腐蚀水泥浆体系的研究并不多，而且对腐蚀机理研究不够透彻，腐蚀评价方法不科学，所开发的防 CO_2 腐蚀材料适用范围窄且作业成本较高。国内外目前已经开发的防 CO_2 腐蚀水泥浆体系，大部分使用矿渣、硅灰、粉煤灰等传统矿物材料作为主要外掺料，硬化后的水泥石脆性和体积收缩大，抗 CO_2 腐蚀效果不明显。所以开发一种施工工艺简单、作业成本较低，且使用范围广的防 CO_2 腐蚀水泥浆体系势在必行。

1　吉林松南天然气田概况

松辽盆地含 CO_2 天然气资源量超过 $1\times10^{12}m^3$，三级储量达到 $9439\times10^8m^3$，松南 $4422\times10^8m^3$，具备了规模开发的物质基础。2010 年东北三省天然气需求量为 $170\times10^8m^3$，天然气供需缺口大，探明资源亟待开发。长深井区营城组 3550 ~ 3800m，储层岩性为气孔流纹岩和火山角砾岩，其孔隙度多介于 1% ~ 13%，渗透率多介于 0.01 ~ 4mD，储层孔隙压力系数 0.99 ~ 1.13，地温梯度约 4℃ /100m，属于深层、高产、高温、高压、高含 CO_2

作者简介：王顺利（1962—　），1983 年毕业于大庆石油学院石油工程专业，吉林油田固井专家，钻井院完井所所长，高级工程师。

的长井段碳酸盐岩气藏。CO_2驱在吉林油田低渗透储量动用及提高采收率方面潜力巨大，如果推广应用，将需要大量的CO_2资源。东北输气管网的建成，要求尽快动用高含CO_2天然气藏和CO_2气藏，以满足稳定供气和市场不断扩大的需求。

吉林油田富含CO_2地层井深3500～4300m，地层水的pH值为6.0～8.0，HCO_3^-浓度为260～18001mg/L，CO_2气体含量20%～80%（表1和表2）。

表1　吉林油田部分天然气井中组分

井号	取样位置（m）	甲烷（%）	乙烷（%）	丙烷（%）	N_2（%）	CO_2（%）
长深1	3550～3800	68.34	1.30	0.14	5.52	24.01
	3710～3727	70.41	1.40	0.00	4.00	20.05
长深1-2	3597～3697	80.44	1.70	0.00	6.73	21.95
	3602～3705	61.70	1.54	0.00	4.77	31.01
长深103	3632～3732	62.65	1.13	0.09	6.03	20.75
长深平1	3840～4380	68.80	1.13	0.08	8.49	24.72

表2　吉林油田部分井段地层水中组分

井号	井段（m）	HCO_3^-（mg/L）	Cl^-（mg/L）	SO_4^{2-}（mg/L）	Ca^{2+}（mg/L）	Mg^{2+}（mg/L）	总矿化度（mg/L）	pH值
长深1	3840～3850	15530	3767	207	35	0	28017	7.0
长深2	3040～3050	18001	4002	584	50	30	32210	7.6
长深1-2	3843.1	6188	904	482	20	31	8284	8.0
长深1-2	3838	12670	2392	110	10	0	21407	8.0
长深1-2	3038	10373	1949	171	15	0	17730	8.0
		306	59	46	66	29	77	6.6
长深103	3848～3611	291	9494	894	487	39	30	6.0
		269	9880	642	472	35	37	6.0
		376	8743	825	670	33	2	6.0
长深1-3	3628～3634	647	6702	452	288	21	37	6.0
		603	3061	803	336	56	61	6.0

2　高含二氧化碳固井技术难题

2.1　含CO_2天然气藏固井技术经验少，技术不配套

国内含CO_2天然气藏广泛分布在松辽、四川、莺歌海等盆地。目前，普光气田是四川盆地目前发现的最大气田，CO_2含量为7.89%～9.1%；普光2井长兴组天然气中CO_2含

量达8.57%；非仙关组一段天然气中CO_2含量达7.96%；吉林油田长深气田CO_2含量高达14%～80%。对于高含CO_2天然气藏开发，普遍开发时间短，不具备系统的固井技术，缺乏经验，技术不配套等。

2.2. 酸性CO_2环境对水泥环腐蚀

井下酸性气体在湿环境下会对油井水泥环产生腐蚀，降低水泥石的碱性。随着腐蚀程度增大，水泥石中胶结组分减少，其抗压强度降低，渗透率增大，从而诱发流体窜流、井壁垮塌、套管和油管腐蚀、穿孔和断裂等事故，缩短油气井生产寿命。

2.3 抗CO_2腐蚀材料优选困难

目前，国内针对酸性环境下抗腐蚀材料的研究处于摸索阶段，未能研究开发出一种行之有效抗酸性环境腐蚀材料，来满足抗CO_2腐蚀固井工程性能（包括水泥石的抗压强度、渗透率、孔结构参数和碳化程度等）的需求。

3 CO_2对水泥环的腐蚀机理

（1）CO_2气体溶于水后电离出H^+，与水泥石表面层中的Ca（OH）$_2$反应，使水泥石表面渗透率增大，抗压强度降低。

（2）由于水泥石渗透率增大，含有CO_2气体的地层水渗入水泥石内部，并不断与水泥石中Ca（OH）$_2$反应，使整个水泥石抗压强度降低，渗透率陡增。

（3）当水泥石中游离Ca（OH）$_2$消耗完，CO_2与水泥石中CSH反应生成非胶结性的无定形SiO_2，破坏水泥石的整体胶结性，使水泥石失去对套管的保护作用。

（4）由于水泥石中Ca（OH）$_2$含量的减少，抑制了AFt的生成，使水泥石体积显著收缩，增大了其孔隙率和渗透率。

（5）高温高压地层，CO_2以超临界状态CO_2（aq）的形式发生酸性腐蚀（CO_2的临界温度为31℃，临界压力为7.3MPa)，与高温下水泥水化产物反应，其腐蚀强度与p_{CO_2}有直接的关系。

4 抗CO_2腐蚀固井材料优选

在95℃条件下通过评价不同材料的长期（0～360天）抗CO_2腐蚀性能（包括水泥石的抗压强度、渗透率、孔结构参数和碳化程度等），选择抗CO_2腐蚀性能优异的相关材料和油井水泥外加剂（晶体膨胀剂）作为抗CO_2腐蚀多功能水泥浆体系的基础组成。将所选定的各种材料及外加剂复配，制备多功能抗CO_2腐蚀水泥浆体系，并考查其抗CO_2腐蚀特性和水泥浆综合工程性能。

对于抗CO_2腐蚀材料来说，筛选性能优良的抗腐蚀外掺料至为关键。研究涉及主要的

抗 CO_2 腐蚀外掺料筛选（富铝材料 MK、富钙材料 GH、富硅材料 SM 和防腐蚀材料 F11F 等）和高温防窜外加剂优选（晶体膨胀材料；降滤失剂、缓凝剂；减阻剂）。其中主要实验材料化学组成见表 3，具有代表性的 7 组配方的组成见表 4。

表 3　主要实验材料化学组成　　单位：%

原料	SiO_2	Fe_2O_3	Al_2O_3	CaO	MgO	P_2O_5	R_2O	SO_3	总计
水泥	22.43	4.10	4.76	64.77	1.14	—	—	1.67	98.95
MK	52.50	0.65	44.03	0.31	0.27	—	0.60	—	98.36
GH	40.48	0.38	2.31	52.42	—	—	—	—	96.81
SM	92.37	0.80	0.27	1.40	0.41	0.26	—	—	96.51
F11F	71.93	0.66	11.72	11.38	0.27	0.13	0.15	—	97.05

注：G 级油井水泥的烧失量为 0.54%。

表 4　抗 CO_2 腐蚀材料优选实验配方

配方	主要组成
1#	G 级嘉华
2#	G 级嘉华 +4%MK+0.3% 减阻剂
3#	G 级嘉华 +4%GH +0.3% 减阻剂
4#	G 级嘉华 +6%SM +0.3% 减阻剂
5#	G 级嘉华 +20%F11F+2.5% 降滤失剂 +0.5% 减阻剂
6#	G 级嘉华 +2.5% 降滤失剂 +0.5% 减阻剂
7#	G 级嘉华 +2.5% 晶体膨胀材料 +0.3% 减阻剂

4.1　水泥石缓蚀指数（率）

水泥石缓蚀指数（率）为在腐蚀介质中腐蚀一定龄期后水泥石的抗压强度与腐蚀前抗压强度之比。水泥石的缓蚀指数越大，其抗 CO_2 腐蚀性能越好。7 种配方的水泥石未经腐蚀作用养护至 360 天，抗压强度都有一定程度的增加（7# 除外）。不同抗 CO_2 腐蚀材料的抗压强度和缓蚀指数见图 1 和表 1。

从图 1 和表 5 可以看出，就单一抗腐蚀材料而言，在 CO_2 腐蚀环境中，MK、GH 和 SM 都可改善油井水泥石的抗 CO_2 腐蚀能力。MK 可提高水泥石短期 CO_2 抗腐蚀能力，但长期抗腐蚀效果不佳，甚至低于净浆水泥石；GH 可以提高水泥石 CO_2 抗腐蚀能力，但是腐蚀时间延长，抗腐蚀能力下降；SM 不仅能提高水泥石抗 CO_2 腐蚀性能，而且其抗腐蚀作业不随腐蚀龄期的延长而降低；复合抗腐蚀材料 F11F 可明显提高水泥石抗腐蚀效果，而且抗腐蚀耐久性好、效果显著。

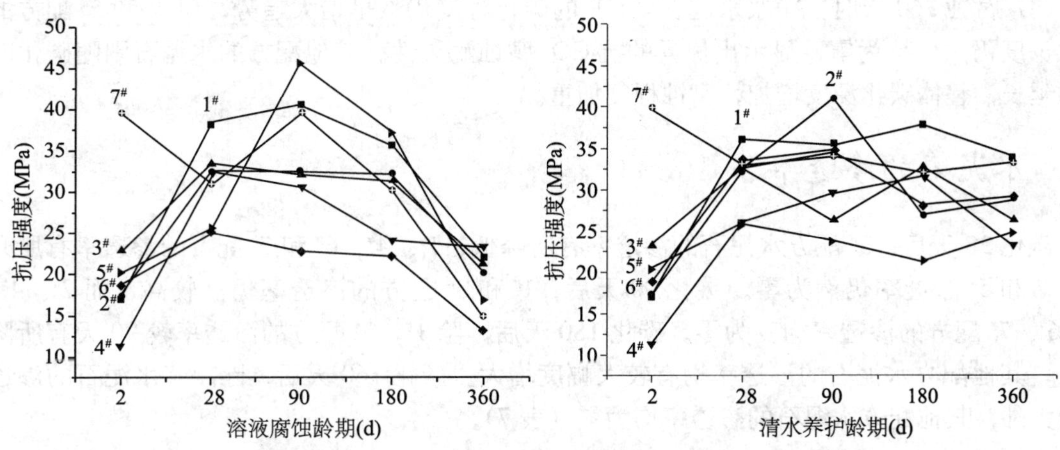

图1　腐蚀前后水泥石在不同龄期的抗压强度变化（95℃）

表5　CO_2腐蚀后水泥石缓蚀指数360d龄期内变化情况（95℃）

配方	缓蚀指数			
	28d	90d	180d	360d
1#	1.00	0.92	0.89	0.56
2#	1.04	0.79	1.21	0.76
3#	1.03	1.22	0.96	0.82
4#	1.26	1.04	0.76	1.00
5#	1.36	1.49	1.91	1.11
6#	0.76	0.66	0.80	0.45
7#	0.94	1.17	0.95	0.49

4.2　水泥石碳化深度

水泥基础材料的碳化深度可直观反映其遭受CO_2腐蚀的程度，水泥石的腐蚀程度与腐蚀时间有关，通常随着腐蚀时间的延长，碳化深度增大。95℃下掺有不同抗CO_2腐蚀材料的水泥石在整个腐蚀评价期间（28～360天）碳化深度变化见表6。

表6　CO_2腐蚀后不同龄期水泥石的碳化深度

配方	碳化深度（mm）			
	28d	90d	180d	360d
1#	2.16	2.76	3.14	5.39
2#	1.74	1.98	3.84	4.24
3#	1.58	2.50	2.56	2.98
4#	0	0	0	0
5#	1.16	0	0	0
6#	2.58	3.08	4.72	5.50
7#	1.70	1.94	2.22	2.48

CO_2腐蚀360天时，净浆水泥石（1#）的碳化程度仍然呈增大趋势，而4#和5#配方的碳化深度仍然保持为零，显示出优异的抗CO_2腐蚀耐久性。其他配方的水泥石则随碳化时间的延长，整体碳化深度增加，腐蚀程度加重。

4.3 水泥石的渗透率

碳化28天后，3#配方水泥石的渗透率有所降低，1#、4#、6#和7#配方的渗透率有所升高，2#和5#渗透率仍然为零。碳化90天后，1#和3#配方的渗透率仍然较高，而2#、4#、5#、6#、7#配方的渗透率均变为零。碳化180天后，除1#，3#配方的渗透率较90天有所降低外，其他配方水泥石的渗透率均有较大幅度增大。碳化360天后，除净浆水泥石的渗透率较大外，其他配方水泥石的渗透率均为零（表7）。

表7 不同配方水泥石经CO_2腐蚀后渗透率变化

配方	渗透率（mD）				
	初始值	28d	90d	180d	360d
1#	10.9	12.7	16.82	14.69	12.4
2#	0	0	0	3.98	0
3#	24.7	1.91	3.49	3.42	—
4#	0	10.7	0	4.03	0
5#	0	0	0	3.34	0
6#	0	0.90	0	8.76	0
7#	0	1.57	0	5.61	0

4.4 水泥石的孔结构

5#配方水泥石各龄期总孔隙率均低于1#水泥石，相同养护龄期时，腐蚀后水泥石的总孔隙率都低于腐蚀前（图2、图3）。由于5#配方水泥石中掺入的抗腐蚀外掺料比例较大(20%)，使得胶凝性组分油井水泥的比例降低，而水泥石水化前期与外掺料反应程度较低，故前期水泥石总孔隙率要高于净浆水泥石。随着反应的进行，外掺料逐渐开始参与反应，生成新的胶凝相，降低了水泥石总孔隙率，使水泥石孔径向小孔方向移动。

4.5 水泥水化产物与腐蚀产物分析

对不同腐蚀龄期水泥石的腐蚀层和未腐蚀层进行X衍射分析（图4），有助于了解抗CO_2腐蚀材料作用机制，以便于指导抗CO_2腐蚀实用水泥浆体系设计与现场应用。

图4表明，在95℃条件下，加入各种外加剂和复合外掺料（F11F）的5#配方水泥石，其腐蚀产物与1#配方最主要的差别是水化硅酸钙CSH的残留和较少的$CaAl_2SiO_8 \cdot 4H_2O$，这主要是因为抗CO_2腐蚀复合材料抑制了CSH的腐蚀；7#配方是只加晶体膨胀剂和减阻剂的对比样，与1#配方基体内部的衍射图谱相比几乎没有差异，说明在非受限条件下晶体膨

胀剂对最终水化产物和耐腐蚀性没有显著影响，这从另一角度说明了掺入F11F的确能提高水泥浆体的抗CO_2腐蚀性。

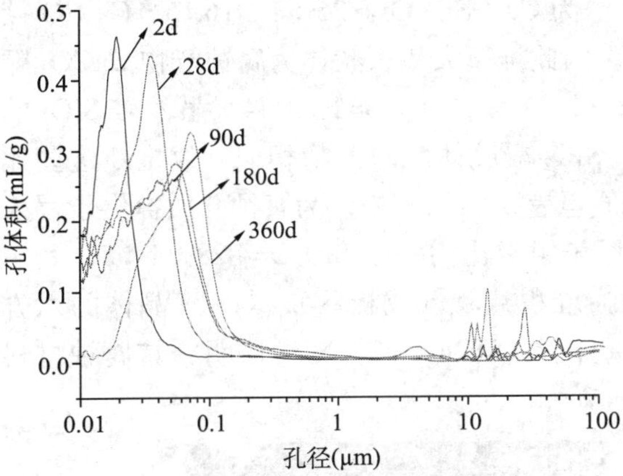

图2　清水中5[#]水泥石孔径分布

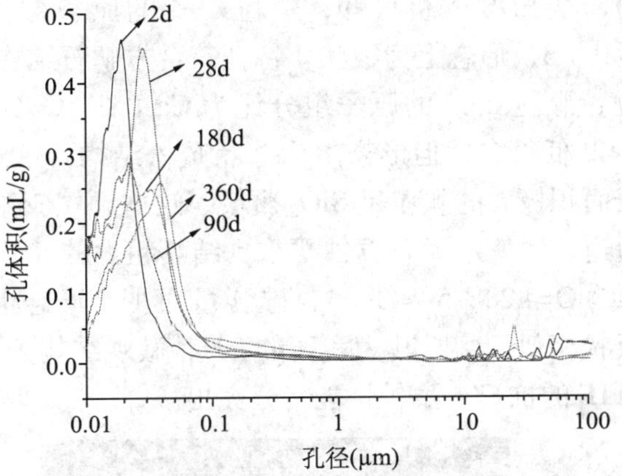

图3　腐蚀后5[#]水泥石孔径分布

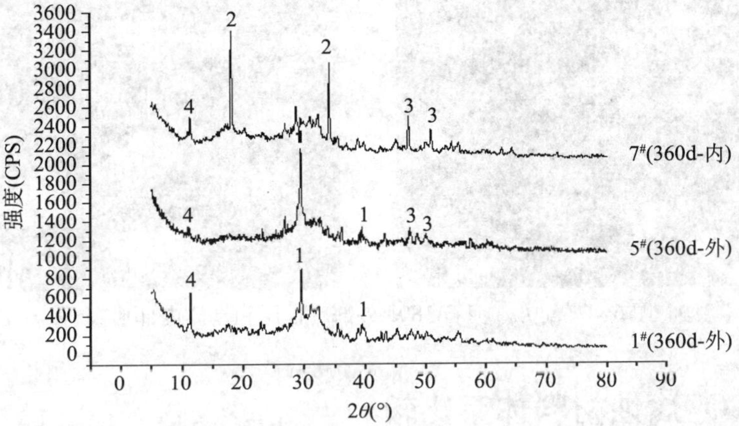

图4　1[#]、5[#]和7[#]配方水泥石的外层腐蚀产物及7[#]配方内部水化产物（95℃）

1—$CaCO_3$；2—$Ca(OH)_2$；3—CSH；4—$CaAl_2SiO_24H_2O$

4.6　水泥石微观形貌

实验选取了具有代表性的5[#]配方（抗CO_2腐蚀材料F11F）和6[#]配方（常规高温防窜水泥浆体系）来观察经CO_2腐蚀后水泥石的腐蚀层和内部结构（图5和图6）。

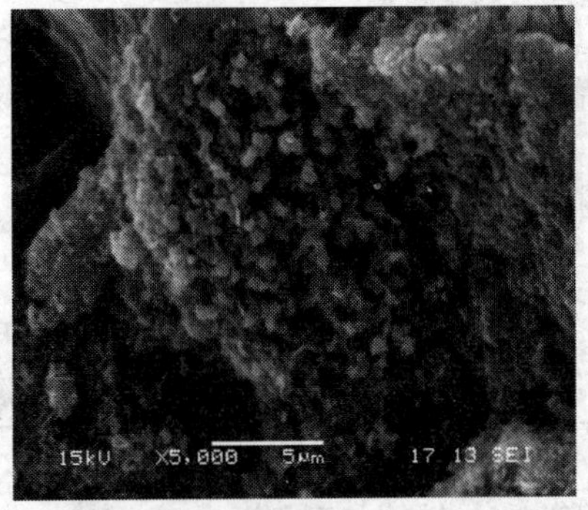

图5　5[#]配方水泥石180天腐蚀层和基体内部形貌

SEM及EDS（能谱）分析比较发现：5[#]外层虽然受到腐蚀，但其结构仍然致密，内部并未受到CO_2腐蚀，主要结构仍是CSH凝胶体（图7）；7[#]试样腐蚀层结构疏松（图8），从EDS分析可知，颗粒C−1的原子组分比为Ca∶Si∶O=6.26∶1∶16.15，Ca∶O接近1∶3，形态上为板状，特征符合方解石结构，因此推断大量板状体为腐蚀产物$CaCO_3$颗粒；颗粒C−2的原子组分比为Ca∶Si∶O=0.2∶1∶1.44，Si∶O=1∶1.44，虽然较SiO_2的1∶2低很多，但形态上为球状疏松结构，这与SiO_2凝胶体脱水产物相似，故推断这些比表面积极大的颗粒是SiO_2凝胶。这些颗粒胶结质量差，结构疏松，为腐蚀介质提供了侵入通道，致使水泥石腐蚀严重。结晶粗大的d处原子组成比为Ca∶Si∶O=4.28∶1∶5，其中Ca∶O=4.28∶5≈1∶1，硅含量很少，形态上为堆积片状（或板状），与CH晶体的六方板状相似，判断其为残留的CH。微观结构测试分析（SEM/EDS）辅助证明：抗腐蚀材料F11F的抗CO_2腐蚀性能十分突出。

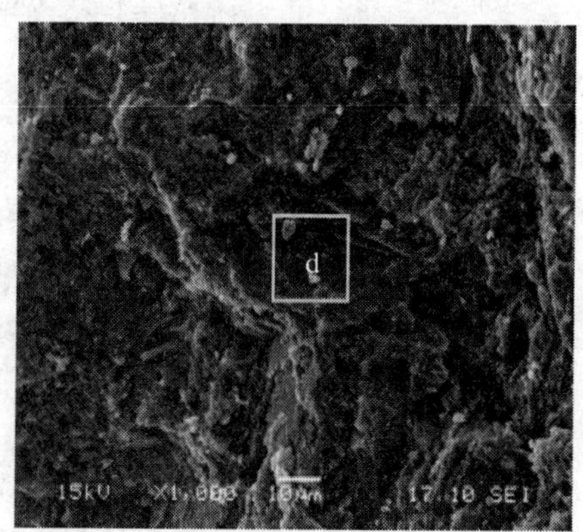

图6 7[#]配方水泥石180d外部腐蚀层和基体内部形貌

5 不同抗CO_2腐蚀材料体系比较

目前，国内外关于防CO_2腐蚀固井材料的研究已经有相关报道，但国内仍没有完全成熟的防CO_2腐蚀水泥浆体系。为了保证抗腐蚀性能的可比性，在基本相同的养护制度和评价条件下，选择了国内其他3家单位（BJ、BX、JZ）开发的抗CO_2腐蚀水泥浆体系进行比较。表8和表9为国内不同单位抗CO_2腐蚀水泥浆抗腐蚀性能评价结果。

腐蚀养护条件：p_{CO_2}=4MPa（合同要求1MPa），150℃。BJ、BX、JZ、F11F抗压强度实验条件：180℃×55MPa。渗透率实验条件：驱替压7MPa×24h。

表8 国内不同单位抗CO_2腐蚀水泥浆体系性能（150℃）

单位名称	初始强度(MPa)	初始渗透率(mD)	28d		90d	
			抗压强度(MPa)	渗透率(mD)	抗压强度(MPa)	渗透率(mD)
F101	15.0	0.66	27.6	0.83	50.2	0.12
BJ	12.0	8.40	22.1	0.57	49.0	0.62
BX	23.4	0.74	32.5	1.47	39.2	0.75
JZ	8.2	11.85	12.3	0.32	25.9	1.08

注：初始强度为5d龄期的抗压强度。

由于特定CO_2腐蚀龄期的“抗压强度/初始强度”并不代表缓蚀指数，且养护条件也不相同，故只能作为分析时参考。但从不同抗腐蚀体系水泥石的碳化深度（图7）和总孔隙率来看，抗腐蚀性能的强弱比较分明，而不同水泥石渗透率的变化则凸显晶体膨胀剂的优势（28天时JZ体系水泥石的渗透率比初始值大幅降低），为4种所评价体系中最低。

表9　国内不同单位抗CO_2腐蚀水泥浆体系性能

单位名称	28d抗压强度/初始强度	90d抗压强度/初始强度	碳化深度(mm)	总孔隙率(%)
F11F	1.33	1.86	5.8	18.61
BJ	1.84	4.08	9.50	27.16
BX	1.39	1.21	7.68	24.50
JZ	1.50	3.16	11.21	36.19

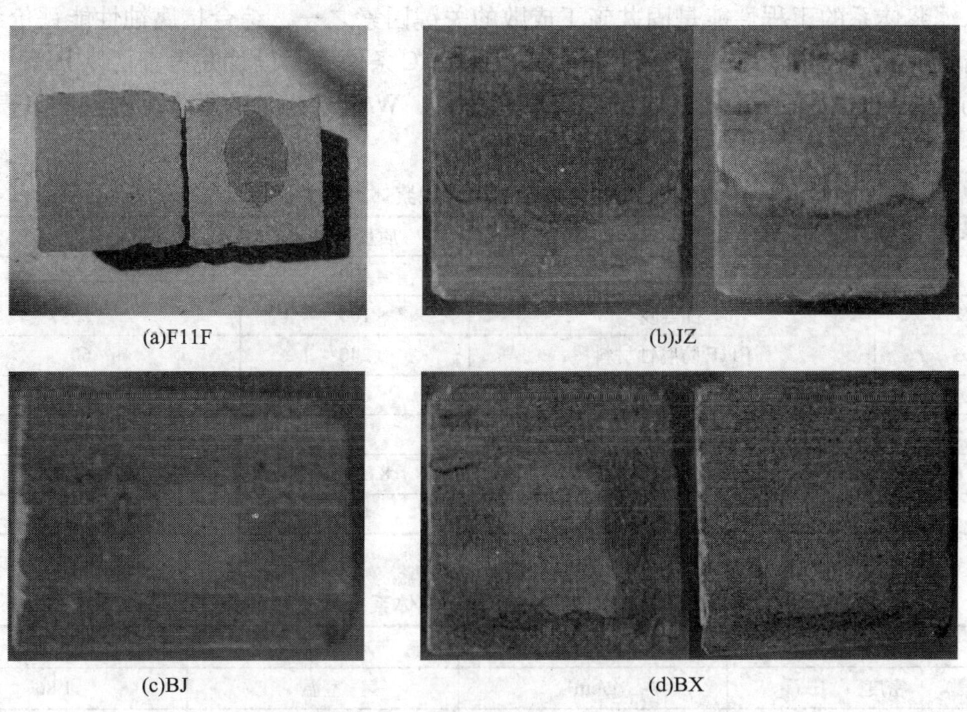

(a)F11F　(b)JZ　(c)BJ　(d)BX

图7　不同抗腐蚀水泥浆体系的碳化深度（150℃，28d）

对三种抗CO_2腐蚀水泥浆体系28天龄期水泥石未腐蚀层（内核）和腐蚀层（外层）进行了孔结构和腐蚀产物（XRD）分析，结果见表10。

表10　不同抗腐蚀水泥浆体系的孔分布　　单位：%

配方	总孔隙率	< 50nm	50～100nm	>100nm
JZ-内	36.49	33.23	51.54	15.09
JZ-外	36.18	35.21	26.53	38.26

续表

配方	总孔隙率	< 50nm	50 ~ 100nm	>100nm
BX- 外	13.50	22.13	20.44	57.43
BJ- 外	27.16	46.23	21.76	32.01
F11F- 外	24.09	33.30	36.24	30.46

综合考虑上述性能后，得出整体评价结论：以 F11F 为主要组成的高温抗 CO_2 腐蚀水泥浆体系抗腐蚀性能已经超过国内其他抗腐蚀水泥浆体系。

6 抗 CO_2 腐蚀高温水泥浆体系工程性能评价

水泥浆体系的工程性能是固井施工成败的关键因素之一，综合抗腐蚀性能评价结果和水泥石微观测试分析，结合现场需求情况，在 150℃条件下，设计并考查了以 F11F 为主要组成的抗 CO_2 腐蚀高温水泥浆体系（配方见表 11，W/C=0.38）的基本工程性能（表 12 和图 8 ~图 9）。

表 11 抗 CO_2 腐蚀高温水泥浆体系配方组成

序号	配方成分	质量（g）	质量分数（%）
1	嘉华 G 级水泥	400	—
2	石英砂	100	25
3	F11F 防腐蚀材料	240	60
4	减阻剂	6	1.5
5	降失水剂	16	4.0
6	缓凝剂	8.0，10	2.0 ~ 2.5
7	消泡剂	0.4	0.01

表 12 抗 CO_2 腐蚀高温水泥浆体系基本工程性能

项 目	单 位	实验条件	性 能
密度	g/cm^3	室温	1.86
流动度	cm	室温	22
初始稠度	Bc	150℃	14 ~ 15
100Bc 稠化时间	min	115℃ /55MPa	231 ~ 298
自由水	%	93℃	0.5
滤失量	mL	93℃ /6.9MPa	36
沉降密度差	g/cm^3	93℃	0.02
3d 抗压强度	MPa	150℃ /55MPa	40
2d 线膨胀率	%	150℃ /55MPa	0.008
静胶凝强度时间	min	145℃ /21MPa	16

水泥石基体的孔结构和孔分布与其抗压强度和渗透性密切相关。由于油井水泥石自收缩，使孔隙率增大，CO_2气体或溶液容易进入水泥石的内部腐蚀水泥水化产物，破坏水泥石内部结构。如果水泥石产生一定的微膨胀，可以增加其密实性，阻止CO_2气体或溶液进入水泥石的内部。由表12可知，在123℃下，静胶凝强度时间为8～16min（图9）；在150℃条件下，水泥浆体系产生了微膨胀，线膨胀率为0.008%；水泥浆沉降密度差为0.02g/cm^3。其工程性能达到固井施工的基本要求。

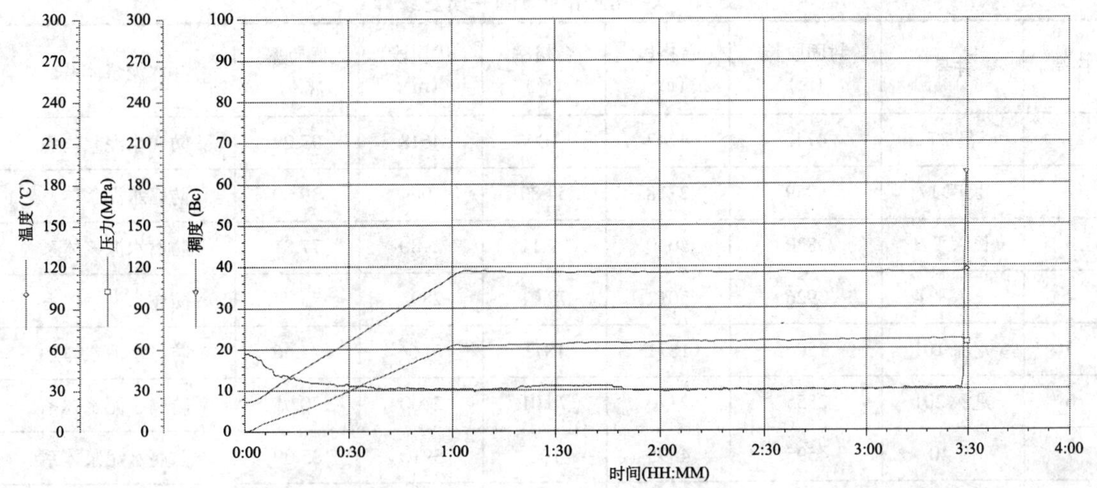

图8 抗CO_2腐蚀高温水泥浆体系稠化曲线（F11F）

综上所述，在150℃条件下，抗CO_2腐蚀高温水泥浆体系的综合工程性能和硬化体（水泥石）抗腐蚀性能优异，具有微膨胀、低滤失、低渗透、短过渡和高强度等抗蚀防窜特点，可以有效保证高温水泥浆在富含CO_2气层的密封性能，抗蚀防窜效果达到了预定技术目标。

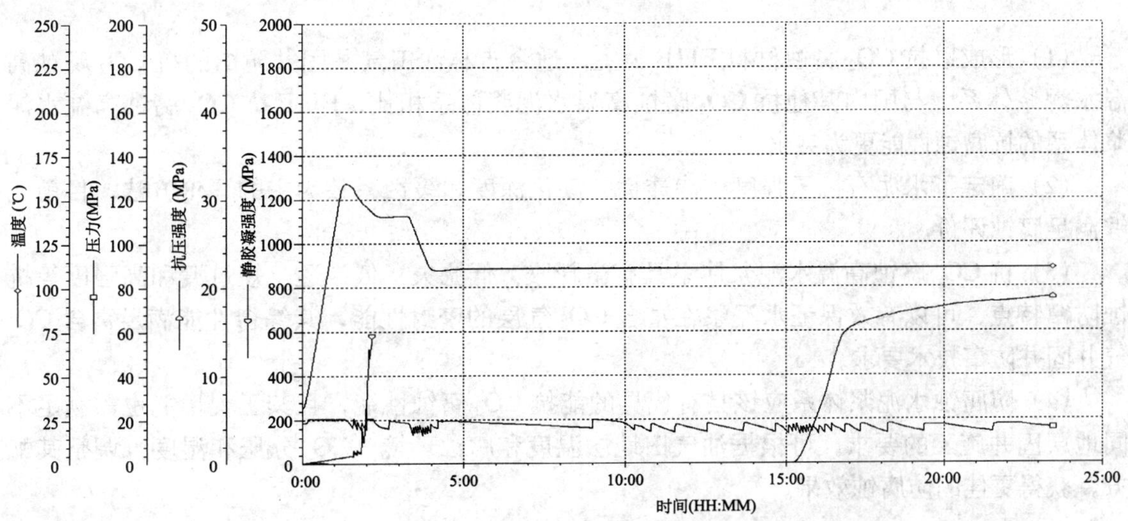

图9 抗CO_2腐蚀高温水泥浆体系静胶凝强度曲线（123℃）

7 现场应用

2008年F11F防腐防窜水泥浆体系在伊通地区昌37井进行了首次现场试验，现在已大规模推广应用，截至2009年12月，共应用19口井，生产套管固井质量合格段达到了82.91%，优质段达到了67.53%（表13）。

表13 现场应用部分固井质量统计

序号	井号	封固段长（m）	合格段（m）	合格率（%）	优质段（m）	优质率（%）	水泥浆体系
1	昌37	4747	4747	100	4618	97.29	防腐水泥浆体系
2	长深17	4959	2718	54.80	1964	39.60	防腐水泥浆体系
3	长深平3	3830	3030	79.11	2980	77.81	防腐水泥浆体系
4	长深平4	3926	3012	79.01	2895	73.74	防腐水泥浆体系
5	龙深101	2506	1871	1871	74.66	74.66	防腐水泥浆体系
6	龙深201	2855	2170	76.01	2000	70.05	防腐水泥浆体系
7	昌40	4595	4595	100	3910	85.09	防腐水泥浆体系
8	龙深3	3185	2650	83.20	2500	78.49	防腐水泥浆体系
9	长深平5	3275	2770	84.58	2110	64.43	防腐水泥浆体系
10	长深平7	3348	3173	94.77	1845	55.11	防腐水泥浆体系

8 结论

（1）形成以抗CO_2腐蚀材料F11F为主，适合吉林油田气井固井防窜的抗CO_2腐蚀高温水泥浆体系。与国内其他抗CO_2腐蚀高温水泥浆体系相比，F11F抗CO_2腐蚀高温水泥浆体系的抗腐蚀性能更为突出。

（2）确定了水泥石抗压强度、渗透性、碳化深度和缓蚀系数为主的评价方法，目前能够满足腐蚀评价。

（3）抗CO_2腐蚀高温水泥浆体系具有微膨胀、低滤失、低渗透、短过渡和高强度等抗蚀防窜特点，可以有效保证水泥浆在富含CO_2气层的密封性能，其综合性能满足富含CO_2气井固井防窜技术要求。

（4）防腐蚀水泥浆体系应该具有优异的能抗CO_2腐蚀性能，且其工程性能也需满足不同地层固井施工的要求，可根据油气田地层温度和腐蚀环境（CO_2分压和湿度）调整其配方，获得更佳的防腐蚀效果。

参考文献

姚晓．二氧化碳对油井水泥石的腐蚀及其防护措施［J］．钻井液与完井液，1998，15（1）：8−13.

郭志勤，赵庆，燕平，等．固井水泥石抗腐蚀性能的研究［J］．钻井液与完井液，2004，21（6）：37−40

郭志勤，赵庆．抗腐蚀水泥浆体系研究［J］．石油钻采工艺，2005，27（B06）：26−29.

黄柏宗，林恩平．固井水泥环柱的腐蚀研究［J］．油田化学，1999，16（4）：377−383.

姚晓．CO_2 对油井水泥石的腐蚀：热力学分析、腐蚀机理与防护措施［J］．西南石油学院学报，1998，20（3）：68−71.

影响胶乳水泥性能的因素研究

王　毅[1,2]　彭志刚[1]　陈大钧[2]

（1. 胜利油田钻井工艺研究院；2. 西南石油大学）

摘　要：水泥浆外加剂及水灰比是影响胶乳水泥浆的主要因素，但外界因素也同样影响胶乳水泥浆的性能，严重者可导致固井作业失败。本论文测定了盐水、钙镁离子、钻屑、钻井液、温度等对水泥浆性能的影响，试验结果表明，盐水、钙镁离子超过一定浓度后导致水泥浆变稠；胶乳水泥浆抗钻井液、钻屑的污染能力差。为了提高固井质量，在固井施工中应采用性能好的隔离液，同时尽可能减少井底钻屑残留。

关键词：胶乳水泥　盐水　钻井液　固井质量

胶乳材料通常是很小的球状聚合物颗粒的乳状悬浮液。用于油井水泥而开发出的胶乳水泥浆具有良好的防气窜能力，能降低水泥石的渗透率，提高抗拉强度、弹性和良好的胶结质量等特性，被广泛应用于大斜度井、水平井等高难度固井作业中，并取得了良好的应用效果。水泥浆的性能主要受添加剂及水灰比的影响，但外界因素的影响也不容忽视。以往的文献和工业界的现场施工设计都没有考虑外界因素对胶乳水泥浆性能的影响。因此，研究外界因素对胶乳水泥浆性能的影响具有重要的意义。

1　实验仪器与材料

1.1　实验材料

胜维G级水泥，胶乳TJ-1，降失水剂为BXF-200L（AF），消泡剂D50、NaCl、$CaCl_2$、$MgCl_2$等。

1.2　实验仪器与装置

恒速搅拌器，六速旋转黏度计，高温高压稠化仪，压力机，失水仪。

作者简介：王毅（1974—　），女，工程师，2003年毕业于中国石油大学，获油气井工程专业硕士学位，在读博士。现在胜利油田钻井工艺研究院工作，从事石油完井工程技术研究工作。

2 实验研究内容

2.1 盐水对胶乳水泥性能的影响

在固井施工中，水泥浆中的游离液如果溶解过量的盐，水泥浆将遭受污染，由于污染程度不同，将使水泥浆提前凝固或者延迟凝固。当盐溶解加大时，使稠化时间过度延迟，随之造成过低的早期强度。为此，开展了不同浓度的盐水对胶乳水泥浆性能的影响试验，试验结果见表1。

表1 盐水对胶乳水泥浆性能影响实验结果

胶乳加量（%）	盐水浓度（%）	实验结果 （80℃ ×24h 常压养护）
7	5	少量外渗，水泥石收缩
7	10	大量外渗，水泥石收缩
7	15	大量外渗，水泥石收缩

从表1可以看出，在盐水浓度大于10%后体系稳定性变差，水泥石出现收缩、胶乳外渗现象。实验表明：不适合地层水或混浆水盐浓度大于10%的固井作业。

2.2 Ca^{2+}、Mg^{2+}对胶乳水泥浆的影响实验

在胶乳水泥浆体系中，不仅要考虑到Ca^{2+}、Mg^{2+}对水泥浆及其水泥石的影响，还要考虑到这两种离子对于胶乳体系的稳定是否具有影响，即胶乳水泥浆体系的敏感性。对水泥浆性能的影响主要通过稠度、流变性能加以研究。Ca^{2+}、Mg^{2+}对水泥浆性能的影响见表2。

从表2中可以看出，随着Ca^{2+}、Mg^{2+}浓度的增加，胶乳水泥浆体系的初始稠度不断升高，水泥浆稠化后胶乳出现触变现象；当Ca^{2+}、Mg^{2+}浓度超过3.0%时，胶乳絮凝，浆体失效。

表2 Ca^{2+}、Mg^{2+}对水泥浆性能的影响

$MgCl_2$浓度 （%）	$CaCl_2$浓度 （%）	实验结果 （80℃ ×24h 常压养护）
1.0	1.0	水泥浆初稠增加约30%，15Bc，水泥浆稠化前后无触变现象，养护后水泥石良好
2.0	2.0	水泥浆初稠增加约40%，18Bc，水泥浆稠化后触变，养护后水泥石较好
2.5	2.5	水泥浆初稠增加约50%，21Bc，水泥浆稠化后触变，养护后水泥石较好
3.0	3.0	当配浆水加入到胶乳乳液时，胶乳絮凝，出现海绵状絮凝，实验无法继续

2.3 胶乳水泥浆受碳酸岩、泥质岩碎屑污染实验

在水平井钻井过程中，水平井段常常会形成键槽和椭圆形井眼，易形成岩屑床，造成

井眼低侧水泥环的窜槽问题。所以，试验通过模拟碳酸岩屑、泥质岩屑等对水泥浆污染后的影响，对胶乳水泥浆进行抗岩屑污染评价，结果见表 3。

实验结果表明，碳酸岩、泥质岩碎屑使得胶乳水泥体系的稳定性变差，出现分层现象，另外造成水泥石的抗压强度下降。

2.4 钻井液对胶乳水泥浆的污染实验

绝大多数钻井液，不论是水基钻井液还是油基钻井液与水泥浆都是不相容的。在固井施工中，水泥浆受到钻井液污染后，流动性能降低，黏度和动切力上升。这样会使固井泵压升高，甚至发生井漏，影响固井作业的正常施工，甚至水泥浆顶替不到指定位置。进行了钻井液污染试验，污染后的抗压强度和界面胶结强度变化见表 4。

表 3 胶乳水泥浆体系受岩屑污染实验

胶乳加量（%）	$CaCO_3$ 加量（%）	黏土（%）	SiO_2 加量（%）	实验结果
7	10			少量气泡、少量胶乳外渗、$CaCO_3$ 碎屑沉降于水泥石底部，出现分层现象，水泥石强度略有下降
7		5		稠度大，触变严重
7			10	SiO_2 碎屑部分沉降于水泥石底部，出现分层现象，水泥石强度略有下降

表 4 胶乳水泥浆受 5% 聚合物钻井液污染后强度试验数据

钻井液加量（%）	受钻井液污染后的抗压强度（MPa）	未受钻井液污染的抗压强度（MPa）	抗压强度损失（%）	受钻井液污染后的界面胶结强度（MPa）	未受钻井液污染的界面胶结强度（MPa）	胶结强度损失（%）
5	14.47	18.42	21.44	3.29	3.55	7.32
7	13.68	18.57	26.33	3.12	3.43	9.05

从表 4 中数据可以看出，胶乳水泥浆在遭受钻井液污染后，抗压强度大幅度降低，抗压强度损失严重。而界面胶结强度损失较小，均小于 10%，说明在钻井液加量低于 5% 时，对胶乳水泥浆的界面胶结强度影响不大。

2.5 胶乳水泥浆抗高温性能

实验采用嘉华 G 级水泥，实验温度选取 90℃、110℃、135℃三个温度点进行抗温试验，试验结果如图 1 ~ 图 3 所示。

从稠化曲线可以看出，在 90℃、110℃、135℃下，水泥浆稠化线性较好，无鼓泡、台阶现象，其 30 ~ 100Bc 稠度过渡时间较短，基本呈直角稠化。胶乳水泥浆能抵抗 135℃的高温。

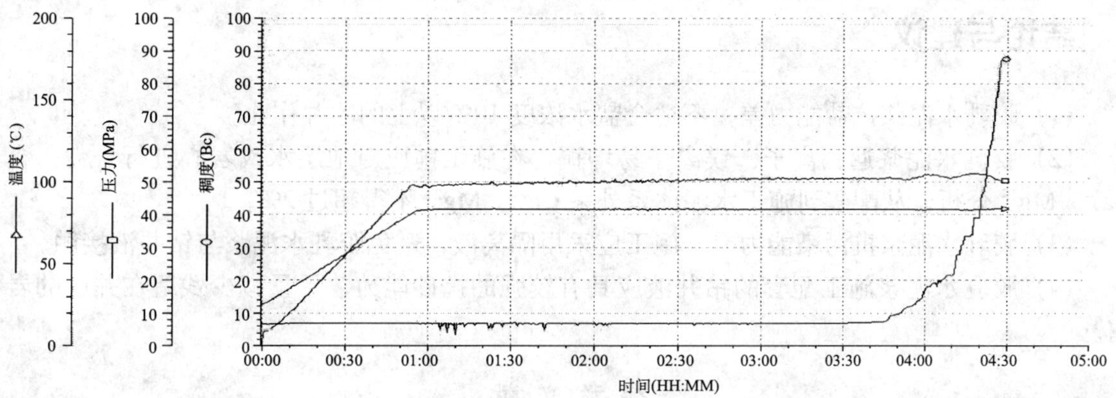

图1 90℃胶乳水泥浆稠化曲线（270min/100Bc）

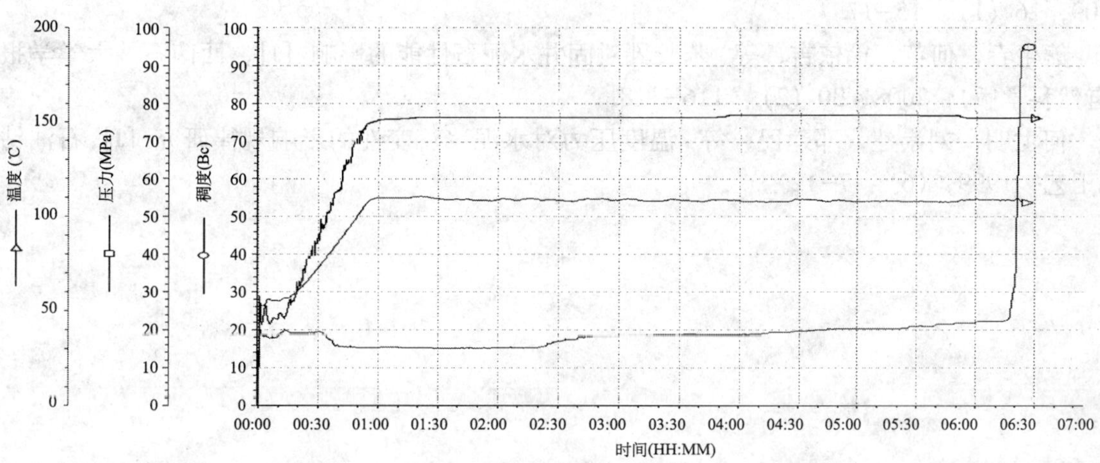

图2 110℃胶乳水泥浆稠化曲线（383min/100Bc）

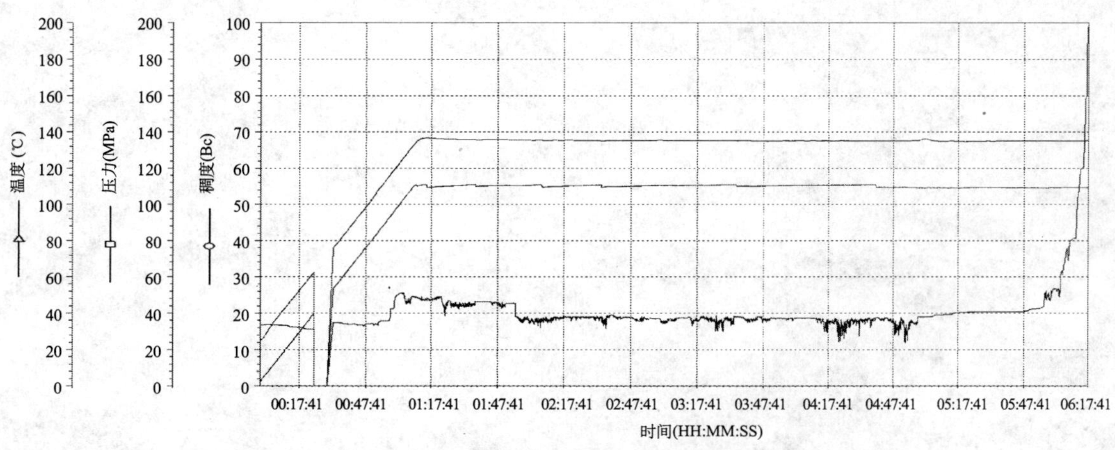

图3 135℃胶乳水泥浆稠化曲线（377min/100Bc）

3 结论与建议

（1）胶乳水泥浆抗盐能力差，不适合盐水浓度 10% 以上的固井作业。

（2）胶乳水泥浆遇钙离子、镁离子易增稠，在施工前应对地层水或岩心进行含盐、含 Ca^{2+}、Mg^{2+} 分析，从配浆到施工水泥体系外来 Ca^{2+}、Mg^{2+} 不得超过 2%。

（3）胶乳水泥浆抗污染能力差，施工应采用隔离液，避免胶乳水泥浆与钻井液接触。

（4）胶乳水泥浆施工配套的钻井液应具有较强的携砂能力，尽量减少残留在井底的岩屑。

参考文献

许明标，彭雷，张春阳，等．聚合物胶乳水泥浆的流体阻隔性能研究 [J]. 油田化学，2009，26（1）：15–17.

熊生春，何英，徐依吉，等．苯胶乳对固井水泥石性能的影响 [J]，西南石油大学学报（自然科学版），2008，30（2）：116–118.

何世明，刘崇建，邓建民，等．温度压力对水泥浆流变性的影响规律研究 [J]. 石油钻采工艺，1999，（6）：7–12.

耐盐胶乳水泥浆体系室内研究

曾建国　孙富全　李鹏晓　高永会

（天津中油渤星工程科技有限公司）

摘　要：本文开发了一种新型耐盐胶乳和稳定剂，并用动态光散射、zeta电位仪、差示扫描热分析仪以及热重分析仪对胶乳的粒径、稳定性、玻璃化温度以及热稳定性进行表征。开发了配套的耐盐缓凝剂以及降失水剂，并研究了盐含量为15%BWOW的胶乳水泥浆体系性能。研究表明，胶乳能耐饱和氯化钙溶液、饱和盐水以及耐250℃高温；耐盐胶乳水泥浆体系具有流变性好、失水量小、防气窜等特点；新开发的胶乳水泥浆体系可满足含盐岩层井和含水敏地层井固井要求。

关键词：固井　胶乳水泥浆　耐盐　防窜

截至20世纪80年代末，世界上45%的天然气和11%的石油与盐丘有关。我国的含盐油气田主要分布在塔里木盆地、川渝地区、酒东地区、江汉盆地的王场油田、东濮凹陷的文留油田、东营凹陷中央隆起带、羌塘盆地雁石坪等区块。而中国石油海外作业区块如阿姆河右岸地区、波斯湾（伊朗和伊拉克）以及肯基亚克等地区均存在含盐岩层。

胶乳水泥浆体系已广泛应用于大位移井、分支井、大斜度井、调整井和小井眼井等疑难井的固井，用以提高水泥浆的防气窜和控制失水能力，同时改善水泥石的胶结性能、韧性和防腐蚀能力。但是，由于盐的存在会使胶乳双电层的zeta电位降低，从而破坏胶乳的稳定性，导致胶乳在盐水中发生絮凝，因而限制了胶乳在含盐岩层（盐层、盐膏层、盐水层）和含水敏地层等复杂井的使用。本文开发了一种耐盐胶乳，并对胶乳的粒径、稳定性、玻璃化温度以及热稳定性进行表征。通过加入与多价离子和盐水相容的稳定剂，胶乳在水泥浆和盐水中不会发生破乳。开发了相配套的耐盐缓凝剂和降失水剂，并研究了盐含量为15%BWOW的胶乳水泥浆体系性能。

1　实验部分

1.1　试验材料

G级高抗硫水泥由四川嘉华水泥厂提供；耐盐丁苯胶乳BCT-900L（含稳定剂）、降失

作者简介：曾建国（1976—　），男，博士，工程师，2008年毕业于南开大学化学学院高分子化学与物理专业，现从事特殊固井材料及特殊水泥浆体系研究。

水剂 BXF−210L、分散剂 BXD−300L、消泡剂 BX−100L 以及缓凝剂 BXR−210L 均由天津中油渤星工程科技有限公司提供。

1.2 试验仪器及方法

（1）试验仪器：激光光散射（LLS）、差示扫描热分析仪（DSC）、热重分析仪（TGA）、zeta 电位仪、恒速搅拌仪、增压稠化仪、失水仪、高压养护釜、六速旋转黏度剂、静胶凝测试仪以及万能实验机等。

（2）实验方法。

化学（钙离子）稳定性：参照日本瑞翁公司的方法。

粒径：样品在测试前用 0.45 nm Milipore 膜除尘，然后用 BI−200SM 型激光光散射进行动态光散射测试。动态测试散射角为 90°，温度为 25℃。

耐盐性：参照化学稳定性测试方法。

机械稳定性：按照 GB 2955—82 进行测试。

DSC 测试：样品在 NETZSCH DSC204 上测试，升温速率 5K/min，氮气保护。

zeta 电位测试：样品在 Brookhaven 的 ZetaPALS+BI−90Plus 上测试。

TGA 测试：样品在 NETZSCH TG209 上测试，升温速率 10K/min，氮气保护。

水泥浆配浆及性能试验按 API 标准进行。

2 结果与讨论

2.1 胶乳的表征

一方面，为提高胶乳本身的耐盐性、化学、机械和高温稳定性，丁苯聚合物分子链上引入羧基以增大聚合物的极性，提高胶乳和基材之间的亲和性，同时离子化羧基间的静电斥力使得丁苯乳液的稳定性大为提高。另一方面，为进一步提高胶乳乳液稳定性和抗多价离子能力，优选适宜的乳化剂，成功开发了耐盐型胶乳。同时考虑到高价离子和钠离子会降低胶乳的 zeta 电位，从而降低胶乳的稳定性，因此，还开发配套稳定剂，以防止胶乳在水泥浆中发生破乳。并对胶乳进行表征。

胶乳的粒径、化学稳定性、耐盐性和机械稳定性测试结果如表 1 所示。从表 1 可以看出，胶乳的粒径较小且多分散性小，表明胶乳较小且尺寸均一；加入稳定剂后，胶乳化学稳定性、耐盐性以及机械稳定性均有较大幅度的提高。

表 1 耐盐胶乳性能

粒径 (nm)	分散性	化学稳定性		耐盐性		机械稳定性	
		不含稳定剂	含稳定剂	不含稳定剂	含稳定剂	不含稳定剂	含稳定剂
104	0.024	饱和 $CaCl_2$ 溶液	饱和 $CaCl_2$ 溶液	饱和 NaCl 溶液	饱和 NaCl 溶液	破乳	无凝胶

耐盐胶乳粒子表面带负电荷，为固定层。在固定层周围由于静电吸引而吸附等量的阳离子，由于热运动而致使阳离子向周围介质扩散，从而形成扩散层。双层之间的电位即为zeta电位，zeta电位越大，乳液就越稳定。耐盐胶乳的zeta电位如表2所示。

表2 胶乳zeta电位

胶乳	原胶乳	BCT−900L	含10%（质量分数）氯化钠的BCT−900L	含15%（质量分数）氯化钠的BCT−900L
zeta电位（mV）	−33.23	−42.72	−38.77	−37.34

从表2可以看出，耐盐胶乳和含稳定剂的胶乳BCT−900L的zeta电位分别为−33.23mV和−42.72mV，由此可见稳定剂的加入，有利于提高胶乳的稳定性。含10%（质量分数）的氯化钠和含15%（质量分数）氯化钠的BCT−900L的zeta电位分别为−38.77mV和−37.34mV，NaCl的加入使得钠离子向扩散层扩散，降低了乳液的zeta电位，即降低了胶乳的稳定性，即使这样，由于稳定剂的存在，含盐胶乳的zeta电位仍大于不含稳定剂的原胶乳的zeta电位，即含盐胶乳BCT−900L仍比原胶乳稳定。

Parcevaux等人指出胶乳的选择性成膜是阻止水泥浆中气体迁移和运动的原因，而胶乳的成膜温度与胶乳的玻璃化温度直接相关。考虑到膜中含有少量的水，因此采用二次升温方式，升温速率5℃ /min。测得的玻璃化温度Tg为−20.2℃，根据Hoy方程，估算出胶乳的最低成膜温度为−18 ~ −20℃，可以满足胶乳在低温下使用。

此外，为保证耐盐胶乳在水泥石中发挥作用，保证胶乳具有较好的热稳定性是必要的。耐盐胶乳的热失重曲线如图2所示，从图1可以看出，胶乳在250℃下没有明显降解。表明耐盐胶乳的理论使用温度为200℃（BHCT）。结合DSC测试结果，表明耐盐胶乳理论适用温度范围为−18 ~ 200℃。

2.2 耐盐胶乳水泥浆体系配套外加剂研究

由于作为抗衡离子的Na^+会扩散到阴离子聚电解质分子链周围，屏蔽聚电解质自身所带负电荷，降低聚合物分子链间斥力，导致聚合物分子链卷缩，从而使得普通型外加剂性能变差，因此，必须开发耐盐型外加剂。本研究成功开发了耐盐型的缓凝剂BXR−210L和降失水剂BXF−210L。通过调整缓凝剂BXR−210L的加量，水泥浆稠化时间可调，缓凝剂加量在120℃下对稠化时间的影响如图2所示，典型稠化曲线如图3所示。水泥浆的API失水随BXF−210L加量变化如图4所示，水泥浆的失水在试验条件下能控制在50mL以内。

2.3 水泥浆性能研究

2.3.1 水泥浆的流变性

耐盐胶乳水泥浆的流变性如表3所示，水泥浆的流变性能如图5所示，耐盐胶乳水泥浆的流变性符合幂律模式，流变参数满足工程要求。此外，文献研究表明，当盐含量达到15%BWOW时，水泥浆体系触变性非常明显。本研究中，由于采用高效分散剂，水泥浆放置5min后流动度基本保持不变，表明水泥浆体系触变较小。

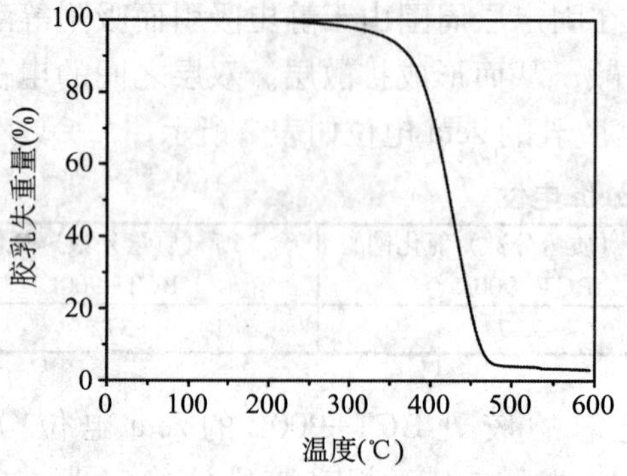

图1　耐盐胶乳膜热失重曲线

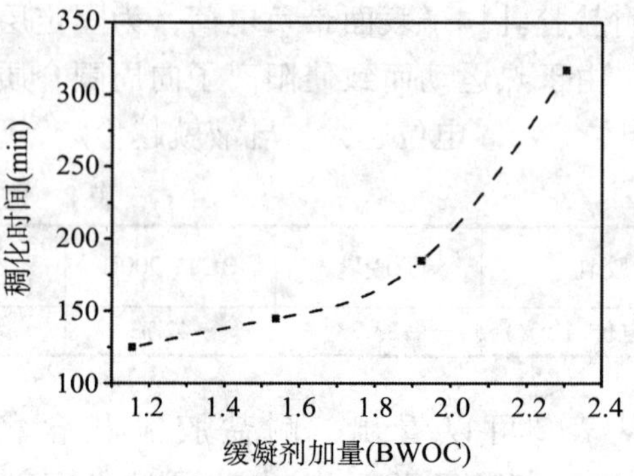

图2　缓凝剂 BXR−210L 加量与稠化时间关系曲线（120℃）

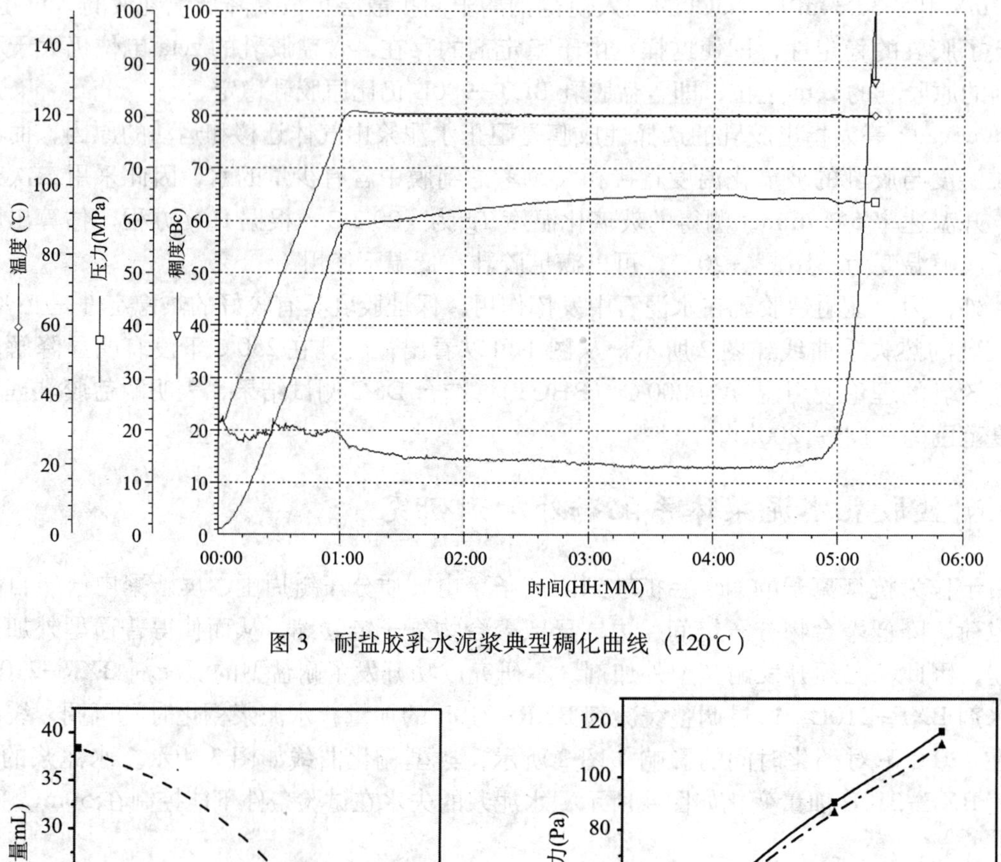

图3　耐盐胶乳水泥浆典型稠化曲线（120℃）

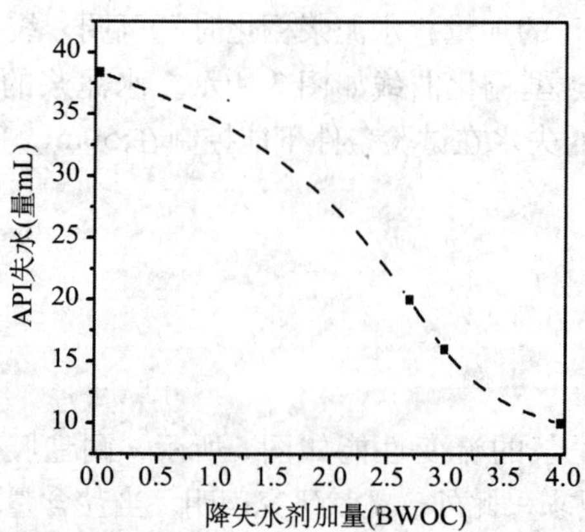

图4　降失水剂 BXF−210L 加量与 API 失水关系曲线（90℃）

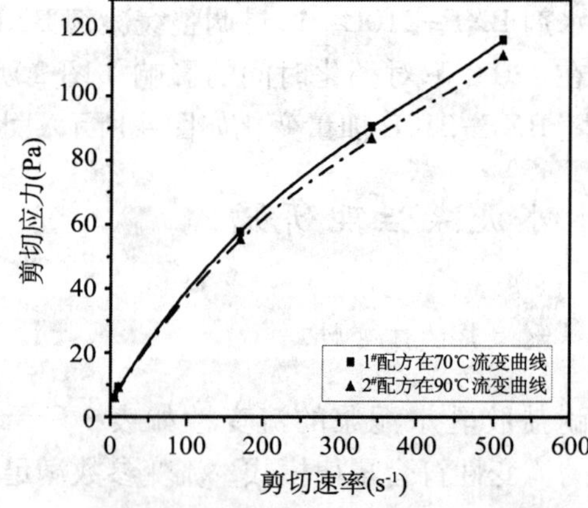

图5　耐盐胶乳剪切应力与剪切速率关系曲线

表 3 耐盐胶乳水泥浆流变性能

配方	温度（℃）	流动度（cm）	静置 5min 后流动度（cm）	$\theta_3/\theta_6/\theta_{100}/\theta_{200}/\theta_{300}$	流变参数	
					n	*K*
1#	70	23	23	26/36/113/174/230	0.65	2.07
2#	90	23	23	21/28/108/167/222	0.65	1.98

注：配方 1 为嘉华 G 级 + 17%BCT−900L + 3%BXF−210L + 1.4%BXD−300L + 26% 盐水；配方 2 为嘉华 G 级 + 35% 硅粉 + 23%BCT−900L + 4%BXF−210L + 1.9%BXD−300L + 0.4%BXR−210L + 35% 盐水。

2.3.2 水泥浆的防气窜性能

气井固井的主要风险之一是发生环空气窜。严重的环空气窜可能导致很高的井口压力和气体流动，不仅使后续钻井工程和开采工程无法进行，还可能造成全井报废的恶果。根据 Sabins 理论，水泥浆的防气窜性能可以通过参数“过渡时间”来预测，该时间越短防气窜性能越好。耐盐胶乳水泥浆体系在 120℃的静胶凝强度发展情况如图 6 所示。从图 6 可以看出，水泥浆体系过渡时间较短（为 20min），有助于防止气窜的发生。

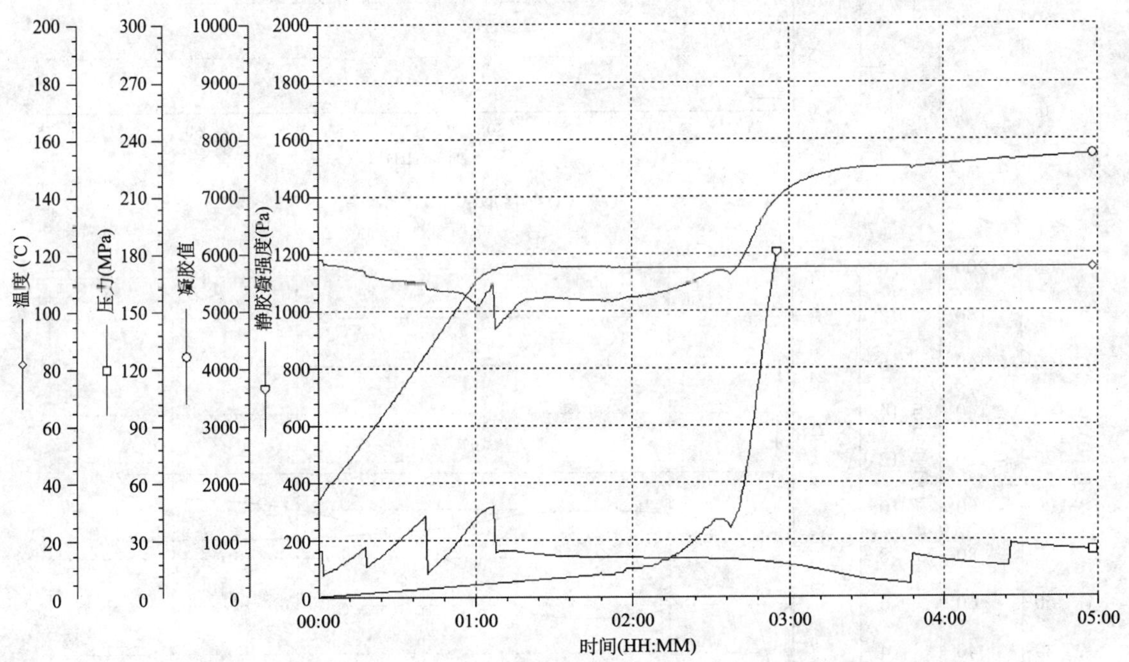

图 6 耐盐胶乳水泥浆体系静胶凝发展曲线（120℃）

2.3.3 水泥石长期强度发展情况

考虑到氯化钠会与水泥中 C_3A 和 C_4AF 矿物发生反应且产物在高温下不稳定，从而对水泥石的抗压强度产生影响，因此，有必要关注含盐胶乳水泥石的高温强度发展情况。耐盐水泥石强度在120℃的发展曲线如图7所示，含胶乳水泥浆［图7（a)］和对应的空白试验［图7（b)］强度均呈先减小后增大趋势。其原因可能为氯化钠会与水泥中C_3A和C_4AF矿物发生反应生成水化氯铝酸钙和水化氯铁酸钙，这些产物存在于水泥石的初期结构中，但是，这两种水化产物在高温下不稳定，发生部分脱水，破坏了水泥石结构从而导致水泥石强度的降低[6]。同时，由于水泥水化产物与硅砂在高温下发生反应生成雪硅钙石（$C_5S_6H_5$)，因而使得水泥石强度增大，但是由于上述过程为固相界面间的反应，在温度相对较低时反应较慢，从而在超声抗压强度发展曲线上出现平台。

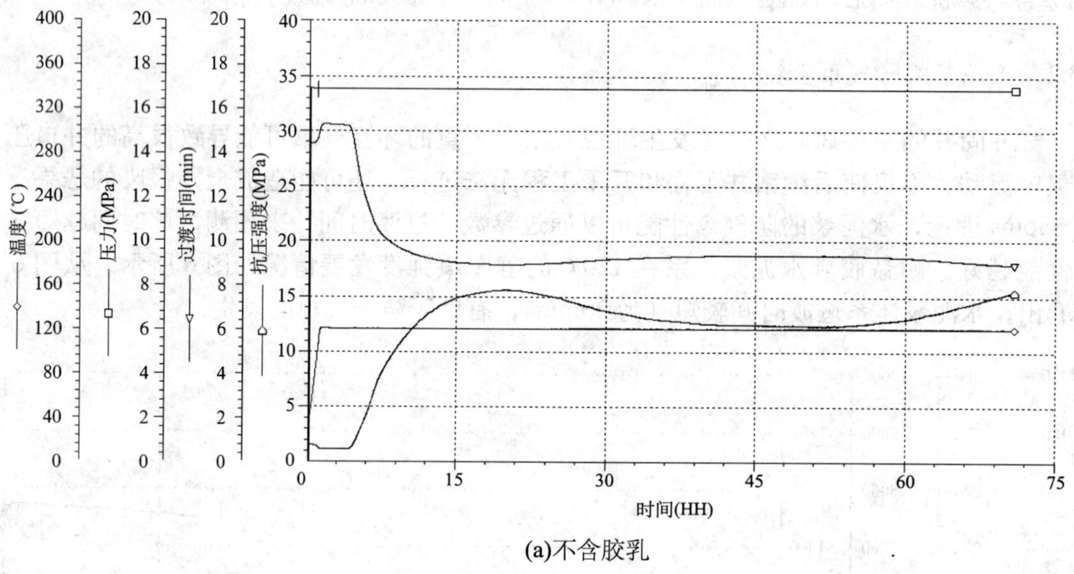

(a)不含胶乳

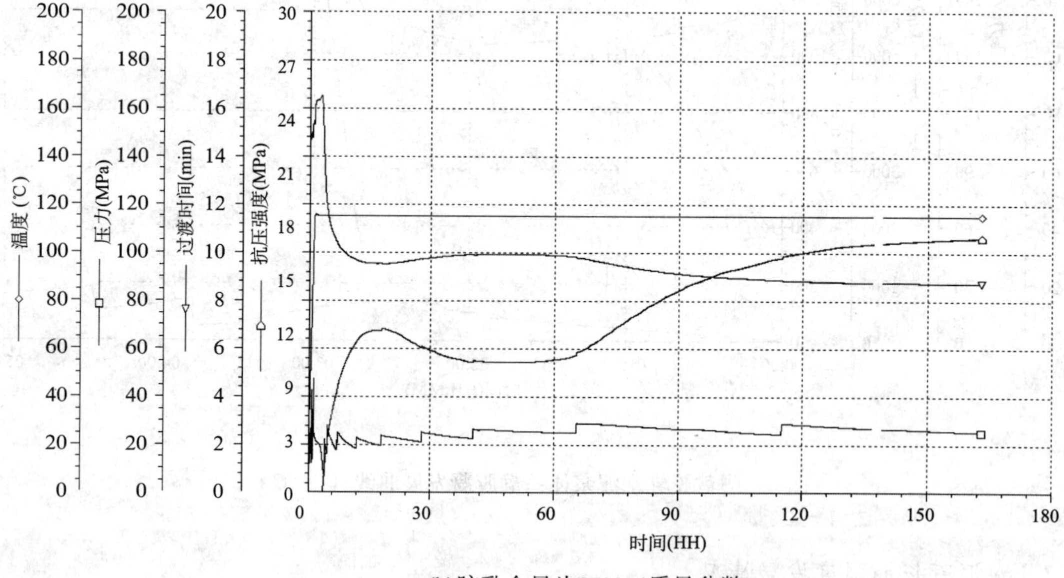

(b)胶乳含量为30%（质量分数）

图7　含盐水泥浆在120℃超声强度发展曲线

2.3.4　耐盐胶乳水泥浆综合性能研究

耐盐胶乳水泥浆体系由嘉华G级水泥、BCT−900L（含稳定剂）、硅粉、降失水剂BXF−210L、分散剂BXD−300L、消泡剂BX−100L，以及缓凝剂BXR−210L组成。水泥浆综合性能研究结果如表4所示。

表4　耐盐胶乳水泥浆的综合性能

BHCT（℃	70	70	90	90	100	100	120	120
密度（g/cm³）	1.92	1.92	1.92	1.92	1.85	1.85	1.85	1.85
稠化时间（min）	203	317	176	347	257	341	265	321
API 失水（mL）	16	15	15	15	17	17	17	18
流动度（cm）	23	23	23	22	22	22	23	23
游离液（mL）	0	0	0	0	0	0	0	0
24h 抗压强度（MPa）	21	20	23	23	25	24	26	25
48h 抗压强度（MPa）	30	29	31	30	26	25	26	25

3　结论

（1）新开发的耐盐胶乳BCT−900L具有耐饱和氯化钙溶液、耐饱和盐水、机械稳定性好、适用温度宽（−18～200℃）以及热稳定性高（250℃下不分解）等优点。

（2）开发了配套的耐盐缓凝剂和降失水剂，耐盐胶乳水泥浆在高温下稠化时间可调、API失水较小，水泥浆综合性能优异。

参考文献

汤良杰，余一欣，陈书平，等．含油气盆地盐构造研究进展[J]．地学前缘，2005，12（4）：375−383.

靳建洲，孙富全，侯薇，等．胶乳水泥浆体系研究及应用[J]．钻井液与完井液，2006，23（2）：37−39

曹同玉，刘庆普，胡金生．合成聚合物乳液的应用[M]．第2版．北京：化学工业出版社，2007.

Parcevaux P A，Piot B M，Vercaemer C J. Cement compositions for cementing wells，allowing pressure gas−channeling in the cemented annulus to be controlled[P]. US 4537918，1985.

陶世平，段保平．盐膏层固井技术探讨[J].吐哈油气，2007，12(1)：70−76.

刘崇建，黄柏宗，徐同台，等．油气井注水泥理论与应用［M］．北京：石油工业出版社，2000.

第三代储层欠平衡钻井技术——精细控制的全过程欠平衡钻完井

孟英峰[1]　李皋[1]　陈一健[1]　朱宽亮[2]　徐小峰[2]　骆发前[3]

（1. 油气藏地质及开发工程国家重点实验室·西南石油大学；2. 冀东油田公司钻采工艺研究院；3. 塔里木油田公司钻井技术办公室）

摘　要：本文回顾、总结了我国储层欠平衡钻井发展的历史阶段及存在问题。将我国的储层欠平衡钻井发展按技术特征分为三个阶段：第一阶段，欠平衡钻进技术，指在钻进过程中可以实现欠平衡，而在中途起下钻、完井、电测等过程中转换为过平衡状态；第二阶段，全过程欠平衡钻（完）井技术，指在钻进、中途起下钻、取心、电测、完井等过程中均保持欠平衡状态的钻完井配套技术；第三阶段，精细控制的全过程欠平衡钻（完）井技术，它是在第二阶段全过程欠平衡钻（完）井技术之上增加了随钻储层综合评价技术、窄窗口精细控制技术和高精度监测与预测技术，它实现了高质量保护储层与安全高效钻进、真实全面评价储层相结合的目的。文章重点介绍了精细控制的全过程欠平衡钻完井技术的原理、实施方法和现场应用结果。

关键词：欠平衡钻井　储层欠平衡钻井　全过程欠平衡钻井　精细控制

1　国际上储层欠平衡钻井的起源与发展

按照目前国际上通行的技术分类观点，欠平衡钻井（underbalanced drilling，UBD）是一个技术系列，它由三大部分组成：第一，提速增效钻井（简称提速钻井，performance drilling，PD），它是以20世纪50年代发展起来的气体钻井（含雾化钻井、泡沫钻井、充气钻井）为主体，专用于大段非储层地层的提高钻速、克服井漏等；第二，储层欠平衡钻井（reservoir UBD，RUBD，或简称RD，reservoir drilling），它是20世纪90年代初出现的专用于油气储层欠平衡钻井的技术；第三，控压钻井（managed pressure drilling，MPD），它是产生于21世纪初，专用于对付“窄窗口”钻井难题的特殊钻井技术。

欠平衡钻井的PD、RUBD、MPD三大组成部分，有技术特征、应用目的等方面的明显区别，也有装备、工具、工艺、理论上的相互联系。

本文所重点讨论的是“储层欠平衡钻井”。储层欠平衡钻井技术在国外有两个起源地：

基金项目：本文为国家“十一五”863计划重大科技攻关项目“全过程欠平衡钻井技术”（2006AA06A104）的研究内容。

作者简介：孟英峰（1954—　），男，教授、博士生导师，西南石油大学石油工程学院院长，长期从事欠平衡钻井技术的基础理论与工程应用研究。

一是美国的Austin Chalk油田，该油田于20世纪80年代初发现，其储层属于缝洞非常发育的易漏失地层，用常规过平衡钻井有严重的井漏和储层伤害，钻井投产效果不好。直至1992年，发明了井口安装高压旋转头、地面有多相分离系统的欠平衡钻井装备，用欠平衡钻水平井，终于使该油田钻井获得高产。二是加拿大的Weyburn油田，这是一个低压油田，常规过平衡钻井导致严重的储层伤害（极高的表皮系数）。于1993年向钻井液中充氮气，实现欠平衡钻水平井，终于获得高产。自此之后，在北美和世界其他地区，储层欠平衡钻井技术得到了广泛应用。

北美的储层欠平衡钻井技术一出现，其应用场合就主要定位在油井开发中的提高单井产能上，其技术特征是：与水平井技术紧密结合，追求在钻进过程中实现最高产量，筛管或裸眼投产（甚至某些情况下用原钻具投产）。在钻开产层直到投产的整个过程都保持欠平衡（注意：由于欠平衡钻井技术越来越重要，国际钻井承包商协会（IADC）于1996年决定成立欠平衡钻井委员会，这其中用UBO（Underbalanced Operation）委员会，而非UBD委员会，可见UBO是包括钻井、完井等作业在内的欠平衡操作的统称）。而且这种全过程欠平衡作业多在油井开发中使用，不但追求油井高产，而且追求在钻、完井过程中边钻边生产。据报道，有些井在完井之前的产油就已经抵消了全井钻井成本。而且还在此基础上产生了“产能导向”的欠平衡钻水平井技术：边钻边产油，随钻监测产油量，以追求产油量最大来调整井眼轨迹。由该实例可见：钻前确定的轨迹层位并非实钻的最高产能层位。

对于用于油层的边钻边投产的储层欠平衡钻井，其欠压差一般都比较大，钻完井过程中的井控安全性都比较好。后来也有越来越多的储层欠平衡钻井用于气层或高气油比的凝析油气层，此种情况下的欠压差一般都很小，都控制在略欠状态。在美国得克萨斯州现场考察时看到的情况是：循环钻进过程中基本上是平衡，停钻接单根时有后效点火。也就是说，尽可能减少地层产气量，以求做到保护储层和安全井控的平衡。

2　我国的第一代储层欠平衡钻井技术——欠平衡钻进

受国外储层欠平衡钻进发展的影响，我国从1995年开始零星地、因陋就简地试用储层欠平衡钻进技术（塔里木解放128井、川西南矿区、川中矿区、辽河、长庆等油田的零星十多口井），有油井也有气井。

“储层欠平衡钻进”的技术特征是在循环钻进过程中实现，并保持欠平衡，因此它具有在钻开储层的过程中很好地发现储层的能力。但在起下钻、中测、测井、完井等工序前都采用了“压井”；尽管有人称采用了“平衡压井”，但毫无例外都是“过平衡压井”；在投产措施上绝大部分采用了“套管固井加射孔”的完井方式，多数情况下采用了酸压改造。

在这种技术体系下，我国的储层欠平衡钻井一开始就与“勘探发现”密切相连，多数储层欠平衡钻进的试验井都有良好的，甚至是突出的钻进中的油气显示，当然也有一部分由于储层原因或工艺措施原因没有显示。由于最后的投产措施仍然是固井、射孔、酸化、压裂，因此，储层欠平衡钻进技术对开发井中的提高单井产能、降低投产成本没有多大帮助。

这样，我国的欠平衡钻井技术从发展之初就烙上了“在探井中采用欠平衡钻井”的特色印记。这也导致了当时比较流行的看法：欠平衡钻井有助于探井发现，但当油田已经是探明的，也就没必要再采用欠平衡钻井了；对开发井提高产能欠平衡钻井没有帮助，反正最后还是要靠酸化压裂投产，因此在开发井钻开储层中没必要采用欠平衡。

在这种观点的主导下，我国的欠平衡钻井发展得很缓慢。这种局面终于在1998年被大港油田千米桥区块的开发所打破。千米桥区块属于潜山风化壳裂缝性储层，虽然经勘探早就知道该储层的存在，但常规过平衡钻井钻开储层过程中的严重井漏导致钻井难度高和低产，使探井不能钻穿整个几百米厚的目的层，有些井甚至刚进潜山面就由于井漏而放弃。采用了欠平衡钻进技术之后，不但顺利地钻穿整个储层，而且在欠平衡钻进过程中油气高产（钻穿储层后的原钻具测试表明：日产油量在几十至上百立方米，日产气量在十几万到几十万立方米）。欠平衡钻穿整个储层，不但解决了井漏的难题，而且揭示了储层的真实产能。大港油田千米桥区块的储层欠平衡钻进，使欠平衡钻进用于发现油气层的能力发挥到了极致，这也掀起了我国欠平衡钻井技术应用的第一个高潮。

但无论如何，大港油田千米桥区块的欠平衡钻井仍是第一代的“欠平衡钻井”技术：欠平衡钻穿整个储层之后，有时紧跟着做一次原钻具测试，然后是压井、下套管、固井射孔、酸化压裂，酸化压裂之后投产的效果虽然整体上不如欠平衡钻进时的产量，但仍然是不错的。依靠第一代的储层欠平衡钻井技术，总体落实了面积超过60km^2、油气储量上亿吨的大型潜山油气藏。

3　第一代的问题及第二代的孕育

大港油田千米桥区块的储层欠平衡钻进技术使我国的欠平衡钻井发展掀起了一个小高潮，各油田纷纷派团赴大港学习，各油田的欠平衡钻井试验井数也有所增加。但很快人们就发现：大港的经验不是各地都通用的。问题的关键在于：所有的在欠平衡钻进过程中有良好产能显示的储层，在过平衡压井、固井射孔、酸化压裂之后，有的储层可以得到不错的产能（如大港油田千米桥区块），而更多的储层不能得到起码的产能。

直接吸引我们重视的是四川的充深1井，在2206m须家河地层欠平衡钻进，随钻产气，火炬高8～20m(估计产气量至少在$10\times10^4m^3/d$以上)。近平衡压井后中途测试，测得产气量$3.7\times10^4m^3/d$。然后恢复欠平衡钻进，无气；直至完钻井深，仍无气。固井射孔完井，产气$0.3\times10^4m^3/d$。经酸压解堵后产气$1.02\times10^4m^3/d$。根据充深1井的欠平衡实钻结果，以钻进时欠平衡压差3MPa下产气$10\times10^4m^3/d$计算，中途测试前的过平衡压井已经使原始产能损失约90%，而且这种损失是不可恢复的；正压差的固井又使产能损失达到99%以上，而最后的酸压解堵也只挽回了原始产能的3%～5%。

充深1井须二段的$38\times10^4m^3/d$的无阻流量是如何损失掉的？为什么这种损失又是不可恢复的？怎样做才能使原始产能不受损失？这一系列的问题摆在我们面前。对此，我们进行了系统的研究，其详细过程和内容由于篇幅原因不便在此处详述，将另外撰文阐述。系统研究的结论性结果如下：

不同的油气藏对正压差下水基钻井液侵入伤害的反应是不一样的。

(1) 有些油气藏（缝洞高度发育、裂缝网络空间沟通良好）对正压差下钻井液漏失或侵入的伤害不敏感，可以过平衡钻开储层，然后欠平衡反排、诱喷，即可获得满意产能。美国 Austin chalk 油田有些井采用边漏边钻的钻井液帽钻井方式也可以获得高产，就是此类储层。

(2) 有些油气藏（裂缝发育的火山岩、碳酸盐岩的油藏和中低气油比的凝析油气藏）对正压差下的水基钻井液伤害有一定的承受能力，正压差侵入的钻井液可以通过在足够大的欠压差下、足够长时间的反排得以大部分吐出，使产能部分恢复。

(3) 有些油气藏，特别是类似于四川盆地须家河储层的致密砂岩干气气藏，正压差下的水基钻井液侵入伤害是迅速的、大范围的、致命的和不可恢复的。

(4) 对于天然裂缝发育的油气藏，采用特殊轨迹井技术多穿越裂缝，采用适当的保护技术去保护好每一条穿越的裂缝，最终采用自然产能投产，这是投入成本最低、获得产能最高的完井投产方式。而采用后期的酸化压裂的增产改造去克服、弥补钻井中储层伤害的产能损失，不但增加了成本、延长了周期，而且是低效甚至无效的（例如对致密砂岩气藏）。

4 我国的第二代储层欠平衡钻井技术——全过程欠平衡钻（完）井

由储层伤害的机理研究可知，对含有微裂缝的致密砂岩气藏而言（如充深1井须二段），欠平衡钻井过程中的正压差（如压井、起下钻、固井等过程），将迅速地（从几分钟到几十分钟）、大范围地（从距井壁几米至几十米）造成供气能力的永久性的致命伤害。而且，“发现裂缝、利用裂缝、保护裂缝”的自然产能投产方式一定是最经济、最有效的完井投产方式。

在上述观点的支持下，实现“从接触产层开始，直至交井投产都始终保持欠平衡”的技术思路完整形成，四川石油管理局、西南油气田分公司、西南石油大学联合研制形成了包括欠平衡钻进、欠平衡起下钻、欠平衡取心、欠平衡测井、欠平衡完井的全过程欠平衡钻完井配套技术。

全过程欠平衡钻完井配套技术在四川邛西构造首次完整应用。

邛西构造是川西致密砂岩气藏的典型代表。1992—1999年，采用传统过平衡钻井完成的邛西1井产量700m³/d，邛西2井产微气，美国德士古公司对邛西2井实施加砂压裂产量5200m³/d。

第一口全过程欠平衡完成的邛西3井是以须二段为目的层的预探井。该井 ϕ215.9mm 钻头钻至井深3487m须二顶部，177.8mm油层套管固井后，采用 ϕ152mm的钻头在3487.00 ~ 3572.00m井段实施全过程欠平衡钻井，储层压力梯度1.24，钻井液当量密度1.03 ~ 1.21，成功实施了欠平衡取心、不压井起下钻、不压井测井、不压井下油管完井。完井后用直径31.8mm孔板测试，获 $45.673 \times 10^4 m^3/d$ 的高产气流，无阻流量 $77.476 \times 10^4 m^3/d$。

第二口全过程欠平衡完成的邛西4井，也采用欠平衡钻进、欠平衡取心（共欠平衡取心6筒，取心进尺40.80m，取心收获率100%,）、欠平衡起下钻（不压井起下管串11趟），及时发现和最大限度地保护了油气层。完钻后衬管完井，用直径35mm孔板测试，气产量

$89.34\times10^4m^3/d$。

之后该构造的所有生产井都采用全过程欠平衡钻完井技术，在该构造获控制储量 $264\times10^8m^3$，探明储量 $57\times10^8m^3$，建立年产能 $5\times10^8m^3$。同时，欠平衡钻井还提高了钻速，免去多次中途测试、固井—射孔完井、增产改造作业，不但大大降低了成本，也明显缩短了建井周期。

邛西构造的全过程欠平衡钻完井技术，首次实现了欠平衡钻井技术用于开发井大幅度增产的规模化应用，使我国的欠平衡钻井技术的发展又掀起了一个继大港千米桥之后的小高潮。

5 第二代的问题和第三代的孕育

邛西构造全过程欠平衡钻完井技术同样也吸引了国内钻井界的目光，但由于涉及的装备、工具比较复杂，因此学习、效仿的不太多。

令人困惑的是：在邛西构造见到了规模化应用效益的全过程欠平衡钻完井配套技术，在全国其他地区再也没有规模化地成功应用过，甚至该技术的发源地四川石油管理局，在四川盆地也没有再出现过“邛西第二”、“邛西第三”的成功。

尤其是，中国石油决定2008年在全国欠平衡钻井200口以上，实际完成225口，其中液体的储层欠平衡钻井约140口，但也没有取得令人振奋的规模性应用效果。2008年的225口欠平衡试验井中，气体钻井在四川、大庆的深井提速中见到了规模化的应用效益；塔里木的控压钻井见到了规模化成功的希望；而储层欠平衡钻井的整体效果不理想，除吐哈油田的浅井、砂岩、油层的储层欠平衡钻井效果较好外，其他的储层欠平衡钻井基本上停留在钻进发现或个别井获得较好生产能力的水平。

为什么第二代储层欠平衡钻井技术得不到大范围的推广应用？最关键的问题是：井控安全性差，控制的难度高、风险大。

大港千米桥、四川邛西这两大示范工程，都是集团公司和局领导高度重视、准备充分的，非常富有经验的决策、执行技术群体聚集一线，从局级到科级的各层技术领导高度密集，这才保证了这两大示范工程的成功实施。尽管如此，在欠平衡钻井过程中仍是险象环生：气体迅速大量涌出，套压迅速上升达到危险值。板深7井、板深8井的最大套压24MPa，板深4井甚至达到了31MPa。邛西构造尽管仅有3000多米井深，但也是多次出现大量产气的井涌，套压频繁升高，最大达到24MPa（邛西4井），不得不多次关井、加重压井。可想而知，如此迅速多变的高难度、高风险井控，如果大范围推广到只有少数缺乏经验的技术人员在场的常规情况，其结果只能是“迅速压井、消除井喷危险”，而不可能冒如此大的风险去保持全过程欠平衡。这就是该技术难以大范围推广应用的关键原因。

为什么会是这种结果呢？

（1）储层认识不清楚。首先是地层压力，靠各种方法的压力预测和邻井压力参考，只能得到大概，这种储层压力估计得不准确，常使欠压差偏大。还有就是地层的产气能力的认识欠缺：在相同欠压差下，产气越多，井控难度越大；而产气能力不只取决于储层压力，还与储层的渗透率、泄流面积、表皮系数等有关。一定要将“合理欠平衡压差”的设计原则改为“考虑储层总体特征的安全产气量”的设计原则。

(2) 井底的液柱压力不清楚。首先是很多数据不知道：注入液量已知，但返出液量不能准确、实时地得知（地层产液、漏失和瞬态波动的影响都导致井口液体注入和返出的不平衡）。地层的产气量也不能准确实时地得知。缺乏这些参数则无法进行多相流计算。其次是数学模型的计算精度低：高温高压非牛顿流体的复杂多相流，有很多影响计算精度的因素没有考虑。再次是全过程欠平衡的流动模型欠缺：尤其是停止循环条件下的气体滑脱、膨胀，以及由此造成的溢流和套压上升，根本没有可用模型。所有这些因素导致了对井内状态和井底压力的认识不清。

(3) 控制手段差，不能迅速、灵活、准确地调节或控制井内状态和井底压力。唯一可用的手段就是调节节流阀。

(4) 存在一个不可克服的“钻井操作窗口”：循环时井底压力是液柱压力与循环动压的叠加，循环一旦停止，井底压力就减少为液柱压力，二者之间存在以循环动压为宽度的窗口。深井、小井眼、稠重钻井液、大流量、长井段等都使得这个窗口的宽度加大。由于这个窗口的存在，如果在钻进中保持欠平衡，而一旦停止循环，欠平衡压差将大幅度增大，从而导致地层产气的增加，尤其对深井、高产（高渗和长井段）、高压的情况更危险。

这几个原因综合导致了全过程欠平衡钻井中的产气量不可预测、产气量大而且波动剧烈，气体的聚集、滑脱和膨胀引起了频繁井涌和套压上升，从而使井控的难度大、风险大。

6 我国的第三代储层欠平衡钻井技术——精细控制的全过程欠平衡钻完井

根据已有的全过程欠平衡钻完井的实践和相关的理论研究，我们希望的理想状态下的全过程欠平衡钻完井应该具有如下特征：

(1) 欠平衡压差不能太小，最小不能小于工程中不可避免的井底压力的波动范围和误差范围。

(2) 欠平衡压差不能太大，由欠压差、渗透率、产气段长、压力和井深等共同决定的产气量不能大于安全井控的最大产气量。可见，由安全产气量决定的最大允许欠压差，随着渗透率、产气段长、地层压力和井深的增加而减少。

(3) 允许最小欠压差与允许最大欠压差构成了井底压力变化的允许范围（安全窗口），而且越高压、高产、深井、长井段，这个安全窗口就越窄。从这点来讲，实现精细压力控制的储层欠平衡钻井与国外目前流行的控压钻井，本质上没有区别，只是一个控制在略欠，另一个控制在略过，而且精细压力控制的储层欠平衡钻井更加复杂、难度更大、风险更大。

(4) 在钻进、接单根过程中应将井控制在一个安全的欠平衡状态（循环过程中因为产出气体会被均匀、及时地排出井内，不能造成气柱聚集，因此欠压值允许大些）。而在长期停止循环、起下钻过程中应保持井下始终处于安全的微产气或不产气状态（停止循环后产出气体只靠密度差滑脱、上移，容易造成气体聚集，聚集气体滑脱、膨胀，容易造成套压迅速上升或井口大量溢流，故此时应控制欠压差尽可能小或者为零）。

理想状态下的井底压力控制过程如图1所示。

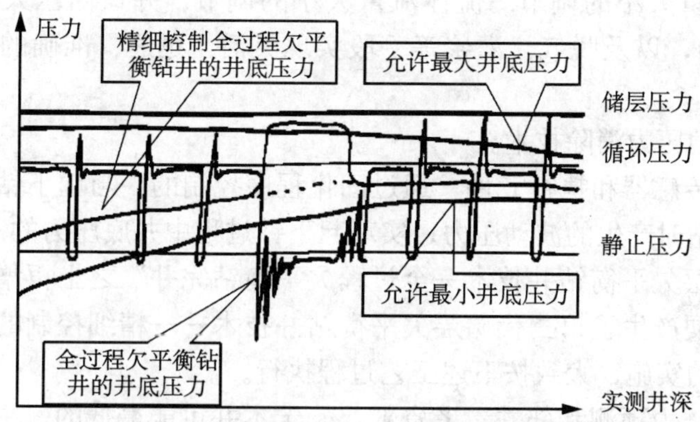

图1　理想状态下的全过程欠平衡钻完井的井底压力

为了将目前全过程欠平衡钻完井的井底压力控制状态转变为理想情况下的全过程欠平衡钻完井的井下压力控制状态，必须完成下列一系列的技术改造。

（1）高精度、全过程的流动模型系统。

必须有高精度的、可靠的、全过程的储层—井筒—地面一体化的流动计算模型，以保证不但在钻进过程中，同时在接单根、起下钻、空井等待、测井取心完井等过程中，都能对井内物质平衡、流动状态和井底压力进行分析、计算和预测。完成此项工作，必须进行理论研究、室内实验和现场试验。

（2）全面信息的连续、动态监测系统。

必须对整个涉及过程有全面的、连续的动态在线监测系统，该系统监测、收集所有涉及井筒内物质平衡、流动状态和压力变化的反馈信息。完成此项工作，必须开发一整套完整、可靠的地面数据采集与存储系统，必要情况下辅助以井下数据的采集与存储。（有了全面信息的连续、动态监测系统，将监测的数据实时地传入高精度、全过程的流动模型系统，我们就可以随时随地得知井内的物质守恒、流动规律及压力变化）。

（3）随钻评价储层特性的技术。

必须能实现刚刚钻进储层，就可以得知原始的、未受扰动的储层压力，同时得知原始的、未受伤害的渗透率、储层的流体特性和介质特性，以及在正压差下储层的漏失特性。在此基础上便可以评价不同井底压力下、不同产层段长度的欠平衡井控风险和过平衡井漏风险，以确定安全操作的井底压力窗口位置和窗口宽度。

（4）消除钻井操作窗口的“注气稳压技术”。

常规钻井中钻井液静止时井底压力为静液柱压力，循环时井底压力为静液柱压力加循环动压。“注气稳压技术”就是：一旦钻井液开始循环，就向钻井液内连续注入适量气体，使气体对全井液柱压力的减少恰好相当于钻井液循环产生的井底动压，这样，无论是循环还是静止，井底压力始终维持在一条线上（等于静止液柱压力），从而消除了钻井操作引起的井底压力变化（也可以使注气循环时井底压力稍低于储层压力以强化储层的发现、评价和保护，而静止不循环时井底压力等于或略高于储层压力，以强化井控安全）。

（5）灵活、迅速、准确的井底压力控制技术。

可以通过注气量大小的调节、流体流量大小的调节、井口回压大小的调节（节流阀开度和旁流泵流量），以及脱气、灌浆等手段实现灵活、迅速、准确的井底压力的调节与控制。

（6）起下钻波动压力消除技术。

采用由电脑、传感器和执行元件，通过固化程序控制的、与起下钻动作联动的伺服泵系统，以消除起下钻时产生的波动压力，实现起下钻过程中井底压力的平衡稳定。

在“第二代储层欠平衡钻井技术—全过程欠平衡钻完井”之上再增加，并配合使用上述6个技术模块，便产生了第三代储层欠平衡钻井技术——精细控制的全过程欠平衡钻完井。对具体一口井的实施，大致按下述工艺过程执行。

（1）根据地层压力预测和邻井参考资料，确定本井可能最低的、中间的、最高的地层压力。根据地质预测确定岩性、储层介质特性、地层流体和储层段厚度。

（2）以预测的地层压力中间值设计钻井液密度，以预测的地层压力最低值设计保证足够欠平衡的注气量。

（3）装备、工具、监测及计算等软硬件和人员队伍的到位。

（4）以最大注气量（保证能对预测最低地层压力实现欠平衡）循环钻进。一旦钻入储层，有油气产出，只钻入储层1～2m，停止钻进，保持循环，开始随钻的储层评价。

（5）随钻储层评价。

①储层流体样品分析：监测毒害气体种类及浓度，监测烃类组分及浓度，计算气油比、泡点或露点等参数。

②储层的原始压力及原始渗透率：以最大注气量稳定循环一周以上，直至产气量稳定，监测产气量，计算井底压力，这是第一测试点。适当减少注气量，使井底压力适当降低，进行第二点测试。如此进行若干个测试点（至少三个测试点）。如图2所示，将所有测试点绘于产气量－井底压力的坐标图上，回归直线与井底压力轴的交点就是未受扰动的储层压力，回归直线的斜率经处理后得到未受伤害的储层渗透率。

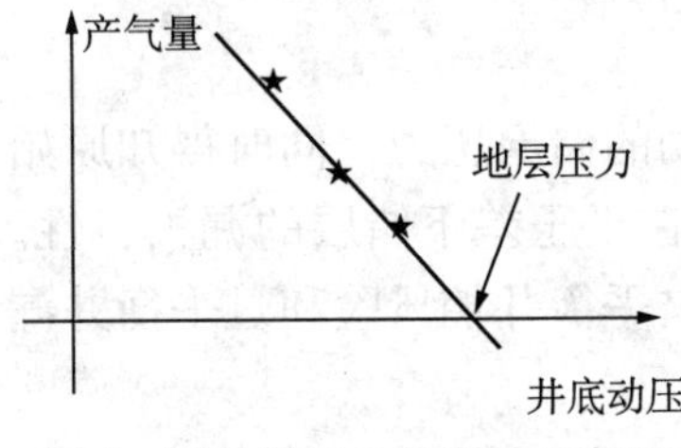

图2 随钻储层参数测试示意图

③储层的漏失特性测试：为了保护储层，一般不建议进行该项测试，因为根据已知渗透率，可以估计储层的漏失特征。如果必须进行此项测试，则先减少注气量至井底压力与地层压力平衡（如果停止注汽后仍然达不到平衡，则增大回压或增大排量达到平衡）。再增大井底压力至过平衡，准确检测注入、返出液体量，计算漏失量；再次增大井底压力，监测、计算漏失量。如此找到漏失量与过平衡压差的关系。

④根据上述储层测试的结果，对整个储层钻穿进行风险评价（图3）：毒害气体的安全评价、高压引起的风险评价、高渗引起的风险评价、长井段引起的风险评价、井漏的风险评价等。在这些风险评价的基础上，确定兼顾安全和储层保护的钻井液密度及安全操作窗口决定的注气量、回压控制等配套措施。

（6）根据储层钻穿风险分析得到的安全操作结果，调整钻井液密度，确定最佳注气量，实施注气稳压的钻穿储层施工。在此过程中，有反复的按单根的规定性操作和随着储层井段长度增加的欠压差调整操作。

(7) 如果是钻穿多个产层或多条裂缝的情况，本方法还可以对每个产层的参数进行分析，切实做到“钻一口井探明所有产层”的目的，而且是每一产层都不伤害，都得到原始的状态参数。

(8) 产层钻穿之后，停止循环，反复执行脱气、灌浆，使井筒内充满不含气钻井液，使井下压力处于安全的平衡或微过平衡状态，然后启动“起下钻波动压力消除系统”，平稳起钻后，进入后续作业。

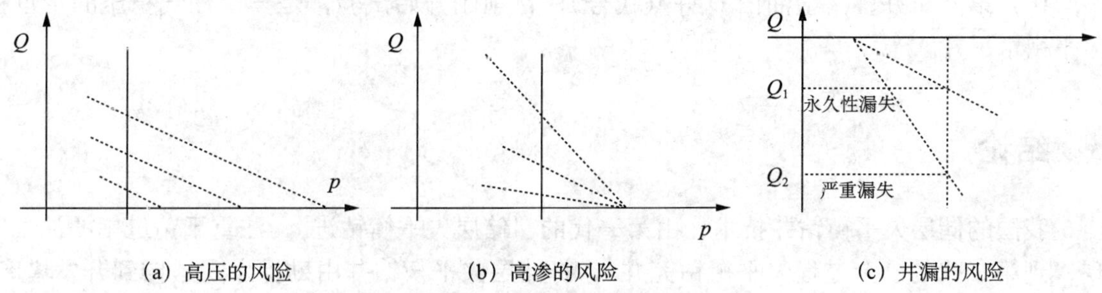

(a) 高压的风险　　(b) 高渗的风险　　(c) 井漏的风险

图3　钻穿储层的风险评价分析示意图

7　精细控制的全过程欠平衡钻完井的应用

第三代储层欠平衡钻井技术——精细控制的全过程欠平衡钻完井，是完全自主创新的中国特色技术，应该能够在效益与安全两者之间达到统一，预测至少在如下三方面将大有用武之地：

(1) 用于探井，可以在安全的条件下对所钻过的储层进行全面的储层评价，完全可以取代常规的中途测试，而且最关键的是能得到储层不受伤害的原始状态参数，可以对所有钻穿的储层进行随钻储层评价，而且成本低、周期短。因此，此项技术有望发展成为新的高效高精的勘探手段。

(2) 用于开发井，尤其是与水平井技术相结合，有望发展成为低投入、高产出的新型开发手段，可以大幅度提高单井产能、降低开发成本、缩短建井周期。

(3) 用于漏、喷同层的复杂窄窗口地层（如塔里木的塔中区块），是一种很好的MPD新方法。

目前该技术已在6口井进行现场试用，大致情况如下：

(1) 第一口井，塔里木TZ62−27井，2007年8月。由于没有钻到储层，导致没有取得预期效果。但装备、工具、仪器、模型、工艺都实验成功了。

(2) 第二口井，塔里木TZ62−13H井，2008年2月。由于设备故障导致注气中断、伤害储层，同时也由于水平井的钻井液脉冲信号传输问题，导致未取得理想效果。但钻井中的防漏制漏效果很明显。

(3) 第三口井，南堡油田A井（代号），2009年12月。该井首次随钻储层评价成功，求得了准确的地层压力和渗透率。但由于井下工具原因导致了中途多次过平衡，随钻储层评价得到了储层伤害的表皮系数和储层超前伤害的论据。钻穿储层后的长时间欠平衡循环反排，使伤害得以消除，获产油 $80m^3/d$，产气 $32\times10^4m^3/d$。

(4) 第四口井，南堡油田 B 井（代号），2010 年 3 月。该井由于没有钻遇良好储层，同时也由于井下工具原因导致了中途多次过平衡，储层伤害比较严重，故总体效果不佳。

(5) 第五口井，南堡油田 C 井（代号），2010 年 6 月。该井比上两口井注重了钻进中的注气稳压全过程欠平衡，获得了较为理想的随钻产能评价和渗透率曲线，基本上说明了本文方法的正确性和实用性。

(6) 第六口井，南堡油田 D 井（代号），目前刚开始试验，是一口注气稳压的全过程欠平衡水平井。

8 结论

我国的储层欠平衡钻井技术，由第一代的“储层欠平衡钻进”，注重于钻进中的油气发现，到第二代的“全过程欠平衡钻完井”，将储层欠平衡钻井由勘探发现延伸到开发增产，这是一个大的进步。目前，又由第二代的“全过程欠平衡钻完井”发展到第三代的“精细控制的全过程欠平衡钻完井”，不但解决了安全问题，而且发展出了可以实现高精度、高可靠性的储层随钻评价（这可以衍生新的高效探井技术），以及良好保护储层的钻完井技术（这可以衍生出高效的钻井增产技术），这又是一个大的进步。这个过程也说明：国际上的欠平衡钻井技术也不成熟、完善，也还有许多值得进一步发展的必需。走自力更生、发展自身特色的原创技术是不断创新前进的根本动力，同样也期待着第四代储层欠平衡钻井技术的出现。

参考文献

Giancarlo Pia，Weatherford (UK) Ltd.Underbalabced Production Steering Delivers Record Procuctivity [R] SPE 77529

孟英峰，等 . 一种随钻测试储层参数特性并实时调整钻井措施的方法 [P] . ZL200610021795.X.

孟英峰，等 . 注气稳压钻井方法 [P] .ZL200610021794.5.

刘绘新，孟英峰，等 . 一种压井作业控制装置 [P] .ZL200410040068.9.

孟英峰，等 . 一种消除起钻抽吸压力的注入系统 [P] .ZL200510020178.3.

不同钻井方式下井底应力场研究

石祥超　孟英峰　李永杰　冷雪霜

（油气藏地质及开发工程国家重点实验室·西南石油大学）

摘　要：基于流固耦合理论，应用有限元的方法对不同钻井方式下的井底应力场进行了分析。分析结果显示，钻井方式的改变对井底应力场的影响极大，孔隙压力的改变对不同钻井条件下井底的应力场有一定的影响，孔隙压力有助于井底岩石增加最小主应力值，有利于岩石的破碎，地应力同样对井底应力场有一定的影响，极大的水平主应力对井底岩石的挤压作用有利破岩。

关键词：井底应力场　地应力　孔隙压力　钻井方式

在钻井过程中，随着钻井深度的增加，机械钻速逐渐减小，人们将其原因归结为“压持效应”，也就是液柱压力对易破碎岩屑的影响，由于随着井筒压力的增加，岩石破碎后的岩屑不能及时脱离井底，增加了钻头重复切削的机会，另外是对未破碎岩石的影响，随着钻井深度的增加，原地应力不断增加，液柱压力增加，井底应力场发生了巨大的变化，这对井底岩石的强度有着重要的影响，因此，井底应力场的研究对岩石的破碎机理、井壁稳定、井斜有着重要的意义。

1985年，Warren就对井底应力场对机械钻速的影响进行了研究；1991年，吾用明利用三维光弹分析的方法分析了井底附近的应力场；1995年，董世明、施太和采用实验方法研究了井底应力对钻头漂移的影响；1998年，Ito、Kurosawa、Hayashi研究了井底的应力集中现象及对井眼形成的影响；2008年，彭烨利用研究了井底应力场对双级PDC钻头破岩效果的影响，2009年，王敏生、唐波研究了井底应力场对气体钻井井斜的影响。但是诸多研究主要针对过平衡和气体钻井条件对井斜和破岩的影响，并未考虑孔隙压力、原地应力条件对井底应力场的影响，未对不同的钻井下钻井介质对井底应力场的形成差异进行研究。

因此，本文基于流固耦合的理论，应用有限元的方法对不同钻井方式下的井底应力场进行了分析。

1　模型建立

设井孔的直径为$D = 0.314$m，在岩土工程中，一般模型的尺寸大于井孔直径的5～10

作者简介：石祥超（1981—　），男，西南石油大学油气井工程专业博士研究生，研究方向为气体钻井提速机理方面的研究。

倍的范围外可忽略所受的影响，模型的尺寸 H=2m，建立的井底几何模型如图 1 所示。

2 边界条件

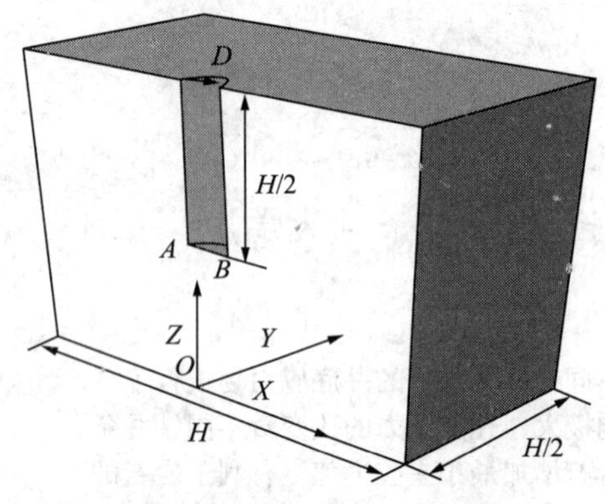

图 1 井底应力场分析模型

(1) 位移和约束边界。

在模型的 XOZ 面上加对称约束，在模型的底部 XOY 面上加 Z 方向约束，模型的前后、左右 4 个面分别约束 X 和 Y 方向的位移。

(2) 原始地应力场边界。

由于本文以深部岩石受力作为研究对象，假设岩石处于 1000m 井深，在模型的顶部 z 方向赋予上覆岩层压力 σ_z，x、y 赋予两个水平主应力 σ_H、σ_h，可根据不同的研究对象赋予不同的地应力方案。

(3) 井底、井壁压力边界。

由于井眼内部存在钻井介质（气体、液体），钻井介质对井底、井壁形成压力，因此在井壁和井底施加液柱压力 p_h。

(4) 孔隙压力边界。

由于钻头破碎岩石的过程瞬间完成，开挖前，对整个模型赋予孔隙压力为 p_P，在模型的周围设置为非排水边界；开挖后，由于开挖、注入新的钻井液的作用，改变了井壁的孔隙压力，井眼开挖后在井壁、井底内部设置 p_{phole}。

由于钻井破碎岩石过程瞬间完成，以井底为主要研究对象，因此，在所有的模型井眼和井底在开挖后设置为非排水边界。

方案 1：为了研究孔隙压力对不同钻井方式下井底应力场的影响，实施的边界条件如表 1 所示。

表 1 方案 1 不同钻井方式下的应力边界条件

钻井方式	开挖前，原地应力			开挖后，井内边界条件		
	σ_z（MPa）	σ_H（MPa）	σ_h（MPa）	液柱压力 p_h（MPa）	井壁孔隙边界 p_{phole}（MPa）	不同孔隙压力 p_P（MPa）
气体钻井	26.4	21.1	18.5	2	2	6/8/10/12
欠平衡钻井	26.4	21.1	18.5	7	7	7/9/11/13
过平衡钻井	26.4	21.1	18.5	15	15	9/11/13

方案 2：原地应力分为三种情况，即 $\sigma > \sigma_H > \sigma_h$，$\sigma_H > \sigma_z > \sigma_h$，$\sigma_H > \sigma_h > \sigma_z$。为了揭示井深增加对井底应力场的影响，分别设置两种原地应力情况进行研究：

$$\sigma_z\ (26.4\text{MPa}) > \sigma_H\ (21.1\text{MPa}) > \sigma_h\ (18.4\text{MPa}) \tag{1}$$

$$\sigma_H\ (26.4\text{MPa}) > \sigma_h\ (21.1\text{MPa}) > \sigma_z\ (18.4\text{MPa}) \tag{2}$$

两种情况下其他边界条件设置如表2所示。

表2 方案2不同钻井方式下的应力边界条件

钻井方式	开挖后，井内边界条件		
	液柱压力 p_h (MPa)	井壁孔隙边界 p_{phole} (MPa)	孔隙压力 p_P (MPa)
气体钻井	2	2	10
欠平衡钻井	7	7	10
过平衡钻井	15	15	10

3 材料参数

首先，假设岩石为各向同性材料，岩石材料参数取自川西地区某井砂岩岩心MTS三轴力学试验参数，杨氏模量27381MPa，泊松比为0.217，内聚力为27.2MPa，内摩擦角为39.2°。渗流参数：孔隙度为0.13，渗透系数为1.02×10^{-11}，孔隙水体积模量2GPa。

4 模拟结果

为了便于分析井底应力场的变化规律及分析各个因素对井底应力场的影响，特分析路径*A*—*B*，如图2所示，*A*为起始点，*B*为终点。

4.1 孔隙压力对井底应力场的影响

由图3可以看出，孔隙压力的改变对井底应力场都有一定的影响，进行井底应力分析时不能忽略，随着孔隙压力的增加，井底的等效应力值增加，也就是说，孔隙压力相当于多孔介质岩石内部的内张力，这个内张力使得井底岩石向着拉伸状态发展，使得井底的岩石更易于受拉破坏。

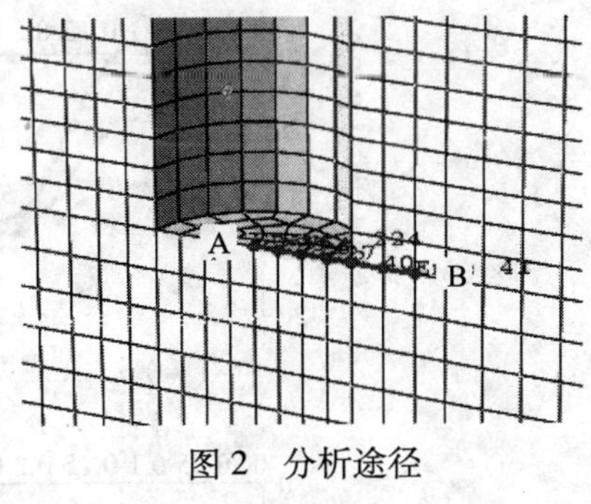

图2 分析途径

4.2 原地应力 $\sigma_z > \sigma_H > \sigma_h$ 条件下井底应力分析

由图4（a）可以看出，钻井方式的改变对最大主应力的影响最大，沿着路径*A*—*B*，气体钻井条件下的井底最大主应力井底附近为负值，但是只有−2MPa，随着半径的增加在靠近井壁的附近略微增加，在靠近井壁的附近出现了正值（压为负，拉为正），随着半径的继续增加，出现了急剧的下降，逐渐向原始地应力的最小主应力值靠近；在欠平衡和过平衡条件下，井底最大主应力随着半径的增加同样呈现出先增加后减小的趋势，然后随着直径的继续增加逐渐向原始地应力最小主应力值逼近。

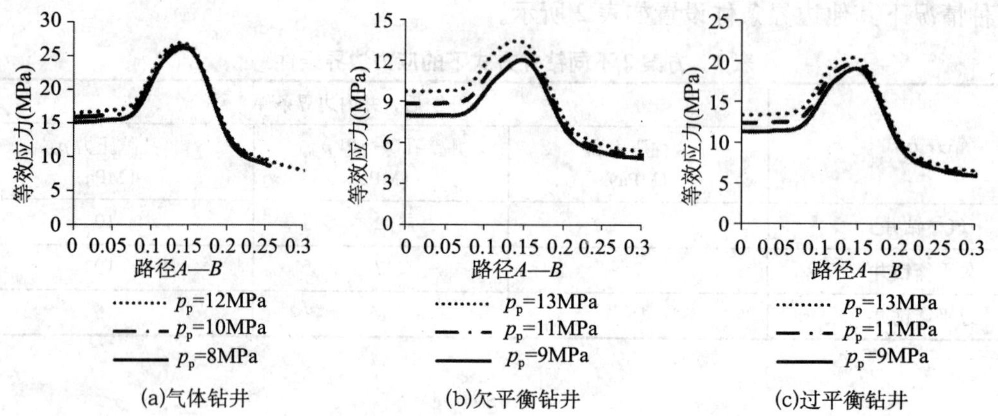

图3　不同钻井下井底路径 A—B 上等效应力曲线

由图4（b）和图4（c）可以看出，钻井方式的改变对中间主应力和最小主应力的影响不大。

由图4（d）可以看出，气体钻井井底应力场的等效应力最大，欠平衡的其次，过平衡的最小，也就是说随着液柱压力的增加，等效应力逐渐减小，随着半径的增加，等效应力先增加后减小，在井壁附近最大，也就是说在接近井壁与井底相交的附近出现了较强的应力集中，气体钻井条件下出现的应力集中情况更为显著。由图4还可以看出出现应力集中的位置没有发生变化，也就是说在靠近井壁附近的岩石更容易破碎。

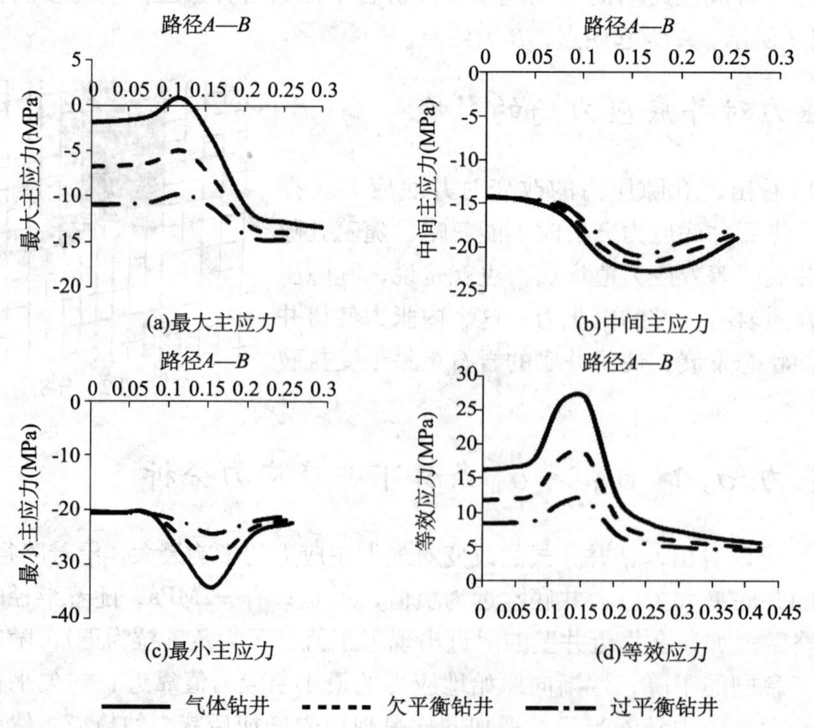

图4　原地应力 $\sigma_z > \sigma_H > \sigma_h$ 条件下不同钻井条件下路径 A—B 上井底应力场曲线

4.3 原地应力 $\sigma_H > \sigma_h > \sigma_z$ 井底应力场分析

由图5（a）可以看出，当垂向地应力为最大地应力时，气体钻井井底岩石的最大主应力全部为正值，也就是说处于拉伸状态，随着半径的增加应力趋于原地最小主应力。这主要是由于在 $\sigma_H > \sigma_h > \sigma_z$ 原地条件下，垂向地应力为最小主应力，而两个水平主应力为最大和中间主应力，在此情况下，水平主应力对井底产生较强的挤压作用使得井底在垂直方向产生了较强的拉应力。

由图5（b）和图5（c）可以看出在不同钻井条件下井底的中间主应力和最小主应力值变化不大，致使在接近井壁的不同的钻井方式应力值变化稍微变大，这可能是由于在井壁和井底接触处出现的应力集中造成的。

由图5（d）可以看出，在原地应力 $\sigma_H > \sigma_h > \sigma_z$ 条件下，等效应力的变化同图4（d）呈现出相同的趋势。

由上面的分析可以看出，钻井开挖卸荷，主要对井底的岩石产生了卸荷作用，液柱压力是影响卸荷作用大小的主要因素，由于气体钻井液柱压力极低，形成的卸荷作用最大，对气体钻井井底的最大主应力影响最大，能够使气体钻井的井底处于拉应力状态，欠平衡钻井卸荷作用次之，过平衡钻井的液柱压力最大，卸荷效应最差。

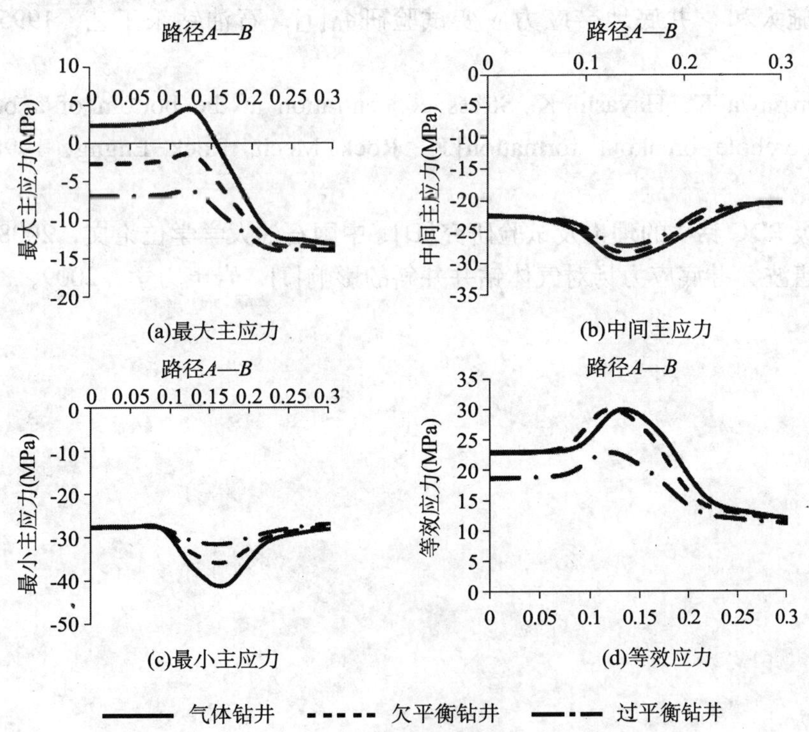

图5 原地应力 $\sigma_H > \sigma_h > \sigma_z$ 条件下不同钻井条件下路径 A—B 上井底应力场曲线

5 结论

本文钻井方式的改变对井底应力场有着重要的影响，在何种钻井条件下，在井壁与井底的交界都存在应力集中现象，但是气体钻井条件下的应力集中情况更为严重；无论在何种钻井方式下，孔隙压力都对井底应力场有一定的影响，随着孔隙压力的增加，有助于井底形成负压差，向着岩石易于破坏的方向发展；不同的原地应力对井底应力场的形成有着一定的影响，当井眼方式为最小主应力时，较大的水平主应力对井底形成了挤压作用，有助于使井底最大主应力增加，这有助于井底岩石的破碎。

参 考 文 献

刘希圣．钻井工艺原理（上册）：破岩原理[M]．北京：石油工业出版社，1988：23-34.

Warren T M，Smith M B. Bottomhole stress factors affecting drilling rate at depth [R]．SPE13381,1985.

吾用明，汪天庚，王维．井底地应力场光弹研究[J]．西南石油学院学报，1991，13(4)：88−95.

董世明，施太和．井底地带应力应变试验研究[J]．石油钻采工艺，1995，17（6）：25−27.

Ito T，Kurosawa K，Hayashi K. Stress concentration at the bottom of a borehole and its effect on borehole breakout formation[J]. Rock Mech. Rock Engng，1998，31 (3)：153–168.

彭烨．双级 PDC 钻头的理论及试验研究[D]．中国石油大学学位论文，2008：13−38.

王敏生，唐波．井底应力场对气体钻井井斜的影响[J]．岩土力学，2009，30(8)：2436 − 2441.

气体钻井井壁失稳因素分析研究

罗　华　李永杰　孟英峰　李　皋

（油气藏地质及开发工程国家重点实验室·西南石油大学）

摘　要：气体钻井从发展至今，由于其钻井气流密度低，易于形成欠平衡钻进，在提高钻速、发现油气田以及储层保护方面有着出色的表现，越来越受到钻井作业人员的重视。但是，在气体钻井过程中，人们发现了气体钻井的一些不足之处，其中井壁失稳问题尤为突出。为了快速高效进行气体钻井，针对现场施工中所出现的一些井壁失稳情况，对气体钻井井壁失稳因素进行了分析，总结了各个影响因素的作用机理。

关键词：气体钻井　井壁失稳　地层出水出气　井下燃爆

气体钻井是指利用气体代替常规钻井液作为循环流动介质而进行的钻井作业。该钻井技术最早始于20世纪30年代。1935年，在美国的得克萨斯州使用反循环技术利用管道天然气钻成了一口天然气井。由于气体钻井具有气体密度低、黏度低，对井筒施加的压力小，易于形成欠平衡钻进，从而实现快速提高钻井机械效率，防止井漏和易于发现油气藏等优点，在而后的几十年得到了较快发展。但是在应用该技术的过程中也出现了一些井下复杂情况，甚至造成安全事故。因此在实施气体钻井技术时，不得不考虑复杂情况的发生以及做好相应的应对策略。其中井壁失稳就是一个常见的情况。井壁稳定问题包括钻井过程中的井壁坍塌或缩径（由于岩石的剪切破坏或塑性流动）和地层破裂或压裂（由于岩石的拉伸破裂）两种类型。现在针对气体钻井中导致这两种失稳的因素进行分析。

1　气体钻井井壁失稳因素分析

1.1　地层出水导致的井壁不稳定

虽然在进行气体钻井前都要对地层可钻性进行研究，但是在现有技术条件下还不能完全确定地下复杂情况，气体钻井过程中会常常遇到地层出水的问题。过量的水与钻屑、井壁作用，导致黏土水化、膨胀、分散，岩屑容易黏糊成团，在井眼的周围形成泥环，从而引起卡钻、井壁垮塌等现象的发生。从图1可以看出，水化作用过后，泥页岩地层近井壁地带井壁稳定性发生变化，泥页岩地层坍塌密度增加，但最容易失稳点不在井壁表面，而

作者简介：罗华（1985—　），西南石油大学在读硕士，从事气体钻井、储层保护等方面的研究。

是距井壁表面一定距离。

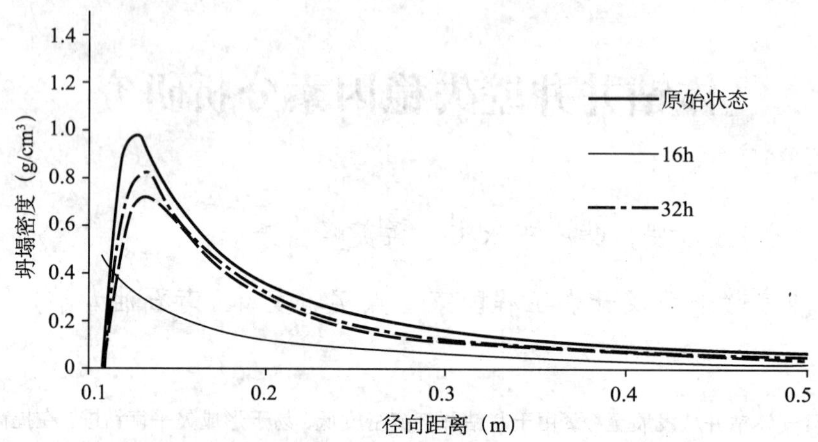

图1　泥页岩地层近井壁地带坍塌密度分布图

气体钻井过程中，如果地层大量出水，泥页岩地层与水长时间接触，就会导致泥页岩地层机械强度、应力状态和岩石物理性质改变。另外还会加剧邻近破碎性地层的井壁不稳定，引起邻近地层渗透率、孔隙度等岩石物理性质改变，导致邻近渗透性地层应力敏感性伤害。从图2可以看出，水化作用过后的泥页岩地层近井壁地带径向应力、周向应力发生明显变化，随着泥页岩地层与水基液相接触时间的不断增加，径向应力、周向应力不断变化。

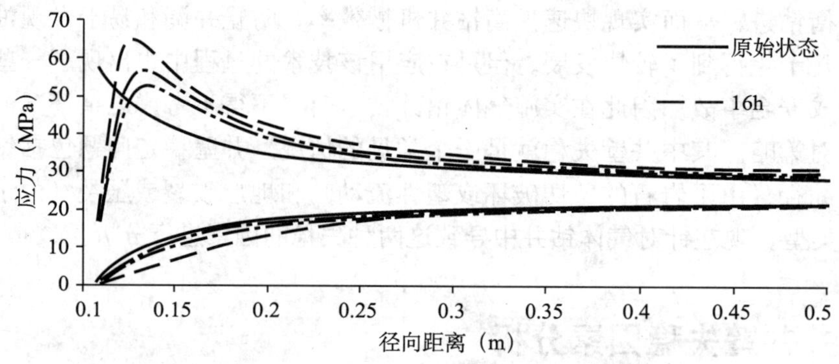

图2　气体钻井地层产水后泥页岩地层近井壁地带径向应力和周向应力分布图

1.2　地层出气导致的井壁不稳定

当钻遇异常高压地层时，地层大量出气后，井周岩石力学特征变得更为特殊、更为复杂，层间岩石相互影响，给气体钻井施工带来严重的安全威胁。

高压气层大量出气以后，必然引起井壁周围岩石孔隙压力分布发生变化，孔隙压力分布如同气井生产过程中出现的压降漏斗，越靠近井壁孔隙压力降低越明显，进而改变井壁周围岩石有效应力的分布，最终也将改变井壁周围地层稳定性。气体钻井中地层出气对井壁稳定性影响最直接的反应就是井壁坍塌密度会发生较大变化。图3某气田X_3井高压出气层段钻前与钻后地层坍塌密度对比图。从图3可以看出地层出气后地层坍塌密度要大于出气前坍塌密度，并且出气后的坍塌密度大部分超过临界值，说明出气后井壁易于失稳。

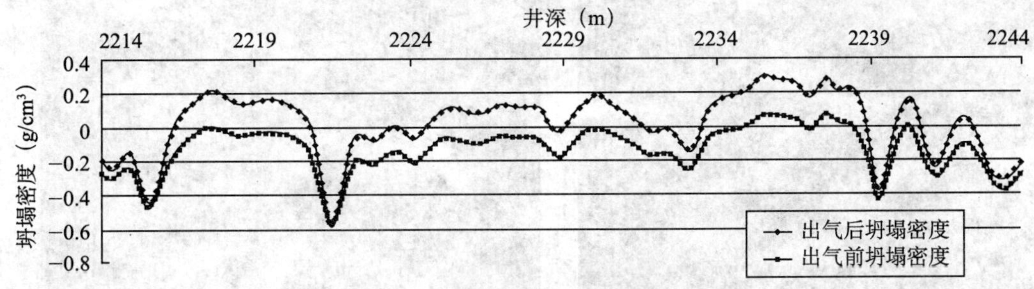

图3　X_3井高压地层出气前后坍塌密度对比

地层出气后，就会导致地层应力状态发生变化。一方面高压地层大量出气后近井壁地层孔隙压力急剧下降，导致近井壁岩石承受很高的有效垂向应力，当超过井眼周围岩石抗压强度时就会发生压垮失稳；另一方面大多数出气层在垂向上与一段泥页岩盖层相邻，当出气后，泥页岩盖层就失去了下部地层孔隙压力的支撑，导致受到的围压减小，岩石强度变弱而出现井壁坍塌。垂向应力发生变化会导致出气砂岩层段失稳或者上覆泥页岩盖层发生破裂失稳。高产气层出气以后，岩石受到的有效垂向应力为：

$$\sigma_z = \sigma_v - \mu\left[2\left(\sigma_{h1} - \sigma_{h2}\right)\times\frac{r_w^{\ 2}}{r^2}\times\cos 2\theta\right] + \delta\left[\zeta - f\right]\left(p_w - p_0\right) - \alpha\times p\left(r\right) \tag{1}$$

若岩石所承受的有效垂向压力超过岩石的抗压强度，近井壁岩石将会被压垮，从而导致井壁不稳定。

1.3　井下燃爆引起的井壁不稳定

空气钻井过程中，当钻遇油气层时，由于井下充满了可燃物质和氧气，此时若条件具备，遇到火星等点火源，就会发生井下着火和爆炸。

在空气钻井中钻遇的任何油气层，都具有发生井下燃爆危险的可能性。当原油和天然气等烃类可燃物质与含氧气体混合时，在混合含量达到燃爆范围并在着火条件的情况下，井下就可能发生燃爆，造成烧坏钻具、井壁裂缝坍塌、井眼报废等事故，给钻井带来巨大的经济损失。图4为某井井下燃爆后拍摄的钻杆烧毁实物图。图5为某井井下燃爆后取出的井底岩屑熔化物。

一般来说，钻遇地层为天然气产层时，空气钻井具有更大的危险性，因为天然气和空气的混合产物更具爆炸性（天然气燃爆浓度极限为5% ~ 15%），而空气和油的混合物一般导致井下着火。因此当井下同时存在空气和天然气时，关键要防止井下点火现象的发生和点火条件的形成。在空气钻井作业中，烃类气体着火的方式大致有：热自燃着火、热球着火、热板着火、火花着火四种方式。当井下着火后，返排出的气体组成成分的含量会发生比较大的变化，氧气含量会急剧下降，一氧化碳和二氧化碳的含量会急剧上升。根据这一特点，可以对井口返排气体进行监测，及早发现井下燃爆，防止或者减小事故。图6中的

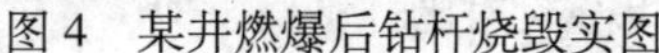
图4　某井燃爆后钻杆烧毁实图

图5　某井燃爆后井底岩屑熔化实图

各气体体积分数曲线起伏极大，可见井下发生了相当猛烈的燃烧，因此不难判断此时井下发生了燃爆，应立即按井队安全预案处理，避免事故发生。

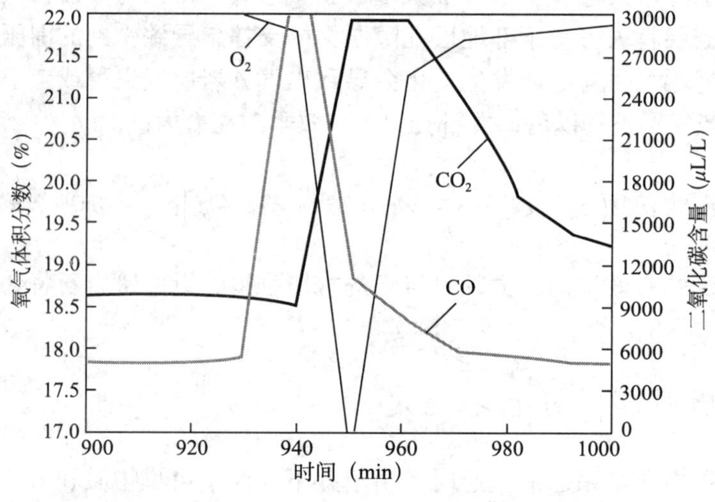

图6　井下燃爆曲线图

1.4　高速气流和碎屑冲撞剪切引起的井壁不稳定

采用气体来携带井底岩屑，需要足够的气流速度和气量。实验研究表明，当直径为1mm的岩屑颗粒以1m/s的速度冲击颗粒较细的井壁岩石表面时，作用于井壁岩石表面的有效剪切作用力将超过30MPa。这样大的切应力足以超过某些井壁岩石的抗剪强度而使井壁岩石表面遭到剪切破坏，岩石颗粒持续不断的冲击作用就会使井眼尺寸不断扩大，造成扩径或者井壁失稳。气体钻井时井眼环空中的气固流动状态给固体岩石颗粒冲击井壁提供了条件，高速气流携带的岩屑与井壁碰撞的频率和剪切应力更大，因而井眼更容易扩大，井壁更易失稳。

在实际气体钻井中，气体和夹带的固体钻屑向上运动通过井眼环空时，速率通常在15m/s以上（从井底到井口气流速度逐渐升高，井口气体流速最高接近100m/s）。当固体微粒以这个速率运移时会具有很强的磨蚀性，在遇到井下高温的情况时，情况更加严重，冲蚀效果也更强。如果采用天然气欠平衡钻井，井口附近气流的流速可达500m/s左右，其冲蚀作用十分强烈，所以在进行气体钻井时对井壁稳定性进行预测是相当重要的。

分析环空中岩屑颗粒的各种受力，本文认为各种单一岩屑颗粒在环空复杂流场中的运动受力状态如图7所示，该平衡力系一般是三维空间力系。在高速气流动力下，颗粒与周围物体发生不定向碰撞，从而对井壁产生巨大的冲蚀剪切作用。若能根据气流量来控制颗粒的运动状态，也许可以减少高速岩屑对井壁的作用。目前用于定量评价气体钻井条件下，高速岩屑对井壁表面碰撞导致井壁失稳的理论方法目前还不成熟，今后将加强这一方向的研究。

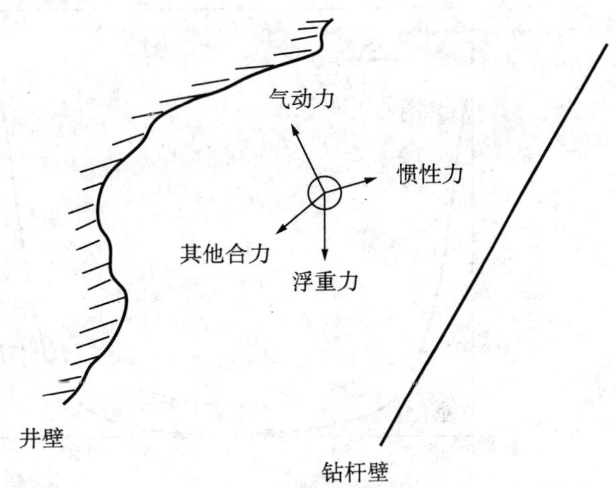

图7　单一岩屑颗粒的受力示意图

1.5　井眼形状和井身结构对井壁稳定性的影响

一般来说，在设计中钻井井眼都看着是圆形，但是在实际钻井中由于近井壁岩石在最小主应力方向受到的剪切应力最大，该方向岩石最易发生剪切垮塌失稳，导致井眼由最初圆形转变为椭圆形井眼。那么，在气体钻井过程中，椭圆形井眼是否比圆形井眼更加稳定呢？这时我们假设椭圆形井眼为一无限平板中间有一椭圆形孔，无限平板远端受有两个水平主应力 σ_1、σ_2、椭圆孔内为井筒内压力 p_w，对井壁周围岩石进行应力分析，得到井壁表面岩石应力分布表达式：

$$\sigma_r = p_w$$
$$\sigma_\theta = p_w + \frac{\left[(1+2m)\sin\theta^2 - m^2\cos\theta^2\right]\times\sigma_2 + \left[m(m+2)\cos\theta^2 - \sin\theta^2\right]\sigma_1 - 2mp_w}{\sin\theta^2 + m^2\times\cos\theta^2} \quad (2)$$

式中，θ 为井周角；m 为椭圆短轴长轴之比。

现在研究随着 m 逐步减小，即井眼形状从圆形向椭圆形转变过程。从图8可以看出，随着 m 减小，最小水平主应力方向岩石受到的周向应力增大，周向应力与径向应力之差在增加，井壁表面岩石所受到的有效剪切应力增加。井壁表面岩石所受到的有效剪切应力一旦超过岩石抗剪切强度，井壁出现剪切垮塌失稳。研究发现在气体钻井过程中，椭圆形井眼比圆形井眼更加不稳定。

对于气体钻井来说，合理的井身结构，能够封固井壁不稳定地层和出水量大的层位，为气体钻井创造有力的条件。同时在气体钻井过程中，要防止井斜过大。如果井斜控制不当，可导致地应力集中，轴向应力集合点可能是井壁岩石剥落的突破点。

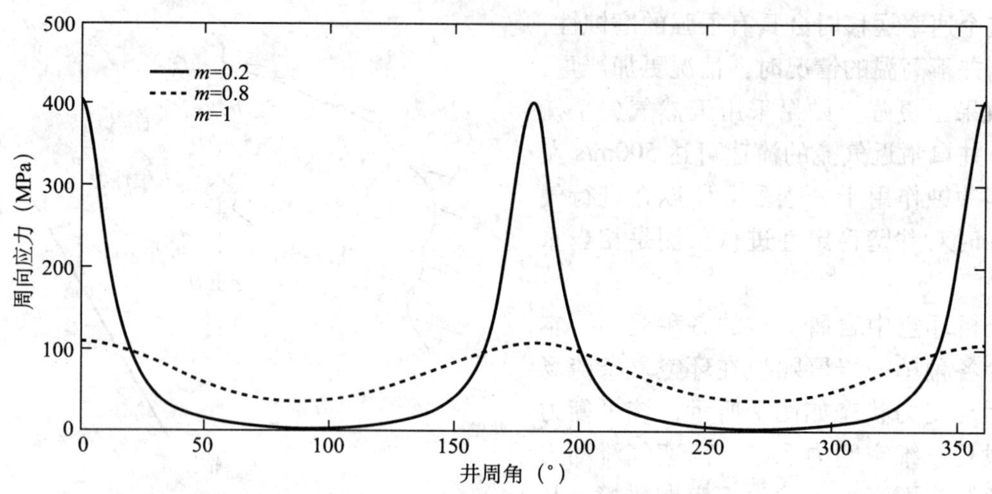

图8　气体钻井井壁周向应力分布与 m 间的关系

1.6　钻具振动对井壁稳定性的影响

在气体钻井过程中，由于井筒内循环介质为干燥的气体，密度很小，对钻具的稳定作用较小，钻具高速旋转钻进时，伴有强烈的横向振动，高质量高速度的钻具对井壁表面岩石的碰撞敲击作用不可忽略。目前还无法定量计算评价钻具振动对近井壁岩石稳定性的影响。一些国内外专家用能量法评价分析了井壁失稳的原因。该研究认为钻进过程中，井壁与钻井液、钻具接触后，能量通过各种方式进行传递，当井壁集聚的能量超过岩石承受的上限时，则产生微裂缝，释放多余的能量，会导致井壁岩石垮塌崩落。

2　结论

（1）气体钻进过程中，地层出水出气、井下燃爆、高速气流和岩屑冲刷剪切、井眼形状发生变化以及钻具震动都会引起井壁应力发生变化，导致井壁掉块、崩落、坍塌等失稳现象发生。

（2）地层出水主要导致井壁泥页岩水化发生坍塌。研究发现井壁失稳点不在井壁表面上，而是距井壁表面一定距离。

（3）地层出气主要导致地层孔隙压力发生变化，当垂向有效应力大于岩石的抗压强度时，地层将会压垮失稳。

（4）井眼形状由圆形变到椭圆形过程中，井壁岩石受到的剪切拉伸应力变大，从而导致地层拉伸、破裂失稳。

（5）井下燃爆产生的强冲击波使井壁坍塌破裂。高速气流和岩屑对井壁进行冲撞剪切，导致井壁岩石掉块、崩落。

（6）高速度高质量的钻柱对井壁进行震动冲击，当井壁聚集的能量超过岩石承受的上限时，井壁就会产生裂缝，导致垮塌崩裂。

参 考 文 献

Lyons William C，Guo Boyun，Seidel Frank A. Air and gas drilling manual [M] .2nd ed. New York：The McGraw–Hill Companies Inc.，2001.

徐同台．井壁稳定技术研究现状及发展方向 [J] ．钻井液与完井液，1997，14（4）：36–43.

王进涛，周成华，张珍，等．气体钻井封堵出水层技术展望 [J] ．内蒙古石油化工，2009，(7)：100–101.

张建国．气体钻井井壁稳定性问题研究 [J] ．化学工程与装备，2008，(4)：51–54.

张杰，李皋．地层出气对气体钻井井壁稳定性影响规律研究 [J] ．石油钻探技术，2007，35（5）：76–78.

李永杰，陈一健，孟英峰．井下燃爆监测技术在气体钻井中的应用 [J] ．天然气工业，2008，28（5）：50–52.

高如军，何世明，等．气体钻井环空岩屑颗粒碰撞对井壁稳定性的影响 [J] ．钻井液与完井液，2007，24（增刊）：69–71.

万里平，孟英峰，等．气基流体欠平衡钻井腐蚀 / 冲蚀研究现状及进展 [J] ．天然气工业，2007，27（6）：64–67.

韩福彬，刘永贵，等．大庆深层气体钻井复杂事故影响因素与对策分析 [J] ．石油钻采工艺，2010，32（4）：12–15.

姚新珠，时天钟，等．泥页岩井壁失稳原因及对策分析 [J] ．钻井液与完井液，2001，18（3）：38–42.

气体钻水平井井径扩大环空流动特征数值模拟

魏　纳　孟英峰　李孝军　李永杰

（西南石油大学油气藏地质及开发工程国家重点实验室）

摘　要：气体钻水平井能最大限度地暴露、保护储层，同时也是防漏、治漏的良好手段，而它的工程难点在于井眼净化，即安全携岩。由于水平井中岩屑受力状态与直井有很大不同，特别是遇到井径扩大更是携岩的关键点。因此，本文在分析水平井岩屑运移特点和建立环空连续性方程、动能方程的基础上，以实际井为例考虑不同井径扩大率，数值模拟其扩径段气固两相流动状态，包括气固速度、岩屑浓度、压力分布等，经过数据分析得到规律性认识。该研究对于认识气体钻水平井井径扩大段的气固两相流动和安全钻进有着积极意义。

关键词：气体钻水平井　井径扩大　关键点　气固两相流动

随着钻水平井导向技术的发展以及我国薄层油气藏的开发需求，气体钻水平井技术成为国内外钻井界关注的热点，而它的工程核心问题在于水平段井眼净化。

气体钻水平井携岩难点与机理：水平井与直井中其岩屑受力状态不同，导致其运动机理不一样，如图1所示。在气体钻垂直井时，井底产生的岩屑如果足够小，则其被带至环空，随上升气流被带至井口；如果岩屑太大，则不能被带至环空（或在环空中不能被带走，而最终又回落井底），在井底大块岩屑被重复破碎成为小岩屑，直至小到可以被气流带走。但在水平井中则不然：水平井中岩屑一旦产生，脱离井底，则无论大小，均难以再回到井底被重复破碎。小颗粒可以被气流携带、进入垂直段，再带出井口；而大颗粒就滞留于井壁，堆积成床。岩屑床的堆积，进一步影响其后方的井筒的正常携岩，使井眼净化进一步恶化。

气体钻水平井扩径段携岩难点与机理：水平井井径扩大的情况不仅具有水平井井眼净化的普遍携岩难度，更重要的是由于扩径段的流速降低以及气体回流的影响，如图2所示，使其连续携岩难上加难。因此，有必要在建立水平井筒流动基本数学模型的基础上，通过数值模拟研究水平扩径段的流动规律与岩屑运移情况得出规律性认识，在此基础上形成一套关键点注气量优化设计方法，从而为气体钻水平井安全钻进与地面注气设备选型提供依据。

基金项目：本文受国家自然科学基金项目“气体钻井腐蚀／冲蚀规律研究”（编号50974106）资助。

作者简介：魏纳（1980—　），男，成都人，西南石油大学博士研究生，从事欠平衡钻井多相流方面研究。

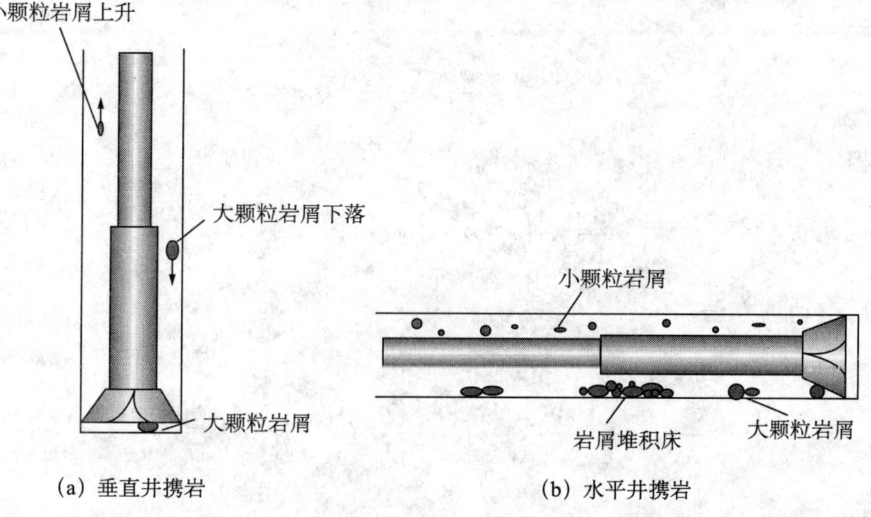

图1 直井、水平井岩屑运移规律

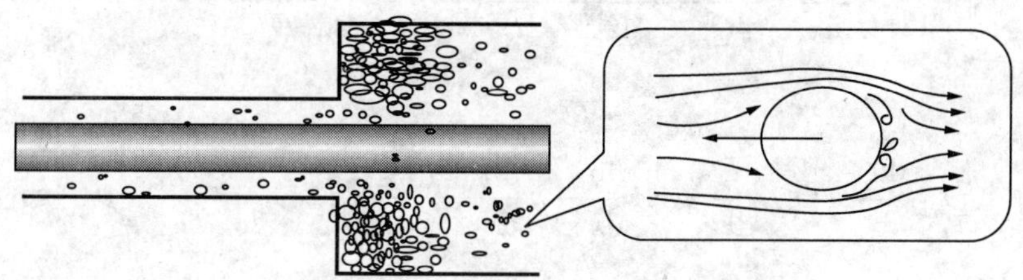

图2 水平井井径扩大处岩屑流动状态

1 基本数学模型

1.1 模型假设条件

在干气以及产少量地层液体情况下，井筒环空可以看做是气固两相流动，并做如下假设：

(1) 环空气体满足理想气体状态方程；

(2) 没有相间传质，不考虑管壁的附面层效应和管壁的换热；

(3) 钻柱与井眼同心，不考虑钻柱旋转的影响。

1.2 基本模型建立

(1) 环空连续方程。

气相：

$$\frac{d(A \cdot \phi_g \cdot \rho_g \cdot v_g)}{dx} = 0 \tag{1}$$

固相：

$$\frac{\mathrm{d}(A\cdot\phi_s\cdot\rho_s\cdot v_s)}{\mathrm{d}x}=0 \tag{2}$$

混合相：

$$\frac{\mathrm{d}}{\mathrm{d}x}\left[A\cdot\left(\phi_g\cdot\rho_g\cdot v_g+\phi_s\cdot\rho_s\cdot v_s\right)\right]=0 \tag{3}$$

（2）环空动量方程。

气相：

$$\frac{\mathrm{d}v_g}{\mathrm{d}x}=-\frac{1}{Q_{mg}}\frac{\mathrm{d}(p_g A)}{\mathrm{d}x}-\frac{f_{Re}}{t_v}\frac{Q_{ms}}{Q_{mg}}(\frac{v_g}{v_s}-1)-\frac{f_g}{2}\frac{v_g}{D}-\frac{g}{v_g} \tag{4}$$

固相：

$$\frac{\mathrm{d}v_s}{\mathrm{d}x}=-\frac{1}{Q_{ms}}\frac{\mathrm{d}(p_s A)}{\mathrm{d}x}-\frac{f_{pe}}{t_v}(\frac{v_g}{v_s}-1)-\frac{f_s}{2}\frac{v_s}{D}-\frac{g}{v_s} \tag{5}$$

混合相：

$$Q_{mg}\frac{\mathrm{d}v_g}{\mathrm{d}x}+Q_{ms}\frac{\mathrm{d}v_s}{\mathrm{d}x}=-A\frac{\mathrm{d}p}{\mathrm{d}x}-p\frac{\mathrm{d}A}{\mathrm{d}x}-\frac{f_g}{2}\frac{Q_{mg}v_g}{D}-\frac{f_s}{2}\frac{Q_{ms}v_s}{D}-\rho_m Ag \tag{6}$$

2 实例分析

根据前文所建立的数学模型，以 × 井为例进行模拟计算。该井三开井身结构如表1所示，该井三开气体钻水平井注气量85m³/min，机械钻速6m/h。钻具组合：ϕ152.4mm钻头+回压阀+调整短节+气体钻井专用扶正器+120.7mm空气螺杆（1°）+EMWD+专用绝缘接头+ϕ88.9mm斜坡钻杆585m+ϕ88.9mm斜坡加重钻杆12柱+ϕ127mm斜坡钻杆+方保+方钻杆下旋塞+108mm六方钻杆。

表1 × 井井身结构

开钻次序	钻头尺寸 × 钻深（mm × m）	套管尺寸 × 下深（mm × m）	水泥返深（m）	套管鞋层位
一开	314.1 × 352	273.1 × 350	0	夹关组上部砂体
二开	241.3 × 1704	177.8 × 1702	0	穿过A靶10m
三开	152.4 × 1994.5	裸眼完钻	气体钻井顺利打完	
		114.3 ×（1550 ~ 1991）	1550	B靶

考虑扩径段钻进，扩径段1800 ~ 1950m，扩径系数分别为1.3、1.5、1.9。其模拟计算各项主要钻进参数如下。

在井深1800m处井眼扩径后，在从钻杆与裸眼环空到刚扩径环空处，压力有个降落又回升的过程。如图3所示，随着井眼扩径系数的增大，压力下降又回升所经历的管道长度会逐渐增长。

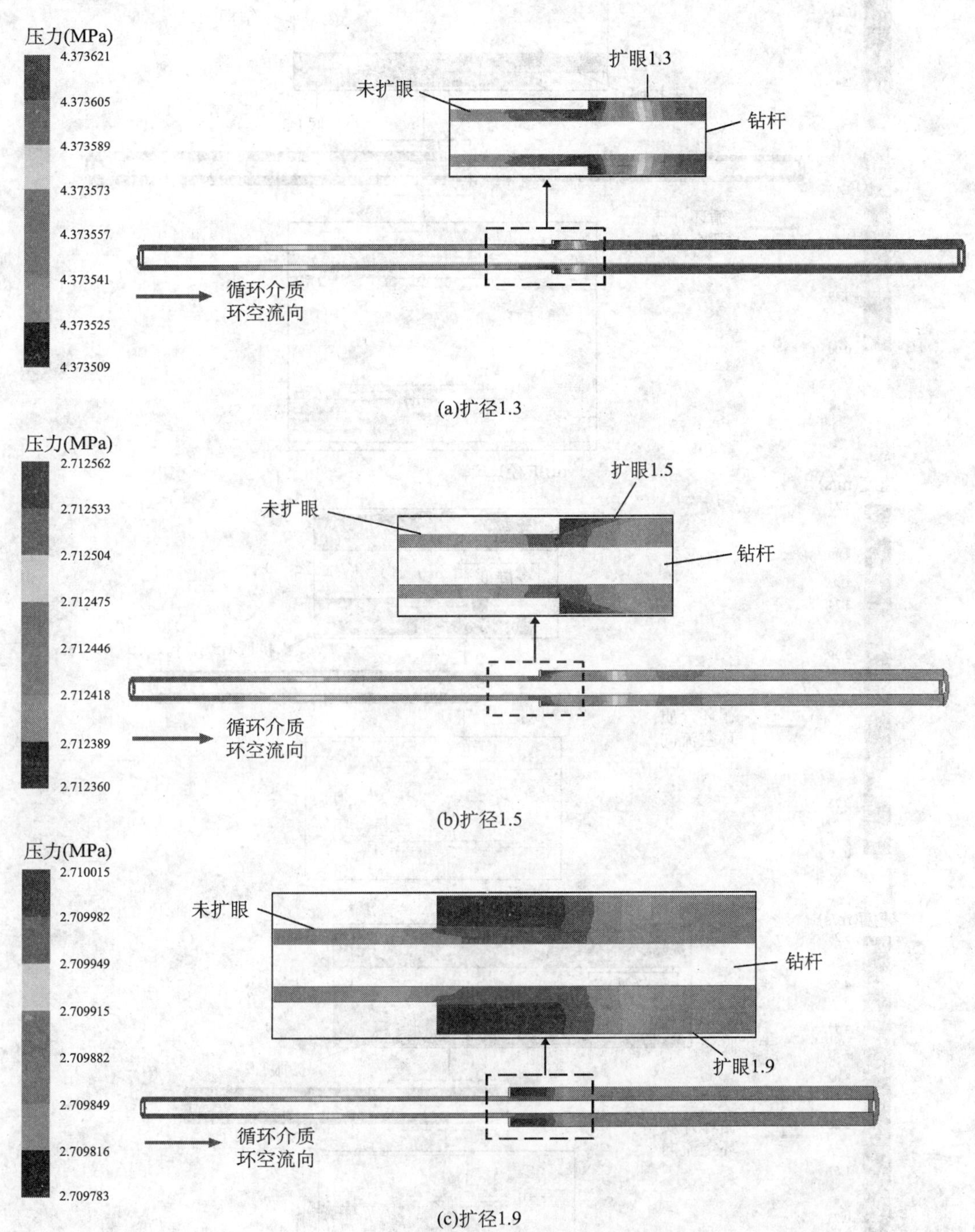

(a)扩径1.3

(b)扩径1.5

(c)扩径1.9

图3　扩径段环空模型压力分布云图

在井深1800m处，携岩气体从未扩径环空流向扩径环空，如图4所示。对于扩径后的气体运移速度而言，井眼环空尺寸的变化对其影响巨大。从速度剖面来看，扩径1.3、1.5、

速度(m/s)
3.41
2.93
2.44
1.95
1.46
0.98
0.49
0.00
钻杆
未扩眼
扩眼1.3
循环介质
环空流向
(a)扩径1.3
速度(m/s)
5.24
4.49
3.74
2.99
2.25
1.50
0.75
0.00
未扩眼
零静液流
钻杆
扩眼1.5
循环介质
环空流向
(b)扩径1.5
速度(m/s)
5.28
4.52
3.77
3.02
2.26
1.51
0.75
0.00
零静液流
钻杆
未扩眼
扩眼1.9
循环介质
环空流向
(c)扩径1.9

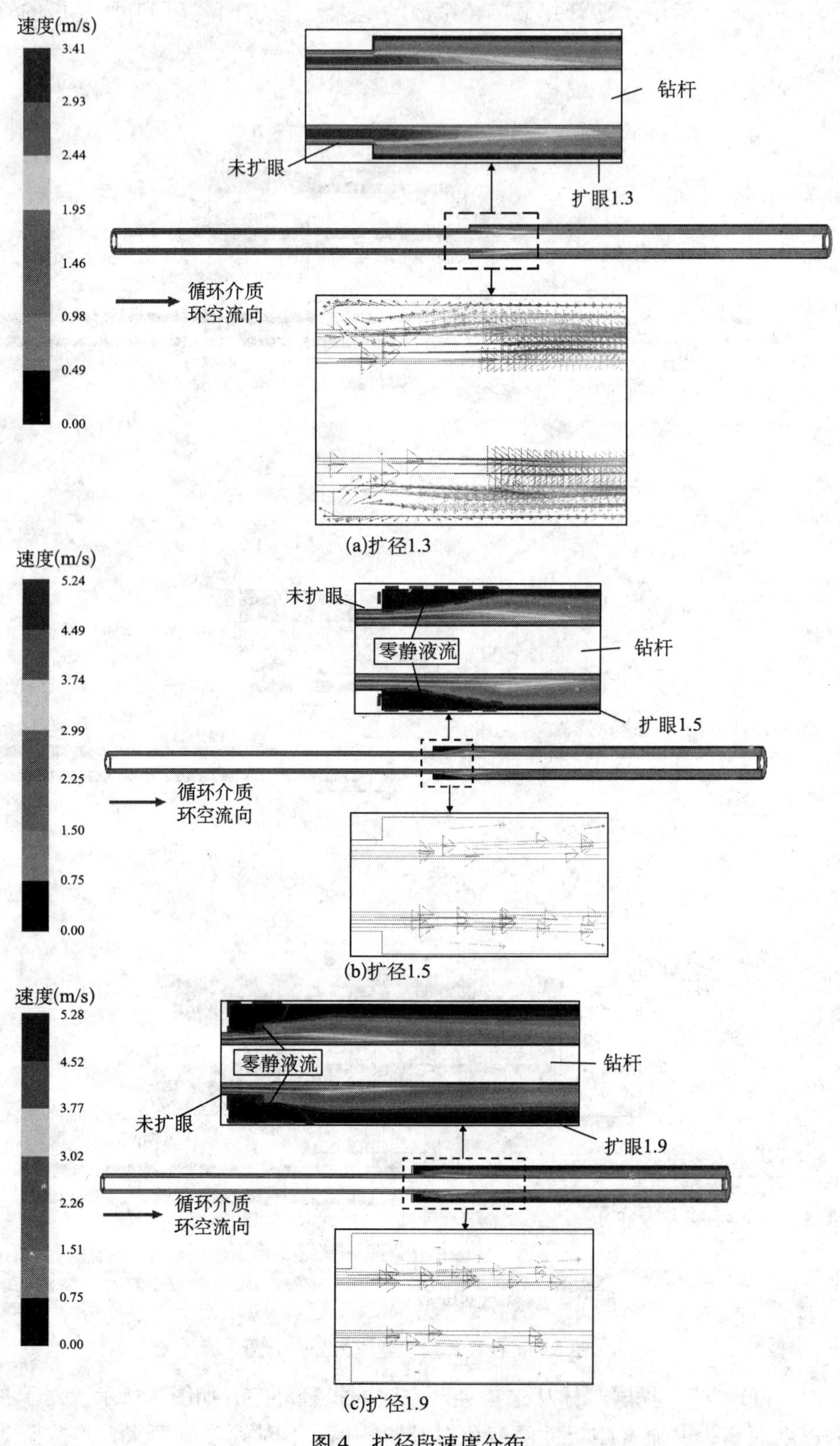

图 4　扩径段速度分布

1.9 后，扩径段平均速度为 2.5m/s、1.7m/s、1.5m/s。而扩径系数大于等于 1.5 时，在扩径起点处存在一定区域的零流区。扩径系数越大，低速流的区域就越长，在扩径下部区域容易堆积岩屑，填充井眼。

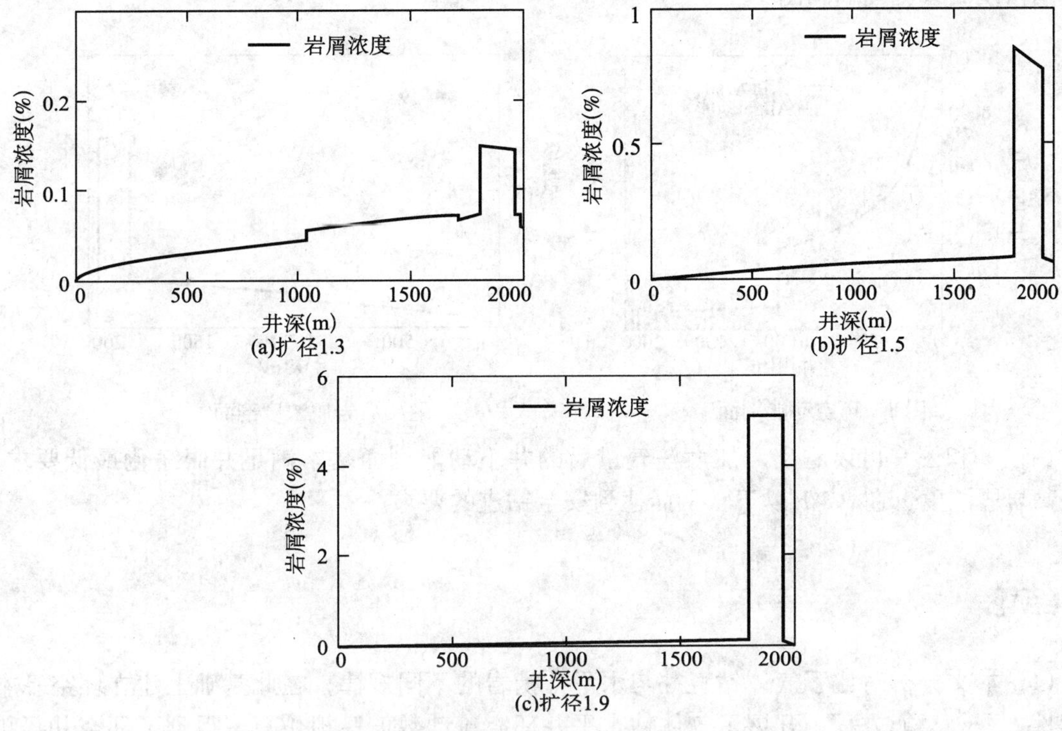

图 5　岩屑浓度剖面

岩屑浓度直接反映了在此施工参数条件下的井眼净化情况和岩屑滞留程度，从上述三种扩径条件下的岩屑浓度曲线（图 5）可以看出，在扩径段的岩屑浓度是整个井眼中最高的。通过三种不同扩径系数下的数值模拟，岩屑浓度分别为 0.16%、0.8%、5%。

通过计算，如果井眼未扩径，在满足岩屑浓度 0.3% 以下和 Angel 最低动能的条件下，只需要 65m³/min 即可。此时，其气体动能曲线和岩屑浓度曲线见图 6 和图 7。

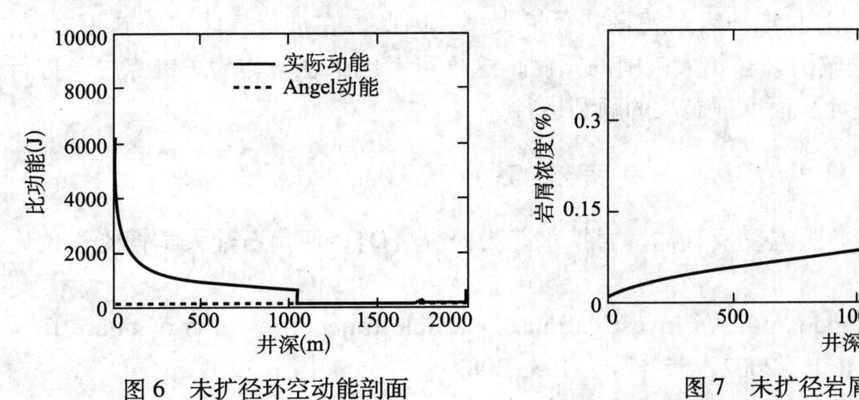

图 6　未扩径环空动能剖面　　　　图 7　未扩径岩屑浓度剖面

而如果发生扩径则只有加大注气量保证井眼净化，以扩径系数为 1.5 为例，通过数值计算，要想得到良好的井眼净化效果，必须在未扩径安全气量 65m³/min 基础上加大至 108m³/min 以上，使其关键点处动能和岩屑浓度满足安全钻进要求。这时，其气体动能曲线和岩屑浓度曲线见图 8 和图 9。

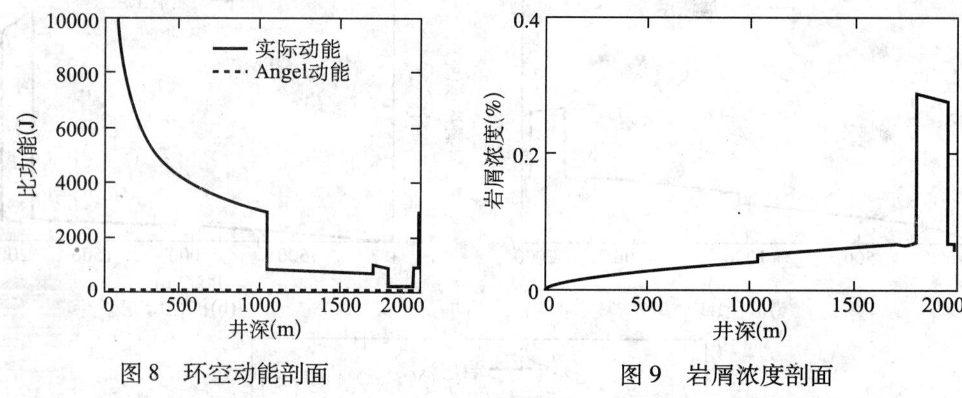

图 8　环空动能剖面　　　　图 9　岩屑浓度剖面

由图 8 和图 9 可以看出，加大注气量后的井下动能剖面基本满足井眼净化最低要求，其最高岩屑浓度也在 0.3% 以下，从而达到安全钻进的要求。

3　结论

（1）本文分析对比了气体钻直井与水平井携岩的不同规律，在此基础上建立环空基本连续性方程、动能方程，开展了气体钻水平井环空流动数值模拟仿真，得到了环空井径扩大段的气体压力、流速云图。

（2）气体在经历扩径段时环空压力有个降落又回升的过程，随着井眼扩径系数的增大，压力下降又回升所经历的长度会逐渐增长；扩径系数大于一定值时，在扩径变径处存在一定的零流区。扩径系数越大，低速区和回流区就越大越长，在扩径段下部区域越容易堆积岩屑，填充井眼。

（3）对于井眼净化效果而言，合理的环空流动空间至关重要，而在钻具组合一定的前提条件下，影响流动空间的唯一因素就是井径扩大率。因此，在进行气体钻井施工之前，可以根据邻井实钻情况做出井径扩大范围的预测，这样可考虑扩径段作为关键点之一进行施工前的最小注气量设计从而保证施工的顺利进行。

参 考 文 献

王存新．气体钻井井眼温度及气体携岩携水能力研究［D］．西南石油大学博士学位论文，2006：78－82.

Morsi S A.，Alexande A J. An investigation of particle trajectories in two－phase flow systems［J］. J. Fluid Mech，2002，55（2）：193－208.

郭建华．气体钻井环空气固两相流动数值模拟研究［D］．西南石油大学硕士学位论文，2006：32－35.

Chen Z.，Ahmed R M.，Miska S Z.，et al. Experimental study on cuttings transport with foam under simulated horizontal downhole conditions ［R］. IADC/SPE 99201，2006.

孟英峰，练章华，梁红，等. 气体钻水平井的携岩 CFD 数值模拟研究 ［J］. 天然气工业，2005，25（7）：50–52.

Mingqin Duan，Stefan Miska，Mengjiao Yu，et al. Critical conditions for effective sand–sized solids transport in horizontal and high–angle wells ［R］. SPE 106707，2007.

孟英峰，练章华，李永杰，等. 气体钻水平井的携岩研究及在白浅 111H 井的应用 ［J］. 天然气工业，2005，25（8）：50–53.

欠平衡钻井随钻储层监测评价技术及展望

孟英峰　李　皋　陈一健　李永杰

（油气藏地质及开发工程国家重点实验室·西南石油大学
CNPC欠平衡钻井重点研究室）

摘　要：欠平衡钻井过程中流体在压差作用下通过井筒流向地面，欠平衡钻井随钻储层监测评价技术通过产出流体监测、压力监测和随钻地层压力测试，可以实时获知地层压力、地层产量及物性参数等信息，同时可以判断井下欠平衡状态，有利于提高储层发现率并及时准确评价储层、提高欠平衡钻井工艺水平、降低钻井风险。本文主要介绍了欠平衡随钻储层监测评价技术的技术原理、仪器系统组成、储层参数解释评价方法，并对该项技术的进一步发展进行了讨论。

关键词：欠平衡钻井　随钻测试　储层评价　录井

利用欠平衡钻井方式钻开储层，井筒与地层之间形成负压差，能够避免地层流体进入地层导致的伤害，可以有效地保护储层。但是为了获知地层产量、地层压力、流体类型等信息，需要采用电缆地层测试（FMT、RFT或WFT）或钻杆测试（DST）等地层测试方法，这些测试过程可能中断欠平衡作业条件、延长钻井周期、提高作业成本，甚至增加钻井风险；而常规录井技术通过监测荧光、烃浓度变化可以一定程度判断产层位置及流体特性，但无法实时获知地层产量信息和地层压力信息，欠平衡穿越多个产层时可能会漏掉新的产层。新兴的系列随钻测试技术，如LWD技术通过信号解释可以间接获取地层岩性及物性参数，MWD和EM-MWD测试可以实时获得井底压力、地层物性参数，PWD测试可以获得井底压力，但这些技术无法实时获得地层产量信息，同时在测试地层压力上也存在困难。

欠平衡钻井储层监测评价技术综合利用钻井过程中的返出流体监测、井底与地面压力监测及随钻地层压力测试工艺，配合一套计算方法和解释技术，可以较为全面地实时获知井产量、产层渗透率、地层压力和井筒压力剖面，同时还可以准确识别新产层、判断产层位置、监测欠平衡钻进状态、识别钻井复杂和降低钻井风险，能够有效提高欠平衡钻井工艺水平与效率，在勘探开发领域具有广阔的应用前景。

作者简介：孟英峰（1954—　），教授、博士生导师，主要从事欠平衡钻井、气体钻井及储层保护方面的科研与教学工作。

1 随钻监测原理及系统组成

欠平衡钻井过程中，要想获知地层产量信息、解释地层参数和实时监控井筒欠平衡条件，需要随钻监测的主要参数项包括产出流体监测、压力监测、钻井参数监测和钻井液性能参数监测等，监测原理如下。

(1) 在线流体监测：包括返出液体和返出气体在线监测。通过在进液管线安装液体流量计和在出口管线安装液体流量计或安装分离器液面传感器可以测定返出液体流速，通过实时取样分析可以鉴定产出液体组成。在线气体监测主要通过在出口管线安装气体流量计在线计量累计和瞬时流量，通过在出口管线安装气体组分浓度传感器测量烃类及非烃类气体组成和组分浓度，对于充气钻井的情况还需要在注气管线安装气体流量计计量注入气体流量。相对于液体在线监测而言，气体在线监测相对容易实现且测量结果更为准确快速，因此对于气藏、凝析气藏或溶解气油比较高的油藏，主要监测返出气体流量及组成。

(2) 随钻压力监测包括井筒压力和地层压力随钻监测。国内外已有的井底压力随钻测试工具能够直接获得井底某一深度点的液柱压力，但无法获得已经钻开储层段的液柱压力剖面。需要同时在井口安装立压和套压传感器获得立压和套压数据，结合一套井筒压力计算方法可以获得整个井筒的压力剖面，由于有井底压力、立管压力和套压作为校正点，所实时计算的井筒液柱压力剖面相对可靠。目前国内外还没有一套相对成熟的地层压力测试工具，本文则发展了一套在现有技术设备条件下通过调节井筒液柱压力和监测地层产量信息的地层压力随钻测试技术。

(3) 钻井参数监测主要用于跟踪钻井深度、综合分析储层特征和判断井筒复杂条件。随钻监测项目主要包括钻井深度、钻时、钻压、扭矩、钻井液排量等，可以通过综合录井获得。

(4) 钻井液性能参数监测：主要用于井筒多相流计算、井眼净化分析和井筒复杂情况综合分析。主要监测项目包括钻井液入口密度、出口密度、钻井液流变性、含气率等，通过取样分析和在线密度传感器可以获得。

欠平衡钻井随钻监测仪器系统组成见图1。

2 随钻参数解释评价方法及原理

2.1 随钻井筒压力解释

通过欠平衡钻井多相流研究建立一套计算井筒压力剖面的计算模型并形成相应的计算软件。该软件通过输入钻井液性能参数、水力参数、钻具组合参数、井身结构参数和地层参数等可以计算出：(1) 任一井深井筒流动压力、循环压耗、静液柱压力及其他相关流动参数；(2) 非循环状态下的井筒压力参数及动态变化；(3) 地层产出流体情况下的井筒流动参数及压力变化。现场实施过程中，通过地面流量计随钻监测系统获得所需要的井

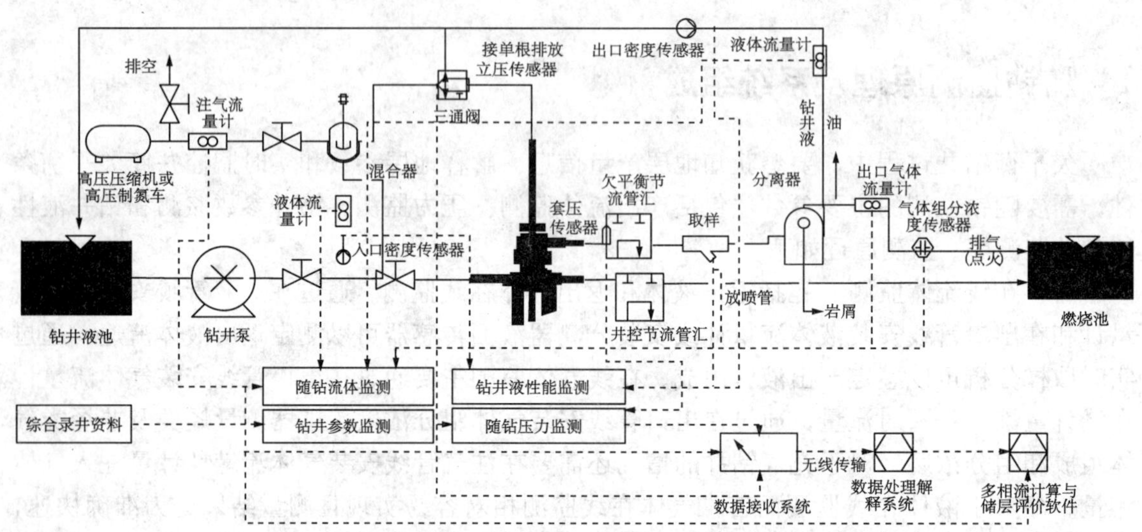

图1　欠平衡钻井随钻监测仪器系统示意图

深、地层流体产量、钻井液排量、钻井液密度、钻井液黏度、充气量、立管压力和套管压力等数据，结合其他基础数据，利用欠平衡钻井多相流计算软件可以实时计算井下全裸眼段的环空压力剖面数据。计算结果的可靠性一方面通过立管压力和套管压力符合程度来检验，另一方面通过安装存储式或在线式井下压力计直接测量井底某深度的液柱压力来检验理论计算对应深度的压力值。图2是某井随钻实测立管压力数据与利用欠平衡钻井多相流计算软件实时计算的立管压力数据对比结果，可以看出软件计算所得数据与实测数据较为吻合。

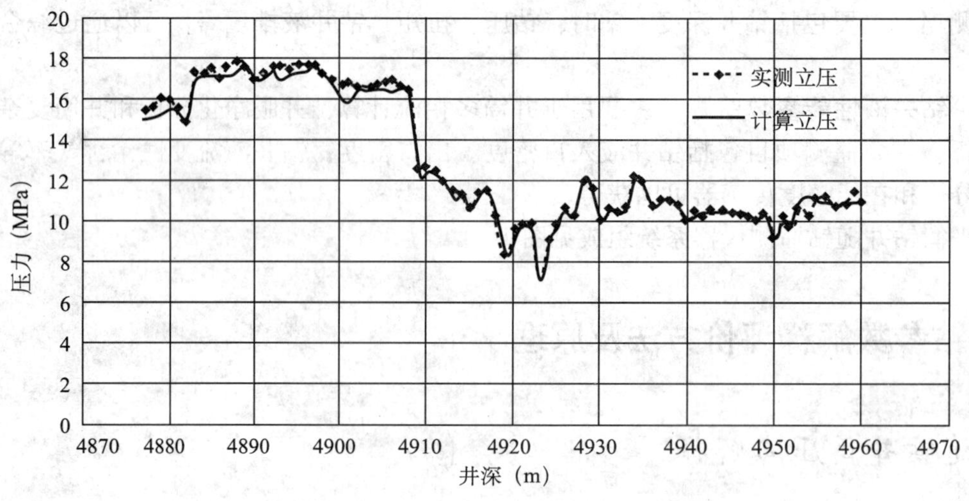

图2　某井欠平衡随钻测试立压与软件计算立压数据对比

2.2　地层压力随钻评价

地层压力是欠平衡钻井随钻储层评价所需的关键参数之一。目前国内外还没有成熟的随钻地层压力测试仪器，需要在目前钻井技术基础上的地层压力随钻测试方法的基本原理如下：欠平衡钻开新的产层时，在不同的欠平衡压差下经过井筒流向井口的地层流体产量将发生变化；通过调节井口回压或钻井液密度的方式改变井筒液柱剖面和欠平衡压差，对于充气钻井则可以通过改变充气量快速改变井筒液柱压力，同时通过地面流体监测系统测量钻井液循环稳定时的地层流体产量；通过井筒液柱压力解释获取测试点的井底流动压力，并在“井底流压—地层流体产量”图上绘制相应的数据点；通过测试获得至少3个数据点，进一步绘制“井底流压—地层流体产量”数据拟合关系，当拟合相关系数较高时，流体产量为0时所对应的井底流压则相当于测试点的地层压力数据。图3为某井利用上述方法在刚钻开储层时通过现场测试获得的“井底流压—产气量”关系，测试点对应的地层垂深4159.5m，回归得到地层压力系数1.027，与完钻测试解释结果吻合。上述地层压力测试需要在停钻循环条件下进行，目前已经进一步发展了在欠平衡钻进条件下的地层压力随钻测试方法。

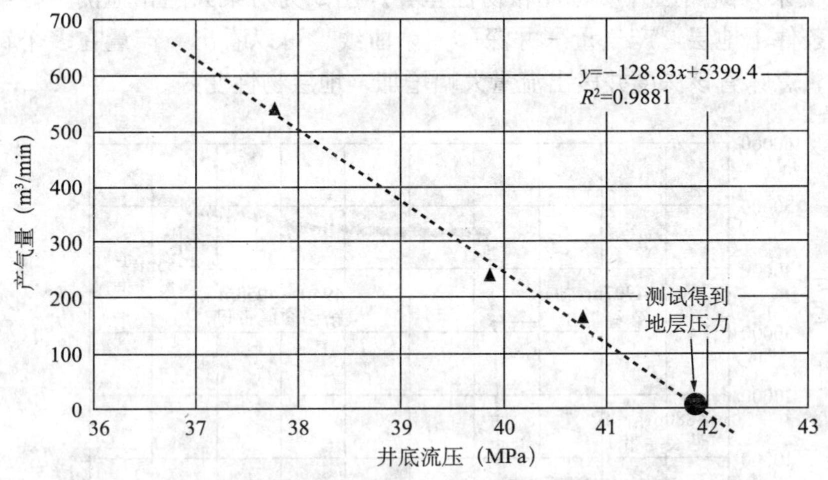

图3　某井欠平衡随钻实测产气量—井底流压关系

2.3　随钻储层产量与介质特性评价

随钻单井产量评价是欠平衡随钻监测评价技术的主要目标之一。通过地面流体随钻监测系统可以直接获得地层流体实时产量数据，包括地层产液量及产气量。由于欠平衡钻井过程中的各项工况参数、井筒压力条件、地层产量会随着井深及时间发生变化，直接监测得到的产量数据并不能直接用于单井随钻产量评价。需要开展井筒多相流及地层渗流理论研究，建立地层欠平衡钻井条件下的非稳定出流模型，利用实时监测的地层流体产量数据、对应的井筒压力和地层压力评价数据，计算出给定欠平衡压差下测量井深的地层产量数据，进而绘制“产量—井深”曲线进行储层随钻产量评价及其他储层特性解释。

对于不同储集介质类型的产层，通过随钻监测参数解释得到的“产量—井深”关系具有不同的特征。对于均值孔隙性产层，在给定欠平衡条件下，随井深的增加地层出流量稳定增加，因此其“产量—井深”曲线几乎呈直线关系（图4）。

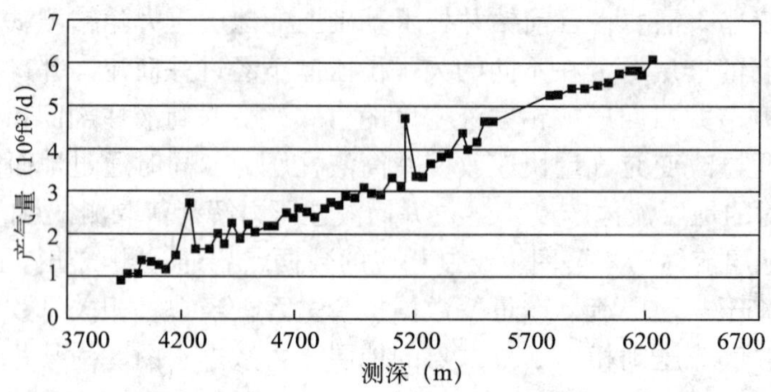

图4　均质砂岩的产气量随欠平衡钻进井深变化关系（加拿大）

而对于非均质地层，在给定欠平衡条件下高渗井段、低渗井段和非渗透夹层对地层出流量贡献不同，随钻产量并不随井深增加稳定上升，而呈现跳跃式变化，可以通过进一步解释这种变化关系判断储层介质特性和物性差异。图5为对某井随钻监测数据解释得到的欠压值3MPa条件下地层“产气量—井深”关系曲线。可以看出，产量在多个钻进深度段呈阶梯式跳跃，意味着该深度井段出流量大幅增加，地层物性变好。

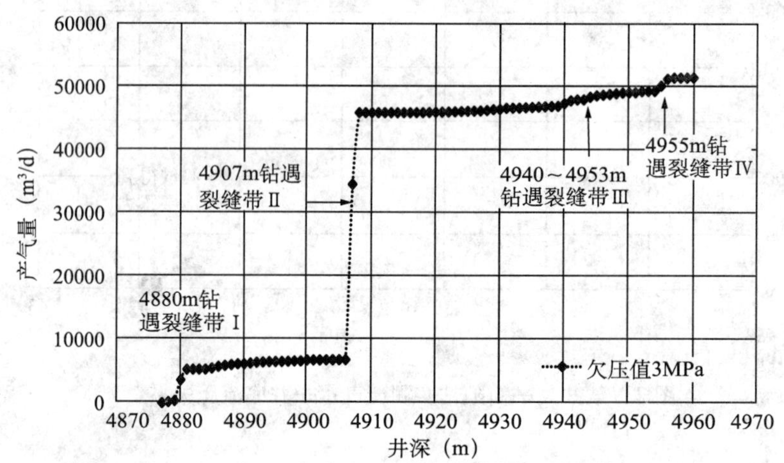

图5　某井欠压值3MPa下产气量随钻进深度变化规律

根据随钻解释的井筒压力、地层压力、随钻产量，以及不同类型地层介质的渗流模型，可以反求不同深度段的地层渗透率。根据图6为图5所示同井段的地层渗透率解释数据，可以发现对应于图5地层产气量阶梯式增加的井段地层渗透率急剧增加。由于所钻地层为碳酸盐地层，对应于随钻解释产量和渗透率急剧增加的井段可以解释为裂缝带。该井随钻评价解释共钻遇了4组裂缝带，评价出的裂缝带组数和深度与完钻成像测井解释成果吻合。

2.4　井底欠平衡状态判断

在随钻获得地层压力及井筒压力数据的基础上，结合随钻流体监测，可以判断所钻开产层段的欠平衡状态。如图7所示，在“井深—压力”曲线上利用揭开产层时测试的地层压力数据和随钻解释的井筒压力数据作出相应的压力曲线，若井底流压低于地层压力，则

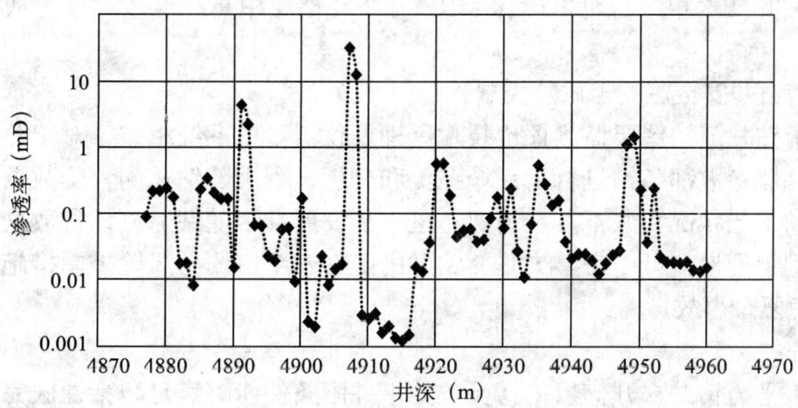

图 6　某井欠平衡井段渗透率解释成果

表明井筒处于欠平衡状态。对于长井眼段储层欠平衡钻井，由于循环摩阻存在，可能会存在局部井段（一般是下部井段）过平衡条件，此时井筒中仍有一部分流体进入井筒，但在产量解释数据上会体现为产量逐渐降低。当判断出现井筒过平衡或局部过平衡时可以通过相应的施工参数调节恢复欠平衡钻进。

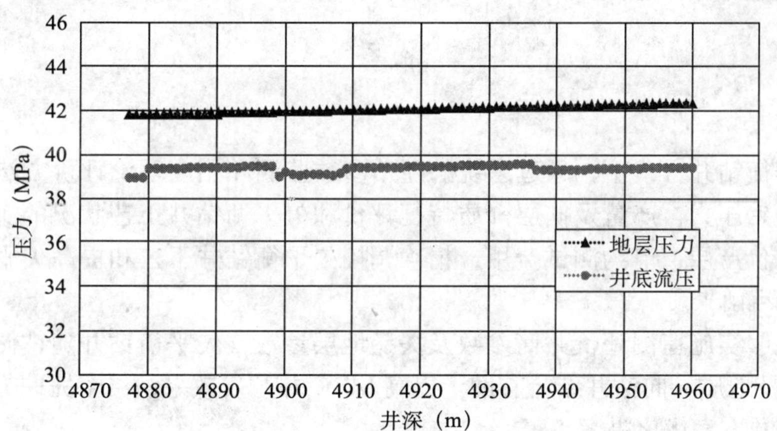

图 7　某井地层压力与随钻解释井底流压

3　技术展望

（1）与 MRC 井相结合的产能导向钻进。

MRC 井通过延长储层段井眼长度、提高产层暴露面积来获得最大的单井产能，确保储层段所钻井段受到良好的储层保护，对提高 MRC 井开发效果十分重要，因此欠平衡钻井与 MRC 井相结合有助于提高 MRC 井开发效率 [13]。平衡钻井随钻储层监测评价技术能够在钻井过程中随钻监测并评价所钻井段产量信息、储层介质特征，相比于 LWD 随钻监测解释结果更为快速、直接和准确反映井眼是否在产层中延伸以及所钻地层的渗流能力变化，还可以及时判断是否钻出产层。因此对于适于欠平衡钻井的油气藏、随钻储层监测评价技术与地质导向钻井技术相结合可以确保MRC井眼在储层中高产层段钻进，从而实现产能导向钻进。

（2）欠平衡钻井安全监测与风险控制。

根据欠平衡钻井随钻储层监测评价技术原理及仪器设备系统组成，对于井下数据、地面数据和主要储层参数都随钻进行了系统监测和分析，利用随钻监测评价数据可以系统分析欠平衡钻井的工艺状况和井下复杂情况。进一步发展基于随钻监测评价数据的各类井下复杂和风险的判识理论，可以完善欠平衡钻井的随钻安全监测与风险控制措施，大幅降低钻井风险，避免复杂事故。

（3）随钻完井决策。

对于利用欠平衡钻井揭开储层的情况，如果井眼条件能够满足包括裸眼完井、射孔完井或增产压裂等多种投产的需要，则一般情况下需要对产层进行完井测试才能优选适宜的完井方式。利用欠平衡随钻监测评价技术则可以在欠平衡钻井过程中实时监测评价所钻井段产量、储层渗透率、地层压力、介质特征等信息，在此基础上结合完井方式优选方法可以确定所钻井适宜采用的最佳完井方式，可以避免常规测试可能对适于欠平衡条件完井井眼的伤害，同时可以节约测试成本、缩短建井周期。目前已经在某油田两口井利用该项技术实现了欠平衡钻成后的直接投产。

4 结论与认识

（1）在欠平衡钻井方式下，通过系统的随钻参数监测和相应理论评价方法可以实现储层欠平衡钻井随钻压力、产量及储层介质特征评价和欠平衡钻井工艺状况的实时分析，有利于快速发现评价产层、节约测试费用、精确调控欠平衡钻井工艺和提高欠平衡钻井安全性，具有良好应用前景。

（2）由于能够实施监测评价井筒参数及关键地层参数，欠平衡钻井随钻储层监测评价技术与MRC井及地质导向钻井结合有助于提高MRC井开发效果，结合完井方式优选技术可以实现随钻完井方案优化决策。

（3）欠平衡钻井随钻储层监测评价技术需要完善的随钻监测仪器系统和系统的综合解释评价技术，同时还需要考虑欠平衡钻井复杂井况和间断过平衡所造成的储层伤害，该项技术还有待于进一步发展和完善。

参 考 文 献

马建国.油气井地层测试［M］.北京：石油工业出版社，2006

张向维，陈兵，马军亮，等.随钻地层测试器预测试技术研究［J］.石油矿场机械，2009，38（1）：13-16.

Jaedong L，John M. Enhance wireline formation tests in low- permeability formations：quality control through formation rate analysis［C］. Rocky Mountain Regional/Low-permeability Reservoirs Symposium and Exhibition，March，2000.

Mark A P，Wilson C C. Advanced permeability and anisotropy measurements while testing and sampling in real – time using a dual probe formation tester [C]. Annual Technical Conference and Exhibition，Dallas，USA，October，2000.

四川省石油管理局，西南石油学院. 钻井测试手册 [M]. 北京：石油工业出版社，1978.

Kruijsdijk C P J W，Cox R J W. Testing while underbalanced drilling：horizontal well permeability profiles [C]. SPE 54717

Wendy Kneissl. Reservoir characterization whilst underbalanced drilling [C]. SPE 67690

Erlend H. Vefring. Reservoir Characterization during underbalanced drilling：methodology，accuracy，and necessary data [C]. SPE 77530

Bias D.，An improved model to predict reservoir charateristics during underbalanced drilling [C]. SPE 84176

赵向阳，孟英峰，李皋，等. 充气控压钻井气液两相流流型研究 [J]. 石油钻采工艺，2010，(2)：6–10.

魏纳，孟英峰，李悦钦，等. 井筒连续携液规律研究 [J]. 钻采工艺，2008，(6)：88–90.

孟英峰，李皋，陈一健，赵峰. 一种随钻测试储层参数特性并实时调整钻井措施的方法 [P]. 中国专利：CN101139925，2008–03–12.

李皋，孟英峰，钟水清，等.MRC 井与 UBD 相结合的技术潜力研究 [J]. 钻采工艺，2010，(1)：28–30.

实时在线对钻进效率进行优化及评价

杨　谋[1]　孟英峰[1]　李　皋[1]　李永杰[1]　周玉良[1]　张　华[1]　唐思洪[2]

（1. 油气藏地质及开发工程国家重点实验室·西南石油大学；
2. 西南油气田公司采气工程研究院）

摘　要：机械钻速受众多因素的控制，使得钻井优化过程趋于复杂化，且有时优化效果不显著。根据钻压对机械钻速的影响因素，基于破岩机械比能理论，分析了破岩有效机械比能与机械钻速的关系，并结合钻压与机械钻速的相互性，建立一套有效评价钻井效率、钻头性能及预测机械钻速的方法。依托该评价方法可以对钻进过程中的施工参数和井下工况进行实时在线优化与诊断。结合现场实例分析表明该评价方法诊断准确率高，优化效果好且操作简单，具有应用与推广的价值。

关键词：钻井参数　钻井优化　效果评价　机械比能　井底围压　机械钻速

埃克森美孚公司识别出的机械钻速限制因素已有40多种，分为两大类，一类是有关钻头的机械障碍引起的钻头限制因素，主要包括钻头泥包、井底未净化充分、钻具震动；另外一类是非钻头限制因素，包括钻井组合、定向靶位控制、井眼清洁、固相处理等。因此，在钻进过程中在众多因素相互干扰下，导致难以客观评价钻井效率来采取相应技术措施提高机械钻速。目前的优化措施一般是依据邻井已钻的资料来优化未钻井的施工参数，由于两口井地质因素及工程因素存在着差异，使得钻前优化趋于复杂，且有时应用效果不是很显著。Teale于1965年通过室内试验获得评价钻头的新方法—机械比能。对方法做进一步的开发可以用来对钻井效率进行连续的、实时的评价与分析，并可以及时通过在线监测的结果来对钻井参数进行优化，能有效地避免卡钻、钻头磨损等复杂情况的发生。从而保证了钻井参数在施工过程中进行了最大化的优化设计，延长了钻头服役的时间。目前该技术在北美市场仅通过该方法进行优化钻井参数达到最大机械钻速。本文在原有的研究基础上，应用该技术方法在评价钻头选型、机械钻速预测及钻井效果评价方面进行更深入的研究，对钻进过程进行实时分析，深化了对该技术方法的应用与发展。

基金项目：国家高技术研究发展计划（863计划）项目——气体钻井技术与装备（2006AA06A103）及国家重大专项——大型油气田及煤层气开发子项目（2008ZX05022-005-004HZ）的研究。

作者简介：杨谋（1982—　），博士研究生，主要从事欠平衡钻井、气体钻井提速机理及工艺方面的研究工作。

1　钻头工况识别

在钻进过程中，钻头牙齿在钻压的作用下吃入地层、破碎岩石，钻压的大小决定了牙齿吃入岩石的深度和破碎体积的大小，因此钻压是影响机械钻速的最直接和最显著的因素之一。钻压与机械钻速的关系见图1。

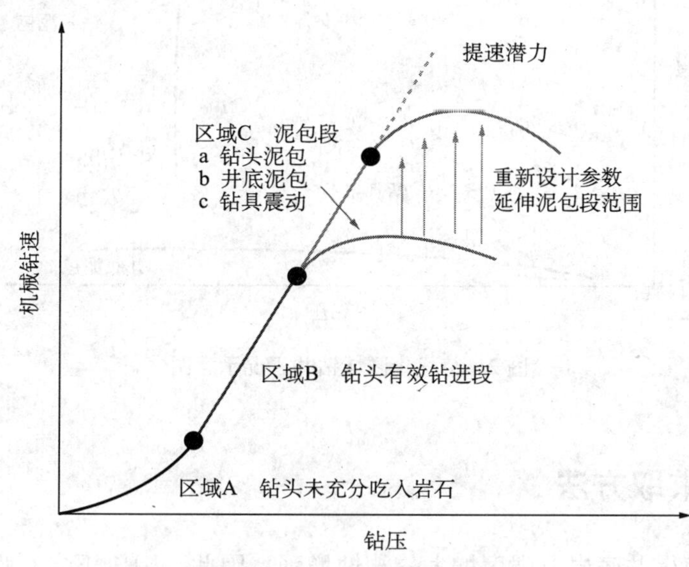

图1　钻压与机械钻速关系示意图

（1）区域A：钻压太低，使得钻头切屑岩石深度浅，钻头机械能量大量丧失，导致机械钻速慢，机械钻速随钻压的增加呈非线性增大的趋势。

（2）区域B：随着钻压的增加机械钻速与钻压呈正比例增加，机械钻速与钻压的比率为常数，在这一施工过程中增加钻压可以获得较高的机械钻速，钻头使用效率最高。

（3）区域C：在区域B后，钻头破岩效果高，机械钻速快，井底形成的岩屑及岩屑粉末较多，在钻头水功率较低的净化下，井底岩屑携带不顺畅，容易导致钻头泥包和井底未充分净化，该区域钻压较高，容易导致钻具震动，不能有效传递钻头机械能量，钻井效率降低，钻速变慢。

①钻头泥包：大量的岩屑附着在钻头刀翼上，阻碍机械能量传递到待破碎的岩石。

②井底泥包：钻头破碎岩石的微小颗粒在压差作用下附着在井底，在岩石与钻头间形成了一道屏障，阻碍了机械能量的有效传输。这道屏障为被钻头研磨后的微小矿物颗粒，在某种意义上类似于泥饼。这道屏障通常由微小粉末组成而并非岩屑，清除它的速率主要依赖于滤液穿透粉末的能力。

③钻具震动：钻压达到使钻具产生弯曲且在高转速条件下，钻具与井壁接触，产生涡动。继续施加钻压时，则产生黏滑。在通常情况下，严重的涡动和黏滑的发生可能同时发生，使得在一定钻压下获得的机械钻速比预料中要低。

区域C中钻井工况可以由图2表示：钻进工况若处于区域C时，在设备配套允许的情况下，可以优化钻井参数，延伸泥包段的范围，获得较高钻速。若已达到设备的额定功率，这时应降低施工参数，使得施工参数处于区域B与区域C的交点处。

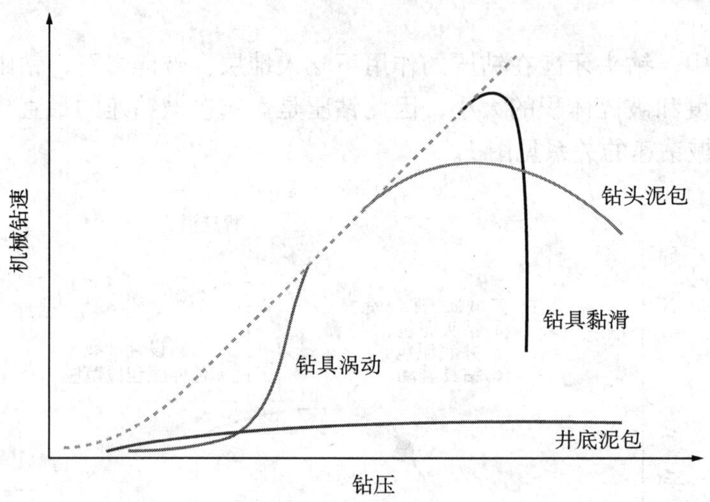

图2 待优化区域钻井工况示意图

2 井底围压求取方法

围压的增大使得井底岩石强度增大、塑性增强。因此，围压下岩石强度对钻头设计及性能评价产生重要影响。然而，目前，钻井工程上主要利用现场测井资料，结合室内单轴抗压试验得到的经验公式从而连续评价地层无围压条件下岩石强度分布情况。以此来评价钻头性能及预测机械钻速，这仅适用于用清水钻进的渗透性地层（无滤饼形成），但这种钻井形式代表了钻井施工中极为少数的一部分。当渗透性地层用钻井液钻进和地层为非渗透性岩石时，这种预测的方法就不适用了。

2.1 过平衡钻井条件下围压下岩石强度评价模型

围压下岩石强度的建立首先需要分析不同渗透性地层对岩石强度的影响，将地层分为低渗、中渗和高渗，分别建模获得围压下岩石强度，该模型中参数分析考虑了岩石单轴抗压强度、地层孔隙压力及斯肯普顿非渗透性岩石的孔隙体积变化率。

$$C_{ccs}=C_{ucs}+C_{dp}+2C_{dp}\sin\phi/(1-\sin\phi) \tag{1}$$

式中，C_{ccs}为围压下岩石强度，MPa；C_{ucs}为无围压下岩石强度，MPa；C_{dp}为井底围压，MPa；ϕ 为岩石内摩擦角，(°)。

2.2 欠平衡钻井条件下围压下岩石强度评价模型

欠平衡钻井井底当量循环密度小于地层孔隙压力，因此在负压差情况下可以诱导岩石孔隙体积膨胀，有利于孔隙压力的释放，使得岩石破碎裂纹的扩展及井底的净化，因此，在负压条件下井底岩石强度会降低，该强度应该小于无围压下岩石强度。即表示为：

$$f(C_{dp}) \times C_{ucs} < C_{ccs(UBD)} < C_{ucs} \tag{2}$$

$$C_{ccs(UBD)} = \frac{2}{3}C_{ucs} \times \exp(-0.0033237C_{dp}) + \frac{1}{3}C_{ucs} \tag{3}$$

3　应用机械比能评价多工况的方法

3.1　机械比能原理

Teale 通过室内实验应用钻头的压入和旋转作用对破岩效果影响的基础上建立了机械比能模型，该模型表述了破岩破碎单位体积岩石所需的机械能量。

$$MSE = \frac{4 \times WOB}{\pi d^2} + \frac{T \times RPM}{100ROP \times d^2} \tag{4}$$

式中，MSE 为机械比能，MPa；WOB 为钻压，kN；d 为钻头直径，mm；T 为扭矩 kN · m；RPM 为转速，r/min；ROP 为机械钻速，m/h。

方程（4）中扭矩 T 也是一个主要的变量，钻头的扭矩通过实验或者 MWD 能较容易地获得。然而，钻井现场主要记录的数据为 WOB、RPM、ROP 及 d，居于此实际条件，可以通过钻头的滑动摩擦系数 μ 和钻压 WOB 在没有扭矩 T 的条件下获得钻头的扭矩大小，该计算模型推导见图 3。

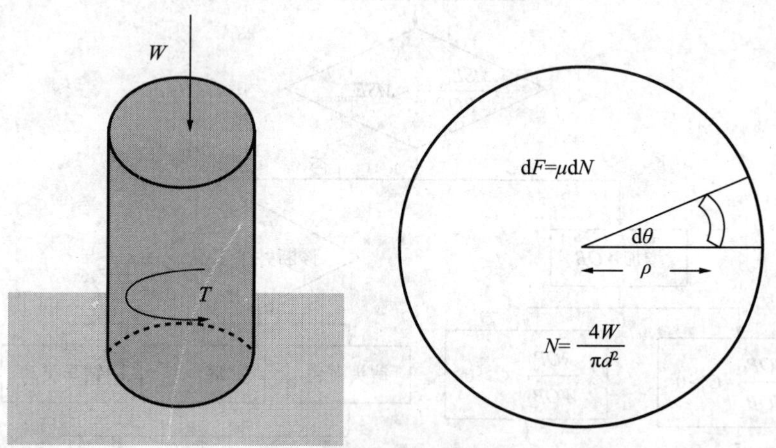

图 3　模型推导示意图

依据二重积分相关定理，则钻井过程中扭矩 T 可以表示为：

$$T = \int_0^{\frac{d}{2}} \int_0^{2\pi} \rho^2 \frac{4\mu W}{\pi d^2} \mathrm{d}\rho \mathrm{d}\theta = \int_0^{\frac{d}{2}} \frac{8\mu W}{d^2} \rho^2 \mathrm{d}\rho = \frac{8\mu W}{d^2} \left(\frac{\rho^3}{3}\right)_0^{\frac{d}{2}} = \frac{\mu W d}{3} \tag{5}$$

Hector通过室内实验建立了钻头的滑动摩擦系数与经典围压下岩石强度、钻井液密度及钻头直径之间的关系模型[6]：

$$\mu=(0.3402\times e^{-8E-870C_{ccs}})\left[1.963\ln(\rho)+2.998\right](0.0697d+0.6637) \tag{6}$$

式中，ρ 为钻井液密度，g/cm³。

在通常情况下，牙轮钻头、PDC钻头滑动摩擦系数为0.21与0.8。

3.2 机械比能应用途径

Teale建立的机械比能模型考虑了钻头的压入与旋转作用，几乎与钻进过程中钻头的破岩过程类似。由于钻井机械比能受多因素的控制，虽然该模型没有考虑钻井过程中复杂的水力学对破岩效果的影响，但抓住了主要控制变量足以预测与解释钻井过程中面临的各种复杂情况。

应用该模型比能方法对机械钻速预测、钻头优选及钻井效果评价提供了一个简单而实用的评价新方法（图4）。对于某一地层在设计的钻井参数（转速、钻压、扭矩）下，便能得到该地层的机械钻速，从而应用这些变量就能获得该地层的机械比能，根据比能的大小从而可以评价钻井效率是否合理与可行，从而进行适当优化来达到优选钻头及提高机械钻速的效

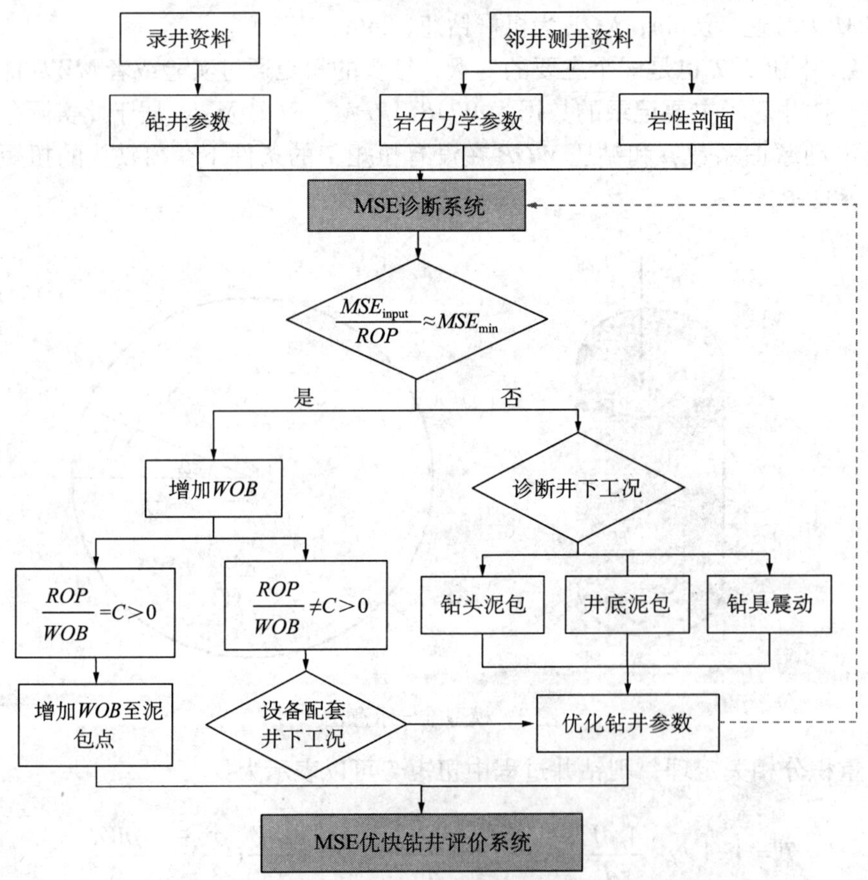

图4 钻进过程中实时对钻井参数优化和井下工况诊断流程图

果。因此比能的表达式为：

$$MSE \approx \frac{MSE_{\text{input}}}{ROP_{\text{out put}}} \tag{7}$$

通过式（7）可以分析得出，若在区域 B，则表明钻进需要的机械能量与机械钻速的比值为常数，即机械比能为常数。但如果比能为常数，则表明钻压与机械钻速呈线性关系，即该段的机械能量利用效率高。若钻头在区域 A 和区域 C，则表明需要应用更高的机械能量达到预计的机械钻速，表明该段的机械能量应用效率低。因此，该模型提供了一个有效的诊断井底工况的方法，从而通过优化避免钻头在区域 A 与 C 中破岩。

在钻进过程中钻头传递机械能量效率为：

$$EFF_{\text{M}} = \frac{MSE_{\min}}{MSE} \times 100\% \tag{8}$$

在钻进过程中机械比能的最小值通常等于围压下岩石强度。即：

$$MSE_{\min} = C_{\text{CCS}} \tag{9}$$

Hector 通过室内实验建立了钻头破岩效率与井底岩石围压、钻井液密度的关系模型：

$$EFF_{\text{M(normal)}} = (0.0247 \times CCS + 11.319)\left[2.15 \times \ln(\rho) + 3.2836\right] \tag{10}$$

牙轮钻头、PDC 钻头破岩效率分别为 35% ~ 40% 和 30% ~ 35%。

综合式（4）、式（5）、式（8）和式（9），可以获得某一地层在一定钻井参数下的机械钻速模型：

$$ROP = \frac{\mu \times RPM}{300d\left(\dfrac{C_{\text{CCS}}}{EFF_{\text{M}} \times WOB} - \dfrac{4}{\pi d^2}\right)} \tag{11}$$

4 实例分析

川西某口井须家河组地层为正常压实，须二段地层由砂岩、泥岩组成，孔隙发育低，岩石胶结致密，常规钻进机械钻速的平均值仅有 1.1 左右。因此选取该层位应用机械比能进行分析，可以实施有效对井下工况进行诊断及钻井参数进行诊断。各项施工参数及计算结果如图 5 所示，分析结果有如下几个方面。

（1）钻具震动：4200m 处，岩石强度较低，机械比能较大，增加钻压机械比能立刻下降，表明钻具的涡动使得能力不能有效地传递到钻头处，导致机械钻速较低。

（2）钻头磨损：在 4065m，岩石强度较低，机械比能异常地高，去钻后，下一个钻头实施同样的钻井参数，机械比能迅速降低。

（3）优化参数：4068 ~ 4076m，机械比能随着岩石强度的增加反而降低，在该层位可以施加钻井，提高水力学参数。因此在 4077 ~ 4096m 增加钻压及相关的钻井参数后机械钻速迅速增加。

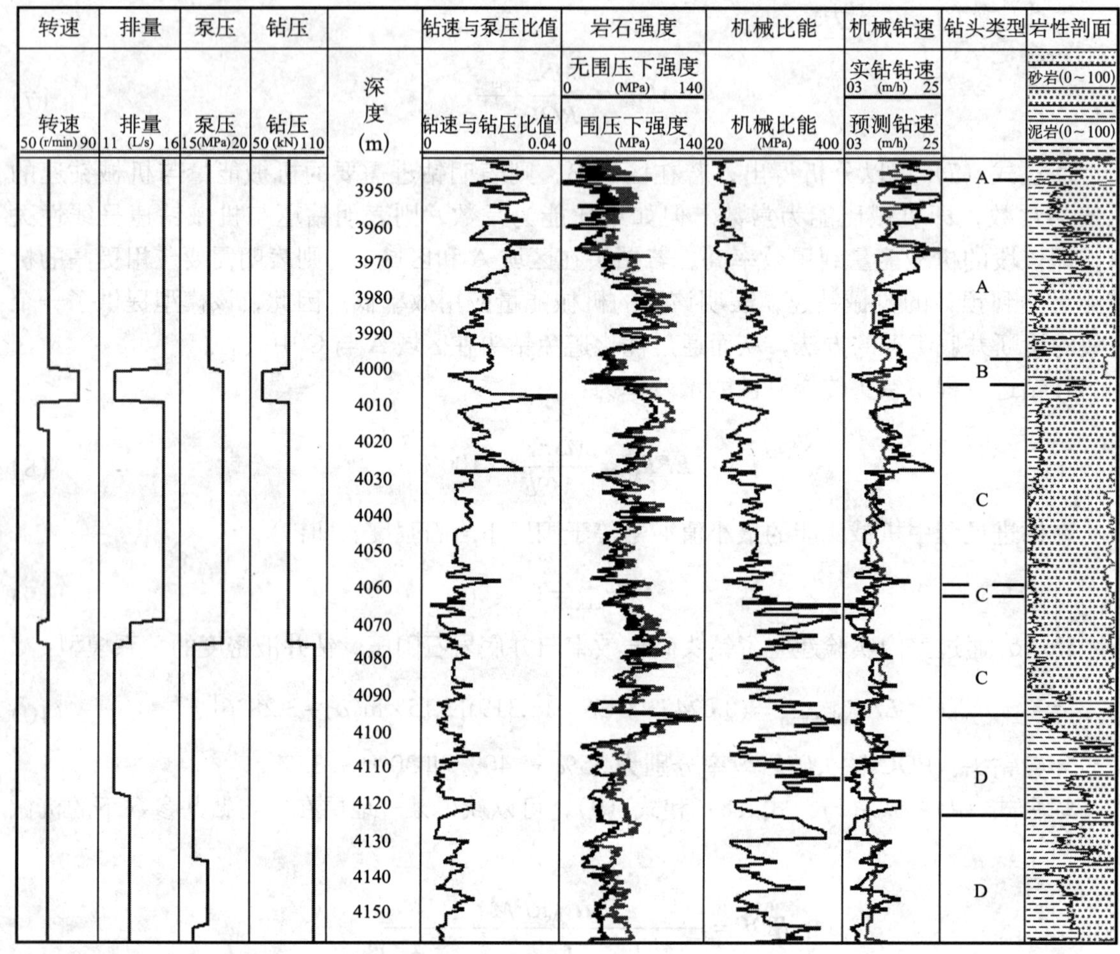

图5 川西某井钻井优化分析图

（4）水力学参数：在4106～4120m段，4106～4113m段在岩石强度几乎无变化的条件下，机械比能反而上升，随后增加排量机械钻速增加。

（5）钻头选型：应用图4中的数据，经过对比分析得到图6。钻头获得最小机械比能则说明钻头的破岩效率高，更适应地层。因此，钻头优选的顺序为A＞C＞D＞D。

（6）机械钻速预测：通过4类钻头预测机械钻速的精确度为：76%（A），85%（B），96.4%（C），95%（D）（图6）。整个层位预测机械钻速的准确度为94%。因此，经分析表明机械比能预测精度高，可用于钻井机械钻速的预测。

5 结论

（1）钻压是影响机械钻速的一个重要因素，分析钻压与机械钻速的相关性，可以粗略地判断井底工况。

（2）井底围压下岩石强度是影响钻井效率的本质因素，是评价井底工况的一个重要的辅助条件。

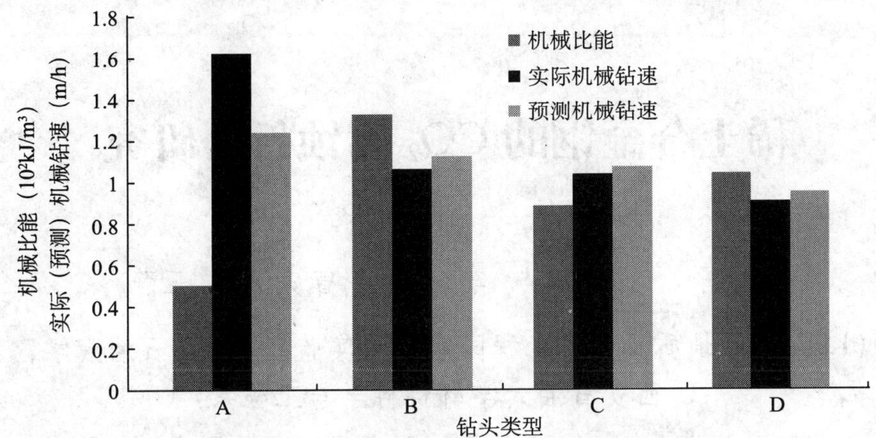

图6　不同类型钻头的机械比能及机械钻速对比图

（3）经过理论分析及实例验证表明，机械比能评价体系具备实时精确诊断井底工况以及提出优化措施的功能。

（4）形成了一套实时有效的评价钻井效率的技术方法，具有良好的现场推广价值。

参 考 文 献

Teale R. The concept of specific energy in rock drilling ［J］. International Journal of Rock Mechanics and Mining Sciences，1965，2：57−73.

Farrelly M，Rabia H，Barr　M V. A new approach to drill bit selection ［C］. SPE Europcan Pctrolcum Conference，London. SPE 15894，1986.

Pessiw R G.，Fear M J. Quantifying common drilling problems with mechanical specific energy and a bit−specific coefficient of sliding friction ［C］.ATCE SPE，Washington DC，SPE 24584，1992.

陈庭根，管志川．钻井工程理论与技术 ［M］．东营：石油大学出版社，2002.

Fred E. Dupriest maximizing drill rates with real−time surveillance of mechanical specific energy ［C］.SPE 92194，February，2005.

Caicedo Hector U.，Calhoun William M.，Ewy Russ T.Unique ROP predictor using bit−specific coefficient of sliding friction and mechanical efficiency as a function of confined compressive strength impacts drilling performance ［C］.SPE 92576，February，2005.

Shirkavand F，Hareland. G. Rock mechanical modelling for underbalanced drilling rate of penetration prediction ［C］ American Rock Mechanics Association，2009

Emmanuel Detournay，Tan Chee P.Dependence of drilling specific energy on bottom−hole pressure in shales ［C］.SPE 78221，October，2002.

闫铁，李玮，等．一种基于破碎比功的岩石破碎效率评价新方法 ［J］．石油学报，2009，30（2）：291−294.

Dupriest F E.，Comprehensive drill−rate management process to maximize rate of penetration ［C］.SPE 102210，September，2006.

稀土合金钢的 CO_2 腐蚀行为研究

万里平[1] 孟英峰[1] 李永杰[1] 曾庆明[1] 王静[2]

（1. 油气藏地质及开发工程国家重点实验室·西南石油大学；
2. 西安石油大学材料科学与工程系）

摘　要：利用高温高压釜模拟油田环境下的09Cr2AlMoRE的 CO_2 腐蚀行为，计算其平均腐蚀速率并对腐蚀产物进行分析。发现09Cr2AlMoRE在 CO_2 腐蚀环境中主要是均匀腐蚀，平均腐蚀速率较大；其腐蚀产物膜主要成分为 $FeCO_3$，但不同温度下其成分又各有不同。试验结果表明，该材料在 CO_2 腐蚀环境中不具有优越性，使用时应充分考虑其使用环境。

关键词：CO_2 腐蚀　09Cr2AlMoRE　稀土

09Cr2AlMoRE属低合金Cr、Mo钢，是12Cr2AlMoV的改进材料，其研发背景是为了提高钢材的耐 H_2S 腐蚀和改善焊接加工性能，在降低C、S、P含量的情况下，用稀土（rare earth，RE）代替钒（V）。该材料充分利用RE的耐蚀性和改善材料焊接性的优点，产品具有良好的耐 H_2S 应力腐蚀和耐均匀腐蚀性能，多用于含硫的炼油设备和部分油田集输设备。若将该材料用于油田集输环境，必将遇到 CO_2 腐蚀的问题，目前有关该材料的耐 CO_2 腐蚀性能未见报道，因此有必要研究09Cr2AlMoRE在模拟油田环境中的 CO_2 腐蚀行为。

1　试验方法

试验采用09Cr2AlMoRE管材，其化学成分见表1。试样加工成外径 ϕ 72mm的1/6圆弧片。试验前将试样表面分别用200#、400#、600#、800#砂纸逐级打磨，用无水乙醇清洗除油，清水冲洗后用丙酮擦洗干净，干燥后用FR−300MK Ⅱ型电子天平称重。腐蚀介质采用油田模拟采出液，其离子浓度见表2。

表1　0 9Cr2AlMoRE钢的化学成分　　单位：%（质量分数）

成分	C	Si	Mn	Cr	Al	Mo	S	P	Ni	V	Ti	Cu
含量	0.08	0.38	0.46	2.19	0.5	0.32	0.008	0.011	0.12	0.008	0.009	0.15

基金项目：本文受到国家自然科学基金“气体钻井腐蚀/冲蚀规律研究”（编号50974106）和油气藏地质及开发工程国家重点实验室开放项目（编号PLN0704）资助。

作者简介：万里平（1972—　），副研究员，主要研究方向为泡沫欠平衡钻井、石油管材腐蚀与防护。

表 2　腐蚀介质成分

溶液成分	HCO_3^-	Cl^-	SO_4^{2-}	Ca^{2+}	Mg^{2+}	Na^++K^+
含量（mg/L）	59	1.303×10^5	668	1.178×10^4	1080	6.929×10^4

腐蚀实验设备为美国 Cortest 公司生产的 34.4MPa 高温高压釜，带有试样旋转装置。在釜中装好试样，加入腐蚀介质，通入高纯氮气 12h 除氧，然后再通入高纯 CO_2，升温升压后运转。试验温度取 30℃、50℃、70℃；CO_2 分压取 1MPa；总压 12MPa；实验测得液相和气相腐蚀速率均为动态腐蚀速率，动态流速为 2m/s；试验时间是 240h。试验结束后取出试样，用清水冲洗除盐，无水乙醇脱水干燥备用。从三个平行试样中取出一个做扫描电镜（SEM）和能谱分析（EDS），并对腐蚀产物进行 X 射线衍射分析（XRD）；另外两个去除腐蚀产物膜，并用失重法计算平均腐蚀速率。

2　试验结果与分析

2.1　平均腐蚀速率

温度分别为 30℃、50℃和 70℃时，09Cr2AlMoRE 钢的液相 / 气相动态平均腐蚀速率结果如图 1 所示。

由图 1 可知，该试验条件下，相同温度时动态液相中的平均腐蚀速率远大于动态气相中的平均腐蚀速率，这可能与试验温度有关，由于试验温度不是很高，所形成的蒸汽含量不高，气相环境中腐蚀介质浓度不高所致。此外，无论动态气相还是动态液相，该材料平均腐蚀速率均在 50℃时达到最大值，液相为 1.4889mm/a；气相为 0.2824mm/a。按照 NACE RP−0775—91 标准规定，已属于极严重腐蚀。70℃时腐蚀速率反而有所回落，这可能与试样表面成膜情况及膜的疏松程度有关。许多学者认同铁基金属在温度低于 60℃时，腐蚀膜以 $FeCO_3$ 为主，软而无附着力，金属表面光滑，主要发生均匀腐蚀；60 ~ 110℃为过渡区，可生成具有一定保护性膜，局部腐蚀较突出。该试验条件下的平均腐蚀速率结果也恰好证实了这一说法。为比较起见，同时考查了相同条件下，09Cr2AlMoRE 钢和 20 钢在液相动态时的腐蚀速率，结果见图 2，发现 09Cr2AlMoRE 钢的平均腐蚀速率总是大于 20

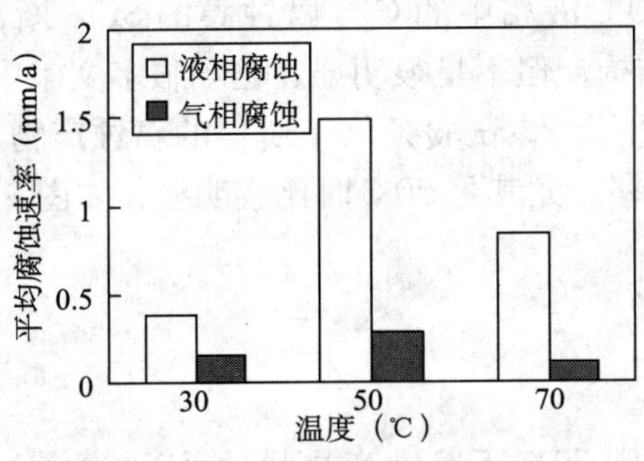

图 1　09Cr2AlMoRE 钢的液相 / 气相动态平均腐蚀速率

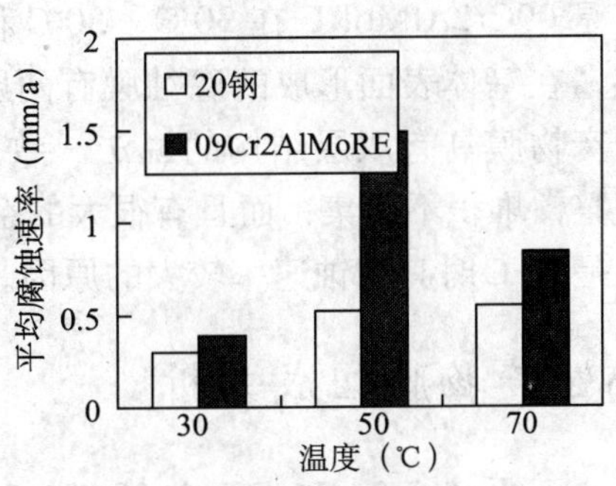

图 2　09Cr2AlMoRE 钢和 20 钢平均腐蚀速率比较（液相）

钢的平均腐蚀速率，该材料在 CO_2 腐蚀环境中并不具有优越性。

2.2 腐蚀产物膜的形貌特征

09Cr2AlMoRE 腐蚀产物膜的 SEM 表面形貌结构见图 3。

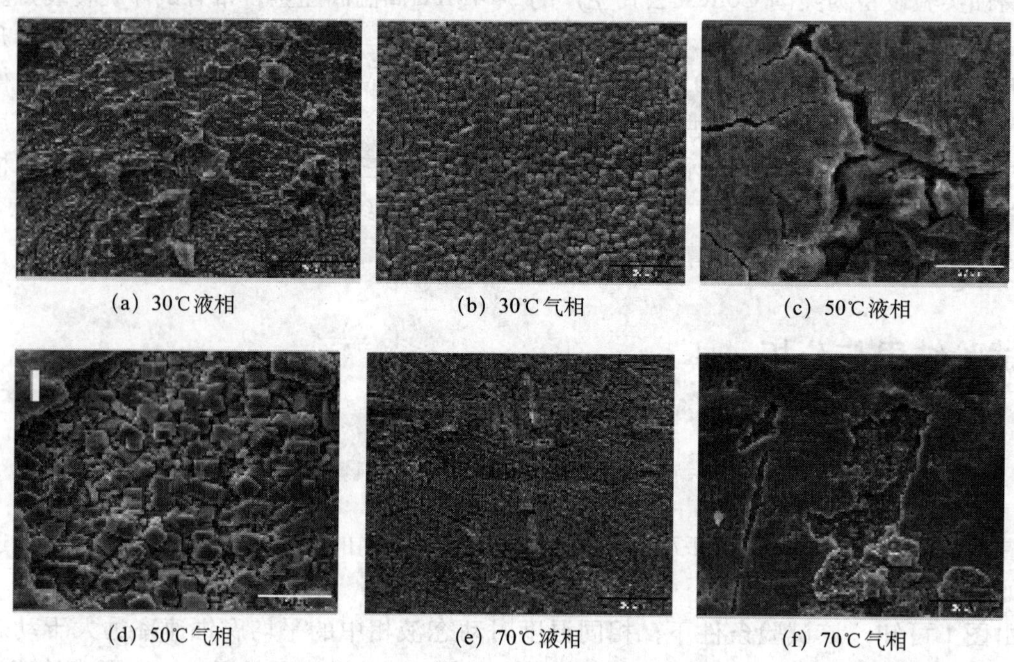

(a) 30℃液相　(b) 30℃气相　(c) 50℃液相

(d) 50℃气相　(e) 70℃液相　(f) 70℃气相

图 3　09Cr2AlMoRE 腐蚀产物膜的 SEM 表面形貌结构

观察图 3，发现试样表面均匀地生成了一层深褐色的腐蚀产物膜。液相中得到的产物膜均没有晶粒形成，30℃表面膜类似窝状；50℃有明显的裂缝和剥落现象；70℃表面膜相对平整。气相所得到的产物膜均或多或少有晶粒形成，30℃时膜晶粒细小，比较规则且相对致密；50℃时膜晶粒虽然规则，但较 30℃时晶粒较大而且疏松，并且有部分膜已经剥落；70℃时膜有些许剥落，晶粒很少且不规则，只是在剥落暴露部分依稀可见。膜的剥落可能是由于试样取出干燥失水所致，也与表面膜形成时的温度以及膜的成分有关。总的说来，不论气相还是液相，50℃时的产物膜最为疏松，这也是该条件下腐蚀速率较大的原因之一。

图 4 是 09Cr2AlMoRE 在 30℃、50℃和 70℃液相中的 CO_2 腐蚀膜的 SEM 断面形貌。可以看出，在基体表面形成的腐蚀膜有两层结构，但不是很明显，这和很多文献中报道的 CO_2 腐蚀产物膜具有双层结构的说法一致。此外，该试验条件下所得的腐蚀产物膜较薄，结晶不规整，堆积不密集，而且有很大的空隙率。尤其是 50℃时比较明显，如图 3（b）所示，这也是 50℃时其腐蚀速率较大的原因。

2.3 腐蚀产物膜组成分析

图 5 分别为 09Cr2AlMoRE 在 30℃、50℃和 70℃下腐蚀产物膜的 XRD 图谱（同温度下气相和液相产物膜作为一组进行分析）。

(a) 30℃液相　　(b) 50℃液相　　(c) 70℃液相

图 4　09Cr2AlMoRE 的腐蚀产物膜断面 SEM 形貌结构

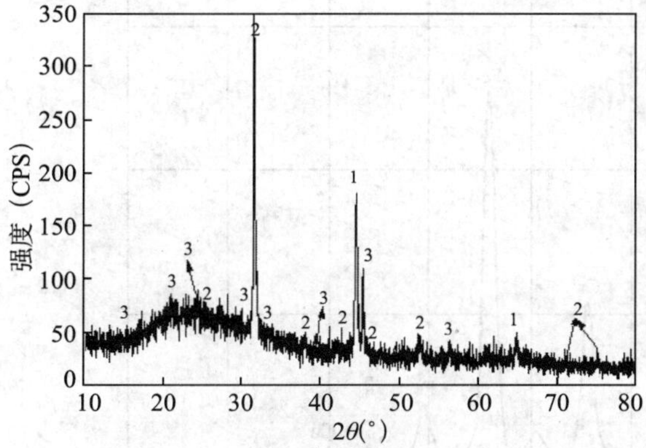

(a) 30℃

1—Fe；2—$FeCO_3$；3—$Ca(AlO_2)_2(OH)H_2$

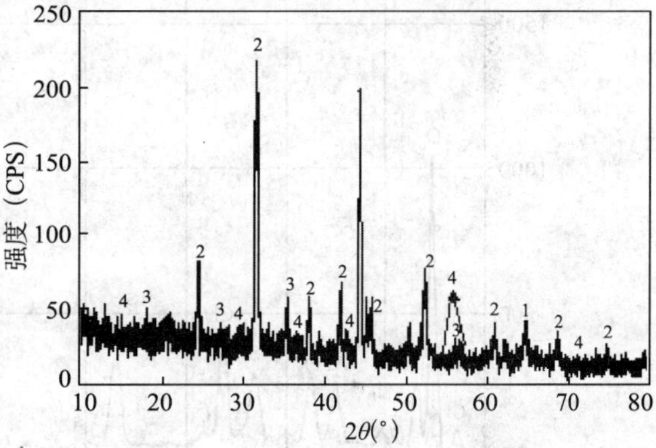

(b) 50℃

1—Fe；2—$FeCO_3$；3—$CaCO_3$；4—$FeFe_2O_4$/$FeCr_2O_4$

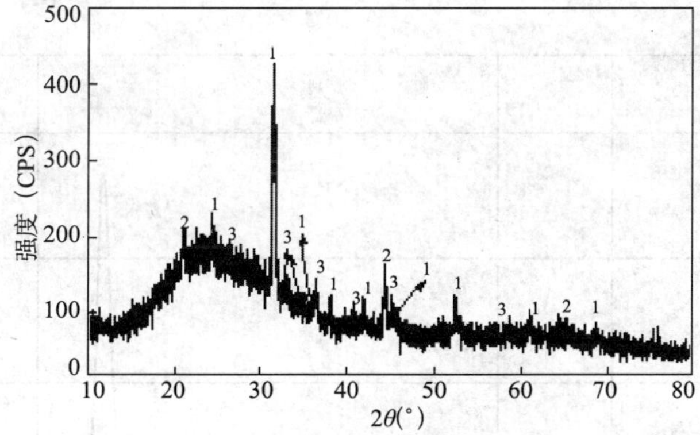

(c) 70℃

1—$FeCO_3$；2—Fe；3—FeO(OH)

图 5　09Cr2AlMoRE 腐蚀产物膜的 XRD 谱

由图 5 可见，不同温度下的图谱各有不同。这说明不同温度下的腐蚀产物膜的成分并不一样。但是相同的是，几乎对于每个图谱，绝大多数强峰都来自 $FeCO_3$ 和 Fe。这说明膜的主要成分是 $FeCO_3$，而 Fe 是基体中原有的相，这可能是膜层太薄，刮膜时刮到了基体的缘故。此外，在 30℃下的膜的图谱中还同时存在几个弱小峰，经分析这种物质的存在形式是 Ca_2（AlO_2）$_3$（OH）H_2 。50℃的图谱中含 $FeCO_3$ 外，该膜中还存在 $CaCO_3$ 和 Fe_3O_4，而且经分析发现 $CaCO_3$ 含量较高，仅次于 $FeCO_3$（$FeCO_3$ 39.74%，$CaCO_3$ 27.06% ），值得注意的是这里的 Fe_3O_4 有 $FeFe_2O_4$ 和 $FeCr_2O_4$ 两种存在形式，$FeCr_2O_4$ 的出现，可能是 Cr 的腐蚀产物与Fe的腐蚀产物的夹杂物。分析70℃下膜的图谱，发现除大量的$FeCO_3$外，还有含量较高的FeO（OH）的物质存在，这种物质俗称α型针铁矿，在自然界中是铁矿风化的产物。这说明70℃时，在腐蚀过程中，首先生成的是FeO（OH）。此外，在30℃和70℃的图谱中虽然没有检测到$CaCO_3$的存在，但也有可能是由于其含量较少没有被X射线衍射仪检测到。但是结合30℃及70℃下09Cr2AlMoRE液相腐蚀产物膜的表面EDS分析（图6）可知，无论在30℃还是在70℃下的膜表面除可检测到组成$FeCO_3$的三种元素Fe、C和O外，还含有Ca元素，但其含量与Fe相比很少（质量分数：30℃下为43.80%Fe，3.64%Ca；70℃下为66.86%Fe，1.06%Ca）。因此可推断，30℃和70℃下产生的膜中也含有少量$CaCO_3$。

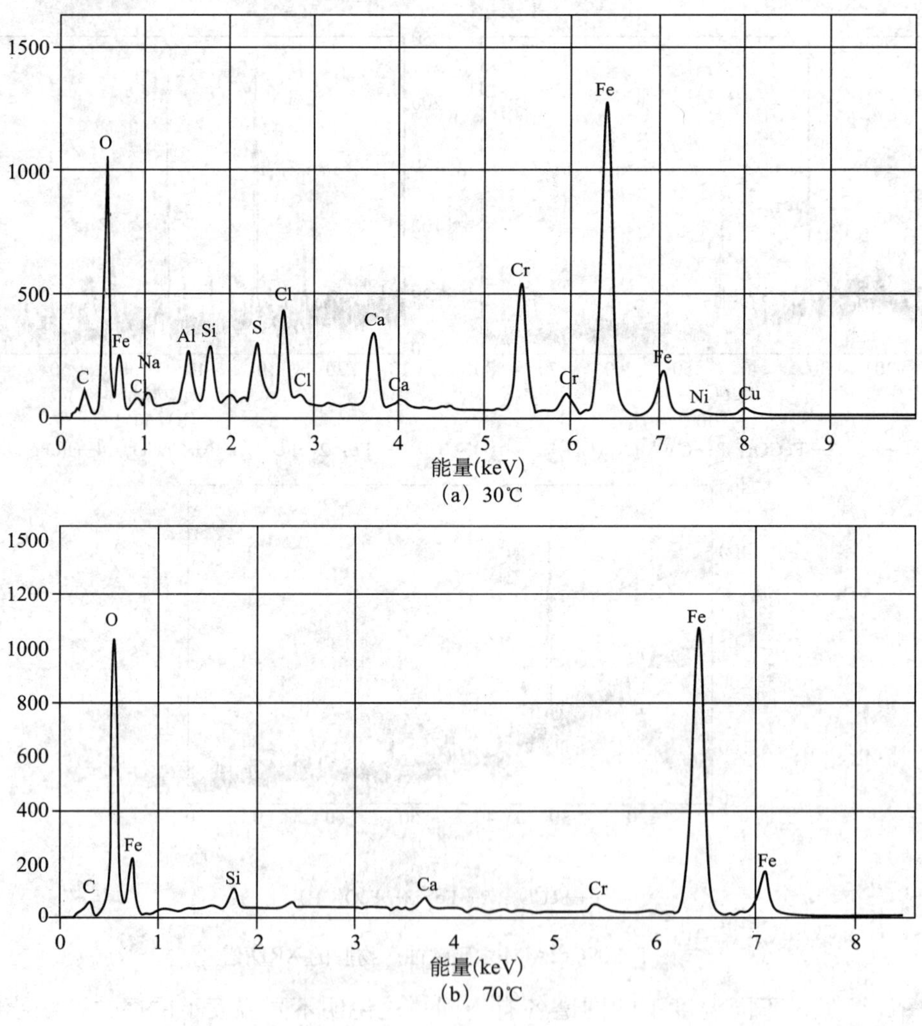

（a）30℃

（b）70℃

图6 09Cr2AlMoRE液相腐蚀产物膜的EDS谱

3 结论

（1）模拟油田环境下的09Cr2AlMoRE的CO_2腐蚀行为，发现该材料在CO_2腐蚀环境中主要是均匀腐蚀，但其平均腐蚀速率较高；相同温度下的动态液相中的平均腐蚀速率远大于动态气相中的平均腐蚀速率；其腐蚀产物膜较疏松且不同温度下的腐蚀产物膜的成分各有不同，但其主要成分均为$FeCO_3$，此外在50℃下的产物膜中还含有一定量的$CaCO_3$和少量以不同形式存在的Fe_3O_4。

（2）09Cr2AlMoRE已成功地应用于在H_2S腐蚀环境中工作的部分炼油设备及油田集输设备，与20钢的比较研究发现，该材料在CO_2腐蚀环境中并不具有优越性。因此，应用该材料时，应结合其性能，充分考虑其使用的环境。

参考文献

束润涛．12Cr2AlMoV管材、设备及其创新材料——09Cr2AlMoRE［J］．石油化工腐蚀与防护，2000，17（1）：24−25.

束润涛．耐湿硫化氢腐蚀的新材料07/09Cr2AlMoRE［J］．石油机械，2003，31（4）：1−3.

束润涛，朱启鹏，章晓浒，等．耐H_2S腐蚀的稀土合金钢（09Cr2AlMoRE）［J］．石油化工腐蚀与防护，2001，18（4）：21−25.

陈长风，路民旭，赵国仙，白真权，严密林，杨延清．N80油套钢CO_2腐蚀产物膜特征［J］．金属学报，2002，38（4）：411−416.

Ikeda A，Ueda M. Predicting CO_2 corrosion in the oil and gas industry［M］. London：The Institute of Materials，1994：59.

郑家燊，吕战鹏．二氧化碳腐蚀机理及影响因素［J］．石油学报，1995，16（3）：134−139.

RDM技术及其在深水钻井中的应用

陈颖杰[1]　金　衍[1]　陈　勉[1]　范翔宇[2]

（1. 中国石油大学（北京）油气资源与探测国家重点实验室；
2. 西南石油大学·油气藏地质及开发工程国家重点实验室）

摘　要：RDM技术是一种新的钻井技术，最初是为了解决连续油管钻井应用的井眼清洁和钻压控制问题所带来的挑战而提出来的，RDM技术的基础是同心双壁钻杆技术，钻井液从双壁钻杆环空泵入井内，清洗井眼，从内部钻杆中携带岩屑返回地表，从而实现钻井液闭环循环，可实现井底压力的精确控制，能够打破常规控压钻井（MPD）、欠平衡钻井（UBD）以及大位移钻井（ERD）的一些限制，它还非常适用于深水钻井（DWD）和尾管钻井，因此它是一项应用前景非常广泛的钻井新技术。另外，RDM中的RTS系统利用双壁钻杆可为井下提供电力和数据传输通道，实现了数据的有线传输，故RTS系统在随钻测量/随钻测井方面较普通MWD/LWD更具优势。本文通过对国内外相关文献调研、分析，对RDM技术的系统组成、基本原理作了简要分析，系统地分析与总结了RDM技术在深水钻井中的应用情况及其特点和优势，最后结合我国深水油田的开发现状对我国发展相关技术提出了要求。

关键词：RDM技术　欠平衡钻井　大位移钻井　深水钻井

根据2002年巴西世界石油大会报道，海洋油气勘探开发通常按水深区分：水深400m内为常规水深，400～1500m为深水，超过1500m为超深水。在我国南海拥有丰富的油气资源，这一海域水深在500～2000m，属于典型的深水、超深水区域，我国目前还不具备在这样的水域进行油气勘探和生产的技术。因此，深水钻井装备技术水平关系着深水油气勘探开发的步伐。为此，本文将介绍一项适用于深水的新钻井技术——RDM钻井方法。RDM技术是由挪威Stavanger国际研究院（IRIS）研制出来的一项新钻井技术，它是一种一体化、多用途的钻井技术。RDM技术最初是为解决连续油管钻井应用的井眼清洁和钻压控制问题所带来的挑战而提出的，后来不断发展成为一项新技术。本文作者对国外RDM的系统组成、特点及其在深水钻井中的应用进行了详细的分析。

1　RDM技术系统组成及原理

RDM是一项全新的钻井技术，是一种新概念，它是对传统旋转钻井的一种改进，它的

作者简介：陈颖杰（1984—　），男，本科毕业于西南石油大学石油工程专业，在读硕士研究生，主要从事油气井岩石力学和钻井新技术方面的研究工作。

基础是同心双壁钻杆技术，钻井液从双钻杆环空泵入井内，清洗井眼，从内部钻杆中携带岩屑返回地表，从而实现钻井液闭环循环。RDM 系统由以下几部分组成（图 1）：

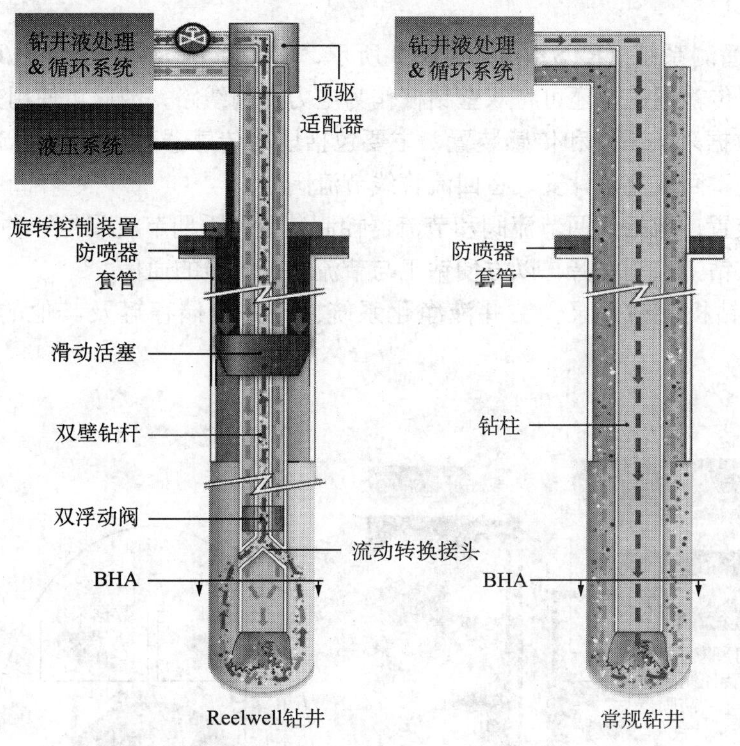

图 1　RDM 与常规钻井技术的对比

（1）顶驱适配器，安装在双钻杆的顶部，有一个旋转接头，它可以使钻井液从双壁钻杆环形空间进入并从内部钻杆中流出。

（2）双壁钻杆，即同心的双层钻杆，可用 API 规格的 $5^1/_2$ ~ $6^5/_8$in 钻杆改制，在每个钻杆内嵌入特别设计的内管即可，插入的内管需要采用一种专用的装置对其固定，该装置可快速简单地对普通钻杆完成改造，其加工简单、便于维修，可现场快速、简单地完成改制，且成本较低。

（3）上部钻具组合（上部 BHA），包括滑动活塞等，滑动活塞安装在下部 BHA 之上大约 400m 处，它是一种附着于双壁钻杆上的工具，在已经下套管的井内使用，能在钻杆外部封隔环空，将井底和上部井眼环空隔离，活塞允许旁通流（当需要时），也允许对活塞和 BOP/RCD 之间的环空加压。

（4）下部钻具组合（下部 BHA），包括常规 BHA 组件（如钻头、井下动力钻具等）、双浮动阀、流动转换接头（flow x−over）和下部扩眼器等。双浮动阀是一个专利的自动压力操作阀，位于双壁钻杆的底端，它可以同时或单独关闭、打开双壁钻杆的两个流道，在故障保护默认位置，双浮动阀关闭双壁钻杆的两个通道，该双浮动阀使得钻井实现井下隔离，使得控制压力钻井（MPD）过程中的地表无压力，可加强钻井安全和方便井底压力的控制。

（5）井口压力控制装备，包括旋转控制头（RCD）和防喷器（BOP），RCD 的压力等级为 500psi。

(6) 液压系统，系统有一台最大流量为 400L/min 的泵，该泵由钻工控制室进行远程控制。

(7) RDM 遥测系统（RTS）[3]，如图 2 所示，RTS 系统为井下 MWD/LWD 工具提供了两条高速数据传输通道，还可将双壁钻杆作为电力传输线路，因此可使用井下电动钻具。

(8) 地面数据采集系统和传感装置，主要包括压力传感器和流量计，流入流量计安装在立管的分支处，回流流量计安装在回流管线节流阀处。

(9) 节流装置，包括返回节流阀和节流器控制装置，返回节流阀是一种远程双节流阀，控制装置安装在钻工控制室旁，以方便钻工与节流操控人员的通信。

(10) 常规钻机、钻井泵、钻井液净化系统、钻井液储存罐及其他的辅助装备和技术等。

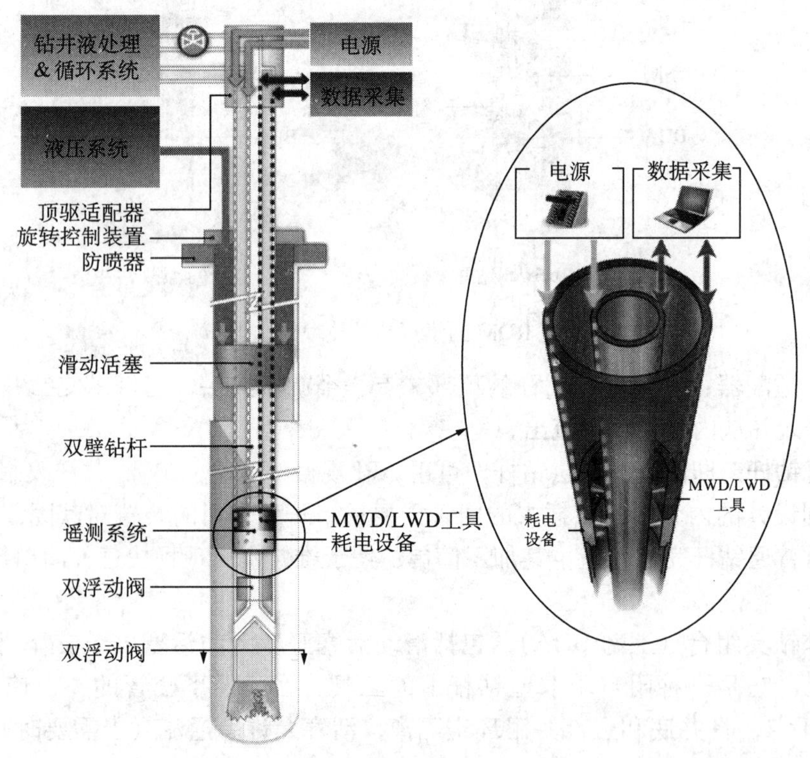

图 2　Reelwell 遥测系统

2　RDM 技术与常规钻井技术的比较

如图 1 所示，RDM 技术与常规钻井技术的钻井液循环原理存在较大的差异。

(1) 常规钻井中钻井液的循环原理：钻井液池→钻井泵→地面管汇→立管→水龙带→水龙头→钻柱内→钻头→钻柱外环形空间→井口、钻井液槽→钻井液净化设备→钻井液池。

（2）RDM 技术钻井液的循环原理：钻井液池→钻井泵→地面管汇→立管→水龙带→顶驱适配器→双壁钻杆环形空间→钻头→钻柱的内钻杆→井口→节流管汇→钻井液净化设备→钻井液池。表 1 对常规钻井技术与 RDM 技术的装备配备情况进行了简要对比。不难看出，常规钻井技术与 RDM 技术在装备上差异总体上很小，只需对部分装备改进即可采用常规钻机装备实现 RDM，其改进费用也十分低廉。

表 1　常规钻井技术与 RDM 技术装备配备情况

常规钻井技术装备		RDM 技术装备		对比结果
设备	组成	设备	组成	
钻机	井架	钻机	井架	差异小
	天车、绞车		天车、绞车	
	游动滑车		游动滑车	
	大钩		大钩	
	水龙头		顶驱适配器 ※	
	转盘系统		转盘系统	
	钻井泵		钻井泵	
钻柱 +BHA	普通钻杆	钻柱 +BHA	普通钻杆	差异大
	方钻杆		方钻杆	
	—		改造装置 ※	
	—		滑动活塞 ※	
	常规 BHA		常规 BHA	
	—		转换接头 ※	
	—		双浮动阀 ※	
数据采集	精度较低	数据采集	精度较高	差异大
井控及节流装置	常规防喷器	井控及节流装置	常规防喷器	差异小
	压井管汇		压井管汇	
	节流管汇		节流管汇	
	—		旋转控制装置	
钻井液净化及储存设备	振动筛	钻井液净化及储存设备	振动筛	差异小
	分离器		分离器	
	除泥器		除泥器	
	除砂器		除砂器	
	除气器		除气器	
—	—	中间衬管	※	差异大
—	—	液压系统	※	差异大
辅助装备	—	辅助装备	—	差异小

注：表中 ※ 是指该装备为专用装备。

RDM技术较常规钻井具有十分明显的优势，主要包括：(1) RDM技术实现了井底物理隔离，提高了钻井的安全性；(2) RDM技术采用了双壁钻杆和滑动活塞，能更精确地控制井底压力；(3) RDM技术增强了对井底岩屑的清洗能力；(4) 采用RDM技术可有效地降低钻井液成本，因为采用滑动活塞封隔井底减少了钻井液的用量，而且RDM技术允许将低成本、低密度的钻井液以低流速泵入井内；(5) RDM技术通过滑动活塞的液压系统对钻头施加钻压，可方便、有效地控制钻压；(6) RDM技术可较方便地使用尾管钻井；(7) RDM技术中钻杆接头采用了无承压接头技术。

3 RDM技术在深水钻井中的应用

在深水、超深水海域蕴含着大量的油气资源，深水、超深水钻井作业从20世纪80年代才开始。虽然这些钻井活动取得了一定的经验，但是由于钻井装备和工艺的局限，超深水钻井作业很困难，传统的钻井方法和设备已经不再适用于深水钻井。与陆地和浅水钻井相比，深水钻井有着更为复杂的海况条件，面临着更多的难题，主要表现在如下七个方面。

(1) 海水深度大，导致一系列的问题，如隔水管长度增加、作业环境恶劣、地质不确定因素增加等。

(2) 海床不稳定，越过大陆架后，海水深度陡增，海床坡度较大，易形成滑坡和泥石流，使海底快速沉积形成厚度大、松软、高含水且未胶结的地层，给导管井段的作业带来了很大困难。

(3) 破裂压力梯度低，致使破裂压力梯度和地层孔隙压力梯度之间的窗口较窄，容易发生井漏等复杂情况。

(4) 天然气水合物的堵塞，由于同时存在低温、高压、水、天然气这些必要条件，容易产生天然气水合物，会堵塞BOP管线、隔水管和水下井口头等，给井控带来风险。

(5) 浅层高压水层的危害，在表层钻井中，浅层水是遇到的最主要的浅层地质灾害，一旦钻遇高压水层，如果液柱压力不能平衡水层压力，就会发生浅层水流。如果处理不好，会引发一系列的钻井问题，如固井质量问题、表层套管损坏/下沉、BOP下沉、井漏等，甚至要移位重新开眼。

(6) 浅层气井喷，一些人认为水深大，浅层气的影响不大，这种想法是错误的，因为深水的浅层气通常压力都较高，一旦发生浅层气井喷，气体呈漏斗状向上快速膨胀、扩散，影响的范围较大，后果严重。

(7) 深水低温变化。深水中，海床以上温度随水深增加而下降，海床处温度最低；海床以下温度则随深度增加而上升。

对于上述深水钻井面临的各种难题，RDM体现出很大的优势，这些优势主要体现为：(1) RDM可以实现新的双梯度钻井方案；(2) RDM中能方便实现无隔水管钻井；(3) RDM中的RTS系统在随钻测量/随钻测井方面较普通MWD/LWD更具优势；(4) RDM在MPD、UBD、MFC钻井中具有更加明显的优势；(5) RDM在大位移井、水平井、定向井钻井中优势明显；(6) RDM技术可实现尾管钻井；(7) RDM技术可实现单一直径井身结构。它的这些优势使得深水钻井可以选用更低费用的钻机、更低要求的钻井设备和工具，使深水钻井更加安全、高效、低成本，为深水油田的高效开发奠定了坚实基础。

3.1 采用RDM技术可有效实现双梯度钻井

由于滑动活塞附着在井下钻柱上，它安装在井底钻具组合（BHA）之上大约400m的钻柱上，它在已经下入套管的井眼内发挥作用，它允许钻杆旋转，允许井下旁通流（当需要时），也允许活塞和BOP/RCD之间的井环空加压[5]。这使得井底和上部井眼环空形成了物理隔离，将井变成了一个液压缸，滑动活塞是液压缸活塞，双壁钻柱是液压缸杆。滑动活塞的物理隔离允许活塞上下使用不同特性的流体。因此，可以在滑动活塞以上和BOP/RCD之间的井环空使用高密度液体，由于该段井眼是在下过套管的井段，对该液体的性能相应降低；可以在滑动活塞以下至井底的这段环空和钻柱内使用低密度的活性循环钻井液，这样非常有利于保护储层。相反，也可以在滑动活塞以上使用低密度液体，在滑动活塞以下使用合理密度的钻井液。于是，在滑动活塞的上部和下部所使用的钻井液的密度不一致，从而形成了一种新型的双梯度钻井。

3.2 采用RDM技术实现无隔水管钻井

隔水管为海底井口和平台之间钻井液循环提供回路，为钻具送入海底井口进行导向，其组件主要有井口导管、防喷器组、隔水管连接器、挠性接头、隔水管组以及伸缩节等。但是，随着水深的增加隔水管变得异常庞大，对海洋钻井船的作业能力提出了更高的要求，这使得成本相应增加。另外，近年来国外深水油气勘探中曾因隔水管断裂引起了不少钻井事故，这些都严重阻碍了深水油气勘探开发的步伐。如果不使用隔水管，将在很大程度上提升海洋钻井船的作业能力，降低海洋钻井成本和深水钻井的风险，推进海洋油气勘探向更深的海域挺进。RDM技术便可以方便地实现无隔水管钻井，这就有效降低了深水钻井对钻井船的要求和深水钻井的风险，这是由于RDM技术中采用了非常规的钻井液循环方式，RDM技术采用了新型的双壁钻杆技术，钻井液从双壁钻杆环形空间进入井筒，清洗井眼，并携带岩屑从内钻杆返回地面，从而实现了钻井液的闭环循环。由于RDM技术自身能够为海底井口和平台之间提供钻井液循环回路，因此，可以不使用钻井隔水管，也就省去了很多隔水管组件。无隔水管RDM钻井技术示意图如图3所示。采用RDM技术进行无隔水管钻井时，所有的海底井口设备和结构保持不变，只是需要在海底井口防喷器（BOP）上面安装海底旋转控制装置（RCD），RCD能够封住钻柱与BOP之间的间隙，在RCD工作时将使井眼与钻柱间的环形空间始终处于关闭状态，这样便有效地将海水和滑动活塞上部井眼环空内的液体隔离开，滑动活塞上部井眼环空内液体可通过滑动活塞给下部钻具组合施加钻压和向前的牵引力，还可有效控制井底压力。由此可见，采用RDM技术实现无隔水管钻井可以提升钻井船的水深作业能力，同时由于不使用隔水管，可大大降低钻井成本。

3.3 RDM技术中的Reelwell遥测系统

RDM技术中的遥测系统（RTS）（图2）利用双壁钻杆为井下MWD/LWD工具提供了

两条高速数据传输通道，RTS系统使得双壁钻杆作为电力传输线路、数据传输通道，由于RTS系统实现了数据的有线传输，其数据传输速度非常高，这样就可以在最短的时间内将井下实时测量的数据传输至地面，地面工作人员就可以在井下发生异常后立即发现并作出决策，由于RTS系统实现了有线传输，便可以快速将地面指令通过传输通道发送给井下执行机构，因此这种RTS系统实质上就是一种智能钻杆系统。由于RTS系统数据传输不依赖于钻井液，在停泵、起钻、钻进等工况下均可进行数据传输，这就拓宽了RTS系统的适用范围。另外，由于电力可以通过双壁钻杆传输至井底，故可以在井下使用井下电动钻具。由此可以看出，RDM技术在井下测量方面也具有十分巨大的潜力，它使得气体钻井、充气钻井、泡沫钻井等钻井技术能够比较方便地在海洋使用。另外，由于可以使用井下电动钻具，还可以解决空气钻井、泡沫钻井中采用气动螺杆出现的井下动力不足等问题。

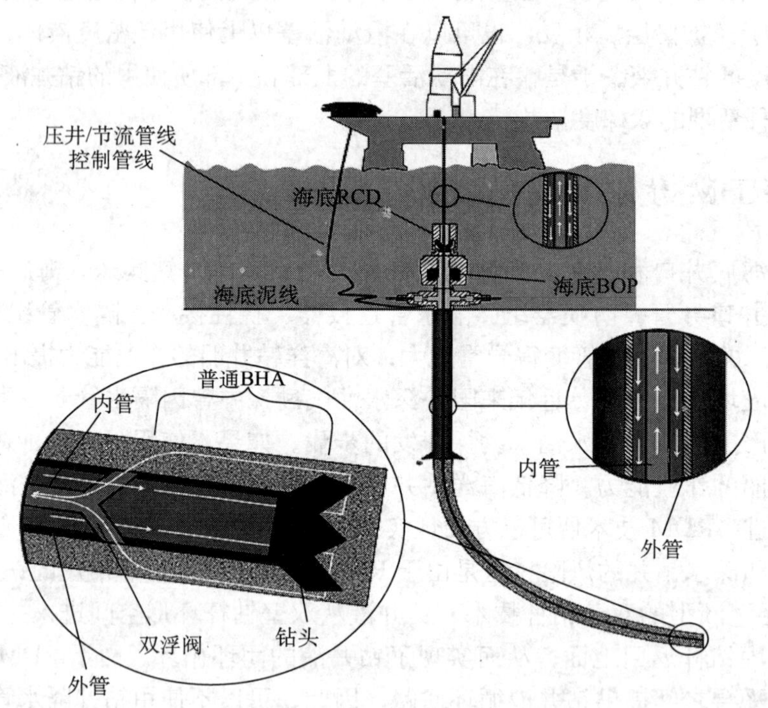

图3　无隔水管RDM钻井技术示意图[9]

3.4　RDM技术在MPD、UBD和MFC中的应用

在海洋深水钻井中经常会遇到安全钻井液密度窗口窄的问题，为解决这类问题，国际上主要采用控压钻井、欠平衡钻井和微流量钻井。RDM技术在这些技术中是极为有利的，因为：(1) RDM能够精确控制井底压力，在很小的压力窗口间进行钻井；(2) RDM改善了钻井液循环的控制方法，抑制了钻井泵开关时的压力波动；(3) RDM的流量传感器可以实现快速、精确的井涌和漏失检测，能精确检测出0.01m³的钻井液体积变化，系统能够立即作出响应和调整；(4) RDM采用物理屏障抑制了环空钻井液的漏失，降低了钻井液对近井地带地层的污染；(5) 井底双浮动阀实现井底物理隔离，发生井涌时双浮动阀和滑动活

塞充当井下防喷器的角色，增强钻井的安全性；井漏时可阻止井眼环空钻井液的漏失，可避免因环空流体漏失导致的一系列复杂问题和事故的发生。故RDM不仅降低了对海底防喷器组的要求，还有效解决了深水钻井钻遇浅层高压气层、浅层高压水层的问题。

RDM技术实现精确控制井底压力的过程如图4所示。接单根时［图4（a)]，同时关闭双浮动阀和钻井泵，此时内部钻杆受静液柱压力，外部钻杆受静液柱压力和立管压力，故井底双浮动阀受较大的压差；开泵时［图4（b)]，双浮动阀仍处于关闭状态，流动转换接头将起作用，双壁钻杆通过BHA上的流动转换接头建立循环通道，此时内部钻杆受液柱压力和节流压力，外部钻杆受液柱压力和泵压，双浮动阀仍然承受一定的压差，但所承受压差随着钻井液的循环不断减小，直至与井底压力相平衡；正常钻进［图4（c)]，当压差与井底压力相平衡时，随即打开双浮动阀，开始正常循环钻进，此时流动转换接头不再起作用，双浮动阀也不承受压差。整个过程中井口节流阀一直打开。

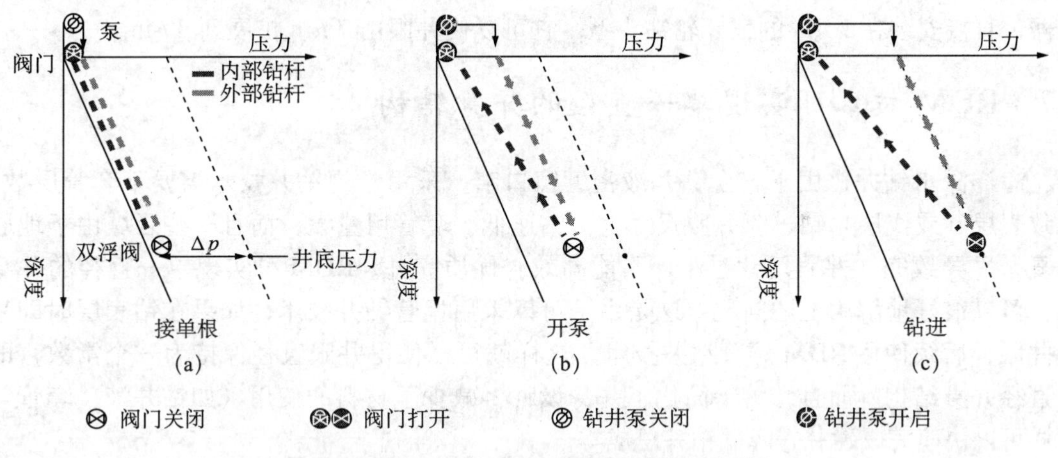

图4 RDM技术实现压力精确控制示意图[7]

3.5 RDM技术在钻定向井、水平井、大位移井方面的优势

对于海上深水油田的开发，为了提高原油采收率并获取好的经济效益，常常采用定向井钻井、水平井钻井或者大位移井钻井（ERD)，它们都面临着井眼清洁、加不上钻压、水平延伸难度大等问题。采用RDM技术可以很好地解决这些问题：(1) RDM有非常优越的井眼清洗能力，由于重力作用岩屑堆积是定向井、水平井及大位移井钻井中的大问题，通过高效地清除钻头后面的岩屑来解决该问题；(2) RDM技术通过液压系统向滑动活塞施加压力，该压力可给钻柱施加向前的牵引力，这就很好地解决了加不上钻压和水平延伸难度大等问题，目前世界记录的最长水平延伸距离为10.9km，而应用RDM技术延伸距离可超过20km，由于RDM的水平延伸距离是常规大位移钻井的2倍以上，因此其泄油面积将增加到4倍以上；(3) 由于滑动活塞安装在下部BHA的上部大致400m左右，基本能够使钻柱浮在钻井液中，即可有效地起到减摩降扭的作用，所以RDM可以较容易地克服钻柱摩阻/扭矩大所带来的问题，也可以较好地解决套管磨损严重等问题；(4) RDM可采用尾管钻井，即将尾管作为BHA的一部分，钻井尾管可以在钻完一段井段后通过滑动活塞完成对

尾管的膨胀并固井，这样便较好地解决了套管下入难的问题、井壁稳定问题以及固井中的一些问题。

3.6 采用RDM技术实现尾管钻井

RDM可采用尾管钻井，即将尾管作为下部钻具组合（BHA）的一部分，钻井尾管可以在钻完一段井段后通过滑动活塞完成对尾管的膨胀并固井[6, 7]。Reelwell公司在研发RDM时进行了全面的测试，其中就包括RDM实现尾管钻井。普通配置钻井和尾管钻井，它们的基本配置都包括顶驱适配器、双壁钻杆、滑动活塞、双浮动阀和流动转换接头。尾管配置钻井还包括如下装置：(1) 尾管接头，安装在双浮动阀上，允许通过内置开关将尾管与钻杆相连来实现流体流动和尾管旋转的控制；(2) 尾管扩张器，安装在滑动活塞上，用来进行尾管扩张；(3) 尾管，它是一段处于尾管接头和尾管扩张器之间的尾管；(4) 下部扩眼器，直接安装在$7^{7}/_{8}$in的三牙轮钻头上，它可以使井眼由$7^{7}/_{8}$in扩展到$9^{1}/_{2}$in。

3.7 RDM技术可实现单一直径的井身结构

海洋深水钻井，由于安全钻井液密度窗口窄，采用常规钻井技术需要下套管层数多，导致表层（或浅层）钻进时井眼尺寸大、钻速低、套管用量大，而且一些区域由于地层压力复杂，导致完钻井眼尺寸过小，不能高效、优质完井。RDM可实现单一直径的井身结构，可以很好地解决上述问题，这是由于可以采用尾管钻井技术，如果在钻表层时即采用小井眼，后续使用RDM尾管钻井技术，这样就可以使得井眼直径保持为一个常数，即单一直径井身结构。而且，由于简化了井身设计、减少了材料的使用（如钻井液、套管等），这样可以快速完成建井并降低钻井总成本。

4 结论及展望

结合上面的分析，我们便可很容易得出如下结论：

(1) RDM技术以双壁钻杆为基础，钻井液从双壁钻杆环空泵入井内并清洗井底，从内部钻杆中携带岩屑返回地表，实现了钻井液闭环循环。

(2) RDM技术与常规钻井技术对比分析结果表明，二者在装备上差异较小，只需对常规钻井部分装备改进即可实现RDM技术，而且改进费用也较低。

(3) 由于RDM技术可实现新的双梯度钻井，可实现无隔水管钻井，可解决定向井、大位移井钻井遇到的问题，可应用于MPD、UBD、MFC等技术，可实现单一直径的井身结构，RTS系统能很好地解决LWD/MWD数据传输问题，使得该技术在深水钻井中有很大的优势，其应用前景广泛。

(4) RDM技术中关键的技术包括双壁钻杆、双浮动阀、滑动活塞、RST系统、顶驱适配器等，双壁钻杆不仅实现了钻井液的闭环循环，还能传输电力、传输数据，为RDM技术实现井下检测和控制奠定了坚实的基础。

因此，RDM技术将进一步推动钻井技术的快速发展，为我国钻井技术的发展指明了方向。鉴于目前我国油气田（尤其是深水油气田）开发的实际情况，我国有必要结合实际情况，尽快研发出适合我国油田开发的相关钻井新技术。当然，尽管RDM已经取得了诸多的成果，但作为一项新的钻井技术，它仍然存在很多的不足，仍需要进行大量的测试及试验，找出相应的问题并加以改善，使该技术更加完善。

参 考 文 献

侯福祥，张永红，王辉，等．深水钻井关键装备现状与选择［J］．石油矿场机械，2009，38（10）：1-4.

陈颖杰，马天寿，曾欣，等．国外Reelwell钻井新技术及其应用［J］．石油机械，2010，38（8）：87-92.

Reelwell drilling method［EB/OL］．http：//www.reelwell.com. 2008—2009/2009-12-1.

Vestavik.O M. New concept for drilling hydraulics［R］. SPE 96412，September 2005.

Ola Vestavik，Scott Kerr，Stuart Brown，et al. Reelwell drilling method［R］. SPE/IADC 119491，2009.

Ola Vestavik，Scott Kerr，Stuart Brown，et al. Reelwell drilling method—a unique combination of MPD and liner drilling［R］. SPE 124891，2009.

Rajabi M Mir，Nergaard A I.，Hole O.，et al. Application of reelwell drilling method in offshore drilling to address many related challenges［R］. SPE 123953，2009.

Rajabi M Mir，Nergaard A I.，Hole O.，et al. A new riserless method enable US to apply managed pressure drilling in deepwater environments［R］. SPE/IADC 125556，October 2009.

Rajabi M Mir，Nergaard A I.，Hole O，et al. Riserless reelwell drilling method to address many deepwater drilling challenges［R］. IADC/SPE 126148，February 2010.

Ola Michael Vestavik，Ove Hole. New multi purpose drilling method［J］. DEW Journal，September 2009.

刘广斗，徐兴平，王西录．国外超深水钻井新技术［J］．石油机械，2009，37（5）：83-86.

徐荣强，陈建兵，刘正礼，等．喷射导管技术在深水钻井作业中的应用［J］．石油钻探技术，2007，35（3）：19-22.

侯福祥，王辉，任荣权，等．海洋深水钻井关键技术及设备［J］．石油矿场机械，2009，38（12）：1-4.

弓大为．海洋隔水管故障分析［J］．石油矿场机械，2003，32（5）：4-7.

兰州石油机械研究所．海洋钻井水下器具［M］．兰州：兰州石油机械研究所，1979：230-231.

陈平，等．钻井与完井工程［M］．北京：石油工业出版社，2007：208-209.

苏义脑，窦修荣．大位移井钻井概况、工艺难点和对工具仪器的要求［J］．石油钻采工艺，2003，25（1）：6-10.

干井筒固井对水泥浆性能及岩石稳定性影响

冯颖韬[1]　徐璧华[1]　刘　扬[2]

（1. 西南石油大学石油工程学院；2. 西南石油大学外国语学院）

摘　要：干井筒固井作业可定义为在空气钻井后不替入钻井液直接实施注水泥浆作业。该方式可以实现环空水泥浆的全充填，解决常规固井技术无法避免地受井壁泥饼和钻井液介质影响的问题。本文旨在通过实验研究在干井筒条件下对水泥浆性能和岩石稳定性的影响。

关键词：空气钻井　干井筒　水泥浆　固井

常规空气钻井后的固井作业是在空气钻井后在井内先替入钻井液循环，然后再注入适合于所用钻井液和水泥浆体系的前置液。注前置液的目的是提高钻井液的顶替效率和改善水泥胶结质量，此后再注入水泥浆。常规固井作业中循环钻井液环节对地层的伤害类同于用水基钻井液进行钻井作业。而近年来新兴的干井筒固井作业则是在不替入钻井液循环的基础上直接进行注水泥浆作业。这种新工艺的产生避免了过去气体钻井结束后替入钻井液产生的井漏、井壁不稳定等复杂情况的发生，缩短了固井周期，同时也减少了钻井液总量，降低了钻井成本，固井质量与常规固井作业相比也得到明显提高。

1　干井筒固井难点

干井筒固井与常规固井相比最大的差别体现在：空气钻井时干燥的空气将地层近井地带的水分带走，井眼十分干燥，井壁上无可以有效降低失水的泥饼。因此当空气钻井后循环钻井液时，井壁会大量吸水，造成地层失稳、坍塌，甚至发生恶性井漏。这将严重影响固井质量，增加作业时间和成本。同样，对于向空井筒中直接注入水泥浆作业，也有可能发生以上情况。干井筒固井可能存在以下难点。

1.1　地层干燥井壁无泥饼

对于不产水的地层，空气钻井时地层始终处于干燥状态。对于产水的地层，高速的气流将进井地带地层水都带走，地层也处于干燥状态。同时井壁未能形成能有效降低失水的泥饼。当水泥浆进入地层后，干燥地层能瞬时吸收水泥浆中的部分水分。在正压差的作用

作者简介：冯颖韬（1986—　），男，西南石油大学石油工程学院在读研究生。

下，水泥浆中的水分持续向地层中滤失，滤失量的多少取决于所配制的水泥浆的抑制性或封堵性。若所遇地层含有较多的水敏性黏土矿物，地层吸水后黏土矿物水化膨胀产生水化应力，岩石的强度变低，井壁的稳定性变差。所含黏土矿物越多，井壁的不稳定性就越强，井壁岩石有向井筒内“崩裂”的趋势，固井作业难度就越大。

1.2 水泥浆的稳定性

用于润湿地层的水泥浆领浆进入地层后，可能会大量失水，从而严重影响水泥浆的各项性能，尤其是水泥浆的流动性和稠化时间。水泥浆的流动性变差，流动黏度增加导致泵压增加。更严重的是在水泥浆到达预置位置之前在环空和套管内凝固致使固井作业失败。因此在实施空井筒固井作业配制水泥浆之前，应该根据实际钻井取心资料，分析岩心的孔隙度和裂缝大小，合理选择颗粒材料，短时间内通过有效的粒级配制在井壁形成泥饼，阻止水相进一步向地层渗透。除对水泥浆有常规物性要求外，还要控制好自由水的含量和沉降稳定性，使其在干燥环空长时间运行的同时能保持良好的流动性。

1.3 水泥浆的注入速度

由于空井筒固井是直接向井筒内注入水泥浆领浆，水泥浆将以自由下落的形式注入井底，将对井底岩石产生强大的冲击力。如果所遇地层疏松则可能导致岩层坍塌，井径扩大甚至水泥浆漏失。如果水泥浆的注入速度过小，则会增加水泥浆在干井筒中的浸泡时间，同样会影响井壁的稳定性。

2 实验数据及分析

2.1 干井筒固井对水泥浆性能影响

干井筒固井过程中地层处于干燥状态，会使水泥浆大量失水，所以主要考虑在大量失水情况下水泥浆的流变性变化。

实验方案：采用失水仪模拟干井筒中水泥浆直接接触干岩心后水泥浆的失水，观察在不同时间、不同温度条件下失水后水泥浆流变性变化。

2.1.1 失水后水泥饼不溶解到水泥浆中

水泥浆配方：水灰比0.44，G级水泥+0.5%Sxy+3%BS100+水。

由表1可得出以下结论：

(1) 在不同温度下，失水量（这里的失水时间反映失水量的大小）对水泥浆流变性影响较大，且随着失水量的增加水泥浆流变性增大。

(2) 相同的失水时间内，水泥浆的流变性随温度的变化没有规律，流变性结果为75℃＞室温＞95℃＞45℃。

表 1　水泥饼不溶解到水泥浆后的流变性变化

实验温度（℃）	失水时间（min）	600 转	300 转	200 转	100 转
室温	1	231	122	84	44
	2	215	114	79	41
	4	211	108	75	39
	7.5	202	101	70	36
45	1	245	127	88	46
	2	241	124	85	43
	4	198	104	71	37
	7.5	171	88	59	30
75	1	211	109	73.5	38
	2	188	99	68	35
	4	181	95	65	34
	7.5	168	88	61	32
95	1	232	125	86	44
	2	215	116	78	40
	4	158	83.5	52	30
	7.5	116	51	32	19

2.1.2　失水后水泥饼溶解到水泥浆中

水泥浆配方：水灰比 0.44，G 级水泥 +1%Sxy+3%BS100+5%WG+ 水。

由表 2 可得出以下结论：

（1）在不同温度下，失水量（这里的失水时间反映失水量的大小）对水泥浆流变性影响较大，且随着失水量的增加水泥浆流变性减小。

（2）相同的失水时间内，水泥浆的流变性随温度的变化没有规律，流变性结果为 45℃ ＞ 75℃ ＞室温＞ 95℃。

表 2　水泥饼溶解到水泥浆后的流变性变化

实验温度（℃）	失水时间（min）	600 转	300 转	200 转	100 转
室温	1	300+	239	168	92
	2	300+	300+	266	144
	4	300+	300+	300+	176
	7.5	300+	300+	300+	213
45	1	300+	222	155	84
	2	300+	292	211	116
	4	300+	300+	277	154
	7.5	300+	300+	300+	185

续表

实验温度（℃）	失水时间（min）	600 转	300 转	200 转	100 转
75	1	300+	290	200	110
	2	300+	300+	214	118
	4	300+	300+	284	157
	7.5	300+	300+	300+	196
95	1	300+	300+	300+	170
	2	300+	300+	300+	190
	4	300+	300+	300+	219
	7.5	300+	300+	300+	300+

2.2 干井筒固井对岩石稳定性的影响

干井筒固井过程中地层将与水泥浆接触，而水泥浆浸泡会对岩石的性能产生一定的影响，所以可通过水泥浆对岩石的直接浸泡，观察其抗压强度、胶结强度、渗透率的变化来评价干井筒固井对岩石稳定性的影响。

2.2.1 干井筒固井对岩石抗压强度影响

实验方案：将准备 10 块长度相等的同一岩石上取出的岩心浸泡于水泥浆中，分别浸泡不同的时间，然后测定它们的抗压强度。

表 3 常温条件下水泥浆对砂岩强度的影响

浸泡温度	浸泡压力	未浸泡强度（MPa）	浸泡 30min 强度（MPa）	浸泡 60min 强度（MPa）	浸泡 90min 强度（MPa）	浸泡 120min 强度（MPa）
常温	常压	12.59	11.47	19.52	20.28	21.06
常温	常压	18.21	14.88	21.16	20.80	21.10
平均强度		15.41	13.17	20.34	20.54	21.08

由表 3 可看出，在常温常压条件下，用水泥浆浸泡一段时间后，岩石抗压强度先减小，再增大并最终趋于稳定。

2.2.2 干井筒固井对水泥石胶结强度的影响

实验方案：准备两块岩心，用膨润土和氢氧化钠调制液体模拟钻井液，将模拟钻井液均匀地裹于一块岩心的表面，另一岩心则保持干燥；再将这两块岩心放于模具中，用水泥浆浸泡，并于 75℃下养护 24h。观察岩心的胶结面并测定其胶结强度。

由图 1 和图 2 两种情况的胶结面可看出，无泥饼时岩心与水泥石的胶结致密；有泥饼时岩心与水泥石的胶结疏松。通过数字抗折抗压试验机测定以上两种情况下岩心与水泥石的胶结强度。无泥饼时的胶结强度为 9.36MPa，有泥饼时的胶结强度为 0.02MPa。

图 1　岩心表面无泥饼时的胶结情况

图 2　岩心表面有泥饼时的胶结情况

2.2.3　干井筒固井对岩石渗透率的影响

实验方案：通过水泥浆滤液对岩石的浸泡，观察其在动态和静态情况下岩石渗透率的变化情况。

由表 4 可知，在动态和时间相近的情况下，水泥浆使地层渗透率降低的幅度比静态情况下大得多。

表 4　水泥浆滤液对岩石渗透率的影响

岩心尺寸（mm）		压差（kgf/cm²）	剪切速率（s^{-1}）	失水量（mL/30min）	渗透率（mD）		平均下降率（%）
直径	长				K_0	K_d	
25	50	30 ~ 120	0	800	7.7 ~ 28	3.8 ~ 19	43.19
25	40	35	68 ~ 147	700	18 ~ 25	1.5 ~ 6.25	80.29

3　结论与建议

（1）在不同温度下，失水量的大小对水泥浆流变性影响较大。但由表 1 和表 2 可看出，失水后的水泥饼是否溶解到失水后的水泥浆中，所得到的两种结论截然相反。因此，在实际的干井筒固井过程中一定要考虑水泥饼对水泥浆的影响。

（2）相同的失水时间内，水泥浆的流变性随温度的变化没有规律。这主要是因为：在正常情况下，水泥浆的流变性随温度的升高而增强，而本文采用的聚合物体系的水泥浆失水量随着温度的升高而增加。所以，在实际的干井筒固井过程中，要根据现场需要的水泥浆体系来具体分析水泥浆流变性随温度的变化规律。

（3）水泥浆对岩石的浸泡会造成岩石强度降低。因而在实际干井筒固井过程中，要减少水泥浆对地层的浸泡时间，尽快完成注水泥作业。但如果所遇地层为疏松易垮塌地层，还要考虑水泥浆的扰动对地层稳定性的影响，选择合理的注入速度实施固井作业。

（4）由图1和图2可看出，干井筒固井的水泥石胶结强度要比常规固井的水泥石胶结强度大得多。这主要是由于干燥的岩石能吸收部分界面上的自由水，从而改善界面上的水灰比，使界面上的水泥石强度更高，有利于薄弱界面的胶结。

（5）干井筒固井过程中水泥浆对岩石的浸泡会使岩石的渗透率下降，而在动态注水泥条件下，水泥浆滤液使岩石渗透率降低的速率要比静态大得多。

参 考 文 献

马献珍．空气钻井技术方兴未艾［N］．中国石化报．，2006（7）

陈忠实，陈 敏．气体介质条件下的固井技术［J］．天然气工业．，2009，29（5）：63−66.

林强，郑力会，冯建华，等．平落006−5井空井固井初探［J］．钻采工艺，2008，31（1）：31−33.

谷穗，乌效鸣，蔡记华．纤维水泥浆堵漏实验研究［J］．探矿工程（岩土钻掘工程），2009，36（4）：4−6.

陈飞，汪忠德．防漏水泥浆固井室内试验研究［J］．石油天然气学报．，2009，31（4）：325−327.

灰色关联度分析法在固井质量影响因素分析中的应用

周云丰[1] 杨远光[2] 许可一[1]

（1. 西南石油大学研究生部；
2. 油气藏地质及开发工程国家重点实验室·西南石油大学）

摘 要：为找出影响BD油田固井质量的主要因素，以便制定科学合理的技术措施，本文在对BD油田影响固井质量的因素进行分类的基础上，用灰色关联度分析方法，分析了各影响因素与固井第一界面和第二界面的优质率、合格率和总合格率之间的关联度，以各类因素关联度的大小判断影响固井质量的程度大小。通过分析BZ油田10口井的结果表明，影响该油田固井质量的主要因素为：钻井液漏斗黏度和触变性、水泥浆的防窜能力、冲洗液接触时间和顶替环空返速、水泥浆领尾浆长度比。

关键词：固井 固井质量 影响因素 灰色模型 第一界面 第二界面

固井质量的影响因素错综复杂，并且数据的规律性差，难以用常规的概率统计方法对固井质量影响因素进行统计。因为概率统计研究的是“随机不确定”现象，着重于考查“随机不确定”现象的历史统计规律，考查具有多种可能发生的结果的“随机不确定”现象中每一种结果发生的可能性大小。其出发点是大样本，并要求对象服从某种典型分布，并且要求各因素数据与系统特征数据之间呈线性关系，且各因素之间彼此无关，这种要求往往难以满足。然而，灰色关联度分析方法则弥补了采用数理统计方法作系统分析所导致的缺憾。它对样本量的多少和样本有无规律都同样适合，而且计算量小，不会出现定性分析和定量分析结果不一致的现象。但是，由于影响固井质量的因素繁多，不应该粗略地把所有因素一起作关联度分析，直接取关联度大的前几位作为影响固井质量的主要影响因素。而应该把固井质量的影响因素分类，取每类中关联度最大的作为影响固井质量的主要因素。并且，用固井质量的优质率、合格率和总合格率来验证在各自类别中是否是相同因素的关联度最大。如果是同一个因素的关联度最大或者关联度排位靠前，那么这个因素确实是该类中影响固井质量的主要因素；反之，则不是主要的影响因素，这时需要找个关联度一直都处于前几位的因素作为该类影响固井质量的主要因素。

目前，用灰色关联度作因素分析的文章很多，用灰色关联度对固井质量影响因素作分析的较少，仅是粗略地进行分析，没有进行系统的分类统计，得到的固井质量影响因素不能很好地代表主要的影响因素。

1 灰色关联度的理论计算

固井质量的影响因素很多，主要包括地层的物性、井身质量、套管居中程度、流态、水泥浆体系和性能、钻井液体系和性能以及前置液体系和性能等。为了知道各种影响因素对固井质量的影响大小，通过计算灰色关联度的大小，得到影响固井质量的主要因素。灰色关联度的基本思想是根据序列曲线几何形状的相似程度来判断其联系是否紧密。曲线越接近，相应序列之间关联度就越大，反之越小。关联度的计算步骤如下。

第一步，求各序列的均值项，$X_i' = X_i / \overline{x}_i(1)$。

第二步，求差序列，$\Delta_i(k) = \left|x_0'(k) - x_i'(k)\right|$。

第三步，求两极差最大与最小值，最大差$M = \max\limits_i \max\limits_k \Delta_i(k)$，最小差$m = \min\limits_i \min\limits_k \Delta_i(k)$。

第四步，求关联系数：$\gamma_{0i}(k) = \dfrac{m + \xi M}{\Delta_i(k) + \xi M} \quad \xi \in (0,1)$

式中，$\max\limits_i \max\limits_k \Delta_i(k)$表示两极最大差；$\min\limits_i \min\limits_k \Delta_i(k)$表示两极最小差，$\gamma_{0i}(k)$表示 x_i 对 x_0 在 k 点处的关联系数。

第五步，计算关联度：$R_{0i} = \dfrac{1}{n}\sum\limits_{k=1}^{n} \gamma_{0i}(k)$（$i$=1，2，…，$m$，$k$=1，2，…，$n$）。

式中，R_{0i} 表示 x_i 对 x_0 的关联度。

2 固井质量影响因素分析

以BZ油田10口完钻的评价井的第一界面和第二界面的固井质量为系统特征序列，以钻井液性能、水泥浆性能、顶替因素和其他因素共4类为系统相关因素序列。从固井第一界面和第二界面的固井优质率、合格率、总合格率3个角度分析各个因素与固井质量的关联度。其中，固井液体系中的水泥浆体系、前置液体系、钻井液体系无具体量化值，以统计评价结果的好、中、差分别取值为100、70和50。表1是固井质量影响因素的分类以及相应的原始数据。由灰色关联度模型可得各影响因素对应的不同界面固井质量的关联度(表2)，各影响因素对应的第一界面和第二界面的关联度排序见表3。从固井第一界面和第二界面优质率、合格率和总合格率3个角度的关联度排序看，各类因素的排序基本一致，只有少数有些不大的异动，因此，为方便对各类因素的分析，以各类因素的3个角度分析得到的关联度的平均值，作为其综合关联度判断影响的主次（表3）。

表1 固井质量影响因素分类

类别	代号	因素名称		相应值									
				井1	井2	井3	井4	井5	井6	井7	井8	井9	井10
固井质量	X_0	第一界面	优质率	9.72	41.65	58.24	28.11	48.48	35	45.38	95.81	62.12	71.88
	X_1		合格率	9.00	44.82	18.81	20.52	21.99	27.58	26.65	3.93	25.05	15.48
	X_2		总合格率	18.72	86.47	77.05	48.63	70.47	62.58	72.03	99.74	87.17	87.36

续表

类别	代号	因素名称		相应值									
				井1	井2	井3	井4	井5	井6	井7	井8	井9	井10
固井质量	X_3	第二界面	优质率	9.42	36.38	43.41	26.14	43.14	30.3	35.59	90.55	55.21	67.42
	X_4		合格率	5.72	35.82	16.53	18.75	21.63	17.24	18.57	8.84	26.81	16.16
	X_5		总合格率	15.14	72.2	59.94	44.89	64.77	47.54	54.16	99.39	82.02	83.58
钻井液性能	X_6	触变性		2.5	1.5	2.0	2.5	2.5	2.5	2.0	2.0	3.0	2.0
	X_7	初切力		2.5	1.5	2.0	2.5	1.5	2.5	3.0	1.5	2.0	2.0
	X_8	终切力		5.0	3.0	4.0	5.0	4.0	5.0	5.0	3.5	5.0	4.0
	X_9	漏斗黏度		41	50	43	54	39	43	41	46	49	45
水泥浆性能	X_{10}	领浆与钻井液密度差		0.57	0.7	0.35	0.63	0.48	0.56	0.58	0.68	0.63	0.5
	X_{11}	领尾浆的稠化时间差		102	69	40	61	62	42	91	120	42	73
	X_{12}	领浆的初始稠度		20	2	16	2.5	10	17	20	17	18	8
	X_{13}	尾浆的初始稠度		20	2	17	2.2	10	18	16	15	16	5
	X_{14}	领浆的过渡时间		26	15	18	14	13	26	25	23	10	14
	X_{15}	尾浆的过渡时间		21	22	11	20	15	8	34	30	14	7
	X_{16}	领浆防窜系数SPN		7.59	4.52	5.75	4.13	4.68	8.62	7.34	8.29	3.31	4.54
	X_{17}	尾浆防窜系数SPN		8.51	8.58	4.13	7.15	4.51	2.94	13.65	7.95	5.29	2.83
	X_{18}	领浆防窜阻力系数A		0.17	0.11	0.13	0.1	0.11	0.2	0.17	0.2	0.08	0.10
	X_{19}	尾浆防窜阻力系数A		0.19	0.2	0.09	0.17	0.1	0.07	0.33	0.18	0.13	0.06
顶替因素	X_{20}	扶正器间距		20.22	20.17	13.28	20.22	11.16	14.22	21.14	18.76	12.33	19.25
	X_{21}	冲洗液接触时间		6.00	8.75	7.50	6.00	7.00	8.75	10	8.75	7.78	8.00
	X_{22}	井径扩大率		10.14	18.48	3.42	3.09	8.00	37.4	10.22	1.48	2.7	3.66
	X_{23}	环空返速		1.1	1.17	1.16	1.06	1.04	0.77	1.048	1.498	1.312	1.3
固井液体系	X_{24}	前置液		100	100	100	100	100	100	100	100	100	50
	X_{25}	水泥浆		50	100	100	70	70	50	50	70	70	100
	X_{26}	钻井液		50	50	50	50	50	70	50	50	100	50
其他因素	X_{27}	领尾浆长度比		0.44	1.34	0.97	0.79	1.37	0.77	0.53	1.84	0.76	0.9
	X_{28}	封固段长		1221	1258	1317	1385	1169	830	1171	495	1061	1118
	X_{29}	地层渗透率		2.00	2.79	186.17	2.3	36.82	2	2.15	9.98	151.43	110.815

表2 各类影响因素的关联度

类别	代号	因素名称	关联度					
			第一界面			第二界面		
			优质	合格	总合格	优质	合格	总合格
钻井液性能	X_6	钻井液触变性	0.809	0.815	0.824	0.812	0.859	0.836
	X_7	钻井液初切力	0.764	0.804	0.785	0.766	0.794	0.774

续表

类别	代号	因素名称	关联度					
			第一界面			第二界面		
			优质	合格	总合格	优质	合格	总合格
钻井液性能	X_8	钻井液终切力	0.799	0.834	0.824	0.798	0.830	0.808
	X_9	钻井液漏斗黏度	0.822	0.805	0.869	0.820	0.839	0.862
水泥浆性能	X_{10}	领浆与钻井液密度差	0.796	0.808	0.866	0.791	0.837	0.836
	X_{11}	领尾浆的稠化时间差	0.807	0.744	0.809	0.801	0.744	0.822
	X_{12}	领浆的初始稠度	0.760	0.744	0.772	0.740	0.719	0.751
	X_{13}	尾浆的初始稠度	0.750	0.732	0.760	0.731	0.702	0.741
	X_{14}	领浆的过渡时间	0.771	0.781	0.798	0.772	0.743	0.784
	X_{15}	尾浆的过渡时间	0.748	0.727	0.772	0.746	0.724	0.784
	X_{16}	领浆防窜系数 SPN	0.787	0.785	0.820	0.788	0.746	0.802
	X_{17}	尾浆防窜系数 SPN	0.717	0.727	0.758	0.718	0.729	0.752
	X_{18}	领浆防窜阻力系数 A	0.790	0.794	0.816	0.790	0.749	0.808
	X_{19}	尾浆防窜阻力系数 A	0.713	0.723	0.753	0.714	0.725	0.747
顶替因素	X_{20}	扶正器间距	0.774	0.772	0.834	0.771	0.786	0.819
	X_{21}	冲洗液接触时间	0.819	0.831	0.880	0.818	0.814	0.863
	X_{22}	井径扩大率	0.654	0.740	0.676	0.649	0.722	0.663
	X_{23}	环空返速	0.870	0.791	0.898	0.865	0.812	0.893
固井液体系	X_{24}	前置液	0.805	0.822	0.856	0.799	0.828	0.834
	X_{25}	水泥浆	0.844	0.780	0.859	0.835	0.803	0.862
	X_{26}	钻井液	0.809	0.816	0.823	0.811	0.839	0.831
其他因素	X_{27}	领尾浆长度比	0.839	0.776	0.850	0.843	0.813	0.866
	X_{28}	封固段长	0.811	0.803	0.843	0.791	0.840	0.833
	X_{29}	地层渗透率	0.652	0.593	0.619	0.653	0.605	0.632

表 3　各类影响因素的关联度排序

类别	代号	因素名称	初始排序						排序均值	综合排序
			第一界面			第二界面				
			优质	合格	总合格	优质	合格	总合格		
钻井液性能	X_6	触变性	2	2	3	2	1	2	2.000	2
	X_7	初切力	4	4	4	4	4	4	4.000	4
	X_8	终切力	3	1	2	3	3	3	2.500	3
	X_9	漏斗黏度	1	3	1	1	2	1	1.500	1
水泥浆性能	X_{10}	领浆与钻井液密度差	5	1	4	5	1	3	3.167	2
	X_{11}	领尾浆的稠化时间差	4	2	6	4	3	7	4.333	4

续表

类别	代号	因素名称	初始排序						排序均值	综合排序
			第一界面			第二界面				
			优质	合格	总合格	优质	合格	总合格		
水泥浆性能	X_{12}	领浆的初始稠度	7	9	9	9	9	9	8.667	9
	X_{13}	尾浆的初始稠度	9	10	10	10	10	10	9.833	10
	X_{14}	领浆的过渡时间	3	8	3	3	8	4	4.833	6
	X_{15}	尾浆的过渡时间	6	3	5	6	2	5	4.500	5
	X_{16}	领浆防窜系数 SPN	2	7	2	2	7	2	3.667	3
	X_{17}	尾浆防窜系数 SPN	8	5	7	7	4	6	6.167	7
	X_{18}	领浆防窜阻力系数 A	1	4	1	1	6	1	2.333	1
	X_{19}	尾浆防窜阻力系数 A	10	6	8	8	5	8	7.500	8
顶替因素	X_{20}	扶正器间距	3	3	3	3	3	3	3.000	3
	X_{21}	冲洗液接触时间	2	1	2	2	1	2	1.667	2
	X_{22}	井径扩大率	4	4	4	4	4	4	4.000	4
	X_{23}	环空返速	1	2	1	1	2	1	1.333	1
固井液体系	X_{24}	前置液	3	1	2	3	2	2	2.167	3
	X_{25}	水泥浆	1	3	1	1	3	1	1.667	1
	X_{26}	钻井液	2	2	3	2	1	3	2.167	2
其他因素	X_{27}	领尾浆长度比	1	2	1	1	2	1	1.333	1
	X_{28}	封固段长	2	1	2	2	1	2	1.667	2
	X_{29}	地层渗透率	3	3	3	3	3	3	3.000	3

由表2和表3可见，各类固井质量影响因素与固井质量之间的关联度排序基本一致，由此用它们的灰色关联度排序均值作为灰色关联度的大小排序依据。所以由表2和表3可得以下几点结论。

(1) 在钻井液性能方面，对固井第一界面和第二界面质量的影响程度由大到小的顺序为：漏斗黏度，触变性，终切，初切。

(2) 在水泥浆性能方面，对固井第一界面、第二界面质量的影响程度由大到小的顺序为：领浆防窜系数A值，领浆与钻井液密度差，领浆防窜性能系数SPN值，领尾浆的稠化时间差，尾浆的过渡时间，领浆过渡时间，尾浆性能防窜系数SPN，尾浆防窜阻力系数A值，领浆的初始稠度，尾浆的初始稠度。

(3) 在顶替效率方面，对固井第一和第二界面质量的影响程度由大到小的顺序为：环空返速，冲洗液接触时间，扶正器间距，井径扩大率。

(4) 在固井液体系方面，对固井第一和第二界面质量的影响程度由大到小的顺序为：水泥浆体系，钻井液体系，前置液体系。

(5) 在其他因素方面，对固井第一界面和第二界面质量的影响程度由大到小的顺序为：

领尾浆长度比，封固段长，地层渗透率。

因此，在进行固井工程设计及施工方案制定中，应重点考虑的方面有：降低钻井液的漏斗黏度和触变性调整；提高水泥浆体系的防窜性能（如防窜阻力系数 A 或性能系数 SPN）；在井下安全的前提下，尽量提高环空返速和冲洗液的接触时间，以及提高水泥浆领浆与尾浆长度比。

3 结论

（1）利用分类计算关联度得到的固井质量影响因素比较系统化，可较好地反映各因素对固井质量的影响程度，从而找出主要因素，以指导固井工程设计和现场施工技术措施的制定。

（2）经过对 BZ 油田 10 口井固井质量影响因素的分类，并用关联度的大小给各类因素排序，获得到了影响该油田固井质量的主要因素，这些因素主要是：钻井液漏斗黏度和触变性，水泥浆防窜能力，环空返速和冲洗液接触时间，以及水泥浆领浆与尾浆的长度比。

参 考 文 献

刘思峰，党耀国，方志耕，等. 灰色系统理论及其应用 [M]. 北京：科学出版社，2003：50−147.

吴波，杨振杰，等 . 灰色系统在固井中的应用 [J] . 内蒙古石油化工，2005，(12)：121−122.

刘民，张明辉，李海涛 . 灰色关联度分析法在小麦产量相关因素分析中的应用 [J] . 农业科技通讯，2010，(5) .

翟亚男，等 . 基于灰色关联度的国债发行规模影响因素分析 [R] . 经济论坛，2005.

井下工程参数随钻测量系统

马天寿[1]　陈　平[1]　何　源[2]　黄万志[1]　胡　泽[1]

（1. 西南石油大学油气藏地质及开发工程国家重点实验室；
2. 中石化胜利石油管理局渤海钻井总公司）

摘　要：本论文介绍了一种基于应变测试技术设计的井下工程参数的随钻测量系统，可实时测量井下钻压、扭矩、侧向力及井下环空压力等工程参数。该测量系统由井下工程参数测量仪、数据采集传输系统、地面数据解释及处理系统组成。论文介绍了井下工程参数测量仪的总体结构、工作性能指标；对测量仪电路和传感器的标定情况进行介绍，结果表明传感器的线性度非常好，测量精度高；对测量仪的力学性能进行了检测并对测量仪的强度进行分析，结果在轴向受拉（压）力1800kN、扭矩20kN•m条件下，最大Von Mises应力为770.154MPa，略小于屈服强度777MPa，因此测量仪的强度完全满足设计要求。最后，对测量仪在WX5井的试验情况进行了介绍和分析，测量仪清晰地记录了上扣、下钻、划眼、钻进、接单根等工况，所记录数据与录井数据和现场工况吻合良好。因此井下工程参数的随钻测量系统能满足旋转导向钻井系统的需要。

关键词：旋转导向钻井系统　井下工程参数测量仪　钻井工程参数　钻压　扭矩　侧向力

旋转导向钻井技术是20世纪90年代初发展起来的一项自动化钻井新技术。国外钻井实践证明，在水平井、大位移井、大斜度井、三维多目标井中推广应用旋转导向钻井技术，既提高了钻井速度、减少了事故，也降低了钻井成本。旋转导向钻井技术能够成功实现的技术关键之一是要实时测量出近钻头处的钻井工程参数（如钻压、扭矩、侧向力、环空压力等）。“十五”期间，中海石油研究中心牵头组织了国家863课题“可控（闭环）三维轨迹钻井技术”的研究工作，中海石油研究中心与西南石油大学、西安石油大学、中海油田服务有限公司等联合研制和开发了具有自主知识产权的旋转导向钻井系统。该旋转导向钻井系统主要包括旋转导向钻井工具系统、随钻电阻率及自然伽马测井系统（LWD）、井下工程参数随钻测量系统（Downhole Engineering Parameters of MWD，DEPMWD）、随钻测量系统（MWD）、地面监控系统及地面井下双向信息传输系统，旋转导向钻井系统总体结构如图1所示。本文主要介绍旋转导向钻井系统中的DEPMWD系统的研制及现场试验情况。

基金项目：国家863项目旋转导向钻井系统工程化技术研究子课题（编号2007AA090801-03）资助。

作者简介：马天寿（1987—　），男，汉族，本科毕业于西南石油大学，在读硕士研究生，主要研究方向为油气井工程测量与过程控制。

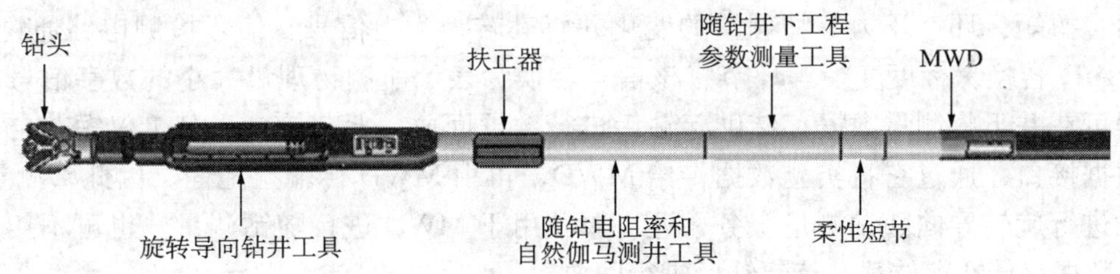

图1　旋转导向钻井系统总体结构

1　井下工程参数随钻测量系统结构

井下工程参数随钻测量系统（DEPMWD）基于应变测试技术，采用了新的传感元件，在近钻头部位增加一个测量短节，安放井下电源、传感器及数据采集电路的方法，可同时测量井下钻具工作载荷参数（如轴向力、扭矩、弯曲应力）和井下环空压力等参数，为现场技术人员实时掌握和分析井下钻具的工作情况和环空状况提供有效途径，可适应和满足旋转导向钻井技术及常规钻井技术的要求。测量系统由井下工程参数测量仪、数据采集传输系统、地面数据解释及处理系统三部分组成。系统采集到的数据可直接存储在井下存储器中，也可通过MWD实时传输到地面进行实时处理和分析。井下工程参数测量仪主要由测试主轴、中间扶正接头、电子线路芯、保护外壳、七芯接头等元件组成，总体结构如图2所示。

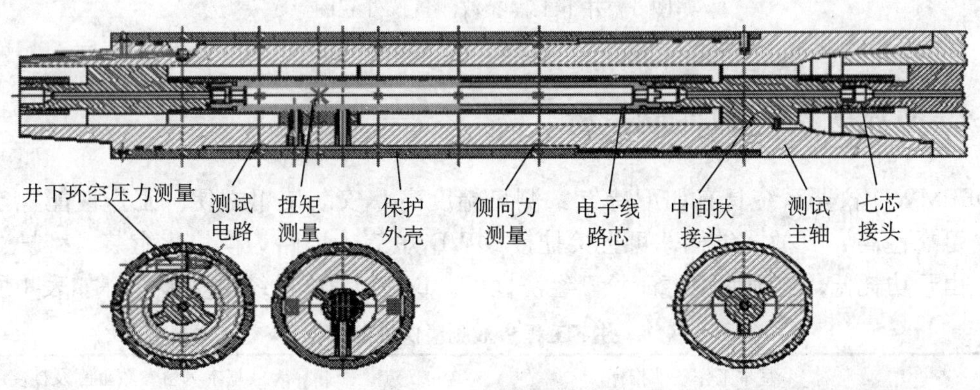

图2　井下工程参数测量仪结构图

测量仪在测试主轴的五个截面上粘贴有应变片，一个截面上的应变片用来测量扭矩；一个截面上的应变片用来测量钻柱轴向力，经数据处理后可得钻压；另三个截面上的应变片用来测量两个正交方向上三个截面的弯曲应力，通过数据处理获得钻头和扶正器上的侧向力；在测试主轴上还安装有一个压力传感器，用来测量井下环空压力。测量钻柱轴向力、扭矩和井下环空压力的应变元件各自组成一个电桥，测量钻头侧向力和工程参数测量仪前面扶正器的侧向力（图1）的应变元件各自组成六个电桥，一共是九个电桥，连接线路经过线密封套进入电子线路芯，经七芯接头与旋转导向钻井工具主体连接。传感器元件感知轴向力、扭矩、环空压力等物理量的变化并将其转换为电信号，信号检测电路通过放大、滤波、A/D转换、标度变换等环节将该信号转换为表示所测物理量大小的数字信号[3～6]，存储器可在井下将测量数据存储供起钻后进行数据回放。七芯接头是测量仪短节与MWD间的数据接口，通过它将实测数据传给MWD，再由MWD传输至地面。因此，测量仪不仅可以进行旋转导向随钻测量服务，还可单独用于MWD进行随钻测量，也可不接MWD将测量数据存储在存储器，待起钻后进行回放。

图3为基本组装完毕的测量仪工具外貌图。图3（a）是没有安装保护外壳时的测量仪外貌图，在图上可以明显看到的有测试主轴、外螺纹、密封圈、内保护壳及其固定螺孔。外螺纹是用来安装保护外壳的；测试主轴上装配了新型传感元件测量钻压、扭矩、侧向力等参数，电路板也固定在测试主轴上；内保护壳的用途是固定和封装电路板、传感器等元件，使得系统工作性能更加稳定，同时在安装和拆卸保护外壳时保护仪器的电路板和传感器等元件不受损坏，内保护壳采用高强度螺钉固定在测试主轴上。图3（b）是安装保护外壳时的测量仪外貌图，在图3（a）所示的情况下，安装好保护外壳后，即完成了工具的整体组装工作，为了确保保护外壳的密封性（钻井液不能进入仪器内保护壳里），在保护外壳的两端均设计了密封圈。

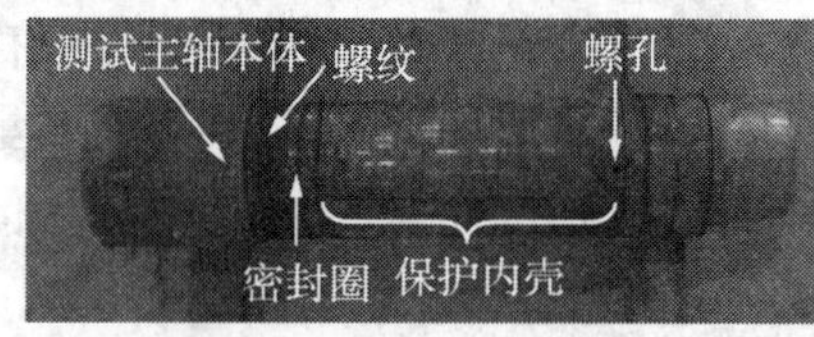

（a）测量仪短节（无保护外壳）

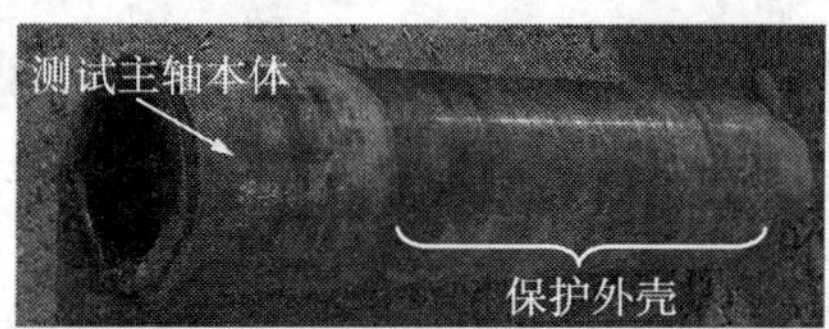

（b）测量仪短节（有保护外壳）

图3　井下工程参数测量仪外貌图

2　DEPMWD系统的性能指标

DEPMWD仪器系统具有如下特点：测量精度高；安装使用方便、工作性能稳定、耗电低、可靠性高；开放式结构，可直接挂接MWD短节；电路为模块化组装，维护、检修方便；由于功耗低，电池使用寿命长，经济性好。DEPMWD系统的性能指标如表1所示。

表1　井下工程参数测量仪性能指标

基本工作条件指标				基本测量参数范围及精度		
项目	指标	项目	指标	基本测量参数	测量范围	测量精度
适用钻头尺寸	215.9～311.1mm	最大工作振动	200m/s²	钻压	0～250kN	5.0%
工具外径	177.8mm	最大工作冲击	10000m/s²			
工具长度	1656mm	最大工作钻压	250kN	扭矩	0～8kN·m	5.0%
接头类型	NC56	最大工作拉力	500kN			
扣型	411×410	最大工作扭矩	10kN·m	侧向力	0～50kN	10.0%
最高工作温度	125℃	钻压、扭矩低频采样间隔	1点/s			

续表

基本工作条件指标				基本测量参数范围及精度		
项目	指标	项目	指标	基本测量参数	测量范围	测量精度
设计工作井深	3000m	钻压、扭矩高频采样间隔	16点/s	井下环空压力	0～60MPa	5.0%
最高工作压力	60MPa	弯曲应力采样间隔	2点/s			
最高工作时长	150h	井下环空压力采样间隔	1点/s			

3 井下工程参数测量仪标定及检验

在开展现场试验前必须对测量仪的整个电路和各个传感器分别进行标定，以保证系统精度及回放数据有可比性。同时，要对测量仪的力学性能进行检验，以保证测量仪有足够的强度、安全性和可靠性，能满足旋转导向系统的需要。

针对测量仪标定的特殊性，研制并开发了专用的钻压、扭矩、侧向力标定装置，钻压、扭矩、侧向力的标定都是在该标定装置上进行。通过在标定装置上进行标定，标定结果表明传感器的线性度非常好，轴向力最大误差为4.12%（小于5%），扭矩最大误差为3.42%（小于5%），侧向力最大误差为5.65%（小于10%），这说明钻压、扭矩、侧向力测量能够满足设计精度要求。对环空压力的传感器进行了线性度标定，传感器的线性度也非常好，这说明环空压力测量也能够满足精度要求。

井下工程参数测量仪在井下作业时，工况非常复杂，不仅载荷大、冲击和振动强烈，而且井下温度较高、压力大，加之工具周围的钻井液、岩屑等介质与工具之间的物理、化学作用强烈，所以对测量仪的强度要求较高。为了确保测量仪在井下工作安全可靠，对其进行了机械力学性能检测，检测方法以GB/T 228—2002《金属材料室温拉伸试验方法》为依据，对测量仪的拉伸性能进行了检测，在WAW-Y500型材料试验机进行检测试验，检测结果如表2所示。应用ANSYS10.0软件对井下工程参数测量仪测试主轴作了强度分析，测试主轴采用40CrMnMo优质合金钢材料，分析结果表明，在轴向受拉（压）力1800kN、扭矩20kN · m条件下，最大Von Mises应力为770.154MPa，且最大应力发生在圆孔孔边，此时的应力仍然略微小于工具的平均屈服强度777MPa，而测量仪设计的最大工作钻压为250kN、最大工作轴向拉力为500kN、最大工作扭矩为10kN，这说明即使在载荷远远超过最大工作载荷的情况下测量仪仍然完全满足要求，即工具的强度完全满足设计要求，故井下工程参数测量仪完全能够满足正常的钻井施工。

表2　井下工程参数测量仪检测结果

检测次数	屈服强度（MPa）	抗拉强度（MPa）	断面收缩率（%）	断后伸长率（%）
1	768	934	63.6	19.0
2	780	940	63.2	18.0
3	782	933	63.3	17.3
平均值	777	936	63.4	18.1

4 井下工程参数测量仪现场试验

井下工程参数测量仪样机研制完成以后，曾进行了多次下井试验，并取得了成功，验证了测量仪在钻井条件下的强度、稳定性、可靠性和设计的合理性。下面对测量仪在川西地区 WX5 井的试验情况和部分实测数据进行简要分析。

实验时间：2008 年 11 月 29 日至 2008 年 12 月 6 日。

实验井位：川西地区 WX5 井。

井身结构：WX5 井是典型的二开二完直井，套管程序为 $13^3/_8$in+$9^5/_8$in+7in（ϕ339.7mm+ϕ244.5mm+ϕ177.8mm），井身结构如表 3 所示。

表 3 WX5 井井身结构

开钻次序		钻头尺寸 × 井深（mm × m）	套管尺寸 × 井深（mm × m）
导管	设计	ϕ444.5 × 30.00	ϕ339.7 × 28.00
	实钻	ϕ444.5 × 28.00	ϕ339.7 × 26.05
一开	设计	ϕ311.15 × 560.00	ϕ244.5 × 558.00
	实钻	ϕ311.15 × 566.00	ϕ244.5 × 563.72
二开	设计	ϕ215.90 × 2670.00	ϕ177.8 × 2668.00
	实钻	ϕ215.90 × 2671.00	ϕ177.8 × 2670.00

钻具结构：ϕ215.9mm PDC 钻头 ×0.38m+430×410 接头 ×0.47m+ϕ177.8mm 井下工程参数测量仪 ×0.91m+411×410 接头 ×0.54m+ϕ177.8mm 无磁钻铤 1 根 ×9.17m+ 震击器 ×6.53m+ϕ177.8mm 钻铤 1 根 ×8.90m+ 扶正器 ×1.08m+ϕ177.8mm 钻铤 5 根 ×45.12m+411×410 接头 ×0.51m+ϕ152.4mm 钻铤 9 根 ×80.19m+ϕ127mm 钻杆。

实验目的：井下工程参数测量仪综合性能实验。主要考查测量仪在恶劣钻井过程中能否正常实时测量钻压、扭矩、侧向力和环空压力等工程参数，以此检验测量仪的可靠性、稳定性、安全性等。所测数据保存在存储器中，待起钻后回放至计算机中，做进一步处理和分析。

实验过程：测量仪完整地进行了一趟钻的随钻实验。2008 年 11 月 29 日 12：20 仪器通电下井，2008 年 12 月 6 日 0：40 仪器断电，仪器在井下连续工作 156.33h，由于在电路板上设置了时间断电程序，测量仪有效测量时间为 36.6h，钻进 1686 ~ 2528m 井段，进尺 842m。

试验井基本情况：WX5 井是在川西地区 WX 构造高点布置的一口评价井。试验阶段钻遇地层自上而下包括蓬莱镇组二段（厚度 320m）、蓬莱镇组一段（厚度 625m）和遂宁组（厚度 385m）。试验阶段泵压 11.2 ~ 14.6MPa，排量 27.47 ~ 29.66L/s，钻井液密度 1.25 ~ 1.60 g/cm³，转速 98 ~ 108r/min。试验阶段钻井液性能参数如表 4 所示。试验井井斜数情况如图 4 所示，在 1580m 处井斜角较大，达到 2.2598°，这将对下钻产生一定的影响。

表 4　试验井段钻井液性能

井深（m）	1685.29	1804.81	2001.06	2194.06	22870.41	2354.17	2509.14
时间	2008−11−29	2008−11−30	2008−12−1	2008−12−2	2008−12−3	2008−12−4	2008−12−5
钻井液密度（g/cm³）	1.25	1.30	1.37	1.45	1.49	1.49	1.60
黏度（mPa · s）	39	42	40	43	43	43	43

实验结果：测量仪取出井口后，外观一切正常，将保护外壳、保护内壳全部拆开后，确认硬件和软件均能正常工作。

数据分析：由于是验证性试验，且前期研究中环空压力测量技术已经成熟，本次测试没有安装环空压力测量元件，故获取到钻柱轴向力、扭矩、弯曲应力测试曲线。图 5 ~图 7 是根据试验获取数据绘制的通电后 15.0h 的实测钻柱轴向力、扭矩、弯曲应力及相应时间内的录井钻压、扭矩数据曲线，该时间段钻遇井段 1686.35 ~ 1761.79m，进尺 75.44m，钻进过程中接单根 7 根。从图中能明显地看到上扣、下钻、划眼、钻进、接单根等工况下的钻柱轴向力、扭矩、弯矩（即反映侧向力的变化）相应的变化情况：

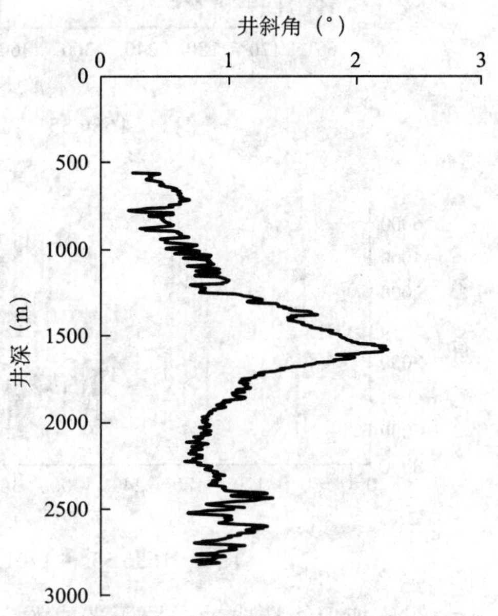

图 4　WX5 井井斜—井深关系曲线

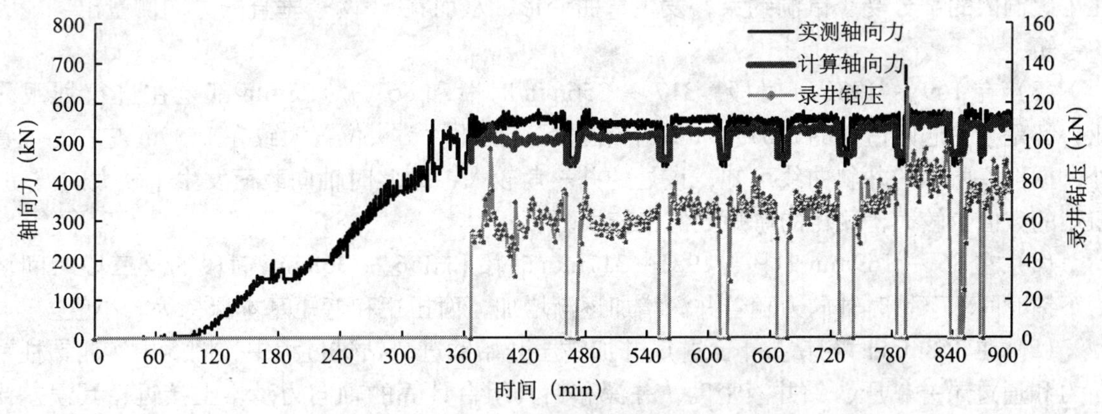

图 5　1686.35 ~ 1761.79m 井段录井钻压、轴向力—时间关系曲线

（1）在时刻为 0 时给测量仪通电，由于测量仪是在井场待用钻具摆放场地通电，通电后测量仪上没有施加载荷，故轴向力、扭矩和弯矩。

(2) 在 56 ~ 86min 时段内是将测量仪接到下部钻具组合上。测量仪轴向没有施加载荷，故测得的轴向载荷仍然基本为零，但也有个别非零点，这是由于上扣时将仪器放入小鼠洞

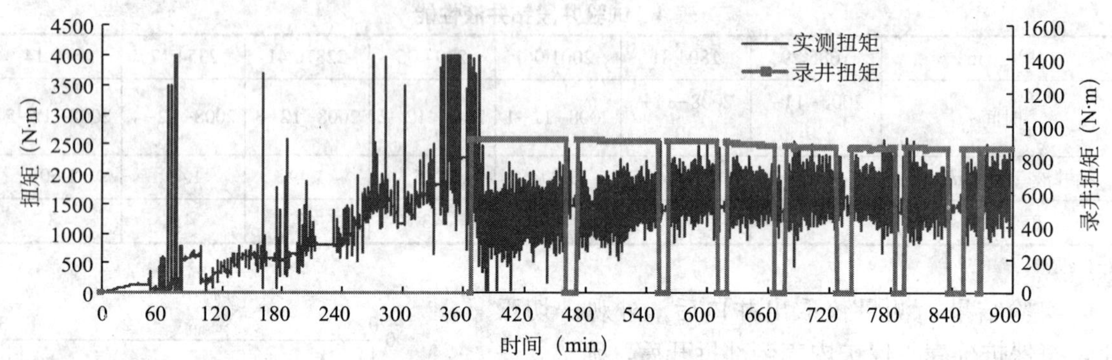

图6　1686.35 ~ 1761.79m井段扭矩—时间关系曲线

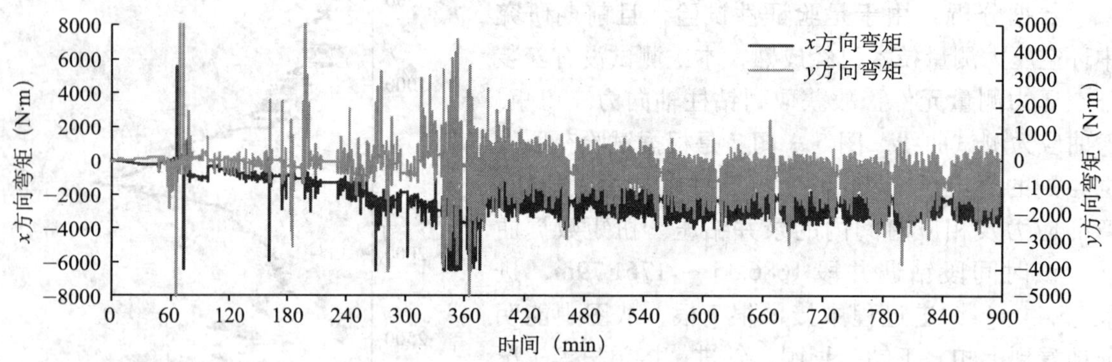

图7　1686.35 ~ 1761.79m井段 *xy* 方向弯矩—时间关系曲线

用大钳施加扭矩造成轴向拉压造成的；由于安装时需要上扣，故扭矩突然增加到4kN · m，该扭矩数值与上扣扭矩十分接近；由于上扣时将仪器放入小鼠洞用大钳施加扭矩，测量仪在小鼠洞内的部分受小鼠洞约束，发生弯曲变形，从而在 *xy* 两个垂直的方向测量出了较大的弯矩。

（3）在169 ~ 198min时段、317 ~ 356min时段和867 ~ 878min都是在进行划眼作业，都是下钻遇阻造成的；317min时下钻遇阻，且此时钻头位置大致在1580m左右的位置处，据图4所示的井斜曲线可知，该处的井斜角较大，故此时轴向载荷发生了较大的波动，扭矩的数值也较大，测得的弯矩数值也较大。

（4）在86 ~ 169min时段、198 ~ 317min时段和356 ~ 368min时段的这三段时间均为下钻时间，下钻时轴向力随着井深增加逐渐增加，而扭矩和弯矩基本保持为较小值。

（5）在368min时刻钻头下至井底并加钻压开始钻进。钻进过程中，图5中实测钻柱轴向力和通过录井钻压、钻井液密度、井深和钻具组合计算的轴向力基本上接近，其误差比较小，说明测量仪测量的数据能够满足工程需要。

（6）在451min、552min、604min、665min、718min、775min、829min七个时刻进行了接单根作业。停钻并上提钻柱，钻柱轴向力突降，此时的轴向力为钻具在井底受钻井液浮力造成的；同时，扭矩也会降低，但扭矩没有降低到最低值是由于钻具在井底受扭转作用；弯矩也会发生改变，这是由于钻柱上提和停钻使得井底钻具组合受力情况发生变化。

（7）在793min时，钻压、实测轴向力、计算轴向力等都发生突变，这是由于出现了溜钻，可能是钻进中送钻不均或失控而使钻柱下滑，出现瞬时过大钻压。

(8) 实测的井下钻柱轴向力基本上都大于录井钻压计算出的轴向力，这是由于录井得到的钻压是通过井口悬重计算而来的，而钻进过程中钻柱与井壁作用复杂，录井得到的钻压不能排除钻柱与井壁作用的影响。实测井下近钻头部位的扭矩数据也都大于录井扭矩，在转盘驱动钻柱转动情况下，钻柱在转动过程中与井壁和钻井液作用存在一定的摩阻，使得钻柱从井口到井底所受的扭矩随井深增加，即井底的扭矩最大、井口扭矩最小，而录井是通过井口扭矩推算得到扭矩数据，使得录井的井口扭矩数据本身就偏小。

综上所述，测量仪所记录的轴向力、扭矩、弯矩数据与录井数据记录的现场工况吻合良好，清晰地记录了上扣、下钻、划眼、钻进、接单根（接 7 根单根）等工况，测量仪记录轴向力与录井记录钻压计算轴向力十分接近，且实测轴向力基本上大于录井钻压计算出的轴向力，实测井下近钻头部位的扭矩数据也都大于录井扭矩，因此井下工程参数测量仪能够满足旋转导向钻井系统的需要。

5 结论及应用前景浅析

通过上述分析，得出以下结论：

(1) 论文介绍了一种基于应变测试技术设计的适用于旋转导向钻井系统的井下工程参数测量系统，可实时测量井下钻压、扭矩、侧向力及井下环空压力等参数。

(2) 对井下工程参数测量仪的整个电路和各个传感器分别进行了标定，使系统测量精度及回放数据有可比性得以保证。钻压、扭矩、侧向力和环空压力标定结果表明，测量元件的线性度非常好，测量精度能够得到保障。

(3) 通过对井下工程参数测量仪的力学性能进行检验和用 ANSYS10.0 软件进行有限元模拟的结果表明，在轴向受拉（压）力 1800kN、扭矩 20kN · m 条件下，最大 Von Mises 应力为 770.154MPa，略小于屈服强度 777MPa，设计的最大工作钻压为 250kN、最大工作轴向拉力为 500kN、最大工作扭矩为 10kN，这说明测量仪的强度完全满足设计要求，能够满足旋转导向钻井系统的需要。

(4) 试验结果表明，测量仪取出井口后，外观一切正常，硬件和软件均能正常工作，进一步验证了测量仪设计的合理性。

(5) 测量仪所记录的近钻头轴向力、扭矩、弯矩数据与录井数据记录的现场工况吻合良好，清晰地记录了上扣、下钻、划眼、钻进、接单根等工况，测量仪记录轴向力与录井记录钻压计算轴向力十分接近，且实测轴向力基本上大于录井钻压计算出的轴向力，实测井下近钻头部位的扭矩数据也都大于录井扭矩，因此测量仪能满足旋转导向钻井系统的需要。

随着旋转导向钻井技术的发展，对 DEPMWD 系统的要求会越来越高，其发展趋势正朝着多参数、高精度的测量方向发展，为此 DEPMWD 系统将在如下几方面继续开展工作：

(1) 进一步提高系统在高温环境下测量工程参数的精度、稳定性和分辨率；

(2) 进一步完善侧向力测量技术和功能；

(3) 增加井下柱内压力和温度的测量功能；

（4）增加井下振动的测量功能，有利于取全、取准各种井下钻柱动力学参数；

（5）增加井下电源压力开关功能，实现手动开关和自动开关一体化；

（6）进行更多的测试及试验，找出存在的问题并加以改善，尽早将其推广应用。

通过上述措施，DEPMWD系统性能将得到进一步的加强，功能将得到进一步的扩展，它的应用无疑会加速我国旋转导向钻井技术的研发进程。

参考文献

李汉兴，姜伟，高德利，等．可控偏心器旋转导向钻具组合的性能分析［A］//《第六届石油钻井院所长会议论文集》编委会．第六届石油钻井院所长会议论文集［C］．北京：石油工业出版社，2007：373－378.

蒋世全，姜伟，付鑫生，等．旋转导向钻井技术研究进展［A］//《第六届石油钻井院所长会议论文集》编委会．第六届石油钻井院所长会议论文集［C］．北京：石油工业出版社，2007：176－182.

胡泽，陈平，黄万志，等．应变测试法测试钻井参数的数据采集系统设计［J］．西南石油大学学报，2007，29（3）：49－52.

胡泽，赖欣，顾三春，等．基于DSP技术的钻井参数数据采集系统的设计［J］．西南石油学院学报，2006，28（4）：94－96.

何源，陈平．井下工程参数测量仪样机在文星5井的应用［J］．天然气技术，2010，4（2）：47－49.

何源．井下钻柱工程参数测量与分析［D］．西南石油大学学位论文，2010.

王以法，管志川，李志刚，等．井下测量接头自动测量系统的研制［J］．石油大学学报（自然科学版），2000，24（5）：11－13.

王德桂，高德利，高宝奎，等．钻柱近钻头力学特性测量系统功能研究［J］．天然气工业，2006，26（3）：62－64.

裂缝性储层井控技术体系探讨

刘绘新[1]　李　锋[2]

（1. 油气藏地质及开发工程国家重点实验室·西南石油大学；
2. 中石油塔里木油田分公司）

摘　要：对于裂缝性储层，裂缝的存在使得井筒与储层具有了良好的流动通道，流体的侵入（溢流）或流出（漏失）相对容易，导致储层压力敏感、溢漏频繁发生、压井成功率低等难题，基于渗透性储层特点的传统井控技术已不能有效地确保井控安全。本文针对裂缝性储层的特点，从裂缝性储层溢流机理实验研究入手，探讨了裂缝性储层井控技术体系：裂缝性储层井筒物理模型、裂缝性储层井控原理、裂缝性储层井控技术架构，为确保裂缝性储层井控安全奠定了基础。研究表明，裂缝性储层井控技术体系有别于传统井控技术，对裂缝性储层具有较好的针对性和适用性，为解决塔中碳酸盐储层井控难题提供了可行的技术手段。

关键词：裂缝性储层　井控理论　井控技术

以孔隙为主的储层属于渗透性储层，而以洞、缝为主的储层属于裂缝性储层。对于裂缝性储层，裂缝的存在使得井筒与储层具有了良好的通道，流体的侵入（溢流）或流出（漏失）比较容易，导致储层压力敏感、溢漏频繁发生、节流压井成功率低等井控技术难题。相对基于渗透性储层特征的传统井控技术，裂缝性储层井控技术面临的溢流机理、适用的井控理论、建立的技术体系等会有相当大的差异。

1　裂缝性储层溢流机理实验研究

1.1　实验装置

裂缝性储层溢流实验装置如图1所示。

1.2　溢流变化规律实验

在钻进过程中的溢流主要有两种形式：负压连续溢流；重力置换溢流。开展裂缝性气

基金项目：本文系国家科技重大专项“塔里木盆地塔中碳酸盐岩油气勘探开发示范工程”中“碳酸盐岩礁滩型凝析气藏高效勘探开发应用技术（2008ZX05049 － 006）”的研究内容之一。

作者简介：刘绘新（1954—　），硕士，教授，从事石油工程教学与科研工作。

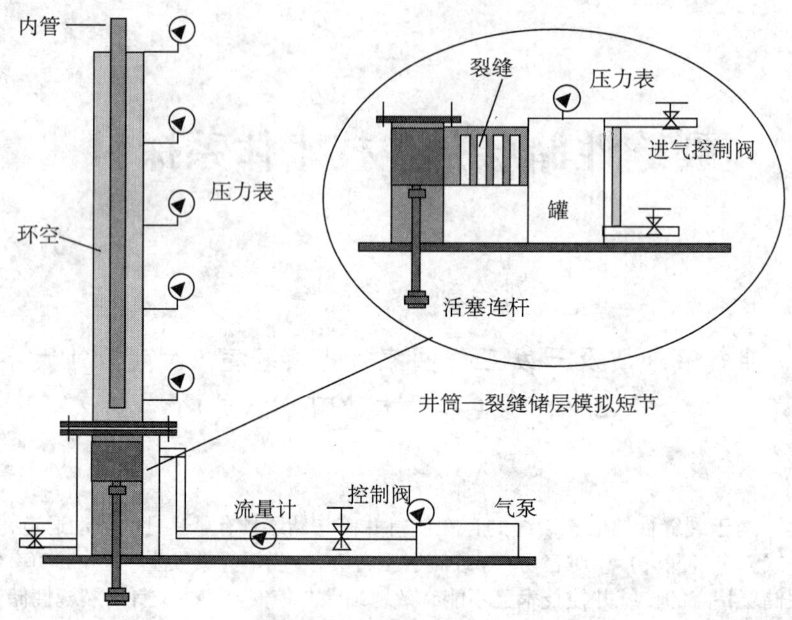

图1　实验装置示意图

藏溢流变化规律实验研究，有利于搞清楚溢、漏发生与发展的机理。

用清水加CMC为液相，氮气为气相，实验观察在钻遇裂缝性储层时气、液两相的溢、漏现象。实验结果如图2所示。

在负压条件下，有气泡侵入井筒，几乎无液相流入裂缝。

在近平衡条件下，有气相侵入井筒，同时伴有少量液相流入裂缝。

在正压条件下，液相流入裂缝，无气泡进入井筒。

图2　溢、漏实验结果

(1) 对于裂缝性储层，在负压条件下表现为典型的负压连续溢流（只溢不漏）；在平衡（或近平衡）条件下表现为典型的重力置换溢流（有溢有漏）；在正压条件下表现为典型的漏失（只漏不溢）。

(2) 负压连续溢流是由井内液柱压力小于储层压力而诱发的，是最常见的溢流形式；重力置换溢流是裂缝（特别是高陡裂缝）性储层由于储层流体（特别是天然气）和井内钻井液存在密度差作用下，进行置换而诱发的溢流形式，是裂缝性储层的特有现象。由于重力置换溢流有溢有漏，应当尽可能避免重力置换溢流的发生。

(3) 对于硫化氢含量超标的裂缝性储层，防止溢流是安全考虑的主要因素，应当采用微过平衡条件。虽然微过平衡会导致微量漏失，但却能以微量的漏失来避免溢流带来的井控风险，特别是规避高含硫溢流带来的危害，其利大于弊。

（4）对于硫化氢含量不超标的裂缝性储层，防止漏失是安全考虑的主要因素，应当采用微欠平衡条件。虽然微欠平衡会导致微量溢流，但却能以微量的溢流来避免漏失带来的井筒复杂。只要配合合理的工程措施，将微量溢流精确控制在可控范围，就能有效地应对井控风险。

1.3 套压变化规律实验

溢流关井后，由于气体滑脱上升，将导致井筒压力发生变化，而井筒压力变化与井筒—储层的连通情况有密切的关系。开展裂缝性储层溢流关井后套压变化规律实验研究，有利于搞清楚裂缝性储层溢流关井后井筒压力变化机理。实验结果如图 3 所示。

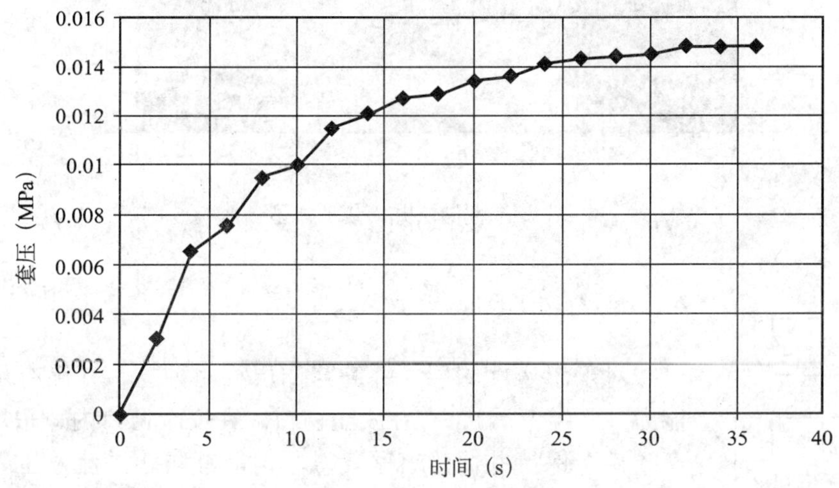

图 3　套压变化实验结果

（1）裂缝性储层溢流关井后，气体滑脱上升导致套压非线性增加：前期套压增加较快，后期套压增加不明显，直至基本恒定。

（2）对于裂缝性储层，随着气体滑脱上升而套压逐渐趋于恒定的现象，表明井筒并不是一个刚性的密闭空间，而是一个与裂缝性储层连通的连通性空间，井筒内钻井液在漏失、气体在膨胀，二者的交互作用导致井筒压力逐渐趋于动态平衡。连通性特征是裂缝性储层的特有现象。

（3）对于裂缝性储层，溢流后不宜长时间关井。在关井过程中由于套压逐渐趋于稳定，掩盖了井筒内气柱不断增加、钻井液柱不断减少而带来的潜在危机，将会导致严重的井控安全问题。

2 渗透性储层井控技术体系

2.1 渗透性储层井筒物理模型

由于渗透性储层满足达西渗流条件，渗流阻力的存在导致井内存在一个安全窗口。压差小于安全窗口发生负压溢流；压差大于安全窗口发生正压漏失；在安全窗口内，不溢不漏，处于静态平衡。渗透性储层井筒物理模型如图4所示。

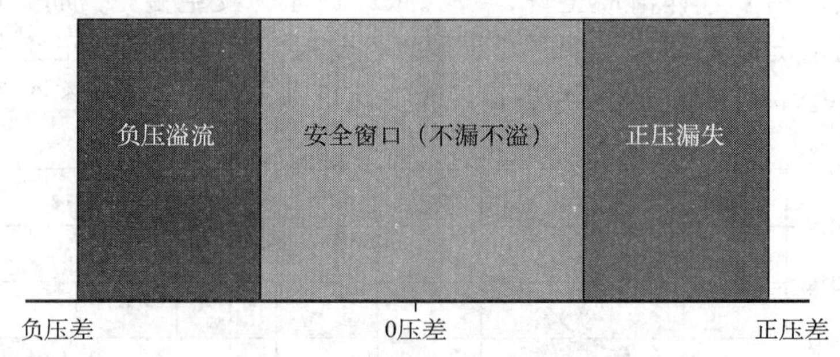

图4 渗透性储层井筒物理模型

2.2 渗透性储层井控原理

对于渗透性储层，井筒与储层相对独立，井筒有足够的承压能力（不溢不漏），存在安全窗口。在安全窗口内，采用压力过平衡条件，保持井筒静态平衡，不但能够防止溢流发生，还能有效地排出溢流，恢复和重建压力平衡，确保井控安全。

2.3 渗透性储层井控技术

渗透性储层井筒物理模型和井控原理支撑下的传统井控技术，对于保障渗透性储层条件下的井控安全，效果是十分显著的。渗透性储层井控技术如图5所示。

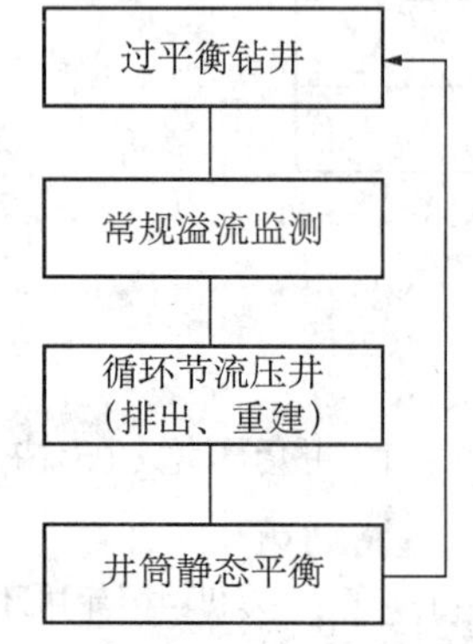

图5 渗透性储层井控技术

3 裂缝性储层井控技术体系

3.1 裂缝性储层井筒物理模型

由于裂缝性储层不满足达西渗流条件，渗流阻力很小，导致井内压差没有安全窗口，代之的是一个很小的重力置换窗口。压差小于重力置换窗口发生负压溢流；大于重力置换窗口，发生正压漏失；在重力置换窗口内，有溢有漏，处于动态交换状态。裂缝性储层井筒物理模型如图6所示。

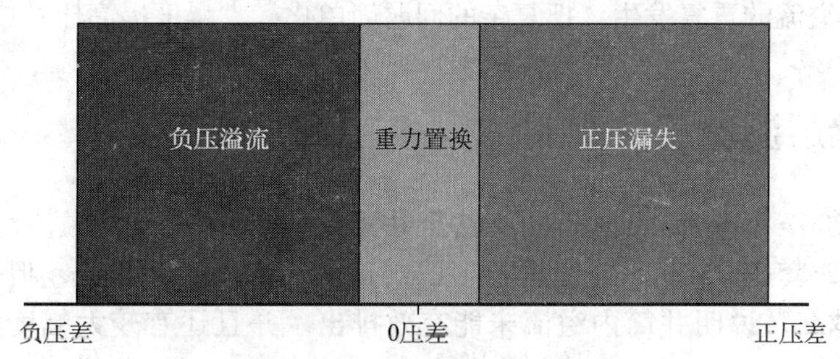

图6　裂缝性储层井筒物理模型

3.2　裂缝性储层井控原理

对于裂缝性储层，应当充分考虑重力置换溢流和连通性特征对井控安全带来的不利因素。在正压漏失区间，采用微过平衡条件，以适量的漏失来保持井筒动态平衡，不但能够防止溢流发生，还能有效地排出溢流，恢复和重建压力平衡，确保井控安全。

3.3　裂缝性储层井控技术

由裂缝性储层井筒物理模型和井控原理支撑下的裂缝性储层井控技术，对于保障裂缝性储层条件下的井控安全，具有十分现实的指导作用。裂缝性储层井控技术架构如图7所示。

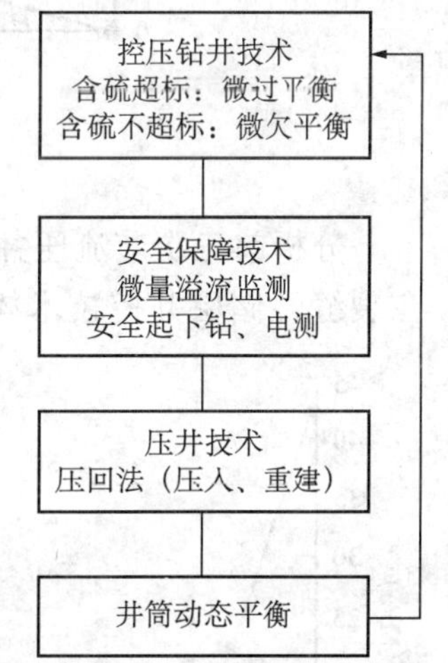

图7　裂缝性储层井控技术

（1）控压钻井技术。

①对于硫化氢含量超标的情况，采用微过平衡状态，以适量的漏失来防止溢流的发生，有效防止硫化氢进入井筒，保证钻具和人员安全。

②对于硫化氢含量不超标的情况，采用微欠平衡状态，以适量的溢流来防止漏失的发生，有效解决又喷又漏问题，减少钻井液漏失，降低储层伤害，缩短钻井周期。

（2）安全保障技术。

①采用微量溢流监测技术，根据多通路实时溢流监测结果，不但能够及时发现微量溢流，确保微过平衡状态；还能精确控制微量溢流，确保微欠平衡状态。适时采取有效措施，降低安全风险。

②采用安全起下钻、电测技术，能在井漏失返条件下，根据实时环空液面监测结果，采取优化吊灌措施，建立井筒压力动态平衡，为安全起下钻、电测等各种钻完井作业提供有力的保障。

（3）压井技术。

充分利用裂缝性储层井筒的连通性特征，采用压回法（井漏失返条件用重钻井液帽法），将压井作业过程控制在正压漏失区间，通过溢流及受污染的钻井液压回储层，有效地排除溢流，确保井筒清洁，在井筒压力动态平衡条件下，恢复和重建压力平衡。规避节流压井作业过程中溢流的重复发生，把复杂的问题简单化，大幅度提高压井成功率。

4 裂缝性储层溢流压井实例

××井于2007年6月4日12：00钻至井深6694.00m时发生溢流，外溢量0.02m³，关井立压4MPa，套压0MPa。连续进行了三次正循环节流压井作业，但每次压井作业后关井套压越来越高，说明井筒内溢流未能有效排出，并且还有较大幅度的增加，严重威胁到井筒安全，宣告正循环节流压井作业失败。××井正循环节流压井作业关井套压如图8所示。

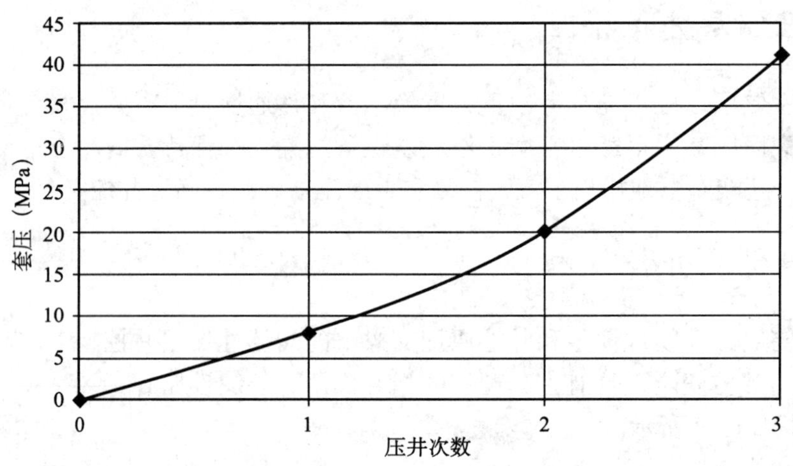

图8 ××井节流压井关井套压

分析前三次节流压井作业不成功的原因，主要是对裂缝性储层的特点认识不够，没有在裂缝性储层井控技术体系的指导下，有针对性的采用合理的压井技术。基于上述分析，决定第四次压井作业采用压回法，先将溢流及受污染的钻井液压回储层，在井眼清洁的条件下重建井筒压力的动态平衡。压回法压井作业关井套压如图9所示。

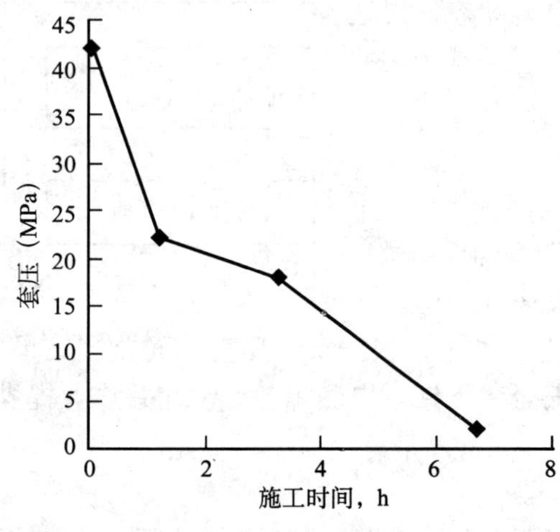

图9 ××井压回法压井作业关井套压

（1）用压裂车环空挤注密度为1.22g/cm³的钻井液48m³，密度1.20g/cm³的钻井液12m³，套压由42MPa降至22MPa。

（2）用钻井泵环空挤注密度1.20g/cm³的钻井液28m³，套压由22MPa降至18MPa。

（3）用钻井泵环空挤注密度1.22g/cm³的钻井液72m³，套压由18MPa降至2MPa。压井作业取得成功。

5 结论

（1）自主研制了裂缝性储层溢流实验装置，其中“活塞式井筒－地层裂缝连通实验装置”已获得国家专利，具有完全自主知识产权，为开展裂缝性储层溢流机理实验研究奠定了良好的基础。

（2）通过实验观察到的重力置换溢流现象，以及裂缝性储层井筒连通性特征，是裂缝性储层的特有现象，充分说明裂缝性储层与渗透性储层相比，溢流的发生条件、溢流和井漏的转换关系、井内压力变化规律存在很大的差异，基于渗透性储层的传统井控技术已不能有效地确保裂缝性储层井控安全。

（3）针对裂缝性储层溢漏频繁发生、压井成功率低等井控难题，结合传统的渗透性储层井控技术体系，建立了裂缝性储层井筒物理模型，提出了裂缝性储层井控原理，构建了裂缝性储层井控技术，初步形成了适合裂缝性储层特点的井控技术体系。

（4）裂缝性储层井控技术体系不但能规避井下复杂，缩短钻井周期，同时还能提高压井成功率，减少钻井液消耗量，降低钻井成本。塔里木油田通过多井次的实际应用，积累了一些有益的经验，基本形成了具有塔里木油田特色的应用技术。目前裂缝性储层井控技术体系还在进一步的探索和完善中。

参 考 文 献

阎凯，李锋．塔里木油田井控技术研究［J］．地球物理学进展，2008，18（4）：52-57

刘绘新，李锋，张志，等．油气井溢、漏实验装［P］．ZL20080080028.7

李流军，刘绘新，李锋，等．敏感性井漏失返条件下安全起下钻、电测保障技术研究［J］．西部探矿工程，2009，（6）：66-69

刘绘新，赵文庄，王书琪，等．塔中地区碳酸盐岩储层控压钻水平井技术［J］．天然气工业，2009，29（11）：47-49

陈华，李志豪等．压回法压井技术在北部扎奇油田的运用［J］．西部探矿工程，2008，10（3）：96—98

钻井液膜对钻杆的腐蚀机理研究

刘婉颖 施太和[1] 曾德智[1] 朱泽华[1] 贾华明[2] 卢 强[2] 刘 鹏[2]

(1. 油气藏地质及开发工程国家重点实验室·西南石油大学；
2. 塔里木油田公司工程技术部)

摘 要：本文采用高温高压釜模拟研究塔里木油田现场环境所用聚磺体系钻井液对S135钻杆的腐蚀行为及腐蚀机理。通过对表面黏附有泥饼的挂片进行XRD和SEM分析，研究了钻杆表面黏附的泥饼形貌特征及腐蚀行为。结果表明：S135钻杆发生了局部氧腐蚀，特征为溃疡状腐蚀、局部连片腐蚀和深坑蚀，腐蚀产物主要是正交（斜方）晶系的针铁矿。钻杆腐蚀的主要原因是起钻时未刮钻井液，黏附在钻杆外壁的钻井液膜在空气中水分挥发过程和形成泥饼壳后便留下铁矿粉、重晶石、土粉、碳酸钙粉等作为骨架的固相物，称为垢层。垢层与钻杆表面接触，产生三种相互关联的局部腐蚀，即供氧差异微电池腐蚀、电偶腐蚀和缝隙腐蚀。

关键词：钻杆 腐蚀 磺化钻井液

钻井过程中，石油钻杆工作条件比较恶劣，其中钻井液腐蚀造成钻杆的腐蚀失效占有很大的比例。如果钻杆内壁没有内涂层，那么钻杆内壁的腐蚀最严重，钻杆使用寿命最短。如果钻杆有内涂层，但内涂层局部鼓泡或剥落，将形成点蚀坑，直至穿孔。起钻时钻杆外壁未认真刮泥或清洗，钻井液膜也会严重腐蚀钻杆外壁。

目前油田的钻杆普遍采用了内涂层，对防止内壁腐蚀和延长钻杆寿命起重要作用。但是近年来发现钻杆的外壁腐蚀比较严重，已造成很多钻杆报废或降级使用。深入研究钻杆腐蚀原因和机理，采取相应措施，提高使用寿命，对提高钻杆使用寿命和安全具有十分重要的意义。本文采用从钻井现场取样的聚磺钻井液和S135钻杆，利用高温高压釜模拟塔里木油田井下腐蚀环境，对黏附有泥饼的挂片试样进行SEM和XRD分析，从材料成分、性能、腐蚀产物方面进行分析。研究其腐蚀行为特征、腐蚀机理，旨在为油田预防钻杆腐蚀提供可靠的依据。

作者简介：刘婉颖（1983— ），女，四川眉山人，现于西南石油大学石油工程学院攻读硕士学位，主要从事石油管柱力学分析与环境行为研究。

1 腐蚀现象

1.1 管体外壁腐蚀形貌

图1为场地上摆放的钻杆腐蚀状况。钻杆使用时间不到一年，单根最大进尺不到10000m。在外螺纹端加厚过渡带附近腐蚀较严重，有部分钻杆出现环形槽。

图2为刮除管体外表面覆盖钻井液泥饼和腐蚀产物后的腐蚀坑形貌，呈比较典型的溃疡状腐蚀、局部腐蚀连片和深坑蚀，个别腐蚀坑深达2.8mm。对于外壁腐蚀严重的钻杆，不得不退出使用，造成经济损失。

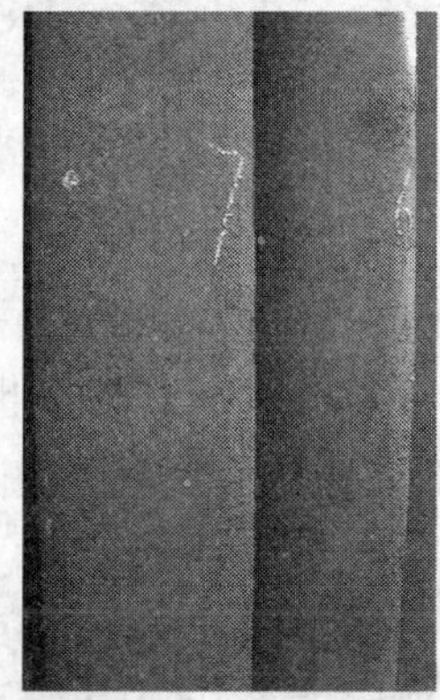

图1 清洗前的钻杆腐蚀形貌

图2 刮除管体外表面覆盖钻井液泥饼和腐蚀产物后的腐蚀坑形貌

1.2 管体内壁腐蚀形貌

对于没有内涂层的钻杆，管体内壁表面腐蚀更为严重（图3）。黏附于管体内壁表面的钻井液膜不易弃除，腐蚀情况不易观察。

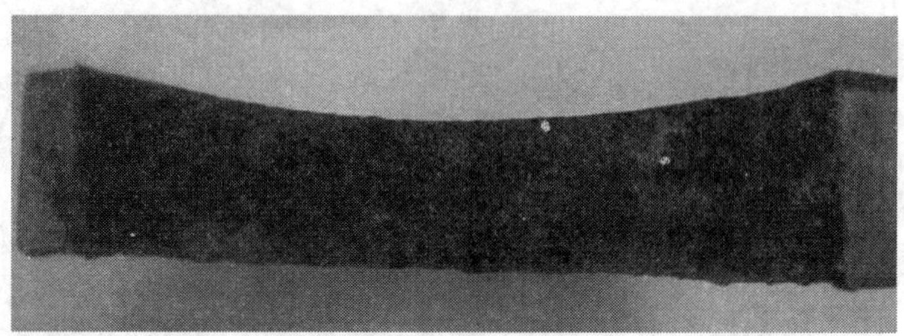

(a) 未清洗过的钻杆内壁腐蚀情况

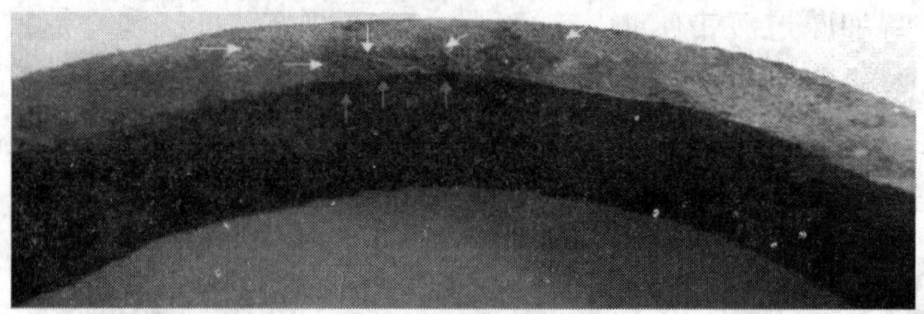

(b) 腐蚀坑底形成裂纹并向外壁扩展

图3 某井钻杆管体内壁腐蚀严重情况

钻杆内涂层对防止内壁腐蚀的作用非常显著，钻杆内涂层是延长钻杆使用寿命的重要技术措施。但是如果内涂层发生鼓泡和局部脱落，那么也会发生局部点腐蚀。图4为某井带内涂层钻杆的涂层鼓泡，并造成局部点腐蚀，腐蚀坑底形成裂纹向外壁延伸。

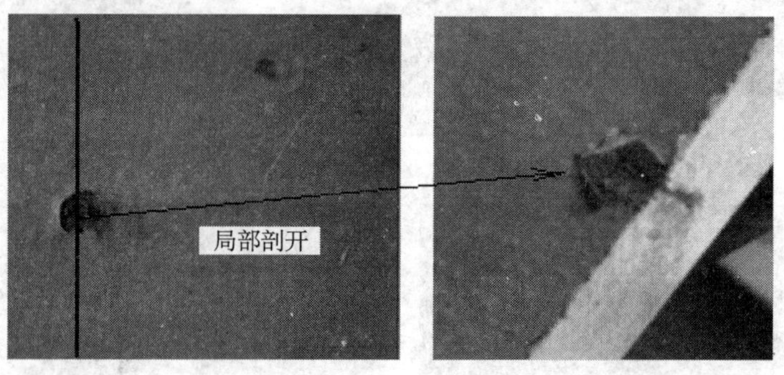

图4 某井带内涂层钻杆的涂层鼓泡，并造成局部点腐蚀

2 腐蚀机理的实验研究

2.1 实验方法及结果

实验材料取自塔里木某井所用的S135钻杆钢，依据GB/T 223标准，采用BairdSpectrovac2000直读光谱仪对S135钢化学成分进行取样分析，结果表明该材料成分符合API SPEC 5D要求。将原材料经过机加工，制成40mm×40mm×5mm的腐蚀挂片，试样加工成型后，各工作面依次经过打磨（粗糙度为0.80μm）、冲洗、丙酮除油、干燥。实验分三组进行，每三个试片为一组，实验方案见表1（前两组模拟井下高温高压环境下钻

井液对钢的腐蚀，后一组则是在常温常压下进行)。

表1　实验方案

组别	实验方案
第1组	试片从钻井液中捞出后将黏附的钻井液冲洗干净，观察腐蚀情况
第2组	试片从钻井液中捞出后不冲洗黏附的钻井液，将带钻井液膜的试样放入烘箱烘干，观察腐蚀情况
第3组	试片浸入钻井液后取出，置于60℃水面上的蒸汽相中，保持72h，观察腐蚀情况

高温高压动态试验设备采用72MPa的动态高压釜，试验前先通入高纯氮除氧，然后升温。通入N_2升压，工作温度为160℃，压力为32MPa，高压釜内搅拌器持续旋转，试验时间72h。试片取出后利用D/Max−IIIA型X射线衍射仪分析试样表面腐蚀产物膜物质结构，利用JSM−6490LV型扫描电镜（SEM）观测腐蚀层形貌，利用OXFORD ISIS能谱仪分析腐蚀产物膜元素含量，利用气相色谱－质谱（GC−MS）联用技术分析磺化钻井液所分解的气体组分含量。

2.2　钻杆的腐蚀机理

实验结果表明：第三组腐蚀程度明显大于前两组，由此可推断该井所用钻杆的腐蚀并不是发生在井下的钻井液和高温环境。而是起钻时未刮钻井液，黏附在钻杆外壁的钻井液膜在空气中水分挥发过程和挥发后在钻杆表面形成的泥饼，进而导致多种腐蚀机理并存。重要的腐蚀机理有供氧差异微电池腐蚀、电偶腐蚀、缝隙腐蚀。

新钻杆首次使用，起钻时若未清除干净黏附在钻杆外壁的钻井液，水分挥发后便留下铁矿粉、重晶石、土粉、碳酸钙粉等作为骨架的固相物，称为垢层。固体相与钻杆表面接触，产生三种相互关联的局部腐蚀。

(1) 供氧差异微电池腐蚀：带有上述垢层的钻杆再次入井后，上述腐蚀机理继续发生。同时再叠加疏松垢形成各种浓差电池腐蚀，如盐浓差、氢浓差、氧浓差等。因FeS、$FeCO_3$、Fe（OH）$_2$等腐蚀产物和垢物的电位都比铁的电位高而成为阴极，基体铁成为阳极，腐蚀便持续进行。钻井液中的腐蚀介质穿过不均匀的垢层对金属持续腐蚀，氯离子导致钢发生严重孔蚀、缝隙腐蚀等局部腐蚀。

(2) 电偶腐蚀：垢层与钢基体的电位能级差构成电偶对，钢基体处于阳极区，持续被腐蚀。

(3) 缝隙腐蚀：地面上钻杆外壁黏附的泥饼水分挥发后留下的骨架垢层与钢基体间有微缝/孔隙，缝/孔隙中的氧被腐蚀产物消耗完后，垢层边缘或外部的氧开始富集，此时形成供氧差异微电池。同时氯离子向垢层内迁移，促使腐蚀反应继续发生。

2.3　影响钻杆腐蚀的主要因素

实验采用钾聚磺钻井液体系，钻井液中所含氯化钾、氯化钠（工业盐）在水中电离，提供丰富氯离子，形成较强腐蚀介质。且空气中的水分为泥饼对钻杆的腐蚀提供腐蚀环境与介质来源。氯离子妨碍生成铁的氧化物膜，同时使已形成的氧化膜破坏。理论上氯离子半径小，易穿透氧化膜，将优先与三价铁反应，生成可溶性氯化物。直立在井架上钻杆柱的钻井液膜在重力作用下只有很小的流动性，钻井液中的铁矿粉被已磁化的钻杆吸附，薄层处不再流动，厚层处流动在钢表面有毛刺、凹坑处被强磁吸附。基于上述重力与磁力作用，可形成不均匀分布的环状钻井液膜及水分挥发后的垢层。

钻井液中所含的磺化酚醛树脂、磺化褐煤树脂、磺化酚腐殖酸铬在高温下可能分解出十分复杂的组分。笔者利用气相色谱－质谱（GC–MS）联用技术测定了磺化钻井液在井下高温高压条件下分解出的气体成分，测定结果为：氮气 N_2（36.76%）、空气（5.63%）、二氧化碳 CO_2（3.23%），以及少量有机物（共约54.4%）。比如烷烃（十三烷、十六烷、十八烷及烷烃同形异构体）、甲硫醇、硫脲、硫胺、二甲基硫、苯、二甲酮等。这些物质对钻杆材料的腐蚀严重程度尚不清楚。

3 腐蚀产物膜分析

3.1 钻杆表面腐蚀产物X射线衍射分析

利用X射线衍射仪对现场钻杆表面上氧腐蚀生成物的组成进行XRD分析，其X衍射匹配峰如图5所示。

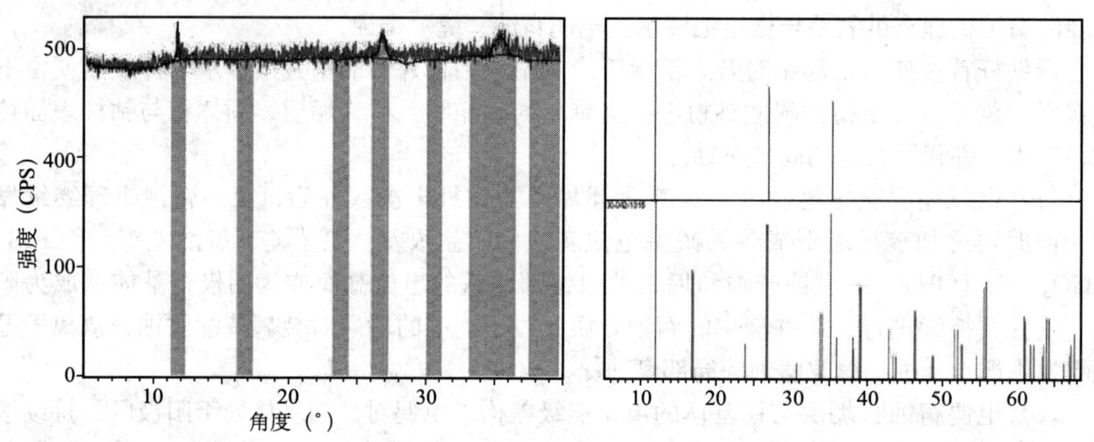

图5 S135钻杆管体表面腐蚀产物X衍射图谱

上述分析结果表明黏附在钻杆管体表面的腐蚀产物主要为正交（斜方）晶系的针铁矿，是一种水合铁氧化物，颜色呈黄褐和暗褐色，一定条件下结晶成α相的氢氧化物矿物。其化学组成为α－FeO（OH）。说明已作业过的钻杆，由于起钻时未清理干净黏附在钻杆表面的泥饼，置于空气中，钻井液膜中的水合作用，结晶成α相的氢氧化物腐蚀物。一旦该腐蚀产物与铁矿粉等结合，组成混合体，用橡胶板刮泥器或手持橡胶条刮泥器几乎不可能将其刮下。

3.2 腐蚀产物形貌特征分析

利用 JSM−6490LV 型扫描电子显微镜（SEM）对试样上腐蚀产物进行电子能谱分析（图 6 ~ 图 9），并用电子能谱法确定腐蚀产物的化学元素组成（图 10 ~ 图 11）。

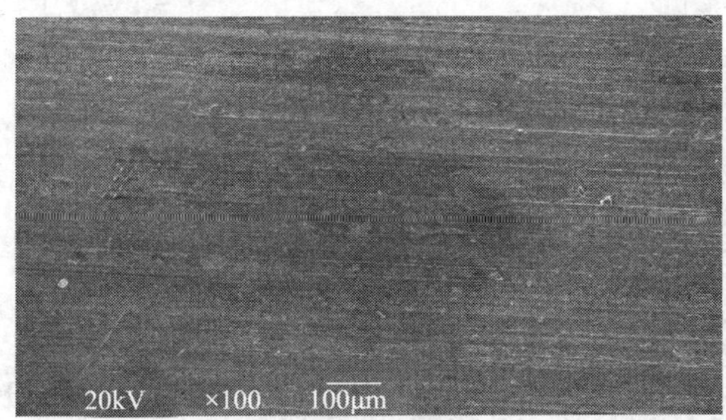

图 6 第一组试样 SEM 图

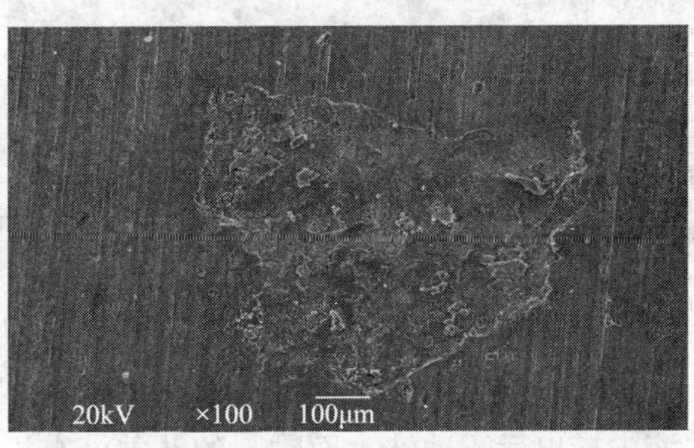

图 7 第二组试样 SEM 图

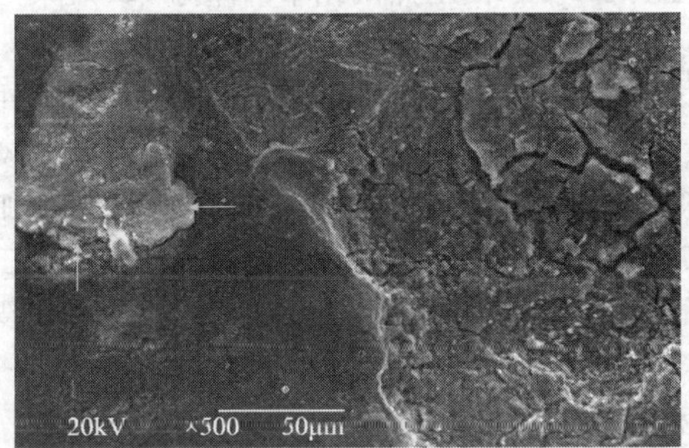

图 8 第三组试样 SEM 图

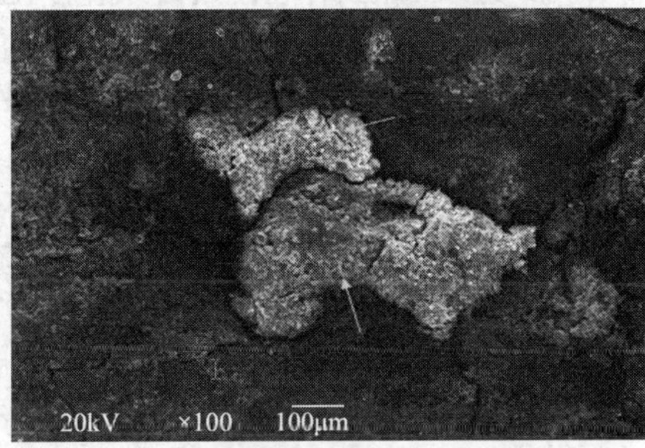

图 9 第三组试样 SEM 图

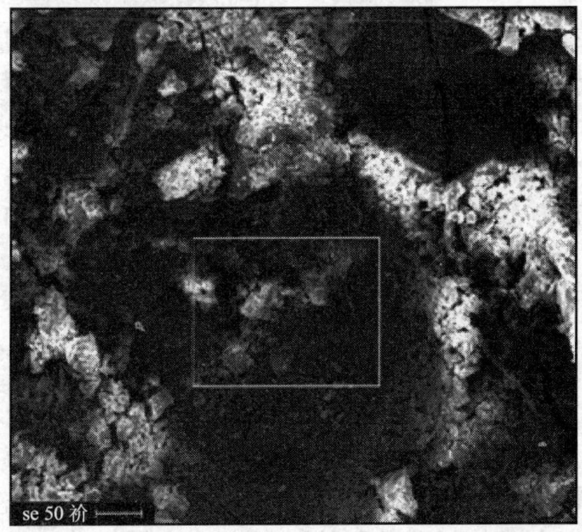

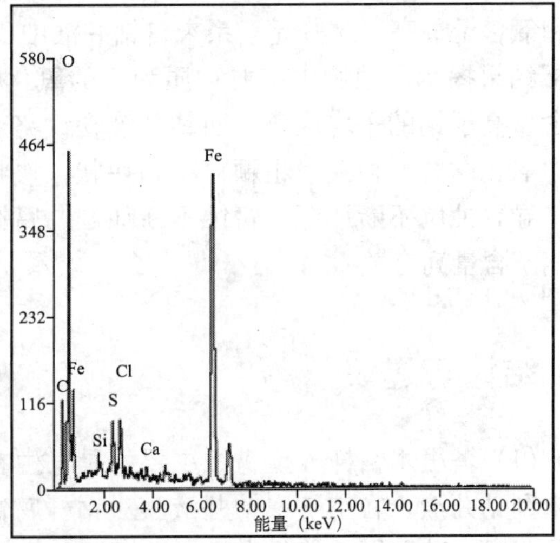

图 10 蚀坑底部腐蚀产物膜分析图谱

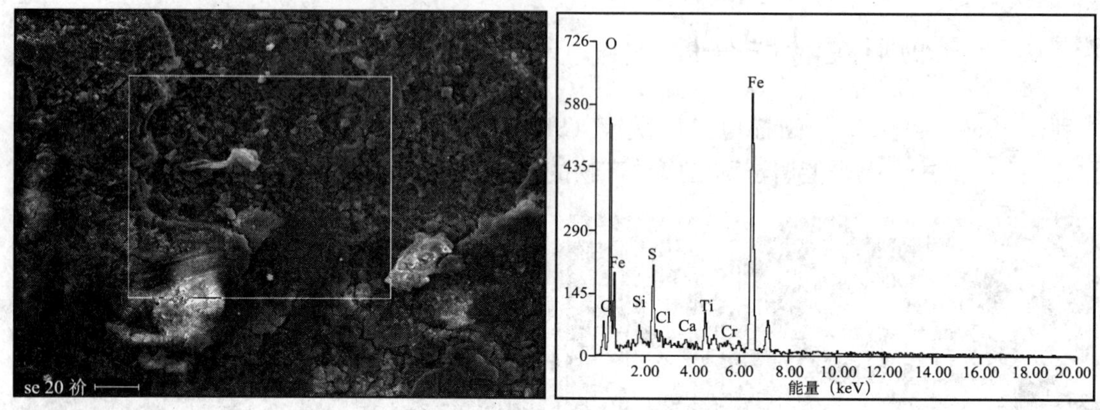

图 11　腐蚀产物脱落后的分析图谱

图 6 为第一组试样从钻井液中捞出冲洗干净后的腐蚀扫描图。图 7 为第二组试样从钻井液中捞出后不冲洗上面黏附的钻井液在干燥箱里干燥后再清洗干净观察到的腐蚀形貌，图 8 和图 9 为第三组试样在浸入钻井液后取出置于 60℃水面上蒸汽相中，保持 72h 观察到的腐蚀形貌。

从上面的腐蚀图貌中可以看出，第一组试样的钻井液膜洗净后，肉眼观察可见试件表面覆盖均匀腐蚀产物膜，没有发生明显的大面积局部腐蚀。光学显微镜观察仅见程度较弱的局部腐蚀。说明高温高压下，钻井液对其并不能造成严重腐蚀，其中的条纹系磨削加工的刀纹。第二组为覆盖钻井液的试样在 35℃保持 48h，发现有大面积的局部腐蚀。第三组为在水面上的蒸汽相中腐蚀很严重，发生了大面积的局部腐蚀，且腐蚀产物膜严重开裂（图 8 和图 9），腐蚀产物膜开裂后便失去了膜对基体的保护作用，从而使腐蚀坑加深。一些腐蚀产物即将脱落，一些已完全脱落（图 8 和图 9）。

图 10 中试片腐蚀深层接近钢基体的表面腐蚀产物，主要物质为高分子聚合物 $[C_6H_3OH-CH_2]$ n 磺化酚醛树脂、铁的氧化物、氧化硅及氯化物。腐蚀产物膜中碳、氧、硫和氯含量很高，这些元素系来自钻井液中磺化聚合物和外加的氯化钠及氯化钾。图 11 的分析结果揭示了蚀坑中主要物质为铁的氧化物、氯化物及钻井液残留物。蚀坑中 Cr 和 Ti 的含量高于钢的平均成分，而钻井液含铁铬盐和铁矿粉，说明它们为钻井液中的成分。蚀坑中氧化腐蚀产物膜呈粗颗粒状和块状，块状氧化物膜破裂。因此腐蚀产物膜失去保护作用，导致蚀坑不断加深，腐蚀不断加剧。腐蚀产物膜的不致密、呈脆性，与钻井液组分和氯离子含量高有关。

4　结论与建议

（1）塔里木钻杆外壁腐蚀主要不是发生在井下的钻井液和高温环境，而是发生在起钻时未刮钻井液，在空气中钻井液膜对钻杆腐蚀。钻井液膜水分挥发后便留下铁矿粉、重晶石、土粉、碳酸钙粉等作为骨架的垢层。由此产生三种相互关联的局部腐蚀：供氧差异微电池腐蚀、电偶腐蚀和缝隙腐蚀。

（2）钻杆内壁应有内涂层防护，对于该井需选用耐聚磺饱和盐水钻井液体系腐蚀的涂层。各种涂层耐聚磺钻井液体系腐蚀的能力差异甚大，若钻杆有内涂层，但内涂层局部鼓泡或剥落，将形成点蚀坑，直至穿孔。因此应选用耐蚀能力强、质量好的涂层来防护和抑制磺化钻井液对钻杆内壁造成的严重腐蚀。

（3）钻杆外壁的腐蚀难以避免，不能因有腐蚀就报废或降级。科学判定外壁腐蚀后的承载能力对降低成本和科学管理具有重大意义，建议引用API/ASME标准（API 579−1/ASME FFS−1 2007“Fitness−For−Service”）进行适用性评价研究。

参 考 文 献

张毅，赵鹏.S 135钻杆腐蚀失效分析［J］.试验与研究，2003，32（4）：10−14.

田伟，杨专钊，赵雪会，白真权.S135钻杆接头失效及腐蚀特征［J］.理化检验：物理分册，2008，44（10）：575−578.

张毅，赵鹏.石油钻杆研究［M］.宝钢股份有限公司钢管分公司，2001.

李鹤林，李平全，冯耀荣．石油钻柱失效分析及预防［J］．北京：石油工业出版社，1999.

李铭瑞，吴修斌．聚合物盐水泥浆对钻具的腐蚀与防护［J］．钻井液与完井液，1995，12（3）：54−60.

Rhodes P R. Environment−assisted cracking of corrosion−resistant alloys in oil and gas production environments：北京：a review［J］.Corrosion，2001，57（11）：923.

曹楚南.腐蚀电化学原理［M］.北京：化学工业出版社，1987.

Fischer Paul W.，Maly George P.Method for reducing erosion and corrosion of metal surfaces during gas drlling［P］.US 3653452.

谢颖，李瑛，孙挺，王福会.在Q235钢表面原位生长的氧化铁膜对其在含Cl^-溶液中腐蚀行为的影响Ⅱ——原位生长的α−FeOOH膜的研究［J］.腐蚀科学与防护技术，2009，（2）：128−130.

王磊，胡锐，王新虎，等.S135钻杆钢在钻井液中的氧腐蚀行为［J］.石油机械，2006，（10）：1−4.

闫丽静.董俊华.林海潮，等，铁在含H_2S的硫酸溶液中的腐蚀机制研究［J］.中国腐蚀与防腐学报，1998，18（4）：269−275.

破碎性地层坍塌压力计算初探

何世明[1]　姚如钢[1]　梁红军[2]　叶　艳[2]

(1. 西南石油大学石油工程学院；2. 塔里木油田公司)

摘　要：由均质各向同性地层井壁力学稳定性分析理论出发，引入地层岩石破碎程度指数 *Bd* 来定量地描述地层岩石破碎程度对井壁围岩有效应力状态的影响，并根据 Mohr−Coulomb 准则建立了破碎性地层坍塌压力计算式，实例计算表明所建立的模型计算结果与工程实际吻合。

关键词：破碎性地层　坍塌压力　井壁稳定　岩石破碎程度指数

随着勘探开发领域的不断拓展与深入，山前地区破碎性地层的勘探开发工作量越来越大，由于此类地层裂缝、微裂缝及层理十分发育，地层各向异性明显，地层坍塌压力高，安全密度窗口窄，在低井筒液柱压力下井壁易垮塌，在高井筒液柱压力下又容易发生井漏。钻遇破碎性地层常常产生大量难以预见的井下复杂情况，甚至因此而被迫提前完钻不能钻达目的层位（如阿北1井），有时还因大尺寸碎块垮塌而埋没钻具，甚至使进尺报废，即使通过反复地划眼或其他措施解除了复杂情况，但却因此而浪费大量钻井时间和材料导致成本迅速上升，而且影响后期作业质量。可见，常规密度设计方法已不能满足这类地层的安全快速钻进的需要，其井眼稳定问题严重制约了这些区域勘探开发的顺利开展。因此，有必要对破碎性地层井壁稳定控制技术做深入研究。

1　直井井壁围岩应力分析

井壁稳定性与近井壁围岩岩体结构、岩体力学性质以及原地应力密切相关，井壁围岩失稳之前，井壁围岩被结构面划分为离散的单元体，在围压的作用下，这些单元体之间的结构面具有一定的抗滑能力，井壁力学稳定性主要取决于这些单元体结构面的强度（抗滑能力）。井壁围岩的失稳，往往就是单元体沿结构面滑动或推挤，造成剥落、掉块、坍塌。结构面控制下的单元体受力分析如图1所示。

作者简介：何世明（1966—　），博士（后），西南石油大学石油工程学院教授，主要从事欠平衡钻井、井壁稳定、井控等方面的科研与教学工作。

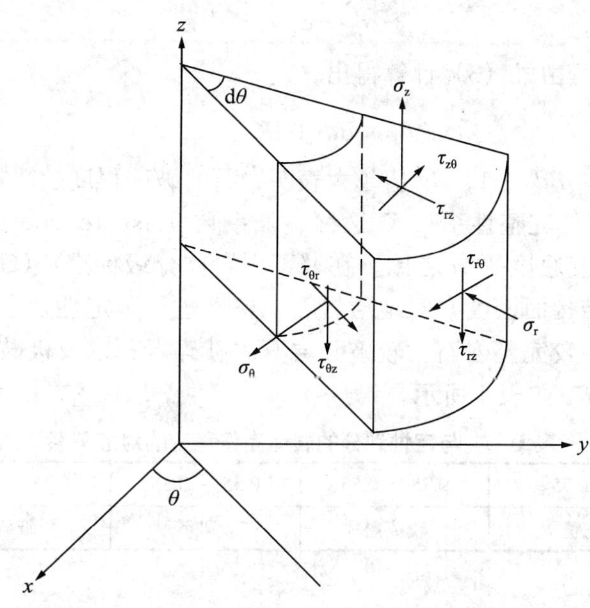

图 1　结构面控制下的单元体受力分析模型

在直井坐标系中，弱面地层井壁岩石应力状态可由式（1）表示：

$$
\begin{cases}
\sigma_{\mathrm{r}} = p_{\mathrm{w}} - \delta\phi\left(p_{\mathrm{w}} - p_{\mathrm{P}}\right) \\
\sigma_{\theta} = -p + \left(1 - 2\cos 2\theta\right)\sigma_{\mathrm{H}} + \left(1 + 2\cos 2\theta\right)\sigma_{\mathrm{h}} + \delta\left[\dfrac{\alpha\left(1-2\mu\right)}{1-\mu} - \phi\right]\left(p - p_{\mathrm{P}}\right) \\
\sigma_{\mathrm{z}} = \sigma_{\mathrm{V}} - \mu\left[2\left(\sigma_{\mathrm{H}} - \sigma_{\mathrm{h}}\right)\cos 2\theta\right] + \delta\left[\dfrac{\alpha\left(1-2\mu\right)}{1-\mu} - \phi\right]\left(p - p_{\mathrm{P}}\right)
\end{cases}
\tag{1}
$$

2　考虑岩石破碎程度指数的地层坍塌压力计算模型

2.1　地层岩石破碎程度指数

破碎性地层由于裂缝或层理发育或二者兼而有之，地下岩体在卸荷后可看成由单元体集结在一起构成的，单元体与单元体之间发育结构面或裂隙，地层岩石非均质性及各向异性程度大，常规均质各向同性井壁力学分析模型在此已不适用，分析破碎性地层井周应力时必须考虑地层岩石的破碎程度。常规均质各向同性井壁力学分析模型的原地应力解释结果实际上应为岩石本体的力学性质，已有研究表明，在相同条件下，具有软弱结构面的岩石的稳定性明显低于岩石本体的稳定性，当井壁围岩存在裂缝或节理等软弱结构面时井壁稳定性明显降低。因此，引入地层岩石破碎（Break）程度（degree）指数 Bd 来定量地表征地层岩石破碎程度对井壁围岩等效应力状态的影响，见式（2）。

$$\sigma'_{\mathrm{eq}} = \mathrm{e}^{0.5Bd}\sigma \tag{2}$$

破碎程度指数 Bd 可由式（3）计算得出。

$$Bd=1-K_{\mathrm{v}} \tag{3}$$

式中，Bd 满足 $0 \leqslant Bd \leqslant 1$，$Bd$ 值越大表明岩石的破碎程度越严重。

在岩土工程中，岩体完整性系数 K_{v} 又称裂隙系数（fissure coefficient），数值上可表述为岩体与岩石的纵波速度平方之比。在《工程岩体分级标准》（GB50218—94）中根据结构面的发育程度（结构面密度）对地层岩石完整性进行了定性及定量分类，该标准将地层岩石分为完整岩石、较完整岩石、较破碎岩石、破碎岩石以及极破碎岩石五个大类。对应的岩体完整性系数 K_{V} 如表 1 所示。

表 1　K_{v} 与定性划分的岩体完整程度的对应关系

K_{v}	> 0.75	0.75 ~ 0.55	0.55 ~ 0.35	0.35 ~ 0.15	<0.15
完整程度	完整	较完整	较破碎	破碎	极破碎

2.2　破碎性地层井壁坍塌压力计算模型

在深部破碎性地层最小水平地应力方位，地应力大小满足 $\sigma_{\mathrm{v}} > \sigma_{\theta} > \sigma_{\mathrm{r}}$，井壁围岩失稳之前，井壁围岩被节理面和裂缝面划分为离散的单元体，在围压的作用下，这些单元体在结构面正应力作用下具有一定的抗滑能力，井壁围岩力学稳定性主要取决于这些单元体结构面的强度（抗滑能力）。当单元体所受应力超过了其结构面抗滑能力时，井壁围岩即出现滑动失稳，此时，可应用 Mohr−Coulomb 剪切强度准则作为破碎性地层井壁围岩失稳判断准则。由 Mohr−Coulomb 准则可知，井壁围岩所受周向应力 σ_{θ} 和径向应力 σ_{r} 的差值越大，井壁围岩越容易坍塌。根据 Mohr−Coulomb 准则及式（1）～式（3），并考虑起下钻过程中产生的抽汲压力 $p_{抽}$ 及孔隙压力的影响，可得考虑地层岩石破碎程度指数的阻止井壁围岩单元体产生滑动失稳的坍塌压力计算模型：

$$p_{\mathrm{w}} = \frac{\mathrm{e}^{0.5Bd}\sigma_{\mathrm{v}} + 2\mu\left(\mathrm{e}^{0.5Bd}\sigma_{\mathrm{H}} - \mathrm{e}^{0.5Bd}\sigma_{\mathrm{h}}\right) - \left[m + a + \left(\delta\phi - a\right)K^2\right]\left(p_{\mathrm{p}} + p_{抽}\right) - 2CK}{\left(1-\delta\phi\right)K^2 - m} \tag{4}$$

式中，$m = \delta\left[\dfrac{a(1-2\mu)}{1-\mu} - \phi\right]$；$K = \cot\left(45^{\circ} - \dfrac{\varphi}{2}\right)$

3　实例计算

实例计算中所需力学参数由阿北 1 井 5250 ～ 5350m 井段测井数据解释得到。考虑 Bd 的坍塌压力计算模型及文献［4］中式（3−20）的常规均质坍塌压力计算模型计算得到的坍塌压力当量钻井液密度和该井段实钻钻井液密度及井径扩大率如图 2 所示，常规均质坍塌压力计算模型计算的当量钻井液密度比实钻钻井液密度小，实际上井壁却在两个井段上发生了比较明显的坍塌，可见常规均质模型在这类破碎性地层是不适用的。而考虑 *Bd* 的坍塌压力计算模型比常规均质模型计算得到的坍塌压力当量钻井液密度平均约高出 0.20g/cm³，即在破碎性地层钻井过程中相对于常规均质地层更容易失稳，这与现场实际是相符合的。阿北 1 井实钻过程中，三开用 311.1mm 钻头钻进至 5258.99m 中完测井下套管至 5256.68m，其中 5250 ～ 5257m 井段自钻开至测井前在钻井液中裸露约 4 天，文中新模型计算所得坍塌压力当量钻井液密度明显高于实钻钻井液密度，平均井径扩大率达 31%，井壁垮塌较严重；四开钻进至 6013m，其中 5283 ～ 5304m 井段自钻开至测井前在钻井液中裸露约 114 天，新模型计算所得坍塌压力当量钻井液密度也高于实钻钻井液密度，井径扩大率最大为 105.89%，平均高达 61%，井壁垮塌非常严重，井眼裸露时间越长，井壁稳定性越差；5266 ～ 5282m 及 5305 ～ 5350m 井段实钻钻井液密度略高于新模型计算所得坍塌压力当量钻井液密度，平均井径扩大率分别为 9% 及 5%，井壁稳定性明显好转。由此可见文中所建立的坍塌压力计算模型与工程实际相符。

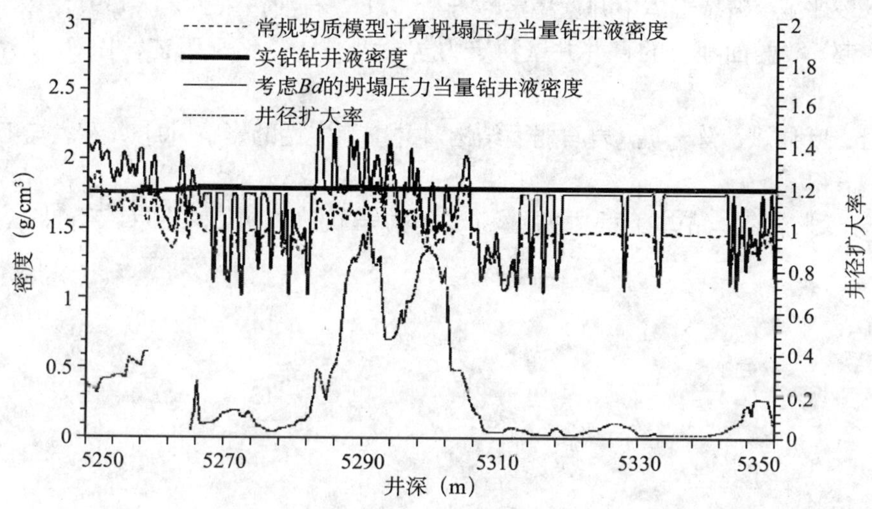

图 2　坍塌压力当量钻井液密度与井壁稳定性关系

4　结论与认识

（1）破碎性地层裂缝、微裂缝及层理十分发育，地层各向异性明显，地层坍塌压力高，安全钻井液密度窗口窄，在低井筒液柱压力下井壁易垮塌，在高井筒液柱压力下又容易发生井漏。

（2）提出了破碎程度指数 *Bd* 来定量地描述地层岩石破碎程度对井壁围岩等效应力状态的影响，建立了考虑 *Bd* 值的破碎性地层坍塌压力计算模型。

（3）实例计算表明常规均质坍塌压力计算模型不适用于破碎性地层安全钻井液密度的下限设计，而考虑地层岩石破碎程度指数的地层坍塌压力计算模型与工程实际吻合较好，可用于此类破碎性地层的坍塌压力预测。

（4）本文仅从力学失稳角度探讨了破碎性地层的坍塌压力，工程实际中，这类地层的井壁稳定控制不能仅局限于钻井液密度设计，还应考虑井眼轨迹以及钻井液的抑制与封固作用等方面的影响。

符号说明

σ_H、σ_h、σ_v 为最大、最小水平地应力和上覆岩层压力；$p_{抽}$为抽汲压力，MPa；φ 为岩石的内摩擦角，(°)；C 为岩石的内聚力，MPa；μ 为泊松比，无量纲；p_p 为地层孔隙压力，MPa；p 为井内液柱压力，MPa；Bd 为地层岩石破碎程度指数，无量纲；δ 为井壁渗透时取 $\delta=1$，井壁不渗透时取 $\delta=0$；α 为有效应力系数，无量纲；θ 为以最大地应力为始边，逆时针为正，(°)；ϕ 为孔隙度，%；$K_v=(v_{pm}/v_{pr})^2$，v_{pm} 为岩体弹性纵波速度，km/s；v_{pr} 为岩石弹性纵波速度，km/s。

参 考 文 献

唐林，罗平亚.破裂岩体中井壁稳定性分析 [J]. 石油钻采工艺，1997，19 (3)：1–5.

金衍，赵辉.弱面地层的直井井壁稳定力学模型 [J]. 钻采工艺，1999，23 (3)：13–14.

刘向君，叶仲斌，陈一健.岩石弱面结构对井壁稳定性的影响 [J]. 天然气工业，2002，22 (2)：41–42.

邓金根，张洪生.钻井工程中井壁稳定的力学机理 [M]. 北京：石油工业出版社，1998.

气体钻井地层出水随钻定量监测

汤 明[1] 何世明[1] 唐继平[2] 李 娟[1]

(1. 西南石油大学油气藏地质及开发工程国家重点实验室；2. 塔里木油田公司)

摘 要：本文在基于环空多相流流动理论的基础上，建立了简化环空单一均相流流动模型，得到气体钻井井口参数与地层出水量的定量判断关系，实现气体钻井地层出水的随钻定量监测。该模型在地层出水量小于7m³/h时，具有较高的计算精度；同时，将模型应用于罗西1井气体钻井实践，在地层出水量为6.3m³/h时，模型预测结果与实钻误差不足5%。

关键词：气体钻井 地层出水 环空压降 定量监测 罗西1井

气体钻井因其独有的技术优势而得到广泛应用，地层出水问题成为限制该技术应用的瓶颈之一，准确地监测地层出水量对气体钻井的顺利实施有着极其重要的作用，气体钻井地层出水量定量监测是一个亟待解决的难题。气体钻井一旦钻遇水层，为了保证井眼净化畅通，避免井下复杂情况的出现，必须根据井下的实际情况转换成更有利于安全钻进的钻井方式，而转换的理论依据便是地层出水量的大小。

1 环空流动方程

气体钻井过程中，参与环空流动的流体除了气体以外，实际上还包括岩屑以及可能产出的地层流体。因此，严格的气体钻井流体力学计算应当是多相流动模型。为了简化计算地层出水量较小时的环空流动压降，给出以下假设条件：

(1) 气体对岩屑颗粒和液相有作用力，岩屑颗粒和液相之间均没有作用力；

(2) 地层出水量较小，且以小液滴的形式均匀地分布于气体流场中；

(3) 岩屑颗粒和地层水均离散地分布于气体流场中，不对气体流场产生影响；

(4) 环空流动为单一均相流模型。

单一均相流模型将气体、岩屑以及地层产出的流体作为一种混合物来考虑，其密度表示为：

$$\rho_{mix} = \rho_g \alpha_g + \rho_s \alpha_s + \rho_l \alpha_l \tag{1}$$

基金项目：本文受国家科技重大专项专题（编号2008ZX05045-003-007HZ）“欠平衡钻井工艺技术研究”资助。

作者简介：汤明（1985— ），2008年毕业于西南石油大学石油工程专业，现为西南石油大学在读硕士研究生，主要从事欠平衡、井壁稳定等方面的研究工作。

环空不稳态流动对应的连续方程与运动方程为：

$$\begin{cases}\dfrac{\partial(\rho_{\text{mix}}A)}{\partial t}+\dfrac{\partial}{\partial z}(\rho_{\text{mix}}vA)=0\\ \dfrac{\partial(\rho_{\text{mix}}vA)}{\partial t}+\dfrac{\partial}{\partial z}\left(\rho_{\text{mix}}Av^2+pA\right)=-\rho gA-\dfrac{\rho Afv|v|}{2D}\end{cases} \tag{2}$$

2 环空气液固三相流压降计算

图1给出了等直径环空微元段示意图，假设微元段内气体流速不变，则由动量守恒可得：

$$\mathrm{d}p=\gamma_{\text{mix}}g\left[1+\frac{fv^2}{2g(D_{\text{h}}-D_{\text{p}})}\right]\mathrm{d}z \tag{3}$$

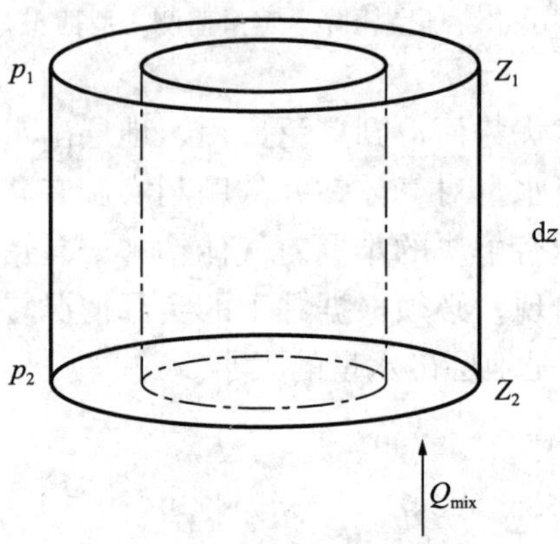

图1 环空气液固多相流微元段示意图

混合物重度可由下式计算：

$$\gamma_{\text{mix}}=\rho_{\text{g}}g(1+r)=\frac{spM_{\text{g}}}{RT_{\text{av}}\cdot g}(1+r) \tag{4}$$

r为环空中固、气重量流量比：

$$r=\frac{w_{\text{s}}}{w_{\text{g}}} \tag{5}$$

其中：

$$w_{\text{s}}=\frac{\pi}{4}\cdot ROP\cdot D_{\text{bit}}{}^2\rho_{\text{s}}g \tag{6}$$

$$w_{\text{g}}=\frac{spM_{\text{g}}}{RT_{\text{av}}\cdot g}q \tag{7}$$

环空中流体的速度为：

$$v = q\frac{P_0}{T_0}\frac{T_{\mathrm{av}}}{P}\frac{1}{\frac{\pi}{4}\left(D_{\mathrm{n}}^2 - D_{\mathrm{p}}^2\right)} \tag{8}$$

摩擦系数为：

$$f = \left[\frac{1}{2\lg\left(\frac{D_{\mathrm{h}} - D_{\mathrm{p}}}{e}\right) + 1.14}\right]^2 \tag{9}$$

将以上各式代入方程（3），并分离变量积分后得：

$$p_2 = \left[\left(p_1^2 + bT_{\mathrm{av}}^2\right)e^{\frac{2a(z_2 - z_1)}{T_{\mathrm{av}}}} - bT_{\mathrm{av}}^2\right]^{\frac{1}{2}} \tag{10}$$

其中：$a = \frac{M_{\mathrm{g}}g}{RQ}\left[sQ + \frac{\frac{\pi}{4}D_{\mathrm{h}}^2 g\rho_{\mathrm{s}}\frac{ROP}{3600} + Q_1\rho_1 g}{\left(\frac{p_0 M_{\mathrm{g}}}{RT_0 g}\right)}\right]$；

$$b = \frac{0.673}{2g}\left(\frac{4}{\pi}\right)^2\left(\frac{p_0}{T_0}\right)^2\frac{Q^2}{\left(D_{\mathrm{h}} - D_{\mathrm{p}}\right)\left(D_{\mathrm{h}}^2 - D_{\mathrm{p}}^2\right)^2}\left[\frac{1}{2\lg\left(\frac{D_{\mathrm{h}} - D_{\mathrm{p}}}{\mathrm{e}}\right) + 1.14}\right]^2$$

3　实例计算

罗西1井采用 ϕ244.5mm 技术套管下至3551m，封隔住奥陶系上部地层，在奥陶系地层，井深3553～3729.58m进行了空气钻井提速实验，气体钻井实验井段平均钻速8.73m/h，空气钻进至井深3729.58m，地层出水。

被卡钻具组合为：ϕ215.9mm HJT537G 牙轮钻头（0.25m）+430×4A0 接头（0.61m）+浮阀（0.50m）+浮阀（0.51m）+ϕ158.75mm 无磁钻铤（9.03m）+ϕ158.75mm 钻铤 ×14根（131.92m）+ϕ158.75mm 随钻震击器（9.38m）+ϕ158.75mm 钻铤 ×3根（28.24m）+接头（0.41m）+ϕ127mm 加重钻杆 ×15根（140.59m）+ϕ127mm 钻杆（3286.56m）。

气体钻井正常钻进时立压为2MPa，地层出水以后在立压为5.7MPa时，实测地层出水量为6.3m³/h，排砂管压力上升到0.91MPa，钻压为20～40kN，转速为55～65r/min，注气量为120m³/min，地面温度为35℃，低温梯度为2℃/100m，地层压力系数为1.25。

图2和图3分别给出了在井口回压为0.101MPa时，环空压降、立管压力与地层出水量的关系和不同出水量下环空压降分布曲线。从图2和图3中可以明显看出，当气体钻井地层出水量小于7m³/h时，环空压降增加明显；当出水量大于7m³/h时，环空压降增大不明显。即该模型仅适用于地层出水量小于7m³/h的情况；当地层出水量大于7m³/h时，环空中的液相会对气体流场产生较大影响，此时单一均相流模型不再适用。

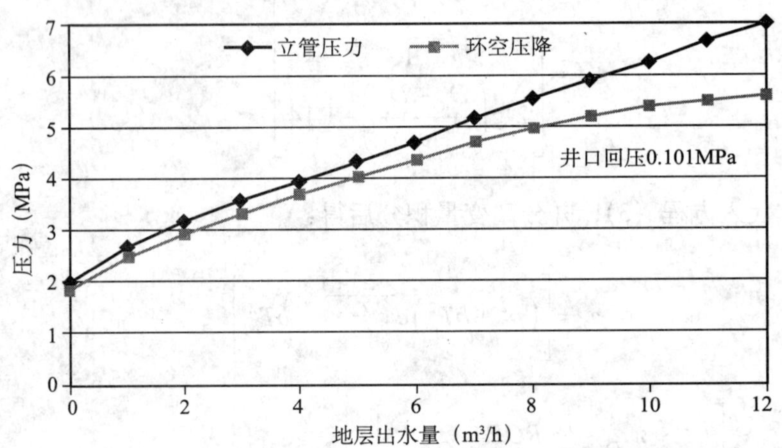

图2　地层出水量与环空压降和立管压力的关系

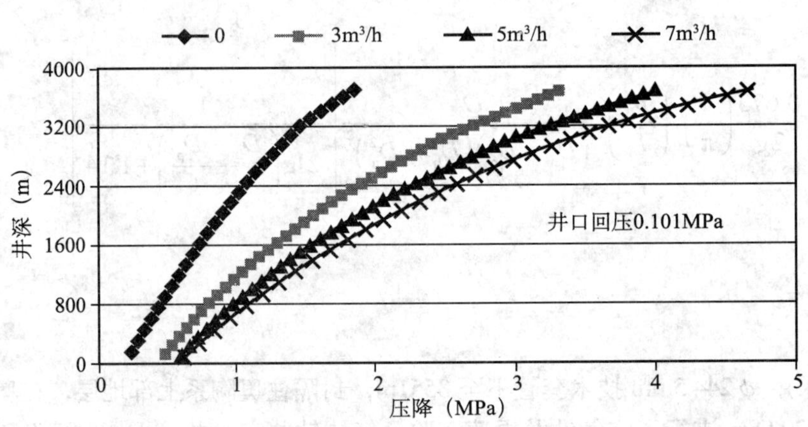

图3　不同出水量下环空压降分布曲线

图4给出了利用本文模型模拟计算罗西1井在井口回压为0.91MPa时，立管压力与地层出水量的关系。从图中可以看出，地层出水量为6.3m³/h时，立管压力为5.42MPa，此时实钻立管压力为5.70MPa。利用简化后的单相流模型计算得到的立管压力与实际压力误差不足5%。在地层出水量小于7m³/h时，简化后的环空气液固单相流模型具有较高的计算精度，能为气体钻井地层出水的随钻监测提供理论依据。

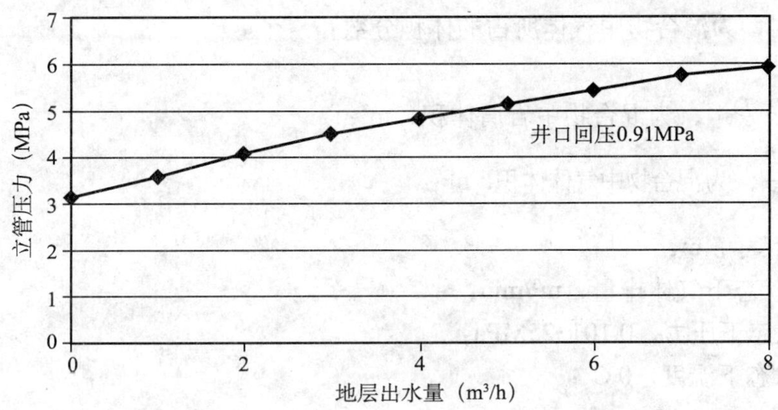

图4　立管压力与地层出水量的关系

4　结论

（1）本文对气液固三相环空流动进行简化后，建立了环空多相流的流动模型，该模型适用于地层出水量小于 $7m^3/h$ 的情况。

（2）通过对罗西1井气体钻井地层出水实钻模拟计算表明：当井口回压为0.91MPa、地层出水量为 $6.3m^3/h$ 时，计算得到立管压力为5.42MPa，与实际误差不足5%。

（3）该模型在气体钻井地层出水量小于 $7m^3/h$ 时，具有较高的计算精度，能为气体钻井地层出水后是否进行转换提供理论依据。

参考文献

石建刚．气体钻井过程中地层出水监测研究［D］．西南石油大学学位论文，2008.

曾义金，樊洪海．空气和气体钻井手册［M］．北京：中国石化出版社，2006.

赵业荣，孟英峰，雷桐，等．气体钻井理论与实践［M］．北京：石油工业出版社，2007.

段勇．空气钻井环空流动分析及数值模拟［D］．西南石油大学学位论文，2009.

林铁军，练章华，陈世春，等．气体钻井中气体携岩对钻杆的冲蚀机理研究［J］．石油钻采工艺，2010，32（4）：1–4.

高学平．高等流体力学［M］．天津：天津大学出版社，2005.

符号说明

ρ_g 为气体密度，kg/m^3；

ρ_s 为岩屑密度，kg/m^3；

$\alpha_s = \dfrac{Q_s}{Q_s + Q_g}$ 为混合物中岩屑所占的体积分数；

$\alpha_g = \dfrac{Q_g}{Q_s + Q_g}$，为混合物中气体所占的体积分数；

$Q_s = \dfrac{\pi}{4} \cdot ROP \cdot D_{bit}{}^2$，为混合物中岩屑体积，$m^3$；

$Q_g = Q_{g0} \dfrac{p_0 T}{p T_0}$，为混合物中气体体积，$m^3$；

D_{bit} 为钻头尺寸，m；

Q_{g0} 为标准状态下气体排量，m^3/min；

p_0 为标准状态下压力，0.101325MPa；

T_0 为标准状态下温度，0℃ ；

D_h 为井眼尺寸，m；

D_{po} 为钻柱外径，m；

f 为摩擦系数；

v 为流体返速，m/s；

γ_{mix} 为混合物重度，N/m^3。

T_{av} 为环空中流体的平均温度，K；

M_g 为气体相对分子质量；

s 为气体相对密度；

ROP 为钻速，m/h；

e 为环空粗糙度，m：

p_1 为微元段上游压力，Pa；

p_2 为微元段下游压力，Pa；

z_1 为微元段上游位置，m；

z_2 为微元段下游位置，m。

气体钻井与钻井液钻井全井段钻柱动力学对比研究

林铁军　练章华　魏臣兴

(西南石油大学·油气藏地质及开发工程国家重点实验室)

摘　要：全井段钻柱在井内运动过程是一个非常复杂的非线性动力学过程，不可能得到比较完美的解析解，如果采用室内试验或者现场试验研究，其成本又会很高且很难实现。因此，本文在弹塑性力学、岩石力学和钻柱力学的基础上，采用有限元法建立了某井1486m全井段塔式钻具的三维模型和相应的井筒模型，并且建立了钻头与岩石以及钻柱与井筒之间的随时间变化且有摩擦系数的接触关系，进而分析了钻柱在动态钻进过程中的井口参数、钻头上参数以及全井段钻柱的弯矩、扭矩变化等结果，得出气体钻井全井段钻柱的运动规律以及对钻铤寿命的影响因素。本文为认识气体钻井全井段钻柱的运动规律提供了新的研究方法，对气体钻井中钻柱力学、井斜控制和设备等方面的研究都有较好的现实意义。

关键词：动力学　气体钻井　钻柱　井斜　有限元法

开展全井段钻柱动力学特性参数的室内试验和现场测试难度大、耗费高，真正意义的井下测量次数较少，可以借鉴的试验数据也较少。比较引人注意的两次井下测量分别是1964—1966年由Esso Production Research公司用井下磁带机完成和1984年由NL Industries Inc.公司由有导线钻杆完成。两次耗费巨大，却仅仅证明了蹩钻、跳钻的存在，钻柱弯曲应力与转盘转速不一定相等以及反转客观存在等现象。20世纪90年代，我国兰州石油机械所章扬烈等人建立了钻柱比例模拟试验装置，通过系统的试验测量得出了一些有价值的数据。前人在钻井液钻井钻柱动力学方面进行了大量研究并取得了很多成果，但全井段钻柱在井内动力学特性研究还不完善，为此，本文利用有限元方法建立全井段钻柱在气体或钻井液为循环介质条件下的动力学模型，从不同角度分析钻柱的动力学参数变化规律。

1　建立全井段钻柱动力学模型

本文以普光某井钻井参数、实际钻井井眼轨迹和钻具组合为例建立全井段1486m钻柱动力学模型，其钻压为145kN，转盘转速为62r/min（6.5rad/s）。塔式钻具组合为：

作者简介：林铁军（1980—　），男，2009年获西南石油大学油气井工程专业博士学位，现为西南石油大学石油工程学院讲师。主要从事欠平衡钻井、气体钻井、石油管柱力学以及现代CAE/CFD技术的教学与研究工作。

ϕ314.2mm 钻头 + 630×730 回压阀 + 接头 731×830+11in 钻铤 +831×730+9in 钻铤 + 731×630 接头 +8in 钻铤 +631×410 接头 +7in 钻铤 +5in 钻杆 +5in 回压阀 ×1 个 +5in 钻杆 + 旋塞 ×411×410+ 方钻杆。为了减少建模的难度，在建模时作如下的简化和假设：

(1) 不考虑钻井时的扩眼，根据该井井身结构，钻柱动力学模型中井深 700 ~ 1486m 的井眼直径都为钻头外径大小，即 314.2mm。

(2) 为了计算简便，忽略不同规格钻具之间转换接头和工具的外径变化，其长度等效为相接的钻铤长度。不考虑两钻杆之间的螺纹连接及其钻杆接头的截面变化情况，钻杆分段视为同一内外径。

(3) 假设钻头、岩石面、套管和井壁为刚体，岩石面和钻头之间存在摩擦和阻尼用来代替钻头破岩消耗的能量。

(4) 假设全井段钻柱为细长梁单元，其材料特性分段为常数。

(5) 不考虑钻柱与井壁以及钻头与岩石面由于接触产生的摩擦生热，不考虑井内温度对钻具材料性能的影响。不考虑气体所携带岩屑对钻杆运动形态的影响。

(6) 气体钻井时，不考虑气体和所携带岩屑对钻杆运动形态的影响。钻井液钻井时，不考虑钻具内部钻井液对钻柱运动影响，仅考虑环空钻井液对钻具运动的影响。

在假设的基础上，结合钻具组合和实钻井眼轨迹资料就可以利用 CAD 软件建立全井段塔式钻具组合的实体模型，模型中规定 x 方向与东方重合，y 方向为南方，z 为井深方向，采用平衡正切法计算钻柱在空间笛卡尔坐标系下的位置。把实体模型导入有限元软件中可以得到全井段钻柱非线性动力学模型。该有限元模型在定义了材料参数、接触对、边界条件和划分网格后，进行大量长时间计算，得到全井段钻柱转动 240s 的动力学特性数据。

2 全井段钻柱动力学特性分析

2.1 井口钻杆力学参数分析

在钻井现场，井口局部钻杆的运动参数很容易测得，是整个钻柱系统的能量输入口，也是判断井下钻柱运动状态的直接依据。从图 1 所示井口拉力在 240s 内随时间变化的曲线可以看出，气体钻的井口大钩拉力在 454.6kN 附近波动，而钻井液钻中由于钻井液浮力作用使得井口大钩载荷相对气体钻井更小，约为 353kN。静力学上，气体钻与钻井液钻钻杆轴向拉力的变化只是量的变化而已，但由于转动和振动造成气体钻钻杆承受较大的轴向拉力波动，对于存在微裂纹的钻杆，可能因为多承受几十兆帕应力而达到疲劳极限或裂纹扩展门槛值，造成钻杆疲劳寿命明显降低，这样就引起了钻杆疲劳寿命质的变化。从图 2 井口钻杆的扭矩波动曲线来看，气体钻井的扭矩波动范围很大，最大扭矩为 15kN · m，还出现了 3.5kN · m 左右的反扭矩，出现这种现象使得气体钻井的钻柱，尤其是上部钻杆更易出现由于扭矩波动引起失效的危险点。钻井液钻的井口扭矩平均为 11kN · m，大部分时间波动较小，小部分时间的波动剧烈。

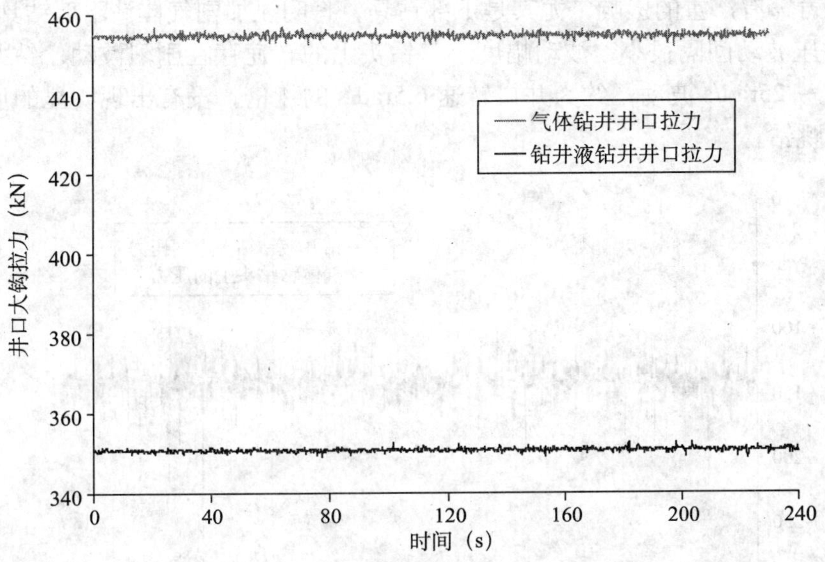

图1　井口大钩拉力随时间变化的分布图

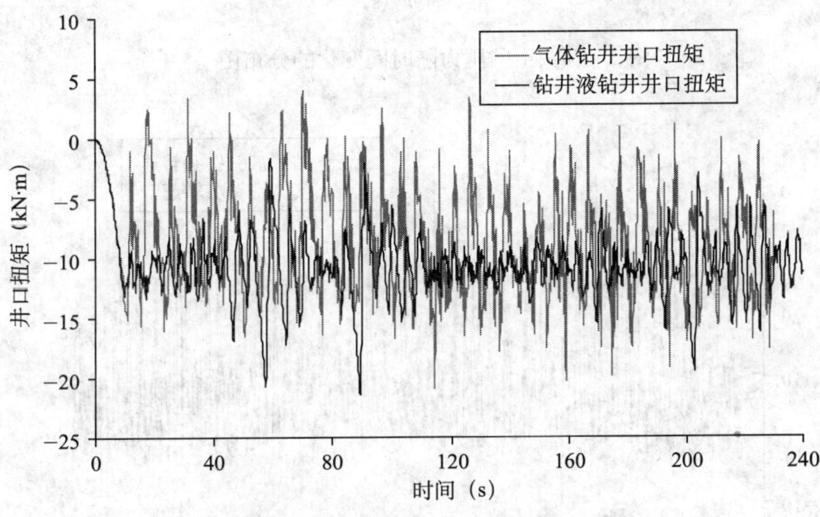

图2　井口钻杆扭矩随时间变化的分布图

2.2　钻头上力学参数分析

从图3和图4所示的气体钻井钻头上的压力（钻压）和转速在240s内的时间历程变化曲线可知，钻压平均为145kN，钻柱在转动的过程中钻压和转速随着时间变化而出现明显波动，最大瞬时钻压超过250kN，最小钻压不到80kN，而钻头转速在−10～40rad/s波动，约为井口转速的8倍，出现了明显的反转。而且从图中还得到钻压存在明显的波动周期，其波动周期几乎与钻头上的转速波动一一对应。其原因是气体钻井在大钻压时，使得钻头和岩石相互作用力很大，造成蹩钻和跳钻、反转，而气体钻的钻压剧烈波动又加剧了钻头蹩钻和反转的出现。此种现象说明气体钻井钻头的轴向振动和扭转振动在大钻压时很剧烈，对钻柱的疲劳寿命有严重的影响，尤其是下部钻具，将明显加剧气体钻下部钻具疲劳破坏。钻井液钻的钻压波动间隔很小，波动幅度小。钻头上的转速存在剧烈波动，钻井液钻钻头转速大体在 0 ~ 25rad/s 波动，约为井口转速 6.5rad/s 的 4 倍，没有出现明显的反转，但出现一定程度的跳钻。

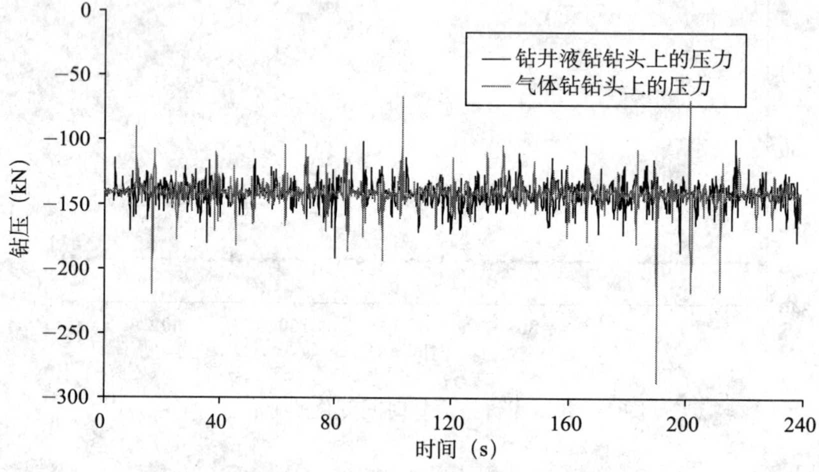

图 3　钻头上的压力随时间变化的分布图

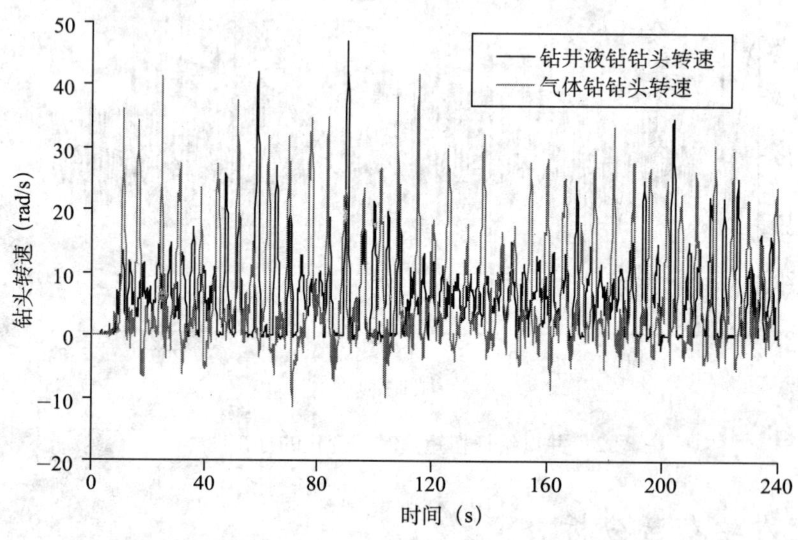

图 4　钻头上的转速随时间变化的分布图

2.3　钻柱运动状态分析

为了更加清晰地认识钻柱的运动状态，本文提取气体钻和钻井液钻钻柱在 242m、1163m、1413m 和 1422m 节点位置在 240s 内的运动轨迹，如图 5 所示。其中 242m 处钻柱节点为 5in 钻杆，与上层 $13^3/_8$in 套管的环空间隙为 0.10635m；1163m 处钻柱节点也为 5in 钻杆，与井壁的环空间隙为 0.09365m；1413m 处节点为 8in 钻铤，与井壁的环空间隙为0.05555m；1422m处节点为9in钻铤，与井壁的环空间隙为0.04285m。当钻柱运动时其横向位移超过了该点与井壁或套管之间的环空间隙就会与井壁或套管发生接触。从图5中四个位置的钻柱运动轨迹可见，在242m和1163m处的钻杆都没有和套管或井壁接触，钻井液钻钻杆的运动很稳定，几乎只有自转没有公转，气体钻钻柱自转和公转同时存在，而且242m处钻杆在靠近上井壁附近运动，1163m钻杆在靠近下井壁附近运动；而1413m和1422m处的钻铤与井壁有时存在接触，气体钻井接触次数并不多，但是每次发生接触时其接触力都很大，最高超过了160kN，如图6所示。说明大钻压的气体钻井中下部钻具某位置与井壁接触次数不一定很多，但接触力一般都较大。而钻井液钻中此两处钻铤大部分时间是靠近或躺在井壁转动，与井壁的接触力大部分时间小于1kN，说明钻井液钻井比气体钻井横向振动小。另外，由于该井实钻井眼的井斜角变化很小，上部钻杆的横向运动现象相对较弱，但由于钻压较大，使得下部钻具的横向运动剧烈。

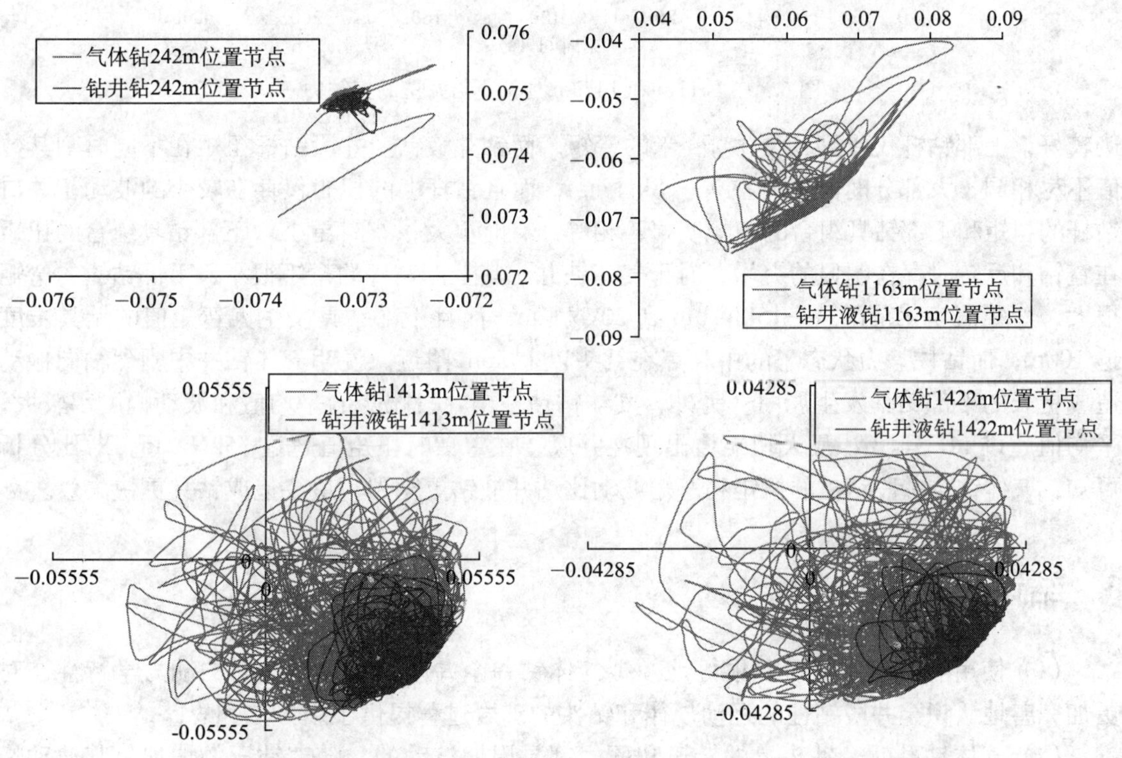

图5　钻柱上不同节点位置的运动轨迹

2.4　全井段钻柱力矩分析

钻柱的弯曲和扭矩是影响钻柱疲劳寿命的重要因素，而实际钻井时没有办法得到全井段每个位置上的钻柱的弯矩和扭矩随钻井过程的变化曲线，但是利用该模型可以得到全井段各个位置上的弯矩和扭矩。

本文提取气体钻和钻井液钻全井段钻柱在不同钻进时刻点的弯矩和扭矩，如图7～图10所示。钻井液钻井下部50m钻具组合有明显的弯矩，最大超过了12kN · m，由于井眼轨

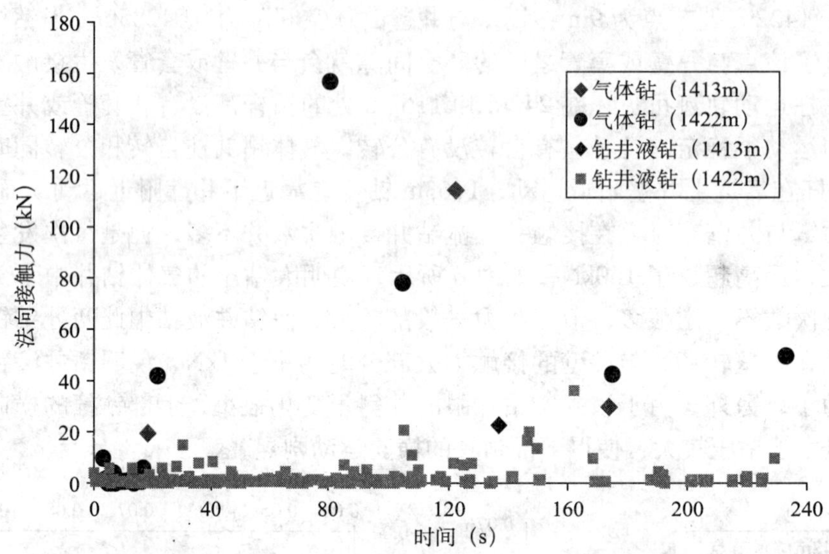

图 6 在 1413m 和 1422m 处钻铤与井壁的接触力

迹较好，上部钻杆仅受到几十牛顿·米的弯矩。而钻井液钻全井段钻杆扭矩在不同时刻其数值不尽相同，大部分时间保持在 7 ~ 8kN · m，而且钻杆上的扭矩仅存在较小的波动，井口钻杆的扭矩和下部钻具组合的扭矩明显不相等，有时更大，有时更小；下部钻具组合的扭矩在蹩钻和反转时存在明显的突增。对于气体钻井，其上部钻杆的弯矩很小，下部钻铤的弯矩很大，弯矩值变化范围从 −15kN · m 到 20kN · m，而且下部钻具发生大弯矩值的钻具长度近 100m，而钻柱静力状态下的中和点在钻头以上 56m 附近。说明气体钻井中剧烈轴向振动造成更长的下部钻具发生屈曲。另外，气体钻钻柱全井段扭矩的平均值和波动幅度都较大，平均值超过 11kN · m，最大扭矩值出现在井底，在蹩钻时扭矩值超过 35kN · m。对比分析可知，气体钻全井段钻柱的扭矩和弯矩波动比钻井液钻更剧烈，最终造成钻具更快失效。

3 结论

（1）使用有限元方法可以很好地模拟气体钻井全井段钻柱在转动时的动力学特性，对更加完善地认识全井段钻柱的运动规律和钻头的破岩过程提供了新方法和思路。

（2）气体钻井时，钻头上的转速和压力都是周期波动的，随着钻压的增加，其波动峰值越大，蹩钻、跳钻、反转现象也越明显，将明显加剧气体钻下部钻具疲劳破坏。

（3）气体钻井在大钻压作用时要引起钻柱剧烈横向运动，而且越到井底钻柱的横向运动更剧烈。横向运动可能导致与井壁发生接触，虽然其接触次数不一定很多，但接触力却一般很大。

（4）全井段钻柱的弯矩和扭矩都随着钻压的增大而增大，且随着时间变化而变化，弯矩主要发生在严重狗腿度井段和井底下部钻具处，而扭矩在全井段都存在波动。

（5）对比研究可知，气体钻井的横向振动、扭转振动和纵向振动都比钻井液钻井剧烈，最终造成钻柱更快速失效。

参 考 文 献

祝孝华．旋转钻柱系统动力学特性研究［D］．西南石油大学博士学位论文，2005．

章扬烈．钻柱运动学与动力学［M］．北京：石油工业出版社，2001．

朱才朝，谢永春，刘清友．钻头钻柱系统非线性耦合动力学仿真［J］．兵工学报，2003，24（1）：85−88.

Dykstrii，M W，Chen，K. Experimental evaluations of drill bit and drill string dynamics［R］. SPE 28323，1994.

况雨春，马德坤，刘清友，等．钻头—岩石—钻柱系统动态行为仿真［J］．石油学报，2001，22（3）：81−85.

Fernández M A，Romero. J L. Dynamic analysis of stabilized drilling strings performance in low−dip wells［R］. SPE 81148，2003.

Gokhale S.，Ellis S.，Lee.K. The Effect of stress relief features on HWDP and drill collars：are SRF's necessary and when are they most beneficial［R］. SPE 98992，2006.

Chen David CK，Mark Smith，Scott LaPierre. Integrated drilling dynamics system closes the model−measure−optimize loop in real time［R]，SPE/IADC 79888，2003.

Andreas P，Ahmet S. Active control of stick−slip vibrations：the role of fully coupled dynamics［R］. SPE 68093，2001.

刘清友，马德坤，钟青．钻柱扭转振动模型的建立及求解［J］．石油学报，2000，（2）：78−82.

热采井固井铝酸盐水泥石耐高温性能及机理研究

李早元　武治强　谢　鹏　关素敏　郭小阳

（油气藏地质及开发工程国家重点实验室·西南石油大学）

摘　要：稠油热采井固井用常规硅酸盐加砂水泥石耐高温性能变差是导致稠油热采井井口冒汽冒泡的主要原因之一。论文开展了硅酸盐加砂水泥的代替品铝酸盐水泥在稠油热采条件下水泥石的耐高温性能研究，采用高温高压养护釜模拟蒸汽吞吐条件，进行了315℃下的多轮次养护，测试了高温前后铝酸盐水泥石抗压强度、渗透率、孔隙度和孔径分布变化情况，结果表明，铝酸盐水泥石表现出优良的抗高温性能，高温后水泥石抗压强度略有上升，水泥石绝对渗透率几乎不变，高温后水泥石中的凝胶小孔略有增大趋势，水泥石孔隙度略有上升；采用XRD衍射和SEM测试等手段，分析了铝酸盐水泥石高温前后矿物组分和微观形貌，铝酸盐水泥高温后的主要矿物组分C_3AH_6，高温后性能稳定，结构致密，是铝酸盐水泥石能够保持较好的高温湿热条件性能的主要原因。研究表明，铝酸盐水泥可满足稠油热采井高温蒸汽吞吐对水泥石高温性能稳定的要求，可代替常规硅酸盐加砂水泥应用于稠油热采井固井。

关键词：铝酸盐水泥　热采井固井　耐高温性能　作用机理

1　问题的提出

国内稠油井油层埋藏深度为几百米至上千米不等，油层温度相对集中在50℃左右。稠油开采的主要措施是热力采油，其中又以高温湿热条件蒸汽吞吐为主，蒸汽温度通常高达300～350℃。热采井固井过程中，通常是在普通硅酸盐水泥加入一定比例的石英砂，来提高凝固水泥石的耐高温性能，但从热采井生产现场来看，尽管一些井初始固井质量是合格的，然而经过多个轮次的蒸汽吞吐后，水泥石出现强度明显下降、渗透率急剧增大等现象，导致套管损坏和层间封隔失效，严重影响稠油井的开采安全，大大缩短了油井的生产寿命。

为了避免普通硅酸盐水泥高温湿热条件下出现的一系列问题，笔者于2001年提出将铝酸盐水泥用于热采井固井的思路，并进行了初步探索，但对其耐高温作用机理缺乏深入的分析和研究。论文进一步系统地评价了铝酸盐水泥在稠油热采条件下的耐高温性能，并对其耐高温湿热条件作用机理进行了研究，为提高热采井固井质量和延长油井生产寿命提供了依据。

作者简介：李早元（1976—　），男，四川简阳人，博士，主要从事钻井与完井工程的教学及固井科研工作。

E—mial：swpilzy@yahoo.com.cn

2 实验方案

2.1 实验方法

实验材料选用国产某种典型铝酸盐水泥，按API规范制备水泥浆，在50℃恒温水浴养护箱中养护7天凝固后，进行高温湿热条件养护，实验条件为：315℃ ×20.7MPa×7天。

2.2 水泥石耐高温湿热条件评价方法

为了能够有效评价稠油热采条件下水泥石耐高温性能，实验指标主要包括高温前后水泥石的抗压强度、渗透率抗压强度、渗透率、孔隙度、孔径分布等的变化情况。

2.3 测试方法

分别使用抗压强度测试仪、渗透率测试仪测试水泥石高温前后抗压强度和渗透率，采用压汞法测试水泥石高温前后的孔隙度、孔径分布，系统评价铝酸盐水泥石的耐高温湿热条件性能；采用X射线衍射仪和S−2500型SEM仪分析水泥石试样高温前后的矿物组成和微观形貌，分析铝酸盐水泥的耐高温湿热作用机理。

3 实验结果及分析

3.1 高温湿热条件（315℃）对铝酸盐水泥石抗压强度的影响

取高温养护前后的水泥石试样，测试其抗压强度。实验测试条件：用抗压强度测试仪恒速（12kN/min）压至水泥石破裂，实验结果如表1所示。

表1 高温湿热条件对铝酸盐水泥石抗压强度的影响

水泥石组别	抗压强度（MPa）	
	低温凝固7天	315℃养护7天
50℃	11.75	15.1

由表1可以看出，铝酸盐水泥在高温湿热条件养护前后，水泥石抗压强度略有上升，强度可达到15MPa以上。

3.2 高温湿热条件（315℃）对铝酸盐水泥石渗透率的影响

取高温养护前后的水泥石试样，测试其渗透率。实验测试条件：用实验室自制多功能渗透率测试仪测试渗透率，测试温度为50℃，围压3.5MPa，实验结果见表2。

表 2　高温湿热条件对铝酸盐水泥石渗透率的影响

水泥石组别	渗透率（mD）	
	低温凝固 7 天	315℃养护 7 天
50℃	0.0301	0.0361

由表 2 可知，铝酸盐水泥在高温湿热条件养护前后，水泥石渗透率几乎不变，没有明显增大的趋势，均小于 0.1mD，理论上能够有效减少流体窜流的发生。

3.3　高温湿热条件对铝酸盐水泥石孔隙度的影响

取高温养护前后的水泥石试样，用压汞法测试其孔隙度变化情况，实验结果如表 3 所示。

表 3　高温湿热条件对铝酸盐水泥石孔隙度的影响

水泥石组别	孔隙度（%）	
	低温凝固 7 天	315℃养护 7 天
50℃	7.27	8.62

孔隙度反映水泥石中孔隙的发育程度，孔隙度越小，在一定程度上说明水泥石越致密。高温后水泥石中的凝胶小孔略有增大趋势，水泥石孔隙度略有上升。

3.4　高温湿热条件（315℃）对铝酸盐水泥石孔径分布的影响

取相同水泥石试样，用压汞法测试其孔喉分布情况。实验结果见图 1 和图 2。

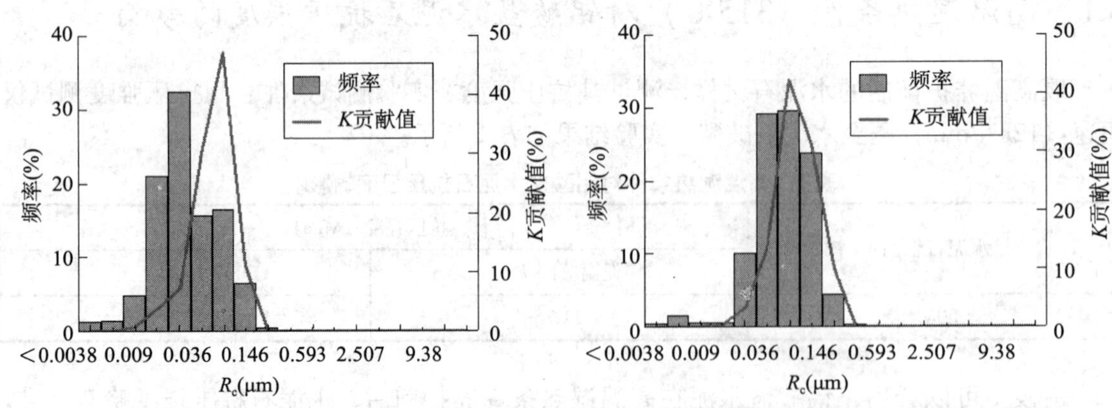

图 1　50℃养护 7 天的水泥石孔径分布情况

图 2　水泥石（50℃养护 7 天后）经 315℃养护 7 天孔径分布情况

孔喉分布是评价水泥石高温前后微观孔隙结构的一个重要因素，它反映了水泥石流体渗透和通过的能力。

由图 1 和图 2 可以看出，50℃养护 7 天的水泥石试样在经高温湿热条件（315℃）养护

7天后的孔喉半径变化略微增大，但是仍属于较小孔径分布范围。

3.5 多轮次高温湿热条件养护对铝酸盐水泥石抗压强度的影响

从图3可以看出该铝酸盐水泥石经过模拟多个轮次蒸汽吞吐后，其抗压强度和渗透率基本趋于恒定，没有出现强度明显衰退、渗透率急剧增大的现象。

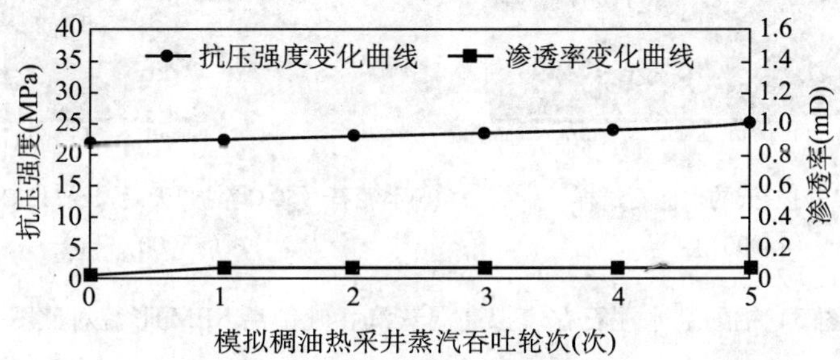

图3 水泥石模拟多轮次蒸汽吞吐前后性能对比图

4 矿物组分分析

图4为50℃水泥石试样及其在高温（315℃）养护后的XRD图谱。水泥石主要矿物为C_3AH_6和AH_3，在经315℃养护后其主要矿物为C_3AH_6和AlO（OH）。对比可知，试样高温前后均生成了C_3AH_6，AH_3（三水氧化铝）经高温后失去水分，转化为AlO（OH）（一水氧化铝）。

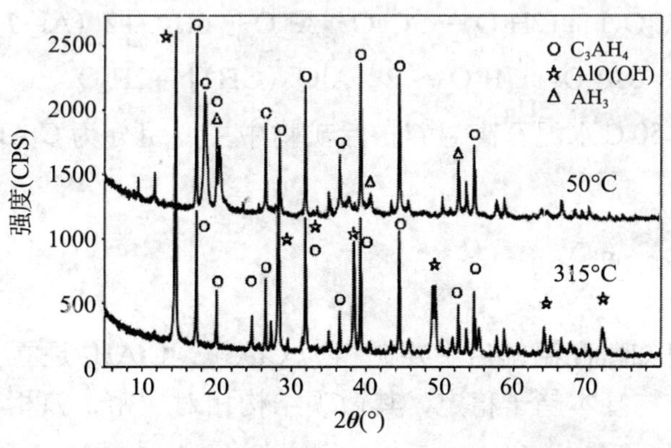

图4 50℃水泥石315℃养护7天前后的XRD图谱

图5为50℃水泥石试样315℃高温湿热条件养护前后的SEM照片。从形貌图上可以看出，水泥石试样中主要矿物为C_3AH_6，为立方晶体，通常呈等大粒子的集聚状，其微观结构相对致密，这与XRD图谱反映的信息相符。从SEM形貌图看出，水泥石经高温养护后骨架结构发生变化，由原来疏散的晶体结构转变为结构致密的晶体结构。

(a)50℃养护7天的水泥石试样（×5000）

(b)水泥石（50℃养护7天后）经315℃养护7天试样（×5000）

图 5　铝酸盐水泥石在模拟高温蒸汽吞吐前后 SEM 形貌对比图

5　耐高温作用机理

5.1　组分反应机理

铝酸盐水泥在 50℃水浴环境中养护 7 天后其水泥石主要矿物组份为 C_3AH_6，没有 C_2AS 的生成，不存在高温分解，但却存在 AH_3（三水氧化铝）经高温后失去水分，转化为 AlO（OH）（一水氧化铝）。其主要反应式为：

$$3(CaO\cdot Al_2O_3)+12H_2O\rightarrow 3CaO\cdot Al_2O_3\cdot 6H_2O+2(Al_2O_3\cdot 3H_2O)$$

$$Al_2O_3\cdot 3H_2O\rightarrow 2[AlO(OH)]+2H_2O$$

由以上分析可知，50℃水泥石高温养护后矿物中主要组分为 C_3AH_6，该矿物组分相对密度出现了很大的增长。

5.2　耐高温作用机理

由矿物组分分析可知，高温前后主要矿相为 C_3AH_6，C_3AH_6 是立方晶体，通常呈等大粒子的集聚状，晶体结构基本趋于稳定，其微观结构相对致密，该相在高温湿热条件下仍然保持稳定。

铝酸盐水泥作为优质的耐火水泥，水化产物中无 $Ca(OH)_2$ 生成，和普通硅酸盐水泥相比，在遇到高温热蒸汽情况下没有 $Ca(OH)_2$ 分解为 CaO 后再吸收水分转化为 $Ca(OH)_2$ 时产生的体积膨胀性破坏效应，不存在因晶型转变造成的结构缺陷，能够保持水泥石的完整性。

因此，合理的水化产物组成和相对致密的微观结构决定了铝酸盐水泥能够在高温湿热条件下仍能保持一定的强度，表明铝酸盐水泥具有很好的耐高温性能。

6 结论

（1）系统评价了稠油热采条件下某典型铝酸盐水泥的耐高温性能。通过对水泥石高温湿热条件（315℃）养护前后的抗压强度、渗透率、孔隙度以及孔喉分布等性能的考查，结果表明该典型铝酸盐水泥具有良好的耐高温性能。

（2）通过对铝酸盐水泥石高温前后矿物组分和微观形貌的分析表明，水化产物均为密实立方晶体的水榴石相 C_3AH_6。

（3）铝酸盐水泥耐高温机理：①生成的 C_3AH_6 属丁稳定相，其晶体结构相对致密；②铝酸盐水泥水化产物中无 $Ca(OH)_2$ 生成，不存在因为分解产生体积膨胀性破坏效应导致晶型转变造成的结构缺陷，能够保持水泥石的完整性。

参考文献

李早元，郭小阳，杨远光，等．新型耐高温湿热条件水泥用于热采井固井初探［J］．西南石油学院学报，2001，23（4）：29–31.

贾选红，刘玉．辽河油田稠油井套管损坏原因分析与治理措施［J］．特种油气藏，2003，10（2）：69–72.

余雷，薄岷．辽河油田热采井套损防治新技术［J］．石油勘探与开发，2005，32（1）：116–118.

王兆会，高德利．热采井套管损坏机理及控制技术研究进展［J］．石油钻探技术，2003，31（5）：46–48.

王廷瑞，王新卯．五口热采井套管损坏原因分析［J］．石油钻探技术，1995，23（1）：18–20.

Maharaj G. Thermal well casing failure analysis［R］.SPE36143，1996：651–655.

Bensted J. Zem.–Kalk–Gips［J］.1993，46（9）：560.

Cortin B.，George C.M.int.Sem.Calcium Aluminates，Murat M.，et al（eds），politecnico ditorino，turin（1982）.

深井压差卡钻机理研究

熊继有[1]　王国华[1]　卢　虎[2]　廖　刚[3]

（1. 油气藏地质及开发工程国家重点实验室·西南石油大学；2. 塔里木油田山前勘探开发项目部；3. 川庆钻探工程有限公司钻采工程技术研究院）

摘　要：从压差卡钻的机理入手，分析影响压差卡钻强度的主要因素是：井深、地层、钻井液性能、井眼偏斜度、压差、固定接触时间、钻具与井壁的封闭接触面积、滤饼的抗承压能力。压差卡钻的黏附力取决于压差和钻具侧向力、压实滤饼与钻具的摩擦系数、钻具与井壁的有效封闭接触面积三因素。通过机理分析和现场实例认为，以往单一提高钻井液润滑性来预防压差卡钻并不能从根本上预防压差卡钻，提出采取优化井眼轨迹、简化钻具结构、降低狗腿度、改善泥饼质量、改善润滑性等综合性措施，才能真正预防压差卡钻。

关键词：卡钻　压差　接触面　承压力

随着油气勘探开发不断向深部地层扩展，深井钻井规模日益扩大，目前它已成为油气钻井重要组成部分。深井、超深井钻井费用占勘探开发费用的60%以上。深井、超深井钻井技术的研究与应用主要目标是两个：一是提高勘探开发整体效益，二是降低钻井直接成本。但压差卡钻已经成为困扰深井钻井所面临的一个重要技术难题之一。

在钻井施工中，为了减少和避免压差卡钻事故的发生，其一般都把优化钻井液性能、提高钻井液润滑性、降低滤饼黏滞系数作为预防压差卡钻的主要的技术手段。近几年，钻井液工程师所开发的各种钻井液使得黏滞系数降到了0.02，甚至更低，活动钻具摩阻1～3t，钻井液润滑性应该说够好的了，可压差卡钻事故却还是频频发生，并没有明显的降低趋势，据统计塔里木库车山前构造压差卡钻事故仍发生得十分频繁，占总卡钻事故的52%（图1）。显然，只从钻井液润滑性的因素来考虑预防压差卡钻是欠妥的，我们有必要重新认真分析压差卡钻的机理及影响因素，寻找积极有效、有针对性的、全方位的技术措施，真正做到预防压差卡钻的发生。

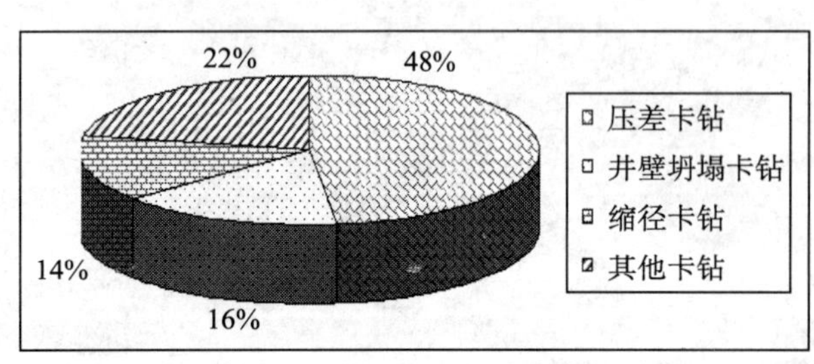

图1　库车山前卡钻次数比较图

作者简介：熊继有（1951—　），西南石油大学，博士生导师。

1　压差卡钻机理分析

在钻穿渗透性地层时，钻井液中的滤液在静液压力的作用下渗流到地层中，在井壁上形成一层泥饼，泥饼相当于一个多孔的滤网。位于渗透性井段的钻具和井壁接触时，将钻井液从钻柱与泥饼之间挤出，并贴入泥饼。贴入泥饼的深度取决于挤压力的大小和静接触时间。钻柱贴入泥饼的一侧和泥饼内流体压力（地层流体压力）相等，而另一侧和井内液柱压力相等，当液柱压力大于地层流体压力时，在两者之间形成压力差（简称压差），在压差作用下，钻柱被压紧在泥饼内，使钻具不能转动也不能上提下放，造成卡钻。压差卡钻的征兆是扭矩和阻力增加，其特征是：卡点循环正常，卡钻前所钻地层中，滤失明显增加，钻具不能活动（包括旋转、上下提放）。当压差卡钻发生后，钻柱被井壁泥饼黏吸之后紧靠井壁一边，钻柱的一侧（黏吸面上）所受的是通过滤饼传来的地层孔隙压力，另一侧所受的是钻井液液柱压力，如果后者大于前者，即有正压差存在，可把钻柱压向井壁一边，进一步缩小吸附面之间的间隙，增强了吸附力，并进一步扩大钻柱与井壁的接触面积。它的发展过程如图 2 所示。

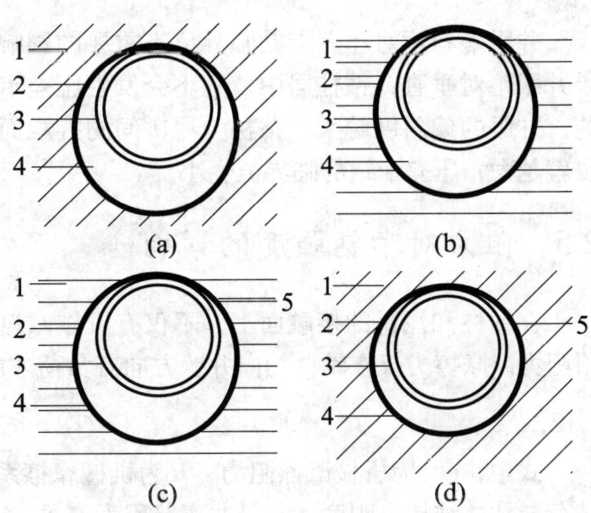

图 2　泥饼黏吸的发展过程

1—地层；2—泥饼；3—钻柱；4—钻井液；5—滞留区

2　影响压差卡钻强度的主要因素

2.1　井深对卡钻强度的影响

井深主要影响钻柱自身的重量和实际压差的大小。当钻柱结构一定时，随着井深的增加，钻柱重量增加，附加在泥饼上的黏附力将增大。当钻井液密度一定时，随井深的增加压差自然升高，因而发生压差卡钻的危险就会升高。

2.2　地层对卡钻强度的影响

影响压差卡钻临界值的地层因素是指地层的渗透性，渗透性好的地层容易形成较厚泥饼，增大了钻具与泥饼之间的摩擦力，因而发生压差卡钻的可能性就增加了，其临界值变小。

2.3 钻井液性能对卡钻强度的影响

钻井液性能中除了钻井液密度外，其他钻井液参数大小对压差卡钻临界值也有重要的影响。例如，钻井液的黏度、失水、泥饼及含砂量都对泥饼的摩擦系数有重要的影响，这些钻井液性能都会直接影响压差卡钻临界值的大小。

2.4 井眼偏斜度对卡钻强度的影响

井眼偏斜度对压差卡钻临界值有重要的影响，它会影响到钻具与泥饼间的摩擦力。如果井眼绝对垂直，钻柱居中，则不会发生压差卡钻，但是，在实际施工中钻柱往往是偏斜的。井眼的偏斜度越大，钻柱与泥饼间的接触面积也就越大，因而发生压差卡钻的可能性也就越大，压差卡钻的临界值变小。

2.5 阻力对卡钻强度的影响

在钻柱和泥饼的接触面上，不仅有机械摩擦产生的阻力，而且还有表面相互作用的吸附阻力。摩擦力仅在钻柱指向井壁方向有负荷才能产生：

$$Q_{机}=\mu F \tag{1}$$

式中，$Q_{机}$为机械摩擦阻力；μ为机械摩擦系数；F为法向负荷，作用在井壁上的法向载荷与钻柱结构、刚度、井身曲率等因素有关。

两物体接触表面存在不对称分子键相互作用时产生的附着力，用平均单位附着力 $\delta_{附}$ 表示。这种附着力只在钻具表面处于泥饼的液膜层与吸附层作用范围内表现出来。实验表明，附着力可占钻具和泥饼相互作用力的40%～60%，甚至在完全取消压差时，这种附着力仍然存在。

总附着力为：

$$Q_{附}=Lb\delta_{附} \tag{2}$$

所以，总阻力为：

$$Q_{阻}=Q_{机}+Q_{附}=\mu F+Lb\delta_{附} \tag{3}$$

这样，考虑总阻力对卡钻影响时，压差卡钻力计算公式为：

$$Q_s=Lb\mu\alpha\Delta p+Lb\delta+\mu F \tag{4}$$

2.6 固定接触时间对卡钻强度的影响

当摩擦体固定接触时，摩擦力随时间变化的规律有苏联学者 M.П. 吉斯里玛在1962年用实验方法得出的卡钻力随时间的增长幅度很大：

$$F(t)=F_{\infty}-(F_{\infty}-F_0)\mathrm{e}^{-nt} \tag{5}$$

式中，F_∞为接触时间为无限大时的摩擦力，此力远大于钻机额定提升负荷；F_0为瞬时接触时的摩擦力，此力通常用起下钻阻力的平均值来表示；n为附着力学常数，与泥饼性能、添加剂质量有关，用实验方法求得；t为接触时间。

2.7 钻具与井壁的封闭接触面

钻具运动时，钻具与井壁充分接触也不会形成封闭接触面。但在钻井施工中，钻具永远运动是很难做到的，只能做到尽可能缩短钻具的静止时间。钻具静止时，是否形成封闭接触面，决定于钻具自身对井壁的侧向力和滤饼抗承压能力。在定向井、水平井的施工中，钻具自身对井壁的侧向力始终是远远大于滤饼的抗承压能力的，钻具不可避免地要向滤饼中嵌入，使滤饼中孔隙水走失，趋向封闭接触面的形成。

人们能做的就是尽可能减小钻具自身对井壁的侧向力，提高滤饼的抗承压能力，以减小钻具向滤饼中的嵌入速率，延长形成封闭接触面的时间，赢得相对较长的安全静止时间，以利于钻井施工。

2.8 滤饼的抗承压能力的影响

提高滤饼的抗承压能力，是钻井液对预防压差卡钻的最大贡献，可有效避免或延缓钻具与滤饼形成封闭接触面，避免或延缓钻具的单侧面受液柱压力的挤压。滤饼是在压差作用下钻井液运移，固相颗粒堆积而成的，滤液充填其中，所以滤饼的抗承压能力是极其有限的。

滤饼抗承压能力的影响因素：(1) 滤饼固相颗粒的粒度分布，良好的固相颗粒分布规律（如D_{90}规则等），利于形成薄而致密的滤饼；(2) 滤饼固相颗粒间的分子间力，分子间力越大，固相颗粒间的骨架结构力越强，滤饼越柔韧，抗承压能力越强；(3) 滤饼固相颗粒组分，劣质固相越多，滤饼越虚厚，固相颗粒间的骨架结构力越弱，滤饼抗承压能力越差，这有赖于高效的固控设备。

3 结论与认识

通过对压差卡钻的机理分析和实例说明可以得出如下结论：

(1) 影响压差卡钻强度的主要因素有：井深、地层、钻井液性能、井眼偏斜度、压差、固定接触时间、钻具与井壁的封闭接触面积、滤饼的抗承压能力。

(2) 降低压差，减小钻具自身对井壁的侧向力，提高滤饼抗承压能力，可有效预防压差卡钻的发生。

(3) 单纯地通过改变润滑性来预防压差卡钻是不现实的，只有通过工程和钻井液的紧密配合，优化井眼轨迹、简化钻具结构、降低狗腿度、勤短拉、改善泥饼质量、改善润滑性等综合措施，才能有效地降低压差卡钻的概率。

参 考 文 献

毛建华，曾明昌，钟策等．压差黏附卡钻的快速解卡工艺技术［J］．天然气工业，2008，28（12）：68−70.

王平．关于压差卡钻临界值的探讨［J］．钻井技术，1995.23.

贾仲宣．粘吸卡钻因素浅析［J］．石油钻采工艺，1984.2.

Simpson.Jay P. The role of oil mud in controlling differential−pressure sticking of drill pipe［R］. SPE 361.

Al Adams.A field study of differential−pressure pipe sticking［R］.SPE 6716.

深水表层导管安装方法及风险控制技术研究

朱荣东[1]　蒋世全[1]　周建良[1]　姜　伟[2]　陈颖杰[3]

（1. 中海油研究总院技术研发中心；2. 中国海洋石油总公司钻完井技术管理部；3. 中国石油大学（北京）油气资源与探测国家重点实验室）

摘　要：深水表层导管是整个深水油井建造的基础，其安装作业风险高、操作难度大，加之设计理论模型和实际情况存在差异，有不确定性的风险，一旦操作失败将会导致恶性甚至灾难性事故的发生。本文在充分调研国内外最新深水钻井资料的基础上，根据表层导管喷射下入工艺技术特性对其进行了风险识别分析，并提出了相应的控制技术措施，对现场作业具有重要的指导意义。

关键词：深水钻井　表层导管　喷射下入　风险控制

深水表层导管（也称为表层套管或结构套管）是整个深水油井建造过程中安装的第一层套管，它为其后所有的套管、海底防喷器组及将来生产用的水下采油树等提供结构支撑。目前，利用喷射下入方法进行表层导管安装已经成为全世界进行深水钻井作业的通用作法。但是由于其作业风险高、操作难度大，如果控制措施不当，容易导致井口下沉、喷射下入不到位等导致井报废的严重后果。因此有必要根据其工艺技术特性进行风险识别分析，并提出相应的控制和应对措施，避免事故的发生，减少经济损失。

1　表层导管安装方法

海上浅水区的表层套管作业通常采用钻孔、下套管、固井的作业方式。但是在深水区，由于上覆岩层被海水所代替，导致海底浅部地层比较松软，地层承压能力弱，存在深水表层固井压漏地层不能有效地封固表层导管风险，此外，深水表层固井要求采用低温低密度水泥浆，等待水泥凝固时间很长，这样导致作业时间较长，对于日费极其高昂的深水钻井船作业显然不合适。

目前，国外及中国南海深水表层钻井作业通常采用“喷射下入”方法进行表层导管安装（图 1 和图 2），在导管内下入喷射组合钻具（简称喷射 BHA），利用导管柱和喷射

基金项目：国家 863 课题“深水表层钻井关键技术及装备研究”（编号 2007AA09A103）。

作者简介：朱荣东（1980—　），男，2008 年获西南石油大学油气井工程专业博士学位，现在中海油研究总院任深水钻完井工程师，主要从事深水钻完井技术研究。

BHA的重量，开泵冲洗下入导管（主要靠冲洗作用），岩屑沿喷射BHA和导管之间的环空返出，这种方法的主要特点是不进行固井作业，靠导管与土壤之间的附着力来固定导管。采用这种方法，省去了固井作业，避免了固井时井漏问题，同时采用一开二眼技术，一开和二开采用同一套钻具组合，省去了一趟起下钻时间，提高了作业效率，节约了钻井成本。

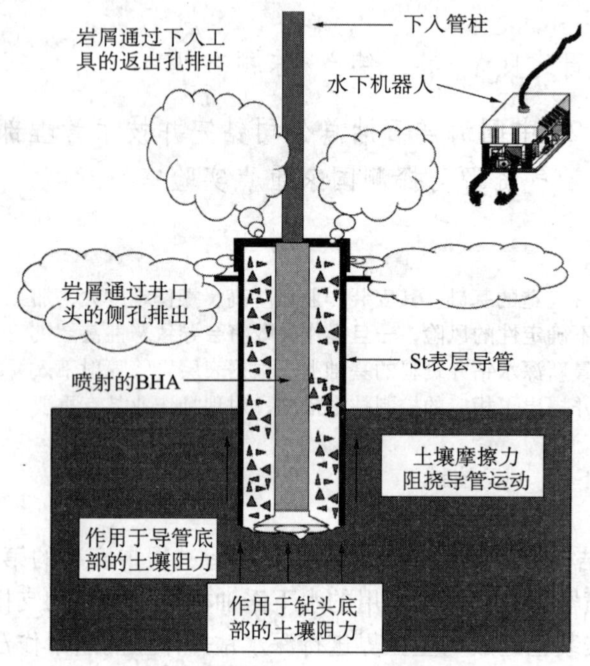

图1　喷射下入表层导管示意图

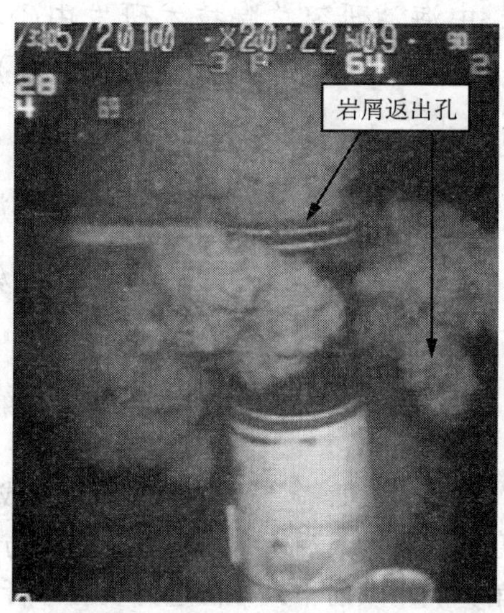

图2　喷射下入表层导管现场作业实景图

2　关键技术参数设计

（1）表层导管尺寸。

目前采用的导管外径主要有两种，36in和30in。通常根据地层的软硬程度选取，如果地层较软，可以选取36in导管，增大导管和土壤之间的接触面积，从而增加摩擦支撑力，有利于防止井口下沉，反之亦然。此外，选取大直径的表层导管还有利于抵抗隔水管偏移对井口施加的弯矩作用。目前南海进行的深水钻井作业，表层导管通常选取36in，最上面两根采用1.5in的壁厚，其余采用1in的壁厚。

（2）钻头出导管鞋长度。

目前，通常采用的钻头出管鞋长度是4～8in，主要根据地层的软硬程度选择，地层软，要出来的短一些，甚至可以在导管内，减少对井壁的冲蚀；地层硬，可以出来长一些，靠电动机带动钻头旋转破岩。但是一定要避免钻头出导管鞋长度过长，否则容易导致钻头受力过大，易偏心，不能有效携岩，堵塞导管，见图3。此外，钻头偏心后还容易导致钻头切削井壁，造成扩孔，如图4所示。

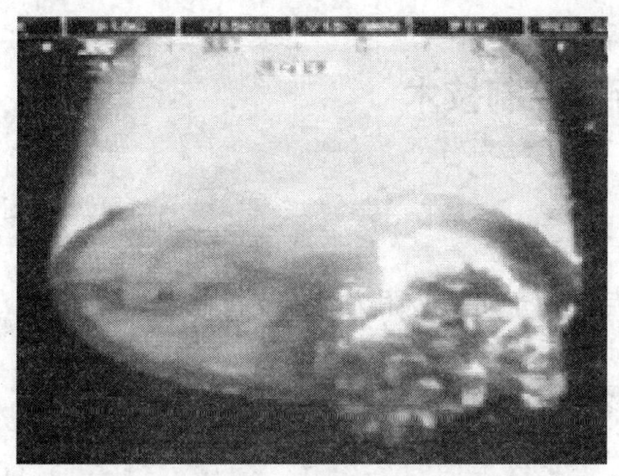

图 3　钻头偏心堵塞导管内部通道

图 4　钻头偏心堵塞导致钻头切削井壁造成“扩孔”

（3）喷射 BHA 尺寸。

如前所述，导管下入完成后，还要利用喷射 BHA 继续进行下一个井段的钻进作业，所以喷射 BHA 尺寸主要取决于下一井段尺寸要求。但是有一个原则就是导管尺寸越大，相应的喷射 BHA 尺寸也越大，如常见的 36in 导管通常采用 26in 喷射 BHA，30in 导管通常采用 $17^1/_2$in 喷射 BHA。

此外，由于深水表层破裂压力低，存在浅水流及浅层气风险，所以 BHA 组合通常包括 MWD /LWD 工具，用于监测降低 ECD、井斜等情况。另外，喷射 BHA 上加扶正器，确保钻头居中，避免形成偏心堵塞。图 5 给出了南海典型的喷射 BHA 组合。

（4）导管入泥深度和井口出泥面高度。

导管入泥深度的计算最终取决于对该区域海床以下一定深度的土壤力学的认识。井位一定深度实际土壤样品的取得是通过动员深水海底土工调查船在原位进行钻探取心而得到的，由于这种方法的成本太高，一般的作业者在有邻井资料和设计井位浅层地震剖面的基础上，都省去了钻孔取心的作法。确定导管入泥深度即导管数量以获得足够的支撑力，如果深度不够会引起导管下沉。深度过大（导管根数过多）又存在喷射到设计深度将异常缓慢，如果出现喷射不到位将导致井口头过高，在坐上防喷器后出现井口失去稳性的风险。

目前中国南海导管入泥深度通常在 72m 左右（6 根导管），井口出泥面高度通常在 2 ~ 3m，最大不能超过 5m，因为出泥高度越高井口在隔水管弯曲载荷作用下越易失稳。

（5）钻压。

喷射过程中钻压不要超过已下入泥线以下导管柱和喷射 BHA 浮重之和的 80%，主要有三个方面的考虑：一是保持中和点在泥线以下，即送入工具以下，避免送入钻柱受压弯曲，因为这样容易导致送入工具意外脱开；二是避免钻头受压过大，导致钻头偏心堵塞导管内部通道，如图 3 所示；三是钻压太大会使喷射导管的斜度增加。

（6）水力参数。

导管入泥 15m 深度以内，要采用低排量（通常 50gal/min），避免冲刷导管外部，然后逐步增加排量至正常排量（通常 1100gal/min），要满足携岩要求，控制井底 ECD，避免压漏井底地层。

3 喷射下入表层导管作业风险分析及控制技术

3.1 井口下沉

井口下沉是指在导管喷射下入到设计深度后，由于土壤吸附力不能支撑住导管的重量，导管就会继续下沉导致井口埋没在泥面以下，这种现象也有可能发生在下一层套管坐在表层导管井口上之后，由于井口载荷增加，土壤吸附力不够而导致井口下沉。

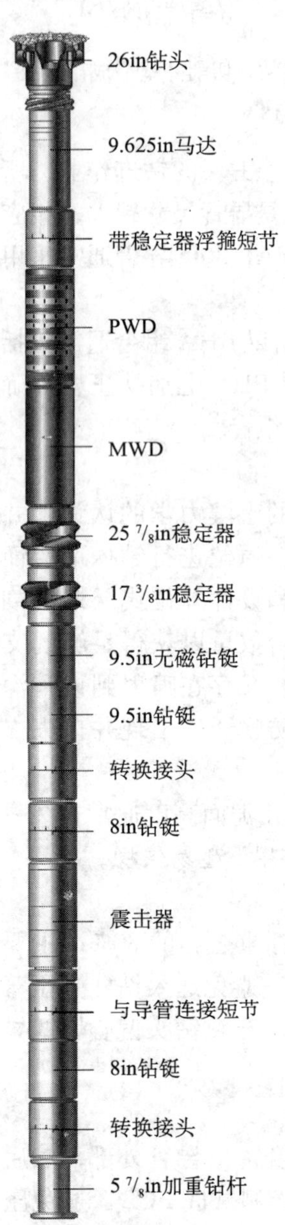

图 5 典型的喷射 BHA 配置

为避免井口下沉，在设计阶段要合理设计导管下入深度，但是更重要的是取决于现场作业控制技术，为控制及应对井口下沉，现场可以采取以下措施：

(1) 要尽可能地选用具有高拉伸载荷性能的钻杆。因为一旦发生井口下沉，需要通过提钻柱拔出导管和下一层套管柱，如图 1 所示，钻柱不仅仅要承受导管和下一层套管柱的全部重量，还要克服土壤反方向的摩擦阻力，所以很多作业公司都选用专门的下入管柱，这种下入管柱的主要特点是高拉伸载荷、低扭矩[7]，低扭矩也能满足继续钻进下一表层段正常钻进的要求。

(2) 在喷射下入最后 2 ~ 3m 导管时，降低排量，减少对井壁的冲刷，能为 36in 导管底部产生一个足够承载力的井底；同时要加大钻压至已下入导管柱和喷射 BHA 浮重之和的 80%。

(3) 下入到设计深度后，打开天车补偿器，释放已下入导管柱和喷射 BHA 浮重之和的 90%，再逐步释放已下入管柱和喷射 BHA 的全部管柱重量，用 ROV 监测井口下沉情况，确认导管能够坐得住。

(4) 在下入过程中，如果不需要上下活动导管就能顺利下入导管，说明土壤剪切强度低，可能需要延长吸附时间，吸附期间不能开泵循环，避免冲刷井底。

3.2 导管喷射下入不到位

导管下入不到位，会导致井口出泥高度过高，钻井船通过隔水管施加在井口的弯曲载荷将会导致井口弯曲，无法进行后续的作业，井只能报废。所以要合理设计所需的下入深度，既要保证能够喷射下入到位，又要保证能够承受后续套管及 BOP 重量而井口不下沉。现场作业时可以采用以下技术措施来进行控制。

(1) 上下活动管柱以减少井壁和套管之间的摩阻，正常情况下每下入一根导管（长度 12m 左右）上下活动管柱一次，活动幅度 2m，如果有上提下放遇阻现象，则可增加活动次数至 2 ～ 3 次，活动幅度也可增加至 3 ～ 10m。

（2）锁上天车补偿器，以使导管柱能够随钻井平台的升沉运动而上下活动。

（3）如果喷射下入不到位，井位处有坚硬岩石，要拔出所有导管，在备用井位重新喷射下入。

（4）如果井位和备用井位处均有坚硬的岩石，不得不考虑钻孔 / 下套管 / 固井方式下入。

3.3 冲蚀导管外壁，造成扩孔

如果导管内部通道被堵，那么流体将会沿导管外壁流出，造成井眼冲蚀（图 6），土壤扰动剪切强度降低，不能形成有效的摩擦支撑力，将会出现井口下沉现象。

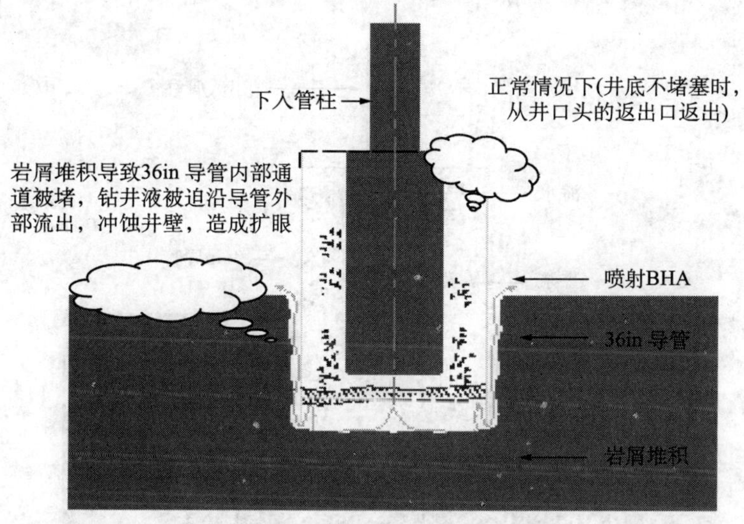

图 6　岩屑沉积造成的扩眼

导管内海水和地层岩屑的混浆密度和返出的摩阻越小，返出就越顺畅。现场采取的控制措施如下。

（1）用 PWD 实时监测井底 ECD 的变化，使导管内的 ECD 尽可能地低，一般不超过 8.7lb/gal，如果 ECD 有增高的趋势要加大排量。

（2）在喷射下入过程中通常使用海水作为钻井液，但是海水携岩能力差，及时泵入清扫浆（清扫浆通常由海水和瓜尔胶或预水化膨润土混合而成），哈斯基在南海深水钻井作业规定每喷射下入一个立根长度过程中泵入 3 × 50bbl 的清扫浆，分别在每个立根开始处、中间位置和结尾处各泵入 50bbl 的清扫浆；有的公司要求更严格，每 3m 都要泵一次清扫浆。

（3）控制机械钻速，一般规定喷射下入导管的平均机械钻速不超过 40m/h。

3.4 导管被卡

如果喷射中途，导管被卡死，而用钻杆又不能用钻杆过提解卡，这时候的风险非常大，会造成井眼和导管报废的严重后果，现场为控制导管受卡及应急情况下解卡，可以采取如下技术措施：

（1）在开始喷射前，检查设备，尤其是钻井泵、绞车、管子处理设备和 ROV 等，确保喷射过程中不会停止作业；

（2）如前所述，要尽可能地选用高拉伸载荷钻杆作为下入管柱；

（3）如果遇到上提遇阻现象，一定要继续上提直至达到指重表的最大读数，在此之前不能停止上提；

（4）如果导管被卡死，过提力将要超过钻柱的拉伸极限，那么可以考虑采用重浆解卡，其原理见图 7，首先通过钻杆泵入重浆，直至 36in 导管内部全部灌满重浆，造成导管内外形成压差，然后泵入海水，海水会沿流动阻力最小的方向流动，即沿 36in 导管外部流动，从而冲洗卡点。

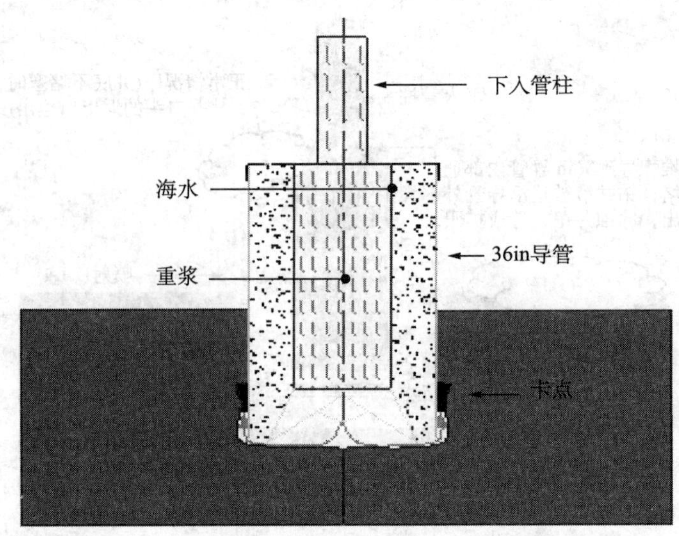

图 7　重浆解卡原理图

此外，在作业之前要评估海况条件，选择良好的天气窗口，在喷射时如果遇到强内波流，尽可能拔出套管，或调整船艏向，开启所有推进器全力来抵抗内波流，稳住平台。

4　现场应用

南海深水区 X 井，水深 682.44m，转盘间隙 30.8m，36in 表层导管入泥深度 72.5m，井口出泥面高度 3.1m，喷射下入导管至设计深度 782.6m 后（泥线以下 72.5m），静止吸附时间 1.75h，ROV 观察井口稳定，没有下沉现象。

喷射下入 36in 导管钻压参数变化曲线如图 8 所示，钻压一直控制在已下入至泥面以下导管柱和喷射 BHA 浮重之和的 80% 以内，直到最后 2 ~ 3m 钻压逐步加至导管柱和喷射 BHA 全部浮重。

解脱 CADA 工具继续钻进 26in 井眼至 1379m，然后起出 26in BHA，下 20in 套管和高压井口头，20in 套管鞋深度 1372.5m，此时大钩悬重 560klb，下放 90klbs，坐挂高压井口头至 36in 低压井口头上，然后上提至大钩悬重 680klb 确认高压井口头和低压井口头已经锁紧。接下来开始固井前的海水循环清洗井壁，如图 9 所示，循环过程中井口突然下沉 2.5m，如图 10 所示，然后缓慢将悬重提升至 950klb，井口开始缓慢上升，井口头提出泥面（图 11），保持悬重在 700 ~ 720klb，开始进行固井作业，固井作业结束，释放悬重至 650klb，井口头下沉 0.5m。提升悬重至 690klb，开始候凝，其间保持悬重在 690 ~ 700klb，候凝 8h，候凝结束后，释放悬重 600klb，观察 5min，井口头稳定，缓慢释放悬重，每释放 50klb，停止观察 5min，逐渐释放悬重至 230klb，观察 15min，井口头稳定。

值得注意的是本井采用了专用的 $5^{7}/_{8}$in 的下入管柱来进行作业，其性能见表 1，其拉伸强度极限相当于常规钻井用的钢级 S135、直径 $5^{7}/_{8}$in 钻杆的 1.7 倍，相当于常规钻井用的钢级 S135、直径 $5^{1}/_{2}$in 钻杆的 1.8 倍，如果选用常规钻井钻杆进行本井作业，将会导致本井报废。

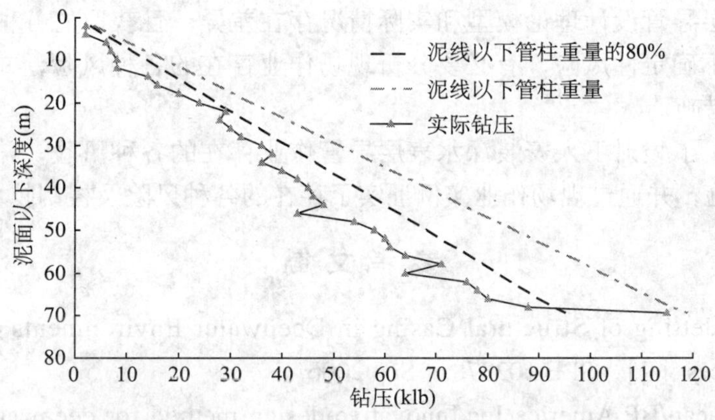

图 8　钻压随表层导管入泥深度变化曲线

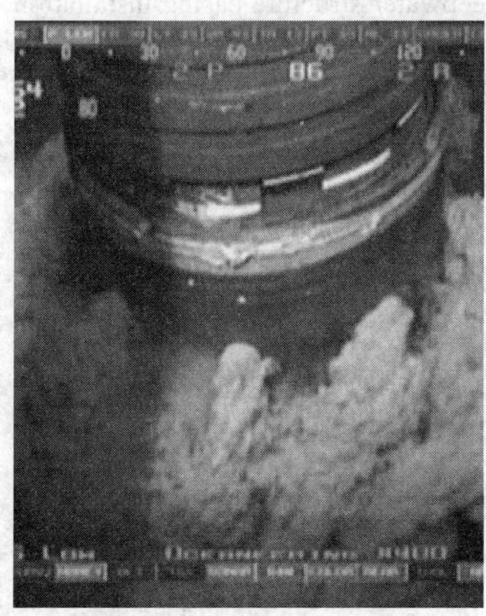

图 9　固井前的循环返出

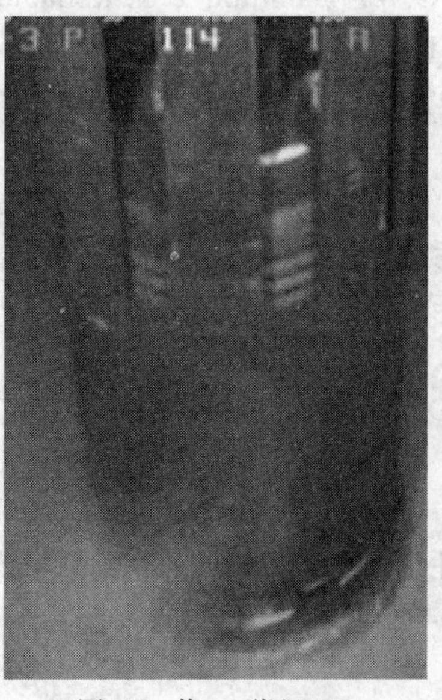

图 10　井口下沉 2.5m

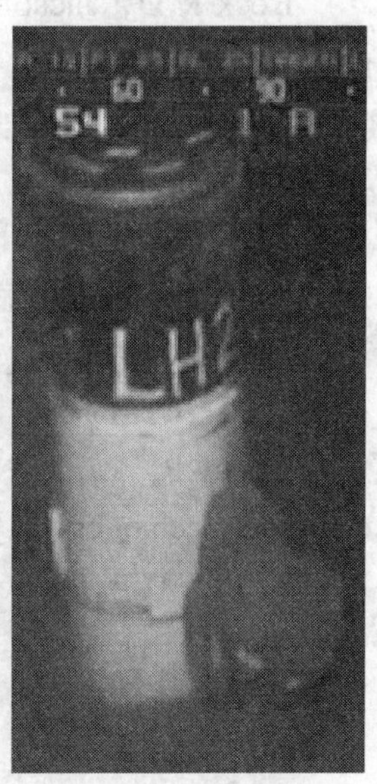

图 11　上提拔出井口

表 1　几种优质钻杆性能比较

钻杆类型	外径（in）	壁厚	钢级	拉伸极限（klb）
$5^7/_8$in 下入管柱	$5^7/_8$	0.6	S135	1266
$5^7/_8$in 钻杆	$5^7/_8$	0.332	S135	757
$5^1/_2$in 钻杆	$5^1/_2$	0.4150	S135	705

注：表 1 中采用的是 $5^7/_8$in 和 $5^1/_2$in 钻杆的最大壁厚来进行比较的。

5　结论及建议

（1）分析了深水表层导管喷射下入安装方法的工艺技术特性，给出了关键技术参数选择的指导性做法，对现场作业有一定的指导意义。

（2）由于表层导管设计理论模型和实际情况存在差异，且获取的各种参数具有不确定性，为有效避免不确定性风险，有必要分析现场作业存在的各种风险，并采取相应的风险控制技术及应急措施。

（3）本文分析了喷射下入安装深水表层导管作业存在的各种风险，并给出了相应的风险控制及应对措施，并通过现场作业实例证实了存在的各种风险及控制技术的正确性。

参 考 文 献

Akers T J.，Jetting of Structural Casing in Deepwater Environments：Job Design and Operational Practices ［R］，SPE 102378.，Sep 2006.

Philippe Jeanjean/BP America Inc.Innovative design method for deepwater surface casings ［R］. SPE77357.

Beck R D，Jacson C W，Hamilton T K. Reliable deepwater structure casing installation using controlled Jetting ［R］，SPE22542.

胡海良，唐海雄，汪顺文，等．白云 6-1-1 井深水钻井技术 [J]．石油钻采工艺，2008，（6）：25-28.

刘书杰，王平双，周建良，等，海上钻井隔水导管入泥深度确定方法 [C] // 王长宁．第八届石油钻井院所长会议论文集．北京：石油工业出版社，2008：27-34.

苏堪华，管志川，苏义脑．深水钻井水下井口力学稳定性分析 [J]．石油钻采工艺，2008，30（6）：1-4.

Paslay P，Patilo P D，Patilo Ⅱ P D，Sathuvalli U B，Payne M L，A Re-examination of drillpipe mechanics ［R］.the 2006 IADC/SPE Drilling Conference in Miami，Florida，U.S.A.，IADC/SPE99074，2006.

周全兴．钻采工具手册（上）［M］．北京：科学出版社，2007.

深水工程师法压井参数计算模型研究

张　智　肖太平

（油气藏地质及开发工程国家重点实验室·西南石油大学）

摘　要：随着国家对油气资源需求的不断增长，勘探开发面临的形式更趋复杂，迫切需要向深海油气资源勘探开发方向发展。深水油气钻探与陆地或浅水钻井有很大的区别，主要表现为：(1) 泥线以下浅部地层地质年代新，海底浅部地层强度很低。钻井液密度窗口狭窄，特别是浅部地层，密度窗口更窄。导致套管层次增多、套管余量不足。如果没有足够的套管层次可供选择，深水钻井中就失去了对付浅层溢流、漏失层、井控事故等最有效的方法。(2) 在泥线处的高压低温环境以及井筒内的复杂温度环境，使得井筒中易形成天然气水合物，给钻井液性能维护以及井筒内的压力控制带来了难题。(3) 深水钻井井口多装在海底，井口回压高，节流管线中循环压力损失很大。由于特殊的管路条件和温度环境，深水压井过程中的立压和套压的变化也不同于陆地，气体进入节流管线后套压迅速增大，这给井控的操作带来了较大的困难。(4) 由于井下温度场变化大、密度窗口窄和存在浅层流等问题，在深水固井过程中及油气井投产后，固井施工困难及固井质量难以保证。针对深水井控过程中特殊的地层条件和长阻流管线的特点，在考虑了节流管线摩阻、气体的压缩系数及温度等参数变化对套压、立压影响的基础上，建立了深水钻井常用的工程师法的工艺压井参数计算模型，包括立压、套压、最大套压计算模型，开展了实例计算，通过计算机模拟给出了整个压井过程中的立压和套压变化曲线，对现场压井施工具有指导意义。

关键词：工程师法　溢流　立管压力　套压　深水

随着国家对油气资源需求的不断增长，勘探开发面临的形式更趋复杂，迫切需要向深海油气资源勘探开发方向发展。深水井控是深水钻井的一个难点，深水环境的压井工艺比陆上和浅水环境更复杂。在陆地及浅海钻井作业时，因为节流管线相对较短，因此其压耗是可以忽略的。深水阻流管线长达几千米，其内径较小，所以流体在其中流动产生的压耗已经不能再被忽略。如果忽略节流管线中的压耗影响，在深水压井时将节流阀的控制回压等于相应陆地井控时计算所得的关井套压，那么裸眼地层将会额外承受一个等于节流管线中压耗的压力，同时深水环境中过低的地层破裂压力梯度和安全钻井液密度窗口相对较窄，从而可能压裂地层，诱发更为复杂的事故。针对深水井控过程中特殊的地层条件和长阻流管线的特点，在考虑了节流管线摩阻、气体的压缩系数及温度等参数变化对套压、立压影

基金项目：自然科学基金项目（编号 50904050）、国家科技重大专项（编号 2008ZX05026）。

作者简介：张智（1976—　），副教授，SPE 会员，2005 年毕业于西南石油学院，获博士学位，主要从事石油工程教学和科研工作。

响的基础上，建立了深水钻井常用的工程师法的工艺压井参数计算模型，包括立压、套压、最大套压计算模型，开展了实例计算，通过计算机模拟给出了整个压井过程中的立压和套压变化曲线，对现场压井施工具有指导意义。

1　深水工程师法压井参数计算模型

采用工程师法压井，可分为两个阶段来讨论：一是重钻井液进入钻柱到达井底前；二是重钻井液从井底沿环空上返的过程。

1.1　压井过程中立压变化规律

在压井循环的第一阶段，重钻井液进入钻柱，尚未进入环空，天然气溢流充满井底。

$$0 \leqslant t \leqslant t_1 \text{时，} p_{循} = p_{\mathrm{Ti}} - 0.0098(\rho_{\mathrm{k}} - \rho_{\mathrm{m}})\frac{Q_{\mathrm{k}}}{S_{\mathrm{a}}}t + p_{\mathrm{ki}}\left(\frac{\rho_{\mathrm{k}}}{\rho_{\mathrm{m}}} - 1\right)\frac{Q_{\mathrm{k}}}{V_{管柱}}t - f\left(Q_{\mathrm{k}}\right) \quad (1)$$

式中，Q_{k} 为排量，$\mathrm{m^3/min}$；t_1 为重钻井液到钻头所需时间，min；$V_{管柱}$为钻柱容积，$\mathrm{m^3}$。

在压井循环的第二阶段，即认为重钻井液到达井底后，整个井筒即充满了重钻井液而达到了终了循环，所以循环立压为：

$$p_{循} = p_{\mathrm{Tf}} \quad (2)$$

1.2　压井过程中套压变化规律

在压井循环的第一阶段，重钻井液未进入环空，重钻井液对套压无影响，套压表达式为：

$$0 \leqslant t \leqslant t_1 \text{时，} p_{\mathrm{a}} = p_{\mathrm{p}} - p_{\mathrm{w}} - (L_{\mathrm{n}} + L_{\mathrm{k}} - \frac{Q_{\mathrm{k}}t}{S_{\mathrm{a}}} - h_{\mathrm{w}})G_{\mathrm{m}} + f\left(Q_{\mathrm{k}}\right) \quad (3)$$

式中，G_{m} 为原浆压力梯度，MPa/m。

在压井循环到第二阶段，重浆进入环空，由于重浆的密度高于原浆，在环空中将抵消一部分地层压力的影响，套压表达式为：

$$t_1 \leqslant t \leqslant t_2 \text{时，} p_{\mathrm{a}} = p_{\mathrm{p}} - p_{\mathrm{w}} - (L_{\mathrm{n}} + L_{\mathrm{k}} - \frac{Q_{\mathrm{k}}}{S_{\mathrm{a}}}t - h_{\mathrm{w}})G_{\mathrm{m}} - 0.0098(\rho_{\mathrm{k}} - \rho_{\mathrm{m}})\frac{Q_{\mathrm{k}}t}{S_{\mathrm{a}}} + f\left(Q_{\mathrm{k}}\right) \quad (4)$$

式中，t_1 为重浆到钻头时间，min；t_2 为溢流到环空顶部时间，min。

溢流到达环空顶部后，继续泵入钻井液，逐渐将井内溢流排入节流管汇，此时套压计算公式为：

$$t_2 \leqslant t \leqslant t_3 \text{时，} p_{\mathrm{a}} = p_{\mathrm{p}} - G_{\mathrm{k}}\frac{Q_{\mathrm{k}}t}{S_{\mathrm{a}}} - \left[p_{\mathrm{w}} - G_{\mathrm{i}}\left(\frac{1}{S_{\mathrm{a}}} - \frac{1}{S_{\mathrm{k}}}\right)Q_{\mathrm{k}}(t - t_2)\right] - \left[\frac{V_{管柱}}{S_{\mathrm{a}}} + L_{\mathrm{k}} - \frac{Q_{\mathrm{k}}(t - t_2)}{S_{\mathrm{k}}}\right]G_{\mathrm{m}} + f\left(Q_{\mathrm{k}}\right) \quad (5)$$

式中，t_3 为溢流全部进入节流管汇的时间，min；G_k 为重浆压力梯度，MPa/m。

溢流全部进入节流管汇后，继续泵入钻井液，最后，溢流到达节流管汇口，即井口，此时套压计算公式为：

$$t_3 \leqslant t \leqslant t_4 \text{时，} p_a = p_p - G_k \frac{Q_k t}{S_a} - P_w - G_m \left(L_n + L_k - \frac{Q_k t}{S_a} - \frac{S_a}{S_k} h_w \right) + f\left(Q_k\right) \quad (6)$$

式中，t_4 为溢流顶部到达井口的时间，min。

溢流到达井口后，继续泵入钻井液，逐渐将溢流排除节流管汇，此时套压计算公式为：

$$t_4 \leqslant t \leqslant t_5 \text{时，} p_a = p_p - G_k \frac{Q_k t}{S_a} - \left[p_w - G_i \frac{Q_k \left(t - t_4\right)}{S_k} \right] - G_m \left(L_n + L_k - \frac{Q_k t}{S_a} - h_{w2} \right) + f\left(Q_k\right) \quad (7)$$

式中，t_5 为溢流全部排出节流管汇时间，min。

溢流排完后，环空内只有从钻柱内替出的原浆和重浆，继续泵入重浆，将原浆排出地面，套压计算公式为：

$$t_5 \leqslant t \leqslant t_6 \text{时，} p_a = p_p - G_k \frac{Q_k t}{S_a} - G_m \left[\frac{V_{\text{管柱}} - L_k S_k}{S_a} + L_k - \frac{Q_k \left(t - t_5\right)}{S_k} \right] + f\left(Q_k\right) \quad (8)$$

式中，t_6 为全部压井时间，min。

1.3 最大套压值计算

（1）及时发现溢流，天然气运移至井口，并充填部分阻流管线，如图1所示。

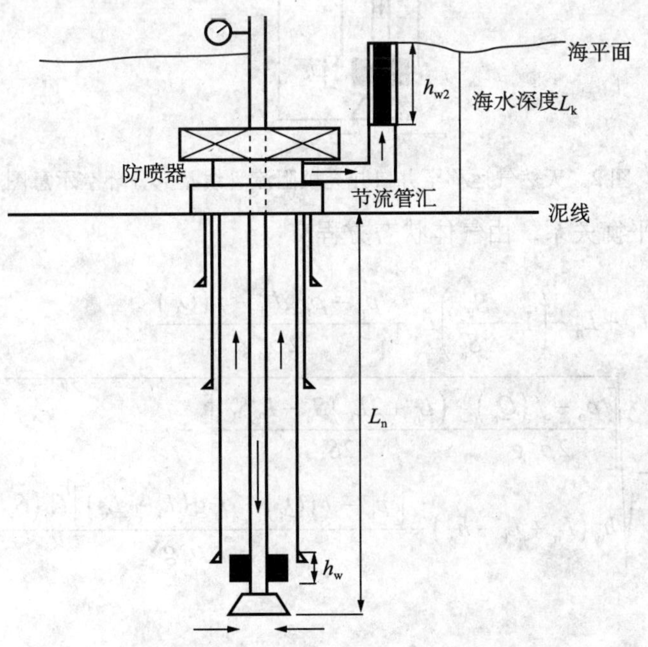

图1 天然气运移至井口并充填部分阻流管线示意图

根据环空压力平衡关系，由气体状态方程有：

$$p_{amax}=p_p-\rho_m g\left\{\frac{L_k+L_n}{2}+\frac{p_p-f(Q_k)}{2\rho_m g}-\sqrt{\left[\frac{p_p-f(Q_k)}{2\rho_m g}-\frac{L_k+L_n}{2}\right]^2+\frac{S_a}{S_k}h_w(L_k+L_n-h_w)}\right\}-f(Q_k) \quad (9)$$

式中，p_p 为地层压力，MPa；p_a 为立管压力，MPa；ρ 为原始钻井液密度，g/cm³；ρ_i 为溢流密度，g/cm³；L_k 为节流管汇高度，m；L_n 为井筒垂深高度，m；S_a 为钻柱与套管之间环空截面积，m²；S_k 为节流管汇截面积，m²；h_{w2} 为溢流顶部到达井口时的溢流高度，m；h_w 为压井前气柱溢流高度，m；f（Q_k）为流动阻力，MPa。

（2）溢流量较大，天然气运移至井口，并充填阻流管线及部分环空，如图2所示。

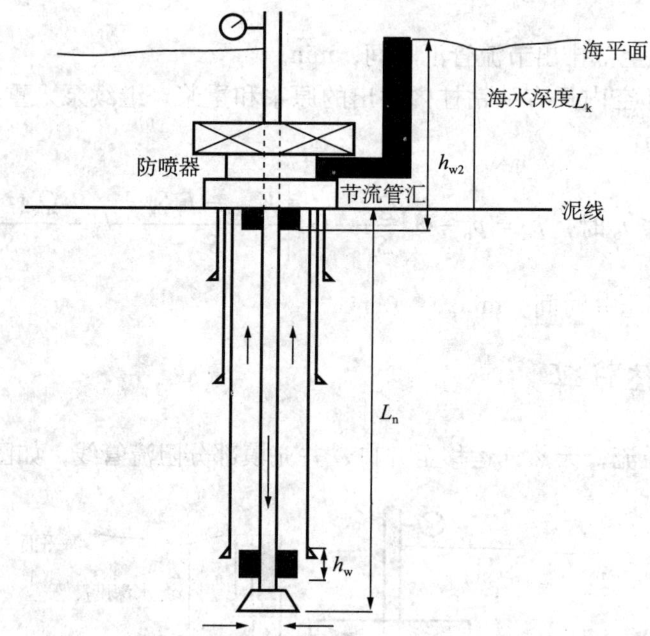

图2　天然气运移至井口并充填阻流管线及部分环空示意图

根据环空压力平衡关系，由气体状态方程有：

$$p_{amax}=p_p-\rho_m g\left\{\begin{array}{l}L_k+L_n-\left(1-\frac{S_k}{2S_a}\right)L_k+\frac{p_p-\rho_m gL_n-f(Q_k)}{2\rho_m g}\\ -\sqrt{\begin{array}{l}\left[\frac{p_p-f(Q_k)}{2\rho_m g}-\frac{(L_n+2L_k)S_a-L_kS_k}{2S_a}\right]^2+\\ h_w(L_n+L_k-h_w)-\frac{\left[p_p-f(Q_k)-\rho_m g(L_k+L_n)\right]L_k(S_k-S_a)}{\rho_m gS_a}\end{array}}\end{array}\right\}-F(Q) \quad (10)$$

2　实例计算

某深水井（水深1034m）在 ϕ215.9mm 钻至4070m时出现井涌现象，钻井液密度为

1.2g/cm³，钻井液池增量2m³，关井立管压力4.1MPa，节流阀压力5.4MPa，压井液排量20L/s。井深3450m，水平段长度为400m。压井液从钻柱内泵入，从环空中流经井底防喷器进入阻流管线返回地面，阻流管线内径为108mm，长度分布为1030m。运用深水司钻法计算了压井参数，压井液密度为1.3g/cm³，初始循环压力为7.5MPa，终了循环压力为3.7MPa，压井施工时间为185min，压井液到达井底的时间为31min，天然气运移至井口的时间为143min。压井过程套压、泵压、立压变化情况如图3所示。

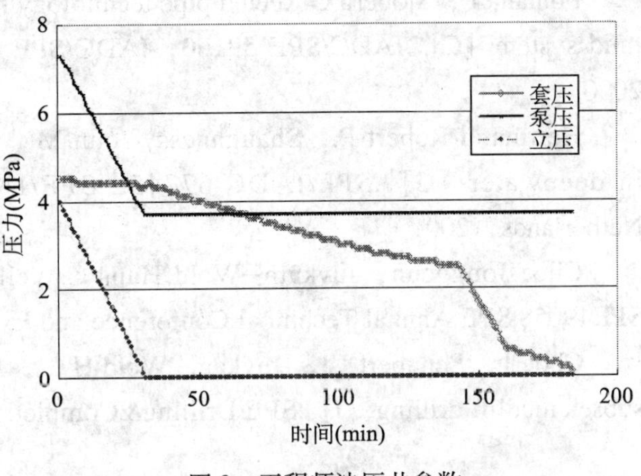

图3 工程师法压井参数

3 结论

(1) 压力控制是钻井过程中的一个重要因素，深水井控相对于陆地钻井具有更高的难度和必要性，由于深水压井管线较长，需要考虑压井管线摩阻对井筒压力的影响，防止压裂地层而诱发次生风险。

(2) 针对深水井控过程中特殊的地层条件和长阻流管线的特点，在考虑了节流管线摩阻、气体的压缩系数及温度等参数变化对套压、立压影响的基础上，建立了深水钻井常用的工程师法的工艺压井参数计算模型，包括立压、套压、最大套压计算模型，开展了实例计算，通过计算机模拟给出了整个压井过程中的立压和套压变化曲线，对现场压井施工具有指导意义。

参考文献

Schubert J J.，Juvkam−Wold H C.，Choe. J.Well−control procedures for dual gradient drilling as compared to conventional riser drilling ［J］.SPE Drilling&Completion，2006，21（4）：287−295.

Stanislawek M.，Smith.J R. Analysis of alternative well−control methods for dual−density deepwater drilling ［A］.IADC/SPE 98957，IADC/SPE Drilling Conference ［C］.Florida，USA，2006.

陈庭根，管志川.钻井工程理论与技术［M］.东营：石油大学出版社，2000：215−249.

Eggemeyer J C.，Akins M E.，Chevron，et al.Subsea mud lift drilling：design and implementation of a dual gradient drilling system ［C］.SPE 71359，SPE Annual Technical Conference and Exhibition，Louisiana，USA，2001.

Fontana P，Sjoberg G.Reeled pipe technology for deepwater drilling utilizing a dual gradient mud system［C］.IADC/SPE 59160，IADC/SPE drilling conference，new louisiana，USA，2000.

Herrmann Robert P.，Shaughnessy John M.，Two methods for achieving a dual gradient in deepwater［C］.SPE/IADC 67745，SPE/IADC Drilling Conference，Amsterdam，Netherlands，2001.

Choe Jonggeun，Juvkam−Wold Hans C.Well control aspects of riserless drilling［C］.SPE49058.SPE Annual Technioal Conference and Exhibition，New Orleans，Louisiana，1998.

Choe J.，Schubert J J.，Juvkam−Wold H C.，Analyses and procedures for kick detection in subsea mudlift drilling［J］.SPE Drilling&Completion，2007，22（4）：296−303.

深水钻井钻井液中气体溶解度计算

付建红[1]　黄贵生[1]　许亮斌[2]　张　智[1]

（1. 油气藏地质及开发工程国家重点实验室·西南石油大学；
2. 中海石油生产研究中心）

摘　要：在深水钻井过程中，井筒温度的显著变化会对气体在环空中的分布造成较大影响。本文以气体在水中和油中的溶解度计算模型为基础，建立了气体在水基和油基钻井液中的溶解度计算理论模型，分析了深水环境下气体在水基钻井液和油基钻井液中的溶解度随温度、压力的变化。计算结果表明：随着压力的增加气体在水基钻井液和油基钻井液中的溶解度随之增加；随着温度的增加，气体在水基钻井液和油基钻井液中的溶解度减小。在相同条件下，油基钻井液气体溶解度远大于水基钻井液气体溶解度。

关键词：深水钻井　水基钻井液　油基钻井液　气体溶解度

深水安全钻井的重要保障之一是科学的、行之有效的井控技术。但进行深水钻井作业时，大多采用油基钻井液体系。众所周知，在温度、压力相同的情况下，气体在油中溶解量明显大于水中的溶解量，此时已不能再忽略气体在钻井液中溶解对深水钻井环空压力的影响。

为精确分析气侵后环空的压力分布及井底压力随时间的变化情况，首先必须了解气体在环空钻井液中的溶解量，但目前关于钻井液中气体溶解度计算的多以实验研究为主，没有同时适合于水基钻井液和油基钻井液气体溶解度计算的统一计算模型。为此，建立水基钻井液和油基钻井液中气体溶解度计算的理论模型，对深水井控技术研究具有重要理论及实践意义。

1　钻井液中气体溶解度计算模型

1.1　气体在水中的溶解度模型

气体在水中的溶解大致可归纳为以下几种情况：（1）当温度一定时，溶解度随压力增大而增大，但随着压力增大，溶解度增加的幅度越来越小；（2）当压力一定时，在某一温度范围内，溶解度有一极小值；（3）在盐溶液中，气体的溶解度比在纯水中低；（4）溶解

基金项目：国家重大专项“海洋深水油气田开发工程技术”（2008ZX05026-001-08）资助。

作者简介：付建红（1964—　），教授，主要从事钻井工艺技术研究。

度与气体的性质有密切关系。

气体在水中溶解可由下式进行计算：

$$R_{SW}=R_{SC_1}f_{C_1}+R_{SC_2}f_{C_2}+R_{SCO_2}f_{CO_2} \tag{1}$$

式中，R_{SW}为气体在水中的溶解度，m^3/m^3；R为气体在水中的溶解度；f为体积系数；下标C_1、C_2、CO_2分别表示甲烷、乙烷、二氧化碳。

(1) 二氧化碳在水中溶解度计算模型。

$$R_{SCO_2}=0.1778\times\left[A+145.038\left(Bp+Cp^2+Dp^3\right)\right]\times K_{CO_2} \tag{2}$$

$$A=59.99-1.41T+7.39\times10^{-3}T^2$$

$$B=0.145-7.183\times10^{-4}T+8.1\times10^{-7}T^2$$

$$C=-2.79\times10^{-5}-9.7\times10^{-8}T+1.66\times10^{-9}T^2$$

$$D=1.58\times10^{-9}+1.06\times10^{-11}T-1.17\times10^{-13}T^2$$

式中，R_{SCO_2}为二氧化碳在水中溶解度，m^3/m^3；p为压力，MPa；T为温度，℃。K_{CO_2}为CO_2盐度校正系数；K_{CO_2}=0.92−0.0229× 含盐量（%）。

(2) 烃类在水中溶解度计算模型。

$$R_{SHC}=0.1778\times\left[A+BT+C\left(32+\frac{9}{5}T\right)^2\right]\times K_H \tag{3}$$

$$A=5.5601+1.23p-6.4\times10^{-3}p^2$$

$$B=-0.03484-0.058p$$

$$C=6.0\times10^{-5}+2.19\times10^{-3}p$$

式中，R_{SHC}为烷烃在水中溶解度，m^3/m^3；p为压力，MPa；T为温度，℃；

K_H为烃类盐度校正系数，$K_H=e^{\left\{\left[-0.06+6.69\times10^{-5}\times\left(32+\frac{9}{5}T\right)\right]\times\left[\text{固相含量}(\%)\right]\right\}}$。

将式（2）、式（3）代入式（1），即可计算得出气体在水中的溶解度。

(3) 甲烷在水中溶解度计算。

甲烷在纯水中的溶解度与温度、压力的关系，如图1所示。考虑钻井液滤液矿化度的影响，甲烷在盐水中矿化度校正系数如图2所示。

从图1可以看出，甲烷在水中的溶解度很小，在69MPa的高压下，温度为60℃时，甲烷在纯水中的溶解度仅为$5.68m^3/m^3$。甲烷在水中的溶解度随温度、压力的变化幅度不大。所以，在通常的井控动态模拟中，往往忽略甲烷在水中的溶解度。甲烷在盐水中溶解度与滤液中的总矿化度有关，滤液中总矿化度越大，甲烷在水基钻井液中的溶解度就越小。

(4) 二氧化碳在水中溶解度计算。

二氧化碳在纯水中的溶解度与温度、压力的关系如图3所示。

从图3可以看出，二氧化碳在纯水中的溶解度比甲烷大，同样在压力为69MPa、温度为60℃时，二氧化碳在纯水中的溶解度为$40m^3/m^3$，是相同条件下甲烷溶解度的近8倍。

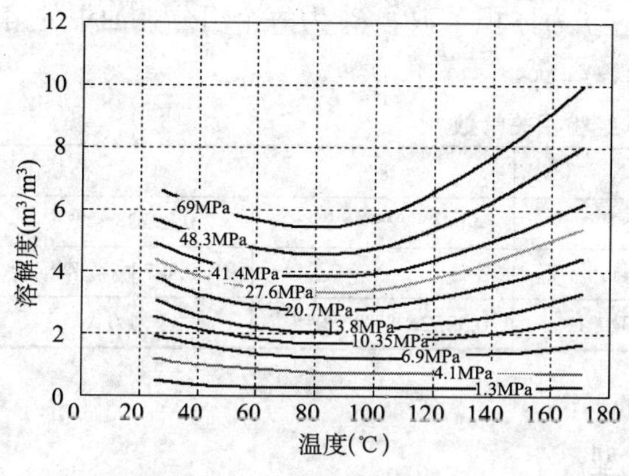

图 1　甲烷在纯水中的溶解度与温度、压力的关系

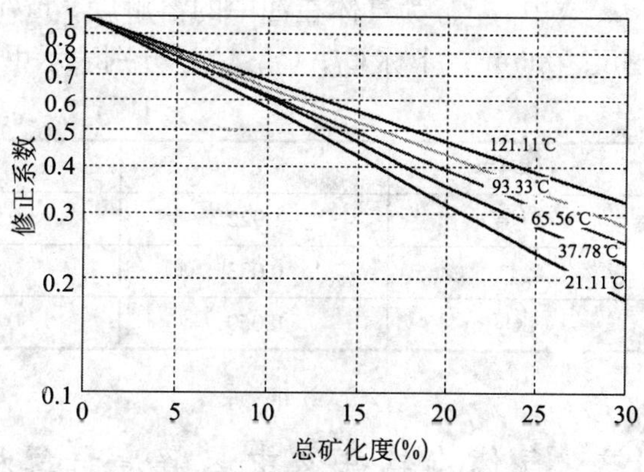

图 2　甲烷在滤液中溶解度修正系数

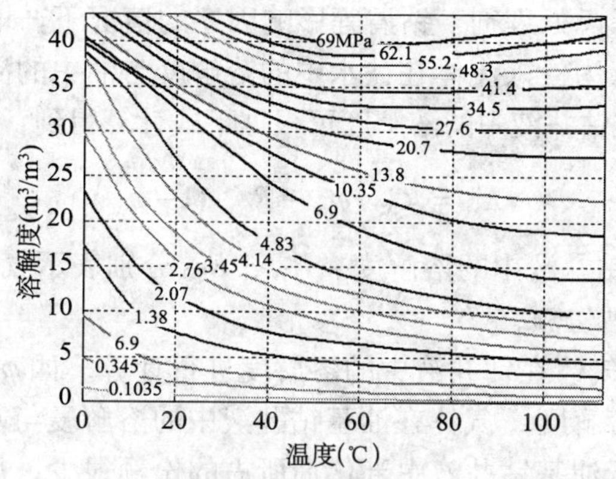

图 3　二氧化碳在纯水中的溶解度与温度、压力的关系

1.2　气体在油中的溶解度模型

气体在油中的溶解度比水中更为复杂，气体在油中的溶解度除温度、压力等影响因素外，还与油的组分、密度以及饱和压力等因素有关。气体在油中的溶解度可根据下式进行计算：

$$R_{SO} = 0.1778 \times \left[\frac{145.03761P}{a\left(32+\frac{9}{5}T\right)^{b}} + c \right]^{n} \tag{4}$$

式中，R_{SO} 为气体在油中的溶解度，m³/m³；p 为压力，MPa；T 为温度，℃；a、b、c、n 为相关经验常数，其值见表 1。

当地层发生溢流时，如仅考虑甲烷、乙烷和二氧化碳的溶解，则油中气体溶解度可用下式计算：

$$R_{SO} = R_{SC_1} f_{C_1} + R_{SC_2} f_{C_2} + R_{SCO_2} f_{CO_2} \tag{5}$$

式中：R_{SO} 为气体在油中的溶解度，m³/m³；f 为体积系数；R_S 为每个组分在油中的溶解度，m³/m³；下标 C_1，C_2，CO_2 分别表示甲烷、乙烷、二氧化碳。

表1　a、b、c、n 经验相关常数

气体种类	a	b	c	n
甲烷	1.922	0.2552	$4.94e^{(0.00081\rho+0.001777)}$	$0.8922\gamma_0^{-0.632}$
乙烷	0.033	0.8041	0	$0.8878\gamma_0^{-0.7521}$
CO_2	0.059	0.7134	$0.3352e^{(0.0101\rho+0.04417)}$	1.0

1.3　气体在钻井液中溶解度计算模型

钻井过程中，在不考虑处理剂、钻屑等影响因素的情况下，地层侵入气体在钻井液中的总的溶解度可以近似认为侵入流体在盐水中的溶解度与油中的溶解度之和。在温度、压力一定的情况下，气体在钻井液中的溶解度可根据下式计算得到：

$$R_M = R_{SW}\cdot\varphi_W + R_{SO}\cdot(1-\varphi_W) \tag{6}$$

式中，R_M 为气体在钻井液中的溶解度；R_{SW}、R_{SO} 分别表示气体在水、油中的溶解度；φ_W 为钻井液体系中水所占份额。

根据式（6）即可对气体在钻井液中的溶解度进行计算。如 φ_W=1，则该计算模型即可计算水基钻井液中气体溶解度；气体在油基钻井液中的溶解度与基油、乳化剂和盐水的体积系数密切相关，但由于油基钻井液中乳化剂所占的份额很少，加之其含量很难确定，因此在计算气体在油基钻井液中的溶解度时，一般不考虑乳化剂的影响。如不考虑油相饱和压力对气体溶解度的影响，在已知 φ_W 的情况下，可根据上述模型计算气体在各相中的溶解度。

根据上述模型计算气体（主要指甲烷）在水基钻井液和油基钻井液（油水比6：4；水中含盐度为8%）中溶解度。

（1）当温度一定时，气体在水基钻井液和油基钻井液中的溶解度，如图4和图5所示。

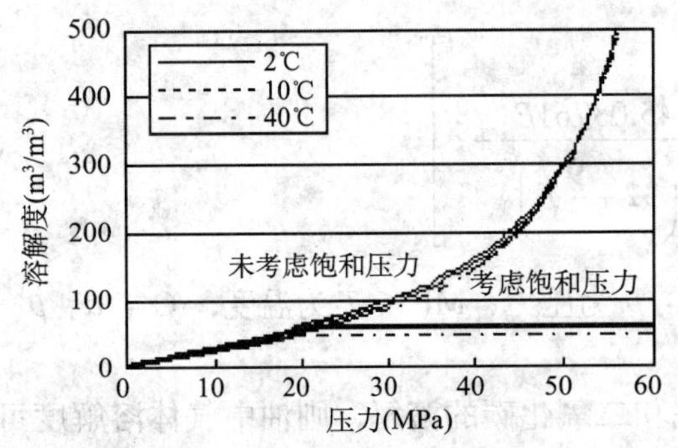

图4　甲烷在油基钻井液中溶解度情况

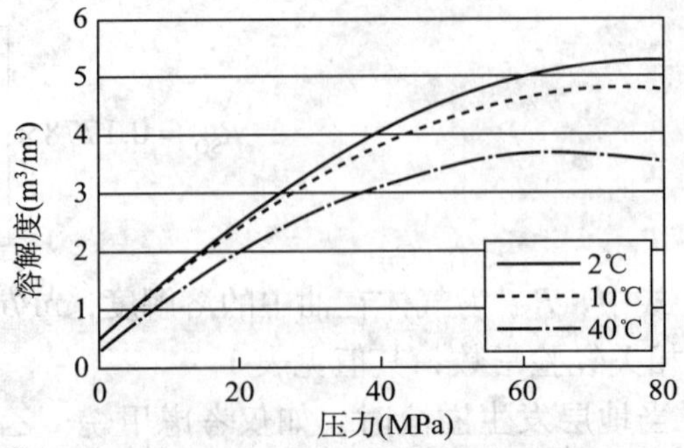

图5　甲烷在水基钻井液中溶解度情况

从图4和图5可以看出，油基钻井液中压力对气体溶解度的影响很大，而温度的影响十分有限；水基钻井液中当压力低于60MPa时，气体在钻井液中的溶解度随压力增加而增加，随温度增加而降低，当压力大于60MPa时，压力对气体在水基钻井液的溶解度影响很小，气体在水基钻井液中的溶解度最大不到6m³/m³。

（2）当压力一定时，气体在水基钻井液和油基钻井液中的溶解度，如图6和图7所示。

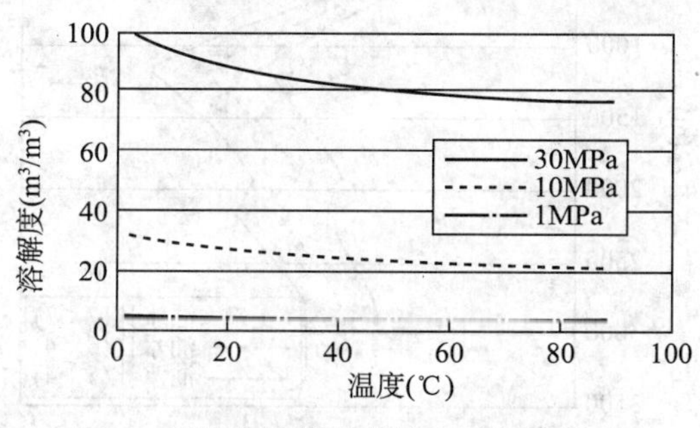

图6　甲烷在油基钻井液中溶解度情况

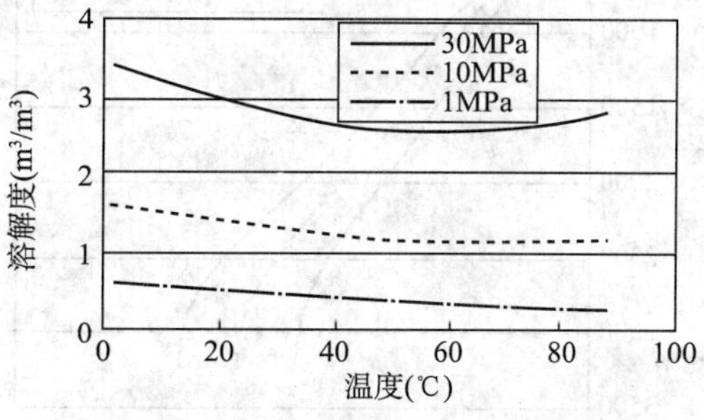

图7　甲烷在水基钻井液中溶解度情况

从图6和图7可以看出，当压力较低时，温度对气体在钻井液中的溶解度影响很小，随着温度的增加，气体在油基钻井液中的溶解度逐渐降低但变化幅度不大；当压力较高时，随着温度增加，溶解度开始降低较快，随着温度的持续增加，溶解度变化越来越平缓，当温度大于60℃时气体在水基钻井液中的溶解度随温度增加而增加。

2　深水环境下溶解度计算实例

假设某深水水平井，海水深度为900m，水平段长度为200m，井身结构见表2。

表2　井身结构

参数	井深（m）	钻头尺寸（mm）	套管尺寸（mm）	套管下入深度（m）
一开	1902	311.1	244.5	1000
二开	3251.66	215.9		

该井所使用的油基钻井液体系密度为1.25g/cm³，对该密度下油水比分别为7∶3，6∶4和5∶5，水中含盐度为8%进行分析，不考虑气体饱和压力的影响，甲烷溶解度随温度、压力变化情况如图8所示。考虑饱和压力的影响，甲烷溶解度随温度、压力变化情况如图9所示。

油基钻井液中基油含量对气体在油中的溶解度影响相当大，基油含量每增加10%，相同温度、压力条件下，气体溶解度增加约16%；底部由于水平段温度、压力几乎不变，因此气体在钻井液中的溶解度也基本不变。但实际上气体在油中不可能无限溶解下去，当气体在油中溶解达到饱和时，气体就不能再继续向油中溶解，此时，随着深度的增加，气体在油基钻井液中的溶解度降低。

由图9可以看出，在井深1172m时，气体（主要是指甲烷）在油中的溶解度达到了饱和；当井深大于1172m时，由于温度增加气体在油中溶解度降低，但溶解度的变化不大。图9中溶解度曲线出现微小波动的原因是由于温度对水的溶解度和基油饱和压力的影响所致。

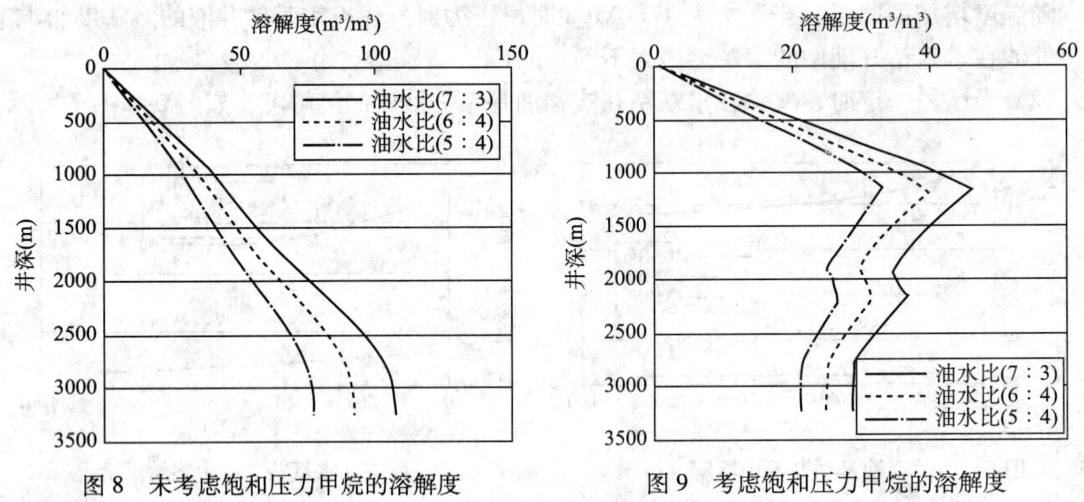

图8　未考虑饱和压力甲烷的溶解度　　图9　考虑饱和压力甲烷的溶解度

3　结论

(1) 在研究气体在盐水和基油中溶解特征的基础上，建立了同时适合于水基钻井液和油基钻井液的气体溶解度计算模型。

(2) 随着压力的增加气体在水基钻井液和油基钻井液中的溶解度增加；随着温度的增加，气体在水基钻井液和油基钻井液中的溶解度减小。

(3) 在相同条件下，油基钻井液气体溶解度远大于水基钻井液气体溶解度。

参考文献

付晓泰，王振平，卢双舫．气体在水中的溶解机理及溶解度方程 [J]．中国科学，1996，26 (2)：124–130．

薛海涛，卢双舫，付晓泰．甲烷、二氧化碳和氮气在油相中溶解度的预测模型 [J]．石油天然气地质，2005，26 (4)：444–449．

陈家琅，陈涛平，魏兆胜．抽油机井的气液两相流动 [M]．北京：石油工业出版社，1994．

宋金初，蔡清，梁定火．井眼循环温度分布规律 [J]．江汉石油科技，2006，16 (4)：51–53．

油井封堵及暂闭用镁氧水泥的研究

李早元[1]　靳东旭[1]　葛红江[2]　郭小阳[1]

(1. 西南石油大学·油气藏地质及开发工程国家重点实验室；
2. 大港油田油气工艺研究院)

摘　要：镁氧水泥应用于井底具有降低水泥侯凝时间，完全酸溶，易流至狭窄环形空间，较低的导热性等优点。本文探索研究了镁氧水泥在模拟井下工况下水热环境中的热稳定性及酸溶蚀特性。实验表明：氯氧镁水泥在水热环境下易发生晶型转变致使强度急剧衰减；而硫氧镁水泥克服了氯氧镁水泥在水热环境下稳定性不良的缺陷，且内掺5%碳酸钙后具有优良的酸溶特性，为产层封堵或暂闭形成了一种新型的暂闭封堵技术方向。

关键词：镁氧水泥　强度　暂闭　封堵　酸溶特性

国内大多老油田在二次开发过程中的部分井需要封堵或者暂闭，如果采用常规油井水泥浆进行封隔，将对储层造成伤害，而且常规水泥环的酸溶蚀效果较差，在后期酸化改造过程中储层流通能力恢复较慢。为较好恢复储层流体的流动通道，要求封堵的水泥石应具有较强的酸溶性，在后期酸化过程中能尽快恢复地层流体流动的通道。

镁氧水泥发明于1867年，由于它具有优良的力学性能和热性能，所以从发明之日起就广泛地应用于工业板材、防火、砂轮和墙体隔热材料。目前，国外已将镁氧水泥用于井下作业，包括堵水、防止循环液漏失以及其他很多钻井作业等。国内镁氧水泥主要应用于工业、交通及城市建设工程，其用途主要局限于干燥环境。本文研究了镁氧水泥在水热环境下镁水泥抗压强度发展规律及影响因素、水泥石固化后酸溶能力，考查了镁氧水泥在油田储层封堵和暂闭应用的可行性，完成了酸溶性镁氧水泥浆体系基材优选，为开发强酸溶性水泥浆体系奠定了基础。

1　实验材料及方法

1.1　实验材料

氧化镁为辽宁省海城市振博矿业有限公司的轻烧氧化镁粉，厂家检测报告显示氧化镁含

作者简介：李早元，博士，西南石油大学石油工程学院副教授，目前主要从事钻井与完井工程的教学及固井科研工作。

量85%，活性氧化镁含量约为65%，产品组分含量如表1所示；氯化镁为工业六水氯化镁，氯化镁含量为44%；盐酸（化学纯）。

表1 氧化镁产品的组分含量

组分	MgO	SiO_2	CaO	灼烧碱量
含量（%）	85.4	5.5	2.5	6.2

为进一步明确氧化镁里面的物质，对其进行了XRD分析，XRD图谱如图1所示。

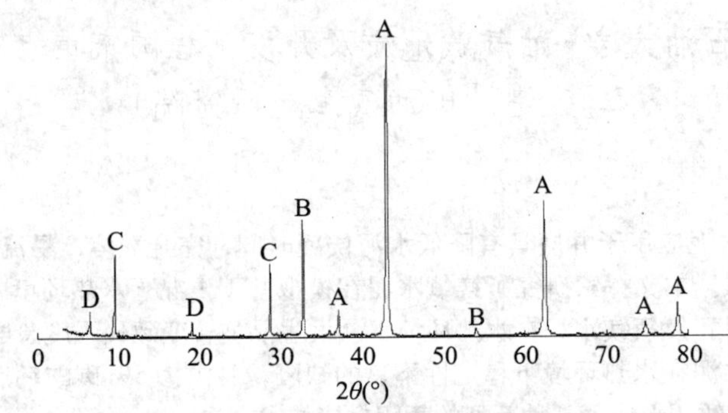

图1 氧化镁XRD图谱

A—MgO；B—$MgCO_3$；C—Mg_3（OH）$_2Si_2O$；D—$Mg_6Si_4O_{10}$（OH）$_8$

1.2 实验方法

水泥浆制备：实验按照MgO与$MgCl_2$的分子质量进行配比设计，$MgO/MgCl_2$（物质的量比）为5～9，H_2O/MgO（物质的量比）为13～18，将配好的氯化镁或者硫酸镁溶液倒入高速搅拌器杯中，低速（4000r/min）搅拌并加入已混好的干灰混合物，先低速搅拌15s，然后高速（12000r/min）搅拌35s，即完成水泥浆制备。

水泥浆的养护：为了模拟镁氧水泥在工况条件下强度发展的变化规律，按照美国试验与材料协会（ASTM）试验标准，设定水泥浆养护的龄期，实验温度采用井底静止温度。

酸溶能力评价：按酸液体积与水泥石体积不同比例测定不同温度、不同反应时间，水泥石的酸溶能力。到达反应时间后取出水泥石，晾干称重（$w_{后}$），计算酸溶率（η）。

$$\eta = \frac{w_{前} - w_{后}}{w_{前}} \times 100\%$$

2 氯氧镁水泥性能研究

由于氯氧镁水泥为气硬性胶凝材料，当活性氧化镁加入氯化镁溶液中，就建立起$MgO-MgCl_2-H_2O$三元反应体系。在国内镁水泥多是在干燥的空气中使用，为使其能在井下工况条件下使用，本文通过模拟井下工况条件，来考查氯氧镁在不同水热环境中的强度发展规律。

2.1 氯氧镁水泥在不同温度下强度发展变化规律的研究

实验在保证氯氧镁水泥浆具有良好流动度的前提下，采用的氯氧镁水泥浆配方：活性 MgO ： $MgCl_2$ ： H_2O（物质的量比）为5 ：1 ：13、7 ：1 ：15、8 ：1 ：17、9 ：1 ：18，考查该水泥浆在不同温度及不同时间养护条件下的强度变化情况，其实验测试结果见表2。活性 MgO ： $MgCl_2$ ： H_2O（物质的量比）为5 ：1 ：13的水泥浆水化过程中严重膨胀致使水泥石开裂，实验发现，水泥石破坏原因为该配比下水化反应放热太剧烈所致。活性 MgO ： $MgCl_2$ ： H_2O（物质的量比）为7 ：1 ：15的水泥石早期强度虽然较高，但随养护时间的增加水泥石上层变得软而黏，水泥石已不是均匀的整体。氯化镁浓度过低对强度也有不利影响，如活性 MgO ： $MgCl_2$ ： H_2O（物质的量比）为9 ：1 ：18与8 ：1 ：16相比，水泥石强度变低。活性 MgO ： $MgCl_2$（物质的量比）较低时，活性 MgO 含量不足，一部分 $MgCl_2$ 不能参与反应，只能以游离的方式存在于结构中，当试件浸水时，结构里溶解性较强的 $MgCl_2$ 溶于水中，使试件产生空隙，导致耐水性大大降低。而当活性 MgO ： $MgCl_2$ 过高时，活性 MgO 含量过多，多余的 MgO 单独与水反应生成水镁石凝胶，其强度与胶结力较差，也会引起试件耐水性下降。

表2　氯氧镁水泥不同温度和养护时间下强度发展情况

活性 MgO ： $MgCl_2$ ： H_2O（物质的量比）	温度（℃）	抗压强度（MPa）		
		24h	72h	168h
5 ：1 ：13	25	32.42	28.96	27.24
	50	20.19	17.13	7.70
	70	—	—	—
	90	—	—	—
7 ：1 ：15	25	40.70	35.64	26.16
	50	27.74	25.65	4.89
	70	11.49	3.54	3.29
	90	8.62	2.13	2.21
8 ：1 ：16	25	35.88	40.97	29.98
	50	30.24	22.51	14.88
	70	19.33	13.59	11.06
	90	10.27	7.22	6.98
9 ：1 ：18	25	32.37	31.24	14.10
	50	18.20	14.04	7.85
	70	13.41	9.51	6.87
	90	5.68	4.06	2.69

注："–"表示无强度。

2.2 氯氧镁水泥石在不同温度下强度发展变化机理研究

实验发现，不论氯氧镁水泥浆采用何种物质的量比，随养护时间、温度的增加，水泥石强度都下降很快。强度改变可能是由于水化产物发生了晶型转变，采用 XRD 对活性 MgO ：$MgCl_2$ ：H_2O（物质的量比）为 8 ：1 ：16 的氯氧镁水泥水化产物的组成进行了表征。

氯氧镁水泥在不同温度的水热环境下养护水泥石 XRD 结果见图 2。水化产物主要是 5·1·8 相、3·1·8 相、Mg（OH）$_2$，还含有水合硅酸镁物质 Mg_3（OH）$_2Si_4O_{10}$ 和 $Mg_6Si_4O_{10}$（OH）$_8$。在较低温度下氯氧镁水泥水化产物主要为 5·1·8 相，而在较高温度下水化产物以 3·1·8 相为主，另外在较高温度下 MgO 水化快，同时有 Mg（OH）$_2$、Mg_3（OH）$_2Si_4O_{10}$ 和 $Mg_6Si_4O_{10}$（OH）$_8$ 大量生成。由于 3·1·8 相不如 5·1·8 相稳定，Mg（OH）$_2$ 也属于不稳定晶相，这是在较高温度下氯氧镁水泥石强度较低的根本原因。

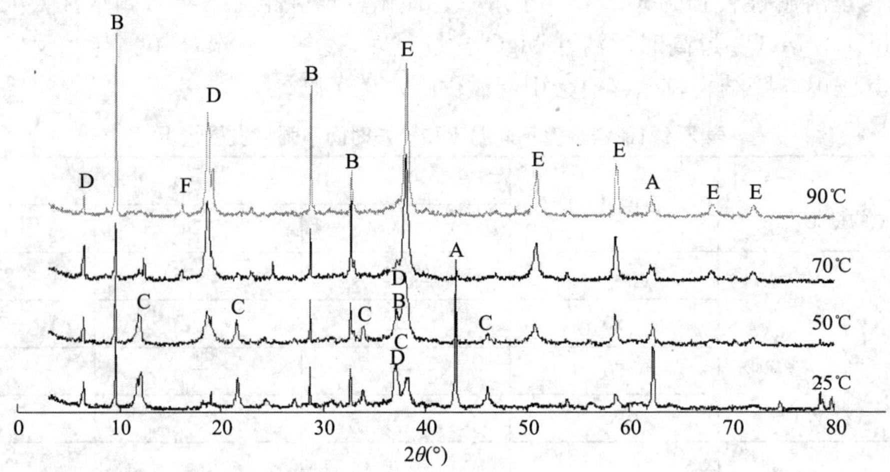

图 2 不同温度下 24h 水化产物 XRD 图谱

A—MgO；B—Mg_3（OH）$_2Si_4O_{10}$；C—Mg_3（OH）$_5Cl\cdot 4H_2O$；D—$Mg_6Si_4O_{10}$（OH）$_8$；E—Mg（OH）$_2$；F—Mg_2（OH）$_3Cl\cdot 4H_2O$

图 3 为氯氧镁水泥浆在 50℃水热环境养护 24h、72h、168h 的水化产物 XRD 图谱。结果表明：随着养护时间的增加，MgO 水化逐渐趋于完全，生成的 Mg（OH）$_2$ 增多，Mg_3（OH）$_2Si_4O_{10}$ 与 $Mg_6Si_4O_{10}$（OH）$_8$ 持续增多，而 3·1·8 相衍射峰有略微的增强。Mg（OH）$_2$ 相的大量生成导致氯氧镁水泥石胀裂，致使强度大大降低。

3 硫氧镁水泥性能研究

硫氧镁水泥和氯氧镁水泥均属于镁氧水泥，它是由具有活性的轻烧氧化镁粉末和一定浓度的硫酸镁溶液组成的 $MgO-MgSO_4-H_2O$ 三元胶凝体系，它们具有很多相似的性能，如快凝、早强、抗高温等。鉴于氯氧镁水泥抗水性差，不能有效满足井下工况条件，采用改变无机盐调和剂来解决其抗水性，即用 $MgSO_4$ 水溶液、MgO 配制硫氧镁水泥。

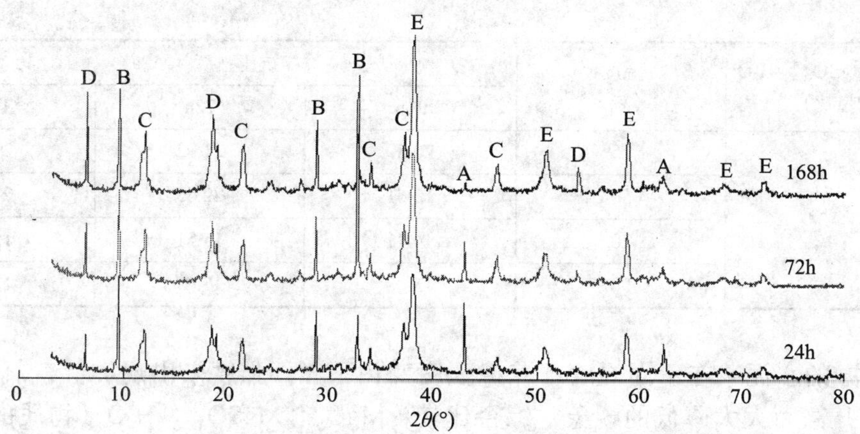

图3 50℃下不同养护时间水化产物的XRD图谱

A—MgO；B—Mg_3（OH）$_2Si_4O_{10}$；C—Mg_3（OH）$_5Cl \cdot 4H_2O$；D—$Mg_6Si_4O_{10}$（OH）$_8$；E—Mg（OH）$_2$

3.1 硫氧镁水泥在不同温度下强度变化规律研究

实验在保证浆体良好流动性的基础上采用同样的氧化镁和$MgSO_4 \cdot 7H_2O$（分析纯）为原料，按照表3中所示的物质的量比配制硫氧镁水泥浆，在不同的温度（25℃、50℃、70℃、90℃）下养护24h、72h、168h测得其抗压强度值如表3所示。

表3 氯氧镁水泥不同温度和养护时间下强度发展情况

活性MgO ∶ $MgSO_4$ ∶ H_2O（物质的量比）	温度（℃）	抗压强度（MPa）		
		24h	72h	168h
10 ∶ 1 ∶ 20	25	21.51	20.63	28.41
	50	17.45	19.10	24.78
	70	13.94	30.96	22.71
	90	25.82	40.10	28.69
12 ∶ 1 ∶ 23	25	21.86	20.47	26.51
	50	21.98	18.49	23.90
	70	20.39	19.24	19.94
	90	13.35	20.14	17.45
13 ∶ 1 ∶ 26	25	16.39	19.33	22.55
	50	14.94	17.06	20.24
	70	16.90	17.00	16.96
	90	16.39	25.10	19.67
14 ∶ 1 ∶ 30	25	18.16	19.92	24.31
	50	17.37	15.53	17.29
	70	18.71	16.69	16.20
	90	13.37	18.53	13.45

续表

活性 MgO : $MgSO_4$: H_2O（物质的量比）	温度（℃）	抗压强度（MPa）		
		24h	72h	168h
16 : 1 : 34	25	20.80	21.92	29.90
	50	18.51	22.45	22.31
	70	14.41	15.51	15.61
	90	15.18	17.47	19.02

不同配方的水泥浆在不同温度下养护强度变化不大，强度未出现类似氯氧镁水泥石随着温度的升高而大大降低的现象，综合比较，MgO : $MgSO_4$: H_2O（物质的量比）= 12.0 : 1 : 23 时水泥石强度较理想，最低强度也达到了 13.35MPa。

3.2 硫氧镁水泥的酸溶特性研究

采用活性 MgO : $MgSO_4$: H_2O（物质的量比）=12 : 1 : 23 的配方，在静态条件下，考查了盐酸（$V_{酸}$）/ 硫氧镁水泥石（$V_{水泥石}$）=12 ~ 20 : 1，反应时间为 120min。表 4 所示为 50℃下，不同体积 10%HCl 在不同反应时间内对硫氧镁水泥石的溶解程度。

表 4 硫氧镁水泥石酸溶率

$V_{酸}/V_{水泥石}$	酸溶率（%）						
	5min	10min	20min	30min	50min	70min	120min
12	5.41	13.51	26.67	35.98	46.18	52.57	59.38
16	4.84	12.53	23.97	32.86	43.79	49.41	56.09
18	4.78	11.33	26.31	34.75	47.96	56.90	65.29
20	6.64	15.17	27.71	37.85	48.35	57.08	65.29

为赋予硫氧镁水泥较强的酸溶能力，考虑在活性 MgO : $MgSO_4$: H_2O（物质的量比）= 12 : 1 : 23 的配方中，用 5% 的碳酸钙替代活性氧化镁。同样在静态条件下，考查了盐酸（$V_{酸}$）/ 硫氧镁水泥石（$V'_{水泥石}$）=12 ~ 20 : 1，反应时间为 120min。表 5 所示为 50℃下，不同体积 10%HCl 在不同反应时间内对硫氧镁水泥石的溶解程度。

表 5 内掺 5% 碳酸钙硫氧镁水泥石酸溶率

$V_{酸}/V_{水泥石}$	酸溶率（%）						
	5min	10min	20min	30min	50min	70min	120min
12	3.31	13.22	35.34	45.29	60.26	68.81	71.37
16	3.78	15.32	38.20	50.06	66.64	75.03	85.43
18	5.57	18.15	42.59	59.82	77.96	84.38	92.27
20	8.05	20.04	40.16	54.36	73.37	82.25	95.70

结合硫氧镁水泥在模拟井下工况条件下、不同龄期的抗压强度及其酸溶能力分析，硫氧镁水泥能够满足井下工况条件下暂闭封堵的要求，克服了氯氧镁水泥的不足，研究结果为开发暂闭封堵型油井水泥浆体系奠定了基础。

4 结论

（1）氯氧镁水泥在水热环境中随温度的增加，抗压强度有明显衰减。在较低温度下水化产物以5·1·8相为主，在较高温度下水化产物为3·1·8相、Mg $(OH)_2$ 以及大量的水合硅酸镁 $Mg_3(OH)_2Si_4O_{10}$ 和 $Mg_6Si_4O_{10}(OH)_8$。氯氧镁水泥在水热环境中随养护时间的增加引起强度衰减的原因是多余的MgO形成Mg $(OH)_2$ 凝胶过多引起水泥石孔隙度增大。

（2）硫氧镁水泥在水热环境中随温度、养护时间的增加，未出现抗压强度的衰减并保持较高的抗压强度，且辅以碳酸钙后表现出优良的酸溶特性，有望开发出一种暂闭封堵型的油井水泥浆体系。

参考文献

Sorel cement for HPHT downhole applications [R] .SPE 121102，2009.

闫振甲．镁水泥改性及制品生产实用技术［M］．北京：化学工业出版社，2006.

余红发．氯氧镁水泥及其应用［M］．北京：中国建材工业出版社，1993.

迪安.J A. 兰氏化学手册［M］．第13版．北京：科学出版社，1991.

直井钻遇单条裂缝的漏喷同存模型研究

舒 刚 孟英峰 李 皋 魏 纳

（中国石油天然气集团公司钻井工程重点实验室
欠平衡钻井研究室·西南石油大学）

摘 要：针对直井钻遇单条裂缝时由于重力置换而引起的漏喷同存问题，研究了其发生条件、气液两相流动特征，然后基于动量方程建立了气相模型和液相模型。模型计算与实验验证表明，对漏失速率和气体溢流量影响最大的因素是缝宽，其次是压差、钻井液流变性能。建立的模型与实验结果吻合较好，可为钻井工程中处理漏喷同存提供一定理论依据。

关键词：漏喷同存 裂缝 模型研究 直井

对于裂缝性地层，当出现钻井液安全密度窗口为负值、多压力系统处于同一裸眼井段或钻井作业造成较大井筒压力波动这三种情况的某一种时，常会发生漏喷同存，造成井控困难、井下复杂情况和储层伤害。但是，目前漏喷同存的机理还缺少模型描述。本文研究的漏喷同存是指：直井钻遇裂缝性气层的单条裂缝时，天然气与井筒内的钻井液由于存在密度差而发生重力置换，即天然气进入井筒和钻井液进入裂缝同时发生的现象，可将其称为重力置换式漏喷同存。针对该问题，研究了其发生条件和数学模型，结合钻井工程的实际情况分析了模型的计算结果，并用实验验证了模型的正确性。

1 漏喷同存发生的条件

漏喷同存的发生应具备三个条件：(1) 地层有使钻井液从井眼流入地层的裂缝通道；(2) 当漏失量比较大时，地层中有足够大的空间容纳漏失的钻井液；(3) 井筒压力处于重力置换窗口。如图1所示，区域*ABDO*代表裂缝面，根据井筒与地层的压力平衡关系推出漏失溢流同时发生的压力条件，见式 (1)。该式说明重力置换窗口值为 $\rho_m g|AG|$，很狭窄。重力置换窗口产生的原因是：相对于钻井液密度，气相密度很小可忽略，钻井液在裂缝段（如图1中的*AG*）产生的液柱压力改变了井筒—地层的压力平衡关系。因此，当裂缝在垂向上有明显的延伸时（高陡裂缝），才比较容易出现漏喷同存。

$$p_r - p_{张力} < p_{well} < p_r + \rho_m g\left|AG\right| - p_{张力} \tag{1}$$

作者简介：舒刚（1985— ），男，四川成都人，西南石油大学在读硕士研究生，主要从事欠平衡钻井、油气井多相流方面的研究。

式中，p_{well} 为裂缝底端位置对应的井筒压力，Pa；p_r 为气层压力，Pa；$p_{张力}$为气液界面张力，Pa；ρ_m 为钻井液密度，g/cm³。

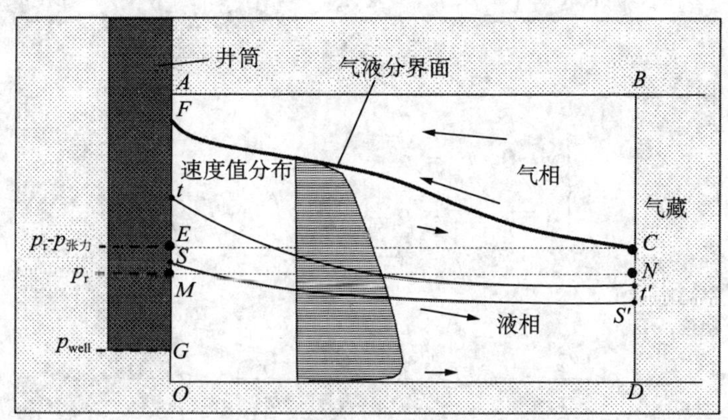

图 1　裂缝性地层漏喷同存示意图

2　裂缝中气液两相流动分析

气体在裂缝中流动时，由于沿垂直方向气体压力梯度很小，可认为气压只沿水平方向变化。高流速气体对气液分界面有较强的作用力，紧贴气液分界面的液体流速将迅速下降。这里将气液分界面简化为 U_l=0 的速度边界条件。此边界条件仅会影响边界层内的液体，主流区的流场仍与实际流场相同气液分界面受界面张力的影响将向上移动一段距离，如图 1 中的 ME。假设井壁处 t 点的液体微团流动到边界线上的 T′ 点，S 点的流体微团流动到 S′ 点，H 表示垂直高度，Δp 表示流动压降，则有式（2）所示的压力关系。该式说明，井壁处液体越靠下部，流动压降越大，压降值与液体流动到边界线处的深度成正比。井壁处越靠下部的液体，迹线越短而压降越大，所以可得出结论：除去紧贴裂缝底端的液体，越靠近裂缝下部，液体的平均流速越大。

$$\Delta p_{s-s'} - \Delta p_{t-t'} = \rho_m g H_{s'-t'} \tag{2}$$

3　建立漏喷同存数学模型

建立模型时考虑气体溢流与液体漏失的相互作用，并作如下假设：（1）裂缝高度为定值，缝宽处处相等；（2）裂缝面为非渗透性壁面；（3）流体不可压缩。

3.1　气相模型

连续性方程：

$$U_g \frac{\partial h_g}{\partial x} + h_g \frac{\partial U_g}{\partial x} = 0 \tag{3}$$

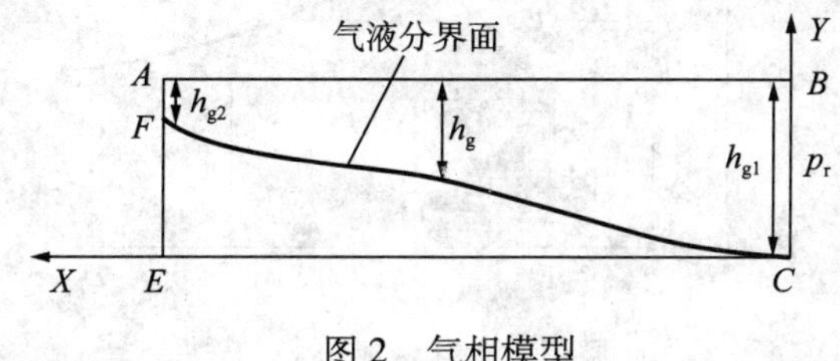

图 2　气相模型

动量方程：

$$\frac{\partial\left(A_{\rm g}\rho_{\rm g}U_{\rm g}{}^{2}\right)}{\partial x}=-\frac{\partial\left(A_{\rm g}p_{\rm g}\right)}{\partial x}+p_{\rm g}\frac{\partial A_{\rm g}}{\partial x}-\tau_{\rm i}b-2\tau_{\rm g}h_{\rm g}+\rho_{\rm g}A_{\rm g}g\frac{\partial h_{\rm g}}{\partial x} \tag{4}$$

边界条件：

$$\begin{cases}x=0,\ p_{\rm g}=p_{\rm r}\\ x=l_{\rm f},\ p_{\rm g}=p_{\rm well}-\rho_{\rm m}g\left(h_{\rm f}-h_{\rm g2}\right)\end{cases} \tag{5}$$

对该模型化简得到：

$$\frac{\partial P_{\rm g}}{\partial x}=-\rho_{\rm g}U_{\rm g}\frac{\partial U_{\rm g}}{\partial x}-\frac{\tau_{\rm i}}{h_{\rm g}}-\frac{2\tau_{\rm g}}{b}+\rho_{\rm g}g\frac{\partial h_{\rm g}}{\partial x} \tag{6}$$

式中，b 为裂缝的宽度，m；$h_{\rm f}$ 为裂缝高度，m；$l_{\rm f}$ 为裂缝长度，m；$h_{\rm g}$ 为任意 x 坐标的气相高度，m；$h_{\rm g2}$ 为气相的出口高度，m；$U_{\rm g}$ 为气相速度，m/s；$p_{\rm g}$ 为气相压力，Pa；$\rho_{\rm g}$ 为气相密度，kg/m^3；$A_{\rm g}$ 为整个裂缝面中气相占据的面积，m^2；$\tau_{\rm i}$ 为气液分界面的摩阻力，N/m；$\tau_{\rm g}$ 为气相与裂缝面作用产生的摩阻力，N/m。

气相的进口高度 $h_{\rm g1}$ 和任意 x 位置的气相高度 $h_{\rm g}$ 由式（7）、式（8）计算出。式（7）中的 λ 是表征由于液相流动产生压降使 $h_{\rm g1}$ 增大的参数，可由液相的总压降值转换得到。$h_{\rm g}$ 与 $\Delta p_{\rm g}$ 是相互决定的关系，因此需采用循环迭代的方法求解气相模型。求解出的结果包括气液分界面坐标、气流量、气流速度。

$$h_{\rm g1}=h_{\rm f}-\frac{p_{\rm well}-p_{\rm r}+2\sigma\cos\theta/b}{\rho_{\rm m}g}+\lambda \tag{7}$$

$$h_{\rm g}=h_{\rm g1}-\frac{\Delta p_{\rm g}}{\rho_{\rm m}g}+\frac{p_{\rm m}}{\rho_{\rm m}g} \tag{8}$$

式中，σ 为气液界面张力，N/m；θ 为润湿角；$\Delta p_{\rm g}$ 为气相在任一位置的沿程压降；$p_{\rm m}$ 为气体高速冲击气液分界面产生的动压力。

3.2 液相模型

由于上部液体流量对整个液体流量的贡献占小部分，可将图3的液相流动简化为图4

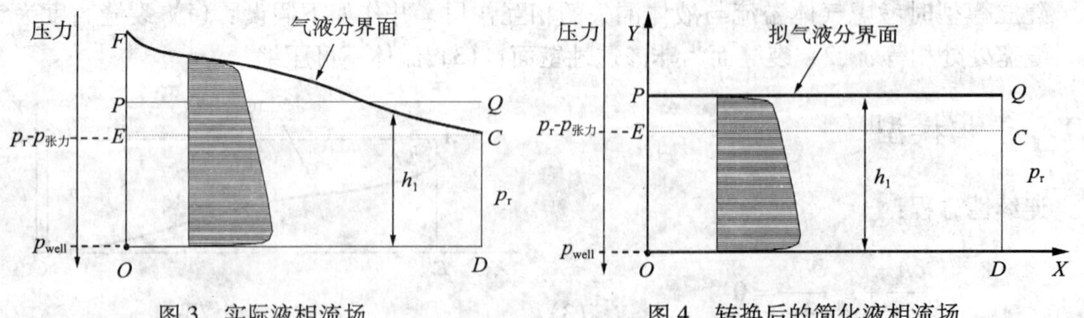

图3　实际液相流场　　　　图4　转换后的简化液相流场

的液相流动，其中 $|PE|$ 的值由下面的经验公式确定：

$$|PE| = \frac{|FE|}{2 + \frac{|FE|}{|EO|}} \tag{9}$$

连续性方程：

$$\frac{\partial U_1}{\partial x} = 0 \tag{10}$$

动量方程：

$$\frac{\partial (A_1 p_1)}{\partial x} - 2\tau_1 \Delta y + \left[b\mu_1 \frac{\partial U_1(y+\Delta y)}{\partial y} - b\mu_1 \frac{\partial U_1(y)}{\partial y} \right] = 0 \tag{11}$$

边界条件：

$$\begin{cases} x = 0,\ p = p_{\text{well}} - \rho_{\text{m}} g y \\ x = l_{\text{f}},\ p = p_{\text{r}} \\ y = 0,\ U_1 = 0 \\ y = h_1,\ U_1 = 0 \end{cases} \tag{12}$$

对该模型化简得到：

$$\frac{\partial^2 U_1}{\partial y^2} = \frac{2\tau_1}{\mu_1 b} - \frac{p_{\text{well}} - p_{\text{r}} - \rho_{\text{m}} g y}{\mu_1 l_{\text{f}}} \tag{13}$$

式中，U_1 为液相速度，m/s；p_1 为液相压力，Pa；A_1 为整个裂缝面中液相占据的面积，m^2；τ_1 为液相与裂缝面作用产生的摩阻力，N/m；μ_1 为液相的动力黏度，Pa · s。h_1 为任意 x 坐标的液相高度，m。

如图 5 所示，裂缝上下端部边界层的厚度仅为缝宽的 5 ~ 6 倍，所以它对漏失速率的影响很小。在边界层内，U_1 迅速增加到主流速度，$\frac{\partial U_1}{\partial y}$ 迅速趋于稳定，图中的模拟结果也与此分析相符。因此，$\frac{\partial^2 U_1}{\partial y^2}$ 在边界层外几乎为 0，即 $\frac{\partial^2 U_1}{\partial y^2}$ 项只在边界层内才对流场起作用，可将式（13）中的该项略去。将幂律形式的 τ_1 带入式（13），求解得到 U_1，见式（14），进一步积分即得到漏失速率。

$$U_1 = \frac{nb}{4n+2} \left[\frac{b(p_{\text{well}} - p_{\text{r}} - \rho_{\text{m}} g y)}{2 l_{\text{f}} k} \right]^{\frac{1}{n}} \tag{14}$$

图 5　流动速度的 CFD 数值模拟结果

3.3 模型中的摩阻项计算方法

3.3.1 气液分界面的摩阻 τ_i

$$\tau_i = \frac{1}{2}\rho_g f_i \left(U_g - U_l\right)^2 \tag{15}$$

Shoham 和 Taitel 通过大量试验数据的处理，认为 0.0142 是分层流气液相间摩阻系数 f_i 的最佳估计。f_i 也可用以下方法计算得到，其中临界气相雷诺数 $Re_g^* = 1.837 + 10^5 Re_l^{-0.184}$。

$$Re_g \leqslant Re_g^*，f_i = 0.012 + 5.179\times10^{-4}\frac{Re_g - Re_g^*}{1000} \tag{16}$$

$$Re_g > Re_g^*，f_i = 0.012 + 2.694\times10^{-4}\left(\frac{Re_l}{1000}\right)^{1.534}\frac{Re_g - Re_g^*}{1000} \tag{17}$$

3.2.2 流体与裂缝面作用产生的摩阻

（1）液相摩阻 τ_l

杜春常建立了平行板裂缝漏失模型，式（18）是该模型的平均流速公式。ϕ（τ）是流体的本构方程，τ_l 是液体在裂缝面处的切应力。将各类型流体的本构方程代入式（18）得到对应的 τ_l。

$$U_l = \frac{b}{2\tau_l^2}\int_0^{\tau_l}\tau\cdot\varphi(\tau)\,\mathrm{d}\tau \tag{18}$$

（2）气相摩阻 τ_g

气体可被视作动切应力为 0 的宾汉流体。令宾汉流体本构方程中的 τ_0=0，即得到气相摩阻 τ_g，见式（19）。

$$\tau_g = \frac{6\mu_g U_g}{b} \tag{19}$$

4 典型算例及实验验证

4.1 典型算例

定义 h' =（h_{g1}+h_{g2}）/2 为平均气相高度，定性反映气相高度。气液分界面摩阻系数分别取 0.012（实线）和 0.6（虚线）。由图 6 可知，气流量随着裂缝宽度的增加大致呈线性增加，且 h' 越大气流量的增加速率越大。当平均气相高度等于 0.6m、裂缝宽度为 4mm 时，气体流量甚至达到了 60m³/h 以上，将对钻井工程造成较大影响。虚线是 h' =0.16、f_i=0.6 时的计算结果，它却与 h' =0.16、f_i=0.012 的实线几乎重合，说明 f_i 值增加 50 倍也几乎对气流量没有影响。这是因为气液分界面的面积相对于裂缝面的面积非常小，即使分界面剧烈波动引起f_i的值很大，对应的摩阻也相对很小。影响气流量的实质因素是进出口压差、过流截面高度和宽度，涉及的参数有：裂缝长度、缝宽、井筒压力、地层压力、钻井液表面张力系数、润湿角、钻井液密度、气体密度。在满足其他工程条件的情况下，这些参数都不容易改变。因此，单独控制溢流来改善漏喷同存的方法是不可取的。

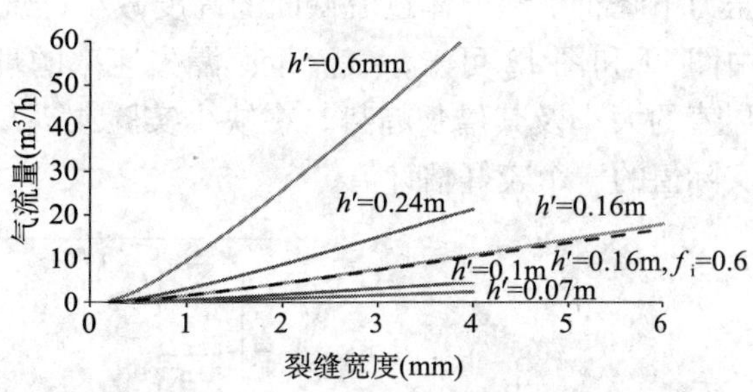

图6　裂缝宽度、气相高度与气流量的关系

如图7所示，n取为0.7，k分别为0.2Pa · s^n（实线）和0.8Pa · s^n（虚线）。随着压差的增长，漏失速率迅速增长了约100倍，说明压差对漏失速率的影响很大。裂缝宽度对漏失速率的影响则更大，其值从0.5mm增加到4mm，漏失速率增长了约1000倍。由图7的虚线可知，k值由0.2Pa · s^{n}变为0.8Pa · s^{n}时，漏失速率整体下降了10倍，对钻井工程的影响将随之大大减小。如图8所示，裂缝宽度分别取为2mm（实线）和4mm（虚线）。图8说明随着稠度系数增大漏失速率迅速下降，n值越大漏失速率越小。但是稠度系数增加到一定程度后，漏失速率则下降得非常缓慢，说明存在一个适当的k值使得漏失速率足够小。图中的虚线表明，合理的n、k值可使大缝的漏失速率低于小缝的漏失速率。

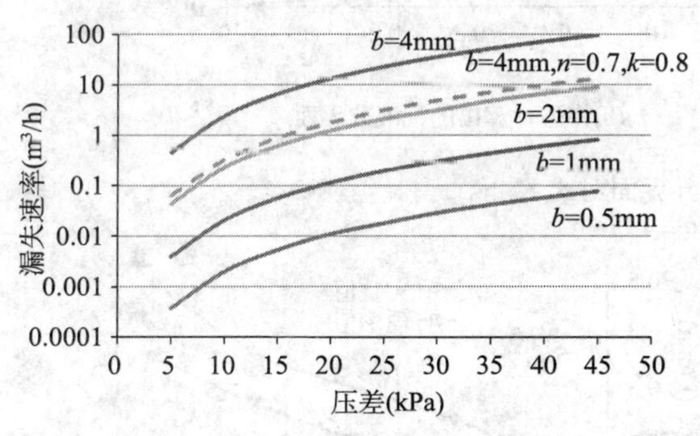

图7　压差与漏失速率的关系

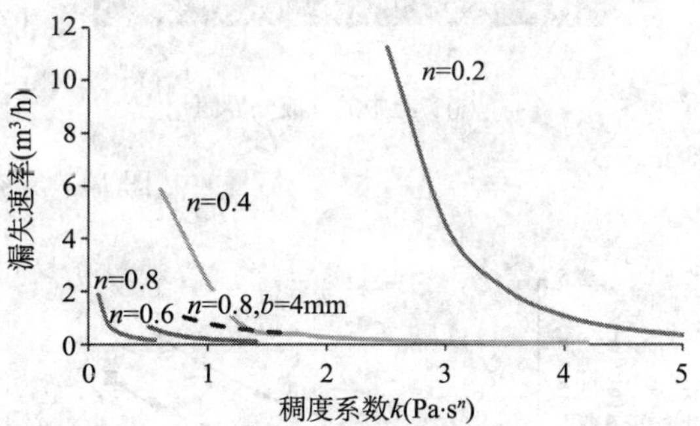

图8　钻井液流变参数与漏失速率的关系

井筒压力、n、k这三个参数都能影响漏喷同存的严重程度。井筒压力过大将使漏失速率增大，过小则使气体溢流量增加。n、k值直接影响钻井液的漏失速率，也可通过影响钻井液流动压降来影响气液分界面的位置，从而影响到气体流量。相对于其他影响漏失速率的参数，n、k值的调节具有较好的可操作性。综合前面分析可知，漏喷同存发生时，应以调节井筒压力、n、k来控制钻井液漏失为主，兼顾井筒压力对气体溢流量的影响。

4.2　实验验证

采用如图9所示的实验装置进行了实验验证，其中裂缝长60cm，高40cm，缝宽0.5mm，流体为空气和n=0.7、k=0.25的水溶液。如图10所示，模型计算出的气液分界面与实验结果相符合。形成这种形态气液分界面的原因是：气体在裂缝中流动时存在压降，压力下降将引起气体过流截面的高度减小，气流速度增加，这反过来又会引起更大的压降。由图 11 和图 12 可知，气流量、漏失速率的理论值小于实验值，但理论值能够大致反映实际值的大小及其增长趋势。在缺少实验或现场数据的情况下，应用模型计算出的理论值是实际值的一个较好估计值。

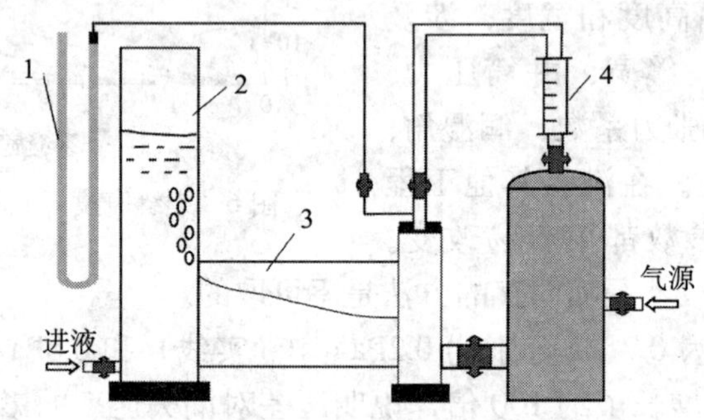

图 9　漏喷同存可视化实验装置示意图

1—U 形管油压计；2—井筒；3—人工裂缝；4—气体流量计

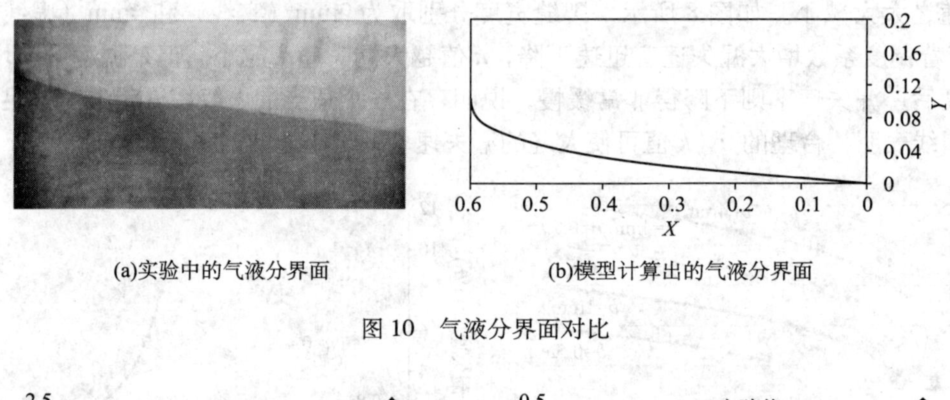

(a)实验中的气液分界面　　(b)模型计算出的气液分界面

图 10　气液分界面对比

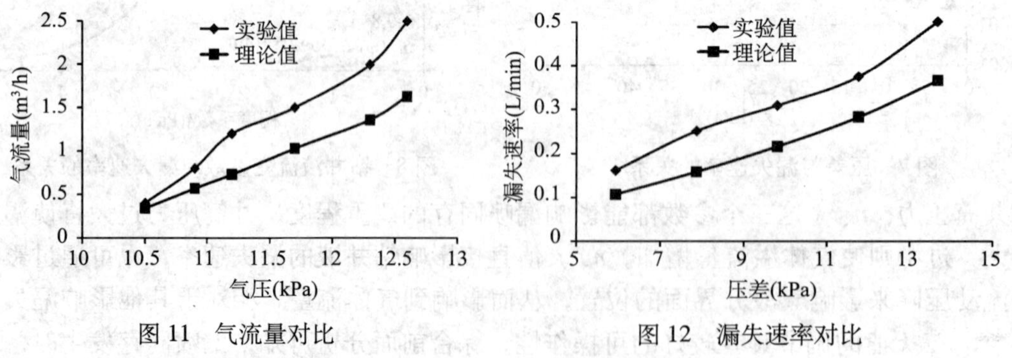

图 11　气流量对比　　图 12　漏失速率对比

5　结论

（1）裂缝中存在气液分界面是漏喷同存的重要特征。通过气液分界面将气相模型和液相模型耦合起来，建立的模型可判断漏喷同存的发生条件，计算气液分界面位置、气体流量、钻井液漏失速率。

（2）对漏失速率和气体溢流量影响最大的因素是缝宽，其次是压差、钻井液流变性能。通过改善钻井液流变性能可以有效地减小漏失速率和气体溢流量。

（3）漏喷同存发生时，应以调节井筒压力、钻井液流变性能来控制钻井液漏失为主，兼顾井筒压力对气体溢流量的影响。

参 考 文 献

张蔚，廖礼．气井喷漏同存堵漏压井技术的探讨［J］．新疆石油天然气，2009，5（4）：85-87.

曾明昌，曾时田，毛建华．气井喷漏同存的处理技术研究［J］．天然气工业，2005，25（6）：42-44.

郑述全，欧云东，曾明昌，王仕水．高含硫喷漏同存气井钻井与完井工艺技术研究［J］．天然气工业，2006，26（9）：65-67.

Pouisen D K. A comprehensive theoretical treatment of fracturing fluid loss［R］. SPE 18262，1988.

Majidi R.，et al.Modeling of drilling fluid losses in naturally fractured formations［R］. SPE 114630，2008.

胥永杰．高陡复杂构造地应力提取方法与井漏机理研究［D］．西南石油学院学位论文，2005.

谢明亮．边界层两相流动稳定性理论与计算［D］．浙江大学学位论文，2007.

肖荣鸽，郭雄昂，张蕾，等．低液量水平管气液分层流摩阻压降的计算［J］．油气储运，2006，25（10）：38-41.

Xiao J J.，Shoham O. Evaluation of interfacial friction factor prediction methods for gas/liquid stratified flow［R］. SPE 22765，1991.

杜春常，刘文忠．裂缝地层漏失规律研究［J］．西南石油学院学报，1992，14（8）：27-33.

智能MRC钻完井的理论与技术

张绍槐[1, 2]　熊继有[1]

（1. 油气藏地质及开发工程国家重点实验室·西南石油大学；
2. 西安石油大学导向钻井研究所）

摘　要：油藏接触面积井（MRC）的钻完井技术有许多重要基础理论，也是当今国际前沿尖端技术。MRC井可以用长水平井或多分支井来实现。我国分支井起步较晚，而MRC井还没有。本文介绍了世界上第一口MRC井及在全球快速发展的MRC井。文章从油藏工程和钻完井工程的结合和技术集成上论述了MRC井九个主要方面的基本理论和十项关键技术。重点理论与技术是：多学科集成理论与技术，布井与井型方案，MRC与UBS结合，用旋转导向钻井技术、地质导向钻井技术和随钻闭环系统实时测控井身轨迹，用边钻边扩巡航制导技术扩大油层段井眼直径，在扩眼段下入可膨胀套管，使用先进的膨胀封隔器把主－分井眼各油层段按油层特性分隔开来进行分段封隔，提前为采油和分级压裂改造在钻完井工程阶段做好准备。文章还介绍了智能钻完井技术、装备工具和施工要点。文章建议我国抓紧准备及早实施。

关键词：钻井工程　完井工程　多分支井　最大油藏接触面积井　导向钻井　膨胀管技术　智能化

最大油藏接触面积井（maximum reservior contact，MRC）指的是井身在油层内的穿越长度达5000m以上，可以是长水平井或多分支井；在油层段的井径越大越好；MRC井经过压裂造缝往往很有效。

多分支井（multilateral well，ML），井型主要有叉形、鱼骨形、叉骨结合形、鸡爪形、羽形等十多种，分支数可多达60个左右。分支井完井质量是关键，为此国际上制定了TAML完井级别。MRC技术适合于碎屑岩、碳酸岩、变质岩、岩浆岩各类储层；适合于新老油田的高—中—低渗透油层、重油油藏、多层薄油藏、裂缝性油层、复杂断块油藏；也适合于开发煤层气等非常规油气藏。

1998年沙特阿美公司最先钻MRC井并一直领跑MRC技术；近年，国际上多数油公司不断推广应用，大技术服务公司竞争市场，已成为热门前沿技术。它有接触和控制更大油藏面积的能力、有从多方向穿越油层的能力、有一井立体开发多层的能力；能节省钻机搬迁安装费用、节省主井眼的重复钻进和套管水泥钻井液等费用、节省井场、平台和管线

作者简介：张绍槐（1931—　），男，1953年2月毕业于清华大学，教授、博士生导师，享受国务院特殊津贴的国家有突出贡献专家，西南石油学院与西安石油学院原院长，现为西南石油大学国家重点实验室客座教授、西安石油大学导向钻井所所长，长期从事钻井完井工程理论与技术的科技教育工作，近期主要研究旋转导向钻井、智能钻井完井、复杂结构井等。

费用；在提高单井产量、开发剩余油气、提高采收率和改善油气开发效果、降低成本等方面潜力很大。MRC钻完井技术既适用于浅—深水油田，高产、高风险油田，也有效地适用于 高、中、低渗油田。多分支井在八九十年代起步后，近年发展很快，世界上几乎每天都有ML井在施工，它对井身和完井质量要求很高，按TAML国际标准要求应为5级或6级。国内起步与应用ML井已近10年。十多年前（1997—1998年），世界上钻成第一口MRC井（Shaybah油田），从开钻到投产，用了约两年时间。该井是为提高低渗区注驱效率，提高单井产能，减少井数，有效利用油田空间，简化地面设施等而设计钻的井。

第一口MRC井：钻成7in主井眼，下入$5^1/_2$in×3931m实体膨胀管；两个分支井$5^1/_2$in×4276m，长的单分支为2417m；主、分井段在油层总穿越长度6051m。

完井L4级，主眼能压裂，分支井经多次修井（包括补下膨胀管）能正常生产。

Shaybah油田1998—2003年相继完成8口MRC井（L4、L5），穿越油层长67.4km，单井穿越长12.3km。主要有四种井型：裸眼侧钻叉形井、鱼骨井、叉骨结合井、套管开窗侧钻（加大一级直径）叉形井。

沙特发展MRC井经过了三步：第一步 1998年3月开始，历经2年不断完善，终于打成世界第一口MRC井；第二步 1009—2003年完成了8口MRC井，实践了4类井型，取得了经验；第三步 2003年后在Haradh新3区用32口ML–MRC井，总穿越油层长193km，大幅提高了产量，降低了成本，2008年后5年还要以5倍速度发展MRC。

顺便说明，沙特下个10年将同时致力于开发特低渗油气田（K=0.5 ~ 2mD），也要用LH–ML（MRC）井。

1 基本理论

（1）MRC井是一种新的复杂结构井，需要从理论上研究的问题多（例如，按油藏类型和剩余油富集区分布规律，从开发方案、渗流力学与泄油效率等方面进行井型和布井研究，设计井身结构，并研究MRC井的钻井完井新理论新技术等），井型可以是水平井、多分支井、侧钻井（注意它与大位移井不同，而直井与定向井是不可能实现MRC的）。

（2）MRC井与油层接触面积大：MRC井与油层接触长度大于5000m，在不增大上部井径的前提下尽量扩大油层段完井井径以增大接触面积，优选完井方法（含使用膨胀管等）。

（3）井身轨迹设计与控制理论：根据油藏特征、开发方案、地应力等设计三维井轨，井轴应为最小主应力方向，主—分井段宜统筹靠近最小主应力方向；钻MRC井难度大、要求高，需要使用地质导向和智能录井、旋转导向、巡航制导，具有闭环可调控能实时处理解释多类信息的智能闭环钻井系统。

（4）分段封隔技术：采用新型膨胀封隔器（特别是被誉为完井工程重大革命的遇油气膨胀封隔器，但它尚未接受30年以上实践的考验，或许还要继续进行研发）对长井段进行分段封隔，研究怎样卡准坐封位置和封隔效果。

（5）分级改造理论：通过压裂酸化、酸压联作等技术和遥控开关等智能工具对封隔后的井段进行分级压裂改造，在油层中打造形成密布的纵横交错“井—缝”，既扩大泄油面积又提高导流能力；同时继续研究新压裂液并深化压裂理论。

(6) 智能完井：完井级别高（TAML5−6−6a），保证"三性"，在井下安置永久性传感器、智能通信系统、遥控系统等；为油井和油田智能化、数字化做好基础理论研究与技术创新。

(7) MRC 与 UBS 结合的理论：在低压低孔低渗地层用气体钻井和欠平衡钻井是非常有效的，但当含气量大于 3% 时就无法录井也不能使用 mud−MWD 了。要研究电子钻柱（或光缆、光纤）信息传输技术；研究钻井完井全过程欠平衡作业的理论、技术与装备，研究气体钻水平井的携带岩屑净化井眼理论 − 实验 − 技术，研究气藏用气体钻井完井后能否和怎样用气体进行压裂的创新理论与技术。

(8) 因为以钻井液脉冲为信息传输载体的随钻测控系统，传输速率低传输信息少等缺点已经成为制约智能钻井的瓶颈。基于电子钻柱并配有 eRST，eLWD，ePWD，eDWD 等的智能钻井系统，能向井下供电并解决宽带信息双向高速传输，能够使 MRC 钻井录井实现闭环和自动化。

(9) MRC（复杂结构井）与气驱、水驱、化驱结合的理论，既能发挥复杂结构井作用又能提高气 / 水 / 化驱效果；中高渗油田三采时，用化驱把剩余油驱赶到油藏孔渗饱性能相对好的剩余油富集区作为钻井靶位，再用复杂结构井中靶开采；低渗油田用化驱效果不好但在水驱 / 气驱时 MRC 井会是有效的。

总之，需要深入研究的基础理论很多，应用的前沿技术很多。要"储层地质—油藏工程—钻完井工程—多学科"结合，从理论和实践的结合上明确 MRC 井有什么好处，为什么要钻以及怎么钻。

2 关键技术

(1) 首要的关键是把先进技术集成起来整合应用，把地质—油藏—钻井以及工程—经济—HSE—多学科结合起来研究（图 1）。

(2) 根据油藏精心描述所确定的井位研究井型与井身结构。

一是用长水平井（LH−MRC）布井，代替一排直井 / 短水平井 / 定向斜井 / 丛式井；在地应力发育区，井轴沿最小主应力方向布井，实现一口井顶多井。

二是用 ML−MRC 井，实现立体多元开发，一口井顶多排井或多层多口直井或定向井（图 2）。

三是在新油田开发早期就布 MRC 井并确定井身结构，主—分井段可以全是生产井，也可能兼有注入井（注水、气、聚合物）。

四是智能完井的智能井能实行分层分段封隔、分级 / 分层压裂、分采合采等措施，使单井产量大幅增加（图 3）。

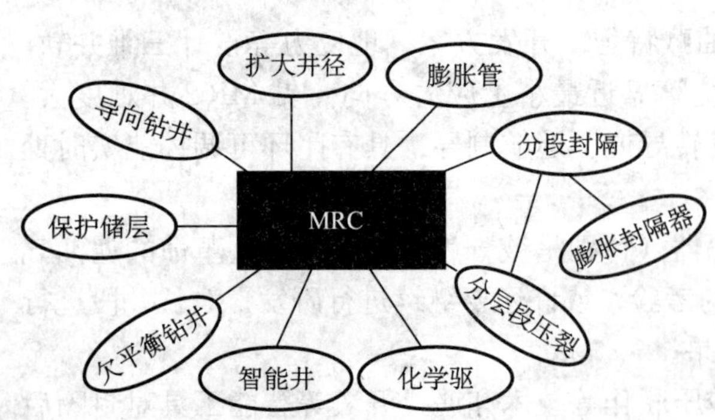

图 1 复杂结构井（MRC）及有关技术集成

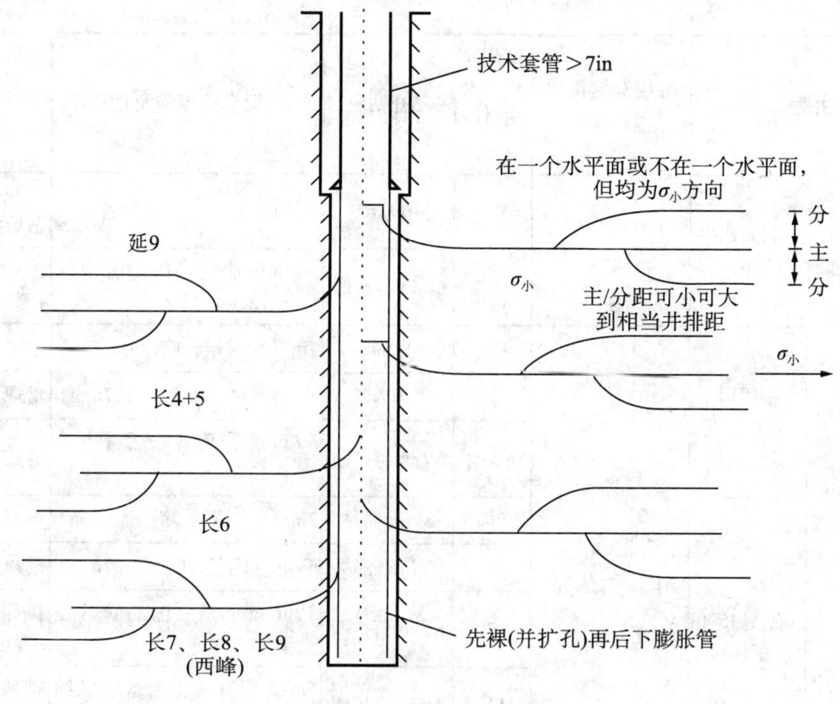

图2 一井多层示意图

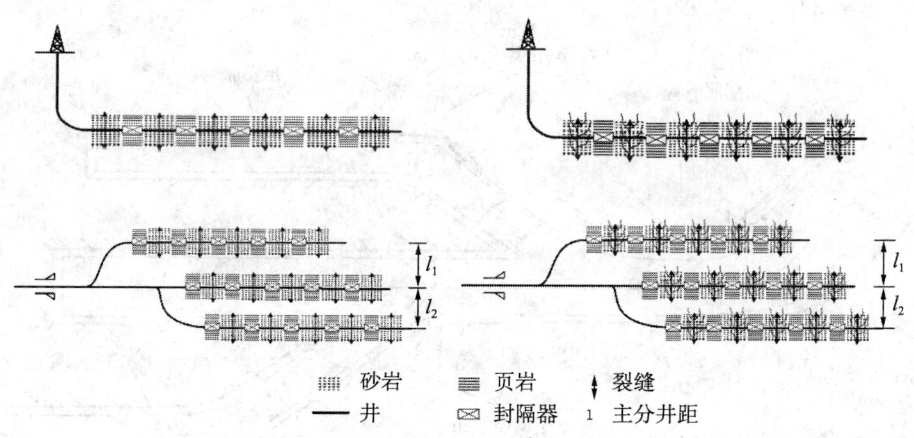

图3 MRC井分段封隔及分级压裂示意图

五是本文提出了一个建议方案（图4）。

表1 对××油田（区块）LH/ML5.6和MRC井实施分层段封隔和分段压裂的建议方案

方案	井型	油层穿越长度(m)	二开井段技术套管(in)	三开钻头	油层套管类型及直径	作业要求
1	LH水平井（含双向水平井阶梯水平井等）	3000 ~ 5000	$9^5/_8$	$8^1/_2$in	7in（套、尾、筛）管	常规
2			7	$6^1/_8$in	$5^1/_2$in（套、尾、筛）管	常规

续表

方案	井型		油层穿越长度（m）	二开井段技术套管（in）	三开钻头	油层套管类型及直径	作业要求
3	LH 水平井（含双向水平井阶梯水平井等）		3000 ~ 5000	7	$6^{1}/_{8}$in	$5^{1}/_{2}$in（套、尾、筛）管	扩眼（边钻边扩或钻后扩眼）
4					$6^{1}/_{8}$in 再扩眼	$5^{1}/_{2}$in 膨胀管（胀后管内径大于 127mm）	扩眼（边钻边扩）+ 膨胀管
5	ML5.6 和 MRC 井（优选井型、分支数等）	主眼段（2000 以上）	5000 以上	$9^{5}/_{8}$	$8^{1}/_{2}$in	7in（套、尾、筛）管	常规
6				7	$6^{1}/_{8}$	$5^{1}/_{2}$in（内径 118 ~ 127mm）	常规
7				7	$6^{1}/_{8}$in 再扩眼	$5^{1}/_{2}$in 膨胀管（胀后管内径大于 127mm）	边钻边扩 + 膨胀管
5′		各分支段（每支 1500 左右）		$9^{5}/_{8}$	$8^{1}/_{2}$in 侧钻	7in（套、尾、筛）管	常规
6′				7	$6^{1}/_{8}$in 侧钻	$5^{1}/_{2}$in（内径 118 ~ 127mm）	常规
7′				7	$6^{1}/_{8}$in 再扩眼	$5^{1}/_{2}$in 膨胀管（胀后管内径大于 127mm）	扩眼（边钻边扩）+ 膨胀管
8′				$5^{1}/_{2}$	$4^{3}/_{4}$in 再扩眼	5in 膨胀管（胀后管内径约 115mm）	扩眼（边钻边扩）+ 膨胀管

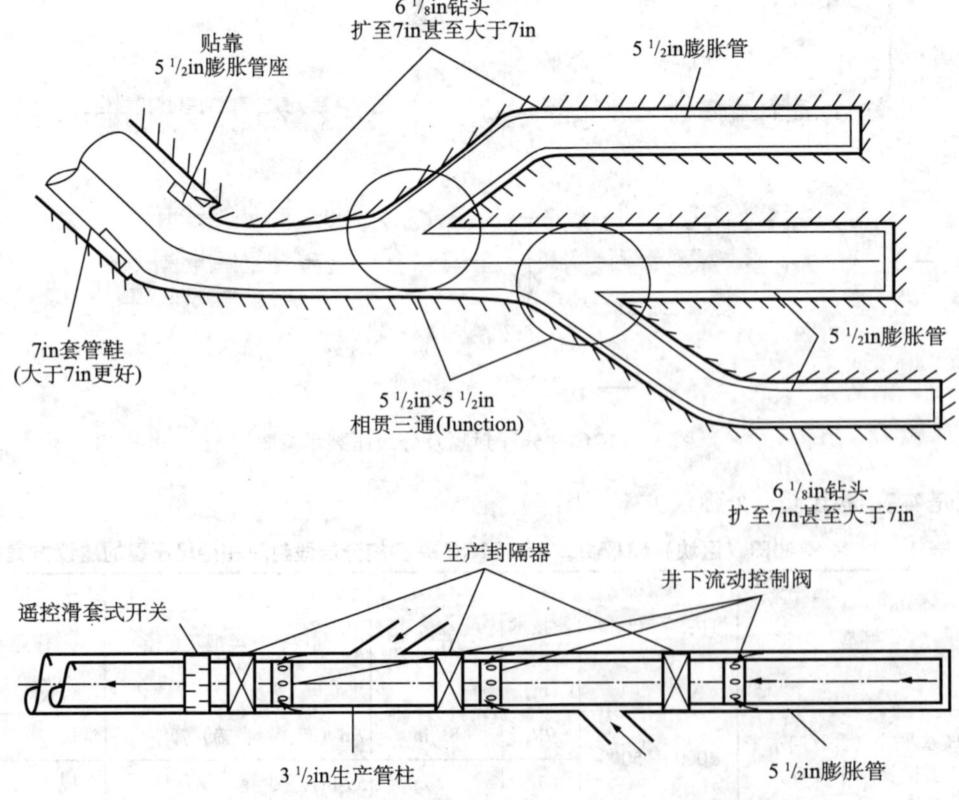

图 4　智能 ML/MRC 井分采 / 合采管柱及其组件建议的示意图

（3）现代导向钻井技术：需要使用高端旋转导向与地质导向钻井系统及随钻闭环测控技术精控井轨。地质导向包括LWD、PWD等先进技术和综合录井、X射线荧光录井、岩屑数字图像录井技术等应用有效的水平井地质录井随钻分析技术，确保卡准井深、识别岩性、解释油藏、准确入窗中靶，为随钻控制井轨提供地质依据。旋转导向闭环钻井系统和随钻测控技术相结合对井轨实时调控。用同心扩眼器边钻边扩技术扩大井径；必要时用"顶驱＋螺杆（低速高扭）＋转盘（带动旋转导向工具）＋钻头"三套动力配合使用以满足水平井段大扭矩钻进的需要。实践证明，用滑动导向和螺杆钻具钻井时由于摩阻大、控制方位不准等原因，很难甚至不能钻成LH–ML（MRC）井。旋转导向钻井工具发展很快，有推靠式、指向式、外推内指式等原理的近十种商业化产品问世。国内正在研发的有几种。全旋转导向钻井系统的偏置机构（巴掌）在井壁上滚动，滚动摩擦阻力小，能较好地在钻进中实时控制调整井斜与方位，能在一趟钻中随钻实时完成造斜、增斜、稳斜、降斜，且摩阻小、扭矩小、钻速高、钻头进尺多、时效高、成本低、井身平滑井轨易控。极限井身可达15km。

（4）MRC需要高级别完井（TAML5、6），要可靠地保证主－分井眼的机械完整性、水力密封性、钻柱重入性或选入性，分支油层段专用（特殊）完井技术，更高级别智能化的完井工具与工艺技术，经济评价与方案论证。

（5）UBS与MRC结合。

发挥UBS优势，研发基于电子钻柱的智能钻井技术能在欠平衡钻井时进行双向信息通信，同时配用不间断循环钻井液系统（不停泵接单根）实现钻MRC井全过程欠平衡作业；国内已有先进实例，如中石油，广安002–H8–2井用天然气钻水平井并创当时三项纪录；广安002–H1井用井下套管阀完成了第一口气体钻水平井全过程欠平衡钻完井试验，并以2010m水平段长度再创纪录；气体钻井包括空气、氮气、天然气等干气和雾化、泡沫、充气钻井。目前，欠平衡钻井与水平井、分支井、MRC井集成应用还不够成熟，但在保护储层、提高钻速、提高产能等方面已显示潜力，需继续完善工艺技术，还有装备、安全、成本问题等。

（6）使用智能完井技术在油层段边钻边扩后下入膨胀管。

先简单介绍地中海地区边钻边扩的经验，其中两口井的下部钻柱结构如下。

A井BHA：$12^{1}/_{4}$inPDC钻头+$12^{1}/_{4}$in近钻头稳定器+RSS（RST）＋电阻率LWD+MWD+12in钻柱稳定器+2×8in无磁钻链+$12^{1}/_{8}$in钻柱稳定器+13in扩眼器+8in钻铤

B井BHA：$12^{1}/_{4}$inPDC钻头+$12^{1}/_{4}$in近钻稳定器+RSS（RST）＋电阻率LWD+声波LWD+$12^{1}/_{8}$in钻柱稳定器+MWD+$12^{3}/_{16}$in钻柱稳定器+14in扩眼器+8in钻铤

井眼扩大后下入膨胀管。该技术包括膨胀管制造、膨胀悬挂器系统、胀管器、施工技术等。膨胀管技术是以机械或液压的方法使下入井内的膨胀管发生永久性塑性变形，使管子内径变大，能实现等直径（甚至大于上层套管直径）完井，可采用膨胀式橡胶（封隔）悬挂器悬挂完井管柱。膨胀管柱要用送入管柱和安全卡瓦逐根下入，待全部下入后开泵打压，推动膨胀锥上行，使管柱径向膨胀，当膨胀锥到达直井段时，膨胀管上部膨胀后就坐挂在上一层套管鞋以上部位，作业结束。沙特阿美公司2003年开始采用实体膨胀管，至2008年已在70口井使用39624m可膨胀管。到2009年11月，我国在胜利、江苏、大港等油田成功地完成了46口井49次膨胀套管膨胀作业，有了一定基础。

膨胀管技术主要的基础理论有以下几方面。

①膨胀管材质与结构：

国外20世纪90年代开发的产品，现已成熟。标准膨胀管为wcs−324低碳钢，也有用316L不锈钢、825号镍铬合金及13铬钢；还有新开发的LSX−80（亿万奇公司）等新产品。

本体结构有两种：一是实体膨胀管，膨胀率为10% ～ 30%，机械或液压方式使膨胀锥穿移而变形；二是割缝膨胀管－膨胀防砂管，膨胀率达60%，只能用机械法膨胀。

②膨胀管力学性能：在LH · ML（MRC）井的主分支井中扩大井径后下入膨胀套（尾）管或割缝膨胀衬管筛管，再胀大其管径，对膨胀管的力学性能要求更高。套管膨胀后产生残余应力而降低强度，但它的抗挤毁性能是膨胀套管能否经受采油与增产工艺保证正常工作的重要性能。一般来说，套管膨胀率越大残余应力也越大，抗挤毁强度就越低。所以必须综合考虑膨胀率与膨胀后套管抗挤毁强度的关系，选择合适的管材材质、壁厚与膨胀率等。这些都需要深入研究。

③配合使用膨胀封隔器，使用配套的智能完井工具：在精细油藏描述和卡准封隔器位置后，在完井（生产）管柱中串接安装好膨胀封隔器，进行分段封隔，为后续的分级压裂/改造和分采合采做好技术准备。国际上为满足分段封隔需要研制了多种膨胀封隔器。最先进的是遇油气膨胀封隔器。据报道，（HETS−MTM−ZIB）与水力膨胀管系统联合使用的层间金属－金属膨胀封隔器，适用于HPHT和易腐蚀橡胶的环境，它可回收。已在北海用于1×10^4psi的水力压裂作业。

遇油气膨胀封隔器膨胀密封原理新颖。利用渗透扩散机理和新型高分子功能材料，油（气、水）慢慢进入封隔器特制胶筒分子间隙中逐渐膨胀，紧贴到井壁后仍继续吸油膨胀，增加胶筒与井壁接触应力，以承受层间密封压差。抗压差高达680bar（9860psi），寿命可达几十年。具有以下特点。

①结构简单：不需要也没有卡瓦锚定、坐封、解封等复杂结构。

②操作简单：坐封、解封不需要投球、憋压、旋转、上提下放管柱。

③膨胀率高、密封性好（适合不规则井眼）、自动膨胀（不需井口加压或下内管进行胀封）。

④适用于裸眼和衬（筛）管完井：不需要下生产套（尾）管、注水泥、射孔，只要与筛管或滑套、井下开关等预置组合，下入裸眼中即可进行分层段开采、注水、压裂、酸化、测试与找堵水。

⑤套管（注水泥、射孔）完井也能应用并可与膨胀管联用对套损段或破裂处进行封堵或将其隔开。

因此，该封隔器研制成功和广泛应用是完井工程革命性的举措。这指原来做不到的事现在有了它而可以做到，解决了智能完井和分段封隔等难题。

（7）保护油层与环境。

MRC井必须使用环境友好型钻完井液及保护环境的有效措施。

（8）智能完井及其装备，借鉴沙特阿美公司经验，其主要组件如下。

①油井管及附件：主井眼为7in套（尾）管或膨胀管或衬管，用悬挂器或重复段膨胀管挂（贴）在上一层$9^5/_8$in技术套管内。

②沙特阿美公司的主井眼用4in以上油管。

③ $5^1/_2$in井下安全阀（SCSSV）。

④单/多点压力、温度和流量等传感器。

⑤遥控的滑套式开关（SSD，滑动旁孔）。

⑥分支井的完井管柱为7～$5^1/_2$in（套管或膨胀管）。

⑦地面可控的层间控制阀（ICV）又称井下油嘴、多位（10～11位）流量控制阀（TRFC）。

⑧同轴轴向封隔器、可回收式液压封隔器或遇油气膨胀封隔器或可膨胀金属封隔器或异径砾石充填封隔器等。

⑨光纤网络及数据采集系统（SCADA）和远程控制系统。

⑩智能采油装置。

为保证质量，根据各井具体设计，完井装置各组件除单独测试检查外，还要进行整体组装后的功能试验。功能试验至少要有4个试验层次，即：一到井场时、二在钻台上、三在坐封隔器前、四在大钩卸载之前。

(9) 智能LH/ML（MRC）井施工要点。

①下入7in（甚至更大直径）技术套管（设计时考虑其悬挂尾管等的载荷），注优质水泥，保证固井质量能满足后续作业要求。

② 7in技术套管以下，用$6^1/_8$in或更大直径钻头钻主/分井眼，油层段扩眼至7in以上(尽量扩大些)。

③主眼下$5^1/_2$in（或更大直径）套管或膨胀管（实体管或割缝管）并加压膨胀，上端用尾管悬挂器坐挂在7in套管内；或将膨胀管胀贴在7in套管内；如果膨胀管外需注水泥，则用（超）缓凝水泥（终凝时间2天左右)。

④开窗后，用$6^1/_8$in钻头钻分支井段，扩眼至7in以上，分支井井径越大越好。

⑤主－分井段钻进应该尽量结合使用欠平衡钻井。

⑥在各分支井段下入$5^1/_2$in（至少是4in或$4^1/_2$in）套管或膨胀管，并用主－分相贯钢质短节（或膨胀喇叭口短节)，将主－分井眼相汇处进行钢质材料机械膨胀连接，再磨平处理接口。

⑦试验者在主－分井眼中下入的膨胀管串中预置遇油气膨胀封隔器；预置位置必须精确卡准；在主－分井眼完井时，就要位置准确地预置永久安装在井下的压力、温度、流量、位移、时间、含水率等传感器及井下多站信息、通信系统（控制网络系统）；选择智能连接与拼合系统（junction & splitter)、井下滑套（投球式、电控式、液控式)、层间控制阀、井下安全阀等。

⑧等待遇油气膨胀封隔器充分膨胀后（约7天）试压检查密封性。

⑨下入$3^1/_2$in分采/合采生产管柱并接好生产封隔器、井下流动控制阀、滑套式开关、传感器等。

⑩可按设计要求安装永久性传感器及智能采油装置；MRC井是高科技井，应文明施

工，环境友好，保护好环境。

（10）MRC是系统工程，集成了多项先进技术。要培养造就技术骨干，打造一批利器，研制配套软件；从设计到施工都是系统工程，制定一套管理方法。

3 结论与发展

（1）MRC集成技术，优点突出、理论先进、技术前沿并极富挑战性，能带动一批高新技术融入和发展，是当今油气上游领域的发展方向，能把许多钻完井新技术的研究内容集成串起。

（2）预期MRC技术在21世纪第二个10年，将在我国起步及发展，要在人才、理论、技术、装备、工具等方面尽早全面准备。

参考文献

张绍槐．现代导向钻井技术的新进展及发展方向［J］．石油学报，2003，24（3）：82-89.

张绍槐．钻井、完井技术发展趋势——第十五届世界石油大会信息［J］．图书与石油科技信息，1998，12（1）：45-60.

张绍槐，张洁．21世纪中国钻井技术发展与创新［J］．石油学报，2001，22（6）：63-68.

Steve Jones，Junichi Sugiura. Concurrent rotary-steerable directional drilling and hole enlargement applied successfully：case studies in North Sea，Mediterranean Sea，and Nile Delta［C］．IADC/SPE 112670，2008.

Steve Barton，Alan Clarke，Perez Daniel G. Unique pivot stabilizer geometry advances directional efficiency and borehole quality with a specific rotary-steerable system［R］．SPE105493，2007.

Junichi Sugiura. Optimal BHA design for steerability and stability with configurable rotary-steerable system［R］．SPE114599，2008.

钻井液抗高温降失水剂SMP的合成新工艺及性能研究

白小东　蒲晓林　姚　雯

（西南石油大学）

摘　要：磺甲基酚醛树脂（SMP）是目前国内外推崇的深井钻井液添加剂之一，目前国内的合成多数是采用一次投料，存在磺甲基化反应与缩聚反应相互影响、反应速度不易控制、易生成体型结构产品等缺点。文章采用三步法，对磺甲基酚醛树脂的合成工艺进行了研究。优化了羟甲基磺酸钠、磺甲基苯酚、磺甲基酚醛树脂的制备条件。对所制备的SMP进行了红外光谱分析，通过对特征谱带的分析论证，证明了产品结构正确；热重分析表明，SMP热失重温度可达到300℃。当SMP加量为5%时，其API滤失量为10mL；180℃下热滚16h后，其API滤失量为15mL。

关键词：磺甲基酚醛树脂　合成工艺　红外光谱分析　热重分析

磺甲基酚醛树脂是常用的深井钻井液处理剂，目前已形成以SMP为基础的三磺钻井液体系，并得到广泛应用。目前国内的合成多数是采用一次投料，晏欣采用一次性投料，将定量的苯酚与甲醛先进行缩合，再加入浓硫酸或二氧化硫进行磺化，然后用NaOH溶液中和干燥。工艺操作简单，但浓硫酸或二氧化硫的使用对设备造成一定的腐蚀。刘兴重在80℃时采用滴加的方式，用98%硫酸与苯酚反应，得到主要产物对羟基苯磺酸。对羟基苯磺酸和甲醛在酸的催化作用下，可得到线型结构的缩合物，该产物与甲醛及对羟基苯磺酸进一步反应可得到线型高分子缩合物。由于采用浓硫酸做磺化剂，在一定程度上会造成环境污染。Howard等在专利中制备了一种磺化酚醛树脂水基钻井液，首先在碱性条件下采用苯磺酸与甲醛部分预聚，然后按照1mol预聚物加入0.5～0.7mol苯酚与甲醛的混合物，回流反应4～6h，最终所得的产物固含量在45%～50%，产物具有一定的降滤失能力。但是这种生成工艺操作步骤复杂，树脂的相对分子质量不易控制，产品的水溶性较差。笔者主要针对SMP的制备工艺进行了研究。

作者简介：白小东（1980—　），男，四川南充人，2002年毕业于西南石油学院应用化学专业，2004年获西南石油学院应用化学专业硕士学位，2007年获西南石油大学油气井工程专业博士学位，讲师，主要从事油气田材料方面的教学与科研工作。

联系方式：（028）83032299，xiaodongb2003@yahoo.com.cn

1 实验

（1）羟甲基磺酸钠的制备。

一定温度下向等物质的量的亚硫酸氢钠和亚硫酸钠水溶液中缓慢滴加稍过量的甲醛，得到羟甲基磺酸钠水溶液。减压蒸馏，浓缩后转入大烧杯中冷却至室温，加入约3倍量体积的甲醛，静置后抽滤，析出白色晶体，抽滤后于70℃干燥，得到羟甲基磺酸钠，计算产品收率：

羟甲基磺酸钠的收率=羟甲基磺酸钠质量/羟甲基磺酸钠理论量 ×100%。

（2）磺甲基苯酚的制备。

将一定的固体羟甲基磺酸钠溶于水，在一定温度下按一定物质的量配比加入苯酚，用质量分数为30%的NaOH调节pH值，升温回流反应，得到磺甲基苯酚水溶液。考查磺甲基化反应的n（羟甲基磺酸钠）：n（苯酚）、反应体系pH，磺甲基化反应温度和磺甲基化反应时间四个因素对磺甲基酚醛树脂的影响。

（3）磺甲基酚醛树脂的制备。

在所制得的磺甲基苯酚水溶液中加入甲醛，用30%的NaOH溶液调节适当pH值，加热回流反应一定时间，得到磺甲基酚醛树脂水溶液。反应液经减压蒸馏、浓缩、烘干，得到棕红色磺甲基磺酸钠树脂固体。按下式计算磺甲基酚醛树脂的收率：

磺甲基酚醛树脂收率=树脂质量/（加料总质量－理论水质量）×100%。

2 结果与讨论

2.1 羟甲基磺酸钠制备条件优选

为确定制备羟甲基磺酸钠的较佳实验条件，进行了3因素3水平的正交实验，考查了3个因素对羟甲基磺酸钠收率的影响。实验因素及水平见表1，实验结果见表2。

表1 羟甲基磺酸钠正交实验因素

水平	A [n（$NaHSO_3$）：n（Na_2SO_3）：n（HCHO）]	B [T（℃）]	C [t（h）]
1	1 : 1 : 2.1	40	1
2	1 : 1 : 2.3	60	3
3	1 : 1 : 2.5	80	5

表2 羟甲基磺酸钠正交实验数据与处理结果

编号	A	B	C	羟甲基磺酸钠收率（%）
1	1	1	1	81.7
2	1	2	2	84.0
3	1	3	3	65.0

续表

编号	A	B	C	羟甲基磺酸钠收率（%）
4	2	1	2	86.9
5	2	2	3	92.4
6	2	3	1	89.8
7	3	1	3	80.7
8	3	2	1	88.7
9	3	3	2	94.0
*K*1	230.6	249.3	260.2	
*K*2	269.1	265.1	264.9	
*K*3	273.4	218.7	238.0	
R	12.83	5.47	8.97	

由表2可以看出，实验所考查的影响羟甲基磺酸钠收率的3个因素的极差大小顺序是$R_A > R_C > R_B$，所得到的正交实验的较佳条件为$A_2B_2C_2$，即原料配比*n*（$NaHSO_3$）：*n*（Na_2SO_3）：*n*（HCHO）=1：1：2.3，反应温度是60℃，反应时间3h。

在最优化此条件下进行重复实验，结果见表3。

在最优化条件下，实验结果重现性较好。

2.2 苯酚磺甲基化反应条件的优化

表3 重复实验结果

序号	1	2	3	4	平均收率
结果	92.8%	95%	94.4%	92.9%	93.7%

为确定苯酚磺甲基化反应的较佳实验条件，进行了四因素四水平的正交实验，所考查的影响磺甲基酚醛树脂性能的四个因素分别为*n*（羟甲基磺酸钠）：*n*（苯酚）、磺甲基化反应温度、反应时间和反应体系的pH值。正交因素及水平见表4，实验结果见表5。

表4 磺甲基化反应正交实验因素

水平	A［*n*（羟甲基磺酸钠）：*n*（苯酚）］	B［*T*（℃）］	C［*t*（h）］	D（pH）
1	0.6 : 1	60	1	8
2	0.7 : 1	80	2	9
3	0.8 : 1	90	3	10

表5 磺甲基化反应正交实验数据与处理结果

编号	A	B	C	D	10% 水溶液黏度（mPa·s）
1	1	1	1	1	5.32
2	1	2	2	2	5.05

续表

编号	A	B	C	D	10% 水溶液黏度（mPa·s）
3	1	3	3	3	5.17
4	2	1	2	3	5.14
5	2	2	3	1	5.56
6	2	3	1	2	6.16
7	3	1	3	3	5.55
8	3	2	1	1	5.72
9	3	3	2	1	5.27
*K*1	5.18	5.33	5.73	5.38	
*K*2	5.62	5.44	5.15	5.58	
*K*3	5.51	5.53	5.42	5.34	
R	0.44	0.20	0.58	0.24	

以产品水溶液黏度为考查指标，对表 5 进行分析可知：

(1) 随着反应时间的延长，磺甲基酚醛树脂的水溶液黏度先增大后减小，然后趋于平缓，但不溶物含量却随时间延长而逐渐增多，反应时间在 1h 时产品具有较好黏度和水溶性，因此，选择磺甲基化反应时间为 1h。

(2) 随着反应温度的提高，磺甲基酚醛树脂的水溶液黏度呈现出先增大后减小的趋势，同时不溶物含量也随反应温度的增大而逐渐增多。反应温度 90℃时产品具有较好黏度和水溶性，因此，选择磺甲基化反应温度为 90℃。

(3) 反应时间在 1h 时产品具有较好黏度和水溶性，影响产品水溶液黏度的各因素极差大小顺序是 $R_C > R_A > R_D > R_B$，所得到的较佳反应条件是 $C_1A_2D_2B_3$，即 *n*（羟甲基磺酸钠）：*n*（苯酚）=0.7 ：1，反应温度 90℃，反应时间 1h，反应体系 pH=9。

(4) 羟甲基磺酸钠的用量对产物的影响比较大，若用量过少，苯酚上可缩聚的活性点位置增多，缩聚反应速度增大，使整个反应不易控制，造成交联；羟甲基磺酸钠的用量太大，磺甲基占据的苯酚活性点位置的比例过大，使可缩聚的活性点位置减少，造成缩聚反应速度变慢，不利于缩聚反应进行。因此，选择 *n*（羟甲基磺酸钠）：*n*（苯酚）=0.7 ：1。

所得到的较佳反应条件是 $C_1A_2D_2B_3$，即 *n*（羟甲基磺酸钠）：*n*（苯酚）=0.7 ：1，反应温度 90℃，反应时间 1h，反应体系 pH=9。

2.3 缩聚反应条件的优选

为了确定缩聚反应的较佳实验条件，进行了四因素三水平正交实验，所考查的影响磺甲基酚醛树脂性能的四个因素分别为 *n*（羟甲基磺酸钠）：*n*（苯酚）：*n*（甲醛）(A)、反应体系 pH 值（B)、缩聚反应温度（C）及缩聚反应时间（D)。实验因素及水平见表 6，实验结果见表 7。

表6　缩聚反应正交实验因素

水平	n（羟甲基磺酸钠）:n（苯酚）:n（甲醛）	pH值	缩聚温度（℃）	缩聚时间（h）
1	0.7 : 1 : 1.2	9	80	1
2	0.7 : 1 : 1.3	10	90	2
3	0.7 : 1 : 1.4	11	100	3

表7　缩聚反应正交实验数据与处理结果

编号	A	B	C	D	10%水溶液黏度（mPa·s）
1	1	1	1	1	5.11
2	1	2	2	2	5.39
3	1	3	3	3	4.57
4	2	1	2	3	4.85
5	2	2	3	1	5.09
6	2	3	1	2	5.61
7	3	1	3	3	5.30
8	3	2	1	1	5.82
9	3	3	2	1	5.47
*K*1	5.02	5.08	5.51	5.22	
*K*2	5.18	5.43	5.24	5.43	
*K*3	5.53	5.21	4.99	5.08	
R	0.51	0.35	0.52	0.35	

随着缩聚反应温度的升高，产品水溶液黏度呈现先增大后减小的趋势，而不溶物含量随反应温度的升高呈现出先增大后趋于平缓的趋势，当反应温度为90℃时，产物具有较高的黏度，并且不溶物质量分数不大于3.0%，综合考虑，选择缩聚反应温度为90℃。

随着甲醛用量的增大，产物水溶液黏度逐渐增大并趋于平缓，而后逐渐减小，但当*n*（苯酚）：*n*（甲醛）＞1 ：1.4后不溶物含量也急剧增多，这可能是因为甲醛的用量越多，聚合反应发生的程度越大，生成的体型结构产物的概率越大，不溶物的含量也就逐渐增多，因此，确定*n*（苯酚）：*n*（甲醛）=1 ：1.4。

较佳反应条件为$A_3B_2C_1D_2$，即*n*（羟甲基磺酸钠）：*n*（苯酚）：*n*（甲醛）= 0.7 ：1 ：1.4，pH=10，缩聚反应温度80℃，缩聚反应时间2h。在90 ~ 100℃下产品干燥时间较短，而且产品性能较好，因此，选择较佳的干燥温度90 ~ 100℃。

2.4　SMP的红外光谱分析

用傅里叶红外光谱对磺甲基酚醛树脂工业样品和实验所制得的产品分别进行表征，将SMP样品研细，在100℃下烘干1 ~ 2h，利用配套的红外光谱仪压片机，配有98%的溴化钾粉体，压片制样，通过傅里叶变换红外光谱仪测定样品的红外吸收光谱（分辨率$4cm^{-1}$，

KCl 压片)，结果见图 1。

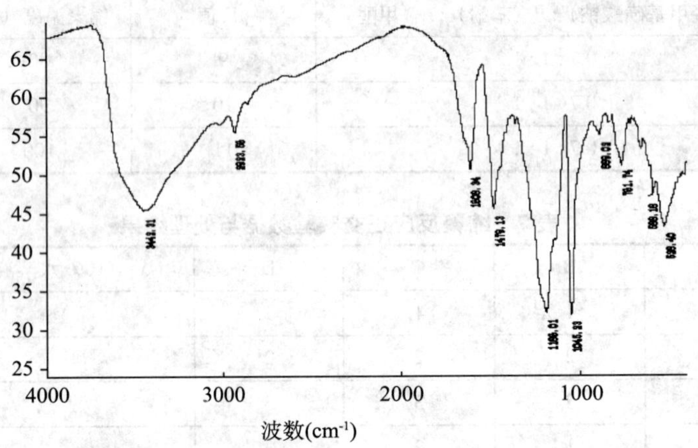

图 1　聚合物 SMP 的红外光谱图

图 1 中 SMP 的谱带归属如下：

(1) 在 3442cm^{-1} 处为羟基的伸缩振动峰，这说明 SMP 中含有大量酚羟基；(2) 在 2923.56cm^{-1} 附近有一个小峰，同时在 1479.13cm^{-1} 处是亚甲基变形振动峰，说明 SMP 中含有亚甲基；(3) 1608.34cm^{-1} 处是 C—S 键伸缩振动产生的特征吸收峰；(4) 在 1186.01cm^{-1}、1045.23cm^{-1} 处是—SO_3^{2-} 不对称伸缩振动产生的特征吸收峰，1045cm^{-1} 处是—SO_3^{2-} 对称伸缩振动产生的特征吸收峰。

2.5　SMP 热重分析

将样品磺化酚醛树脂 2.4528mg 放入瓷坩埚中，在 40mL/min 的氮气气氛中，升温速率为 10℃ /min 的条件下，利用热重分析仪测试产品的抗温性能，结果见图 2。

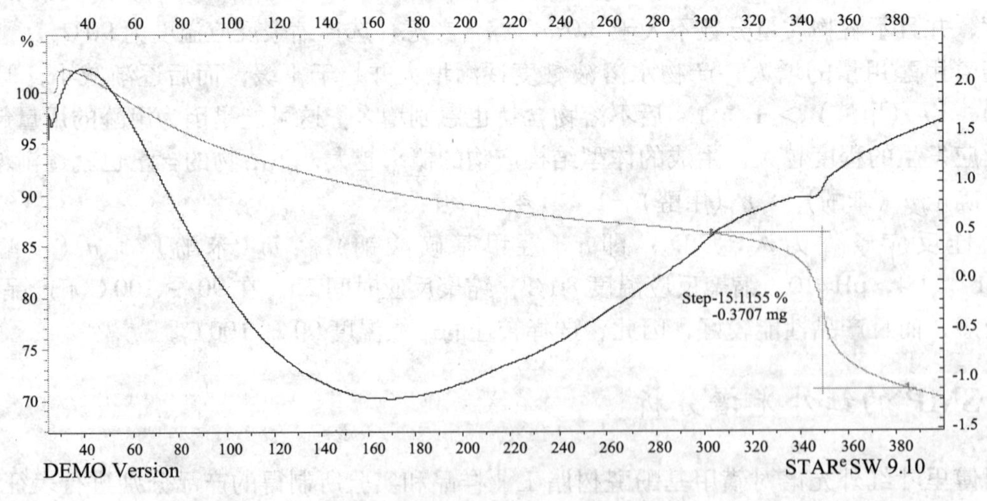

图 2 SMP 分解的质量分数曲线

由图 2 可知，深色线代表重量分解率，减轻 −0.3707mg，重量分解率为 −15.1155%；

浅色线是热量曲线：先吸热后放热，水蒸气吸热蒸发，到达一定温度发生化学反应，放热，由于样品SMP已在阴凉的环境中放置了一段时间，已经吸附了空气中的水分接近物理饱和状态。当样品放置在样本室内时，干燥的气流会打破试样内原有的平衡，带走水分，从而造成一开始的失重现象。随后，试样以4℃/min的升温速率被加热，受热后分子的内能增加了，当温度上升到临界温度300℃左右时，伴随化学反应，暴露的活性基团增多，小分子裂解速度加快，并开始有大分子的环状结构断裂，试样失重。此图谱反映试样分子结构的变化，该试样能抗高温，满足石油天然气行业标准《钻井液用磺甲基酚醛树脂》(SY/T 5094—1995）的规定值。

2.6 SMP抗温性能

取4份300mL基浆，分别加入5%的降滤失剂产品，高搅20min，钻井液分别于25℃、150℃、180℃、200℃下热滚16h后降至室温，测老化后的表观黏度、塑性黏度和用钻井液失水量仪定API滤失量，结果见表8。

表8 温度对钻井液性能的影响

温度（℃）	25	150	180	200
API失水（mL）	10	13	15	20
AV（mPa·s）	8	8	11	12
PV（mPa·s）	6.5	6.5	6	6.5

由表8可知，SMP可抗180℃左右高温。这是由于SMP加入钻井液中，增加了高温下黏土表面对处理剂的吸附量，SMP含大量的负电荷并有较强的水化膜，其吸附在黏土颗粒表面，增加了高温下黏土颗粒的聚结稳定性，减缓了高温下泥饼质量，从而降低了滤失量。

3 结论

（1）以亚硫酸氢钠与亚硫酸钠复配物作磺化剂时，采用正交试验方法确定了合成羟甲基磺酸钠的较佳条件为：n（$NaHSO_3$）：n（Na_2SO_3）：n（HCHO）=1：1：2.3，反应温度60℃，反应时间3h，在该条件下产物收率达到93.7%；

（2）采用正交试验法，确定了苯酚磺甲基化过程的较佳条件为n（羟甲基磺酸钠）：n（苯酚）=0.7：1，反应温度90℃，反应时间1h，pH=9，在该条件下得到的产物配成10%水溶液的平均黏度为6.16mPa·s。

（3）仍采用正交试验法，确定了缩聚反应过程的较佳条件为n（羟甲基磺酸钠）：n（苯酚）：n（甲醛）=0.7：1：1.4，pH=10，反应温度90℃，反应时间2h，在该条件下得到最终产物SMP，其10%水溶液的平均黏度为6.05mPa·s。

（4）对所制备的SMP进行了红外光谱分析，通过对特征谱带的分析论证，证明了产品结构正确；采用热重分析表明SMP抗温可达到300℃。

（5）对产品的降滤失性能进行了室内评价，当SMP加量为5%时，其API滤失量为

10mL；180℃热滚，16h后，其API滤失量15mL。

参 考 文 献

晏欣，饶秋华，闻庆珍，等.磺化酚醛树脂的研究：合成及性能［J］.海军工程大学学报，2002，14（6）：19–22.

刘兴重，王宏力，刘吉华，等.PHR减水剂的合成研究［J］.河南化工，1997，（10）：13–14.

Howard W，Holm quist，Bellingham Wash. Drilling fluid containing a fluid loss control agent of a sulfonated phenol–form aldehyde–phenol resin［P］.US 4381369，1983，04，26.

胡俊明，等.耐温型降滤失剂［J］.油田化学，1998，6（2）：100–104.

钻井液组分对泥页岩强度影响

张冬明　黄进军　冯宗伟　刘贵林　曲　博

（西南石油大学石油工程学院）

摘　要：本文研究了抑制剂、聚合物和封堵剂对泥页岩强度的影响。通过泥页岩在添加剂溶液中的破碎时间来判断它们对岩石的抑制性。实验结果表明，泥页岩对所有进入其内部的流体都极为敏感，钻井液中的添加剂对泥页岩都具有一定的抑制作用，提高钻井液封堵性是解决钻遇泥岩地层时的一种有效方法。

关键词：抑制剂　封堵剂　聚合物　抑制性　封堵性　泥页岩　强度

泥页岩地层为强水敏性地层，当常规钻井遇到泥页岩地层时极易发生井眼垮塌、井径扩大、卡钻、扭矩及阻力增大等一系列井下复杂情况，严重影响井下安全。当钻井液与泥页岩接触时，在水力压差、化学势差等驱动力的综合作用下，钻井液中的自由水以及溶质渗透到泥页岩的内部。泥页岩与水发生作用，使得泥页岩颗粒与颗粒之间接触点被水化，结合力变弱，造成泥页岩膨胀和张性失稳，从而导致其强度降低、井壁垮塌。从抑制泥页岩水化机理角度上看，可将钻井液组分分为三类：⑴盐能够降低泥页岩的膨胀压，减少泥页岩的膨胀比例；⑵聚合物能够争夺水分子在泥页岩上的吸附点从而降低泥页岩水化；⑶封堵剂通过封堵泥页岩表面，降低泥页岩的渗透率，减少水分子进入泥页岩内部。

1　实验原理

当岩心在钻井液各组分配制的溶液中浸泡时，随着岩心吸水量的增加，其强度会逐渐下降，同时溶液中添加剂也会进入岩心内部，影响其水化过程。通过对比岩心在溶液中的破碎时间，来分析各组分对泥页岩强度的影响。另外用封堵剂与各组分复配成溶液浸泡岩心，来验证钻井液封堵性对泥页岩强度的影响。

实验药品：KCl、NaCl、FA367、XY−27、SMP、EP、KPAM、聚乙二醇、沥青、柴油。

作者简介：张冬明，1983年生，在读硕士，主要从事钻井液化学与力学方向研究。联系方式：西南石油大学研究部09级3班；邮编610500，电话13688060665，E−mail：zhangdmsy@qq.com。

2 钻井液组分对泥页岩强度的影响

2.1 盐类对泥页岩强度的影响

将岩心放在纯水、NaCl、KCl和甲酸钠溶液中浸泡，对比岩心破碎时间。

从表1可以看出，岩心接触水以后就会破碎，对水极为敏感。KCl、NaCl和甲酸钠对泥页岩都具有抑制性，其中KCl的抑制性强于NaCl、甲酸钠。并且KCl的抑制性随浓度的增加而增强。

表1 岩心在盐溶液中的破碎时间

药品	浓度（%）	破碎时间（min）
水	—	0
NaCl	10	0.16
KCl	5	0.17
KCl	10	0.23
KCl	饱和	2
甲酸钠	10	0.17

2.2 聚合物对岩石强度的影响

根据元坝地区二开钻井液的配方，将其中的聚合物配制成溶液用于浸泡岩心。

从表2可以看出，钻井液中的聚合物都具有一定的抑制性，其中大分子的FA367、KPAM效果相对较好，并且聚合物复配以后的抑制性明显增强。FA367及XY−27均属于两性离子降黏剂，具有抑制泥页岩水化作用，但XY−27的抑制性远远低于FA367。SMP是一种有效的降滤失剂，但其抑制效果并不是很好。

表2 岩心在聚合物溶液中的破碎时间

药品	浓度（%）	破碎时间（min）
FA367	1%	1
KPAM	0.2%	1.5
XY−27	2%	0.16
SMP	4%	0.16
FA367+XY−27	1%+2%	0.67
FA367+KPAM	1%+0.2%	3
FA367+KPAM+SMP	1%+0.2%+4%	10

2.3 封堵剂对泥页岩强度的影响

通过以上实验可知，无论体系抑制性多强，只要有水相进入泥页岩中，泥页岩的强度会降低很多，所以单纯依靠增加体系的抑制性来稳定井壁，效果往往不是十分理想，而要提高泥页岩的稳定性，还应使钻井液具有封堵性，以阻止水相进入泥页岩中。在此针对EP、聚合醇、沥青几种封堵剂进行实验。

从表3可以看出，封堵剂对岩心强度的影响非常小，但是岩心在柴油中同样会发生破碎，此现象说明只要流体进入泥页岩内部就会影响其强度。一般认为泥页岩的胶结物为天然物，这些物质是比较脆弱的。有些可能是非晶质二氧化硅，有些可能是硅酸铝和硅酸钙，有些可能是对油非常敏感的有机物，这些都是造成泥页岩对流体敏感的因素[6]。

表3 岩心在封堵剂和柴油中的破碎时间

药品	破碎时间（min）
EP	180
聚合醇	240
柴油	300

2.4 封堵剂对泥页岩封堵效果的验证

首先将岩心用封堵剂进行表面封堵，然后再将处理后的岩心放在盐与聚合物的复配溶液中浸泡，观察破碎时间。

从表4可以看出，用表面封堵处理的岩心在溶液中的强度非常理想，其中聚合醇和EP的封堵效果最好。此实验可以说明，封堵剂能够有效地封堵泥页岩微裂缝和空隙，大幅度减少水向泥页岩内部的渗透，抑制泥岩水化。

表4 预先封堵处理的岩心在1%FA367+0.2%KPAM+5%KCl溶液中的破碎时间

岩心	破碎时间（min）
原始岩心	2
乳化沥青包裹的岩心	2
聚合醇浸泡5h的岩心	180
EP包裹的岩心	14h后仍完整

2.5 无机盐、封堵剂及聚合物复配对泥页岩强度的影响

将岩心浸泡在1%FA367、0.2%KPAM、5%KCl、EP、聚合醇、沥青的复配溶液中，对比岩心破碎时间。

从表5可以看出，在抑制剂和封堵剂的双重作用下，岩心在溶液中的强度得到了很大提高，特别是封堵剂能够更加有效地降低岩心水化程度。

表 5　岩心在加有封堵剂的聚合物溶液中的破碎时间

药品	浓度（%）	破碎时间（min）
XY−27+KCl	2%+5%	0.5
FA367+KCl	1%+5%	0.08
KPAM+KCl	0.2%+5%	0.16
FA367+KPAM+KCl	1%+0.2%+5%	2
FA367+KPAM+KCl+ 聚合醇	1%+0.2%+5%+5%	3
FA367+KPAM+KCl+EP	1%+0.2%+5%+3%	10
FA367+KPAM+KCl+EP	1%+0.2%+5%+8%	18
FA367+KPAM+KCl+ 沥青	1%+0.2%+5%+5%	10

3　结论

（1）无机盐和封堵剂能够有效降低泥页岩在钻井液体系中的水化。KCl 对降低泥页岩的膨胀压具有很好的作用，但同时高浓度的 KCl 会引起聚合物的聚结，影响添加剂的效果，推荐加量维持在 5% ～ 10%。封堵剂 EP、乳化沥青以及聚合醇能够封堵泥页岩表面降低泥页岩渗透率，但同时也会增加体系黏度，影响体系流变性，推荐加量维持在 3% ～ 5%。

（2）钻井液中的聚合物有助于增强体系的抑制性，但效果不是非常明显。大分子的 FA367 和 KPAM 的抑制性相对较好，而 XY−27 和 SMP 相对较差。

（3）实验结果表明，在 1%FA367、0.2%KPAM、5%KCl 所复配成的溶液中加入一定量的封堵剂 EP 或沥青会使整个体系的抑制性得到大幅提高，也证明了针对泥页岩水化问题，在体系中加入封堵剂是一种非常有效的解决方法。

参 考 文 献

蔡利山，苗锡庆，李应有，等．川东北地区陆相地层井眼失稳原因分析［J］．石油钻探技术，2008，36（6）：39−43.

金衍，陈勉．水敏性泥页岩地层临界坍塌时间的确定方法［J］．石油钻探技术，2004，32（2）：12−14.

罗健生，鄢捷年．页岩水化对其力学性质和井壁稳定性的影响［J］．石油钻采工艺，1999，（2）：7−13.

邓虎，孟英峰．泥页岩稳定性的化学与力学耦合研究综述［J］．石油勘探与开发，2003，30（1）：109−101.

梁大川，王林，钻井液和泥页岩间的传递作用对井壁稳定的影响［J］．天然气工业，1999，19（3）：58−60.

杨振杰．泥页岩构成及泥页岩井壁表面和岩屑表面特征对井壁稳定的影响［J］．油田化学，2003，17（1）：74−77.

徐同台，陈其正，范维庆．钾离子稳定井壁机理的研讨［J］．钻井液与完井液，1998，15（3）：3-8.

孙明波，侯万国，孙德军，何涛．钾离子稳定井壁作用机理研究［J］．钻井液与完井液，2005，22（5）：7-9.

姚新珠，等．泥页岩井壁失稳原因及对策分析［J］．钻井液与完井液，2001，18（1）：38-40.

黄进军，杨香丽，刘向君．处理剂对泥页岩抗压强度影响的实验研究［J］．西南石油大学学报，2009，31（6）：96-98.

深水表层钻井井下复杂情况随钻监测技术研究

张 杰 陈 平 毛良杰

（油气藏地质及开发工程国家重点实验室·西南石油大学）

摘 要：文章首先对深水表层钻井的相关技术难题进行了深入、全面的分析，对深水表层钻井溢流、井眼净化等井下复杂情况随钻监测方法进行了研究，建立了通过实时测量井底压力变化情况进行井下情况随钻监测的技术和方法，并编制了相应的计算机实时监测和分析程序。

关键词：深水表层 溢流监测 随钻测量 井眼清洁

深水钻井是深水油气资源勘探和开发的必需手段，由于深水海洋环境和复杂地质条件的影响，深水钻井面临很多的挑战，尤其是深水表层钻井。国外大量的深水钻井作业实践表明，深水表层钻井决定了整个钻井作业的成败。在深水海域进行表层钻井作业将面临以下挑战。

（1）深水浅部地层的孔隙压力和破裂压力之间的钻井液密度窗口小，给深水钻井作业的压力控制带来了很大困难，而且随着水深增加这一问题更加突出。然而，由于工程技术和成本的限制，深水井的钻井设计和作业中，采用增加套管层次来封隔复杂地层的方法受到很大的限制，如何解决这一难题需要寻求新的方法和技术。

（2）如果海底地层存在浅层流，将给表层的井壁稳定、固井质量、井控作业增加难度。深水表层钻井作业时，井口还没有连接隔水管，也未坐放防喷器，钻井液直接排放到海底，如果在浅部地层钻遇浅水流或者遇到天然气水合物的问题，将给该井段的安全钻进带来极大困难。

（3）在进行油田开发表层钻井作业时需要大量的钻井液，这需要在深水钻井项目的管理和前期设计中予以充分考虑，对钻井装置、钻井液池容量、材料储存能力及后勤供应提出了挑战。

深水表层钻进过程中，浅层水和气窜是常见问题。通常深水的海底温度比较低，有报道，在一些深水海域的海底最低温度在2℃左右。而且，深水浅部地层的孔隙压力和破裂压力窗口比较狭窄，国外深水井的固井作业中，通常采用低密度水泥浆体系。在温度低于10℃时，低密度水泥浆体系的24h抗压强度达到3.5MPa是最主要的挑战之一。

深水表层钻井作业时，由于较低温度的影响，对钻井液性能的要求很苛刻，尤其是在

作者简介：张杰（1976— ），副教授，2005年毕业于西南石油大学油气井工程专业，获博士学位，现任教于西南石油大学，主要从事钻井新技术及新工艺的教学与研究工作。

使用动态压井钻井技术时，对钻井液的性能要求更高。因此，针对海底低温环境条件，开展深水低温低密度水泥浆及配套固井工艺技术的研究，解决低温深水浅表层固井中水泥石强度低、强度发展慢的技术问题，有效防止浅层水和浅层气的窜流，满足低温下套管释放和支撑的需要以及钻井作业对固井质量的要求和表层钻井作业对水泥浆体系的要求，也是深水浅表层钻井作业中急需解决的关键问题。

目前国内在该领域的研究还尚属空白，外国公司对这些技术只提供服务，引进存在壁垒，这对我国进行大规模的深水油气勘探开发极为不利。因此，亟待通过技术攻关，掌握这些技术，更重要的是为我国深水油气田的开发提供有效的技术支撑，打破外国公司的垄断。其中，深水表层钻井过程中，通过实时测量环空压力及温度等参数进行溢流、井眼净化等井下情况的随钻监测技术是必须开展研究的一项重要内容。

1 深水表层钻井溢流监测方法研究

1.1 引起井底压力不稳定的因素分析

（1）钻柱连接引起井底压力不稳定。

在钻柱连接过程中，井内钻井流体停止循环，因此不存在由于摩擦阻力引起的环空压力损耗，由 $p_B=p_A+p_{MA}+p_{FA}$，当钻井液停止循环时 $p_{FA}=0$，$p_A=0$，所以此时井底压力 $p_B=p_{MA}$，由此可见此时井底压力减小。

（2）起下钻过程引起井底压力不稳定。

当由于某些原因要进行起下钻作业时，由于钻柱的上提和下放会产生抽汲压力或激动压力，这样就会使井底压力减小或者增加，造成井内压力的不稳定。

（3）携岩效果差引起井底压力不稳定。

由于钻井液性能、泵排量控制不好等原因而造成循环流体不能有效地携岩时，岩屑就会在井内堆积从而造成环空压力剖面发生变化，井底压力升高。

（4）钻井液性能发生变化而引起井底压力不稳定。

当钻遇高压油气层时，由于压差的原因地层流体会侵入环空，造成钻井液性能发生改变，特别是黏度、密度发生变化，这就会引起环空压耗的增大或减小，造成井底压力不稳定。

还有一些其他的原因也会造成井底压力的不稳定，使井底压力过高或过低，伤害储层甚至发生安全问题。

1.2 井下溢流监测方法

钻进过程中，地层流体进入环空时，必然改变井底周围环空流体的物理、化学和力学特性，也必然在PWD上反映出来（图1）。但由于井下工况和测量环境的复杂性，井涌的监测将受到井下复杂井况的干扰。因此，基于PWD进行井涌早期监测技术关键在于建立井涌时的PWD响应特征，综合识别，排除干扰因素，提高监测成功率。

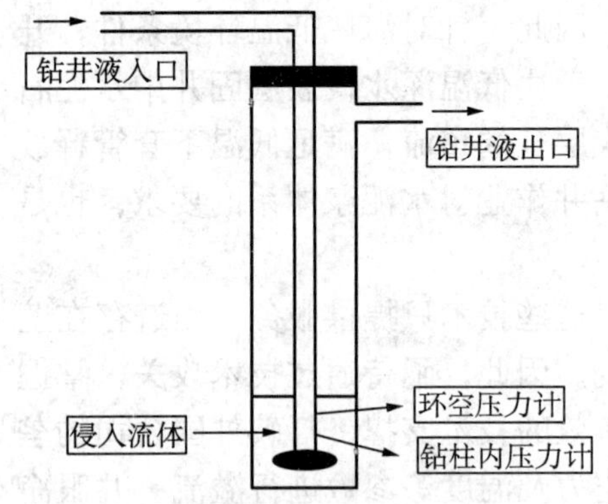

图1 PWD监测地层流体侵入的原理简图

井底的环空压力等于环空流动压耗加上钻井液静压力，环空中流体的侵入，将改变环空中的流体性能和流动性能，从而改变流体环空压力，并从井底环空压力和立管压力的变化上反映出来。但是由于环空压力是环空流动压耗和钻井液静压力综合作用的结果，受工程复杂因素的干扰和排量、流变参数变化的影响较大，给井涌的识别增加了难度。

钻井流体的流变模型是研究和现场监测井涌时井底环空压力响应特征的基础，目前现场常用的有宾汉、幂律、赫谢尔－巴尔克莱模式、卡森模式等。通过分析比较与现场验证，幂律模式能较准确地反映实际钻井液流动特征。井底环空压力模拟表明，排量、机械钻速、侵入量等是影响井底压力变化特征的敏感参数。通过实测钻柱内外PWD值，可以实时修正流变模型、排量、机械钻速等影响因素，使水力模型更加精确反映井筒流体的流动规律特征。

在现场，可以通过与PWD数据接口，将实测PWD值绘制在趋势线模版上，并与水力学计算模型和正常实际参数计算出的正常井底压力趋势线对比：

(1) 如果实测压力点落在正常趋势线上，则为正常；反之若实测井底压力明显降低，并与侵入液体时的井底压力变化特征相吻合，则可判别为油水侵入，发出警报。

(2) 若实测井底压力迅速降低，并与侵入气体时的井底压力变化特征相吻合，则可判断为气侵。

(3) 若实测的井底压力明显增加，则可能存在井壁坍塌等情况。

总之，通过井下PWD实时测量环空压力并应用水力学模型可以快速、准确地监测溢流。

2 深水表层钻井井眼净化监测方法研究

由于深水表层钻井时，井眼直径大，钻井液上返速度低，钻井设备所能提供的钻井液流速不足以达到清洗井眼的目的，岩屑举升效率下降甚至于不能满足正常携岩的要求，有可能造成井眼的不清洁，在环空中形成岩屑的堆积，引起卡钻、井底压力升高、泥饼增厚等井下复杂情况，因此就要分析影响井眼不清洁的因素，提出井眼净化实时监测的方法与解决井眼不清洁的方法。

2.1 引起井眼不清洁的因素分析

研究表明，钻井液能否有效携岩与钻井液性能（密度、黏度）、岩屑直径、环空流态、井眼尺寸等因素联系得非常紧密。因此下面我们就来分析钻井液性能（密度、黏度）、岩屑直径、环空流态、泵排量、井眼尺寸等因素对表层段携岩效率降低的影响。

(1) 钻井液密度过小，岩屑颗粒过大。

岩屑颗粒在钻井液中所受的净重力表达式为：$G=4\pi r^3$（$\rho_{液}-\rho_{粒}$）$g/3$，由上式可知，岩屑颗粒在钻井液中所受的净重力，主要决定于岩屑颗粒直径，其次决定于岩屑颗粒与钻井液的密度差。由此可知，钻井液密度越大，岩屑颗粒越小，则对携岩越有利，反之，密度越小，岩屑颗粒越大则不利于携岩。

(2) 钻井液黏度较小。

根据Stokes定律，在钻井液中，岩屑下沉速度为：$v=2r^2$（$\rho_{液}-\rho_{粒}$）$g/$（9η），由此可知，岩屑颗粒的下沉速度与钻井液黏度成反比，因此如果钻井液黏度较小，则对钻井液携岩不利。

(3) 泵排量较低，环空截面积较大。

钻井液在表层段上返时环空截面积增大，造成环空流速降低，携岩比降低，若此时泵排量比较低时，钻井液将不能有效地携岩，导致岩屑在井筒中堆积。

(4) 环空流态不合理。

当钻井液在环空中处于不同的流态时，岩屑上升的机理是不同的，尖峰形层流时钻井液的流速剖面是一条抛物线，中心线处流速最大，两侧流速逐渐降低，而靠近井壁或钻杆壁处的流速为零，这样由于力矩效应造成岩屑在上升过程中受力不均匀而使岩屑翻转、下滑，从而在井底堆积。

所以，当环空中钻井液流态选择是尖峰形层流携岩时，携岩效率会降低，井内有岩屑的堆积。

2.2 井眼净化监测方法研究

采用随钻测量井底压力的方法，利用循环钻井液当量密度（ECD）等参数来监测环空清洁状况。

(1) 井眼净化理论计算模型。

①最小排量计算

定义满足岩屑携带需要的环空返速称为最小环空返速，则此时的排量即为最小排量，其计算方法如下：

$$Q_m=0.25\pi\left(D_h^2-d_0^2\right)v_m \tag{1}$$

式中，Q_m为最小排量，m^3/s；D_h为井眼或套管内径，m；d_0为钻杆外径，m；v_m为最小环空返速，m/s。

②循环压耗计算。

钻柱内压耗计算：可根据钻井液循环压耗的计算方法计算出钻柱内的循环压耗Δp_p：

$$\Delta p_p = 32.4\times\frac{f\rho LQ^2}{d^5} \tag{2}$$

可以使用钻井液循环摩阻压耗的计算方法计算各段的环空压耗，再将各段环空压耗相加就可以得到总的环空压耗Δp_a：

$$\Delta p_a = 32.4\times\frac{f_0\rho LQ^2}{\left(d_2-d_1\right)^3\left(d_2+d_1\right)^2} \tag{3}$$

③钻头压耗的计算比较简单，可以采用下式计算：

$$\Delta p_{\mathrm{b}} = \frac{0.5\rho_{\mathrm{f}} Q^2}{c^2 A_0^2} \tag{4}$$

式中，c 为喷嘴流量系数，无量纲；A_0 为喷嘴总面积，m^2。

④各种情况下循环钻井液当量密度（ECD）的计算。

实测循环钻井液当量密度（ECD_1）计算：

$$ECD_1 = \rho_{\mathrm{f}} + \frac{p_{\mathrm{d}} - \Delta p_{\mathrm{p}} - \Delta p_{\mathrm{b}}}{gH} \tag{5}$$

理论循环钻井液当量密度（ECD_2）计算：

$$ECD_2 = \rho_{\mathrm{f}} + \frac{\Delta p_{\mathrm{a}}}{gH} \tag{6}$$

(2) 井眼净化监测计算流程。

由上述计算分析可知，采用 ECD 监测井眼净化情况的流程如图 2 所示。

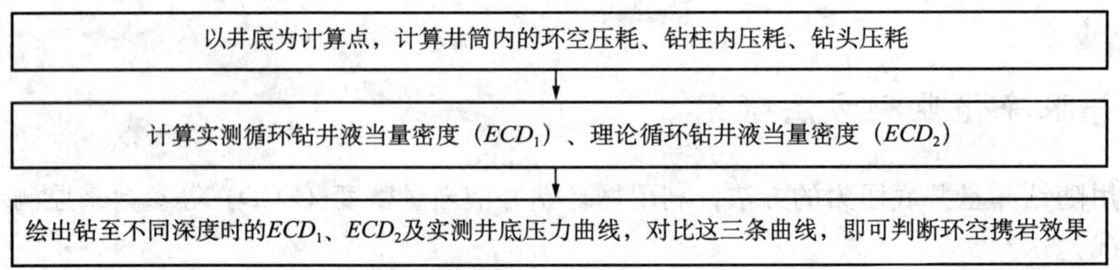

图 2　ECD 监测井眼净化情况的流程图

3　分析应用计算程序研制

基于上述理论模型和深水表层钻井的实际情况，编制了相应的分析应用计算程序。

井底压力计算的思路是：设第 i 段液柱的顶部和底部节点分别为 i 点和 $i+1$ 点，假设 i 点条件下的油相、水相及钻井液的密度和体积分数已知，可以根据推导的钻井液柱平均密度的方程计算第 i 段液柱的平均密度，得到第 $i+1$ 点处的压力，从而可以计算 $i+1$ 节点上油水相和钻井液的密度、油水相的体积分数，再以 $i+1$ 点为顶部节点继续计算以下各节点上的油水相密度和钻井液密度，直到井底为止。井口的温度压力以及钻井液组成都是已知的，所以从井口开始计算以下各个节点上的密度和静液柱压力。

从图 3 可以发现，在给定的模拟条件下，通过实时监测井底压力，可以及时发现溢流、携岩效率等井下复杂情况，为深水钻井安全提供必要的参考手段。

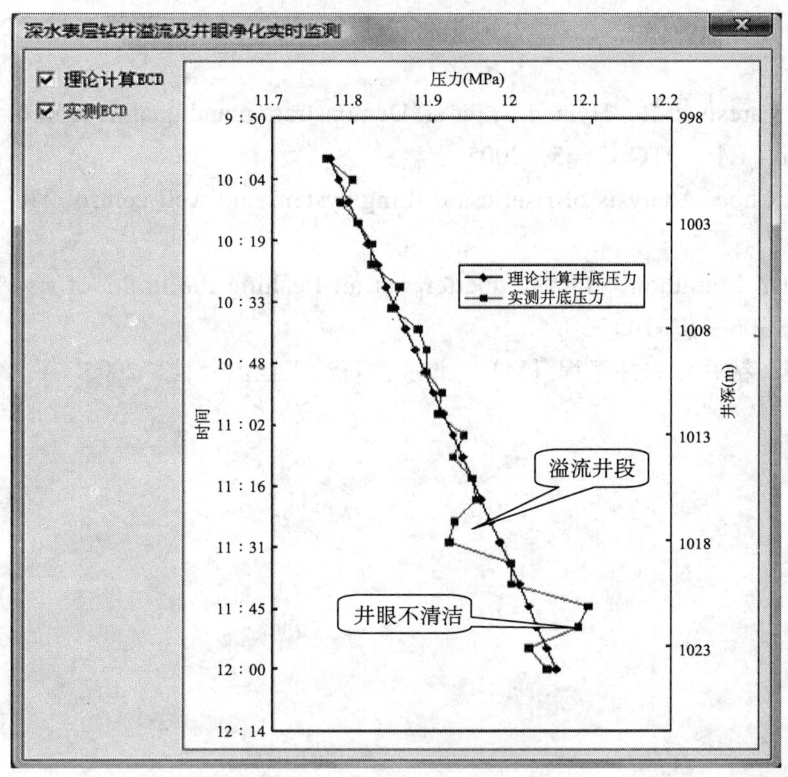

图3　深水表层井下情况随钻监测

4　结论及建议

(1) 受客观条件的影响，深水表层钻井风险大，需要进行有效的井下工况实时监测，以确保钻井安全，为我国深海油气资源的高效、安全勘探开发提供强有力的手段。

(2) 通过实时监测井底压力变化，正常钻进过程中，当井底压力偏离理论正常压力曲线时，可以及时发现溢流、携岩效率等井下复杂情况。

(3) 如果实测压力小于理论计算的正常压力，则表示井下可能发生溢流；反之则可能存在井眼不清洁的情况。

建议结合温度变化进行深水表层钻井井下复杂情况的随钻监测。

参考文献

杨进，曹式敬．深水石油钻井技术现状及发展趋势 [J]．石油钻采工艺，2008，30 (2)：10−13.

胡海良，唐海雄，汪顺文，等．白云6−1−1井深水钻井技术 [J]．石油钻采工艺，2008，30 (6)：25−28.

杨鸿波，齐恒之．渤海油田浅层气井喷预防及控制技术 [J]．中国海上油气，2004，16 (1)：43−46.

窦玉玲，管志川，徐云龙．海上钻井发展综述与展望［J］．海洋石油，2006，26（2）：64−67.

Stave R，Farestveit R，Hyland S，et al. Demonstration and qualification of a riserless dual gradient system［R］. OTC 17665，2005.

Jonggeun Choe. Analysis of riserless drilling system and well control［R］. SPE 55056，1999.

Paul Scott，Marathon，Sam Ledbetter，et al. Pushing the limits of riserless deepwater drilling. AADE−06−DF−HO−30.

陈平，等．钻井与完井工程［M］．北京：石油工业出版社，2005.